全国电力出版指导委员会出版规划重点项目

火力发电职业技能培训教材

HUOLI FADIAN ZHIYE JINENG PEIXUN JIAOCAI

电厂化学设备运行

（第二版）上册

《火力发电职业技能培训教材》编委会　编

中国电力出版社
CHINA ELECTRIC POWER PRESS

内 容 提 要

　　本教材是根据《中华人民共和国职业技能鉴定规范·电力行业》对火力发电职业技能鉴定培训的要求编写的。教材突出了以实际操作技能为主线，将相关专业理论与生产实践紧密结合的特色，反映了当前我国火力发电技术发展的水平，体现了面向生产实际、为企业服务的原则。

　　本教材基本上按《鉴定规范》中的火力发电的运行与检修专业进行分册。全套教材共 15 个分册，内容包括了《鉴定规范》中相关的近 40 个工种的职业技能培训。针对教材中的重点和难点，还将配套出版各分册的《复习题与题解》。

　　本书为《电厂化学设备运行》分册，包括电厂水处理值班员、电厂水化验员、电厂油品化验员的培训内容。全书共六篇，第一篇化学基础知识，主要讲述了基础化学知识、分析化学基础知识及分析化学中的法定计量单位；第二篇主要讲述电厂水处理运行技术，包括水的预处理、水的除盐、凝结水处理、循环水处理、水处理材料、运行常规水质分析及水处理设备的自动控制等，对水处理设备、水处理工艺、运行监督等方面进行了详细的阐述；第三篇主要讲述电厂水化验技术，包括电厂水质分析、材料药品分析、垢及腐蚀产物分析、锅炉的化学清洗和热力设备的停用保护；第四篇主要讲述电力用油基础知识、油质分析方法、油的监督管理及油的净化、再生和防劣；第五篇主要讲述电厂燃煤的监督管理，系统介绍了煤、灰的采制样及化验分析知识；第六篇讲述了制氢设备的运行、发电机氢冷系统及充排氢、氢冷发电机运行注意事项。全书基本上涵盖了电厂化学运行与监督方面的知识，对电厂化学运行及监督人员有一定的适用性和指导性。

　　本教材为火力发电职业技能鉴定培训教材、火力发电现场生产技术培训教材，也可供火电类技术人员及技术学校教学使用。

图书在版编目（CIP）数据

　　电厂化学设备运行：全 2 册/《火力发电职业技能培训教材》编委会编 . —2 版 . —北京：中国电力出版社，2020.6
　　火力发电职业技能培训教材
　　ISBN 978 - 7 - 5198 - 4425 - 7

　　Ⅰ．①电…　Ⅱ．①火…　Ⅲ．①电厂化学 - 设备 - 运行 - 技术培训 - 教材　Ⅳ．①TM621.8

　　中国版本图书馆 CIP 数据核字（2020）第 041481 号

出版发行：中国电力出版社
地　　址：北京市东城区北京站西街 19 号（邮政编码 100005）
网　　址：http://www.cepp.sgcc.com.cn
责任编辑：宋红梅（010-63412383）
责任校对：黄　蓓　常燕昆　朱丽芳
装帧设计：赵姗姗
责任印制：吴　迪

印　　刷：三河市万龙印装有限公司
版　　次：2005 年 1 月第一版　2020 年 6 月第二版
印　　次：2020 年 6 月北京第九次印刷
开　　本：880 毫米×1230 毫米　32 开本
印　　张：32.75
字　　数：1119 千字
印　　数：0001—2000 册
定　　价：148.00 元（上、下册）

《火力发电职业技能培训教材》(第二版)

编 委 会

主 任：王俊启

副主任：张国军　乔永成　梁金明　贺晋年

委　员：薛贵平　朱立新　张文龙　薛建立

　　　　许林宝　董志超　刘林虎　焦宏波

　　　　杨庆祥　郭林虎　耿宝年　韩燕鹏

　　　　杨　铸　余　飞　梁瑞珽　李团恩

　　　　连立东　郭　铭　杨利斌　刘志跃

　　　　刘雪斌　武晓明　张　鹏　王　公

主　编：张国军

副主编：乔永成　薛贵平　朱立新　张文龙

　　　　郭林虎　耿宝年

编　委：耿　超　郭　魏　丁元宏　席晋奎

教材编辑办公室成员：张运东　赵鸣志

　　　　　　　　　　　徐　超　曹建萍

《火力发电职业技能培训教材
电厂化学设备运行》(第二版)

编 写 人 员

主　编：杨利斌

参　编：司海翠　　郑建勋　　洪冬霞　　南　轶

　　　　宗美华　　陈志清　　刘　晓　　喻　军

　　　　韩慧芳　　靳晋陵

《火力发电职业技能培训教材》（第一版）

编 委 会

主　任：周大兵　翟若愚

副主任：刘润来　宗　健　朱良镭

常　委：魏建朝　刘治国　侯志勇　郭林虎

委　员：邓金福　张　强　张爱敏　刘志勇

王国清　尹立新　白国亮　王殿武

韩爱莲　刘志清　张建华　成　刚

郑耀生　梁东原　张建平　王小平

王培利　闫刘生　刘进海　李恒煌

张国军　周茂德　郭江东　闻海鹏

赵富春　高晓霞　贾瑞平　耿宝年

谢东健　傅正祥

主　编：刘润来　郭林虎

副主编：成　刚　耿宝年

教材编辑办公室成员：刘丽平　郑艳蓉

第二版前言

2004 年，中国国电集团公司、中国大唐集团公司与中国电力出版社共同组织编写了《火力发电职业技能培训教材》。教材出版发行后，深受广大读者好评，主要分册重印 10 余次，对提高火力发电员工职业技能水平发挥了重要的作用。

近年来，随着我国经济的发展，电力工业取得显著进步，截至 2018 年底，我国火力发电装机总规模已达 11.4 亿 kW，燃煤发电 600MW、1000MW 机组已经成为主力机组。当前，我国火力发电技术正向着大机组、高参数、高度自动化方向迅猛发展，新技术、新设备、新工艺、新材料逐年更新，有关生产管理、质量监督和专业技术发展也是日新月异，现代火力发电厂对员工知识的深度与广度，对运用技能的熟练程度，对变革创新的能力，对掌握新技术、新设备、新工艺的能力，以及对多种岗位上工作的适应能力、协作能力、综合能力等提出了更高、更新的要求。

为适应火力发电技术快速发展、超临界和超超临界机组大规模应用的现状，使火力发电员工职业技能培训和技能鉴定工作与生产形势相匹配，提高火力发电员工职业技能水平，在广泛收集原教材的使用意见和建议的基础上，2018 年 8 月，中国电力出版社有限公司、中国大唐集团有限公司山西分公司启动了《火力发电职业技能培训教材》修订工作。100 多位发电企业技术专家和技术人员以高度的责任心和使命感，精心策划、精雕细刻、精益求精，高质量地完成了本次修订工作。

《火力发电职业技能培训教材》（第二版）具有以下突出特点：

（1）针对性。教材内容要紧扣《中华人民共和国职业技能鉴定规范·电力行业》（简称《规范》）的要求，体现《规范》对火力发电有关工种鉴定的要求，以培训大纲中的"职业技能模块"及生产实际的工作程序设章、节，每一个技能模块相对独立，均有非常具体的学习目标和学习内容，教材能满足职业技能培训和技能鉴定工作的需要。

（2）规范性。教材修订过程中，引用了最新的国家标准、电力行业规程规范，更新、升级一些老标准，确保内容符合企业实际生产规程规范的要求。教材采用了规范的物理量符号及计量单位，更新了相关设备的图形符号、文字符号，注意了名词术语的规范性。

（3）系统性。教材注重专业理论知识体系的搭建，通过对培训人员分析能力、理解能力、学习方法等的培养，达到知其然又知其所以然的目的，从而打下坚实的专业理论基础，提高自学本领。

（4）时代性。教材修订过程中，充分吸收了新技术、新设备、新工艺、新材料以及有关生产管理、质量监督和专业技术发展动态等内容，删除了第一版中包含的已经淘汰的设备、工艺等相关内容。2005 年出版的《火力发电职业技能培训教材》共 15 个分册，考虑到从业人员、专业技术发展等因素，没有对《电测仪表》《电气试验》两个分册进行修订；针对火电厂脱硫、除尘、脱硝设备运行检修的实际情况，新增了《环保设备运行》《环保设备检修》两个分册。

（5）实用性。教材修订工作遵循为企业培训服务的原则，面向生产、面向实际，以提高岗位技能为导向，强调了"缺什么补什么，干什么学什么"的原则，在内容编排上以实际操作技能为主线，知识为掌握技能服务，知识内容以相应的工种必需的专业知识为起点，不再重复已经掌握的理论知识。突出理论和实践相结合，将相关的专业理论知识与实际操作技能有机地融为一体。

（6）完整性。教材在分册划分上没有按工种划分，而采取按专业方式分册，主要是考虑知识体系的完整，专业相对稳定而工种则可能随着时间和设备变化调整，同时这样安排便于各工种人员全面学习了解本专业相关工种知识技能，能适应轮岗、调岗的需要。

（7）通用性。教材突出对实际操作技能的要求，增加了现场实践性教学的内容，不再人为地划分初、中、高技术等级。不同技术等级的培训可根据大纲要求，从教材中选取相应的章节内容。每一章后均有关于各技术等级应掌握本章节相应内容的提示。每一册均有关本册涵盖职业技能鉴定专业及工种的提示，方便培训时选择合适的内容。

（8）可读性。教材力求开门见山，重点突出，图文并茂，便于理解，便于记忆，适用于职业培训，也可供广大工程技术人员自学参考。

希望《火力发电职业技能培训教材》（第二版）的出版，能为推进火力发电企业职业技能培训工作发挥积极作用，进而提升火力发电员工职业能力水平，为电力安全生产添砖加瓦。恳请各单位在使用过程中对教材多提宝贵意见，以期再版时修订完善。

本套教材修订工作得到中国大唐集团有限公司山西分公司、大唐太原第二热电厂和阳城国际发电有限责任公司各级领导的大力支持，在此谨向为教材修订做出贡献的各位专家和支持这项工作的领导表示衷心感谢。

《火力发电职业技能培训教材》（第二版）编委会

2020 年 1 月

第一版前言

近年来，我国电力工业正向着大机组、高参数、大电网、高电压、高度自动化方向迅猛发展。随着电力工业体制改革的深化，现代火力发电厂对职工所掌握知识与能力的深度、广度要求，对运用技能的熟练程度，以及对革新的能力，掌握新技术、新设备、新工艺的能力，监督管理能力，多种岗位上工作的适应能力，协作能力，综合能力等提出了更高、更新的要求。这都急切地需要通过培训来提高职工队伍的职业技能，以适应新形势的需要。

当前，随着《中华人民共和国职业技能鉴定规范》（简称《规范》）在电力行业的正式施行，电力行业职业技能标准的水平有了明显的提高。为了满足《规范》对火力发电有关工种鉴定的要求，做好职业技能培训工作，中国国电集团公司、中国大唐集团公司与中国电力出版社共同组织编写了这套《火力发电职业技能培训教材》，并邀请一批有良好电力职业培训基础和经验，并热心于职业教育培训的专家进行审稿把关。此次组织开发的新教材，汲取了以往教材建设的成功经验，认真研究和借鉴了国际劳工组织开发的 MES 技能培训模式，按照 MES 教材开发的原则和方法，按照《规范》对火力发电职业技能鉴定培训的要求编写。教材在设计思想上，以实际操作技能为主线，更加突出了理论和实践相结合，将相关的专业理论知识与实际操作技能有机地融为一体，形成了本套技能培训教材的新特色。

《火力发电职业技能培训教材》共 15 分册，同时配套有 15 分册的《复习题与题解》，以帮助学员巩固所学到的知识和技能。

《火力发电职业技能培训教材》主要具有以下突出特点：

（1）教材体现了《规范》对培训的新要求，教材以培训大纲中的"职业技能模块"及生产实际的工作程序设章、节，每一个技能模块相对独立，均有非常具体的学习目标和学习内容。

（2）对教材的体系和内容进行了必要的改革，更加科学合理。在内容编排上以实际操作技能为主线，知识为掌握技能服务，知识内容以相应的职业必需的专业知识为起点，不再重复已经掌握的理论知识，以达到再培训，再提高，满足技能的需要。

凡属已出版的《全国电力工人公用类培训教材》涉及的内容，如识绘图、热工、机械、力学、钳工等基础理论均未重复编入本教材。

（3）教材突出了对实际操作技能的要求，增加了现场实践性教学的内容，不再人为地划分初、中、高技术等级。不同技术等级的培训可根据大纲要求，从教材中选取相应的章节内容。每一章后，均有关于各技术等级应掌握本章节相应内容的提示。

（4）教材更加体现了培训为企业服务的原则，面向生产，面向实际，以提高岗位技能为导向，强调了"缺什么补什么，干什么学什么"的原则，内容符合企业实际生产规程、规范的要求。

（5）教材反映了当前新技术、新设备、新工艺、新材料以及有关生产管理、质量监督和专业技术发展动态等内容。

（6）教材力求简明实用，内容叙述开门见山，重点突出，克服了偏深、偏难、内容繁杂等弊端，坚持少而精、学则得的原则，便于培训教学和自学。

（7）教材不仅满足了《规范》对职业技能鉴定培训的要求，同时还融入了对分析能力、理解能力、学习方法等的培养，使学员既学会一定的理论知识和技能，又掌握学习的方法，从而提高自学本领。

（8）教材图文并茂，便于理解，便于记忆，适应于企业培训，也可供广大工程技术人员参考，还可以用于职业技术教学。

《火力发电职业技能培训教材》的出版，是深化教材改革的成果，为创建新的培训教材体系迈进了一步，这将为推进火力发电厂的培训工作，为提高培训效果发挥积极作用。希望各单位在使用过程中对教材提出宝贵建议，以使不断改进，日臻完善。

在此谨向为编审教材做出贡献的各位专家和支持这项工作的领导们深表谢意。

《火力发电职业技能培训教材》编委会

第二版编者的话

2005 年 1 月中国电力出版社出版的"火力发电职业技能培训教材"《电厂化学设备运行》，在火电厂化学行业中得到了广泛的应用。2016 年 5 月第六次印刷。随着超临界、超超临界机组的不断投运，新技术、新工艺不断更新，电厂化学水处理也出现了许多新技术、新工艺、新方法，因此有必要对上述书籍进行修编，推进职工全员培训机制，不断提高职工队伍的整体素质，满足电力生产的需要。

本教材主要讲述电厂化学知识，包括基础化学知识、电厂化学水处理、油处理、燃料管理及煤、水、油的化学监督、分析化验等，新增加内冷水处理、制氢设备运行部分，对电厂化学运行及监督人员有一定的适用性，我们本着理论联系实际，尽力做到内容准确，通俗易懂。

本书共分六篇，第一篇第一章、第二章由大唐太原第二热电厂洪冬霞编写，第二篇第三章至第九章由大唐太原第二热电厂郑建勋编写，第二篇第十章至第十二章由大唐阳城电厂靳晋陵编写，第三篇第十三章至第十六章由大唐太原第二热电厂洪冬霞、宗美华编写，第四篇第十七章至第二十一章由大唐阳城电厂韩慧芳、靳晋陵编写，第五篇第二十二章至第二十九章由大唐阳城电厂喻军及大唐太原第二热电厂司海翠编写，第六篇第三十章至第三十二章由大唐太原第二热电厂陈志青、南轶编写。全书由大唐太原第二热电厂杨利斌主编。

由于水平有限，书中难免多有不妥之处，敬请读者批评指正。

编者

2019 年 6 月

第一版编者的话

目前，我国电力工业迅猛发展，尤其是近一个时期，许多新电厂、新机组相继投产，机组参数越来越大，容量越来越高，新技术、新工艺不断投入，因此急需建立职工全员培训机制，不断提高职工队伍的整体素质，以满足电力生产的需要。

近十年来，电厂化学水处理出现了许多新技术、新工艺、新方法，因此有必要将一些新知识介绍给大家，特此编写了本教材。

本教材主要讲述电厂化学知识，包括基础化学知识，电厂化学水处理，油处理，煤务管理及煤、水、油的化学监督、分析化验等，对电厂化学运行及监督人员有一定的适用性，我们本着理论联系实际，尽力做到内容准确，通俗易懂，但由于编者水平所限，大部分同志都是第一次参加编写工作，缺乏经验，因此本教材中一定存在一些错误和不妥，恳请大家见谅并提出宝贵意见，以便今后进一步提高。

本书共分五篇，第一篇由太原第一热电厂张爱敏编写，第二篇由太原第一热电厂逯银梅、张爱敏、张根銮、游卿峰及漳泽发电厂阎春平编写，第三篇由太原第一热电厂张根銮、孙泽编写，第四篇由太原第一热电厂唐伟贤、张爱敏编写，第五篇由太原第一热电厂曹秀兰、武歆烨编写。全书由太原第一热电厂张爱敏主编，由山西电力科学研究院王小平主审。

水平与时间所限，疏漏与不足之处在所难免，敬请广大读者批评指正。

编者

2004 年 6 月

目录

第三篇　电厂水化验

下　册

第四篇　电厂油务管理

第五篇　电厂燃料管理

第六篇　化学制氢管理

第一篇

化学基础知识

第一章

基础化学知识及法定计量单位

第一节 基础化学知识

一、化学基本概念

（一）分子、原子及原子量

1. 分子

分子是构成物质的一种微粒。分子不是静止存在的，而总是在不断运动着。因此人们能闻到刺激性的气味，湿衣服晒一定时间就干了等，这些都是由于分子不断运动而扩散到空气里的缘故。

分子间有一定的间隔，因而一般物体有热胀冷缩的现象。分子间的间隔如果很大，物质就呈气态；如果较小就呈液态或固态。所以，一般物质在不同的条件下有三态的变化，主要是由于它们的分子之间的间隔大小发生变化等。

当物质发生物理变化的时候，它的分子本身没有变，所以物质仍然是原来的物质。因此，分子是能够独立存在并保持物质化学性质的一种微粒。不同种物质分子的化学性质不同。

2. 原子

物质的分子能够经过化学反应而变成其他物质的分子，可见，分子尽管很小，但还是可分的。在化学反应里，分子可以分成原子，原子是化学变化中的最小微粒。原子和分子一样也是在不断运动着的。现代科学实验已经证明，原子也是具有复杂结构的微粒，但它还可以再分。原子是由居于原子中心的带正电的原子核和核外带负电的电子组成的。由于原子核所带的电量和核外电子的电量相等，但电性相反，因此原子不显电性。不同类的原子，它们的原子核所带的电荷数彼此不同。由于原子核和核外电子所带的电性相反，它们相互间就有吸引力。核电荷数不同的原子，其核外电子数也不同，它们的质量和性质也各不相同。核电荷数相同的原子核外电子数相同，化学性质也相同。核电荷数相同的一类原子称为某元素。

在原子中同时存在着两种力：一种是由于原子核带正电荷，电子带负电荷，原子核和电子间有相互吸引的力；另一种是由于电子以极高速绕核运动，电子有离开原子核的倾向，这样就使原子核和电子处在相对稳定的状态下。然而在一定条件下，原子也会失去或得到一部分电子而成为带电荷的微粒：失去电子后成为带正电荷的微粒，称为正离子（或阳离子）；得到电子后成为带负电荷的微粒，称为负离子（或阴离子）。

由于各种元素原子的核电荷数都不相同，我们把各种原子按其核电荷数从小到大排列的序号叫做原子序数。

$$原子的组成可概括为原子 \begin{cases} 原子核 \begin{cases} 质子（带一个正电荷） \\ 中子（不带电） \end{cases} \\ 电子（带一个负电荷） \end{cases}$$

3. 原子量和分子量

原子虽然很小，但有一定的质量。原子的质量是原子的一种重要性质。在科学上，一般不直接用原子的实际质量，而采用不同原子的相对质量。国际上是以一种碳原子（指原子核内有六个质子和六个中子）的质量的 1/12 作为标准，即一个碳单位，其他原子的质量跟它相比较所得的数值，就是该种原子的原子量。采用这种标准，人们测得了各种原子的原子量。因此，用碳单位表示某元素的一个原子质量，叫做该元素的原子量。

分子由原子组成，分子的质量就应等于组成分子的各原子质量之和，因此分子量也同样用碳单位来表示。用碳单位所表示的某物质一个分子的质量，叫做此物质的分子量。

（二）元素、单质、化合物及混合物

1. 元素

元素是具有相同核电荷数的一类原子的总称，如氧元素就是所有氧原子的总称，碳元素就是所有碳原子的总称。它只代表原子的种类，而无"数量"含义。在自然界里，物质的种类非常多，有几百万种以上，但是，构成这些物质的元素并不多，只有 107 种。为便于表达和书写，国际上采用统一的元素符号表示各种元素，通常用它们的拉丁文原名的第一个大写字母表示，若遇第一个字母相同时，则后面附加一个小写字母。采用不同的符号表示各种元素，这种符号叫做元素符号。元素符号具有三种意义：表示一种元素；表示这种元素的一个原子；表示这种元素的原子量。

2. 单质和化合物

自然界里的物质，有的是由同种元素组成的，如氧气是由氧元素组成的，铁是由铁元素组成的。像这种由同种元素组成的物质叫做单质。有的单质由分子构成，有的单质由原子构成。根据单质的不同性质，单质一般分为金属单质和非金属单质两大类。一般金属单质能够导电，非金属单质不能导电，但非金属和金属之间没有绝对界限。例如，用作半导体材料的硅和锗，既有金属性质又有非金属性质。

有些物质的组成比较复杂，是由两种或两种以上的元素组成的。像这种由不同种元素组成的物质叫做化合物。在各种化合物里，有些是由两种元素组成的，其中一种是氧元素，这种化合物叫做氧化物。

自然界里的各种元素，有两种存在的形态：一种是以单质的形态存在的，叫做元素的游离态；另一种是以化合物的形态存在的，叫做元素的化合态。例如，氧气里的氧元素就是游离态的，二氧化碳、四氧化三铁里的氧元素就是化合态的。

3. 纯物质与混合物

凡含有一种单质或一种化合物的物质叫做纯物质（或纯净物）。由几种不同的单质或化合物混杂在一起形成的物质叫做混合物。换句话说，由同种分子构成的物质叫做纯物质；由不同种分子构成的物质是混合物。

研究任何一种物质的性质，都必须选用纯净物。因为一种物质里如果含有杂质，就会影响这种物质固有的某些性质。但实际上，完全的纯是没有的，通常所谓的纯净物都不是绝对的纯净，而指的是含杂质很少的具有一定纯度的物质。凡含杂质的量不致于在生产或科学研究过程中发生有害影响的物质，就可以叫做纯净物。用于生产和科研的各种化学试剂，按其纯度由低到高的不同可以分为工业纯、化学纯、分析纯、优级纯、光谱纯、高纯（含量在 99.99% 或以上）等。

（三）分子式及化合价

1. 分子式

由于各种纯净物都有一定的组成，为了便于认识和研究物质，化学上常用元素符号来表示物质的分子组成。例如氧分子、氢分子和水分子的组成，可以分别用 O_2、H_2、H_2O 来表示。这种用元素符号来表示物质分子组成的式子叫做分子式。各种物质的分子式，是通过实验的方法，测定了物质的组成，然后得出来的。一种物质只有一个分子式。

（1）单质分子式的写法。单质是由同种元素组成的。写单质分子式时，首先写出它的元素符号，然后在元素符号的右下角，写一个数字，来表示这种单质的一个分子里所含原子的数目（原子数是 1 时不写）。例如，氧气、氢气的每一个分子里都含有两个原子，所以这些单质的分子式

分别写成 O_2、H_2。

（2）化合物分子式的写法。化合物是由不同种元素组成的。写化合物分子式时，必须知道这种化合物是由哪几种元素组成的，以及这种化合物的一个分子里，每种元素各有多少个原子。知道这些事实后，就可以先写出元素符号，然后在每种元素符号的右下角写上数字，以标明这种化合物的一个分子里所含该元素的原子数。写化合物分子式时，习惯上把金属元素符号写在前面，非金属元素符号写在后面；非金属元素与氧元素所形成的化合物，一般把非金属元素符号写在前面，氧元素符号写在后面。

必须指出，有许多单质和化合物，并不存在分子。如大多数金属元素，是由原子直接构成的。有的固体物质是由离子组成的，如 NaCl。像这种只表示组成物质的各元素原子数的最简化的式子，叫做化学式。习惯上常把化学式也称为分子式。

书写分子式时应该注意，元素符号右下角的数字和元素符号前面的数字在意义上是完全不同的。

分子式有五种含义：表示某物质和该物质的一个分子；表示组成此物质的各种元素；表示组成此物质的一个分子中各元素的原子个数；表示此物质的相对分子质量；表示此物质中各元素的质量分数。

一个分子中各原子的原子量的总和就是分子量。根据分子式就可以计算出任何一种物质的分子量。还可以计算出化合物中各元素的质量百分比。化合物中某元素的质量百分比等于

$$\frac{\text{分子中某元素的原子个数} \times \text{原子量}}{\text{化合物的分子量}}$$

如知道化合物中某元素的质量百分比，就可计算在一定质量的化合物中，所含该元素的质量，即

元素的质量 = 化合物的质量 × 该元素的质量百分比

2. 化合价

由于元素之间相互化合时，其原子个数比都有一个确定的数值，各种元素的原子相互化合的数目叫做这种元素的化合价，其有正、负之分。

在离子化合物里，元素化合价的数值，就是这种元素的一个原子得失电子的数目。失去电子的原子带正电荷，这种元素的化合价是正价；得到电子的原子带负电荷，这种元素的化合价是负价。

在共价化合物里，元素化合价的数值，就是这种元素的一个原子跟其他元素的原子形成的共用电子对的数目。化合价的正负由电子对的偏

移来决定。电子对偏向哪种原子，哪种原子就为负价；电子对偏离哪种原子，哪种原子就为正价。在任何化合物里，正、负化合价的代数和都等于零。

许多元素的化合价不是固定不变的。在不同条件下，同一原子既可失去电子，也可得到电子；而且失去电子的数目也可以不同，因此元素就显示出可变化合价来。

元素的化合价是元素的原子在形成化合物时表现出来的一种性质，因此，在单质分子里，元素的化合价为零。

化合物中元素的化合价，通常有下列规则：

（1）氢在化合物里为 +1 价；

（2）氧在化合物里为 −2 价；

（3）金属元素一般为正价；

（4）非金属元素与金属或氢化合时呈负价，与氧化合时呈正价；

（5）各种化合物的分子总是由某些显示正价的元素和显示负价的元素组成的，并且正、负化合价总数的代数和等于零。

根据以上规则，就可以写出化合物的分子式或确定化合物中某元素的化合价。

（四）化学反应

1. 化学反应过程

化学反应是组成物质原子间的分解和重新化合的过程。

在反应前后，原子间的组合发生了改变，并有新物质产生，引起了物质化学性质的改变。反应过程中，伴随着新物质的生成存在着能量的相互转换，但遵循质量守恒定律和能量守恒定律，即反应前后，反应物的总质量与生成物的总质量相等，能量也不会无中生有，也不会随意消失，只是相互转换而已。

2. 化学反应式及其写法

用化学式表示化学反应的式子叫做化学反应式，也叫化学方程式。它是化学反应简明的、统一的语言，表达了物质在化学反应中质的变化和量的关系这一客观存在的真实过程。

化学反应式的写法如下：

（1）写出反应物和生成物的分子式。根据化学反应事实，正确地写出反应物和生成物的分子式，反应物的分子式写在左边，生成物的分子式写在右边。如果反应物和生成物不止一种，就用" + "分别连接起来，在反应物和生成物之间划一个箭头，如下式：

$$H_2O \longrightarrow H_2 + O_2$$

（2）配平化学反应式。根据反应前后各种元素的原子总数不变的原则，在各反应物和生成物的分子式前面配上适当的系数，使各元素的原子数目在式子两边都相等，并将反应物和生成物之间的连接符号由箭头改为等号。

（3）如果反应是在某种条件下进行的，那么在等号上方应该注明反应发生的条件（温度、压力、催化剂等），若须加热，则在等号上方以△表示加热，若生成物中有气体放出时则用↑表示，有沉淀物析出时则用↓表示。这样即得到了完整的化学方程式。

通过化学方程式可知道反应物、生成物以及它们之间的分子个数比和质量比，并据此进行有关的定量计算。

3. 化学反应的类型

对无机化学反应，一般按其形式分为四种类型：

（1）分解反应。一种物质分解为两种或两种以上的新物质的反应称为分解反应。如碳酸铵受热分解为氨、二氧化碳和水，反应式为

$$(NH_4)_2CO_3 \Longrightarrow 2NH_3\uparrow + CO_2\uparrow + H_2O$$

（2）化合反应。两种或两种以上的物质化合成为一种新物质的反应称为化合反应。如镁在空气中燃烧，与氧化合生成氧化镁，反应式为

$$2Mg + O_2 \Longrightarrow 2MgO$$

（3）置换反应。一种单质跟一种化合物起反应，生成了另一种单质和另一种化合物，这类反应叫做置换反应。如盐酸与锌粒起反应，生成氢气和氯化锌，反应式为

$$Zn + 2HCl \Longrightarrow ZnCl_2 + H_2\uparrow$$

（4）复分解反应。两种化合物相互交换离子，生成两种新的化合物，这种反应叫做复分解反应。如硝酸银和氯化钠反应，生成硝酸钠和氯化银，反应式为

$$AgNO_3 + NaCl \Longrightarrow NaNO_3 + AgCl\downarrow$$

二、溶液、溶液浓度和计算

将泥土放进试管中与水混合，振荡以后，得到浑浊的液体。但这种液体不稳定，静置一会儿后，它们就逐渐下沉。这种固体小颗粒悬浮于液体里形成的混合物叫做悬浊液。

将植物油注入试管的水里，用力振荡以后，得到乳状浑浊的液体。液体里分散着不溶于水的小液滴，这种液体也不稳定，经过静置，由于一般的小液滴的比重小于水，所以就逐渐浮起来，分为上下两层。这种小液滴

分散到液体里形成的混合物叫做乳浊液。

将食盐溶解在水里，得到的液体与悬浊液或乳浊液则不同。食盐的分子均匀地分散到水分子中间，形成均匀、稳定的液体。像这样一种物质（或几种物质）以分子、离子或原子状态分散到另一种物质里，形成均一的、稳定的混合物叫做溶液。其中能溶解其他物质的物质叫做溶剂；被溶解的物质叫做溶质。溶液是由溶剂和溶质组成的。水能溶解很多物质，形成溶液，因此，水是最常用的溶剂。溶质可以是固体，也可以是液体或气体。固体、气体溶于液体时，固体、气体是溶质，液体是溶剂。两种液体互相溶解时，通常把量多的一种叫做溶剂，量少的一种叫做溶质。用水做溶剂的溶液叫做水溶液，用酒精做溶剂的溶液叫做酒精溶液。通常所说的溶液如不加特殊说明，一般都是指水溶液。

溶质和溶剂是相对而言的。例如，酒精和水互相溶解时，一般来说酒精是溶质，水是溶剂；如果少量水溶解在酒精里，就可以把水作为溶质，酒精作为溶剂。

（一）溶解度

1. 溶解度的定义

各种物质在溶剂（水）中的溶解能力是不同的。在一定温度下，溶液里所溶解的某种溶质达到不能再增加的程度（即达到溶解平衡状态），这样的溶液叫做这种溶质的饱和溶液。反之，如果还能继续溶解更多的溶质，则叫做这种溶质的不饱和溶液。

通常用溶解度来表示物质溶解能力的大小。即在一定温度下，100g溶剂所制成的某物质的饱和溶液中含有该物质的克数，叫做该物质在这一溶剂里的溶解度。根据溶解度的大小可将物质分为：可溶物质、微溶物质、难溶或不溶物质。各种物质在一定温度下的溶解度是一个确定的数值。

2. 影响固体物质溶解度的因素

（1）溶质和溶剂的性质。溶质在溶剂里的溶解度，首先决定于溶质和溶剂的性质，这是最主要的因素。因为各物质有不同的结构，所以它们在水中的溶解度不同，而且同种物质在不同溶剂中的溶解度也不同。

一般地，物质易溶于与它结构相似的物质中，极性物质易溶于极性溶剂，非极性物质易溶于非极性溶剂，这符合"相似者相溶"的规律。

（2）温度的影响。大多数固体物质的溶解度随温度的升高而增大，少数固体物质的溶解度受温度的影响不大，也有极少数物质的溶解度随温度的升高而减小，详见表 1-1。

第一章 基础化学知识及法定计量单位

表 1 - 1　　　　　　　　　**某些物质在不同温度时的溶解度**

（100g 水中所溶解该物质的克数）

物质名称	温　度　（℃）							
	0	10	20	30	40	60	80	100
NaCl	35.6	35.7	35.8	36.1	36.3	37.1	38.1	39.2
KCl	28.2	31.3	34.3	37.3	40.3	45.6	51.0	56.2
KNO_3	13.9	21.2	31.6	45.6	61.3	106.2	166.6	245
$(NH_4)_2SO_4$	70.4	72.7	75.4	78.1	81.2	87.4	94.1	102
NH_4Cl	29.7	33.5	37.4	—	46.0	55.3	65.6	77.3
$Al_2(SO_4)_3 \cdot 18H_2O$	31.2	—	36.3	—	45.6	58	73	89
$CuSO_4$	14.8	—	20.9	—	29.0	39.1	53.6	73.6
$Ca(OH)_2$	0.185	0.176	0.165	0.153	0.141	0.116	0.094	0.077
$FeSO_4 \cdot 7H_2O$	15.44	20.48	26.58	32.38	39.59	—	—	—
$Na_3PO_4 \cdot 12H_2O$	4.49	8.22	11.91	16.28	19.85	39.39	(75°) 53.95	
$FeCl_3 \cdot 6H_2O$	73.12	81.81	89.58	104.68	—	—	—	

（二）浓度的计算

在一定量的溶液（或溶剂）中，所含溶质的量称为溶液的浓度。溶液的浓度是说明溶质和溶剂之间量的关系。表示溶液浓度的方法很多，我们只介绍常用的几种浓度表示法。

1. 质量分数及百分比浓度

用溶质的质量占全部溶液（溶质＋溶剂）质量的比值来表示溶液中溶质的含量，叫做质量分数（无量纲），如以百分数表示，则称为百分含量。用百分比浓度表示溶液浓度时有两种方法，即质量百分比浓度和容积百分比浓度。

（1）质量分数 $= \dfrac{溶质的质量}{溶液的质量}$。

（2）质量百分比浓度。用溶质的质量占全部溶液质量的百分比表示的浓度，叫做该溶液的质量百分比浓度。

溶液的质量百分比浓度可用下式来计算：

$$溶液的质量百分比浓度 = \frac{溶质质量}{溶质质量 + 溶剂质量} \times 100\%$$

$$= \frac{溶质质量}{溶液质量} \times 100\%$$

质量百分比浓度是一种常用的浓度，利用上述公式即可进行溶液百分比浓度的计算。通常我们可以简易地用比重计测出溶液的比重，即可查得溶液的浓度。这是由于溶液的比重是随着它的质量百分比浓度的改变而改变的，若事先测得某溶液各种质量百分比浓度时的比重，那么只需测定溶液的比重再通过查表就可以知道溶液的质量百分比浓度。

知道了溶液的体积 V 和密度 ρ（在数值上一般与比重相同），就能计算出溶液的质量 m。

$$m = \rho V$$

【例 1–1】 水处理需用 NaCl 溶液，今取 1t（1000kg）水溶解 300kg NaCl 来配制，求此溶液中 NaCl 的质量分数。

解 NaCl 的质量分数 $= \dfrac{300}{300 + 1000} = 0.23$

上述质量分数是按物质质量比溶液质量来表示的。在实用上，为了方便起见，有时将 100mL 溶液中含有以克计的溶质质量表示为百分形式。此种百分比从原理上讲虽然不合理，但在实用上却带来了方便，因为它可以按量得的溶液体积算出溶质的质量，例如在 100mL 溶液中含有 5g NaCl 可写成 5%（质量/体积）NaCl 溶液，如需取 10g NaCl，则用量筒量取 200mL 溶液即可。

（3）容积百分比浓度，一般以"$A\%$（重/容）"表示。用 100mL（或升）溶液中所含溶质的克数（或公斤数）表示的浓度，叫做该溶液的容积百分比浓度。

$$溶液的容积百分比浓度 = \frac{溶质质量（g）}{溶液体积（mL）} \times 100\%$$

$$= \frac{溶质质量（kg）}{溶液体积（L）} \times 100\%$$

由于物质溶解时，溶液的体积要发生变化，因此在配制时，通常要放在已确定体积的容量瓶中进行稀释，这与配制重量百分比浓度方法不同。由于溶液体积随温度而改变，因此溶液体积百分比浓度会受到温度的影响。

百分含量是工业上常用来表示较浓溶液中溶质含量的一种方法。为了求取某一物质的水溶液的百分含量，可以用测定其温度和密度的方法。因为在一定的温度下，给定物质的水溶液的密度与其百分含量有一定的关系。

2. 物质的量浓度

物质的量浓度是目前使用最广泛的一种浓度，我们将在第二节中进行详细讲解，在此不再叙述。

3. 其他几种浓度

（1）毫克/升和微克/升。在化学水分析中，因水中杂质的浓度很稀，如用上述各浓度表示时，单位就太大，数值太小，用起来不方便，可用毫克/升或微克/升来表示。毫克/升和微克/升是分别指 1L 溶液中含有某物质的毫克数和微克数。

在工业上有时用 1L 溶液中含有溶质的质量（克、毫克或微克）表示溶液中溶质的含量（相应的单位为 g/L、mg/L、μg/L）。对以水为溶剂的稀溶液，1L 水的质量近似地等于 1kg，在这种情况下，上述含量单位为 g/kg、mg/kg、μg/kg 可看作是相等的，例如 1L 某原水中含有铁化合物的质量以铁（Fe）表示为 0.004g，其含量可以用下面的各种单位表示：

因 1g = 1000mg，1mg = 1000μg，故

Fe 含量 = 0.004g/L（或 g/kg）

或 Fe 含量 = 4mg/L（或 mg/kg）

或 Fe 含量 = 4000μg/L（或 μg/kg）

在天然水及处理过程中，水中溶质含量一般都很少，所有单位采用 mg/L、μg/L 比较普遍，有时还用 ppm 或 ppb 来表示。ppm 是指在一百万份质量的溶液中所含溶质质量的份数（即 1×10^{-6}），所以它和 mg/kg 的表示法相近，因而对一般的稀溶液也可看成是 mg/L，ppb 表示在十亿份质量中所含溶质质量的份数（即 1×10^{-9}），它可看成是 μg/L。

（2）体积比（$V:V$）。这种浓度表示法只适用于溶质是液体的溶液。如硫酸溶液（4:1），是指四份体积的浓硫酸和一份体积的水配成的溶液，即它们的体积比是 4:1。前面的数字代表浓溶液中纯溶质的体积份数，后面的数字代表溶剂的体积份数。

（3）滴定度。是指在 1mL 浓度一定的标准滴定溶液中，含有溶质的质量或相当于可和它反应的化合物或离子的质量。

如果分析的对象固定，用滴定度计算其含量时，只需将滴定度乘以所消耗标准溶液的体积即可求得被测物的含量，计算十分简便。

三、质量作用定律和化学平衡

（一）化学反应速度定义及质量作用定律

物质之间的化学反应其速度快慢不等，但在一定条件下某一特定的化学反应常以一定的速度进行，有些反应瞬间完成，有些反应则相对较慢，即使同一反应，在不同的条件下，反应速度也不相同，为了比较反应的快慢，从而引出化学反应速度这一概念。其定义为：单位时间内反应物或生

成物的量的变化，通常是用单位时间内反应物浓度的减少或生成物浓度的增加来表示。其单位为摩尔／（升·分）或摩尔／（升·秒）。

各种化学反应速度除与反应物的本性有关外，还与反应物的浓度、反应的温度和催化剂有关，一般的化学反应，反应物浓度越高，反应速度越快，温度越高，反应速度越快。

化学反应速度和各反应物的浓度的乘积成正比。此结论称为质量作用定律。

（二）化学反应速度及化学平衡

一切化学反应的进行，都涉及两个最根本的问题，一是反应的快慢，一是反应进行的程度。反应的快慢就是化学反应速度问题；反应进行的程度，是指通过化学反应有多少反应物转化为生成物，即化学平衡问题。

1. 化学反应速度

化学反应的特点是，随着时间的变化，反应物不断减少，生成物不断增加，对同一个化学反应来说，不同的反应物或生成物，在单位时间里的浓度变化量不一定相等，因此，在表示化学反应速度时，应指明是哪种反应物或哪种生成物的反应速度。

2. 影响化学反应速度的因素

反应速度的快、慢，除了跟反应物本身的化学性质有关外，还跟温度、浓度、催化剂等反应条件有关。

（1）温度对反应速度的影响。温度对化学反应的速度有显著的影响。一般地说，温度升高反应速度加快，反应速度的改变主要决定于速度常数 k。不同的化学反应具有不同的速度常数。对某一反应来说，温度一定，速度常数 k 是一个定值，但随着温度的改变，速度常数 k 也将改变。温度升高，k 值增大，反应速度加快。原因是，随着温度的升高，活化分子的百分数增大，使得分子间的有效碰撞增加，导致反应速度加快。

（2）浓度对反应速度的影响。大量实验证明，在一定条件下，如果增大反应物的浓度，反应速度也会加快，降低反应物的浓度，反应速度就会减慢。

在一个化学反应中，如果有两种物 A 和 B，那么反应速度不仅与 A 的浓度有关，也与 B 的浓度有关。人们从实验中总结出这样的规律：

若反应为 $$A + B = C + D$$

则反应速度 v 与 A 和 B 的摩尔浓度的乘积成正比，即

$$v \propto [A][B]$$

若反应式为 $$mA + nB = pC + qD$$

则反应速度 v 与 A 浓度的 m 次方跟 B 浓度的 n 次方的乘积成正比，即

$$v \propto [A]^m [B]^n$$

总的来说，在温度一定的条件下，化学反应速度与各反应物的以分子系数为方次的浓度乘积成正比，这叫做反应速度定律，其定量关系也叫做质量作用定律。这一定律的数学表达式为

$$v = k[A]^m [B]^n$$

式中，k 值的大小可以通过实验测定，不同的反应有不同的 k 值，同一反应在不同温度下，也有不同的 k 值。但质量作用定律只适于一步完成的简单反应。对于多步才能完成的化学反应，则不能直接从化学反应式来确定其反应速度的公式，要以实验来确定。

此外，当有固体物质参加反应时，反应只在固体表面进行，固体的浓度没有意义。反应速度只与气体或溶液中反应物的浓度有关。

（3）催化剂对反应速度的影响。催化剂的作用，就在于它能改变化学反应的速度，而且在反应前后其组成和质量都没有发生改变。且不同的化学反应需要采用不同的催化剂。能加快反应速度的叫正催化剂；能减慢反应速度的叫负催化剂。需要指出的是：催化剂只能改变反应速度，不能改变反应方向；催化剂对反应速度的影响，也体现在 k 值的变化。一定温度下，对确定的反应来说，采用不同的催化剂就有不同的 k 值；对可逆反应来说，同一催化剂可以同等程度地影响正、逆反应的速度常数和反应速度。催化剂只能缩短平衡到达的时间，而不能改变平衡状态。

3. 化学平衡

当我们用氮气和氢气合成氨的时候，即使在高温、高压和采用催化剂的条件下，反应也不可能进行到底，其原因如下：

（1）可逆反应。合成氨的反应是一个可逆反应，即有

$$N_2 + 3H_2 \rightleftharpoons 2NH_3$$

在一定条件下，既有 N_2 和 H_2 合成氨的反应，同时，也有 NH_3 分解为 N_2 和 H_2 的反应。通常把化学反应式中向右进行的反应叫正反应，向左进行的反应叫逆反应。

可逆反应都具有这样的特点：当反应刚刚开始的时候，由于反应物浓度大，正反应速度很快，而生成物刚刚产生，浓度很小，逆反应速度很慢；随着反应的进行，反应物浓度逐渐降低，生成物浓度逐渐升高，正反应进行的速度就会逐渐变慢，逆反应速度就会逐渐变快。当反应进行到一定程度时，就会出现正、逆反应速度相等的情况，即 $v_\text{正} = v_\text{逆}$。所以，在这种情况下，尽管正、逆反应还在进行，但反应物和生成物的浓度都不再改变了。

我们把可逆反应中，正、逆反应速度相等，反应物和生成物浓度不再改变的这种状态叫做化学平衡状态。它是一种动态平衡状态。

（2）化学平衡常数。化学反应的可逆性，是普遍存在的，但可逆程度却有所不同。

如果可逆反应为 $mA + nB = pC + qD$

当可逆反应达到平衡时 $v_正 = v_逆$

$$k_正 [A]^m [B]^n = k_逆 [C]^p [D]^q$$

即

$$\frac{[C]^p [D]^q}{[A]^m [B]^n} = \frac{k_正}{k_逆}$$

$k_正$ 与 $k_逆$ 是两个速度常数，两常数之比仍是常数，以 k_C 表示，即

$$\frac{[C]^p [D]^q}{[A]^m [B]^n} = k_C$$

上述关系式表明，可逆反应在一定温度下达到平衡时，以分子系数为方次的生成物浓度的乘积，与以分子系数为方次的反应物浓度的乘积之比，是一个常数。这个常数就叫做化学平衡常数。此常数只与反应温度有关，与浓度的变化无关。

（3）影响化学平衡的因素。化学平衡状态是有条件的，如果条件改变，平衡就将被破坏，引起平衡的移动。能导致平衡移动的物理量有浓度、压力和温度。

1）浓度对化学平衡的影响。在一定条件下，可逆反应达到平衡后，如果再增大反应物的浓度，此时 $v_正 > v_逆$，打破了原来的平衡状态，有更多的生成物生成。随着反应的进行，反应物浓度逐渐减小，$v_正$ 也逐渐变小；生成物浓度逐渐增大，$v_逆$ 也逐渐增大。直到又出现了正、逆反应速度相等的状态，又重新达到新的平衡状态。通过计算和实验证明，在这种新的平衡状态下，生成物的浓度都比原来增大了，所以说，增大反应物的浓度，能使平衡向生成物方向，即向正反应方向移动。减小生成物浓度，平衡也会向生成物方向移动。

2）压力对化学平衡的影响。对有气态物质参加或生成的可逆反应，气体分压对其平衡状态的影响，与浓度的影响是一致的，因为恒温、恒容情况下，气体分压与浓度是成正比的。但平衡体系总压力的改变，对其平衡状态的影响有所不同。对于反应方程式两边气体分子总数不等的可逆反应，在恒温条件下，降低总压力，平衡向气体分子数增加的方向移动，也就是说在体积不变的条件下，平衡向增大压力的方向移动。增加总压力，平衡向气体分子数减少的方向移动，也就是说，在体积不变的条件下，平

衡向减小压力的方向移动。如果化学反应前后气体的分子数相等，则总压力的改变不影响化学平衡。

3）温度对化学平衡的影响。化学反应的发生，总是伴随着吸热或放热现象。温度对化学平衡和平衡常数 k 的影响是与化学反应的热量变化密切相关的。例如，NO_2 聚合成 N_2O_4 为放热的可逆反应，即

$$2NO_2(g) \underset{\text{吸热}}{\overset{\text{放热}}{\rightleftharpoons}} N_2O_4(g)$$
$$（红棕色）\qquad\qquad 吸热（无色）$$

在室温下达平衡时，NO_2 和 N_2O_4 的混合物是红棕色的。降低温度时，气体混合物的颜色逐渐变浅，表明平衡向正反应方向移动；升高温度时，气体混合物的颜色逐渐变深，表明平衡向逆反应方向移动。

实验说明，温度对化学平衡的影响与反应的热效应有关，但跟浓度、压力的影响有一个很重要的区别。当浓度、压力改变时，平衡发生移动，但平衡常数不变；而当温度改变时，平衡发生移动，平衡常数也改变。对放热反应来说，平衡常数随温度的升高而减小；对吸热反应来说，平衡常数随温度的升高而增大。

从浓度、压力和温度对化学平衡的影响，可得出一条规律：如果对平衡状态施加某种影响的话，那么平衡就向着削弱这种影响的方向移动，这叫做平衡移动原理。化学平衡原理在生产实践中的应用十分重要，它直接关系到如何充分利用原料，如何提高产率的问题，因此，要把原料来源、生产设备、成本核算和环境污染综合起来进行考虑，才能合理地选择反应条件。

四、酸碱理论和水的电离特性

酸是指在水中电离的阳离子全部是 H^+ 的物质。碱是指在水中电离全部是 OH^- 的一类物质。

1. 酸的特性

（1）一般具有酸味；

（2）能使某些有机颜料（指示剂）改变颜色；

（3）能与碱性物质发生中和反应；

（4）能与活泼金属发生置换反应而释放出氢气。

2. 碱的特性

（1）一般具有涩味，有滑腻感；

（2）能使某些有机颜料（指示剂）发生与酸相反的颜色改变；

（3）能与酸性物质发生中和反应；

（4）一般不与金属发生反应。

3. 酸、碱的分类

酸、碱可分为有机酸、碱和无机酸、碱；也可根据一分子酸、碱在水中所能提供的 H^+、OH^- 数目，又可将酸、碱分为一元酸、碱和多元酸、碱。

根据酸、碱是否易溶于水，可分为易溶酸、易溶碱和难溶酸、难溶碱。还可根据酸、碱在水中的电离情况，将其分为强酸、强碱，中强酸、中强碱，以及弱酸、弱碱。

4. 水的电离

水是一种极弱的电解质，它只能微弱地电离出 H^+ 和 OH^-。但由于 $[H^+] = [OH^-]$，因此纯水是中性的。但在水中仍存在着水的电离平衡，即有

$$H_2O = H^+ + OH^-，其平衡常数为 k_w = \frac{[H^+][OH^-]}{[H_2O]}$$

考虑到在纯水或稀溶液中，水的浓度可视为定值，因此，在一定温度下，纯水或稀溶液中 $[H^+]$ 和 $[OH^-]$ 的乘积为一常数（k_w）。此常数 k_w 称为水的离子积。试验表明，25℃时水的离子积接近于 1.0×10^{-14}，不同温度下水的离子积常数详见表 1 - 2。

表 1 - 2   水 的 离 子 积

温度（℃）	5	10	15	20	25	30	35
k_w（$\times 10^{14}$）	0.186	0.193	0.452	0.681	1.008	1.471	2.088

由表 1 - 2 数据可以看出，水的离子积也随温度而改变，但一般在室温下，通常按 $k_w = 1.0 \times 10^{-14}$ 来处理。

五、电解质溶液和电离平衡

电解质从其强、弱上可分为强电解质和弱电解质，从其溶解性上可分为易溶和难溶电解质。在弱电解质溶液中存在着电离平衡，在难溶电解质溶液中存在着溶解和沉淀之间的平衡。这些平衡都是相对的和有条件的，当条件改变时，平衡也相应发生移动。掌握了各种条件对这些平衡的影响，就可以人为地改变条件，使平衡向人们需要的方向移动。

（一）电解质及其电离

1. 电解质和非电解质

化学上把溶解于水后或在熔融状态下能导电的物质叫做电解质，不能导电的物质叫做非电解质。例如，氯化钠、盐酸等都是电解质，蔗糖、酒

精等都是非电解质。

为什么氯化钠溶液（或熔融状态下的氯化钠）、盐酸溶液等能够导电，而蔗糖溶液、干燥氯化钠等却不能够导电呢？

电流是由带电微粒定向移动而形成的，金属导电就是由于金属中自由电子的定向移动。物质溶于水后（或在熔融状态下）能够导电，那就说明在此溶液（或熔化而成的液体）里一定存在着能自由移动的带电微粒，这种微粒已证实不是电子而是离子。

电解质溶液里离子的形成与电解质的性质以及电解质和溶剂分子间的相互作用力有关。

2. 电解质的电离过程

电解质电离成为离子的过程，分两种情况来讨论：

（1）离子型化合物。以氯化钠为例，氯化钠是由 Na 和 Cl 构成的离子型晶体组成。呈固态时，虽然 Na 和 Cl 在不断振动，但由于静电引力，Na 和 Cl 相互吸引不能自由移动，因而干燥的 NaCl 晶体不能导电。由于水分子是一端显正电另一端显负电的极性分子，当 NaCl 固体加到水中时，一些水分子以它的正极和 NaCl 晶体表面上的 Cl 相吸引，另一些水分子则以它们的负极和晶体表面上的 Na 相吸引。由于水分子的作用，使 Na 和 Cl 之间的引力削弱，就会脱离晶体表面进入溶液，成为被水分子包围的能够自由移动的水合离子，如图 1－1 所示。固体氯化钠在高温下 Na 和 Cl 运动速度加剧。当温度达到 NaCl 的熔点时，Na 和 Cl 具有一定的能量足以使钠离子和氯离子摆脱晶格的固定排列而成为液体，Na 和 Cl 成为可自由

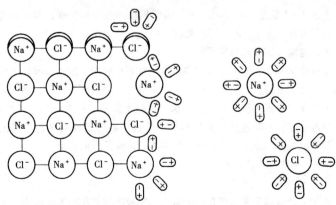

图 1－1　NaCl 晶体溶解时电离示意

移动的离子。由于 NaCl 溶液或熔融的 NaCl 都有可以自由移动的离子，所以在外电场作用下，离子就作定向移动，因而具有导电性。

（2）极性共价键组成的化合物。以 HCl 为例，当 HCl 分子溶于水时，同样，HCl 分子的两极由于各受水分子中异极的吸引，使氢与氯之间的极性共价键发生了变化，使它们原来共用的一对电子脱离了氢原子而转移到氯原子上，于是就形成了带正电荷的氢离子（H⁺）和带负电荷的氯离子（Cl⁻）的水合离子，如图 1-2 所示。所以 HCl 溶液也能导电。

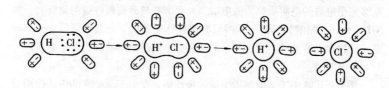

图 1-2　氯化氢分子的电离示意

蔗糖、酒精等非电解质物质的分子与电解质分子的内部结构不同，它们的极性键很弱；溶解于水时，水分子不能把它们分离成离子，因此在这些化合物的溶液中没有离子只有其分子均匀地分散在水中，所以它们的溶液不能导电。

电解质溶于水或受热熔化而离解成自由移动的离子的过程叫做电离（或叫离解）。每种电解质都能电离生成一种带正电荷的正离子（或叫阳离子）和一种带负电荷的负离子（或叫阴离子），正负离子所带电荷的总和是相等的，所以整个溶液仍保持电中性。

应该注意，电离与溶解是两个不同的概念，它们之间既有本质区别，又有密切联系。溶解是物质以分子（或离子）形式均匀分散到溶剂中形成溶液的过程。无论是电解质，还是非电解质，在水中或多或少都能溶解。而电离是指物质的分子离解成能自由移动的正、负离子的过程。非电解质虽然能溶解但并不发生电离，只有电解质溶于水时才会发生电离，当然电解质的溶解和电离是同时发生的。

可见溶液中的离子不是由于电流的作用才产生的，而是当电解质溶于水时形成的。溶液通电流时，只是使溶液中的正、负离子分别向阴、阳极定向移动，从而传导电流。非电解质溶液中没有离子存在，因此不能导电。

3. 强电解质和弱电解质

虽然所有电解质溶液都能够导电，但各种不同电解质溶液导电能力的强弱却不一样。溶液的导电是由于其中有离子的缘故。溶液导电性的强弱必与溶液单位体积内存在的离子多少有关。一般说来，单位体积内离子越多，其导电能力越强。不同电解质在相同条件（如温度、浓度相同）下，在水中电离的程度是不同的。通常根据电解质电离程度的大小，把电解质分为强电解质和弱电解质两类。具有典型离子键的化合物，如强碱（NaOH 和 KOH 等）、大部分盐类（NaCl 和 $CaCl_2$ 等）和强极性共价键化合物（如 HCl 等），在极性水分子作用下能够完全电离，这种在水溶液中能够完全电离的电解质称为强电解质。而那些具有弱极性键的化合物，如 NH_3、HAc（醋酸）等溶于水时只有部分分子电离，大部分仍是呈分子状态，这种在水溶液中生成的氨水只能部分电离的电解质称为弱电解质。

4. 电离度

如上所述，由于弱电解质中键的极性弱，它们不易受水的极性作用而成为离子，即使已电离成正、负离子后，又可以互相结合，成为分子。如氨（NH_3）在水溶液中生成的氨水只有部分分子电离为 NH_4^+ 和 OH^-，而在分子电离成为离子后，由于 NH_4^+ 和 OH^- 在溶液中不断运动，相互碰撞，又可重新结合成 NH_3 和 H_2O 分子。由此可见，在弱电解质溶液中，始终存在着分子电离成离子和离子结合成分子的两个过程，即其电离过程是可逆的。当正、逆两过程进行的速度相等时，达到了动态平衡，这种平衡称为电离平衡。达平衡时未电离的分子浓度和离子的浓度都不再改变。

要注意的是，只有弱电解质溶液才有电离平衡。而强电解质中键的极性强，易受水的极性作用而成离子，成离子后又不易再结合成分子，因此其溶液中，只有离子，没有分子，也不存在电离平衡。

在平衡状态下，电解质的电离程度，可以用电离度表示。电离度就是达电离平衡时已电离的分子数（或已电离分子的物质的量浓度）和原有分子总数（或原有分子的总浓度）之比，以 α 表示。α 通常以百分数表示，它代表电离了的分子在分子总数中所占的百分数，即

$$电离度 = \frac{已电离的分子数}{原有的分子总数} \times 100\%$$

应当指出，在一定温度时，相同浓度的不同弱电解质，其电离度是不同的。而且同一弱电解质，随着溶液的稀释，电离度增大。这是因为随着溶液的稀释，单位体积内离子的数目减少，使离子互相碰撞结合成分子的机会减少，根据平衡移动的规律，电离平衡向生成离子的方向移动，所以 α 增大。因此比较不同的电解质溶液的电离度时，它们的浓度相同。但是溶液稀释，电离度增大，并不一定意味着离子浓度增加。如不能认为弱酸

愈稀，其酸度就愈强。

溶剂极性的大小对电解质电离度影响比较大。溶剂分子的极性愈大，电解质在该溶液中的电离度也愈大。例如水分子有很强的极性，所以电解质在水中很容易电离，而非极性或弱极性的溶剂，如苯、乙醚、二硫化碳等，则很难使电解质电离。

温度虽对电离度也有影响，但由于大部分电解质在电离过程中，没有显著的热量变化，因此，温度的影响也就不大。只有水例外，由于水在电离时要吸收较多热量，故温度增高时，水的电离度增加较显著。一般不特别标明时，就是指室温下的电离度。

前面已经谈到，强电解质在水溶液中是完全电离的。它们的电离度，都应该等于100%。但是实验测得的强电解质在溶液中的电离度却都小于100%，这是因为在强电解质溶液中，离子的浓度较大，由于静电引力，在每一个离子的周围吸引着较多的带相反电荷的离子，使离子之间互相牵制，不能完全自由运动，因此使已电离的离子，不能全部发挥作用。在导电性和参加化学反应的能力等方面，其效果与没有完全电离相似。因此，由实验测得的强电解质的电离度都小于100%。这种由实验测得的电离度，并不代表强电解质在溶液中分子电离的百分数，仅能反映溶液中离子之间相互牵制作用的强弱程度，因此称为表观电离度。而在弱电解质溶液中，由于离子浓度很小，离子间的相互影响不大，实验测得的电离度可作为实际的电离度。

在实用上，把电解质溶液中能有效地自由运动的离子浓度称为有效浓度，又叫做活度。活度常用符号 α 表示，它的数值等于实际物质的量浓度 c 乘上一个系数 f，即

$$\alpha = cf$$

式中的 f 称活度系数，表示溶液中离子间相互牵制作用的大小。一般说来，溶液的浓度愈大，离子间的牵制作用越大，f 值则愈小，离子的活度也就小于实际浓度，相反，溶液的浓度愈小，离子之间的相互牵制作用越小，f 值接近1，离子的活度就愈接近于实际浓度。因此电解质溶液的浓度和活度的数值，一般是有差别的。

在有关化学计算中，严格地讲，都应该使用活度来计算，不过对于稀溶液或作近似值计算时，为了简便起见，可用浓度来计算。

（二）弱电解质的电离平衡

1. 电离平衡常数

弱电解质溶液中未电离的分子和由电离生成的离子之间存在着电离平

衡，如醋酸溶液的电离平衡为

$$HAc \Longrightarrow H^+ + Ac^-$$

也可利用质量作用定律得出其电离平衡常数 k_{HAc} 为

$$k = \frac{[H^+][Ac^-]}{[HAc]}$$

式中　　[HAc]——平衡时未电离的醋酸分子浓度，mol/L；

　　　　[H$^+$]——平衡时氢离子的浓度，mol/L；

　　　　[Ac$^-$]——平衡时醋酸根离子的浓度，mol/L。

上式表明，当弱电解质在一定温度下建立电离平衡时，其离子浓度的乘积与未电离的分子浓度之比是一个常数。这个常数 k 称为电离平衡常数，简称电离常数，电离常数和其他化学平衡常数一样，不因浓度改变而改变，但随温度改变而改变。由于温度改变一般不影响到 k 值的数量级，因此，在室温范围内，可以不考虑温度对 k 值的影响。不同的弱电解质，有不同的 k 值。k 值愈大，电解质愈易电离，k 值愈小，电解质愈难电离。对电离生成离子数相同的弱电解质而言，可由 k 值的大小来衡量弱电解质的相对强弱。

虽然电离常数和电离度都可表示弱电解质相对的强弱程度，但是电离常数与浓度无关，而电离度则受浓度的影响。因此，电离常数（k）比电离度（α）更能反映电解质的特征。

利用已知弱电解质的电离常数，可计算弱电解质溶液中有关物质在平衡时的浓度。必须注意运用 k 值公式时，各物质的浓度必须是平衡时的浓度，而不是初浓度。

2. 水的离子积与溶液的 pH 值

在水溶液中进行的许多化学反应，常要控制 pH 值。要了解 pH 值，首先要从水的电离及其离子积谈起。

（1）水的离子积。用精密仪器测定纯水的导电性时，发现它也有微弱的导电能力。这说明水是一种很弱的电解质，它也能有很少一部分分子电离为 H$^+$ 和 OH$^-$，其电离平衡为

$$H_2O \Longrightarrow H^+ + OH^-$$

$$k_{H_2O} = \frac{[H^+][OH^-]}{[H_2O]}$$

根据实验测定，在 24℃ 时，水的电离常数 k_{H_2O} 为 1.81×10^{-16}，这一常数 k_{H_2O} 叫做水的离子积常数，简称为水的离子积。

k_{H_2O} 与其他平衡常数一样，只与温度有关，而与 H$^+$ 和 OH$^-$ 的浓度无关。

在常温下，溶液中的 [H⁺] 和 [OH⁻] 不论如何变化，但它们的乘积 k_{H_2O} 不变，因此，k_{H_2O} 不仅反映了纯水中 H⁺ 和 OH⁻ 浓度的关系，而且也反映了水溶液中 H⁺ 和 OH⁻ 浓度的关系。故知道溶液中 [H⁺] 和 [OH⁻] 中的任何一个就可以计算另一个。

（2）水溶液的 pH 值。溶液的酸碱性都可用 H⁺ 浓度来表示。[H⁺] 比 10^{-7} mol/L 大得越多，溶液的酸性就越强，[H⁺] 比 10^{-7} mol/L 小得越多，溶液的碱性越强。但无论在酸或碱的稀溶液中，[H⁺] 都很小。对于这样小的 H⁺ 浓度，用 10 的负几次方表示很不方便。因此，常采用 pH 值来表示稀溶液的酸碱性。pH 值即 H⁺ 活度的负对数，即

$$pH = -lg a_{H^+}$$

本书中近似地以浓度代替活度，即

$$pH = -lg [H^+]$$

这样算得的 pH 值是有误差的，与实际测得的值略有差异。

故已知溶液中 H⁺ 的浓度，即可计算溶液的 pH。

在中性溶液中 pH = 7，在酸性溶液中 pH < 7，在碱性溶液中 pH > 7。pH 值和溶液的酸碱性之间的关系可用图 1 - 3 表示。pH 值的常用范围是 1 ~ 14。

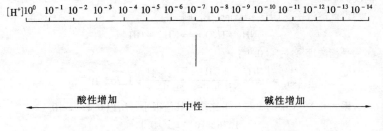

图 1 - 3　常温下 pH 值和溶液的酸碱性

与 pH 值相对应的还有 pOH 值，pOH 表示 OH⁻ 活度（≈浓度）的负对数，即 $pOH = -lg [OH^-]$。对于任何稀溶液，有

$$pH + pOH = -lg[H^+] + (-lg[OH^-]) = -lg10 \times 10^{-14} = 14$$

六、同离子效应和缓冲溶液

（一）同离子效应

1. 产生原因

如前所述，弱电解质在溶液中存在电离平衡。如在弱电解质的溶液中加入一种强电解质，此强电解质的组成中有一种和弱电解质相同的离子（即同离子），则弱电解质的电离平衡就会发生移动，电离度也会发生变化。

由于溶液中有同离子存在而使平衡发生移动的现象，称为同离子效应。在弱电解溶液中，因加入一种与弱电解质有相同离子的强电解质后，使弱电解质的电离平衡发生移动，从而使弱电解质电离度降低的现象，是同离子效应中的一种。

2. 有关计算

由于同离子效应引起的离子浓度和电离度的变化，可用电离常数进行计算。

【例 1-2】 在 1L 0.1M 氨水溶液中，加入 0.1mol 固体 NH_4Cl（假设加入后的体积不变），问此时溶液的 [OH^-] 和氨水的电离度有什么变化？

解 （1）先计算未加入 NH_4Cl 以前，0.1M 氨水溶液的 [OH^-] 及电离度。

设此溶液中 [OH^-] = $x$mol/L，则

$$NH_3 + H_2O \Longrightarrow NH_4^+ + OH^-$$

平衡浓度　　　　$0.1-x$　　　　x　　　　x

$$k_{NH_3} = \frac{[NH_4^+][OH^-]}{[NH_3]} = \frac{x \times x}{0.1-x} = 1.76 \times 10^{-5}$$

因为 $0.1-x$ 中的 x 与 0.1 比较，其值很小，所以 $0.1-x \approx 0.1$

则　　　　　　　　$1.76 \times 10^{-5} = x^2/0.1$

$$x = [OH^-] = 1.33 \times 10^{-3} \ (mol/L)$$

$$pOH = -lg[OH^-] = -lg1.33 \times 10^{-3} = 2.88$$

$$pH = 14 - pOH = 14 - 2.88 = 11.12$$

0.1M 氨水溶液的电离度 α 为

$$\alpha = \frac{1.33 \times 10^{-3}}{0.1} \times 100\% = 1.33\%$$

（2）再计算加入 0.1M 固体 NH_4Cl 后，混合溶液的 [OH^-] 及氨水的电离度。

因为 NH_4Cl 在溶液中完全电离，所以它电离出的 NH_4^+ 浓度为 0.1M。

设 x_1 为达平衡时已电离 OH^- 的摩尔浓度，$[NH_4^+]$ 应是氯化铵和氨水电离生成的 NH_4^+ 摩尔浓度之和，则

$$NH_3 + H_2O \Longrightarrow NH_4^+ + OH^-$$

平衡浓度　　　　$0.1 - x_1$　　　　$0.1 + x_1$　x_1

$$k_{NH_3} = \frac{[NH_4^+][OH^-]}{[NH_3]} = \frac{(0.1 + x_1) \times x_1}{0.1 - x_1} = 1.76 \times 10^{-5}$$

因为 x_1 很小，$0.1 + x_1 \approx 0.1$，$0.1 - x_1 \approx 0.1$

则　　$0.1x_1/0.1 = 1.76 \times 10^{-5}$

$$x_1 = [OH^-] = 1.76 \times 10^{-5} (\text{mol/L})$$

$$pOH = -\lg[OH^-] = -\lg 1.76 \times 10^{-5} = 4.75$$

$$pH = 14 - pOH = 14 - 4.75 = 9.25$$

所以电离度应是

$$\alpha = \frac{1.76 \times 10^{-5}}{0.1} \times 100\% = 0.0176\%$$

答：在氨水中加入 NH_4Cl，使氨溶液中的 $[OH^-]$ 由 1.33×10^{-3} mol/L 降低到 1.76×10^{-5} mol/L；氨溶液的电离度由 1.33% 降低到 0.0176%，即都降低到原来的 1/75。

在化学分析和化工生产中经常应用同离子效应。例如同离子效应可以稳定溶液中 H^+ 的浓度，达到控制溶液的 pH 值的作用以及控制盐类的水解和促使某种离子从溶液中沉淀出来等。

（二）缓冲溶液

在氨水溶液中加入一定量的固体氯化铵后，由于同离子效应，不仅能使氨水的电离度降低，而更重要的是能使溶液中的 H^+ 浓度在一定限度内不受加入酸碱和溶液稀释的影响，保持相对的稳定。这种在一定程度上能抵御外来酸、碱或稀释的影响，使溶液的 pH 值不发生显著改变的作用，称为缓冲作用，具有缓冲作用的溶液称为缓冲溶液。如 $NH_3 - NH_4Cl$ 混合液，$HAc - NaAc$ 混合液都有缓冲作用，因此都是缓冲溶液。

1. 缓冲原理和 pH 计算

（1）缓冲原理。为什么缓冲溶液具有缓冲能力呢？要理解这个问题，需要首先了解决定缓冲溶液中 H^+ 浓度或 OH^- 浓度的因素，然后才能知道缓冲溶液为什么具有缓冲作用。下面将各类缓冲溶液的缓冲原理分别加以讨论：

1）弱碱及其盐。这类缓冲溶液的缓冲作用，以 $NH_3 - NH_4Cl$ 混合液为例加以说明。混合液中的 NH_4Cl 全部电离：

$$NH_4Cl \Longrightarrow NH_4^+ + Cl^-$$

弱碱氨存在电离平衡：$NH_3 \cdot H_2O \Longrightarrow NH_4^+ + OH^-$

$$k_{NH_3} = \frac{[NH_4^+][OH^-]}{[NH_3]}, \quad [OH^-] = k_{NH_3}\frac{[NH_3]}{[NH_4^+]}$$

由此可知，此缓冲溶液中的 $[OH^-]$ 决定于 k_{NH_3} 和 $[NH_3]／[NH_4^+]$。

$[NH_3]$ 和 $[NH_4^+]$ 分别为平衡时未电离的 NH_3 的浓度。$[NH_3]$ 应为 NH_3 的总浓度（已电离和未电离 NH_3 浓度之和）减去已电离的 NH_3 浓度。$[NH_4^+]$ 应为 NH_4Cl 和 NH_3 电离得到的 NH_4^+ 的浓度之和。由于同离子效应，使 NH_3 的电离度大为降低，即已电离的 NH_3 浓度和由 NH_3 电离得来的 NH_4^+ 浓度都大为降低，都可忽略不计，因此可将 NH_3 的总浓度 C_{NH_3} 作为 $[NH_3]$，盐的浓度 C_{NH_4Cl} 作为 $[NH_4^+]$，代入氨的电离常数式中，即得

$$[OH^-] = k_{NH_3}\frac{C_{NH_3}}{C_{NH_4Cl}} = k_{碱}\frac{C_{碱}}{C_{盐}}$$

由此可知，各种弱碱及其盐的混合液中的 $[OH^-]$，决定于弱碱的电离常数（$k_{碱}$）和碱与盐浓度的比值（$C_{碱}/C_{盐}$）。

当 $NH_3 - NH_4Cl$ 溶液中加入少量强酸时，强酸电离出的 H^+ 和溶液中的 OH^- 结合成水，使氨水的电离平衡向右移动。达到新的平衡时，溶液中 $[NH_4^+]$ 有所增加，$[NH_3]$ 有所减少，也就是盐的浓度略有增加，碱的浓度略有减少，但此增减量和原来的 C_{NH_3} 和 C_{NH_4Cl} 相比，其值很小，它们的比值变化不大，因此 $[OH^-]$ 变化也不大，即溶液的 pH 值变化不大。

如果在缓冲溶液中加入少量强碱时（即增加 OH^-），溶液中 OH^- 增加，使氨水的电离平衡向左移动，OH^- 和 NH_4^+ 结合成 NH_3 和 H_2O，从而使 $[NH_3]$ 即 $C_{碱}$ 略有增加，$[NH_4^+]$ 即 $C_{盐}$ 略有减少。同样，此增减量与原来的 $C_{碱}$ 和 $C_{盐}$ 相比较，其值很小，它们的比值变化不大，因此溶液中 $[OH^-]$ 变化也不大，即 pH 值变化不大。

当缓冲溶液稀释时，$C_{盐}$ 和 $C_{碱}$ 按同样的比例减少，所以 $[OH^-]$ 不变，pH 值不变。

由此可知，缓冲溶液所以能起缓冲作用，关键在于溶液中存在大量的未电离的弱碱（或弱酸）分子和大量的同离子，这种离子是由此弱碱（或弱酸）的盐电离而得。

如果加入大量的强酸或强碱时，就可使溶液中 NH_3 和 NH_4^+ 的浓度发

生显著的变化，$C_{碱}/C_{盐}$ 的值有了明显的改变，OH^- 的浓度也就发生显著的变化，溶液就没有缓冲作用了。

2）弱酸及其盐。如醋酸（HAc）和醋酸钠（NaAc）的混合溶液，同离子为醋酸根（Ac^-）。与上述相同，弱酸及其盐组成缓冲溶液中存在着弱酸的电离平衡，其中的 $[H^+]$ 为

$$[H^+] = k_{酸}\frac{C_{酸}}{C_{盐}}$$

由上式可知，$[H^+]$ 取决于 $k_{酸}$ 和 $C_{酸}/C_{盐}$ 的值。

当溶液中加少量的强碱，强酸和加水稀释时，$k_{酸}$ 不变。当加少量强酸时，强酸中的 H^+ 使弱酸的电离平衡向左移动；从而使 $C_{酸}$ 略有增加，$C_{盐}$ 略有减少。当加少量强碱时，强碱中的 OH^- 与溶液中的 H^+ 作用生成水，使弱酸的电离平衡向右移动，从而使 $C_{酸}$ 略有减少，$C_{盐}$ 略有增加。但这些增减和原有的 $C_{酸}$ 和 $C_{盐}$ 相比较，数值较小，因此它们的比值变化不大，$[H^+]$ 变化不大。加水稀释时 $C_{酸}$ 和 $C_{盐}$ 都相应变小，但比值不变，$[H^+]$ 也不变。

（2）pH 的计算。弱碱及其盐组成缓冲溶液的 pH 值可计算如下：

$$[OH^-] = k_{碱}\frac{C_{碱}}{C_{盐}}$$

两边取负对数得

$$-\lg[OH^-] = -\lg k_{碱} - \lg C_{碱}/C_{盐}$$
$$pOH = -\lg[OH^-], \quad pk_{碱} = -\lg k_{碱}$$
$$pOH = pk_{碱} - \lg C_{碱}/C_{盐}$$
$$pH = 14 - pOH = 14 - pk_{碱} + \lg C_{碱}/C_{盐}$$

同理，弱酸及其盐组成缓冲溶液的 pH 值的计算与上述推理完全相同，只是将 $k_{碱}$ 换成 $k_{酸}$，OH^- 换成 H^+，就可进行计算了。

2. 缓冲容量及缓冲范围

（1）缓冲容量。如果向缓冲溶液中加入的强酸或强碱的量过大，使 $C_{碱}/C_{盐}$ 或 $(C_{酸}/C_{盐})$ 的比值发生显著的变化，溶液的 pH 值也就会有较大的改变。缓冲溶液就失去抗御外来酸、碱的能力，因而失去了缓冲作用。由此可见，缓冲溶液的缓冲能力有一定的限度，缓冲溶液缓冲能力的大小以缓冲容量来表示。缓冲容量是改变每升溶液 1 个 pH 单位时，所需加入的酸量或碱量（mol/L），影响缓冲容量的因素有二：

1）$C_{碱}$（或 $C_{酸}$）和 $C_{盐}$ 的比值。弱碱（或弱酸）和其相应盐的浓度较大时，即 $C_{碱}$（或 $C_{酸}$）和 $C_{盐}$ 较大时，则缓冲容量较大，抗酸或抗碱的

能力较强。因此加入少量酸或碱不会使其比值发生较大的变化，故溶液的 pH 值也不会有较大的改变。反之，浓度较小，缓冲容量较小，抗酸或抗碱能力也就较弱。

2）$C_{碱}$（或 $C_{酸}$）与 $C_{盐}$ 的比值。如果弱碱（或弱酸）和其相应盐的浓度相等，即

$$C_{碱}/C_{盐} = 1, \quad pOH = pk_{碱} - \lg C_{碱}/C_{盐} = pk_{碱}$$

$$pH = 14 - pk_{碱}$$

$$C_{酸}/C_{盐} = 1, \quad pH = pk_{酸} - \lg C_{酸}/C_{盐} = pk_{酸}$$

$$pH = pk_{酸}$$

此时缓冲溶液的缓冲容量最大。

（2）缓冲范围。常用的缓冲溶液，各组分的浓度一般大于 0.1M，浓度之比大多在 1 : 10 ~ 10 : 1 之间。如果浓度之比相差很大（例如，1 : 40 或 40 : 1），由于某一组分的浓度太小，即使加入少量的酸和碱时，溶液的 pH 值也会有较大的改变。

缓冲溶液只有在一定的 pH 范围内才起缓冲作用，这个有效的 pH 范围称为缓冲范围。根据实践，总结出缓冲溶液的 pH 范围有如下规律。

对于弱碱和其盐所组成的缓冲溶液，由于其浓度比一般采用 10 : 1 ~ 1 : 10，其缓冲范围可计算如下：

$$当 \quad C_{碱}/C_{盐} = 1 : 10 \ 时, \quad pOH = pk_{碱} + 1$$

$$C_{碱}/C_{盐} = 10 : 1 \ 时, \quad pOH = pk_{碱} - 1$$

所以，缓冲范围为

$$pOH = pk_{碱} \pm 1$$

$$pH = 14 - (pk_{碱} \pm 1)$$

同理，对于弱酸和其盐所组成的缓冲溶液，其缓冲范围为

$$pH = pk_{酸} \pm 1$$

3. 缓冲溶液的选择与配制

在选择缓冲溶液时，要求其对反应没有干扰，同时它的 pH 值应在所要求的范围内。由于弱碱及其盐组成缓冲溶液的缓冲范围为 $pOH = pk_{碱} \pm 1$，弱酸及其盐组成缓冲液范围为 $pH = pk_{酸} \pm 1$，可见缓冲液的缓冲范围只决定于 $pk_{碱}$ 或 $pk_{酸}$。根据所要求的范围，pH > 7 时，选择 $pk_{碱}$ 与所需 pOH 值相近的弱碱及其盐，pH < 7 时，选择 $pk_{酸}$ 与所需 pH 相近的弱酸及其盐来配制缓冲液。

在实际工作中，如欲配 pH = 5 的缓冲溶液，可选择 $pk_{酸}$ = 4.76 的 HAc 及其盐（NaAc 或 kAc）的混合溶液，当 $C_{酸}/C_{盐}$ = 0.57 时，缓冲溶液

的 pH 恰好等于 5。

如欲配制 pH = 9（即 pOH = 5）左右的缓冲溶液，可选择 $pk_{碱} = 4.75$ 的 NH_3 及其盐 NH_4Cl 的混合溶液。在 $C_{碱}/C_{盐} = 1$ 时，pOH = 4.75，pH = 9.25，与所需 pH 值相接近。

如欲配制 pH = 7 左右的缓冲溶液，可选择 $NaH_2PO_4 - NaHPO_4$ 的混合溶液。其混合液的 pH 值为 7.2，与所需 pH 值相接近。

七、有机化学基本知识

有机化学是化学的一个分科，它主要研究有机化合物的组成、结构、性质、合成方法、应用以及有机化学理论，是化学工业的基础学科之一。

1. 有机化合物

在我们的日常工作和生活中，经常用到的汽油、酒精、塑料等物品都是有机化合物。在它们的组成中主要有两种元素即碳和氢。碳、氢两种元素是有机化合物的母体，而其他有机化合物可以看做是碳氢化合物衍变而成的"衍生物"。因此，可以说有机化合物就是含碳氢元素的化合物及其衍生物。

2. 有机化合物的特点

（1）有机化合物绝大多数易燃烧，且燃烧时都会放出大量的热，最后生成二氧化碳和水。

（2）一般呈固体状态的有机化合物熔点比较低，在400℃以下。

（3）大多数有机化合物难溶或不溶于水，而易溶于酒精、乙醚和丙酮等有机溶剂。

（4）有机反应速度较慢，往往需要较长的时间才能完成。

有机化合物所以具有这些特性，与作为有机化合物"骨干"的碳原子的性质有关。碳是周期表第四族的主族元素，它既不易失去电子而形成正离子，又不易取得电子而形成负离子，通常只是以共价键与其他原子相结合。这种碳化合物的显著的共价键特点，就决定了它们的特性。由于有机化合物一般都是共价化合物，大多数分子的极性很弱，或者是非极性分子，分子间的作用力较小，所以有机化合物的挥发性较大，通常以气体、液体或低熔点固体的形式存在。多数有机化合物是以共价键结合的分子参加反应，所以反应速度较慢。

3. 有机化合物的分类

有机化合物的数目在二三百万种以上，而且在实验室和自然界中，还在不断制造和发展更多的有机化合物，其数量已远远超过了无机化合物。但为了便于研究和学习，可把种类繁多的有机化合物按其结构和性质进行分类。

（1）脂肪族化合物。在这类化合物分子中，碳原子与碳原子连接成

链状结构。如

$$\begin{matrix} & H & & H & \\ & | & & | & \\ H-&C&-&C&-H \\ & | & & | & \\ & H & & H & \end{matrix}$$

，或写成 CH_3-CH_3 。

由于这类具有链状结构的有机化合物最初是在油脂中发现的，所以把它们叫做脂肪族化合物。也叫做开链化合物。

（2）脂环族化合物。这类化合物可以看成是脂肪族化合物形成的，分子中含有碳环结构，如

$$\begin{matrix} & CH_2 & \\ H_2C & & CH_2 \\ H_2C & & CH_2 \\ & CH_2 & \end{matrix}$$

或 ⬡ 。

（3）芳香族化合物。在这类有机化合物的分子结构中，都含有六个碳原子和六个氢原子形成的苯环结构，如

$$\begin{matrix} & CH & \\ HC & & CH \\ HC & & CH \\ & CH & \end{matrix}$$

或 ⬡ 。

它们的性质与脂肪族化合物和脂环族化合物都不相同。由于最初发现的一些这类化合物都有香味，所以叫做芳香族化合物。但用气味来作为分类的依据显然是不合适的，而且这类化合物有的不仅没有香味，还有刺激性的臭味，但芳香族化合物这个名称仍沿用下来。

（4）杂环化合物。杂环化合物也是一类环状化合物，但组成环的原子不仅是碳原子，而是由碳和氧、硫、氮等原子共同组成的，所以叫做杂环化合物，如

$$\begin{matrix} HC & - & CH \\ \| & & \| \\ HC & & CH \\ & O & \end{matrix}$$

或写成 ⬠ 。

以上几类化合物又可以含有各种"官能团"（在决定有机化合物性质上起主要作用的原子或原子团），含有相同官能团的化合物具有相近的性质，因此，又可以官能团为基础，把含有相同官能团的化合物当作一类。如：在有机化合物分子中含有—C≡C—官能团的叫做炔，含有 $-\overset{\|}{\underset{O}{C}}-OH$ 官能团的叫做酸，含有 $-\overset{\|}{\underset{O}{C}}-H$ 官能团的叫做醛，含有—SO$_3$H 官能团

的叫做磺酸等。

在同一分子中也可以含有几个相同或不相同的官能团。而在后一种情况下，该化合物可能同时具有几个官能团的性质，也可能由于这些官能团相互影响和相互制约的结果，而具有一些新的性质。

4. 有机化合物的来源

有机化合物的含量归纳起来有以下几个方面。

（1）石油及天然气。我国的石油及天然气资源相当丰富，是有机化合物的重要来源，石油的主要成分是烷烃和环烷烃，也含有少量芳香烃。

由于石油是一个多种烃的混合物，所以直接利用的途径很少，必须将石油经过一系列的加工处理，才能提供出许多重要的化工原料。石油经过炼制可以得到汽油、煤油、柴油、润滑油、石蜡及沥青等；石油或渣油经过裂解，可以制取乙烯、丙烯、芳烃等重要的化工原料。天然气的主要成分是甲烷，并含少量的乙烷、丙烷及丁烷，因此天然气可以作为化工生产的重要原料。

（2）煤。煤在我国的蕴藏量十分丰富。煤除直接用作燃料外，还可以作为重要的化工原料来源。

煤经过低温干馏，除可以得到主要用于冶金工业的焦炭外，还可从其挥发组分中得到煤焦油、氨、苯及焦炉气等。煤焦油中含有的多种有机化合物，可作为制备医药、燃料、炸药及合成纤维等的原料。

煤经过低温干馏，可以得到低温焦油，从中可提取酸性油、碱性油、饱和烃、不饱和烃及芳烃等。

煤经过气化，可获得一氧化碳和氢等气体，这些气体可以做合成烃类、醇类、醛类及氨等的原料。

煤和石灰共溶，可制得电石。由电石可制取工业上十分有用的乙炔。

煤的直接化学加工，可得到更多的化工原料。

（3）农副产品及其加工产物。农副产品可以为有机化工生产提供丰富的原料。例如，粮食可以制取酒精；动植物油脂可以作肥皂；牲畜的内脏可以提取制药的原料；稻草、麦秆可以作为造纸及纺织工业的原料等。

八、定性分析和定量分析

分析化学的研究对象是物质的化学组成，它所回答的问题是物质中含有哪些组分，以及各种组分的相对含量是多少。

分析化学包括定性分析和定量分析两部分。定性分析的任务是鉴定物质所含的组分；而定量分析的任务是测定各组分的相对含量。

对于无机定性分析来说，这些组分通常表示为元素或离子，而在有机分析中，所鉴定的通常是元素、官能团或化合物。

（一）定性分析

定性分析方法的分类从应用的原理上，可以分为化学方法、物理方法和物理化学方法；从所用的式样量大小以及实验器皿和操作技术上，可分为长量、半微量和微量分析方法。

化学分析法所依据的是物质的化学反应。如果反应是在溶液中进行的，这种方法称为湿法；如果反应是在固体之间进行的，这种方法称为干法，如焰色反应、熔珠实验、粉末研磨法等都属于干法。

1. 定性反应进行的条件

定性分析中应用的化学反应包括两大类型：一类用来分离或掩蔽离子，另一类用来鉴定离子。对前者的要求是反应进行的完全，有足够大的速度，用起来方便；对后者的要求，不仅反应要完全、迅速地进行，而且要有外部特征，否则我们就无从鉴定某离子是否还存在。这些外部特征通常是：①沉淀的生成或溶解；②溶液颜色的改变；③特殊气体的排出；④特殊气味（如酯类）的产生等。此外，反应所要求的具体条件是：①反应物的浓度；②溶液的酸度；③溶液的温度；④溶剂的影响；⑤干扰物质的影响。

2. 定性反应的灵敏性和选择性

（1）反应的灵敏性。对于同一离子，可能有几种不同的鉴定反应。但反应的灵敏性如何是鉴定反应中很重要的因素。通常用最低浓度和检出限量来表示。

最低浓度是指在一定条件下，使某鉴定反应还能得出肯定结果的该离子的最低浓度。但是，最低浓度反映不出某鉴定反应所能检出的离子的绝对量的大小，因为鉴定反应中所取离子的绝对重量不仅由其浓度决定，还与每次所取的体积有关。由此引出检出限量。检出限量是在一定条件下，某鉴定反应所能检出的离子的最小重量，检出限量越小，反应越灵敏。

检出限量同最低浓度是相互联系的两个量，如果已知某鉴定反应的最低浓度为 $1:G$，又知每次鉴定时所取的体积为 V（mL），则检出限量 m（μg）可以按下式算出：

$$1:G = m \times 10^{-6}:V$$

$$m = \frac{V \times 10^{-6}}{G}$$

通常表示某鉴定反应的灵敏度时，要同时指出其最低浓度和检出限量。同一鉴定反应由于操作条件不同，灵敏度也不一样。

（2）空白试验和对照试验。在通常情况下，即使所用的鉴定反应并不特别灵敏，但由于配制溶液的水、辅助试剂或使用的器皿等引进了被鉴定的离子，也会导致错误的结论。这样的问题可以通过作空白试验来解决。即在鉴定反应的同时，另取一份配制试样溶液用蒸馏水来代替试液，然后加入相同的试剂，以同样的方法进行鉴定，看是否仍可检出。

在另一些情况下，当鉴定反应不够明显或现象异常，特别是在怀疑所得到的否定结果是否准确时，往往需要作对照试验。即以已知离子的溶液代替试液，用同法鉴定。如果也得出否定结果，则说明试剂已经失效，或是反应条件控制的不够准确等。

空白试验和对照试验对于正确判断分析结果、及时纠正错误有重要的意义。

（3）反应的选择性。定性反应对鉴定反应的要求不仅是灵敏，而且希望能在其他离子共存时不受干扰地鉴定某离子。具备这一条件的鉴定反应称为特效反应，该试剂称为特效试剂。

事实上，多数试剂不仅能同一种离子发生反应，而且能同若干种离子发生反应。这类与为数不多的离子发生反应的试剂称为选择试剂，相应的反应叫做选择反应。发生某一选择反应的离子数目越少，则该反应的选择性越高。对于选择性高的反应很容易创造出特效条件，使其在特定条件下，成为特效反应。创造特效反应条件的方法有控制溶液的酸度、掩蔽干扰离子、附加补充试验、分离干扰离子。还可以利用有机融剂萃取有色化合物，或稀释试液使干扰离子达不到反应所需的最低浓度。

（二）定量分析

定量分析的任务是准确测定试样中组分的含量，因此必须使分析结果具有一定的准确度。

在定量分析中，由于受分析方法、测量仪器、所用试剂和分析工作者主观条件等方面的限制，使测得的结果不可能和真实值含量完全一致；即使是技术很熟练的分析工作者，用最完善的分析方法和最精密的仪器，对同一样品进行多次测定，其结果也不可能完全一致。这说明客观上存在着难于避免的误差。因此，人们在进行定量分析时，不仅要得到被测组分的含量，而且必须对分析结果进行评价，判断分析结果的准确性，检查产生误差的原因，采取减小误差的有效措施，从而不断提高分析结果的准确程度。

定量分析的方法有重量分析法、酸碱滴定法、络合滴定法、氧化－还原滴定法、沉淀滴定法、仪器分析法等。

一般物质的分析主要包括试样的采取和制备、试样的分解、干扰杂质的分离、定量测定和数据处理。

试样的采取分液体和气体试样的采取、固体试样的采取和制备，试样的分解有溶解分解法、熔融分解法，试样分解之后，就是对干扰物质进行分离，分离常用的方法有沉淀分离法、萃取分离法、离子交换分离法和液相色谱分离法，最后进行定量测定。测定完之后对测定数据要进行有效的处理，以确保分析结果的准确度。

第二节 分析化学中的法定计量单位

一、法定计量单位

（1）概念。法定计量单位就是由国家以法令形式规定、强制使用或允许使用的计量单位。分析化学中用到的量和单位很多，经国际科学界讨论，约定以七个特殊的量作为基本量，即长度、质量、时间、电流、热力学温度、物质的量和发光强度。规定它们各自具有独立的量纲。每一个量都有一个规定符号，变化较大的是物质的量，重新规定了物质的量定义，取消了原有的克分子数、克原子数、克当量数。

（2）法定单位的使用规则：

1）单位的名称，一般只宜在叙述性文字中使用，不要用于公式、图表中。

2）标准只推荐使用国际符号。国际符号可用于一切场合，也包括叙述性文字中。

3）单位名称或符号必须作为一个整体使用，不能拆开。

4）某些法定单位可以按照习惯使用词头构成倍数或分数单位。

5）不得重叠使用词头。

6）一般不在组合单位中使用有两个词头的单位，也不在分子分母中同时采用词头。但当组合单位的分母是长度、面积或体积单位时，不受上述限制，可按习惯选用词头构成组合单位的倍数或分数单位。

二、物质的量及物质的量浓度

1. 物质的量的定义

物质的量就是以 Avogadro（阿佛加得罗常数）为计数单位来表示物质的指定的基本单元是多少的一个物理量。单元可以是原子、分子、离子、电子、光子及其他粒子，或是这些粒子的特定组合。凡是说到物质

B 的物质的量 n_B 时，必须用元素符号、化学式或相应的粒子符号标明基本单元。

2. 物质的量使用注意事项

（1）物质的量就像长度、时间、质量等的物理量的名称一样，是一个物理量的整体名称，切记不要把"物质"与"量"分开来理解。

（2）物质的量是一个基本量，有自己独立的量纲。因此不能把物质 B 的物质的量 n_B 与 B 的质量 m_B 混同起来。它们是完全不同的两种概念。

（3）物质的量的定义，同其他任何量的定义一样，与单位的选择无关，特别是与单位摩尔的选择无关，因而不能把物质的量称为"摩尔数"。

（4）摩尔的定义：摩尔是一系统的物质的量。该系统中所含的基本单元数与 0.012kg 碳－12 的原子数目相等。在使用摩尔时，基本单元应予以指明，可以是分子、原子、离子、电子及其他粒子，或是这些粒子的特定组合。

3. 使用摩尔时的注意事项

（1）摩尔是物质的量的单位，如果离开物质的量去讨论摩尔，很难将问题说清楚。因此要正确理解物质的量的涵义。

（2）摩尔是具有十分明确、十分严格定义的物质的量的基本单位，只要严格按照定义，指明相应的基本单元，则过去化学中普遍使用的克分子、克原子、克离子、克当量、克式量等单位，都可以用摩尔代替，而且比它们更具有普遍意义，应用范围也更广。

（3）由于使用摩尔这一单位时，已经指明基本单元，因此，就没有必要叫做"摩尔分子""摩尔原子"等，因为法定单位就是摩尔，不能因所指的基本单元不同而更改单位的名称。

（4）物质的量、摩尔与旧的量的单位的名称对比见表 1－3。

表1－3　　　　　几个量单位的新旧名称对比

国家标准规定的名称		应废除的名称	
量的名称及符号	单位名称及符号	量的名称及符号	单位名称及符号
相对原子质量 A_r 相对分子质量 M_r		原子量　A 分子量　M 当量　　E 式量·　F	

第一章　基础化学知识及法定计量单位

国家标准规定的名称		应废除的名称	
量的名称及符号	单位名称及符号	量的名称及符号	单位名称及符号
物质的量 n_B	摩尔 mol	克分子数（摩尔数） 克原子数 克当量数 克式量数 克离子数	克分子 克原子 克当量 克式量 克离子
摩尔质量 M_B	克每摩尔 g/mol	克分子（量） 克原子（量） 克当量 E 克式量 F	克　g
物质的量浓度 c_B	摩尔每升 mol/L	(体积)摩尔浓度　M 克分子浓度　　M 克离子浓度　　M 当量浓度　　　N 式量浓度　　　F	 克分子每升 M 克离子每升 M 克当量每升 N 兑式量每升

三、摩尔质量与物质的量浓度

1. 摩尔质量的定义

质量 m 除以物质的量 n，称为摩尔质量 M，即

$$M = \frac{m}{n}$$

摩尔质量的单位为 kg/mol。在分析化学中，M 的单位常用 g/mol。

由定义可知，摩尔质量是一个包含物质的量 n_B 的导出量，因此，在用到摩尔质量这个量时，必须指明基本单元。对于同一物质，规定的基本单元不同，则其摩尔质量就不同。

2. 摩尔质量、质量与物质的量的关系

在分析化学中，计算摩尔质量 M 多数是为了求得待测组分的质量，以便求得待测组分在样品混合物中的质量分数。

物质的量 n_B、摩尔质量 M_B 与质量 m 之间的关系，根据式 $m = n_B M_B$

第一篇　化学基础知识

可知，在这三个量中，只要知道任何两个量，就可以求得第三个量。

3. 物质 B 的量浓度

物质 B 的量浓度 c_B 等于物质 B 的物质的量 n_B 除以混合物的体积 V，如下式：

$$c_B = \frac{n_B}{V}$$

其单位是 mol/m^3，在化学中常用的单位为 mol/l。在化学中物质 B 的浓度还可以用符号（B）表示。

由于浓度是含有物质的量的一个导出量，所以当说到浓度时，必须指明基本单元。

物质的量浓度在化学，尤其是在分析化学中，几乎无处不用。用它可以代替以前在化学中常用的克分子浓度、克当量浓度等，但使用物质的量浓度不能再称作摩尔浓度。

4. 质量、摩尔质量和物质的量浓度的关系

根据摩尔质量 m_B 和物质的量浓度 c_B 的定义，可以引出质量 m、摩尔质量 M_B 和物质的量 n_B 三者间的关系式，即

$$c_B = \frac{n_B}{V} = \frac{m}{M_B V} \quad 或 \quad m = n_B M_B = c_B M_B V$$

这三个表达式对分析工作者是十分重要的。

5. 物质的量浓度的计算

用 1L 溶液中所含溶质的物质的量表示溶液中溶质的含量，叫做物质的量浓度或简称浓度。物质 B 的浓度常以 C_B 表示。

【例 1-3】　有质量为 98g 的 H_2SO_4，其物质的量为多少？

解　当以 H_2SO_4 为基本单元时，M（H_2SO_4）为 98g/mol，故

$$n（H_2SO_4） = \frac{98g}{98g/mol} = 1mol$$

当以 $1/2H_2SO_4$ 为基本单元时，M（$1/2H_2SO_4$）为 49g/mol，故

$$n（1/2H_2SO_4） = \frac{98g}{49g/mol} = 2mol$$

【例 1-4】　在实验室里，要配制 250mL 浓度为 0.5mol/L 的 Na_2CO_3 溶液，求需 Na_2CO_3 多少克？

解　溶液的体积为 250mL，即 0.25L。设 n 为所需 Na_2CO_3 的量，则得

$$0.5 = \frac{n}{0.25}$$

$$n = 0.5 \times 0.25 = 0.125(\text{mol})$$

因 Na_2CO_3 的摩尔质量 $\left[\text{记作 } M\left(Na_2CO_3\right)\right]$ 为106g/mol，故它的质量为 $0.125 \times 106 = 13.25$ （g）。

答：需 Na_2CO_3 13.25g。

四、等物质的量规则及分析结果的计算

（一）等物质的量规则的含义

因为我们可以用物质的量浓度 c_B 代替以前的当量浓度 N，用物质的量 n_B 代替以前的克当量数，这样，就可以用"等物质的量规则"代替以前的当量定律。

等物质的量规则可以表述为：在化学反应中，消耗了的两反应物的物质的量相等，即

$$n_B = n_T \text{ 或 } c_B V_B = c_T V_T$$
$$\text{或 } m_B / M_B = c_T V_T$$

式中　　c_B、V_B——待测物质的物质的量浓度和体积，$c_B V_B = n_B$；

c_T、V_T——标准溶液（滴定剂）的物质的量浓度和体积，$c_T V_T = n_T$；

m_B、M_B——待测物质的质量和摩尔质量，$m_B / M_B = n_B$。

（1）等物质的量规则和当量定律相比，无论是叙述方式还是数学表达式，都是十分类似的。

（2）等物质的量规则中采用的是物质的量浓度 c_B，其中基本单元 B 的选择与确定，则比求物质的当量更灵活，含义更准确，并且使分析结果的计算更加规范化。

（二）分析结果的计算

1. 标准溶液浓度的计算

标准溶液一般有直接配制法和标定法两种配制方法，计算的依据如下：

直接配制法
$$c_T = \frac{n_T}{V_T} = \frac{m_T / M_T}{V_T}$$

标定法
$$c_B V_B = c_T V_T$$

2. 分析结果的计算

（1）直接滴定法结果的计算。计算的依据是标准溶液的物质的量等于待测组分的物质的量，即 $n_T = n_B$ 或 $n_B = c_T V_T$，则有

$$m_B = n_B M_B = c_T V_T M_B$$

所以分析结果的计算式为

$$\omega_B = \frac{m_B}{m_S} = \frac{c_T V_T M_B}{m_S}$$

式中的分母 m_S 代表样品的质量。

(2) 返滴定法结果的计算。当待测组分与标准溶液不能直接反应，或反应不符合要求时，有时可采用返滴定法。返滴定法结果的计算与直接滴定法有类似之处。

计算的依据是：待测组分的物质的量 = 第一种标准溶液的物质的量 – 第二种标准溶液的物质的量，即 $n_B = n_{T1} - n_{T2}$ 或 $n_B = c_{T1} V_{T1} - c_{T2} V_{T2}$，则有

$$m_B = n_B M_B = (c_{T1} V_{T1} - c_{T2} V_{T2}) M_B$$

所以分析结果的计算式为

$$\omega_B = \frac{m_B}{m_S} = \frac{(c_{T1} V_{T1} - c_{T2} V_{T2}) M_B}{m_S}$$

(3) 中间物滴定法结果的计算。同采用返滴定法的原因一样，有时可以采用中间物滴定法，中间物滴定法结果的计算式与直接滴定法完全相同。

计算的依据是：待测组分的物质的量 = 中间产物的物质的量 = 标准溶液的物质的量，即 $n_B = n_I = n_T$ 或 $n_B = c_T V_T$，则有

$$m_B = n_B M_B = c_T V_T M_B$$

所以结果的计算式为

$$\omega_B = \frac{m_B}{m_S} = \frac{c_T V_T M_B}{m_S}$$

提示 本章共两节，第一节适用于初级工和中级工，第二节适用于高级工。

第二章

分析化学基础知识

第一节 常用玻璃仪器

一、常用器皿规格、用途、选择要求和使用注意事项

常用玻璃仪器名称、用途见表 2-1。

表 2-1　　　　　　常用玻璃仪器名称、用途一览

名　称	规　格	主要用途	注意事项
烧杯	10、15、25、50、100、250、400、500、600、1000、2000mL	配制溶液、溶样等	加热时应置于石棉网上,使其受热均匀,一般不可干烧
三角烧瓶（锥形瓶）	50、100、250、500、1000mL	加热处理试样和容量分析滴定	除有与上相同的要求外,磨口三角瓶加热时要打开塞,非标准磨口要保持原配塞
碘瓶	50、100、250、500、1000mL	碘量法或其他生成挥发性物质的定量分析	
圆（平底）底烧瓶	250、500、1000mL,可配橡皮塞号:5~6、6~7、8~9	加热及蒸馏液体;平底烧瓶又可自制洗瓶	一般避免直接火焰加热,隔石棉网或各种加热浴加热
圆底蒸馏烧瓶	30、60、125、250、500、1000mL	蒸馏;也可作少量气体发生反应器	
凯氏烧瓶	50、100、300、500mL	溶解有机物质	置于石棉网上加热,瓶口方向勿对向自己及他人
洗瓶	250、500、1000mL	装纯水洗涤仪器或装洗涤液洗涤沉淀	带磨口塞;也可用锥形瓶自己装配;可置于石棉网上加热

第一篇　化学基础知识

名　称	规　格	主　要　用　途	注　意　事　项
量筒、量杯	5、10、25、50、100、250、500、1000、2000mL,量出式	粗略地量取一定体积的液体用	不能加热,不能在其中配制溶液,不能在烘箱中烘烤,操作时要沿壁加入或倒出溶液
容量瓶（量瓶）	10、25、50、100、150、200、250、500、1000mL 等,量入式一等、二等、无色、棕色	配制准确体积的标准溶液或被测溶液	非标准的磨口塞要保持原配;漏水的不能用;一般不能在烘箱内烘烤,不能用直接火加热,可水浴加热
滴定管	25、50、100mL,一等、二等、无色、棕色,量出式	容量分析滴定操作	活塞要原配;漏水的不能使用;不能加热;不能长期存放碱液;碱管不能放与橡皮作用的标准溶液
微量滴定管	1、2、3、4、5、10mL,一等、二等,量出式	微量或半微量分析滴定操作	只有活塞式;其余注意事项同上
自动滴定管	滴定管容量25mL,储液瓶容量1000mL,量出式	自动滴定;可用于滴定液需隔绝空气的操作	除有与一般的滴定管相同的要求外,注意成套保管,另外,要配打气用双连球
移液管	1、2、5、10、15、20、25、50、100mL,一等、二等,量出式	准确地移取一定量的液体	不能加热;上端和尖端不可磕破
直管吸量管	1、2、5、10、15、20、25、50、100mL;微量 0.1、0.2、0.5mL,一等、二等、完全流出式、不完全流出式	准确移取各种不同量的液体	

续表

<table>
<tr><th>名称</th><th colspan="4">规格</th><th>主要用途</th><th>注意事项</th></tr>
<tr><td rowspan="3">称量瓶</td><td>形体</td><td>容量</td><td>瓶高</td><td>直径</td><td rowspan="3">矮形用作测定水分或在烘箱中烘干基准物；高形用于称量基准物、样品</td><td rowspan="3">不可盖紧磨口塞烘烤，磨口塞要原配</td></tr>
<tr><td>矮形</td><td>10
15
30</td><td>25
25
30</td><td>35
40
50</td></tr>
<tr><td>高形</td><td>10
20</td><td>40
50</td><td>25
30</td></tr>
<tr><td>试剂瓶、细口瓶、广口瓶、下口瓶</td><td colspan="4">30、60、125、250、500、1000、2000、10000、20000mL，无色、棕色</td><td>细口瓶用于存放液体试剂；广口瓶用于装固体试剂；棕色瓶用于存放见光易分解的试剂</td><td rowspan="2">不能加热；不能在瓶内配制在操作过程中放出大量热量的溶液；磨口塞要保持原配；放碱液的瓶子应使用橡皮塞，以免日久打不开</td></tr>
<tr><td>滴瓶</td><td colspan="4">30、60、125mL，无色、棕色</td><td>装需滴加的试剂</td></tr>
<tr><td>漏斗</td><td colspan="4">长颈：口径50、60、75mm，管长150mm；短径：口径50、60mm，管长90、120mm，锥体均为60°</td><td>长颈漏斗用于定量分析，过滤沉淀；短颈漏斗用作一般过滤</td><td>不可直接用火加热</td></tr>
<tr><td>分液漏斗</td><td colspan="4">50、100、250、500、1000mL</td><td>分开两种互不相溶的液体；用于萃取分离和富集；制备反应中加液体（多用球形及滴液漏斗）</td><td>磨口旋塞必须原配，漏水的漏斗不能使用；不可加热</td></tr>
<tr><td>试管、普通试管、离心试管、</td><td colspan="4">容量：试管10、20mL；离心试管5、10、15mL；带刻度、不带刻度</td><td>定性分析检验离子；离心试管可在离心机中借离心作用分离溶液和沉淀</td><td>硬制玻璃制的试管可直接在火焰上加热，但不能骤冷；离心管只能水浴加热</td></tr>
<tr><td>比色管</td><td colspan="4">容量：10、25、50、100mL，带刻度、不带刻度，具塞、不具塞</td><td>比色分析</td><td>不可直接火加热，非标准磨口塞必须原配；注意保持管壁透明，不可用去污粉刷洗</td></tr>
</table>

名 称	规 格	主 要 用 途	注 意 事 项
吸收管	波氏全长：173、233mm，多孔滤板吸收管185mm，滤片1号	吸收气体样品中的被测物质	通过气体的流量要适当；两只串联使用；磨口塞要原配；不可直接火加热；多孔滤板吸收管吸收效率较高，可单只使用
冷凝管	全长：320、370、490mm，直形、球形、蛇形、空气冷凝管	用于冷却蒸馏出的液体，蛇形管适用于冷凝低沸点液体蒸汽，空气冷凝管用于冷凝沸点150℃以上的液体蒸汽	不可骤冷骤热；注意从下口进冷却水，上口出水
抽气管	伽氏、爱氏、改良氏	上端接自来水龙头，侧端接抽滤瓶，射水造成负压，抽滤	不同样式甚至同型号产品抽力不一样，选用抽力大的
抽滤瓶	容量：250、500、1000、2000mL	抽滤时接收滤液	属于厚壁容器，能耐负压；不可加热
表面皿	直径：45、60、75、90、100、120mm	盖烧杯及漏斗等	不可直接火加热，直径要略大于所盖的容器
研钵	厚料制成；内底及杆均匀磨砂；直径：70、90、105mm	研磨固定试剂及试样等用；不能研磨与玻璃作用的物质	不能撞击；不能烘烤
干燥器	直径：150、180、210mm，无色、棕色	保持烘干或灼烧过的物质的干燥；也可干燥少量制备的产品	底部放变色硅胶或其他干燥剂，盖磨口处涂适量凡士林；不可将红热的物体放入，放入热的物体后要时时开盖以免盖子跳起

名 称	规 格	主 要 用 途	注 意 事 项
蒸馏水蒸馏器	烧瓶容量：500、1000、2000mL	制取蒸馏水	防止爆沸（加素瓷片）；要隔石棉网用火焰均匀加热
砂芯玻璃漏斗（细菌漏斗）	35、60、140、500mL；滤板1~6号	过滤	必须抽滤；不能骤冷骤热；不能过滤氢氟酸、碱等；用毕立即清洗
砂芯玻璃坩埚	10、15、30mL 滤板1~6号	重量分析中烘干需称量的沉淀	
标准磨口组合仪器	磨口表示方法：上口内径/磨面长度，长颈系列：φ10/19、φ14.5/23、φ19/26、φ29/32	有机化学及有机半微量分析中制备及分离	磨口处无须涂润滑剂；安装时不可受歪斜压力；要按所需装置配齐购置

常用玻璃仪器的选择可根据用途及注意事项合理选择使用，这里重点讲一下滴定管的选择：碱式滴定管不能盛装高锰酸钾、碘、硝酸银等溶液；酸式滴定管不能盛装碱性溶液；有些需要避光的溶液，应采用棕色滴定管。

二、玻璃仪器的洗涤及要求

（一）玻璃容器的洗涤

1. 分析器皿的洗涤

在分析工作前，必须将所需用的器皿仔细洗净。洗净器皿的内壁应能被水均匀润湿而无条纹及水珠。

一般玻璃器皿的洗涤主要是水刷洗和合成洗涤剂水刷洗，如烧杯或锥形瓶的洗涤可用刷子蘸肥皂液或合成洗涤剂来刷洗，刷洗后再用自来水冲洗，若仍有油污可用铬酸洗涤液来浸泡。使用时，先将要洗涤器皿内的水液倒尽，再将洗涤液倒入欲洗涤的器皿中浸数分钟至数十分钟，如将洗涤液预先温热则收效更大。洗涤液对那些不易用刷子刷到的器皿，进行洗涤更为方便。

滴定管如无明显油污的，可直接用自来水冲洗，再用滴定管刷刷洗。

若有油污则可倒入铬酸洗液，把滴定管横过来，两手平端滴定管转动至洗液布满全管。碱式滴定管则应先将橡皮管卸下，把橡皮滴头套在滴定管底部，然后再倒入洗液，进行洗涤。污染严重的滴定管可直接倒入铬酸洗涤液浸泡数小时后再用水冲洗。

容量瓶。用水冲洗后，如还不干净，可倒入洗涤液摇动或浸泡，再用水冲洗干净。但不得使用瓶刷刷洗。

移液管。吸取洗涤液进行洗涤，若污染严重则可放在高型玻璃筒或大量筒内用洗涤液浸泡，再用水冲洗干净。

用于环境样品中微量物质提取的索氏提取器，在分析样品前，先用己烷和乙醚分别回流 3 ~ 4h。

有细菌的器皿，可在 170℃ 用热空气灭菌 2h。

严重沾污的器皿可置于高温炉中于 400℃ 下加热 15 ~ 30min。

2. 常用洗涤液的配制

（1）铬酸洗涤液的配制：在台天平上称取研细的重铬酸钾 5g 置于 250mL 烧杯中，加水 10mL 加热使它溶解，再慢慢加入 80mL 浓硫酸（应注意，切不可将水加入浓硫酸中），边加边搅拌，配好的洗液应为深褐色。贮于磨口塞小口瓶中密塞备用。使用时防止被水稀释。

（2）氢氧化钠高锰酸钾洗涤液：在台天平上称取高锰酸钾 4g 溶于少量水中，向该溶液中慢慢加入 100mL 10% 氢氧化钠即成。该溶液用于洗涤油腻及有机物，洗后在玻璃皿上留下的二氧化锰沉淀可用浓硫酸或亚硫酸钠溶液洗掉。

（3）肥皂液及碱液洗涤液：如器皿被油脂弄脏，可用浓的碱液（30% ~ 40%）处理或用热肥皂液洗涤，再用热水和蒸馏水洗清洁。

合成洗涤剂：把市售合成洗涤剂用热水配成浓溶液，洗器皿时放入少量溶液，加热效果更好，振荡后倒掉，再用水和蒸馏水洗清洁。如果洗涤剂没有冲净，装水后弯月面变平。洗滴定管、容量瓶后，要用水冲洗到弯月面正常为止。

（4）硫酸亚铁的酸性溶液或草酸及盐酸洗涤液：这些溶液是用于清洗高锰酸钾留在器皿上的二氧化锰用的。

大多数不溶于水的无机物质都可以用少量盐酸洗去。灼烧过沉淀的瓷坩埚，可用热盐酸（1+1）洗涤，然后用铬酸洗涤液洗涤。

（5）硝酸洗涤液：在铝和搪瓷器皿中的沉垢，用 5% ~ 10% 硝酸除去，酸宜分批加入，每一次都要在气体停止析出后加入。

器皿清洗后用水冲洗，再用蒸馏水冲洗，使水沿着器皿的壁完全流掉。如果器皿已洗清洁，壁上便留有一层均匀的薄水膜。

（二）玻璃容器的要求

对化验室中所使用的玻璃容器有如下要求：

（1）容器必须完好无损。

（2）有很高的化学稳定性和热稳定性。

（3）有很好的透明度。

（4）有一定的机械强度。

（5）不能用玻璃仪器进行含有氢氟酸的实验。

（6）玻璃容器不能长时间存放碱液。

（三）特殊的洗涤方法

（1）水蒸气洗涤法。有的玻璃仪器，主要是成套的组合仪器，可安装起来，用水蒸气蒸馏法洗涤。

（2）测定微量元素用的玻璃器皿用 10% HNO_3 溶液浸泡 8h 以上，然后用纯水冲净。测磷用的仪器不可用含磷酸盐的商品洗涤剂洗。测 Cr、Mn 的仪器不可用铬酸洗液、$KMnO_4$ 洗液洗涤。

（3）测定分析水中微量有机物的仪器可用铬酸洗液浸泡 15min 以上，然后用水、蒸馏水洗净。

（4）有细菌的器皿，可在 170℃ 用热空气灭菌 2h。

（5）严重沾污的器皿可置于高温炉中于 400℃ 下加热 15～30min。

三、玻璃仪器的干燥和保管

1. 玻璃仪器的干燥

试验完毕后的玻璃仪器要洗净备用，用于不同试验的仪器对干燥有不同的要求，因此应根据实验的要求来干燥仪器。

（1）自然晾干。不急用的仪器，在使用完毕后用水洗净，倒置自然晾干。

（2）烘干。将洗净的仪器控去水分，置于烘箱中，温度控制在 105～120℃ 烘 1h 左右，称量用的称量瓶等在烘干后要放在干燥器中冷却和保存。砂芯玻璃滤器、带实心玻璃塞及厚壁的仪器烘干时要注意慢慢升温并且温度不可过高，以免烘裂。

（3）吹干。急需干燥又不便于烘干的玻璃仪器，可以使用电吹风机吹干。

2. 玻璃仪器的保管

在储藏室里玻璃仪器要分门别类存放，以便取用。经常使用的玻璃仪器放在试验柜内，移液管洗净后置于防尘的盒中，滴定管用毕要洗去内装的溶液，用纯水刷洗后注满纯水，上面盖上盖，也可倒置在滴定管夹上。比色皿用毕后，用纯水洗净，在小瓷盘中垫上滤纸，倒置晾干后收于比色皿盒或洗净的器皿中。带磨口塞的仪器，如容量瓶或比色管等最好在清洗前就用小绳把塞和管口拴好，以免打破或混放。需长期保存的磨口仪器要在塞间垫一张纸片，以免日久粘住。长期不用的滴定管要除掉凡士林后垫纸，用皮筋拴好活塞保存。磨口塞间如有砂粒不要用力转动，以免损伤其精度。不要用去污粉擦洗磨口部位。成套仪器用完要立即洗净，放在专门的纸盒里保存。

第二节 电子天平

一、电子天平的原理

应用现代电子控制技术进行称量的天平称为电子天平。各种电子天平的控制方式和电路结构不相同，但其称量的依据都是电磁力平稳原理。现以 MD 系列电子天平为例说明其称量原理。

我们知道，把通电导线放在磁场中时，导线将产生电磁力，力的方向可以用左手定则来判定。当磁场强度不变时，力的大小与流过线圈的电流强度成正比。如果使重物的重力方向向下，电磁力的方向向上，与之相平衡，则通过导线的电流与被称物体的质量成正比。

二、使用方法

（1）使用前检查天平是否水平，调整水平。

（2）称量前接通电源预热 30min。

（3）校准。按天平说明书要求的时间预热天平。首次使用天平必须校准天平，将天平从一地移到另一地使用时或在使用一段时间（30d 左右）后，应对天平重新校准。为使称量更为精确，亦可随时对天平进行校准。校准程序可按说明书进行。用内装校准砝码或外部自备有修正值的校准砝码进行。

（4）称量。按下显示屏的开关键待显示稳定的零点后，将物品放到秤盘上，关上防风门。显示稳定后即可读取称量值。操纵相应的按键可以实现"去皮"、"增重"、"减重"等称量功能。

三、维护

电子天平几乎不用维护，但电子天平与传统的杠杆天平相比，称量原理差别较大，使用者必须了解它的称量特点，正确使用保养，才能获得准确的称量结果。

（1）电子天平在安装之后、称量之前必不可少的一个环节是"校准"。这是因为电子天平是将被称物的质量产生的重力通过传感器转换成电信号来表示被称物的质量的。称量结果实质上是被称物重力的大小，故与重力加速度 g 有关，称量值随纬度的增高而增加。例如在北京用电子天平称量 100g 的物体，到了广州，如果不对电子天平进行校准，称量值将减少 137.86mg。另外，称量值还随海拔的升高而减小。因此，电子天平在安装后或移动位置后必须进行校准。

（2）电子天平开机后需要预热较长一段时间（至少 0.5h 以上）才能进行正式称量。

（3）电子天平的积分时间也称为测量时间或周期时间，有几挡可供选择，出厂时选择了一般状态，如无特殊要求不必调整。

（4）电子天平的稳定性监测器是用来确定天平摆动消失及机械系统静止程度的器件。当稳定性监测器表示达到要求的稳定性时，可以读取称量值。

（5）较长时间不使用的电子天平应每隔一段时间通电一次，以保持电子元器件干燥，特别是湿度大时更应经常通电。

第三节　常用化学分析法

一、滴定分析概述

滴定分析法是根据化学反应进行分析的方法。例如，欲测定盐酸的准确浓度，可准确量取一定体积的盐酸放于锥形瓶中，把装在滴定管中的氢氧化钠标准溶液逐滴加入到锥形瓶中，这种操作就叫做滴定。在滴定过程中，瓶内发生反应

$$HCl + NaOH = NaCl + H_2O$$

反应一直进行到 HCl 物质的量等于 NaOH 物质的量为止。此时称反应到达理论终点。为判断理论终点的到达，需加入一种辅助试剂，即指示剂，当指示剂颜色改变时，滴定到达终点。前者是指理论终点，后者是指滴定终点，两者经常是不完全吻合的。理论终点与滴定终点之差，称为滴定误差。

滴定分析法是以化学反应为基础的分析方法，但是并非所有的化学反应都能作为滴定分析方法的基础，作为滴定分析的化学反应必须满足以下条件：①反应要有确切的定量关系，即按一定的反应方程式进行，并且反应进行得完全；②反应迅速完成，对速度慢的反应，有加快的措施；③主

反应不受共存物质的干扰，或有消除的措施；④有确定理论终点的方法。

综上所述可知进行滴定分析，必须具备以下三个条件：①要有准确称量物质的分析天平和测量溶液体积的器皿；②要有能进行滴定的标准溶液；③要有准确确定理论终点的指示剂。

滴定分析一般分为四类：①酸碱滴定法；②络合滴定法；③沉淀滴定法；④氧化还原滴定法。

二、酸碱滴定法

酸碱滴定法是利用酸碱间的反应来测定物质含量的方法，因此也称中和法。酸碱滴定中最重要的是了解滴定过程中溶液 pH 值的变化规律，再根据 pH 值的变化规律选择最适宜的指示剂确定终点。然后通过计算求出被测物的含量。

酸碱滴定是以酸碱反应为基础的滴定分析法。滴定剂一般都是强酸或强碱，如 H_2SO_4、$NaOH$、HCl、KOH 等。被滴定的一般是各种具有酸性或碱性的物质，如 Na_2CO_3、H_2SO_4、$NaOH$ 等。

1. 强碱滴定强酸或强酸滴定强碱

以 0.1000mol/L NaOH 滴定 20.00mL 0.1000mol/L HCl 为例。

（1）滴定前，溶液的酸度等于 HCl 的原始浓度，即

$$[H^+] = 0.1000mol/L$$

$$pH = -\log[H^+] = 1.00$$

（2）滴定开始至理论终点前，溶液的酸度取决于剩余 HCl 的浓度，即

$$[H^+] = \frac{0.1 \times 剩余 HCl 体积}{溶液总体积}$$

例如当滴入 NaOH 溶液 18.00mL（剩余 HCl 的体积为 2.00mL）时，有

$$[H^+] = \frac{0.1000 \times 2.00}{20 + 18} = 5.26 \times 10^{-3} \ (mol/L)$$

$$pH = 2.28$$

如此再计算滴入 NaOH 溶液 19.80、19.96、19.98mL 时溶液的 pH 值。

（3）理论终点时，已滴入 NaOH 溶液 20.00mL，溶液呈中性，即

$$[H^+] = [OH^-] = 1.00 \times 10^{-7}mol/L$$

$$pH = 7.00$$

（4）理论终点后，溶液的碱度取决于过量 NaOH 的浓度，即

$$[OH^-] = \frac{0.1 \times 过量 NaOH 的体积}{溶液总体积}$$

如滴入 NaOH 溶液 20.02mL（过量 NaOH 的体积为 0.02mL）时，有

$$[OH^-] = \frac{0.1000 \times 0.02}{20 + 20.02} = 5.00 \times 10^{-5} (mol/L)$$

$$pOH = 4.30$$

$$pH = 14.00 - pH = 14.00 - 4.30 = 9.70$$

如此逐一计算，将计算结果列于表 2 - 2 中。

表 2 - 2　　　　计　算　结　果

加入 NaOH (mL)	中和百分数	剩余 HCl (mL)	过量 NaOH (mL)	$[H^+]$ mol/L	pH	
0.00	0.00	20.00		1.00×10^{-1}	1.00	
18.00	90.00	2.00		5.26×10^{-3}	2.28	
19.80	99.00	0.20		5.02×10^{-4}	3.30	
19.96	99.80	0.04		1.00×10^{-4}	4.00	
19.98	99.90	0.02		5.00×10^{-5}	4.30	突
20.00	100.0	0.00		1.00×10^{-7}	7.00	跃
20.02	100.1		0.02	2.00×10^{-10}	9.70	范
20.04	100.2		0.04	1.00×10^{-10}	10.00	围
20.20	101.0		0.20	2.00×10^{-11}	10.70	
22.00	110.0		2.00	2.10×10^{-12}	11.70	
40.00	200.0		20.00	3.00×10^{-13}	12.50	

如果以 NaOH 的加入量（或中和百分数）为横坐标，以 pH 的变化为纵坐标来绘制关系曲线，就得到酸碱滴定曲线，见图 2 - 1。

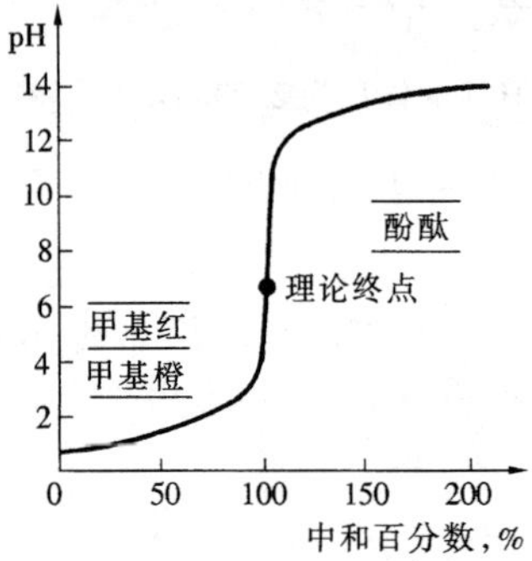

图 2 - 1　0.1000mol/L NaOH 滴定
0.1000mol/L HCL 的滴定曲线

从表 2 - 2 和图 2 - 1 中可以看出，从滴定开始到加入 19.80mL NaOH 溶液，溶液的 pH 值增加了 2.3。再滴入 0.18mL（共滴入 19.80mL）NaOH 溶液，pH 值增加了 1.0，变化速度加快了。再滴入 0.02mL（约半滴，共滴入 20.00mL），正好是滴定的理论终点。此时溶液的 pH 值迅速达到 7.0，再滴入 0.02mL（共滴入 20.02mL），pH 值迅速增至 9.70。此后，过量溶

第一篇　化学基础知识

液所引起的 pH 的变化又愈来愈小。

由此可见，在理论终点前后，从剩余 0.02mL HCl 到过量 0.02mL NaOH，即 NaOH 从不足 0.02mL 到过量 0.02mL，总共不过是 0.04mL（约一滴），但溶液的 pH 值却从 4.30 增加到 9.70，变化近 5.4，形成滴定曲线中的"突跃"部分。指示剂的选择正是以此为依据的。显然，最理想的指示剂应该恰好在理论终点时变色。但实际上，凡在 pH4.31～pH9.70 以内变色的指示剂，都可保证测定有足够的准确度。因此，甲基红（pH4.4～pH6.2）和酚酞（pH8.0～pH9.6）等，均可用作这一类型滴定的指示剂。若以甲基橙为指示剂，理论终点前溶液为酸性，甲基橙显红色，当滴定到甲基橙刚变为黄色时，溶液的 pH 值约为 4。从表 2－2 可见，这时没有中和的 HCl 为 0.04mL，即占总量的 0.2%，因此滴定误差为 0.2%。在这种情况下，最好对指示剂误差进行校正。然而在实际工作中，如果滴定到甲基橙完全显碱式色（黄色），则这时溶液的 pH≈4.4。从表 2－2 可见，这时表中 HCl 不到半滴，即不到所需 HCl 总量的 0.1%，因此滴定误差也不超过 0.1%，从实际要求来看已很满意了。

如果反过来改用 0.1000mol/L HCl 滴定 0.1000mol/L NaOH，滴定曲线的形状与图 2－1 相同。酚酞和甲基橙都可以做指示剂。如果用甲基橙做指示剂，是从黄色滴到橙色（pH＝4），甚至还可能滴过一点，故将有 +0.2% 以上的误差。所以如果分析结果不要求很高的精度，也可以用甲基橙作此类滴定的指示剂，否则要进行结果校正。

另外，滴定突跃的大小还与溶液有关，如图 2－2 所示。

当酸碱浓度增大 10 倍时，滴定突跃部分的 pH 变化范围就增加了 2。相应的指示剂的选择范围就宽些。相反，如果酸碱浓度减少 10 倍，滴定突跃部分的 pH 变化范围也就减少了 2。相应地指示剂的选择就受到限制。所以酸碱标准溶液一般配成 0.1000mol/L 的溶液，有时也配成 1.0000mol/L 的或 0.0100mol/L 的溶液。但浓度过高时，为了使滴定剂消耗的体积在 20mL 左右，势必增加试样质量，这样可能带来操作上的困难，而且消耗大量试剂，造成浪费。但

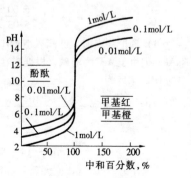

图 2－2　不同浓度强碱滴定不同浓度强酸时的滴定曲线

若浓度太稀，滴定突跃就小了，指示剂变色不明显，造成分析误差。

上面分析了强酸强碱互相滴定过程中的测定准确度和指示剂的选择原则。但在现场实际中，更多的是弱的碱性或弱的酸性成分的分析测定，如电厂水处理药品氨的含量分析、生水中碱度的测定、循环水中碱度的控制分析。有些电厂采用乙酸酸洗锅炉，要分析乙酸的纯度和酸洗过程中的乙酸浓度等，下面就这类情况进行分析讨论。

2. 强碱滴定弱酸

强碱滴定弱酸，滴定时的基本反应为

$$HB + OH^- = B^- + H_2O$$

现以 0.1000mol/L NaOH 滴定 20.00mL 0.1000mol/L HAc 为例进行讨论。

（1）滴定前，溶液是 0.1000mol/L 的 HAc 溶液。溶液中 H^+ 的浓度为

$$[H]^+ = K_a c = 1.8 \times 10^{-5} \times 0.1000 = 1.35 \times 10^{-3}(mol/L)$$
$$pH = 2.87$$

（2）滴定开始到理论终点前，溶液中未反应的 HAc 和反应产物 Ac^- 同时存在，组成一个缓冲体系，溶液的 pH 值可按下式计算：

$$pH = pK_a + \log \frac{[Ac^+]}{[HAc]}$$

例如，当滴入 NaOH 溶液 19.98mL（剩余 HAc0.02mL）时，有

$$[HAc] = \frac{0.02}{20 + 19.98} \times 0.1000 = 5.03 \times 10^{-5}(mol/L)$$

$$[Ac^-] = \frac{19.98}{20 + 19.98} \times 0.1000 = 5.00 \times 10^{-2}(mol/L)$$

$$pH = 4.74 + \log \frac{5.00 \times 10^{-2}}{5.03 \times 10^{-5}} = 7.74$$

（3）理论终点时，已滴入 NaOH 20.00mL，全部 HAc 被中和而生成 NaAc，但由于 Ac^- 为弱碱，根据它在溶液中的离解平衡，求得这时溶液中的 OH^- 浓度为

$$[OH^-] = K_b c = \frac{K_w c}{K_a} = \frac{10^{-14} \times 0.05000}{1.8 \times 10^{-5}} = 5.27 \times 10^{-6}(mol/L)$$

$$pOH = 5.28$$
$$pH = 14 - 5.28 = 8.72$$

可见理论终点的 pH 值大于7，溶液显碱性。

（4）理论终点后，由于过量 NaOH 的存在，抑制了 Ac^- 的离解，溶液的 pH 值取决于过量的 NaOH 浓度，其计算方法与强碱滴定强酸相同。例

第一篇 化学基础知识

如，已滴入 NaOH 溶液 20.02mL（过量 NaOH 0.02mL），有

$$[OH^-] = \frac{0.02}{20+20.02} \times 0.1000 = 5.00 \times 10^{-5} (mol/L)$$

$$pOH = 4.30$$

$$pH = 14 - 4.30 = 9.70$$

如此逐一计算，将计算结果列于表 2-3 中，并以此绘制滴定曲线如图 2-3。

表 2-3　用 0.1000mol/L NaOH 滴定 20.00mL 0.1000mol/L 的 HAc

加入 NaOH（mL）	中和百分数	剩余 HAc（mL）	过量 NaOH（mL）	pH
0.00	0.00	20.00		2.87
18.00	90.00	2.00		5.70
19.80	99.00	0.20		6.74
19.80	99.90	0.02		7.74
20.00	100.0	0.00		8.72
20.02	100.1		0.02	9.70
20.02	101.0		0.20	10.70
22.00	110.0		2.00	11.70
40.00	200.0		20.00	12.50

从表 2-3 和图 2-3 可以看出，滴定以前 0.1000mol/L HAc 的 pH = 2.87，比 0.1000mol/L HCl 的 pH 值约大 2。这是因为 HAc 的离解度要比等浓度的 HCl 小的缘故。

滴定开始后，曲线的坡度比滴定 HCl 的更倾斜，这是因为 HAc 的离解度很小，一旦滴入 NaOH 后，部分的 HAc 被中和而生成 NaAc，由于 Ac⁻ 的同离子效应，使 HAc 的离解度更加变小，因而 H⁺ 浓度迅速降低，pH 值很快增大。但当继续滴入 NaOH 时，由于 NaAc 的不断生成，在溶液中构成缓冲体系，

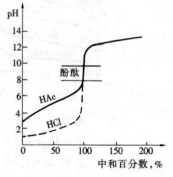

图 2-3　0.1000mol/L NaOH 滴定 0.1000mol/L HAc 的滴定曲线

故使溶液的 pH 值增加很慢，因此这一段曲线较为平坦。当接近理论终点时，由于溶液中 HAc 已很少，溶液的缓冲作用减弱，所以继续滴入 NaOH，溶液 pH 值的变化速度又加快。直到理论终点时，由于 HAc 的浓度急剧减小，因而使溶液的 pH 值发生突变。

但是应该注意，由于溶液中产生了大量的 Ac^-，Ac^- 是一种碱，在水溶液中离解后产生相当数量的 OH^-，因而使理论终点的 pH 不是 7 而是 8.72，理论终点在碱性范围内。理论终点以后，溶液 pH 值的变化规律就与强碱滴定强酸时情形相同。再看一看理论终点附近 pH 的突跃，是由 7.74 到 9.70，比强酸滴定强碱要小得多。这就是强碱滴定弱酸时的特点。

由此可见，在酸性范围内变色的指示剂，如甲基橙、甲基红等都不能用作 NaOH 滴定 HAc 的指示剂，否则将引起很大的滴定误差。酚酞、百里酚蓝和百里酚酞等的变色范围恰在突跃范围之内，所以可作为这一滴定类型的指示剂。

图 2-4 是用 0.1mol/L NaOH 溶液滴定 0.1mol/L 各种强度酸的滴定曲线。从中可以看出，当酸的浓度一定时，K_a 值愈大，即酸愈强时，滴定突跃范围也愈大。当 K_a 值小到一定程度时，已没有明显的突跃了，在这种情况下，已无法利用一般的指示剂来确定它的滴定终点。

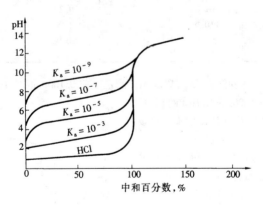

图 2-4　用 0.1mol/L NaOH 溶液滴定 0.1mol/L 各种强度酸的滴定曲线

另一方面，当 K_a 值一定时，酸的浓度愈大，突跃范围也愈大，因此，如果弱酸的离解常数很小，或酸的浓度很低，达到一定限度时，就不能进行滴定了。

3. 强酸滴定弱碱

例如用 HCl 滴定 NH_3，反应如下：

$$NH_3 + H^+ = NH_4^+$$

用 H_2SO_4 滴定 CO_3^{2-}、HCO_3^-，反应如下：

$$CO_3^{2-} + H^+ = HCO_3^-$$

$$HCO_3^- + H^+ = H_2CO_3$$

这种类型的滴定与强碱滴定弱酸非常相似，所不同的是溶液的 pOH 是由小到大，即 pH 是由大到小，所以滴定曲线的形状刚好相反。而且，理论终点时溶液应显微酸性，因此生成的盐在水中按酸式离解，产生一定量的 H^+ 使溶液显酸性。由此可见，滴定时的突跃就发生在酸性范围内，因此只有选择在此范围内变色的指示剂才是合适的。

表 2-4 列出用 0.1000mol/L HCl 滴定 20.00mL 0.1000mol/L NH_3 时溶液 pH 值的变化情况，并将计算结果绘成滴定曲线。

表 2-4　用 0.1000mol/L HCl 滴定 20.00mL 0.1000mol/L 的 NH_3

加入 HCl（mL）	中和 NH_3 百分数	算　式	pH
0.00	0.00		11.13
18.00	90.00	$[OH^-] = \sqrt{K_b c}$	8.30
19.96	99.80		6.56
19.98	99.90	$[OH^-] = Ka \dfrac{[NH_3]}{[NH_4^+]}$	6.25 ⎤突跃
20.00	100.0		5.28 ⎦范围
20.02	100.1	$[H^+] = KaC = \sqrt{\dfrac{K_w C}{Kb}}$	4.30
20.20	101.0		3.30
22.00	110.0	按过量酸计算	2.30
40.00	200.0		1.30

从表 2-4 和图 2-5 可以看出，用 HCl 滴定 NH_3 时，理论终点的 pH 为 5.28，突跃发生在酸性范围内（pH6.25 ~ pH4.3），所以选甲基红、溴甲酚绿和溴酚蓝等指示剂比较合适，如选用甲基橙，滴定到橙色（pH≈4）时，误差将在 +0.2% 以上。如此时 NH_3 的浓度较大，则甲基橙也可以用作指示剂。

和弱酸的滴定一样，弱碱能否被准确滴定，也和弱碱的浓度及离解常数有关。

三、络合滴定法

络合滴定法是以络合反应为基础的分析方法。通常使用络合剂做滴定剂，滴入样品溶液后与被测离子定量络合，然后根据络合剂消耗的体积和

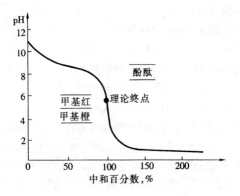

图 2-5　0.1000mol/L HCl 滴定
0.1000mol/L NH₃ 的滴定曲线

浓度，计算出被测离子的含量。络合滴定主要用来直接测定金属离子。

络合滴定中最常用的络合剂是 EDTA，它可以和多种金属离子发生络合反应生成稳定的螯合物，并且络合比一般均为 1∶1，即 1mol EDTA 与 1mol 金属离子络合。在滴定过程中，溶液中的被测金属离子浓度随着络合滴定剂的加入而不断减少，当它们以等摩尔络合后，若过量加入一滴 EDTA，则借指示剂的颜色变化，便可确定络合滴定的终点。

（一）金属指示剂

络合滴定常使用金属指示剂指示络合滴定的终点，一般金属指示剂本身也是一种有颜色的络合剂，可以和金属离子络合，生成另一种颜色的络合物。下面以铬黑 T 指示硬度测定终点为例，说明金属指示剂的作用原理。

铬黑 T 在硬度测定条件下本身显蓝色，它与 Ca^{2+}、Mg^{2+} 络合后呈红色。当将铬黑 T 加入水样后，便与水中 Ca^{2+}、Mg^{2+} 络合，使溶液呈红色，接着滴加 EDTA，直到其与水中剩余的 Ca^{2+}、Mg^{2+} 全部络合。此时若再加一滴 EDTA，由于它与 Ca^{2+}、Mg^{2+} 络合的能力比铬黑 T 强，便把 Ca^{2+}、Mg^{2+} 从铬黑 T 中夺了出来，使铬黑 T 重新显示出本身的蓝色，于是溶液由红变蓝，说明滴定终点已经到达。

（二）络合滴定的条件控制

EDTA 可以与多种金属离子络合。因此，用 EDTA 测某种金属离子时，往往要受其他离子的干扰。为了避免干扰，提高 EDTA 络合滴定的选择性，必须控制滴定条件。控制方法有多种，这里介绍常用的两种。

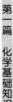

第一篇　化学基础知识

（1）在进行络合滴定加入指示剂前，首先加入缓冲溶液，以控制溶液的酸度，使被测溶液的 pH 值保持在一定的范围内，因为 EDTA 虽然可以和多种金属离子形成络合物，但不同 pH 条件下，它们的稳定性不同。适当控制被测溶液的 pH 值，可以使欲测金属离子的络合物处于稳定状态，同时排除在这种条件下，形成不稳定络合物的金属离子的干扰，如在硬度测定中，通常加入氨—氯化铵缓冲溶液，控制水样的 pH 值在 10 ± 0.1 的范围内，防止微量重金属离子的干扰。

（2）在滴定前，向试剂中加入恰当的掩蔽剂也是络合滴定中常用的一种排除离子干扰的方法。掩蔽剂具有一定的选择性，同时，各种掩蔽剂的使用，对溶液的 pH 有一定的要求。例如，在测定硬度 pH 条件下，为了防止干扰离子封闭指示剂，使滴定终点不易观察，可以加入三乙醇胺或盐酸羟胺，以掩蔽铁、铝离子；加入硫化钠可掩蔽微量重金属。

在酸碱滴定中，随着滴定剂的加入，溶液中 H^+ 的浓度随之变化，当达到理论终点时，溶液的 pH 值发生突变。络合滴定的过程与此相似，被滴定的一般是金属离子，随着络合滴定剂的加入，金属离子不断被络合，其浓度不断减小。和用 pH 值表示［H^+］一样，当金属离子浓度［M^{n+}］很高时用 pM（即 $-\log$［M^{n+}］）表示比较方便，当滴定达到理论终点时，pM 将发生突变，可利用适当方法来指示滴定终点。

为了正确理解和掌握络合滴定的条件和影响因素，有必要详细讨论络合滴定的滴定曲线。

（三）络合滴定曲线

在络合滴定中，被滴定金属离子和滴定剂的浓度通常在 10^{-2} mol/L 数量级。今以 0.0100mol/L 的 EDTA 溶液滴定 20.00mL 0.0100mol/L 的 M 离子（$\log K'_{MY} = 8$）为例，计算滴定过程中 pM 的变化如下。

1. 滴定前

M 离子浓度为 0.0100mol/L，pH = 2.000。

2. 滴定开始至理论终点前

在这个阶段中，溶液 pM 值的计算方法随情况而不同，当 $\log K'_{MY}$ 较大（例如 > 10），EDTA 加入百分率不高时，MY 的离解不大，剩余的 M 离子对 MY 的离解有抑制作用，可按简易方法计算。

例如，滴入 EDTA12.00mL 时，有

$$[M] = 0.0100 \times \frac{20.00 - 12.00}{20.00 + 12.00} = 2.500 \times 10^{-3} (\text{mol/L})$$

第二章 分析化学基础知识

$$pM = 2.602$$

当 $\log K'_{MY}$ 较大，EDTA 加入百分率较高时，MY 的离解较大，M 离子的抑制作用微小，此时 MY 的离解不能忽略，应该根据物料平衡列方程组来求 M 值。

例如，加入 EDTA 19.98mL 时，将含有 M 的各组分浓度之和列出式 (1)，含有 Y 的各组分浓度之和列出式 (2)，与离解平衡式组成方程组，即有

$$[M] + [MY] = 0.0100 \times \frac{20.00}{20.00 + 19.98} = 5.003 \times 10^{-3}(\text{mol/L}) \quad (1)$$

$$[Y] + [MY] = 0.0100 \times \frac{19.98}{20.00 + 19.98} = 4.998 \times 10^{-3}(\text{mol/L}) \quad (2)$$

$$\frac{[MY]}{[M][Y]} = 1 \times 10^8$$

解方程求得 $[M] = 1.000 \times 10^{-5}\text{mol/L}$

$$pM = -\log[M] = 5.000$$

3. 理论终点

滴入 EDTA 20.00mL，此时

$$[MY] = 0.0100 \times \frac{20.00}{20.00 + 20.00} = 5.000 \times 10^{-3}(\text{mol/L})$$

理论终点时 $\qquad [Y] = [M]$

$$\frac{[MY]}{[M][Y]} = \frac{5.000 \times 10^{-3}}{[M]^2} = 1 \times 10^8$$

$$[M]^2 = \frac{5.000 \times 10^{-3}}{10^8}$$

$$[M] = 7.071 \times 10^{-6} \ (\text{mol/L})$$

$$pH = 5.151$$

当 $\log K'_{MY}$ 较小（<5）时，$[MY]$ 的离解很显著，此时应将 $[MY] = \frac{0.01}{2} [M]$ 代入计算。在以下的计算中，遇有类似的情况都要考虑到 MY 的离解。

4. 理论终点后

这个阶段的情况与式 (2) 相似，当 $\log K'_{MY} < 10$ 时，MY 的离解不可

忽略。例如，加入 EDTA 20.02mL 时，可得

$$[M] + [MY] = 0.01000 \times \frac{20.00}{20.00 + 20.02} = 4.997 \times 10^{-3} (\text{mol/L})$$

$$[Y] + [MY] = 0.01000 \times \frac{20.02}{20.00 + 20.02} = 5.002 \times 10^{-3} (\text{mol/L})$$

$$\frac{[MY]}{[M][Y]} = 1 \times 10^{8}$$

当 EDTA 过量较多时，MY 的离解被抑制，可用简易方法计算。例如，加入 EDTA 40.00mL 时，有

$$[MY] = 0.01000 \times \frac{20.00}{20.00 + 40.00} = 3.333 \times 10^{-3} (\text{mol/L})$$

$$[Y] = 0.01000 \times \frac{40.00 - 20.00}{20.00 + 40.00} = 3.333 \times 10^{-3} (\text{mol/L})$$

$$[MY] = \frac{[MY]}{[Y] \times 10^{8}} = \frac{1}{10^{8}} = 1 \times 10^{-8} (\text{mol/L})$$

$$pM = 8.00$$

当 $\log K'_{MY} = 14$、12、$\cdots$、2 时，将 0.0100mol/L 的 M 离子溶液 20.00mL 用 0.0100mol/L EDTA 滴定（或 0.1000mol/L 的 M 离子溶液 20.00mL 用 0.1000mol/L EDTA 滴定），滴定过程中各点的 pM 计算值列于表 2-5。络合物 K'_{MY} 值不同时的滴定曲线见图 2-6。

表 2-5 络合滴定过程中溶液 pH 的变化

EDTA 用量		$\log K'_{MY}$						
毫升数 (mL)	加入的量 (%)	14	12	10	8	6	4	2
0.0100mol/L		pM						
0.00	0.0	2.000	2.000	2.000	2.000	2.000	2.000	2.000
19.80	99.0	4.299	4.299	4.299	4.291	4.001	3.165	2.434
19.96	99.8	5.000	4.997	4.997	4.865	4.123	3.178	2.436
19.98	99.9	5.301	5.292	5.292	5.000	4.138	3.180	2.436
20.00	100.0	7.151	6.151	6.151	5.151	4.154	3.181	2.436
20.02	100.1	9.000	7.008	7.008	5.301	4.169	3.183	2.437
20.04	100.2	9.301	8.000	7.303	5.437	4.184	3.184	2.437
20.20	101.0	10.000	10.000	8.000	6.009	4.305	3.198	2.439
40.00	200.0	12.000	12.000	10.000	8.000	6.000	4.046	2.666
0.00	0.0	1.000	1.000	1.000	1.000	1.000	1.000	1.000
19.80	99.0	3.299	3.299	3.299	3.298	3.231	2.611	1.741

毫升数（mL）	加入的量（%）	14	12	10	8	6	4	2
	EDTA 用量				$\log K'_{MY}$			
	0.1000mol/L				pM			
19.96	99.8	4.000	4.000	3.999	3.980	3.555	2.650	1.746
19.98	99.9	4.301	4.301	4.300	4.232	3.603	2.655	1.746
20.00	100.0	7.651	6.651	5.651	4.651	3.651	2.660	1.747
20.02	100.1	11.000	9.000	7.001	5.069	3.700	2.665	1.747
20.04	100.2	11.302	9.301	7.301	5.321	3.748	2.670	1.748
20.20	101.0	12.005	10.000	8.000	6.002	4.068	2.710	1.753
40.00	200.0	14.000	12.000	10.000	8.000	6.000	4.000	1.933

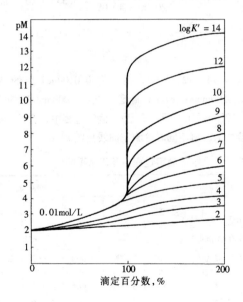

图 2 - 6　用 0.0100mol/L EDTA 滴定 0.0100mol/L 金属离子

（四）影响滴定突跃的因素

在滴定过程中，理论终点附近的 pM 变化越大，即滴定突跃越大，就越容易准确地指示终点。滴定突跃的大小，可用滴定剂加入 99.9% ~ 100.1% 之间的 pM 改变量（ΔpM）表示，将加入 EDTA 99.9% ~ 100.1% 时的 ΔpM 值对 $\log K'_{MY}$ 作图，可以查出不同情况下的 ΔpM 值，见图 2 - 7。

上述计算结果表明，络合物的表观常数和滴定金属离子浓度是影响滴定突跃的主要因素。

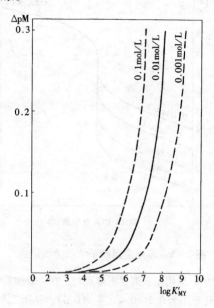

图 2-7 ΔpM 与 $\log K'_{MY}$ 的关系

1. 络合物的表观稳定常数对滴定突跃的影响

由图 2-6 和图 2-7 可知，络合物的表观稳定常数越大，则滴定突跃（ΔpM）越大，滴定的准确度越高。决定络合物表观稳定常数的因素，首先是其绝对稳定常数，而溶液的酸度、掩蔽剂、缓冲溶液及其他辅助络合剂作用，都有很大影响。

（1）酸度。根据公式 $\log K'_{MY} = \log K_{MY} - \log \alpha_{Y(H)} - \log \alpha_{M(L)}$ 可以看出，酸度越高时，$\log \alpha_{Y(H)}$ 越大，$\log K'_{MY}$ 就越小。这样，滴定曲线理论终点后的平台部分降低，突跃减小。

（2）掩蔽剂等的络合作用。掩蔽剂、缓冲溶液及其他辅助络合剂的络合作用，都能增大 $\log \alpha_{M(L)}$ 值，使滴定曲线理论终点后的平台部分降低，突跃减小。

2. 金属离子浓度对突跃的影响

图 2-8 表示某金属离子的 $\log K'_{MY} = 10$ 时，不同浓度溶液的滴定曲线，可以看出，离子浓度越低时，滴定曲线的起点就越高，滴定突跃减小。

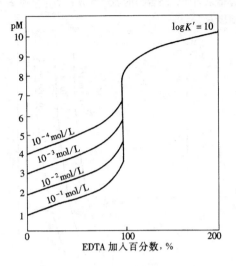

图 2 - 8　不同金属离子浓度的滴定曲线

在络合滴定中，采用指示剂目测终点时，在一般的实验条件下，可以检测出的 pM 变化范围为 $0.2 \sim 0.4$（平均 0.3），从图 2 - 8 可以看出，当溶液的浓度为 $0.01mol/L$、$\log K' \geqslant 8$ 时，$\Delta pM > 0.3$；$\log K' < 8$ 时，pM 较小；到 $\log K' \leqslant 3$ 时，$\Delta pM = 0.001$，即在理论终点前后溶液的 pM 值几乎没有变化。

从表 2 - 5 可以看出，溶液浓度为 $0.1mol/L$ 时，欲使 $\Delta pM > 0.3$，只要 $\log K' \geqslant 7$ 即可。

由此可见，当 $cK' \geqslant 10^6$，$\log cK' \geqslant 6$ 时，金属离子能准确被滴定，误差 $\leqslant 0.1\%$。当然，如果允许误差较大，则 cK' 可允许较小，视具体情况而定。

四、沉淀滴定法

沉淀滴定法是以沉淀反应为基础的滴定方法，它是利用滴定剂与被测组分间发生的定量沉淀反应，通过适当的指示剂指示滴定终点，然后根据滴定剂的浓度和消耗的体积来计算被测组分的含量。

根据滴定分析对化学反应的要求，适合于滴定用的沉淀反应必须满足以下条件：

（1）反应速度快，生成沉淀的溶解度小。

（2）反应按一定的化学式定量进行。

（3）有准确确定理论终点的方法。

由于上述条件的限制，能用于沉淀分析法的反应比较少。目前应用较多的是生成难溶银盐的反应，如

$$Ag^+ + Cl^- = AgCl\downarrow（白色）$$

$$Ag^+ + Br^- = AgBr\downarrow（黄色）$$

$$Ag^+ + SCN^- = AgSCN\downarrow（白色）$$

水质分析中使用沉淀滴定法的项目不多，现以测量氯离子的银量法为例，介绍它的一般原理。该法是在中性或弱碱性的溶液中，以硝酸银（$AgNO_3$）标准溶液为滴定剂，铬酸钾（K_2CrO_4）为指示剂。虽然 Ag^+ 与 Cl^- 和 CrO_4^{2-} 都可以生成沉淀，但 AgCl 沉淀比 Ag_2CrO_4 沉淀的溶解度小，滴定中首先是 Ag^+ 与 Cl^- 生成乳白色的 AgCl 沉淀，即

$$Ag^+ + Cl^- = AgCl\downarrow（乳白色）$$

当溶液中的 Ag^+ 与 Cl^- 沉淀完全后，过量一滴硝酸银溶液便与 CrO_4^{2-} 生成红色的 Ag_2CrO_4 沉淀，即

$$2Ag^+ + CrO_4^{2-} = Ag_2CrO_4\downarrow（砖红色）$$

于是溶液中的终点指示之一，是利用被测离子、指示剂与滴定剂生成的沉淀在溶解度上的差别，通过分步沉淀（被测离子先沉淀，指示剂后沉淀）来实现的。通常指示剂的加入量要严格控制。另外，还有采用吸附指示剂和体外指示剂指示终点的。

注意：滴定时必须剧烈摇动锥瓶，以防止先产生的 AgCl 沉淀吸附溶液中的 Cl^-，使终点提早出现。

五、氧化还原滴定法

氧化还原滴定法是以氧化还原反应为基础的滴定分析法。它是以氧化剂或还原剂为标准溶液来测定还原性或氧化性物质含量的方法。

常用的有高锰酸钾法、重铬酸钾法和碘量法等。

1. 高锰酸钾法

高锰酸钾是一种强的氧化剂，它的氧化作用和溶液的酸度有关，一般情况下，用高锰酸钾溶液作滴定剂，在强酸溶液中进行，反应式为

$$MnO_4^- + 8H^+ + 5e = Mn^{2+} + 4H_2O$$

从反应式中得知 $KMnO_4$ 获得 5e，所以 $KMnO_4$ 的基本单元为

（1/5 KMnO$_4$）。被测溶液常用 H$_2$SO$_4$ 酸化而不用 HNO$_3$，因为 HNO$_3$ 是氧化性酸，可能与被测物反应，也不能用 HCl，因为 HCl 中的 Cl$^-$ 具有还原性能与 KMnO$_4$ 反应。

利用 KMnO$_4$ 作为氧化剂可用直接法测定还原性物质，也可用间接法测定氧化性物质，此时先将一定量的还原剂标准溶液加入到被测的氧化性物质中，待反应完毕后，再用 KMnO$_4$ 标准溶液返滴剩余量的还原剂标准溶液。用 KMnO$_4$ 标准溶液进行测定是以 KMnO$_4$ 自身为指示剂的。

2. 重铬酸钾法

重铬酸钾法是以 K$_2$Cr$_2$O$_7$ 为标准溶液所进行滴定的氧化还原法，K$_2$Cr$_2$O$_7$ 是一种较强的氧化剂，在酸性溶液中被还原为 Cr^{3+}，即

$$Cr_2O_7^{2-} + 14H^+ + 6e = 2Cr^{3+} + 7H_2O$$

从反应式中可知 K$_2$Cr$_2$O$_7$ 获得 6e，其基本单元为（1/6 K$_2$Cr$_2$O$_7$）。摩尔质量 M（1/6 K$_2$Cr$_2$O$_7$）＝49.03g/mol。

K$_2$Cr$_2$O$_7$ 是稍弱于 KMnO$_4$ 的氧化剂，所配制的溶液非常稳定，可以长期保存于密封容器中，在一定范围不受 Cl$^-$ 还原作用的影响，可以在盐酸溶液中进行滴定；可作基准物直接配制标准溶液。但用 K$_2$Cr$_2$O$_7$ 法测定被测溶液必须使用氧化还原指示剂。

3. 碘量法

碘量法是利用碘的氧化性和碘离子的还原性进行物质含量的测定方法。其反应式为

$$I_2 + 2e \longleftrightarrow 2I^-$$

I$_2$ 是较弱的氧化剂，而 I$^-$ 是中等强度的还原剂。因此碘量法分为直接碘量法和间接碘量法两种。

（1）直接碘量法：又称碘滴定法，它是利用碘标准溶液直接滴定一些还原物质的方法。例如

$$I_2 + H_2S \longleftrightarrow S + 2HI$$

利用直接碘量法还可以测定 SO$_3^{2-}$、AsO$_3^{3-}$、SnO$_2^{2-}$ 等，但反应只能在微酸性或中性溶液中进行，因此受到测量条件限制，应用不太广泛。

（2）间接碘量法：又称滴定碘法，它是利用 I$^-$ 的还原作用（通常使用 KI）与氧化性物质反应生成游离的碘，再用还原剂（Na$_2$S$_2$O$_3$）的标准溶液滴定，从而测出氧化性物质含量。例如，测定铜盐中铜的含量，在酸性条件下，与过量 KI 作用析出 I$_2$，即

$$2Cu^{2+} + 4I^- \longleftrightarrow 2CuI \downarrow + I_2$$

析出的 I_2 用 $Na_2S_2O_3$ 标准溶液滴定，即

$$I_2 + 2\ Na_2S_2O_3 \longleftrightarrow 2NaI + Na_2S_4O_6$$

由此可见，间接碘量法是以过量 I^- 与氧化性物质反应，析出与氧化性物质等物质量的 I_2，然后再用 $Na_2S_2O_3$ 标准溶液滴定，这一反应过程被看作是碘量法的基础。

在上述反应中，$Na_2S_2O_3$ 失去 $1e$，I_2 获得 $2e$，对 I_2 的基本单元 $(1/2I_2)$，$M\ (1/2I_2) = 126.90 g/mol$；对 $Na_2S_2O_3$ 的基本单元（ $Na_2S_2O_3 \cdot 5H_2O$），$M\ (\ Na_2S_2O_3 \cdot 5H_2O)\ = 248.12 g/mol$。

判断碘量法的终点，常用淀粉作指示剂，直接碘量法的终点是从无色到蓝色，间接碘量法的终点是从蓝色到无色，即

$$\text{淀粉}^- \xrightarrow[S_2O_3^{2-}]{I_2} \text{吸附化合物}$$

$$\text{（无色）} \qquad \text{（蓝色）}$$

淀粉溶液应在滴定近终点时加入，如果过早地加入，淀粉会吸附较多的 I_2，使滴定结果产生误差。

（3）碘量法误差来源：碘量法的误差原因有两个，一是碘具有挥发性易损失，二是 I^- 在酸性溶液中易被来源于空气中的氧氧化而析出 I_2，即

$$4I^- + 4H^+ + O_2 \longleftrightarrow 2I_2 + 2H_2O$$

因此用间接碘量法测定时，最好在碘量瓶中进行，并应避免阳光照射。为了减少 I^- 与空气的接触，滴定时不应过度摇动。

六、滴定分析法基本操作

在滴定分析中，要用三种能准确测量溶液体积的仪器，即滴定管、移液管和容量瓶。这三种仪器的正确使用是滴定分析中最重要的基本操作。对这些仪器使用的准确、熟练可以减少溶液体积的测量误差，为获得准确的分析结果创造先决条件。下面介绍滴定分析法的一般操作步骤。

1. 滴定管的准备

（1）洗涤：洗净的滴定管其内壁应完全被水湿润而不挂水珠。

（2）试漏：直立滴定管约两分钟，仔细观察刻线上的液面是否下降，滴定管下端尖嘴上有无水滴滴下（碱式）；或滴定管下端有无水滴滴下，及活塞缝隙中有无水渗出（酸式）。

（3）装溶液赶气泡：准备好滴定管即可装标准溶液，为了除去滴定管内残留的水分，确保标准溶液浓度不变，应先用此标准溶液淋洗滴定管2～3遍，之后装入标准溶液至"0"刻度线以上，转动活塞使溶液迅速向下排出下端存留的气泡（酸式）；或将胶管向上弯曲，用力捏挤玻璃珠，使溶液从尖嘴喷出以排出气泡（碱式），然后再调节液面在0.00mL处。

2. 玻璃仪器的准备

锥形瓶、移液管、容量瓶等所用玻璃仪器的准备（包括洗涤、校正和使用）。

3. 试剂的准备

所用试剂的准备，包括试剂的配制、标定。一般常用试剂应有备用。

4. 取样

按所测含量的大小，吸取适量透明水样注入250mL锥形瓶中，用除盐水稀释至100mL。

5. 滴定

按试验步骤进行，速度不能过快，一般以3～4滴/s为宜，切不可成液柱流下；终点判断正确。

6. 读取

注入溶液或放出溶液后，需等待30～60s后才能读取（使附着在内壁上的溶液流下）。滴定时最好每次都从0.00mL开始，或从接近零的任一刻度开始，这样可固定在某一段体积范围内滴定，减少测量误差。读数必须精确到0.01mL。得到读数后即可进行计算。

七、重量分析法的原理及重量分析的操作

1. 重量分析法基本原理

在重量分析中，利用沉淀反应的重量法最为普遍。下面着重介绍它的基本原理。

在利用沉淀反应的重量分析中，中心的问题是：欲测组分沉淀要完全，得到的沉淀尽可能纯净，并且在干燥和灼烧后具有固定的组成，因此，重量分析中应遵循的基本原理是：往被测物的溶液中加入合适的沉淀剂，使被测组分沉淀析出，最终依据沉淀的重量计算被测组分的含量。

2. 重量分析法基本操作

重量分析大致按照以下步骤进行：

（1）试样的溶解。将平行试样依照性质溶解在水中，酸或其他溶剂（包括溶剂）中。例如将盐垢溶解在水中。或将水垢溶解在盐酸中，或将灰样灼烧残渣熔融在碳酸钠溶剂中。

（2）沉淀。这通常是为欲测组分与试样分离做准备。重量分析对沉淀的要求是尽可能地完全和纯净，为达到这个要求，应该按照沉淀的不同类型选择不同的沉淀条件，如沉淀时溶液的体积、温度、加入沉淀剂的浓度和数量、加入速度、搅拌速度、放置时间等。因此，必须按照规定的操作手续加入沉淀剂；沉淀后检查沉淀是否完全。

（3）过滤。欲测组分转变为沉淀后，根据沉淀的性质，可选择合适的定量滤纸，通过过滤将沉淀留在滤纸上，这样便把欲测组分与试样的其他组分区别开来。

（4）洗涤。沉淀全部转移到滤纸上后，再在滤纸上进行最后洗涤，此时要用洗瓶由滤纸边缘稍下一些地方螺旋形向下移动冲洗沉淀。这样可使沉淀聚集到滤纸锥体的底部，不可将洗涤液直接冲在滤纸中央沉淀上，以免沉淀外溅，通常采用"少量多次"的方法洗涤沉淀，这样可提高洗涤效率。

（5）干燥和灼烧。这是为称量后的化学计算做准备，即将洗净后的沉淀物通过干燥和灼烧。使最后用来称量的沉淀物有固定的组成。

（6）称量。称量通常在分析天平上进行的，称量的结果是重量分析的依据。

（7）计算。计算通常是根据沉淀物的化学组分和称量的结果来进行的。

其中，沉淀、过滤和洗涤是获得完全和纯净沉淀的三个关键步骤。

3. 影响测定溶解度的因素

在利用沉淀反应进行重量分析时希望沉淀反应进行得越完全越好，沉淀反应是否完全，可以根据沉淀溶解度的大小来判断。影响沉淀溶解度的因素很多，除沉淀在溶剂中的固有溶解度外，外界条件的变化如溶液中的总离子量的多少、酸碱度的变化、同离子的增减以及有无相应的络合剂等，都是影响沉淀溶解度的重要因素。在实际操作中，这些外界条件有时候是可以人为改变的，我们可以利用有利因素，克服不利因素，使沉淀的溶解度降低，使沉淀趋于完全。

影响测定溶解度的因素有以下几点：

（1）同离子效应。在重量分析中，常加入过量的指示剂，利用同离子效应来降低沉淀的溶解度，以使沉淀完全。沉淀剂过量多少，应根据沉淀的性质来决定。

（2）盐效应。盐效应的实质，是在难溶盐的溶液中加入强电解质后，使原来饱和的难溶盐溶液变为不饱和溶液，沉淀的溶解度增大，这对重量分析不利，因此，在利用同离子效应时应考虑盐效应的影响，即沉淀剂不能过量太多。

（3）酸效应。溶液的酸度对沉淀溶解度的影响，就是沉淀反应中的酸效应。溶液的酸度对沉淀的溶解度常有不同程度的影响，而且比较复杂，当沉淀是强酸盐（如 $BaSO_4$、$AgCl$）时，溶液的酸度对沉淀溶解度的影响不大。因为酸度变化时，溶液中强酸阴离子的浓度没有显著的变化。当沉淀是弱酸盐（如 CaC_2O_4、ZnS）时，溶液的酸度对沉淀溶解度就有较大的影响。例如 CaC_2O_4 在溶液中的平衡如下：

$$CaC_2O_4（固）\longleftrightarrow Ca^{2+} + C_2O_4^{2-}$$
$$C_2O_4^{2+} + 2H^+ \longleftrightarrow H^+ + HC_2O_4^- \longleftrightarrow H_2C_2O_4$$

当溶液中的 H^+ 浓度增大时，平衡向生成 $H_2C_2O_4$ 的方向移动，溶液中 $C_2O_4^{2-}$ 的浓度减少，破坏了 CaC_2O_4 的沉淀平衡，CaC_2O_4 的沉淀就会部分溶解，甚至完全溶解，因此对于弱酸盐的沉淀，为减少酸度对沉淀溶解度的影响，一般尽可能在较低的酸度下进行。

如果沉淀剂是强酸，在利用同离子效应以减少沉淀溶解度的同时，也应考虑酸效应和盐效应的影响。

（4）络合效应。在滴定反应中，若溶液中有络合剂，并且该络合剂能与被沉淀的离子生成络合物时，反应就会向沉淀溶解的方向进行，因而影响沉淀的完全程度，甚至不产生沉淀，这种现象称为络合效应。例如，在含有 $AgCl$ 沉淀的溶液中，加入氨水 Ag^+ 就会与 NH_3 生成［$Ag(NH_3)_2$］$^+$，破坏 $AgCl$ 的沉淀平衡。结果使 $AgCl$ 沉淀的溶解度增大甚至完全溶解，反应式为

$$AgCl（固）\longleftrightarrow Ag^+ + Cl^-$$
$$Ag^+ + 2NH_3 \longleftrightarrow ［Ag(NH_3)_2］^+$$

在沉淀反应中，有时沉淀剂本身就是络合剂，这时，反应中既有同离子效应（降低沉淀的溶解度），又有络合效应（增大沉淀的溶解度）。如果只加入适当过量的沉淀剂，同离子效应占优势，沉淀的溶解度减小。若沉淀剂过量太多，络合效应占优势，沉淀的溶解度增大。

第四节　常用化学药品

一、常用试剂的配制、标定方法及注意事项

（一）标准溶液的配制及标定

标准溶液是已知准确浓度的溶液，常用物质的浓度 C_B 表示。标准溶

液在容量分析中广泛应用，它是根据所加入的已知浓度和体积的标准溶液求出被测物质的含量。因此正确地配制标准溶液，准确地标定标准溶液的浓度，对于提高滴定分析的准确度具有重大的意义。

1. 标准溶液的配制

（1）直接配制法。准确称取一定量的基准物质，加溶剂溶解后移入容量瓶中，以溶剂稀释至刻度。根据物质的质量和溶液的体积计算出标准溶液的准确浓度。直接配制法的优点是方便，配好后就可以使用。基准物质是用来直接配制标准溶液或标定未知溶液浓度的物质，它必须具备下列条件：

1）物质必须具有足够的纯度，一般要求其纯度在 99.9% 以上，而杂质的含量应少到滴定分析所允许的误差限度以下，一般可用基准试剂或优级纯试剂配制标准溶液。

2）物质的组成与化学式应完全符合，若含结晶水，则其结晶水的含量也必须与化学式相符。

3）性质稳定。例如贮存时应不起变化，在空气中不吸收水分和二氧化碳，不被空气中的氧所氧化，在烘干时不分解等。

但是，在实际工作中用来配制标准溶液的物质大多不能满足上述条件，如 NaOH 极易吸附空气中的二氧化碳和水分，使称量的重量不能代表纯 NaOH 的重量，HCl 易挥发，H_2SO_4 易吸水，$KMnO_4$ 易发生氧化还原反应等，因此往往不能用直接法配制标准溶液，而要用间接法配制。

（2）间接配制法。粗略地称取一定物质或量取一定体积浓溶液，配制成接近所需浓度的溶液，然后测定其准确浓度，这种测定标准溶液浓度的过程称为标定。

2. 标准溶液的标定方法

标定的方法：准确称取一定量的纯物质作为基准物质，将它溶解后用待标定的溶液滴定。根据基准物质的质量及所消耗的待标定溶液的体积，就可以算出该溶液的准确浓度。例如，欲配制 0.1mol/L 的 HCl 标准溶液，可先量取一定量的浓盐酸，稀释配成浓度大约为 0.1mol/L 的稀溶液，然后准确称取一定量的基准物如硼砂，经溶解后，用已配好的盐酸溶液滴定至终点，根据上述方法算出标准溶液的准确浓度。

（二）配制及标定溶液注意事项

（1）分析实验所用的溶液应用纯水配制，量器应用纯水洗三次以上，特殊要求的溶液应事先作纯水的空白值检验。如配制 $AgNO_3$ 溶液，应检验水中无 Cl⁻，配制用于 EDTA 配位滴定的溶液应检验水中无杂质阳离子。

(2) 溶液要用带塞的试剂瓶盛装，见光易分解的溶液要装于棕色瓶中，挥发性试剂瓶塞要严密，见空气易变质及放出腐蚀性气体的溶液也要盖紧，长期存放时要用蜡封住。浓碱液要用塑料瓶装，如装在玻璃瓶中，要用橡皮塞塞紧，不能用玻璃磨口塞。

(3) 每瓶试剂溶液必须要标明名称、规格、浓度和配制日期的标签。

(4) 溶液储存时可能的变质原因：

1) 玻璃与水和试剂作用或多或少会被侵蚀（特别是碱性溶液），使溶液中含有的钠、钙、硅酸盐等杂质。某些离子被吸附于玻璃表面，这对于低溶质的离子标准液不可忽略。故低于 1mg/mL 的离子溶液不能长期储存。

2) 由于试剂瓶密封不好，空气中的 CO_2、O_2、NH_3 或酸雾侵入使溶液发生变化，如氨水吸收 CO_2 生成 NH_4HCO_3，KI 溶液见光易被空气中的氧氧化生成 I_2 变为黄色，$SnCl_2$、$FeSO_4$、Na_2SO_4 等还原剂溶液被氧化。

3) 某些溶液见光分解，如硝酸银、汞盐等。有些溶液放置时间较长后逐渐水解，如铋盐、锑盐等。$Na_2S_2O_3$ 还能受微生物作用逐渐使浓度变低。

4) 某些配位滴定指示剂溶液放置时间较长后发生聚合和氧化反应等，不能敏锐指示终点，如铬黑 T、二甲酚橙等。

5) 由于易挥发组分的挥发，使浓度降低，导致实验出现异常现象。

(5) 配制硫酸、磷酸、硝酸、盐酸等溶液时，都应把酸倒入水中。对于溶解时放热较多的试剂，不可在试剂瓶中配制，以免炸裂。配制硫酸溶液时，应将硫酸分为小份慢慢倒入水中，边加边搅拌，必要时以冷水冷却烧杯外壁。

(6) 用有机溶剂配制溶液时（如配制指示剂溶液），有时有机物溶解较慢，应不时搅拌，可以在热水浴中温热溶液，不可直接加热。易燃溶剂使用时要远离明火。几乎所有的有机溶剂都有毒，应在通风柜内操作，应避免有机溶剂不必要的蒸发，烧杯应加盖。

(7) 要熟悉一些常用溶液的配制方法，如碘溶液应将碘溶于较浓的碘化钾水溶液中，才可稀释。配制易水解的盐类的水溶液应先加酸溶解后，再以一定浓度的稀酸稀释。如配制 $SnCl_2$ 溶液时，如果操作不当已发生水解，加相当多的酸仍很难溶解沉淀。

（8）不能用于接触腐蚀性及有剧毒的溶液。剧毒溶液应作解毒处理，不可直接倒入下水道。

（9）标定溶液时一定要用分析天平称准基准物质，选用正确的指示剂。为保证准确的滴定终点颜色，应在标定时锥形瓶下放白瓷砖。

二、常用化学药品的配制及标定

下面介绍水质常规滴定分析所用药品和指示剂的配制和标定，其他药品的配制将在相应的分析项目中介绍。

（一）硫酸标准溶液 $[c\,(1/2H_2SO_4)\,=0.1mol/L]$ 的配制与标定

1. 配制

量取 3mL 浓硫酸，缓缓注入 1L 蒸馏水（或除盐水）中，冷却，摇匀。

2. 标定

（1）方法一。称取 0.2g（称准至 0.2mg）于 270～300℃ 灼烧至恒重的基准无水碳酸钠，溶于 50mL 水中，加两滴甲基红—亚甲基蓝指示剂（配制方法：准确称取 0.125g 甲基红和 0.085g 亚甲基蓝，在研钵中研磨均匀后，溶于 100mL95% 的乙醇中），用待标定 $c\,(1/2H_2SO_4)\,=0.1mol/L$ 硫酸溶液滴定至溶液由绿色变为紫色（pH 为 5 左右）煮沸 2～3min。冷却后继续滴定至紫色。同时做空白实验。硫酸标准溶液浓度 c（mol/L）按下式计算：

$$c=\frac{G}{(a_1-a_2)\times0.05299}$$

式中　G——无水碳酸钠的质量，g；

　　　a_1——滴定碳酸钠消耗硫酸溶液的体积，mL；

　　　a_2——空白实验消耗硫酸溶液的体积，mL；

0.05299——每毫摩尔碳酸钠的质量，g。

（2）方法二。量取 20.00 mL 待标定的 $c\,(1/2H_2SO_4)\,=0.1mol/L$ 硫酸溶液，加 60mL 不含二氧化碳的蒸馏水（或新制备的除盐水），加两滴酚酞指示剂，用 0.1mol/L 氢氧化钠标准溶液滴定，至溶液呈粉红色。硫酸标准溶液浓度 c 按下式计算：

$$c=\frac{a_1\times c_1}{V}$$

式中　a_1——滴定硫酸消耗氢氧化钠标准溶液的体积，mL；

　　　c_1——氢氧化钠标准溶液的浓度，mol/L；

　　　V——待标定硫酸溶液的体积，mL。

（二）硫酸标准溶液 $[c(1/2H_2SO_4)=0.05mol/L$ 或 $0.01mol/L]$ 的配制与标定

1. 配制

0.05mol/L 硫酸标准溶液，由上述配制的 0.1mol/L 硫酸标准溶液准确地稀释至两倍制得；0.01mol/L 硫酸标准溶液，由上述配制的 0.1mol/L 硫酸标准溶液准确地稀释至 10 倍制得。

2. 标定

用 0.1mol/L 硫酸标准溶液配制的 0.05mol/L 和 0.01mol/L 硫酸标准溶液，其浓度可不标定，用计算得出。如果标定，可用相近浓度的氢氧化钠标准溶液进行标定。

（三）0.1mol/L 氢氧化钠标准溶液的配制与标定

1. 配制

取 5mL 氢氧化钠饱和溶液，注入 1L 不含二氧化碳的蒸馏水（或新制备的除盐水）中，摇匀。

2. 标定

（1）方法一。称取 0.6g（准确至 0.2mg）于 105～110℃烘干至恒重的基准邻苯二甲酸氢钾，溶于 50mL 不含二氧化碳的蒸馏水（或新制备的除盐水）中，加两滴 1%酚酞指示剂，用待标定的 0.1mol/L 氢氧化钠滴定至溶液所呈粉红色与标准色（配制方法：量取 80mL pH 为 8.5 的缓冲液，加两滴 1%酚酞指示剂、摇匀）相同。同时做空白实验。氢氧化钠标准溶液浓度 c 按下式计算：

$$c = \frac{G}{(a_1 - a_2) \times 0.2042}$$

式中　G——邻苯二甲酸氢钾的质量，g；

a_1——滴定邻苯二甲酸氢钾消耗氢氧化钠溶液的体积，mL；

a_2——空白试验消耗氢氧化钠溶液的体积，mL；

0.2042——每毫摩尔邻苯二甲酸氢钾的质量，g。

（2）方法二。量取 20.00mL 0.1mol/L 硫酸标准溶液，加 60mL 不含二氧化碳的蒸馏水（或新制备的除盐水），加两滴 1%酚酞指示剂，用待标定的 0.1mol/L 氢氧化钠标准溶液滴定。近终点时加热至 80℃继续滴定至溶液呈粉红色。氢氧化钠标准溶液浓度 c 按下式计算：

$$c = \frac{a_1 \times c_1}{V}$$

式中　a_1——硫酸标准溶液的体积，mL；

c_1——硫酸标准溶液的浓度，mol/L；

V——滴定硫酸标准溶液所消耗氢氧化钠溶液的体积，mL。

（四）0.05mol/L 氢氧化钠标准溶液的配制与标定

1. 配制

由 0.1mol/L 氢氧化钠标准溶液稀释至两倍制得。

2. 标定

用 0.1mol/L 氢氧化钠标准溶液配制的 0.05mol/L 氢氧化钠标准溶液，其浓度可不标定而由计算得出。若需标定，可用近似浓度的硫酸标准溶液进行标定。

（1）所配制的 0.1mol/L 酸、碱标准溶液，其浓度标定后，若不是 0.1000mol/L 时，应根据使用要求，用加水或加浓酸、浓碱的方法进行浓度调整。调整后的酸碱标准溶液，其浓度还需上述手续进行标定，直到符合要求。

（2）其他浓度的硫酸或氢氧化钠标准溶液，以及其他酸（如盐酸）、碱（如氢氧化钾）的标准溶液可参照本法配制和标定。

（3）由于乙醇自身的 pH 较低，配制成 1% 酚酞指示剂（乙醇溶液）会影响碱度的测定和碱标准溶液的标定。为避免此影响，配制的酚酞指示剂，应用 0.05mol/L 氢氧化钠溶液中和至刚见到稳定的微红色。

（五）EDTA 标准溶液 $[c$（EDTA）$=0.05mol/L$ 或 $0.02mol/L]$ 的配制与标定

1. EDTA 标准溶液的配制

（1）0.05mol/L EDTA 溶液：称取 20g 乙二胺四乙酸二钠溶于 1L 除盐水中，摇匀。

（2）0.02mol/L EDTA 溶液：称取 8g 乙二胺四乙酸二钠溶于 1L 除盐水中，摇匀。

2. EDTA 标准溶液的标定

（1）0.05mol/L EDTA 溶液的标定：称取于 800℃ 灼烧至恒重的基准氧化锌 1g（称准至 0.2mg），用少许除盐水湿润，加盐酸溶液（1+1）至样品溶解，移入 250mL 容量瓶中，稀释至刻度，摇匀。取上述溶液 20.00mL 加 80mL 水，用 10% 氨水中和至 pH 为 7~8，加 5mL 氨—氯化铵缓冲液（pH=10），加 5 滴 0.5% 铬黑 T 指示剂，用 0.05mol/L EDTA 溶液滴定至溶液由紫色变为纯蓝色。

（2）0.02mol/L EDTA 标准溶液的标定：称取 0.4g（称准至 0.2mg）

于800℃灼烧至恒重的基准氧化锌，用少许除盐水湿润，滴加盐酸溶液（1+1）至样品溶解，移入250mL容量瓶中，稀释至刻度，摇匀。取上述溶液20.00mL加80mL水，用10%氨水中和至pH为7~8，加5mL氨—氯化铵缓冲液（pH=10），加5滴0.5%铬黑T指示剂，用0.02mol/L EDTA溶液滴定至溶液由紫色变为纯蓝色。

EDTA标准溶液的浓度c按下式计算：

$$c = \frac{G}{V \times 0.08138} \times \frac{20}{250} = \frac{0.08G}{V \times 0.08138}$$

式中　　G——氧化锌的质量，g；

　　　　V——滴定时消耗EDTA溶化的体积，mL；

　0.08——250mL中取20mL滴定，相当于G的0.08倍；

0.08138——每毫摩尔氧化锌的质量，g。

（六）0.001mol/L EDTA标准溶液的配制与标定

1. 配制

取0.05mol/L EDTA标准溶液，准确地稀释至50倍制得。

2. 标定

用0.05mol/L EDTA标准溶液配制的0.001mol/L EDTA标准溶液，其浓度可不标定，由计算得出。

（七）氨—氯化铵缓冲液（pH=10±0.1）的配制

称取20g氯化铵溶于500mL高纯水中，加入150mL浓氨水。用高纯水稀释至1L，混匀。取50.00mL测定其硬度。根据测定结果，往其余950mL缓冲溶液中，加所需的EDTA标准溶液，以抵消其硬度。

（八）0.5%铬黑T指示剂（乙醇溶液）的配制

称取0.5g铬黑T（$C_{20}H_{12}O_7N_3SNa$）与4.5g盐酸羟胺，在研钵中磨匀，混合后溶于100mL 95%乙醇中，将此溶液转入棕色瓶中备用。

（九）酸性铬蓝K（乙醇溶液）的配制

称取0.5g酸性铬蓝K（$C_{16}H_9O_{12}N_2S_3Na_3$）与4.5g盐酸羟胺混合，加入10mL氨—氯化铵缓冲液和40mL高纯水，溶解后用95%乙醇稀释至100mL。

（十）氯化钠标准溶液（1mL含1mg Cl^-）的配制

取基准试剂或优质纯的氯化钠3~4g置于瓷坩埚内，在高温炉内升温至500℃灼烧10min，然后在干燥器内冷却至室温；准确称取1.649g氯化钠，先用少量蒸馏水溶解并稀释至1000mL。

（十一）硝酸银标准溶液（1mL相当于1mg Cl⁻）的配制

称取5.0g硝酸银溶于1000mL蒸馏水中，以氯化钠标准溶液标定。标定方法如下：在三个锥形瓶中，用移液管分别注入10mL氯化钠标准溶液，再各加入90mL蒸馏水及1mL 10%铬酸钾指示剂，均用硝酸银标准溶液滴定至橙色为终点，分别记录硝酸银标准溶液的体积。计算其平均值。三个样品平行实验的相对偏差应小于0.25%。另取100mL蒸馏水，不加氯化钠标准溶液，做空白实验，记录消耗硝酸银标准溶液体积。

硝酸银溶液的滴定度 T（mg/mL）按下式计算：

$$T = \frac{10 \times 1}{c - b}$$

式中　b——空白消耗硝酸银标准溶液的体积，mL；

　　　c——氯化钠标准溶液消耗硝酸银标准溶液的体积，mL；

　　　10——氯化钠标准溶液的体积，mL；

　　　1——氯化钠标准溶液的浓度，mg/mL。

最后调整硝酸银溶液的浓度，使其滴定度成为1mL相当于1mg Cl⁻的标准溶液。

（十二）高锰酸钾标准溶液 [c（1/5KMnO₄）= 0.1mol/L] 的配制与标定

1. 配制

称取3.3g高锰酸钾溶于1050mL蒸馏水中，缓慢煮沸15~20min，冷却后于暗处密封保存两周。以"4号"玻璃过滤器过滤，滤液储存于具有磨口塞的棕色瓶中。

2. 标定

（1）用草酸钠作基准标定：称取105~110℃烘干至恒重的基准草酸钠0.2g（称准至0.2mg）溶于100mL蒸馏水中，加8mL浓硫酸，用50mL滴定管以 c（1/5KMnO₄）=0.1mol/L溶液滴定，近终点时，加热至65℃，继续滴定至溶液呈粉红色保持30s，同时做空白试验。

高锰酸钾标准溶液的浓度 c 按下式计算：

$$c = \frac{G}{(a - b) \times 0.06700}$$

式中　G——草酸钠的质量，g；

　　　a——标定时消耗高锰酸钾溶液的体积，mL；

　　　b——空白试验时消耗高锰酸钾溶液的体积，mL；

0.06700——每毫摩尔草酸钠（$1/2Na_2C_2O_4$）的质量，g。

（2）用 0.1mol/L 硫代硫酸钠标准溶液标定：取 20.00mL 待标定的高锰酸钾溶液，加 2g 碘化钾及 20mL 4mol/L 的硫酸，摇匀，在暗处放置 5min，加 150mL 蒸馏水，用 0.1mol/L 硫代硫酸钠标准溶液滴定，滴至溶液呈淡黄色时，加 1mL 1.0% 淀粉指示剂，继续滴定至溶液蓝色消失。

高锰酸钾标准溶液的浓度 c 按下式计算：

$$c = \frac{a \times c_1}{V}$$

式中　a——消耗硫代硫酸钠标准溶液的体积，mL；

　　　c_1——硫代硫酸钠标准溶液的浓度，mol/L；

　　　V——高锰酸钾标准溶液的体积，mL。

（十三）高锰酸钾标准溶液 $[c(1/5KMnO_4) = 0.01mol/L]$ 的配制与标定

取 0.1mol/L 高锰酸钾标准溶液，用煮沸后冷却的二次蒸馏水稀释至 10 倍制得。其浓度不用标定，由计算得出。

（1）0.01mol/L 高锰酸钾标准溶液的浓度容易改变，应使用时配制。

（2）0.1mol/L 高锰酸钾标准溶液的浓度，需定期进行标定。

（3）高锰酸钾标准溶液不得与有机物接触，以免其浓度发生变化。

（4）若 0.01mol/L 高锰酸钾标准溶液不用于化学耗氧量的测定，也可用蒸馏水来代替二次蒸馏水来配制此溶液。

（十四）硫代硫酸钠标准溶液的 $[c(Na_2S_2O_3) = 0.1mol/L]$ 的配制与标定

1. 配制

称取 26g 硫代硫酸钠（或 16g 无水硫代硫酸钠），溶于 1L 已煮沸并冷却的蒸馏水中，将溶液保存于具有磨口塞的棕色瓶中，放置数日后，过滤备用。

2. 标定

（1）以重铬酸钾做基准标定：称取 120℃ 烘干至恒重的重铬酸钾 0.15g（称准 0.2mg），置于碘量瓶中，加入 25mL 蒸馏水溶解，加 2g 碘化钾及 20mL 4mol/L 的硫酸，待碘化钾溶解后于暗处放置 10min，加 150mL 蒸馏水，用 0.1mol/L 硫代硫酸钠溶液滴定，滴定到溶液呈淡黄色时，加 1mL 1.0% 淀粉指示剂，继续滴定至溶液由蓝色转变成亮绿色。同时做空白实验。

硫代硫酸钠标准溶液浓度 c 按下式计算：

$$c = \frac{G}{(a-b) \times 0.04903}$$

式中　G——重铬酸钾的质量，g；

　　　a——标定消耗硫代硫酸钠溶液的体积，mL；

　　　b——空白试验消耗硫代硫酸钠溶液的体积，mL；

0.04903——每摩尔重铬酸钾的质量，g。

（2）用 0.1mol/L 碘溶液标定：取 20mL 0.1mol/L 碘标准溶液，注入碘量瓶中，加入 150mL 蒸馏水，用 0.1mol/L 硫代硫酸钠溶液滴定，滴定到溶液呈淡黄色时，加 1mL 1.0% 淀粉指示剂，继续滴定至溶液蓝色消失。同时做空白实验：取 150mL 蒸馏水，加 0.05mL 碘标准溶液，1% 淀粉指示剂 1mL，用 0.1mol/L 硫代硫酸钠溶液滴定至蓝色消失。

硫代硫酸钠标准溶液浓度 c 按下式计算：

$$c = \frac{(V-0.05)c_1}{(a-b)}$$

式中　V——碘标准溶液的体积，mL；

　　0.05——空白试验加入碘标准溶液的体积，mL；

　　　c_1——碘标准溶液的浓度，mol/L；

　　　a——滴定消耗硫代硫酸钠溶液的体积，mL；

　　　b——空白试验消耗硫代硫酸钠溶液的体积，mL。

（十五）硫代硫酸钠标准溶液的 $[c(Na_2S_2O_3) = 0.01mol/L]$ 的配制与标定

可采用 0.1mol/L 硫代硫酸钠标准溶液，用煮沸的蒸馏水稀释至 10 倍制得。其浓度不需标定，由计算得出。此溶液很不稳定，宜使用时配制。

（十六）碘标准溶液 $[c(1/2I_2) = 0.1mol/L]$ 的配制与标定

1. 配制

称取 13g 碘及 35g 碘化钾，溶于少量蒸馏水中，待全部溶解后，用蒸馏水稀释至 1000mL 混匀，将溶液保存于具有磨口塞的棕色瓶中。

2. 标定

用 0.1mol/L 硫代硫酸钠标准溶液标定，标定方法按照用 0.1mol/L 碘溶液标定硫代硫酸钠的方法进行。

碘标准溶液 c 按下式计算：

$$c = \frac{c_1(a-b)}{V-0.05}$$

式中　c_1——硫代硫酸钠标准溶液的浓度，mol/L；

a——消耗硫代硫酸钠溶液的体积，mL；

b——空白试验消耗硫代硫酸钠溶液的体积，mL；

V——碘溶液的体积，mL；

0.05——空白试验加入碘标准溶液的体积，mL。

（十七）碘标准溶液 $[c(1/2I_2) = 0.01mol/L]$ 的配制与标定

可采用 0.1mol/L 碘标准溶液，用蒸馏水稀释至 10 倍制得。其浓度不需标定，由计算得出。

（1）0.1mol/L 碘标准溶液的浓度，至少每月标定一次。

（2）0.01mol/L 碘标准溶液的浓度易发生变化，应在使用时配制。

（3）储存碘标准溶液试剂的瓶塞，应严密。

（十八）1% 淀粉指示剂的配制

在玛瑙研钵中将 10g 可溶性淀粉和 0.05g 碘化汞研磨，将此混合物储于干燥处。称取 1.0g 混合物置于研钵中，加少许蒸馏水研磨成糊状物，将其徐徐注入 100mL 煮沸的蒸馏水中，再继续煮沸 5～10min，过滤后使用。

（十九）钙红指示剂的配制

称取 1g 钙红 $[HO(HO_3S)C_{10}H_5NNC_{10}H_5(OH)COOH]$ 与 100g 氯化钠固体研磨混匀。

（二十）10% 铬酸钾指示剂的配制

0.1% 甲基橙指示剂；1% 酚酞指示剂（乙醇溶液）用 NaOH 调整至微红。

（二十一）三乙醇胺溶液（1+4）的配制

量取浓三乙醇胺标准溶液 $[HN(C_2H_4OH)_3]$ 20mL，加除盐水 80mL，混匀即可。

（二十二）1% L-半胱胺酸盐溶液的配制

称取 L-半胱胺酸盐（$C_3H_7O_2NS$）1g 溶于 60mL 除盐水中，加 4mL 盐酸溶液（1+1），稀释至 100mL。或者直接称取 L-半胱胺酸盐 1.3g，用 60mL 除盐水溶解，加 2mL 盐酸溶液（1+1），稀释至 100mL。

（二十三）0.05mol/L 氢氧化钾无水乙醇标准液的配制

称取约 3g（理论量为 2.8g）KOH 于烧杯中，加适量无水乙醇（不含醛），使其溶解，而后转入 1000mL 容量瓶中，并用无水乙醇稀释至刻线，摇匀即成。

当时配的溶液因有碳酸钾沉淀而混浊，应放置一周，使沉淀完全析出。然后，将上层清液用虹吸方法转入另一试剂瓶中，再用 0.1mol/L 的邻苯二甲酸氢钾溶液标定出确切浓度，备用，标定时要用酸酞指示剂，终点颜色控制为微红色。

（二十四）0.2mol/L 邻苯二甲酸氢钾标准溶液的配制

精确称取预先在 110～120℃烘干（干燥 1h）的邻苯二甲酸氢钾 40.8460g（称准至 0.0002g）于烧杯中，用适量蒸馏水或除盐水溶解后移入 1000mL 的容量瓶中，并准确稀释至刻线，摇匀，即为 0.2M 邻苯二甲酸氢钾标准液，供配 pH 标准色或标定碱用。

（二十五）0.2mol/L 磷酸二氢钾标准液的配制

精确称取预先在 90℃烘干（干燥 1h）的磷酸二氢钾 27.2180g（称准至 0.0002g）于烧杯中，用适量蒸馏水或除盐水溶解后，移入 1000mL 容量瓶中，并准确的稀释至刻线，摇匀。供配 pH 值为 6.0～8.0 的标准溶液用。

（二十六）pH 标准缓冲溶液的配制

按表 2－6 的规定，精确量取所需的各种试剂，于 100mL 容量瓶中，用合格的蒸馏水或化学除盐水稀释至刻线，摇匀，并分别贮于 10mL 比色管中，向其中各加入 0.25mL 溴甲酚绿指示剂（pH＝3.6～5.4 缓冲液）和 0.25mL 溴麝香草酚兰指示剂（pH＝5.8～8.0 缓冲液）。加盖封好备用。配好的缓冲液最好用酸度计予以校正。

表 2－6 pH 标准缓冲液配制（20℃） mL

pH	25mL 0.2mol/L KHC$_8$H$_4$O$_4$ 加 0.1mol/L 的 HCl 数	25mL 0.2mol/L KHC$_8$H$_4$O$_4$ 加 0.1mol/L 的 NaOH 数	25mL 0.2mol/L KH$_2$PO$_4$ 加 0.1mol/L 的 NaOH 数	除盐水最后稀释体积
3.6	6.3			
3.8	2.9			
4.0	0.1			
4.2		3.0		100
4.4		6.6		
4.6		11.1		
4.8		16.5		

第二章 分析化学基础知识

pH	25mL 0.2mol/L KHC$_8$H$_4$O$_4$ 加 0.1mol/L 的 HCl 数	25mL 0.2mol/L KHC$_8$H$_4$O$_4$ 加 0.1mol/L 的 NaOH 数	25mL 0.2mol/L KH$_2$PO$_4$ 加 0.1mol/L 的 NaOH 数	除盐水 最后稀 释体积
5.0		22.6		
5.2		28.8		
5.4		34.1		
5.6		38.8		
5.8		42.3		
6.0			5.6	100
6.2			8.1	
6.4			11.6	
6.6			16.4	
6.8			22.4	
7.0			29.1	

三、常用指示剂的作用原理

指示剂分为酸碱指示剂、络合指示剂、自身指示剂等。

(一) 酸碱指示剂

1. 酸碱指示剂的原理

酸碱指示剂一般是弱的有机酸或有机碱，其中酸式及其共轭碱式具有不同的颜色。当溶液的 pH 改变时，指示剂失去或得到质子由酸式转化为碱式或由碱式转化为酸式，从而引起颜色的变化。例如甲基橙：

$$(CH_3)_2\overset{+}{N}=\!\!\!=\!\!\!=\bigcirc=\!\!\!=\!\!\!=N-N-\bigcirc-SO_3^- \overset{OH^-}{\underset{H^+}{=\!\!=}}$$

红色（醌式）   pK_a = 3.4

$$(CH_3)_2N-\bigcirc-N=\!\!=\!\!N-\bigcirc-SO_3^-$$

黄色（偶氮式）

由平衡关系可以看出，增大溶液酸度，甲基橙主要以红色双极离子形式存在，所以溶液显红色；降低溶液酸度，主要以黄色离子形式存在，所以溶液显黄色。

又例如酚酞：

第一篇 化学基础知识

无色(内酯式)　　　　　无色

无色　　　　　　　红色(醌式)
　　　　　　　　　碱性溶液中

由平衡关系可以看出，在酸性溶液中，酚酞以各种无色形式存在；在碱性溶液中，转化为醌式后显红色。但是在足够大的浓碱溶液中，酚酞有可能转化为无色的羧酸盐式：

无色(羧酸盐式)

2. 指示剂的变色范围

指示剂的酸式 HIn 和碱式 In⁻ 在一定酸度条件下达到平衡时，有下面关系式：

$$HIn \rightleftharpoons H^+ + In^- \qquad K_a = \frac{[H^+][In^-]}{[HIn]} \qquad \frac{[In^-]}{[HIn]} = \frac{K_a}{[H^+]}$$

由上式可见，比值 $\dfrac{[In^-]}{[HIn]}$ 是 $[H^+]$ 的函数。一般说来，如果 $\dfrac{[In^-]}{[HIn]} \geqslant 10$，则看到的是 In^- 的颜色；$\dfrac{[In^-]}{[HIn]} \leqslant 0.1$ 看到的是 HIn 的颜色；$10 \geqslant \dfrac{[In^-]}{[HIn]} \geqslant 0.1$，看到的是它们的混合色；$\dfrac{[In^-]}{[HIn]} = 1$，两者浓度相等，此时，$pH = pK_a$，称为指示剂的理论点。$\dfrac{[In^-]}{[HIn]} \geqslant 10$ 时，$[H^+] \leqslant \dfrac{K_a}{10}$，$pH \geqslant pK_a + 1$；$\dfrac{[In^-]}{[HIn]} \leqslant 0.1$ 时，$[H^+] \geqslant 10pK_a$，$pH \leqslant pK_a - 1$。

因此，当溶液的 pH 值由 $pK_a - 1$ 变化到 $pK_a + 1$ 时，就能明显地看到指示剂由酸式色变为碱式色，所以 $pH = pK_a \pm 1$ 就是指示剂变色的 pH 范围，称为指示剂的变色范围。但是，实际上指示剂的变色范围不是根据 pK_a 计算出来的，而是依靠人眼观察出来的。由于人眼对各种颜色的敏感度不同，加上两种颜色之间的互相掩盖，所以实际观察结果与理论计算结果之间是有差别的。

例如甲基橙，$pH = 3.4$，根据理论计算，变色范围应为 $2.4 \sim 4.4$，但实测结果为 $3.1 \sim 4.4$。根据实测结果，代入离解常数方程式进行计算，发现 $pH = 3.1$ 时，甲基橙酸式色只占 66%，碱式色占 34%；$pH = 4.4$ 时，酸式色占 9%，碱式色占 91%。产生这种偏差的原因，显然是因为人眼对红色较之对黄色更为敏感的缘故。

既然指示剂的变色范围是依靠人眼观察出来的，由于不同人对颜色观察的灵敏度不同，故观察结果有差异。

溶液的温度和离子强度对指示剂的变色范围也是有影响的，尤其是胶体的存在，对某些指示剂产生吸附作用，促进酸式的离解，使指示剂在更低的 pH 值时显碱式色。

表 2 - 7 列出常用酸碱指示剂及其变色范围，大多数指示剂的变色范围是 pH 值为 $1.6 \sim 1.8$。

指示剂	变色范围 pH	颜 色 酸式	颜 色 碱式	pK_{HIn}	浓 度	用量（滴）
百里酚酞	9.4 ~ 10.6	无	蓝	10.0	1g/L 的 90 × 10⁻² 酒精溶液	1 ~ 2
酚 酞	8.0 ~ 9.6	无	红	9.1	1g/L 的 90 $\times$ 10^{-2} 酒精溶液	1 ~ 3
中 性 红	6.8 ~ 8.0		黄橙	7.4		
甲 基 红	4.4 ~ 6.2	红	黄	5.0	1g/L 的 60 $\times$ 10^{-2} 酒精溶液或其他钠盐的水溶液	1
甲 基 橙	3.1 ~ 4.4	红	黄	3.4	0.5 ~ 1g/L 的水溶液	1
溴百里酚蓝	6.0 ~ 7.6	黄	蓝	7.3	1g/L 的 20 $\times$ 10^{-2} 酒精溶液或其他钠盐的水溶液	

3. 指示剂的用量

对于双色指示剂，例如甲基橙，由指示剂的离解平衡可以看出，指示剂用量多一点或少一点，不会影响指示剂的变色范围。但是如果指示剂用量太多了，色调的变化不明显，而且指示剂本身也会消耗一些滴定剂，带来误差。

对于单色指示剂，指示剂用量的多少对它的变色范围也是有影响的。例如酚酞，它的酸式无色，碱式红色。设人眼观察红色形式酚酞的最低浓度为 a，它应该是固定不变的。今假设指示剂的总浓度为 c，由指示剂的离解平衡式可以看出

$$\frac{K_a}{[H^+]} = \frac{[In^-]}{[HIn]} = \frac{a}{c-a}$$

如果 c 增大了，因为 K_a、a 都是定值，所以 H^+ 浓度就会相应地增大，就是说，指示剂会在较低的 pH 值时变色。例如在 50 ~ 100mL 溶液中加 2 ~ 3 滴 1g/L 的酚酞，pH≈9 时出现微红，而在同样条件下加 10 ~ 15 滴酚酞，则在 pH = 8 时出现微红色。

4. 混合指示剂

在酸碱滴定中，有时需要将滴定终点限制在很窄的 pH 范围内，这时可采用混合指示剂。混合指示剂有两种：一种是由两种或两种以上的指示剂混合而成的；另一种是由某种指示剂和一种惰性染料（如次甲基蓝、靛蓝二磺酸钠等）组成的。两种类型混合指示剂的作用原理都是利用颜色的互补性来提高颜色变化的敏锐性。表 2 – 8 为几种常用的混合指示剂。

第一章 分析化学基础知识

| 表2-8 | | | | 常用的酸碱混合指示剂 |

指示剂溶液的组成	变色点pH	酸式色	碱式色	备 注
一份1g/L 甲基黄酒精溶液 一份1g/L 次甲基蓝酒精溶液	3.25	蓝紫	绿	pH3.4 绿色 pH3.2 蓝紫色
一份1g/L 甲基橙水溶液 一份1g/L 靛蓝二磺酸钠水溶液	4.1	紫	黄绿	
三份1g/L 溴甲酚绿酒精溶液 一份2g/L 甲基红酒精溶液	5.1	酒红	绿	
一份1g/L 溴钾酚绿钠盐水溶液 一份1g/L 氯酚红盐水溶液	6.1	黄绿	蓝紫	pH5.4 蓝紫色 pH5.8 蓝色 pH6.0 蓝带紫色 pH6.2 蓝紫色
一份1g/L 中性红酒精溶液 一份1g/L 次甲基蓝酒精溶液	7.0	蓝紫	绿	pH7.0 紫蓝
一份1g/L 甲酚红钠盐水溶液 三份1g/L 百里酚蓝钠盐水溶液	8.3	黄	紫	pH8.2 玫瑰色 pH8.4 清晰的紫色
一份1g/L 百里酚蓝50×10^{-2}溶液 三份1g/L 酚酞50×10^{-2}酒精溶液	9.0			从黄到绿再到紫
两份1g/L 百里酚酞酒精溶液 一份1g/L 茜素黄酒精溶液	10.2	黄	紫	

(二) 金属指示剂

1. 金属离子指示剂的作用原理和选择原则

在络合滴定中，通常利用一种能与金属离子生成有色络合物的显色剂来指示滴定过程中金属离子浓度的变化，这种显色剂称为金属离子指示剂，简称金属指示剂。

金属离子指示剂与被滴定金属离子反应，要求形成一种与指示剂本身颜色不同的络合物，即

$$M + In = MIn$$

颜色甲　颜色乙

滴入EDTA时，金属离子逐步被络合，当达到反应的理论终点时，已与指示剂络合的金属离子被EDTA夺出，释放出指示剂，这样引起溶液的颜色变化，即

$$MIn \quad + \quad Y = MY + \quad In$$

颜色乙　　　　　　　　　颜色甲

金属离子显色剂很多，但其中只有一部分能用作金属离子指示剂。一般来说，金属离子指示剂应具备下列条件：

(1) 显色络合物（MIn）与指示剂（In）的颜色应显著不同。

(2) 显色反应灵敏、迅速，有良好的变色可逆性。

(3) 显色络合物的稳定性要适当。它既要有足够的稳定性，但又要比该金属离子与 EDTA 形成的络合物的稳定性略小。如果稳定性太低，就会提前出现终点，而且有可能滴定 EDTA 后不能夺出其中的金属离子，显色反应失去可逆性，得不到滴定终点。

此外，显色络合物应易溶于水，比较稳定，便于贮藏和使用。

2. 指示剂的封闭现象及其消除

在实际工作中，要求指示剂在理论终点附近有敏锐的颜色变化。但有时指示剂的颜色变化受到干扰，即达到理论终点后，过量 EDTA 并不能夺取金属——指示剂有色络合物中的金属离子，即不能破坏有色络合物，因而使指示剂在理论终点附近没有颜色变化，这种现象称为指示剂的封闭现象。

产生指示剂封闭现象的原因，可能是由于溶液中某些离子的存在，与指示剂形成十分稳定的有色络合物，不能被 EDTA 破坏，因而对指示剂产生封闭。对于这种情况，通常需要加入适当的掩蔽剂来消除某些离子的干扰。

有时指示剂的封闭现象是由于有色络合物的颜色变化为不可逆反应引起的。在这里，金属–指示剂有色络合物的稳定性虽不及金属–EDTA 络合物的稳定性，但由于动力学方面的原因，有色络合物并不能很快地被 EDTA 破坏，即颜色变化为不可逆，因而对指示剂产生封闭。如果封闭现象是被滴定离子本身引起的，则可以先加入过量的 EDTA，然后进行返滴定，这样就不怕指示剂的封闭现象了。

在络合滴定中，经常遇到 Fe^{3+}、Al^{3+}、Ni^{2+}、Cu^{2+} 等对某些指示剂的封闭作用，这时需要根据不同情况，采用不同的方法来消除其干扰。例如以铬黑 T 为指示剂，用 EDTA 滴定 Ca^{2+}、Mg^{2+}、Fe^{3+}、Al^{3+} 对指示剂封闭作用，可用三乙醇胺作掩蔽剂来消除其干扰；Cu^{2+}、Co^{2+}、Ni^{2+} 对指示剂的封闭作用，可用 KCN 作掩蔽剂来消除其干扰。

有时金属离子与指示剂生成难溶性有色化合物，在终点时与滴定剂转换缓慢，使终点延长，这时可适当地加入有机溶剂以增大其溶解度。

四、指示剂的选择与配制

指示剂是指进行容量分析时用来指示反应终点的试剂。按照分析方法的反应类型不同可分为酸碱反应用指示剂、沉淀反应用指示剂和氧化还原指示剂。根据作用机理的不同，氧化还原指示剂还包括与氧化剂或还原剂发生专一作用的指示剂、自身指示剂、外用指示剂和络合滴定指示剂。

1. 酸碱指示剂

（1）酸、碱指示剂的选择。在实际滴定中按表 2 - 9 正确选用指示剂。

表 2 - 9　　　　　　　在实际滴定中正确选用指示剂

酸碱中和反应	选用的指示剂
用强碱滴定强酸	甲基橙、甲基红、酚酞等任一种指示剂
用强碱滴定弱酸	酚酞
用弱碱滴定弱酸	（不能实行）
用强酸滴定强碱	甲基橙、甲基红、酚酞等任一种指示剂
用强酸滴定弱碱	甲基橙、甲基红
用弱酸滴定弱碱	（不能实行）

（2）酸碱指示剂的配制方法见表 2 - 10。

表 2 - 10　　　　　　　酸、碱指示剂的配制方法

指示剂	变化范围 pH	颜色变化	pK_{Hln}	配制方法	用量（滴/10mL 试液）
百里酚蓝	1.2 ~ 2.8 8.0 ~ 9.6	红—黄 黄—蓝	1.7 8.9	0.1% 的 20% 乙醇溶液	1 ~ 2 1 ~ 4
甲基黄	2.9 ~ 4.0	红—黄	3.3	0.1% 的 90% 乙醇溶液	1
甲基橙	3.1 ~ 4.4	红—黄	3.4	0.05% 的水溶液	
溴酚蓝	3.0 ~ 4.6	黄—紫	4.1	0.1% 的 20% 乙醇溶液 （或其钠盐的水溶液）	
甲基红	4.4 ~ 6.2	红—黄	5.0	0.2% 的 60% 乙醇溶液 （或其钠盐水溶液）	
溴百里香酚蓝	6.2 ~ 7.6	黄—蓝	7.3	0.1% 的 20% 乙醇溶液 （或其钠盐水溶液）	
中性红	6.8 ~ 8.0	红—橙黄	7.4	0.1% 的 60% 乙醇溶液	

指示剂	变化范围 pH	颜色变化	pK_{Hln}	配制方法	用量 (滴/10mL 试液)
酚 酞	8.0～10.0	无—红色	9.1	0.1%的90%乙醇溶液	1～3
百里酚酞	9.4～10.6	无—蓝	10.0	0.1%的90%乙醇溶液	1～2
溴甲酚绿	4.0～5.6	黄—蓝	5.0	0.1%的20%乙醇溶液（或其钠盐水溶液）	1～3

2. 沉淀反应用指示剂

目前火力发电厂沉淀滴定法应用最多的就是测定 Cl^- 的含量，它是以铬酸钾作指示剂，在中性或弱碱性介质中用硝酸银标准溶液测定 Cl^- 的含量的。

铬酸钾配制成10%的水溶液。

3. 氧化还原指示剂

（1）与氧化剂或还原剂发生专一作用的指示剂。例如在碘量法中，用淀粉作指示剂，微量的碘与可溶性淀粉作用呈显著的蓝色，可指示终点，但淀粉并不具有氧化还原的性质。

淀粉指示液配制成 5g/L 的水溶液。

（2）自身指示剂。最为典型的就是用 $KMnO_4$ 作标准溶液，当滴定达到等当点后，只要有微过量的 MnO_4^- 离子存在，就可使溶液呈现粉红色，这就是滴定的终点。

高锰酸钾的配制要根据实际情况配成不同的浓度，一般有 0.1mol/L 或 0.01mol/L。其标定要用草酸钠作基准进行标定。

（3）外用指示剂。在氧化还原滴定过程中，经常取出一滴被滴定的溶液，用指示剂来试它是否到了等当点。例如在重铬酸钾法测定 Fe^{2+} 离子时，可以用铁氰化钾 [$K_3Fe(CN)_6$] 溶液在点滴板上来试被滴定溶液的终点。

（4）络合滴定指示剂。应用较普通的是金属离子指示剂（或简称金属指示剂）。最典型的事例就是钙离子、镁离子和硬度的测定。

钙离子的测定所用指示剂为：钙黄绿素—酚酞混合指示剂。其配制方法：称取 0.2g 钙黄绿素和 0.07g 酚酞置于玻璃研钵中，加20g 氯化钾研细均匀，贮于磨口瓶中。或用该指示剂试纸片。

在低硬度的测定中所用指示剂为：0.5% 酸性铬蓝 K 指示剂。其配制方法：称取 0.5g 酸性铬蓝 K（$C_{16}H_9O_{12}N_2S_3Na_3$）与 4.5g 盐酸羟胺，在研钵中研匀，加 10mL 硼砂缓冲溶液溶解于 40mL 二级试剂水中，用 95% 乙醇稀释至 100mL，贮于棕色滴瓶中。使用期不应超过一个月。

在高硬度的测定中所用指示剂为：0.5% 铬黑 T 指示剂（乙醇溶液）。其配制方法：称取 4.5g 盐酸羟胺，加 18mL 水溶解，另在研钵中加 0.5g 铬黑 T（$C_{20}H_{12}O_7N_3SNa$）磨匀，混合后，用 95% 乙醇定容至 100mL，贮于棕色滴瓶中备用。使用期不应超过一个月。

五、试剂的提纯

1. 物理方法

（1）过滤。过滤主要是针对一些大颗料杂质混入液体试剂中，通过过滤把杂质过滤掉，达到对液体试剂提纯的目的。

（2）结晶。结晶是利用杂质和溶液试剂的凝点不一样，通过降低环境温度，把杂质或试剂结晶出来，进行洗涤，反复操作达到对试剂提纯的目的。

（3）蒸馏。蒸馏是利用杂质和试剂的沸点不一样，通过蒸馏器把试剂或杂质蒸馏出来，达到对试剂提纯的目的。

（4）萃取。萃取分离法包括液相—液相、固相—液相和气相—液相等几种方法，但应用最广泛的为液—液萃取分离法（旧称溶剂萃取分离法）。该法常用一种与水不相溶的有机溶剂与试液一起混合振荡，然后搁置分层，这时便有一种或几种组分转入有机相中，而另一些组分则仍留在试液中，从而达到对试剂提纯的目的。

（5）色谱法。色谱分离法是由一种流动相带着试剂经过固定相，物质在两相之间进行反复的分配，由于物质在两相之间的分配系数不同，移动速度也不一样，从而达到互相分离的目的。

2. 化学方法

（1）沉淀法。沉淀法是利用沉淀反应加入不影响试剂纯度的物质与杂质进行反应生成沉淀，然后通过过滤把沉淀滤掉达到对试剂提纯的目的，如 $NaNO_3$ 中混入 $NaCl$ 就可以通过加入 $AgNO_3$ 达到把 Cl^- 去除的目的，而不影响 $NaNO_3$ 纯度。

（2）离子交换法。离子交换法是利用离子交换树脂与杂质交换达到把杂质去除的目的，最典型的事例就是离子水的制备。

试剂的提纯是一项复杂精细的操作，要想把试剂提纯到所要求的程度，往往要通过几种方法的联合使用，才能达到预期目的。

一、有效数字及运算规则

（一）有效数字

为了取得准确的分析结果，不仅要准确进行测量，而且还要正确记录与计算。所谓正确记录是指正确记录数字的位数。因为数据的位数不仅表示数字的大小，也反映测量的准确程度。所谓有效数字，就是实际能测得的数字。

有效数字保留的位数，应根据分析方法与仪器的准确度来决定，一般使测得的数值中只有最后一位是可疑的。例如在分析天平上称量试样0.8000g，这不仅表明试样的质量是 0.8000g，还表示称量的误差在0.0002g 以内。如将其质量记为 0.80g，则表示该试样是在台秤上称量的其称量误差为 +0.02g。因此记录数据的位数不能任意增加或减少。在上例中，在分析天平上，测得称量瓶的质量为 12.4580g，这个记录说明有 6位有效数字，最后一位是可疑的。因为分析天平只能准确到 0.0002g，即称量瓶的实际质量应为（12.4580 +0.0002）g。无论计量仪器如何精密，其最后一位数字总是估计出来的。因此所谓有效数字就是保留末一位不准确数字，其余数字均为准确数字。同时从上面例子也可以看出有效数字是和仪器的准确程度有关，即有效数字不仅表明数量的大小，而且也反映测量的准确度。

（二）有效数字中"0"的意义

"0"在有效数字中有两种意义，一种是作为数字定位，另一种是有效数字。例如，在分析天平上称量物质，得到表2－11所列的质量。

表 2－11　　　　　　　　在分析天平上称得的质量

物　质	称量瓶	NaCl	$H_2C_2O_4 \cdot H_2O$	称量纸
质量（m/g）	10.1560	3.4016	0.4801	0.0130
有效数字位数	6 位	5 位	4 位	3 位

以上数据中"0"所起的作用是不同的。

（1）在 10.1560 中两个"0"都是有效数字，所以它有 6 位有效数字。

（2）在 3.4016 中"0"也是有效数字，所以它有 5 位有效数字。

（3）在 0.4801 中，小数点前的"0"是定位的，不是有效数字，而在数字中间的"0"是有效数字，所以它有 4 位有效数字。

（4）在 0.0130 中，"1"前面的两个零都是定位用的，而在末尾的"0"是有效数字，所以它有 3 位有效数字。

综上所述，可以知道数字之间的"0"和末尾的"0"都是有效数字，而数字前面所有"0"只起定位作用，不是有效数字。以"0"结尾的正整数，有效数字的位数不确定。例如，38400 这个数，就不好确定是几位有效数字，可能为 3 位或 4 位，也能是 5 位。遇到这种情况，应根据实际有效数字位数书写成 3.84×10^4（3 位有效数字）、3.840×10^4（4 位有效数字）和 3.8400×10^4（5 位有效数字）。

因此，很大或很小的数，常用 10 的乘方表示。当有效数字确定后，在书写时，一般只保留一位可疑数字，多余的数字按下面数字修约规则处理。

对于滴定管、移液管和吸量管，它们都能准确测量溶液体积到 0.01mL。所以当用 50mL 滴定管测量溶液体积时，如测量体积大于 10mL，小于 50mL，应记录为 4 位有效数字，例如写成 36.84mL；如测量体积小于 10mL，应记录为 3 位有效数字，例如写成 2.87mL。当用 25mL 移液管移取溶液时，应记录为 25.00mL；当用 5mL 移液管移取溶液时，应记录为 5.00mL。当用 250mL 容量瓶配制溶液时，则所配制溶液的体积应记录为 250.0mL；当用 50mL 容量瓶配制溶液时，则应记录为 50.00mL。

总之，测量结果所记录的数字，应与所用仪器测量的准确度想适应。

分析化学中还经常遇到 pH、lgK 等对数值，其有效数字位数仅决定于小数部分的数字位数。例如，pH = 2.08 为两位有效数字，它是由 $[H^+]$ = 8.3×10^{-3} 取负对数而来，所以是两位而不是三位有效数字。

（三）数字修约规则

为了适应生产和科技工作的需要，我国已经正式颁布了 GB/T 8170—2008《数值修约规则》，通常称为"四舍六入五成双"法则。

四舍六入五成双，即当尾数 ≤4 时舍去；当 ≥6 时进位；当尾数恰为 5 时，则应视保留的末位数是奇数还是偶数，5 前为偶数应将近舍去，5 前为奇数应将近进位，使其保留的木位数变为偶数。

（四）准确度和精密度

在任何一项分析工作中，我们都可以看到用同一个分析方法，测定同一个样品，虽然经过多次测定，但是测定结果总不会是完全一样的。这说明在测定中有误差。为此我们必须了解误差产生的原因及其表示方法，尽可能将误差减到最小,以提高分析结果的准确度。

1. 真实值与平均值

(1) 真实值。物质中各组分的实际含量称为真实值,它是客观存在的,但不可能准确地知道。

(2) 平均值。

1) 总体(或母体)是指随机变量 x_i 的全体。样本(或子样)是指从总体中随机抽出的一组数据。

2) 总体平均值与样本平均值。在日常分析工作中,总是对某试样平行测定数次,取其算术平均值作为分析结果,若以 x_1, x_2, $\cdots$, x_n 代表各次的测定值,n 代表平行测定的次数,x 代表样本平均值,则

$$x = \frac{x_1 + x_2 + \cdots + x_n}{n}$$

样本平均值不是真实值,只能说是真实值的最佳估计,只有消除系统误差之后并且测定次数趋于无穷大时,所得总体平均值才能代表真实值。

在实际工作中,人们把"标准物质"作为参考标准,用来校准测量仪器、评价测量方法等,标准物质在市场上有售,它给出的标准值是最接近真实值的。

2. 准确度与误差

准确度是指测定值与真实值之间相符合的程度。准确度的高低常以误差的大小来衡量。即误差越小,准确越高;误差越大,准确度越低。

误差有两种表示方法——绝对误差和相对误差:

$$\text{绝对误差}(E) = \text{测定值}(x) - \text{真实值}(T)$$

$$\text{相对误差}(RE) = \frac{\text{测定值}(x) - \text{真实值}(T)}{\text{真实值}(T)} \times 100\%$$

由于测定值可能大于真实值,也可能小于真实值,所以绝对误差和相对误差都可能有正、有负。

例如,若测定值为 57.30,真实值为 57.34,则

$$\text{绝对误差}(E) = x - T = 57.30 - 57.34 = -0.04$$

$$\text{相对误差}(RE) = \frac{E}{T} \times 100\% = \frac{-0.04}{57.34} \times 100\% = -0.07\%$$

又例如:若测定值为 80.35,真实值为 80.39,则

$$\text{绝对误差}(E) = x - T = 80.35 - 80.39 = -0.04$$

$$\text{相对误差}(RE) = \frac{E}{T} \times 100\% = \frac{-0.04}{80.39} \times 100\% = -0.05\%$$

第二章 分析化学基础知识

从两次测定的绝对误差看是相同的，但它们的相对误差较大。而相对误差是指误差在真实值中所占的百分率。上面两例中相对误差不同说明它们的误差在真实值中所占的百分率不同。相对误差用百分率表示。

对于多次测量的数值，其准确度可按下式计算：

$$绝对误差(E) = x - T$$

$$相对误差(RE) = \frac{(x - T)}{T} \times 100\%$$

【例 2-1】 若测定 3 次结果为：0.1201、0.1193g/L 和 0.11851g/L，标准含量为 0.1234g/L，求绝对误差和相对误差。

解 平均值 $x = \dfrac{0.1201 + 0.1193 + 0.1185}{3}$ （g/L） $= 0.1193$g/L

绝对误差$(E) = x - T = 0.1193 - 0.1234$（g/L） $= -0.0041$g/L

绝对误差$(RE) = \dfrac{(x - T)}{T} \times 100\% = \dfrac{-0.0041}{0.1234} \times 100\% = -3.3\%$

但应注意有时为了说明一些仪器测量的准确度，用绝对误差更清楚。例如分析天平的称量误差是 ± 0.0002g，常量滴定管的读数误差是 ± 0.01mL 等。这些都是用绝对误差来说明的。

3. 精密度与偏差

精密度是指在相同条件下 n 次重复测定结果彼此相符合的程度。精密度的大小用偏差表示，偏差愈小说明精密度愈高。偏差有绝对偏差和相对偏差，即

$$绝对偏差(d) = x - x_1$$

$$相对偏差 = \frac{x - x_1}{x_1} \times 100\%$$

从上式可知绝对偏差是指单项测定值与平均值的差值。相对偏差是指绝对偏差在平均值中所占的百分率。由此可知绝对偏差和相对偏差只能用来衡量单项测定结果对平均值的偏离程度。为了更好地说明精密度，在一般分析工作中常用算术平均偏差（d）表示。

这一法则的具体运用如下：

（1）例如将 36.185 和 42.135 处理成 4 位有效数字，则分别为 36.18 和 42.14。

（2）若被舍弃的第一位数字大于 5，则其前一位数字加 1。如 28.2645 只取 3 位有效数字时，其被舍弃的第一位数字为 6，大于 5，则有效数字应为 28.3。

（3）若被舍弃的第一位数字等于 5，而其后数字全部为零，则视被保留的末位数字为奇数或偶数（零视为偶数），而定进或舍，末位是奇数时进 1，末位为偶数不加 1。如 28.550、28.450、28.050 只取 3 位有效数字时，分别应为 28.6、28.4、28.0。

（4）若被舍弃的第一位数字为 5，而其后面的数字并非全部为零，则进 1。如 28.2501 只取 3 位有效数字时，则进 1，成为 28.3。

（5）若被舍弃的数字包括几位数字时，不得对该数字进行连续修约，而应根据以上各条件作一次处理。如 3.154546 只取 3 位有效数字时，应为 3.15，而不得按下法连续修约为 3.16，即

$$3.154546 \rightarrow 3.15455 \rightarrow 3.1546 \rightarrow 3.155 \rightarrow 3.16$$

（五）有效数字运算规则

前面曾根据仪器的准确度介绍了有效数字的意义和记录原则。在分析计算中，有效数字的保留更为重要。下面仅就加减和乘除法的运算规则加以讨论。

1. 加减法

在加减运算中，保留有效数字的位数，以小数点后位数最少的为准，即以绝对误差最大的为准。例如，计算 0.0121 + 38.37 + 1.38462，有

正确计算	错误计算
0.01	0.0121
38.37	38.37
+) 1.38	+) 1.38462
39.76	40.50562

上例中相加的 3 个数据中，38.37 的 "7" 已是可疑数字。因此最后结果有效数字的保留应以此数为准，即保留有效数字的位数到小数点后第二位。所以左面的写法正确，而右面的写法是不正确的。

2. 乘除法

乘除法运算中，保留有效数字的位数，以位数最小的数为准，即以相对误差最大的数为准。例如，计算 0.0121 × 38.37 × 1.38462，以上 3 个数的乘积应为

$$0.0121 \times 38.4 \times 1.38 = 0.641$$

在这个运算题中，3 个数字的相对误差分别为

$$相对误差 = \frac{\pm 0.0001}{0.0121} \times 100\% = \pm 0.8\%$$

$$相对误差 = \frac{\pm 0.01}{38.37} \times 100\% = \pm 0.03\%$$

第二章 分析化学基础知识

$$相对误差 = \frac{\pm 0.00001}{1.38462} \times 100\% = \pm 0.0007\%$$

在上述计算中，以第一个数的相对误差最大（有效数字为3位），应以它为准，将其他数字根据有效数字修约原则，保留3位有效数字，然后相乘得0.641结果。

再计算一下结果0.641的相对误差：

$$相对误差 = \frac{\pm 0.001}{0.641} \times 100\% = \pm 0.2\%$$

此数的相对误差与第一个数的相对误差相适应，故应保留3位有效数字。

如果不考虑有效数字的保留原则，直接计算：

$$0.0121 \times 38.37 \times 1.38462 = 0.642847219$$

结果得到9位数字，显然这是极端不合理的。

同样，在计算中也不能任意减少位数，如上述结果记为0.64也是不正确的。这个数的相对误差为

$$相对误差 = \frac{\pm 0.01}{0.64} \times 100\% = \pm 1.6\%$$

显然是又超过了上面3个数的相对误差。

在运算中，各数值计算有效数字位数时，当第一位有效数字≥8时，有效数字位数可以多计一位。如8.34是三位有效数字，在运算中可以作四位有效数字看待。

有效数字的运算法，目前还没有统一的规定，可以先修约，然后运算，也可以直接用计算器计算，然后修约到保留的位数，其计算结果可能稍有差别，不过也是最后可疑数字上稍有差别，影响不大。

3. 自然数

在分析化学运算中，有时会遇到一些倍数或分数的关系，如

$$\frac{H_3PO_4 \text{的相对分子质量}}{3} = \frac{98.00}{3} = 32.67$$

水的相对分子质量 $(M_r) = 2 \times 1.008 + 16.00 = 18.02$

在这里分母"3"和"2×1.0088"中的"2"，都不能看做是一位有效数字，因为它们是非测量所得到的数，是自然数，其有效数字可视为无限的。

在常规的常量分析中，一般是保留4位有效数字，当在水质分析中，有时只要求保留2位或3位有效数字，应视具体要求而定。

二、误差及消除误差的方法

进行样品分析的目的是为了获取准确的分析结果，然而即使使用可靠的分析方法、最精密的仪器、熟练细致的操作，所测得的数据也不可能和真实值完全一致，这说明误差是客观存在的。如果掌握了产生误差的基本规律，就可以将误差减小到允许的范围内。为此必须了解误差的性质和产生的原因以及减免的方法。

根据误差产生的原因和性质，可将误差分为系统误差和偶然误差两大类。

1. 系统误差

系统误差又称可测误差。它是由分析操作过程中的某些经常原因造成的。在重复测定时，它会重复表现出来，对分析结果的影响比较固定。这种误差可以设法减小到可忽略的程度。化验分析中，将系统误差产生的原因归纳为以下几个方面：

（1）方法误差。方法误差是由于分析方法本身造成的。如在滴定分析中，由于反应进行的不完全，理论终点和滴定终点不相符合，又如在分光光度分析中，由于波长选择不准，使得吸光值测的太小，而造成测量值与真实值有较大偏差。

（2）仪器误差。仪器误差是由于使用的仪器本身不够精密所造成的。如使用未经校正的容量瓶、移液管和砝码等。有时也因仪器和砝码的标值和真实值不相符合而引起的误差。

（3）试剂误差。试剂误差是由于所用蒸馏水含有杂质或所使用的试剂不纯所引起的。

（4）操作误差。操作误差是由于分析工作者掌握分析操作的条件不熟练，个人观察器官不敏锐和固有的不良所致。如对滴定终点颜色的判断偏深或偏浅，对仪器刻度标线读数不准确等都会引起测定误差。

2. 偶然误差

偶然误差又称随机误差，是指测定值受各种因素的随机变动而引起的误差。例如，测量时的环境温度、湿度和气压的微小波动，仪器性能的微小变化等，都会使分析结果在一定范围内波动。偶然误差的形成取决于测定过程中一系列随机因素，其大小和方向都是不固定的，因此，无法测量，也不可能校正。所以偶然误差又称不可测误差，它是客观存在的，是不可避免的。

从表面上看，偶然误差似乎是没有规律的，但是在消除系统误差之后，在同样条件下，进行反复多次测定，发现偶然误差还是有规律的，它

第一章 分析化学基础知识

是遵从正态分布（即高斯分布）规律，图2-9（a）所示为偶然误差的正态分布曲线。

从误差正态分布曲线上反映出偶然误差的规律有：

（1）绝对值相等的正误差和负误差出现的概率相同，呈对称性。

（2）绝对值小的误差出现的概率大，绝对值大的误差出现的概率小，绝对值很大的误差出现的概率非常小。亦即误差有一定的实际极限。

根据统计学理论，正态分布曲线的数学表达式为

$$y = f(x) = \frac{1}{\sqrt{\sigma}}\exp[-(x-\mu)^2/2\sigma^2]$$

式中　y——概率密度；

　　　μ——总体平均值，代表真实值；

　　　σ——总体标准偏差。

μ 和 σ 是正态分布函数中两个基本参数，μ 反映数据的集中趋势，大多数测定值集中在 μ 值附近。σ 反映数据的分散程度，由曲线波峰的宽度反映出来。图2-9表示平均值相同而精密度不同的两组数据的正态分布情况。显然 σ_2 的分散程度比 σ_1 的大。σ 越大，测定值越分散，精密度越低。

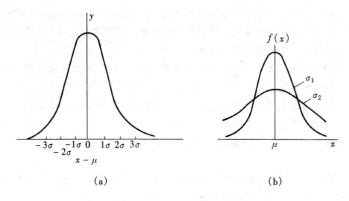

图2-9　正态分布曲线

（a）误差正态分布曲线；（b）平均值相同、精密度不同的

二组数据的正态分布曲线

从正态分布曲线上可以看到，σ 为零的测定值的概率密度（y）为最大，σ 绝对值增大时，y 变小。通过概率计算证明，测定值在 $\mu \pm 1\sigma$ 范围内出现的概率为 68.3%；测定值在 $\mu \pm 2\sigma$ 范围内出现的概率为 95.9%；

而在 $\mu \pm 3\sigma$ 范围内出现的概率为 99.7%；测定值超过 $\mu \pm 3\sigma$ 的只有 0.3%。所以特大的误差出现的概率接近零。在通常的分析工作中，一般只进行少数几次测定，出现大误差是不可能的，如果一旦出现，有理由认为它不是由偶然误差引起的，应该将这个数据弃去。

根据上述规律，为了减少偶然误差，应该重复多做几次平行实验，并取其平均值。这样可使正负偶然误差相互抵消，在消除了系统误差的前提下，平均值就可能接近真实值。

除上述两类误差外，还有一种误差称为过失误差，这种误差是由于操作不正确、粗心大意而造成的。例如，加错试剂、读错砝码、溶液溅失等，皆可引起较大的误差。有较大误差的数值在找原因后应弃去不用。绝不允许把过失误差当作偶然误差。只要工作认真、操作正确，过失误差是完全可以避免的。

3. 消除误差的方法

要提高分析结果的准确度，必须考虑到在分析工作中可能产生的各种误差，采取有效的措施，将这些误差减小到最小。

（1）选择合适的分析方法。各种分析方法的准确度是不相同的。化学分析法对高含量组分的测定，能获得准确和较满意的结果，相对误差一般在千分之几。而对低含量组分的测定，化学分析法就达不到这个要求，仪器分析法虽然误差较大，但由于灵敏度高，可以测出低含量组分。在选择分析方法时，主要根据组分含量及对准确度的要求，在可能的条件下选择最佳的分析方法。

例如用比色分析法测量微量组分铁的含量，要求相对误差控制在 2% 以内，若称取试样 0.6g，则试样称量的绝对误差允许为 $0.6 \times 2/100 = 0.012g$。

从计算可以看出，天平称量的绝对误差为 0.0002g，在允许的误差范围以内。

（2）增加平行测定的次数。增加平行测定的次数可以减少偶然误差。在一般的分析测定中，测定次数为 2~4 次，如果没有其他误差发生，基本上可以得到比较准确的分析结果。

（3）消除测定中的系统误差。消除测定中的系统误差可以采用以下措施：

1）实验：由试剂和器皿引入的杂质所造成的系统误差，一般可作空白实验来加以校正。空白实验是指在不加试样的情况下，按试样分析规程在同样的操作条件下进行测定，空白实验所得结果的数值称为空白值。从试样的测定值中扣除空白值，就得到比较准确的分析结果。

2）校正仪器：分析测定中，具有准确体积和质量的仪器，如滴定管、移液管、容量瓶和分析天平砝码，都应进行校正，以消除仪器不准所引起的系统误差。因为这些测量数据都是参加分析结果计算的。

3）对照试验：对照试验就是用同样的实验方法，在同样条件下，用标样代替试样进行平行测定。标样中待测成分是已知的，且与试样中的含量相近。将对照试验的测定结果与标样的已知含量相比，其比值即称为校正系数，即

$$校正系数 = \frac{标准试样组分的标准含量}{标准试样测得的含量}$$

则试样中的被测组分含量的计算为

$$被测组分的含量 = 测得含量 \times 校正系数$$

综合上述，在分析过程中，检查有无系统误差存在，做对照试验是最有效的方法。通过对照试验可以校正测试结果，消除系统误差。

三、分析测试数据处理的一般方法

（一）分析结果的判定

在定量分析工作中，我们经常做多次重复的测定，然后求出平均值。但是多次分析的数据是否都能参加平均值的计算，这是需要判定的。如果在消除了系统误差后所测得的数据出现显著的特大值或特小值，这样的数据是值得怀疑的，我们称这样的数据为可疑值，对可疑值应做如下判断：

（1）在分析试验过程中，已经知道某测量值是操作中过失所造成的，应立即将此数据弃去。

（2）如找不出可疑值出现的原因，不应随意弃去或保留，而应对分析结果数据进行取舍。

（二）分析结果数据的取舍

1. $4\bar{d}$ 法

$4\bar{d}$ 法亦称"4乘平均偏差法"。

例如测得一组数据如表 2 - 12 所示。

表 2 - 12　　　　　　　测 量 数 据 实 例

测得值	30.18	30.56	30.23	30.35	30.32	$x = 30.27$
$\|x\| = \|x - \bar{x}\|$	0.09		0.04	0.08	0.05	$\bar{x} = 0.065$

从表 2 - 12 可知，30. 56 为可疑值。$4\bar{d}$ 法计算步骤如下：

（1）求可疑值以外其余数据的平均值

$$\bar{x} = \frac{30.18 + 30.23 + 30.35 + 30.32}{4} = 30.27$$

（2）求可疑值以外其余数据的平均偏差

$$\bar{d} = \frac{|d_1| + |d_2| + |d_3| + |d_4|}{n} = \frac{0.09 + 0.04 + 0.08 + 0.05}{4} = 0.065$$

（3）求可疑值与平均值之间的差值

$$30.56 - 30.27 = 0.29$$

（4）将平均偏差 $\bar{d}$ 乘 4，再与（3）求出的差值比较，若差值 $\geq 4\bar{d}$，则弃去，若小于 $4\bar{d}$ 则保留。因为

$$4\bar{d} = 4 \times 0.065 = 0.26$$

$$0.29 > 0.26$$

所以此值应弃去。

$4\bar{d}$ 法仅适用于测定 4~8 个数据的测量实验中。

2. Q 检验法

（1）Q 检验法的步骤。

1）将测定数据按大小顺序排列，即 x_1、x_2、x_3、$\cdots$、x_n。

2）计算可疑值与邻近数据之差，除以最大值与最小值之差，所得商称为 Q 值。

由于测得值是按顺序排列，所以可疑值可能出现在首项或末项。若可疑值出现在首项，则

$$Q_{计算} = \frac{x_2 - x_1}{x_n - x_1}（检验\ x_1）$$

若可疑值出现在末项，则

$$Q_{计算} = \frac{x_n - x_{n-1}}{x_n - x_1}（检验\ x_n）$$

（2）查表 2 - 13，若计算 n 次测量的 Q 计算值比表中查到的 Q 值大或相等则弃去，若小则保留。

$$Q_{计算} \geq Q（弃去）$$

$$Q_{计算} \leq Q（保留）$$

第二章 分析化学基础知识

表 2 – 13　　　　　　舍弃商 Q 值（置信度 90% 和 95%）

测定次数 n	3	4	5	6	7	8	9	10
Q（90%）	0.94	0.76	0.65	0.56	0.51	0.47	0.44	0.41
Q（95%）	1.53	1.05	0.86	0.76	0.69	0.64	0.60	0.58

Q 检验法适用于测定次数为 3~7 次的检验。

【例 2 – 2】　标定 NaOH 标准溶液时测得 4 个数据 0.1019、0.1014、0.1012、0.1016，试用 Q 检验法确定 0.1019 数据是否应舍去，置信度为 90%。

解

1）排列：0.1012，0.1014，0.1016，0.1019

2）计算：$Q = \dfrac{0.1019 - 0.1016}{0.1019 - 0.1012} = \dfrac{0.0003}{0.0007} = 0.43$

3）查 Q 表，4 次测 Q 值 = 0.76

$$0.43 < 0.76$$

4）故数据 0.1019 应保留。

3. 格鲁布斯法（Grubbs）

（1）格鲁布斯法的步骤：

1）将测定数据按大小顺序排列，即 x_1、x_2、x_3、$\cdots$、x_n。

2）计算该组数据的平均值（x）（包括可疑值在内）及标准偏差（S）。

3）若可疑值出现在首项，则 $T = \dfrac{x - S_1}{S}$；若可疑值出现在末项，则 $T = \dfrac{x - S_1}{S}$。计算出 T 值后，再根据其置信度查表 2 – 14 的 $T_{p,n}$ 值，若 $T \geqslant T_{p,n}$，则应将可疑值弃去，否则应予以保留。

表 2 – 14　　　　　　不同测量次数、不同置信度下的 $T_{p,n}$

测定次数 (n)	置信度（p）		测定次数 (n)	置信度（p）	
	95%	99%		95%	99%
3	1.15	1.15	12	2.29	2.55
4	1.46	1.49	13	2.33	2.61
5	1.67	1.75	14	2.37	2.66
6	1.82	1.94	15	2.41	2.71
7	1.94	2.10	16	2.44	2.75
8	2.03	2.22	17	2.47	2.79
9	2.11	2.32	18	2.50	2.82
10	2.18	2.41	19	2.53	2.85
11	2.23	2.48	20	2.56	2.88

4）如果可疑值有两个以上，而且又均在平均值（$\bar{x}$）的同一侧，如 x_1、x_2 均属可疑值时，则应检验最内侧的数据，即先检验 x_2 是否应弃去；如果 x_2 属于舍弃的数据，则 x_1 自然也应该弃去。在检验 x_2 时，测定次数应按（$n-1$）计算。如果可疑值有 2 个或 2 个以上，且又分布在平均值的两侧，如 x_1 和 x_2 均属可疑值，就应该分别检验 x_1 和 x_2 是否应该弃去，如果有一个数据决定弃去，再检验另一个时，测定次数应减少一次，同时应选择 99% 的置信度。

（2）举例说明。仍以上面 $4\bar{d}$ 法中的例子为例：

1）将测定数据从小到大排列，即 30.18、30.23、30.32、30.35、30.56。

2）计算 $\bar{x} = 30.33$，$S = 0.15$。

3）可疑值出现在末端 30.56，计算 $T = \dfrac{30.56 - 30.33}{0.15} = 1.53$。

4）查 T 值表，$T_{0.955} = 1.67$。

5）$T < T_{0.955}$，所以 30.56 应保留。

由上面的判断结果可知，三种方法对同一组数据中的可疑值的取舍可能得出不同的结论。

这是由于 $4\bar{d}$ 法在数据统计上不够严格，这种方法把可疑值首先排除在外，然后进行检验，容易把原来属于有效的数据也舍弃掉，所以此法有一定的局限性。Q 检验法符合数据统计原理，但只适用于一组数据中的一个可疑值的判断，而格卢布斯法，将正态分布中两个重要参数 $\bar{x}$ 和 S 引进方法准确度好，因此，三种方法中以格鲁布斯法为准。

（三）平均值精密度的表示方法

平均值之间的精密度，可以引用平均值的标准偏差（$S_{\bar{x}}$）表示。标准偏差（S）与平均值的标准偏差（$S_{\bar{x}}$）之间存在以下关系：

$$S_{\bar{x}} = \frac{S}{\sqrt{h}}$$

上式说明平均值之间的标准偏差（$S_{\bar{x}}$）与测量次数 h 的平方根成反比。增加测定次数可以提高测量的精密度，使所得的平均值更接近真实值（当系统误差不存在时）。但是测定次数太多也无益，开始时，$S_{\bar{x}}$ 随测定次数 n 增加而减少得较快。但当测定次数 $n > 10$ 时，$S_{\bar{x}}$ 已减少得非常慢，再进一步增加测定次数，就是徒劳了。一般测定次数超过 5 次以上时，精密度没有什么大的变化。在实际分析中测定次数大多在 5 次左右。

【例 2 - 3】　进行污水中铁含量测定，结果 P（Fe）为 67.48、67.47、67.47、67.40 mg/L。

求平均偏差、标准偏差和平均值的标准偏差。

解

P（Fe）/（mg/L）	$\lvert d \rvert = \lvert x - \bar{x} \rvert$	$d^2 = (x - \bar{x})^2$
67.48	0.03	0.0009
67.47	0.02	0.0004
67.47	0.02	0.0004
67.43	0.02	0.0004
67.40	0.02	0.0005
$x = 67.45$	$\sum \lvert d \rvert = 0.11$	$\sum d^2 = 0.0026$

$$平均偏差\ \bar{d} = \frac{\sum \lvert d \rvert}{n} = \frac{0.11}{5} = 0.022$$

$$标准偏差\ S = \sqrt{\frac{\sum d^2}{n-1}} = \sqrt{\frac{0.0026}{5-1}} = 0.025$$

$$平均值的标准偏差\ S_{n} = \frac{S}{\sqrt{n}} = \frac{0.025}{\sqrt{5}} = 0.011$$

（四）平均值的置信区间

在写报告时，仅写出平均值（$\bar{x}$）的数值是不够确切的，还应该指出在（$\bar{x} \pm S_x$）范围内出现的概率是多少。这就需要平均值的置信区间来说明。

在一定置信度下，以平均值为中心，包括真实值的可能范围称为平均值的置信区间，又称为可靠性区间界限。可由下列公式表示：

$$平均值的置信区间 = \bar{x} \pm t\frac{S}{\sqrt{n}} = \bar{x} \pm tS_{\bar{x}}$$

式中　$\bar{x}$——平均值；

　　　S——标准偏差；

　　　n——测定次数；

　　　t——置信系数；

　　　$S_{\bar{x}}$——平均值的标准偏差。

在分析化学中，通常只做较少量数据，根据所得数据、平均值（$\bar{x}$）、标准偏差（S）和测定次数（n），再根据所需要的置信度（p）、自由度（$f=n-1$），从表2-15中查出t值，按上面公式即可计算出平均值的置信区间。

表2-15   **置信系数 t 值**

t 　 p 　 $n-1$	90%	95%	99%
1	6.31	12.71	63.66
2	2.92	4.30	9.92
3	2.35	3.18	5.84
4	2.13	2.78	4.60
5	2.01	2.57	4.03
6	2.94	2.45	3.71
7	1.90	2.36	3.50
8	1.86	2.31	3.35
9	1.83	2.26	3.25
10	1.81	2.23	3.17
20	1.72	2.09	2.84
30	1.70	2.04	2.75
60	1.67	2.00	2.66
120	1.66	1.98	2.62
∞	1.64	1.96	2.58

假设我们指出测量结果的准确性有95%的可靠性，这个95%就称为置信度，又称为置信水平，它是指人们对测量结果的可信程度。置信度的确定是由分析工作者根据测定的准确度的要求来确定的。

【例2-4】 在测定水中镁杂质的含量，测定结果如表2-16所示。

表2-16   **水中镁杂质测量结果**

测定结果（mg/L）	$\lvert d \rvert = \lvert x - \bar{x} \rvert$	$d^2 = (x - \bar{x})^2$
60.04	0.01	0.0001
60.11	0.06	0.0036
60.07	0.02	0.0004
60.03	0.02	0.0004
60.00	0.05	0.0025

$$\overline{x} = 60.05 \qquad \sum|d| = 0.16 \qquad \sum d^2 = 0.0070$$

$$标准偏差 = \sqrt{\frac{\sum(x - \overline{x})^2}{h - 1}} = \sqrt{\frac{0.0070}{5 - 1}} = 0.004$$

置信度 $p = 95\%$，自由度 $f = (n - 1) = 5 - 1 = 4$

$$置信区间 = \overline{x} \pm t\frac{s}{\sqrt{n}} = 60.05 \pm 2.78 \times \frac{0.04}{\sqrt{5}} = 60.05 \pm 0.05$$

真实值落在 60.00 ~ 60.10 范围内。

此例说明 5 次测定，有 95% 的可靠性，认为镁杂质的含量在 60 ~ 60.10mg/L 之间。

（五）回归分析法在标准曲线上的应用

在分析化学中，特别是仪器分析实验中，常需要做标准曲线（也叫做工作曲线）。标准曲线通常是一条直线，被测组分含量可以从标准曲线获得。例如：分光光度法中溶液浓度与吸光度的标准曲线，横坐标 x 代表溶液浓度，是自变量，因为溶液浓度可以控制，是普通变量，误差很小。纵坐标 y 代表吸光度，作因变量，是个随机变量，主要误差来源于它。由于误差的存在，所有的实验点 (x_i, y_i) 往往不在一条直线上。分析工作者往往根据这些散点的走向，用直尺描出一条直线。但在实验点比较分散的情况下，作这样一条直线是有困难的，因为凭直觉很难判断怎样才使所连的直线对于所有实验点来说误差是最小的。较好的办法是对数据进行回归分析，求出回归方程，然后绘制出对各数据点误差最小的一根回归线。

1. 一元线性回归

像上述的自变量只有一个的，叫一元线性回归。确定回归直线的原则是使它与所有实验点的误差的平方和达到极小值。设回归方程为

$$y = a + bx$$

$$a = \frac{\sum y_i}{n} - \frac{b\sum x_i}{n} = \overline{y} - b\overline{x}$$

$$b = \frac{\sum x_i y_i - \dfrac{1}{n}(\sum x_i)(\sum y_i)}{\sum x_i^2 - \dfrac{1}{n}(\sum x_i)^2}$$

$$= \frac{\sum x_i y_i - n\,\overline{xy}}{\sum x_i^2 - n\overline{x}^2}$$

式中　a——回归线截距；

b——回归线的斜率；

$\sum x_i y_i$——$x_1 y_1 + x_2 y_2 + \cdots + x_n y_n$ 的和；

n——测定点；

$\sum x_i^2$——$x_1^2 + x_2^2 + \cdots + x_n^2$ 的和；

$\overline{x}^2$——x_1、x_2、x_3、$\cdots$、x_n 平均值的平方；

$\overline{x}$——x_1、x_2、x_3、$\cdots$、x_n 平均值；

$\overline{y}$——y_1、y_2、$\cdots$、y_n 平均值。

【例 2 – 5】 用磺基水杨酸分光光度法测铁，标准 Fe^{3+} 溶液是由 0.2160g $NH_4Fe(SO_4)_2 \cdot 12H_2O$ 溶于水，定容为 500mL 制成。取此标准 Fe^{3+} 溶液配制成表 2 – 17 所示的系列，显色并定容为 50mL 后测吸光度，根据表 2 – 18 中的数据，绘制一条回归线。待测试液是取 5.00mL，稀释成 250.00mL，然后吸取此稀释液 2.00mL 置于 50mL 容量瓶中，在与标准曲线相同条件下显色并稀释至刻度。测定吸光度为 0.555，求试液中铁的含量（g/L）。

表 2 –17　　　　　　不同容积下铁标准溶液的吸光度

标准铁溶液 V（mL）	0.00	2.00	4.00	6.00	8.00	10.00
吸光度（A）	0.00	0.165	0.312	0.512	0.660	0.854

解　标准 Fe^{3+} 浓度（g/L）$= 0.2160 \times \dfrac{55.85 \times 1000}{482.22 \times 500} = 0.0500$g/L

表 2 –18　　　　　　回　归　分　析　计　算

编　号	x_i	y_i	x_i^2	y_i^2	$x_i\ y_i$
1	0.00	0.000	0.00	0.00	0.00
2	2.00	0.165	4.00	0.027225	0.330
3	4.00	0.312	16.00	0.097344	1.248
4	6.00	0.512	36.00	0.262144	3.072
5	8.00	0.660	64.00	0.4356	5.280
6	10.00	0.854	100.00	0.729316	8.540
Σ	30.00	2.503	220.00	1.551629	18.47

$\sum x_i = 30 \quad \sum y_i = 2.503 \quad \sum x_i y_i = 18.47 \quad n = 6 \quad \overline{x} = 5 \quad \overline{y} =$

$0.417167 \quad \sum x_i^2 = 220 \quad \sum y_i^2 = 1.551629 \quad a = \overline{y} - b\overline{x} = 0.417167 - 0.08507$

$\times 5 = -0.0082 \quad b = \dfrac{\sum x_i y_i - n\,\overline{x}\overline{y}}{\sum x_i^2 - n\overline{x}^2} = \dfrac{18.47 - 6 \times 5 \times 0.417167}{220 - 6 \times 5^2} = \dfrac{5.95499}{70} =$

0.08507

所以回归方程为 $y = -0.0082 + 0.085x$。

根据回归方程，即能绘制出图 2-10 所示的回归线。

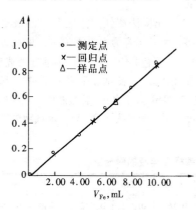

图 2-10 Fe 的标准曲线

待测液吸光度为 0.555，代入回归方程，得 $x = 6.63\text{mL}$。即相当于 6.63mL 标准 Fe^{3+} 溶液，从回归线上直接找 x 值也一样。

所以，试液 Fe^{3+} 含量（g/L）＝ $0.0500 \times 6.63 \times 250/2 \times 1/5 = 8.29\text{g/L}$。

2. 相关关系和相关系数

从上述吸光度—浓度曲线可以看出它们之间有着密切的关系，当浓度增加时，吸光值也增加，但不能从一个变量的数值准确地求出另一个变量的数值。我们称这类变量之间关系为相关关系。

回归分析的方法总可以配出一条直线，但只有当自变量（x）与因变量（y）之间确有线性相关关系时回归方程才有实际意义。因此，得到的回归方程必须进行相关性检验。在分析测试中，一元回归分析习惯采用相关系数（r）来检验。相关系数检验的统计量为

$$r = \dfrac{\sum x_i y_i - n\,\overline{x}\overline{y}}{\sqrt{(\sum x_i^2 - n\overline{x}^2) \times (\sum y_i^2 - n\overline{y}^2)}}$$

可以证明，上式中分子的绝对值永远不会大于分母的值，因此相关关系的数值为

$$0 \leqslant |r| \leqslant 1$$

相关系数的物理意义为以下几点：

（1）当 $r = \pm 1$ 时，所有的实验点都落在回归线上，表示 y 与 x 之间

存在着线性函数关系，实验误差为零。r 为正值，表示 x 与 y 之间为正相关，即斜率为正值。r 为负值，表示 x 与 y 之间负相关，即斜率为负值。

（2）当 $r = 0 \sim 1$ 时，表示 x 与 y 之间有不同程度的相关 r 值，愈接近 1，x 与 y 之间线性关系愈好。

（3）当 $r = 0$ 时，表示 x 与 y 之间完全不存在直线关系。

但是判断 x 与 y 之间存在线性关系也是相对的，$|r|$ 究竟接近 1 到何种程度，才能认为 x 与 y 显著相关呢？

r 值出现的概率遵从统计分布规律，数学家已编出相关系数的临界值（见表 2-19）。具体应用时，当计算得出的 r 值大于相关系数临界值表中给定置信度和相应自由度 $f = n - 2$ 下的临界值 r_{pf} 时，表示在给定置信度和自由度下 y 与 x 之间是显著相关的，表示所求的回归方程和配成的回归方程式有实际意义。反之，这条回归线是没有实际意义的。

例如，上述磺基水杨酸测铁所得到的回归方程，计算它的相关系数：

$$r = \frac{5.95499}{\sqrt{70 \times 0.50746}} = 0.9992$$

查表 2-19：在置信度 99.9%，自由度 $f = n - 2 = 6 - 2 = 4$ 时，$r_{99.9,4} = 0.941$，$r > r_{pf}$，所以吸光度与铁浓度之间存在很好的线性关系。

表 2-19　　　　　　　　　　置信度与自由度的对应关系

置信度 $f = n - 2$	90%	95%	99%	99.9%
1	0.98769	0.99692	0.999877	0.9999988
2	0.90000	0.95000	0.99000	0.99900
3	0.8054	0.8783	0.9587	0.9912
4	0.7293	0.8114	0.9172	0.9741
5	0.6694	0.7545	0.8745	0.9507
6	0.6215	0.7067	0.8343	0.9249
7	0.5822	0.6664	0.7977	0.8982
8	0.5494	0.6319	0.7646	0.8721
9	0.5214	0.6021	0.7348	0.8471
10	0.4973	0.5760	0.7079	0.8233

回归方程中，a、b 两个参数是关键，但人工计算 a、b 值比较麻烦，

第二章　分析化学基础知识

好在有些小型计算机有这个程序，所以，用计算机计算还是十分简便的。人工计算 r 值时，应保留数据稍多的位数，不可随意舍入，否则计算得到的 r 值不正确。

　　提示　本章共五节，其中第一至第三节适用于初级工，第四节和第五节适用于中级工和高级工。

第一篇　化学基础知识

第二篇

电厂水处理

第三章

水系统概况

第一节 天然水的分类及电厂水处理

一、天然水的水质指标和特点

（一）天然水的水质标准

1. 天然水的分类

按照天然水总硬度（$1/2Ca^{2+} + 1/2Mg^{2+}$）的大小，可将其分成五类：

（1）极软水，硬度 < 1.0mmol/L。

（2）软水，硬度在 1.0 ~ 3.0mmol/L。

（3）中等硬度水，硬度在 3.0 ~ 6.0mmol/L。

（4）硬水，硬度在 6.0 ~ 9.0mmol/L。

（5）极硬水，硬度 > 9.0mmol/L。

按水的含盐量分类，可分为如下四类：

（1）低含盐量水，含盐量 < 200mg/L。

（2）中等含盐量水，含盐量在 200 ~ 500mg/L。

（3）较高含盐量水，含盐量在 500 ~ 1000mg/L。

（4）高含盐量水，含盐量 > 1000mg/L。

按硬度和碱度的大小分类，可分为如下两类：

（1）碱性水，碱度大于硬度的水。

（2）非碱性水，硬度大于碱度的水。

2. 天然水的水质指标

天然水中的杂质比较复杂，天然水作为生产用水的水源，为了对其有较为全面的了解，应按表 3 - 1 中的项目进行全分析，这是设计水处理工艺的基础资料，也是热力设备运行中对水质进行化学监督的重要内容。

现将一些重要项目的基本概念介绍如下。

（1）含盐量和电导率。含盐量表示水中所含盐类的总和，可以根据水质全分析的结果，通过计算求得。含盐量有两种表示法：一是将水中各种阳离子（或各种阴离子）均按带一个电荷的离子为基本单元的物质的量浓度相加，单位为 mmol/L。二是水的溶解固形物减去水的耗氧量（COD）、硅酸根、R_2O_3，然后加上重碳酸根的一半，来表示含盐量。

表 3-1　　　　　　　　　　　水质全分析项目

项　　　目	符　号	单　位	项　　　目	符　号	单　位
全固形物	QG		溶解氧	O_2	
悬浮固形物	XG	mg/L	二氧化碳	CO_2	
溶解固形物	RG		pH 值	pH	
灼烧减量	SG		铁铝氧化物	R_2O_3	
电导率	DD	μS/cm	氯　根	Cl^-	
透明度	TD	cm	硫酸根	SO_4^{2-}	
浊　度	ZD	NTU	硝酸根	NO_3^-	
酸　度	SD		硅酸根	SiO_3^{2-}	mg/L
碱　度	JD		钙离子	Ca^{2+}	
重碳酸根	HCO_3^-		镁离子	Mg^{2+}	
碳酸根	CO_3^{2-}	mmol/L	钠离子	Na^+	
氢氧根	OH^-		钾离子	K^+	
总硬度	YD 总		亚铁离子	Fe^{2+}	
碳酸盐硬度	YD 碳		铁离子	Fe^{3+}	
非碳酸盐硬度	YD 非		铜离子	Cu^{2+}	
耗氧量		mg/L	腐殖酸盐		

注　硬度（mmol/L）的基本单元为 $1/2Ca^{2+} + 1/2mg^{2+}$。

电导率是表示水的导电能力的指标，测定水的电导率可以简便迅速地评价水中含盐量。水的电导率的大小除了和水中离子含量有关外，还与离子的种类有关，故仅凭电导率不能计算含盐量。当水中杂质组成较稳定时，离子总含量越大，其电导率也就越大，因此在生产现场中可以用电导率表征水中含盐量。电导率的单位为 S/cm 或 μS/cm。

（2）碱度。碱度表示水中 OH^-、CO_3^{2-}、HCO_3^- 及其他弱酸盐类的总和，因为这些盐类在水溶液中都呈碱性，需要用酸来中和，因此称为碱度。

在天然水中，碱度主要由 HCO_3^- 的盐类组成，在锅炉水中，碱度主要由 OH^- 和 CO_3^{2-} 的盐类组成，当锅内加磷酸盐处理时，还有 PO_4^{3-} 的盐类。在同一水中，OH^- 和 HCO_3^- 不能共存，因为

$$HCO_3^- + OH^- = CO_3^{2-} + H_2O$$

碱度根据滴定终点不同可分为酚酞碱度（a）和甲基橙碱度（b）。酚酞碱度即将 OH^- 中和为 H_2O，将 CO_3^{2-} 中和为 HCO_3^-，终点的 pH 值为8.3。在酚酞碱度的基础上，继续滴定即可测出甲基橙碱度。全碱度为酚酞碱度与甲基橙碱度之和。即将 OH^- 中和为 H_2O，CO_3^{2-} 中和为 HCO_3^-，将全部的 HCO_3^- 中和为 CO_2 和 H_2O，终点的 pH 值为4.2，由此可见全碱度中包括酚酞碱度，我们可根据二者的相对大小来判断水中各种碱度的组分和含量，判断方法如表3-2所示。

表3-2　　根据 b 和 a 计算 OH^-、CO_3^{2-}、HCO_3^-

a 和 b 的关系	水中存在的离子	各离子的含量（mmol/L）		
		OH^-	CO_3^{2-}	HCO_3^-
a = 0	HCO_3^-	—	—	b
b = 0	OH^-	a		
a = b	CO_3^{2-}	—	a 或 b	
a > b	OH^-、CO_3^{2-}	a－b	2b	
a < b	CO_3^{2-}、HCO_3^-	—	2a	b－a

（3）硬度。通常把水中钙镁离子的浓度称为硬度。硬度可以按水中存在的阴离子情况划分为碳酸盐硬度和非碳酸盐硬度两类。

碳酸盐硬度主要指水中钙与镁的重碳酸盐所形成的硬度。当把这种水煮沸时可以生成沉淀，所以过去又叫暂时硬度，其反应为

$$Ca(HCO_3)_2 \rightarrow CaCO_3 \downarrow + H_2O + CO_2 \uparrow$$
$$Mg(HCO_3)_2 \rightarrow MgCO_3 + H_2O + CO_2 \uparrow$$
$$Mg(OH)_2 \downarrow + CO_2 \uparrow$$

非碳酸盐硬度主要指水中钙镁的硫酸盐、氯化物、硝酸盐和硅酸盐形成的硬度，非碳酸盐硬度不能用煮沸法除去，故过去又称永久硬度。

碳酸盐硬度和非碳酸盐硬度的总和，称为总硬度，水中含有钠钾的碳酸盐、重碳酸盐和氢氧化物称为负硬度，又称过剩碱度。

当水的碱度大于硬度时，说明水中有负硬，其差值就是负硬值，水中

硬度和碱度的关系见表 3 - 3。

表 3 - 3　　　　　　　　　水中硬度和碱度的关系

关　　系	YD 非	YD 碳	YD 负
YD 总 > JD 总	YD 总 - JD 总	JD 总	0
YD 总 = JD 总	0	YD 总，JD 总	
YD 总 < JD 总		YD 总	JD 总 - YD 总

注　YD—硬度，JD—碱度。

（4）有机物。天然水中的有机物种类繁多，成分也很复杂，分别以溶液、胶体和悬浮状态存在，很难逐个测定。但可以利用有机物比较容易氧化这一共同特性，用化学耗氧量（COD）、生化需氧量（BOD）、总有机碳（TOC）、总需氧量（TOD）来反映它的含量。对于污染不严重的水，一般以化学耗氧量（COD）代表有机物含量。

（二）天然水的特点

天然的雨、雪本来是比较洁净的，但当它们在下降和在地面上或在地下流过的过程中，接触了泥土、岩石、空气和树木等自然界的物质，加上有时受到废水废物的人为污染，水中就会溶有很多杂质。雨雪中的杂质主要是氧、氮和二氧化碳等气体；在广大居民地区和工业中心地区的雨雪中，含有硫化氢、硫酸、煤烟和一些尘埃等杂质；海洋地区的雨水中则含有一些氯化钠。雨水的硬度不大于 $70 \sim 100 \mu mol/L$；含盐量不大于 $40 \sim 50 mg/L$。因为这种水收集起来很困难，所以不能用作发电厂的水源。

地下水通过土壤层时被过滤，所以没有悬浮物，经常是透明的。由于它通过土壤和岩层时溶解了其中各种可溶性矿物质，故它的含盐量比地面水的大。地下水含盐量的多少决定于其流经地层的矿物质成分、接触时间和水流过路程的长短等。氯化钠（$NaCl$）、硫酸钠（Na_2SO_4）、硫酸镁（$MgSO_4$）、氯化镁（$MgCl_2$）、氯化钙（$CaCl_2$）和其他易溶盐类，最易溶于地下水中。$CaCO_3$ 和 $MgCO_3$ 可溶于含有游离 CO_2 的水中，如反应式

$$CaCO_3 + CO_2 + H_2O = Ca（HCO_3）_2$$
$$MgCO_3 + CO_2 + H_2O = Mg（HCO_3）_2$$

所示。由于钙、镁的碳酸盐常常存在于各种岩层中，如石灰石、白云石等，水中或多或少都含有钙、镁的碳酸氢盐。构成土壤的主要成分硅酸盐和铝酸盐几乎不溶于水，但当水中含有 CO_2 和有机酸时，可以促使其溶于水。

地下水的含盐量在 $100 \sim 5000 mg/L$ 之间，在某些特殊情况下还可能更高

些；硬度通常在 2 ~ 10mmol/L $[1/2Me^{2+}]$ 之间，也有高达 10 ~ 25mmol/L $[1/2Me^{2+}]$ 的。地下水的水质一般终年很稳定，可以用作火力发电厂的水源。

江河水最适合作火力发电厂的水源；海洋水只能供滨海电厂作为凝汽器的冷却介质。

因各地区的自然条件和对水资源的利用情况不同，江河水的水质也有很大差别，特别是我国，幅员广大，河流纵横，即使是同一河流，也常常在上游和下游、夏季和冬季、雨天和晴天，水质有所不同。

我国河流因地区不同，悬浮物含量相差很大。华东、中南和西南地区为土质和气候条件较好，草木丛生，水土流失较少，河水较浑浊，每年平均浊度都在 100 ~ 400 度之间或更低。东北地区河流的悬浮物含量也不大，一般其浊度在数百度以下。华北和西北的河流，特别是黄土地区，悬浮物含量高，变化幅度大，暴雨时，挟带大量泥沙，河水中悬浮物含量在短短几个小时内，可由几百毫克/升骤增至几万毫克/升。最突出的是黄河，冬季河水浊度只有几十度，夏季悬浮物含量可达几万毫克/升，洪峰时甚至高达几十万毫克/升。

我国江河水的含盐量和硬度都比较低，含盐量一般在 70 ~ 900mg/L 之间，硬度在 1.0 ~ 8.0mmol/L（$1/2Me^{2+}$）之间。

二、火力发电厂用水的处理方法

火力发电厂用水的处理方法很多，下面分别进行简单叙述。

（一）预处理

预处理是电厂水处理的第一阶段，主要是针对使用地表水做补给水水源，此类水一般悬浮物和有机物含量比较高，因此应首先进行混凝、沉淀及过滤处理，除掉水中的悬浮物，以利于下一步除盐设备的正常运行。

（二）离子交换处理法

为了除去水中离子态杂质，现在采用得最普遍的方法是离子交换。这种方法可以将水中离子态杂质清除得比较彻底，能满足各种类型的锅炉对供水水质的要求。离子交换处理，必须用一种称做离子交换剂的物质来进行，这种特殊物质遇水时，可以将其本身所具有的某种离子和水中同符号的离子相互交换，如 Na 型离子交换剂遇到含有 Ca^{2+} 的水时就发生如下的交换反应：

$$2RNa + Ca^{2+} \rightarrow R_2Ca + 2Na^+$$

反应结果，水中 Ca^{2+} 被吸着在交换剂上，交换剂转变成 Ca 型，而交换剂上原有的 Na^+ 被置换进入水中，这样水中的 Ca^{2+} 就被除去了。转变成 Ca 型的交换剂，可以用钠盐溶液使其再变成 Na 型的交换剂，重新使用，这是交换剂具有实用价值的一个重要方面。

这种方法主要用在制备补给水及凝结水的处理中。

（三）加药处理

加药处理主要是用在锅内处理、循环冷却水的处理和生水预处理中。

1. 锅内处理

不同参数的锅炉应采用不同的锅内处理方式，自然循环的汽包锅炉多采用低磷酸盐处理或磷酸盐 – pH 协调控制，有凝结水处理装置的亚临界压力或超临界压力锅炉多采用挥发性处理。挥发性处理是不向炉水中添加磷酸盐，只在给水中添加氨（一般用 $NH_3 \cdot H_2O$）和联氨的处理法；近几年高参数汽包炉采用氢氧化钠处理试验效果很好，正在推广。

2. 循环冷却水处理

循环冷却水处理多采用加入氯气、阻垢稳定剂和防腐剂等处理法，以达到对循环冷却水中悬浮物和微生物的控制，防止铜管的结垢和腐蚀。

3. 生水预处理

加药处理用在生水预处理中，主要是加入杀菌剂、混凝剂和助凝剂，使水中微生物、悬浮物状态和胶体状态的杂质混凝沉降，并通过澄清池、过滤器去除。

澄清池是根据絮凝与沉淀理论建立的一种较为理想的混凝沉淀水处理设备。它主要的原理在于使池内已生成的高浓度、大絮粒群和新生成的微絮粒之间进行接触絮凝，从而使这些絮粒迅速吸附在大絮粒群上。这样，分离的对象就变成了一群大絮粒，提高了截留速度，也提高了絮粒的沉降速度，沉淀效率也随之提高。

过滤器是用装在其中的过滤材料将分散的悬浮颗粒从悬浮液中分离出来的装置。过滤器的种类很多，但在火力发电厂水处理中，应用最多的是粒状滤料过滤器和纤维滤料过滤器。

（四）其他处理法

1. 反渗透装置

反渗透是 20 世纪 60 年代发展起来的一种膜分离技术，可用于水处理的各个领域。反渗透装置主要功能是除盐。可以根据水源水质、工作特性及所需反渗透出水水质等因素，采取不同的组合连接方式。

2. 电渗析法

对于含盐量较大的水，用离子交换法除盐一方面需要很多离子交换树脂，另一方面要消耗大量的再生药剂，会对环境造成污染。这时可采用电渗析法来降低水中的含盐量。

电渗析是膜分离技术的一种，是在直流电场的作用下，利用离子交换膜的选择透过性进行电渗析，将水中的溶质（电解质）分离出来的一种膜分离方法。

3. 蒸馏装置

用蒸馏装置制备火电厂补给水的方法称为水的蒸馏或热力除盐法。水蒸馏的原理是将含有盐类的水溶液加热沸腾，使水变成蒸汽，而盐类留在溶液中，然后将获得的蒸汽冷凝成蒸馏水。残留在蒸发水（又称浓水）中的浓缩盐类，通过蒸发装置的排污排掉。

第二节　热力系统和系统的流程及水质监控

一、热力系统的主要水汽流程

热力循环系统主要分为以下几个部分：汽水系统、化学补给水系统、再热蒸汽系统、循环冷却水系统。

1. 汽水系统流程（以汽包炉为例）

凝　结　水→凝结水泵→低压加热器→除氧器→给　水　泵→高压加热器

↳低压缸←中压缸←再热←汽轮机高压缸←过热器←水冷壁←锅炉汽包

2. 再热蒸汽系统流程

汽轮机高压缸排气→壁式再热器→再热器减温器→中温再热器→高温

再热器$\begin{cases}$汽轮机中压缸的低压旁路站\\再热器安全阀$\end{cases}$

3. 化学补水系统流程

原水→化学补给水处理装置→二级除盐水箱→除盐水泵→凝汽器。

4. 循环冷却水系统

冷却水塔→循环泵→凝汽器→冷却水塔。

二、热力系统的主要监测点、监测项目及意义

各种水汽质量标准，在部颁的 SD 135—1986《火力发电厂水、汽监督规程》中都作了规定。现对这些标准作简要介绍。

1. 蒸汽

为了防止蒸汽通流部分特别是汽轮机内积盐，必须对锅炉生产的蒸汽品质进行监督，对于汽包锅炉饱和蒸汽和过热蒸汽品质都应进行监督，以便检查蒸汽品质劣化的原因。例如，当饱和蒸汽品质较好而过热蒸汽品质不良时，则表明蒸汽在减温器内被污染。监测项目包括：

（1）含钠量。因为蒸汽中的盐类主要是钠盐，所以蒸汽中的含钠量可以表明蒸汽含盐量的多少，故含钠量是蒸汽品质的指标之一，应给予监督，为了便于及时发现蒸汽品质劣化的情况，应连续测定（最好是自动记录）蒸汽的含钠量。

（2）含硅量。蒸汽中的硅酸会沉积在汽轮机内，形成难溶于水的二氧化硅附着物，它对汽轮机运行的安全性与经济性常有较大影响，因此含硅量也是蒸汽品质指标之一，应给予监督。

（3）含铁量、含铜量。用于判断系统的腐蚀情况。

2. 锅炉水

为了防止锅内结垢、腐蚀和产生的蒸汽品质不良等问题，必须对锅炉水水质进行监督。监督项目包括：

（1）磷酸根。锅炉水中应维持有一定量的磷酸根这主要是为了防止钙垢，锅炉水中磷酸根不能过少或过多，应该把锅炉水中的磷酸根的量控制得适当。

（2）pH 值。锅炉水的 pH 值应不低于 9。首先 pH 值低时，水对锅炉钢材的腐蚀性增强；其次，锅炉水中磷酸根对钙离子的反应，只有在 pH 值足够的条件下，才能生成容易排除的水渣；为了抑制锅炉水中硅酸盐的水解，减少硅酸在蒸汽中的溶解携带量，锅炉水的 pH 值也不能太高（不大于 10）。

（3）锅炉采用平衡磷酸盐和氢氧化钠处理时应维持 1mg/L 的氢氧化钠，超过 4mg/L 容易造成碱性腐蚀（尤其是超高压以上参数的机组）。

（4）含盐量和含硅量。限制锅炉水中的含盐量（或含钠量）和含硅量是为了保证蒸汽品质，锅炉水的最大允许含盐量和含硅量不仅与锅炉的参数、汽包内装置的结构有关，而且还与运行工况有关，每台锅炉都应通过热化学试验来决定，把规定指标作为参考。

（5）氯离子和硫酸根离子。这是锅炉水中引起腐蚀的主要离子，应

根据不同参数、不同处理方式进行相应控制。

3. 给水

为了防止锅炉给水系统腐蚀、结垢，并且为了能在锅炉排污率不超过规定数值的前提下，保证锅炉水水质合格，对锅炉给水的水质必须进行监督。监督项目如下：

（1）硬度：为了防止锅炉给水系统中生成钙镁水垢，避免增加锅炉内磷酸盐处理的用药量，使锅炉水中产生过多的水渣，应监督给水硬度。

（2）溶解氧：为了防止给水系统和锅炉省煤器等发生氧腐蚀，同时为了监督除氧器的除氧效果，应监督给水中的溶解氧。

（3）联氨：给水中加联氨时，应监督给水中的过剩联氨，以确保安全，消除热力除氧后残留的溶解氧，并消除因给水泵不严密等异常情况发生而偶然漏入给水中的氧。

（4）全铁和全铜：为了防止腐蚀产物在锅炉炉管中沉积，必须监督给水中铁和铜的含量。给水中铜和铁的含量，还可作为评价热力系统金属腐蚀情况的依据之一。

（5）pH 值。为防止给水系统腐蚀。低压加热器为钢管时通常控制在 9.0～9.4。

4. 给水的各组成部分

锅炉给水的组成部分有补给水、汽轮机凝结水、疏水箱的疏水以及生产返回水等。为了保证锅炉给水的水质，对于给水各组成部分的水质也应监督。监督项目如下：

（1）凝结水。溶氧、电导率（氢离子交换后 25℃）。

（2）混床处理后的凝结水。硬度、二氧化硅、电导率（氢离子交换后 25℃）、钠、铁、铜。

（3）补给水。硬度、二氧化硅、电导率（25℃）。

进行水、汽质量监督时，从锅炉及其热力系统的各个部位，取出具有代表性的水、汽样品是很重要的，这是正确进行水、汽质量监督的前提。所谓有代表性的样品，就是说这种样品能及时、准确反映设备和系统中水、汽质量的真实情况。否则，即使采用很精密的测定方法，测得的数据也不能真正说明水汽质量是否达到标准，它不能被用来作为评价设备和内部结垢、腐蚀和积盐等情况的可靠资料。为了取得有代表性的水、汽样品，必须做到以下几方面：

（1）合理地选择取样地点；

（2）正确地设计、安装和使用取样装置（包括取样器和取样冷却装置）；

（3）正确地保存样品，防止已取得的样品被污染。

以下主要采样点供参考：

凝结水：凝结水泵出口。

凝结水混床出口：凝结水高速混床出口母管。

除氧器：除氧器下降管。

给水：省煤器出口管。

炉水：汽包连续排污管（水冷壁下联箱）。

饱和蒸汽：饱和器出口。

过热蒸汽：过热器出口。

再热蒸汽：再热器出入口。

三、补给水、凝结水、循环水、排放水的净化处理

作为电厂中的水系统组成部分，为防止热力设备的腐蚀、结垢、积盐并符合环境保护的要求，补给水、凝结水、循环水、排放废水都需要进行净化。

1. 补给水

在发电厂运行中，汽水循环过程中由于锅炉的排污、蒸汽吹灰、抽汽、水汽采样、蒸发及水箱溢流、阀门泄漏等原因，会造成汽水损失。为了维持热力发电厂热力系统的正常水汽循环，就必须补充这些损失，这部分水成为补给水。补给水必须经过净化处理，而且水质要严格控制，完全符合部颁的火力发电厂水汽质量标准才能送入系统，否则会造成热力设备的结垢、腐蚀以及过热器和汽轮机的积盐，从而引起锅炉的鼓包、爆管，缩短热力设备的使用寿命，影响机组的安全、经济、稳定运行。

2. 凝结水

凝结水是由蒸汽凝结而成的，水质应该是极纯的，但是实际上这些凝结水往往由于其他原因而有一定程度的污染。例如，含有盐类的循环冷却水从汽轮机凝汽器不严密的地方进入汽轮机的凝结水中（渗漏）；凝汽器泄漏，冷却水大量进入到凝结水中；锅炉在启动过程中会产生大量的金属氧化物，特别是第一次启动或长期停用而又保护不当时更为严重，在这种情况不同程度地会污染凝结水；随补充水不洁带入凝结水的含盐量；热力设备的腐蚀、结垢也污染凝结水。鉴于以上原因，凝结水中不仅含有各种盐类物质，还含有悬浮态、胶态的金属腐蚀产物，以及有机物等，这些杂质若不进行净化处理会影响给水品质，不可避免地在热力系统中结垢和积盐。随着高参数大容量机组的发展，对给水品质的要求越来越高，为保证

机组的安全经济运行，防止水汽系统积盐、结垢，延长设备使用寿命，必须保证给水品质符合要求，而凝结水是组成给水的主要部分，要保证给水品质首先要保证凝结水品质，因此对于高参数亚临界压力机组的凝结水必须进行100%处理。

3. 循环水

为了防止循环水系统的结垢、腐蚀等，要对循环冷却水进行处理，达到提高真空度和汽轮机效率的目的。

4. 排放废水

在化学制水过程中，特别是在除盐系统的运行中，会产生大量的酸性或碱性废液，如不进行处理便进行排放，轻者会使下水道和地基等遭到侵蚀（利用废水冲灰的系统会造成管路腐蚀或结垢，影响正常生产），严重的会造成河水或其他水源的污染，影响农作物的生长和广大人民群众的身体健康。为此，做好废液净化回收工作和处置好排废液问题，是很重要的一项工作。

同时电厂日常生活用水和工业废水等都要进行处理，以达到二次利用或合格排放，降低废水对环境的污染程度。

提示　本章共两节，均适用于中级工。

第四章

运行常规水质分析

第一节　常规水质分析

一、电导率的测定

1. 方法概要

酸、碱、盐等电解质溶于水中，离解成带正、负电荷的离子，溶液具有导电的能力的大小，可用电导率来表示。

电解质溶液的电导率，通常是用两个金属片（即电极）插入溶液中，测量两极间电阻率大小来确定，电导率是电阻率的倒数。根据欧姆定律，溶液的电导（G）与电极面积（A）成正比，与极间距离（L）成反比，即

$$G = DD \ (A/L) \ \text{或} \ DD = G \ (L/A)$$

上式中的 DD 称为电导率，是指电极面积为 $1cm^2$、极间距离为 $1cm$ 时溶液的电导，其单位为 S/cm。对同一电极，L/A 不变，可用 K 表示（K 称为电导池常数），因此，被测溶液的电导率和电导的关系为

$$DD = G \times K \ \text{或} \ G = DD/K$$

对于同一溶液，用不同电极测出的电导值不同，但电导率是不变的。溶液的电导率和电解质的性质、浓度及溶液的温度有关，一般应将测得的电导率换算成 25℃时的电导率值来表示。在一定条件下，可用电导率来比较水中溶解物质的含量。

2. 操作步骤

按仪器说明书的要求进行。

3. 试验方法要领

（1）根据被测水样电导率的大小，选择不同电极常数的电导电极。为了减少测定时通过电极的电流，从而减小极化现象的发生，通常电极常数较小的电极，适于测定低电导率的水样；而电极常数大的电极，则适于测定高电导率的水样。

（2）水样温度一般控制为 10 ~ 30℃，测出水样的电导率，并记录水样的温度，将测得结果换算到 25℃时的电导率，换算式为

$$DD_{(25℃)} = GK / \left[1 + b \left(t - 25 \right) \right]$$

式中　$DD_{(25℃)}$——换算成25℃时水样的电导率，$\mu S/cm$；

　　　　G——测定水温为℃时电导率，μS；

　　　　K——电极常数，cm^{-1}；

　　　　b——温度校正系数，对电导率为$30 \sim 300\mu S/cm$的天然水，
　　　　　　　b的近似值为0.02。

现有的表计有温度补偿功能，使用时按说明即可。

（3）在测量高纯水时（电导率$\leqslant 0.2\mu S/cm$），应采用水样连续流动的现场测试法。水样的流速应尽量保持恒定，并且使电极杯中有足够的水样流量，以免影响读数。本法所用的全部胶皮管均应经过充分擦洗、酸洗，用高纯水冲洗干净之后，才能使用。

二、钠离子的测定

1. 方法概要

在进行水样含钠量测定时，一般采用pNa电极法，即钠离子选择电极（pNa电极）与甘汞电极同时浸入水溶液后，组成测量电极。pNa电极的电位随溶液中钠离子的活度而变化，用一台高输入阻抗的毫伏计测量，可获得与水溶液中的钠离子活度相对应的电极电位，如下式所示：

$$pNa = -lg a_{Na^+}$$

pNa电极的电位与溶液中钠离子活度的关系符合能斯特公式，即

$$E = E_0 + 2.3026(RT/nF)lg a_{Na^+}$$

式中　E——pNa电极所产生的电位，V；

　　　E_0——当钠离子活度为1mol/L时，pNa电极所产生的电位，V；

　　　R——气体常数，8.314J/（$K \cdot mol$）；

　　　T——热力学温度，K；

　　　F——法拉第常数，$9.649 \times 10^4 C/mol$；

　　　n——参与反应的得失电子数；

　　　a_{Na^+}——溶液中钠离子的活度，mol/L。

利用离子选择性电极法测得的结果是活度，而离子的活度与浓度间的关系可以用下式表示：

$$a_i = y_i c_i$$

式中　y_i——活度系数；

　　　c_i——i离子的浓度，mol/L。

活度系数的大小与溶液中离子强度有关，即与该溶液中多种离子浓度和多种离子电荷平方乘积的总和有关。

第四章　运行常规水质分析

实验证明，溶液浓度越高，y_i 与 1 偏离越远，溶液越稀，y_i 就越接近 1。当溶液中钠离子浓度小于 10^{-3} mol/L 时，钠离子活度近似等于其浓度，离子活度系数 $y \approx 1$。当钠离子浓度大于 10^{-3} mol/L 时，离子活度系数 $y \neq 1$，在测定中要注意活度系数的修正，为此水样应预先稀释，否则误差较大。在 15℃ 时，不同钠离子浓度下的活度系数 y 与 pNa 值的关系如表 4－1 所示。

表 4－1　　不同钠离子浓度下的活度系数与 pNa 值的关系

溶液浓度	1	10^{-1}	10^{-2}	10^{-3}	10^{-4}
活度系数 y_i	0.652	0.779	0.9023	0.9651	1.00
pNa 值	0.20	1.109	2.045	3.015	4.00

2. 操作步骤（静态测量法）

（1）仪器的校准：仪器开启 0.5h 后，甘汞电极的内充液根据电极说明书进行加入，按仪器的说明书进行校准，并检查电极的性能。

（2）水样的测定：用 pH 调至 10 以上的高纯水反复冲洗电极和电极杯，使 pNa 计读数在 pNa6.5 以上（或冲洗到 pNa 计读数值接近被测值），再用已加二异丙胺的被测溶液（水样）将电极冲洗数次。最后重新取被测溶液，调节 pH 值至 10 以上，浸入电极，按照仪器说明书进行水样的测量。

3. 试验方法要领

（1）试剂溶液的配制。在进行钠含量测定时，为了配制一系列不同含钠量的标准溶液，必须先制备高纯度的无钠水。在测定中，用新鲜无钠水为宜。

按试验方法的要求配制 pNa2 标准储备液、pNa3、pNa4、pNa5 标准溶液。碱化剂为二异丙胺母液。

（2）pNa 电极和甘汞电极的准备。要求 pNa 电极的实际斜率不低于理论斜率的 98%。对新的久置不用的 pNa 电极，应用沾有四氯化碳或乙醚的棉花擦净电极头部，然后用水清洗，浸泡在 3% 盐酸溶液中 5～10min 后，用棉花擦净，再用无钠水冲洗干净，并将电极在碱化后的 pNa4 标准溶液中净渍 1h 后使用。

甘汞电极用完后应浸泡在内充液浓度相同的氯化钾溶液中，不能长时间地浸泡在纯水中。长期不用应干放保存。

所用的试剂瓶和取样瓶均应是塑料制品。对塑料容器，应用洗涤剂清洗后，用 1:1 的热盐酸浸泡半天，然后用无钠水冲洗干净。

（3）测量仪器的校定。所使用的测量仪器，应按仪器使用说明书进行校定，并用 pNa4 标准溶液定位。水样的测定与标准溶液测定的操作一样，待仪表指示稳定后，记录读数，即为水样中钠离子的含量。

（4）碱化剂的使用。在测试中加入碱化剂，是为了提高溶液的 pH 值，减少 H^+ 的干扰。如 pNa 电极主要受 K^+、H^+ 离子的干扰，特别是 H^+ 离子的干扰最突出。对于 K^+ 离子的干扰，只要控制试液中 K^+ 浓度在 Na^+ 浓度的 1/10 以下，就可使干扰降低到允许范围之内。要求碱化剂的离子对钠电极的电位无干扰，因此在电厂中广泛使用二异丙胺作为碱化剂。

4. 注意事项

（1）在测定前清洗 pNa 电极用的高纯水、定位溶液，复核溶液及被测水样都应事先加入碱化剂，使其 pH 值调整到 10 以上。否则水中氢离子会取代敏感膜表面层硅酸盐骨架中的钠离子，造成在较长时间内测试的结果偏大。这是由于进入骨架中的氢离子不易很快被置换出来。

（2）为了减少温度的影响，定位溶液温度和水样温度相差不宜超过 $\pm 5℃$。

（3）可用二甲胺等有机胺代替二异丙胺试剂。

三、pH 值的测定（pH 电极法）

1. 方法概要

当氢离子选择性电极——pH 电极与甘汞参比电极同时浸入水溶液中，即组成测量电池。其中 pH 电极的电位随溶液中氢离子的活度而变化。用一台高输入阻抗的毫伏计测量，即可获得同水溶液中氢离子活度相对应的电极电位，以 pH 值表示。即

$$pH = -\lg a_{H^+}$$

pH 电极的电位与被测溶液中氢离子活度的关系符合能斯特公式，即

$$E = E_0 + 2.3026 \ (RT/nF) \ \lg a_{H^+}$$

式中　E——pH 电极所产生的电位，V；

E_0——当氢离子活度为 1 时，pH 电极所产生的电位，V；

R——气体常数；

F——法拉第常数；

T——绝对温度，K；

n——参加反应的得失电子数；

a_{H^+}——水溶液中氢离子的活度，mol/L。

根据上式可得（20℃时）

$$0.058\lg\ (a_{H^+}^1/a_{H^+}) = \Delta E$$

$$0.058\ (pH - pH^1) = \Delta E$$

$$pH = pH^1 + \Delta E/0.058$$

式中　$a_{H^+}^1$——定位液的氢离子浓度，mol/L；

　　　a_{H^+}——被测溶液的氢离子浓度，mol/L。

因此，在20℃时，每当 $\Delta pH = 1$ 时，测量电池的电位变化为58mV。

2. 操作步骤

具体的试验操作步骤、试剂溶液配制、设备仪器详见 GB 6904.1—1986《锅炉用水和冷却水分析方法　pH 的测定　玻璃电极法》。

3. 试验方法要领

（1）取样瓶取样时，必须使瓶盖严。如果样品中有悬浮固体，可静置1h。测定时，应保持水样的温度与 pH 标准缓冲溶液的温度差不超过 ±5℃。

（2）pH 表计应定期用标准液进行校验，为了减少测定误差，定位用 pH 标准缓冲液 pH 值，应与被测水样的相接近。当水样 pH 值小于 7.0 时，应使用邻苯二甲酸氢钾溶液定位，以磷酸盐或硼砂缓冲液复位；若水样 pH 值大于 7.0，则应用硼砂缓冲液定位，以邻苯二甲酸氢钾溶液或磷酸盐缓冲液进行复位。

（3）pH 玻璃电极也有使用年限问题。电极质量不同，电极寿命也不尽相同。但可做电极的能斯特转换率（实测值与理论值之比称转换率）的测定，检查电极的性能，即测定不同 pH 值下电极的能斯特斜率，对于斜率超过 100% ±5% 的电极一般不能使用。对转换率达不到 100% 的电极，可用回归方法测定，这样能减少测定误差。

（4）进行 pH 测定时，还必须考虑到玻璃电极的"钠差"问题，即被测水样中钠离子的浓度对氢离子测定的干扰。特别是对 pH > 10.5 的高 pH 测定，必须选用优质的高碱 pH 电极，以减少"钠差"的影响。

四、硬度的测定

1. 方法概要

在 pH 为 10.0 ± 0.1 的缓冲溶液中，用铬黑 T 等作指示剂，以乙二胺四乙酸二钠盐（简称 EDTA）标准溶液滴定至纯蓝色为终点。根据消耗（EDTA）的体积，即可计算出水中钙镁（总称硬度）的含量。

加指示剂后　$Me^{2+} + HIn^{2-} \rightarrow MeIn^- + H^+$（$In^{2-}$ 为指示剂）

（蓝色）（酒红色）

滴定至终点时　$MeIn^- + H_2Y^{2-} \rightarrow MeY^{2-} + HIn^{2-} + H^+$

（酒红色）　　　　　（蓝色）

（Y^{4-}为乙二胺四乙酸离子）

2. 操作步骤

试验中所用试剂、玻璃仪器及操作方法步骤详见 GB/T 6906—2008《锅炉用水和冷却水分析方法　硬度的测定　高硬度》和《锅炉用水和冷却水分析方法　硬度的测定　低硬度》。

3. 试验方法要领

（1）一般络合滴定要求缓慢滴定，快速摇动，使水样中的钙离子反应完全。

（2）水样温度不能过低，如过低应将水样预先加温至 30～40℃ 后进行测定。

五、碱度的测定

1. 方法概要

水的碱度指水中含有能接受氢离子的物质的量。例如氢氧根、碳酸盐、重碳酸盐、磷酸盐、磷酸氢盐、硅酸盐、硅酸氢盐、亚硫酸盐、腐殖酸盐和氨等，都是水中常见的碱性物质，都能与酸进行反应。因此，可用适宜的指示剂以标准溶液对其进行滴定。

碱度可分为酚酞碱度和全碱度两种。酚酞碱度是以酚酞作指示剂时所测出的量，其终点的 pH 约为 8.3；全碱度是以甲基橙作指示剂时所测出的量，终点的 pH 约为 4.2；若碱度 <0.5mmol/L，全碱度以甲基红－亚甲基蓝作指示剂，终点的 pH 约为 5.0。本方法共列有两种测定方法。

2. 操作步骤

试验中所用试剂、玻璃仪器及操作方法步骤详见 GB/T 15451—2006《工业循环冷却水总碱及酚酞　碱度的测定》。

3. 试验方法要领

（1）若水样中含有较大量的游离氯（大于 1mg/L）时，会影响指示剂的颜色，可加入 0.1M 硫代硫酸钠溶液 1～2 滴以消除干扰，或用紫外光照射也可除去残余氯。

（2）由于乙醇自身的 pH 较低，配制成 1% 酚酞指示剂（乙醇溶液），则会影响碱度的测定。为避免此影响，配制好的酚酞指示剂，应用 0.05M 氢氧化钠溶液中和至刚见到稳定的微红色。

4. 注意事项

由于碱度是易变项目，所以应在开盖后 4h 内做完。

六、联胺的测定（对二甲氨基苯甲醛法）

1. 方法概要

在酸性溶液中，联胺与对二甲氨基苯甲醛反应生成柠檬黄色的偶氮化合物。此化合物的最大吸收波长为 454nm，本法适用于测定给水和蒸汽的联胺含量，其范围为 $2 \sim 100 \mu g N_2 H_4 / L$。

2. 操作步骤

具体的试验操作步骤、试剂溶液、设备仪器详见 GB/T 6909—2006《锅炉用水和冷却水分析方法　联胺的测定》。

3. 试验方法要领

（1）工作曲线的绘制。联胺工作溶液的配制如表 4 - 2 所示。

表 4 - 2　　　　联胺标准的配制（1mL 含 $1 \mu g N_2 H_4$）

编　号	1	2	3	4	5	6	7	8
联胺工作溶液（mL）	0	0.25	0.5	1.0	2.0	3.0	4.0	5.0
相当于水样含联胺量（$\mu g/L$）	0	5	10	20	40	60	80	100

按操作步骤进行发色、混匀后，用分光光度计，波长为 454nm，用 30mm 比色皿，以试剂水作参比测定吸光值，根据测得的吸光度和相应联胺含量绘制工作曲线。

（2）取水样 50mL，注入比色管中，按试验规程发色后，测定吸光值。查工作曲线得水样中联胺的含量。

4. 注意事项

（1）水样联胺含量大于 $100 \mu g/L$ 时，可将水样稀释后测定。

（2）对二甲氨基苯甲醛与联胺生成柠檬黄色溶液，在 30min 内稳定，超过 60min 有明显褪色。

七、氯离子的测定

1. 方法概要

以铬酸钾为指示剂，在 pH 为 $5 \sim 9.5$ 的范围内用硝酸银标准溶液滴定，氯化物与硝酸银作用生成氯化银沉淀，过量的硝酸银与铬酸钾作用生成红色铬酸银沉淀，使溶液显砖红色，即为滴定终点。

其反应为

$$Cl^- + Ag^+ \rightarrow AgCl \downarrow$$

（白色）

$$2Ag^+ + CrO_4^{2-} \rightarrow Ag_2CrO_4 \downarrow$$

（砖红色）

本方法适于测定氯离子含量为 5～150mg/L 的水样。

2. 操作步骤

具体的试验操作步骤、试剂溶液、标准色的配制参见 GB/T 15453—2008《工业循环冷却水和锅炉用水中氯离子的测定　摩尔法》。

3. 试验方法要领

（1）水样必须加酚酞，若显红色，即用硫酸溶液中和至无色；若不显红色，则用氢氧化钠溶液中和至微红色，然后以硫酸溶液回滴至无色，再加甲基橙指示剂。

（2）要做空白实验。

4. 注意事项

（1）当水样中氯离子含量大于 100mg/L 时，需按表 4-3 规定的量取样，并用蒸馏水稀释至 100mL 后测定。

表 4-3　　　　　　　　氯化物的含量和取水样体积

水样中氯离子含量 （mg/L）	5～100	101～200	201～400	401～1000
取水样量 （mL）	100	50	25	10

（2）当水样中硫离子（S^{2-}）含量大于 5mg/L，铁、铝大于 3mg/L 或颜色太深时，应事先用过氧化氢脱色处理（每升水加 20mL），并煮沸10min 后过滤；若颜色仍不消失，可于 100mL 水中加 1g 碳酸钠蒸干，将干涸物用蒸馏水溶解后进行测定。

（3）若水样中氯离子含量小于 5mg/L 时，可将硝酸银溶液稀释为1mL 相当于 0.5mg Cl^- 的溶液后使用。

（4）为了便于观察终点，可另取 100mL 水样加 1mL 铬酸钾指示剂作对照。

（5）混浊水样，应事先进行过滤。

八、溶解氧的测定

水样中溶解氧含量的测定方法较多，在电厂化学运行监督试验中常采用靛蓝二磺酸钠比色法来测定水样中溶解氧的含量。

1. 方法概要

溶液在 pH 值为 8.5 左右时，氨性靛蓝二磺酸钠被锌汞齐还原成黄色化合物，当与水中溶解氧相遇时，又被氧化成蓝色，其颜色的深浅与水中含氧量有关，化学反应如下：

$$Zn + 2OH^- \longrightarrow ZnO_2^{2-} + 2\,[H]$$

本方法适用于测定溶解氧为 $2 \sim 100\mu g/L$ 的除盐水、凝结水，灵敏度为 2mg/L。

2. 操作步骤

具体的试验操作步骤、试剂溶液、标准色的配制参见 GB/T 12157—1989《锅炉用水和冷却水分析方法 溶解氧的测定 内电解法》。

3. 试验方法要领

（1）装入锌汞齐滴定管的锌粒的粒径为 $2 \sim 3mm$，体积约 30mL，要求滴定管内没有气泡。

（2）专用的溶解氧取样瓶的磨口严密且为无色玻璃瓶，容积为 $200 \sim 300mL$，并应有专用的取样桶。

（3）锌汞齐应按实验方法的要求制作。

（4）本方法测定的范围为 $2 \sim 100\mu gO_2/L$，标准色阶最大的标准色所相当的溶解氧含量为 $100\mu gO_2/L$。溶解氧标准色使用期限为一周。

（5）测定水样时，要求水样流量约 $500 \sim 600mL/min$。溢流时间应大于 3min，水样温度不超过 35℃。溢流水样使溶液口上形成隔绝空气的水屏蔽层。

（6）水样含铜量较高时，会影响测试结果，即结果会偏高。一般含铜量小于 $10\mu g/L$ 时，对测定结果影响不大。

（7）锌还原滴定管在使用过程中，会放出氢气应及时排出，以免影响还原效率。

（8）测定水样中溶解氧含量时，要与标准色在同背景情况下比色。

4. 注意事项

（1）配制靛蓝二磺酸钠贮备液时，不可直接加热，否则颜色不稳定。

此贮备液的存放时间不宜过长，若产生沉淀，则需重新配制。

（2）靛蓝二磺酸钠与氨—氯化氨混合时，一定要混合均匀。

（3）取样与配标准色用的溶氧瓶的规格一致，瓶塞要十分严密。

九、残余氯的测定

1. 方法提要

在酸性溶液中，3，3 二氯酸－二甲基联苯胺（邻联甲苯胺）与残余氯反应生成黄色化合物，将其与残余氯标准比色液比较，来定量残余氯的含量。用亚砷酸钠溶液处理，可以区别残余氯、游离残余氯及化合残余氯。

2. 试剂

（1）试剂水：GB/T 6903 规定的Ⅱ级试剂水。

（2）盐酸（3＋7）。

（3）邻联甲苯胺溶液：称取邻联甲苯胺二酸盐（3，3 二氯酸－二甲基联苯胺）0.14g 溶入 50mL 试剂水中，在不断搅拌下加入（3＋7）盐酸 50mL，此溶液放入棕色瓶中保存，保存期 6 个月。

（4）磷酸盐缓冲液（pH6.5）：称取在 110℃下干燥 2h 的无水磷酸氢二钠 22.86g 和碘酸二氢钾 46.14g 溶于试剂水，稀释至 1L，若有沉淀物则应过滤。取此溶液 200mL，稀释至 1L。

（5）铬酸钾－重铬酸钾溶液：称取铬酸钾 3.63g 和重铬酸钾 1.21g 溶入磷酸盐缓冲液中（pH6.5），定量移入 1000mL 容量瓶，加磷酸盐缓冲液（pH6.5）稀释至刻度。

（6）亚砷酸钠溶液（5g/L）：将 0.5g 亚砷酸钠溶解于试剂水中，稀释至 100mL。

（7）试剂纯度应符合 GB/T 6903 的要求。

3. 仪器

（1）比色管：100mL，底部到（200±5）mm 的高度处为 100mL 刻度线，平底。

（2）比色管架：底部及侧面为乳白板。

4. 分析步骤

（1）残余氯标准比色液的配制。

按表 4－4 所示的比例分别移取铬酸钾－重铬酸钾溶液和磷酸盐缓冲液（pH6.5）于 100mL 比色管中，混匀。此溶液在暗处保存，产生沉淀时不要使用。

表 4 – 4　　　　　　残余氯标准比色液（液层 200mm）

残余氯 （mg/L）	铬酸钾 – 重铬 酸钾溶液 （mL）	磷酸盐缓冲液 （pH6.5） （mL）	残余氯 （mg/L）	铬酸钾 – 重铬 酸钾溶液 （mL）	磷酸盐缓冲液 （pH6.5） （mL）
0.01	0.18	99.82	0.70	7.48	92.52
0.02	0.28	99.72	0.80	8.54	91.46
0.05	0.61	99.39	0.90	9.60	90.40
0.07	0.82	99.18	1.00	10.66	89.34
0.10	1.13	99.87	1.10	12.22	87.78
0.15	1.66	99.34	1.20	13.35	86.65
0.20	2.19	97.81	1.30	14.48	85.52
0.25	2.72	97.28	1.40	15.60	84.40
0.30	3.25	96.75	1.50	16.75	83.25
0.35	3.78	96.22	1.60	17.84	82.16
0.40	4.31	95.69	1.70	18.97	81.03
0.45	4.84	95.16	1.80	20.09	79.91
0.50	5.37	94.63	1.90	21.22	78.78
0.60	6.42	93.58	2.00	22.34	77.66

（2）样品的测定。

1）分别取 3 只 100mL 比色管，在第一只比色管中准确加入 5.00mL 邻联甲苯胺溶液，并加入按 DL/T 502.2 采集的适量水样（水样体积为 V，残余氯含量 0.2mg 以下），加水至 100mL 的刻度线，迅速盖上塞子并摇匀。在暗处放置 5min，从上方透视，与残余氯标准比色液比较，求出残余氯的浓度，记下结果 x（mg/L）。

2）移取邻联甲苯胺溶液 5.00mL 至第二只比色管中，加入与 1）相同量的水样，迅速盖好塞子，摇匀。在 5s 以内加亚砷酸钠溶液 5.00mL，摇匀；再加试剂水到 100mL 刻度线，摇匀。与残余氯标准比色液比较，求出残余氯的浓度，记下结果 y（mg/L）。

3）空白试验。

a）移取亚砷酸钠溶液 5.00mL 至第三只比色管中，加入与 1）、2）相同量的水样，摇匀；

b）加邻联甲苯胺溶液 5.00mL，摇匀，加试剂水到 100mL 的刻度线，摇匀；

c）在 5s 以内，与残余氯标准比色液比较，求出残余氯的浓度，记下

结果 z_1（mg/L）；

d）继续在暗处放 5min 后，与残余氯标准比色液比较，求出残余氯的浓度，记下结果 z_2（mg/L）。

十、二氧化硅的测定（微量硅酸根分析仪测定法）

1. 方法概要

（1）在 pH 为 1.2~1.3 的条件下，水中活性硅与钼酸铵生成硅钼黄，用 1、2、4 酸还原剂把硅钼黄还原成硅钼蓝，用微量硅酸根分析仪或分光光度计测定其含硅量。其反应为

$$4MoO_4^{2-} + 6H^+ \longrightarrow Mo_4O_{13}^{2-} + 3H_2O$$

$$H_4SiO_4 + 3Mo_4O_{13}^{2-} + 6H^+ \longrightarrow H_4\left[Si\left(Mo_3O_{10}\right)_4\right] + 3H_2O$$

（硅钼黄）

$$H_4\left[Si\left(Mo_3O_{10}\right)_4\right] + 2 \quad \text{(结构式)} \longrightarrow H_6\left[H_2SiMo_{12}O_{40}\right] + 2 \quad \text{(结构式)}$$

（硅钼蓝）

加入酒石酸或草酸可防止磷酸盐、少量铁离子的干扰以及过剩的钼酸盐被还原。

（2）本法适用于除盐水、凝结水、给水、蒸汽等含硅量低的水样测定。

（3）本法的灵敏度为 2μg/L，仪器的基本误差为满刻度 50μg/L 的 ±5%，即 2.5μg/L SiO_2。

2. 操作步骤

具体的试验操作步骤、试剂溶液、设备仪器详见 GB/T 12149—2017《锅炉用水和冷却水分析方法　硅的测定　硅钼蓝光度法》。

3. 试验方法要领

（1）工作曲线的绘制。二氧化硅标准工作溶液的配制如表 4-5 所示。

表 4-5　二氧化硅标准溶液的配制（1mL 含 1μgSiO_2）

编　　号	单倍	双倍	1	2	3	4	5
SiO_2 工作溶液体积（mL）	0	0	2	4	6	8	10
相当于水样含 SiO_2 量（μg/L）	0	0	20	40	60	80	100

按操作步骤进行发色、混匀后，用分光光度计，波长为810nm，比色皿为100mm，以高纯水为参比测定吸光度。所测得的吸光度值应减去空白值（包括高纯水和单倍试剂的空白值）。以纵坐标为吸光值，以横坐标为含二氧化硅量，绘制工作曲线。

（2）水样的测定。准确取100mL水样，注入聚乙烯瓶中，按工作曲线的方法发色，以高纯水作参比，测定水样的吸光值，测得吸光值减去试剂空白值（双倍试剂空白减去单倍试剂空白差），查工作曲线得水样中二氧化硅的含量。

4. 注意事项

（1）测定水样使用的水样应为塑料瓶。

（2）1、2、4酸还原剂容易变质，尤其是温度高时变质更快。为此，贮存时间不宜过长，一般以不超过2周为宜。有条件时应在冰箱中存放。

（3）硅和钼酸铵形成硅钼黄，1、2、4酸还原剂还原硅钼黄，均与温度有关。当室温低于20℃时，应采用水浴锅加热，使其温度达25℃左右。

（4）所加试剂体积应力求准确，可用滴定管加药。若不是连续测定，则滴定管每天用完后应放空洗净，并注满高纯水。

（5）要精确测定不同浓度二氧化硅显色液的含硅量时，需先用高纯水冲洗比色皿2~3次后再测定。一般若按浓度由小到大的次序测定时，则可不冲洗比色皿而直接测定，这时所引起的误差不会超过仪器的基本误差。

（6）对含硅量大于50mg/L的水样，可稀释后测定，但稀释倍数一般以不大于10倍为宜，否则会增加误差。

（7）10%酒石酸溶液也可用10%草酸溶液（重/容）代替，对测定结果没有影响。

十一、铜离子的测定

1. 方法要领

水样中铜含的测定，一般用双环己铜草酰二腙分光光度法和锌试剂分光光度法。两种测定方法的控制条件不同。前者是在碱性溶液中，二价铜离子与双环己铜草酰二腙形成天蓝色的络合物，此络合物的最大吸收波长为600nm。其反应为：

后者是在酸性条件下，即 pH 值为 3.5 ~ 4.8 时，铜与锌试剂生成蓝色的络合物，此络合物的最大吸收波长为 600nm。反应式为

采用分光光度计，比色皿长 100mm。对于微量铜的水样可采用锌试剂分光光度法，测量范围为 2.5 ~ 50μg/L。

2. 操作步骤

具体的试验操作步骤、试剂溶液、仪器设备详见 GB/T 13689—2007《工业循环冷却水和锅炉用水中铜的测定》。

3. 试验方法要领

（1）工作曲线的绘制。

1）铜标准工作溶液的配制如表 4 - 6 所示。

按试验方法要求进行加药、发色、混匀后，用分光光度计进行测定。

2）对使用的分光光度计，应先预热，并按仪器使用说明书的操作方法进行校正。

第四章 运行常规水质分析

表 4－6　　　　　　　铜标准溶液配制（1mL 含 1μgCu）

编　　号	0	1	2	3	4	5	6	7	8	9
铜工作溶液（mL）	0	0.5	1.0	2.0	3.0	4.0	5.0	10	15	20
相当于水样含铜量($\mu g/L$)	0	5	10	20	30	40	50	100	150	200

3）高纯水作参比，测其吸光度。将所测得的吸光值扣除空白值（包括试剂和高纯水空白值）后，以所测得的吸光值和相应的含铜量进行工作曲线的绘制。

（2）水样的测定。

1）所使用的取样瓶及玻璃仪器，均用浓盐酸洗涤，并用高纯水清洗干净。

2）在水样浓缩时，应防止飞溅。

3）在测定过程中，水样加热浓缩转化后，补加 50mL 的高纯水，为此需同时做单倍、双倍试剂空白试验。双倍试剂与单倍试剂空白值的差为试剂空白值。水样测得的吸光值应在扣除试剂空白值后，查工作曲线得水样的含铜量。

4）加药量要准确，特别是中性红指示剂，因为有颜色，加入量的多少对吸光度有影响，所以必须严格地控制加入剂量。对于采用锌试剂分光光度法，由于乙酸铵质量不稳定，试验中加入的量要准确。

5）水样中铜含量过高时，可适量减少取水样的体积。测定后，将查出的工作曲线上的含铜量乘以稀释倍数即可。

4. 工作曲线上铜含量（$\mu g/L$）的计算方法

水样中的铜含量可直接查工作曲线求得。

十二、铁离子的测定（磷菲罗啉分光光度法）

1. 方法概要

该试验方法的原理是将水样中的高价铁用盐酸羟胺还原成亚铁。在 pH 值为 2.5～9.0 的条件下，亚铁与磷菲罗啉生成红色络合物，此络合物的最大吸收波长为 510nm，本方法的测定范围是 0.01～5mg/L，测得的结果同样为全铁含量。其化学反应为

2. 操作步骤

具体的试验操作步骤、试剂溶液、设备仪器详见 GB/T 14427—2008《锅炉用水和冷却水分析方法　铁的测定》。

3. 试验方法要领

（1）工作曲线的绘制。铁标准工作溶液的配制如表4－7所示。

表4－7　　　　　铁标准溶液的配制（1mL 含 1μgFe）

编　　　号	0	1	2	3	4	5	6	7	8	9	10	11
铁工作溶液（mL）	0	0.5	1.0	2.0	3.0	4.0	5.0	6.0	7.0	8.0	9.0	10.0
相当于水样含铁量（μg/L）	0	10	20	40	60	80	100	120	140	160	180	200

按操作步骤进行发色、混匀后，用分光光度计，波长为510nm，比色皿为100mm，以高纯水为参比测定吸光度。所测得的吸光度值应减去空白值（包括高纯水和单倍试剂的空白值）。以纵坐标为吸光值、横坐标为含铁量，绘制工作曲线。

（2）水样的测定：

1）试验中所使用的取样瓶、玻璃容器及比色皿均应用（1＋1）盐酸浸泡洗涤，用高纯水冲洗干净。

2）水样在酸化、浓缩时，要防止药液的飞溅。为防止水溶液中二价铁离子被氧化成三价铁离子，在试验中先加磷菲罗啉试剂，然后进行 pH 值的调节，避免造成测定误差。

3）水样中含有强氧化性干扰离子会使测试结果偏低。这主要是因为有强氧化性干扰离子会使发色后的亚铁磷菲罗啉络合物氧化成浅蓝色的三价铁离子的磷菲罗啉络合物。

4）试验中同时做单倍试剂和双倍试剂空白试验，即双倍试剂与单倍试剂空白值之差，为试剂空白值。

5）测得的水样吸光值应扣除试剂空白值后查工作曲线，得出水样中的含铁量。

4. 计算

水样的含铁量可直接查工作曲线求得。

5. 注意事项

（1）对含铁量较高的水样，测定时应减少水样的取样体积。

（2）乙酸铵及分析纯盐酸中含铁量较高，因此在测定时，对盐酸试剂必须使用优级纯，同时各种试剂的加入量必须准确，以免引起误差。最好使用滴定管操作。

（3）若水样中含酸、碱量较大，则酸化时应根据实际情况增加酸和浓氨水的加入量。

（4）若所取水样为 100mL 时，则有利于悬浮状氧化铁颗粒转化成离子状的铁，并且可提高本测试方法的灵敏度。

十三、酸度的测定

1. 方法要领

水的酸度是指水中含有能接受氢氧根离子物质的量。本方适用于氢离子交换水的测定，它是以甲基橙作指示剂，用氢氧化钠标准溶液滴定到橙黄色为终点（pH 约为 4.2）。测定值只包括较强的酸（一般为无机酸）。这种酸度称为甲基橙酸度。其反应为

$$H^+ + OH^- \rightarrow H_2O$$

2. 操作步骤

具体的试验操作步骤、试剂溶液、设备仪器详见国标 DL/T 502.5—2006《火力发电厂水汽分析方法　酸度的测定》中关于"酸度的测定"的规定。

3. 注意事项

（1）水中若含有游离氯，可加数滴 0.1mol/L 硫代硫酸钠溶液，以消除游离氯对测定的影响。

（2）水样采集开盖后，应在 4h 内作完，以免变化。

十四、磷酸盐的测定

在《火力发电厂水、汽试验方法》中主要介绍了两种测试方法，一种是磷钒钼黄分光光度法，适用于锅炉水磷酸盐的测定，相对偏差为 ±2%。另一种为磷钼蓝比色法，适用于磷酸盐含量在 2~50mg/L 的水样，常用于现场监测。

（一）磷钒钼黄分光光度法

1. 方法概要

在酸性介质条件下，水中的磷酸盐与钼酸盐和偏钒酸盐形成黄色的磷钒钼酸，其反应式为

$$2H_3PO_4 + 22(NH_4)_2MoO_4 + 2NH_4VO_3 + 23H_2SO_4 \rightarrow P_2O_5 \cdot V_2O_5 \cdot 22MoO_3 \cdot nH_2O + 23(NH_4)_2SO_4 + (26-n)H_2O$$

磷钒钼酸的含量可用分光光度计，在 420nm 的波长下测定。

2. 操作步骤

具体的试验操作步骤、试剂溶液的配制、仪器设备的调节见 GB/T

6913—2008《锅炉用水和冷却水分析方法 磷酸盐的测定》。

3. 试验方法要领

（1）工作曲线的绘制根据待测水样磷酸盐的含量，配制磷酸盐标准液，选用适宜的波长和比色皿，以试剂的空白液作参比，分别测得标准溶液的吸光度，并绘制工作曲线。

选用磷酸盐标准工作液时，参见表4-8。

根据磷酸盐含量选择比色波长和比色皿，如表4-9所示。

在绘制工作曲线前应将仪器预热，按操作说明进行仪器的校正工作。

（2）测定水样时需注意以下几点：

表4-8 磷酸盐标准的配制（1mL 含 0.1mg PO_4^{3-}）

编 号	1	2	3	4	5	6	7	8	9	10	11
取工液体积（mL）	0	0.5	1.5	2.5	3.5	5.0	6.5	7.5	10	12.5	15
相当于水样磷酸盐含量（mg/L）	0	1	3	5	7	10	13	15	20	25	30

表4-9 测定不同磷酸盐浓度时比色皿和波长的选用

磷酸盐浓度（mg/L）	比色皿（mm）	波长（nm）
10~30	10	420
5~15	20	420
0~10	30	420

1）测定时，要求水样温度与标准工作曲线时一致，两者温度差不大于±5℃。

2）测定水样的试验步骤与制作工作曲线一样，在同样的波长和比色皿条件下进行测定。

3）水样浑浊时，应过滤后取清液进行测定。

4. 计算

（1）标准工作曲线 PO_4^{3-}（mg/L）含量的计算如下：

$$p\ (PO_4^{3-}) = 1000ab/V$$

式中 a——所取磷酸盐标准工作溶液的体积，mL；

b——磷酸盐标准溶液的浓度，1mL 含 0.1mg PO_4^{3-}；

V——测定溶液稀释后的总体积，mL。

（2）样中磷酸盐的含量计算如下：根据水样中所测得的水样吸光度，查标准工作曲线，可直接得出水样中磷酸盐的含量。

（二）磷钼蓝比色法

1. 方法概要

在酸性介质条件下，磷酸盐与钼酸铵生成磷钼黄，用氯化亚锡还原成磷钼蓝后，与同时配制的标准色进行比色测定。其反应式为

$$PO_4^{3-} + 12MoO_4^{2-} + 27H^+ \rightarrow H_3 \left[P \left(Mo_3O_{10} \right)_4 \right] + 12H_2O$$
（磷钼黄）

$$\left[P \left(Mo_3O_{10} \right)_4 \right]^{3-} + 11H^+ + 4Sn^{2+} \rightarrow H_3 \left[P \left(Mo_3O_9 \right)_4 \right] + 4Sn^{4+} + 4H_2O$$
（磷钼蓝）

2. 操作步骤

具体的操作步骤、试剂溶液的配制、详见 GB 6913.1—1986《锅炉用水和冷却水分析方法 磷酸盐的测定 正磷酸盐》。

3. 试验方法要领

（1）本方法适用于现场监测，操作简单，比较容易掌握。配制标准色阶和水样测定可以同时进行。

（2）选用磷酸盐工作液（1mL 含 0.1mg PO_4^{3-}），根据测量范围配制标准色阶，按试验要求进行测试比色。

（3）为防硅酸盐的干扰，显色时要注意水样的酸度。

（4）若水样浑浊，应过滤后进行测定。对于磷酸盐含量较高的水样，应取适量的体积。

4. 计算

$$p \left(PO_4^{3-} \right) = 1000 \times 0.1a/V = 100a/V \ (\text{mg/L})$$

式中　　a——与水样颜色相当的标准色中加入磷酸盐工作溶液的体积，mL；

　　　　V——取水样的体积，mL；

　　　　0.1——磷酸盐标准工作溶液浓度，mg/mL。

第二节　仪器分析及常规仪器的应用

以物质的物理和物理化学性质为基础的分析方法，称为物理和物理化学分析法。由于这类方法需要较特殊的仪器，故又称为仪器分析法。仪器分析法是 20 世纪初发展起来的一类分析方法。它不仅用于成分的定性和定量分析，还用于物质的状态、价态和结构分析。它既是分析测试的重要

方法，又是化学研究的重要手段，是化学分析的发展方向。

一、仪器测定的电化学、光学基本原理

分析仪器虽然种类繁多、结构复杂，但都是由几个基本部分构成的，即分析部分（传感器）、信号处理部分（变送器）、显示部分（指示表和记录仪）。

分析部分是仪表的核心，它通常将试样中待分析组分转换成相应的、易测的电信号，有些分析仪器中，分析部分和一些辅助装置一起才能完成转换作用。此时，通常把它们称为分析部分。

传感器输出的电信号种类不同，且往往十分微弱，不能直接推动指示、记录和调节装置，需要采用不同的检测电路、放大器等对信号进行变换处理，以满足显示装置的要求，仪器中完成以上功能的部分叫信号处理部分，又称变送器。

对被测参数的显示方法有模拟显示和数字显示两种。模拟显示多采用动圈式指示仪表、电子电位差计或电子自动平衡电桥；数字显示的器件有辉光数码管、荧光数码管、发光二极管、液晶等。此外还有图像显示，常用的有感光胶片和显像管。

仪器测定的电化学原理就是将待测试样作为化学电池的一个组成部分，通过测量该电池的某种电参数（如电导、电位、电流等）进行检出和测定的。此电参数与待测组分有一定的定量关系。

仪器测定的光学原理是根据物质对光源发射、吸收和散射后的光信号转换成电信号而进行检出和测定的，此电信号与被测组分有一定的定量关系。

二、电导率仪的使用

电导率仪是用来测量待测水样电导率的仪器。电厂水实验室所用电导率仪的类型也比较多，从仪表的发展趋势来看，手操式指针式电导仪逐步被淘汰，取而代之的是触摸式、软件式、智能型仪表，现以 LDD – 801 中文台式电导率仪为例，说明如下。

1. 测量原理

为避免电极极化，仪器产生高稳定度的正弦波信号加在电导池上，流过电导池的电流与被测溶液的电导率成正比，表计将电流由高阻抗运算放大器转化为电压后，经程控信号放大、相敏检波和滤波后得到反映电导率的电位信号；微处理器通过开关切换，对温度信号和电导率信号交替采样，经过运算和温度补偿后，得到被测溶液在 25℃ 的电导率值和当时的温度值。

温度补偿原理：电解质溶液电导率受到温度变化的影响，必须进行温度补偿。一般来说，弱的水溶液温度系数为2%，浓度越大，温度系数越小。温度系数由用户设置，范围为0.00~9.99%，对纯水或超纯水，仪表会自动进行温补。

2. 电极的选择与使用

根据被测水样电导率的大小范围，选择常数大小合理的电极是准确测量的关键。特别是对纯水（<3μS/cm）和超纯水（1μS/cm）的测量，应用0.1或0.01的电极，必要时还要加上密闭测量池，才能做到准确的测量，否则将产生较大的误差。

（1）电极的选择。

选择电极的基本原则：根据被测水样电导率的大小范围，参照表4-10选择合理常数的电极。

表4-10　　　　　LD-801配上各种电极后的测量范围

电导率范围（μS/cm）	电极常数	电极型号	备注
0.05~200	0.01	双圆筒钛合金电极	应加测量池作流动密闭测量
0.5~2000	0.1	CP-0.1型铂电极	
1~20000	1.0	CP-1.0光亮或铂黑电极	
10~200000	10	CP 10C型铂黑电极	

在选择电极时，最易出现的错误是"选择大常数的电极测低电导"如选1.0的电极测小于3μS/cm的水样，这是很严重的错误，不可能得到准确的值。测量介质电导率>100μS/cm时，宜用常数为1或10的铂黑电极以增大吸附面积，减少电极极化影响。

（2）对（火电厂）纯水或超纯水的测量。

对纯水或超纯水的测量，最常见的错误是：用常数为1.0的电极测纯水或超纯水。在火力发电厂中，这个问题很突出，所用的实验室电导率仪几乎配的都是1.0的电极，很难看到0.01或0.1的电极。有的电厂甚至用很老的指针式表上1.0的电极测除盐水或蒸汽等（小于1.0μS/cm的水质）的电导率。

出现这种问题的最常见原因是：以前的电导率仪只能配1.0以上的电极，或是可配小常数的电极，但出厂时的标准配置为1.0的电极。现在我们有0.1或0.01的实验室电导电极作为配套产品出售，若要精确测量，应配上流动测量池作动态的密闭测量。用户在订货时必须声明电极常数，如不作声明，将视作标准的 1.0 电极配置。

对（火电厂）纯水或超纯水的测量，应配 0.1 或 0.01 的电极。

3. 使用注意事项和维护

（1）开启电源后，仪器应有显示，若无显示或显示不正常，应马上关闭电源，检查电源是否正常和熔丝是否完好。

（2）电极的引线和表计后部的连接插头不能弄湿，否则将测不准。

（3）高纯水被盛入容器后应迅速测量。因为空气中的 CO_2 会不断地溶于水样中，生成导电较强的碳酸根离子，电导率会不断上升，导致测得的数据不准。

（4）盛被测溶液的容器必须清洁，不得有离子脏污。

（5）电极的不正确使用常引起仪器工作不正常。应使电极完全浸入溶液中，而且不能安装在"死角"。

若表计出现明显的故障，一般情况下请不要自行修理。

三、微量硅分析仪的使用

现以 7230G 可见分光光度计为例，说明如下。

1. 原理

分光光度计是建立在物质在光的激发下，物质中的原子和分子所含的能量以多种方法与光相互作用而产生对光的吸收效应，物质对光的吸收有选择性，各种不同的物质都有其各自的吸收光带。

本仪器是根据相对测量原理工作的，即选定某一溶剂（蒸馏水，空气或试样）作为标准溶液，并设定它的透射比 τ（即透过率 T）为 100.0%，而被测试样的透射比 τ（即透过率 T）是相对于标准溶液而得到的，透射比 τ（透过率 T）的变化和被测物质的浓度有一函数关系，在一定范围内，它符合朗伯—比耳定律。

$$\tau(T) = I/I_0$$
$$A = KCL = -\lg I/I_0$$

式中　$\tau(T)$——透射比；

　　　　A——吸光度；

　　　　C——溶液浓度；

　　　　K——溶液的吸光系数；

　　　　L——液层在光路中的长度；

　　　　I——光透过被测试样后照射到光电转换器上的强度；

　　　　I_0——光透过标准试样后照射到光电转换器上的强度。

本仪器内的计算机根据朗伯－比耳定律设有一个线性回归方程 $A = MC + N$ 的计算程序，所以只要输入标准试样的浓度值或线性回归方程中的系数 M 和 N，就能直接测定未知浓度试样的浓度值。

2. 仪器基本使用方法

（1）调节波长旋钮使波长移到所需处。

（2）四个比色皿，其中一个放入参比试样，其余三个放入待测试样。将比色皿放入样品池内的比色皿架中，夹子夹紧，盖上样品池盖。

（3）将参比试样推入光路，按"MODE"键，使显示 τ（T）状态或 A 状态。

（4）按"100%τ 键"，至显示"T100.0"或"A0.000"。

（5）打开样品池盖，按"0%τ"键，显示"T0.0"或"AE_1"。

（6）盖上样品池盖，按"100%τ"键，至显示"T100.0"

（7）然后将待测试样推入光路，显示试样的 τ（T）值或 A 值。

（8）如果要想将待测试样的数据记录下来，只要按"PRINT"键即可。

四、酸度计的使用

现以 LPH－802 中文台式酸度计为例，介绍如下。

1. 概况

LPH－802 是用于测量水溶液 pH 值和温度的实验室分析测量仪器，也可用于测量各种离子选择电极的电极电位和溶液温度。

全智能化：采用单片微处理机完成 pH 测量、温度测量和补偿及标定，没有功能开关和调节旋钮。

2. 组成

整套仪器由 LPH－802 台式 pH 计、pH 复合电极、电极支架、外置电源等组成。

3. "标定"子菜单

由于每支 pH 玻璃电极的零电位不尽相同，电极对溶液 pH 值的转换系数（即斜率）又是理论值，有一定的误差范围，而且更主要的是零电位和斜率在使用过程中会不断变化，这就需要不时地通过测定标准 x 缓冲溶液来求得电极的实际零电位和斜率，即进行"标定"。

在以下情况应进行电极的标定：

（1）使用一只新的电极时。

（2）电极长期闲置不用后。

（3）距上次标定已一个月。

本仪表有一点标液标定、两点标液标定、手动输入 E_0、S 和已知 pH

第二篇 电厂水处理

值标定四种方法，供用户选择。

一点标定：只采用一种标准缓冲溶液对电极进行标定，它将电极的斜率不变，求得电极的零电位。可在测量精度要求不高的情况下采用此法，简化操作。

两点标定：选三种标准缓冲溶液中的任两种。

在电极第一次使用时，必须用两点标定，以后每隔一段时间标定一次。

如测量精度要求不高，可用一点标定，如要确保仪表的测量精度，必须采用两点标定。一点标定后，若显示值不满意，应再用两点标定。

两点标定时，用户应根据本仪器在正常投运时被测水样的 pH 值选择两个相近的标准缓冲溶液进行配套校正。如被测溶液为酸性（pH < 7），则应选择 pH4.00 和 pH6.86 这两个 pH 值标准缓冲溶液进行配套校正；如果被测溶液为碱性（pH > 7），则应选择 pH6.86 和 pH9.18 这两种 pH 标准缓冲溶液进行配套校正。总之，被测溶液 pH 值应在两个 pH 标准缓冲溶液的 pH 值之间，这对提高测量精度有利。

4. 使用注意事项和维护

（1）开电源前，应检查电源是否接妥。

（2）开启电源后，仪器应有显示，若无显示或显示不正常，应马上关闭电源，检查电源是否正常。

（3）电极的引线和表计后部的连接插头不能弄湿，否则将测不准。

（4）若显示的 pH 值不正常，应检查复合电极插口是否接触良好，电极内充液是否充满。排除掉以上因素后，仍不能工作，则应更换电极。

五、钠度计的使用

现以 DWS – 803 中文台式钠度计为例，说明如下。

1. 概况

DWS – 803 中文台式钠度计是用于测量水溶液中 Na^+ 浓度值和温度的实验室分析测量仪器，也可用于测量各种离子选择电极的电极电位和溶液温度。

全智能化：采用单片微处理机完成 Na^+ 浓度值、温度测量和补偿及标定，没有功能开关和调节旋钮。

DWS – 803 在低浓度（ppb 级）测量中的操作要领：

（1）参比电极在烧杯中的位置一定要低于测量电极的位置 2～3cm。

（2）两点标定时，应严格按照先标 pNa5 后标 pNa4 的顺序。

（3）在标 pNa5 前，请先用碱化的 pNa5 标液清洗电极 2～3 次。

（4）在标 pNa4 时，对电极先用纯水冲洗干净，然后用碱化的 pNa4 标液清洗电极 2～3 次，最后放入 pNa4 标液中，才能准确标定出电极的零点、斜率。

（5）在测量低浓度（ppb级）值时，应特别注意对电极的冲洗，正确的测量方法是用碱化后的待测液反复冲洗电极3次以上，才能得到准确的测量值。

2. 仪器的组成及使用

（1）组成。

整套仪表由一台 DWS-803 钠度仪和测量电极、参比电极、温补电极、电极支架以及外置电源等组成。

（2）使用。

影响微量钠离子监测有两个难点：一是污染；二是碱化。DWS-803 中文台式钠度仪成功的解决了这两个难点。DWS-803 钠度仪采用在烧杯中直接测量的方法，结构简单，操作极其方便。

碱化剂多采用碱性强，不含 Na^+ 的碱性试剂，纯度要求更高。常用的有：

1）二异丙胺，母液为含量不小于98%的试剂。

2）二甲胺3%或33%的水溶液。

3）饱合 $Ba(OH)_2$ 溶液，$Ba(OH)_2$ 必须精制，再结晶提纯。

4）二异丙胺等也可用作碱化剂。

（3）碱化剂参考用量。

以二异丙胺作碱化剂，在50mL样水中滴入1~2滴即可，（视样水的pH值而定）。调节样水 pH 值≥10.5。碱化剂不宜过多，否则会造成污染。

（4）无钠水。

无钠水的指标为：电导率（25℃）＜0.2μS/cm；Na^+≤3μg/L。

3. "标定"子菜单

由于每支钠电极的零电位不尽相同，电极对溶液 Na^+ 浓度值的转换系数（即斜率）理论值，存在一定的误差，而且更主要的是零电位和斜率在使用过程中会不断变化，这就需要不时地通过测定标准溶液来求得电极的实际零电位和斜率，即进行"标定"。

在以下情况下应进行电极的标定：①使用一只新的电极时；②电极长期闲置不用后；③距上次标定已一个月了。

本仪表有一点标液标定，二点标液标定，手动输入 E_0、S 三种方法，供用户选择。

（1）一点标定。

只采用一种标准缓冲溶液对电极进行标定，它将电极的斜率不变，求得电极的零电位。可在测量精度要求不高的情况下可采用此法，简化操作。按屏幕提示操作，很方便地进行标定。标定结束后可进入"参数设置"子菜单观察 E_0 和 S。

（2）两点标定：

选两种标准溶液来同时较准电极的零点和斜率。

在电极第一次使用时，必须用两点标定，以后每隔一段时间标定一次。如测量精度要求不高，可用一点标定，如要确保仪表的测量精度，必须采用两点标定。一点标定后，若显示值不满意，应再用两点标定。

两点标定时，一般选择 pNa4、pNa5 两种标准溶液来进行配套校正。

（3）手动输入 E_0、S：

在已知电极零点和斜率的情况下可直接输入电极的 E_0、S。

4. 使用注意事项和维护

（1）开启电源后，仪器应有显示，若无显示或显示不正常，应马上关闭电源，检查电源是否正常和熔丝是否完好。

（2）电极的引线和表计后部的连接插头应保持干燥，否则将导致测量不准确。

（3）使用前，视情况应对电极进行标定。

（4）使用时，盛装被测水样的塑料烧杯要用无钠水多次冲洗。

（5）参比电极的位置应在测量电极下 1cm 左右。

（6）检查碱化结果，用酸度计或 pH 试纸检测水的 pH 值，正常情况下：pH > 10.5 方能进行测量。

（7）在测量低浓度（ppb 级）pNa 值时，应特别注意对电极的冲洗，正确的测量方法是用碱化后的待测液反复冲洗电极 3 次以上，才能得到准确的测量值。

注意：若显示的钠浓度值不正常，应检查电极插口是否接触良好，电极内溶液是否充满。排除掉以上因素后，仍不能工作，则可更换电极。

电极的有关注意事项：

1）新购的 pNa 电极或久置不用的电极，需用蘸有酒精的棉花擦净，再用水冲洗，浸泡在 5% 的 HCl 中约 10min，然后用蒸馏水洗净，再浸泡在已碱化的 pNa4 溶液中数小时，使电极有良好性能。但也不宜浸泡时间过长。

2）电极敏感膜不要与手指油腻等接触，以免污染电极，电极敏感膜玻璃很薄，要注意勿触及硬物，防止破裂。

3）pNa 电极使用寿命尚无完全结论，按目前使用的情况，一般为一年至一年半，如超过此时间尚可应用，但定位时间将大为增加，测定时反应亦较迟钝，一般定位时间超过 10min，读数还在缓慢变化，则说明电极衰老反应迟钝，应更换新电极。

4）短时间不用时，应将测量电极放在定位液中，参比电极应套上保护帽，保护帽中的海绵应用少量参比添加液与纯水浸湿，防止液接部堵塞。

5）长时不用时，测量电极应干放，参比电极套上保护帽。

6）在测定极微量的钠含量时，容器及电极杆的污染往往是造成测量误差的主要原因。因此在每次测定前均要用高纯水冲洗干净，然后再用试样（或稀标准液）反复冲洗电极（不要用滤纸去吸电极上的水珠）。

7）当水样温度低于20℃时（特别在15℃以下时），pNa 电极的反应速度较慢。因此读数时间将要适当延长，并且会增加误差，水温越高，反应的速度越快。

8）在使用中 pNa 电极容易被污染，对被污染的电极应使用 5% HCl 溶液浸泡 10min，然后用蒸馏水冲洗干净，再将其浸泡在已碱化的 pNa4 溶液进行活化处理后方能使用。

9）电极插头及仪器插头内部应保持绝缘阻抗在 $10^{12}\,\Omega$ 以上，因此须注意勿使其受潮，保持清洁。

DWS-803 使用中常见问题及解决办法见表 4-11。

表 4-11　　　DWS-803 使用中常见问题及解决办法

现象	可能原因	解决办法
仪表显示值不正常	（1）测量系统污染； （2）电极未标定； （3）电极性能（老化）； （4）电极与仪表接口问题； （5）水样碱化后 pH 值≤10； （6）仪表工作状态不稳定	（1）清洗测量系统； （2）标定电极； （3）检查电极（参比电极内充液是否充满）或更换电极； （4）检查电极与仪表接口； （5）调节碱化剂加入量； （6）让仪表运行 20min 以上

六、浊度计的使用

现以 WGZ 系列浊度计（台式）为例，说明如下。

1. 概述

WGZ 系列散射光浊度计（仪）是用于测量悬浮于水或透明液体中不溶性颗粒物质所产生的光的散射程度，并能定量表证这些悬浮颗粒物质的含量。

本仪器采用国际标准 ISO 7027 中规定的福尔马肼（Formazine）浊度标准溶液进行标定，采用 NTU 作为浊度计量单位。

2. 注意事项

WGZ 系列散射光浊度计（仪）是光电相结合的精密计量仪器，操作前应仔细阅读使用说明书并通过正确操作才能获得精确的测量结果。

（1）使用环境必须符合工作条件。

（2）测量池内必须长时间清洁干燥、无灰尘，不用时须盖上遮光盖。

（3）潮湿气候使用，必须相应延长开机时间。

（4）被测溶液应沿试样瓶壁小心倒入，防止产生气泡，影响测量准确性。

（5）更换试样瓶或经维修后须重新标定。

（6）非专业维修工程师，请勿打开仪器进行维修。

3. 测量准备

（1）开启仪器的电源开关，预热 30min。

（2）用不落毛软布擦净试样瓶上的水迹和指印，如不易擦净可用清洁剂浸泡，然后再用清水冲洗干净。

（3）准备好校零用的零浊度水及配制校准用的 100NTU 福尔马肼浊度标准溶液。

（4）用一清洁的容器采集好具有代表性的样品。

4. 测量步骤

（1）将零浊度水倒入试样瓶内到刻度线，然后旋上瓶盖，并擦净瓶体的水迹及指印，同时应注意启放时不可用手直接拿瓶体，以免留上指印，影响测量精度。

（2）将装好的零浊度水试样瓶，置入试样座内，并保证试样瓶的刻度线应对准试样座上的白色定位线，然后盖上遮光盖。

（3）稍等读数稳定后调节调零旋钮，使显示为零。

（4）采用同样方法校准用的 100NTU 标准溶液，并放入试样座内，调节校正，使显示为标准值 100.0。

（5）重复（2）～（4）步骤，保证零点及校正值正确可靠。

（6）放入样品试样瓶，等读数稳定后即可记下水样的浊度值。

七、在线化学仪表的使用和日常维护

所谓在线化学仪表，是指安装在生产流程线上的化学仪表，它随生产设备的运行而投入运行，连续地监测工质或物料中某些成分的含量，我国在线化学仪表虽起步较晚，但随着改革开放的不断深入，化学仪表也有了较快的发展势头，在引进国外仪表及制造技术的基础上，又出现了一批适合我国生产特点的新型仪表，即智能化仪表。

（一）在线化学仪表的使用

1. 仪表对环境的要求

（1）湿度。一般仪表均要求环境相对湿度不大于75%。湿度过大易造成电路触点锈蚀，可能引起电路故障，尤其是对具有高输入阻抗的仪表，会使其输入阻抗下降，影响测量精准度与稳定性。一些带有机械转动部件的仪表，湿度过大会造成其转动机构失灵。

（2）温度。一般仪表要求环境温度为15~35℃。环境温度过高，对某些仪表的电路元件静态工作特性有影响，造成工作点的漂移，使整机性能下降，仪表长期在高温状态下工作，不利于仪表元件的散热，某些元件还会"烧毁"。

环境温度过低，如达到0℃时，化学仪表的分析样品（大部分是液体，并且大部分是水溶液）有可能冻裂仪表。有些化学仪表的分析是借助于化学反应来测定的，温度过低会使某些化学反应速度减慢甚至失常，如SiO_2的显色就是一例。

（3）供电电源。电源需根据仪表自身要求而定。一般有220V，频率为50Hz交流和24V直流电源。

电源的稳定性对仪表的稳定运行、正确显示是十分重要的。电压波动过大，如果超出仪表的允许范围，则有可能引起仪表损坏。因此对于仪表的电源，要求从供电盘单独敷设电源线。尤其要与大电机、电焊机等电源隔离。仪表的电源盘上的电源中线不可用地线代替，仪表的接地线要专门敷设良好的接地线，其接地电阻一般不应大于4~10Ω。接地线要专用，不可与其他用电设备混用或接在管道上。仪表的电源电缆不得与仪表的信号电缆平行并拢在一起敷设，以免造成对信号的干扰。

（4）电磁场。一般在线仪表均要求：除地磁场外无其他强电磁场干扰。尤其对于发送器输出信号十分微弱的仪表，其周围强电磁场会造成仪表指示不稳，以致无法工作。

（5）其他条件。如无较强的振动，无腐蚀性气体，不得有阳光直接照射等。

2. 在线化学仪表投运条件

为了使在线化学仪表能连续准确地进行检测，有效地监控生产过程，投运仪表必须具备以下条件：

（1）采样系统完好，采样系统应包括采样器、采样导管、取样冷却系统，采样系统必须通畅，冷却效果良好，保证满足在线仪表所需的流量、温度要求，并且样品的流量、温度调节方便可靠，否则仪表不能投入运行。

（2）环境条件应满足仪表的要求，见仪表对环境的要求。

（3）仪表投运前应进行如下工作：

1）检查与冲洗采样系统。

2）检查仪表电源。

3）调整样品温度、流量并稳定一段时间。

4）检验仪表的性能，进行仪表标定、调节。此工作是仪表能否准确运行的一项重要工作。具体操作应按照仪表说明书认真进行。

5）当以上工作完成后即可通入样品，仪表投入运行。

（二）在线化学仪表的日常维护

现在在线仪表大都为数显、智能仪表，二次表一般不需要维护，日常维护大都集中在一次表上。

1. 电导率仪的日常维护

电导率仪的日常维护主要在电极上。如发现电极沾污时，应及时清洗。建议用50℃的温热中性洗涤剂清洗，用尼龙毛刷刷洗，随后用蒸馏水清洗电极内部，确保内外电极表面无油脂沉积，切忌用手指触摸电导电极。对于黏着力强的污物沉积物可用稀盐酸溶液或稀硝酸溶液浸泡，然后再用蒸馏水反复清洗。一般不要用酸性溶液清洗，除非不得已。应随机组大小修进行维修和检查二次表的准确性、内外电极的绝缘性能及温度电阻值。

2. pH 计的日常维护

（1）定期用 pH 标准缓冲液对 pH 表进行校验。

（2）建议每天检查 pH 电极、参比电极正常与否，参比溶液液位是否正常，过低要添加。

（3）定期检查发送器变送器导线盒是否受潮，盒内可放变色硅吸潮，一旦变色，应及时更换。

（4）每日应检查采样器、样水温度、流量是否正常，如有较大变化应进行认真调节。

（5）运行仪表的输入端不可开路，检修或更换电极时，应先将仪表电源断开。

（6）仪表应随机组大小修进行检修，检修时如未发现变送器异常，可以免修，为提高输入端的绝缘性能，应进行必要的清洁工作，如用四氯化碳擦拭等。内部电路不宜随意拆修。检修时应对电极进行必要的清洗及性能检验，如发现电极性能劣化，应进行更换。还应检查温度补偿电极的阻值是否正常，温度补偿电极引线与外壳之间的绝缘是否良好。

3. pNa 计的日常维护

（1）定期用 pNa 标准溶液对 pNa 计进行校验。

（2）建议每天检查 pNa 电极，参比电极正常与否，参比溶液液位是否正常，过低要添加。

（3）定期检查发送器至变送器导线盒是否受潮，盒内可放变色硅胶吸潮，一旦变色，应及时更换。

（4）每日应检查采样器、样水温度、流量是否正常，如有较大变化应进行认真调节。

（5）每日应检查加碱系统是否正常，加碱后水样 pH 值应达到 10 以上。

（6）运行仪表的输入端不可开路，检修或更换电极时，应先将仪表电源断开。

（7）仪表应随机组大小修进行检修，检修时如未发现变送器异常，可以免修，为提高输入端的绝缘性能，应进行必要的清洁工作，如用四氯化碳擦拭等。内部电路不宜随意拆修。检修时应对电极进行必要的清洗及性能检验，如发现电极劣化，应进行更换，还应检查温度补偿电极的阻值是否正常，温度补偿电极引线与外壳之间的绝缘是否良好。

4. 氧表的日常维护

目前现场多用的氧表配套电极大致有两类：一类是平衡式电极（如 L&N7931），一类是极谱式电极（如 K401）。无论是配套哪种电极的氧表，都应按照规章制度对其定期进行校验（校验时按说明书要求认真操作）。二次表一般都不需要维护，如果出了问题，应由仪表专业人员来进行修理，一般日常维护都集中在电极系统上。

（1）L&N7931 平衡式电极维护：

1）此类电极最大的特点就是无论在任何情况下，不能使电极干燥。无论运行还是停用状态下，都要保持电极膜片在水中，存放时探头始终要保持湿润。

2）电极不能处于冰点以下的环境中，以防探头内的参比液结冰损坏电极，不能用于溶有 H_2 和 H_2S 气体的水质。

3）除非探头灵敏度严重下降，否则不要清洗探头，在清洗时用软的脱脂棉布蘸水轻轻擦洗，不得已时，用 10% HCl 溶液清洗后再用水洗净。

（2）K401 极谱式电极维护：

1）每次标定应用肉眼观察隔膜是否有损坏，若隔膜上敷有污物，应用软纸小心擦去。

2）依据被测介质的特点，应周期性地更换电解液。

3）隔膜失效后应更换，以下几种现象常常表示隔膜失效：响应时间长，反应变慢；二次表读数不稳定，漂移大，标定时明显到不了零和满度值；机械损伤。

4）更换电解液和敏感膜体时，应遵守以下几点：①用手持住电极，使其呈垂直态，膜体向下，旋下旧的膜体。②像甩体温计一样，甩掉残留的电解液。③用清水清洗膜体、阴阳电极和电极内体，并晾干或用软纸擦干。两者均不能带有水滴。④目测 O 型圈是否有损伤，若有应更换。⑤将新的原配电解液滴入（新的）膜体内腔。不要太满（只要充满电极内体与膜体的对应空间即可，约占整个敏感膜体内部空间的 1/3，以旋紧后稍有渗出为准），因为阴阳电极插入时会占据膜体的大部分空间。⑥将电极垂直握住，用手捏住膜套两侧硅胶体，慢慢向上推动膜套，让多余的电解液从排液槽溢出，然后将不锈钢护套套在膜套上拧紧。⑦每次更换了电解液或膜后，应重新极化和标定。

5）银阳极在长期使用后，银表面会附着一层棕色银/氧化银，这层附着物必须清洗。用 700 号金相砂纸打磨银阳极，直至电极表面的银/氧化银附层全部除去，露出光的银表面再用纯净水洗电极，用软纸巾轻轻吸去电极表面的水珠。

6）一般情况下，铂阴极电极不用清洗，除非表面有可见的污物，用很细的金相砂纸（1200 号）边缘轻轻打磨铂阴极或用滤纸擦洗，再用纯水冲洗电极，用软纸巾轻轻吸去电极表面的水珠。

7）为了检测电极性能的好坏，可通过零氧测量，定性地检测电极的好坏。先将电极取出，置于空气中，稳定几分钟后，记下浓度值。再将电极置于无氧环境中［采用调零胶、99.998% 纯度的氮气（N_2）或二氧化碳（CO_2）均可］。2min 内，显示值应降到空气中读数的 10% 以下，5min 后应降到 1% 以下，读数超出以上范围，往往是电解液用尽或隔膜损坏，应更换。若更换后还不好，需请专业人员对电极进行检修。

5. 8891 型硅酸根分析仪的日常维护

（1）按规定对硅酸根分析仪定期标定，具体操作要严格按照说明书进行。

（2）保证各三通、四通、电磁阀畅通。

（3）保证加药管泵管和水样管畅通。

（4）保证比色皿清洁干净。

（5）保证水样流量、温度适当。

6. 联氨分析仪的日常维护

联氨分析仪大致有两类：一类是利用分光光度法进行分析测试的，一类是利用电极进行分析测试的。利用分光光度法进行分析测试的联氨分析仪的维护与8891型硅酸根分析仪的日常维护相近。这里介绍利用电极进行分析测试的联氨分析仪的日常维护：

（1）定期向氧化银电极室内加碱或硅胶（有的电极加碱有的电极要加硅胶），周期由运行实验确定。

（2）按规定定期用标准朕氨溶液校验仪表。

（3）空气进入水样系统，应将气泡赶走或用吸耳球吸出。

（4）定期检查温度电极是否正常。

（5）一般每半年进行一次电极的酸洗再生。电极污染表现一般为：调终点电位器不能使仪表指示到联氨的实际浓度值；铂电极表面失去光泽；指示值线性明显变差；温度补偿失常等。

（6）电极酸洗步骤如下：

1）拧下电极外套，倒尽其内碱液或硅胶。

2）用除盐水冲洗氧化银电极、铂电极、电极室陶瓷管内的管道。

3）用5%硝酸溶液浸泡铂电极（不要接触有机玻璃），直至恢复光泽。用移液管往陶瓷芯内注入硝酸溶液（不溢出为宜），一直到管内黑色附着物洗净为止。

4）用除盐水清洗铂电极、陶瓷芯，然后用 2.5% ~ 5% 的 NaOH 溶液浸泡 10 ~ 30min，取出电极，再用除盐水冲洗干净。

5）组装并复原测量电池，便可重新投运仪表。

提示 本章共两节，均适用于初级工。

第二篇 电厂水处理

第五章

水 处 理 材 料

第一节 滤料的种类及性能

一、滤料的物理、化学性能

（一）物理性能

滤料的物理性能主要体现在机械强度和粒度方面。

1. 机械强度

机械强度是滤料的重要质量指标之一，通常用磨损性和磨碎性两个参数来表示，在反洗过程中，滤料处在悬浮和无规则的运动中，滤料颗粒之间不断地碰撞和摩擦，就会发生颗粒的磨损与破碎。

2. 粒度

粒度是指一堆粒状物颗粒大小的情况，因为滤料大多是由许多大小不一的颗粒组成的，所以有关粒度的问题，很难表示清楚。现有的表示法如下：

（1）级配曲线。用一系列孔径大小不同的筛子来测定滤料在各种颗粒大小不同区域内的分布情况，称为筛分分析。按此分析结果所画的曲线称为级配曲线。图 5-1 用级配曲线表示滤料颗粒的大小最为合理，但此

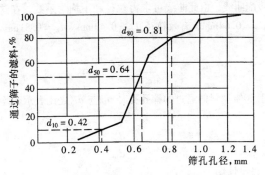

图 5-1 滤料的筛分曲线

第五章 水处理材料

种曲线在工业上难以实用。

在这个例子中：平均粒径 $d_{50} = 0.64 mm$。

（2）粒径范围。这是按滤料的最小和最大颗粒的粒径来表示颗粒大小的范围，例如粒径为 $1 \sim 2mm$ 表示最小粒径为 $1mm$，最大粒径为 $2mm$，所有颗粒的粒径都介于此两者之间，此种方法比较直观，是工业上常用的表示法，但它不能表示滤料中大小不同颗粒的分布情况。

（3）粒径和不均匀系数。此法为用两个指标来表示粒度：一个表示颗粒大小的概况，称"粒径"；另一个表示大小不同颗粒的分布概况，称"不均匀系数"，此法较为合理和简单。

1）粒径。粒径有两种表示方法：平均粒径 d_{50} 是指有 50%（按质量计）滤料能通过筛孔孔径（常以 mm 表示）；有效粒径 d_{10} 表示有 10%（按质量计）滤料能通过筛孔孔径。之所以称为有效粒径，是因为不同滤料的 d_{10} 相等时，即使它们的颗粒大小的分布情况不一样，在过滤时产生的水头损失往往是一样的，因此可以认为只有较小的颗粒才是产生水头损失的有效部分。

2）不均匀系数。不均匀系数（也有称均匀系数的）常以 k_{80} 表示，是指 80%（按质量计）滤料能通过的筛孔孔径（d_{80}）与 10 滤料能通过筛孔孔径之比，即

$$k_{80} = \frac{d_{80}}{d_{10}}$$

滤料的粒径和不均匀系数，可以用筛分分析来求得。方法是：取滤料 $100g$，用筛孔大小不同的一系列筛子过筛，测得其通过各种筛孔的滤料量，并将这些量对其相应筛孔孔径画成如图 5-1 所示的曲线，这便是上面提到的级配曲线，由此曲线可求得粒径和不均匀系数，在这个例子中：平均粒径 $d_{50} = 0.64mm$，有效粒径 $d_{10} = 0.42mm$，$d_{80} = 0.81mm$。不均匀系数为

$$k_{80} = \frac{d_{80}}{d_{10}} = \frac{0.81}{0.42} = 1.93$$

也有用 60% 滤料能通过的筛孔孔径 d_{60} 与 d_{10} 之比表示不均匀系数的，则可写成

$$k_{60} = \frac{d_{60}}{d_{10}}$$

（二）化学性能

滤料的化学性能主要体现在其化学稳定性上，为了试验滤料的化学稳

定性，可在一定条件下，用中性、酸性和碱性水溶液浸泡各种滤料，以观察此水溶液被污染的情况，表 5－1 所示为某些滤料的实验数据。

表 5－1　　　　各种滤料在不同介质中稳定性的比较

名称	中　性			酸　性			碱　性		
	溶解固形物（mg/L）	耗氧量（mg/L）	SiO_2（mg/L）	溶解固形物（mg/L）	耗氧量（mg/L）	SiO_2（mg/L）	溶解固形物（mg/L）	耗氧量（mg/L）	SiO_2（mg/L）
石英砂	2～4	1～2	1～3	4	2	0	10～16	2～3	5.7～8.0
大理石	13	1	—	—	—	—	6	1	—
无烟煤	6	6	1	4	3	0	10	8	2
半烧白云石	16	2	2	—	—	—	10	4	1

注　试验条件为温度 19℃，中性溶液是用 NaCl（500mg/L）配成，pH 值为 6.7；酸性溶液用 HCl 配成，pH 值为 2.1；碱性溶液用 NaOH 配成，pH 值为 11.8，浸泡 24h，每 4h 摇动一次。

由表 5－1 可知，不同材料的滤料适用于不同性质的环境中。

二、滤层、滤料的选择与应用

过滤器能否正常运行，在很大程度上取决于滤层的设计，滤层是滤池的主要部分，是滤池工作好坏的关键。滤层设计的内容包括：滤料的选用、滤料粒径与滤层厚度、滤速的选择等，滤层设计应同时考虑过滤和反洗两方面的要求，即在满足最佳过滤条件的前提下，选择反冲洗效果较好的滤层。

1．滤料的选择

滤料是过滤装置的基本部件，是决定滤层设计的首要选择因素，作为滤料的技术要求有机械强度、粒度和化学稳定性三个方面。

（1）机械强度。滤料应有足够的机械强度，以减少因颗粒间互相摩擦而破碎的现象，滤料的破碎与磨损严重会使滤料粒径变小，其后果一是变小滤料集中到滤池表层，引起表层截面积变化过快，水头损失增长过快，缩短过滤周期，二是反洗时会将部分过小的滤料带走，滤料损失量增加。

（2）粒度。不同的滤料和不同的过滤工况，对滤料粒径有不同的要求，使用时应根据具体情况选取，不宜过大或过小，粒径过大时，细小的悬浮物会穿透滤层，而在反洗时，只有在较大的反洗强度下才能使滤层松动，否则会影响反洗效果，造成沉淀物残留在滤层中，形成滤料结块，导致水流的不均匀，使出水水质恶化。而粒径过小，则水流的阻力增大，水头损失增长过快，难以提高过滤水量，从理论与实践中都得出同样的结论，即滤料越均匀，过滤的效果越好。这是因为滤池经反冲洗后，滤料将会产生分层现象，细小的滤料都集中在滤料表层，致使过滤过程主要发生在表层，造成表层的迅速堵塞影响整个滤池的截污能力。对于普通滤池，当用石英砂或大理石作滤料时，有效粒径可采用 0.35mm，不匀系数 k_{80} 应不大于 2；当用无烟煤时，有效粒径可采用 0.6mm，不匀系数 k_{80} 应不大于 3。

（3）化学稳定性。滤料应具有很好的化学稳定性，这样就避免了在过滤过程或反洗过程中，滤料发生溶解或其他一些化学性质的变化，导致滤料性能的改变，引起出水水质恶化。石英砂适用于中性和酸性的水，在碱性水中，因为 SiO_2 要溶解，可用无烟煤或半烧白云石作滤料。

（4）滤层孔隙率。滤层孔隙率是滤层中颗粒与颗粒间的空间体积占滤层总体积的百分数，滤层孔隙率大，滤层所能截留的悬浮颗粒量也大。

2. 滤层设计

过滤器的过滤过程有两个最基本的工艺要求是出水水质和过滤水量，滤层的设计也就是从这两个基本点考虑的。

滤池在工作过程中，由于悬浮物的不断被截留，水头损失将不断增大，这将导致过滤水量的减小，如果在滤层中滤料仍有较大的一部分未发挥作用，滤层水流阻力已经很大，使滤池出水量小于工艺需求量，滤池就需要进行反冲洗，或者在滤层水流阻力还较小，出水水质已经恶化时，也要进行反洗。以上两种状况都不是理想的滤层设计，理想的滤层设计应是，在滤层截污能力耗尽时，滤池出水量也同时达到最小工艺需求量。

要达到这一技术要求，就应当从滤料粒径和滤速两方面着手。首先，介绍两个概念，即穿透能力和截污能力。所谓穿透能力，是指在过滤过程中，达到某一规定的出水水质所需的滤层高度，如果滤层小于此高度，出水就不能达到规定的要求值，截污能力是单位体积滤料能除去的悬浮物量。穿透能力与截污能力都与滤料粒径有关。在相同条件下，粒径越大悬浮物穿透能力越大，因此滤层的高度就要求越高粒径越大，滤料间孔隙率也增大，同时滤池截污量也有所增大。但是粒径过大、孔隙率大会使滤料颗粒表面积减小，使过滤效率降低，而粒径越小，悬浮物的穿透力能力也越小，要求的滤层高度相应就较低。同时，由于滤料孔隙较小，且过滤过程大都发生在滤层表面，滤层的截污能力大大降低。

另外，在确定滤层高度时，还应考虑到滤料的形状和不匀系数两个方面。

此外，在过滤工艺中，滤速一般指的是水流流过滤池截面的速度。

如前所述，过滤过程是滤层逐渐被悬浮物饱和的过程。因此滤速的大小对悬浮物的截留会产生一定的影响，滤速太小，难以满足水量要求，而滤速加大时，则会带来一系列的不利因素；滤速过快，悬浮颗粒的穿透深度大，必须增加滤层厚度；滤速增大，水头损失增长速度也相应加快；另外，滤速过大，会增大水流的冲刷能力，加速已吸附的悬浮物的剥落，在一定程度上对过滤带来不利的影响。

在过滤工艺中，对过滤速度一般都采取了各种控制措施，等速过滤和降速过滤是滤速控制的两种基本形式。

等速过滤是早期滤池采用的方式，近年来，降速滤池的研究和应用正越来越广泛，降速滤池与等速滤池相比，在两个方面较为优越：在等速滤池中，随着过滤和污泥在滤料层中的积累，通过滤料孔隙的真正流速越来越大，从而使悬浮固体不易被附着或造成已吸附固体的脱落。相反，降速过滤时，由于滤速不断减慢，真正的孔隙流速也相应减慢，使固体较易附着或较难脱落，从而生产出较好的水质。再者是在滤速控制方面，从理论上讲，等速过滤的滤速应当是恒定不变的，但从操作角度上讲，等速过滤中采用的变水位、滤速控制仪等控制方法很难做到理想状态的调整，往往会引起滤速突变，而降速滤池中，只要进水量基本不变，就不会产生滤速突变，引起出水水质变化。

第二节　离子交换树脂的分类、型号和性能

为了除去水中的离子态杂质，现在采用得最普遍的方法是离子交换，这种方法可以将水中离子杂质清除得比较彻底，能满足各种类型的锅炉对供水水质的要求。离子交换处理，必须用一种称做离子交换剂的物质来进行，下面就对其的分类、型号和性能做介绍。

一、离子交换树脂的种类和型号

为了统一国产离子交换树脂的牌号，化学工业部于 1977 年 7 月 1 日制定了离子交换树脂产品分类、命名及型号的部颁标准。

1. 全称

有机合成离子交换树脂的全名称，由分类名称、骨架名称、基本名称

第五章　水处理材料

三部分按顺序依次排列组成。

（1）分类名称。按有机合成离子交换树脂本体的微孔形态分类，分为凝胶型、大孔型等。

（2）骨架名称。按有机合成离子交换树脂骨架材料命名，分为苯乙烯系、丙烯酸系、酚醛系、环氧系等。

（3）基本名称。基本名称为"离子交换树脂"。凡属酸性反应的在基本名称前冠以"阳"字。凡属碱性反应的在基本名称前冠以"阴"字。

按有机合成离子交换树脂的活性基团性质，分为强酸性、弱酸性，强碱性、弱碱性、螯合性等。分别在基本名称前冠以"强酸""弱酸""强碱""弱碱""螯合"等字样。

（4）全名称举例。微孔形态的凝胶型：骨架材料为"苯乙烯—二乙烯苯"共聚体；活性基团为"强酸"性磺酸基团（SO_3H）的阳离子交换树脂，全名称为"凝胶型苯乙烯系强酸阳离子交换树脂"。

2. 型号

（1）有机合成离子交换树脂产品型号的命名原则：有机合成离子交换树脂产品型号以三位阿拉伯数字表示，凝胶型树脂的交联度值用连接符号所联系的第四位阿拉伯数字表示。

凡属于大孔型树脂，在型号前加"大字"的汉语拼音首位字母"D"。

凡属凝胶型树脂，在型号前不加任何字母。

（2）各位数字所代表的意义如下：

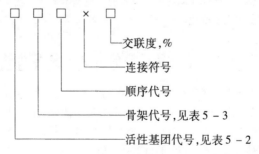

表5-2　　　　　　　第一位数字活性基团代号

代 号	0	1	2	3	4	5	6
活性基团	强酸性	弱酸性	强碱性	弱碱性	螯合物	两 性	氧化还原性

表 5-3　　　　　　第二位数字骨架代号

代　号	0	1	2	3	4	5	6
骨架类别	苯乙烯系	丙烯酸系	酚醛系	环氧系	乙烯吡啶系	脲醛系	氯乙烯系

产品型号举例：001×7——凝胶型苯乙烯系强酸阳离子交换树脂，交联度为 7%，产品旧型号为"732"；D311——大孔型丙烯酸系弱碱阴离子交换树脂，产品旧型号为"703"。

二、离子交换树脂的物理化学性能

离子交换树脂是高分子化合物，所以它们的结构和性能因制造工艺（如原料的配方和聚合温度等）的不同而不同，为此对于离子交换树脂的性能，必须用一系列指标加以说明。

同一类型的离子交换树脂其交联剂加入的多少，对产品的物理化学性能有很大的影响，一般加交联剂多（即交联度大）的树脂，由于许多苯乙烯链都被交联成网状，所以其产品有网孔小、机械强度大和稳定性较好等特点，其缺点是交换容量较小。

（一）物理性能

1. 外观

（1）颜色。离子交换树脂是一种透明或半透明的物质，依其组成的不同，呈现的颜色也各异；苯乙烯系呈黄色，其他也有黑色及赤褐色的。树脂的颜色和它的性能关系不大，一般地，交联剂多的，原料中杂质多，制出的树脂颜色稍深。树脂在使用中，由于可交换离子的转换或受杂质的污染等原因，其颜色会发生变化，但这种变化不能确切表明它发生了什么改变，所以只可以作为参考。

（2）形状。离子交换树脂一般均呈球形，树脂呈球状颗粒数占颗粒总数的百分率，称为圆球率。对于交换柱水处理工艺来说，圆球率越大越好，它一般应达 90% 以上。

树脂圆球率的测定方法，是先将树脂在 60℃ 烘干称重，然后慢慢倒在倾斜 10° 的玻璃板上端，让树脂分散地向下自由滚动，将滚动下来的树脂再称重，后者与前者比值的百分数即为圆球率。

2. 粒度

树脂颗粒的大小对水处理的工艺过程有较大的影响，颗粒大，交换速度就慢；颗粒小，水通过树脂层的压力损失就大，如果各个颗粒大小相差很大，则对水处理的工艺过程是不利的。这首先是因为小颗粒堵塞了大颗粒间的孔隙，水流不匀和阻力增大；其次，在反洗时流速过大会冲走小颗粒树脂，而流速过小又不能松动大颗粒。用于水处理的树脂颗粒粒径一般为 $0.3 \sim 1.2 \text{mm}$。树脂粒度的表示法和过滤介质的粒度一样，可以用有效粒径和不匀系数表示。

3. 密度

离子交换树脂的密度是水处理工艺中的实用数据，如在估算设备中树脂的装载量，以及在采用混合床、双层床等工艺时，都需要知道它的密度。离子交换树脂的密度有以下几种表示法：

（1）干真密度。干真密度即在干燥状态下树脂本身的密度：

$$干真密度 = 干树脂质量/树脂的真体积（\text{g/mL}）$$

树脂的真体积是指树脂颗粒内实体部分所占的体积，颗粒内孔眼和颗粒间孔隙的容积均不应计入。树脂干真密度的值一般为 1.6 左右，在实用上意义不大，常用在研究树脂性能方面。

（2）湿真密度。湿真密度是指树脂在水中经充分膨胀后，树脂颗粒的密度：

$$湿真密度 = 湿树脂质量/湿树脂的真体积（\text{g/mL}）$$

这里的湿树脂真体积，是指颗粒在湿状态下的体积，即包括颗粒中的孔眼及其所含水分，但颗粒和颗粒间的孔隙不应算入。湿真密度与树脂在水中的沉降性能有关，它是影响其实际应用性能的一个指标，此数值一般在 $1.04 \sim 1.3 \text{g/mL}$ 之间。阳树脂常比阴树脂的湿真密度大。

（3）湿视密度，湿视密度是指树脂在水中充分膨胀后的堆积密度：

$$湿视密度 = 湿树脂质量/湿树脂的堆体积（\text{g/mL}）$$

湿视密度用来计算交换器中装载树脂时所需湿树脂的质量，此值一般在 $0.6 \sim 0.85 \text{g/mL}$ 之间，阴树脂较轻，偏于下限；阳树脂较重，偏于上限。

4. 含水率

树脂的含水率是指在水中充分膨胀的湿树脂中所含水分的百分数，它可以反映交联度和网眼中的孔隙率，树脂的含水率愈大，表示它的孔隙率愈大，交联度愈小。

5. 溶胀性

当将干的离子交换树脂浸入水中时，其体积常常要变大，这种现象称为溶胀。

影响溶胀率大小的因素有以下几种：

（1）溶剂树脂在极性溶剂中的溶胀性，通常比在非极性溶剂中的强。

（2）交联度。高交联度树脂的溶胀能力较低。

（3）活性基团。此基团越易电离，树脂的溶胀性越强。

（4）交换容量。高交换容量离子交换树脂的溶胀性要比低交换容量的强。

（5）溶液浓度。溶液中电解质浓度越大，由于树脂内外溶液的渗透压差减小，树脂的溶胀率就越小。

（6）可交换离子的本质。可交换离子的水合离子（离子在水溶液中和许多水分子相结合而成水合离子）的半径越大，其溶胀率越大，故对于强酸和强碱性离子交换树脂溶胀率大小次序为

$$H^+ > Na^+ > NH_4^+ > K^+ > Ag^+$$

$$OH^- > HCO_3^- \approx CO_3^{2-} > SO_4^{2-} > Cl^-$$

一般地，强酸性阳离子交换树脂由 Na 型变成 H 型，强碱性阴离子交换树脂由 Cl 型变成 OH 型，其体积约增加 5%。

由于离子交换树脂具有这样的性能，因而在其交换和再生的过程中会发生胀缩现象，多次的胀缩就容易促使树脂颗粒碎裂。

6. 耐磨性

交换树脂颗粒在运行中，由于相互间的磨轧和胀缩作用，会发生碎裂现象，所以其耐磨性是一个影响其实用性能的指标。一般地，其机械强度应能保证每年的树脂耗损量不超过 3%～7%。

7. 溶解性

离子交换树脂是一种不溶于水的高分子化合物，但在产品中免不了会含有少量低聚物（聚合度较低、相对分子质量较小的高分子化合物）。因这些低聚物较易溶解，所以在其应用的最初阶段，这些物质会逐渐溶解。

离子交换树脂在使用中，有时也会发生转变胶体渐渐溶入水的现象，即所谓的胶溶。促使胶溶的因素有：树脂的交联度小、电离能力大、离子的水合半径大，有时还有受高温或被氧化的影响。特别是强碱性阴树脂，它会因化学降解（高分子崩裂成若干较小的分子）而产生胶溶现象。

所以在运行中要密切注意其运行条件：如离子交换树脂处于蒸馏水中要比在盐溶液中易胶溶，Na 型比 Ca 型易胶溶。离子交换器用后刚投入运行时，有时发生出水带色的现象，就是胶溶的缘故。

8. 耐热性

各种树脂所能承受的温度都有限，超过此温度，树脂热分解的现象就很严重。由于各树脂的耐热性能不一，所以对每种树脂能承受的最高温度，应由鉴定试验来确定。一般阳树脂可耐 100℃ 或更高的温度；阴树

脂、强碱性的约可耐 60℃，弱碱性的可耐 80℃ 以上，通常盐型要比酸型或碱型稳定。

9. 抗冻性

在我国北方，冬季运输或贮存树脂时，温度低于 0℃ 是常有的，了解树脂的抗冻性是至关重要的，根据对各种树脂在 -20℃ 的抗冻性试验发现，大孔型树脂的抗冻性优于凝胶型树脂，实际上冰冻对大孔型树脂没有影响。凝胶型阳树脂的抗冻性不如阴树脂，无论阴、阳树脂，机械强度好的（磨后圆球率高），抗冻性能也好，进行滤干外部水分的 001×7 阳树脂 10 周期的测定，发现磨后圆球率有所下降，裂球率提高，冰冻对浸在水中的 001×7 阳树脂的磨后圆球率几乎无影响，201×7 阴树脂不管滤干外部水分还是浸在水中冰冻，磨后圆球率和裂球率均变化不大，表明阴树脂韧性较强。

10. 导电性

干燥的离子交换树脂不导电，纯水也不导电，但用纯水润湿的离子交换树脂可以导电。所以这种导电属于离子型导电。这种导电在离子交换膜及树脂的催化作用上很重要。利用以电流再生树脂与离子交换膜结合起来自备纯水的工艺（EDI），国内外一直在进行研究并推广使用。

（二）化学性能

离子交换树脂的化学性能，有离子交换、催化和形成络盐等。对于水处理来说，以离子交换最为重要。

1. 离子交换反应的可逆性

离子交换反应是可逆的，如当以含有硬度的水通过 H 型离子交换树脂时，其反应如式（5-1）所示，即

$$2RH + Ca^{2+} \rightarrow R_2Ca + 2H^+ \tag{5-1}$$

当反应进行到失效后，为了恢复离子交换树脂的交换能力，就可以利用离子交换反应的可逆性，用硫酸或盐酸溶液通过此失效的离子交换树脂，以恢复其交换能力，其反应如式（5-2）所示，即

$$R_2Ca + 2H^+ \rightarrow 2RH + Ca^{2+} \tag{5-2}$$

这两种反应，实质上就是可逆反应式（5-3）化学平衡的移动，当水中 Ca^{2+} 和 H 型离子交换树脂多时，反应正向进行；反之，则逆向进行，即有

$$2RH + Ca^{2+} \leftrightarrows R_2Ca + 2H^+ \tag{5-3}$$

离子交换反应的可逆性，是离子交换树脂可以反复使用的重要性质。

2. 酸、碱性

H 型树脂在水中能电离出 H^+，OH 型树脂在水中能电离出 OH^-，因

此它们具有一般酸或碱的反应性能，树脂的活性基团有强酸、弱酸、强碱、弱碱之分，水的 pH 值势必会被影响。强酸、强碱树脂的活性基团电离能力强，其交换容量基本上与 pH 值无关。弱酸、弱碱树脂却因电离常数影响受 pH 限制。各类树脂有效 pH 值范围见表 5 - 4。

表 5 - 4   各种类型树脂有效 pH 值范围

树脂类型	强酸性阳离子交换树脂	弱酸性阳离子交换树脂	强碱性阴离子交换树脂	弱碱性阴离子交换树脂
有效 pH 值范围	1 ~ 14	5 ~ 14	1 ~ 12	0 ~ 7

3. 中和与水解

离子交换树脂的中和与水解通常与电解质一样。H 离子交换树脂和碱溶液会进行中和反应，如强酸性 H 离子交换树脂和强碱 NaOH 相遇，则中和反应进行得很完全，如式（5 - 4）所示，即

$$RSO_3H + NaOH \rightarrow RSO_3Na + H_2O \qquad (5 - 4)$$

因此，H 型离子交换树脂酸性的强弱与一般化合物酸性的强弱一样，可用测定滴定曲线的方法来求得。

它的水解反应也与通常电解质的水解反应一样，当水解产物有弱酸或弱碱时，水解度就较大，如反应式（5 - 5）和式（5 - 6）所示，即

$$RCOONa + H_2O \rightarrow RCOOH + NaOH \qquad (5 - 5)$$

$$RNH_3Cl + H_2O \rightarrow RNH_3OH + HCl \qquad (5 - 6)$$

所以，具有弱酸性基团和弱碱性基团的离子交换树脂的盐型，容易水解。

4. 离子交换树脂的选择性

各种离子与树脂的结合能力不一，有的很容易与树脂结合，但很难被其他离子置换下来；有的则相反，很难与树脂结合，易被其他离子取代。这就是离子交换树脂的选择性。

树脂在常温、低浓度水溶液中对常见离子的选择性次序如下：

强酸性阳离子交换树脂：

$$Fe^{3+} > Al^{3+} > Ca^{2+} > Mg^{2+} > K^+ > Na^+ > H^+ > Li^+$$

弱酸性阳离子交换树脂：

$$H^+ > Fe^{3+} > Al^{3+} > Ca^{2+} > Mg^{2+} > K^+ > Na^+ > Li^+$$

强碱性阴离子交换树脂：

$$SO_4^{2-} > NO_3^- > Cl^- > OH^- > F^- > HCO_3^- > HSiO_3^-$$

弱碱性阴离子交换树脂：

$$OH^- > SO_4^{2-} > NO_3^- > Cl^- > HCO_3^-$$

树脂的选择性会影响到它的交换和再生过程，在实际应用中是一个很重要的问题。

5. 交换容量

离子交换树脂的交换容量表示其可交换离子量的多少。其表示单位有以下两种：一是质量表示法，即单位质量离子交换树脂的吸着能力，通常用 $mmol/g$ 表示；另一种是体积（指在湿状态下的堆积体积）表示法，即单位体积离子交换树脂的吸着能力，通常用 mol/m^3 表示。

在表示交换容量时，应把交换树脂上可交换离子的形态阐述清楚，因为离子交换树脂形态不同，其质量和体积也不相同。为了统一起见，一般是阳离子交换树脂以 Na 型为准（也有以 H 型为准的），阴离子交换树脂以 Cl 型为准。必要时，应标明其离子形态。

今将常用的全交换容量，工作交换容量和平衡交换容量叙述如下：

（1）全交换容量（Q）。此指标表示离子交换树脂中所有活性基团的总量，即将树脂中所有活性基团全部再生成某种可交换的离子，然后测定其全部交换下来的量，对于同一种离子交换树脂来说，它是常数。这种交换容量主要用于离子交换树脂的研究方面。

（2）工作交换容量（Q_g）。工作交换容量是在交换柱中，模拟水处理实际运行条件下测得的交换容量，就是把离子交换树脂放在动态交换柱中，通过需要处理的水，直到滤出液中有要交换的离子漏出为止所发挥出的交换容量，称为工作交换容量。影响工作交换容量的因素甚多，如进水中离子的浓度、交换终点的控制指标、树脂层的高度、水流速度等。此外，通常为了节约再生剂的用量，交换剂并不能得到彻底再生，这也会对工作交换容量有很大影响。所以在测定工作交换容量时，应明确规定这些运行条件，或根据设备情况、原水水质和对出水水质的要求等，通过实验来测定。工作交换容量常用体积表示法，即 mol/m^3 或 mol/L。

显然，离子交换树脂的再生程度对其交换容量有很大的影响。如经充分再生，则可得到最大的工作交换容量。

（3）平衡交换容量（Q_p）。将离子交换的树脂完全再生后，求它和一定组成的水溶液作用到平衡状态时的交换容量，称为平衡交换容量。此指标表示在某种给定溶液中离子交换树脂的最大交换容量。它不是常数，只与平衡的溶液组成有关。

三、离子交换树脂的应用特性

离子交换树脂之所以能够应用，主要是因为其具有选择性和可逆性。

（一）水的离子交换处理

水经过混凝和过滤等预处理后，虽可除去其中的悬浮物和胶态物质，但硬度没变，碱度很高，必须作进一步处理，低压锅炉用水可用钠离子交换处理，中高压锅炉常用阳、阴离子交换的除盐处理。

1. 钠型离子交换

当原水流经钠型离子交换剂层中，水中钙镁阳离子和交换剂中的钠离子进行交换，使水质得到软化。

碳酸盐硬度软化过程：

$$2RNa + Ca（HCO_3）_2 \rightarrow R_2Ca + 2NaHCO_3$$

$$2RNa + Mg（HCO_3）_2 \rightarrow R_2Mg + 2NaHCO_3$$

非碳酸盐硬度软化过程：

$$2RNa + CaSO_4 \rightarrow R_2Ca + Na_2SO_4$$

$$2RNa + MgSO_4 \rightarrow R_2Mg + Na_2SO_4$$

$$2RNa + CaCl_2 \rightarrow R_2Ca + 2NaCl$$

$$2RNa + MgCl_2 \rightarrow R_2Mg + 2NaCl$$

从以上反应式可以分析出钠离子交换软化过程有如下特点：

（1）降低或消除硬度；

（2）不能降低碱度；

（3）含盐量有所增加。

2. 阳、阴离子交换除盐

氢型阳离子交换：

$$RH + \begin{cases} Na^+ \\ Ca^{2+} \\ Mg^{2+} \\ Fe^{3+} \end{cases} \longrightarrow R\begin{cases} Na \\ Ca \\ Mg \\ Fe \end{cases} + H^+$$

可在水质软化的同时降低水的碱度，阳树脂失效后用盐酸或硫酸再生。

氢氧型阴离子交换：

$$ROH + \begin{cases} Cl^- \\ SO_4^{2-} \\ HSO_3^- \\ HCO_3^- \end{cases} \longrightarrow R\begin{cases} Cl \\ SO_4 \\ HSO_3 \\ HCO_3 \end{cases} + OH^-$$

从阴床交换出的 OH^- 与进水的 H^+ 发生中和反应：

$$H^+ + OH^- \longrightarrow H_2O$$

这样水中的阳阴离子全部去除，得到纯净的除盐水。阴树脂失效后用氢氧化钠再生。

3. 树脂层中的离子交换过程

离子交换器中装填树脂上的 Na^+、H^+ 和 OH^- 等交换基团与水中的阳、阴离子是等物质的量交换的，因此处理一定的水量后，树脂上的 Na^+、H^+ 或 OH^- 会被原水中的阳、阴离子置换，而失去交换能力，即所谓交换器失效，在这一过程中树脂是逐层失效的。

运行中的树脂层可分为三层，即失效层、工作层和保护层。失效层在上，工作层居中，保护层在下。

在制水过程中，这三层无明显的界限，实际上是交换层不断下移，保护层越来越薄的过程。当保护层某一点被穿透时，交换器出水水质就明显恶化，即交换器失效。当交换器失效时，并不意味交换器内的交换剂全部失去了交换能力。从这些可以看出，保证进水均匀流过树脂层，使交换层尽量均衡下移，是提高交换器运行经济性的重要途径。

（二）离子交换树脂在应用中的几种交换方法

1. 钠离子交换法

如果离子交换水处理的目的只是为了除去水中的 Ca^{2+}、Mg^{2+}，就称为离子交换软化处理，可以采用钠离子交换法。

水通过一级钠离子交换后，硬度可降至 $30\mu mol/L$ 以下，能满足低压锅炉对补给水的要求。

对于中、高压汽包锅炉，为了使补给水的硬度降至 $3\mu mol/L$ 以下，可以将两个钠离子交换器串联运行，这种处理方式称二级钠离子交换系统。

2. 一级复床除盐

原水只一次相继地通过 H 型和 OH 型交换器的除盐称一级复床除盐。

在这种系统中，为了要除去水中 H^+ 以外的所有阳离子，H 型交换器必须在有漏 Na^+ 现象时即停止制水进行再生。

经一级复床除盐的出水水质，SiO_2 含量可低于 $100\mu g/L$，电导率低于 $5\mu S/cm$。

由于对离子交换除盐系统出水水质要求较高，故做好运行监控工作很重要。

当强酸性 H 型交换器失效时，其出水的 pH 值、电导率和含 Na^+ 量都有所改变，在此中间不宜单独用 pH 值进行监督，因为当进水中强酸阴离子含量改变时，也要影响到出水的 pH 值，现在常以钠离子含量进行监督，此法比较简便。

当强碱性 OH 型交换器失效时，除应注意其 pH 值、电导率的变化之外，主要用测定含硅量的办法对其进行监督，值得指出的是，应该用准确度高的在线自动分析仪连续测定，并带有记录仪，而人工取样化验误差大，反映终点不及时。

3. 混合床除盐

经一级复床除盐系统处理过的水质虽已较好，但远不能满足电力部门对水质的要求，为了得到更好的水质，常采用混合床离子交换法，以制成更纯的水，在大电厂的化学补给水处理中，往往在不同方式处理后的水再经一级复床加混床的除盐系统，其出水水质良好，$SiO_2 \leqslant 20\mu g/L$，电导率可在 $0.2\mu S/cm$ 以下。

混合床就是把阴、阳离子交换树脂装在同一个交换器中，运行前先把它们分别再生成 OH 型和 H 型，之后混合均匀。所以混合床可以看作是由许许多多阴、阳树脂交错排列而组成的多级式复床。

在混合床中，由于阴、阳树脂是相互混匀的，所以阴、阳交换反应几乎是同时进行的，或者说水的阳离子交换和阴离子交换是多次交错进行的，经 H 型交换产生的 H^+ 和经 OH 型交换所产生的 OH^- 都不能累积起来，使交换反应进行得十分彻底，出水水质很高。

混床失效后，应先将两种树脂分离，然后分别进行再生和清洗。分离的方法一般是用水力筛分法，即用水反洗，利用阳树脂的湿真密度比阴树脂大，使阳树脂处于下层、阴树脂处于上层，再生清洗后，再将两种树脂混合均匀，重新投入运行。

第三节　离子交换树脂的管理与复苏

一、新树脂的处理

离子交换树脂的工业产品中，常含有少量低聚合物和未参与聚合或混合反应的单体。当树脂与水、酸、碱其他溶液接触时，上述物质便会转入溶液中，影响出水水质。除了这些有机物外树脂中还往往含有铁、铅、铜等无机杂质。因此在对水质要求较高的时候，新树脂在使用前必须进行处理，以除去树脂中的可溶性杂质。如果树脂在运输或贮存过程中脱了水，则不能将其放入水中，以防止树脂因急剧膨胀而破裂，应先把树脂放在10% 食盐水中浸泡 1~2h 后，用清水洗至符合要求再用下述步骤处理。

1. 稀盐酸处理

用约等于两倍树脂体积 50g/L 的 HCl 溶液浸泡树脂 2～4h，放掉酸液后冲洗树脂至排出水接近中性。酸处理主要是为了除去树脂中的无机杂质，如铁的化合物。

2. 稀氢氧化钠处理

用约等于两倍树脂体积的 20g/L 的 NaOH 溶液浸泡树脂 2～4h。放掉碱液后冲洗树脂至排出水接近中性，碱处理主要是为了除去树脂中的有机杂质。

对于阴树脂，经上述处理后可直接使用，而阳树脂经 NaOH 处理后是 Na 型，用于除盐时还需将树脂转换为 H 型的。

如果被处理树脂是用来制作实验室级别的纯度更高的纯水，以上处理需重复 2～3 次。

二、离子交换树脂的储存

如需长期贮存树脂时，最好把树脂转换成盐型，浸泡在水中；如贮存过程中树脂脱了水，也应先用 100g/L 的食盐水浸泡，再逐渐稀释，以免树脂急剧膨胀而破碎。

树脂在贮存和运输过程中的温度不应过高或过低，一般最高不超过 40℃；最低不得在 5℃ 以下，以免冻裂；如冬季没有保温设备时，可将树脂贮存在食盐水中，食盐水的浓度可根据具体气温条件而定。一般当食盐水浓度为 200g/L 时，可到 −16℃ 不冻。

三、离子交换树脂的变质、污染及复苏

在水处理系统的运行过程中，各种离子交换树脂常常会改变其性能。

原因有二：一是树脂化学结构受到破坏；二是受外来杂质的污染。前者是无法恢复的，后者可以采取适当措施，清除污物，使树脂性能复原或有所改善。

1. 变质

致使阳树脂变质的主要原因是水中的氧化剂，如游离氯、硝酸根等，在温度高时，树脂受氧化剂侵蚀更为严重，水中有重金属离子能起催化作用，致使树脂加速变质。

阳树脂氧化后发生的现象：颜色变淡，树脂体积变大，易碎，体积交换容量变低，但质量交换容量变化不大。

实践证明，强酸性 H 型树脂受侵害的程度最大，如当进水中含有 0.5mg/L Cl_2 时，只要运行 4～6 个月树脂就有显著的变质，而且由于树脂颗粒破碎，水通过树脂层的压力损失明显增大。

除去水中游离氯常用两种方法：一种是用活性炭过滤；另一种是加亚

硫酸钠。

近年来研制成功的新型大孔强酸性阳离子交换树脂，在抗氧化性和机械强度方面都比较好，而交换容量、再生效率、漏钠量均与凝胶型树脂相差不多。

阴树脂的化学稳定性较差，因此抗氧化和抗高温能力也较差，但因其位于阳离子交换器之后已受到一定的保护，一般只是溶于水中的氧对阴树脂起破坏作用。强碱性阴树脂在氧化变质的过程中，表现出来的是交换基团的总量和强碱性交换基团的数量逐渐减少，且后者的速度大于前者。

运行时水温的升高会使树脂的氧化速度加快，防止阴树脂氧化可采用真空除气。

2. 污染及复苏

（1）阳树脂。阳树脂会受到水中悬浮物、铁、铝等物质的污染。运行中应尽量采取措施防止上述物质对阳树脂的污染，万一受到污染，可针对污染物种类用下述方法处理：

1）空气擦洗法。在显微镜下，能看出树脂表面有沉积物时，可采用空气擦洗法除去，用于擦洗的压缩空气必须经过净化处理。

2）酸洗法。对那些不能以擦洗法除去的物质，如铁、铝、钙、镁等盐类，可用酸洗法。

3）非离子表面活性剂清洗法。润滑油、脂类及蛋白质等有机物质，由水中带入阳离子交换树脂层时，会在树脂表面形成一层油膜，严重影响树脂的性能，出现树脂层结块、密度减小等不正常现象，污染树脂的主要特征是树脂颜色变黑，极易与阳树脂受铁污染后变黑相混淆。

清洗时，可先将树脂转为钠型，然后将非离子表面活性剂加入反洗水中，通入交换器进行反洗即可。

（2）阴树脂。强碱性阴树脂在使用中，常常会受到有机物、胶体硅、铁的化合物等杂质的污染，使交换容量降低。

强碱性阴树脂被有机物污染的特征是交换容量下降，再生后正洗所需时间延长，树脂颜色常变深，除盐系统中出水水质变坏，pH 降低。为预防有机物污染，应合理地采用加氯、混凝、澄清、过滤、活性炭吸附等各种水处理方法，尽量降低阴床入口水有机物含量。

一般树脂受到中度污染时，即需复苏处理。复苏的方法很多，最常用的有碱性食盐水处理，具体方法是：用两倍以上树脂体积的含 100g/L NaCl 和 10g/L NaOH 混合溶液浸泡 16~48h，然后用水冲洗至 pH 为 7~8，如将处理液温度提高到 40～50℃，效果会提高，但Ⅱ型强碱性树脂只能用40℃。

用含次氯酸钠的氢氧化钠溶液处理严重污染的树脂效果更好，但这种处理会加速树脂的氧化，不宜常用。

由于有机物污染源不同，复苏处理前，应通过小型试验，找出最佳处理方案。

胶体硅通常不会污染强碱性阴树脂，但再生条件不适当时，就可能造成污染。强碱性阴树脂失效状态长期停用后。再生时需用多量的碱。

运行中的树脂也常被铁污染，阴树脂因再生碱不纯，被铁污染的可能性大。阴树脂受铁污染后颜色变黑，性能降低，再生效率降低，再生剂用量与清洗水耗增加。受铁污染的阴树脂一般也用与阳树脂相同的办法（酸洗等）处理。

如果阴树脂既被有机物污染，又被铁离子及其氧化物污染，则应先除去铁离子及其氧化物，而后再除去有机物。

第四节　膜材料的种类和性能

一、离子交换膜的种类和性能

1. 种类

离子交换膜有异相膜、均相膜和半均相膜之分。异相膜是用离子交换树脂粉和粘合剂调和制成的，有时为了增强机械强度，还覆盖有尼龙网布。均相膜是直接把离子交换树脂作成薄膜。均相膜与异相膜相比，均相膜有膜电阻小和透水性小的优点。现在，国外有发展均相膜的趋势。半均相膜是离子交换树脂和粘合剂混合得很均匀的一种产品。

现实用的膜大多是有机质的，其膜体基材有聚乙烯、聚砜、聚苯醚、聚氯乙烯等多种。与离子交换树脂相似，组成膜的树脂也有凝胶型和大孔型的区别。

按离子交换膜的选择透过性，可以将其分为阳离子交换膜和阴离子交换膜两大类。为了区别阳膜和阴膜，在制造时加入一些颜料，如阴膜为淡蓝色，阳膜为米黄色。

2. 性能

表5－5中，列出了阴阳两种离子交换膜产品的性能，其中一些主要项目的意义如表5－5所示。

表 5 – 5　　　　　　　　　　　　离子交换膜的性能

名　称	水分（%）	交换容量（mmol/g）	面电阻（$\Omega \cdot cm^2$）	选择透过率（$P \times 100$）	厚度（湿态）（mm）	爆破强度（kg/cm^2）
聚乙烯异相阳膜	≥40	≥2.8	8～12	≥90	～0.5	≥4
聚乙烯异相阴膜	≥35	≥1.8	8～15	≥90	～0.5	≥4
聚乙烯半均相阳膜	38～40	～2.4	5～6	>95	～0.4	≥5
聚乙烯半均相阴膜	32～35	～2.5	8～10	>95	～0.4	≥5
聚乙烯均相阳膜	30～40	1.6～2.5	2～3	>95	～0.35	
聚乙烯均相阴膜	35～40	1.8～2.4	3～10	≥96	0.2～0.3	

（1）机械性能：

1）厚度。厚度是离子交换膜的基本指标，对于同一种离子交换膜来说，厚度大，膜电阻也大；厚度小，膜电阻也小。所以，在保证一定机械强度的前提下，厚度应尽可能小些为好。目前，最薄的离子交换膜厚度为0.1mm左右。

2）机械强度。离子交换膜在电渗析装置中是在一定压力下工作的，因此其机械强度是一个很重要的指标，如强度不够，在运行中很容易损坏。

3）膜表面状态。膜表面应平整、光滑，如有皱纹，则会影响组装后设备的密封性能，引起内漏或外漏的现象。

（2）电化学性能：

1）膜电阻。离子交换膜的导电性能，常用单位面积的膜电阻来表示，称面电阻（单位是 $\Omega \cdot cm^2$），一般是在25℃时，在一定成分、一定浓度的电解质水溶液（如0.1～0.5mol/L KCl 溶液）中测定的。

对于同一种离子交换膜来说，膜电阻的大小取决于离子交换膜中可动离子的成分和所在水溶液的温度。阳膜以 H 型的膜电阻最小（膜电导最大）；阴膜以 OH 型膜电阻为最小（膜电导最大）。至于温度的影响，与电解质溶液一样，温度升高，膜电阻降低。

2）离子选择透过率。理想情况下，阳离子交换膜只允许阳离子透过，阴离子交换膜只允许阴离子透过。实际上，当用离子交换膜进行电渗析时，只是有少量异性离子同时透过。也就是，阳膜中有少量阴离子透过，阴膜中有少量阳离子透过。这是因为：第一、离子交换膜上免不了有某些微小的缝隙，使水溶液中各离子都能通过；第二、膜在电解质水溶液中并不是绝对排斥异性离子，而是能透过少量异性离子。

为了表示阳膜（或阴膜）对阳离子（或阴离子）选择透过性的强弱，拟定了选择透过率这一指标。该指标的意义如式（5-7）所示，即

$$P_{\text{t}} = \frac{\overline{t_+} - t_+}{1 - t_+} \qquad (5-7)$$

式中　P_{t}——阳膜对阳离子的选择透过率；

　　　t_+——阳离子在水溶液中的迁移数；

　　　$\overline{t_+}$——阳离子在阳膜中的迁移数。

对于阴膜，其选择透过率意义和式（5-7）相同，只是按阴离子的迁移数计算。

为了说明式（5-7）的意义，这里先解释"迁移数"。在电化学中，某种离子的迁移数 t 就是表示通电时该种离子所搬运的电量 q 和通过溶液的总电量 Q 之比，如式（5-8）所示，即

$$t = \frac{q}{Q} \qquad (5-8)$$

在离子交换膜中，阳或阴离子迁移数的含意与此相似，只是应按膜中搬运的电量计算。所以式（5-7）中的分子 $\overline{t_+} - t_+$（阳离子在阳膜中和溶液中迁移数的差）所表示的是由于膜的选择透过性而产生的差别；分母 $1 - t_+$ 表示阳膜在理想条件下，即完全不让阴离子穿透的情况下，阳离子在阳膜中迁移数（等于1）和其在溶液中迁移数的差别。这样，实际差别和理想差别之比就表示了"率"的意义。

3）透水性。离子交换膜能透过少量的水，这就叫做膜的透水性。原因是：与离子发生水合作用的水分子，随此离子透过；透过少量自由的水分子，也可能被迁移中的离子带走。膜的透水性也会影响到电渗析的效果。从实用上来看，应当尽量减少离子交换膜中异性离子透过的量和离子交换膜的透水性。

4）交换容量。离子交换膜离子交换容量的含意与粒状离子交换剂的含义相同，单位为 mmol/g（干膜）。交换容量大，膜的导电性和选择性就好，但机械强度会降低。

（3）化学稳定性。膜应具有耐酸碱、耐氧化、耐高温和耐有机物污

染等性能。否则，会影响其使用寿命。一般地，要求离子交换膜能使用一至数年。

二、反渗透膜的种类和性能

渗透现象是 18 世纪发现的。最初，人们都是用动物膜做实验。动物膜不是真正的半透膜，它们有许多缺点，在工业上不能应用。所以，反渗透技术的发展决定于半透膜的制取工艺。

反渗透膜是一种具有不带电荷的亲水性基团的膜，其性能好坏是实现反渗透膜分离的关键。良好的反渗透膜应具备以下性能：透水率大，脱盐率高；机械强度大；耐酸、耐碱、耐微生物的侵袭；使用寿命长；制取方便，价格较低。

现在，可用作反渗透材料的高分子物质甚多，这里仅介绍几种常用的半透膜。

1. 醋酸纤维素膜

这是最早（1960 年）制成的实用人造膜。现在，其制造方法经多次改进，产品已具有透水率大、脱盐率高和价格便宜的优点。

此膜的制造方法是用溶剂溶解醋酸纤维素，加以发孔剂，制成膜后，蒸去溶剂，并经一定的热处理而成。所用溶剂为丙酮，也有用二氧六环的，发孔剂有 $Mg(ClO_4)_2$、$ZnCl_2$ 及甲酰胺等。

这样制成的膜是由表层和多孔层（底层）两部分组成。表层（厚约 $0.1 \sim 0.2 \mu m$）具有相当细密的微孔结构（孔径 <5nm），这就是半透膜；下面一层呈海绵状多孔结构，厚度为表面层的 $200 \sim 500$ 倍，孔较大（孔径约为 40nm），具有弹性，起支撑表层的作用。醋酸纤维膜适用于 pH 值为 $3 \sim 7$ 的溶液（长期使用范围为 4.5 左右）。

2. 聚酰胺膜

在 1970 年以前制成的主要是脂肪族聚酰胺膜，如尼龙 – 66、尼龙 – 6 等，这些膜的透水性很差。后来，制成了芳香族聚酰胺膜，它的透水性、除盐率参见表 5 – 6，机械强度和化学稳定性等都较好。它能在 pH 值为 $4 \sim 10$ 的范围内使用（长期使用范围为 $5 \sim 9$）。芳香聚酰胺膜主要是制成中空纤维。

这类膜的铸膜液通常是由芳香聚酰胺、溶剂和盐类添加剂（作为助溶剂）三种成分组成的。中空纤维膜系由溶纺丝法制取：将一定浓度的芳香聚酰胺纺丝液，在一定温度（如 $80 \sim 140℃$）下通过环形中孔喷丝嘴喷出，经烘烤、蒸发和浸洗等步骤而制成。

表 5 - 6　　　　　　　芳香族聚酰胺膜的透水性、除盐率

膜	NaCl 浓度 （%）	操作压力 （MPa）	透水率 [m³/(m²·d)]	除盐率 （%）
芳香聚酰胺	0.5 3.5	7 10	0.4~0.5 0.3~0.4	99 99
芳香聚酰胺-酰肼	0.5 3.5	7 10	0.3~0.4 0.3~0.4	98 93

3. 复合膜

上列半透膜之所以能起渗透作用，是由于其表面的活化层。此活化层只需很薄的一层，它太厚无助于渗透作用，反而会引起透水率降低，并使流量随运行时间衰减得速度加快。然而在制取这些膜时，却难以将活化层做得比 0.1μm 更薄，为此研制成了复合膜。

复合膜是两层薄皮的复合体。先在布料（用以增强机械强度）上制成多孔支撑层，然后在其表面进行活化层的聚合反应。支撑层材料可采用聚砜，活化层可用聚脲。

复合膜的透水率脱盐率和流量衰减方面的性能都较为优越，它的出现大大降低了反渗透的操作压力，延长了膜的寿命，提高了反渗透的经济效益。

提示　本章共四节，适用于高级工。

第六章

锅炉补给水处理

第一节 水的沉淀处理

将水中杂质转化为沉淀物而析出的各种方法，统称为沉淀处理。沉淀处理的内容包括悬浮物的自然沉降、混凝处理和沉淀软化。

自然沉降是指水源水在加药之前进行的沉降处理。其方法为使水流过一个流速较慢的池子，让泥沙自行沉降到池底。此池子不限任何形状，可以因地制宜。因为此时通常仅用于天然水中悬浮物含量非常高，以致有必要将水中易沉泥沙去除的情况下，所以这里不予介绍。

本节所讲的水的沉淀处理和第二节的过滤处理习惯上称为水的预处理，因为它们常常是水处理工艺的第一步。这些处理的目的主要是去除水中的悬浮物和胶体，为后阶段的离子交换处理提供有利的条件。

水中含有的悬浮物和胶体，如不首先除去，则会引起管道堵塞、泵与测量装置擦伤、各种配件磨损，以致影响到后阶段水处理工艺中离子交换器的正常运行，如，使其交换容量降低，有时还会使出水水质变坏。当有铁、铝化合物的胶体进入锅炉时，会引起锅炉内部结垢；如有有机物的胶体进入锅炉，易使炉水起泡从而使蒸汽品质恶化，所以在水处理工艺中，应首先清除水中悬浮物和胶体。

一、水的混凝处理

（一）混凝原理概述

1. 水中悬浮物的沉降

水中有些悬浮物，在水的流速很慢或静置的情况下会自行沉降下来。但各种悬浮物沉降速度不一，这与悬浮物的性质有关，特别是和其颗粒大小有关，颗粒越小，沉降越慢，当它们达到与胶体颗粒粒径相同时，实际上已不会自行沉降。

2. 天然水中的悬浮物

天然水中悬浮物的颗粒总是各种大小不一的混杂物，所以静置时，即使时间很长，仍然会有一部分微小的颗粒残留在水中。因此，只用自然沉

第六章 锅炉补给水处理

降法不能除尽水中的悬浮物。

通常，也不能单独用普通的过滤法来清除水中的悬浮物和胶体，因为它不能除去较小的悬浮颗粒，更不能除去胶体，而且水中悬浮物较多时，滤池的清洗工作频繁，不利于运行。所以实际上经常采用的方法，是在混凝处理后再进行过滤。

3. 混凝原理

混凝处理就是在水中投加一种名为混凝剂的化学药品，这种药品在水中会促使微小的颗粒变成大颗粒而下沉。我国用明矾来澄清水，已有上千年的历史，这就是一种混凝处理。对于混凝处理的原理，曾有许多不同的认识。最近，由于胶体化学的发展，才得到比较一致的看法。现将目前对混凝处理的认识，叙述如下：

以混凝剂硫酸铝 $Al_2(SO_4)_3$ 为例，当它投入水中时，首先发生电离和水解，因而生成氢氧化铝，即有

$$Al_2(SO_4)_3 \longrightarrow 2Al^{3+} + 3SO_4^{2-}$$

$$Al^{3+} + H_2O \longrightarrow Al(OH)^{2+} + H^+$$

$$Al(OH)^{2+} + H_2O \longrightarrow Al(OH)_2^+ + H^+$$

$$Al(OH)_2^+ + H_2O \longrightarrow Al(OH)_3 + H^+$$

这个过程很快，通常30s内就完成了。

氢氧化铝是溶解度很小的化合物，它从水中析出时形成胶体。这些胶体在近乎中性的天然水中带正电荷，随后，它们在反粒子（如 SO_4^{2-}）的作用下渐渐凝聚成絮状物（通常称为凝絮或矾花），然后在重力作用下沉降。这是用铝盐处理时它本身所发生的变化。

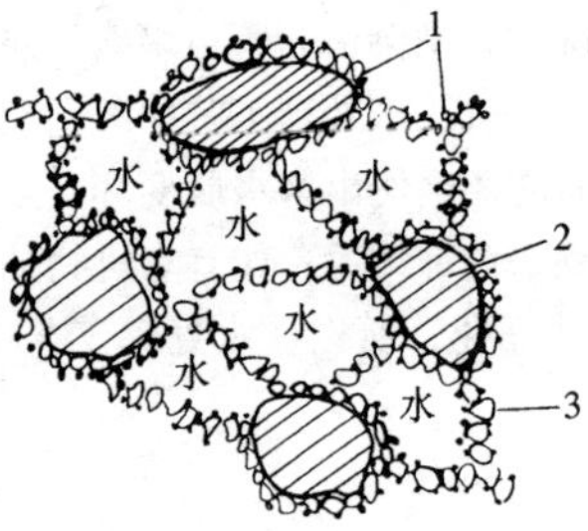

氢氧化铝胶体、悬浮物和生水中自然胶体之间的关系，大致如图6-1所示。氢氧化铝胶体会吸附自然胶体，

图 6-1 凝絮的形成

1—架桥（氢氧化铝）；2—悬浮物；
3—自然胶体

此时，有可能发生正负胶体之间的电中和现象。随后氢氧化铝胶体会结成长链，起架桥作用结成许多网眼。这些网状物在下沉的过程中起网捕作用，它们包裹着悬浮物和水分，形成絮状物（凝絮）。

在此过程中，也可能有对自然胶体扩散层的压缩作用，但因在水中存在的时间极短，所以我们估计这不是混凝的主要反应。

第二篇 电厂水处理

由此可见，用硫酸铝处理是一种较复杂的过程，常常混有各种聚沉反应，故称为混凝处理。

(二) 影响混凝效果的因素

混凝处理的目的是除去水中的悬浮物和胶体，以及部分有机物，所以，水的混凝效果常以生成絮凝物的大小、沉降速度的快慢以及水中胶体和悬浮物残留量来评价水的混凝效果。

影响混凝效果的因素很多，但以混凝剂种类、原水水质和水温三个因素最为显著。

1. 温度的影响

在生产实践中，经常可以观察到水温对凝聚的影响。水温降低，使凝聚效果相应效果降低，有时即使增加混凝剂投入量也难以弥补水温降低的影响。

根据凝聚机理，水温的降低将对凝聚带来许多不利因素：

(1) 水的黏度随着温度的降低而升高，这将使颗粒的迁移运动减弱，大大降低颗粒的碰撞机会。

(2) 温度降低，分子热运动减慢，使布朗扩散的原动能量减弱，也使颗粒的碰撞机会减少。

(3) 温度降低，使胶体颗粒的溶剂化作用增强，胶体颗粒周围的水化作用明显，妨碍了微粒的聚集。

由此可见，水温降低不利于混凝反应和絮凝物沉析，需混凝剂量增大。为了提高水温偏低时的混凝效果，通常采用的方法是增加混凝剂投加量和投加高分子的助凝剂，或提高水温。

2. 混凝剂的影响

混凝剂是为了达到混凝所投加的药剂总称。给水处理中，以投加可水解阳离子的无机盐类（铝盐或铁盐）为主。铝盐和铁盐混凝剂的凝聚作用主要是以水解产物发挥作用，铝盐和铁盐的水解产物是相当复杂的，pH 值不同可以形成不同的水解产物，相应达到混凝的机理也不同。

(1) pH 值较低时，金属盐主要以阳离子状态存在，通常压缩胶体扩散层达到凝聚。

(2) 当铝盐、铁盐浓度超过氢氧化物溶解度时，将产生一系列金属羟基聚合物，通过聚合物与胶体之间的电荷中和或架桥连接来达到凝聚效果。

(3) 当铝盐、铁盐投加量很大时，铁铝氢氧化物将超过它们的饱和浓度并大量析出，通过网捕作用，来使胶体凝聚。

因此，铝盐、铁盐的凝聚机理取决于溶液 pH 值、混凝剂投加量等等。

3. 原水水质的影响

根据混凝机理，对于一般以除去浑浊为主的地表水来说，主要的水质影响因素是水中的悬浮固体和碱度。

如前所述，混凝剂的凝聚与溶液的 pH 有关，因而原水的碱度是影响凝聚的主要因素之一。即使两种原水的 pH 值相同，混凝剂加入量相同，但由于碱度的作用，常使形成的溶液 pH 值有明显区别。

原水悬浮颗粒含量不仅对絮状阶段有影响，对混凝阶段也有明显影响。铝盐和铁盐混凝剂的凝聚，可以通过吸附或网捕的方式来达到，而两种方式对悬浮颗粒含量的关系正好相反。利用吸附和电中和来完成凝聚时，混凝剂的加入量与悬浮颗粒成正比，但加入过量时将使胶体系统的电荷变号而出现再稳。析出物网捕所需混凝剂的加入量则与悬浮颗粒浓度成正比，且不出现再稳。

根据原水碱度和悬浮物含量，给水处理中常遇到以下几种处理类型：

（1）悬浮物含量高而碱度变化。加入混凝剂后，系统 pH 值大于 7，此时，水解产物主要带正电荷，因而可通过吸附、电中和来完成凝聚。

（2）碱度与悬浮物含量均高。当碱度高，以至加入凝混剂 pH 仍达到 7.5 以上时，混凝剂的水解产物主要带负电，不能用吸附、电中和来达到凝聚，此时一般要采用沉析网捕的方法，通常以聚合氯化铝为主要选择。

（3）悬浮物含量低而碱度高。此时，混凝剂的水解产物主要带有负电荷，故应采用沉析物网捕来达到混凝。由于悬浮物含量低，需投加大量混凝剂，甚至投加助凝剂以增大原水的胶体颗粒浓度，达到混凝效果。由于悬浮物含量低，也可采用直接混凝过滤方法进行处理。

（4）悬浮物与碱度均低。这是最难处理的一种系统，虽然混凝水解产物带有正电荷，但由于悬浮颗粒浓度太低，碰撞聚集的机会极少，难以达到有效凝聚，而利用沉析网捕机理，则因溶液的 pH 降得很低，要达到金属氢氧化物过饱和浓度所需的混凝剂量过大。这种水质常采用其他方式来处理。

（三）常用的混凝剂和助凝剂

1. 混凝剂

一般常用的混凝剂有铝盐、铁盐和高分子絮凝剂三种。

（1）铝盐。常用作混凝剂的铝盐有硫酸铝 [$Al_2(SO_4)_3 \cdot 18H_2O$]、明矾 [$Al_2(SO_4)_3 \cdot K_2SO_4 \cdot 24H_2O$]、铝酸钠（$NaAlO_3$）以及聚合铝。

硫酸铝使用方便，混凝效果较好，而且不会给处理后的水质带来不良的影响。所以应用较广。但是水温较低时，水解困难，形成的絮凝物水分较多，结构比较松散，效果不如铁盐。硫酸铝的最佳 pH 使用范围是 $5.5 \sim 7.0$。当然，针对不同的杂质，其范围略有不同。

聚合铝也叫碱式氯化铝，化学分子式的通式可写为 $[Al_n (OH)_m Cl_{3n-m}]$ 或直接以离子比值书写为 $Al (OH)_n$ 的中间产物，而且通过羟基的桥联形成聚合高分子的化合物。聚合铝是针对铝盐的混凝作用而专门研制的一种新型铝盐混凝剂，本质上与铝盐混凝剂无多大差别，但是混凝效果大大优于其他铝盐。聚合铝与硫酸铝相比有以下特点：

1）加药量小，其用量相当于硫酸铝的三分之一。

2）混凝效果好。首先是絮凝速度快，且絮凝物致密，易于沉降。

3）适用范围广。水温降低对其混凝效果无多大影响，pH 值在 $7 \sim 8$ 之间均可采用。

4）副作用小。产品本身无害，且无腐蚀性，投加过量也不会使水质恶化。

（2）铁盐。常用的铁盐混凝剂有硫酸亚铁、硫酸铁等，其中以硫酸亚铁应用较广。

硫酸亚铁 $[FeSO_4 \cdot 7H_2O]$ 是绿色晶体，又名绿矾，易溶于水，水溶液呈酸性。硫酸亚铁加入水后，发生的化学反应可粗略地表示为

$$FeSO_4 + Ca(HCO_3)_2 \longrightarrow Fe(OH)_2 + CaSO_4 + CO_2$$
$$Fe(OH)_2 + O_2 + H_2O \longrightarrow Fe(OH)_3 \downarrow$$

研究表明，硫酸亚铁直接水解产生的二价铁只能生成简单的单核络合物，其混凝效果不如三价铁离子好，所以在采用硫酸亚铁作混凝剂时应先将二价铁氧化成三价铁，然后再起混凝作用。

为了使 Fe^{2+} 氧化成 Fe^{3+}，必须使水的 pH 值在 8.8 以上。所以硫酸亚铁经常与石灰混合使用，提高水的 pH 值，同时加入氯或漂白粉加快氧化进程。

三氯化铁也是一种常用的混凝剂，产品有无结晶水、带结晶水和液体三种，三氯化铁易溶于水，但腐蚀性较强。

三氯化铁中的铁离子以三价态存在，不需进行氧化，能直接与水中的碱度反应形成氢氧化铁胶体。由于三价铁造成的絮状物密度大，沉淀性能好，其混凝效果好于铝盐，与高效聚合铝效果相当。

聚合硫酸铁是一种新型无机混凝剂，与聚合铝相似，是一种无机高分子聚合物。试验表明聚合硫酸铁有以下几个特点：

1）在原水浓度变化范围比较宽的情况下，均可使澄清水的浊度达到一定的标准。

2）对于原水中溶解铁的除去率可达 97%～99%。

3）原水经聚合硫酸铁处理后，pH 变化小。

4）聚合铁耗量小，且无毒。

铁盐和铝盐相比，铁盐生成的絮状物比铝盐大，沉降速度快，所需设备小，且最优 pH 范围也比铝盐宽；受温度的影响小，但残留在水中的铁盐会使水带色，尤其是与水中的腐殖质作用，生成物颜色深且不易沉降。

2. 助凝剂

在水的混凝处理中，为了提高混凝效果，除了加混凝剂外，还往往加入一些辅助剂，又称助凝剂。

无机类助凝剂有的是用来调整混凝过程中的 pH 值的，有的是用来增加絮凝物的密度、粒度和牢固性。因为每一种混凝剂要求有一定的 pH 范围，如果碱度不能满足要求，就通过加入酸或碱来调整。常用的酸有硫酸等，常用的碱有氧化钙或氢氧化钠。

活性二氧化硅也是一种常用的无机助凝剂，加入后可以提高絮凝物的粒度、密度和牢固性，从而提高絮凝物的沉淀速度。活性二氧化硅通常用水玻璃加酸的方法制成。另外，活性炭、膨润土也属于这一类助凝剂。

近年来，人工合成了多种高分子絮凝剂，它可单独作为混凝剂使用，但更多是作为一种助凝剂与铁、铝盐联合使用。

这类助凝剂加入水后起两种作用：一种是离子性作用，即利用离子性基团的电荷进行电性中和，引起絮凝；二是利用高分子物质的链状结构，借助吸附架桥作用，引起凝聚。

大部分有机高分子絮凝剂是溶性的线状高分子化合物，在水中可以电离，属于高分子电解质。根据可离解基团的特性可分为阴离子型、阳离子型、两性型和非离子型。

阴离子型絮凝剂如聚乙烯酸和水解的聚丙烯酰胺，其基团为—COOH、—SO_3H、—OSO_2 等。在水中电离后，在高分子化合物的链节上便带上许多负电荷，所以叫阴离子性絮凝剂。它对天然水中带负电荷的胶体颗粒主要起吸附架桥凝聚作用，采用这种絮凝剂往往加入一定数量的高价阳离子，才能起到较好的混凝效果。

阳离子型絮凝剂如聚二丙烯二甲基胺，基团为—NH_3OH、—NH_2OH、—$CONH_2OH$ 等。电离后在高分子链节上带有许多正电荷，所以叫做阳离子型絮凝剂。它对天然水中带负电荷的胶体颗粒主要起电性中和、压缩双电层和架桥作用。因此这种絮凝剂适应的 pH 范围较宽，对大多数悬浊液都有效。

所谓两性絮凝剂，即同时含有上述两种基团，而非离子型絮凝剂是一种无离子化基团的高分子化合物，主要起架桥凝聚作用。

为了使高分子絮凝剂能更好地发挥架桥和吸附作用，应使高分子的线状结构延伸为最大长度，并使电离基团达到最大电离度，有利于发挥吸附架桥的作用。

高分子絮凝剂一般有以下特点：

1）在低加药量时，能形成相当稳定的絮状物。

2）易受 pH 值和离子强度的影响，应用范围和混凝效果有很大的关系。

3）高分子絮凝剂一般不会除铁和有机物，所以一般以助凝剂形式与其他混凝剂共同使用。

4）某些聚合物有一定的毒性。

二、水的沉淀处理

沉淀软化处理的方法是：将天然水中的钙、镁离子转化为难溶于水的化合物沉淀析出，达到降低水的硬度的目的。按沉淀软化的物理学过程可分为热力软化和化学软化。所谓热力软化，就是将处理水加热到 100℃ 以上，此时，水中钙、镁离子的碳酸盐转化为不溶于水的 $CaCO_3$ 和 $Mg(OH)_2$ 沉淀析出，钙镁的非碳酸盐由于在煮沸过程中不形成难溶化合物而无法析出。化学软化就是在处理水中加入一定量的化学药剂使钙镁离子转化为难溶化合物而除去的。

最常用的沉淀软化处理的方法是，加石灰使水中的钙镁离子分别化合成难溶于水的碳酸钙和氢氧化镁析出。

1. 石灰软化沉淀处理的原理

水的石灰软化处理的实质是：在水中加入氧化钙后，水的 pH 值增大，因而使水中原有的碳酸平衡向生成的方向移动，即有

$$H_2O + CO_2 \rightleftharpoons H^+ + HCO_3^- \rightleftharpoons 2H^+ + CO_3^{2-}$$

$$H^+ + OH^- \rightleftharpoons H_2O$$

由上式可看出，水中保持一定的 OH^- 浓度的条件下，原水中的钙镁碳酸化合物就相应地转化为难溶的 $CaCO_3$ 和 $Mg(OH)_2$ 沉淀析出。石灰软化剂处理时，所投加的 $Ca(OH)_2$ 与水中的各种不同的碳酸化合物先后发生作用，其反应式为

$$Ca\ (OH)_2 + CO_2 \longrightarrow CaCO_3 \downarrow + H_2O$$
$$Ca\ (OH)_2 + Ca\ (HCO_3)_2 \longrightarrow CaCO_3 \downarrow + H_2O$$
$$Ca\ (OH)_2 + Mg\ (HCO_3)_2 \longrightarrow CaCO_3 \downarrow + Mg\ (OH)_2 \downarrow + H_2O$$
$$Ca\ (OH)_2 + NaHCO_3 \longrightarrow CaCO_3 \downarrow + Na_2CO_3 + H_2O$$
$$Ca\ (OH)_2 + MgCO_3 \longrightarrow CaCO_3 \downarrow + Mg\ (OH)_2 \downarrow$$

虽然，石灰软化沉淀处理只能将钙镁的碳酸盐硬度除去，至于水中的非碳酸盐硬度，是无法用石灰软化处理除去的。从这一角度看，石灰处理的主要目的是降低原水的碳酸盐碱度。

2. 石灰处理的沉淀过程

经石灰处理后，从理论上讲，水中的残留碳酸盐硬度相当于该处理条件下 $CaCO_3$ 的溶解度的量。但实际上，处理水中残留量往往大于理论量，其原因是石灰处理过程中形成的沉淀物不会完全沉淀。因此在石灰沉淀处理中，有一部分碳酸钙颗粒就以胶体状态残留在水中。

为提高石灰处理效果，除投加必需的石灰剂量保证上述反应完全外，还应组织好难溶化合物的沉淀过程。因此在水处理工艺流程中，常采用以下两种措施：一是利用先前析出的沉淀物作为接触介质；二是在石灰处理的同时进行混凝处理。

石灰处理与混凝处理同时进行的优点在于混凝处理可以除去对沉淀过程有害的物质，同时混凝过程中形成的凝絮体可以吸附石灰处理过程中形成的胶体，共同沉淀。这样，即可以除去水中钙镁的碳酸盐硬度，又提高了除去悬浮物和胶体的效果。石灰混凝沉淀处理中所用的混凝剂通常为铁盐。

3. 石灰剂量的计算

根据生水水质的特点和水处理工艺的要求，可以得到不同性质的沉淀物。碳酸钙的沉淀物结构致密，密度大，沉淀速度较快，氢氧化镁沉淀物结构疏松，常常包含有水分，相对密度小于碳酸钙，呈絮状。在处理过程中，工艺是否要求沉淀出氢氧化镁，对石灰剂量的计算尤为重要。

石灰处理的加药量计算，主要依据化学反应式，但在实际运行中，由于水中存在一些有碍于硬度除去的不利因素，影响石灰处理效果，因此石灰投加量多采用经验估算值。

为了方便计算，国内外研究人员对此作了大量的探索工作，总结出了一些较为实用的经验计算公式，例如下式：

$$D_s = 28\ (\ [CO_2]\ + 2YD_C - [Ca^{2+}]\ \pm D_N + e)$$

式中　　$[CO_2]$ ——水中游离 CO_2 含量，mmol/L；

YD_C——碳酸盐硬度，mmol/L；

$[Ca^{2+}]$——水中钙离子浓度，mg/L；

D_N——混凝剂量，mmol/L；

e——石灰过剩量，mmol/L。

其中，混凝剂量前的符号"±"与混凝剂投加时间有关，关于混凝剂与石灰的投加次序有两种说法：一种认为先投加混凝剂有利于沉淀；一种认为先投放石灰形成一定的 pH 有利于混凝。为此在计算适合剂量时，要考虑两种药剂的投加次序，若混凝剂先于石灰，符号取"−"，否则取"+"。

在水处理应用中，加药量均通过小型试验进行优选。

三、常用的混凝、沉淀处理设备

用于混凝、沉淀处理的设备主要有平流式沉淀池、斜管斜板式沉淀池、泥渣悬浮式澄清池、泥渣循环式澄清池。目前使用较广泛的澄清池是泥渣循环式澄清池。泥渣循环式澄清池又分为机械搅拌澄清池、水力循环澄清池。

1. 水力搅拌澄清池

水力搅拌澄清池的结构与机械搅拌澄清池基本相同，不同点在于，在水力循环澄清池中，泥渣的循环是通过由喷射器的高射流所造成的动力来实现的，其结构如图 6−2 所示。

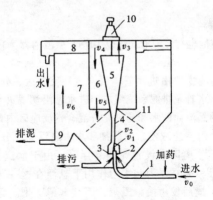

图 6−2　水力搅拌澄清池

1—进水管；2—喷嘴；3—混合室；4—喉管；5—第一反应室；

6—第二反应室；7—分离室；8—集水槽；9—泥渣浓缩室；

10—调节器；11—伞形挡板

池体主要由混合室、喉管、第一反应室、第二反应室和分离室组成。生水经喷嘴高速喷出，在喷嘴周围形成负压，将泥渣吸入混合室。

喷嘴是池的关键部分，它关系到泥渣回流量，最优回流量应由试验室通过调整试验来确定。

泥渣回流量的控制，一般通过调节喷嘴流速来实现。喷嘴的流速则与原水压力及喷嘴结构有关。在原水压力一定时，则可通过两节喷嘴与喉管下部喇叭口的间距来调整泥渣回流量。

2. 机械搅拌澄清池

机械搅拌澄清池的池子主体由钢筋混凝土构成，分为第一反应室、第二反应室和泥渣分离室。池子中间安装机械搅拌装置。原水经进水管进入第一反应室，水流沿切线进入，在池子中心形成巨大的涡流，在这里使药剂和水充分进行混合，在机械搅拌装置的搅动及提升作用下，将部分分离区回流的泥渣和原水充分搅拌，完成混凝过程，而后水流进入第二反应室。由于第二反应室内水流是自上而下的，已形成的部分致密絮凝直接由惯性力沉到池体底部，其余絮体随同原水一同进入分离室。由于分离室的截面远大于第二反应室，水流速度下降较大，有利于泥渣与水的分离。沉积的泥渣部分被提升回流到第一反应室外，其余被刮泥装置刮入积泥坑排除出去。

此设备运行关键是控制好泥渣回流量，通过改变机械搅拌装置的转速来控制回流量。

3. 悬浮式澄清池

悬浮式澄清池也有多种形式，以 UHNN 型澄清器为代表，如图 6-3 所示。

悬浮式澄清池主要由进水管、混合区、反应区、分离区、清水区、泥渣悬浮区、出水管及排泥系统组成。进水管沿切线进水，在混合区内利用水流形成的涡流而使水和药剂充分混合，反应区内设置水平挡板和垂直挡板，使水的流速减慢，使药剂和水中悬浮物充分发生化学反应，形成絮凝颗粒，分离区内设置泥渣悬浮区，由于水流自下而上流动，一些疏松的活性絮凝在浮力和水力作用下悬浮在这一区域，而新产生的絮粒与它们碰撞后发生接触凝聚，而被截留下来。另一部分已长大致密且失去活性的泥渣，则由于重力作用而沉积在泥渣区内，通过排泥装置窗口进入内部排泥装置，在此进行进一步的分离，最后将泥排出。

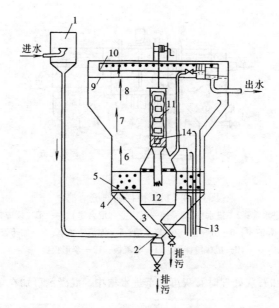

图 6 - 3　泥渣悬浮式澄清池

1—空气分离器；2—喷嘴；3—混合区；4—水平隔板；5—垂直隔板；

6—反应区；7—过渡区；8—清水区；9—水栅；10—集水槽；

11—排泥系统；12—泥渣浓缩器；13—采集管；14—可动罩子

四、常用混凝、沉淀处理设备的结构、工作原理和运行操作

1. 机械搅拌加速澄清池设备结构

机械搅拌加速澄清池是一种钢筋混凝土构成的水处理设备。横断面呈圆形，内部有搅拌装置和导流隔墙，如图 6 - 4 所示，其运行流程如下：

原水由进水管进入截面为三角形的环形进水槽。通过槽下面的出水孔或缝隙，均匀地流入澄清池的第一反应室（又称混合室），在这里由于搅拌器上叶片的搅动，进水和大量回流泥渣混合均匀；第一反应室中夹带有泥渣的水流被搅拌器上的涡轮提升到第二反应室，在这里进行凝絮长大的过程；然后，水流经第二反应室上部四周的导流室（消除水流的紊动），进入分离室；在分离室中，由于其截面较大，水流速度很慢，泥渣和水可分离，分离出的水可流入集水槽；集水槽安装在澄清池上部的出水处，以便均匀地汲取清水。至于加药，当用作混凝处理时混凝剂可直接加到进水管中，也可加在水泵吸水管或配水槽中，这可根据具体运行效果而定。当

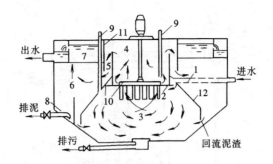

图 6-4　机械搅拌加速澄清池

1—进水管；2—进水槽；3—第一反应室（混合室）；4—第二反应室；
5—导流室；6—分离室；7—集水槽；8—泥渣浓缩室；9—加药管；
10—机械搅拌器；11—导流板；12—伞形挡板

用混凝剂和石灰处理时石灰可加至进水槽中，混凝剂可加在第一反应室中。

　　在此设备中泥渣的流动情况是：由分离室分离出来的泥渣大部分回流到第一反应室，部分进入泥渣浓缩室。进入第一反应室的泥渣随进水流动；进入泥渣浓缩室的泥渣定期排走。澄清池底部设有排污管，供排空之用。

　　此外，在环形进水槽上部还设有排气管，以排出进水带入的空气。

　　机械搅拌器的结构上部为涡轮，下部为叶片。涡轮的结构与作用类似于泵，它是用来将夹带有泥渣的水提升到第二反应室。其提升能力除与其转速有关外，还可以用改变开启度（涡轮和第二反应室底板间的距离）的办法来调整。

　　叶片是用来搅拌的，搅拌的速度一般为每分钟一至数转，可以根据需要调节。

　　在第二反应室和导流室中设有导流板，其目的是缓和搅拌器提升水流时产生的旋流现象，减轻对分离室中水流的扰动，有利于泥渣和水的分离。有时也在第一反应室伞形板的下部装设导流板。

　　当此类澄清池的容量较大时，在其底部一般都设置刮泥装置。

　　机械搅拌加速澄清池的优点是：效率高，对原水水质（如浊度、温度）和处理水量变化的适应性较强，运行操作方便。缺点为：设备维修

第二篇　电厂水处理

工作量较大，机电设备的配备较困难。

2. 工作原理

机械搅拌加速澄清池是借电动搅拌器叶轮的提升作用，使先期生成并沉到泥渣区的泥渣回流到反应室，参与新泥渣的生成。在此过程中，先期生成的泥渣起了结晶核心与接触吸附的作用，促进新泥渣迅速成长，达到有效分离的目的。

3. 运行操作

澄清池在投入运行前，必须先做以下准备工作：

（1）新池或检修后启动时，应把池内打扫干净，并检查设备本体、各阀门、管道和机电部分等是否良好，活动件动作是否灵活。

（2）估算好各种加药量。新池启动时最好先通过实验室的模拟试验，求得各种药剂的最优加药量。

（3）配制好各种药液。配制药液时，其浓度最好按 mmol/L 计为整数，例如，硫酸亚铁可取 300mmol/L（$1/3FeSO_4$）、石灰乳取 1000mmol/L（$1/2CaO$）等。药液浓度的波动范围不应超过额定值的 ±5%。

药液的浓度以稍稀为好，因为这样容易做到加药量准确。但不能过稀，如过稀就可能在水处理设备为最大出力时，即使加药器以最大出力运行，也不能满足需要。

（4）加药器的加药量调节应在澄清池启动前先进行试验。

（5）在澄清池投入运行前，可在池外先配好泥渣，以加速澄清池中泥渣层的形成。

4. 启动

当各项准备工作完成后，就可向澄清池中灌水。同时启动加药泵。若采用石灰处理，则开始向澄清池送水时，应将底部排污门放开，把水引入地沟；当送入药品溶液时，应关闭排污门。在第一反应室采样，经过滤后测定其酚酞碱度和甲基橙碱度。当原水中没有过剩碱度采用氢氧根规范的处理方式时，氢氧根一般为 0.2 ~ 0.3mmol/L，全碱度为 1 ~ 1.5mmol/L（H^+）。若水的碱度不合适，则应改变加药量，过 5 ~ 30min 后，再采样化验，直到符号上述指标并达到稳定为止。

当澄清池由空池投入运行时，如没有其他澄清池排放出的泥渣可利用，那么首先需要在池内积累泥渣。在这个阶段中，应将进水速度减慢，如流量为额定流量的 1/3 或 1/2，并适当加大混凝剂的投加量，如流量为正常情况下的 3 倍。为了加速泥渣的形成，在这一阶段也可投加一些黏土，或先加入在池外配好的泥渣，使其投运后在较短的时间内形成所需的泥渣浓度。当泥渣层形成后，再逐步增大进水速度至水流量为额定流量。随后开启出口溢流门。待溢流管出水后，检测出水浊度（和碱度），若不合格，则不把水送出，应使澄清器满水溢流，待水质合格即达到标准后方可送出。

5. 运行

澄清池在正常运行中，实际是一个进水、加药和出水、排泥的动态平衡过程。所以运行操作就是控制好这种动态平衡，使它保持在最优越的条件下工作。影响澄清池出水效果的因素有以下几方面：

（1）排污量。为了保持澄清池中泥渣的平衡，必须定期从池中排出一部分泥渣。每两次排泥时间的间隔（排泥周期）与形成的泥渣量有关，可由运行经验决定。排泥量也要掌握适当。如排出量不够，则会出现分离室中泥渣层逐渐变高或出水浑浊，反应区泥渣量不断升高和泥渣浓缩室含水率较低等现象；如排泥量过多，会使反应区泥渣浓度过低，以致影响沉淀效果。

（2）加药量。混凝过程不是一种单纯的化学反应，所需加药量不能根据计算来确定，在不同的具体条件下，应做专门的试验来求得最优的加药量，然后在运行中以试验结果为依据，加以调整。若加药量过大，会增加水中悬浮物，影响水的浊度（和碱度）；若加药量过低，使反应浓度小，形成絮凝物不彻底，影响出水浊度。

（3）水温（进水温度和进出水温差）：

1）进水温度。水温对混凝反应、絮凝物的沉淀有着密切的关系，冬季水温较低，混凝速度较慢，反应不彻底，絮凝体由于水的黏度增大，沉降速度减慢，影响除浊效果，一般水温以不低于15℃为宜。

2）进出水温差。水的密度随温度的升高而减小，澄清池运行中，如果进水温度高于出水温度，由于进出水密度不同，造成进出水对流，搅乱悬浮泥渣层，造成"翻池"，使出水水质恶化。一般地，进出水温差以小于3℃为宜。

3）升温速度。为保证澄清池进出水温差小于±3℃，每次升温不得大于2℃，两次升温操作间隔时间不少于1.5～2.0h。

4）负荷。澄清池减负荷运行时，若没有要求，可任意进行，但升负荷时必须遵循"少量多次"的原则，即每次升负荷超过该运行负荷的20%，两次升负荷间隔不小于1h，否则，由于负荷急剧增加，清水区上升，流速短时间升高，易造成泥渣层上升，甚至出现"翻池"严重影响出水质量。

5）进入空气。对于澄清池其水流是方向一直是由下向上的，所以当水中夹带有空气时就会形成气泡上浮搅动泥渣层，使泥渣随出水带出，影响水质。

（4）监督。澄清池在运行中需要监督的有两个方面：一个是出水水质，另一个是澄清池设备的运行工况。出水水质的监督项目主要有水的浊度、残余氯、碱度和 pH 等。运行工况的监督项目有清水层的高度、反应室、泥渣浓缩室和池底等部位的悬浮泥渣量。此外，还应记录好进水流量、加药量、水温、排泥时间、排泥门开度等必要参数。

（5）间歇运行。由运行经验得知，如澄清池短期停止运行（如在 3h 以内），那么在其启动时无须采用任何措施，或只是经常搅动一下，以免泥渣被压实即可。但如停运时间稍长（如 3～24h），则由于泥渣被压实，有时甚至有腐败现象，因此恢复运行时，应先将池底污泥排出一些，然后增大混凝剂投入量，减小进水量，等出水水质稳定后，再逐步调至正常状态。如停止时间较长，特别是夏季，泥渣容易腐败变臭，故在停运后应将池内泥渣排空。

（6）停运。当设备需要停运时，要做好停运准备工作，尤其是在冬季需要长期停运时，首先要放尽池内的水，在放水的过程中将澄清器内部装置冲洗干净，将澄清池内泥渣排掉，以免结冰造成设备损坏或给再次启动带来麻烦。

第二节　水的过滤处理

一、水的过滤处理

天然水或经过混凝处理的水可将浊度降低，从外观上看是清澈透明的，但实际上免不了会残留少量细小的悬浮颗粒，所以需要作进一步处理，否则，当进行下一步离子交换处理时，会污染交换剂，妨碍运行。

进一步除去悬浮物的常用方法为过滤。所谓过滤就是用过滤材料将分散的悬浮颗粒从水中分离出来的过程。过滤的方法和装置很多，这里只介绍用粒状滤料进行过滤的压力式过滤器。

（一）水的过滤原理

用过滤法去除水中悬浮物的基本原理是滤料的表面吸附和机械截留等综合作用的结果。首先，当带有悬浮物的水自上而下进入滤层时，在滤层表面由于吸附和机械截流作用悬浮物被截流下来，于是它们便发生彼此重叠和架桥等作用，其结果在滤层表面形成了一层附加的滤膜。在以后的过滤过程中，此滤膜就起主要的过滤作用。这种过滤作用称为薄膜过滤。

在过滤中，当带有悬浮物的水进入滤层内部时，事实上还在起过滤作用，我们把这种过滤称为渗透过滤。这正和混凝过程中用泥渣作为接触介质相类似，由于滤层中的砂粒比澄清池中悬浮泥渣的颗粒排列得更紧密，因此那些在澄清池中被带出的微粒进入过滤器后，经滤料层中弯弯曲曲的孔道与滤粒有更多的碰撞机会，于是水中的凝絮、悬浮物和滤料表面相互黏附，其作用像在滤层中进一步进行混凝过程，故渗透过滤又称接触混凝过滤。

在水由上而下流动的过滤器或滤池中，薄膜过滤常常是主要的。但在滤层中也有渗透过滤，特别是在双层或多层滤料的过滤设备中，渗透过滤占很大比例。

（二）过滤过程中的水头损失

过滤器在运行中效果的好坏，可以用测定出水的浊度来监督。但是，这个指标不能指示过滤器的发展情况，因为在滤池运行中，出水浊度的变化规律不强，而且如果等运行到出水浊度显著增大时方进行清洗，滤层已受到严重的污染，以致不易冲洗干净。所以在运行中实际监督的指标是水流通过滤层的压力降（又叫水头损失）。在滤池运行过程中水头损失的变化较明显，而且压力的测量也较简单。

当过滤器运行到水头损失达到一定数值时，就应停用，进行清洗。因为水头损失很大时，过滤操作必须增大压力，这样就易于造成滤层破裂（即在滤层的个别部位有裂纹）的现象。此时，大量水流从裂纹处穿过，破坏了过滤作用，从而影响出水水质。在实际运行中控制的压差比破裂压差低很多，这是因为如运行到滤层污染严重时，虽然还一时不会影响出水水质，但会使反洗时不易洗净，造成滤料结块等不良后果；另外，设备各部分是按一定的压力设计的，不能承受过高的压力。

（三）影响过滤工艺的主要因素

1. 滤速

在过滤工艺中，滤速一般指的是水流流过滤池截面的速度（m/h）。因为过滤过程是滤层逐渐被悬浮物饱和的过程，所以滤速的大小对悬浮物的截留会产生一定的影响。滤速过小，难以满足水量要求；而滤速加大时，则会带来一系列的不利因素。流速过快，悬浮颗粒的穿透深度大，必须增加滤料厚度；滤速增大，水头损失增长速度也相应加快。另外，滤速过大，会增大水流的冲刷能力，加速已吸附的悬浮物的脱落，在一定程度上对过滤带来不利的影响。

在过滤工艺中，对过滤速度一般都采取了各种控制措施。等速过滤和降速过滤是滤速控制的两种基本形式。

2. 过滤过程中的水头损失

水通过滤层的压力损失（压力降或出入口压差）叫水头损失，它是用来判断过滤器是否失效的重要指标。

滤池或过滤器开始工作时，滤料是干净的，此时的水头损失是滤料本身对水流的阻力造成的。随着运行时间的延长，滤料孔隙间积累的杂质的增多，水头损失逐渐增大，滤速减小，也就是流量在降低，在规定流量下，当水头损失达到一定数值时，滤池或过滤器就应该停止运行，进行反洗，使滤料重新获得过滤能力。如滤池或过滤器水头损失过大，不仅会使滤层破裂而影响出水水质，还会造成设备损坏。

3. 反洗

当滤池或过滤器运行到一定的水头损失时，就需要进行反洗，以除去滤层上黏着的悬浮物颗粒，恢复滤料的截污能力。反洗时，水流自下而上通过滤层，使滤料处于悬浮状态，此时滤料膨胀到一定的高度，膨胀前后的滤层高度与膨胀前的滤层厚度之比称为滤层的膨胀度。由于水冲刷和颗粒间相互摩擦及碰撞所产生的作用，黏在滤料颗粒上的污染物被擦洗下来，随反洗水一起被排出去。

反洗对滤池或过滤器的过滤效率影响很大，可以说起决定性作用，反洗效果不好，会使滤层内的污染物发生积累，积累到一定程度时，会造成滤料黏结，从而破坏了滤池或过滤器的正常运行。

反洗时，滤料从压实转入悬浮状态，当反洗水上升流速达到一定值时，整个滤层膨胀，这一流速称为最小流化速度，与之相应的反洗强度成为临界反洗强度。反洗强度越大，滤层膨胀度越大。

目前，常用的滤池冲洗方式有三种：水反冲洗法、空气擦洗结合水反冲洗法、表层冲洗结合水反冲洗法。

单独水反冲洗一般采用高强度冲洗，这一冲洗强度要求高于临界反洗强度，使滤层膨胀充分，整个滤层呈悬浮状态。它的优点是简便易行，反冲洗的同时完成剥落和排出污泥两个任务。但要求反洗强度较高，而且清洗能力较弱，过分增大反洗强度会引起滤料流失。

采用空气擦洗结合水反冲洗的组合方式很多，最为常用的是先用水冲洗再用空气或空气与水擦洗，再用水冲洗排走污泥。这种方法的优点是清洗效果好，颗粒间的摩擦和碰撞作用强烈，且滤层无须完全流化，所辅助的反冲水强度可大大降低。

另外，表面冲洗与反冲洗结合使用也可提高水的反冲洗效果。表面冲洗的主要作用是扰动表层滤料，加强滤料对水流颗粒的剪切力和颗粒之间的摩擦碰撞作用。

4. 水流的均匀性和配水系统

滤池和过滤器在过滤和反洗过程中，都要求通过滤层截面各部分的水流分布均匀。否则，滤池就很难发挥其最大效能。然而由进水总管进入的水通过滤池的各个部位时，由于所流经的路径和远近各不相同，沿途压力损失各有差别，这样就使各部分的水流难以平均。

在滤池中，对水流均匀性影响最大的是配水系统。配水系统是指在滤层下面，均匀地分配反冲洗水和收集清水的装置。

根据阻力大小，可将配水系统分为大、小阻力配水系统。小阻力系统是指配水系统的阻力很小，配水系统基本不会引起水头损失，主要的水头损失因素来自于滤层。亦即水头的均匀性取决于滤层水流分布的均匀程度，这种系统的稳定性较差，对滤速的突变缓冲能力低。大阻力配水系统的流水孔隙很小，以至于其水流阻力大大地高于滤层阻力，又因这些孔隙分布均匀，故能保证水流的均匀性，这种系统比前一种有较高的稳定性，但本身引起的水头损失较大，耗能高，生产成本增大。

配水系统有格栅式、尼龙网式和滤帽式等，其中，滤帽式配水系统应用较为广泛。

（四）滤池的维护

1. 反洗强度和膨胀率

滤池在运行中如果清洗效果不好，则会发生运行的周期短、出水的浑浊度大等现象。造成这种后果的主要原因是反洗的强度不够，因而滤料层的膨胀率太小。为此，必要时需进行试验，求取应维持多大的流速才能使滤层达到必要的膨胀率。

在一定的温度下，滤层的膨胀率和反洗强度的关系可以通过试验来确定，这可用直径为 25～30mm 的玻璃管，内装一定量的滤料，玻璃管下端与自来水管道连接。先用水慢慢地至上而下注满玻璃管，并冲洗去微小的碎粒。然后停止冲洗，待滤料层平稳后，量出其高度并通过反洗水进行试验。先使反洗强度达到滤料层有 5%～10% 的膨胀率，经 5min 的冲洗，待管内膨胀的滤料层达到稳定后，测量它的高度和反洗强度。此强度可根据一定时间内从玻璃管中流出的水量来计算。然后，增大反洗强度，使滤料层膨胀 15%～20%，再进行试验。这样一直试到膨胀率达 80% 或 100%，就可画出反洗强度和膨胀率的关系曲线。

还应指出，水的温度对这种关系有影响。当水温升高时，由于水的黏度和密度下降，必须用更大的反洗水流速，才能使滤料层达到同样的膨胀率，所以在进行试验时必须测定温度。

如实际运行温度不同于测定时的温度，则应另外进行试验或根据下式估算：

$$V_2 = V_2 + 0.47 \ (t_2 - t_1)$$

式中　V_2、V_2——t_2 和 t_1 时的反洗强度，L/（s·m²）。

2. 化学清洗

有时，滤池的清洗操作虽然良好，但通过一段较长时间的运行后，仍然会出现过滤效果恶化、过滤周期缩短的现象。这是因为，即使是合理的冲洗操作，也不能使滤料层中的污物清除干净，有些污物黏附在滤料颗粒的表面上，不易用水洗去，所以日积月累，就会影响到滤层的运行。在这种情况下，有必要采取化学清洗的措施，以消除这种冲洗不去的污物。由于这些污物的种类不同，比如有的是有机物质，有的是沉淀处理的后期析出物，所以化学清洗所用的方法也就不同。要采用什么化学药品和在怎样的条件下进行清洗为合适的问题，应采用样品通过试验来解决。一般是用盐酸（HCl）或硫酸（H_2SO_4）来清除碳酸盐类、氢氧化铝、氢氧化锰和氧化铁的碱性物质，用苛性钠（NaOH）或碳酸钠（Na_2CO_3）溶液来洗去有机物，必要时用氯水或漂白粉来清除有机物。

试验可以用 2% 浓度的酸液或碱液，按浸泡的方法进行。清洗可以在滤池中进行，但酸液对混凝土有侵蚀作用，所以在用混凝土筑成的滤池中不能进行酸洗，要将滤料移至专用箱或其他设备中进行。

化学清洗法：先用水将滤料强烈反洗 10min，将水排放至滤料层面上 100～150mm 处，加药品（磨碎的 NaOH、Na_2CO_3 或工业用 HCl、H_2SO_4），然后，用静置、搅拌和反洗等方式处理；最后，以较大水流速度进行反洗，直到出口水不显酸性或碱性。药品的加入量随滤层的污染程度而定，一般为每平方米过滤面积需用 NaOH 0.5～5kg，Na_2CO_3 1～10kg 或 HCl 1～5kg，用酸时要加放缓蚀剂。

氯清洗方法：在长时间清洗滤池后，向滤层表面的水中注入沉淀后的漂白粉溶液或氯水，使水中活性氯含量为 40～50mg/L。搅拌滤池中的水，并将水慢慢通过滤层，排入地沟；当滤池放出的水中出现明显的氯臭味时，停止放水，在滤层中充有氯水的情况下，静置 1～2 昼夜；此后，慢慢地将水放空，自上而下进行清洗，直到滤池出水的水中无氯味为止。

二、常用的过滤设备

常用的过滤设备主要有滤池和过滤器。

（一）普通滤池

普通滤池通常采用下向流重力式砂滤池，主要有池体、滤料层、承托层、配水系统、排水系统及配套的管道阀门等。

（二）无阀滤池

主要由钢筋混凝土制成，包括过滤室、集水室、进水管、虹吸上升管、虹吸下降管、虹吸辅助管、抽气管等。

（三）压力式过滤器

压力式过滤器是一种最简单的过滤器。

该设备是一种钢制的密闭容器，内装填滤料，水经水泵进入过滤器，自上而下通过滤层。

该设备由于体积较小，所以进水装置和配水装置均可以设计得较复杂，以达到良好的处理效果，同时可以设计空气擦洗，正、反洗清洗手段，可以实现自动控制。使用较广泛。

1. 双流式过滤器

双流式过滤器的出水口在中部，原水由容器上下同时进入。双流式过滤器的特征是上层滤料为上小下大分布，与普通过滤器相同，但在下部水先流经大颗粒滤料，随后逐层减小。上部滤料主要起表面吸附及网捕作用，下部滤料主要起接触凝聚作用。

2. 多层滤料过滤器

普通过滤器中，滤料是上细下粗，而多层滤料过滤器则采用上粗下细的分布方式。此时，过滤器的关键在于滤料的选择，其最基本的一点是，粒度愈小，其比重要求愈高。这样在反洗时，就会出现滤料与孔隙成为上大下小的状态。在过滤过程中，上层的大颗粒首先发挥接触凝聚过滤作用，而下层滤料再发挥机械过滤作用，除去残存的悬浮物。

与单层滤料相比，多层滤料过滤器的截污能力较强，水头损失增加比较缓慢，工作周期可大大延长。

3. 吸附型过滤器

吸附型过滤器，其结构为钢制圆筒密闭容器，外形与普通过滤器类似，但其内部填料不同。其主要作用是减少水中有机物的含量，对于澄清池加氯处理后，为了减少残存氯对离子交换树脂的影响，需通过吸附过滤器除去残余氯。

第二篇　电厂水处理

吸附主要是由于当水流过多孔颗粒滤料时，水中的一种或几种组分选择性地吸附在颗粒相内部或从中解析出来的一种物质转移过程。具有吸附作用的物质，叫吸附剂。常用的吸附剂有硅胶、活性炭、分子筛等。

4. 纤维过滤器

利用纤维材料作为过滤介质。其本体由钢板焊制而成，外形与普通过滤器相似。纤维过滤器内上部为多孔隔板，板下悬挂丙纶长丝，在纤维束下悬挂一定数量的管形重坠。管形重坠的作用是防止运行或清洗时纤维相互缠绕或乱层，另外也起到配水和配气作用。在纤维的周围或内部装有密封式胶囊，将过滤器分隔为加压室和过滤室。其结构如图6-5所示。

为了保证滤料的清洗效果，装填的纤维应保持一定的松散度，且在过滤器下部设有进压缩空气的配气管。为了控制加压室充水量和保证胶囊的运行安全，在充水管道上装有定量充水和压力保护自控装置。

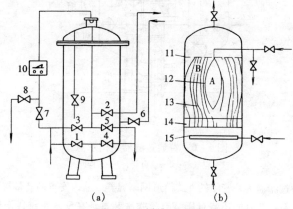

（a） （b）

图6-5 纤维过滤器

（a）外部管道和阀门；（b）内部结构

1—原水进口阀；2—清水出口阀；3—下向洗水进口阀；4—下向排水；5—上向排
水阀；6—空气进口阀；7—胶囊充水阀；8—胶囊排水阀；9—排气阀；10—自控
装置；11—多孔隔板；12—胶囊；13—纤维；14—管形重坠；15—配气管
A—加压室；B—过滤室

三、常用过滤设备的结构、工作原理及运行操作

压力式过滤器有单流、双流、逆流、辐射流和多层滤料过滤器。

最简单的压力式过滤器是单层过滤器，下向流式。这种过滤器的结构和运行都较简单，通常称为普通过滤器。随着过滤器技术的发展，双流式和多层过滤器也得到普遍使用。下面分别介绍它们的结构原理和出水情况。

（一）普通过滤器

1. 结构

图6-6所示为普通过滤器结构示意。

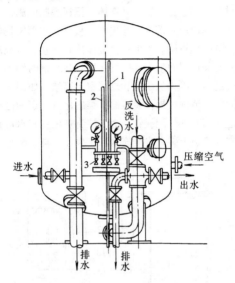

图6-6　普通过滤器结构示意

1—空气管；2—监督管；3—采样阀

此种过滤器为一密闭的立式筒形钢制容器。器内安置的装备有进水装置、配水系统，有的还装有压缩空气吹洗装置。在配水系统以上装着滤料，其高度为1.2～1.5m，外部装有各种必要的管道、阀门和仪表等。

（1）进水装置。进水装置是用来送入所需过滤的水，有时兼起反洗排水的作用。进水装置和滤层之间隔着一段空间，它是为了反洗时滤层膨胀的需要而设置的。在过滤运行时，此空间内一直充满着水，故称它为水垫层。水垫层的存在，可以起促进水流均匀的作用，所以在普通过滤器中，进水装置的结构形式往往不是影响滤层中水流分布的主要因素，因而可以采用比较简单的结构，如在进水管出口端设置一个口向上的漏斗。

（2）配水系统。设于普通过滤器下部的配水系统是用来安置滤料，排出经过滤的水和送入反洗水。它的作用除了保证水流在滤层中分布均匀外，还可以防止滤料泄露。配水系统的类型较多，现在常使用的有配水帽式、滤布式和砂砾式等。

2. 工作原理

在单流式过滤器中，原水自上而下地通过滤层，构成了以薄膜为主的过滤方式。我们知道通过反洗，在水力筛分作用下，滤料的粒径总是自上而下逐渐减小。因此滤料层表面总是被粒径最小的滤料所占据。在这种情况下，水中的悬浮污物首先并主要是被滤层表面的细小滤料所吸收或机械截留，而不能过多地进入滤层深处，这就构成了薄膜过滤。由于单倍式过滤器是以薄膜过滤为主的，因而出水质量较好，但缺点是周期较短。

3. 运行操作

(1) 备用过滤器启动时，要全开下部进水门（指双流式过滤器），打开空气门，缓慢地开启入口门，灌满过滤器，到空气门连续出水时，关闭空气门，开大入口门，打开正洗排污门，冲洗至水质透明（注意水中应无过滤介质），确认水嘴无破损时，关正洗排污门，开出口门，并调整至规定流量。

(2) 运行中的过滤器要注意水温不宜超过 40℃，以免损坏水嘴。要定期检查出口水的透明度和出入口压差，当出水浊度超标或压差超标时，要停止运行进行反洗（也可按通过调整试验求得运行周期来确定反洗）。当过滤器周期过短或过长时，均应检查滤层是否结块或高度是否适宜。

(3) 反洗时，先将过滤器内的水排放到滤层上缘为止（可由监督管的流水情况来判断），然后送入一定强度的压缩空气，吹洗 3～5min 后，在继续供给空气的情况下，向过滤器内送入反洗水，其强度应使滤层膨胀 10%～15%，反洗水送入 2～3min 后，停止送空气，继续用水再反洗 1～1.5min，此时反洗水的强度应使滤层膨胀率达 40%～50%。最后用水正洗直到出水合格，方可开始正式过滤运行。对处于无水状态下的过滤器，反洗时首先要缓慢送水至滤层上缘，然后再进行反洗操作。

(4) 反洗过滤器时，在压差允许范围内要尽可能开大流量，把过滤介质的细碎粉末冲掉，但不可过大过猛，应逐渐加大反洗流量，以免将大颗粒过滤介质冲跑。在冬季水温过低的情况下，反洗流量应适当减小，以防水的黏度过大而冲出滤料。

(5) 过滤器反洗时水温不得超过 40℃，出入口压差应在 0.1MPa 以下，以防损坏水嘴。当反冲洗压差超过 0.1MPa，或反冲洗流量不大时，要及时分析，查明原因。此情况多数是因配水系统污堵造成的，滤层严重结块也是原因之一。

（6）多次短时间反洗要比一次长时间反洗的效果要好，因此不应长时间反洗，以便降低水耗，提高反洗效果。运行中要注意滤层不能过度污染，以免冲洗不干净。

之所以要强调反洗操作，是因为过滤器的损坏大多发生在反洗过程中，应引起重视。

（二）双流式过滤器

1. 结构

双流式过滤器的内部结构和普通过滤器不同的地方是：底部进水装置代替了普通过滤器的配水系统，并在中上部加装了集水装置（配水系统）。滤层较高，在中间配水系统以上的滤层高为 0.6 ~ 0.7m，以下为 1.5 ~ 1.7m。它们所用滤料的有效粒径和均匀系数都较普通过滤器的大。如用石英砂时，滤料的颗粒粒径为 0.4 ~ 1.5mm，平均粒径为 0.8 ~ 0.9mm，均匀系数 K_{80} 为 2.5 ~ 3。其余的内部装置均与普通过滤器一样。而外部管道的布局有所不同，阀门也比较多，其结构如图 6-7 所示。

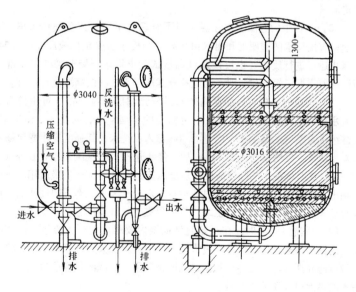

图 6-7　双流式过滤器

2. 工作原理

在双流式过滤器中，进水分为两路，一路由上部进入，另一路由下部进入，过滤后的水汇集于中部引出。在投入运行的初期，上下部进水量各占50%左右；运行一段时间后，由于上部滤层阻力增加较快，因而进水量逐渐小于下部。这就不难看出，上部进水的过滤方式和单流式相似，是以薄膜过滤为主，在此过程中，进水还起压实整个滤层的作用，以防滤层浮动；而下部进水的过滤方式却与上述相反，由于先遇到的是粒径最大的滤料，随后粒径逐渐减小，因而水中的悬浮污物能够进入滤层深处，这就构成了以渗透过滤为主的过滤方式。所以这种过滤器的截污能力大，运行周期有所延长，但缺点是出水质量较差，运行操作和维护等较复杂，对滤料粒度要求较高。

3. 运行操作

可参照单流式过滤器的运行操作进行，针对双流式过滤器反洗操作时有以下几点值得注意：

（1）对处于无水状态下和运行失效后的双流式过滤器，要特别注意反洗进水量，以防滤层上浮损坏中部集水装置。为此，当进行反洗操作时，必须采取缓慢和小流量进水方式；当过滤器灌满水后，方可逐步开大流量至要求值。

（2）反洗时，中部集水装置的进水量不得过大，以不超过反洗总流量的1/3为宜。反洗时，应首先用压缩空气吹洗 $5 \sim 10 min$，继之从中部集水装置进水，从上部排出，先反洗上部滤层，然后停止压缩空气，由中部和下部同时进水，上部排出，进行整体反洗。此反洗强度一般控制在 $16 \sim 18 L / (s \cdot m^2)$，反洗时间为 $10 \sim 15 min$。最后停止反洗进行正洗，待水质变清时开始过滤送水。

（三）多层滤料过滤器

为了改变普通过滤器中滤料是"上细下粗"的不利排列方式，办法之一是采用双层或三层滤料过滤器。

1. 双层滤料过滤器

双层滤料过滤器的结构与普通过滤器的相同，只是在滤床上分层安放着两种不同的滤料。上层为相对密度小、粒径大的滤料，下层为相对密度大、粒径小的滤料，通常采用的是上层无烟煤，下层石英砂。由于无烟煤的相对密度为 $1.5 \sim 1.8$，而石英砂为 2.65 左右，它们有较大的差别，所以，即使无烟煤颗粒的粒径较大，在反洗后，它仍然处于颗粒较小的石英砂的上面。

滤料颗粒层呈上大下小的状态对过滤过程有利，因为进水从上部送入时，首先遇到的是颗粒较大的无烟煤滤料，过滤作用可以深入到滤层中，发生渗透过滤作用。下层较小的颗粒也能截取一部分泥渣，起保证出水水质的作用。

双层滤料与单层的相比，其截污能力较大，水头损失增加比较缓慢，滤速可提高，工作周期可延长。

双层滤料能否良好地运行，煤砂粒度的选择是关键的问题。这必须做到反洗时煤砂分层良好，否则，小颗粒的砂子混在大颗粒煤粒中，有可能使滤层中的空隙比单纯用砂粒的还小，这不利于过滤。但是，要它们完全不混合也是很难做到的，因为这些颗粒是不规则的，一般认为如果混杂层厚度有 5～100cm 就可以了。有研究指出，当无烟煤的相对密度为 1.5 时，为了使煤砂层不混合，最大煤粒粒径与最小砂粒粒径之比不应小于 3.2。在实际应用中，滤料的粒度和反洗强度可通过试验来确定。

普通的石英砂过滤器可以改装为双层滤料过滤器，此时，可将其上层200～300mm 高度的最小颗粒滤料取走，使余下石英砂表面层的颗粒粒径为 0.65～0.75mm，然后再装入粒径为 1.0～1.25mm 的碎无烟煤。

2. 三层滤料过滤器

三层滤料的原理和结构与双层滤料相似，它相当于在双层滤料床下面加了一层相对密度更大、颗粒更小的滤料。所以，前者好像是后者发展的结果，但实际情况是三层床的生产率要大得多。

在双层滤料过滤器中，为了避免两层滤料相混，石英砂的最小粒径通常要比单层石英砂滤床的最小粒径要大，这样，就发生了滤速不能过大的问题，因为滤速过大，悬浮物易穿透床层，使出水浊度升高。在三层滤料过滤器中，由于滤层滤料的大小分成三级，所以上层可以采用较大颗粒，以发挥滤料的接触、凝聚、过滤作用，下层可以采用较小颗粒，以去除水中残留的悬浮物，此时，不会有小颗粒混入上层的问题存在，因为中层滤料可以起减少大颗粒和小颗粒相混的作用。

三层滤料床的下层可采用石榴石、磁铁矿或钛铁矿等矿砂作为滤料，其滤速可达 30m/s 以上，三层床所用的各种滤料的粒度和反洗强度也应通过试验求得。表 6-1 所示为某厂用三层滤料床的组成，供参考。

表 6-1   **某厂用三层滤料床的组成**

名　　称	上　　层	中　　层	下　　层
	无烟煤	石英砂	磁铁矿
粒径（mm）	0.8～2	0.5～0.8	0.25～0.8
厚度（cm）	42	23	7

研究表明，效果好的三层滤料过滤器经反洗后，它的三种滤料并不分得很清，只是上层最粗颗粒的煤粒多，中层砂粒多，下层石榴石多。

此种过滤器的优点为滤速高，截污能力大，对于流量突然变动的适应性好，出水水质较好。它的水流阻力与普通过滤器的相当。

第三节　电渗析及反渗透脱盐

除了用离子交换法可除去水中溶解的盐类物质以外，还有许多对水进行除盐的方法，下面介绍反渗透除盐法和电渗析除盐法。

一、反渗透工作原理

如果将淡水和盐水用一种只能透过水而不能透过溶质的半透膜隔开，则淡水中的水会穿过半透膜至盐水一侧，这种现象叫做渗透。因此，在进行渗透的过程中，如图 6-8（a）所示，由于盐水一侧液面升高会产生压力，从而抑制淡水中的水进一步向盐水一侧渗透。最后，如图 6-8（b）所示，当浓水侧的液面距淡水面有一定的高度 H，以至它产生的压力足以抵消其渗透倾向时，浓水侧的液面就不再上升。此时，通过半透膜进入浓溶液的水和通过半透膜离开浓溶液的水量相等，所以它们处于平衡状态。在平衡时，盐水和淡水间的液面差 H 表示这两种溶液的渗透压差。如果把淡水换成纯水，则此压差就表示盐水的渗透压。

根据这一原理，不难推论出，如果在浓水侧外加一个比渗透压更高的压力，则可以将盐水中的纯水挤出来，即变成盐水中的水向纯水中渗透。这样，其渗透方向和自然渗透相反，如图 6-8（c）所示，这就是反渗透的原理。

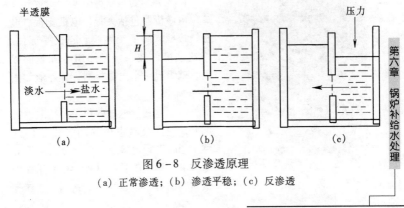

图 6-8　反渗透原理

（a）正常渗透；（b）渗透平稳；（c）反渗透

第六章　锅炉补给水处理

在实践中，就是盐水在压力下送入反渗透装置，经过反渗透膜就可以得到淡水。

反渗透法可以做成二级式，即将一个反渗透器得出的水作第二级的盐水，再进行一次反渗透，以提高出水的水质，并可与离子交换法结合起来制取高纯水，以供给电子工业或高压锅炉之用。

二、电渗析脱盐原理

离子交换树脂如果不做成粒状，而制成膜状，则它就具有如下的特性：阳离子交换树脂膜（简称阳膜）只容许阳离子透过，阴离子交换树脂膜（简称阴膜）只容许阴离子透过，即离子交换膜有选择透过性。

离子交换膜的这种特性是电渗析水处理工艺的基础，它与其活性基团的结构有关，现说明如下。对于阳离子交换树脂膜来说，其不可移动的内层离子为负离子，在阳膜的孔内有由这些负离子而产生的负电场，因此，溶液中的负离子受到排斥，使它们不能通过；而阳离子遇到阳膜时，情况就不一样，它可以进入此膜的孔内，此时，它可以穿过孔眼，也可以将阳膜上原有的阳离子取代下来。同理，阴膜的内层为正离子，所以它带有正电场，排斥阳离子，容许阴离子进入。

如果仅仅是用这样的膜把水隔成两个部分，那么还是不能发现各部分水质会有什么变化，因为任何溶液还必须保持电中性，所以当一种离子减少时，另一种反符号离子必然要阻止此过程的继续进行。

然而，如果将这些膜做成电解槽的隔膜，即在膜的两侧加两个电极，通以直流电，则离子会发生有规则的迁移，这就是电渗析原理。

图6-9　电渗析器外形

三、常用的电渗析及反渗透设备

（一）电渗析器

1. 电渗析器的结构

电渗析器包括夹板、电极托板、电极、板框、离子交换膜、隔板等部件。将这些部件按一定顺序组合并紧固以后，就组成一个电渗析器，其外形如图6-9所示。

（1）电极。电极的作用是接通直流电源，使各个水室中的离子作定向迁移，同时进行电极反应，以完成离子导电和电子导电的转换过程。目前用作电极材料的有铅、石墨、不锈钢、钛镀铂合金及钛镀钌合金等材料。

（2）隔板。隔板是隔板框和隔板网的总称，隔板紧夹在阴、阳离子交换膜之间，使两个膜中间形成一个水室（浓水室或淡水室），并作为水流通道。隔板框上有进水孔、出水孔、布水槽、过水槽、流水槽和过水孔。

隔板网的作用有两个：一个是使阴、阳膜之间保持一定的间隔，形成水流通道。二是对水流有一定的湍动作用，便于水流分布均匀，提高除盐效果。

（3）板框。位于电极（阴极和阳极）和膜之间的板，称为板框。其结构与隔板有些相似，只是没有布水槽和过水槽。它与电极构成阴极室和阳极室，是极水的通道。

此外，在电渗析器外部还设有压力表、电压表、电流表、流量计等监督表计。

2. 电渗析器的组装

由一张阳膜、一张隔板甲、一张阴膜和一张隔板乙组成一个最小的除盐单元，这个最小单元称为膜对，若将 50~100 个膜对，用螺杆锁紧，组成一个单元称为膜堆，电渗析器可用几个膜堆组成。电渗析中的"级"是指电极对的数目，即设置一对电极的称为一级，设置两对电极的称为二级。凡是水流方向一致的膜对或膜堆称为一段，改变一次水流方向就是增加一段。

在电渗析组装过程中，主要部件的排列顺序是：阳电极—板框—阳膜—隔板甲—阴膜—隔板乙——……阳膜—板框—阴电极。其排列原则为阳、阴膜交替排列，靠近电极处安置极框，阳、阴膜之间安装隔板，在阳、阴膜顺序之间安一种隔板，如隔板甲，则在阴、阳膜顺序之间安另一种隔板，即隔板乙。由于阳膜比阴膜性能稳定，可将其两端最后一个膜都排成阳膜。隔板与隔板网结构如图 6-10 所示。

（二）反渗透设备结构

为了适应不同的出水能力，反渗透装置有板框式、管式、螺旋卷式及空心纤维式，由于其设计方式的不同，因而其制水能力不同。

1. 板框式

板框式反渗透器由几块或几十块承压板组成。承压板的两侧覆盖有微孔支撑件和反渗透膜。将这些板送合装配好后，装入密封的耐压容器中，即构成反渗透器。

这种装置比较牢固，运行可靠，单位体积中膜的表面积比管式的大，但比空心纤维式小，安装和维护费用较高。其结构如图6-11所示。

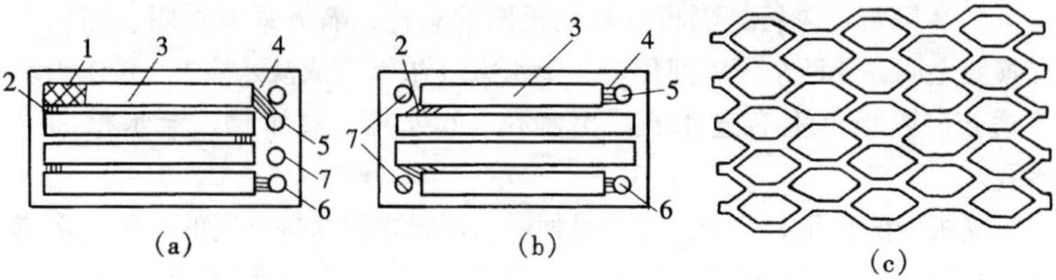

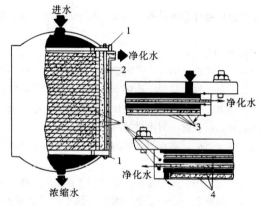

图6-10 隔板

（a）孔开在一侧；（b）孔开在两侧；（c）鱼鳞状网

1—鱼鳞网；2—过水槽；3—流水槽；4—布水槽；

5—进水孔；6—出水孔；7—过水孔

图6-11 板框式反渗透器

1—圆环密封；2—固定螺栓；3—膜；4—多孔板

2. 管式

管式反渗透器是将半透膜敷设在微孔管的内壁或外壁进行反渗透。在管束式反渗透器设备中，受压的盐水进入管内，渗透出的水在管束间集合后导出，称为内压型管束式反渗透器。所以做成管束状是为了增大单位设备容积中的渗透面积。此外，也可将膜涂在外壁，做成外压型，此时，设备外壳必须耐压。

管式反渗透器有膜面易清洗的优点，但在装置中，膜的填装密度不如螺旋卷式和空心纤维式。

3. 螺旋卷式（简称卷式）

螺旋卷式反渗透器的结构如图6-12所示。

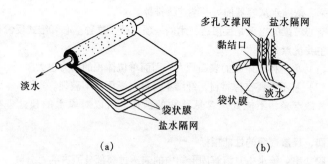

图 6 - 12　螺旋卷式反渗透器结构

它的膜形成袋状，袋内有多孔支撑网，袋的开口端与中心管相通，两块袋状膜之间有隔网（盐水隔网）隔开。然后把这些膜和网卷成一个螺旋卷式反渗透组件，将此组件装在密闭的容器内即成反渗透器。

此种反渗透器运行时，盐水在压力下送入此容器后，通过盐水隔网的通道至反渗透膜，经反渗透的水进入袋状膜的内部，通过袋内的多孔支撑网，流向袋口，随后由中心管汇集并送出。

螺旋卷式的优点是结构紧凑，占地面积小。缺点是容易堵塞，清洗困难，因此对原水的预处理要求较严。

4. 空心纤维式

空心纤维反渗透装置如图 6 - 13 所示。

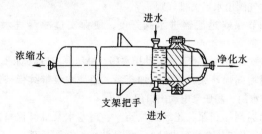

图 6 - 13　空心纤维式反渗透装置

在这种装置中有几十万甚至上百万根空心纤维，组成一圆柱形管束，纤维管一端敞开，另一端用环氧树脂封住，或者将空心纤维管做成 U 形，则可使敞口端聚集在一起，无需封另一端。将这种管束放入一个圆柱形外套里，此外套为一种压力容器。高压溶液从容器的一端送至设于中央的多孔分配管，经过空心纤维的外壁，从空心纤维管束敞开的一端把净化水收集起来，浓缩水从容器的另一端连续排掉。

空心纤维的出现是反渗透技术的一项突破。这种空心纤维式反渗透装置的主要优点是：

(1) 单位体积中膜的表面积大，因而单位体积的出力也大。

(2) 膜不需要支撑材料，纤维本身可以受压而不破裂。

其缺点是，不能处理含悬浮物的液体，所以对原水的预处理要求很严。

四、反渗透膜的性能指标

脱盐率：给水中总溶解固形物中的未透过膜部分所占的百分数。

$$脱盐率 = (1 - 产水电导/进水电导) \times 100\%$$

$$回收率 = [产水流量/(产水流量 + 浓水流量)] \times 100\%$$

影响回收率的因素，主要有产水质量、浓水的渗透压、易结垢物质的浓度、污染膜物质等因素。

五、反渗透系统的运行操作

(一) 启动及运行

(1) 投运预处理系统，启动超滤水泵、阻垢剂加药泵、还原剂加药泵。

(2) 取样分析保安过滤器进水，余氯应小于 0.1mg/L，SDI < 3，进水合格后，才能进入下一步序，否则可能对反渗透膜造成不可恢复的破坏。

(3) 开启保安过滤器进水阀、排气阀。

(4) 排气阀出水后关排气阀。

(5) 调节保安过滤器进水阀开度，使保安过滤器进水压力大于 0.2MPa。

(6) 依次开启反渗透系统电动排水门、高压泵出口电动门。

(7) 阻垢剂加药泵、还原剂加药泵、超滤水泵继续保持运行状态，关闭电动排水门、高压泵电动出口门。

(8) 阻垢剂加药泵、还原剂加药泵、超滤水泵继续保持运行状态，启动高压泵，开高压泵出口电动门，调整浓水控制阀开度。

(9) 运行 10min，记录进水电导率和产水电导率，计算脱盐率，脱盐率大于 97% 视为反渗透系统运行正常。

(二) 反渗透系统的停运

(1) 关闭高压泵出口电动门，停止高压泵、超滤水泵、还原剂加药泵、阻垢剂加药泵运行。

(2) 开电动排水门，启动反渗透冲洗水泵，开电动冲洗门，冲洗

5～10min。

（3）停冲洗水泵，关闭电动冲洗门、电动排水门。

（4）反渗透装置的短期停运保护：该方法适用于反渗透装置的停运时间少于7天的保养。

（5）停止反渗透系统运行。

（6）启动冲洗程序，自动冲洗反渗透装置10～20min。

（7）当水温为20℃时，每天重复上述步骤；当水温低于20℃时，每2～3天冲洗一次。当水温超过40℃时，应连续不断冲洗系统或每天启动装置运行1～2h。

（三）反渗透装置的长期停运保护

用无氧化剂的0.5～1%的甲醛或0.5～1%的亚硫酸氢钠，送进反渗透装置中，直至排水中含有0.5%甲醛或0.5%的亚硫酸氢钠为止，关闭反渗透系统所有进口和出口门。反渗透膜不能脱水，否则将损坏膜。每月应重复上述步骤。

六、使用注意事项

使用反渗透器时，除了注意膜的维护和保养外，还应注意以下事项。

1. 原水预处理

为了避免堵塞反渗透器，原水应经过预处理以消除水中的悬浮物，降低水的浊度，此外还应进行杀菌以防微生物的滋生。

由于反渗透对水中的悬浮物的要求很高，所以人们还拟定一种用来表示水质受悬浮物污染情况的污染指数，其测定方法为：在一定的压力下将水连续通过一个小型超滤器（孔径为0.45μm），将开始通水时流出500mL所需的时间（t_o）记录下来，经过15min后，再次测定其流出500mL所需时间（t_{15}），然后按下式计算污染指数（FI）：

$$FI = \frac{1 - t_o}{t_{15}} \times \frac{100}{15}$$

此法实质上是测定超滤器水中悬浮物的污堵情况。进入反渗透器水的污染指数以不大于3为宜。

2. 进水的pH值

各种半透膜都有最适宜的运行pH值，主要是为了防止在膜表面上产生碳酸盐水垢和膜的水解。一般采用加酸调节pH值，保持水的稳定，加酸量应根据膜要求的pH值范围来确定，目前国内大多采用盐酸，国外也有采用硫酸的，但应防止$CaSO_4$水垢析出。

3. 防止浓差极化

在反渗透除盐过程中，由于水不断透过膜，从而使膜表面上的盐水和进口盐水之间产生一个浓度差，这种现象为浓差极化。浓差极化会使盐水的渗透压加大，有效推动力减小，以致造成透水速度和除盐率下降。另外还可能引起某些微溶性盐类在膜表面上析出。因此在运行中应采用高进水流速，保持盐水侧的水流呈紊流状态，尽量减少浓差极化。

4. 膜的清洗

反渗透器运行一段时间后，难免会在膜表面上积累一些有机物、金属氧化物及胶体等，必须进行清除。清除的方法有低压水冲洗法和化学药剂清洗法。

5. 膜的维护

反渗透膜随着运行时间的延长，总会受到一定程度的污染，造成膜的性能衰退，单位膜面积的透水量降低。所以，为了保证淡水水质，除了采取以上措施之外，还应定期更换一定数量的膜组件。

另外，还应注意停运保养工作。短期停运时，应保持膜表面有水流流动，一般是让淡水流过浓水侧，当停运一周以上时，应该用5g/L的福尔马林溶液浸泡。

七、反渗透膜的维护保养

反渗透器运行一段时间后，难免会在膜表面上积累一些有机物金属氧化物及胶体等，必须进行清除。清除的方法有低压水冲洗法和化学药剂清洗法。低压水清洗是除去膜表面上的污物，化学药剂清洗是除去膜上的金属氧化物和有机物等。

随着运行时间的延长，总会受到一定程度的污染，即使采用了比较有效的清洗方法，仍难免使膜的性能衰退，单位膜面积的透水量降低。其降低规律可按下式计算：

$$Q_t = Q_o t^m$$

式中　　Q_t——运行 t 时间后的透水量；

　　　　Q_o——运行1h后的透水量；

　　　　t——运行时间；

　　　　m——膜的衰退系数，与水温、压力、水质等因素有关，一般在 $-0.005 \sim -0.05$ 之间。

所以，为了保证淡水水质，除了采取以上措施之外，还应定期更换一定数量的膜组件。

另外还必须注意停运保养工作，当短期停用时，仍保持膜表面有水流动，一般是让淡水流过浓水侧，当停用一周以上，应该用 5g/L 的福尔马林溶液浸泡。

第四节　水的离子交换除盐

一、除盐系统设置的原则及类别

（一）主系统

由于高温高压锅炉的迅速增加，特别是超高压、亚临界锅炉的出现和直流锅炉的采用，对锅炉补给水的水质要求更加严格，需要将其中的所有盐类几乎除尽。而一级离子交换除盐系统有时不能制得水质很高的出水，混合床的运行操纵又比较复杂，再生剂用量较高。为此有必要将阴树脂交换器、阳树脂交换器和混合式交换器组成各种除盐系统。

根据阴阳交换树脂的各种性能，在设置离子交换除盐系统时，应参考以下一些原则：

（1）第一个交换器通常是氢型阳离子交换器。因为设在第一个位置上的交换器，由于交换过程中反离子的作用，其交换力必然不能得到充分的利用。以阴阳两种树脂相比，阳树脂的价格便宜，酸性强，交换容量大，而且稳定。所以把它放在前面较合适。此外，如第一个交换器是阴离子交换器，运行中还有在此交换器中析出的碱性沉淀物，如 $Mg(OH)_2$、$CaCO_3$ 等的缺点，以致不能正常运行。

（2）除硅必须用强碱性阴树脂。对除硅要求高的水应采用二级强碱性阴离子交换器或带混合床。

（3）混合床可以制得水质很高的水。如对水质要求很高时，除盐系统中可设有混合床。

（4）弱碱性阴树脂的作用，是除去水中强酸阴离子。由于弱碱性阴树脂的交换容量大（比强碱性树脂约大 3 倍），再生用碱耗低，适用于处理含强酸阴离子高的水。

（5）弱碱性阳树脂的作用是除去与碱度相应的阳离子。由于弱酸性阳树脂的交换容量大（约相当于强酸性树脂的 2 倍），再生用酸耗低，适用于处理碱度大的水。

（6）除碳器应安置在强碱性阴离子交换器之前。表 6-2 所列的是常用的离子交换除盐系统。此外，根据实际情况，还可以组成其他除盐系统。

表中的第一至第五系统都属于一级除盐系统，第二~第四系统是第一系统加以改进，增设弱酸性和弱碱性离子交换器，利用它们易于再生的性能，以达到节约再生剂用量的目的。如第二系统和第一系统相比，加设了弱碱性阴离子交换器，故第二系统就易于用来处理强酸阴离子（SO_4^{2-}、Cl^-、NO_3^-）量多的原水。因为弱碱性阴树脂可以吸着强酸阴离子，因而有利于强碱性阴树脂吸着水中的 $HSiO_3^-$。而且，可以利用强碱性阴树脂再生废液来再生弱碱性阴树脂，即将再生液先通过强碱性阴树脂后通过弱碱性阴树脂进行串联再生，以节约再生用碱量。此外，弱碱性阴树脂还有交换容量大的特点。

表 6 - 2　　　　　　　　　常用离子交换除盐系统

序号	系统组成	出水水质		适 用 条 件		特 点
		电导率（$\mu S/cm$）	SiO_2（mg/L）	进水水质	出水用途	
1	阳强—碳—阴强			碱度，含盐量，硅酸含量均不高		系统简单
2	阳强—阴弱—碳—阴强	<5	<0.10	SO_4^{2-}，Cl^-含量高［如超过2mmol/L（$1/nl^n$）］，碱度和硅酸含量不高	高压及以下锅炉	阴弱交换容量大，易再生，阴强专用于除硅，运行经济性好
3	阳弱—阳强—碳—阴强			碱度高［如超过3mmol/L（H^+）］，含盐量和硅酸含量不高		阳弱交换容量大，易再生，运行经济性好
4	阳弱—阳强—碳—阴弱—阴强			碱度和SO_4^{2-}，Cl^-含量均高，硅酸含量不高		运行经济性最好，但设备用得多
5	混	1~5	0.01~0.10	碱度，含盐量和硅酸含量均很低	超高压及直流炉	树脂交换容量小
6	阳强—碳—阴强—混	<0.2	<0.02	碱度和含盐量均低，硅酸含量高		系统简单，出水水质稳定

序号	系统组成	出水水质		适 用 条 件		特 点
		电导率（μS/cm）	SiO_2（mg/L）	进水水质	出水用途	
7	阳强—阴弱—碳—混	<1.0	<0.05	碱度和硅酸含量不高，SO_4^{2-}、Cl^-含量高	超高压及直流炉	运行经济性好
8	阳弱—碳—混	1~5	<0.10	碱度高，含盐量和含硅量低		运行经济性好，出水水质稳定，但设备用得多
9	阳弱—阳强—阴弱—碳—阴强—混	<0.2	<0.02	碱度，含盐量和含硅量均高		

注 表中"阳"和"阴"分别表示阳离子交换器和阴离子交换器；"强"和"弱"分别表示所用树脂酸碱性的强弱；"碳"和"混"分别表示除碳器和混合床交换器。

同理，第三系统中设置了弱酸性阳离子交换器，适用于处理含 HCO_3^- 量高的水，因为，弱酸性阴树脂可以使 HCO_3^- 转变成 H_2CO_3，这样就减轻了强酸性阳树脂的负担。加用弱酸性阳树脂的原因，是因为其交换容量大，可以利用强酸性阳树脂的再生液来再生。第四系统增设了弱酸性阳离子交换器和弱碱性阴离子交换器，因而它适用于含盐量较大的水。

第六至第九系统都设有混合床，所以其出水水质较高。第六系统设置了强碱性阴离子交换器，原水通过它和混合床相当于经过二级除硅，故可使出水含硅量降得很低。第七~第九系统和第二~第四系统相似，只是出水的水质更高。

影响除盐系统中强碱 OH 型交换器出水电导率的杂质主要是 NaOH，其来源有两个：一个是阳离子交换器漏钠；另一个是阴离子交换器在运行中释放出 NaOH，后者是主要的。如果在典型的第一系统后再串联一个强酸性 H 型交换器，则可消除这种缺陷，这时进行的反应为

$$RH + NaOH \longrightarrow RNa + H_2O$$

此时，因水中 NaOH 被除去了，最后的产品只有水。这就是所谓的氢离子交换净化技术。

图 6-14 表示逆流再生阴离子交换器的出水电导率与此水经氢离子交

换净化器处理后的电导率，由此可以看出此净化器的处理效果。

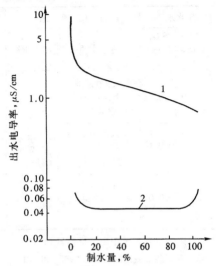

图 6-14　用氢离子交换净化器的处理效果
1—阴离子交换器出水电导率；
2—氢离子交换净化器出水电导率

从图中的曲线 2 可以看出，采用氢离子交换净化器除去了水中微量 NaOH 之后，几乎使水达到理论纯度（18℃时，纯水的理论电导率为 0.044μS/cm），而且一直保持到运行周期结束。当硅酸穿透阴树脂时，氢离子交换净化器的出水电导率也迅速上升，这是由于硅酸穿透时碳酸也开始穿透阴树脂的缘故。若以氢离子交换净化器出水电导率达到 0.08μS/cm 为终点时，则相当于水中的 SiO_2 的终点为 20μg/L。

可见，氢离子交换净化技术既可作为一种水处理工艺，又可用来控制 SiO_2 终点。由于 SiO_2 自动分析仪比较贵，所以相对来说，这是一种较廉价的方法。

顺便提一下，氢离子交换净化器也能除掉从阴离子交换树脂上溶解下来的微量胺。

由离子交换除盐系统制得的水质非常优良，其中含有的盐类和气体等杂质极少，所以，当它受到外界污染时，易发生明显的变质现象。除盐水会受到污染的主要原因为：被保存或输送用的设备和管道材料所污染；空气中的二氧化碳的溶入。为了防止污染，采取的措施有：除盐水箱的内壁

涂以环氧树脂；除盐水箱的水面上有隔绝空气的措施。隔绝空气的办法有：在水箱内充以惰性气体，如氮气或氩气；也有的采用软塑料薄膜覆盖在水箱内；或采用通蒸汽的办法，封住除盐水箱的进气口等。

（二）再生系统

离子交换除盐系统的再生剂是酸和碱。所以，在用离子交换法除盐时，必须有一套用来贮存、输送、计量和投加酸、碱的再生系统。由于酸和碱对于设备和人身有侵蚀性，因此，对酸碱系统的选取要考虑到防腐和安全问题。

酸、碱在厂内的输送方式有多种，如压力法、真空法、泵和喷射器等都是常用的方法，现介绍如下：压力法就是将压缩空气通到密闭的酸碱贮存罐中，使其中的酸液和碱液借压力输送出去。这种方式，由于贮存罐要在压力下运行，所以，万一设备发生漏损，就有溢出酸碱的危险。

采用真空法输送时，就要将接受酸碱的设备抽成真空，使酸碱液在大气压力下自动流入。抽真空的办法可以用真空泵或喷射器，喷射器的动力可用压缩空气或压力水。真空法可以避免用压力设备，这在安全方面要比压力法好，但仍需要设备密闭，而且因受大气压的限制，输送高度不能太高。

用泵输送是比较容易的方法，但泵必须能耐酸或耐碱。至于用水力喷射器抽取酸液或碱液的输送方法，大多是用在直接加药的时候，因为在用水力喷射器抽取的同时又进行了稀释。

1. 泵输送系统

图 6-15 为用泵输送的系统之一。在此系统中用泵将贮酸或贮碱池中的酸、碱输送至布置于高位的酸碱罐中，然后，依靠重力流入计量箱，之后再用喷射器将酸、碱送至离子交换器中。

2. 真空法输送系统

图 6-16 为真空法的输送系统。在此系统中将计量箱抽成真空，酸或碱液体在大气压下自动流入，之后用喷射器将酸、碱送至离子交换器中。如果再生阴离子交换树脂的碱是固体碱，则应将固体碱先用化液槽溶解成 30%~40% 的浓碱液，再用图 6-15 和图 6-16 所示的系统输送。

二、电厂常用的除盐方法及除盐设备

（一）除盐方法——离子交换法

利用离子交换法，可将水中的离子态杂质清除掉，它能满足各种类型锅炉用水的要求。

1. 钠型离子交换

所谓钠型离子交换是当水流经钠型离子交换剂层时，水中的阳离子如

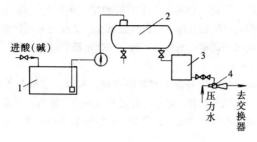

图 6-15   泵输送酸、碱系统

1—贮酸（碱）池；2—高位酸（碱）罐；

3—计量箱；4—喷射器

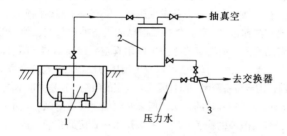

图 6-16   真空法输送系统

1—低位酸（矸）罐；2—计量箱；3—喷射器

钙、镁等离子和交换剂中的钠离子进行交换，使水质得到软化。其结果是降低了水的硬度，但含盐量却有所增加。

2. 阳、阴离子交换除盐

氢型阳离子交换：

$$RH + \begin{cases} Na^+ \\ Ca^{2+} \\ Mg^{2+} \\ Fe^{3+} \\ Al^{3+} \end{cases} \longrightarrow R \begin{cases} Na \\ Ca \\ Mg \\ Fe \\ Al \end{cases}$$

从以上过程可看出，水在交换过程中不仅降低了硬度，同时降低了水的碱度。

氢氧型阴离子交换：

$$\text{ROH} + \begin{Bmatrix} \text{CL}^- \\ \text{SO}_4^{2-} \\ \text{HSiO}_3^- \\ \text{HCO}_3^- \end{Bmatrix} \longrightarrow \text{R}\begin{Bmatrix} \text{Cl} \\ \text{SO}_4 \\ \text{HSiO}_3 \\ \text{HCO}_3 \end{Bmatrix} + \text{OH}^-$$

这样一来，经氢型交换器置换后的含有 H^+ 的水，在流经氢氧型交换器的同时，与氢氧型交换器置换出的 OH^- 发生中和反应：$H^+ + OH^- \longrightarrow H_2O$。

这样，水中的阴阳离子全部去除，即可得到纯净水。

3. 树脂层中的离子交换过程

离子交换树脂本身携带的 Na^+、H^+、OH^- 在与水中杂质交换的过程中，树脂上的 Na^+、H^+、OH^- 会被原水中的阳、阴离子置换，而失去交换能力，也即树脂失效，在交换过程中树脂是逐层失效的。

运行中离子交换器中的树脂分为三层，即失效层、工作层和保护层。

在制水过程中，这三层无明显的界限，实际上是交换层不断下移，保护层越来越薄的过程。当保护层某一点被穿透时，交换器出水水质恶化，此时交换器失效。

4. 常用的离子交换法

（1）钠离子交换法。如果锅炉对水的要求只需降低硬度，保证炉管不结碳酸盐垢的话，那么只需对水进行软化处理，此时，可采用钠离子交换法。

通常低压锅炉或热网系统补水均可采用钠离子软化处理。对于有些中、高压汽包炉，为了使补水硬度降至 $3\,\mu mol/L$ 以下，可以将两个钠离子交换器串联运行，这种处理方式称为二级钠离子交换系统。

二级钠离子交换的优点是：①可以节省再生剂用量；②可以延长一级床的运行时间；③提高了运行可靠性。

但使用钠离子交换只能软化水，不能降低水中的碱度，并可造成含盐量增加，在热力设备中还会引起设备的腐蚀，因此目前采用此处理方式的厂越来越少。

（2）一级复床除盐。原水只一次相继地通过 H 型和 OH 型交换器的除盐称一级复床除盐。它是典型的一级除盐系统。其中包括强酸性 H 型交换器、除碳器和强碱性 OH 型交换器。

在一级除盐系统中，水中的阳离子与树脂中 H^+ 相交换，为了保证除去所有的阳离子，H 型交换器必须在运行到有漏 Na 现象时，停止运行。水经 H 离子交换后，原水呈酸性，pH 值大约在 4.3 左右，此时原水中的 HCO_3^- 都变成了游离 CO_2，CO_2 由除碳器去除，这样一来又保证了阴床的

除 $HSiO_3^-$ 效果，延长了阴床的运行周期。

（3）混合床除盐。经一级复床处理后的水，虽然含盐量已降至很低，但还是不能满足大容量、高参数机组的要求，为了得到更好的水质，常采用混合床离子交换法。

1）原理。混合床离子交换法，就是把阴、阳离子交换树脂装在同一个交换器中，运行前先把它们分别再生成 OH 型和 H 型，之后再把它们混合均匀。因此混合床可以看做是由许许多多阴、阳树脂交错排列而组成的多级式复床。

在混合床中，由于阴、阳树脂是混合均匀的，所以其阴、阳交换反应几乎是同时进行的。或者说水的阳离子交换和阴离子交换是多次交错进行的，经 H 型交换产生的 H^+ 和经 OH 型交换产生的 OH^- 都不能累加起来，使交换反应进行得十分彻底，出水水质很高。

2）特点。混合床与复床相比有下列优点：①出水水质好；②出水水质稳定；③间断运行对出水水质影响较小；④交换终点明显，有利于监督；⑤设备少，布置集中。

缺点是：①树脂交换容量的利用率低；②树脂损耗率大；③再生操作复杂，所需时间长。

（二）除盐设备

1. 顺流再生固定床

顺流再生离子交换器按其用途的不同，可分为阳离子交换器和阴离子交换器，其在结构上基本相同。交换器主体是一个密闭的原柱形壳体，体内设有进水装置、排水装置、进再生液装置，并填装一定高度的离子交换树脂。其结构如图 6 – 17 所示。

交换器的进水装置常用的有漏斗式、十字管式、大喷头式和多孔板水帽式；排水装置常用的有多孔板水帽式和石英砂垫层式。为了在反洗时使离子交换剂有膨胀的余地，并防止细小颗粒被带走，故在交换器上部、交换剂层表面到布水装置之间，留有的空间叫做水垫层，它可以在一定程度上使水流在交换器断面上均匀分布，水垫层的高度，一般为 200 ~ 300mm。

离子交换器壳体的外部装置有各种管道、阀

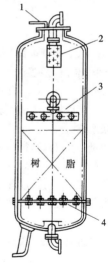

图 6 – 17　顺流再生
离子交换器结构
1—放空气管；2—进
水装置；3—进再生
液装置；4—出水装置

门、取样管、监视管、排气管、流量表、进出口压力表等。壳体上的有机玻璃观察孔是用来观察交换剂的反洗情况的。

2. 逆流再生固定床

在树脂层不发生紊乱的前提下，与制水流向相反的再生液流向（即制水时，水自上而下流过交换剂层，而再生时，再生液自下而上流过交换剂层），这种设备叫做逆流再生固定床。

这种设备可以使树脂层获得良好的再生效果，而且再生剂的利用率得到提高。其机理是：

（1）在交换剂运行至失效时，底层的树脂失效程度最小，再生时底层树脂又是先接触新鲜再生液，再生剂比耗相对来说最高，因此底层树脂可以得到较彻底的再生，再生度很高，所以可以比顺流再生获得更好的出水水质。

（2）再生液首先接触的是亲和力最小、易于再生的离子形态的下层树脂，有较高再生率。

（3）由于逆流再生出水端的树脂再生度最高，保证出水水质所需的树脂层厚度较薄，因而树脂层工作交换容量的利用率较高。

（4）在逆流再生时上层树脂再生度虽然较差，但运行时接触的是含盐量最高的进水，可以取得最高的饱和度，使树脂层的工作交换容量得以充分利用。

逆流再生工艺中，再生液及清洗水都是从下向上流动，流速稍大就会发生树脂乱层现象，而使树脂层中的离子形态分布不保持原状，从而失去逆流再生的优点。为此在采用逆流再生工艺时，从设备结构和运行操作方面都要注意防止树脂乱层。

逆流再生离子交换器结构如图6－18所示。

它和顺流再生交换器的主要区别是在树脂层表面有压脂层，交换层和压脂层之间有中间排液装置，使向上流动的再生液或清洗水能从中排装置均匀地排走，保证树脂层不发生乱层现象。

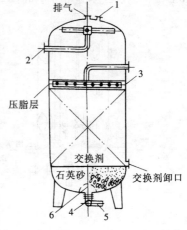

图6－18　逆流再生离子交换器结构
1—进气管；2—进水管；3—中间排液装置；4—出水管；5—进再生液管；6—穹形多孔板

逆流再生交换器的进水装置、排水装置与顺流再生离子交换器相同，但逆流再生交换器的中排装置对交换器的运行影响较大。对其要求除了能均匀排出再生废液，防止树脂乱层流失外，还应有足够的强度，防止在大反洗时，排管变形损坏。因此常在母管上加加强筋，其两端用支架与交换器壁固定，支管材料选择合适，要有足够的强度。

常用的中排装置有母管支管式、插入管式和鱼刺式。

3. 浮动床

浮动床是逆流再生的另一种水处理工艺。其运行方式正好与逆流再生固定床相反。即运行时水流自下而上，并将树脂层托起来，呈悬浮态运行，再生时，再生液自上而下流动，树脂层下移到底部。由于该种设备有运行流速高，再生比耗低，操作容易等优点，因而发展前途较为广阔。

其工作原理是：运行时水从底部进入浮床，经下部配水装置均匀地进入床层。依靠上升水流使树脂以密实状态整体向上浮动（称成床），在水流经床层时完成离子交换，处理后的水经上部集水装置引出体外。当床层失效后，利用出水管中水倒流或床层重力使床层下落（称落床）。

再生时再生液由上部进入浮床，由上而下均匀流过床层时完成再生反应，再生废液由底部排出，然后用合格的水进行正洗和反洗，直至出水合格后，即可投运。其设备结构如图 6 - 19 所示。

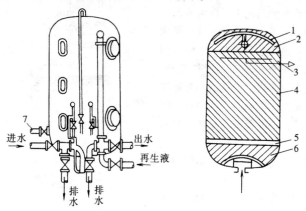

图 6 - 19 浮动床本体结构

1—上部分配装置；2—惰性树脂；3—体内取样器；4—树脂；
5—水垫层；6—下部分配装置；7—树脂装卸管

浮动床壳体一般由钢制圆筒和上下封头组成，在壳体上有观察镜，以

第二篇 电厂水处理

观察床层运行情况，在内部设有下部进水装置、上部集水装置和离子交换树脂。

下部进水装置除进水分配外，还可作为自下而上清洗时的排水及再生液排水分配。

上部集水装置除出水均匀分配外，运行或自下而上清洗时作为疏水装置；再生或自上而下清洗时作为再生液或清洗水的分配装置。

运行时床层在上部，水垫层在下部；再生时床层在下部，水垫层在上部，水垫层起双重作用。即床层体积变化时的缓冲高度使水流或再生液分配均匀。

4. 双层床

双层床是一种逆流再生固定床，但与普通固定床相比所不同的是，在其设备内，按一定比例分别装填强、弱不同的同性树脂，由于强弱树脂密度与粒径的差异，一般密度小颗粒细的弱型树脂在床层上部，而密度大颗粒粗的强型树脂在床层下部，这样，在交换器内形成上、下两层弱、强性不同的树脂层，故名双层床。

双层床具备逆流再生工艺的优点，同时又具有弱、强树脂串联运行的优点，所以在一定条件下可以获得较高的工作交换容量和较低的再生剂比耗。其结构与普通逆流再生固定床相同。

5. 混合床

混合床离子交换器也是一个圆柱形密闭容器。在其内部安装有上部进水装置、下部配水装置、中间配水装置及阴、阳混合均匀的离子交换树脂。混合床的结构如图 6－20 所示。

为便于阴阳树脂分层，混合床用的阴树脂和阳树脂湿真密度应大于 15% ～20%。

确定混合床中阴阳树脂比例的原则是使阴阳树脂同时失效，以获得最高的树脂利用率。目前国内采用的强碱阴树脂和强酸阳树脂是体积比常为 2∶1，也可用 1∶1 或 1∶2 等其他比例。

为便于阴、阳树脂分层，混合床用的阳树脂和阴树脂的湿真密度差大于 15% ～20%。

三、一级除盐系统及其运行操作

（一）一级复床除盐

原水只一次相继通过 H 型或 OH 型交换器（下称阳床或阴床）的除盐设备，叫一级复床除盐。在各种锅炉补给水净化系统中，典型的一级除盐系统如图 6－21 所示。其中包括阳床、除碳和阴床。

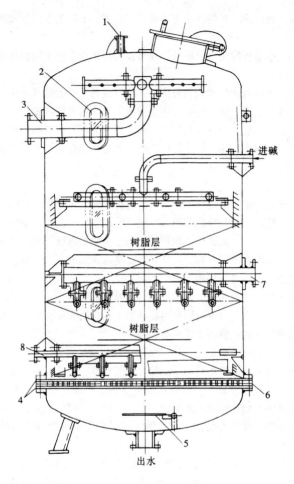

进碱

树脂层

树脂层

出水

图 6-20　混合床离子交换器结构

1—放空气管；2—观察孔；3—进水装置；

4—多孔板；5—挡水板；6—滤布层；7—中

间排水装置；8—进压缩空气装置

（二）运行与监督

在这种系统中，为了要除去水中是 H^+ 以外的所有阳离子，阳床必须在有漏 Na 现象时即停止制水进行再生。水经 H^+ 离子交换后，原水中的 HCO_3^- 都变成游离 CO_2，连同原水中含有的 CO_2，很容易由除碳器除掉，这就是在此系统中设置除碳器的理由。当然也可以用强碱性阴床除去游离 CO_2，但这样做既消耗阴树脂的交换容量，又多消耗再生用碱。

pH 值越低，水中碳酸越不稳定，这可由下式所表示的平衡关系看出：

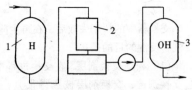

图 6-21　一级复床除盐系统

1—强酸性 H 型交换器；2—除碳器；3—强碱性 OH 型交换器

$$H^+ + HCO_3^- \leftrightarrow H_2CO_3 \leftrightarrow CO_2 + H_2O$$

水中 H^+ 浓度越大，则平衡越易向右移动。当水中 pH 值低于 4.3 时，水中的碳酸化合物几乎全部以游离 CO_2 形式存在。

水中游离的 CO_2 可以看作是溶解在水中的气体，因此，只要降低水面上 CO_2 的分压力就可以除去 CO_2，除碳器就是利用这个道理设计的。目前常用的除碳器有两种形式，一种是鼓风式，一种是真空式。

由于阳床的进水中各种阴离子都是以酸的形式存在，所以它的出水与进水有明显的变化。当阴床正常运行时，出水的 pH 大都在 7~9 之间，电导率为 2~5μS/cm。

含硅量以 SiO_2 计为 20μg/L。当阴床失效时，由于有酸漏过，pH 值下降；与此同时，集中在交换剂层下部的硅漏出，致使出水中硅含量上升。至于电导率，则常常出现先略为下降，而后上升的情况。

经一级复床除盐的出水水质 SiO_2 含量可低于 100μg/L，电导率可低于 5μS/cm。由于对离子交换器除盐系统出水要求较高，故做好运行监督工作很重要。

当阳床树脂失效时，其出水的 pH 值、电导率、含 Na^+ 量都有所改变，现在常用测量漏钠量作为阳床失效与否的依据。

当阴床树脂失效时，除应注意其 pH 值、电导率的变化外，主要用测定含硅量的办法对其进行监督。值得指出的是，应该用准确度高的在线自动分析仪连续测定，并带有记录仪，而人工取样化验误差大，反映终点不及时。

（三）顺流再生固定床的运行操作

顺流式固定床离子交换器的运行通常分为四个步骤，从交换器失效后算起为反洗、再生、正洗和交换。这四个步骤组成交换器的一个运行循环。

1. 反洗

交换器中的树脂失效后，在再生前先用水自上而下进行短时间的强烈反洗，反洗的目的是：

（1）松动交换剂层。在交换过程中，带有一定压力的水自上而下通过交换剂层，交换剂层被压得很紧，为使再生液在交换剂层中均匀分布，使交换剂得到充分再生，所以再生前要进行反洗，使交换剂层充分松动。

（2）清除交换剂上层中的悬浮物，碎粒和气泡。在交换过程中，交换剂上层还起过滤作用，水中的悬浮物被截留在这部分交换剂层中，这不仅使水通过交换剂层的压降增大，还使交换剂结块，交换容量不能充分发挥。此外，运行中产生的交换剂碎粒，也会影响水流的通过。反洗可清除以上杂物，所以这一步骤对第一级阳床尤为重要。

反洗水的水质，要求它不污染交换剂，所以应澄清。一般地，第一级阳床可用清水；第二级交换器用第一级出水。反洗强度，对于各级交换器来说，其最优的反洗强度可由试验求得，一般为 $3L/(m^2 \cdot s)$，应控制在使污染交换剂层表面的杂质和碎粒被带走，又不使完好的交换剂跑掉，并且交换剂层又能得到充分松动。反洗一直到出水不浑为止，一般需 $10 \sim 15min$。

反洗也可以依据具体情况运行几个周期后定期进行。

2. 再生

这是固定床离子交换器运行操作中很重要的一环。影响再生效果的因素很多，如再生操作方式，再生剂的种类、浓度、纯度、用量、再生液的流速、温度、交换剂的类型等。应合理掌握再生技术，保证再生质量。

3. 正洗

离子交换器经再生后，为清除其中过剩的再生剂和再生产物，应用清洗水按再生液通过交换剂层的方向进行清洗。开始时可用 $3 \sim 6m/h$ 的小流速清洗约 $15min$ 左右，主要是为了充分利用交换剂层中的再生液，然后加大流速至 $6 \sim 10m/h$，洗至出水合格为止，一般清洗 $25 \sim 30min$ 即可。

采用 H_2SO_4 再生的 H 型阳离子交换器时，为防止在交换剂层中产生 $CaSO_4$ 沉淀，应把清水流速提到 $10m/h$，而且清洗不宜中断。

4. 交换

清洗合格的离子交换器即可投入交换运行，一级阳床运行的流速一般控制在 5 ~ 30m/h，此流速与进水水质、交换剂的性质有关，进水中要除去的离子浓度越大，则流速应控制得越小。

顺流再生工艺的特点：顺流再生工艺的优点是交换器结构简单，易操作，易实现自动控制，对进水悬浮物要求不严格；缺点是出水水质差，再生剂利用率低，因为制水时出水离开交换器时是与再生度最低的树脂相接触，必然使水质较差。

（四）逆流再生固定床的运行操作

在逆流再生交换器的运行操作中，交换过程与顺流式没有区别，再生操作随防止乱层的措施不同而异，现在以压缩空气顶压为例说明其再生操作。

1. 小反洗

为保持交换剂层不乱，不要求像顺流再生那样每次再生前都对整个交换剂层进行反洗，而只是对中间排液管上面的压脂层进行反洗，冲洗掉运行时积聚在压脂层和中间排水装置上的污物。反洗流速一般为 10m/h，时间一般为 15 ~ 20min，反洗到出水澄清为止。

2. 放水

小反洗后，待交换剂颗粒下降后，放掉交换器内中间排液装置上部的水，以便进空气顶压。

3. 顶压

待交换器内中排装置上部的水放掉后，从交换器顶部送入压缩空气，使气压维持在 0.03 ~ 0.05MPa，以防乱层。

4. 进再生液

在顶压情况下将再生液引入交换器内，为得到好的再生效果，应严格控制再生条件。

5. 逆流冲洗（置换）

当再生液进完后，关闭再生液门，按再生液的流速继续用稀释再生剂的水进行冲洗，到出水指标合格为止。

6. 二次小反洗或小正洗

小反洗操作如1，一直到残留再生液冲洗干净为止。小反洗不易冲洗干净时改为小正洗，水从上部进，中排管出，一般需洗 10 ~ 20min。

7. 正洗

最后，按正常运行方式，用水自上而下进行正洗，直到出水合格即可投入运行。

（五）逆流再生工艺的特点

（1）出水水质好，适应性强。用于软化时，当进水硬度低于 8mmol/L 时，逆流再生的一级钠离子交换器出水硬度可低于 0.03mmol/L；用于除盐时，当进水含盐量在 80～500mg/L 范围内，一级复床出水水质电导率低于 2μS/cm，漏钠量一般为 20～30μg/L，SiO_2 一般为 20～50μg/L。

（2）再生剂用量低，树脂工作交换容量高，与顺流再生固定床相比，在相同运行条件下所需的再生比耗低。

（3）自用水率低。比顺流再生固定床低 30%～40%。

（4）再生废液中有效再生剂浓度低，废水排量少，废水排量比顺流再生固定床低 30%～40%。

四、混床除盐及其运行操作

经一级复床除盐系统处理过的水质虽然较好，但远不能满足我们电力部门对水质的要求，为了得到更好的水质，常采用混床离子交换法，以制成更纯的水，在大电厂的化学补给水处理中，往往在不同方式的预处理后，水再经一级复床加混床的除盐系统，其出水水质良好，电导率可在 0.2μS/cm 以下。

（一）原理

在混合床中，由于阴阳树脂是相互混匀的，所以其阴阳交换反应是同时进行的，或者说水是阳离子交换和阴离子交换是多次交错进行的，经 H 型交换产生 H^+ 和经 OH 型交换产生 OH^- 都能积累起来，使交换反应进行的十分彻底，出水水质很高。

混床失效后，应先将两种树脂分离，然后分别进行再生和清洗。分离的方法一般是用水力筛分法，即用水反洗，利用阳树脂的湿真密度比阴树脂大，使阳树脂处于下层，阴树脂处于上层。再生清洗后，再将两种树脂混合均匀，重新投入运行。

（二）特点

1. 优点

与复床相比混合床有以下优点：

（1）出水水质优良。用强酸阳树脂和强碱阴树脂组成的混床，制得的除盐水残留含盐量在 1.0mg/L 以下，电导率在 0.2μS/cm 以下，SiO_2 在 20μg/L 以下，pH 值接近中性。

（2）出水水质稳定。混床在工作条件有变化时，一般对其出水水质影响不大。

（3）间断运行对出水水质影响较小。无论混床或是复床，当交换器停止工作再投入运行时，开始时出水水质都会下降，要经短时间运行后才能恢复正常。这一般是由于离子交换设备及管道材料对水质有所污染所致，而恢复正常所需的时间，混床比较短，只需 3~5min 的运行就能使出水电导率恢复到正常水平；复床则需要 10min 以上。

（4）交换终点明显。混床在交换末期出水电导率上升很快，有利于监督。

（5）混床设备比复床少，布置集中。

2. 缺点

（1）树脂交换容量的利用率低。

（2）树脂损耗率大。

（3）再生操作复杂，所需时间长。

（4）分层不彻底时，易影响再生效果。

（三）运行操作

由于混合床是将阴阳树脂装在同一个交换器中运行的，所以在运行中有许多与普通固定床不同的地方。

1. 反洗分层

混合床除盐装置运行操作中的关键问题之一，就是如何将失效的阴阳树脂分开，以便分别通入再生液进行再生。反洗即借水力将树脂悬浮起来，并利用阴阳树脂的密度差达到分层的目的，分层后阴树脂在上，阳树脂在下，只要控制适当，即可做到两层树脂之间有明显的分界面。

反洗开始，流速宜小，待树脂分层后逐渐加大流速至 10m/h 左右，使整个树脂的膨胀率在 50% 以上，一般反洗需 1~15min。

两种树脂是否能分层明显，除与其密度差和反洗流速有关外，还与树脂的失效程度有关，树脂失效程度大的分层容易，否则就较难，为了容易分层，可采用加速失效的办法，可以进水进行反冲洗，加速其失效。

2. 再生

混合床的再生常见的有体内再生和体外再生两种。

体内再生就是指树脂在交换器内进行再生的方法，它分为两步法和同步法。

（1）两步法。酸碱分别通过阴阳树脂的两步法是在反洗分层完毕后，将交换器中水放至树脂表面上约 100cm 处，从上部送入 NaOH 溶液再生阴树脂，废液从阴阳树脂分界处的排液管排出，并按同样的流程进行阴树脂的清洗。清洗至排出水的 OH^- 碱度至 0.5mmol/L 以下。在此再生和清洗时，可用水自下部通入阳树脂层，以减轻碱液污染阳树脂。然后再生阳树脂时酸由底部通入，废液也由阴阳树脂分界处的排液管排出。为了防止酸液进入阴树脂层，需继续从上部通入小流量的水清洗阴树脂。阳树脂的清洗流程也和再生时相同，清洗至排出水的酸度至 0.5mmol/L，最后进行整体正洗，即从上部进水，底部排水，一直洗到排出水电导率至 1.5μS/cm 以下。

（2）同步法。此法实际上和两步法相似，即在再生和清洗时，由交换器上下同时送入碱、酸液或清洗水，分别经阴阳树脂层后，由中间排水装置排出。

体外再生是把失效的树脂全部转移到专用的再生器中进行再生，再生过程与体内再生相同。整个系统由交换器、再生器和再生后树脂的贮存器组成。树脂的转移采用水力输送。

体外再生的优点：

（1）交换和再生在不同的设备中进行，体外再生细长，便于阴、阳树脂的分离；

（2）设置再生后树脂的储存器，使再生停歇的时间减少到最低限度，储水箱容积可减小；

（3）有利于提高再生效率，再生剂也不会漏入出水中，从而可保证出水不被污染；

（4）由于混合床运行周期很长，可以几台混合床共用一个再生器。

体外再生的缺点是树脂磨损率较大。

3. 阴阳树脂的混合

树脂经再生和洗涤后，在投入运行前必须将分层的树脂重新混合均匀，通常用从底部通入压缩空气的办法搅拌混合。压缩空气应净化，以防压缩空气中有油类等杂质污染树脂，其压力一般为 0.10. ~5MPa，流量为 2.5~3.0m³/（m²·s），混合时间主要视混匀为准，一般为 0.5~1.0min，时间过长易磨损树脂。

为了获得较好的混脂效果，混合前应把交换器中的水面降到树脂层表面上 100~150mm 处。

4. 正洗时间

混合后的树脂层，还要用除盐水以 10~20m/h 的流速进行正洗。直到出水合格（如 SiO_2 含量 $\leqslant 20\mu g/L$，电导率 $\leqslant 0.2\mu S/cm$），方可投入运行。

五、各级水质监控、药品消耗计算

（一）补给水设备运行中的监督项目和控制指标（见表6-3）

表6-3　　　　补给水设备运行中的监督项目和控制指标

设备名称	运行控制指标
机械加速搅拌澄清池 （若加石灰处理）	浊度≤5FTU （还应控制 OH^-，pH）
过滤器	浊度≤2FTU　压差≤0.1MPa
无阀滤池	浊度≤5FTU
阳床	硬度≈0μmol/L　Na^+≤100μg/L
除碳器	残余 CO_2 量≤5mg/L
阴　　床	硬度≈0μmol/L　DD≤5μS/cm SiO_2≤100μg/L　pH=6.5
混　　床	硬度≈0μmol/L　DD≤0.2μS/cm SiO_2≤20μg/L

（二）各级药品消耗的计算

1. 混凝剂的用量

混凝过程不是一种单纯的化学反应，故所需的加药量不能根据计算来确定。在不同在具体情况下应试验求得最佳加药量。然后，在运行中再根据实际处理效果加以调整。天然水的最佳加药量一般为 $0.1\sim0.5$ mmol/L（ $1/3Al^{3+}$ ），如用 $Al_2(SO_4)_3 \cdot 18H_2O$，则相当于 $10\sim50$ mg/L。

对于某种具体水质，如何选用混凝剂和确定最优混凝条件等问题，现还不能从理论上解决，需要通过混凝试验来寻找答案，如最优加药量、最佳 pH 值和水温等。混凝试验可以在烧杯中进行，也可采用专用装置。

2. 石灰剂量的计算

在进行石灰处理时，它的加药量以多少为最适宜的问题，无法正确估算，因为在这里发生的反应很复杂，而且应加的石灰量还与要求达到的水质有关，因此运行中是最佳加药量，不能按理论来估算，而要用调整试验来求取。然而，在进行设计工作或拟定试验方案时，需要预先知道石灰加药量的近似值。对此，国内外研究人员对此作了大量的探索工作，总结出了一些较为实用的经验计算公式，例如下式：

$$D_s = 28\left([CO_2] + 2YD_C - [Ca^{2+}] \pm D_N + e\right)$$

式中　　[CO_2]——水中游离 CO_2 含量，mmol/L；

　　　　YD_C——碳酸盐硬度，mmol/L；

　　　[Ca^{2+}]——水中钙离子浓度，mg/L；

　　　　D_N——混凝剂量，mmol/L；

　　　　e——石灰过剩量，mmol/L。

其中，混凝剂量前的符号"±"与混凝剂投加时间有关，关于混凝剂与石灰的投加次序有两种说法。一种认为先投加混凝剂有利于沉淀；一种认为先投放石灰形成一定的 pH 有利于混凝。为此在计算适合剂量时，要考虑两种药剂的投加次序，若凝混剂先于石灰，符号取"－"，否则取"＋"。

在水处理应用中，加药量均通过小型试验进行优选。

3. 阳床酸耗的计算

阳树脂每交换 1mol 物质的量的阳离子所需的酸的克数称为酸耗，单位为 g/mol。计算公式为

酸耗 = 加酸量（kg）×浓度（%）×1000／[周期制水量（t）×总阳离子物质的量的浓度（mol/L）]

总阳离子的物质的量的浓度 = 阳床入口水平均碱度 + 阳床出口水平均碱度（mmol/L）

4. 阴床碱耗的计算

阴树脂每交换 1mol 物质的量的阴离子所需的纯氢氧化钠的克数称为碱耗，单位为 g/mol。计算公式为

碱耗 = 加碱量（kg）×浓度（%）×1000／[周期制水量（t）×总阴离子物质的量的浓度（mol/L）]

总阴离子的物质的量的浓度 = 阳床出口水酸度 + 残留 CO_2/44 + 阳床出口 SiO_2/60（mmol/L）

第五节　蒸发器除盐处理

蒸馏法制备补给水，适用于下列热力发电厂：

（1）对于给水水质要求较高，因而对补给水水质要求也较高。

（2）水源的水质较差，如海水、苦咸水等若用化学水处理需要很复杂的系统，且运行费用较高。

（3）锅炉补给水率不大。

一、蒸发器除盐系统的除盐原理

用蒸发器作为制备火电厂补给水的方法叫做水的蒸馏或热力除盐法。其除盐原理是将含有盐类的水溶液加热到沸腾时，水便开始大量蒸发成水蒸气，盐类则留在水溶液中；然后再将获得的蒸汽冷凝，便得到蒸馏水。残留在蒸发水中（又称浓水）的浓缩盐类，通过蒸发装置的排污排掉。

在热力发电厂中，常常不是直接用燃料燃烧放出热量作为制备蒸馏水的热源，而是利用汽轮机抽汽（称为一次蒸汽）在一个称作蒸发器的热交换器中将水加热蒸发，得到的蒸汽（称为二次蒸汽）在凝结器中冷凝成蒸馏水。

二、蒸发器设备系统

蒸发器按蒸发形式可分为沸腾式和闪蒸式蒸发装置。下面分别叙述。

1. 沸腾型蒸发装置制备蒸馏水

蒸汽是在蒸发器受热部件表面上形成的叫表面式沸腾蒸发器，为了防止在受热面上结垢，进入蒸发器的水应是经过软化处理的水。当水源为自来水时，通常可用二级钠离子交换来处理，当水源为地表水时，则首先应进行混凝或混凝－石灰沉淀处理除去水中悬浮杂质和部分碳酸盐硬度，然后再进行软化处理。用离子交换法处理水的不足之处是增加蒸发装置处理水的成本。为减弱在表面式沸腾型蒸发装置的受热面上的结垢程度，可采用外置式沸腾型蒸发装置。在这种装置内，由于水在受热部件加热到接近饱和温度，而蒸发是在位于受热部件之上的部件内进行，因此在一定的条件下在受热面上可能不结垢或显著降低结垢程度。当水温不超过 110～120℃，而且蒸发装置给水中含有人为投加的晶种或给水经石灰处理时，在这种外置式沸腾性蒸发装置内实际上不结垢。作为晶种的有天然白垩和建筑用的石膏微晶体，在蒸汽形成过程中，硬度盐类的沉淀就在这些微晶体颗粒上进行，因此不会在受热面上形成垢。

蒸发器按外观形式有立式蒸发器和卧式蒸发器之分，因其结构原理相同，下面以立式蒸发器进行介绍。

立式蒸发器有一个圆筒形外壳，外壳内大约一半装满水，水面之下悬架着一个加热器。加热器也是一个圆筒，其中有许多管子穿过，管子两端分别连接在加热器上底与下底上，形成管束。这些管子的管壁就是蒸发器的主要传热器。

加热蒸汽（一次蒸汽）送入加热器管束之间，把热量传给管子里面和加热器圆筒外面的水。由于管子里的水比加热器圆筒外面的水受热量大，温度较高，因而其密度较小，当水在管内开始沸腾时，就会形成迅速的自然循环；较冷的水顺加热器圆筒和蒸发器外壳之间的空间下降，然后在管内一边受热和沸腾一边上升。产生的蒸汽上升出水面，经泡沫破坏装置进行水汽分离后，由二次蒸汽引出管送往凝结器。

为了保证蒸发器各部分能自由热膨胀，一次蒸汽引入管及凝结水引出管都应做成弯曲的形状。

为了防止加热器内有不凝结的气体聚集起来，在加热器下半部的中心处（在这里加热蒸汽已几乎完全凝结成水）有一根排汽管，它与蒸发器上部二次蒸汽空间相连接。管上装有阀门用来调节气体的流量，使不凝结气体和少量一次蒸汽一起排出。

原水经过水位调节器送入蒸发器内。蒸发器外壳下部有一根放水管，以便定期排污及检修时放水；此外，还有连续排污管。

蒸发器可分为单级和多级。它是根据所需蒸馏水的量决定的。因为每千克一次蒸汽所能产生的蒸馏水量是主要决定于它的压力，而此压力是和汽轮机抽汽的压力以及设备所能承受的压力有关，不可能很高。如果采用单个蒸发器，则每千克一次蒸汽所能产生的蒸馏水量很有限。所以当需要大量蒸馏水时，就要用大量的一次蒸汽，这是很不经济。为此，可将几个蒸发器串联成几级，如将它们分成两级，则只是第一级采用汽轮机抽汽作为一次蒸汽，而第二级蒸发器就以第一级所产生的二次蒸汽作为加热汽源，产生的蒸汽又作为第三级蒸发器的加热汽源，依此类推，蒸发器可以作为多级蒸发器，最后一级蒸发器产生的蒸汽经冷凝变成蒸馏水。

一般把各级蒸发器每小时所产生的蒸馏水总量 m 与其每 h 所消耗的抽汽量 p 之间的比值称作蒸发器的出力比 R，即

$$R = m/p$$

显然，蒸发器的级数越多出力比越大，但是级数过多时，因各项热量损失和设备投资的增加就会影响整个电厂的经济性，一般在热力发电厂中使用蒸发器制备蒸馏水时需 6～8 级。

目前国内一般采用五级加热六级蒸发，利用汽轮机或背压机组 0.385～1.274 抽汽作为加热器汽源，加热软化水，制得蒸馏水，作为电厂锅炉的补给水。

2. 闪蒸蒸发装置制备蒸馏水

因为表面式蒸发器结垢的可能性较大，所以其给水需要处理。为此，人们从实践中研制出另一种类型的蒸发器，即闪蒸蒸发器。

闪蒸蒸发的原理是，预先将水在一定压力加热到某一温度，然后将其注入一个压力较低的扩容器中，这时由于注入水的温度高于该容器压力的饱和温度，一部分水就急速汽化（此即"闪蒸"名称的由来）为蒸汽，与此同时水温下降，直到水和蒸汽都达到该压力下的饱和状态。由于水的加热和蒸汽的形成是在不同部件内进行的，所以大大降低了结垢的可能性。为此，闪蒸蒸发器的给水只需进行简单的处理，一般采用给水加酸处理。运行经验表明，在给水简化处理条件下，当给水温度约为120℃时，蒸发器内不会结垢。

闪蒸蒸发装置同表面式蒸发器一样可以是单级的，也可以是多级的，其主要水质指标应保证给水质量。

三、蒸发器的操作要点及水质监控

蒸发器总是在大气压下工作，实际上相当于一个低压锅炉，因此也会发生结垢、蒸汽污染等问题，为此必须进行防垢、防腐。

垢的形成对蒸发器的安全经济运行带来不少困难，为此各类蒸发器都采取不同的措施来防止结垢。防垢是一项综合性的工艺，即不单要从水质的控制着手，而且要配以蒸发器结构和蒸发器运行工况的改善。防止结垢的方法很多，下面介绍常用的几种。

1. 加酸处理

据统计，约90%的蒸发装置采用加酸处理法，主要用于防止蒸发器结 $CaCO_3$ 和 $Mg(OH)_2$ 垢。加酸的方式有两种：第一种方式是将水中的碳酸氢根离子浓度降低到不会形成 $CaCO_3$ 和 $Mg(OH)_2$ 垢的浓度范围；第二种方式是按化学计算量或高于此值加酸，然后经除氧器除去水中的 CO_2，最后投加一定数量的碱性物质，将水溶液的 pH 值提高到 $7.5 \sim 7.8$。

2. 投加晶种法

投加晶种法的优点是投资少，操作简单，它不但能防止 $CaCO_3$ 和 $Mg(OH)_2$ 沉淀，而且能防止 $CaSO_4$ 沉淀。其缺点是排出浓水中的悬浮物含量高。若要回收晶体，则需设沉淀池。经澄清后，稠晶种返回蒸发器继续使用，而澄清水根据具体条件或回收或排放。

晶种的作用是作为结垢物质沉淀的结晶核心，加速结垢物质的结晶过程。此外晶种还能破坏已形成的沉淀物层。

目前常用的晶种是天然白垩（CaO 占 54.13%、MgO 占 0.17%、SiO_2 占 1.74%、K_2O_3 占 1.21%、灼烧损失占 42.6%，其他占 0.15%）。试验表明，在外置式沸腾蒸发器中，当海水含盐量为 30 ~ 50g/L 和沸腾温度不

第六章 锅炉补给水处理

超过115℃时，投加白垩能保证将 $CaCO_3$ 和 $Mg(OH)_2$ 完全沉淀在晶种表面。在沸腾温度为90℃时，晶种所需浓度为 8~10g/L，温度为115℃时，晶种所需浓度为 15~20g/L。晶种的最佳浓度还取决于蒸发器中的水容积。随着水容积的增大，晶种与水溶液的接触时间增加，因而晶种的最佳浓度可有所下降。目前在运行的蒸发器装置中，给水中的晶种浓度一般控制为 20~25g/L，而在蒸发水中控制为 40~60g/L。

3. 投加阻垢剂

阻垢剂的作用是改变沉淀物的晶体结构，明显地阻碍晶粒的长大，从而使它不在受热面表面上沉淀析出。蒸发器给水处理常用的阻垢剂有 $Na_3PO_4 \cdot 12H_2O$。运行表明，在水温为100℃左右时，浓缩倍率为 1.5~2.5 的条件下，投加量为 6.0mg/L 时，与无处理相比，结垢强度减小 1~2 倍。近年来，在电厂冷却水处理中，聚磷酸盐得到了广泛应用，但在蒸发器给水处理中，由于它的水解温度相对来说较低，因而限制了它的使用。

4. 给水净化处理

上述的第二种和第三种方法没有从根本上解决蒸发装置结垢的可能性，因为这些方法只是在一定程度上使水质稳定，减少结垢，最根本的防垢方法是从水中除去结垢物质。

所以不能用生水直接供给蒸发器，而必须用软化水。软化水的水质应符合下列标准：

（1）硬度不大于 $20\mu g/L$；

（2）溶解氧不大于 $50\mu g/L$；

（3）对于表压力为 0.8MPa 以上的蒸发器，还必须对蒸发器内的水进行磷酸盐处理，其磷酸根（PO_4^{3-}）的含量一般为 5~20$\mu g/L$。采用锅炉排污水作为蒸发器补充水的，磷酸根含量不受此限制，有时要高些。

（4）根据蒸馏水的质量，蒸发器中浓缩水的排污量、含盐量等应通过热化学试验确定。

（5）若蒸馏水直接作为锅炉补给水，而给水又作为混合式减温水，则蒸馏水的质量必须保证蒸汽品质合格，具体水质标准应通过热化学试验确定。

提示 本章共五节，其中第一节和第二节适用于初级工，第三节至第五节适用于中级工。

第七章

凝 结 水 处 理

第一节 凝结水处理概况

凝结水主要由汽轮机做功后的乏汽凝结而成的水、热力系统中的各种疏水以及从热用户返回的生产凝结水组成。它与补给水一同构成锅炉给水。随着机组参数的提高,对水质要求越来越严格,由于凝汽器的渗漏和泄漏、系统中金属腐蚀产物的污染、返回水夹带杂质等因素的影响,使得热电厂凝结水存在着不同程度的污染,因此,对凝结水进行处理已是大型火电厂水处理的一个极为重要的环节。

一、凝结水污染的原因

凝结水是由蒸汽经汽轮机做功后凝结而成的,水质本应是纯净的,但由于以下几个方面的原因,造成凝结水的污染。

1. 凝汽器的渗漏和泄漏

冷却水从凝汽器的不严密处进入凝结水中,使凝结水中盐类物质与硅化合物的含量升高,这种情况称为凝汽器渗漏。凝汽器的不严密处通常出现在固定凝汽器管子与管板的连接部位。即使凝汽器的制造与安装质量较好,在机组长期运行过程中,由于负荷和工况变动的影响,固接处经常受到热应力和机械应力的作用,也往往使其严密性降低,从而增大了凝结水中冷却水的渗漏量。

当凝汽器的管子因制造或安装有缺陷,或者因腐蚀而出现裂纹、穿孔和破损,以及固接处的严密性遭到破坏时,进入凝结水中的冷却水量将比正常时高得多,这种情况称为凝汽器泄漏。凝汽器泄漏时,凝结水被污染的程度要比渗漏时大得多。随冷却水进入凝结水中的杂质通常有 Ca^{2+}、Mg^{2+}、Na^+、SO_4^{2-}、HCO_3^-、Cl^- 以及硅化合物和有机物等。

由于凝结水水质较好,当发生泄漏时,水中杂质含量主要因泄漏引起,所以凝汽器的泄漏对机组的运行有很大的危害。特别是当机组负荷降低时,凝结水量减少,在相同的渗漏或泄漏条件下,对凝结水水质的影响更大。

所以对于高压以上机组特别是直流炉，要严格控制凝结水水质，同时对凝结水进行100%处理。

2. 凝结水被金属腐蚀产物污染

凝结水系统的管路和设备由于以下原因而遭到腐蚀，致使凝结水中带有金属腐蚀产物；

（1）机组停运保护不当，发生停运期间的氧腐蚀；

（2）凝结水溶氧较高或水中同时含有二氧化碳而造成的金属腐蚀；

（3）凝结水 pH 值太高或太低。

凝结水中腐蚀产物主要是金属氧化物，如 Fe_3O_4、Fe_2O_3，它们呈悬浮态或胶态，此外也有各种离子态的铁。在水质分析中测定的常常是铁化合物的总含量，简称为全铁。

铁和铜的腐蚀产物进入锅炉后，将会造成锅炉的结垢和腐蚀，因此必须严格控制给水中铁和铜的含量。

3. 生产返回水造成的污染

在热电厂中，从热用户返回的凝结水中往往含有很多杂质，且随着生产企业的不同，这些杂质的成分和含量也各不相同。生产用汽的凝结水往往含油质较多、含铁量也很高，因此这部分水返回热电厂后需要进一步进行处理。

4. 锅炉补给水造成的污染

化学水处理混床出水即为锅炉补给水，储存于除盐水箱中，一般经除盐水泵补入凝汽器。由于对运行中的混床出水水质要求严格监督，所以出水品质高、杂质含量少。但监督不力、设备仪表出现故障，就有可能出水水质不合格，补入凝结水中，使凝结水造成污染。除盐水箱由于在室外布置，水箱密封不严，也可能进入杂质，使除盐水受到污染进而造成凝结水污染。

二、凝结水的处理原则及方法

运行实践证明，有凝结水处理的机组，锅炉的腐蚀都轻于那些凝结水未经处理的机组，且凝结水经过处理的超临界锅炉的腐蚀率，明显低于凝结水未经处理的亚临界锅炉的腐蚀率。

随着运行机组参数的提高，对其给水水质的要求也越来越高。如果部分凝结水进行处理是很难达到要求的。

此外，我国大机组给水的含铁量一般较高，有的甚至超过20μg/L，因此锅炉水冷壁管的结垢速度很快。一些锅炉的局部热负荷较高处的炉管结垢量超过 $200 \sim 300 g/m^2$ 时，便可能发生爆管。为了防止炉管爆破，必须对锅炉频繁进行酸洗。另外,启停频繁的调峰锅炉或负荷波动比较大的机组,有大量的氧化铁进入锅炉,也会加快炉管的结垢速度。解决上述问题的办法,就是设置凝结水处理设备。

此外,设置凝结水处理设备,还可以降低机组启动时的用水量,缩短机组的启动时间。所以为确保锅炉给水水质纯净,应将凝结水进行处理。

（一）凝结水处理原则

是否设置凝结水处理设备,取决于下述因素:

(1) 发电机组的参数和容量;

(2) 锅炉的形式（直流炉或汽包炉）及燃料类别（燃油或燃煤）;

(3) 凝汽器管材及冷却水水质;

(4) 机组的运行特性;

(5) 锅内水处理方式。

凝结水处理设备的适用范围:

(1) 直流锅炉机组（任何参数和容量）的凝结水要进行 100% 的处理。

(2) 冷却水为海水时,对凝结水要进行 100% 处理。

(3) 冷却水为苦咸水时,一般对凝结水要进行处理,其处理量为 25% ~ 100%。

(4) 锅内采用加氧处理方式时,由于对水质要求高,一般对凝结水要进行 100% 处理。

(5) 冷却水为淡水的高压或高压以上机组,目前都认为应对凝结水进行 100% 处理。

（二）凝结水处理方法

目前,凝结水处理方法主要有凝结水的过滤和凝结水的除盐。

1. 凝结水的过滤

凝结水过滤的目的是除去凝结水中的金属腐蚀产物及油类等杂质。这些杂质通常以悬浮态、胶体形式存在于凝结水中。如果不首先将这些杂质滤除,就会在后面凝结水的除盐过程中污染离子交换树脂,缩短除盐设备的运行周期。特别是机组启动阶段,这些杂质往往更多。利用凝结水过滤设备,可以使凝结水系统中的水很快达到正常,大大缩短由启动到正常运行的时间。因而其在机组启、停时,水汽系统中铜、铁含量大时,有大量疏水需要回收时,前置过滤器可将水中悬浮杂质清除 85% ~ 90%,在系统中发挥着很大的作用。

通常将位于凝结水除盐前的过滤设备称为前置过滤。有些机组在凝结水除盐后还设有后置过滤设备，用来截留除盐设备漏出的树脂或树脂碎粒等杂物，防止它们随给水进入锅炉。目前使用较多的过滤设备有覆盖过滤器、微孔过滤器、磁力过滤器以及粉末树脂覆盖等类型的过滤器。

2. 凝结水的除盐

高参数、大容量机组的凝结水，具有数量大和含盐量低的特点，所以要求凝结水处理设备能在高流量和低含盐量的前提下运行，并在凝汽器泄漏和机组启动时，即含盐量增大的情况下，具有足够的水处理容量。大多数凝结水处理系统中，高速混床是主要设备。其结构与补给水除盐混床基本相同，所不同的是，大部分凝结水高速混床采用体外再生方式。

高速混床的运行特点是处理水量大，在除去凝结水中离子的同时还可有效地去除水中的悬浮杂质。高速混床一般都要以床层阻力增大至极限值而结束运行周期。这时它的交换容量远远没有耗尽。因此，采用提高混床运行流速的办法，使过滤杂质渗透到树脂床层深处。这样，一方面可以延长运行周期，另一方面也适应混床处理水量大的需要。高速混床在运行时，最好保证有备用设备，以防混床失效或凝结水泄漏时，能够及时有效的保证凝结水进行100%处理。

目前普通使用的高速混床有 H/OH 型。

三、凝结水处理设备与热力系统的连接

凝结水处理系统主要是能够清除凝结水中的微量杂质，短时间维持因凝结水泄漏和凝结水水质遭污染时，水质不遭受破坏。根据其任务，该系统一般由前置过滤器、凝结水除盐设备（部分加装后置过滤器）组成。

凝结水处理设备因树脂使用时温度不允许超过60℃，所以其大都安装在凝结水泵出口及低压加热器之前的管路系统中。其连接方式一般有两种，如图7-1所示。

（1）凝结水处理设备连接在凝结水泵与凝结水升压泵之间。这种连接方式适用于低压凝结水系统。为了便于调节凝汽器热井和除氧器中的水位，每台机组设密封式补水箱1~2台。除盐水先进入补给水箱，再进入凝汽器。当除氧器的水位过高时，部分凝结水可返回补给水箱，这样就起到了调节水位的作用。经低压凝结水处理设备净化后的凝结水，由升压泵升压后进入低压加热器。此种连接方式的缺点是：系统中安装二级凝结水泵，运行中存在二级凝结水泵的同步控制问题，还需要设计安装压力、流量的自控装置。

（2）凝结水处理设备连接在凝结水泵与低压加热器之间。这种连接方式取消了凝结水升压泵，经凝结水处理设备净化后的凝结水直接进入低

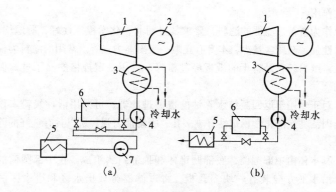

图 7 - 1　凝结水处理设备的连接方式

(a) 低压凝结水处理设备；(b) 中压凝结水处理设备
1—汽轮机；2—发电机；3—凝汽器；4—凝结水泵；5—低压
加热器；6—凝结水处理设备；7—凝结水升压泵

压加热器系统。但凝结水处理设备就需要在较高的压力下运行，这样一来，就对设备及树脂的耐压有较高的要求，这种连接方式的凝结水处理系统称中压凝结水处理设备。这种连接方式省去了一级凝结水泵，因而减小了设备占地面积，简化了系统，有利于在主厂房内布置，节省了投资。在运行操作上也较为简便，易于实现自动控制，使运行安全可靠性增强。

（3）凝结水处理设备的布置。一般凝结水处理设备及其再生设备均安装在主厂房零米层凝结器附近，但若主厂房布置较紧张时，有时将凝结水处理设备安装在主厂房零米层凝结器附近，将再生设备安装在水处理室。该水处理室应靠近主厂房凝结水处理设备，以方便运行操作，避免树脂在输送过程中发生堵塞现象。

四、电厂常用的凝结水处理设备

如前所述，凝结水处理主要包括凝结水的过滤和凝结水的除盐，因此凝结水处理设备主要是凝结水过滤设备和凝结水除盐设备。

（一）凝结水过滤设备

1. 覆盖过滤器

覆盖过滤器就是在一种特制的多孔管件（称为滤元）上均匀地覆盖一层滤料作为滤膜过滤时，水由管外通过滤膜和滤元的孔进入管内，水中所含的细小悬浮杂质被截留在滤膜的孔隙通道内。此外，较大的悬浮颗粒会在滤膜表面的孔隙通道入口堆积，逐渐形成一层沉淀物质，同样能起过滤作用。

作为覆盖过滤器的滤料，要求其呈粉状，化学稳定性好，质地均匀，亲水性强，杂质含量少，本身有孔隙，吸附能力强等。常用的滤料为棉质纤维素纸粉，它是将干的纸板经过粉碎，再用一定规格的筛子过筛而制成的。

对于专用于返回凝结水除油的覆盖过滤器，可采用活性炭粉末作滤料。因活性炭的化学稳定性好、多孔、吸附能力强，所以具有良好的除油效果。

其本体由中部圆筒、底部圆锥体和顶部封头组成。在中部圆筒的上端，沿水平方向装有一块多孔板，将过滤器分成出水区和进水区两个部分。

多孔板的每个孔中固定一个滤元，滤元由不锈钢管或工程塑料管制成，管外沿纵间有许多突起的筋骨，筋骨间的管壁上开有许多小孔，筋骨外缠绕有不锈钢丝。滤元中心管的上开口敞开作出水口，下开口用半球形螺帽封闭。

这种覆盖过滤器运行时，滤料覆盖于滤元的缠绕丝外，待滤水由进水口经分配罩进入过滤器本体，再经滤膜过滤进入滤元的管内，过滤后的水汇集于出水区，自出口流出。

覆盖过滤器的过滤面积是各滤元上覆盖滤膜面积的总和，通水面积较大，所以在体积大小相等的情况下，覆盖过滤器处理水的能力要比普通过滤器大得多。通常用每个运行周期内单位面积滤膜的滤水量来描述覆盖过滤器的生产能力。

2. 磁力过滤器

凝结水中的腐蚀产物主要是 Fe_3O_4 和 Fe_2O_3。Fe_2O_3 有两种形态，即 $\alpha-Fe_2O_3$ 和 $\gamma-Fe_2O_3$。Fe_3O_4 和 $\gamma-Fe_2O_3$ 是铁磁物质，$\alpha-Fe_2O_3$ 是顺磁性物质。磁力过滤器的基本工作原理就是利用磁力清除凝结水中铁的腐蚀产物，可分为永磁和电磁两种类型。

（1）永磁过滤器。永磁过滤器外形为圆柱形，里面布置有若干层磁铁。每层由若干呈放射状排列的磁棒组成。这些磁棒都是经过强磁场的磁化后，垂直连接在中心的立轴上，立轴可在顶部电动机的带动下旋转。

永磁过滤器的通水流速一般为 500m/h，在运行中需定期进行清洗复原。清洗复原时需先将设备解列，然后启动顶部电动机，带动立轴高速旋转，利用离心力甩掉磁棒上所吸引的附着物，同时通水进行反冲洗。通常冲洗复原仅需几分钟就可以完成。这种过滤器因其复原时需用高速电动机，对制造工艺要求较高，除铁效率只有 30% ~ 40% 。因此，目前趋向于使用电磁过滤器。

（2）电磁过滤器。电磁过滤器或称高梯度磁性分离器，是由非磁性材料制成的承压圆筒体和环绕筒体的线圈组成的。在筒体内装填有铁磁性材料制成的球状或条状填料。筒体与线圈之间有一层薄绝缘层，防止高温凝结水传热给线圈。

当直流电通过线圈时，就产生磁场，球形铁磁性填料被磁化，由于填料的磁导率很高，在填料的孔隙中就形成磁场梯度。当被处理水从下向上通过填料层时，水中的金属腐蚀产物也就被磁化，从而被填料颗粒吸住。在运行中可按进、出口水的金属腐蚀产物的含量或按过滤器的出水量来决定运行终点。达到运行终点时，先停止进水，然后切断电源。为除去填料上所吸着的金属腐蚀产物，在线圈中通以逐渐减弱的交流电，使填料的磁性消失。填料退磁后，从下向上通水冲洗。冲洗水流速约为运行流速的80%。此时，填料颗粒发生滚动并相互摩擦，从而将吸着的腐蚀产物冲洗下来。

电磁过滤器运行流速可达 1200m/h。运行周期也比较长，一般可达7 ~ 14d。其除铁效率为 65% ~ 85% 。

磁力过滤器，特别是电磁过滤器由于具有设备小，处理水量大，分离效果好，操作简单，不需辅助系统，不耗费化学药品，能在较高温度下运行等优点，所以，已在一些火力发电厂中得到应用。

3. 微孔过滤器

微孔过滤是利用过滤介质的微孔把水中悬浮物截留下来的水处理工艺。其设备结构与覆盖过滤器类似，但运行时不需要铺膜。其过滤介质常做成管形，称为滤元。通常在一个过滤器中组装有许多滤元。滤元的结构形式大体有两种：一种是经烧结而制成的整体型微孔滤元，其材质为金属、陶瓷或塑料等；一种是在刚性多孔芯子（不锈钢或硬质塑料制成）外，再缠绕过滤介质的微孔滤元，其外绕介质可用玻璃丝、不锈钢或有机纤维制成的线和布。微孔过滤器有不同的规格，如 1、5、10μm 等的过滤器就是指能滤去 1、5、10μm 以上的颗粒。微孔过滤器的单台出水量可根据需要进行设计，一般出力可达 400 ~ 800t/h。

管式微孔过滤器运行中压差达到 0.08MPa 或超过 72h 时，应进行清洗。

4. 粉末树脂覆盖过滤器

离子交换树脂粉末覆盖过滤器的结构基本上与前面讲的纤维素覆盖过

滤器相同，不同的是它采用的覆盖滤料是阳、阴离子交换树脂粉。由于树脂粉的颗粒很细（500μm 以下），因此，可同时起到过滤和除盐的作用。在凝结水处理系统中，它可以作高速混床的后置设备或取代混床作为主除盐设备，也可用作混床的前置设备。

粉末树脂应采用优质阳、阴树脂，并经高纯度、高剂量的再生剂进行再生完全转型后，粉碎至一定细度再混合制成。再生好的树脂应在干燥状态下保存在气密性良好大袋中或桶中，使用前禁止开封。

（二）凝结水的除盐设备

凝结水除盐设备所装树脂主要为 H/OH 型。

氢型混床处理的凝结水水质很高，其电导率可在 $0.1\mu S/cm$ 以下，Na^+ 小于 $2\mu g/l$，$SiO_2 < 5\mu g/l$。但氢型混床也有弱点，在用氨调整给水 pH 值的系统中，凝结水中氨的含量往往比其他杂质大得多，结果使混床中的阳树脂吸收氨而耗尽了交换容量，此时混床将发生氨漏过现象，使混床出口水的电导率升高，钠的含量也会有所增加。因此 H/OH 型混床的运行周期较短，再生次数频繁，酸、碱耗大。此外，由于 H/OH 型混床除去了不应除去的氨，所以不利于热力设备的防腐保护，也增加了给水氨的补充量。

现以净化含 NaCl 的水为例加以说明。

H/OH 型混床的离子交换反应可表示为

$$RH + ROH + NaCl \Longleftrightarrow RNa + RCl + H_2O$$

此反应产物中有很弱的电解质水（H_2O），所以反应进行得很完全。

第二节　凝结水处理设备的结构及运行操作

一、前置过滤器的结构

凝结水过滤的目的主要是除去凝结水中的金属腐蚀产物及系统中油类杂质。目前，采用较多的前置过滤器主要有覆盖、电磁、微孔以及粉末树脂覆盖等类型的过滤器。

1. 覆盖过滤器的结构

常见的覆盖过滤器结构如图 7 - 2 所示。

其本体由中部圆桶、底部圆锥体和顶部封头组成。

在中部圆桶的上方沿水平方向装有一块多孔板，将过滤器分成进水区和出水区，多孔板的每个孔中固定一个滤元，滤元是由不锈钢管和工程塑

第二篇　电厂水处理

料管制成的。管外有许多纵向齿槽（其横断面如同齿轮），每条齿槽中的管壁上开有许多直径为3mm的圆孔。为使滤元各部分的进水均匀，齿槽上部的孔距大于下部的孔距。齿棱上刻有许多螺纹（螺距为0.7～0.8mm），沿此螺纹绕不锈钢丝，即组成滤元。不锈钢丝有梯形的和圆形的，梯形绕丝不易使纸浆夹在钢丝间，反冲洗时也易使薄膜干净，因此使用较广泛。桶体下部有固定滤元下部位置的定位网圈，用于防止滤元摆动和偏移。

2. 管式微孔过滤器的结构

管式微孔过滤器的结构与覆盖过滤器的结构基本相似，所不同的是滤元用合成纤维绕制成具有一定孔隙度的过滤层，如图7－3所示。

3. 电磁过滤器的结构

电磁过滤器是借助于励磁线圈中直流电的定向磁场，磁化过

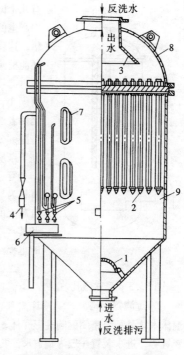

图 7－2　覆盖过滤器结构示意
1—水分配罩；2—滤元；3—集水漏斗；
4—放气管；5—取样管及压力表；6—取样槽；7—观察孔；8—上封头；9—本体

滤器里充填层中的导磁基体，再通过磁化基体对水中磁性物质颗粒的吸引，将杂质吸着在磁性基体表面，而达到净化水的目的。导磁基体种类很多，以钢球或涡卷等为基体的叫电磁过滤器，用导磁钢毛为基体的过滤器称为高梯度电磁过滤器。

钢球形电磁过滤器，其本体是一个用非磁性材料制成的圆桶，桶体内装有用软磁材料制成的小球，小球的直径一般为6～7mm，筒体外面绕有线圈。筒体与线圈之间有一薄层绝热层，以防止高温凝结水传热给线圈，而使线圈温度更高。线圈外面装有一个铁罩，它一方面形成闭合磁路以免因漏磁而减弱筒体内的磁场，另一方面起磁屏作用，以免筒体内的强磁场影响周围的仪表。

钢毛形高梯度电磁过滤器，其内的填充材料为导磁钢毛。钢毛丝径仅

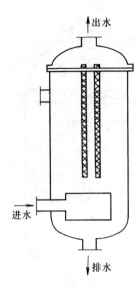

出水

进水

排水

图 7-3　管式微孔
过滤器结构

有几个微米到几十个微米，它在饱和磁场中产生的磁场梯度比钢球约高上千到几万倍，这就使基体不仅能捕集铁磁性微粒，还能捕集顺磁性物质微粒，大大提高了电磁过滤器的分离能力。此外，钢毛的充填密度小，仅为钢球充填密度的十分之一，当两者通水流速相同时，水通过钢毛基体空隙部分的实际流速比钢球的小得多，有利于杂质的去除。

复合型高梯度电磁过滤器，其内填充材料为导磁钢毛与空隙率很小的窝卷带结合起来的。这样可改善填充层的内部磁场及其水力特性，使水流分布的更均匀，同时也提高了充填层的机械强度。

二、高速混床的结构

高速混床有柱型和球型两种，球型混床为垂直压力容器，承压能力高。柱型高速混床本体是一个密闭的圆柱形壳体，体内设有进水装置、进脂装置、出水装置等，进水装置一般为辐射形多孔配水管，使进水均匀；进脂装置采用十字形支管四点逆向进脂方式，其特点是布脂均匀，避免树脂层面高低不平及产生斜坡现象；出水装置为鱼刺形母支管式，支管上安装出水水帽，这样可以充分利用出水表面积，因而混床出力大，出水分配均匀，并且具有结构简单、坚固、不易损坏和适合高速运行的优点。高速混床要求进水装置和排水装置能保证水流分配均匀，排脂装置应能排尽交换器内的树脂，安装和检修都比较方便。其结构见图 7-4。

此外，高速混床还配有体外再生系统，体外再生系统有单塔式、双塔式和三塔式。塔数越多，灵活性越好，但投资越高，操作也越复杂。

单塔式体外再生系统的再生塔结构，与体内再生混床相似。不同的是，再生塔设计的更高些，以便于树脂分离，分配装置可按再生工况设计，设备承压可低些。

双塔式体外再生系统，一般是由阳再生塔（兼分离塔）和阴再生塔组成。若运行混床有备用的，阴再生塔可设计的小些。树脂再生完毕后，阴、阳树脂分别送入备用混床，进行混合和清洗，无备用混床时，阴再生塔与阳再生塔的尺寸相似，兼作储存塔用。

第二篇　电厂水处理

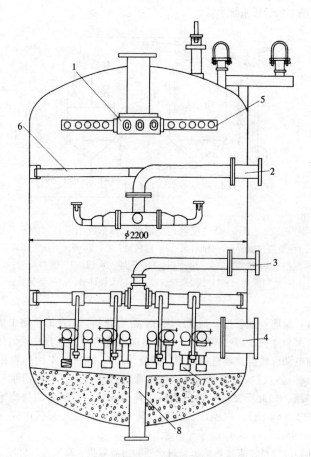

图 7 - 4 柱型高速混床本体结构

1—进水装置；2—进脂装置；3—冲洗进水及进气装置；

4—出水装置；5—进水多孔辐射管；6—支架；

7—梯形绕丝水帽；8—排脂管

三塔式体外再生系统，一般由阳再生塔（兼分离塔）、阴再生塔和储存塔组成。目前三塔式再生系统使用较为广泛。

三、凝结水处理设备的运行操作

（一）覆盖过滤器的运行

覆盖过滤器的运行分为铺膜、过滤、爆膜三个步骤。图 7 - 5 所示为覆盖过滤器的运行系统示意。

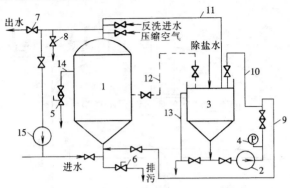

图 7-5　覆盖过滤器的运行系统示意

1—覆盖过滤器；2—铺料泵；3—铺料箱；4—压力表；5—快开放
气门；6—排渣门；7—出水门；8—旁路放水门；9—铺料母管；
10—滤料循环管；11—回浆管；12—滤料大循环管；13—溢流管；
14—放空气管；15—出水循环泵

（1）铺膜。铺膜按下列顺序进行：混合背料，即在铺料箱中加入一定量的水和滤料，通过铺料泵，经滤料循环管将两者混合成均匀的悬浊液或用电动机械搅拌器进行配料，浓度为 2%～4%。将铺料箱内混合好的液体通过铺料泵流经铺料管进入覆盖过滤器中，再经回浆管返回到铺料箱，如此反复进行循环铺料，直至成膜。成膜后需提高循环流速（约 5～8m/h），以便压实滤膜，防止脱落。循环铺膜时间一般为 30～40min。

铺膜的质量将直接影响覆盖过滤器的过滤效果，高质量的铺膜应使所有滤元上都均匀覆盖有一层完整无缺、厚度均匀的滤膜，厚度一般为 2～4mm。操作过程中应注意：上周期的失效滤膜必须彻底清洗干净，否则会影响本次的铺膜效果。此外在铺膜过程中应掌握铺膜的流速，不能过快或过慢，要尽量保持流速平稳，否则影响膜的均匀性。

（2）过滤。铺膜到过滤的转换应在动态下进行，即在滤膜压实后，铺料泵还应继续运行，待进水门和旁路放水门打开后，进行水冲洗时再停泵。水冲洗是为了把穿过滤元的少量滤料冲洗干净，待出水不带滤料时，打开出水门，关闭旁路放水门，使设备转入正常运行。正常运行时，进水含铁量约为 20μg/L 时，运行周期可达 7～10d。

（3）爆膜。当覆盖过滤器运行到进、出口压差达 0.15～0.3MPa 时，就应进行爆膜。爆膜一般采用"自压缩空气膨胀法"，操作顺序如下：

1）排水。将设备从系统解列后，排掉上部出水区的水。

2）进气。从设备顶部通入压力为 0.4～0.6MPa 的压缩空气，并维持压力。

3）爆膜。迅速打开放气门和排污门，利用压缩空气的突然膨胀，将滤元上的失效滤膜打碎，并由排污门排出。若爆膜效果不好，应重新进行上述操作。

4）反洗。爆膜后应进行反洗，以便进一步清洗滤元和排除废渣。

（二）微孔过滤器的运行

微孔过滤是利用过滤介质的微孔把水中悬浮物截留下来的一种水处理工艺。其运行时不需要铺膜，而是通过滤元将水中的杂质截留。管式微孔过滤器运行方式简单，当过滤器运行至压差达 0.1MPa 或超过 72h 时，应停止运行，进行清洗。清洗程序如下：

（1）排水。开启设备排空门和排水门，将水放至一定位置。

（2）空气擦洗。启动萝茨风机，开启进气门，进行空气擦洗。启动冲洗水泵，开启进水门，进行水冲洗，一般空气擦洗 1min，水冲洗 45s，轮换擦洗 5～8 次，擦洗时控制空气流量（标况下）为 1600m^3/h，进水流量为 500t/h。

（3）充水。由下部低流量进水，到过滤器充满水后，再投入运行。

（三）电磁过滤器的运行

当直流电通过过滤器线圈时，就产生磁场，球形铁磁性填料被磁化，由于填料的磁导率很高，在填料的孔隙中就形成磁场梯度。当被处理水从下向上通过填料层时，水中的金属腐蚀产物也就被磁化，从而被填料颗粒吸住。

（1）运行。控制运行中进、出口水的金属腐蚀产物的含量或按出水量确定运行终点。当设备运行到终点时，先停止进水，然后切断电源。

（2）消磁、冲洗。为除去填料上所吸着的金属腐蚀产物，在线圈中通以逐渐减弱的交流电，使填料的磁性消失。填料消磁后，从下向上通水冲洗。冲洗水流速控制在运行流速的 80%。使填料颗粒滚动相互摩擦，使附着在填料颗粒表面的金属腐蚀产物冲洗下来。

（四）凝结水除盐设备的运行

1. 高速混床使用的树脂应具备的条件

（1）机械强度高。因高速混床运行流速一般为 70～90m/h，有的甚至高达 100～140m/h，此外再生时要利用空气擦洗，所以树脂磨损、破碎相当严重，因而要求树脂有良好的机械强度。

（2）粒度均匀。因混床内装有阴、阳两种树脂，再生时要将阴、阳树脂彻底进行分离，若粒度不均，易造成树脂因再生分离不好引起交叉污染。

（3）采用强酸、强碱性树脂。弱型树脂具有一定的水解度，且弱碱型树脂不能除去水中的硅，弱酸型树脂交换速度较慢，因此高速混床一般均使用强酸、强碱型树脂。

（4）按照水质情况及树脂的工作交换容量，选择好阴、阳树脂的比例。一般对于碱性水工况的锅炉，阴、阳树脂比为 2：1，在中性水工况系统，阴、阳树脂比为 1：1，当冷却水选用海水时，阴、阳树脂比为 1.5：1。

2. 混床树脂的再生

（1）再生方式和再生系统。高速混床的再生方式有两种：体内再生和体外再生。目前大多数电厂均采用体外再生法。

高速混床的体外再生法有以下优点：

1）再生系统与运行系统彻底分离，避免再生液渗透到水、汽系统。

2）体外再生罐不受现场限制，可以充分满足树脂清洗和分离，保证再生效果。

3）缩短混床的停运时间，保证凝结水进行 100% 处理。

4）使混床内部结构简化，更适合于高速运行。

（2）树脂的再生。

1）树脂的输送。当高速混床运行失效后，首先将混床中的失效树脂通过树脂输送管道送到阳树脂再生罐。

2）树脂的清洗。混床树脂再生前应对树脂进行彻底的清洗，一除去树脂中截留的金属氧化物。常用的清洗方法有：①空气擦洗。空气擦洗是利用压缩空气在树脂颗粒间造成瞬间爆发膨胀，使树脂间产生撞击摩擦而使树脂表面的杂质松脱，然后再用水冲洗，将杂质排出。具体步骤是首先将清洗管中的水排放到树脂层上部 200m 处，然后从清洗罐底部通压缩空气擦洗 5min，然后从清洗罐顶部进水正洗 10min，将正洗水从底部排出。反复重复上述操作，直至排水澄清为止。②反洗。反洗的目的是彻底清除树脂中截留的杂质。同时对树脂进行分离。反洗时要掌握好反洗流速，既要保证反洗效果，同时又不能造成大颗粒树脂跑掉。反复反洗直至排水澄清为止。

3）阴、阳树脂的分层。使阴、阳树脂分层彻底常用的措施有：①混脂层分离法。该法在再生时，将混脂层单独抽出，送入混脂塔，使之不参加再生，从而保证阴、阳树脂的良好分离。②惰性树脂分层法。该法就是在阴、阳树脂中再加入一种无官能基团的惰性树脂，其相对密度介于阴阳树脂之间。惰性树脂在阴、阳树脂层界面之间形成缓冲层来减少交叉污染。③浮选分离法。用高浓度的 NaOH 溶液浸泡阴、阳树脂，使树脂深度失效，从而引起阴、阳树脂产生较大的密度差，这样，阴树脂上浮，阳树脂下沉，从而可彻底分离混在一起的阴、阳树脂，保证出水品质。

4）阴、阳树脂的再生。树脂分层后，将阴树脂送入阴再生罐，将混脂送入树脂储存罐，阳树脂留在分离罐中，然后分别对阴、阳树脂进行再生。再生时应注意：①尽可能使用高质量的再生剂。②再生液的浓度不宜过低，否则影响树脂的再生度。③有条件的情况下，尤其是冬季应对碱液进行加热，使温度维持在 35～45℃，有利于阴树脂的再生。

5）树脂的输送。树脂再生完毕后，阴树脂输入树脂储存塔，阳树脂也输入树脂储存塔，在储存塔内进行树脂的混合及冲洗，待电导率≤1μS/cm 时，停止冲洗，通过输脂管道输入高速混床。树脂输送方法有水力输送和气力输送等。水力输送效果较好，完全用空气输送效果较差，该方法易引起树脂在管道内堵塞，同时树脂磨损也较为严重。目前，采用气、水混合输送的方法较为普遍。

树脂在输送过程中，易造成树脂的再次分层，因此在输送树脂的过程中，水量控制不要过大。

3. 混床的运行

树脂全部输送到混床后，首先进行循环正洗，开启进水门及再循环门，对混床进行循环正洗，至出水电导率≤0.15μS/cm，停止冲洗，开启出口门，关闭再循环门，混床投入运行。

4. 混床的停运

当混床运行到出水电导率≥0.15μS/cm、SiO₂≥15μg/L 时或者运行天数到达规定时间时，混床失效，应关闭出、入口门，退出运行。

5. 混床树脂的清洗方法

凝结水高速混床具有过滤功能。因此，必须对失效的混合树脂采取有效的清洗方法将树脂层截留下来的污物清除掉，以免发生树脂被污染、混床阻力增大而导致树脂破碎及阳、阴树脂再生前分离困难等问题。

（1）空气擦洗法。空气擦洗法就是在装有污染树脂的设备中，重复性地通入空气，然后正洗的一种清洗方法。每次通入空气的时间约为 3～5min，正洗时间约为 10～20min。重复次数应视树脂层的污染程度而定，通常为 10~30 次。通入的空气由设备底部进入，目的在于松动树脂层，并使树脂上的污物随同水流由设备底部排出。

空气擦洗一般安排在树脂再生前。如在再生后进行擦洗，还能除掉被酸、碱再生剂所松脱的金属氧化物。必要时，也可在再生前和再生后分别进行擦洗，再生后擦洗宜用反洗的方式将杂质排走。

（2）超声波清洗法。将超声波频率的振荡施加在污染的树脂上，可清除树脂表面的污物。这种方法需用专门的超声波树脂清洗塔。清洗时，污染树脂由设备顶部进入，经中间的超声波场清洗后，清洁的树脂沉积到底部由喷射器抽出。冲洗水由设备底部进入，上部流出，分离出来的污物及树脂碎屑随冲洗水流至顶部沟槽后溢出。

提示 本章共两节，适用于中级工。

第八章

发电机内冷水处理

第一节　发电机内冷水腐蚀的影响因素

一、pH 值

在水中，铜的电极电位低于氧的电极电位。从热力学的角度看，铜要失去电子被氧化腐蚀，腐蚀反应能否进行，取决于铜能否趋向于被其化合物所覆盖。如果铜的化合物在其表面的沉积速度快且致密，就能使溶解受到阻滞而起到保护作用，反之，腐蚀就会不断地进行下去。铜保护膜的形成和防腐性能，与溶液的 pH 值关系密切，pH 值过高或过低，都会使铜发生腐蚀。pH 值在 7~10 时，铜处于热力学的稳定状态。但由于受动力学的影响，水的 pH 值在 7~9 时，铜在内冷水中表现得相对稳定。

当溶液 pH 值为 7.0、温度为 25℃时，铜在中性溶液中可能发生耗氧腐蚀，生成的腐蚀产物是 Cu_2O 和 CuO，一般情况下在铜表面形成一层氧化铜覆盖层。铜的腐蚀速率取决于水的含氧量和 pH 值。水的 pH 值对铜腐蚀影响主要是铜表面保护膜的形成及其稳定性，与水的 pH 值有很大关系，一般铜在水中的电位在 0.1~-0.4V 范围内。若水的 pH 值在 6.9 以下则铜处于腐蚀区，其表面很难有稳定的表面膜存在；水的 pH 值高于 6.9，铜进入中性及弱碱性区域时，则铜表面的初始氧化亚铜膜能稳定存在，此时铜处于被保护或较安全的状态。

当水中溶有游离二氧化碳时，同样可能破坏铜表面的初始氧化膜，将明显加快腐蚀的阳极过程，并且随着二氧化碳含量的增大，铜的腐蚀溶出速度也增大。空气中二氧化碳常压下在纯水中 25℃时的溶解度为 0.436mg/L，35℃时为 0.331mg/L，由碳酸水溶液解离常数计算，此时溶液 pH 值约为 6.74，铜处于受腐蚀区。

考虑到当前发电机内冷却水系统的实际情况，欲全部改成全密闭水系统，由于各电厂和发电机制造厂的条件和认识存在差异，因此短时间内难以实现。空气溶于水中的二氧化碳和氧对 pH 值的影响，又涉及影响电导率的升高，当水的 pH 值大于 6.8 后，铜开始进钝化区，为了保证铜线表面处于稳定状态，根据 GB/T 12145—2016《火力发电机组及蒸汽动力设备水汽质量标准》，温度在 25℃时，内冷水 pH 值为 8.0~8.9。

二、电导率

内冷水铜腐蚀对 pH 值变化敏感，而电导率值高低对其影响不大。pH 值的影响远大于电导率的影响。而对此电气专业中有两种意见：一种意见认为电导率高，对额定电压高的大机组不利，理由是因电压高，聚四氟乙烯等绝缘引水管可能会发生绝缘内壁的电、闪络烧伤，所以认为电导率越低越好。另一种意见认为大型机组绝缘引水管较长，电导率可以略高些。在新机组和大修后机组的启动初期，内冷水的电导率值往往很难控制得很低，通过一段时间的运行调整，才会缓慢下降。电导率值不是越低越好，但也不可高出适当范围值，铜的腐蚀速率随 pH 值的下降而急剧上升，调高 pH 值可降低铜腐蚀的速率，但同时电导率值又随之升高，在保证发电机安全的前提下，上限值可选定为 5μS/cm，考虑到技术进步和保持现有标准的一致性，根据 GB/T 12145—2016《火力发电机组及蒸汽动力设备水汽质量标准》，温度在 25℃、内冷水电导率小于 2.0μS/cm。空心不锈钢导线的水内冷发电机的冷却水电导率小于 1.5μS/cm。

三、硬度和含铜量

化学专业普遍认为内冷水关键是控制好 pH 值，因其补充的是除盐水或凝结水，所以硬度选定为小于 2μmol/L。发电机内冷水中的 CuO、Cu_2O 都是水对中空导线产生腐蚀的产物，严重时这产物絮结或覆盖，将增大内冷水路的水阻和局部堵塞，甚至可能使中空铜线腐蚀泄漏，因此，水中铜含量的监测，应该列为发电机内冷水的重要监督内容之一，它直接反映了铜线的腐蚀情况，并提示要预防发电机绕组局部超温的可能。根据 GB/T 12145—2016《火力发电机组及蒸汽动力设备水汽质量标准》，含铜量应小于 20μg/L。

四、溶解氧

水中的溶解氧对铜的腐蚀影响较大，溶解氧与铜发生化学反应，生成铜的氧化物，铜的氧化物附着在中空铜导线的内表面或者溶解在内冷水中沉积，甚至堵塞中空铜导线，从而造成事故。研究表明，内冷水中含氧量达到一定程度后，铜被腐蚀生成 CuO、Cu_2O，铜的腐蚀现象更明显。当水的 pH 值在 8.0~9.5 时，水中的溶解氧对铜的腐蚀已不明显。根据 GB/T 12145—2016《火力发电机组及蒸汽动力设备水汽质量标准》，含氧量应小于 30μg/L。

五、温度

一般来说，温度升高，腐蚀速度也会增加，对于密闭式隔离系统的发电机，温度升高，会导致腐蚀速度加快。

六、流速

水的流速越高，对铜的机械磨损越大，水的流动会加速水中腐蚀产物向金属表面迁移，并破坏纯化膜。大量的试验结果表明，铜的腐蚀速度会随水流速的增加而增大。目前，发电机中空铜导线内水流速一般都设计为小于 $2m/s$，其冲刷量是很小的，冲刷腐蚀一般只在高水流速时才作为分析因素。

上述因素中，pH 值对铜的腐蚀影响最大，所以在对内冷水的处理过程中，除了要保证水的电导率外，调节 pH 值是其中重要一项。

第二节 发电机内冷水处理方法

目前，发电机定子绕组普遍采用水冷却，由于发电机冷却水是在高压电场中作冷却介质，因此要求具有良好的绝缘性能；由于导线内部水的流通截面面积小，因此水中应不含机械杂质及可能产生沉积物的杂质离子，且绝不允许出现堵塞。除此之外，整个系统还不应有腐蚀现象。内冷水的处理主要是为了降低内冷水中的铜、铁等杂质含量，防止内冷水对铜导线的腐蚀，确保机组的安全运行。目前，调节内冷水水质的方法主要有下面几种。

一、单台离子变换微碱化法

典型的单台小混床 RH + ROH 用于除去内冷水中的阴、阳离子及运行中产生的杂质，达到除盐净化的目的，其存在的主要问题：①运行周期短，树脂需要频繁更换，运行费用较高。②小混床中的阴树脂耐温性较差，而内冷水的回水温度通常大于 50℃，阴树脂存在着降解为低分子聚合物的危险。③小混床的出水 pH < 7，达不到标准的规定值。改进型的单台小混床 RNa + ROH 是用钠型树脂代替氢型树脂，经过离子交换后，内冷水中微溶解的中性盐 Cu（HCO_3）$_2$ 转化为 NaOH。此法对提高内冷水的 pH 值，减少铜腐蚀具有一定的作用，但存在水质电导率容易上升、铜离子含量较大等问题，不符合国家标准。

二、氢型混床—钠型混床处理法

在原有 RH + ROH 小混床的基础上，并列增设一套 RNa + ROH 小混床。运行时，交替投运 RH + ROH 与 RNa + ROH 小混床。当 pH 值低时，投运 RNa + ROH 小混床，此时电导率会随钠的泄漏而逐渐上升，当电导率升至较高值时，切换至 RH + ROH 小混床运行，内冷水的 pH 值及电导率会下降。通过交替运行不同种类的小混床，使内冷水的水质指标得到控制。这种方法存在的问题是系统复杂、占地面积大、操作麻烦，特别是经常出现电导率的超标报警现象。

离子交换法实际上由于空气中二氧化碳的溶解，pH 值在 6 ~ 8（一般在 7 左右）不可避免地会导致铜的腐蚀，因此很难保证水质符合标准要求。

三、凝结水和除盐水补水处理法

以除盐水和凝结水为补充水源，提高内冷水系统的 pH 值。当内冷水的 pH 值偏低时，通过水箱排污和向内冷水箱补充凝结水，从而提高 pH 值；当电导率偏高时，通过水箱排污和向内冷水箱补充除盐水的方式降低电导率。这种方法存在的主要问题：一是补水时机不好控制，补入的除盐水和凝结水水量不好控制，容易造成内冷水 pH 值和电导率超标，尤其是在机组启动初期凝结水水质差，不能补入内冷水箱。二是安全性差，凝结水或除盐水受到污染时，内冷水水质也会污染。

四、离子交换—加碱碱化法

发电机内冷水箱以除盐水或凝结水为补充水源，在对内冷水进行混床处理的同时，再加入 NaOH 溶液，提高内冷水 pH 值，进而控制铜的腐蚀情况。向内冷水中加 NaOH 溶液提高 pH 值，将内冷水由微酸性调节成微碱性，在有溶解氧存在的条件下，也能起到控制铜导线腐蚀的作用。据资料介绍，将 NaOH 配成质量浓度为 0.1% 的工作溶液，在加药前，启动旁路净化系统小混床，将内冷水电导率调节到 0.5μS/cm 以下，用计量泵将 NaOH 工作溶液从小混床出口管采样孔打入内冷水箱。计量泵流量设定为 1000mL/h，加药时间为 10 ~ 15min。监测发电机内冷水进水母管中的冷却水的 pH 值和电导率，控制 pH 值为 8.0 ± 0.2，电导率小于或等于 1.5μS/cm。这种调控方法，可将内冷水铜离子含量控制在 40μg/L 以下。

在试验过程中，曾经出现过时间和流量控制不当、加药过量，导致电导率在短时间内严重超标的情况。此种方法由于需要一套专门的系统连续检测内冷水的水质情况，而且运行时存在 pH 值显示滞后的情况，目前很少应用。

五、发电机内冷水 FDNL－Ⅱ型水处理装置

内冷水分别经该装置上进水、下进水阀进入 Na⁺ 型阳床和 H⁺ 型阳床处理后，水经上出水、下出水阀进入阴 OH⁻ 床，处理后的水被送至内冷水箱。该系统在一定范围内可对指标进行调整。

1. 内冷水补水方式为除盐水

（1）内冷水 pH 值低于 8，则应适当开大 Na^+ 型阳床入口门。

（2）Na^+ 型阳床入口门开度太大，可能影响内冷水电导率，所以应缓慢调整 Na^+ 型阳床入口门开度，尤其是树脂刚刚再生后，更应缓慢调整，并严密监视内冷水 pH 值、电导率变化情况。在保证内冷水 pH 值、电导率合格的前提下，尽量关小 Na^+ 型阳床入口门。

2. 内冷水补水方式为凝结水

（1）内冷水 pH 值高于 8.9，则应适当开大 H^+ 型阳床入口门。

（2）H^+ 型阳床入口门开度太大，可能影响到内冷水 pH 值，所以应缓慢调整 H^+ 型阳床入口门开度，尤其是树脂刚刚再生后，更应缓慢调整，并严密监视内冷水 pH 值、电导率变化情况。在保证内冷水 pH 值、电导率合格的前提下，尽量关小 H^+ 型阳床入口门。

（3）H^+ 型阳床入口门和 Na^+ 型阳床入口门不得同时开启使用。

（4）如果通过调整 H^+、Na^+ 型阳床入口门不能使内冷水指标达到合格范围，则可能树脂已经失效，此时应通过补换水的方式对内冷水指标进行调整，同时解列内冷水水处理系统，对树脂进行再生处理。

第三节　发电机内冷水运行监督

火电厂发电机内冷水系统的水质控制关系到机组的安全经济运行，目前对于内冷水水质控制方面还没有行之有效的方法。对于大型机组，则是采用厂家提供的小混床部分处理内冷水。

要解决这些问题，需要从以下几个方面着手：

（1）重视发电机内冷水系统的管理和清扫，防止异物进入或遗留在水箱、冷却器和管道中。

（2）严格控制和监督内冷水水质，保证内冷水水质的各项指标均符合相关的国家标准。对水质长期达不到要求的情况，应加装专用的离子交换装置。

（3）加强对发电机铜线棒温度的监视、记录和分析，及时发现出现温度异常的绕组。

（4）为便于及时发现定子线棒局部温度异常，应将发电机的温度巡测装置设置温差报警功能，这样可以在发电机局部堵塞时，即使绕组的最高温度未越限，也能依温差监测功能发现异常并发出信号。

（5）在发电机大、小修期间应认真进行定子水路的反冲洗工作。如果大修间隔长，应增加冲洗次数。

发电机是发电厂的重大设备，其运行的安全性十分关键。目前，国内发电机的内冷水处理技术仍不尽理想，水质常有不达标现象。因此，新的技术发展需要利用新型的控制技术，实现内冷水系统安全运行。

第九章

循环水处理

在火力发电厂中，做功后的乏汽要全部凝结为水，重新进行二次利用，而用于冷却蒸汽的循环水，不仅水量大，且对其水质也有一定的要求。若循环水水质不好，会导致凝汽器铜管内产生水垢、污物、微生物等，同时对铜管产生腐蚀。造成铜管内水流阻力增大，循环水量减小，传热性能降低，如果冷却水塔或冷却水池喷嘴、填料等结垢，将会降低冷却效果，使循环水温度升高，最终导致凝结水温度升高，凝汽器真空度下降，汽轮机组出力降低，效率下降。若凝汽器铜管腐蚀严重，将会造成循环水泄漏至凝结水中，使水、汽品质超标准，影响机组的安全运行。因此，火电厂均要对循环冷却水进行处理。

第一节 循环水系统的结垢与防止

一、结垢

（一）铜管内的结垢及结垢判断

发电厂循环冷却水，大多采用地表水或地下水，由于水中含有各种盐类，特别是 Ca^{2+}、Mg^{2+} 的重碳酸盐，冷却水在循环过程当中，由于温度的升高、盐类的浓缩等原因，往往会形成比较坚硬的碳酸盐水垢。

1. 碳酸盐水垢的形成

（1）循环水的浓缩作用。循环水在循环冷却过程中，由于不断蒸发而使水中含盐量增大，使得碳酸盐硬度总是大于补充水的碳酸盐硬度。

（2）重碳酸盐的分解。循环水中钙、镁的重碳酸盐和游离的 CO_2 之间的平衡关系为

$$Ca(HCO_3)_2 \rightleftharpoons CaCO_3 \downarrow + CO_2 \uparrow + H_2O$$

当循环水在冷却塔中与空气接触时，水中游离的 CO_2 就向空气中大量流失，破坏了上述平衡关系，使反应向生成碳酸钙的方向移动。因此，重碳酸盐的分解，促使碳酸盐从水中析出，并附着在铜管内壁。

第九章 循环水处理

（3）循环水温度的升高。由于循环水在冷却蒸汽的过程中，水温的升高，导致钙、镁碳酸盐溶解度的降低，使碳酸盐平衡关系进一步向右移动，所以又促使碳酸盐垢从水中析出。

2. 析出碳酸盐水垢时的水质判断

（1）极限碳酸盐硬度法。任何一种水质在实际运行中，都有一个不结垢的碳酸盐硬度值，此值称为极限碳酸盐硬度，其数值的大小不仅与水质有关，而且还与运行条件有关。

为了防止循环水系统结垢，控制浓缩倍率是有效的途径之一，控制循环水的碳酸盐硬度低于极限碳酸盐硬度，循环水系统就没有结垢条件。

利用该法判断是否有碳酸盐水垢生成，对大多数电厂比较适合，但对于循环水中碳酸盐较低或碱性较大，则测量误差较大。

（2）碳酸钙饱和指数。碳酸钙饱和指数是表示碳酸钙析出的倾向性。其表达式为

$$I_B = pH_{yu} - pH_B$$

式中　I_B——碳酸钙饱和指数；

pH_{yu}——循环水在运行条件下实测的 pH 值；

pH_B——循环水在使用温度下被 $CaCO_3$ 饱和时的 pH 值。

当 $I_B > 0$ 时，水中 $CaCO_3$ 处于过饱和状态，可能有 $CaCO_3$ 析出，称结垢型水。

当 $I_B < 0$ 时，水中 $CaCO_3$ 处于未饱和状态，而有过量的 CO_2 存在，可以将原来俯着在受热面上的碳酸钙溶解下来，甚至使金属裸露于水中，发生腐蚀，称腐蚀型水。

当 $I_B = 0$ 时，$CaCO_3$ 刚好达到饱和平衡状态，既不会有 $CaCO_3$ 析出，也不会有 $CaCO_3$ 溶解，称为稳定型水。

利用饱和指数判断循环冷却水系统是否有 $CaCO_3$ 析出，虽然有严格的理论根据，但实际使用中，常常出现与实际情况相反的情况，原因是：

1）饱和指数是在一个确定大水温下测出的，但循环冷却水系统中各点的温度并不一致，特别是换热设备的进出口端，有时相差十几度，因而造成测量误差较大。

2）根据饱和指数的判断式可以判断出各种组分是否达到平衡时的浓度，但并不能判断这些组分达到或超过平衡浓度时，是否一定会结垢。一般这些组分在水中的浓度超过平衡浓度的几倍或几十倍时，才发现有晶体析出，这是因为晶体的结晶过程还受晶体形成条件、水中杂质的干扰等因素的影响。

（3）碳酸钙稳定指数。稳定指数是一种经验指数，其表达式为

$$I_W = 2pH_B - pH_{yu}$$

式中 I_W——稳定指数，按表 9 - 1 确定；

　　pH_B——循环水在使用温度下被 $CaCO_3$ 饱和时的 pH 值；

　　pH_{yu}——循环水在运行条件下实测的 pH 值。

表 9 - 1　　　　　　　　稳定指数的判断标准

I_w	水质的稳定性
>8.7	对含有 $CaCO_3$ 材料腐蚀性严重的水
8.7 ~ 6.9	对含有 $CaCO_3$ 材料腐蚀性中等的水
6.9 ~ 6.4	稳定性的水
6.4 ~ 3.7	产生 $CaCO_3$ 水垢的水
<3.7	产生 $CaCO_3$ 水垢严重的水

（4）临界 pH 值法。当微溶性盐类如碳酸钙的浓度达到一定的过饱和度时，就开始有沉淀析出，与其对应的 pH 值称为临界 pH 值。如果实测 pH 值超过它的临界 pH 值，就会结垢。小于临界 pH 值就不会结垢。

（二）冷却水系统污泥的形成及微生物的污染

污泥是指那些比较疏松的、多孔的或呈凝胶状的沉积物，它们常常含有泥砂、各种腐蚀产物、微生物或其分泌的黏液、生物的代谢产物及其腐烂物等。

有时，冷却水系统中形成的沉积物是水垢和污泥的混合体，难以区分。

在热力发电厂中，冷却水系统的特点有：水量大，处理比较困难；运行温度较低，故对水质的要求比锅炉水低得多；热交换器管材为黄铜，耐腐蚀性较强。因此，冷却水的处理和锅炉给水的处理有很大的差别，它形成了一种独特的工艺。

污泥是循环水系统中常见的物质。它们可以遍布于冷却水系统的各个部位，特别是水流滞缓的部分，如冷却塔水池的底部。污泥的组成主要是冷却水中的悬浮物与微生物繁殖过程中生成的粘泥。

1. 冷却水中的悬浮物

冷却水悬浮物的来源有：

（1）采用未经处理的地面水作为补充水，或澄清处理的效果不佳，以致有泥砂、氢氧化铝和铁的氧化物等悬浮物进入冷却水系统。

（2）因冷却水处理的工艺条件控制不当而生成沉淀物。

（3）水通过冷却塔时，将空气中的杂质带至冷却水中，这是常见的污染根源，特别是在风沙较大的地区。实际上，在冷却塔的工作过程中，约有90%的空气含尘量进入冷却水中。

为了减少循环水中悬浮物的含量，除了应做好补充水的水处理工艺外，还可将一部分循环水通过滤池过滤，以去除这些杂物，这称为旁流过滤，旁流过滤的水量决定于循环水的污染情况，一般为循环水流量的1%~5%，所用设备可以是砂粒过滤器，必要时可添加混凝剂，以提高过滤效率。

2. 微生物的滋长

天然水中微生物的种类很多，属于植物界的有藻类、真菌类和细菌类；属于动物界的有孢子虫、鞭毛虫、病毒等原生动物。

（1）藻类。藻类可分为蓝藻、绿藻、硅藻、黄藻和褐藻等。大多数藻类是广温性的，最适宜的生长温度约为10~20℃。藻类生长所需营养元素为 N、P、Fe，其次是 Ca、Mg、Zn、Si 等，当水中无机磷的浓度达 0.01mg/L 以上时，藻类便生长旺盛。藻类含有叶绿素，可以进行光合作用，吸收 CO_2，放出 O_2 和 OH^-。反应结果，水中溶解氧量增多和 pH 值上升。在藻类大量繁殖时，循环水的 pH 值可上升到9.0。

（2）细菌。在冷却水系统中生存的细菌有多种，对它们的控制比较困难，因为对一种细菌有毒性的药剂，对另一种细菌可能没有作用。

（3）真菌。真菌的种类很多，在冷却水系统中常见的大都属于藻状菌纲中的一些属种，如水霉菌和绵霉菌等。真菌没有叶绿素，不能进行光合作用。真菌大量繁殖时形成棉团状物，附着于金属表面或堵塞管道。有些真菌可分解木质纤维素，使木材腐烂。

影响微生物在冷却系统内滋长的因素，通常有如下几点：

1）温度。大多数微生物生长和繁殖最合适的温度是20℃或比20℃稍高一点。如高于35℃，在凝汽器中常见的微生物大部分就要死亡。因此，凝汽器中有机质污泥的生长，以春、秋季为最严重。在夏季，因为水温高，其冷却效果本来已比较差，如在凝汽器铜管内再积有黏垢，凝结水温度的进一步升高就会明显地使凝汽器的真空恶化，所以危害性更大。

2）冷却水含砂量。当冷却水中夹带有大量的黏土和细砂等杂质时，会把有机物冲掉。所以在用江河水作为冷却水时，遇到洪水时期，凝汽器铜管内不会有有机附着物。但若含砂量大又会使铜管遭受冲刷腐蚀。

3）铜管的洁净程度。实践证明，在洁净的铜管内，微生物不易生长。实验还证明，在同一时期和同一条件下，不洁净的旧铜管内附着的有机物量约为洁净新铜管的 4 倍，这可能是因为新铜管壁上有一层铜的氧化物，可以杀死微生物，而在旧铜管内这种氧化物被外来的附着物覆盖了。

4）光照。水中常见微生物藻类的繁殖与光照强度有很大关系。即光照越强，藻类越易繁殖，所以藻类特别易于在冷却塔内出现。如藻类在冷却塔内大量繁殖，则会降低其冷却效率。脱落的藻类会促进铜管内或其他部位黏垢的形成。

二、防止

（一）铜管内碳酸盐水垢的防止

由于循环冷却水系统 $Ca(HCO_3)_2$ 的分解、循环水温度的上升、循环水的浓缩以及冷却水塔的脱碳作用，导致凝汽器铜管结垢。为了防止循环冷却水系统结垢，要对循环水进行处理，一般常用的处理方法有两种：一种是外部处理，即在补充水进入冷却系统以前，就将结垢物质除去或降低，如底部排污法、沉淀法和离子交换法。另一种是内部加药处理，它是将某些药剂加入冷却水中，使结垢性物质变形、分散，稳定在水中，如加酸处理、炉烟处理和投加阻垢剂处理等。

1. 控制循环水的浓缩

（1）循环水平衡。在循环式冷却系统中，循环水由凝汽器流出后，通过冷却塔（或喷水池），经冷却后，用循环水泵打回凝汽器再次利用，循环水在这种流程中，有以下几种水量损失：蒸发、风吹、泄漏和排污等。为了使循环水保持一定的水量，循环水在运行中应不断加以补充，维持循环水水质平衡。

（2）浓缩倍率。在循环水的运行过程中，有些盐类不会生成沉淀物，如氯化物。所以它在循环水中的浓度和其在补充水中浓度之比就代表循环水在运行中蒸发而使盐类浓缩的倍率。通过调整试验控制好循环水的浓缩倍率，达到经济合理的运行。

（3）极限碳酸盐硬度。由于循环水在运行过程中不断地蒸发和浓缩，促进 $Ca(HCO_3)_2$ 分解成 $CaCO_3$ 析出。所以，当循环水浓缩到一定程度时，就会发生析出 $CaCO_3$ 的反应。为了使冷却系统不结垢，应使循环水中碳酸盐硬度的浓缩现象有所限制。实践证明，对于每种水质都有维持在运行中不结垢的极限碳酸盐硬度 H_T，如果运行中维持循环水的实际 H_T 低于此极限值，就不会有水垢生成。

极限碳酸盐硬度值 H_T 很难由理论推导算得，因为影响析出 $CaCO_3$ 过程的因素很多，而且有些因素的影响程度是无法估算的，如水中有机物就会阻止 $CaCO_3$ 的析出，但有机物种类不一，因此不同的水质有不同的影响程度。为此，在运行中 H_T 的值可由运行经验或通过调试求得；在设计工作中，最好用模拟试验求取。

由上述可知，为了阻止水垢的生成，办法之一是控制好循环水中盐类的浓缩倍率，使其碳酸盐硬度低于极限碳酸盐硬度，这就是说，控制好冷却系统的排污率，有可能做到不结垢。

如果排污率太大，所需的补充水量很大，以致水源的供水量不够，为了补充这些损失就必须对水质进行处理。

循环水的排污点通常设在凝汽器以后、冷却塔（或喷水池）以前，因为这里水温高，可以减轻冷却塔的负担。

浓缩倍率是循环冷却水运行工况的一个指标，如能维持较高的浓缩倍率，则可以降低排污率，补充水率也就较小，故可节约用水。但浓缩倍率的提高受制于极限碳酸盐硬度，而且当浓缩倍率提高到一定程度时，进一步提高导致补充水率的降低作用不很大。

2. 水质净化法

防止循环水系统结垢的最彻底的方法为进行水质净化，以清除水中成垢物质。此类方法过去不常采用。因为循环水水量大，如进行净化处理，势必费用很大。现在，随着净水技术的发展，其经济性有所提高，加之水源供水日趋紧张以及环境保护的需要（减少废水排放量），已使上述观念有所改变，进行循环水水质净化的已多起来。

（1）离子交换。用 Na 离子交换法处理循环水，以降低水的硬度，可以起防垢作用。此时，宜采用对流式设备和控制较高的出水硬度，以降低净水费用。但对于大型电厂来说，仍因处理水量大、设备众多、运行费用偏高和水中含盐量较大等原因而未能推广。用氢离子交换法处理循环水要比钠离子交换的优越，因为前者除了可去除水的硬度外，还可降低水的碳酸盐含量，与钠离子交换相比，需处理的水量较小。但是，如用强酸性离子交换剂，则因其酸耗较大和交换容量偏小而不经济。所以，在这里宜采用弱酸性阳树脂，此种树脂既可除去水中的碳酸氢钙，又具有交换容量大和易再生的优点。

（2）石灰处理。经此法处理的水，虽然碳酸盐硬度可以降低，但它是 $CaCO_3$ 的过饱和溶液，因此它在循环水系统中仍有可能出现 $CaCO_3$ 沉淀。为了消除经石灰处理水的不稳定性，可以添加少量 H_2SO_4，使水的

pH 值约为 7，这称为水质再稳定处理。

石灰是一种廉价的工业原料，这是其有利条件，但因质纯的石灰不易获得，有加药系统难以正常运行的缺点。当用石灰处理循环水时，因水量大，处理后形成的泥渣较多，难以处置。

（3）零排污系统。最彻底的循环水处理方法是进行除盐处理，将其含盐量降到没有必要进行排污，所以此种处理系统称为零排污系统。此系统适用于水源供水量不足，或因工艺上有要求的场合，如为了防止设备腐蚀和产品污染等。零排污系统一般由软化、过滤和除盐三部分组成，可对部分循环水进行处理。

目前，国外采用的零排污系统多为用石灰苏打、石灰或弱酸性阳树脂进行软化，用反渗透或电渗析进行除盐。

3. 水质调整处理

（1）加酸。循环水加酸处理的目的是中和水中的碳酸盐，这是一种改变水中碳酸化合物组成的防垢法。常用于这种处理的酸是硫酸（H_2SO_4），因为它价廉，且浓硫酸（70% ~ 98%）对钢铁的腐蚀很小，易于贮存。至于盐酸（HCl），不仅因为它价格较高和对钢铁的腐蚀性强，而且由于氯离子被引入循环水，会促进铜管的腐蚀，因此不常应用。

硫酸和碳酸氢钙的反应式为

$$Ca(HCO_3)_2 + H_2SO_4 \rightarrow CaSO_4 + 2CO_2 + 2H_2O$$

所以，加酸的作用就是把碳酸氢根的碱性中和掉。但加酸的量并不需要使循环水中的碳酸氢根全都中和，只要使循环水中留下的碳酸氢盐不结垢即可，也就是说要维持循环水中的碳酸盐硬度不超过它的极限碳酸盐硬度。加酸量最好用实验求得。

采用这种方法时的加酸地点，从防垢来说，没有特殊的要求，不论在何处都可以。有时考虑到水中如保留有游离 CO_2，使其极限碳酸盐硬度的值有所提高，可将酸加在循环水泵前的补充水水流中。但从减轻凝汽器铜管腐蚀方面考虑，宜将酸加在送入冷却塔（或喷水池）的循环水中。因为游离 CO_2 对于钢管的腐蚀有促进作用，特别是当循环水的含盐量很大时。所以酸加在冷却塔前，就可使循环水中的游离 CO_2 在凝汽器前除去。此外，在加酸系统中虽然常设有混合器，但在加酸处还是有出现混凝土和铜管局部酸性腐蚀的可能，这也应加以考虑。

从理论上讲，硫酸处理法可以适用于各种水质，而且无需排污，但实际上，为了防止循环水含盐量过高而引起钢管腐蚀，以及有冷却水漏入凝汽器的蒸汽侧而污染凝结水，有时还是有必要和循环水排污结合起来使用的。

加酸处理时，按理应控制循环水的碱度，但因碱度和 pH 值有一定的关系，所以在取得一定经验后也可监督 pH 值，通常它应在 7.4 ~ 7.8 之间。

此外，必须注意，水中 SO_4^{2-} 含量过多会发生腐蚀混凝土的问题。运行经验证明，对于已经用不加酸的水运行了很长时间的设备，通常没有这种危险，因为其表面已生成一层碳酸钙。对于新建的厂，可在混凝土壁上加铺化学性稳定的水泥。

（2）炉烟处理。炉烟处理循环水，其实质就是，利用炉烟中的 CO_2 和 SO_2 与循环水中的碳酸盐作用，以防止碳酸盐水垢的形成。

其处理原理是：

1）利用炉烟中的 CO_2 抑制 $Ca(HCO_3)_2$ 的分解，使 $Ca(HCO_3)_2$ 的分解反应向左移动，从而抑制 $CaCO_3$ 的生成。其反应抑制平衡式是

$$Ca(HCO_3)_2 = CaCO_3 + CO_2 + H_2O$$

此方法由于产生碳酸钙沉淀物，易造成冷却水系统的堵塞及腐蚀，且由于 CO_2 在冷却塔的大量损失，使上述平衡反应继续向右移动，导致 $CaCO_3$ 晶体在冷却塔填料的表面上析出，造成通水面积减小，冷却效率降低。

2）利用炉烟中 SO_2 溶于水中后生成亚硫酸，它与水中的 $Ca(HCO_3)_2$ 发生中和反应，即

$$SO_2 + H_2O = H_2SO_3$$

$$Ca(HCO_3)_2 + H_2SO_3 = CaSO_3 + 2H_2O + 2CO_2$$

生成的亚硫酸钙在水中溶解氧的作用下，转变成 $CaSO_4$，即

$$2CaSO_3 + O_2 = 2CaSO_4$$

由此可见，SO_2 在水中的溶解是不可逆的，而且它在水中的溶解度比 CO_2 大几十倍。但是炉烟中 SO_2 的含量比 CO_2 低得多，一般只有 1% ~ 3%（CO_2 含量可达 12% ~ 16%）。利用炉烟中的 SO_2 系统也受到了一定的限制，同时也存在设备磨损、堵塞和腐蚀等问题。

炉烟在火力发电厂中是一种废气，如不加以处理即排入大气，会污染空气。用炉烟作为处理剂来处理冷却水，不仅是废物利用，而且还能减轻炉烟对环境的污染。

炉烟处理循环水的实质就是利用其中的 CO_2 和 SO_2 与循环水中碳酸盐作用，以防止碳酸盐水垢的形成。但是这两种气体防止碳酸盐水垢的原

理是不同的。

CO_2 能抑制 $Ca(HCO_3)_2$ 的分解，使 $Ca(HCO_3)_2$ 分解反应的逆向反应增强，这样就使钙盐保持易溶的碳酸氢盐状态，从而防止了结垢。由于这种方法为向循环水中引进二氧化碳，所以又称为再碳化处理。

SO_2 溶于水后生成亚硫酸，它和 $Ca(HCO_3)_2$ 的反应是中和作用，生成的亚硫酸钙在水中溶解氧的作用下，会转变为硫酸钙，在水中有一定的溶解度，在循环水系统中通常不会析出。

根据具体情况的不同，有的炉烟处理循环水只利用其 SO_2，有的只利用 CO_2，也有 SO_2 和 CO_2 都要利用。

炉烟处理用的设备随其处理方式的不同而不同，但有两个要求是相同的：第一，炉烟中飞灰较多，为了不使设备污堵，必须首先将炉烟进行除尘处理；第二，炉烟处理设备易受酸性水的腐蚀，应有防腐措施。

4. 阻垢处理

某些化学药剂只需少量添加到冷却水中，就可以起到阻止生成水垢的作用，这称为阻垢处理，所用药剂称为阻垢剂。早期采用的阻垢剂有聚磷酸盐和天然的或改性的有机物，如丹宁、木质素和纤维素等。近年来，广泛地使用了人工合成的磷酸和聚羧酸等有机化合物。

（1）阻垢性能。各种阻垢剂虽具有不同的性能，但它们在阻垢方面有许多共性。有许多阻垢剂在其加药量很低时就可稳定水溶液中大量钙离子，在它们之间不存在化学计量关系，而且当它们的剂量增至过大时，其稳定作用便不再有明显的改进。

各种阻垢剂的阻垢效果都随水温的增高而下降，它们各有其临界温度，超过此温度，阻垢作用消失。

被处理水的水质对阻垢剂的阻垢效率有较大影响。大致情况为：水中中性盐、Mg^{2+} 盐含量增大时，阻垢效率增高；补充水的碳酸盐硬度增大时，循环水的极限碳酸盐硬度也增大，但循环水的容许浓缩倍率减小；补充水中 HCO_3^- 或 Ca^{2+} 过多，会使极限碳酸盐硬度降低；各种阻垢剂都有其适用的 pH 值范围。当循环水中加有阻垢剂时，如其浓缩倍率过大，以致水中碳酸盐硬度超过容许的极限值时，仍然会有 $CaCO_2$ 沉积物生成，但此沉积物的晶态发生了变化，往往变得疏松，较易除去。

（2）阻垢原理。阻垢处理不是单纯的化学反应，它包括若干物理化学过程，用以解释的有晶格畸变、分散与絮凝等理论。

晶格畸变理论认为，阻垢剂干扰了成垢物质的结晶过程，从而抑制了水垢的形成。如当溶液中 $CaCO_3$ 的过饱和度很大时，由于其结晶的倾向加大，微晶可以在那些没有吸取阻垢剂的慢发育表面上成长。从而把活性点上的阻垢剂分子覆盖起来，于是晶体又会增长。但此时生成的晶体受阻垢剂的干扰，会发生空位、错位或镶嵌构造等畸变。

有些阻垢剂在水中会电离。当它们吸附在某些小晶体的表面时，其表面形成新的双电层，使它们稳定地分散在水体中。起这种作用的阻垢剂可称为分散剂。分散剂不仅能吸附于颗粒上，而且也能吸附于换热设备的壁面上，因而阻止了颗粒在壁面上沉积，而且一旦发生沉积现象，沉积物与接触面也不能紧密相粘，只能形成疏松的沉积层。

有些阻垢剂为链状高分子物质，它们与水中胶体或其他污物形成凝絮。凝絮的密度较小，易被水流带走，因此可阻止它们在冷却水系统中沉积。用作絮凝剂的高分子一般为相对分子质量为 $10^6 \sim 10^7$ 的链状聚合物，在它的长链上有许多具有吸附能力的基团。

（3）常用的阻垢剂。目前使用较广泛的阻垢剂有以下几种：

1）聚磷酸盐。磷酸盐是一种比较复杂的化合物。其分子内有两个以上的磷原子、碱金属或碱土金属原子和氧原子结合的物质的总称。如三聚磷酸盐和六偏磷酸盐，它们的化学结构式为

三聚磷酸钠

六偏磷酸盐

其阻垢机理是：其在水中生成的长链 $-O-P-O-P-$ 阴离子，容易

吸附在微小的碳酸钙晶粒上，并与晶粒上的 CO_3^{2-} 置换，阻碍碳酸钙晶粒的进一步长大。也有人认为，微量的聚合磷酸盐干扰碳酸钙晶体的正常成长，使晶体在生长过程中被扭曲，把水垢变成疏松、分散的软垢，还有人认为，由于聚合磷酸盐能与钙、镁离子螯合，形成单环或双螯合离子，然后依靠布朗运动或水流作用分散于水中。

微晶吸取水质稳定剂的反应主要发生在其成长的活性点上。只要这些活性点被覆盖，结晶过程便被抑制，所以阻垢剂的加药量不需要很多，投加量为 2～3mg/L。此种水质稳定剂具有加药剂量低，价格便宜，使用方便，阻垢性能较好等优点，但其在水中会发生水解，生成正磷酸盐。如三聚磷酸钠：

$$Na_5P_3O_{10} + H_2O = Na_4P_2O_7 + NaH_2PO_4$$
$$Na_4P_2O_7 + H_2O = 2Na_2HPO_4$$

水解后变成短链的聚合磷酸盐及一部分正磷酸盐，从而降低了阻垢能力。这种水解作用除了与 pH 值、时间和水温有关外，还与循环冷却水系统中微生物分泌的磷酸酶有关，如表9-2和表9-3所示。

表9-2　　　　　pH 值与时间对三聚磷酸钠水解的影响

时间（h）	pH			
	6.5	7.5	8.5	9.5
	水　解　率（%）			
1	19.5	11.5	11.5	11.5
24	19.5	11.5	19.0	19.0
48	19.0	15.3	19.0	30.0
72	30.0	15.3	27.0	34.6
120	30.0	30.0	30.0	38.4

表9-3　　　　　　　水温对三聚磷酸钠水解的影响

水温（℃）	25	35	45	55	65	75
PO_4^{3-}（mg/L）	0.3	0.3	0.3	0.5	0.8	0.8
水解率（%）	11.5	11.5	11.5	19	30	30

2）有机膦酸盐。有机膦酸盐用于工业冷却水系统，与无机聚合磷酸盐相比，具有化学稳定性好，不易水解，加药量低等特点。

有机膦酸盐可看作是磷酸分子中的一个羟基取代的产物，常用的有 ATMP（氨基三甲叉膦酸盐）、EDTMP（乙二胺四甲叉膦酸盐）、HEDP（1—羟基乙叉—1.1 二膦酸）等。

ATMP 氨基三甲叉膦酸

$$N \left\{ \begin{array}{l} CH_2—PO_3H_2 \\ CH_2—PO_3H_2 \\ CH_2—PO_3H_2 \end{array} \right.$$

EDTMP 乙二胺四甲叉膦酸

$$\begin{array}{l} H_2O_3P—CH_2 \\ H_2O_3P—CH_2 \end{array} \Big\rangle N—CH_2—CH_2—N \Big\langle \begin{array}{l} CH_2—PO_3H_2 \\ CH_2—PO_3H_2 \end{array}$$

HEDP 1—羟基乙叉—1.1 二膦酸

$$\begin{array}{c} HO \quad \underset{\parallel}{O} \quad OH \underset{\parallel}{O} \quad OH \\ P—C—P \\ HO \quad CH_3 \quad OH \end{array}$$

上述三种物质它们都有较好的化学稳定性，不易被酸碱所破坏，不易水解成正磷酸盐，而且能耐较高的温度，也有一定的耐氧化能力。

其阻垢原理是：能与钙镁等金属离子生成很稳定的络合物，因而可以降低水中钙、镁离子的浓度，减少 $CaCO_3$ 析出的可能性。有机膦酸盐还能与已形成的 $CaCO_3$ 晶体中的钙离子发生络合作用，使 $CaCO_3$ 晶核难以形成大的晶体。也有人认为，$CaCO_3$ 是一种离子晶格，在一定的条件下可以按严格的次序排列，形成很致密的垢层，当加入有机膦酸盐后，对晶格的生长起着一定的干扰作用，使 $CaCO_3$ 晶体结构发生很大的畸变而不再继续增长。

有机膦酸盐的加药量与稳定极限之间的关系与聚合磷酸盐类似，一般加 2 ~ 4mg/L。稳定极限值为 7. 0 ~ 8. 0mmol/L。

此外，有机膦酸盐对铜和铜合金有一定的侵蚀性，为此，投加有机膦酸盐的同时，还应加入防止铜腐蚀的抑制剂，如 MBT 或采用 $FeSO_4$ 镀膜。

3）有机低分子聚合物。这类药剂的性质，主要决定于分子量的大小和官能团的性能，而官能团所具有的电荷则决定于聚合物在水中的电离特性。目前使用较多的是阴离子型，尤其是聚羟酸类最多，主要有以下几种：

聚丙烯酸 $\left[\!-\!CH_2\!-\!CH\!-\!\right]_n$
$\qquad\qquad\qquad\qquad\quad |$
$\qquad\qquad\qquad\qquad\quad COOH$

聚马来酸 $\left[\!-\!CH\!-\!\!-\!CH\!-\!\right]_n$
$\qquad\qquad\qquad\quad |\qquad\quad |$
$\qquad\qquad\qquad\quad COOH\quad COOH$

$\qquad\qquad\qquad\qquad\qquad CH_3$
$\qquad\qquad\qquad\qquad\qquad |$
聚甲基丙烯酸 $\left[\!-\!CH_2\!-\!C\!-\!\right]_n$
$\qquad\qquad\qquad\qquad\qquad |$
$\qquad\qquad\qquad\qquad\qquad COOH$

这类化合物对循环水中的胶体颗粒起分散剂作用,其阻垢性能主要与其分子大小、官能团的数量以及相互之间的间隔有关。

分散剂是一种包围胶体颗粒的物质,为了得到较好的包围效果,分散剂应该是一些比胶体颗粒小很多,同时又呈线状结构的物质。分散剂的分子量在聚合物中是属于低分子量的。

高分子聚合物也有较好的阻垢作用。它能把许多胶体颗粒吸附在链上,形成一种低密度的絮凝物,即矾花。矾花的表面积比胶体颗粒小,黏着力大为削弱,从而抑制了结垢过程。

(二)杀菌处理

为了防止冷却水系统中的微生物滋长而形成污泥,必须对冷却水进行抑制微生物的处理,此类处理常简称为杀菌处理。实际上,只要能抑制菌类的繁殖,不让它们附着在器壁上,就无需完全杀死。杀菌的方法很多,如加氯、硫酸铜或臭氧等,其中常用的是氯,称为氯化处理。

1. 氯化处理

(1)原理。水的氯化处理就是在水中引入氯,以杀死其中的微生物。用氯杀死微生物的原理,迄今尚未完全清楚,初步认为是由于氯能和细胞中的蛋白质作用,以及由于氯的氧化作用,把微生物的有机质破坏了。氯的氧化作用不仅是由于它本身是强氧化剂,还因为它加入水中后会生成次氯酸(HClO),其化学反应为

$$Cl_2 + H_2O \rightarrow HClO + HCl$$

次氯酸是一种不稳定的化合物,易分解而放出氧,即

$$HClO \rightarrow HCl + [O]$$

刚分解出来的氧称为新生态氧,通常用符号[O]表示。新生态氧是一种很强的氧化剂,可以杀死微生物。

氯的杀菌能力与水质的 pH 值有很大关系,因为次氯酸的杀菌能力要

比次氯酸根的大得多，而次氯酸与次氯酸根之间有可逆反应平衡关系，含氯水中当 pH 高时 ClO⁻ 增多，杀菌力就减小，当 pH 低时，HClO 增多，杀菌力就增大。但 pH 值太低易引起设备系统的腐蚀，所以一般认为在 pH 值为 6.5~7.0 的范围内，以氯作为杀菌剂最合适。通常，电厂循环冷却水的中 pH 值大都为 7.5~8.5，因此，杀菌效果较差。

氯是一种氧化剂，它会与 NH_3、H_2S 等杂质反应，如

$$Cl_2 + NH_3 \rightarrow NH_2Cl + H^+ + Cl^-$$

$$Cl_2 + H_2S \rightarrow S + 2H^+ + 2Cl^-$$

此时，会降低氯的杀菌效率，反应产生 H^+ 使冷却水的 pH 值降低，增强了对金属的腐蚀性，再者，某些氯化有机物有毒，公认为有致癌的危险性。

可用作氯化处理的药品有三种：液态氯、漂白粉 [$Ca(ClO)_2$]、次氯酸钠（$NaClO$）。

因为漂白粉和次氯酸钠也含有次氯酸根，加到水中和氯加到水中一样，所以它们同样具有氧化性，能杀死微生物。

氯化处理常用的药品是液态氯，因为液态氯比漂白粉价格便宜，加药设备也较简单。液态氯极易挥发成氯气，而氯气是有毒的，所以用液态氯时必须要有防止其逸入大气的安全措施。为此，在容量很小的电厂中可采用漂白粉，在大容量机组的电厂，现有采用次氯酸钠的趋势。

（2）加药量。冷却水氯化处理时，药品应由凝汽器入口处的沟道中加至冷却水中，因为这样有利于杀死进入凝汽器冷却水中的和附着于凝汽器铜管上的微生物。此时，加入的氯一部分消耗于氧化水中的有机物和某些无机物；另一部分消耗于氧化附着在凝汽器铜管内的有机物；余下的一部分在水中呈游离氯状态，称"余氯"。

经验证明，为了达到杀死微生物的目的，冷却水中余氯的含量一般为 0.2~0.5mg/L 比较适宜。

进行氯化处理时，各种反应中消耗掉的氯量无法估算，即使是同一水源，其量也会因水温、加氯量和接触时间等条件的不同而有所差别，所以其合适的用药量，应通过调整试验来确定。用来防止凝汽器铜管中有机物滋长的氯化处理，不需要连续不断地进行，因为连续处理往往使微生物迅速适应，致使药剂完全失效，应该定时投加，进行所谓冲击处理。只要做到凝汽器不因有机附着物而影响运行就可以了。在实际应用中，因具体情况各不相同，故冲击处理的加药量、加药季节和每天或每小时中加药的时

间，都应通过运行经验来确定。

（3）氯化处理设备。氯化处理设备是随所用药品的不同而不同的。

1）加液态氯。氯在常温常压下是黄绿色气体，有刺激性、有毒。常温时将氯加压到 0.6～0.8MPa，它会转变成液态（如 20℃ 时，需加 0.65MPa 压力）。

氯的工业用品是装在钢瓶中的液态氯。为了保持液态，在钢瓶中有较高的压力，所以使用时要减压使之成为气态氯，再和水混合，制成含氯水后加以应用。液态氯变成气态时，需要吸收大量的热，所以当耗用氯量较大时，在液态氯瓶的出口处易冻结，从而阻碍氯瓶的放氯过程。为了解决这个问题，在放氯时可用温度不超过 40℃ 的水浇淋此氯瓶，使其保持一定的温度。

氯有毒，而且常温下是气体，所以在加药时应不让氯气漏到大气中，为此，加氯的设备应该保证严密。

常用的加氯设备是加氯机。加氯机种类很多，近年来多选用技术较先进的真空加氯机，其特点是采用全负压加氯系统，可避免氯气泄漏，提高了运行的安全性。

为了安全，氯瓶和加氯机等加氯设备应安设在通风良好的专用小屋里或放在露天处。放在专用小屋内时应配备氯气中和系统及漏氯检测仪。

2）加漂白粉。投加的漂白粉可配成溶液，也可配成乳状，因为这种乳状液与大量水混合时会很快溶解。

加漂白粉用的设备由搅拌器、加药斗、浮球阀和加药箱等组成。为了使药品和冷却水能很好地混合，药品宜在离凝汽器冷却水入口 50～60m 处加入。各种加药设备和管道，应有防腐措施。

3）加次氯酸钠。加次氯酸钠采用的设备是电解装置次氯酸钠发生器。该发生器的工艺原理是让食盐水（或海水或苦咸水）流入无隔膜电解室，当电压增至一定值时，在直流电作用下，发生电解作用，从而制取次氯酸钠。此法常称电解制氯。

电解装置的产物是次氯酸钠和氢气。电解液中的氢气通过减压离心分离后，向上高位处排入大气，不会产生危险。边制备次氯酸钠，边将其加入到冷却水系统中。此电解工艺对人员、对环境都不会造成任何不良影响。这种专门为大容量机组冷却水处理研制的电解制氯装置有能耗较低、设备紧凑、占地面积小、安装调试和维修都方便、可实现无人值班运行等优点，我国已有若干电厂投运了这种电解制氯冷却水处理设备。

2. 臭氧处理

臭氧（O_3）是氧（O_2）的同素异形体，它的化学性质很活泼，具有强烈的氧化性。它溶于水时可以杀死水中的微生物，其杀菌能力比氯强，且速度快。用臭氧杀菌不会在水中遗留有害的物质，所以将臭氧作为饮用水的消毒剂或作为防止冷却水中有机物滋长的处理剂，都是较理想的。

用臭氧处理冷却水时所需的加药量现在还没有经验，根据研究，当冷却水中的 O_3 达 1mg/L 时，经 3～5min 可制得无菌水，所以，估计 O_3 用量在 0.5～1.5mg/L 的范围内已足够。臭氧引入水中的方法可采用喷射器或文丘里管。

3. 二氧化氯处理

二氧化氯是一种黄绿色到橙色的气体，具有类似于氯的刺激性气味。二氧化氯无论是液体（沸点 11℃），还是气体，二者都很不稳定，具有爆炸性。

由于二氧化氯容易发生爆炸，而且在强光下易氧化，极不利于运输与贮存，所以必须在现场制备和使用。现场制备的方法有以下几种：

（1）用亚氯酸钠溶液与强氯溶液混合产生。

（2）在小设备中也可以通过混合盐酸、次氯酸和亚氯酸钠来产生。

（3）选用电解装置二氧化氯发生器，电解盐水或海水，在现场制备二氧化氯。随着此项技术的日趋完善，在电厂冷却水处理中将有良好的使用前景。

当用二氧化氯作冷却水的杀菌剂时，与用氯相比，有以下几个优点：

（1）在各种情况下，二氧化氯至少与氯同样有效，且当用作杀孢子和杀病毒的药剂时，它比氯更有效；

（2）由于二氧化氯的杀菌性质与水的 pH 值无关，所以在 pH 值较高的水中，它比氯有效得多；

（3）与氯不同，二氧化氯既不与氨反应，也不与大多数胺发生作用，即使在有氨的情况下，它仍能杀菌，这对某些工业冷却水处理是相当有利的。

由于二氧化氯的杀菌效果比氯好，用量少，防止黏垢的形成和提高换热设备传热性能的效果也好，所以它比用氯经济。

4. 季铵化合物处理

季铵化合物是一种非氧化性杀菌剂，主要有烷基三甲基氯化铵（ATM）、二甲基苄基烷基氯化铵（DBA）和二甲基苄基月桂基氯化铵（DBL）等。

季铵化合物通常在碱性 pH 范围内的杀菌效果较好。它的杀菌能力是由于它的阳离子与菌类细胞壁上的负电荷之间会形成静电键，这样会在细胞壁上产生压力，并使细胞壁发生畸变，破坏了它的半渗透性，从而引起细胞死亡。

季铵盐类用作杀菌剂的缺点是投药量需要较大，冷却水的含盐量较高时或者有蛋白质和其他一些有机物时，其杀菌效果会降低。此外，季铵化合物具有表面活性，有引起泡沫的倾向，但通常没有害处。

5. 氯酚处理

氯酚也是一种非氧化性杀菌剂，在冷却水系统中应用的有五氯酚钠及三氯酚钠。它们都是易溶的稳定化合物，与冷却水中大多数化学物质不起反应。三氯酚钠和五氯酚钠的混合使用，可起增效作用，即比两者单独使用更有效。

然而这类药剂对水生生物和哺乳动物有危害，且不易进行生物降解，易造成环境污染。

氯酚是通过吸附与渗透过微生物的细胞壁后，与细胞质形成胶体溶液，并使蛋白质沉淀出来，以杀死微生物的。

冷却水的杀菌问题是比较复杂的，因为生长在冷却水中的微生物种类甚多，同一种药剂对不同微生物的杀菌效果可能不相同。再者，专用某种杀菌剂往往会使微生物渐渐产生抵抗力，不同杀菌剂的混合使用有时会产生增效作用，这些都会使杀菌效果不易预先估量。因此，如果要求获得杀菌效果好且经济的方法，只有通过实验和实际运行经验来确定。

第二节　循环水系统的腐蚀与防止

一、腐蚀

凝汽器铜管在冷却水中的腐蚀有均匀腐蚀与局部腐蚀两类。有些黄铜管，在使用年限较长后，铜管管壁均匀变薄，这就是由于均匀腐蚀所致，其危害性不算十分严重。局部腐蚀是比较危险的，运行中机组水质突然变坏，往往是由于凝汽器铜管的泄漏所造成的。

铜管的腐蚀过程，与铜管表面保护膜的性能有很大的关系。当清洁的新铜管投入运行后，对它实行镀膜处理，其表面便会形成一层致密的保护膜，它紧紧粘附在铜管表面，使铜管表面和水隔离，抑制腐蚀的发生。

由于各种冷却水的水质不一，所以铜管在运行中能否形成良好的保护膜与冷却水质有密切的关系。一般地，在含盐量小的水中，较易形成良好的保护膜，在含盐量高的水中，保护性能较差。

如果铜管的表面在运行初期已形成一层良好的保护膜，以后就不再会发生均匀腐蚀；只有在此膜破裂后，才会发生局部腐蚀。

下面简单地介绍各种局部腐蚀的类型。

1. 脱锌腐蚀

常用的铜管一般都是铜锌合金。黄铜中的锌被单独溶解的现象，称为脱锌腐蚀。脱锌腐蚀的原理目前有两种说法：一种认为脱锌腐蚀是铜锌合金中的锌被选择性地溶解下来；另一种认为，腐蚀开始时是铜和锌一起溶解下来，然后水中的铜离子与黄铜中的锌发生置换反应，而铜被重新镀上去，所以脱落下来的仅为锌。

其电化学腐蚀机理如下：

阴极过程：　　　　　　$1/2O_2 + H_2O + 2e \longrightarrow 2OH^-$

阳极过程：

第一种说法：　　　　　$Zn \longrightarrow Zn^{2+} + 2e$

　　　　　　　　　　　$Zn - Cu \longrightarrow Cu^{2+} + Zn^{2+} + 4e$

第二种说法：Cu^{2+} 在表面浓集，产生下面的置换反应：$Cu^{2+} + Zn - Cu \longrightarrow Cu + Zn^{2+}$

总的结果为：$1/2O_2 + H_2O + Zn - Cu \longrightarrow Zn^{2+} + Cu + 2OH^-$

其腐蚀症状是，上面一层是棕黄色的腐蚀产物，下面是因脱锌而形成的海绵状紫铜，再下面是未受腐蚀的黄铜基体。

一般在铜管中，含锌越高，脱锌的倾向越大。黄铜中有铁、锰时会加速脱锌腐蚀，有砷、锑和磷时，会抑制脱锌过程，所以现使用铜管中一般都加有砷。

水的 pH 值对黄铜脱锌也有影响，在 pH = 7 左右的微酸性和碱性水中，黄铜中锌的腐蚀速度比铜大得多，脱锌较明显。

此外，促进脱锌的因素还有冷却水的流速慢、管壁温度高和管内表面有疏松的附着物等。

2. 冲击腐蚀

当凝汽器铜管受到含有气泡或砂砾等异物水流的剧烈冲击时，会因铜管表面的保护膜局部遭到破坏，使这些部位产生腐蚀。这种腐蚀呈溃疡状，常常是一个个马蹄形的腐蚀坑，此种腐蚀叫做冲击腐蚀。其腐蚀坑冲着水流方向，此腐蚀易发生在凝汽器的冷却水入口端，因为在这里由于水的涡流作用，会发生气泡的冲击作用。

冲击腐蚀的发生主要和管内水的流速有关，不同的管材其耐冲击腐蚀的临界流速各不相同，如表 9 - 4 所示。

表 9 - 4 　　　　　各种管材发生冲击腐蚀的临界流速

铜管材料	发生冲击腐蚀的临界流速（m/s）	铜管材料	发生冲击腐蚀的临界流速（m/s）
黄　　　铜	1.8	BSTF2（铝黄铜）10% 镍铜	≤3
加砷黄铜	2.1	（白铜管 B10）30% 镍铜	4.5
加砷锡黄铜（海军黄铜）	3.0	（白铜管 B30）	4.5

如果水中带有固体颗粒状杂质，它们能和气泡一样起到冲击作用，而使保护膜受到伤害，造成铜管的冲击腐蚀，但这种情况造成的腐蚀坑基本上是在管壁表面形成比较均匀的腐蚀坑点，但其不具有方向性。此种冲击腐蚀并不单纯是机械冲刷作用，而是机械冲刷和电化学作用共同造成的。

3. 沉积腐蚀

由于冷却水中常含有一些泥沙、水生物及微生物，这些物质若不清除，则会在铜管内壁沉积，阻碍氧到达沉积物下的金属表面，这样一来，缺氧的沉积物下的金属部位成为阳极区，其他部位则变成阴极区，这样就引起沉积物下的腐蚀。这种腐蚀常发生在水流缓慢的部分，因为这里容易造成水中杂质的沉积。

4. 应力腐蚀

铜管在应力作用下，会引起应力腐蚀破裂，应力腐蚀有下列两种情况。

（1）在交变应力作用下（如凝结器铜管发生振动），使管内水剧烈摇动，压力的变化使管上的保护膜受到冲击而破坏，因而发生孔蚀，最后管子破裂，这叫做腐蚀疲劳。此种腐蚀的特征为裂缝是穿过晶粒的，易发生在铜管的中部，因为在这里振动最厉害。

（2）在拉伸应力的作用下，再加上水质有侵蚀性，时间一长便因腐蚀产生裂缝。在这种情况下，裂缝主要是沿晶粒边界发生的。实践证明，在应力存在的情况下，水中含有 O_2、NH_3、CO_2 等物质，是造成腐蚀裂缝的重要因素。

5. 热点腐蚀

若在凝汽器的某个部位温度很高，如达到冷却水的沸点，则在此局部地区会引起铜管的严重腐蚀。

第九章　循环水处理

热点腐蚀是一种脱锌型的腐蚀，腐蚀点发生在晶粒和晶粒之间，管壁上的腐蚀点或腐蚀孔一般用肉眼就能看到。这种腐蚀在一般的凝汽器中不易发生，但是在有高温部分的特种凝汽器和加热器的进汽部位可能会发生热点腐蚀。

二、腐蚀的防止

引起凝汽器铜管腐蚀的原因有很多，防止措施主要有以下几种。

1. 改进运行工况

（1）调整水质。在循环水泵入口前加装滤网，防止水中贝壳、木片等杂质进入冷却水系统，引起沉积物下腐蚀。若水中泥沙含量大时，应设置沉淀处理设备，消除泥沙引起的冲击腐蚀。冷却水 pH 值最好保持在 7~8，防止铜管产生氨蚀。

（2）控制水流速度。铜管中水流速度不易过大或过小。过大易造成冲击腐蚀；过小会使杂物沉积，并促进脱锌腐蚀。

（3）防止铜管的剧烈振动。制造厂家应充分考虑设计因素，防止凝汽器铜管由于振动而产生腐蚀疲劳。

（4）消除铜管应力。对新安装铜管要进行退火处理，进行 24h 氨熏试验，消除其内应力。铜管与管板安装胀管时，要注意：①管板孔径与管子外径的差应为管子外径的 1% 以下；②胀口的长度不允许超过管板的厚度，一般为管板厚度的 90%；③胀口不易太紧，胀口处铜管管壁厚的减小率应为 3%~5%，最大不超过 10%；④胀管的顺序应从管板的外周向中心顺序胀，可以减小应力；⑤胀口或翻边应光滑，铜管应无裂纹和显著的切痕。

2. 对冷却水进行缓蚀处理

在冷却水中加入缓蚀剂，使金属表面形成保护膜，抑制了金属的腐蚀。缓蚀剂因其成膜原理的不同而分为以下三种：在阳极形成一层具有钝化作用的金属氧化物，称为氧化膜型；缓蚀剂与水中某些离子相互结合，在金属表面形成一层难溶的沉积物，称为沉积型；还有一种称为吸附型，它可吸附在金属表面，保护金属不遭受腐蚀。

常使用的缓蚀剂有以下几种：

（1）铬酸盐。Na_2CrO_4 和 $Na_2Cr_2O_7$ 是常用的氧化膜型阳极缓蚀剂。此类缓蚀剂的缓蚀作用非常好，但有毒，对人体和水生物都有害，所以在我国未使用。

（2）聚磷酸盐。聚磷酸盐能与 Ca^{2+} 络合，沉积在阴极区，所以它是沉积型阴极缓蚀剂。由于聚磷酸盐在金属表面成膜时间较长，所以一般要进行高浓度聚磷酸盐的预膜处理。在实际应用中，为了减少药剂用量和提高效率，常与锌盐、MBT、BTA等药剂进行复合配方。

（3）锌盐。常用作缓蚀剂的锌盐为 $ZnSO_4 \cdot 7H_2O$。在腐蚀电池大阴极区，因pH值升高，可形成氢氧化锌沉淀物，所以它是沉淀型阴极缓蚀剂。

锌盐一般不单独使用，一因其膜不耐久，所以它常与聚磷酸或膦酸盐等其他阴极缓蚀剂组成复合配方。此时，锌盐能迅速建立起保护膜，其他组分则发挥耐久性作用。

（4）膦酸盐。阻垢处理所用的多元膦酸ATMP、HEDP、EDTMP等也有缓蚀作用，但当它们作为缓蚀剂时需较高的浓度。单独使用ATMP等膦酸盐时，对铜有一定的腐蚀性，这是因它们与铜有络合作用。如它们与锌盐配合使用，锌盐含量达20%以上时，就能防止对铜的腐蚀。

（5）2-巯基苯并噻唑（MBT）。MBT对铜和铜合金是一种非常有效的缓蚀剂。它能与铜原子或离子形成不溶性螯合物。它对铜的保护作用是化学吸附。其适用pH值为3~10，投加量为2mg/L。

MBT的投加常是间歇性的，每天有0.5~1h维持循环水中MBT的剂量为2mg/L，在12h以后应有0.5~1h维持1mg/L。

MBT的缺点为：①干扰聚磷酸钠对钢的缓蚀作用，需投加锌加以补救；②易被氯或氯胺氧化，故当采用氯化处理时应先加MBT，待形成MBT膜后再投加氯。

（6）1，2，3-苯并三唑（BTA）。BTA是一种很有效的铜缓蚀剂，它的缓蚀机理大致和MBT相似。BTA的适用pH值为5.5~10或更高，它不干扰聚磷酸钠的缓蚀作用，抗氧化能力很强。当有游离氯时，也会丧失对铜的缓蚀作用，但在游离氯消失后，便恢复了缓蚀作用。BTA的价格较高，约为MBT的4~5倍。

（7）硫酸亚铁。此法为将硫酸亚铁水溶液通过凝汽器铜管，使铜管内壁生成一层含有铁化合物的保护膜，从而防止冷却水对铜管的腐蚀。

用此法造成的膜呈棕色或黑色。

硫酸亚铁造膜法常用的是一次造膜法和运行中造膜法两种：

1）一次造膜法。在凝汽器停止运行的条件下，将 $FeSO_4$ 溶液通过凝汽器铜管，进行专门的造膜运行。此法适用于新铜管投入运行以前和铜管检修后的启动前。

$FeSO_4$ 造膜过程是很复杂的，要想形成良好的保护膜，就要在造膜前将铜管表面彻底清洗干净，否则不利于膜的形成。通常可用1% NaOH溶液冲洗 22h，再用水冲洗至出水用酚酞指示剂试验时不显红色。这样，就可以得到性能良好的保护膜。造膜时，应掌握好造膜条件：①$FeSO_4$浓度：Fe^{2+} 50~100mg/L；②溶液 pH 值 5~6.5（一般用 Na_3PO_4 来调整）；③溶液温度在 30~40℃；④溶液循环流速为 0.1~0.3m/s；⑤循环时间为 6d 左右。

2）运行中造膜法。在机组运行过程中，每隔 24h 连续加 1h $FeSO_4$ 溶液，或者每隔 12h 连续加 $FeSO_4$ 溶液 0.5h。加药时，使通过凝汽器的冷却水中含铁 1mg/L。

此方法既可用于初次造膜，也可用于运行中造膜。运行中造膜浓度可减至初次造膜的 1/3 或 1/5。运行中加药可加至凝汽器冷却水入口端。加药点离开入口端的距离要适宜，不能过远或过近。

采用 $FeSO_4$ 造膜处理，在大多数情况下对于防止凝汽器铜管的冲击腐蚀、脱锌腐蚀、应力腐蚀等，均有明显的效果，而且它对已发生腐蚀的铜管有一定的保护作用和堵漏作用。但如果造膜不完整形成大阴极小阳极，裸露处会造成腐蚀，因此造膜一定注意质量。

3. 造膜处理

（1）硫酸亚铁造膜。此法为将硫酸亚铁水溶液通过凝汽器铜管，使铜管内壁生成一层含有铁化合物的保护膜，从而防止冷却水对铜管的腐蚀。用此法造成的膜呈棕色或黑色。

硫酸亚铁造膜法常用的是一次造膜法和运行中造膜法两种：

1）一次造膜法。在凝汽器停止运行的条件下，将 $FeSO_4$ 溶液通过凝汽器铜管，进行专门的造膜运行。此法适用于新铜管投入运行前和铜管检修后的启动前。

$FeSO_4$ 造膜过程很复杂，要想形成良好的保护膜，需在造膜前将铜管表面彻底清洗干净，否则不利于膜的形成。通常可用 1% NaOH 溶液冲洗 22h，再用水冲洗至用酚酞指示剂试验出水时不显红色。这样，就可以得到性能良好的保护膜。造膜时，应掌握好造膜条件：①$FeSO_4$浓度：Fe^{2+} 50~100mg/L；②溶液 pH 值 5~6.5（一般用 Na_3PO_4 来调整）；③溶液温度在 30~40℃；④溶液循环流速为 0.1~0.3m/s；⑤循环时间为 6 天左右。

2）运行中造膜法。在机组运行过程中，每隔 24h 连续加 1h $FeSO_4$ 溶液，或者每隔 12h 连续加 $FeSO_4$ 溶液 0.5h。加药时，使通过凝汽器的冷却水中含铁 1mg/L。

此方法既可用于初次造膜，也可用于运行中造膜。运行中造膜浓度可减至初次造膜的 1/3 或 1/5。运行中加药可加至凝汽器冷却水入口端。加药点离开入口端的距离要适宜，不能过远或过近。

采用 $FeSO_4$ 造膜处理，在大多数情况下对于防止凝汽器铜管的冲击腐蚀、脱锌腐蚀、应力腐蚀等，均有明显的效果，而且它对已发生腐蚀的铜管有一定的保护作用和堵漏作用。但如果造膜不完整，形成大阴极小阳极，裸露处会造成腐蚀，因此造膜一定注意质量。

（2）铜试剂造膜。铜试剂是用来分析水中铜含量的一种药剂，化学组成为 $(C_2H_5)_2NCSSNa$（二乙氨基二硫代甲酸钠）。可以在铜管表面形成良好的保护膜。在运行中进行凝汽器铜管的铜试剂造膜时，必须先对铜管进行酸洗，使其表面清洁；对于新铜管，不需要进行酸洗，但宜采用 1%～2% 的 Na_3PO_4 溶液清洗一次。总之，要确保铜管表面清洁，才可以进行造膜。

4. 阴极保护法

由电化学腐蚀原理可知，在腐蚀电池中受到腐蚀的是阳极，阴极不会腐蚀。阴极保护就是利用这个原理，将被保护的设备做成一个电池中的阴极，这样一来，该设备就会受到保护。

但凝汽器铜管很长，很难将这样长的管段都做成阴极，所以阴极保护法实际所能做到的常常只是保护凝汽器两端的水室、管壁和管端。

阴极保护法有两种：

（1）牺牲阳极法。在凝汽器水室内安装一块电位低于被保护体的金属，如锌板、锌合金或纯铁。这样，此金属本身成为阳极，被保护的水室、管板和管端变成阴极。所以受蚀的是此阳极，故称为牺牲阳极法。

（2）外部电源法。此法为在凝汽器的水室内装入一个外加电极，将水室本体作为另一电极，外接直流电源。外加的电极接正极，水室接负极，则水室变成电解槽的阴极，受到保护。外部电源法大阳极材料，一般采用磁性氧化铁或铅合金。

5. 加装套管

为了防止在凝汽器的冷却水入口端发生冲击腐蚀，可在这部分的铜管上加装一段套管，把铜管表面覆盖起来。套管必须紧贴管壁，否则会发生振动，反而引起腐蚀。这种套管可用塑料、尼龙、环氧树脂等材料制成，但是必须十分注意套管工艺和质量，否则在套管附近仍会发生冲击腐蚀损坏。

6. 胶球清洗

胶球清洗是一种独特的清洗方法。在运行中，使特制的胶球通过凝汽器铜管，进行自动冲刷。用这种方法，稍有附着物就被胶球冲刷掉，是防止凝汽器铜管产生附着物的措施。

胶球通常用橡胶制成，具有多孔、能压缩等特性。球的直径应比铜管内径大1mm，当它的直径比铜管小1mm时便不能使用，应更换。每台凝汽器所需的胶球量为一个流程的铜管数的10%～15%，每根管子在每次清洗中平均通过3～5个球。胶球性软，可以压缩，在水流带动下会通过铜管。胶球和铜管管壁发生摩擦，能将管壁上的附着物擦去。因胶球具有多孔性，所以从胶球后方来的水流会通过其孔隙将擦下的污物冲走。

三、铜管材料及其选择

实践证明，由于选用的材料与冷却水水质不相适应，造成凝汽器铜管早期腐蚀泄漏的事故屡屡发生。为了防止凝汽器铜管腐蚀，合理选用材质是非常重要的一项工作。由于实际工作中，冷却水水质的不同，有的是海水，有的是淡水，同时又受到不同程度的污染，所以在各具体情况下，常存在着铜管的选材问题。

1. 冷却水水质是选择管材的重要依据

根据水中各种成分对管材耐蚀性的影响程度，而合理地选择材质。选择铜管的材质主要依据的冷却水水质指标是：

（1）溶解固形物和氯离子含量，含量越高，腐蚀性越强；

（2）悬浮物及含沙量，是引起铜管冲击腐蚀和沉积物下局部腐蚀的重要因素；

（3）冷却水的污染程度，受污染的冷却水，会引起铜合金的溃蚀、点蚀或应力腐蚀，尤其是对于铝黄铜管和白铜管，影响更严重。

水的污染程度，可用水中硫离子含量、氨含量、溶解氧含量、化学耗氧量四个指标来衡量。

2. 铜管材料

用于凝汽器的铜管管材牌号，见表9－5。

表9－5　　　　　我国凝汽器铜管管材牌号及其组成

名　称	牌　号	主　要　组　成　（％）					
		Cu	Al	Sn	Ni	As	Zn
加砷黄铜	H68 + As	约68	—		—	微　量	余　量
加砷锡黄铜	HSn70 - 1 + As	约70		约1.0			
加砷铝黄铜	HAl77 - 2 + As	约77	约2.0				
白铜管	B30	约70			29～33		

（1）黄铜。它是铜与锌的合金，掺锌的目的主要是改变黄铜的机械强度。锌含量增高，其强度增高，塑性稍低，但锌含量超过45%时，有可能使其机械性能变坏。

（2）锡黄铜。在 H70 黄铜基础上加约1%的锡所制成的黄铜称为锡黄铜（又称海军黄铜）。加锡的作用是防止铜管脱锌。但加砷对防止铜管脱锌效果更好。加砷量在 0.02% ~ 0.10% 的范围内，不能太高，也不能太低。加砷量小时，效果不明显；加砷量大时，使黄铜变脆，且会促进应力腐蚀。

（3）铝黄铜。由于铝形成氧化膜的能力很强，黄铜中加铝可使保护膜破坏后能很快地自动"修补"，因此，铝黄铜耐腐蚀的能力很强，但不耐脱锌腐蚀。为此，现又研制了加砷的铝黄铜管。

（4）白铜管。所谓白铜是指镍与铜的合金。现凝汽器空抽区选用的铜管，大都是此种管材，俗称 B30（含镍量为 29% ~ 30%，其余为铜）管。其具有良好的耐冲击腐蚀和耐氨蚀性能。

3. 铜管的选择

（1）冷却水的含盐量≥2000mg/L 时，视为海水，选用加砷铝黄铜管。若海水中的悬浮物和含沙量较高，可选用白铜管 B30。

（2）水的含盐量 < 2000mg/L 时，视为淡水。当含盐量 < 400mg/L、管内流速 < 2m/s 时，可选用加砷黄铜管；当含盐量 > 400mg/L、管内流速 < 2m/s时，可选用加砷锡黄铜管。

提示　本章共两节，其中第一节适用于中级工，第二节适用于高级工。

第十章

水处理设备的自动控制

第一节 概 述

一、电厂化学自动监控的任务和要求

1. 电厂化学自动化发展简况

国外电厂化学水处理自动化工作是从 20 世纪 50 年代后期发展起来的，由于大机组的需要，这方面技术进步很快。到了 60 年代中期以后，美、英、法、日等国在化学除盐系统上基本上实现了比较完善的集中控制。我国电厂水处理设备程序控制的自动化工作是 1966 年开始的，当时引进的水处理设备及自动化装置具有当时的国外先进水平，对推动我国水处理自动化工作，起了很大作用。

自 70 年代后期开始，国内大型机组的水处理设备基本上采用了自动化装置，发展至今，大致经历了机电式、继电器式、晶体管和小规模集成电路等逻辑电子元件式、可编程序控制器（PLC）式等几个不同的发展阶段。90 年代的 PLC 增加了 PID 调节功能，并且出现了 PLC 控制方式的 DCS 系统。但 PLC 的黄金时代即将过去，它已受到了 EIC（电控、仪控与计算机的集成化）、EI 集成化产品以及 PC 机技术的严峻挑战。

2. 自动监控的任务和要求

随着我国电力工业的飞速发展，新建电厂或老电厂的更新改造已向电力系统各专业人员提出更高的技术水平和管理水平的要求。如何对机组进行科学管理，如何提高运行人员处理故障的水平，如何减少劳动强度，这些问题同样也是化学专业人员所关注的。为了提高给水质量和加强热力系统汽水品质的监督，在电厂化学工作中普及和推广应用自动化技术已是一项迫切的任务。电厂化学自动监控任务内容很多，所涉及的学科领域复杂，如下所示：

电厂化学自动监控任务

仪表监测
- 热工参数：p、Δp、T、Q、L 等
- 化学成分参数：DD、pH、O_2、SiO_2、PO_4^{3-}、N_2H_4、H_2 等
- 电气参数

自动控制
- 程序控制
  - 制水系统：预处理、预脱盐、一级除盐、二级除盐
  - 凝结水精处理系统：高速混床系统、再生系统、旁路门系统
  - 废水处理系统
- 自动调节
  - 基地调节：清水箱、中间水箱液位、再生反洗流量、再生碱液温度、生水温度……
  - 自动加药：澄清设备加药及自动排污和放水、给水加氨、联胺、炉水加磷酸盐、循环水加氯、水质稳定剂、中和池 pH 调节……

数据采集
- 常规功能：报表打印、趋势图分析、报警显示、日常管理……
- 专家诊断：引导式、交互式
- 联网功能：DCS、MIS

不但需要热工自动化仪表和控制的专业人员，而且还需要化学水处理专业人员、设备维护与管理人员的相互配合，因而有必要使各类专业人员掌握实现电厂化学生产过程自动化方面的必要知识。

二、电厂化学自动控制水平和控制模式

1. 控制水平

目前我国即使自动化水平较高的电厂，其化学各个系统基本上都是分散管理，不能集中监测和控制。而新建电厂或新近进行的老厂改造，大多采取了下位机分散式测量和控制，上位机集中监视和管理的硬件结构，构成仪表型、PLC 型和 PC 型的 DCS 模式，即操作集中、危险分散。随着通信技术的发展，DCS、PLC、PCCS（PC 控制系统）相互渗透、融合，进一步趋向于系统的数字化、模块化和网络化。

2. 控制模式

就目前国内的情况来看，已投运的水处理程控装置的控制模式有计算机控制（机控）和就地控制（硬手操）两种状态。机控和就地的选择取决于就地电磁阀箱及泵、风机电气控制柜（或 MCC 柜）的转换开关。当在就地状态时，只能就地手操（就地控制方式，设备间不连锁，上位机上仅能显示设备的运行状态）；当在机控状态时，只能机控操作。机控操作是由上位机对 PLC 发出指令，PLC 通过控制电磁阀及泵、风机实现对现场设备的控制。

操作方式大体分为以下四类：

（1）就地操作（即就地硬手操）：多采用气动隔膜阀，由切换阀就地

操作气动隔膜阀的开与关，或通过就地控制柜面板的按钮操作。

（2）远方操作：通过现场电磁阀柜或电气控制柜，操作阀门的开与关、泵（风机）的启与停（称为远方硬手操）；或利用上位机工作站手动操作被控设备（称为远方软手操）。

（3）半自动操作：运行人员按照排定的程序，在上位机工作站发出分步控制指令（又称为成组操作）。

（4）自动控制：根据工艺要求，系统按照排定的程序，自动完成设备的投运、停运、再生及异常情况下的紧急停运等过程。

目前我国多数电厂的水处理自动装置的实际运行状况，基本上属于第二类和第三类，即远方操作和半自动操作，真正达到全自动设计要求的为数不多。造成这种现象的原因，除了某些设备不过关（如控制装置、阀门、限位开关、检测仪表等不过关），还与安装、调试、运行管理和运行人员素质等因素有关。

3. 控制框图和操作手段

（1）传统型控制框图和操作手段见图 10-1。

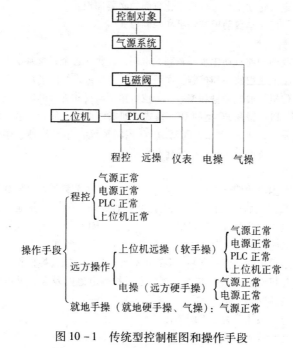

图 10-1　传统型控制框图和操作手段

第二篇　电厂水处理

（2）PLC + 模块型（经济型）控制框图见图 10 - 2。

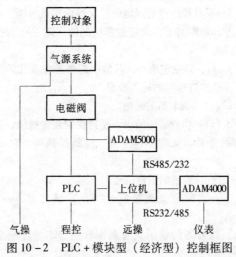

图 10 - 2　PLC + 模块型（经济型）控制框图

第二节　自动控制系统的基本知识

一、基本知识

1. 自动控制系统的常用术语

调节和控制：没有严格区分，习惯上在开环（无反馈的系统）中叫做控制和控制器，在闭环（有反馈的系统）中叫做调节和调节器。

开环控制（离线控制）：系统的输出量不会自动地对系统起控制作用，计算机的计算结果仅作为指导生产的参考，而生产过程本身的控制尚须有人工干预实施。

闭环控制（在线控制）：系统的输出量对控制作用有直接影响，计算机的计算结果，直接用来改变调节器的设定值，或者直接用来控制调节阀等执行机构，生产过程本身的控制无须人工干预即可完成。操作人员最多仅参与设定值的决定。

数/模（D/A）转换：将离散数字信号变换成连续模拟信号。

模/数（A/D）转换：将连续模拟信号变换成离散数字信号。

被控对象：需实现控制的机器、设备或生产过程，又称被调对象、过程。

被控变量 $y(t)$：要求保持给定值或按给定规律变化的物理量，又称被调量、被调参数、被控参数等，是"过程"的输出信号。

给定值 $x(t)$：被控变量的规定值。又称设定值、输入信号、输入指令、参考输入等，是作用于自动控制系统的输入端并作为控制依据的物理量。

扰动变量 $f(t)$：除给定值外，凡能引起被控量变化的因素。又称扰动、干扰量等，是"过程"的输入变量。

控制作用 $u(t)$：调节器的输出。

操纵变量 $q(t)$：执行器的输出，受到控制装置操纵，用以使被控变量保持设定值的变量。又称操作变量、控制参数等，它体现终端控制作用。

测量值 $z(t)$：被调量的测量信号。

偏差 $e(t)$：实际值（测量值）与设定值之差，$e(t) = z(t) - x(t)$。

开关作用：调节器的输出只有两个状态，不是开就是关，没有中间态。

连续作用：调节器的输出可以从小到大连续改变。

2. 开关信号的来源和标准

实现自动控制的先决条件是要有信息来源，所以各种各样的传感器是必不可少的。传感器应该可靠、精确而又廉价，否则难以推广。

单纯提供开关信号的传感器称为开关量传感器。常见的有行程开关、温度开关、压力开关、液位开关、料位开关、气敏开关、磁敏开关、光敏开关、声敏开关和定时开关等。虽然开关信号的来源多种多样，但不外乎两大类，即无源信号和有源信号。

无源通断信号是指传感器里没有电源，或虽有电源却因隔离或其他原因和输出电路无关，两个输出端子只有导电和不导电两种状态。这两种状态必须在外电路有电源的情况下，才能体现出来，所以无源开关信号的接收端必须有电源。至于是直流还是交流对工作没有影响，电压的高低和电流的大小应在传感器所规定的范围内，以免烧坏。

凡是靠半导体器件输出开关信号的属于有源信号，信号的形式多数是直流电流或直流电压。输出有源开关信号的传感器不要求信号接收端有电源，但要求接收端的电阻连同传输线的电阻在允许范围，否则不能正常工作。

对有源开关信号国际 IEC 标准规定，小于 4mA DC 为一种状态，大于 20mA DC 为另一种状态；或低于 1V DC 为一种状态，高于 5V DC 为另一种状态。这两种标准都不包括零值在内，避免了和断电的情况混淆，使信息的传送更为确切。

3. 连续信号的来源和标准

国际 IEC 标准规定，连续电信号采用 4 ~ 20mA DC 或 1 ~ 5V DC，对气动仪表采用 0.02 ~ 0.1MPa。这种标准同样故意把 0mA 和 0V 排除在外，目的是为了便于区分停电状态，同时也把晶体管器件的起始非线性段避开了，使信号值与被测参数的大小更接近线性关系。

输出为标准信号的传感器叫做变送器，有气动和电动两类。

对于数字式传感器或变送器，都是将连续量离散化得到数字量的。按周期进行采样并进行模/数（A/D）转换，按周期刷新显示值和通信，以离散的数字形式输出，即输出的信号是一个采样周期内的平均值而不是瞬时值。不过由于数字仪表的采样周期非常短，而被测参数变化又很慢，这个平均值可以近似地看成瞬时值罢了。

采用电流制的优点首先在于传输过程中易于和交流感应干扰相区别，且不存在相移问题，可不受传输线中电感、电容和负载性质的限制，适于信号的远距离传送，其次由于电动单元组合仪表很多是采用力平衡原理构成的，使用电流信号可直接与磁场作用产生正比于信号的机械力。对于某些要求电压输入的仪表和元件，电流信号也能适用，只需在电流回路中串入一个电阻便可得到电压信号。

我国还在采用一种 0 ~ 10mA DC 的信号制，与 4 ~ 20mA DC 所不同的是零信号和满度信号电流大小的选择。以 20mA 表示信号的满度值，而以此满度值的 20% 即 4mA 表示零信号。这种称为"活零点"的安排，有利于识别仪表断电、断线更故障，且为现场变送器实现两线制提供了可靠性。所谓两线制仪表是指将供电的 24V DC 电源线与 4 ~ 20mA 信号的输出线合并起来，同用一对导线。而四线制仪表是指 220V AC 工作电源提供给变送器，变送器本身内部提供 24V DC 给传感器，4 ~ 20mA 反馈信号由另一对导线送回控制室，即四线制仪表不需另配 24V DC 电源。还有所谓五线制仪表，比四线制仪表又多了一条地线。由于信号为零时，变送器内部总要消耗一定的电流，所以用零电流表示零信号时，是无法实现两线制的。在工业上使用两线制变送器不仅节省电缆，布线方便，而且大大有利于安全防爆，因为减少了一根通往危险现场的导线，就等于减少了一个窜进危险火花的门户。由于活零点的表示法具有上述优点，故受到普遍的欢迎。

在上述标准里，信号电流的满度值从安全防爆及减少损耗、节能考虑，都希望选小一些好。但由于对力平衡式仪表，电流太小产生的电磁力也小，仪表的精度受到影响。此外，在采用活零点的仪表中，降低满度电流的数值，必然同时降低起点电流的数值，而起点电流太小，也必将要求降低整个仪表在零信号时消耗的总电流，但在目前的元件水平下，起点电流比 4mA 再小有时将给两线制仪表带来困难。因此，目前国际上采用 4 ~ 20mA 作为标准信号。

二、自动控制系统的组成

自动控制系统包括被控对象和控制装置。

自动控制系统：是受控对象和控制装置的总体，它能自动控制受控对象的工作状态。

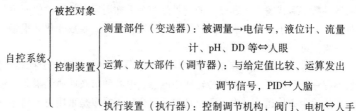

在对自动控制系统进行理论分析和研究时，为了更清楚地表示系统中各组成环节之间相互关系和信号之间的联系，常用方框图表示自动控制系统的组成。

图 10 - 3 所示为一简单控制系统方框图。图中每个方框称为一个环节，代表自动控制系统中的一个组成部分，如对象、检测、控制器、执行器等都是一个环节。

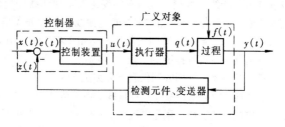

图 10 - 3　简单控制系统方框图

三、自动控制系统的过渡过程与质量指标

1. 自动控制系统的过渡过程

过渡过程：自动控制系统处在动态时，被控参数随时间变化的过程称为自动控制系统的过渡过程（或自动调节系统的调节过程），即系统从一个平衡状态过渡到另一个平衡状态。

过渡过程曲线：被控量随时间变化的曲线（也称调节过程曲线）。其作用是分析对象的动态特性。

干扰信号：在生产过程中出现的干扰是没有固定形式的，且多半是随机的，在分析和设计过程中，为了安全和方便，通常假设一些典型的干扰形式，如图 10-4 所示。

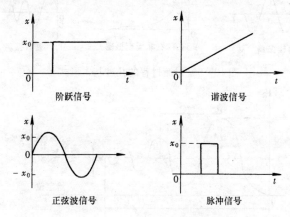

图 10-4 试验常用干扰信号

由于阶跃扰动作用比较突然，对控制变量影响最大，如果设计的控制系统能够及时有效地克服阶跃干扰影响，则对其他形式的干扰也一定能很好地克服。而且，阶跃信号数学模型简单，便于实验、分析和计算，因此在分析设计系统时，阶跃扰动信号是最常用的一种。

稳定的控制过程：自动控制系统受到扰动后，经过调节能够达到新的平衡状态，即被控量能够达到新的稳定数值，如非周期振荡、衰减振荡。

不稳定的控制过程：自动控制系统受到扰动后，被控量是振荡的，如单调发散、发散振荡、等幅振荡。

过渡过程的几种基本形式见图 10-5。

2. 自动控制系统的质量指标——稳、准、快

（1）稳定性：衡量自动控制系统过渡过程稳定性的动态指标有被控变量的最大偏差（或超调量）和衰减比。图 10-6 为控制过程品质指标示意。

最大偏差 y_{max}：整个控制过程中被控变量偏离给定值的最大短期偏差

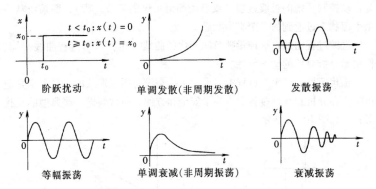

图 10 - 5　过渡过程的几种基本形式

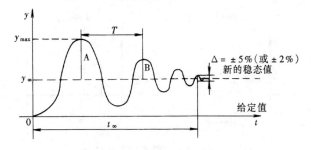

图 10 - 6　控制过程品质指标示意

（又称动态偏差）。

超调量 A：第一个波峰值与被控变量最终新稳态值之间的差值。在设定值变化的情况下，用超调量指标来表示被控变量偏离设定值的最大程度。

衰减比 n：两个同方向的相邻波峰值之比（$A:B$），习惯上用 $n:1$ 表示。显然，衰减比表示过渡过程振荡的剧烈程度。

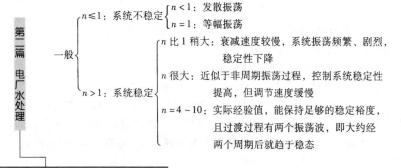

（2）准确性：衡量控制系统精度的稳态指标有被控变量的稳态偏差。

稳态偏差 y_∞：控制系统过渡过程结束后，被控变量新的稳态值与给定值之间的长期偏差（也称为静态偏差、残余偏差或余差），此值可正可负。对定值系统，余差越小，控制精度越高。但实际生产中，要求余差不超过工艺规定的允许范围即可。

有余差的控制系统称为有差控制系统，无余差的控制系统称为无差控制系统。

（3）快速性：衡量控制过程快速性的动态指标有过渡时间、振荡周期或振荡频率。

过渡时间 t_∞：从阶跃干扰作用起至被控变量又建立新的平衡状态止的时间（又称为调节时间）。严格地讲，被控变量达到新的稳定状态需要无限长的时间，实际上，由于自动化仪表灵敏度所限，当被控变量接近新稳态值时，指示值就基本不改变了。一般规定当指示值进入新稳态值的 $\pm5\%$（或 $\pm2\%$）范围而不再超出时，就可认为被控变量已达新稳态值，过渡过程已结束。

振荡周期 T：过渡过程曲线上从第一个波峰到同向相邻的波峰之间的时间，其倒数称为振荡频率。在衰减比相同的条件下，周期与过渡时间成正比。

稳、准、快三个指标常常是相互矛盾相互制约的，要求同时满足是困难的。稳定性过高了就会影响快速性，使调节过程加长；反之，若片面追求快速性，将使稳定性下降。在实际工作中应根据具体情况综合考虑。一般的原则是，首先满足稳定性要求，再兼顾到准确性和快速性。

3. 影响控制系统质量指标的因素

（1）被控对象的特性好坏；

（2）自动化装置的性能好坏；

（3）控制参数的选择和调整；

（4）过程和自动化装置的匹配；

（5）运行过程中自动化装置的性能和过程特性的不稳定性。

自动控制系统是由生产过程的工艺设备对象和自动化装置两大部分组成的。而控制系统过渡过程品质指标的优劣，取决于组成系统的各个环节特性，特别是取决于被控对象的特性好坏。此外，自动化装置的性能好坏，参数选择和调整等都影响控制系统质量。如果过程和自动化装置两者配合不当，或在控制系统运行过程中自动化装置的性能和过程特性发生变化时，也会影响系统的控制质量。总之，影响自动控制过渡过程质量的因

第十章　水处理设备的自动控制

素是多方面的，只有充分而又全面地了解和考虑系统各个环节的作用和特性，才能提高控制系统的控制质量，达到预期的控制目标。

四、被控对象的特性

在不同的生产过程中，被控对象的类型很多。电厂化学生产过程中常见的对象有水箱（软化水箱、清水箱、中间水箱）、加药箱、泵、换热器等。这些被控对象的特性是由生产过程和工艺设备决定的，不同的工艺过程，其被控对象的特性各有不同。有的对象参数很稳定，操作容易；有的对象参数很难控制，只要稍微有干扰，就会超出工艺允许的正常范围，甚至造成事故。因此，首先必须深入了解被控对象的特性，掌握它的内在规律和特点，才能设计出符合被控对象要求的最优控制方案，选用合适的测量变送仪表、控制器、控制阀及合适的控制参数。

描述被控对象特性的参数有放大系数 K、时间常数 T 和滞后时间 τ。

五、控制器基本控制规律

控制器是构成热工自动控制系统的核心部分。在单回路反馈系统中，控制器的输入信号为被控量与其给定值之间的偏差信号 $e(t)$，它的输出信号 $u(t)$ 推动执行器，使执行机构产生位移 $q(t)$。控制器接受了偏差信号后，其输出随输入变化的规律，即控制器控制规律。

生产过程中应用的控制器品种繁多，尽管其结构千差万别，但就本身动态特性而言，都是比例（P—proportional）、积分（I—integral）和微分（D—differential）几种基本控制作用或其组合。而常用的调节规律也只有典型的几种，即位式调节、比例调节、积分调节和微分调节。由这些控制规律组成 P、PI、PD、PID 等几种常用的工业控制器。

PID 控制是一种反馈控制，它是历史最久、生命力最强的基本控制方式。在 20 世纪 40 年代以前，除在最简单情况下可采用开关控制外，它是惟一的控制方式。此后，随着自动化水平不断提高，特别是微型计算机的引入，涌现出许多新的控制方法。然而直到现在，PID 控制仍然是得到最广泛应用的基本控制方式。例外的情况大体只有两种，一是被控对象易于控制而控制要求又不高时，可以采用更简单的开关控制方式；另一种是被控对象特别难以控制而控制要求又特别高时，如果 PID 控制难以达到生产要求，就要考虑采用更先进的控制方式。

选择控制器控制规律时，应根据对象特性、负荷变化、主要干扰、工艺条件以及对控制质量的要求等不同情况，进行具体分析，各控制规律的性能分析见表 10 – 1。

表 10-1　　　　　　　　　　各控制规律性能分析

控制规律	特点	优点	缺点	适用范围	说明
比例（P）控制器	输出与输入偏差成正比	迅速克服干扰、过渡时间短	比例度变化对各项指标均有影响	干扰变化较小，自平衡能力强，τ/T 小，工艺允许有余差，质量要求不高。例如中间贮箱、塔釜液位	
比例积分（PI）控制器	输出与输入偏差的积分成正比	消除余差，增加，作用增加，振荡加剧，稳定性降低，消除余差能力增加	某些控制系统中可能产生积分饱和现象	负荷变化稳定，控制通道滞后小，工艺要求不允许余差的系统	具体采用时注意考虑采取抗积分饱和措施
比例微分（PD）控制器	输出与输入偏差的变化速度成正比	滞后小，超前控制，减小动态偏差	不宜测量信号有干扰的系统	控制对象控制通道常数 T_0 较大的场合	测量信号有噪声或周期性干扰的系统不宜采用 PD 控制
比例积分微分（PID）控制器	δ、T_i、T_d 可根据需要适当调整	PD 作用克服对象滞后，减小动态偏差提高稳定性；积分作用消除余差，提高控制质量	控制规律复杂，参数整定困难	对象负荷变化大，滞后较大，工艺要求无余差，控制质量较高的系统	

第三节　程序控制系统概述

一、程序控制器的分类及应用范围

　　自动控制是将一个局部的工艺系统，根据生产工艺要求，按照预先规定的程序、条件或时间，对工艺过程中的各被控对象顺序地进行自动控制。程序控制有时也称为顺序控制或开关量控制，它是生产过程自动化技

第十章　水处理设备的自动控制

术的一个重要组成部分。通过自动控制可使大量的操作步骤得以简化，从而减轻运行人员的劳动强度，又有利于保证操作的及时和准确，对于安全经济生产有着重要意义。

1. 分类

按控制形式分 {
顺序控制：前面的动作完成后，再进行下一个动作
条件程序控制：按照几个动作的综合结果来决定下次应执行的动作
时间程序控制：按时间的长短来决定下一次动作
}

按应用范围分 {
辅机控制（远方控制）：通过联动或成组控制来实现
局部工艺流程控制：一些比较独立的工艺过程的控制
}

2. 应用范围（电厂）

锅炉部分 {
输煤系统：卸煤、储煤、上煤、配煤
制粉系统：给煤机、输煤皮带、磨煤机
燃烧系统：燃烧器管理、炉膛安全监控
辅机系统：送风机、引风机、一次风机、回转式空气预热器等
其他系统：吹灰系统、除灰、除渣系统、定排系统、锅炉疏水系统等
}

汽轮机系统 {
主机启、停控制：冷态、温态、热态启动和自动停止
辅机系统：润滑油泵、凝结水泵、低压加热器疏水泵、高压加热器组电动门、低压加热器组电动门、轴封风机、射水泵、发电机空侧交、直流密封油泵、发电机氢侧交流密封油泵、发电机定子冷却水泵、氢冷升压泵
其他系统：凝汽器胶球清洗系统
}

化学水处理系统 {
锅炉补给水系统
凝结水精处理系统
废水处理系统
}

二、程序控制装置的特点

国内水处理系统中的程序控制装置在制水工艺（包括预处理、预脱盐、一级除盐、二级除盐等系统）和凝结水精处理工艺（包括高速混床系统和再生系统）过程中采用较多，其自动控制特点如下：

（1）都是以时间为主，条件为辅，按步进方式工作的顺序控制过程。

（2）对于程序控制装置，每步的时间和相应的输出条件要求有一定的可变性。

（3）程控装置具有公用性。

（4）控制设备具有就地硬手操功能，上位机上可以进行自动、成组、软手操等控制方式。

（5）除盐系统以单元制设计的普遍选用阴床出水以导电度表作为系列失效判断仪表；在母管制系统中，以阳终点计和阴终点计（也可用硅酸根表）作为设备失效判断仪表。从国外引进的设备也有以总出水量和时间为再生条件的。

（6）化学水处理系统的自动阀门基本上采用气动阀，这些气动阀通过电磁阀来切换开关气源以完成开关动作。

（7）再生进酸、碱终点多采用计量箱液位控制（也有按时间控制的）。

可以满足上述要求的控制装置，比较有代表性的有：

（1）矩阵板式的逻辑控制器；

（2）一位微处理机；

（3）可编程序控制器（PLC）；

（4）计算机分散控制系统（DCS）。

显然，生产设备对于控制装置并不是非要用最先进、最新型的不可。对于简单的设备或工艺过程，甚至可以用过去曾经流行过的逻辑控制系统、继电器控制系统。

三、采用程序控制器的原则

根据工艺要求和设备状况就可以确定控制系统所能实现的控制功能，才能据此选择系统的类型、规模、机型、软件等内容，从而形成了系统硬件的初步设计方案。鉴于控制思想的不断更新，在程控装置选型中，除了考虑前面各部分的内容，还要考虑所组成的控制方案的先进性、经济性。

四、程序控制系统的功能要求和组成

1. 顺序控制系统的功能要求

（1）禁止约束功能：即动作次序是一定的，互相制约，不得随意变动。

（2）记忆功能：即要记住过去的动作，后面的动作由前面的动作情况而定。

2. 程控装置的系统构成和设备选型

（1）系统构成。以漳泽发电厂化学水处理程控系统为例。

该系统由可编程序控制器（PLC）和操作员工作站组成，采用主、备控制器和4个远程I/O站相结合方式，其结构如图10－7所示。

（2）硬件及软件选型。

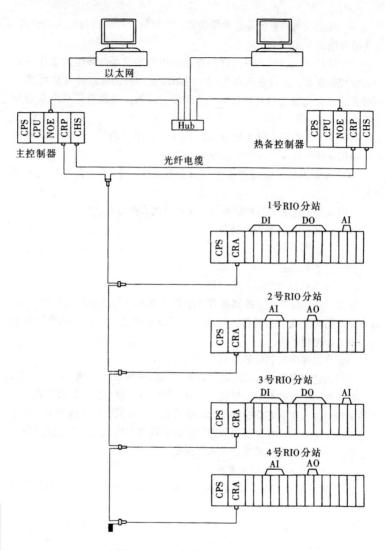

图 10 – 7　程控装置的系统构成

　　机型的选择：机型的选择主要考虑 PLC 的 CPU 能力、能支持的最大 I/O 点数、响应速度及指令系统此外，还要根据工程实际情况综合考虑性能价格比因素、备品备件的订货来源和可靠的技术支持。该系统 PLC 选用美国 Schneider Electric 公司的 Modicon Quantum 系列的 140CPU43412A 机型作为主机。

I/O 模块的选择：根据最终确定的 I/O 点数和种类，就可以进行 I/O 模块的选择了。在选择各种模块（DI、DO、AI、AO）时，应注意模块的电压类型和等级（直流 5、12、24、48、60V；交流 110、220V 等）、保护类型（有隔离、无隔离）、点数（4、8、16、32、64 点等）。此外，输出模块还要不同的输出方式（晶体管输出型、晶闸输出型、管继电器输出型等）和不同的输出功率。

PLC 的冗余配置：冗余配置是进一步提高控制系统可靠性的重要措施，其原理就是在系统中采用两套完全相同的 PLC，其中一台为工作主机，另一台处于热备用状态。正在工作的控制器中的全部参数每个周期输送一次给热备控制器，以保证两台控制器状态的一致性。一旦工作主机发生故障，热备的 PLC 将自动投入工作，此时热备用的 PLC 变为工作主机，原工作主机故障处理完后转为备用机。这种冗余称为双机双工热后备。除主机冗余外，I/O 模块也可以采用冗余结构和非冗余结构。采用冗余结构后，系统软件及应用软件都要增加相应的部分。

操作员工作站的配置：一般配置两台工控机和两台监视器。两台微机安装的内容完全相同，采用实时热备份的方式运行。当其中一台出现故障时，另一台可以胜任全部工作。用户可以人为指定其中一台为主机，另一台则为从机，所有的操作、控制、记录数据均以主机为准，仅当主机出现故障时，再用从机来操作。工作站的监控软件，可由用户根据需要自行研制，但其通用性差，维修不方便。一般通用的做法是采用商品化的软件，国内电厂化学用的较多的软件进口产品如 iFix、Intouch、Citect 等，国产如 King View（组态王）、GOOD HELPER（好帮手）等。该系统上位机工控软件采用美国 Intellution 公司的 iFIX 2.6（中文版），完成图形显示、报警、报表、趋势及要求的操作功能。

PLC 通过 Ethernet 网络适配器与上位计算机联网，实现 CRT 操作员站实时监控管理功能，对整个工艺系统进行测量信号的采集、集中监视、管理和自动控制，并可实现远方手操。

五、自控操作工作流程

对于通常的控制装置，输入信号一般是按钮、行程开关、各种继电器的触点以及通过压力和温度等传感器变换而得到的触点通断信号；另外光敏开关、接触开关等的触点状态或电平信号也可以作为顺序控制器的输入信号。输出的执行机构一般是接触器、电磁阀、电动机、电子离合器、指示灯等。

无论输入信号还是输出信号，都有一个显著特点：只有接通和断开两种状态，即开关量。可以认为顺序控制主要完成电磁阀的通断、电机的启停、指示灯的亮灭等开关量的控制。

例：在上位机上实现阀门由关→开的过程，灯由绿→红。

上位机发出指令，程序中某个变量由 0→1 后，根据 Citect（或 Intouch 等）的组态编制，该命令被 Modicon 的 DDE Server 映射到 PLC 相应的寄存器（即 RAM 内存），该寄存器（输出映象区）相应地址或数据置1，等待扫描周期（一般约 100～200ms）扫到时，对应输出线圈（物理线圈）动作，该动作通过数字量输出模块（DO 模块）由输出继电器实际的触点带动阀门开关，就地阀门打开。当开到位时，限位开关动作，该动作通过数字量输入模块（DI 模块）映射到 PLC 相应的寄存器，该寄存器（输入映象区）相应地址或数据置1，等待下位机又一次扫描周期扫到时，通过 DDE Server 被上位机读取，门由绿变红。整个工作过程表示如下：

主机 CRT $\xrightarrow{\text{SA85 DDE Server}}$ PLC→DO 模块输出（内含输出继电器）→输出隔离（继电器）

→控制室端子排 $\xrightarrow{\text{24V DC}}$ 电磁阀箱端子排

执行电磁阀 { 开关控制→气动门
开度调节→气动门开度 }

执行电机 { 开关控制→启停信号反馈
转速调节→加药量测量仪表 }

气动门→阀位反馈信号→电磁阀箱端子排→控制室端子排→输入隔离（继电器）
→DI 模块输入→PLC $\xrightarrow{\text{SA 85 DDE Server}}$ 主机 CRT

气动门开度→测量机构反馈信号→电磁阀箱端子排→控制室端子排→输入隔离（继电器）→AI 模块输入→PLC $\xrightarrow{\text{SA85 DDE Server}}$ 主机 CRT

启停信号反馈→就地端子排→控制室端子排→输入隔离（继电器）→DI 模块输入→PLC $\xrightarrow{\text{SA 85 DDE Server}}$ 主机 CRT

加药量测量仪表→就地端子排→控制室端子排→输入隔离（继电器）→AI 模块输入→PLC $\xrightarrow{\text{SA 85 DDE Server}}$ 主机 CRT

第四节　可编程序控制器原理

一、可编程序控制器（PLC）概述

可编程序控制器（Programmable Logic Controller）简称 PLC 机，随着

PLC 机功能的不断发展，它不仅能完成原来的逻辑运算控制，而且能实现一些模拟量、脉冲量的算术运算，甚至能完成复杂的 PID 控制功能，故比较切合实际的叫法是把原来的 logic 去掉，简称可编程序控制器为 PC 机（programmable controller），但为了与个人电脑的简称 PC 机（personal computer）相区别，目前现场仍然习惯于旧的叫法 PLC。

可编程序控制器是以微处理器为基础，综合了计算机与自动化技术而发展的新一代工业控制装置，按照 IEC 可编程序控制器国际标准的定义是："可编程序控制器是一种专为在工业环境下应用而设计的数字运算操作的电子系统，它采用一种可编程序的存储器，在其内部存储执行逻辑运算、顺序控制、定时、计数和算术运算等操作的指令，通过数字式或模拟式的输入输出来控制各种类型的机械设备或生产过程；可编程序控制器及其有关设备的设计原则是它应易于与工业控制系统联成一个整体和具有扩充功能"。

可编程序控制器作为一种工业控制专用计算机已有 30 多年的发展历史，并进入第五代产品，成为现代工厂自动化的重要支柱。可编程序控制器及其外围设备的设计，使它能够非常方便地集成到工业系统中，并很容易达到人们期望的目标。

1. PLC 的由来及分类

60 年代末，汽车工业的发展和计算机应用技术的日趋成熟，导致了可编程序控制器的产生。美国 DEC 公司根据美国通用汽车公司（GM）提出的改进汽车装配线的技术要求，运用小型计算机开发了第一台可编程序控制器，用来代替装配线的继电器硬接线控制系统。

由于可编程序控制器的特点及其对企业带来的经济效益，使得各工业发达国家相继研发出了自己的可编程序控制器产品。随着微处理器技术及电气控制技术的不断提高，可编程序控制器得到了迅速的发展和完善，并逐步趋向系列化、标准化。

我国在 80 年代中期开始引进可编程序控制器生产线，建立合资企业，继而开发生产自己的可编程序控制器产品。

可编程序控制器分类方法有多种，如按功能分、按结构分，现在流行的分类方法是按 I/O（输入/输出）点数来分，而这三种分类方法是有联系的。如按 I/O 点数可分为小型机、中型机、大型机。目前一般将 I/O 点数小于 512 点的称为小型 PLC，512 点到 2048 点称为中型 PLC，大于 2048 点称为大型 PLC 机。一般小型机采用整体式结构，即 CPU、I/O 单元、电源等集中在一个控制机箱中，小型机完成的功能一般比较单一。中、大型

PC一般采用模块式结构，即CPU、I/O单元、电源等都是单个的模块，这些模块可通过专门的槽、连线等按要求连接在一起，组成一套PLC机系统，中、大型PC完成的功能往往多而复杂。

2. PLC的特点

可编程序控制器主要应用于工业现场，它具有以下特点：

（1）具有很强的抗干扰能力，可靠性高。工业生产一般要求控制设备能在恶劣的环境下可靠地工作，而可编程序控制器的设计制造能保证这一点：硬件上采用了许多屏蔽措施以防止空间电磁干扰；采用较多的滤波、光电隔离环节，以消除外部干扰及各模块之间的相互影响；还采用连锁控制、模块式结构、环境检测、诊断电路、冗余等特殊措施，以提高硬件的可靠性；软件上有循环检测、在线诊断等措施；在机械结构上考虑了防震、防水、防尘等要求。正因为如此，可编程序控制器的平均无故障运行时间一般可达3万~5万h，从而得到把可靠性作为首选指标的现场用户的青睐，得以迅速发展。

（2）编程方便。它的编程语言直观、简单、方便，易于为各行业技术人员掌握。编程语言有多种形式，其中最常用的是从继电器原理图引申出来的梯形图语言（ladder diagram），另一种是顺序功能图语言（SFC），特别适宜描述顺序控制问题，第三种是模仿过程流程的功能块语言。在化学水处理程控中应用最广泛的是梯形图语言。

（3）系统连接扩展灵活。PLC的模块化结构可按积木方式进行灵活的连接组合。

3. PLC的主要功能

可编程序控制器的功能很多，下面着重谈一下在化学水处理程控中主要用到的功能：

（1）顺序控制。即根据事先设计好的控制步序梯形图完成控制功能，这是可编程序控制器在化学水处理程控中最主要的功能，该功能一般设计为当满足某条件（人工触发、上位机满足某条件自动触发、可编程序控制器内某逻辑触点满足某条件自动触发）后即开始运行相应段的程序，以完成控制任务。

（2）数据采集、处理、显示。利用某些特殊的模拟量模块，可完成对诸如流量、压力、水位、温度、水品质指标（pH值、导电度、二氧化硅等）等模拟量的采集，并进行必要的处理（如对流量进行累积、对水品质指标进行上下限判断等），最后显示于上位机CRT上或专门的二次设备上。

（3）反馈控制功能。利用特殊的 PID 控制模块，可对水箱水位、泵的流量、泵的出口压力、阀门的开度等进行闭环控制，使其稳定在设定的范围内。

4. PLC 的现状和发展动向

（1）国际 PLC 市场。可编程序控制器市场应用的主要趋势是占领中、小型 DCS 即分布式控制系统市场。DCS 系统作为一种有效的控制方式为越来越多的人们所接受。根据美国 BOSTOR 公司对 1989 年在美国销售的 DCS 系统研究得出，构成 DCS 的方式：集中的小型机方式占 14.4%；网络微机方式占 7.4%；网络的 PLC 方式占 20.9%；多机种方式占 57.3%。由于 PLC 是专为工业环境应用而设计，所以 PLC 构成的 DCS 越来越受到用户欢迎。

根据美国权威人士推荐，按以下准则选择，当模拟量多于 128 路，且开关量少于 128 点时，选择仪表型 DCS；当模拟量多于 128 路，且开关量多于 256 点时，选择 PLC 与仪表型 DCS 构成系统；当模拟量少于 64 路，且开关量多于 256 点时，应选择 PLC 构成的 DCS，当然这个准则仅供参考。

PLC 还向计算机数控（CNC）领域渗透，近年来，以 PLC 用于数控的实例已越来越多。

在制造工业自动化中，PLC 与数控机床、机器人同为工厂自动化（FA）和计算机集成制造系统（CIMS）的基础。

（2）国内 PLC 市场。国内 PLC 市场有三大特征：一是与工业发达国家相比，中国应用 PLC 还处于初级阶段，而且局限于几类行业，应用尚未普及。二是 90% 国内市场现由国外 PLC 产品占领，中、大型 PLC 中，几乎 100% 是国外产品。三是国产化的 PLC 生产布点多、批量均不大、机型又杂，至今形成不了主流产品，更无法建立规模经济和国内产品的市场。

一般认为，现在使用的可编程序控制器为第四代产品，它们具有以下特点：全面使用 16 位、32 位高性能微处理器、高性能位片式微处理器、RISC（reduced instruction set computer）精简指令系统 CPU 等高级 CPU，而且在一台可编程序控制器中配置多个微处理器，进行多通道处理。同时产生了许多内含微处理器的智能模块，使得第四代可编程序控制器成为具有逻辑控制功能、过程控制功能运动控制功能、数据处理功能、联网通信功能的名副其实的多功能控制器。

现在，可编程序控制器在化学水处理应用中一般作为单机使用，没有使用联网功能，而且功能多局限在实现程序控制及数据采集上，很少用来实现复杂的过程控制功能。但随着可编程序控制器技术的不断发展、随着工业自动化要求的不断提高，通过用特殊编制的上位机软件，可编程序控制器可以实现化学运行控制及监督的绝大部分甚至是全部的实时工作；通过联网功能，可与主控室功能日益强大的 DCS 系统网联在一起，从而成为电厂 Internet 网的一个组成部分。

（3）国外 PLC 发展综述。国外 PLC 发展总的趋势是小型机（包括微型 PLC）功能不断强化、中、大型机向高速、高功能、大容量、集成化、编程语言多样化的方向发展。这是因为一方面可编程序控制器要不断扩展其应用领域，此外，DCS 系统和工业控制机亦在不断发展，以应付 PLC 的严峻挑战，迫使 PLC 要不断开拓前进。

小型 PLC 的 CPU 和 I/O 一般为一体，结构紧凑，可以向继电器一样安装于导轨槽，有的机种只有手掌大小，装卸、扩展十分方便。小型 PLC 不仅有开关量，而且有模拟量（具有 PID 回路调节功能）、定时及实时响应中断、高速计速器、输入窄脉冲捕捉、高速直接输出、PWM 脉冲调制输出、变址寄存器等功能。编程器功能也相应增强，如可以选用顺序功能图（SFC）和梯形图、指令表等语言编程。

在集成系统中，目前的趋势是采用开放式的应用平台，即从网络通信、操作系统、监控及显示均采用国际标准或工业标准。例如网络通信符合 ISO7 层开放式互连模型国际标准操作系统采用 UNIX，MS－DOS，OSF/1 等，显示采用 X－Window 等。这样可使不同厂家的产品能连接在一个网络中运行。系统集成化的要求，使得 PLC 产品与 PC、与 DCS、与 CNC 等的集成度不断上升。现在，PLC 已能提供各种类型的多回路模拟量输入、输出模块以及专门在工业环境下运行的 PID 硬件；PLC 还长于逻辑运算控制，便于将继电器控制与仪表控制结合起来，因此，PLC 日益渗入到以多回路控制为主的分布式控制系统领域（DCS）。

与功能集成同步发展的是智能和控制分散化的趋势，越来越多的由一台大型控制器处理的工作由更小的 PLC 网络来实现，或者分散到 I/O 设备，这种趋势甚至比 PLC 自身的进展还要强劲。目前，市场上很热门的 I/O 设备有：

分散型 I/O 子系统：I/O 与 CPU 并不装在同一机架（或底板）上的，其远程 I/O 可就地分散安装通过双绞线或电缆与 CPU 高速通信，并且具有自诊断能力。

智能 I/O：指只有一对通信线（如双绞线）并具有智能能力的 I/O，

智能 I/O 模块可放在远程 I/O 机框内，可连接它自己的操作员接口，这样即使 CPU 发生故障，PID 等智能 I/O 模块仍能继续工作，局部操作员接口可以访问所有的回路参数。

现场总线 I/O：不是模块化机架安装式结构，可安装在导轨槽上，与现场设备直接连线。现场总线 I/O 集检测、数据处理、通信为一体，因而能替代诸如变送器、调节阀、记录仪等 4 ~ 20mA 单变量单向传输的模拟量仪表，甚至可以代替行程开关等。现场总线 I/O 可以和 PLC 构成相当廉价的 DCS 系统，因此其发展前途是十分令人鼓舞的。

因现场总线是当前国际上自动化的"热点"，特介绍如下：所谓现场总线就是通信总线一直延伸到现场仪表，各个现场仪表可以在同一总线上进行双向多信息数字通信。现场总线最初为德国的 Profi Bus 和法国的 Fip，1992 年从 Profi Bus 分离出 ISP，1993 年 Fip 改为 World Fip，1994 年 ISP 和 World Fip NA（北美部分）合并成立 Field Foundation；其目的为建立单一、开放、可互相操作的国际标准，并和 IEC/ISA 的 SP50 有关工作组建立的标准一致。Field Bus 共分四层，即物理层、数据链路层、应用层、用户层。从物理上讲，现场总线可以有三种拓扑结构，即：①点对点方式，每个现场仪表单独接到现场总线，用于现场仪表比较分散或传输信息大的场合。②树形方式，若干个现场仪表，一般按地理区域集中，再接到局部运行（home run）的现场总线上，然后再引到控制室。③带桥方式，即接到现场总线后，再通过桥接器或多路转换器合并到高速总线，然后再接到控制室。现场总线 I/O 的特点是：①增强了系统的自治性，增强了全厂自动化功能。能完成智能 I/O 的功能，使控制功能分散，提高了可靠性。CPU 将程序下装到现场总线 I/O 后，具体操作即由现场总线 I/O 执行，而且能在现场设定、调试、显示各种运行参数。②由于可从现场总线 I/O 获得更多的有用信息，使开发主机系统的软件集成化成为可能。③提高了检测精度，可使精度从 0.1% 提高到 0.01%，提高了系统的鲁棒性。④现场总线 I/O 易于配置，只需一根电缆从主机开始，沿数据链从一个现场仪表连接到下一个现场仪表（即现场总线 I/O），每个现场仪表自动地从网络控制器接受地址，不需要跳线或 DIP 开关设定。以上连接方式可减少 1/2 到 2/3 的模拟量 I/O 模块和 I/O 机架、机柜、隔离器、节省控制回路的配线，节省安装、操作、维修等。以上总计能节约 2/3 或更多的成本。

由于 PLC 联网通信能力是与工厂自动化信息相关，因此强化通信能力是近年来 PLC 着意开拓的一个重要方面，可以说没有通信就没有 PLC 的今天。网络通信总的发展趋势是高速、多层次、大的信息吞吐量、高可靠性、开放式的通信，即通信协议遵守国际标准或地区通用的工业标准。PLC 的网络通信可分为三个层次：①包括上位计算机在内的局部网，一般和工厂级的 MAP 网、MiniMAP 网、以太网、MMS 网等连接。通信采用 $N:N$ 令牌环，也有采用 CSMA/CD 方式，通信速率为 5 ~ 10M 波特率。②连接若干个 PLC 的高速数据网，一般为令牌总线，$N:N$ 点对点通信，通信速率为 1 ~ 2Mbps。③连接 PLC I/O 的远程 I/O 网络，一般为 $1:N$ 主从式，通信速率为 9600k ~ 1Mbps。

二、PLC 的结构组成

PLC 控制系统一般为总线框架结构，有基本框架和扩展框架组成，框架之间通过电缆连接。框架由 PLC 的基本功能模块组成，这些基本功能模块包括：CPU（中央处理单元）、电源单元、I/O（开关量或模拟量输入输出单元）、位置控制单元、高速记数单元、温度传感单元、框架连接单元等。由一组基本功能模块可组成一个基本框架（有 CPU 单元）或扩展框架（无 CPU 单元），每个框架可插入的模块数由框架的结构和电源单元的负载能力决定。扩展框架有两种方式：一种是本地连接，即基本框架和扩展框架之间通过总线电缆连接，其距离一般为几米至十几米；另一种是远程连接，即基本框架和扩展框架之间通过光纤电缆连接，其距离较大。单 CPU 可连接的框架数及插入的总单元数由 CPU 的 I/O 寻址能力决定。PLC 硬件框架结构的一般形式如图 10-8 所示。

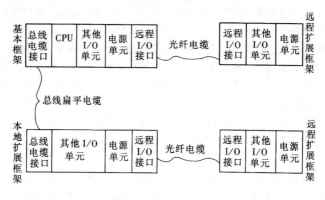

图 10-8　PLC 的框架结构

1. CPU（中央处理单元）

CPU 单元是整个 PLC 的控制中心，它由微处理器、存储器、系统控制电路、I/O 接口电路、编程器接口电路、通信接口电路组成，CPU 就像人的大脑一样，控制着 PLC 的一切活动。

CPU 中的微处理器根据 PLC 的型号规模大小，采用 8 位、16 位或 32 位的芯片。一般小型 PLC 采用单片微处理器芯片，中、大型 PLC 多采用双微处理器芯片：其中一个是字处理器，它是主处理芯片；另一个是位处理器，或称为布尔处理器，是一种从处理器。字处理器是一般的通用处理芯片，而位处理器常常是有些厂家专门为 PLC 而设计的专用芯片，用于实现 PLC 中特有的逻辑运算操作，以加快 CPU 的处理速度。

2. 存储器

PLC 的存储器按功能分为系统存储器和用户存储器，系统存储器用于存放 PLC 的系统监控程序及相关的工作参数，系统监控程序相当于个人电脑的操作系统，是用户程序与 PLC 硬件的接口，这部分存储器内容是 PLC 制造过程中由厂家植入的，用户不能访问或更改，这类存储器由 PROM（只读存储器）构成。用户存储器内存放的是用户编制的程序和相关的工作参数，又分为两类：一类存放的是用户编制的程序，只要程序已确定，一般不经常变动，除非生产工艺改变，使得用户必须调整或重新编制程序，这类存储器由 EPROM 或 EEPROM（加电可擦除存储器）构成；另一类存放的是控制程序的工作参数，比如各种计算结果状态数据，以及计数器、定时器等的动态结果，这部分内容会被不断地刷新，故一般由 RAM（随机读写）构成。

各类存储器的存储能力根据 PC 的规模而定，一般大型 PLC 约在 40K 字节以上，而小型 PLC 则低于 6K 字节。

对于用户内存的具体分类，各系列的 PLC 都有自己的特点，但一般引用电器控制系统中的术语，用继电器来定义用户内存的各区域。如 OMRONC 系列一般将用户内存分为 9 大类：I/O 继电器区、内部辅助继电器区、专用继电器区、暂存继电器区、保持继电器区、辅助存储继电器区、链接继电器区、定时/计数继电器区、数据存储区，而 MODICON 84 系列将用户内存分为 5 大类：线圈及其触点/开关量输出、开关量输入触点、输入寄存器、保持/输出寄存器。

对于用户内存的访问，一般是将各用户内存区用不同的标记表示，然后在用户程序中通过加入这些标记来对特定的内存进行读写操作。各系列都有自己的具体标记方法。如 OMRONC 系列采用通道的概念寻址，即将各区划分为若干个连续的通道，某些区应按继电器进行寻址，即要在通道号后加两位数字 00 ~ 15 组成的位号来标识最终的内存引用区域，这些通道都可用特定的通道号来表示。OMRON C200H 的通道号分配见表 10 - 2。

MODICON 84 系列用 5 位十进制数组成的编号来表示某特定的内存,第 1 位是它的属性,表示上述的 5 大类之一,分别用 0~4 表示,后 4 位是它的序号。

表 10-2 　　　　OMRON C200H PC 的通道号分配表

区 域 名 称		通 道 号 （位号）
I/O 继电器区		000~029 加位号 00~15
内部辅助继电器区	IR	030~250 加位号 00~15
专用继电器区	SR	251~255 加位号 00~15
暂存继电器区	TR	TR00~TR07
保持继电器区	HR	HR00~HR99
辅助存储继电器区	AR	AR00~AR27 加位号 00~15
链接继电器区	LR	LR00~LR63
定时/计数继电器区	TC	TM0000~TM0999 （R/W）
数据存储区	DM	DM0000~DM1999 （R）

3. I/O 模块

I/O 模块是 PLC 进行工业控制的信号输入及控制量输出的转换接口。PLC 内部采用同普通电脑一样的计算机标准电平进行信息传递,但 PLC 控制的现场设备的电信号多种多样,可以是不同的电平、不同的频率、连续的或间断的等,这就要求输入模块将这些控制对象不同的状态信号转换成计算机标准电平。同时,输出模块可以将 PLC 输出的标准电平转换成执行机构所需的信号形式。另外,I/O 模块一般都有隔离电路及各种形式的整形滤波处理,这样可以将外部信号的干扰降低,从而提高在工业环境下工作的可靠性。

I/O 模块按信号形式可分为数字量单元和模拟量单元。数字量单元用于对现场的开关量设备进行信号采集或信号输出,比如数字量输入单元一般用来采集阀门的开关位、泵的启停状态、某些电触点仪表的触点输出等;数字量输出单元一般用来操作现场的开关量设备,如阀门的开关、设备的启停等。模拟量单元用于对现场的模拟信号设备进行数据采集或控制信号输出,如模拟量输入单元一般用来采集在线化学仪表的信号、一些热工仪表(如压力、温度、流量等)的信号;模拟量输出单元一般用来控制一些有调整功能的设备,如阀门的开度、计量泵的行程等。

每个系列的 PLC 一般都有一些能完成某些特殊功能的所谓智能模块，属于这类模块的有：高速计数单元、位置控制单元、温度传感单元、PID 控制单元、模糊控制单元、通信控制单元等。通常这些智能模块都有自己的 CPU 和系统，需要单独编程，这些模块在处理过程中一般不参加 PLC 的循环扫描过程，只是在要求的时刻与 PLC 交换数据。

4. 编程器

PLC 的编程器是用户向 PLC 输入应用程序、调试程序并监控程序的执行过程的工具。

编程器的形式可分为两类，一类是专用的 PLC 编程器，一般较常见的是手持式的，但也有台式的。这类编程器具有编辑程序所需的显示器、键盘、工作方式设置开关、状态指示灯等，编程器通过专用电缆与 PLC 的 CPU 单元连接。用编程器一般可完成以下工作：程序输入及修改、程序运行及调试、运行过程中对某些状态节点进行检查及置位、程序编译及存储等。编程器提供的编程语言一般是助记符，这就要求使用者对该系列语言很熟悉。编程器主要特点是携带使用方便，但功能有限，而且进行某些操作比较烦琐。

现在一般的 PLC 都有自己的专用编程软件，可运行在 Windows 或 DOS 操作系统下，这样就可通过个人计算机进行程序的编制、调试、运行。使用之前应先将计算机与 PLC 的 CPU 连接起来，可按要求使用标准串口线（RS232）或专用的通信线连接。当编程软件启动后一般还要对通信方式进行配置，以建立起 PLC 与计算机的通信。编程软件的特点是功能强大，有多种编程方式，可方便地完成所有的编程工作。

5. 通信接口

由于后面将对 PLC 的通信作专门讨论，故在此仅对 PLC 的硬件通信接口作简单介绍。

一般的 PLC 网络通常采用 3 级或 4 级子网构成复合型拓扑结构，各级子网配置不同的通信协议，以适应不同的通信要求。下面以典型的三层网络为例进行说明。

PLC 网络的第一层（最底层）包括本地 I/O 框架和远程 I/O 扩展框架，这种结构请参看图 5-1。与本地 I/O 扩展框架是通过 PLC 总线电缆来实现的，其本质上可看成是基本框架的简单延伸，故严格来说，这种连接方式不能认为是一种通信连接，因为它不存在任何的额外的数据转换与控制。而远程的 I/O 扩展框架一般必须有专用的远程智能模块来连接，这种远程模块有单独的处理器，该处理器负责周期性扫描各远程的 I/O 单元的状态，然后将这些数据存入主站中专门的一块"远程 I/O 缓冲内存区"的相应位置，或将缓冲区的数据传到远程 I/O 单元，主站会将这块缓冲区的数据当成本地数据一样看待，会进行周期性扫描，要注意的是这两种扫描是异步进行的。

PLC 网络的第二层用于多个 PLC 之间的通信，这种通信一般都采用各公司专用的通信协议及通信接口，该接口一般位于各 PLC 的 CPU 单元上。如 MODICION QUANTUM 系列可采用 MODBUS⁺ 协议，通过专用通信线将个人计算机及多台 PLC 联成网络，速度可达 10Mbps。

PLC 网络的第三层主要用于企业信息管理，配置的协议一般有 MAP3.0 规约和 Ethernet（以太网）协议，其通信接口一般有专用的接口卡或设备，这类接口较复杂。

现在电厂化学控制中一般只用到第一、二两层。

6. 电源

在 PLC 中，电源一般以模块的形式出现，一个框架至少应插有一个电源模块。电源模块的选取主要考虑该框架上各模块的耗电情况，电源模块的功率必须满足该框架上各模块的耗电量的总和。如果一块电源模块功率不够，可再加插一块电源模块。

三、PLC 的工作原理

PLC 是采用一种周期循环扫描的机制进行工作的，每个扫描周期分为四个阶段：采样阶段、系统处理阶段、用户程序执行阶段、输出刷新阶段，四个阶段关系如图 10-9 所示。

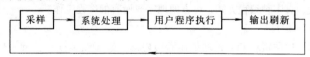

图 10-9　PLC 循环扫描工作过程

1. 采样阶段

PLC 是一种典型的采样控制系统，在此阶段，PLC 必须完成对所有数字的或模拟的输入量的采集，将它们放入用户指定的输入缓冲区。在 PLC 的这个扫描周期内，该输入缓冲区内容保持不变（用户程序内有强制刷新指令者除外，因为此类指令会使输入缓冲区立即被最新输入状态刷新），即在一个扫描周期内，PLC 认为输入信号是不变的。

正因为 PLC 的这种断续采样的特点，使得它一般应用于机械设备控制或信号变化较慢的场合。对于数字量，其保持"1"状态和"0"状态的最短时间如果比 PLC 的扫描周期（约 200ms）长，那么可保证 PLC 能捕捉到这种外部数字量的任一变化状态。对于模拟量采样，则一般通过 PLC 的定时中断功能按某个固定的周期进行，这个周期值由 PLC 的主程序设置，与 PLC 的扫描周期值无关。

2. 系统处理阶段

在此阶段，PLC 要进行一些例行的工作，如系统的工作状态进行检查、对所连接的外部设备进行响应、对通信接口的请求进行回复等。

3. 用户程序执行阶段

当完成第一部后，PLC 就有两类信号状态，一是存在输入缓冲区的最新的输入信号状态值，另一类是在输出缓冲区内的上一次的输出信号状态值。PLC 在此阶段就利用这两类已知信号状态对用户程序进行解读，并将得到的最新输出结果立即存放的指定的输出缓冲区内，当用户程序解读完毕，所有的输出缓冲区也就得到了刷新。

PLC 对用户程序进行解读的顺序一般是按用户程序的编写顺序来的，但各系列的 PLC 在具体执行时或许有些细微的差别。比如 MODICON84 系列是将用户程序分成若干个网络（network），每个网络最多有 7 行、11 列，网络结构见图 10 - 10。行与列交汇点称为节（node），节点是放置编程元件的地方。

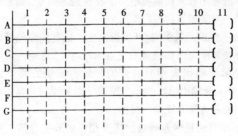

图 10 - 10　网络示意

PLC 在扫描时先从第 1 个网络的第 1 列开始，对每 1 列是从上至下扫描，扫完第 1 列再扫第 2 列直至第 11 列，这样第 1 个网络就扫描完毕，再扫第 2 个网络，依此类推直至最后一个网络完毕。用户程序扫描示意见图 10 - 11。

4. 输出刷新阶段

用户程序执行完毕后，输出缓冲区内是最新的信号状态，PLC 在这个阶段会将输出缓冲区内的信号送到相应的输出模块，去控制现场的设备。

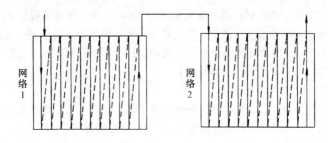

图 10 – 11　扫描顺序

四、PLC 的程序编制

（一）编程元素

1. 编程元素定义

编程元素也称编程元件或逻辑元件，是构成梯形图的基本单元，是用户编制程序时能使用的最小编程单位，如继电器的动合、动断触点、定时器、计数器、四则运算、实践传送的功能块等。它分为单触点、双触点、三触点元素，即它们在网络上占用的相邻的一个、两个或三个节点的位置。

2. 编程元素的编号及意义

组成网络的各编程元素都要给一个有规则的编号，我们称此为参考编号，也叫参数。规定如下：

0xxxx　表示线圈及其触点/开关量输出。这类线圈包括内部线圈和外部线圈两部分，其中，内部线圈只是在 CPU 内部使用，用来表示一种输出逻辑，而外部线圈代表相应的开关量输出模块的某个通道，比如用00013 代表某开关量输出模块的某个通道。需要说明的是，内、外部线圈在梯形图中的使用方法是完全一样的。

1xxxx　表示开关量输入触点。代表相应的开关量输入模块的某个通道，比如用 10013 代表某开关量输入模块的某个通道。

各模块的每个通道的地址编号是在编程软件中设定的。

3xxxx　表示输入寄存器。存放由外部设备输入的数值，如 A/D 模块、数值设定设备等，它的内容只能由外部设备输入，只能查看，不能修改。

4xxxx　表示保持/输出寄存器。是 PC 内的通用寄存器，该类寄存器内的内容在掉电时不会丢失，它一般用来存放设定值、数值计算结果或中间值。其中的一部分可做输出寄存器。

（二）编程指令

编程指令按功能分为四类：基本编程指令、四则运算指令、数据传送

第二篇　电厂水处理

指令、矩阵功能指令。以下仅介绍基本编程指令和四则运算指令。

1. 基本编程指令

基本编程指令分为三部分：

继电器类：包括线圈及其触点，通过触点的串并联逻辑运算来实现控制指令，是最基本的指令。

定时器类：用于实现延时功能，如加电延时或断电延时。

计数器类：用来记录操作次数。

这三类基本编程指令的功能和相应的物理继电器的功能完全相同，将继电器硬接线的逻辑控制电路图稍加修改就可以直接形成外形基本相同、功能完全一样的梯形图程序。

（1）继电器类编程指令。继电器类编程指令共有八种，如表 10-3 所示。

表 10-3　　　　　　　　　　继电器类编程指令

种类	名　称	符　号	编　号	备　注
触点	动合触点	⊣ ⊢	开入 1xxxx 开出 0xxxx	通电闭合，可放在网络内 1 至 10 列的任何节点，可无限次使用
	动断触点	⊣\⊢		通电断开，其余同动合触点
	前沿微分触点	⊣↑⊢		通电后只导通一个周期
	后沿微分触点	⊣↓⊢		断电后只导通一个周期
连接	垂直连线	|		行间短路，不占节点位置
	水平连线	──		列间短路，占一个节点位置
线圈	普通线圈	─( )	0xxxx	线圈的编号只能用一次，但触点的性质和数量不限
	保持线圈	─(L)		具有掉电保持功能，其余通普通线圈相同

（2）定时器类（timer）。定时器符号见图 10-12。

984 PLC 提供三个时钟信号来驱动所有的定时器，时基分别为 1.0、0.1、0.01s，一个时钟信号可以驱动任意多个定时器。

图 10 - 12 定时器符号

定时器在网络上的某一列按垂直方向占两个相邻的节点位置，故是双节点元件。

定时器符号各部分的意义：

设定值：可以是常数，用"Kxxx"表示，其中"xxx"表示 1~999 之间的数值；设定值也可以是编号为 30xxx 或 4xxxx 的寄存器中的内容，此时，直接在设定值的位置填上该寄存器的编号。

当前值：存放当前的计时值，只能用编号为 4xxxx 的保持寄存器。

Txx：时基种类，为 T1.0、T0.1、T0.01 的一种。

输入 1：定时器的工作指令，当此输入为"1"（接通）时，定时器开始计时，多为动合触点。

输入 2：定时器的复位指令，只有当此输入为"1"时，定时器才可以计时，因此又叫使能指令。当此输入为"0"（断开）时，定时器的当前值立即复零并且不能再计时。多为动断触点。

输出 1：当当前值达到设定值后立即接通，未达到设定值前是断开的。

输出 2：与输出 1 恰好反相，即当当前值达到设定值后立即断开，未达到设定值前是接通的。

定时器达到设定值后，只要输入 2 为"1"，则不管输入 1 的状态如何，输出的状态都将保持不变。

定时器会有动作时滞现象，其最大时滞 = 时基 + 扫描周期，读者可自行分析其原因，所以一般设定值和时基之间以相差百倍为好，如设定值为 150s，则时基应选 T1.0s。

定时器的动作关系见表 10 - 4。

表 10 - 4　　　　　　　　　定时器动作关系

输入状态		定时器状态		当前值	输出状态	
输入 1	输入 2				输出 1	输出 2
ON/OFF	OFF	复　　位		0	OFF	ON
ON	ON	计　时	当前值 < 设定值	增加	OFF	ON
			当前值 = 设定值	设定值	ON	OFF
OFF		停止计时	当前值 < 设定值	不变	OFF	ON
			当前值 = 设定值	设定值	ON	OFF

(3) 计数器类（counter）。计数器符号见图 10 - 13。

计数器有加数计数（UCTR）和减数计数（DCTR）两种方式。

计数器的各符号意义及动作原理与定时器类似，只是计数器只检测输入 1 的上跳沿，即在计数状态下，只有输入 1 由 "0" 跳变为 "1"

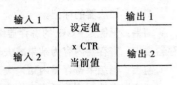

图 10 - 13　计数器符号

的瞬间触发计数器计一个数（或加 1 或减 1），而不管输入 1 保持 "1" 状态的时间有多长。

加数计数器的计数范围是从 0 至设定值，计数到设定值时输出 1 导通，减数计数器的计数范围是从设定值至 0，计数到 0 时输出 1 导通。

加法计数器的动作关系见表 10 - 5。

表 10 - 5　计数器动作关系

输入状态		定时器状态		当前值	输出状态	
输入 1	输入 2				输出 1	输出 2
ON/OFF	OFF	复　位		0	OFF	ON
↑	ON	计数	当前值 < 设定值	+1		
			当前值 = 设定值	设定值	ON	OFF
↓		停止计数	当前值 < 设定值	不变	OFF	ON
			当前值 = 设定值	设定值	ON	OFF

2. 四则运算指令

运算指令包括加、减、乘、除四种，使用这些指令，除了能完成数据的四则运算外，还可以完成数据的比较（大、小、是否相同）、数据的合成与分解、寄存器清零或置数等。

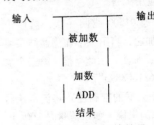

图 10 - 14　加法运算符号

（1）加法运算符号见图 10 - 14。

输入：导通期间，每次扫描都进行一次加法运算，当输入断开期间不运算且输出也保持断开。

被加数：可以是寄存器编号（此时被加数是存放于该寄存器的数据），也可以是常数，常数必须小于或等于 65535。

加数：同被加数。

ADD：加法器的标记。

结果：只能是 4xxxx 的寄存器编号，当结果大于或等于 65536 时，寄存器溢出，寄存器内容为结果减去 65536 的剩余部分。

输出：当结果寄存器内结果大于或等于 65536 时导通。

加法器在控制中一般用来作流量累积。当然，在上位机的组态控制软件中可以很容易地实现这个功能，但这种方法不够准确。现在的组态控制软件一般都运行在 Windows 操作系统下，而应用软件中与时间有关的功能一般都是通过读取操作系统给出的时间消息而实现的。如果当时系统非常的忙或应用软件非常忙，那么应用软件就可能不能及时读到这个时间消息，导致计时功能滞后执行，甚至会跳过某次周期操作，这样误差就会产生并逐渐积累。而 PLC 严格地按照硬件时钟执行操作，保证在一个扫描周期内所有的操作都会被扫描到，不会存在这种时间误差。

下面给出一个实例，见图 10-15。

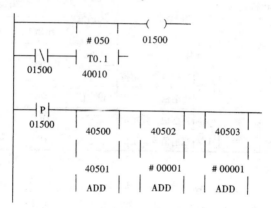

图 10-15　加法运算应用实例

第 1、2 组成的脉冲发生器每隔 5s 导通 01500 线圈一次，然后由 01500 的上跳沿去触发第一个加法器做一次加法，当第一个加法器结果溢出后，其输出导通，触发第二个加法器做一次加法，依此类推至第三个加法器。三个加法器串联最大累加为 "281470681808895"。

上位机按周期（最好别大于 5s，以保证数据的准确性）将流量信号换算成体积信号后送至 40501 号寄存器。举例来说，如果流量是 200t/h，那么 5s 流过的水量为 0.27777777777t。因为 PC 无浮点运算功能，所以应转换成整数。此时选择的单位将直接影响累积精度，如果选每100L为单位，那么数据四舍五入后为3，有几十升的误差，如果选每毫升为单位，则数据为277778，此时误差虽然只有零点几毫升（其实误差这么小已没有实际意义，因为上位机按周期送数过来，而在这个周期内，这个数是不会变的，由于这种原因引入的误差肯定远大于零点几毫升），但加法器只能加到2.815亿t（虽然这个数也很大），而如果选以升为单位，则数据为278，此时误差为零点几升（应该是不大的），而加法器却能累加到2814.7亿t，这个数足够应付电厂任何的水量累加。

第一个加法器每隔5s将40501号寄存器中的水量累加到40500号寄存器中，当结果达到或超过65536（L），第二个加法器做一次加法，使40502号寄存器中数据加1，即40502号寄存器中数据每加1，表示水量增加65536（L），依此类推至第三个加法器，即40503号寄存器中数据每加1，表示水量增加429490176（L）。

上位机再按周期从40501、40502、40503号寄存器中读出数据，设分别为X_1、X_2、X_3，然后再按下面算式转换为以吨为单位的水量累积值：

$$(X_1 + 65536 \times X_2 + 429490176 \times X_3) \times 10^{-3}$$

这样，一个流量累积器就完成了。

（2）减法运算符号见图10－16。

输入：导通期间，每次扫描都进行一次数值1和数值2的减法运算，当输入断开期间不运算且输出也保持断开。

数值1：可以是寄存器编号（此时数值1是存放于该寄存器的数据），也可以是常数，常数必须小于或等于65535。

数值2：同数值1。

SUB：减法器的标记。

结果：只能是4xxxx的寄存器编号。

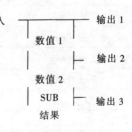

图10－16　减法运算符号

输出1：当结果寄存器内结果大于零时导通，即当数值1＞数值2时，输出1＝ON。

输出2：当结果寄存器内结果等于零时导通，即当数值1＝数值2时，输出2＝ON。

输出3：当结果寄存器内结果小于零时导通，即当数值1＜数值2时，输出3＝ON。

减法器在控制中一般用来作两个数值的比较。

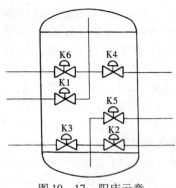

图 10 - 17　阳床示意

K1—进水门；K2—出水门；K3—反洗
进水门；K4—反洗排水门；K5—正
洗排水门；K6—进酸门

（三）利用基本编程指令编写控制程序的示例

下面以编写一个控制阳床再生及运行的程序为例来说明一般的编制步骤和过程。

1. 控制对象研究

图 10 - 17 是该阳床的简单示意。

2. 确定控制步序

该阳床再生工艺为体内顺流再生，表 10 - 6 是它的控制步序，为了说明简单扼要，此表中步序并不是实际步骤，有些步骤被删除。

阳 床 控 制 步 序

阀门名称 步序及时间	进水 K1	出水 K2	反洗进水 K3	反洗排水 K4	正洗排水 K5	进酸 K6
停　　止						
反洗 15min			✓	✓		
进酸 30min					✓	✓
置换 20min					✓	✓
正洗 10min	✓				✓	
备　　用						
投　　运	✓	✓				

3. PLC I/O 模块通道分配

化学水处理的自动阀门现在一般采用气动阀，这些气动阀通过电磁阀来切换开关气源以完成开关动作。电磁阀的吸合与否由 PC 的数字量输出模块（DO）来控制。

电磁阀分为单电控和双电控两种，单电控是通电吸合到开气路、失电复位到关气路，故阀门要保持开状态，则必须使电磁阀持续通电吸合，而双电控则有两路控制电源，即无论是要吸合到开气路或复位到关气路都必须要求相应的控制电源通电，当双电控电磁阀已处于某种状态后，即使这路电源失电，电磁阀也将保持这种状态直至另一路控制电源通电使之状态翻转，故双电控电磁阀可以采用脉冲方式驱动。

有以上分析可知，单电控电磁阀只需要一个 DO 通道控制，而双电控电磁阀则需要两个通道来控制。

另外，阀门必须有反馈信号，现在阀位反馈装置一般有机械接点及磁性干接点两类，无论使用何种接点，一个阀门一般都用两个数字量输入模块（DI）通道来采集阀位信号。

我们假设 K1、K2 门是用双电控电磁阀控制，而其他门是用电电控电磁阀控制的，则我们用 8 个 DO 通道、16 个 DI 通道就可以了。如果 PC 框架第一、二槽上分别插着一块 32 点 DO 模块和一块 32 点 DI 模块。那么我们按表 10 – 7 安排 I/O 模块通道。

表 10 – 7　　　　　　　　I/O 模块通道分配

通道作用	模块号	通道号	地址
K1 阀门开	1	1	00001
K1 阀门关	1	2	00002
K1 阀门开反馈	2	1	10001
K1 阀门关反馈	2	2	10002
K2 阀门开	1	3	00003
K2 阀门关	1	4	00004
K2 阀门开反馈	2	3	10003
K2 阀门关反馈	2	4	10004
K3 阀门开/关	1	5	00005
K3 阀门开反馈	2	5	10005
K3 阀门关反馈	2	6	10006
K4 阀门开/关	1	6	00006
K4 阀门开反馈	2	7	10007
K4 阀门关反馈	2	8	10008
K5 阀门开/关	1	7	00007
K5 阀门开反馈	2	9	10009
K5 阀门关反馈	2	10	10010

第十章　水处理设备的自动控制

通道作用	模块号	通道号	地　址
K6 阀门开/关	1	8	00008
K6 阀门开反馈	2	11	10011
K6 阀门关反馈	2	12	10012
停运按钮	2	13	10013
再生启动按钮	2	14	10014
投运按钮	2	15	10015
酸计量箱液位高	2	16	10016
停运状态指示灯	1	9	00009
再生状态指示灯	1	10	00010
灯	1	11	00011

注　在编程软件中将 DO 的通道地址编为 00001 ~ 00032，将 DI 的通道地址编为
10001 ~ 10032。

（四）地址参考号的约定

读者可能已经意识到了这样的一个问题：使用了这么多编程元素，到时怎么能记得它们各是起什么作用的。确实，对于以上这么一个简短的程序，记这些元素都可能要费点劲，何况那种复杂的大型控制程序呢。下面将对这个问题提出地址参考号约定的解决办法。

首先，必须了解整个系统的 I/O 类型和规模，清楚各类 I/O 点数地址分配的整体范围。例如：

开关量 $\begin{cases} 0\times\times\times\times & \text{输出继电器}\quad 000001-004608（若 DO=320， \\ & \text{则 000320 以上为中间继电器}） \\ 1\times\times\times\times & \text{输入继电器}\quad 100001-100544（若 DI=320） \end{cases}$

模拟量 $\begin{cases} 3\times\times\times\times & \text{输入寄存器}\quad 300001-300112（若 AI=176， \\ & \text{则 300176 以上为中间继电器}） \\ 4\times\times\times\times & \text{输出寄存器}\quad 400001-401872（若 AO=30， \\ & \text{则 400030 以上为中间继电器}） \end{cases}$

引起我们迷惑的一般是通用输出寄存器，因为这种寄存器在程序中使用最为频繁，所起作用也多样，而其他几类寄存器用的不多且作用较单一，或有明确的物理设备与之对应（如模块通道），只要将它们记录在本

第二篇　电厂水处理

上则查起来就会很方便，不容易搞混。而对通用输出寄存器地址虽然更应将其记录在册，但往往因为编号太多、功能多样而造成查询困难，因此，我们要针对通用输出寄存器养成一个好习惯：按功能将地址编号分成几类，而这几类编号之间差别应较明显（当然有些 PLC 可能因为内存不够大或程序太大不能首先），一般在控制程序中有以下几类用户寄存器：

（1）与数字量输出模块各通道对应的寄存器。这种编号可以在软件中设定，尽量连续。

（2）上位机发送的保持指令信号，如延时、暂停等，如编号在00500～00699。

（3）上位机发送的指令信号（脉冲式或由 PC 取跳变沿的保持信号），如手动开阀门、设备操作方式切换、步进等，如编号在 00700～00999。

（4）步开始标志寄存器，如编号在 01000～01199。

（5）操作输出继电器的逻辑传递中间线圈，如编号在 01200～01599。

（6）连锁条件逻辑传递中间线圈，如编号在 01600～01699。

当然，具体的编号得看 PLC 的内存和需要接点的数量，关键是编号得有明显的界限，这样当读到 01657 这个编号时，你就知道它是用来综合某类条件并往下传递这种条件的触点，然后再到本子上按这种功能去找这个接点的具体功能，这样程序读起来会比较方便。

不论你有没有上面的好习惯，软件都为你提供了一个绝好的功能，即它可以为每个元素提供注释（一般是英文的，英语不好的同志就应在注释的形式上多下点工夫），只要你在一个地方为这个元素输入了注释，那么当光标指向用这个编号的元素时，你的注释便会出现。注意，请在新编号出现后立即输入注释，免得事后忘记。用好这个功能将大大降低你读程序的难度。

（五）总结

通过以上的程序实例，我们应该已经了解了以下几个方面的内容：

（1）各基本编程元素的常见用法；

（2）分配 I/O 地址表，并按规定地址参考号的一般方法来命名；

（3）编制控制程序的一般步骤，如安排编程顺序，设置阶段标志等；

（4）编制的一些技巧及注意事项。

需要说明的是以上的程序并不完整，因为它未包括除了阳床六个阀门以外的其他控制设备。实际的控制程序会比这复杂些，因为它不仅要控制更多的设备，而且有更多的条件连锁，以达到安全稳定的控制目的。

作为练习，请读者可自行将系统状态指示灯加入控制图中。加入指示灯的原则一般是当已稳定地进入该状态后灯亮，当开始进入别的状态时灯灭。

    提示 本章共四节，其中第一节适用于初级工，第二节、第三节适用于中级工，第四节适用于高级工。

第十一章

水处理设备的调试及设计

第一节 补给水处理设备的联合启动与调试

一、单元式分段调试

对水处理设备在基建或检修后以及运行工况发生变化时，在运行前应进行必要的调整试验工作，以保证设备在经济、合理的条件下运行。由于篇幅所限，这里只做概括性说明。

1. 仪表校验

补给水处理系统中常用的在线仪表有浊度计、电导率计、酸度计、钠度计、硅表、液位计，流量、压力、电流、电压等表计，设备运行前，应对这些仪表进行校验，保证其准确性。由于各厂仪表的配置，特别是在线化学仪表的配置、型号不同，校验工作应根据仪表使用说明书进行。

2. 程控和远动装置检验

检验方法是按"自动自检"按钮，启动后检查程控光字牌每隔几秒前进一步为正常；或按"点动自检"按钮，启动后每操作"点动"按钮一次，程控光字牌前进一步为正常按控制盘上操作钮，观察设备动作情况，检查远动控制是否正常。

3. 气动系统调试

在火力发电厂化学水处理过程中，气动阀的开闭，离子交换器再生过程中的顶压，过滤器反洗中空气吹洗等都需要使用压缩空气，同时要求气体纯净，不含油污。

在气动系统的调试中，应对电磁阀和气动阀分别通电和通气进行试验，检查其动作是否灵活、可靠。

4. 泵的调试

水处理工艺中常用的泵有离心泵和加药计量泵。

在离心泵启动前，应检查泵的转子是否转动轻滑均匀，接通电源后转向是否正确，调节泵的出口门，试验其流量是否能达到额定出力，泵的压力、泵的电机电流是否正常。同时应检查轴承发热、密封漏水和发热、振动以及杂音是否正常，如发现异常情况，则应及时处理。一般要求轴承最高温度不应超过 75 ~ 80℃，轴承温度不得比周围温度高 40℃。

加药计量泵分柱塞式和隔膜式两类。以柱塞式为例，泵分传动箱和液缸头两部分。传动箱由曲柄连杆机构和行程调节机构组成，液缸头是由吸入、排出阀，柱塞和填料密封组成。泵启动前应将传动箱内注入适当位置的机油，盘动联轴器，不得有任何卡阻现象，开启出入口阀门后，接通电源，检查旋转方向是否正确，然后根据工艺流程对流量的需要，转动调量表调节泵的行程。泵运转过程中应平稳、无特殊噪声，并注意检查填料处的漏损和各运动件的温升。

5. 澄清池（器）的调试

（1）确定加药量。根据原水水质和药剂种类；进行小型试验，以确定各种药剂的剂量。试验一般采用烧杯法，即用 4 ~ 6 个 1000mL 的烧杯，各加入水样 1000mL，然后分别加入不同的混凝剂量，使相应加药量为 10、20、30、60mg/L，开动搅拌器搅拌，开始以 160r/min 搅拌速度，持续 2min，然后以 40r/min 的搅拌速度，持续 25min，搅拌过程中注意观察并记录各烧杯产生矾花的时间、矾花的大小以及疏密程度。

搅拌结束后，使水样静置沉淀 20min，并注意观察矾花沉淀情况。抽取液面下 15mm 处澄清水样，测定其浊度、pH 值，并绘制加药量与混凝后水的浊度的关系曲线，通过对混凝过程中观察到的现象和试验结果的分析，确定最优加药量。

（2）调整泥渣浓度。通过监督第二反应室或泥渣悬浮区中的泥渣的沉降比来判断泥渣浓度。通常用 5min 沉降比判断。方法是将这些区域取出的泥渣置于 100mL 量筒内，静止 5min 后测定泥渣体积所占百分比。沉降比一般在 5% ~ 20% 范围内波动，若超过此值时，应进行排泥。若低于此值；则加入适量的黏土或其他助凝剂，使沉降比达到规定的范围内。

（3）检查容积利用系数。澄清池的容积利用系数是指水在澄清池中实际流经时间与理论流经时间的比值。该系数值越大，水流流动越均匀。测定的方法是在澄清池入口快速一次性加入若干升饱和 NaCl 溶液，然后在澄清池不同截面各测点取样，测定水中 Cl^- 含量，当出水中 Cl^- 含量达到与原水中原始 Cl^- 含量相等时，试验结束。根据 Cl^- 含量与时间的关系，求得水流流经澄清池的实际平均时间。理论流经时间为澄清池有效容积与进水流量之比。

通过澄清池的调试，对负荷、加药量、排泥周期及时间，机械加速澄清池的叶轮位置（调节器位置）：等项得出合理的控制数据和运行方式，并使出水水质和设备出力达到设计要求，一般出水浊度不大于10NTU。

6. 过滤池（器）的调试

过滤池的调试方法根据其运行操作要求进行。一般地，在重力式无阀滤池的调试过程中，应对其冲洗强度、虹吸形成时间、滤池运行周期进行调整和测定，出水水质和设备出力应达到设计要求，一般出水浊度不大于5mg/L。

通过机械过滤器的调试，对其运行周期、反洗强度、截污能力等进行调整，使出水水质和设备出力符合设计要求。

7. 离子交换器的调整

（1）对再生系统中的喷射器或酸、碱泵进行调整试验，待抽吸量或泵出力能满足运行要求后，计量箱方可进再生液。

（2）分别选择不同的再生剂用量，对交换器进行再生，并测其运行周期制水量，得出合理的再生剂用量。

（3）通过再生工艺调整试验，确定最佳的再生液的浓度、温度、流速，给出控制条件。

（4）对交换器的反洗强度、空气顶压压力进行调整。

（5）通过调整试验后，应使交换器的出水水质、设备出力、运行周期、再生剂耗量等符合设计要求。如达不到设计要求的，应查明原因，消除缺陷。

二、单元式联合启动

1. 预处理设备的启动

（1）启动前的检查和准备。投运前，澄清池来水的原（生）水泵电机、澄清池搅拌机和刮泥机电机、凝聚剂加药泵电机等授电设备均处于备用状态。在凝聚剂溶液箱内配制好适当浓度的凝聚剂。

（2）澄清池的投运。具体步骤如下：

1）启动原（生）水泵，根据需要流量，调节泵的出口门，向澄清池进水。若有原水加热设备，还应同时调整水温到规定值。

2）启动凝聚剂加药泵（若加石灰，则应启动石灰加药泵；若采用喷射器加药，则应开喷射器进水门抽吸），根据需要调节加药量。

3）如果澄清池有刮泥机，应开润滑水门，启动刮泥机。

4）当搅拌机叶轮浸入水中时，启动搅拌机。为了便于活性泥渣的形成，可调整叶轮高度和调节转速为4~8r/min。

5）开始时，出水排地沟，浊度不大于10NTU（或满足规定的出水水质要求）后，出水送入过滤池（器）。

投运过程中，当第二反应室泥渣沉降比大于20%时，澄清池应进行排泥。

（3）过滤池（器）的投运。开启过滤池底部排污门，正洗至出水浊度不大于5NTU，过滤水进入清水箱（或过滤水箱）。

2. 除盐系列设备的启动

（1）启动前的检查和准备。清水泵、除碳风机、中间水泵处于受电、备用状态。清水箱水位在2/3以上，机械过滤器（或活性炭过滤器）反洗完毕，阳床、阴床、混床再生毕处于备用，本体阀门全部关闭。

（2）过滤器的正洗。具体步骤如下：

1）开启清水泵入口门，启动清水泵，开启泵出口门。

2）开启过滤器正排水门、进水门、空气门，调节进水流量，使正洗流量维持80～120t/h，待空气排净后，关闭过滤器空气门。

3）当正洗至出水浊度不大于2NTU（逆流再生）或5NTU（顺流再生）后，串入阳床正洗。

（3）阳床的正洗。具体步骤如下：

1）开启阳床正洗排水门、空气门、进水门、出口取样门。

2）开启过滤器出水门，关闭正洗排水门。

3）调整阳床正洗流量为80～120t/h，待空气排尽后，关闭空气门。

4）正洗至阳床出水 Na^+ 含量不大于 $100\mu g/L$ 时，阳床正洗结束。

（4）向中间水箱送水。具体步骤如下：

1）启动除碳风机。

2）开启阳床出水门，关闭正排门，开启中间水箱排水门。当中间水箱排水至无硬度，Na^+ 含量不大于 $100\mu g/L$ 时，关闭中间水箱排水门，开启中间水箱出水门（中间水泵入口门）。

3）当中间水箱水位达1.0m时，转入阴床正洗。

（5）阴床正洗。具体步骤如下：

1）开启阴床正洗排水门、进水门、空气门、出口取样门。

2）启动中间水泵，开中间水泵出口门。

3）调节阴床进水流量，维持80～120t/h进行正洗，待空气排尽后，关闭空气门。

4）正洗至电导率≤10μS/cm，SiO_2≤100μg/L时，阴床正洗结束。

（6）混床正洗。具体步骤如下：

1）开启混床正洗排水门、进水门、空气门。

2）开启阴床出水门，关闭阴床正洗排水门，待混床空气排尽后，关空气门。

3）调节混床进水流量，维持80t/h左右进行正洗。

4）当出水 $SiO_2 \leqslant 20\mu g/L$，电导率 $\leqslant 0.2\mu S/cm$ 时结束正洗。

5）开启混床出水门，关闭正洗排水门，向除盐水箱送水。

第二节　水处理设备的运行管理

为保证水处理设备的安全经济运行，不仅需要正确的运行操作，还需要有严格的运行管理制度，如制定必要的规章制度、质量保证体系，进行人员培训、运行分析、反事故演习等。通过管理工作，不断加强运行人员的工作责任心和提高运行人员的技术素质。

1. 报表记录管理

对水处理设备的运行应建立运行报表记录制度。每班对运行工况进行监督，定时记录设备的运行状况如流量、压力、温度、水质、水箱液位、转机电流、电压，反洗、再生情况。设备异常、缺陷，交接班情况，计算班用水量、制水量等；建立设备缺陷台账，设备变更台账，工作票台账，运行分析台账，反事故演习台账等。

2. 巡回检查

（1）每1～2h应对设备巡回检查一次。检查项目包括设备本体、管道、阀门、转动机械、油位、油质、振动、声音、气味、漏水与否，电源开关、就地表计、液位等情况。

（2）巡回检查应带好手电筒、听针、棉纱布以及必要的工具。

（3）在巡回检查中发现轻微缺陷，如盘根压兰漏水等应进行处理，缺油时应补油，油质劣化应进行换油，并对设备做好清洁工作。

（4）巡回检查中如发现异常，应及时进行分析，不能处理的缺陷应填写缺陷通知单，并做好交班记录。

3. 定期维护工作

（1）定期切换。对系统有两台以上的泵，应定期（如每隔10～15d）切换运行。

（2）定期换油。一般转动设备每运行六个月更换一次油（或按设备使用说明要求换油）。

（3）对澄清池等设备应定期进行排污。

（4）对各种箱、槽定期进行冲洗。

（5）对各种表计、安全阀、减压阀定期进行校验。

（6）定期清洗试验用玻璃仪器，校验试验室仪表。

4. 交接班工作

（1）交班前应做好仪器、仪表和现场的清洁工作。

（2）交班前设备运行工况，水箱、药箱液位等应符合交班规定。

（3）接班应分析主要设备的出水水质，了解所有运行和备用设备情况，检查水箱、药箱液位以及转动机械油位等。

（4）记录接班情况。

第三节　水处理系统设计基本知识

一、水处理方法的选择

根据建厂提供的水源水质、机组对水质、水量的要求等原始资料，选择能满足锅炉用水要求的水处理系统设计方案。要求经济适用。

水处理主要分为锅外化学处理和锅内加药处理。

1. 水源水质资料

采用地表水时，应了解水源水质的基本情况，洪水期与枯水期水质变化情况，水质有可能被污染的情况等。还要掌握历年水质变化规律，保证在水质最坏的条件下仍能满足电厂用水要求。

采用地下水时，应了解地下水源补给情况和地层地质概况。尽可能搜集更多有代表性的资料。

2. 电厂性质、规模及热负荷情况

设计前，对所设计的电厂是属于何种规模，是否还需要扩建，锅炉类型及参数，汽包内部装置是何种结构，过热蒸汽的减温方式，热用户的用汽用水数量及对水、汽的质量要求，可能回收的水量和回水污染等情况，都应一一调查清楚。

3. 锅炉补给水水质

根据锅炉的形式和参数，确定合理的水质指标。

（1）直流炉。要求含盐量越小越好，含硅量也是越小越好，一般 DD $\leqslant 0.2\mu S/cm$、$SiO_2 < 10\mu g/l$。

（2）汽包炉。在锅炉的型号和厂内外水汽循环中水汽损失率已确定的情况下，根据表 11-1 就可以通过公式计算出允许的含盐量和含硅量。

表 11 - 1　　　　　　　　锅炉的允许排污率

电 厂 类 型	排污率（%）
以离子交换除盐水为补给水凝汽式电厂	1
以离子交换除盐水或蒸馏水为补水供热式电厂	2
以离子交换软化水为补给水的供热式电厂	5

$$S_{BU} = \frac{PS_G}{(\alpha' + \alpha'') + P(1 - \beta)}$$

式中　S_{BU}—— 补给水的含盐量，mg/L；

　　　P—— 锅炉排污率，%；

　　　S_G—— 锅炉水允许含盐量，mg/L；

　　　α'—— 厂内水汽循环中水汽损失率，%；

　　　α''—— 厂外供汽、水汽循环中水汽损失率，%；

　　　β—— 排污扩容器的分离系数，即由扩容器分离出的蒸汽和排污
　　　　　水量之比，高压锅炉为 0.35，中压锅炉为 0.25。

4. 水处理方案的选择

（1）预处理。预处理方式应根据生水中的悬浮物、胶态硅化合物、有机物等的含量以及后阶段处理的方式等因素考虑。

1）当以地下水及自来水作为水源时，一般不再设置预处理装置。当地下水含砂时，应考虑除砂措施；当自来水中的有些项目（如游离氯）超过后阶段处理进水标准时，应采取相应处理措施。

2）当以地面水作为水源时，如悬浮物含量小于 50mg/L，可采用接触混凝、过滤的方法处理；悬浮物含量大于 50mg/L 时，可采用混凝、澄清和过滤的方法处理；悬浮物含量超过所选用澄清设备的进水标准时，应考虑增设预沉淀设备或设备用水源。表 11 - 2 为顺流离子交换器设计数据。

3）对于高压以上机组，若原水中含有较多的胶体硅，会导致蒸汽品质不能满足要求时，应采用降低胶体硅的处理方法。

4）当原水碳酸盐硬度较高时，经技术经济比较可采用石灰处理。

（2）后阶段处理。

1）对于中压汽包锅炉，在能满足锅炉给水和蒸汽质量要求时，可采用软化或脱碱软化的水处理系统。

2）对于高压、超高压、压临界压力、超临界压力汽包锅炉和直流锅炉，应选用一级除盐加混床的水处理系统。当进水质量较好，过热蒸汽减温方式为表面式或自冷凝式时，高压汽包锅炉可选用一级除盐系统。

表 11-2

顺流离子交换器设计数据

设备名称	强酸阳离子交换器	强碱阴离子交换器	混床离子交换器	钠离子交换器（树脂）	钠离子交换器（磺化煤）	I级钠离子交换器（树脂）	I级钠离子交换器（磺化煤）	弱酸阳离子交换器	弱碱阴离子交换器
运行流速（m/h）	20~30	20~30	40~60	20~30	10~20	≤60	≤40	20~30	20~30
反洗　流速（m/h）	15	6~10	10	15	10~15	15	10~15	15	5~8
反洗　时间（min）	15	15	15	15	15	15	15	15	15~30
再生　药剂	H_2SO_4／HCl	NaOH	HCl／NaOH	NaCl	NaCl	NaCl	NaCl	H_2SO_4／HCl	NaOH
再生　药剂耗量 $\left[\mathrm{g/mol}\left(\frac{1}{n}r\right)\right]$	100~150／70~80	100~120	100~150／200~250	100~120	100~200	400	400	60／40	40~50
再生　含量（%）	2~4	2~3	5／4	5~8	5~8	5~8	5~8	1／2~2.5	2
再生　流速（m/h）	4~6	4~6	5／5	4~6	4~6	4~6	4~6	>10／4~5	4~5
置换　时间（min）	25~30	25~40		3~6	3~6	20~30	20~30	20~40	40~60
正洗　水量（m³/m³树脂）	5~6	10~12						2~2.5	2.5~5
正洗　流速（m/h）	12	10~15		15~20	15~20			15~20	10~20
正洗　时间（min）	30	60		30	60			10~20	25~30
工作交换容量 $\left[\mathrm{mol/m^3}$树脂$\left(\frac{1}{n}r\right)\right]$	500~650／800~1000	250~300		900~1000	250~300			1500~1800	800~1200
备注		再生时间不少于30min	混合用空气压力0.98×10⁵~1.47×10⁵Pa，空气量2~3m³/(m²·min)，混合时间0.5~1min						

注：
1. 运行流速的上限表示短时最大值。
2. 工作交换容量应根据厂家提供的工艺性能曲线确定，当没有此曲线时可参考本表数据。
3. 置换流速与再生流速相同。

3）原水含盐量较高时（强酸阳离子含量超过 3mmol/L），经技术经济比较，可采用弱型树脂离子交换器、电渗析器、反渗透器。

4）对于高参数机组，应在满足原有机组水汽质量的条件下，尽量利用原有机组的凝结水作为机组的补给水。

5）为保证锅炉补给水水质和防止蒸发器结垢，其补给水应有软化和降低碱度的措施。

二、现场条件

勘察水处理的现场条件，是确定水处理系统的合理布局，施工方便、节约投资一项重要的内容。

（1）水处理装置的供水压力。供水压力对选择水处理系统的设备和各设备的布置均有影响，一般应尽可能利用现有压力，合理的布置设备，以节省电力消耗。

（2）用水点的最大高度。这是决定处理后的水送往用户所需最大水头的依据，由此规定了储水箱的位置或输水泵的扬程。

（3）用户的分布情况。水处理装置应设置在最大的用户附近，一般常同锅炉房在一个建筑物或附近，以节省输水管道和动力消耗。

（4）用户现有条件。了解用户的水处理车间是属于新建还是扩建，对于扩建的单位应尽量利用原有设备和系统，在此基础上加以扩充，尽量避免大拆、大改、大建，造成人力和物力的浪费。

三、设计内容及步骤

（1）选择水源。

（2）根据下列损失和消耗量的补充来决定水处理设备生产能力的确定：

1）锅炉房内部汽水损失；

2）生产用汽损失量，再加 20% 富余量；

3）锅炉排污损失；

4）热水供热管网循环水的泄漏损失，一般以热水供热网每小时最大用水量的 2% 计算；

5）热水供应网的水量消耗；

6）供给工厂及其他用户的软化水量；

7）水处理设备自耗软化水量。

（3）水处理设备的选用：水处理系统的方案确定后，要选定或设计水处理系统中的设备。一般最好是选用专业生产厂家。如果选用的水处理设备，没有制造厂能提供成套设备，可以选用已有的非标准设备制造图或者自行设计非标准设备制造图，以供建设单位制造设备时使用。

四、水处理车间的布置

（一）布置原则

（1）水处理车间应布置在锅炉房的固定端，一般常与锅炉房的办公室和生活间靠在一起。

（2）水处理设备布置要便利于运行人员的工作操作。

（3）充分、合理利用空间，降低厂房建筑投资。

（4）根据水处理系统的工艺流程来布置各个设备，使各设备之间敷设的管道最短。

（5）便于维修和管理。

（6）事先向厂房设计单位提出水处理车间的建筑要求，避免出现某种设备无法安装，操作困难等现象。

（7）在设备布置时应尽可能考虑室内自然照明条件，尽量避免将高大设备临窗布置。

（8）作用相同的设备应集中布置。

（9）为简化厂房建筑结构，根据具体情况将庞大设备布置在室外。

（二）离子交换器与附属设备的布置关系

1. 各种罐体的布置

（1）应布置在没有窗户的墙边，这样不仅不影响室内的采光及窗户的启闭，并且也便于管道的安装和检修。

（2）若体积太大，不能从门窗运入时，应在墙上预留运送孔道。

（3）罐体的间距要求不小于 $D+700\text{mm}$（D 为罐体的外径）。

（4）如因罐体过高而受房顶影响时，可将罐体的底面标高降低。但必须保证罐体的排水通畅。

2. 管道的布置

当水处理系统中各种管道的管径确定之后，可按下述原则布置管道：

（1）管道应尽量沿柱子和墙敷设。这样，便于安装、检修及支撑，且占空间小。布置时大管在内，小管在外，并力求整齐美观，为操作人员创造良好的工作条件。

（2）管道应尽量避免遮挡室内采光和妨碍门窗的启闭。

（3）管道穿过通道时，与地面的最低距离不应小于 2m。对于经常需要运送设备的通道，则其高度应满足设备运送的需要。

（4）在布置管道时，应同时考虑管道组装、焊接、仪表、附件和保温层等的安装位置，并便于操作和检修。

（5）管道应有一定的坡度，以便放气、放水和疏水。对于蒸汽管道，其坡向应与介质流动方向一致；对于水管道的坡向可与介质流动方向一致或相反。在布置管道的坡度和坡向时，除坡度采用不小于 0.002 的数值外，同时还应考虑减少放水点的数量。

（6）布置蒸汽和热水管道时，必须考虑热膨胀的补偿问题并应尽量利用管道的 L 型及 Z 型管段对热伸长作自然补偿，不足时则应安装各种伸缩器加以补偿。

（7）管道布置时应考虑在管道与梁、柱、设备和管道之间留有一定的距离，以满足施工、运行、检修和热胀冷缩的要求。

（8）为满足焊接及从管子下部接出疏水管头和疏水阀门布置的要求，管子保温层外表面至楼板或地面的距离一般不宜小于 300mm；对于不保温的管道一般不宜小于 350mm。

（9）水处理系统及设备上的阀门应尽可能集中安装、操作和检修。

（10）安装阀门时，应尽量采用水平布置，门杆应朝向操作方便的方向。

提示 本章共三节，其中第一节适用于初级工，第二节和第三节适用于高级工。

第十一章 水处理设备的调试及设计

第十二章

水处理设备常见故障分析与处理

在机组正常运行中，不可避免地会发生一些设备故障、水汽质量劣化等问题，这就需要我们根据现象加以判断、分析，最终进行处理，使之恢复正常运行状态，现就运行中可能发生的典型故障及处理方法进行简要叙述。

一、预处理设备故障分析和处理

预处理设备故障分析和处理见表 12 - 1。

表 12 - 1　　　　　　　　　预处理设备故障分析和处理

现　　象	原　　因	处　　理
1. 运行中的澄清池出水发浑	（1）生水流量及温度变化剧烈； （2）凝聚剂加药量太小或凝聚剂泵不上药； （3）生水流量过大； （4）沉渣层太高； （5）泥渣层太低； （6）卸管污堵； （7）搅拌器异常	（1）调整流量及温度使其稳定； （2）适当加大凝聚剂量或检查凝聚剂泵上药情况，若不上药，及时联系检修处理； （3）调整生水流量； （4）加强排污，降低沉渣层高度； （5）适当加大加药量； （6）冲洗卸管； （7）检查调整搅拌器转速，或联系检修处理
2. 澄清池出水流量变小达不到额定出力	（1）澄清池出口被污物堵塞； （2）水压变低	（1）清除出口污物； （2）联系值长，提高水压

现　象	原　因	处　理
3. 澄清池投入时测定水质发现水中凝聚剂量较多，水质不合格	澄清池备用时未关闭凝聚剂入口门或未关严，且泵在连续切换时未关联络门或联络门不严	加大排污，使水质尽快达标。如短时不能达标，而在水源较紧张的情况下，考虑重新切入原澄清池运行
4. 澄清池投入后发现水质浊度无明显好转	(1) 凝聚剂泵未投入或加入量少；(2) 凝聚剂泵入口门未开；(3) 澄清池凝聚剂入口门未开或开度太小；(4) 搅拌器转速不合适	(1) 投入凝聚剂泵，并加大剂量；(2) 开大凝聚剂泵入口门；(3) 开澄清池凝聚剂入口门或开大凝聚剂入口门；(4) 调整搅拌器转速
5. 澄清池正常运行时突然不出水或水量明显减少	(1) 侧排、底部排污门坏，关不住；(2) 生水水源突然中断	(1) 停澄清池，联系检修；(2) 联系值长，启动化学补水泵
6. 澄清池投入后水位无上升趋势，或上升太慢	(1) 澄清池入口门未开或开度太小；(2) 水源水压太低；(3) 侧排、底部排污门坏，关不住	(1) 打开澄清池入口门或开大；(2) 联系值长，提高生水水源压力；(3) 停澄清池，联系检修
7. 高效过滤器出水浑浊或水质不合格	(1) 过滤器失效未及时停运；(2) 压缩空气门不严；(3) 纤维上附着微生物或油类；(4) 入口水水质劣化	(1) 将失效过滤器停运进行清洗，投入备用过滤器；(2) 关严压缩空气门，并将器内空气排尽；(3) 用2%碱泡2h；(4) 查明原因，保证入口水水质
8. 过滤器运行中水质不合格	(1) 流量过大；(2) 加压室水泄漏；(3) 下向洗进水阀不严	(1) 调整流量；(2) 检查球囊是否破裂，停用联系检修处理；(3) 停用联系检修处理
9. 过滤器反洗后水质浑浊	清洗不彻底	重新清洗，增大反洗强度
10. 过滤器投入后无压力，无流量	过滤器入口门未开或门坏	停运，停用联系检修处理

第十二章　水处理设备常见故障分析与处理

现　象	原　因	处　理
11. 机械过滤器正洗跑滤料	滤料乱层	停运，联系检修
12. 机械过滤器空气擦洗时气量不足	(1) 罗茨风机出力不足； (2) 管道缓冲门未关； (3) 过滤器进气管滤元堵	(1) 切换风机，联系检修； (2) 关闭缓冲门； (3) 联系检修

二、除盐设备故障分析和处理

除盐设备的故障是多方面的，原因也是比较复杂的，如处理不当或延误时机，可能出现供水紧张或断水的严重后果。因此，要求运行人员熟悉除盐原理，设备结构，系统连接和运行操作的基础，对故障进行认真分析，找出原因，只有这样，才能防患于未然，正确而及时地排除故障，保证安全，经济供水。故障发生的主要原因有以下三方面。

1. 操作失误引起故障

这类故障有：因再生液的浓度和流速不稳，逆流再生时树脂乱层以及对流式床再生不彻底而使水质不良或出水量降低；因阴、阳床出口门未关严，导致生水或中间水串入出口而使出水硬度增加或呈酸性水；因阳床严重失效而使阴床出水硬度增大；因阴床严重失效而供出酸性水；因再生期间床内维持较高压力（在出口门不严的情况下）而将再生液顶到出口水中；因成床或反洗操作过快、过猛或排空启床而将集水装置和中排装置顶坏，造成大量泄漏树脂等。

2. 设备结构不良引起的故障

当设备的结构不良或存在缺陷时，都可能引起故障。如进排酸碱装置或进水装置损坏，设备内部有死角，床体不垂直以及阀门损坏等，都可能影响再生效果及出水质量；由于这些原因引起的故障，往往持续时间长，且具有连续性。因此必须加强管理，执行计划检修，提高检修质量，保证设备的健康水平。

3. 树脂原因引起的故障

当树脂污染、氧化、碎裂，或是阴阳树脂混杂和床层较低时，都会使周期制水量降低，水质劣化。因此要采取预防措施。对已污染的树脂应进行复苏，以恢复其性能。常见故障及处理方法详见表12-2。

表 12 – 2　　　　　　除盐设备故障分析和处理

现　象	原　　因	处　　理
1. 逆流再生固定床经再生后出水仍不合格	（1）阳床顶压过程中，顶压压力未到要求，压力不稳，造成树脂乱层； （2）酸、碱浓度低或剂量太小； （3）再生工艺不合标准； （4）水源水质发生劣化未发现仍按原定浓度进行再生； （5）内部的配水装置损坏造成偏流； （6）各气动阀门动作不正常，其他水源渗入； （7）阳床小反洗不彻底，树脂表面有污泥； （8）中排装置支管断裂或堵塞造成偏流； （9）阳床小反洗后，放水未放至中排处使之乱层； （10）所用仪器，器皿被污染； （11）离子交换树脂污染	（1）重新再生； （2）提高酸碱浓度，增大酸碱计量； （3）按规定进行再生并对再生程序进行检查； （4）根据水源水质变化情况加大酸、碱浓度重新再生或补充树脂； （5）联系检修； （6）检查气动阀门动作情况，联系检修，并将渗入的它种水源切断； （7）加大反洗流量，重新再生； （8）联系检修； （9）重新再生； （10）重新清洗分析仪器、器皿； （11）复苏、擦洗树脂或更换树脂
2. 阳床投入后出水不合格	（1）反进门不严，入口水质发生变化； （2）进酸门不严； （3）阳床失效后再生效果差； （4）所用仪器、器皿被污染； （5）阳床树脂污染，再生不好； （6）再生液质量差	（1）关严反进门或联系检修，查水源水质变化情况，视情况而处理； （2）关严进酸门，无效时联系检修； （3）重新再生； （4）重新清洗仪器、器皿； （5）擦洗树脂，重新再生； （6）提高再生液质量

现　　象	原　　因	处　　理
3. 阴床出水不合格	(1) 反进门不严； (2) 进碱门不严； (3) 阴床失效后再生效果差； (4) 再生液质量差； (5) 除碳器脱碳效率低； (6) 所用仪器、器皿被污染； (7) 阴床树脂污染，再生不好	(1) 关严反进门，无效时联系检修； (2) 关严进碱门，无效时联系检修； (3) 重新再生； (4) 提高再生液质量，重换碱液； (5) 查明原因，分别处理； (6) 重新清洗仪器、器皿； (7) 擦洗树脂，重新再生
4. 逆流再生固定阳床反洗时，发现有树脂	大反洗时，流量太大或控制不稳	调整或控制反洗流量并使其稳定
5. 逆流再生固定床正洗或运行中发现跑树脂现象	出水装置（水帽）损坏	联系检修
6. 阴、阳床出现周期制水量低	(1) 入口水质发生了变化； (2) 进水装置损坏，发生偏流； (3) 反洗水量不足，树脂表面不平； (4) 酸、碱计量不足，酸、碱浓度低； (5) 运行时间太长，树脂压实减少； (6) 树脂污染、短缺； (7) 再生程控误动造成再生效果差； (8) 再生工艺未掌握好	(1) 了解水源水质，适当增大再生剂量，并做好预处理工作； (2) 联系检修； (3) 加大反洗，进行检修； (4) 增加酸、碱量，提高酸碱浓度； (5) 进行大反洗，补充或更换树脂； (6) 擦洗或将被污染的树脂复苏，补充树脂； (7) 检查树脂的交换容量； (8) 重新进行再生

第二篇 电厂水处理

现　　象	原　　因	处　　理
7. 阳床运行中 Na$^+$ 突然增高，并出现硬度、碱度	清水水质受污染	（1）查明原因，杜绝污染； （2）放尽并清理清水箱； （3）阳床未失效，可经正洗合格后投入运行，如无效，需重新再生
8. 阴床出水导电度或碱度大	（1）中间水箱水质变化； （2）除碳器风机未开或效率低	（1）检查各台阳床是否有失效床，应及时停用更换中间水箱水质； （2）启动除碳风机或对此进行检查
9. 阴、阳床中排不畅通	（1）中排棉纶（涤纶布）被污染物污堵； （2）中排管内堵塞	（1）小反洗后，进行大反洗，清除污物； （2）停运清理
10. 脱碳器效率低	（1）风机倒转； （2）风压、风量不足； （3）风机入口被杂物堵塞； （4）超压力运行； （5）水封管断裂； （6）填料过多或不足； （7）进水装置损坏进水分配不均匀	（1）倒换接线； （2）检修或更换风机； （3）清理杂物，疏通排气； （4）降低进水量； （5）联系检修； （6）减少或补充填料； （7）联系检修
11. 一级除盐水箱水水位，运行中突然降低	中间水泵跳闸	切换泵用水泵，联系电气检修
12. 阳床再生后，Na$^+$ 离子降不下来	（1）反洗不彻底，树脂松动不好； （2）酸浓度不够，酸量不足； （3）中排管排酸分布不均； （4）树脂乱层； （5）酸碱质量差； （6）树脂污染	（1）重新反洗再生； （2）提高酸浓度，增加酸量； （3）联系检修； （4）重新再生； （5）更换酸液； （6）擦洗树脂

第十二章　水处理设备常见故障分析与处理

现　象	原　因	处　理
13. 除盐水箱水质劣化	（1）由于阴床失效，未及时发现，造成除盐水硅酸根增大超标； （2）由于误操作或是由于运行中的阴床反洗入口门不严时，造成除盐水硬度、硅酸根增大； （3）由于误操作，或进碱门不严，再生液进入水箱	（1）停止运行，投另一台床，并根据情况对除盐水箱进行排水换水； （2）对除盐水箱进行排水处理，如截门有缺陷，需联系检修进行处理； （3）对除盐水箱进行排水处理，如截门有缺陷，需联系检修进行处理
14. 阳床出水压力高而中间水箱水位仍下降	除碳器入口气动门未开或开不到位	联系检修，重新投另一套设备
15. 逆流再生固定床进再生液不畅	（1）床体出水水帽装置污堵； （2）床体进水装置滤网污堵	（1）反冲洗水帽或联系检修处理； （2）冲洗滤网或联系检修处理（紧急情况下，可开启排汽门再生）

三、混床设备故障分析和处理

混床设备故障分析和处理见表 12 - 3。

表 12 - 3　　　　　　混床设备故障分析和处理

现　象	原　因	处　理
1. 混床出水导电率或 SiO_2 高	（1）阴、阳床失效未及时再生以至将不合格的水送入； （2）混床因再生不当，效果不好； （3）再生中的混床入口门及反进门不严或再生液入口门不严使再生液进入运行床； （4）酸、碱系统阀门不严； （5）混脂效果不好	（1）立即停运、再生失效床； （2）停，重新再生； （3）出口门及反进门或重新换门； （4）检查酸、碱系统阀门并关严或联系检修处理； （5）重新混脂

现　象	原　　因	处　　理
2. 混床阴、阳树脂反洗分层不好	(1) 反洗分层操作不当； (2) 阴、阳树脂比重不合规定； (3) 树脂被污染； (4) 树脂未完全失效； (5) 阴、阳树脂抱成团或带有气泡	(1) 分层时，切记先进行空气搅动，然后进行水力筛分并掌握好流量使树脂迅速分开； (2) 改善操作，必要时更换树脂； (3) 重新复苏树脂； (4) 可在分层前先加 100～150L 5% NaOH 进气混合，浸泡 4h，使阳树脂变为 Na 型，阴树脂变为 CL 型增加阴、阳树脂的比重差，然后进行分层； (5) 重新分层、再生
3. 混床再生中，排液中有树脂	中排装置支管、网套脱落或部分损坏，支管断裂	停运检修
4. 运行中的混床采样水质正常，但混床出水母管水质异常	(1) 在线仪表不准； (2) 有再生床的出口门不严； (3) 混床进酸门不严； (4) 停运中的床出入口门不严，不合格水进入系统	(1) 校验仪表； (2) 停止再生，关严出口门，或联系检修处理好后重新再生； (3) 停止运行，联系检修处理； (4) 关严出入口门； (5) 根据实际水质情况，决定是否采取二级水箱换水措施

四、酸、碱系统故障分析和处理

酸、碱系统故障分析和处理见表 12-4。

表 12-4　　　　酸、碱系统故障分析和处理

现　象	原　　因	处　　理
1. 喷射器不上酸、碱	(1) 药液引入法兰不平； (2) 入口水压低； (3) 喷嘴被污物堵塞； (4) 喷射器酸碱入口门坏； (5) 交换器内顶压过大； (6) 喷嘴磨损严重； (7) 酸碱计量箱出口门坏	(1) 联系检修； (2) 开大喷射器进水门，提高水压； (3) 联系检修； (4) 联系检修换门； (5) 调整交换器内顶压压力； (6) 联系检修； (7) 联系检修

第十一章　水处理设备常见故障分析与处理

现　象	原　因	处　理
2. 酸、碱罐或计量箱液位突然下降	酸、碱系统设备泄漏	（1）迅速查明泄漏部位，检查时应戴好防护面具和橡皮手套，穿好胶靴、防酸、碱服后再入现场； （2）如属于管道系统泄漏，应联系关闭高位酸、碱罐出口门，汇报班长、车间主任，联系检修，并要求尽快检修，迅速恢复； （3）如计量箱泄漏，应将计量箱中的酸、碱再生阴、阳床用完，如无失效床提前进行再生，并及时汇报车间，联系检修处理； （4）如因储存罐泄漏应立即汇报班长及车间主任，将储存罐内酸、碱送至其他酸、碱罐，联系检修人员处理，使其尽快恢复正常

五、凝结水系统设备故障分析和处理

凝结水系统设备故障分析和处理见表12－5。

表 12－5　　　　凝结水系统设备故障分析和处理

现象	原　因	处　理　方　法
运行周期短	再生不彻底	检查酸、碱浓度及要掌握好稀释水流量和再生时间，设备内部装置
	入口水水质发生劣化	分析进水水质，检查凝汽器是否泄漏
	树脂老化	重新更换树脂
	树脂污染	复苏树脂，如不能复苏，必须更换树脂
	树脂流失	检查混床及树脂管道是否有泄漏，检查出水或排水装置是否泄漏
混床压差高	床体内部装置故障导致偏流	停运混床，联系检修处理
	运行流速高	降低流速，使每台混床流量基本保持一致
	树脂污染	复苏树脂，如不行则需重新更换新树脂
	破碎树脂多	增大反洗流速，或延长反洗时间，查破碎原因，联系检修处理

现象	原 因	处 理 方 法
树脂流失	底部出水装置损坏，树脂泄漏	检查出水是否损坏，发现问题及时处理
	反洗流速过高，迫使树脂压碎被带走	减小反洗流速，添加树脂到规定高度
	树脂磨损，破碎而被带走	检查设备运行周期，并添加树脂
	底排门不严	联系检修处理
高混出水不合格	酸、碱浓度低，酸、碱质量差	提高酸、碱浓度，如是质量问题，应重新换酸、碱
	凝汽器泄漏，严重造成混床提前失效	应将备用混床投运，将失效床投运，并立即汇报值长，及时进行凝汽器堵漏或采取其他措施
	表计失灵，化验用药品失效	检查核正表计，重新更换药品
	树脂分层不好，使出水周期缩短	调整反洗流量和时间，取得较好的分离效果
	混脂效果不好	停运混床，重新混脂

六、水泵故障分析及处理

水泵的故障分析及处理见表 12－6。

表 12－6　　　　　　　水泵故障分析和处理

现 象	原 因	处 理
1. 水泵不上水，流量表无指示，压力表、真空表指示小或摆动	(1) 启动前灌水不足，空气未排尽； (2) 进水管或吸水管堵塞或进口门未开； (3) 进水管法兰结合不平漏气或进水门盘根漏气； (4) 水泵转动方向不对； (5) 水箱水位过低、水源不足； (6) 盘根过松吸入空气	(1) 停泵，重新启动； (2) 停泵，消除缺陷； (3) 消除缺陷，重新启动； (4) 停电动机，倒线头； (5) 提高水位； (6) 紧好盘根

现　　象	原　　因	处　　理
2. 泵不上水，泵转动，流量表指示为零或小于零，电流表指示零	水泵因故障掉闸后，在没有逆止门或逆止门不严的情况下出口水倒回使水泵倒转	关闭出口门，重新灌水启动，在未关闭出口的情况下禁止启动
3. 水泵不上水，出水压力表指示大，真空表、电流表、流量表指示小或无指示	（1）出口门未开或开度小，或出口门有缺陷； （2）进出口管有堵塞现象	（1）开大出口门或停泵，更换出口门； （2）消除不通的缺陷
4. 水泵发生显著振动和杂音	（1）泵内吸入空气或进水量不足； （2）地脚螺丝松动； （3）靠背轮接合不良，水泵与电机转子不同心，水泵或电机转子不平衡，轴承磨损，转动部分发生摩擦或泵内有杂声	（1）停泵消除漏气缺陷，检查进口侧管道是否畅通，重新启动，开大进口门增大进水量； （2）紧好地脚螺丝； （3）需要停泵，查找原因，消除缺陷
5. 水泵电动机电流过大	（1）过负荷运行； （2）电压过低； （3）三相电源一相熔断或接地； （4）转动部分有摩擦卡涩或盘根过紧	（1）关小出口门； （2）关小出口门减小负荷，通知电气调整电压； （3）停泵，消除电气缺陷； （4）停泵，消除缺陷
6. 轴承过热及电动机冒火	（1）轴承缺油或油质不良； （2）轴承磨损或油环缺陷； （3）轴承没有间隙或间隙太小； （4）绝缘不良，局部短路； （5）直流电动机整流子接触不良	（1）补油或换油； （2）停泵，消除机械缺陷； （3）停泵调整轴承压着间隙； （4）要干燥电动机，运行中注意电动机的防火防潮； （5）电机班调整流子消缺

第二篇　电厂水处理

七、电渗析、反渗透设备运行故障分析和处理

（一）电渗析设备的运行故障

电渗析器的运行故障有以下几个方面：

（1）悬浮物堵塞水流通道和孔隙。例如，原水中的悬浮物会堵塞在隔板的布水槽和隔网中，以致水流阻力增大，流量降低。此外，水流阻力改变的不均匀性有可能使浓水室和淡水室中的水压不等，严重时会压破膜面。

（2）悬浮物粘附在膜面上。此时，相当于在膜面上形成一层屏障，使膜电阻上升和水质恶化。还有，水中细菌在膜面上的繁殖，也会造成上述后果。

（3）膜中毒。阳离子交换膜可能因吸取铁或其他高价金属而发生中毒现象，阳离子交换膜会受有机物的污染。当发生这些现象时，膜电阻增大，选择性下降。

（4）设备漏水。电渗析器轻微渗水是正常现象，严重渗漏是故障，此时会造成设备漏电和出力降低的后果。造成渗漏故障的原因有：

1）电渗析器的部件如隔板、极框、垫圈等厚薄不均或表面有凹槽，因此在组装前应对各部件进行检查，剔除或修正有缺陷的部件；

2）组装时，膜堆排列不整齐，夹入异物或锁紧时用力不均匀；

3）在运行过程中，局部出现严重漏水往往是由于设备变形。

（5）设备变形。此种情况大都发生于大型装置，其现象为隔板向外胀出或膜堆内凹。其原因为受力不匀，故在组装时要做到膜堆平整，锁紧力均匀，运行时开启或关闭进水阀门应平稳、缓慢，浓水、淡水和极水的调节要同步，勿使其间的压差太大。

电渗析设备故障分析和处理见表 12 - 7。

表 12 - 7   电渗析设备故障分析和处理

现象	原　　因	处　　理
产水量下降	（1）组件污染或阀门开度小； （2）进水压力低	（1）清洗组件或开大阀门； （2）泵出口阀开度小，应调大
产水水质差，电阻小	（1）进水水质变化，电导率升高； （2）进水 pH 值低，CO_2 含量高； （3）组件接线烧蚀，电阻大；	（1）RO 系统产水不合格，查找 RO 系统的原因； （2）调大进碱量，提高 pH 值至 8.0； （3）检修处理；

现象	原因	处理
产水水质差，电阻小	(4) 个别组件不通； (5) 总电流太小； (6) 个别组件电流正常，但产水电阻低； (7) 浓水压力高； (8) 组件阴、阳膜污染	(4) 按点焊接，更换接点； (5) 调大装置电流； (6) 电极室内有空气，拔下进水管，放净空气； (7) 调整浓水压力； (8) 化学清洗浓水室
浓水电导率率低	(1) 浓水排放量大； (2) 进水电导率明显下降； (3) 加药系统故障	(1) 调小浓水排放量； (2) 浓水中增加食盐； (3) 查加药系统
浓水流量低	(1) 浓水泵内有空气； (2) 组件污染严重； (3) 旁路阀开度大	(1) 排浓水泵内空气； (2) 化学清洗组件； (3) 关小旁路阀
浓水排放量小	阀门故障	联系检修处理
自动状态不启动	(1) 浓水泵不启动； (2) 浓水系统内有大量空气； (3) 浓水流量低； (4) 旁路阀开度大	(1) 联系检修处理； (2) 排浓水泵内空气； (3) 产水阀未全开，重新全开； (4) 关小旁路阀
整流器间歇	整流器内部温度高	清理风扇
总电流变小	(1) 组件污染； (2) 组件电极线断电	(1) 化学清洗组件； (2) 检修组件

（二）反渗透设备的运行故障

反渗透水处理装置的运行故障有以下几个方面：

（1）悬浮物堵塞水流通道和孔隙。原水中的悬浮物会堵塞渗透膜孔隙，以致水流阻力增大，流量降低。此外，水流阻力改变的不均匀性有可能会压破膜面。

（2）水中细菌在膜面上的繁殖，堵塞渗透膜孔隙，使渗透膜失去渗透作用，严重时使膜报废。

（3）设备漏水。此时会造成设备出力降低的后果。

（4）设备变形。此种情况大都发生于大型装置，其现象多为隔向向外胀出或膜堆内凹。其原因为受力不匀，运行时开启或关闭进水阀门应平稳、缓慢。

反渗透设备故障分析和处理见表 12-8。

表 12-8 反渗透设备故障分析和处理

现象	原因	处理
给水 SDI 高	(1) 过滤器运行时间长； (2) 原水水质变化，污染过滤器； (3) 超滤断丝内漏； (4) 过滤器滤芯污堵（保安）	(1) 按期进行化学清洗； (2) 查明原因，缩短清洗周期或加强预处理； (3) 查漏，或更换组件； (4) 更换保安滤芯
高压泵入口压力低	(1) 原水泵压力低，流量小； (2) 原水泵叶轮有杂物； (3) 保安过滤器出入口压差大； (4) 前系统装置个别阀未开； (5) 过滤器出口压力正常，但保安过滤器入口压力低	(1) 调整原水泵出口门； (2) 清理原水泵叶轮； (3) 更换保安滤芯； (4) 检查消除； (5) 过滤器产水母管管道混合器滤网污堵，应清理
反渗透进水压力高	(1) 高压泵出口阀开度大； (2) 进水温度升高； (3) 反渗透膜污堵； (4) 反渗透膜结垢	(1) 调小出口门至正常压力； (2) 视情况关小蒸汽阀； (3) 化学清洗； (4) 清洗或更换组件
产水回收率低	(1) 进水流量大； (2) 浓水阀开度大	(1) 调小高压泵出口阀； (2) 关小浓水排放阀
脱盐率低，产水电导升高	(1) 原水水质变化，电导率大； (2) 预处理装置故障； (3) 进水 SDI 超标； (4) 膜污堵； (5) 压力容器内漏； (6) 膜结垢； (7) 进水温度突然升高	(1) 查明原因，采取措施； (2) 检查预处理装置； (3) 过滤器故障，检查清除； (4) 化学清洗； (5) 压力容器查漏，更换 O 形密封圈； (6) 清洗或更换组件； (7) 调整加热器至规定温度

现　象	原　　因	处　　理
防爆膜爆裂	（1）产水阀误关或未开； （2）进水流量波动大； （3）产水阀开度小	（1）查找原因，更换防爆膜； （2）调高压泵节流阀； （3）开大产水阀
膜压差升高	（1）膜污染； （2）过滤器泄漏； （3）膜结垢	（1）化学清洗； （2）查漏消缺； （3）清洗或更换膜组件
产水量上升， 电导率升高	（1）膜破损； （2）内连接密封坏； （3）刚清洗完毕； （4）进水温度升高	（1）检查更换膜组件； （2）查容器内组件电导； （3）运行 2～3 天恢复； （4）调整加热器
产水量下降	（1）膜污染或结垢； （2）膜性能衰减	（1）化学清洗； （2）更换膜元件

提示　本章适用于中级工。

第三篇

电厂水化验

第十三章

水、汽监督与分析测试

第一节 仪器分析法

一、目视比色法原理及其操作

用眼睛观察比较溶液颜色深浅来确定物质含量的分析方法称为目视比色法。虽然目视比色法测定的准确度较差，相对误差约 5% ~ 20%，但由于它所需仪器简单，操作简便，仍广泛应用于准确度要求不高的一些中间控制分析中，更主要的是应用在限界分析中。限界分析是指要求确定样品中待测杂质含量是否在规定的最高含量限界以下。

1. 工作原理

目视比色法的原理是：将标准溶液和被测溶液同样条件下进行比较，当溶液层厚度相同，颜色的深度一样时，两者的浓度相等。根据朗伯—比耳定律标准溶液和被测溶液的吸光度分别为

$$A_标 = k_标 \, C_标 \, b_标$$

$$A_测 = k_测 \, C_测 \, b_标$$

当被测溶液颜色与标准溶液颜色相同时，$A_标 = A_测$，又因为是同一种有色物质，同样的入射光，所以 $k_标 = k_测$，而所用液层厚度相等，所以 $b_标 = b_测$，因此

$$C_标 = C_测$$

2. 测定方法

常用的目视比色法是标准系列法，现举例说明如下：测定某水质中微量 Fe^{3+} 的含量时，在选择好显色剂和测量条件后，将一系列不同量的 Fe^{3+} 标准溶液依次加入到各比色管中，分别加入等量的显色剂（选用 KSCN）及其他辅助试剂，稀释到同样体积，即配成一套颜色逐渐加深的标准色阶。然后将一定量的被测 Fe^{3+} 溶液置于另一比色管中，在同样条件下进行显色，并稀释到同样体积，如图 13 – 1 所示。

管内反应：$Fe^{3+} + 3SCN^- \rightarrow [Fe(SCN)_3]$

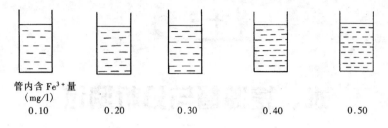

管内含 Fe^{3+} 量
（mg/l）
0.10   0.20   0.30   0.40   0.50

图 13-1　目视比色法

极浅粉红色→颜色逐渐加深→深粉红色

操作方法是从比色管口垂直向下观察，如果被测 Fe^{3+} 溶液的颜色深度与某管相同，则被测 Fe^{3+} 的浓度就等于该标准溶液的浓度。如果被测 Fe^{3+} 溶液的颜色是介于相邻两种溶液（含 Fe^{3+} 量为 0.40mg/L 和 0.50 mg/L），则被测 Fe^{3+} 含量为这两个浓度的平均值（为 0.45mg/L）。

在上例中，如进行限界分析，要求 Fe^{3+} 含量在 0.20mg/L 以下为合格，以上为不合格，则只需配制含 Fe^{3+} 量为 0.2mg/L 的标准溶液显色后，若待测水样的颜色比标准溶液深，则说明超出了允许的限界，分析结果为不合格。

目视比色法的优点是：

（1）仪器简单，操作简便，适宜于大批试样的分析。

（2）比色管中的液层较厚，人眼具有辨别很稀的有色溶液颜色的能力，因此测定的灵敏度较高。

（3）因在完全相同的条件下进行观测（可以在白光下测定），在不符合朗伯—比耳定律时，仍可用目视比色法测定。

目视比色法的缺点是准确度较差，而采用分光光度仪器的分光光度法在各个领域中获得了更为广泛的使用。

二、光学分析法的原理及分光光度计的使用和维护

（一）光学分析法的原理

依据物质发射辐射或辐射与物质的相互作用（不局限光学光谱区辐射）而建立起来的一类分析方法，广义上称光学分析法。它可分为光谱法（或波谱法）和非光谱法两大类。

1. 光谱法

光谱法是以辐射能与物质组成和结构之间的内在联系及表现形式——光谱的测量为基础的。

复合光经过色散系统分光后，按波长（或频率）的大小依次排列的图案称为光谱。光谱的产生是由于物质的分子、原子和离子受到外部能力的作用，其内部的运动状态发生变化，即能变化。变化的能量以电磁辐射的形式释放或吸收，光谱法分为发射光谱分析法和吸收光谱分析法。

（1）发射光谱分析法。发射光谱分析包括三个基本过程：首先使欲分析的试样在一定的实验条件下进行蒸发和激发，然后将激发所产生的光辐射经过色散，得到按波长排列的光谱，最后根据光谱的谱线位置和强度对试样进行定性和定量分析。

根据所使用的仪器设备和检测手段的不同，发射光谱分析可分为以下几种方法：

1）看谱分析法。该法也称为目视法。通过目镜直接用眼睛观察谱线，进行定性及半定量分析。这种方法仅限于 390～760nm 可见光区。因此，应用范围和准确度受到限制。但其操作简便，分析快速，设备简单，适用于现场分析。

2）摄谱分析法。该法使用最为广泛。它采用感光板照相记录。将所拍摄的谱片，在映谱仪和测微光度计上进行定性和定量分析。因此，具有同时测定多种元素、灵敏、准确、光谱范围广等特点。但是，需要经过摄谱、暗室处理及谱线测量多种程序，分析速度受到限制。

3）光电直读光谱法。将元素特征的分析强度通过光电元件转换为电信号，以此测量被测元素的含量。该法具有分析速度快，同时测定多种元素含量的特点，适用于生产过程。

4）火焰光度法。以火焰为光源进行试样原子化和激发，然后进行分光和检测。适用于金属元素的分析。

（2）吸收光谱法。它是基于物质的原子、离子、或分子对待测元素的特征谱线的吸收作用而进行定量分析的方法。用光源辐射出待测元素的特征谱线的光，当通过待测物质时被物质的原子、离子或分子吸收而减弱。通过检测系统测得特征辐射被吸收的程度，即可求得待测元素的含量。

2. 非光谱法

非光谱法不包含物质内能的变化，即不涉及能级跃迁，而是基于物质所引起的辐射方向和物理性质的改变，如折射、反射、散射、干涉、衍射及偏振等现象利用这种特性进行分析的方法，如浊度法、X 射线衍射法等。

（二）分光光度计的使用和维护

1. 分光光度计的使用方法

分光光度计有原子吸收分光光度计，紫外分光光度计、红外分光光度计，紫外—可见分光光度计，紫外—可见—近红外分光光度计、荧光分光光度计等很多种类。下面介绍电厂水化验中最为常用的紫外分光光度计721型分光光度计的使用方法。

（1）在仪器尚未接通电源时，微安表的指针必须位于"0"刻度上，否则，用电表上的校正螺丝进行调节。

（2）将仪器的电源开关接通，打开比色槽暗箱盖，使微安表指针处零位，预热20min后，再选择需用的单色光波长和相应的放大器灵敏度挡（灵敏度选择原则保证空白时透光率能调到100%的情况下，尽可能采用灵敏度较低挡，这样仪器将有更高的稳定性），用调零电位器校正微安表的零位。

（3）将仪器的比色皿暗箱盖合上，将充有蒸馏水或其他空白试样的比色皿推入光路，将光电管调到100%透光率调节旋钮，使微安表指针正好处于100%。

（4）按上述方式连续几次调零和100%透光率后，至仪器稳定，仪器即可进行测量。

（5）盖上样品完盖，推动试样架拉手，使样品溶液比色皿置于光路上，读出吸光度值，读数后应立即打开样品室盖。

（6）测量完毕，取出比色皿，洗净后倒置于滤纸上晾干。各旋钮置于原来位置。电源开关置于"关"。

2. 分光光度计的维护

（1）分光光度计实验室温度、湿度要符合仪器要求。

（2）仪器周围不应有强磁场。仪器应与化学操作室隔开以防止腐蚀性主体侵蚀仪器部件。

（3）若供电电压变化较大，要预先稳压。

（4）在不使用时，需切断电源。

（5）经常注意干燥剂的情况，发现干燥剂变色，应及时更换。

（6）光电器件应避免强光照射。

（7）比色皿在使用后应立即洗净，为防止其光窗面被擦伤，必须用擦镜纸或柔软的棉织物擦去水分。

（8）工作完毕，需用仪器罩套好仪器，罩内放数袋防潮硅胶。

（9）仪器日久不用或搬动后再用时，一定要检查一次波长准确性。

三、电位分析法原理及离子活度计

1. 电位分析法原理

电位分析法是指通过测量电极系统与被测溶液构成的测量电池（原

电池）的电动势，获知被测溶液离子活度（或浓度）的分析方法。它是以待测试液作为化学电池的电解质溶液，浸入两个电极，一个是电极电位与待测组分活度（在一定条件下可用浓度代替活度）有定量函数关系的指示电极；一个是电极电位稳定不变的参比电极。用电极电位仪在零电流条件下，测定所组成的原电池的电动势。电池电动势 $E_{池}$ 为指示电极电位 $E_{指}$ 与参比电极电位 $E_{参}$ 之差，另加不可忽略的液接电位 $E_{接}$，即

$$E_{池} = E_{指} - E_{参} + E_{接} \qquad (13-1)$$

指示电极电位与溶液中有关离子活度的关系可用能斯特方程表示

$$E_{指} = E^0 + \frac{RT}{nF}\ln\frac{\alpha_{ox}}{\alpha_{Red}} \qquad (13-2)$$

式中　α_{ox}、α_{Red}——参与电极反应物质的氧化态、还原态的活度。

对于金属指示电极，还原态是纯金属，其活度是个常数，规定为 1，则能斯特方程可简化为

$$E_{指} = E^0 + \frac{RT}{nF}\ln\alpha_{Mn+} \qquad (13-3)$$

式中　α_{Mn+}——M^{n+} 金属离子的活度。

将式（13-3）代入式（13-1）得

$$E_{池} = E^0 + \frac{RT}{nF}\ln\alpha_{Mn+} - E_{参} + E_{接} \qquad (13-4)$$

式中　$E_{参}$——与被测离子活度无关的常数。

液接电位在一般情况下可用盐桥减至最小值而忽略，或在实验条件保持恒定的情况下，液接电位可视为常数。式（13-4）中的 E^0、$E_{参}$、$E_{接}$ 三项合并为一常数，则

$$E_{池} = 常数 + \frac{RT}{nF}\ln\alpha_{Mn+} \qquad (13-5)$$

式（13-5）表明，电池电动势是金属离子活度的函数，其数值反映溶液中离子活度的大小。这是电位法定量分析的理论基础。

电位分析法可分两类。第一类选用一适当的指示电极和参比电极共同浸入试液中构成原电池，通过测定该原电池电动势，直接求得被测离子的浓度，这类方法称为直接电位法。第二类则向试液中滴加与被测物质发生化学反应的已知浓度的试剂，并观测滴点过程中电池电动势的变化，以确定容量分析的终点。这类方法称为电位滴点法。

2. 离子活度计

用于电位分析法进行测量的仪器称为电位式分析仪器。电位式分析仪

器主要由测量电池和高阻毫伏计（或离子计）两部分组成。高阻毫伏计是检测测量电池电动势的电子仪器，如果它兼有直接读出待测离子活度的功能就称其为离子活度计。

在电厂的化学分析中和环境监测中，应用最为普遍的离子活度计就是pH计和钠度计。

仪表的测量与使用应按照仪表说明书进行操作，这里介绍电极的维护、清洗与使用。

（1）在使用过程中，甘汞电极应置于测量电极的下面，以防止打破测量电极。

（2）甘汞电极在使用中应注意以下几项：

1）在运输、储存和使用中应避免剧烈震动，防止破坏电极的平衡而引起电极电位的飘移。

2）使用后应将管壁擦干，以避免由于玻璃管的亲水性而使电极内部的KCl产生扩散或爬移，致使KCl溶液在玻璃管外壁析出。

3）不宜在80℃及以上条件下工作。

4）甘汞电极下端的KCl溶液的渗漏速度以5~7min渗一滴为宜。

5）甘汞电极内充液应保持一定液位高度，应定期补充。

（3）玻璃电极应干保存。

（4）不要直接用手触摸测量电极的玻璃泡，电极不得与油性物质接触。

（5）要定期清洗电极系统以保持测量的准确性。

（6）使用操作过程中要小心谨慎，以防打破电极。

（7）运行仪表的输入端不可开路，检修或更换电极时应先将仪表电源断开。

四、色谱分析法的原理

色谱分析法是1906年由俄国植物学家茨维特首先提出的，至今已有近百年的历史，它是利用物质的物理及物理化学性质的差异，将多组分混合物进行分离和测定的方法。

实现色谱分离的先决条件是必须具备固定相和流动相。固定相可以是一种固体吸附剂或涂渍于惰性载体表面上的液态薄膜，此液膜可称作固定液。流动相可以是具有惰性的气体、液体或超临界流体，其应与固定相和被分离的组分无特殊的相互作用（若流动相为液体或超临界流体可与被分离的组分存在相作用）。

色谱分离能够实现的内因是由于固定相与被分离的各组分发生吸附

（或分配）作用的差别。其宏观表现为吸附（或分配）系数的差别，其微观解释就是分子间相互作用力（取向力、诱导力、色散力、氢键力、络合作用力）的差别。

实现色谱分离的外因是由于流动相的不间断的流动。由于流动相的流动使被分离的组分与固定相发生反复多次（达几百、几千次）的吸附（或溶解）、解吸（或挥发）过程，这样就使那些在同一固定相上吸附（或分配）系数只有微小差别的组分，在固定相上的移动速度产生了很大的差别，从而达到了各个组分的完全分离。

此外，色谱分析法具有物理分离方法的一般优点，即进行时不会损失混合物中的各个组分，不改变原有组分的存在形态也不生成新的物质，因此若用色谱法分离出某一物质，则此物质必存在于原始样品之中。

色谱分离过程的平衡常数可用吸附系数 K_A、分配系数 K_P 和分配比 k 定量地表述，K_A 计算公式为

$$K_A = \frac{m}{V_W}$$

式中 m——在一定柱温和色谱柱平均压力下，每 $1cm^2$ 吸附剂吸附组分的量，g/cm^2；

V_W——$1mL$ 流动相中所含组分的量，g/mL。

分配系数 K_p 计算公式为

$$K_p = \frac{C_S}{C_M}$$

式中 C_S、C_M——在一定柱温和色谱柱平均压力下，样品组分在单位体积固定液和单位体积流动相中的浓度，mol/L。

分配比（或称容量因子）k 计算公式为

$$k = \frac{C_S V_S}{C_M V_M} = \frac{K_p}{\beta}$$

式中 V_S、V_M——柱温、柱平均压力下，色谱柱中固定相和流动相所占有的体积，L；

β——填充色谱动相与固定相的体积比叫相比，$\beta = V_M/V_S$。

五、酸度计的原理及使用维护

1. 原理

酸度计测量系统是由传感器与二次仪表及测量溶液所构成的，而传感器是由测量电极与参比电极组成的原电池，在溶液中原电池的表达式为

$$\text{Ag}\,|\,\text{AgCl},0.1\text{mol/L HCl}\,|\,\text{玻璃敏感膜}\,|\,\text{溶液 pH 值}\,\|\,\text{KCl},\text{Hg}_2\text{Cl}_2\,|\,\text{Hg}$$
$$\quad E_1 \qquad\qquad\quad E_3 \qquad\quad E_4 \qquad\qquad\qquad E_2$$

原电池的电动势为

$$E = (E_2 - E_1) + (E_3 - E_4)$$

$$E = (E_2 - E_1) + \frac{RT}{F}\ln[\text{H}^+]0.1\text{mol/L} - \frac{RT}{F}\ln[\text{H}^+]$$

令
$$E_2 - E_1 + \frac{RT}{F}\ln[\text{H}^+]0.1\text{mol/L} = E^\circ$$

则
$$E = E^\circ + 2.303\frac{RT}{F}\text{pH}$$

上式中的 $\dfrac{2.303RT}{F}$ 项说明了 pH 值与原电池电动势的数字关系，其含义是单位 pH 值的改变所引起的原电池电动势的改变。这种改变称为电极的斜率，用符合 S 表示，表达式为

$$S = 2.303\frac{RT}{F} = (54.19 + 0.198t)\text{mV/pH}$$

当被测溶液中的氢离子活度发生变化时，由两电极组成的测量原电池电动势也会相应改变，将此电动势信号输入二次表进行放大及信号处理后。仪器即可显示出被测溶液的 pH 值了。

2. 使用方法

现以 pHS-2 型酸度计（见图 13-2）为例介绍其测定 pH 时的使用方法。

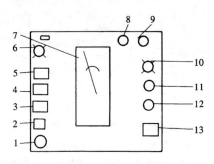

图 13-2 pHS-2 型酸度计调节器示意

1—零点调节器；2—mV 键；3—+mV 键；4—pH 键；5—电源键；6—温度补偿器；
7—指示表；8—甘汞电极接线柱；9—玻璃电极插口；10—量程分挡开关；
11—校正调节器；12—定位调节器；13—读数键

（1）接电源仪器电源为交流电，电压必须符合仪器铭牌上所指明的数据。

（2）安装电极。将玻璃电极夹在夹子上，电极插头插在电极插口9内，并将小螺丝旋紧。将甘汞电极夹在中夹子上，甘汞电极引线连接在接线柱8上，玻璃电极的球部应比甘汞电极下端稍高些。

（3）校正测量 pH 值时，先按下按键4，读数开关13保持不按下状态，左上角指示灯亮，预热数分钟。

1）调节温度调节器6在被测溶液温度值上。

2）将分挡开关10放在"6"，调节零点器1使其指示在 pH "1"。

3）将分挡开关10放在校正位置。调节校正调节器11使其指针指在满度。

4）将分挡开关10放在"6"位置，重复检查 pH "1"位置。

（4）定位：

1）在试杯中放入中性标准缓冲液，查出该温度下的 pH 值。

2）按下读数开关13。

3）调节定位调节器12使其指示在该标准缓冲液的 pH 值，（即分挡开关10上的指示数加表面上指示值），并摇动试杯使指示稳定为止，重复以上操作进行调节。

（5）测量：

1）放开读数开关13。

2）将电极移上，用蒸馏水洗净电极头部，并用滤纸吸干，再调换被测溶液，将电极移下至溶液中，并不断摇动溶液杯。

3）按下读数开关13，调节分挡开关10读出指示值。

3. 维护

为了测量的准确性，酸度计的维护也显得很重要，需注意以下几点：

（1）玻璃电极插口必须保持清洁，不使用时将接续器插入，以防灰尘及潮气浸入。在环境温度较高的场所使用时，应把电极插头用干净布擦干，以保证输入端处于高阻状态。

（2）玻璃电极球泡勿与玻璃杯及硬物相碰，防止球泡破碎或擦伤。安装时参比电极头部要长出球泡头部。活化电极时，应在杯底填放棉花或滤纸。

（3）若玻璃电极的内电极与球泡间有气泡，应设法去掉。若参比电极为甘汞电极，内电极与陶瓷芯之间有气泡，也要设法排除，不要忘记拔去甘汞极的橡皮套及橡皮塞。

（4）玻璃电极球泡勿接触污物，如被污染应用棉花醮四氯化碳擦净，或用 0.1mol /L 的盐酸洗净，然后用蒸馏水冲洗干净。

（5）老化或损坏的电极要及时更换，新电极及干放的电极须在蒸馏水中活化一昼夜。

（6）当按下读数开关，发现打针时，应放开读数开关，然后检查量程分挡开关及其他调节旋钮位置是否适当，电极头部是否浸入溶液。

（7）转动温度补偿器旋钮时，勿用力太大，以防紧固螺丝移位，影响 pH 准确度。

（8）定位时，如定位调节调不到该定位液的 pH 值，说明电极电位。很大或定位液的 pH 值不正确，应更换电极或溶液再试验。

第二节　水汽质量监督

一、样品采集和保存、采样器及维护

水汽样品的采集（包括运送和保管），是保证分析结果准确性极为重要的一个步骤。必须使用设计合理的采样器，选择有代表性的取样点，并严格遵守有关采样、运送和保管的规定，才能获得符合要求的样品。下面介绍采集水样样品的一般规定。

（一）取样冷却装置及维护

（1）汽水取样器的选区，安装和取样点的布置，应根据机组的类型、参数积水器质量监督的要求（或实验要求）而定，应保证采集的水汽样品有充分的代表性。

（2）取样罐应采用不锈钢罐制造（低压锅炉除外）。

（3）除氧水、给水、炉水、蒸汽和疏水的取样装置，必须安装冷却器，取样冷却应有足够的冷却面积，并按在能连续供给足够冷却水量的水源上，在有条件的情况下可采用纯水作冷却。

（4）采样冷却器应定期检修并清除污垢，机炉大修时，应安排检修取样器和所属阀门。

（5）取样管道应定期清洗（至少每周一次）；做系统查定前要冲洗有关取样管道，并适当延长冲洗时间，冲洗后水样流量大至 500 ~ 700 mL/min，以确保样品有充分的代表性。

（6）测定溶解氧的除氧水和汽轮机凝结水，其取样门的盘根和管路应严密不漏空气。

（二）水样的采集方法

（1）采集安有取样冷却器的水样时，应调节阀门开动，使水样流量在 500～700mL/min 稳定，同时调节冷却水量，使水样温度为 30～40℃。蒸汽样品的采集，应根据设计流速取样。

（2）给水、炉水和蒸汽样品，原则上应保持长流。采集其他水样时，应先把管道中的积水放尽并冲洗后方能取样。

（3）盛水样的容器（采样瓶）必须是硬质玻璃或塑料制品（测定硅或微量成分分析的样品，必须使用塑料容器）。采样前，应先将采样瓶彻底清洗干净，采样时再用水样冲洗三次（方法中另有规定者除外），才能收集样品。采样后应迅速盖上瓶盖。

（4）在生水管上取样时，应在生水泵出口处或生水流动部位取样；采集井水时，应在水面下 50cm 处取样；采集城市自来水样时，应先冲洗管道 5～10min 后再取样；采集江、河、湖泊和泉水中的水样时，应将采样瓶浸入水面下 50cm 处取样，并且在不同地点采集，以保证水样有充分的代表性。江、河、湖和泉的水样，受气候、雨量等变化的影响很大，采样时应注明这些条件。

（5）所采集水样的数量应满足试验和复核的需要。供全分析用的水样不得少于 5L，若水样混浊时应分装两瓶，每瓶 2.5L 左右，供单项分析用的水样不得小于 0.3L。

（6）采样现场监督控制试验的水样，一般应使用固定的取样瓶，采集供全分析用的水样应粘贴标签，注明水样名称，采样人姓名，采样地点、时间、温度及其他情况（如气候条件等）。

（7）测定水中一些不稳定成分（如溶解氧、二氧化碳等）时，应在现场取样测定，采样方法应按各测定方法中的规定进行。采集测定铜、铁、铝等的水样时，采样方法应按照各测定方法中的要求进行。

（三）水样的存放与运送

水样在放置过程中，由于种种原因，水样中某些成分的含量可能发生很大的变化。原则上说，水样采集后应及时化验，存放与运送时间应尽量缩短。有些项目必须在现场取样测定，有些项目则可以取样后在实验室内测定。如需要运送到外地分析的水样，应注意妥善保管与运送。

（1）水样的存放时间。水样采集后其成分受水样的性质、温度、保存条件的影响有很大的改变。此外，不同的测定项目，对水样可以存放时间的要求以也有很大差异。所以水样可以存放的时间很难绝对规定，根据一般经验，表 13－1 所列时间可作为参考。

表 13 - 1   水样可以存放时间

水样种类	可以存放时间（h）
未受污染的水	72
受污染的水	12 ~ 24

（2）水样存放与运送时，应检查水样瓶是否封闭严密。水样瓶应放在不受日光直接照射的阴凉处。

（3）水样在运送途中，冬季应防冻，夏季应防曝晒。

（4）化验经过存放或运送的水样，应在报告中注明存放的时间和温度条件。

（四）水质全分析的注意事项

水质全分析时，应做好分析前的准备工作。根据试验的要求和测定项目，选择适当的分析方法，准备分析用的仪器和试剂，然后再进行分析测定。测定时应注意下列事项：

（1）开启水样瓶封口前，应先观察并记录水样的颜色，透明程度和沉淀物的数量及其他特征。

（2）透明的水样在开启瓶后应先辨别气味，并且立即测定 pH、氨、化学耗氧量、碱度、亚硝酸盐和亚硫酸盐等易变项目；然后测定全固体、溶解固体和悬浮固体；接着测定硅、铁铝氧化物、钙、镁、硬度、磷酸盐、硝酸盐、氯化物等项目。

（3）混浊的水样应取其中经澄清的一瓶，立即测定 pH、氨、酚酞碱度、亚硝酸盐、氯化物等项目。将另一瓶水样混匀后，立即测定化学耗氧量，并测定全固体、溶解固体和悬浮固体、硅、铁铝氧化物、钙、镁等项目。

（4）水质全分析结果，必须进行审核，当相对误差超过所规定的允许值时，应查找原因重新测定，直到符合要求。

（5）在水质全分析中，开启瓶封后对易变项目的测定就会有影响，为尽可能减少影响，开启瓶封后要立即测定，并在4h内完成这些项目的测定。

二、水、汽质量监督

为了减缓锅炉及热力设备结垢、腐蚀和积盐的速度，各种水、汽质量应达到一定的标准。水汽质量监督就是通过在线仪表或人工化验的方法，以及相应的科学管理，对各种水、汽质量指标进行的分析测定，看其是否符合标准要求，并在水汽质量发生劣化时采取必要的措施，使各项水汽质量指标恢复并保持在标准要求范围之内。

（一）水汽质量劣化时的处理

当水汽质量劣化时，应迅速检查取样是否有代表性；化验结果是否正确；并综合分析系统中水、汽质量的变化，确定判断无误后，应立即向本厂领导汇报情况，提出建议。领导责成有关部门采取措施，使水、汽质量在允许的时间内恢复到标准值。

下列三级处理值的含义为：

一级处理值——有因杂质造成腐蚀结垢、积盐的可能性，应在 72h 内恢复至标准值。

二级处理值——肯定有因杂质造成腐蚀结垢、积盐的可能性，应在 24h 内恢复至标准值。

三级处理值——正在进行快速腐蚀结垢、积盐，如 4h 水质不好转，应停炉。

在异常处理的每一级中，如果在规定的时间内尚不能恢复正常，则应采用更高一级的处理方法。对于汽包锅炉，恢复标准值的办法之一是降压运行。

（1）凝结水（凝结水泵出口）水质异常时的处理值见表 13-2 规定。

表 13-2 凝结水水质异常时的处理

项　目		标准值	处理等级		
			一级	二级	三级
氢电导率（25℃）（μS/cm）	有精处理除盐	≤0.30	>0.30	—	—
	无精处理除盐	≤0.30	>0.30	>0.4	>0.55
钠（μg/L）	有精处理除盐	≤10	>10	—	—
	无精处理除盐	≤5	>5	>10	>20

注　1. 主蒸汽压力大于 18.3MPa 的直流炉，凝结水氢电导率标准值为不大于 0.20μS/cm，一级处理为大于 0.20μS/cm。

2. 用海水冷却的电厂，当凝结水中含钠量大于 400μg/L 时，应紧急停炉。

（2）锅炉给水水质异常时的处理值，见表 13-3 规定。

表 13-3 锅炉给水水质异常时的处理

项　目		标准值	处理值		
			一级	二级	三级
氢电导率（25℃）（μS/cm）	无精处理除盐	≤0.30	>0.30	>0.40	>0.65
	有精处理除盐	≤0.15	>0.15	>0.20	>0.30

第十三章　水、汽监督与分析测试

项　目		标准值	处理值		
			一级	二级	三级
pH[a]（25℃）	无铜给水系统[b]	9.2~9.6	<9.2	—	—
	有铜给水系统	8.8~9.3	<8.8 或 >9.3	—	—
溶解氧（μg/L）	还原性全挥发处理	≤7	>7	>20	

a　直流炉给水 pH 值低于 7.0，按三级处理。

b　凝汽器管为铜管，其他换热器管均为铜管机组，给水 pH 标准值为 9.1~9.4，
　　一级处理为 pH 值小于 9.1 或大于 9.4，采用加氧处理的机组（不包括采用中
　　性加氧处理的机组），一级处理为 pH 值小于 8.5。

（3）锅炉水质异常时的处理值，见表 13-4 的规定。

表 13-4　　　　　　　　　锅炉水质异常时的处理

锅炉汽包压力（MPa）	处理方式	pH（25℃）标准值	处理值（pH 值）		
			一级	二级	三级
3.8~5.8	炉水固体碱化剂处理	9.0~11.0	<9.0 或 >11.0	—	—
5.9~10.0		9.0~10.5	<9.0 或 >10.5	—	—
10.1~12.6		9.0~10.0	<9.0 或 >10.0	<8.5 或 >10.3	—
>12.6	炉水固体碱化剂处理	9.0~9.7	<9.0 或 >9.7	<8.5 或 >10.0	<8.0 或 >10.3
	炉水全挥发处理	9.0~9.7	<9.0	<8.5	<8.0

注　炉水 pH 值低于 7.0，应立即停炉。

当出现水质异常情况时，还应测定炉水中的含氯量、含钠量、电导率和碱度，以便查明原因，采取对策。

（二）水汽质量监督项目

1. 蒸汽质量监督项目

在火力发电厂的整个水汽循环系统的各类设备中，汽轮机对杂质最为敏感；当蒸汽在汽轮机中膨胀时，其中所含杂质的溶解度降低，逐个变成

第三篇　电厂水化验

不溶解的并在汽流通道表面沉积出来。同时在汽轮机中浓缩的腐蚀介质还会损坏其部件，从而影响汽轮机带负荷能力和降低部件的使用寿命。为此，对锅炉产生的饱和蒸汽或过热蒸汽提出了纯度的要求。

（1）铁和铜。过去锅炉蒸汽的质量监督主要是从防止汽轮机积盐的角度考虑的，只规定了蒸汽中钠和二氧化硅的监测。从一些电厂的情况来看，汽轮机通流部分沉积有较多的金属氧化物，其中氧化铁约占 40% ~ 60%，氧化铜约占 20% ~ 30% 为了减缓汽轮机高压及中压部位铁、铜氧化物的沉积速度，增加了铁、铜含量监测。

（2）电导率。电导率是总溶解固型物的一种间接测定，目前是检测水质纯度的一种最简便的办法。为了避免氨的干扰，一般不用总电导率，而采用氢离子交换后的电导率。总溶解固型物的组分，在 12.36 ~ 24.03MPa 高压蒸汽中有不同的溶解度极限值时，就会析出。随着蒸汽压力在汽轮机中的降低，这些组分会在汽轮机的不同部位析出并沉积。这些沉积物并非是全腐蚀性的但其中汽轮机中的积聚会降低汽轮机的通流能力和效率，增加推力负荷，并且沉积物可能裂开为固体颗粒而擦伤汽轮机部件。

（3）含钠量。表征蒸汽污染程度的指标应为蒸汽含钠量，但蒸汽含盐量无简便而可靠的测定方法。蒸汽中的盐类主要是钠盐，故蒸汽中的含钠量可以表征蒸汽含盐量的多少。

通常除了发生汽水共腾外，蒸汽中可溶性盐类如钠盐，不会在过热器中沉积，在通过汽轮机时则由于压力降低而析出并沉积在叶片上。钠本身并不是腐蚀性的，但是在与氯离子、硫酸根、氢氧根结合时，会成为汽轮机应力腐蚀龟裂的因素。为了便于及时发现蒸汽品质劣化的情况，应连续测定（最好是自动记录）蒸汽含钠量。

（4）含硅量。蒸汽中的硅化合物会沉积在汽轮机内，形成难溶于水的二氧化硅附着物。从许多电厂运行经验来看，控制蒸汽中含硅量不超过 $20\mu g/L$，可以避免汽轮机叶片上产生过多的二氧化硅沉淀。

2. 给水质量监督项目

锅炉给水质量应能防止给水系统及其设备内部发生腐蚀，以减少腐蚀产物及其他杂质随给水带入锅炉，使锅炉受热面内壁和蒸汽通流部位基本上无沉淀物。目前，在国内电厂中已大量采用化学除盐水作为锅炉的补给水，给水的纯度提高了，但其缓冲性减少了，因此，控制给水中微量杂质的含量就显得更加重要。

（1）硬度。根据电厂反映，高压锅炉给水硬度超过 $1.5\mu mol/L$ 时，锅内结垢,积渣量明显增多,故应按要求控制硬度。

(2)铁铜和 pH 值。给水中的铁铜及其氧化物随给水进入锅炉,最终沉积在炉管内壁上。这些铁铜氧化物会与磷酸盐处理形成的泥渣状沉积物黏结在一起,很容易附着在炉管内表面,这种附着物的隔热能力很强,达到一定厚度时会引起炉管过热而爆管。同时,这些随给水进入锅炉的金属氧化物,在炉管内表面若形成多孔的疏松沉积物,便会使炉水中氢氧化钠或氯化镁等盐类在沉积物下浓缩,导致炉管内表面四氧化三铁保护膜的溶解,造成炉管的腐蚀。当给水采用全挥发性处理时,给水一旦被铁污染就会超过挥发性药剂的抑制能力,导致锅炉腐蚀。此外,给水中铁,铜含量可作为评价热力系统金属腐蚀程度的依据之一。

给水的含铁量与给水 pH 值有很大关系。通常 pH 在 9.2~9.6 之间时碳钢的腐蚀速度最低。但 pH 太高,在凝汽器空冷区,低压加热器的汽侧等地方会发生氨的富集,引起氨对钢材的腐蚀。为兼顾钢材和铜材,使二者的腐蚀速度均在允许范围之内,对于不同锅炉,制定了不同的给水 pH 值标准。

(3)溶解氧。给水系统的腐蚀程度与给水溶解氧浓度的大小有关。为了防止给水系统的氧腐蚀,应尽可能降低给水中溶解氧的含量。监督给水溶解氧也可以了解除氧器效果。

(4)联氨。联氨在除氧的同时,在一定的温度范围内,联氨还可以促进钢铁表面氧化膜的形成,并可使氧化铜还原成具有保护性质的氧化亚铜。水中过剩联氨在较高温度下会发生分解,产生氨和氮。为避免水汽系统含氨量过高,联氨过剩量不宜太大。

(5)总碳酸盐。碳酸化合物随给水进入锅炉会产生二氧化碳被蒸汽带走。实践证明,若蒸汽中二氧化碳较多时,即使进行水的加氨处理,热力系统中某些设备和管道仍会发生腐蚀,导致铁、铜腐蚀产物的增高。因此,对给水总碳酸盐含量应加以控制。此指标主要取决于补给水处理方式,在运行中只能做到监测漏入系统的二氧化碳含量。根据现场运行经验,规定工作压力高于 12.7MPa 的锅炉,给水总碳酸盐含量应不大于 1mg/L。

(6)油。给水中如果含有油,它被带进锅炉内以后会产生以下危害:

1)油质附着在炉管管壁上并受热分解而生成一种导热系数很小的附着物,会危害炉管的安全。

2)会使锅炉水中生成漂浮的水渣并促进泡沫的形成,容易引起蒸汽质量劣化。

3）含油的细小水滴若被蒸汽携带到过热器中，会附着在过热器管壁上而使其过热。

4）对于有凝结水精处理的机组，会污染凝结水精处理混床树脂。

3. 汽轮机凝结水质量监督项目

汽轮机凝结水是锅炉给水的主要组成部分，凝结水的某些监控项目应与给水标准接近或一致。同时凝结水质量也是检验汽轮机凝汽器及其真空系统严密性的标志之一。通常凝结水的监督项目为硬度、溶解氧及二氧化硅。漏入凝结水中的硬度和二氧化硅的量又与循环冷却水的质量有关。对于使用高含盐量、低硬度的碱性水以及海水或受海水污染的水作为冷却水的电厂，单纯用凝结水的硬度监视凝汽器泄漏程度是不够的，有可能硬度未超过标准，而二氧化硅或其他成分已影响了锅炉蒸汽或炉水的质量。为此，对于工作压力高于 12.7MPa 的机组，还规定凝结水的电导率应不大于 0.3μS/cm（H^+ 交换后）。

凝结水氧含量的高低会引起低压给水系统发生程度不同的腐蚀。为了减轻氧对低压系统的腐蚀，根据机组参数的不同，对凝结水溶氧量规定了不同的上限。

另外，直流锅炉机组凝结水需要进行处理。国内有的亚临界汽包锅炉也进行凝结水处理。根据国内外凝结水处理设备运行经验，对凝结水经氢型混床处理后的水质标准也作了明确规定。

4. 锅炉炉水质量监督项目

炉水的质量不仅会直接影响蒸汽品质，同时对锅炉的某些部位发生酸性腐蚀或碱性腐蚀也有一定的影响。多年来的运行实践证明，即使采取化学除盐水作为锅炉补给水，凝结水处理等措施，炉内还是会有沉积物形成。通过对炉水中杂质含量的控制并加入适当的药剂进行辅助处理，有助于减缓炉内沉积物的形成和各种腐蚀的发生。

5. 补给水质量

补给水的质量，以不影响给水质量为标准。通常监督的项目有硬度、二氧化硅、电导率等。补给水的预处理对补给水的质量起着非常重要的作用，因此预处理出水残余氯、浊度、耗氧量也应列入监督范围内。

（1）残余氯。当水中有游离氯存在时，阳离子交换树脂被氧化，树脂变的易碎，交换容量降低。同时树脂的氧化产物会影响除盐水水质。

（2）悬浮物。离子交换器的进水浊度对运行有较大影响。浊度大会使污泥水被截留在树脂层表面或渗入树脂层深处，影响出力和再生。特别是对逆流再生的离子交换器，会造成大反洗次数增多，失去了逆流再生的优点。

（3）耗氧量。有机物对强碱性阴树脂的污染是化学除盐系统中一个十分重要的问题，它会造成树脂交换容量下降，而且还会使出水电导率升高，漏硅量增大，pH 值降低。有机物进入热力系统还会引起设备的腐蚀。

三、水、汽监测项目的分析方法

（一）电导率的测定

1. 概要

与第二篇第四章 第一节 相同，不再赘述。

2. 仪器

（1）测定电导率用的专用仪器。

常用的有 DDS－11A 电导率仪及 DDD－32B 电导率仪等。

（2）电导电极及其他附属装置。

3. 试剂

（1）1mol/L 氯化钾标准溶液。准确称取 74.55g 预先在 150℃烘箱中烘 2h，并在干燥器内冷却的优级纯氯化钾（或基准试剂），用新制的高纯水溶解后稀释至 1.00L。此溶液在 25℃时的电导率为 111800μS/cm。

（2）0.1mol/L 氯化钾标准溶液。将 1mol/L 氯化钾标准溶液用新制的高纯水稀释至 10 倍即可。此溶液的电导率在 25℃时为 12880μS/cm。

（3）0.01mol/L 氯化钾标准溶液。将 0.1mol/L 氯化钾标准溶液用新制的高纯水稀释至 10 倍即可。此溶液的电导率在 25℃时为 1413μS/cm。

4. 测定方法

（1）电导率仪的校正。按仪器说明书的要求进行。

（2）电导池常数的标定。用未知电导池常数的电极，测定已知电导率的氯化钾标准溶液的电导，然后按所测结果算出该电极的电导池常数。为了减小标定的误差，应选用电导率与待测水样相似的氯化钾标准溶液进行标定。

若标定电极用的氯化钾标准溶液的电导率为 DD_{KCl}（μS/cm），标定该电极时测得的电导为 G_{KCl}（μS），配制氯化钾标准溶液所用高纯水本身的电导率为 DD_{H_2O}（μS/cm）时，则该电极的电导池常数 K（cm^{-1}）应为 $K \equiv (DD_{KCl} + DD_{H_2O})/G_{KCl}$。各种氯化钾标准溶液在不同温度下的电导率，列于表 13－5 中。

（3）电导电极的选用。实验室测量电导率的电极，通常都使用铂电极。铂电极分为二种：光亮电极和铂黑电极。光亮电极适用于测量电导率较低的水样，而铂黑电极适用于测量中、高电导率的水样。

表 13－5　　　　　　氯化钾标准溶液的电导率　　　　　　μS/cm

温度(℃) \ 浓度(mol/L)	1	0.1	0.01	0.001	温度(℃) \ 浓度(mol/L)	1	0.1	0.01	0.001
10.0	83190	9330	1020.0	105.57	22.0	105940	12150	1332.0	138.30
10.5	84130	9450	1032.2	106.89	22.5	106920	12270	1345.5	139.70
11.0	85060	9570	1044.4	108.20	23.0	107890	12390	1395.0	141.10
11.5	86000	9675	1056.7	109.55	23.5	108870	12515	1372.5	142.55
12.0	86930	9780	1069.0	110.90	24.0	109840	12640	1386.0	144.00
12.5	87870	9890	1081.5	112.20	24.5	110820	12760	1399.5	145.40
13.0	88800	10000	1094.0	113.50	25.0	111800	12880	1413.0	146.80
13.5	89730	10125	1107.0	114.78	25.5	112790	13005	1427.0	148.25
14.0	90670	10250	1120.0	116.10	26.0	113770	13130	1441.0	149.70
14.5	91610	10365	1133.5	117.45	26.5	114760	13250	1454.5	151.15
15.0	92540	10480	1147.0	118.80	27.0	115740	13370	1468.0	152.60
15.5	93490	10600	1160.0	120.30	27.5	116730	13495	1482.0	154.10
16.0	94430	10720	1173.0	121.60	28.0	117710	13620	1496.0	155.60
16.5	95380	10835	1186.0	122.95	28.5	118700	13745	1510.0	157.00
17.0	69330	10950	1199.0	124.30	29.0	119680	13870	1524.0	158.40
17.5	97290	11070	1212.0	125.70	29.5	120670	13990	1538.0	159.90
18.0	98240	11190	1225.0	127.10	30.0	121650	14120	1552.0	161.40
18.5	99130	11310	1238.0	128.50	31.0	—	14370	1581.0	—
19.0	100160	11430	1251.0	129.90	32.0	—	14620	1609.0	—
19.5	101250	11526	1264.5	131.30	33.0	—	14880	1638.0	—
20.0	102090	11670	1278.0	132.70	34.0	—	15130	1667.0	—
20.5	103050	11790	1291.5	134.10	35.0	—	15390	—	—
21.0	104020	11910	1305.0	135.50	36.0	—	15640	—	—
21.5	104980	12030	1318.5	136.90					

电导池常数分为下列三种：即 0.1 以下，0.1～1.0 及 1.0～10。电导池常数的选用，应满足所用测试仪表对被测水样的要求，例如某电导仪最小的电导率仅能测到 10^{-6}S/cm，而用该仪器测定电导率小于 0.2μS/cm 的高纯水时，就应选用电导池常数为 0.1 以下的电极。若所用仪表的测试下限可达 10^{-7}S/cm，则用该仪表测定高纯水时，可用电导池常数为 0.1～1.0 的电极。为了减少测定时通过电导池的电流，从而减小极化现象的发生，通常电导池常数较小的电极，适用于测定低电导率的水样；而电导池常数大的电极，则适用于测定高电导率的水样。

（4）频率的选用。为了减少测定时电极极化和极间电容的影响，若测定电导率大于 100μS/cm 的水样时，应选用频率为 1000Hz 以上的高频率；测定电导率小于 100μS/cm 的水样时，则可用 50Hz 的低频率。

（5）电极导线容抗的补偿。在选用高频率以及测定电导率小于 1μS/cm 的纯水或高纯水时，应考虑到电极导线容抗的补偿问题。某些电导仪有 0～14pF 的容抗补偿电容器，则所用电极导线的长短和两根导线的平行问题，以及仪表和电极的接地问题等等，都应在这个容抗补偿的范围之内，否则对所测的结果会带来误差。补偿的方法：将干燥的电导电极连同导线接在仪表上，将电导仪的选择开关放在最小一挡测量。若此时电导仪的读数不是"零"，则应用补偿电容器将读数调整为零。补偿完毕后即可进行测量。

（6）电导率的测定。按照各电导仪的操作方法，在水温为 10～30℃ 的条件下，测出水样的电导率或电导，并记录水样的温度，将测得的结果换算到 25℃ 时的电导率，即

$$DD_{25℃} \equiv \frac{GK}{1 + \beta(t - 25)} \qquad (13-6)$$

式中　$DD_{25℃}$——转换成 25℃ 时水样的电导率，μS/cm；

　　　　G——测定水温为 t℃ 时的电导，μS；

　　　　K——电导池常数，cm^{-1}；

　　　　β——温度校正系数，对 pH 为 5～9，电导率为 30～300μS/cm 的天然水，β 的近似值为 0.02。

5. 注释

（1）当电导仪具有比电阻和电导率两个相对应的刻度时，可用标准电阻或电阻箱代替电导电极核对仪表的读数。

（2）测量电导率时，应注意水样与测试电极不受污染，因此。在测量前应反复冲洗电极，同时还应避免将电极浸入浑浊和含油的水样中，以

免污染电极而影响其电导池常数。

（3）在测量高纯水时（电导率≤0.2μS/cm），应采用水样连续流动的现场测试法。水样的流速应尽量保持恒定，并且使电极杯中有足够的水样流量，以免影响读数。本法所用的全部胶皮管均应经过充分擦洗，酸洗，用高纯水冲洗干净之后，才能使用。

（4）因各种离子的迁移速度不一样，其中以氢离子为最大，氢氧根离子次之，钾、钠、氯以及硝酸根等离子都很接近，而重碳酸根离子和多价阴离子为最小。因此同样浓度的酸、碱、盐的电导率相差很大。当电解质溶液的浓度不超过10%～20%时，电解质的电导率实际上与浓度成正比，而浓度过高时，电导率反而下降，这是因为电解质的表观离解度下降了。因此，一般用各种电解质无限稀释时的当量电导计算该溶液的电导率与含盐量的关系。

（5）测定电导率时，应特别注意被测溶液的温度。因溶液中离子的迁移速度，溶液本身的黏度都与水温有密切的关系。对中性盐而言，温度每增加1℃，电导率约增大2%，平时所测得的电导率都应换算成25℃的数值表示。

（6）根据实际经验，通常在pH为5～9范围内，天然水的电导率与水溶液中溶解物质之比，大约为1:(0.5～0.6)（即1μS/cm相当于0.5～0.6mg/L）。

（7）电导率的温度系数β受电解质种类、浓度、水样温度范围影响，所以采用不同温度测定电导率换算成25℃数值的方法，不如恒温25℃测定法精度高。就温度系数β而言，在较高浓度和通常温度下，酸类溶液的$\beta \approx 0.015$，碱类溶液的$\beta \approx 0.017～0.019$，盐类溶液的$\beta \approx 0.02～0.024$。理论纯水在25±5℃范围内，温度系数$\beta \approx 0.05～0.06$。因此，对小于0.2μS/cm的高纯水来说，已较接近于纯水的电导率理论值（$DD_{25℃} = 0.055μS/cm$）。温度系数β宜采用理论纯水的数值，即$\beta \approx 0.05$。

（二）pH的测定

1. 概要

已讲过，不再重复。

2. 仪器

（1）试验室用pH表，附电极支架以及测试用烧杯。

（2）pH电极、饱和或3mol/L氯化钾甘汞电极。

3. 试剂

（1）pH=4.00标准缓冲溶液　准确称取预先在恒温箱中干燥过的优

级纯邻苯二甲酸氢钾（KHC$_8$H$_4$O$_4$）10.21g，溶解与少量除盐水中，并稀释至1L。

（2）pH = 6.86 标准缓冲溶液 准确称取经 115 ± 5℃ 干燥的优级纯磷酸二氢钾（KH$_2$PO$_4$）3.4020g 以及优级纯无水磷酸氢二钠（Na$_2$HPO$_4$）3.55g，溶于少量除盐水中，并稀释至1L。

（3）pH = 9.20 标准缓冲溶液 准确称取优级纯四硼酸钠（硼砂）（Na$_2$B$_4$O$_7$·10H$_2$O）3.81g，溶于少量除盐水中，并稀释至1L。此溶液储存时，应用充填有烧碱石棉的二氧化碳吸收管防止二氧化碳影响。

上述标准缓冲溶液在不同的温度条件下，其 pH 值的变化列在表 13 - 6 中。

表 13 - 6   标准缓冲溶液在不同的温度条件下的 pH 值

温度（℃）	邻苯二甲酸氢钾	中性磷酸盐	硼　　砂
5	4.01	6.95	9.39
10	4.00	6.92	9.33
15	4.00	6.90	9.27
20	4.00	6.88	9.2
25	4.01	6.86	9.18
30	4.01	6.85	9.14
35	4.02	6.84	9.10
40	4.03	6.84	9.07
45	4.04	6.83	9.00
50	4.06	6.83	9.01
55	4.08	6.84	8.9
60	4.10	6.84	8.96

4. 测定方法

（1）仪器校正。仪器开启 0.5h 后，按仪器说明书的规定，进行调零，温度补偿以及满刻度校正等手续。

（2）pH 定位。定位用的标准缓冲溶液应选用一种其 pH 值与被测溶液相近的缓冲溶液。在定位前，先用蒸馏水冲洗电极及测试烧杯两次以上，然后用干净滤纸将电极底部残留的水滴轻轻吸干，将定位溶液倒入测试烧杯内，浸入电极。调整仪器的零点，温度补偿以及满刻度校正。最后根据所用定位缓冲液的 pH 值将 pH 表定位。重复 1～2 次，直至误差在允许范围内。定位溶液可保留下次再用。但若有污染或使用数次后，应更换新鲜缓冲溶液（硼砂缓冲溶液，很容易吸收二氧化碳，不提倡反复使用）。

（3）复定位。复定位即将上述定位后的 pH 表对另一 pH 值缓冲溶液进行测定（若定位时用 pH 为 4.00 的标准缓冲溶液，则复定位时用 pH 为 6.86 的标准缓冲溶液）。若所测结果与复定位缓冲溶液的 pH 值相差 ±0.05pH（pHS-2 或 pHS-3 型仪表）以内时，即可认为仪器和电极均属正常，可进行 pH 测定。复定位溶液的处理，应按定位溶液的规定进行。

（4）水样的测定。将复位后的电极和测试烧杯，反复用蒸馏水冲洗 2 次以上，再用被测水样冲洗 2 次以上。然后将电极浸入被测溶液，即可读取仪表指示的 pH 值。测定完毕后，应将电极用蒸馏水反复冲洗干净，最后将 pH 电极浸泡在蒸馏水中备用。

5. 注释

（1）新电极或长时间干燥保存的电极在使用前，应将电极在蒸馏水中浸泡过夜，使其对称电位趋于稳定。如有急用，则可将上述电极浸泡在 0.1mol/L 盐酸中至少 1h，然后用蒸馏水反复冲洗干净后才能使用。

（2）对污染的电极，可用占有四氯化碳或乙醚的棉花轻轻擦净电极头部。若发现敏感泡外壁有微锈，可将电极浸泡在 5%~10% 的盐酸中，待锈消除后再用，但绝不可浸泡在浓盐酸中，以防敏感膜严重脱水而报废。

（3）为了减少测定误差，定位用 pH 标准缓冲溶液的 pH 值，应与被测水样的相接近。当水样 pH 值小于 7.0 时，应使用 pH=4.00 标准液定位，以 pH=6.86 或 pH=9.18 的标准液复定位；若水样 pH 值大于 7.0 时，则应用 pH=9.18 的标准液定位，以 pH=4.00 或 pH=6.86 的标准液复定位。

（4）进行 pH 测定时，还必须考虑到玻璃电极的"钠差"问题，即被测水样中的钠离子的浓度对氢离子测定的干扰。特别是对 pH>10.5 的高 pH 测定，必须选用优质的高碱 pH 电极，以减少"钠差"的影响。

（5）根据不同的测量要求，可选用不同精度的仪器，例如 pH-29A 型 pH 表，其测量精度为 0.1pH，而 pHS-2 和 pHS-3 型 pH 表，其测量精度为 0.02pH。

（6）测定电导率小于 1.0μS/cm 的纯水的 pH 值，由于其阻抗过高，采用通常方法会产生一定误差。为了减少高阻抗的影响，可采取如下措施：

1）加快甘汞电极氯化钾的扩散速度，可在氯化钾添加口处，加接高位氯化钾溶液；

2）在水样中，加 1~2 粒基准氯化钾或氯化钠的晶体，溶解混和，使水样阻抗降低后，再按通常方法快速测量；

3）为了防止空气中二氧化碳或其他杂质的影响，条件许可下采用连续流动测定，如使用工业 pH 表。

（7）温度对 pH 值测定的准确性影响较大。对于 pH>8.3 的水样，在相同的酚酞碱度下出现实测 pH 值随水温升高而下降的现象。其原因由于温度变化，引起众多影响 pH 值的因素改变，而仪器上的温度补偿仅能消除一个因素的影响。为了消除温度影响，水样可采取水浴升温或降温的措施，使 pH 的测定在 25℃ 时进行。当采取记录温度并进行温度校正的方式，测定碱性水的 pH 值时，那么实测酚酞碱度计算出的 pH 值与温度校正后的 pH 值，两者相差小于 0.1pH，测定的 pH 值才符合要求。

（8）用玻璃电极与甘汞电极组成的测量电池测定 pH 时，若每次定位时都产生较大的偏差，有可能是甘汞电极液络部氯化钾扩散量过小引起的。这可用如下方法检查：取 200mL 蒸馏水注入 250mL 烧杯中，加 15mL、0.03mol/L 硝酸银溶液，混匀后将甘汞电极液络部浸入至溶液高度的 1/2 处，若即显出氯化银带状物，说明甘汞电极液络部扩散较快，反之，说明扩散较慢，应进行处理。

（9）pH 玻璃电极也有使用年限问题。电极质量不同，电极寿命也不相同。进行电极的能斯特转换率（实测值与理论值之比称转换率）的测定，检查电极的性能，即测定不同 pH 值下的电极能斯特斜率，对于转换率超过 100%±5% 的电极一般不能使用。对展缓率达不到 100% 电极，可采用三点位，用回归方法测定，这样能减少测定误差。

（三）钠的测定

1. 概要

当钠离子选择性电极——pNa 电极与甘汞参比电极同时浸入水溶液后，既组成测量电池。其中 pNa 电极的电位随溶液中的钠离子的活度而变化。用一台高输入的毫伏计测量，可获得同水溶液中钠离子活度相对应的电极电位，用 pNa 值表示，即

$$pNa = -\lg\alpha Na^+ \qquad (13-7)$$

pNa 电极的电位与溶液中钠离子活度的关系，符合能斯特公式，即

$$E = E_0 + 2.3026\frac{RT}{NF}\lg\alpha Na^+ \qquad (13-8)$$

离子活度与浓度的关系为

$$\alpha = \gamma C \qquad (13-9)$$

式中　α——离子的活度，mol/L；

　　　γ——离子的活度系数；

　　　C——离子的浓度，mol/L。

根据测试的结果，若 C 小于 10^{-3} mol/L 时，$\gamma \approx 1$，此时活度与浓度项接近。当 C 大于 10^{-3} mol/L 时，γ 小于 1，所测得的结果必须要考虑活度系数的修正。

当测定溶液的 C_{Na^+} 小于 10^{-3} mol/L，若被测溶液和定位溶液的温度为 20℃，则式（13-8）可简化为

$$0.058 \lg \frac{C'_{Na^+}}{C_{Na^+}} = \Delta E \qquad (13-10)$$

$$0.058(pNa - pNa') = \Delta E \qquad (13-11)$$

$$pNa = pNa' + \frac{\Delta E}{0.058} \qquad (13-12)$$

式中　C'_{Na^+}——定位溶液的钠离子浓度，mol/L；

　　　C_{Na^+}——被测溶液的钠离子浓度，mol/L。

测定水溶液中钠离子浓度时，应当特别注意氢离子以及钾离子的干扰。前者可通过加入碱化剂，使被测溶液的 pH > 10 来消除；后者必须严格控制 $C_{Na^+} : C_{k^+}$ 至少为 10:1，否则对测试结果会带来误差。本方法在电极和试验条件良好的情况下，仪表可指示出 0.23μg/L 的钠离子含量。

2. 仪器

（1）DWS-51 型钠度计。或用 pHS-2、pHS-3 型等性能相类似的其他表计。

（2）钠离子选择性电极。6801 型或其他型号的 pNa 电极。

（3）甘汞电极。根据不同的场合选用 0.1、3.3mol/L 或饱和氯化钾甘汞电极。

3. 试剂

（1）氯化钠标准液（即定位液）的配制：

1）pNa2 标准贮备液（10^{-2} mol/L Na$^+$）。精确称取 1.169g，经 250～350℃烘干 1～2h 的基准试剂（或优级纯）氯化钠（NaCl），溶于高纯水中，然后移入容量瓶中并稀释至 2L。

2）pNa4 标准溶液（10^{-4} mol/L Na$^+$）。取 pNa2 贮备液，用高纯水精确稀释至 100 倍。

3）pNa5 标准溶液（10^{-5} mol/L Na$^+$）。取 pNa4 标准溶液，用高纯水精确稀释至 10 倍。

（2）碱化剂的配制：

1）二异丙胺母液 [（CH$_3$)$_2$CHNHCH（CH$_3$)$_2$] 的含量，应不少于 98%，直接贮存于小塑料瓶中。

2）二异丙胺溶液（1+33）或（1+80），适用于连续动态测定法。

3）33% 二甲胺溶液或 10%～15% 二甲胺溶液 [（CH$_3$)$_2$NH，$M = 45.08$]。此试剂适用于气态碱化连续测定法。根据所测水样的特性以及实验时的环境温度，选用适当浓度的二甲胺溶液。

4. 测定方法

根据水样是否流动，本测定方法可分为静态和动态两种。动态 pNa 测定又可分为实验室动态、现场添加碱化剂动态以及现场气态碱化法动态三种。从测量的准确度来讲，动态要比静态好。

（1）静态测定法：

1）仪器开启 0.5h 后，按仪器的说明书进行调零、温度补偿以及满刻度校正等操作。

2）用 pNa4 标准溶液定位。定位应重复核对 1～2 次，直至重复定位误差不超过 ±0.02pNa。定位完毕，应当进行 pNa5 校核，如测 pNa5 标准溶液时，钠度计的指示为 pNa5.00±（0.02～0.03），则说明仪器及电极均正常，即可进行水样测定。

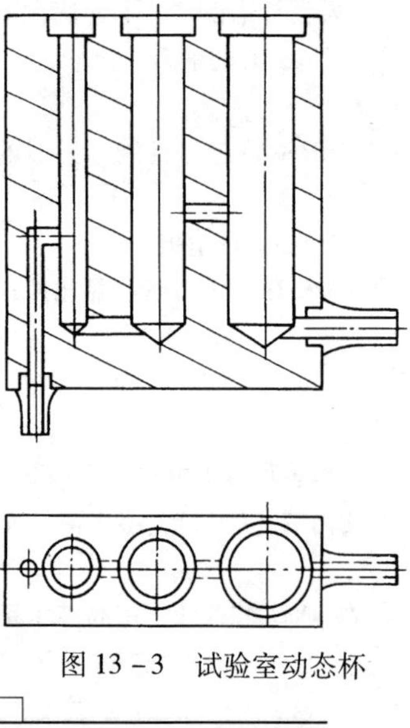

图 13-3　试验室动态杯

3）水样测定。用 pH 调至 10 以上的高纯水反复冲洗电极和电极杯，是 pNa 计读数在 pNa6.5 以上（或冲洗到 pNa 计读数值接近被测值），再用已加二异丙胺的被测溶液（水样）将电极冲洗数次。最后重新取被测溶液，调节 pH 至 10 以上，进入电极，再次进行调整温度补偿等操作。然后按下仪表读数开关，待仪表指针平衡后记录读数（对 pNa6 以上的水样，应读取最高 pNa 值）。

（2）实验室动态测定法：

1）选用实验室动态测定电极杯（见图 13-3）并装在固定支架上，在

第三篇　电厂水化验

离电极杯约 100~200mm 高度处，安放另一支架，以便放置 500mL 的聚乙烯稳压瓶。用 φ2~φ3 的聚乙烯毛细管作为固定的虹吸管，然后用 3mm 厚壁的胶管将虹吸管与电极杯相连接。测定时需用三只 500mL 的聚乙烯稳压瓶交替使用，一只放 pNa4 的定位溶液，一只放校核用的 pNa5 标准溶液，另一只放高纯水或被测水样。所有定位溶液，校核溶液，高纯水以及被测样都需要是先在每 500mL 中加入适量的二异丙胺母液，使水样的 pH 值大于 10，再通过电极杯。当更换溶液时，应当暂时夹住胶管，以免破坏虹吸，同时应当尽量避免相互污染，以减少测定误差。

2）将调过 pH 的 pNa4 定位溶液以 50mL/min 左右的流速通过电极杯，为了减少定位溶液的消耗，通样前应做好钠度计的调零、温度补偿、满刻度校正等操作手续。在定位溶液流入电极杯后 1~2min 内，调好温度补偿并将量程放在 pNa4.00 的刻度上，并在 5~10min 内连续测定 2 次以上，知道所测误差不超过 4.00 ±0.02 时为止。

3）用高纯水（pH 调至 10 以上）冲洗电极，使 pNa 计读数不小于 7，然后换用 pNa5 标准溶液进行复核，若钠度计指示为 pNa5.00 ±（0.02~0.03）时，即可认为仪器及电极均正常，即可进行水样测定。

4）用调整过 pH 的高纯水冲洗电极至 pNa 计读数在 7.0 以上（或冲洗到 pNa 计的指示值接近被测值），然后迅速换成调整过 pH 的被测水样，使其以 50mL/min 左右的流速通过电极杯。再次调节温度补偿等操作后，按下读数开关，待稳定后记录读数。

5）测定多种水样时，只要将电极杯用被测水样冲洗干净，不必另行定位。如对所测结果有疑问，则可进行复定位，然后按上述步骤重新进行测定。

（3）添加碱化剂连续动态测定法：

1）取添加碱化剂连续动态测定杯，如图 13-4 所示，安装

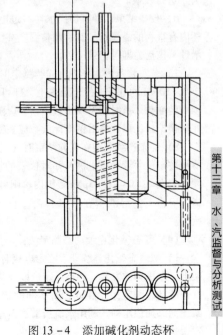

图 13-4　添加碱化剂动态杯

在固定支架上。电极板进口应用 Y 型管相连，一路接定位溶液管，另一路接被测水样管，并用螺旋夹初步调整其流量。

2）将二异丙胺溶液（1＋80）注入另一个体积大于 1L 的聚乙烯或有机玻璃制成的稳压桶内。稳压桶应放在比电极杯高 260～300mm 处，并用厚壁胶管使其同电极杯相连接。二异丙胺的加入量根据水样的特性和流速，一般控制在每分钟 15 滴左右。可用 1% 酚酞指示剂检验电极杯排出水，酚酞呈深红色即可。

3）先将水样通过电极杯，并立即滴加碱化剂。冲洗电极杯 5min 左右，调换以 pNa4 的标准溶液通过电极杯，并调节螺旋夹，保持有少量定位溶液从溢流口排出。定位溶液冲洗 5min 左右，即可按上述 2 "实验室动态测定法"进行仪表定位操作。

4）定位完毕，将高纯水或被测水样通过电极杯以冲洗电极，这时可松开螺旋夹，加大冲洗液流速（以加速冲洗速度）。在切换过程中，碱化剂的加入量应保持不变，并随时用 1% 酚酞指示剂检查电极杯的排水。

5）冲洗完毕后，应以 pNa5 的标准溶液按上述 2 "实验室动态测定法"进行校核。

6）校核结束，即可切换水样通过电极，并可松开螺旋夹，保持溢流杯内有很大的溢流量。然后调整温度补偿旋钮，按下读数开关，待仪表指示针平衡后，即可记录读数。

7）若需将所测水样进行连续测定时，可将钠度计的输入信号接到一个 0～10mV 的电子电位记录表上，即可连续记录 pNa 值在一个数量级范围内的变化。这时若发现读数出格，应随时调节钠度计的选择开关，并做好切换记录，以便核对钠度计读数应在哪一个数量级上。

8）动态连续测定在实验结束时（一般不超过 8h），应将 pNa4 的定位溶液按定位手续通过电极，并对仪表的读数进行复核。若经 8h 后仪表的漂移值在 ±0.03～0.05pNa 范围内，则可认为所测结果是可信的。复核完毕，应将定位溶液留在电极杯内，并立即关闭加碱化剂厚壁胶管的螺旋夹。

（4）气态碱化连续动态测定法：

1）取气态碱化连续动态测定电极杯如图 13－5 所示，安装在固定支架上。电极杯的安装、调整、定位以及复核等手续，与上述 3 "添加碱化剂连续动态测定法"相同，所不同的是用二甲胺气态碱化剂，故可省去碱化剂添加稳压桶。利用水流所造成负压的原理，将二甲胺气体吸进混合室，达到碱化的目的。

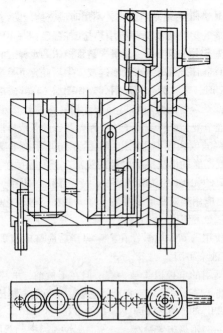

图 13 - 5 气态碱化动态杯

2）所用二甲胺溶液可用甲基红作指示剂，并以标准酸溶液进行滴定，以分析其浓度。因碱化剂随着二甲胺的挥发，浓度会逐渐变稀。若低于某一浓度或发现碱化不够时，就应适当增加碱化剂的浓度，或适量提高溶液的温度以加速其挥发。当水样停止流动时，因水流造成负压消失，所以不必截断碱化剂的连接管路。而当水流重新开始时，又会自动吸入碱化气体。

3）测定时电极杯的冲洗、定位、复核、通入水样测定以及最后试验结束时的复核操作手续，与上述 3 "添加碱化剂连续动态测定法" 中的规定相同。但是最后停用仪器时，应立即将抽取二甲胺的厚壁胶管从电极杯上拔掉，并套在二甲胺溶液瓶的另一端空气吸入口上，以防二甲胺挥发损失。

5. 注释

（1）若无钠度计，可用酸度计代替，但必须注意选用电极的 "零点位" 以及温度补偿等问题，并对所测结果进行换算。

（2）所用试剂瓶以及取样瓶都应用聚乙烯塑料制品。各种标准溶液应贮存在 5~20L 的聚乙烯塑料桶内,不用时应密封以防污染。

（3）新买来的塑料瓶及桶都应用热盐酸溶液（1＋1）处理,然后用高纯水反复冲洗多次才能使用。采集含钠量极微的水样时,采集容器应按上述手续冲洗干净后,用高纯水浸泡过夜,然后测定其含量。只有当 pNa 值大于 6.5 以上时,才认为合格可用。

（4）各取样及定位用塑料容器都应专用,不易经常更换不同钠离子浓度的定位标准溶液,或将钠离子浓度相差悬殊的各取样瓶相混。

（5）新购买的或久置不用的电极,为了防止手指油腻的污染,应用蘸有四氯化碳或乙醚的棉花擦净电极的头部。若发现敏感泡外壁有微锈,可将电极浸在 5%~10% 的盐酸溶液中,待锈消除后再用。用上述方法处理过的电极,均应用蒸馏水反复冲洗干净,并在加过碱化剂的 pNa4 定位溶液中浸渍 1~2h 后使用。

（6）经常使用的 pNa 电极,在测定完毕后应将电极放在加过碱化剂的 pNa4 定位溶液中备用。

（7）长期不用的电极以干放为宜。但在干放前,电极的敏感膜部位应以高纯水冲洗干净。以防溶液侵蚀敏感膜。干放的电极或新电极,在使用前应在已加碱化剂（如二异丙胺等）的 pNa4 的定位溶液中,浸渍 1~2h 以上。电极一般不易闲置过久。

（8）电极导线有机玻璃的引出部分切勿受潮。在气候潮湿时,可用占有四氯化碳或乙醚的棉花擦拭导线及有机玻璃接头,随即吹干,以提高其绝缘性能。

（9）甘汞电极应干放保存,但需在液络部以及添加氯化钾溶液的口上,塞上专用的橡胶套,以防液络部位因长期干涸而变成不能渗透的绝缘体。同时也要防止甘汞电极内部因长期缺水而使棉花连接处变干,造成汞—甘共同棉花接合面不导电而使电极报废。

（10）0.1mol/L 氯化钾甘汞电极在使用前,须在 0.1mol/L 氯化钾溶液中浸泡数小时。饱和氯化钾甘汞电极则在使用前应先检查电极的内溶液是否饱和。最好在电极盐桥处,加入若干氯化钾晶体,以确保内溶液成饱和状态。所有甘汞电极都不宜长期浸渍在液面超过盐桥内部氯化钾溶液的纯水中,以防液络部位微孔内氯化钾溶液被稀释,然后形成浓差电动势对所测结果带来误差。应随时向甘汞电极的眼盐桥内部,添加与该电极名称相符的氯化钾溶液。在流动法测定中,饱和氯化钾电极发生温度滞后,应采用 3.3mol/L 氯化钾电极。

（11）当 pNa 电极定位时间过长（超过 10min）,测定纯水时反应迟钝，（超过15min才能达到平衡）或线性变差（二个相差为一个数量级的溶液，读数相差大于1±0.05pNa值），都是电极衰老或变坏的反映，故在有条件的情况下，应当更换新电极。

（12）电极线性的好坏，可用3个定位溶液进行相互校对来鉴定。对一个相差为一个数量级的定位溶液，以其中一个定位，测定另外一个溶液，其读数偏差应在±0.03pNa值以内。在配制pNa5及pNa6的标准溶液时，应对稀释用的高纯水中本身含钠量进行校正。

（13）在测定前清晰pNa电极用的高纯水、定位溶液、复核溶液以及被测水样都应事先加入碱化剂，使其pH值调整在10以上。否则水中氢离子会取代敏感薄膜表面层硅酸盐骨架中的钠离子，造成在较长时间内测试的结果偏大。这是由于进入骨架中的氢离子不易很快被置换出来的缘故。

（14）采用气态碱化连续动态法测定阳床出水的Na^+时，若水样酸性较大，用33%二甲胺碱化剂所挥发出的气体仍不足以中和酸度时，则可考虑采用液态氨或二甲胺气体，并调节碱化剂的加入量。

（15）为减少温度影响，定位溶液温度和水样温度相差不宜超过±5℃。

（16）没有二异丙胺时，可用二甲胺等有机胺代替。

（四）工业循环冷却水和锅炉用水中铜的测定（GB/T 13689—2007）

1. 范围

本标准规定了天然水、工业循环冷却水和锅炉用水中铜含量的测定方法。

本标准中锌试剂法适用于锅炉给水、凝结水、蒸汽、水内冷发电机冷却水和炉水等水样中偶含量2.5～50g/L的测定；二乙基二硫代氨基甲酸钠分光光度法适用于工业循环冷却水、各种工业用水及生活用水中铜含量0.01mg/1～2.00mLA的测定；二乙基二硫代氨基甲酸钠直接光度法适用于不含悬浮物的工业循环冷却水甲铜含量0.05mg/Lng/L的测定。

2. 规范性引用文件

下列文件中的条款通过本标准的引用而成为本标准的条款。凡是注日期的引用文件，其随后所有的修改单（不包括勘误的内容）或修订版均不适用于本标准，然而，鼓励根据本标准达成协议的各方研究是否可使用这些文件的最新版本。凡是不注日期的引用文件，其最新版本适用于本标准。

GB/T 602 化学试剂 杂质测定用标准溶液的制备（GB/T 602—2002，ISO 6353 - 1：1982，NEQ）。

GB/T 603 化学试剂 试验方法中所用制剂及制品的制备（GB/T 603—2002，ISO 6353 - 1：1982，NEQ）。

GB/T 6682 分析试验用水规格和试验方法（GB/T 6682—1992，ISO 3696：1987）。

3. 锌试剂法

（1）原理。

本方法是将水中的全铜溶解为离子态，在 pH 值为 3.5 ~ 4.8 的条件下与锌试剂 $C_{20}H_{16}O_6N_4SNa$ 反应形成蓝色络合物，然后在 600nm 波下测定其吸光度。

在 pH 为 3.5 ~ 4.8 范围内，镍和锌的干扰可忽略，此外水样中可能存在联氨、三价铬、三价铁、铝、钙、镁、硅酸等对测定无干扰，二价铁共存时引起的干扰可加酒石酸消除。

（2）试剂和材料。

本方法所用试剂，除非另有规定，仅使用分析纯试剂。试验中所需制剂及制品，在没有注明其他要求时，按 GB/T 603 之规定制备。

安全提示：本标准所使用的强酸具有蚀性，使用时应注意。溅到身上时，用大量水冲洗，避免吸入或接触皮肤。

1）水：GB/T 6682，一级。

2）盐酸（优级纯）。

3）盐酸溶液：1 + 4。

4）硝酸溶液：1 + 2。

5）硫酸溶液：1 + 2。

6）异戊醇。

7）锌试剂溶液：称取 0.075g 锌试剂，加 50mL 甲醇（或乙醇）温热（50℃以下），完全溶解后用水稀释至 100mL，注入棕色瓶内。此溶液应贮存于冰箱中，贮存期为 5 天。

8）乙酸铵溶液：500g/L。称取 500g 乙酸铵溶于水中，移入 1L 容量瓶稀释至刻度。乙酸铵溶液的除铜方法如下：将 100mL 乙酸铵溶液注入分液漏斗，加 20mL 锌试剂—异戊醇溶液（2mL 锌试剂溶液溶于 100mL 异戊醇），充分摇动，静置 5min，分离，弃去带色的醇层。

9）酒石酸溶液：150g/L。

10）标准贮备溶液：100mg/L。称取 0.100g 金属铜（含铜 99% 以上），精确至 0.2mg，于 20mL 硝酸溶液和 5mL 硫酸溶液中，缓慢加热溶解，继续加热蒸发至干，冷却后加水溶解，移入 1L 容量瓶稀释至刻度。

此溶液 1.00mL 含铜 0.10mg。

11) 铜标准溶液：1mg/L。移取铜标准贮备溶液 10mL 于 1L 容量瓶中，用水稀释至刻度。此溶液 1.00mL 含铜 0.10mg。

12) 仪器和设备。

一般实验室用仪器。分光光度计，带有 100mm 长比色皿。

注：本方法所用的器皿，均需用盐酸溶液浸泡过夜，然后用水充分洗净。

(3) 分析步骤。

1) 试样的制备。取样瓶应先用温热盐酸洗涤，再用水充分洗净。采样完毕，即刻加盐酸于样品中（每 500mL 样品加入 2mL 盐酸），摇均。

2) 校准曲线的绘制。分别移取铜标准溶液 0.00mL（空白）、1.00mL、2.00mL、3.00mL、4.00mL、5.00mL 于 6 个 100mL 容量瓶中（也可根据水样中铜的含量制作更小范围的校准曲线），各加盐酸 8mL，加水使体积约为 50mL，摇匀。相应的铜含量分别为 0.00μg、1.00μg、2.00μg、3.00μg、4.00μg、5.00μg。依次各加乙酸铵溶液 25mL 和酒石酸溶液 2mL，使 pH 值在 3.5～4.8，并准确加入锌试剂溶液 0.2mL 用水稀释至刻度。用 100mm 长比色皿，在波长 600nm 下测定吸光度，以测定吸光度为纵坐标，相对应的铜含量（μg）为横坐标，绘制校准曲线。

3) 试样的测定。取 200mL 水样（铜含量在 50μg/L 以上时，适当减少取样量，用水稀释至约 200mL），注入 300mL 锥形瓶中，加 8mL 盐酸，小心煮沸浓缩至体积约为 20～40mL；冷却后全部移入 100mL 容量瓶中，加 25mL 乙酸铵溶液和 2mL 酒石酸溶液，使 pH 值在 3.5～4.8；准确加入 0.2mL 锌试剂溶液发色，用水稀释至刻度。以试剂空白作参比，用 100mm 长比色皿，在 600nm 波长下测定吸光度，从校准曲线上查出相对应的铜含量（μg）。

注：每次配制锌试剂溶液后，均应重新绘制校准曲线。

4) 结果计算。铜含量以质量浓度 ρ_1，数值以微克每升（μg/L）表示，按式（3-13）计算：

$$\rho_1 = m_1/V_1 \times 1000 \qquad (13-13)$$

式中 m_1——从校准曲线上查出的铜含量值，μg；

V_1——水样的体积值，mL。

5) 允许差。取平行测定结果的算术平均值为测定结果。测定结果的差值应不大于 0.5μg/L。

（五）铁的测定——邻菲罗啉分光光度法

1. 概要（略）

2. 仪器

721型分光光度计。本计附有100mm比色皿，由于比色皿容易污染且不宜清洗干净，所以比色皿应专用。

3. 试剂

（1）10%盐酸羟铵溶液（重/容）。称取10g盐酸羟铵，加入少量高纯水，待溶解后用高纯水稀释至100mL，摇匀并贮存于棕色瓶中，塞紧瓶塞。

（2）0.1%邻菲罗啉溶液（重/容）。称取1g邻菲罗啉（$C_{12}H_8N_2 \cdot H_2O$）溶于100mL无水乙醇中，用高纯水稀释至1L，摇匀贮于棕色瓶中，并在暗处保存。

（3）乙酸—乙酸铵缓冲液。称取100g乙酸铵溶于100mL高纯水中，加200mL冰乙酸用高纯水稀释至1L，摇匀后贮存。

（4）铁标准溶液的配制：

1）贮备溶液（1mL含100μg铁）。称取0.1000g纯铁丝，加入50mL 1mol/L的盐酸，加热全部溶解后，加少量过硫酸铵，煮沸数分钟，冷却后移入1L容量瓶中，用高纯水稀释至刻度摇匀。

2）铁工作溶液（1mL含1μg Fe）。取贮备溶液10.00mL，注入1L容量瓶中，加10mL 1mol/L盐酸溶液，用高纯水稀释至刻度（使用时配制）。

另需浓盐酸（优级纯）、浓氨水、刚果红试纸（试纸切成约4mm×4mm的小方块）。

4. 测定方法

（1）工作曲线的绘制：

1）按表13-7取铁工作溶液注入一组50mL容量瓶中，并用高纯水稀释至刻度。

表13-7 铁标准溶液的配制

编号	0	1	2	3	4	5	6	7	8	9	10	11
铁工作溶液（mL）	0	0.5	1.0	2.0	3.0	4.0	5.0	6.0	7.0	8.0	9.0	10.0
相当于水样含铁量（μg/L）	0	10	20	40	60	80	100	120	140	160	180	200

2）将配制好的标准溶液，分别移入一组编号相对应的100mL或150mL锥形瓶或同等容积烧杯中，各加入1mL浓盐酸，加热浓缩至体积

略小于25mL。冷却至 30℃ 左右，加入 1mL 盐酸羟铵溶液，摇匀，静置 5min，加入 5mL 0.1% 邻菲罗啉溶液，摇匀后每个锥形瓶中各加入一块刚果红试纸，慢慢滴加氨水调节 pH 至 3.8 ~ 4.1，使刚果红试纸恰由蓝色转变为紫色，然后依次加入 5mL 乙酸—乙酸铵缓冲液。摇匀后移入原 50mL 容量瓶中用高纯水稀释至刻度。在 721 型分光光度计上，用 510nm 波长、100mm 长度的比色皿，以高纯水为参比，测定吸光度。

3）将所测吸光度值减去编号为 "0" 的空白值（包括高纯水和单倍试剂的空白值）后，与相应的铁含量绘制工作曲线。

（2）水样的测定：

1）将取样瓶用盐酸溶液（1 + 1）洗涤后，再用高纯水清洗三次，然后于取样瓶中加入浓盐酸（每 500mL 水样中加浓盐酸 2mL）直接取样。

2）取 50mL 水样于 100mL 或 150mL 锥形瓶或同等容积烧杯中，加入 1mL 浓盐酸，然后按绘制工作曲线同样手续浓缩、发色，并在分光光度计上测定吸光度。

3）同时作单倍试剂和双倍试剂空白试验。双倍试剂与单倍试剂空白值之差作为试剂空白值。

4）测得的水样吸光度值，扣除试剂空白值后，查工作曲线，即得水样中的含铁量。

5. 注释

（1）所用取样及分析器皿，必须先用盐酸溶液（1 + 1）浸渍或煮洗，然后用高纯水反复清洗后才能使用。为了保证水样不受污染，取样瓶必须用无色透明的具塞玻璃瓶。

（2）对含铁量高的水样，测定时应减少水样的取样量。

（3）若水样中含有强氧化性干扰离子，如高锰酸钾、重铬酸钾和硝酸盐等，会使发色后的亚铁邻菲罗啉络和物，氧化成浅蓝色的三价铁离子的邻菲罗啉络和物（三价铁离子不能和邻菲罗啉直接形成络和物），使测试结果偏低。

（4）因二价铁离子在碱性溶液中，极易被空气中的氧氧化成高价离子，因此在调 pH 前，必须先加入邻菲罗啉，以免影响测定结果。

（5）乙酸铵及分析纯盐酸中含铁量较高，因此在测定时，各试剂的加入量必须精确，以免引起误差。一般应用滴定管操作。

（6）如所取水样中含酸、碱量较大，则酸化时酸的加入量，以及用来调 pH 的浓氨水加入量，不能采用本法所规定的加入量，必须另行计算。

（7）测定时所量取的水样若增加到100mL，则更有利于将悬浮状氧化铁颗粒转化成离子状铁，可大大提高本测试方法的灵敏度。

（8）为了避免氨水在调节过程中过量（即刚果红试纸变红），一般可先加入0.8mL浓氨水，然后用氨水（1+1）逐滴调节。

（六）全硅的测定——（氢氟酸转化分光光度法）

1. 概要

（1）为了获得水样中非活性硅的含量，应进行全硅和活性硅的测定。在沸腾的水浴锅上，加热已酸化的水样，并用氢氟酸把非活性硅转化为氟硅酸，然后加入三氟化铝或者硼酸，除了掩蔽过剩的氢氟酸外，还将所用的氟硅酸解离，使硅成为活性硅。用钼蓝（黄）法进行测定，就可得全硅的含量。采用先加三氯化铝或硼酸后加氢氟酸，再用钼蓝（黄）法测得的含硅量，则为活性硅含量。全硅与活性硅的差为非活性硅含量。

用氢氟酸转化时，有

$$(SiO_2)_m \cdot nH_2O + 6mHF \longrightarrow mH_2SiF_6 + (2m+n)\ H_2O$$
（多分子聚合硅）

$$(SiO_2)_m + 6mHF \longrightarrow mH_2SiF_6 + 2mH_2O$$
（颗粒状硅）

$$H_2SiO_3 + 6HF \longrightarrow H_2SiF_6 + 3H_2O$$

用$AlCl_3$作掩蔽剂和解络剂时，有

$$AlCl_3 + 6HF \longrightarrow H_3AlF_6 + 3HCl$$

$$AlCl_3 + H_2SiF_6 + 3H_2O \longrightarrow H_3AlF_6 + 3HCl + H_2SiO_3$$

用硼酸作掩蔽剂和解络剂时，有

$$H_3BO_3 + 4HF \longrightarrow HBF_4 + 3H_2O$$

$$3H_3BO_3 + 2H_2SiF_6 \longrightarrow 3HBF_4 + 2H_2SiO_3 + 3H_2O$$

（2）按水样中含硅量的大小分两种测定方法。

第一法：水样中含硅量1～5mg/L，适用于生水和炉水的测定。方法的相对误差为±5%（当水样全硅含量较高，而非活性硅含量较低时，非活性硅的相对误差允许为±10%）。

第二法：水样中含硅量小于100μg/L，适用于除盐水、给水、凝结水、蒸汽水的测定。方法的相对误差为±5%。

2. 仪器

包括附有100mm长比色皿的分光光度计、多孔水浴锅、有机玻璃移液管（0～5mL，分度值为0.2mL）及聚乙烯瓶或密封塑料杯（150～250mL左右）。

3. 试剂

（1）二氧化硅标准溶液的配制：

1）贮备液（1mL含0.1mg SiO_2）。称取0.1000g经700～800℃灼烧过已研细的二氧化硅（优级纯），与1.0～1.5g已于270～300℃焙烧过的粉状无水碳酸钠（优级纯）置于铂坩埚内混匀，马弗炉升温至900～950℃，保温20～30min后，把铂坩埚于900～950℃温度下熔融5min。冷却后，将铂坩埚放入硬质烧杯中，用热的高纯水溶解熔融物，待熔融物全部溶解后取出坩埚，以高纯水仔细冲洗坩埚的内外壁，待溶解冷却至室温后，移入1L容量瓶中，用高纯水稀释至刻度，混匀后，移入塑料瓶中贮存。此液应完全透明，如有浑浊须重新配制。

2）工作溶液：①1mL含0.05mg SiO_2工作液。取1mL含0.1mg SiO_2的贮备液，用高纯水准确稀释至2倍。②1mL含1μg SiO_2工作液。取1mL含0.05mg SiO_2的工作液，用高纯水准确稀释至50倍（此溶液应在使用时配制）。

（2）氢氟酸（HF）溶液：氢氟酸溶液（1+7）、氢氟酸溶液（1+84）。

（3）4%硼酸（H_3BO_3）溶液（重/容）。

（4）1mol/L三氯化铝溶液：称取结晶三氯化铝（$AlCl_3 \cdot 6H_2O$）241g溶于约600mL高纯水中，并稀释至1L。

（5）盐酸溶液（1+1）。

（6）10%草酸（$H_2C_2O_4$）或酒石酸（$C_4H_6O_6$）溶液（重/容）。

（7）10%钼酸铵溶液（重/容）。

（8）1氨基—2萘酚—4磺酸还原剂（简称1—2—4酸还原剂）：称取1.5g 1氨基—2萘酚—4磺酸和7g无水亚硫酸钠，溶于约200mL高纯水中；另称取90g亚硫酸氢钠，溶于约600mL高纯水中，然后将两溶液混合，用高纯水稀释至1L。若溶液浑浊则应过滤使用。

以上所有试剂均应贮存于塑料瓶中。

4. 测定方法

（1）含硅量为1～5mg/L水样的测定。

1）绘制工作曲线：①按表13－8规定取二氧化硅工作溶液（1mL含0.05mg SiO_2）注入一组聚乙烯瓶中，用滴定管填加高纯水使其体积为50.0mL。②分别加三氯化铝溶液3.0mL，摇匀，用有机玻璃移液管准确加氢氟酸溶液（1+7）1.0mL，放置5min。③加盐酸溶液（1+1）1mL，摇匀，加10%钼酸铵溶液2mL，摇匀，放置5min，加10%草酸2mL，摇匀，放置1min，再加1，2，4酸还原剂2mL，放置8min。④在分光光度计上用 660nm 波长、10mm 长度的比色皿，以高纯水作参比测定吸光度，根据测得的吸光度绘制工作曲线。

表 13-8   0~5mg/L SiO₂ 硅标准溶液的配制

工作溶液体积（mL）	0	1.00	2.00	3.00	4.00	5.00
填加高纯水体积（mL）	50.0	49.0	48.0	47.0	46.0	45.0
SiO₂ 浓度（mg/L）	0.0	1.0	2.0	3.0	4.0	5.0

2）水样的测定：①全硅的测定。根据试验要求和水样含硅量的大小，准确的吸取 VmL 水样注入聚乙烯瓶中，用滴定管填加高纯水使其体积为 50.0mL。加入盐酸溶液（1+1）1mL，摇匀，用有机玻璃移液管准确加入氢氟酸溶液（1+7）1.0mL，摇匀，盖好瓶盖，置于沸腾水浴锅里加热 15min。将加热好的水样至于冷水中冷却，直至瓶内水样温度为 25℃左右（用空白试纸作比对），然后加三氯化铝溶液 3.0mL，摇匀，放置 5min。加入 10% 钼酸铵溶液 2mL，摇匀后放置 5min。加 10% 草酸溶液 2mL，摇匀，放置 1min。再加 1，2，4 酸还原剂 2mL，摇匀，放置 8min。用绘制工作曲线的条件测定水样吸光度，把查工作曲线所得的数值再乘 $50/V$，即为水样中全硅含量（SiO_2）$_全$。②活性硅的测定。准确吸取 VmL 水样注入聚乙烯瓶中，用滴定管添加高纯水使其体积为 50.0mL。加 3mol/L 三氯化铝溶液 3.0mL，摇匀，用有机玻璃移液管准确加入氢氟酸溶液（1+7）1.0mL，摇匀后放置 5min。加盐酸溶液（1+1）1.0mL，摇匀，加 10% 钼酸铵溶液 2mL，摇匀后放置 5min。再加 1，2，4 酸还原剂 2mL，摇匀后放置 8min。用绘制工作曲线的条件测定吸光度，把查工作曲线所得的数值再乘 $50/V$，即为水样中活性硅的含量（SiO_2）$_活$。

水样中非活性硅（SiO_2）$_非$ 的含量（mg/L）按下式计算：

$$(SiO_2)_非 = (SiO_2)_全 - (SiO_2)_活$$

（2）含硅量小于 100μg/L 水样的测定。

1）工作曲线的绘制：①按表 13-9 的规定，取二氧化硅工作溶液（1mL 含 1μg SiO₂），注入聚乙烯瓶中，并用滴定管添加高纯水使其体积为 50.0mL。②分别加 4% 硼酸溶液 2mL，摇匀，用有机玻璃移液管准确加入氢氟酸溶液（1+84）0.5mL，摇匀后放置 5min。③加盐酸溶液（1+1）1mL，摇匀，加 10% 钼酸铵溶液 2mL，摇匀后放置 5min。加 10% 草酸溶液 2mL，摇匀，放置 1min。再加 1，2，4 酸还原剂 2mL，摇匀，放置 8min。④在分光光度计上，用 810nm 波长，100mm 长度的比色皿，以高纯水作参比测定吸光度。将上述测得标准溶液的吸光度扣除编号为"0$_单$"的吸光值 A$_单$ 后，与相应的 SiO$_2$ 含量绘制工作曲线。

表 13 – 9　　　　　　　0 ~ 100μg/L SiO$_2$ 标准溶液的配制

工作溶液体积（mL）	0	0	1.00	2.00	3.00	4.00	5.00
添加高纯水体积（mL）	50.0	40.5	49.0	48.0	47.0	46.0	45.0
SiO$_2$ 浓度（μg/L）	0$_单$	0$_双$	20	40	60	80	100

注　0$_单$ 为单倍试剂空白，试剂用量与正常加试剂量相同；0$_双$ 为双倍试剂空白，试剂用量为所有试剂均加二倍。

2）水样的测定：①全硅的测定。准确的吸取 50mL 水样，注入聚乙烯瓶中，加盐酸溶液（1 + 1）1mL，摇匀，用有机玻璃移液管准确加入氢氟酸溶液(1 + 84)0.5mL，旋紧瓶盖，置于沸腾水浴锅上加热 15min。将加热好的水样放在冷水中冷却至水样温度为 25℃左右，（取 50mL 除盐水作空白试验对比），加 4% 硼酸溶液 2mL，摇匀后放置 5min。以下按工作曲线的绘制中的③和④操作步骤（但不加盐酸）进行发色并测定吸光度。将所得到的吸光度扣除试剂空白 A$_试$（A$_双$ – A$_单$），查工作曲线即得水样中全硅的含量（SiO$_2$）$_全$。②活性硅的测定。准确地吸取 50mL 水样，注入聚乙烯瓶中，加硼酸溶液 2mL，摇匀后用有机玻璃移液管准确加入氢氟酸溶液（1 + 84）0.5mL，摇匀并放置 5min。按工作曲线的绘制中的操作步骤，进行发色将所测得的吸光度扣除试剂空白 A$_试$，查工作曲线即得水样中活性硅的含量（SiO$_2$）$_活$。

水样中非活性硅（SiO$_2$）$_非$ 的含量（mg/L）按下式计算：

$$(SiO_2)_非 = (SiO_2)_全 - (SiO_2)_活$$

5. 注释

（1）在整个测试过程中，必须严防污染，特别是对微量硅的测定，所用塑料器皿在使用前必须用盐酸溶液（1 + 1）和氢氟酸溶液（1 + 1）混合液浸泡一段时间后，用高纯水充分冲洗后备用。在测试过程中若发现个别瓶（杯）样数据明显异常，应弃去不用。

（2）氢氟酸对人体有毒害。特别是对眼睛、皮肤有强烈的侵蚀性。使用时应采取必要的防护措施，例如在通风柜中操作，并戴医用橡胶手套等。

（3）氢氟酸、盐酸试剂中含硅量较大，尽可能采用优级纯或更高级别试剂，并每次用量要准确。

（4）三氯化铝和硼酸都可作掩蔽剂和解络剂。前者适用于测定含硅量较大的水样，后者适用于含硅量较小的水样。

（5）根据试验非活性硅含量较大的水样，用氢氟酸溶液（1＋7）1mL，足可使转化完全。多加氢氟酸，反而会使氟离子掩蔽不完全而导致测定结果的偏低。

（6）氢氟酸对玻璃器皿的腐蚀性极大，故在加入掩蔽剂前，严禁试样接触玻璃器皿。

（7）加入掩蔽剂后，应将水样充分摇匀，并按规定等待5min。否则由于掩蔽不完全而导致含硅量大大偏低甚至出现负数。

（8）水样混浊时全硅的测定，可采用0.45μm过滤材料过滤。测定残留物的值为胶体硅。

（9）测定生水或含硅量较大水样中的活性硅时，可以不稀释而用硅钼黄法测定，相应地绘制硅钼黄工作曲线（即硅钼蓝法不加1，2，4酸还原剂）。

（10）在日常运行监督控制中，若不需要进行全硅分析，则可在绘制工作曲线时不加氢氟酸及解络剂，直接按活性硅法绘制工作曲线及进行水样的测定。若水样温度以及环境温度低于20℃，则所测结果会大大偏低。为避免温度低的影响，应采用水浴加热水样，并使其温度保持在25℃左右。

（11）含硅量为0.1～1mg/L的水样，可用高纯水稀释后按第二法测定。

（12）1，2，4酸还原剂有强烈的刺激味，也可用4%的抗坏血酸（加入量为3mL）代替，但抗坏血酸溶液不稳定，宜使用时配制。

（13）二氧化硅标准溶液也可用硅酸钠配制，但浓度应以质量法校正，其方法如下：称取硅酸钠（$Na_2SiO_3 \cdot 9H_2O$）5.0g溶于约200mL试剂水中，稀释至1L。取100mL溶液两份，用质量法测定其浓度。根据测定结果，按照计算取一定体积硅酸钠溶液，稀释成1mL含0.1mg SiO_2的标准溶液。

（14）精密度相对偏差为±5%。当水样中全硅含量较高而非活性硅含量较低时，非活性硅的相对偏差允许±10%。

（七）微量硅的测定

1. 概要

（1）在pH为1.1～1.3条件下，水中活性硅与钼酸铵生成硅钼黄，用1，2，4酸还原剂把硅钼黄还原成硅钼蓝，用ND－2150型微量硅酸根分析仪测定其含量。其反应为

$$4MoO_4^{2-} + 6H^+ \longrightarrow Mo_4O_{13}^{2-} + 3H_2O$$

$$H_4SiO_4 + 3Mo_4O_{13}^{2-} + 6H^+ \longrightarrow H_4\left[Si\left(Mo_3O_{10}\right)_4\right] + 3H_2O$$

$H_4\left[Si\left(Mo_3O_{10}\right)_4\right] + 2$ （硅钼黄）$\longrightarrow H_6\left[H_2SiMo_{12}O_{40}\right]$ （硅钼蓝）$+2$

加入酒石酸或草酸可防止水中磷酸盐，少量铁离子的干扰以及过剩的钼酸盐被还原。

（2）本法适用于除盐水、凝结水、给水、蒸汽等含硅量的测定。

（3）本法的灵敏度为 $2\mu g/L$，仪器的基本误差为满刻度 $50\mu g/L$ 的 $\pm 5\%$，即 $2.5\mu g/L$ SiO_2。

2. 仪器

硅酸根分析仪是为测定硅而设计的专用比色计。为了提高仪器的灵敏度和准确度，采用长比色皿（光程为150mm），利用示差比色法原理进行测量。示差比色法是用已知浓度的标准溶液代替空白溶液，并调节透光率为100%或0%，然后再用一般方法测定样品透过率的一种比色方法。对于过稀的溶液，可用浓度最高的标准溶液代替挡光板并调节透光率为0%，然后测定其他标准溶液或水样的透光率；对于过浓的溶液，可用浓度最小的一个标准溶液代替空白溶液并调节透光率为100%，然后再测定其他标准溶液或水样的透光率。对于浓度过大或过小的有色溶液，采用示差比色法，可以提高分析的准确度。

3. 试剂

包括酸性钼酸铵溶液、10%酒石酸溶液（重/容）、1.5g/L 的 1，2，4 酸还原剂、硫酸溶液 $\left[C\left(1/2H_2SO_4\right) = 3mol/L\right]$ 和 10% 钼酸铵溶液（重/容）。酸性钼酸铵溶液的配制方法为：

（1）称取 50g 钼酸铵 $\left[\left(NH_4\right)_6Mo_7O_{24}\cdot 4H_2O\right]$ 溶于约 500mL 高纯水中。

（2）取 42mL 浓硫酸，在不断搅拌下加入到 300mL 高纯水中，并冷却至室温。

将按（1）配制的溶液加入到按（2）配制的溶液中，用高纯水稀释至 1L。

以上试剂均应用高纯水配制，并贮于塑料瓶中。

4. 测定方法

按仪器使用说明书要求，调整好仪器的上、下标，便可进行测定。

（1）水样的测定。取水样 100mL 注入塑料杯中，加入 3mL 酸性钼酸铵溶液，混匀后放置 5min；加 3mL 酒石酸溶液，混匀后放置 1min；加 2mL 1，2，4 酸还原剂，混匀后放置 8min，进行含硅量的测定。同时做空白实验。

在进行测定时，应依照其含硅量由小到大的顺序，将显色好的水样分别冲洗并注满比色皿，然后开启读数开关，仪表指示即为水样的含硅量。

（2）高纯水中含硅量的测定。由于本法不需要绘制工作曲线，所以不需要作高纯水含硅量的修正。若需要测定高纯水中含硅量可按下列两方法进行。

1）"倒加药"法：①配制倒加药溶液。取 100mL 高纯水注入塑料杯中，加入 2mL 1，2，4 酸还原剂，摇匀，加 3mL 草酸溶液，摇匀，加 3mL 酸性钼酸铵溶液，摇匀备测。②配制"正加药"溶液。取 100mL 高纯水注入塑料杯中，按上述水样的测定进行，显色后备测。③测定。校正好仪器的"上标"和"下标"，然后用"倒加药"溶液冲洗并注满比色皿，开启读数开关，仪表指示应为"零"。否则，用"零点调整"旋钮调整为"零"。随后排掉皿中溶液，同样用"正加药"溶液冲洗并注满比色皿，仪表指示即为高纯水的含硅量。用这种方法测出的高纯水含硅量，包括了所用试剂中的硅。因为试剂用量较小，这部分硅可忽略不计。为了减少误差，本法对试剂的纯度要求较高。

2）双倍试剂测定法：①配制单倍试剂空白溶液。取高纯水 100mL 注入塑料杯中，加 3mol/L 硫酸 1.5mL 摇匀，快速加入 10% 钼酸铵 1.5mL，摇匀后放置 5min；加入 10% 酒石酸 3mL，摇匀，放置 1min；加 1，2，4 酸还原剂 2mL，摇匀后放置 8min。②配制双倍试剂空白溶液。取高纯水 93.5mL 注入塑料杯中，加 3mol/L 硫酸 3.0mL 摇匀，快速加入 10% 钼酸铵 3mL。摇匀后放置 5min；加 10% 酒石酸 6mL，放置 1min；加 1，2，4 酸还原剂 4mL，摇匀后放置 8min。③测定。先用高纯水把仪器调为"0"，将"校正片"旋钮切换到"检查"侧，调节"终点调整"旋钮，将仪表指针调节到"上标"与"下标"绝对值之和处。仪器校正好后，按上述水样的测定手续，先测单倍试剂空白溶液的含硅量 $(SiO_2)_单$，再测双倍试剂空白溶液的含硅量 $(SiO_2)_双$。高纯水的硅 $(SiO_2)_水$ 含量（μg/L）按下式计算：

$$(SiO_2)_水 = 2(SiO_2)_单 - (SiO_2)_双$$

微量硅酸根分析仪为直读仪表，仪表的读数即为水样含硅量。若水样经过稀释，则 SiO_2 水含量（μg/L）按下式计算：

$$SiO_2 = 100 \left[P - (SiO_2)_{水} \right] / V$$

式中　P——仪表读数，$\mu g/L$；

（SiO_2）$_水$——稀释水样用的高纯水含硅量，$\mu g/L$；

　　100——水样稀释后的体积，mL；

　　V——原水样的体积，$V \neq 100$，mL。

5. 注释

（1）1，2，4 酸还原剂容易变质，尤其室温高时变质更快。为此，贮存时间不宜过长，一般以不超过 2 周为宜。有条件应在冰箱中存放。

（2）硅和钼酸铵形成硅钼黄，1，2，4 酸还原剂还原硅钼蓝，均与温度有关。当室温低于 20℃ 时，应采用水浴锅加热，使其温度达 25℃ 左右。

（3）所加试剂体积应力求准确，可用滴定管加药。若不是连续测定，则滴定管每天用完后应放空洗净，并注满高纯水。

（4）要准确测定不同浓度二氧化硅显色液的含硅量时，需先用高纯水冲洗比色皿 2～3 次后再测定。一般若按浓度由小到大的顺序测定时，则可不冲洗比色皿而直接测定。这时所引起的误差不会超过仪器的基本误差。但对于测定"正加药"和"倒加药"溶液时，则需增加冲洗次数，否则不易得到正确数据。

（5）对含硅量大于 $50\mu g/L$ 水样，可稀释后测定，但稀释倍数一般以不大于 10 倍为宜。否则会增加误差。

（6）10% 酒石酸溶液也可用 10% 草酸溶液（重/容）代替，对测定结果没有影响。

（八）活性硅的测定——钼蓝比色法

1. 概要

（1）在 pH1.2～1.3 的酸度下，活性硅与钼酸铵反应生成硅钼黄，再用氯化亚锡还原生成硅钼蓝，此蓝色的色度与水样中活性硅的含量有关。磷酸盐对本法的干扰，可用调整酸度或再补加草酸或酒石酸的方法加以消除。

（2）活性硅含量小于 $0.5mg/L$ SiO_2 时，硅钼蓝颜色很浅，可用"微量硅测定"方法或用正丁醇等有机溶剂萃取浓缩，提高灵敏度，便于比色。

（3）本法仅供现场控制试验用。

2. 仪器

具有磨口塞的 25mL 比色管。

3. 试剂

（1）5%钼酸铵溶液（重/容）。用高纯水配制，配制后溶液应澄清透明。

（2）1%氯化亚锡溶液。称取1.5g优级纯氯化亚锡溶液与烧杯中，加20mL盐酸溶液（1+1），加热溶解后，再加80nL纯甘油（丙三醇），搅匀后将溶液转入塑料壶中备用。

（3）酸溶液 $\left[C(1/2H_2SO_4) = 10mol/L \right]$。在720mL高纯水中加入280mL浓硫酸。

（4）二氧化硅工作液。前四种试剂均应储存于塑料瓶中。

（5）异丁醇（或异戊醇）。

4. 测定方法

（1）水样中活性硅含量大于0.5mg/L SiO_2 时，测定方法如下：

1）往一组比色管，分别注入二氧化硅溶液（1mL含0.02mg SiO_2）0.25、0.5、1.0、1.5、…mL，用除盐水稀释至10mL。

2）在另一支比色管中，注入适当水样，并用除盐水补足到10mL。

3）往上述比色管中，各加0.2mL 10mol/L硫酸溶液，摇匀。

4）用滴定管分别加入1mL钼酸铵溶液，摇匀。

5）静置5min后，用滴定管分别加5mL 10mol/L硫酸溶液，摇匀，静置1min。

6）再分别加入2滴氯化亚锡溶液，摇匀。

7）静置5min后进行比色。

（2）水样中活性硅含量小于0.5mg/L SiO_2 时，测定方法如下：

1）往一组比色管中，分别注入二氧化硅溶液（1mL含0.001mg SiO_2）0.1、0.2、0.3、0.4、…mL，用除盐水稀释至10mL。

2）取10mL水样注入另一支比色管中。

3）往上述比色管中，各加0.2mL 10mol/L硫酸溶液和1mL钼酸铵溶液，摇匀。

4）静置5min后，各加入5mL 10mol/L硫酸溶液，摇匀。

5）静置1min后，各加入2滴氯化亚锡溶液，摇匀。

6）静置5min后，准确加入3mL正丁醇，剧烈摇动20～25次，静置待溶液分层后进行比色。

（3）水样活性硅（SiO_2）含量（mg/L）按下式计算：

$$SiO_2 = 1000Ca/V$$

式中 C——配标准色用的二氧化硅工作溶液浓度，mg/L；

a——与水样颜色相当的标准色中二氧化硅工作溶液加入量，mL；

V——水样的体积，mL。

5. 注释

（1）供本试验用的比色管，应事先用硅钼酸废液充分洗涤，并进行空白试验，以检查清洁程度。

（2）当用萃取比色法测定含硅量小于 0.5mg/L 水样时，所用仪器的最后淋洗，均须使用高纯水。水样注入比色管后应尽快测定，以免影响结果。

（3）以用过的正丁醇，或发现正丁醇质量不好时，可在蒸馏后使用。

（4）或按本测定方法测定炉水，且炉水磷酸盐含量较高时，可在加 5mL[$C(1/2H_2SO_4)=10mol/L$]硫酸后，再加 3mL 10% 草酸或酒石酸溶液，以进一步掩蔽磷酸盐（这时在所配标准色中，也同样加入草酸或酒石酸溶液）。

（5）由于温度影响硅钼黄的生成和还原，水样温度不得低于 20℃，水样与标准液温度差不超过 ±5℃。

（6）配制钼酸铵溶液若发生溶解困难时，可采用每升溶液加入 0.3 ~ 1.0mL 浓氨水方法，以促进其溶解，而且这样配制的溶液，贮存时不易出现沉淀。

（7）氯化亚锡—甘油溶液，也可采用全部用甘油配制。为了加速氯化亚锡溶解，可把甘油加热至 50℃ 左右。这样配制的溶液稳定性更好。

（九）联氨的测定——对二甲氨基苯甲醛法

1. 概要

略。

2. 仪器

包括分光光度计和 50mL 比色管。

3. 试剂

（1）对二甲氨基苯甲醛——硫酸溶液。量取 100mL 浓硫酸，不断搅拌下徐徐加入已有 300mL 高纯水的烧杯中，并冷却至室温，加入 15g 对二甲氨基苯甲醛，搅拌使之完全溶解后，转入 500mL 容量瓶中，用高纯水稀释至刻度，贮于棕色瓶中并放置暗处。

（2）联氨标准溶液的配制。

1）联氨贮备溶液配制。

称取 0.410g 酸联氨（$N_2H_4 \cdot H_2SO_4$）或 0.328g 盐酸联氨（$N_2H_4 \cdot 2HCl$），溶于已加有 74mL 浓盐酸的 500mL 试剂水中，转入 1L 容量瓶中，用试剂水稀释至刻度。

2）标定。

移取 20.0mL 联氨贮备溶液，用试剂水稀释至 100mL，用氢氧化钠溶液 $c(NaOH) = 2mol/L$ 滴定至酚酞终点，记录消耗氢氧化钠溶液的体积 $A(mL)$。

再移取 20.0mL 贮备溶液，注入 250mL 具有阶口塞的锥形瓶中，用试剂水稀释至 100mL，加入 $(A+2)mL$ 氢氧化钠溶液 $c(NaOH) = 2mol/L$，用移液管准确加入 10.0mL 碘标准溶液 $c(\frac{1}{2}I_2) = 0.1mol/L$，充分混匀，置暗处 3min。

加入 1.25mL 硫酸溶液 $c(H_2SO_4) = 2mol/L$，用硫代硫酸钠标准溶液 $c_1(Na_2S_2O_3) = 0.1mol/L$ 滴定过剩的碘。

接近终点时（滴定至溶液呈浅黄色），加入 1mL 1% 淀粉指示剂，继续滴定至蓝色消失，记录硫代硫酸钠标准溶液消耗量。同时进行空白试验。

联氨贮备溶液的浓度 ρ 按式（13-14）计算：

$$\rho = \frac{(b-a)c_1 \times 8}{V} \qquad (13-14)$$

式中 ρ——联氨贮备溶液的浓度，g/L；

b——空白试验消耗硫代硫酸钠标准溶液的体积，mL；

a——标定联氨贮备溶液消耗硫代硫酸钠标准溶液的体积，mL；

c_1——硫代硫酸钠标准溶液物质的量浓度，mol/L；

V——联氨贮备溶液的体积，mL；

8——联氨（$\frac{1}{4}N_2H_4$）的摩尔质量，g/mol。

注：（1）联氨为有毒试剂，使用时应注意防护。

（2）每换新批号的对二甲氨基苯甲醛试剂时，应重新绘制工作曲线。根据标定结果，将溶液稀释成 1mL 含 $100\mu g$ N_2H_4 的贮备液。

3）工作溶液（1mL 含 $1\mu g$ N_2H_4）。将上述贮备液准确稀释至 100 倍制得（此工作溶液应在使用时配制）。

4. 测定方法

（1）绘制工作曲线：

1）按表 13－10 取联氨工作液，分别注入一组 50mL 比色管中，并用除盐水稀释至刻度。

表 13－10   联氨标准溶液配制

比色管编号	1	2	3	4	5	6	7	8	9	10
联氨工作液（mL）	0	0.1	0.3	0.5	1.0	1.5	2.0	3.0	4.0	5.0
相当于水样含氨量（μg/L）	0	2	6	10	20	30	40	60	80	100

2）在上述一组比色管中，准确加入 5mL 对二甲氨基苯甲醛——硫酸溶液，混匀后放置 5min，在分光光度计波长为 454nm 处，用 30mm 长度的比色皿，以高纯水作参比测定吸光度，根据测定的吸光度和相应的联氨含量绘制工作曲线。

（2）水样的测定。取 50mL 水样注入比色管中，用上述绘制工作曲线中的操作显色后，测定吸光度。查工作曲线得水样的联氨含量。

（3）目视比色。

按绘制工作曲线的规定操作，待标准与水样显色后，转入 50mL 比色管中进行比色。水样中联氨含量（N_2H_4）按下式计算：

$$N_2H_4 = \frac{1 \times a}{V} \times 1000$$

式中　a——与水样颜色相同的标准色中，联氨工作液的体积，mL；

　　　1——联氨工作液的浓度，1mL 含 $1\mu g$ N_2H_4；

　　　V——所取水样的体积，mL。

5. 注释

（1）水样联氨含量大于 $100\mu g/L$ 时，可将水样稀释后测定。

（2）对二甲氨基苯甲醛与联氨生成柠檬黄色溶液，在 30min 内稳定，超过 60min 有明显褪色。

（3）若采用 100mm 长度的比色皿，本法的测定下限可达 $1\mu g/L$。

（十）氨的测定——容量法

1. 概要

水中的 NH_4^+ 与氢氧化钠反应生成氨，又立即与甲醛反应生成环六亚甲基四胺（乌洛托平）。过量的氢氧化钠溶液使酚酞指示剂变红，以示终点。

　　其反应：　$NH_4^+ + OH^- \longrightarrow NH_3 + H_2O$

　　　　　　$4NH_3 + 6HCHO \longrightarrow (CH_2)_6N_4 + 6H_2O$

本法适用于含氨量大于 5mg/L 的水样。

2. 仪器

具有磨口塞的锥形瓶（250mL）。

3. 试剂

包括 0.05mol/L 氢氧化钠标准溶液、酸溶液 $[C(H_2SO_4) = 0.025mol/L]$、甲醛溶液和1%酚酞指示剂（乙醇溶液）。

甲醛溶液配制方法为：取 200mL 甲醛（30%）溶液，加入 4 滴酚酞指示剂，用 0.05mol/L 氢氧化钠标准溶液滴定至呈现稳定的微红色为止。

4. 测定方法

（1）取水样 100mL，注入具有磨口塞的 250mL 锥形瓶中。

（2）加 3 滴 1% 酚酞指示剂，若呈现红色，应先用硫酸溶液中和至红色消失，再用 0.05mol/L 氢氧化钠标准溶液滴至稳定的微红色（加入 1% 酚酞指示剂后，若不呈现红色，可直接用氢氧化钠溶液滴至微红色）。

（3）加入 5mL 甲醛溶液后（若有氨盐存在，则红色消失），用氢氧化钠标准溶液滴定至微红色为止，记录加入甲醛溶液后所消耗的氢氧化钠溶液的体积。

水样中氨的含量（mg/L），按下式计算：

$$NH_3 = \frac{17Ca}{V} \times 1000$$

式中　C——氢氧化钠标准溶液的浓度，mol/L；

　　　a——加入甲醛后，氢氧化钠标准溶液消耗的体积，mL；

　　　V——水样的体积，mL；

　　　17——氨的摩尔质量。

5. 注释

（1）所用氢氧化钠应不含碳酸钠，滴定时应防止二氧化碳的影响。

（2）中和时终点应掌握准确，以免影响试验结果。

（十一）氨的测定——纳氏试剂分光光度法

1. 概要

（1）在碱性溶液中，氨与纳氏试剂（$HgI_2 \cdot 2KI$）生成黄色化合物。

其反应为

$$NH_3 + 2(HgI_2 \cdot 2KI) + 3NaOH \longrightarrow$$
$$NH_2 \cdot HgI \cdot HgO \cdot + 4KI + 3NaI + 2H_2O$$

（黄色）

此化合物的最大吸收波长为 425nm。

（2）若水样含有联氨时，因联氨与纳氏试剂反应亦生成黄色化合物，故产生严重干扰。在联氨含量小于 0.2mg/L 时，可用加入碘的方法消除干扰。其反应为

$$N_2H_4 + 2I_2 \longrightarrow 4HI + N_2 \uparrow$$

（3）本方法的测定范围为 0.1~3.0mg/L。

2. 仪器

包括分光光度计和 10mL 比色管。

3. 试剂

（1）试剂水：应符合 GB/T 6903 规定的 I 级试剂水的要求。

（2）氨标准溶液的配制。

氨贮备液（1mL 含 0.1mg NH_3）：准确称取 0.3147g 在 110℃下烘干 2h 的优级纯氯化铵，用试剂水溶解后定量转移至 1L 容量瓶中，稀释至刻度，摇匀。

氨标准溶液（1mL 含 0.01mg NH_3）：准确移取 10.00mL 氨贮备液于 100mL 容量瓶中，稀释至刻度，摇匀。

（3）氢氧化钠溶液（320g/L）。

（4）纳氏试剂的配制。

将 10g 碘化汞和 7g 碘化钾溶于少量水中，缓慢搅拌下将其加入 50mL 氢氧化钠溶液中，用水稀释至 100mL。将此溶液在暗处放置 5 天，在使用前用砂芯滤杯或玻璃纤维滤杯过滤两次。在棕色瓶中避光存放，此试剂有效期 1 年。

注：试液中加入纳氏试剂后，10min 内即可与氨发生显色反应。若使用前用 0.45μm 膜过滤，也可无需放置 5 天。（膜在使用前先用 I 级试剂水冲洗）

（5）氢氧化钠溶液（240g/L）。

（6）酒石酸钾钠溶液（300g/L）：将 300g 四水酒石酸钾钠溶于 1L 试剂水中，煮沸 10min，待溶液冷却后稀释至 1L。

（7）硫酸锌溶液（100g/L）。称取 100g 七水硫酸锌溶于水中，稀释至 1L。

（8）碘溶液 $\left[c\left(\dfrac{1}{2}I_2\right) = 0.002\text{mol/L} \right]$ 取 1.0mL 按附录 A 配的 0.1mol/L 的碘标准溶液，释至 50mL。

（9）试剂纯度应符合 GB/T 6903 的要求。

4. 仪器

分光光度计可在 425nm 处使用，配有 10mm 比色皿。

5. 分析步骤

（1）工作曲线的绘制。

1）用移液管分别按表 13 – 11 移取氨标准溶液至一组 50mL 容量瓶中，分别用水稀释至刻度。

表 13 – 11　　　　　　　　氨工作溶液配制

比色管编号	1	2	3	4	5	6	7
氨标准液体积（mL）	0	1.0	3.0	5.0	8.0	10.0	15.0
相当水样氨含量（mg/L）	0	0.2	0.6	1.0	1.6	2.0	3.0

2）加入 2 滴酒石酸钾钠溶液，摇匀。加入 1.00mL 纳氏试剂，摇匀。

3）放置 10min，以试剂空白为参比，在 425mm 处测量吸光度。

4）绘制氨含量和吸光度的工作曲线或回归方程。

（2）水样的测定。

1）按 DL/T 502.2 规定采集水样。

注：如果水样浑，可向每 100mL 水样中加入 1mL 硫酸锌溶液，摇匀，缓慢搅拌下加入 NaOH 溶液，直至 pH 约为 10.5，静置沉降后用中速滤纸过滤，弃去刚开始滤出的 25mL 滤液。

2）取一定体积滤液或清微水样（记录体积为 V）至 50mL 容量瓶中，稀释至刻度。

3）加入 2 滴酒石酸钾钠溶液，摇匀。加入 1.00mL 纳氏试剂，摇匀。

4）放置 10min，以试剂空白为参比，在 425nm 处测量吸光度。

5）根据测得的吸光度，查工作曲线或回归方程，计算得出氨含量。

6. 结果的表述

水样中氨含量 ρ（NH_3）按式（13 – 15）计算：

$$\rho(NH_3) = \frac{a \times 50}{V} \qquad (13-15)$$

式中　$\rho(NH_3)$——水样中氨含量，mg/L；

　　　　a——从标准曲线上查得或回归方程计算的氨含量，mg/L；

　　　　V——取水样的体积，mL；

50——定容体积，mL。

7. 注释

（1）测定有色水样时，应于100mL 2%硫酸铝溶液进行脱色，然后取上部澄清液进行测定。

（2）若水样在加入纳氏试剂后发生浑浊，说明含有硫化物，应另取20mL水样，事先加入10滴30%乙酸锌溶液，摇匀后静止2h，取上部澄清液进行测定。

（3）当水样中含铁量大于0.5mg/L，或游离二氧化碳量大于5mg/L，而硬度小于3.5mmol/L时，应改用50%酒石酸钾钠溶液。

（4）所配纳氏试剂和酒石酸钾钠溶液，不能用滤纸过滤。

（5）若水样中氨含量超过2.5mg/L时，应酌情减少水样的取量；氨含量超过5mg/L时，可用容量法测定。

（6）如水样含有联氨时，因联氨与纳氏试剂反应也生成黄色化合物，会产生严重干扰，在联氨含量小于0.2mg/L时，可在加入纳氏试剂前加入1mL 0.002mol/L碘溶液，放置15～20min以消除干扰。

（十二）溶解氧的测定——靛蓝二磺酸钠比色法

1. 概要

本法适用于溶解氧为2～100μg/L的除氧水、凝结水的测定，灵敏度为2μg/L。

2. 仪器

（1）锌还原滴定管。取50mL酸式滴定管一支，在其底部垫一层厚约1cm的玻璃棉，先在滴定管中注满除盐水，然后装入制备好的粒径为2～3mm的锌汞齐约30mL，在充填时应不时振动，使其间不存在气泡。

（2）专用溶氧瓶。具有严密磨口塞的无色玻璃瓶，其容积为200～300mL。

（3）取样桶。桶的高度至少比溶氧瓶高150mm，若采用溢流法取样，可不备取样桶。

3. 试剂

（1）氨—氯化铵缓冲液。称取20g氯化铵溶于200mL水中，加入50mL浓氨水（比重0.9）稀释至1L。取20mL缓冲溶液与20mL酸性靛蓝二磺酸钠贮备溶液混合，测定其pH。若pH大于8.5，可用硫酸溶液（1＋3）调节pH至8.5。反之若pH小于8.5，可用10%氨水调节pH至8.5。根据加酸或氨水的体积，往其余980mL缓冲溶液加入所需的酸或氨水，以保证氨缓冲靛蓝二磺酸钠溶液的 pH 等于 8.5。

（2）0.01mol/L 高锰酸钾（1/5KMnO$_4$）标准溶液。

（3）硫酸溶液（1+3）。

（4）酸性靛蓝二磺酸钠贮备液。称取 0.8～0.9g 靛蓝二磺酸钠于烧杯中，加 1mL 除盐水使其润湿后，加入 7mL 浓硫酸，在水浴上加热 30min，并不断搅拌，加少量除盐水，待其全部溶解后移入 500mL 容量瓶中，用除盐水稀释至刻度，混匀。标定后用除盐水按计算量稀释，使 T = 40μgO$_2$/mL（此处 T 应按一摩尔分子靛蓝二磺酸钠与一摩尔原子氧作用来计算）。

（5）氨性靛蓝二黄酸钠缓冲液。取 T = 40μgO$_2$/mL 的酸性靛蓝二磺酸钠贮备液 50mL 于 100mL 容量瓶中，加入 50mL 氨—氯化铵缓冲液［按（1+1）的比例混合］混匀。此溶液的 pH 为 8.5。

（6）还原型靛蓝二磺酸钠溶液。向已装好的锌汞齐的还原滴定管中，注入少量氨性靛蓝二磺酸钠缓冲液以洗涤锌汞齐，然后以氨性靛蓝二磺酸钠缓冲液注满还原滴定管（勿使锌汞齐间有气泡）。静置数分钟，待溶液由蓝色完全转成黄色后方可使用。此时还原速度随着温度升高而加快，但不得超过 40℃。

（7）苦味酸溶液。称取 0.74g 以干燥过的苦味酸，溶于 1L 除盐水中，此溶液的黄色色度相当于 20μgO$_2$/mL 还原型靛蓝二磺酸钠浅黄色化合物的色度。

（8）锌汞齐。

第一法：预先用乙酸溶液（1+4）洗涤粒径为 2～3mm 的锌粒或锌片，使其表面呈金属光泽。将酸沥尽，用除盐水冲洗数次，然后浸入饱和的硝酸亚汞溶液中，并不断搅拌，使锌表面覆盖一层均匀汞齐，取出用除盐水冲洗到水呈中性为止。

第二法：锌粒处理同第一法。将处理好的锌粒置于 200mL 烧杯中，加乙酸溶液（2+98）约 100mL 浸泡锌粒，用吸管滴加汞，并不断搅拌，使锌粒表面形成汞齐。汞的加入量以锌粒表面形成汞齐为宜。然后用试剂水冲洗至中性。

4. 测定方法

（1）酸性靛蓝二磺酸钠贮备液的标定。取 10mL 酸性靛蓝二磺酸钠贮备液注入 100mL 锥形瓶中，加 10mL 除盐水和 10mL 硫酸溶液（1+3）用 0.01mol/L 高锰酸钾（1/5KMnO$_4$）标准溶液滴定至溶液恰变成黄色为止，其反应为其滴定度（T）按下式计算：

$$T = \frac{\frac{1}{2} \times 8aC}{V} \times 1000 \mu g O_2/mL$$

式中 a——滴定时所消耗高锰酸钾标准溶液的体积，mL；

C——高锰酸钾标准溶液的浓度，mol/L；

V——所取酸性靛蓝二磺酸钠贮备液的体积，mL；

8——氧$\left(\frac{1}{2}O\right)$的摩尔质量；

1/2——把靛蓝二磺酸钠和高锰酸钾反应时的滴定度换算成和溶解氧反应时的滴定度的系数。

（2）标准色的配制。本法测定范围为 2～100μg O_2/mL，故标准色中最大标准色阶所相当的溶解氧含量（C_{max}）为 100μgO_2/L。为使测定时有过量的还原形靛蓝二磺酸钠同氧反应，所以采用还原型靛蓝二磺酸钠的加入量为 C_{max} 的 1.3 倍。据此在配制标准色阶时，先配制酸性靛蓝二磺酸钠稀溶液（$T = 20\mu g$ O_2/mL），按下式计算酸性靛蓝二磺酸钠稀溶液和苦味酸溶液（$T = 20\mu g O_2$/mL）的加入量（$V_{靛}$ 和 $V_{苦}$）：

$$V_{靛} = \frac{C \cdot V_1}{1000 \times 20} mL$$

$$V_{苦} = \frac{V_1 (1.3 C_{max} - C)}{1000 \times 20} mL$$

式中 C——此标准色所相当的溶解氧含量，μg/L；

V_1——配成标准色溶液的体积，mL；

C_{max}——最大标准色所相当的溶解氧含量，100μg/L。

第十三章 水、汽监督与分析测试

表 13 - 12 为按上式计算配制 500mL 标准色，所需 T 均为 $20\mu g\ O_2/mL$ 时，酸性靛蓝二磺酸钠和苦味酸溶液的需要量。

表 13 - 12 溶解氧标准色的配制 500mL

瓶 号	相当溶解氧含量 （μg/L）	配制标准色时所取体积（mL）	
		$V_酸$	$V_苦$
1	0	0	3.250
2	5	0.125	3.125
3	10	0.250	3.000
4	15	0.375	2.875
5	20	0.500	2.750
6	30	0.750	2.500
7	40	1.000	2.250
8	50	1.250	2.000
9	60	1.500	1.750
10	70	1.750	1.500
11	80	2.000	1.250
12	90	2.250	1.000
13	100	2.500	0.750

把配制好的标准色溶液注入专用溶氧瓶中，注满后用蜡密封，此标准色使用期限为一周（多余的标准色弃去）。

（3）测定水样时所需还原型靛蓝二磺酸钠溶液加入量（D），按下式计算：

$$D = \frac{1.3 C_{max} V_1}{1000 \times 20} mL$$

式中 C_{max}——最大标准色相当的溶解氧含量，μg/L；

V_1——水样的体积，mL。

如取样瓶体积 V_1 为 280mL，则 $D = \frac{130 \times 280}{1000 \times 20} \approx 1.8 mL$。

本法中的 C_{max} 对凝结水为 100μg/L，对锅炉给水为 50μg/L。

（4）水样的测定。

1）取样桶和溶氧瓶应预先冲洗干净，然后将溶氧瓶放在取样桶内，将取样管（厚壁胶管）插入溶氧瓶底部，使水样充满溶氧瓶，并溢流不少于3min。水样流量约为500~600mL/min，其温度不超过35℃，最好能比环境温度低1~3℃。

2）将锌还原滴定管慢慢插入溶氧瓶内，轻轻抽出取样管，立即按上式计算量加入还原型靛蓝二磺酸钠溶液。

3）轻轻抽出滴定管并立即塞紧瓶塞，在水面下混匀，放置2min，以保证反应完全。

4）从取样桶内取出溶氧瓶，立即在自然光或日光灯下，以白色为背景同标准色进行比较。

5）取样也可以用溢流法进行，其他操作都相同。

5. 注释

（1）配制靛蓝二磺酸钠贮备液时不可直接加热，否则溶液颜色不稳定。贮存时间不宜过长，如发现沉淀要重新配制。

（2）每次测定完毕后，应将锌还原滴定管内剩余氨性靛蓝二磺酸钠溶液放至液面稍高于锌汞层，待下次试验时注入新配制的溶液。

（3）锌还原滴定管在使用过程中会放出氢气，应及时排除，以免影响还原效率。若发现锌汞齐表面颜色变暗，应重新处理后使用。

（4）氨性靛蓝二磺酸钠缓冲液放置时间不得超过8h，否则应重新配制。

（5）苦味酸是一种炸药，不能将固体苦味酸研磨、锤击或加热，以免引起爆炸。为安全起见，一般苦味酸中含有35%水分，使用时可以将湿苦味酸用滤纸吸去大部分水分，然后移入氯化钙干燥器中干燥至恒重，并在干燥器内贮放。

（6）取样与配标准色用的溶氧瓶规定必须一致，瓶塞要十分严密。取样瓶使用一段时间后瓶壁会发黄，影响测定结果，应定期用酸清洗干净。

（7）溢流取样是指利用水样的较高流速，使溶氧瓶口上形成隔绝空气的水屏蔽层，当加入还原旋蓝二磺酸钠溶液时，应先把锌汞齐滴定管沿着瓶口边缘排掉易被氧化的靛蓝二磺酸钠，然后在水屏蔽层保护下轻轻插入瓶内，拔出取样管，并立即加入一定量的还原性靛蓝二磺酸钠溶液，采用此法时不需取样桶。

（8）水样中的铜能使测定结果偏高，但当水样中的铜含量小于10g/L时，对测定结果影响不大。

（十三）残余氯的测定——比色法

1. 概要

（1）用氯化法处理水时，余留在水中的氯量称为残余氯。残余氯分为总余氯、化合性余氯（如 NH_2Cl、$NHCl_2$）、游离性余氯（如 $HOCl$、OCl^-）。通常本法测定结果为总余氯。

（2）方法。在酸性溶液中 3，3 二氯酸二甲基联苯胺（邻联甲苯胺）与残余氯反应生成黄色化合物，将其与残余氯标准比色液比较，来定量残余氯的含量。用亚砷酸钠溶液处理，可以区别残余氯、游离残余氯及化合残余氯。其反应为

$$HOCl \longrightarrow HCl + [O]$$

（黄色）

此颜色的色度决定于水样中残余氯的含量。本法测定范围为 0.01 ~ 2.0 $mgCl_2/L$。

2. 试剂

（1）试剂水：GB/T 6903 规定的Ⅱ级试剂水。

（2）盐酸（3+7）。

（3）邻联甲苯胺溶液：称取邻联甲苯胺二酸盐（3，3 二氯酸－二甲基联苯胺）0.14g 溶入 50mL 试剂水中，在不断搅拌下加入（3+7）盐酸 50mL，此溶液放入棕色瓶中保存，保存期 6 个月。

（4）磷酸盐缓冲液（pH6.5）：称取在 110℃ 下干燥 2h 的无水磷酸氢二钠 22.86g 和磷酸二氢钾 46.14g 溶于试剂水，稀释至 1L，若有沉淀物则应过滤。取此溶液 200mL，稀释至 1L。

（5）铬酸钾重铬酸钾溶液：称取酸钾 3.63g 和重酸钾 1.21g 溶入磷酸盐缓冲液中（pH6.5），定量移入 1000mL 容量瓶，加磷酸盐缓冲液（pH6.5）稀释至刻度。

（6）亚砷酸钠溶液（5g/L）：将 0.5g 亚砷酸钠溶解试剂水中，稀释至 100mL。

（7）试剂纯度应符合 GB/T 6903 的要求。

3. 仪器

（1）比色管：100mL，底部到（200±5）mm 的高度处为 100mL 刻度

线，平底。

（2）比色管架：底部及侧面为乳白板。

4. 分析步骤

（1）残余氯标准比色液的配制。

按表 13 - 13 所示的比例分别移取铬酸钾 - 重铬酸钾溶液和磷酸盐缓冲液（pH6.5）于 100mL 比色管中，混匀。此溶液在暗处保存，产生沉淀时不要使用。

表 13 - 13　　　残余氯标准比色液（液层 200mm 用）

残余氯 （mg/L）	铬酸钾 - 重铬 酸钾溶液 （mL）	磷酸盐缓冲 液/（pH6.5） mL	残余氯 （mg/L）	铬酸钾 - 重铬 酸钾溶液 （mL）	磷酸盐缓冲 液/（pH6.5） （mL）
0.01	0.18	99.82	0.70	7.48	92.52
0.02	0.28	99.72	0.80	8.54	91.46
0.05	0.61	99.39	0.90	9.60	90.40
0.07	0.82	99.18	1.00	10.66	89.34
0.10	1.13	98.87	1.10	12.22	87.78
0.15	1.66	98.34	1.20	13.35	86.65
0.20	2.19	97.81	1.30	14.48	85.52
0.25	2.72	97.28	1.40	15.60	84.40
0.30	3.25	96.75	1.50	16.75	83.25
0.35	3.78	96.22	1.60	17.84	82.16
0.40	4.31	95.69	1.70	18.97	81.03
0.45	4.84	95.16	1.80	20.09	79.91
0.50	5.37	94.63	1.90	21.22	78.78
0.60	6.42	93.58	2.00	22.34	77.66

（2）样品的测定。

1）分别取三只 100mL 比色管，在第一只比色管中准确加入 5.00mL 邻联甲苯胺溶液，并加入按 DL/T 502.2 采集的适量水样（水样体积为 V，残余氯含量 0.2mg 以下），加水至 100mL 的刻度线，迅速盖上塞子并摇匀。在暗处放置 5min，从上方透视，与残余氯标准比色液比较，求出残余氯的浓度，记下结果 x（mg/L）。

2）移取邻联甲苯胺溶液 5.00mL 至第二只比色管中，加入与 1）相同量的水样，迅速盖好塞子，摇匀。在 5s 以内加亚砷酸钠溶液 5.00mL，摇匀；再加试剂水到 100mL 刻度线，摇匀。与残余氯标准比色液比较，求出残余氯的浓度，记下结果 y（mg/L）。

（3）空白试验。

1）移取亚砷酸钠溶液 5.00mL 至第 3 只比色管中，加入与 1）、2）相同量的水样，摇匀。

2）加邻联甲苯胺溶液 5.00mL，摇匀，加试剂水到 100mL 的刻度线，摇匀。

3）在 5s 以内，与残余氯标准比色液比较，求出残余氯的浓度，记下结果 z_1（mg/L）。

4）继续在暗处放 5min 后，与残余氯标准比色液比较，求出残余氯的浓度，记下结果 z_2（mg/L）。

5. 注释

（1）采样应迅速，水样瓶的瓶塞应严密。

（2）如果联邻甲苯胺有颜色，则不能使用；如果所配制的联邻甲苯胺盐酸溶液略有颜色时，可加入活性炭煮沸，过滤脱色后使用。

（3）联邻甲苯胺盐酸溶液，不可与橡皮接触。

（4）在配制试剂以及配好试剂贮存时，都要避免阳光直照，否则所配试剂会变黄色。

（5）试样为碱性的情况下加盐酸（1+5），调至 pH 值约为 7。发色时的 pH 值通常在 1.3 以下。

（6）残余氯中化合残余氯达到最高发色时，在 0℃时需要 6min，在 20℃时需要 3min，在 25℃时需要 2min30s。

（7）在不进行空白试验的情况下，含铁 0.3mg/L 以上，锰 0.01mg/L 以上及亚硝酸离子 0.3mg/L 以上时会有干扰。要防止铁及锰的干扰，每 100mL 试样，要添加 3mL 1，2 - 环己烷二胺四乙酸溶液（10g/L）。

（8）使用市场上销售的残余氯测定器时，要预先与残余氯标准比色液比较，确认没有问题方可使用。

（十四）碱度的测定——容量法

1. 概要

本法共有两种测定方法。

第一法：适用碱度较大的水样，如炉水、澄清水、冷却水、生水等，单位以 mmol/L 表示。

第二法：适用于碱度小于 0.5mmol/L 的水样，例如凝结水、除盐水、给水等，单位以 μmol/L 表示。

2. 试剂

（1）1%酚酞指示剂（乙醇溶液）。

（2）0.1%甲基橙指示剂。

（3）甲基红—亚甲基蓝指示剂。准确称取 0.125g 甲基红和 0.085g 亚甲基蓝，在研钵中研磨均匀后，溶于 100mL 95% 乙醇中。

（4）硫酸标准溶液 $[C\ (1/2H_2SO_4) = 0.1、0.05、0.01mol/L]$。配制和标定的方法见酸、碱标准溶液的配制与标定。

3. 测定方法

（1）第一法的操作步骤。

1）取 100mL 透明水样注入锥形瓶中。

2）加入 2~3 滴 1% 酚酞指示剂，此时若溶液显红色，则用 0.05mol/L 或 0.1mol/L 硫酸标准溶液滴定至恰无色，记录耗酸体积 a。

3）在上述锥形瓶中加入 2 滴甲基橙指示剂，继续用硫酸标准溶液滴定至溶液呈橙红色为止，记录第二次耗酸体积 b（不包括 a）。

（2）第二法的操作步骤。

1）取 100mL 透明水样，置于锥形瓶中。

2）加入 2~3 滴酚酞指示剂，此时溶液若显红色。则用微量滴定管以 0.01mol/L 硫酸标准溶液滴定至恰无色，记录耗酸体积 a。

3）加入 2 滴甲基红—亚甲基蓝指示剂，用 0.01mol/L 硫酸标准溶液滴定，溶液由绿色变为紫色，记录耗酸体积 b（不包括 a）。

以上二法，若加酚酞指示剂后溶液不显色，可直接加甲基橙或甲基红—亚甲基蓝指示剂，用硫酸标准溶液滴定，记录耗酸体积 b。按上述二法测定时，水样酚酞碱度 $JD\ (H^+)_{酚}$ 和全碱度 $JD\ (H^+)_{全}$ 的数量（mmol/L 或 μmol/L）按下式计算：

$$JD\ (H^+)_{酚} = \frac{Ca}{V} \times 10^3$$

或

$$JD\ (H^+)_{酚} = \frac{Ca}{V} \times 10^6$$

$$JD\ (H^+)_{全} = \frac{C\ (a+b)}{V} \times 10^3$$

或

$$JD\ (H^+)_{全} = \frac{C\ (a+b)}{V} \times 10^6$$

式中　C——硫酸标准溶液的浓度，mol/L；

　　　a、b——滴定碱度所消耗硫酸标准溶液的体积，mL；

V——水样体积，mL。

4. 注释

（1）若水样中含有较大量的游离氯（大于1mg/L）时，会影响指示剂的颜色，可加入0.1mol/L硫代硫酸钠溶液1~2滴以消除干扰，或用紫外光照射也可除去残氯。

（2）由于乙醇自身的pH较低，配制成1%酚酞指示剂（乙酸溶液），为避免此影响，配制好的酚酞指示剂，应用0.05mol/L氢氧化钠溶液中和至刚见到稳定的微红色。

（十五）硬度的测定——EDTA滴定法

1. 概要

本法列有两种测定方法。第一法适于测定硬度大于0.1~5.0mmol/L的水样，第二法适于测定硬度在1~100μmol/L的水样。

2. 试剂

（1）EDTA标准溶液 $[C(EDTA)=0.02mol/L]$ 配制和标定方法见乙二胺四乙酸二钠（EDTA）标准溶液的配制与标定。

（2）EDTA标准溶液 $[C(EDTA)=0.01mol/L]$ 配制和标定方法见乙二胺四乙酸二钠（EDTA）标准溶液的配制与标定。

（3）氨—氯化铵缓冲溶液。称取20g氯化铵溶于500mL高纯水中，加入150mL浓氨水，用高纯水稀释至1L，摇匀。取50.00mL，按第二法（不加缓冲溶液）测定其硬度。根据测定结果，往其余950mL缓冲溶液中，加所需的EDTA标准溶液，以抵消其硬度。

（4）硼砂缓冲溶液。称取硼砂（$Na_2B_4O_7 \cdot 10H_2O$）40g溶于80mL高纯水中，加入氢氧化钠10g，溶解后用高纯水稀释至1L，摇匀。取50.00mL，加0.1mol/L盐酸溶液40mL，然后按第二法测定其硬度，并按上法往其余950mL缓冲溶液中加入所需的EDTA标准溶液，以抵消其硬度。

（5）0.5%铬黑T指示剂（乙醇溶液）。称取0.5g铬黑T（$C_{20}H_{12}O_7N_3SNa$）与4.5g盐酸羟胺，在研钵中磨匀，混合后溶于100mL 95%乙醇中，将此溶液转入棕色瓶中备用。

（6）酸性铬蓝K（乙醇溶液）。称取0.5g酸性铬蓝K（$C_{16}H_9O_{12}N_2S_3Na_3$）与4.5g盐酸羟胺混合，加10mL氨—氯化铵缓冲溶液和40mL高纯水，溶解后用95%乙醇稀释至100mL。

3. 测定方法

（1）水样硬度大于0.1~5.0mmol/L时的测定步骤。

1）按表 13 - 14 吸取适量透明水样注入 250mL 锥形瓶中，用高纯水稀释至 100mL。

2）加入 5mL 氨—氯化铵缓冲溶液，2 滴 0.5% 铬黑 T 指示剂，在不断摇动下，用 0.02mol/L EDTA 标准溶液滴定至溶液由酒红色变为蓝色即为终点，记录消耗 EDTA 标准溶液的体积。

表 13 - 14　　　　　　　不同硬度的水样需取水样体积

水样硬度（mmol/L）	需取水样体积（mL）
0.1 ~ 5.0	100
5.0 ~ 10.0	50
10.0 ~ 20.0	25

水样硬度（YD）的含量（mmol/L）按下式计算：

$$YD = \frac{2 \times Ca}{V} \times 10^3$$

式中　C——EDTA 标准溶液浓度，mol/L；

　　　a——滴定水样时所消耗 EDTA 标准溶液的体积，mL；

　　　V——水样的体积，mL。

（2）水样硬度 1 ~ 500μmol/L 时的测定步骤。

1）取 100mL 透明水样注入 250mL 锥形瓶中。

2）加 3mL 氨—氯化铵缓冲溶液（或 1mL 硼砂缓冲溶液）及 0.5% 酸性铬蓝 K 指示剂。

3）在不断摇动下，以 0.001mol/L EDTA 标准溶液用微量滴定管滴定至蓝紫色即为终点。记录 EDTA 标准溶液所消耗的体积。

水样硬度（YD）的数量（μmol/L）按下式计算：

$$YD = \frac{2 \times Ca}{V} \times 10^6$$

4. 注释

（1）若水样的酸性或碱性较高时，应先用 0.1mol/L 氢氧化钠或 0.1mol/L 盐酸中和后，再加缓冲溶液，否则加入缓冲溶液后，水样 pH 值不能保证在 10.0 ±0.1 范围内。

（2）对碳酸盐硬度较高的水样，在加入缓冲溶液前，应先稀释或先加入所需 EDTA 标准溶液的 80% ~90%（记入在所消耗的体积内），否则在加入缓冲溶液后，可能析出碳酸盐沉淀，使滴定终点拖长。

（3）冬季水温较低时，络合反应速度较慢，容易造成过滴定而产生误差。因此，当温度较低时，应将水样预先加温至 $30 \sim 40℃$ 后进行测定。

（4）如果滴定过程中发现滴不到终点色，或加入指示剂前，颜色呈灰紫色时，可能是 Fe、Al、Cu 或 Mn 等离子的干扰。遇此情况，可在加指示剂前，用 2mL 1% 的 L - 半胱胺酸盐和 2mL 三乙醇胺溶液（1 + 4）进行联合掩蔽。此时，若因加入 L - 半胱胺酸盐，试样 pH 小于 10，可将氨缓冲溶液的加入量变为 5mL 即可。

（5）pH10.0 ± 0.1 的缓冲溶液，除使用氨—氯化铵缓冲溶液外，还可用氨基乙醇配制的缓冲溶液（无味缓冲液）。

此缓冲溶液的优点：无味，pH 稳定，不受室温变化的影响。

配制方法：取 400mL 高纯水，加入 55mL 浓盐酸，然后将此溶液慢慢加入 310mL 氨基乙醇中，并同时搅拌均匀，用高纯水稀释至 1L。100mL 水样中加入此缓冲溶液 1.0mL，即可使 pH 值维持在 10.0 ± 0.1 范围内。

（6）指示剂除用酸性铬蓝 K 外，还可选用表 13 - 15 中所列的指示剂。

（7）对加有 EDTA—镁盐的氨—氯化铵缓冲溶液，必须进行鉴定。方法如下。

取 2 个 250mL 锥形瓶，A 瓶注入 50mL 高纯水和 0.1mL 氨缓冲溶液。B 瓶注入 50mL 待检查的氨缓冲溶液。分别各加入 1 滴铬黑 T，摇匀后，通常 A 瓶内溶液为纯蓝色，B 瓶为紫色。然后用 0.001mol/L EDTA 滴定 B 至纯蓝色（与 A 相同）。根据消耗 0.001mol/L EDTA 的体积（amL），往余下的 950mL 缓冲溶液中加入（$19 \times a$）mL 0.001mol/L EDTA 溶液（若 a 值过大，可改加 0.02mol/L EDTA 溶液）。

经上述处理的氨缓冲溶液，还应进一步检查 EDTA 有无过剩。其方法如下：用高纯水把已知硬度的生水配制成硬度为 1μmol/L 的水样。取此水样 100mL 注入 A 瓶，100mL 高纯水注入 B 瓶，分别加氨缓冲溶液 5mL，铬黑 T2 滴，摇匀后，若 B 呈纯蓝，A 呈微紫色，则说明无过剩 EDTA，若 A、B 瓶均呈现蓝色，说明 EDTA 过剩。

（8）新试剂瓶（玻璃、聚乙烯等）用来存放缓冲溶液时，有可能使配制好的缓冲溶液又复出现硬度。为了防止上述现象发生，贮备硼砂缓冲溶液和氨缓冲溶液的试剂瓶（包括瓶塞、玻璃管、量瓶），应用加有缓冲溶液的 0.01mol/L EDTA 充满约 1/2 容积处，在 60℃ 下间断地摇动、旋转处理 1h。将溶液倒出，更换新溶液再处理一次。然后用高纯水充分冲洗干净。

(9) 由于氢氧化钠对玻璃有较强的腐蚀性，硼砂缓冲溶液不宜在玻璃瓶内贮存，另外，此缓冲溶液仅适于测定硬度为 1 ~ 500μmol/L 的水样。

表 13 - 15   指示剂配制方法

酸性铬深蓝	$C_{16}H_{10}N_2O_9S_2Na_2$ ($m = 484.36$)	0.5g 酸性铬深蓝与4.5g 盐酸羟胺混合后，加 10mL 氨—氯化铵缓冲溶液，加入 40mL 高纯水，待溶解后，用 95% 乙醇稀释至 100mL
酸性铬蓝 K^+ 萘酚绿 B	$C_{16}H_9O_{12}N_2S_3Na_3 +$ $C_{30}H_{15}N_3O_{15}S_3Na_3Fe$	0.25g 酸性铬蓝 K 和 0.5g 萘酚绿 B 与 4.5g 盐酸羟胺，在研钵中摇匀后，加 10mL 氨—氯化铵缓冲溶液和 40mL 高纯水，待完全溶解后，用 95% 乙醇稀释至 100mL
铬蓝 SE	$C_{16}H_9O_9S_2N_2ClNa_2$ ($m = 518.81$)	0.5g 铬蓝 SE 加 10mL 氨—氯化铵缓冲溶液，用高纯水稀释至 100mL
依来铬蓝黑 R	$C_{20}H_{13}N_2O_5SNa$ ($m = 416.38$)	0.5g 依来铬蓝黑 R，加 10mL 氨—氯化铵缓冲溶液，用 95% 乙醇稀释至 100mL

注   测定 1 ~ 500μmol/L 硬度时，一般都用酸性铬蓝 K 作指示剂，若指示剂质量不好，终点不易观察，可改用表中所列的指示剂。若用铬黑 T 作指示剂，其缓冲溶液中必须加入适量的 EDTA—镁盐（按 1L 缓冲溶液中加入 0.2 ~ 0.5g 的 EDTA—镁盐）。

（十六）氯化物的测定——硝酸银容量法

1. 概要（略）

2. 试剂

（1）氯化钠标准溶液（1mL 含 1mgCl⁻）。取基准试剂或优级纯的氯化钠 3 ~ 4g 置于瓷坩埚内，在高温炉内升温至 500℃灼烧 10min，然后在干燥器内冷却至室温；准确称取 1.649g 氯化钠，先用少量蒸馏水溶解并稀释至 1000mL。

（2）硝酸银标准溶液（1mL 相当于 1mgCl⁻）。称取 5.0g 硝酸银溶于 1000mL 蒸馏水中，以氯化钠标准溶液标定，标定方法如下：

在三个锥形瓶中，用移液管分别注入 10mL 氯化钠标准溶液，再各加入 90mL 蒸馏水及 1mL 10% 铬酸钾指示剂，均用硝酸银标准溶液滴定

第十三章　水、汽监督与分析测试

至橙色终点，分别记录消耗硝酸银标准溶液的体积，计算其平均值。三个标准平行试验的相当偏差应小于 0.25%。

另取 100mL 蒸馏水，不加氯化钠标准溶液，做空白试验，记录消耗硝酸银标准溶液体积 b。硝酸银溶液的滴定度 T（mg/mL）按下式计算：

$$T = \frac{10 \times 1}{C - b}$$

式中　b——空白消耗硝酸银标准溶液的体积，mL；

　　　C——氯化钠标准溶液消耗硝酸银标准溶液的体积，mL；

　　10——氯化钠标准溶液的体积，mL；

　　　1——氯化钠标准溶液的浓度，mg/mL。

最后调整硝酸银溶液的浓度，使其滴定度成为 1mL 相当 1mgCl$^-$ 的标准溶液。

另需 10% 铬酸钾指示剂、1% 酚酞指示剂（乙醇溶液）、氢氧化钠溶液 [C（NaOH）= 0.1mol/L] 和硫酸溶液 [C（1/2 H_2SO_4）= 0.05mol/L]。

3. 测定方法

（1）量取 100mL 水样于锥形瓶中，加 2~3 滴 1% 酚酞指示剂，若显红色，即用硫酸溶液中和至无色；若不显红色，则用氢氧化钠溶液中和至微红色，然后以硫酸溶液滴定至无色。再加入 1mL 10% 铬酸钾指示剂。

（2）用硝酸银标准溶液滴定至橙色，记录消耗硝酸银标准溶液的体积（a）。同时做空白试验，记录消耗硝酸银标准溶液体积（b）。水样中氯化物（Cl$^-$）含量（mg/L）按下式计算：

$$\text{Cl}^- = \frac{(a - b) \times 1.0}{V} \times 1000$$

式中　a——滴定水样消耗硝酸银溶液的体积，mL；

　　　b——滴定空白消耗硝酸银溶液的体积，mL；

　　1.0——硝酸银标准溶液的滴定度，1mL 相当于 1mgCl$^-$；

　　　V——水样的体积，mL。

4. 注释

（1）当水样中氯离子含量大于 100mg/L 时，需按表 13 - 16 中规定的量取样，并用蒸馏水稀释至 100mL 后测定。

表 13 -16　　　　　　　　　　**氯化物的含量和取水样体积**

水样中氯离子含量（mg/L）	5 ~ 100	101 ~ 200	201 ~ 400	401 ~ 1000
取水样量（mL）	1000	50	25	10

（2）当水样中硫离子（S^{2-}）含量大于 5mg/L，铁、铝大于 3mg/L 或颜色太深时，应事先用过氧化氢脱色处理（每升水加 20mL），并煮沸 10min 后过滤；若颜色仍不消失，可于 100mL 水中加 1g 碳酸钠蒸干，将干涸物用蒸馏水溶解后进行测定。

（3）若水样中氯离子含量小于 5mg/L 时，可将硝酸银溶液稀释为 1mL 相当于 0.5mgCl⁻ 的溶液后使用。

（4）为了便于观察终点，可另取 100mL 铬酸钾指示剂作对照。

（5）混浊水样，应事先进行过滤。

四、垢及腐蚀产物分析方法

（一）适用范围

该分析方法简称《SG 方法》，适用于测定火力发电厂热力系统内聚集的水垢、盐垢、水渣和腐蚀产物的化学成分，也适用于测定某些化学清洗液中溶解了的垢和腐蚀产物的有关成分。

（二）常用名词术语的含义及分析方法要求

（1）水垢：自水溶液中直接析出并附着在金属表面的沉积物。

（2）盐垢：锅炉蒸汽中含有的盐类（杂质）在热力设备中析出并形成的固体附着物。

（3）水渣：在炉水中生成的沉积物。而且呈悬浮状态存在于炉水中。

（4）腐蚀产物：金属与周围介质发生化学反应或电化学反应的产物。《SG 方法》中测定的腐蚀产物为聚集于热力设备管壁上的固体附着物。

（5）试样和分析试样：从热力设备中采集到的样品称为试样。经过加工（破碎、缩分、研磨）制得的样品称为分析试样。实际使用中，在无需特别指明的情况下，分析试样也常称为试样。

（6）试样的分解：用化学方法将固体试样分解、使待测定的成分（元素）溶解到溶液中的过程。

（7）多项分析试液：用试样分解方法将固体试样分解制备成供分析用的溶液，可用于垢和腐蚀产物的各种化学成分测定。

（8）人工合成试液（样）：利用标准溶液或标准物质，模拟垢和腐蚀产物的主要成分，人为配制的已知成分含量的试液（样）。

（9）《SG方法》中对仪器校正、试剂纯度、空白试验和空白水的要求，炭化、恒重、试剂配制方法，溶液浓度表示方法，有效数字取位、试剂加入量等的规定均与《水、汽试验方法》相同。制作工作曲线时，要用移液管准确吸取标准溶液，标准溶液的体积数一般应保持三位有效数字。

（10）《SG方法》中规定的测定结果的误差范围称为允许差（允许误差）。它是指同一试液（样）的两次平行测定结果的允许最大误差。超过允许差的测定值作废，应重新测定。

（11）《SG方法》中使用的计量单位为法定计量单位。各项测定结果应换算为高价氧化物的百分含量表示。

（12）全分析结束时，首先应检查数据的计算是否有误，然后，按下述方法对分析结果进行简单的校核。

1）计算各项分析结果（百分含量表示）的总和（$\Sigma X\%$）。

2）进行灼烧减（增）量（$S\%$）的校正。

经过校正之后，各项分析结果的总和应在100%±5%之内，即

$$\Sigma X \pm S = 100\% \pm 5\%$$

（三）垢和腐蚀产物分析的任务

热力设备一旦发生结垢和腐蚀，将严重地危害热力设备的安全、经济运行。为了解垢和腐蚀产物的成分和形成原因，必须对其进行分析，提供可靠的数据，以便正确地采取防止结垢和腐蚀的措施或进行有效的化学清洗。

（四）垢和腐蚀产物的分析程序

《SG方法》中，由于各个测定项目是独立进行的。一般说来，对测定的前后顺序无特殊要求，各测定项目可同时进行。其中，关于氧化钙、氧化镁的测定，由于选用方法和加掩蔽剂的数量与氧化铁、氧化铜的数量有关。通常，测定氧化铁、氧化铜之后，再进行氧化钙、氧化镁的测定。在盐垢分析中，为了减少空气中二氧化碳的影响，制备好待测试液后，应立即测定碱、碳酸盐和重碳酸盐含量。垢和腐蚀产物的分析程序如图13-6所示，盐垢分析程序如图13-7所示。

1. 采集试样的原则和方法

为了获得具有代表性的试样，采集试样时应遵守如下规定。

（1）试样的代表性。当取样部位的热负荷相同，或者为对称部位时，可以多点采集等量的单个试样，混合成平均样。对同一部位，若垢和腐蚀

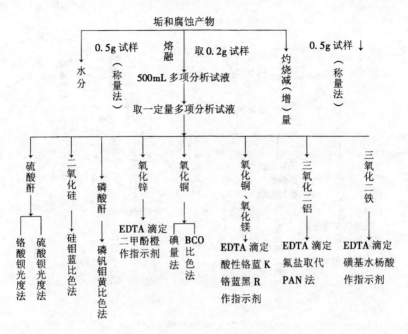

图 13 - 6 垢和腐蚀产物分析程序

产物的颜色、坚硬程度明显不同，则不能采集混合试样，而应分别采集单个试样。

（2）采集的量。在条件允许的情况下，采集试样的质量应大于 4g，尤其是呈片状、块状等不均匀的试样，更应多取一些，一般取样质量应大于 10g。

（3）采集试样的工具。采集不同热力设备中聚集的垢和腐蚀产物时，应使用不同的采集工具。常用的采集工具有普通碳钢或不锈钢特制的小铲，其他非金属片、竹片、毛刷等。使用采样工具时要注意工具应结实、牢靠，不可过分地尖硬，以防止采样时工具本身及金属管壁损坏，造成带入金属屑或其他异物而"污染"试样。

（4）刮取试样。在一般情况下，垢和腐蚀产物试样是在热力设备检修或停机时，以人工刮取或割管后人工刮取获得。刮取试样时，可用硬纸或其他类似的物品承接试样，随后装入专用的广口瓶中存放，并粘贴标签。注明设备名称、设备编号、取样部位、取样日期、取样人姓名等事项。

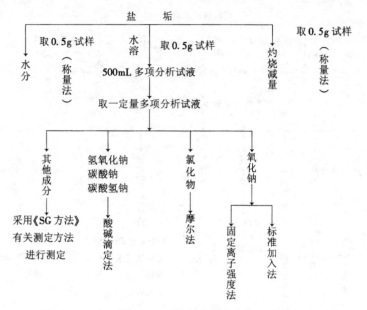

图 13-7 盐垢分析程序

（5）挤压采样。若试样不易刮取，可用车床先将试样管的外壁切削薄，然后放在台钳上挤压变形，使附着在管壁上的试样脱落，取得试样。

2. 分析试样的制备

一般情况下，垢和腐蚀产物的试样数量不多，颗粒大小也差别不大，因此，可直接破碎成 1mm 左右的试样，然后用四分法将试样缩分。取一份缩分后的试样（一般不少于 2g），放在玛瑙研钵中研磨细。对于氧化铁垢、铜铁垢、硅垢、硅铁垢等难溶试样，应磨细到试样能全部通过 0.1192mm（120 目）筛网；对于钙镁垢、盐垢、磷酸盐垢等较易溶试样，磨细到全部试样能通过 0.149mm（100 目）筛网即可。

制备好的分析试样，应装入粘贴有标签的称量瓶中备用。其余没有磨细的试样，应放回原来的广口瓶中妥善保存，供复核校对使用。

（五）试样的分解

本方法适用于碳酸盐垢、磷酸盐垢、硅酸盐垢以及氧化铁垢、铜垢等垢和腐蚀产物试样的分解。

1. 概要

试样的分解是分析过程中重要的步骤，其目的在于将试样制备成便于分析的溶液。分解试样时，试样溶解要完全，且溶解速度要快，不致造成待分析成分损失及引入新的杂质而干扰测定。常用试样分解方法有酸溶法和熔融法两种，应针对试样种类，选择分解试样的方法。

2. 酸溶样法

（1）试样经盐酸或硝酸溶解后，稀释至一定体积成为多项分析试样。本方法对大多数碳酸盐垢，磷酸盐垢，可完全溶解，但对于难溶的氧化铁垢、铜垢、硅垢，往往留有少量酸不溶物。可用碱熔法，将酸不溶物溶解，再与酸溶物合并，并稀释到一定体积，成为多项分析溶液。

（2）称取干燥的分析试样 0.2g（称准至 0.2mg），置于 100 ~ 200mL 烧杯中，加入 150mL 浓盐酸（对碳酸盐垢试样应缓缓地加入，防止反应过于剧烈而发生溅失），盖上表面皿加热至试样完全溶解。若有黑色不溶物，可加浓硝酸 5mL，继续加热至接近干涸，驱赶尽过剩的硝酸（红棕色的二氧化氮基本驱赶完全），冷却后加盐酸溶液（1 + 1）10mL，温热至干涸的盐类完全溶解，加蒸馏水 100mL。若溶液透明，说明试样已完全溶解。将溶液倾入 500mL 容量瓶，用蒸馏水稀释至刻度，所得溶液为多项分析溶液。

若经上述加硝酸处理后仍有少量酸不溶物，可按下列方法处理：

1）酸不溶物的测定。将酸不溶物过滤出，用热蒸馏水洗涤干净（用 5% 硝酸银溶液检验应无氯离子）。将滤液和洗涤液收集于 500mL 容量瓶，用蒸馏水稀释至刻度，所得溶液为多项分析溶液。

将洗干净的酸不溶物连同滤纸放入已恒重的坩埚中，在电炉上彻底炭化，然后放入 800 ~ 850℃ 高温炉中灼烧 30min，取出坩埚，在空气中稍冷后移入干燥器中冷却至室温称量，如此反复操作至恒重。酸不溶物（X）的含量（%）按下式计算：

$$X = \frac{m_1 - m_2}{G} \times 100\%$$

式中　m_1——坩埚和酸不溶物的总质量，g；

　　　m_2——坩埚质量，g；

　　　G——试样质量，g。

2）用碱熔法将酸不溶物分解。将酸不溶物滤出，用热蒸馏水洗涤数次。将滤液和洗涤液一并倾入 500mL 容量瓶中，洗干净的酸不溶物连同滤纸放入坩埚中，经炭化、灰化后，按下述"氢氧化钠熔融法"中 2 项或"碳酸钠熔融法"中 2 项所述操作，将酸不溶物分解，把熔融物提取液合并于上述 500mL 容量瓶中，用蒸馏水稀释至刻度，所得溶液为多项分析溶液。

3. 氢氧化钠熔融法

（1）试样经氢氧化钠熔融后，用热蒸馏水提取，用盐酸酸化、溶解，制成多项分析溶液。本方法对许多垢和腐蚀产物都有较好的分解效果。

（2）称取干燥的分析试样 0.2g（称准至 0.2mg），置于盛有 1g 氢氧化钠的银坩埚中，加 1～2 滴酒精润湿，在桌上轻轻地震动，使试样粘附在氢氧化钠颗粒上。再覆盖 2g 氢氧化钠，坩埚加盖后置于 50mL 瓷坩埚或瓷盘，放入高温炉中，由室温缓慢升温至 700～750℃，在此温度下保温 20min。取出坩埚，并冷却至室温，将银坩埚放入聚乙烯杯中，加约 20mL 煮沸的蒸馏水于坩埚中。杯上盖表面皿，在水浴里加热 5～10min，充分地浸取熔块。待熔块浸散后，取出银坩埚，用装有热蒸馏水的洗瓶冲洗坩埚内、外壁及盖。边搅拌，边迅速加入 20mL 浓盐酸，再继续在水浴里加热 5min。此时熔块完全熔解，溶液透明。将此溶液冷却后，倾入 500mL 容量瓶，用水稀释至刻度，所得溶液为多项分析溶液。

试液中若有少量不溶物时，可将已溶解的透明清液倾入 500mL 容量瓶中，再加 3～5mL 浓盐酸和 1mL 浓硝酸，继续在沸水浴里加热溶解不溶物，待所有不溶物完全溶解后，将此溶液合并于 500mL 容量瓶中，用蒸馏水稀释至刻度。

4. 碳酸钠熔融法

（1）试样经碳酸钠熔融分解后，用水浸取熔融物，加酸酸化制成多项分析试液。本法虽然费时较多，而且需用铂坩埚，但分解试样较为彻底，是常用的方法。

（2）称取干燥的试样 0.2g（称准至 0.2mg），置于装有 1.5g 研细的无水碳酸钠的铂坩埚中，用铂丝把碳酸钠和试样混匀，再用 0.5g 碳酸钠将试样覆盖。坩埚加盖后置于 50mL 瓷坩埚内，放入高温炉中，由室温缓慢升温至 950±20℃，在此温度下熔融 2～2.5h。取出坩埚，冷却至室温，将铂坩埚放入聚乙烯杯中，加 70～100mL 煮沸的蒸馏水，置于沸水浴上加热 10min 以浸取熔块，待熔块浸散后，用装有热蒸馏水的洗瓶冲洗坩埚内、外壁及盖。边搅拌熔块，边迅速加入 10～15mL 浓盐酸，再在水浴里加热 5～10min。此时，溶液应清澈、透明，冷却至室温后倾入 500mL 容量瓶。用蒸馏水稀释至刻度，所得溶液为多项分析试液。

试液中若有少量不溶物，可按照上述"氢氧化钠熔融法"中 2 项所述加盐酸和硝酸的有关操作进行处理，直到不溶物完全溶解。

5. 注释

试样分解的方法，除了上述几种外，还有其他方法。其中值得推荐的方法之一是偏硼酸锂熔融法。该法熔样较为彻底、快速，而且制成的待测试液，除可供测定铁、铝、钙、镁、铜等氧化物外，还可供测定氧化钠、氧化钾。有的资料介绍，该法的熔融物不易浸取，为此，可增加使熔融物在坩埚壁上形成薄层和骤冷的操作，以加快熔融浸取，其操作步骤如下：称取干燥的分析试样 0.2g（称准至 0.2mg），置于称量瓶中，加入 0.5g 偏硼酸锂，搅拌均匀。将混合物置于已铺有一层偏硼酸锂的铂坩埚中，并在混合物上盖一层偏硼酸锂，此两部分偏硼酸锂为 0.5g。坩埚加盖后放入高温炉，逐渐升温至 980 ± 20℃，保持 15 ~ 20min，取出铂坩埚，趁熔融物还是液态时，摇动铂坩埚，使熔融物分布于坩埚壁上，形成薄层，并立即将坩埚底部浸入水中骤冷，使熔融物爆裂。再加数滴蒸馏水，水将渗入到裂缝中。

将坩埚底部和坩埚放入 100mL 玻璃烧杯中，在铂坩埚内放一根磁力搅棒，加入 70 ~ 80℃盐酸溶液（1 + 1）25mL。把烧杯放在能加热的磁力搅拌器上，在加热条件下搅拌 10min，待熔融物完全溶解后，用蒸馏水冲洗铂坩埚和盖，再将溶液倾入 500mL 容量瓶中，用蒸馏水稀释至刻度，所得溶液为多项分析试液。

以上处理得到的溶液应清澈、透明，无不溶物存在，否则应重新制备。

（六）水分的测定

1. 概要

本方法适用于测定垢和腐蚀产物试样所含有的水分含量。通常，垢和腐蚀产物试样所含水分在 105℃干燥时脱水，通过测定试样减少的质量可测定水分。由于垢和腐蚀产物的各组成成分都是以干燥状态表示的，所以必须测定水分，并将其计入组成之中。

2. 测定方法

称取分析试样 0.5 ~ 1.0g（称准至 0.2mg），置于已在 110℃下恒重的称量瓶中，在 105 ~ 110℃下烘 2h，取出称量瓶，盖好瓶盖，在干燥器内冷却至室温，迅速称其质量。再在 105 ~ 110℃烘箱内烘 1h，取出称量瓶，置于干燥器内，冷却至室温，迅速称其质量，两次称量之差不超过 0.4mg 则为恒重。试样中水分 X（%）按下式计算：

$$X = \frac{m_1 - m_2}{G} \times 100\%$$

式中 m_1——烘前试样与称量瓶的总质量,g;

m_2——烘后试样与称量瓶的总质量,g;

G——试样的质量,g。

(七)灼烧减(增)量的测定

1. 概要

本方法适用于测定垢和腐蚀产物的灼烧减(增)量。有测450℃灼烧减(增)量和测900℃灼烧减(增)量两种测定方法。试样燃烧时,由于水分脱出,有机物燃烧,碳酸盐等化合物分解,金属或低价元素氧化等,使得灼烧后的试样质量有所变化。有的质量减少,有的质量增加。质量减少称为灼烧减量,反之称为灼烧增量。虽然,试样灼烧后的质量变化无一定规律,但从灼烧后质量的改变,可对垢和腐蚀产生的特性和组成作初步的判断。校核垢和腐蚀产物的测定结果时,应计入灼烧减(增)量。减量要加到测定结果总和中去,增量应从测定结果总和中减去。

2. 450℃灼烧减(增)量的测定

准确称取0.5~1.0g分析试样(称准至0.2mg),平铺于预先在900℃灼烧至恒重的瓷舟内,将瓷舟放入450±5℃的高温炉中,灼烧1h,然后放入干燥器内冷却至室温,并迅速称其质量。450℃灼烧减(增)量 X(%)按下式计算:

$$X = \frac{m_1 - m_2}{G} \times 100\%$$

式中 m_1——灼烧前试样和瓷舟的总质量,g;

m_2——灼烧后试样和瓷舟的总质量,g;

G——试样的质量,g。

3. 900℃灼烧减(增)量的测定

将已测定过450℃灼烧减(增)量的试样(连同瓷舟)置于900℃±5℃的高温炉中灼烧1h,取出放入干燥器中,冷却至室温,迅速称其质量。900℃灼烧减(增)量 X(%)按下式计算:

$$X = \frac{m_2 - m_3}{G} \times 100\%$$

式中 m_2——测定过450℃灼烧减(增)量的试样和瓷舟的总质量,g;

m_3——在900℃灼烧后的试样和瓷舟的总质量,g;

G——试样的质量,g。

试样燃烧后质量增加时,计算450℃灼烧增量应为($m_2 - m_1$),计算900℃的灼烧增量应为($m_3 - m_2$)。

（八）氧化铁的测定

1. 概要

本方法适用于测定氧化铁垢、铜垢、铁垢等垢和腐蚀产物中的三氧化二铁的含量。铝、锌、钙、镁等均不干扰测定。但在滴定溶液中，铜量大于 0.1mg CuO、镍量大于 0.04mg NiO 时干扰测定，使测定结果偏高。磷酸根量大于 250mgP$_2$O$_5$ 时，会生成磷酸铁沉淀，干扰测定。对于铜、镍的干扰，可用加邻啡罗林方法消除；对磷酸根干扰，可采用少取试样的方法消除。试样中的铁经过溶解处理后以铁（Ⅲ）的形式存在于溶液中。有 pH 值为 1～3 酸性介质中，铁（Ⅲ）与磺基水杨酸形成紫色络合物，反应式为

磺基水杨酸与铁形成的络合物没有 EDTA 与铁形成的络合物稳定，因而在用 EDTA 标准溶液滴定时，磺基水杨酸－铁络合物中的铁被 EDTA 逐步夺取出来。滴定至终点时磺基水杨酸被全部游离出来，使溶液的紫色变为淡黄色（铁含量低时呈无色）。

2. 试剂

（1）铁标准溶液（1mL 相当于 1mg Fe$_2$O$_3$）。称取优级纯还原铁粉（或者纯铁丝）0.6994g，亦可称取已在 800℃灼烧恒重的三氧化二铁（优级纯）1.000g，置于 100mL 烧杯中。加蒸馏水 20mL，加盐酸溶液（1+1）10mL，加热溶解。当完全溶解后，加过硫酸铵 0.1～0.2g，煮沸 3min，冷却至室温，倾入 1L 容量瓶，用蒸馏水稀释刻度。

（2）EDTA 标准溶液。称取 EDTA［乙二胺四乙酸二钠（C$_{10}$H$_{14}$O$_8$N$_2$Na$_2$·2H$_2$O）］=1.9g，溶于 200mL 蒸馏水中，溶液倾入 1L 容量瓶，并稀释至刻度。

EDTA 溶液对铁的滴定度的标定。

准确吸取铁标准溶液 5mL，加水稀释至 100mL，用下述"测定方法"中所述的操作步骤，标定 EDTA 溶液对铁的滴定度。

EDTA 溶液对铁（Fe_2O_3）的滴定度 T 按下式计算：

$$T = \frac{CV}{a}$$

式中　C——铁标准溶液的含量，mg/mL；

　　　V——取铁标准溶液的体积，mL；

　　　a——标定所消耗 EDTA 溶液的体积，mL。

另需 10% 磺基水杨酸指示剂、2mol/L 盐酸溶液和氨水（1+1）。

3. 测定方法

吸取待测试液 VmL（含 0.5mg Fe_2O_3 以上），注入 250mL 锥形瓶中，补加蒸馏水到 100mL，加 10% 磺基水杨酸指示剂 1mL，徐徐地滴加氨水（1+1）并充分摇动。中和过量的酸至溶液由紫色变为橙色（pH 值约为 8）时，加 2mol/L 盐酸溶液 1mL（pH 值为 1.8~2.0），加 0.1% 邻啡罗林 5mL，加热至 70℃ 左右，趁热用 EDTA 标准溶液滴定至溶液由紫红色变为浅黄色（铁含量低时为无色），即为终点（滴定完毕时溶液温度应在 60℃ 左右）。

4. 计算及允许差

（1）试样中铁（Fe_2O_3）的含量 X（%）按下式计算：

$$X = \frac{Ta}{G} \times \frac{500}{V} \times 100\%$$

式中　T——EDTA 标准溶液对三氧化二铁的滴定度，mg/mL；

　　　a——滴定铁所消耗 EDTA 标准溶液的体积，mL。

　　　G——试样的质量，mg；

　　　V——吸取待测试液的体积，mL。

（2）氧化铁测定结果的允许差见表 13-17。

表 13-17　　　　　　　氧化铁测定结果的允许差　　　　　　　　%

三氧化二铁含量	同一试验室	不同试验室
≤5	0.3	0.6
>5~10	0.4	0.8
>10~20	0.5	1.0
>20~30	0.6	1.1
>30~50	0.8	1.5
50 以上	1.1	2.0

5. 注释

（1）标定 EDTA 标准溶液时，由于铁标准溶液的铁含量高，故加数滴指示剂即可。测定铁含量较低的试液时，可适当地多加指示剂。

（2）试样中铁含量低时，可将 EDTA 溶液适当稀释后滴定，此时滴定终点的颜色为无色。

（3）铁（Ⅲ）与磺基水杨酸在不同的 pH 值下可形成不同摩尔比的络合物，具有不同的颜色，见表 13 - 18。本方法调节 pH 值，中和过量的酸，就是利用此性质进行的。

表 13 - 18　　　　　铁（Ⅲ）与磺基水杨酸的络合物

pH 值	结构式	摩尔比	颜色
1.5 ~ 2.5	$\left[HO_3S\!-\!\!\bigcirc\!\!-\!\!\begin{array}{c}O\\COO\end{array}\!\!\diagup Fe \right]^{+}$	1:1	紫红色
4 ~ 8	$\left[(HO_3S\!-\!\!\bigcirc\!\!-\!\!\begin{array}{c}O\\COO\end{array})_2 Fe \right]$	2:1	绛色
8 ~ 11.5	$\left[(HO_3S\!-\!\!\bigcirc\!\!-\!\!\begin{array}{c}O\\COO\end{array})_3 Fe \right]^{3-}$	3:1	黄色

（4）EDTA 溶液与铁（Ⅲ）的反应在 60 ~ 70℃下进行为宜，温度低，反应速度慢，易造成超滴，使测定结果偏高。

（5）EDTA 滴定铁溶液接近终点时，应逐滴加入 EDTA 溶液，且多摇、细观察，以防过滴。

（九）氧化铝的测定

1. 概要

本方法适用于测定垢和腐蚀产物中的三氧化二铝的含量。垢和腐蚀产物中常见的成分（离子）均不干扰测定。在测定条件下，钛（Ⅳ）、锡（Ⅳ）干扰测定，使测定结果偏高。通常，试样中这些元素含量甚微，对测定结果无明显影响。在 pH 值为 4.5 的介质中，加入过量的 EDTA 溶液，除铝与 EDTA 络合外，铜、锰、亚铁、镍以及高铁、锡、钛等离子均与 EDTA 生成稳定络合物。用铜标准溶液回滴过剩的 EDTA，以 1 - 2 - 吡啶偶氮、2 - 萘酚（PAN）作指示剂，终点颜色由淡黄色变为紫红色。然后加入适量的氟化物，置换出与铝、钛络合的 EDTA，再次用铜标准溶液滴定，终点由黄色变成紫红色，其反应式如下：

加 EDTA：　　$Al^{3+} + H_2Y^{2-} \longrightarrow AlY^- + 2H^+$

　　　　　　　$Me^● + H_2Y^{2-} \longrightarrow MeY^{2-}$

加氟化钠：　　$AlY^- + 6NaF + 2H^+ \longrightarrow Na_3AlF_6 + H_2Y^{2-} + 3Na^+$

滴定时：　　　$H_2Y^{2-} + Cu^{2+} \longrightarrow CuY^{2-} + 2H^+$

　　　　　　　$Cu^{2+} + PAN \longrightarrow Cu—PAN$

　　　　　　　（黄色）　　　　　　（紫红色）

2. 试剂

（1）乙酸—乙酸铵缓冲溶液（pH 值为 4.5）。称取 77g 乙酸铵溶于约 300mL 蒸馏水中，加 200mL 冰乙酸，用水稀释至 1L。

（2）铝标准溶液（1mL 相当于 1mg Al_2O_3）。取少量高纯铝片置于小烧杯中，用盐酸溶液（1 + 9）浸泡几分钟，使铝片表面氧化物溶解。先用蒸馏水洗涤数次，再用无水乙醇洗数次，放入干燥器中干燥。准确称取处理过的铝片 0.5293g，置于 150mL 烧杯中。加优级纯氢氧化钾 2g，蒸馏水约 10mL，待铝片溶解后，用盐酸（1 + 1）酸化，先产生氢氧化铝沉淀，继续加盐酸溶液（1 + 1），使沉淀物完全溶解后，再加 10mL 盐酸溶液（1 + 1）冷却至室温，倾入 1L 容量瓶，用蒸馏水稀释至刻度。

（3）铝工作溶液（1mL 相当于 0.1mg Al_2O_3）。准确地取上述标准溶液（1mL 相当于 1mg Al_2O_3）10mL，注入 100mL 容量瓶，用蒸馏水稀释至刻度。

（4）铜贮备溶液（1mL 相当于 1mg CuO）。称取硫酸铜（$CuSO_4 \cdot 5H_2O$）3.1g（称准至 1mg），溶于 300mL 蒸馏水中，加硫酸溶液（1 + 1）1mL，倾入 1L 容量瓶中，用蒸馏水稀释至刻度。

（5）铜工作溶液（1mL 相当于 0.2mg CuO）。取铜贮备溶液（1mL 含 1mg CuO）200mL，用蒸馏水稀释至 1L。该溶液对氧化铝的滴定度按下述测定方法标定。取铝工作溶液（1mL 相当于 0.1mg Al_2O_3）5mL 注入

---

❶ Me 代表钙、镁、锌等二价离子。

250mL 锥形瓶, 加蒸馏水至 100mL, 按下述"测定方法"进行标定。

铜工作溶液对铝 (Al_2O_3) 的滴定度 T 按下式计算:

$$T = \frac{CV}{a}$$

式中　C——铝标准溶液的含量, mg/mL;

　　　V——取铝标准溶液的体积, mL;

　　　a——标定所消耗铜工作溶液的体积, mL。

另需氨水 (1 + 1)、2mol/L 盐酸溶液、1% 酚酞指示剂 (乙醇溶液)、0.4% PAN 指示剂 (乙醇溶液)、饱和氟化钠溶液 (贮存于聚乙烯瓶中)、硼酸 (固体) 和 0.5% EDTA 溶液。

3. 测定方法

用移液管吸取待测试液 VmL (含 0.05mg Al_2O_3 以上), 注入 250mL 锥形瓶中, 加蒸馏水到 100mL 左右, 加 0.5% EDTA 溶液 10mL, 加 1% 酚酞指示剂 2 滴, 以氨水 (1 + 1) 中和至溶液微红, 滴加 2mol/L 盐酸溶液使红色刚好褪去, 再多加 4 滴。加乙酸 – 乙酸铵缓冲溶液 5mL, 加 0.4% PAN 指示剂 3 滴, 溶液为黄色, 在电炉上加热至沸腾, 取下稍冷。用铜贮备溶液 (1mL 含 1mg CuO) 滴定, 接近终点时 (溶液呈淡黄色) 改用铜工作溶液 (1mL 相当于 0.2mg CuO) 滴定至紫红色 (不计读数, 但应滴准)。加饱和氟化钠溶液 5mL, 硼酸约 0.1g, 再于电炉上加热至沸腾, 取下稍冷, 用铜工作溶液 (1mL 相当于 0.2mg CuO) 滴定至由黄色变为紫红色即为终点。记录消耗铜工作溶液的体积 a (mL)。

4. 计算及允许差

(1) 试样中氧化铝 (Al_2O_3) 的含量 X (%) 按下式计算:

$$X = \frac{Ta}{G} \times \frac{500}{V} \times 100\%$$

式中　T——铜工作溶液对氧化铝的滴定度, mg/mL;

　　　a——第二次滴定时消耗铜工作溶液的体积, mL;

　　　G——试样的质量, mg;

　　　V——吸取待测溶液的体积, mL。

(2) 氧化铝测定结果的允许见表 13 – 19。

5. 注释

(1) 由于氟离子与铁离子能生成 (FeF_6)$^{3-}$ 络离子, 可能使 EDTA – Fe 络合物破坏, 从而影响铝的测定。为避免此现象发生, 需控制一定的氟量，控制煮沸时间，并加少量硼酸，使多余的氟离子形成 BF_4。

表 13-19　　　　　　　　氧化铝测定结果的允许差　　　　　　　　　　%

氧化铝含量	同一试验室	不同试验室
≤2	0.3	0.6
>2~5	0.4	0.8
>5~10	0.5	1.0
10 以上	0.6	1.2

（2）本法也可用二甲酚橙作指示剂，以锌盐滴定。但对铁含量高的样品，以 PAN 作指示剂为好。

（3）在本测定中，每次所取试样为 4mg（取待测试液 10mL）。若取样量超过 4mg，为保证 Al^{3+}/EDTA 摩尔比不变，应适当增加 0.5% EDTA 溶液加入量。在一般情况下，取样量应增加 4mg，0.5% EDTA 溶液加入量增加 10mL。

（4）用 5% 氟化铵溶液可代替氟化钠溶液。

（5）用铜盐滴定时，颜色变化与试样中铜、铁含量和指示剂的保存情况有关，颜色变化有时由黄色变绿色，再变为紫蓝色。

（十）氧化铜的测定

1. 概要

本方法适用于测定氧垢和腐蚀产物中的氧化铜的含量。铁（Ⅲ）、铬（Ⅲ）、镍（Ⅱ）干扰测定。通常，铁（Ⅲ）用柠檬酸掩蔽，消除其干扰。铬、镍含量甚微，对测定影响不大。在 pH 值为 8.5~9.2 酸性介质中，二价铜离子与双环己酮草酰二腙（BCO）生成天蓝色的络合物，以此进行比色测定。反应式为

（蓝色）

此络合物的最大吸收波长为 600nm，但测定高含量铜时，工作波长使用 650nm。

2. 试剂

（1）铜贮备溶液（1mL 相当于 1mg CuO）。称取 0.7989g 金属铜（优级纯）置于 200mL 烧杯中，加硝酸溶液（1 + 1）10mL，在电炉上加热使其溶解，并继续加热至冒烟为止（除尽二氧化氮），加高纯水 100mL，溶解干涸物冷却后以高纯水稀释至 1L。

（2）铜工作溶液 I（1mL 相当于 0.01mg CuO）。取铜贮备溶液（1mL 含 1mg CuO）10mL，用高纯水稀释至 1L。

（3）铜工作溶液 II（1mL 相当于 0.05mg CuO）。取铜贮备溶液（1mL 含 1mg CuO）50mL，用高纯水稀释至 1L。

（4）5% 双环己酮草酰二腙溶液。称取 1g 双环己酮草酰二腙（$C_{14}H_{20}N_4O_2$）于 400mL 烧杯中，加乙醇 100mL，在水浴里加热溶解，待完全溶解后加高纯水 100mL。冷却至室温，过滤后使用。

（5）20% 柠檬酸溶液。

（6）硼砂缓冲溶液（pH 值为 9）。称取 7.0g 氢氧化钠，溶于 920mL 高纯水中，加硼酸 24.8g，使其溶解即可。

另需 0.01% 中性红指示剂和氨水（1 + 1）。

3. 仪器

分光光度计。

4. 测定方法

（1）绘制工作曲线。分别在一组 50mL 容量瓶中，按表 13 - 20 数据加入铜工作溶液，加水 20mL，20% 柠檬酸 2mL，准确地加 0.01% 中性红指示剂 1 滴，以氨水（1 + 1）中和至溶液由红色变为黄色（pH 值为 8），然后加 pH 值为 9 硼砂缓冲溶液 10mL，加 0.5% 双环己酮草酰二腙

3mL，以高纯水加至刻度，摇匀，在分光光度计上测其吸光度，绘制工作曲线。

（2）试样的测定。取待测试液 V mL（显色液的最终体积小于 50mL），注入 50mL 容量瓶中，以测定工作曲线同样的步骤显色，测定吸光度，在工作曲线上查氧化铜含量 W。

表 13-20　　铜的含量范围及选用的波长和比色皿长度

测定范围（mg）	工作溶液含量（mg/mL）	加入工作溶液的体积（mL）						波长（nm）	比色皿长度（mm）
0~0.05	0.01	0	1	2	3	4	5	600	30
0~0.25	0.05	0	1	2	3	4	5	650	10

5. 计算及允许差

（1）试样中氧化铜（CuO）的含量 X（%）按下式计算：

$$X = \frac{W}{G} \times \frac{500}{V} \times 100\%$$

式中　W——在工作曲线上查出的氧化铜的质量，mg；

　　　G——试样质量，mg；

　　　V——取待测溶液的体积，mL。

（2）试样中氧化铜的测定结果的允许见表 13-21。

表 13-21　　　　　　　氧化铜测定结果的允许差　　　　　　%

氧化铜含量	同一试验室	不同试验室
<5	0.3	0.6
>5~10	0.4	0.8
>10~20	0.5	1.0
>20~50	0.8	1.5
50 以上	1.0	1.8

6. 注释

（1）pH 值对显色有一定影响。pH 值小于 8，颜色明显变浅，pH 值大于 10，颜色也会变浅，以 pH 值 9 为最佳。

（2）配制中性红指示剂时，称量要准确，使用一般不超过一个月。

（十一）钙、镁氧化物的测定

1. 概要

本方法适用于测定垢和腐蚀产物中的氧化钙和氧化镁的含量。垢和腐蚀产物的许多常见成分，如铁（Ⅲ）、铝（Ⅲ）、铜（Ⅱ）、锌（Ⅱ）以磷酸根、硅酸根等离子会干扰测定。根据掩蔽措施不同，可分为两种测定方法。一是 L—半胱胺酸盐—三乙醇胺联合掩蔽法，适用于铁、铜含量较低的试样；二是铜试剂分离法，适用于铁、铜含量较高的试样，或在第一种方法效果不好时使用。垢和腐蚀产物中的钙和镁，经熔样处理后，以离子形式存在于待测溶液。在 pH 值为 10 的介质中，钙、镁离子和酸性铬盐 K 或铬黑 T 形成稳定的紫红色络合物。但是，这些络合物没有 EDTA 和钙、镁离子形成的络合物稳定，因此，用 EDTA 标准溶液滴定时，除 EDTA 与钙、镁离子络合外，还能夺取指示剂与钙镁离子形成的络合物中的钙和镁，使酸性络蓝 K 或铬黑 T 游离，显出其本身的蓝色，指示滴定终点。从消耗 EDTA 标准溶液体积，便可计算黑钙、镁含量总和，其反应式如下：

加指示剂： In + Me ——→ MeIn
（蓝色）　（紫红色）

滴定过程中： Me + Y ——→ MeY

滴定终点时： MeIn + Y ——→ MeY + In
（紫红色）　　　（蓝色）

在 pH 值为 12.5 ~ 13 的介质中，镁离子形成氢氧化镁沉淀，钙则仍以离子形式存在。此时，用 EDTA 标准溶液滴定，以铬蓝黑 R 等作指示剂，滴定至纯蓝色即为终点。测定值仅为钙的数量。从钙、镁总量中减去钙的数量，便可求得镁的数量。

2. 试剂

（1）钙标准溶液（1mL 相当于 1mg CaO）。准确称取在 110℃ 烘干 2h 的碳酸钙（$CaCO_3$ 优级纯）1.785g 置于 250mL 烧杯中，用除盐水润湿，盖上表面皿，滴加盐酸溶液（1 + 1）10mL，溶解完毕后，煮沸驱赶二氧化碳，用除盐水冲洗表面皿及杯壁，冷却后倾入 1000mL 容量瓶，用除盐水稀释至刻度，摇匀备用。

（2）镁标准溶液（1mL 相当于 1mg MgO）。准确称取在 800℃ 下灼烧 2h 的氧化镁（优级纯）1.000g，置于 250mL 烧杯中，滴加盐酸溶液（1 + 1）至氧化镁全部溶解，再滴加 4 ~ 5 滴盐酸溶液(1 + 1)，倾入 1000mL 容量瓶中并稀释至刻度，摇匀备用。

（3）铬蓝黑 R 指示剂。称取铬蓝黑 R（$C_2H_{13}N_2O_5SNa$）0.5g，加入经110℃干燥过的氯化钾50g，在研体中研细，混匀后放置于棕色广口瓶中备用。

（4）酸性铬蓝 K—萘酚绿 B 指示剂。称取酸性铬蓝 K（$C_{10}H_9O_{12}S_3Na_3$）0.5g、萘酚绿 B1.00g 和预先在110℃干燥的氯化钾50g，研细、混匀后放置于棕色广口瓶中备用。

（5）三乙醇胺溶液（1+4）。量取浓三乙醇胺 [$HN(C_2H_4OH)_3$]20mL，加除盐水80mL，混匀即可。

（6）2.5% 铜试剂。称取铜试剂—二乙基二硫代胺基甲酸钠[$(C_2H_5)_2NCS\cdot Na\cdot 3H_2O$] 2.5g、溶于100mL除盐水中，过滤后使用。

（7）1%L—半胱胺酸盐酸溶液。称取 L—半胱胺酸（$C_3H_7O_2NS$）1g溶于60mL除盐水中，加4mL的盐酸溶液（1+1），稀释至100mL。或者直接称取 L—半胱胺酸盐1.3g，用60mL除盐水溶解，加2mL盐酸溶液（1+1），稀释至100mL。

（8）pH 值为 10 的氨缓冲溶液。称取20g氯化铵，溶于500mL除盐水中，加入150mL浓氨水，稀释至1L。

（9）2mol/L氢氧化钠溶液。

（10）氨水（1+1）。

（11）EDTA 标准溶液。称取乙二胺四乙酸二钠（$C_{10}H_{14}O_8N_2Na_2\cdot 2H_2O$）1.9g，溶于200mL除盐水中，稀释至1L。

1）EDTA 对氧化钙（CaO）滴定度的标定。准确吸取钙标准溶液（1mL 相当于1mgCaO）5mL，加水至100mL，按（1）中"钙的测定"操作步骤进行标定，同时作空白试验。EDTA 对钙（CaO）滴定度 T_{CaO} 按下式计算：

$$T_{CaO} = \frac{CV}{a_1 - a_0}$$

式中　C——钙标准溶液的含量，mg/mL；

　　　V——吸取钙标准溶液的体积，mL；

　　　a_1——标定时消耗 EDTA 标准溶液的体积，mL；

　　　a_0——空白试验时所消耗 EDTA 标准溶液的体积，mL。

2）EDTA 对氧化镁（MgO）滴定度的标定。准确吸取钙标准溶液（1mL 相当于1mg CaO）5mL，镁标准溶液（1mL 相当于1mg MgO）2mL，按（1）中"钙镁总量的测定"操作步骤进行标定，同时做空白试验，EDTA 对氧化镁（MgO）的滴定度 T_{MgO} 按下式计算：

$$T_{\text{MgO}} = \frac{CV}{a_2 - a_1 - a_0}$$

式中　C——镁标准溶液的含量，mg/mL；

$\quad\quad V$——吸取镁标准溶液的体积，mL；

$\quad\quad a_2$——标定时消耗 EDTA 标准溶液的体积，mL；

$\quad\quad a_1$——对钙标准溶液标定所消耗 EDTA 标准溶液的体积，mL；

$\quad\quad a_0$——空白试验时所消耗 EDTA 标准溶液的体积，mL。

3. 测定方法

（1）L－半胱胺酸盐—三乙醇胺联合掩蔽法。

1）钙的测定。准确吸取待测试液 VmL（含 CaO 0.1mg 以上），注入 250mL 锥形瓶，加除盐水至 100mL，用 2mol/L 氢氧化钠溶液调节 pH 值约为 10 左右（用 pH 试纸检验）。加 2mol/L 氢氧化钠 3mL，三乙醇胺溶液（1＋4）2mL，1% L－半胱胺酸盐酸盐 3～4mL，0.05g 铬蓝黑 R 指示剂。立即用 EDTA 标准溶液，在剧烈摇动下滴定至溶液由紫红色变为蓝色，即为终点，同时做空白试验。

2）钙、镁总量的测定。准确吸取待测试液 VmL（钙、镁总量大于 0.15mg）注入 250mL 锥形瓶，加除盐水稀释至 100mL，用氨水（1＋1）调节 pH 到 8 左右（用 pH 试纸检验）。加 pH 值为 10 的氨缓冲溶液 5mL，三乙醇胺溶液（1＋4）2mL，1% L－半胱胺酸盐酸盐 3～4mL，酸性铬蓝 K－萘酚绿 B 指示剂约 0.05g。立即用 EDTA 标准溶液，在剧烈摇动下滴定至溶液由紫红色变为蓝色，即为滴定终点，同时做空白试验。

（2）铜试剂分离法。

1）钙的测定。准确吸取待测试液 VmL（含氧化钙 0.1mg 以上，五氧化二磷量小于 1mg），注入 50mL 烧杯中，用 2mol/L 氢氧化钠将试液的 pH 值调至 5～6，加 2.5% 铜试剂 2mL。铜、铁等干扰离子形成沉淀。

沉淀物用定量滤纸过滤，用除盐水充分洗涤沉淀物。加滤液和洗涤液都收集于 250mL 锥形瓶中，用 2mol/L 氢氧化钠溶液调节 pH 值为 10 左右（用 pH 试纸检验）。然后按（1）中钙测定的操作完成滴定，同时做空白试验。

2）钙、镁总量的测定。准确吸取待测试液 VmL（钙、镁总量大于 0.15mg，五氧化二磷量小于 10mg）注入 50mL 烧杯中，用 2mol/L 氢氧化钠将试液的 pH 值调至 5～6，加 2.5% 铜试剂 2mL。使铜、铁等干扰离子形成沉淀。

沉淀物用定量滤纸过滤，用除盐水充分洗涤沉淀物。将滤液和洗涤液一并收集于 250mL 锥形瓶中，总体积约 100mL，用氨水（1 + 1）调节溶液的 pH 值为 8 左右（用 pH 试纸检验）。然后按（1）中钙、镁总量测定的操作完成滴定，同时做空白试验。

4. 计算及允许差

（1）试样中钙（CaO）的百分含量 X（%）按下式计算：

$$X = \frac{T_{CaO}(a_1 - a_0)}{G} \times \frac{500}{V} \times 100\%$$

（2）试样中镁（MgO）的百分含量 X（%）按下式计算：

$$X = \frac{T_{MgO}(a_2 - a_1 - a_0)}{G} \times \frac{500}{V} \times 100\%$$

式中　T_{CaO}——EDTA 标准溶液对氧化钙的滴定度，mg/mL；

　　　T_{MgO}——EDTA 标准溶液对氧化镁的滴定度，mg/mL；

　　　a_2——滴定钙、镁总量所消耗 EDTA 标准溶液的体积，mL；

　　　a_1——滴定钙所消耗 EDTA 标准溶液的体积，mL；

　　　a_0——空白试验所消耗 EDTA 标准溶液的体积，mL；

　　　G——试样的质量，mg；

　　　V——吸取待测溶液的体积，mL。

（3）钙、镁测定结果的允许差见表 13 – 22。

表 13 – 22　　　　　　　　钙、镁测定结果的允许差　　　　　　　　　%

氧化钙或氧化镁 含　　量	氧化钙允许差		氧化镁允许差	
	同一试验室	不同试验室	同一试验室	不同试验室
≤2	0.3	0.6	0.4	0.4
>2 ~ 5	0.4	0.8	0.5	0.5
>5 ~ 10	0.5	1.0	0.6	0.6
>10 ~ 30	0.6	1.2	0.8	0.8
>30 ~ 50	1.0	2.0	—	—
50 以上	1.2	2.4	—	—

5. 注释

（1）测定钙时，除了用铬蓝黑 R 作指示剂外，还可采用钙红、钙黄绿素等。

（2）测定钙时，采用铬蓝黑 R 等作指示剂滴定的终点应为纯蓝色。

测定钙、镁总量时，采用酸性铬蓝 K—萘酚绿 B 作指示剂滴定的终点为蓝色。但在不分离、直接测定情况下，滴定终点的颜色随干扰离子含量和干扰离子种类的不同，可以是蓝色—灰蓝色—绿蓝色，这些颜色均属正常。若感到终点不易观察，可采用铜试剂分离干扰离子的方法测定。

（3）采用铜试剂分离的方法时，若滴定终点颜色不正常，往往是干扰离子没有分离完全造成的。其原因：

1）铜试剂与干扰离子生成细小沉淀，过滤时发生穿滤。当加入 2mol/L 氢氧化钠溶液后，颜色变深（黄色加深）或不透明，应增加一张滤纸再过滤。

2）铜试剂加入量不足。根据实践经验，试样中氧化铁、氧化铜含量与铜试剂加入量有如下关系：氧化铁、氧化铜总含量小于 50% 时，铜试剂加入量为 2.0mL；总含量为 50% ~ 80% 时，铜试剂加入量为 3.0mL；总含量大于 80% 时，铜试剂加入量为 4.0mL。

（4）若发生终点颜色返回，往往由于阴离子干扰所造成的，可采用如下一些措施：

1）增加稀释倍数，以减少干扰离子含量，即适当减少试样。

2）在酸性条件下，预先加入 80% ~ 90% EDTA 标准溶液，络合钙、镁离子，然后再提高 pH 值，加指示剂滴定（预先加入 EDTA 应计入滴定体积）。

3）加过量 EDTA 标准溶液，然后用钙或镁标准溶液回滴。

（5）试液温度低于 20℃ 将影响络合滴定的反应速度，应将水样加热到 30℃ 左右进行滴定。

（6）加铜试剂沉淀时，可加热至沸腾再过滤。这样能使沉淀物聚集，易过滤和洗涤。

（十二）氧化硅的测定

1. 概要

本方法适用于测定水垢、盐垢中二氧化硅的含量。垢和腐蚀产物中的常见成分均不干扰测定。仅磷酸根对测定有明显的干扰，加入酒石酸、氟化钠等可以消除其干扰。在 pH 值为 1.2 ~ 1.3 的条件下，硅与钼酸铵反应生成硅钼黄，进一步用 1—2—4 酸还原剂把硅钼黄还原成硅钼蓝。此蓝色深浅与试样中含硅量有关，可用比色法测定硅含量。其反应式为

$$4MoO_4^{2-} + 6H^+ \longrightarrow Mo_4O_{13}^{2-} + 3H_2O$$

$$H_2SiO_4 + 3Mo_4O_{13}^{2-} + 8H^+ \longrightarrow H_4\left[Si\left(Mo_3O_{10}\right)_4\right] + 3H_2O$$

（硅钼黄）

$$H_4[Si(Mo_3O_{10})_4] + 2\ \text{(硅钼黄)} \longrightarrow H_6[H_2Si(Mo_{12}O_{40})] + 2\ \text{(硅酸蓝)}$$

2. 仪器

分光光度计。

3. 试剂

（1）二氧化硅标准溶液（1mL 相当于 1mg CaO）。

1）贮备溶液（1mL 含 0.1mg SiO_2）。取研磨成粉状的二氧化硅（优级纯）约 1g，置于 700~800℃ 的高温炉中灼烧 0.5h。称取灼烧过的二氧化硅 0.1000g 和已有 270~300℃ 焙烧过的粉状无水碳酸钠 0.7~1.0g，置于铂坩埚内，用铂丝搅拌均匀，把铂坩埚放入 50mL 瓷坩埚中。当高温炉升温至 900~950℃，保温 20~30min 后，把坩埚放入高温炉中，在 900~950℃ 下熔融 5min。取出坩埚，冷却后放入塑料烧杯中，加煮沸除盐水 100mL，放入沸腾的水浴内，加热溶解熔融物。不断地搅拌，待熔融物全部溶解后取出铂坩埚，用除盐水仔细淋洗坩埚内外壁。待溶液冷却至室温后，倾入 1L 容量瓶中，用除盐水稀释至刻度，混匀后倾入塑料瓶中贮存。此溶液完全透明，若浑浊须重新配制。

2）工作溶液Ⅰ（1mL 含 0.05mg SiO_2）。取贮备溶液 50mL，注入 100mL 容量瓶，用除盐水稀释至刻度。

3）二氧化硅标准溶液Ⅱ（1mL 含 0.005mg SiO_2）：取 1mL 含 0.05mg SiO_2 的贮备液 10.00mL，用除盐水准确稀释至 100mL（此溶液应在使用时配制）。

（2）10% 钼酸铵溶液。称取 50g $[(NH_4)_6Mo_7O_{24} \cdot 4H_4O]$ 溶于 400mL 除盐水中，稀释至 500mL。

（3）1—氨基—2—萘酚—4—磺酸还原剂（简称1—2—4 酸还原剂）。

1）称取 1—氨基—2—萘酚—4—磺酸 $[NH_2 \cdot C_{10}H_5 \cdot OH \cdot SO_3H]$ 0.75g 和无水亚硫酸钠（Na_2HSO_3）3.5g，溶于 100mL 除盐水中。

2）称取 45g 亚硫酸氢钠（$NaHSO_3$）溶于 300mL 除盐水中。

将上述两种溶液混合、并稀释至 500mL。若溶液浑浊，则须过滤后使用。

另需盐酸溶液（1+1）、20% 酒石酸溶液和饱和氟化钠溶液。以上试剂均应贮存于塑料瓶中。

4. 测定方法

（1）工作曲线的绘制。

含硅量为 0~0.05mg 二氧化硅样品的测定

1）按照表 13-23 的规定取二氧化硅标准溶液Ⅱ（1mL 含 0.005mg SiO_2），注入一组聚乙烯塑料瓶中，用滴定管加试剂水，使体积为 50.0mL。

表 13-23　　　0~0.05mg 二氧化硅工作溶液的配制

标准溶液Ⅱ体积（mL）	0	2.00	4.00	6.00	8.00	10.00
添加试剂水体积（mL）	50.0	48.0	46.0	44.0	42.0	40.0
二氧化硅含量（mg）	0.0	0.010	0.020	0.030	0.040	0.050

2）样品瓶置于 25~30℃ 的水浴中至温度恒定。分别加入三氯化铝溶液 3.0mL，摇匀，用有机玻璃移液管加氢氟酸 1.0mL，摇匀，放置 5min。

3）分别加入盐酸溶液（1+1）1.0mL，摇匀。加钼酸铵溶液 2.0mL，摇匀，放置 5min。加草酸溶液 2.0mL 摇匀，放置 1min。加 1，2，4 酸还原剂 2.0mL，摇匀，放置 8min。

4）在分光光度计 750mn 波长和 30mm 比色皿，以除盐水作参比测定吸光度，根据测得的吸光度绘制工作曲线。

含硅量为 0~0.25mg 二氧化硅样品的测定

1）按照表 13-24 的规定取二氧化硅标准溶液Ⅰ（1mL 含 0.05mg SiO_2），注入一组聚乙烯塑料瓶中，用滴定管加试剂水，使体积为 50.0mL。

表 13-24　　　0~0.25mg 二氧化硅工作溶液的配制

标准溶液Ⅰ体积（mL）	0	1.00	2.00	3.00	4.00	5.00
添加试剂水体积（mL）	50.0	49.0	48.0	47.0	46.0	45.0
二氧化硅含量（mg）	0.0	0.050	0.10	0.15	0.20	0.25

2）样品瓶置于 25~30℃ 的水浴中至温度恒定。分别加入三氯化铝溶液 3.0mL，摇匀，用有机玻璃移液管加氢氟酸溶液 1.0mL，摇匀，放置 5min。

3）分别加入盐酸溶液（1+1）1.0mL，摇匀。加钼酸铵溶液 2.0mL，摇匀，放置 5min。加草酸溶液 2.0mL 摇匀，放置 1min。加 1，2，4 酸还原剂 2.0mL，摇匀，放置8min。

4）在分光光度计660mn 波长和10mm 比色皿，以除盐水作参比测定吸光度，根据测得的吸光度绘制工作曲线。

（2）试样的测定。

试样的吸取：

直间吸取：适用于垢和腐蚀产物中氧化铁和氧化铜含量小于70%时，根据硅含量的大小，吸取待测试液 V_1 mL（0.5～5.0mL，含 SiO_2 小于 0.25mg），注入聚乙烯塑料瓶中。

预处理法：适用于垢和腐蚀产物中氧化铁和氧化铜含量大于70%时，吸取 100mL 多项分析试液于烧杯中，用 10% 氢氧化钠溶液和 1mol/L 盐酸溶液调整 pH 至 6～8，此时，样品溶液里的铜铁离子形成絮状物，静置一会儿，用快速滤纸过滤，滤液及沉淀洗涤液收集于200mL 容量瓶中，用试剂水定容。摇匀，根据含硅量的大小，准确吸取滤液 V_2 mL（5.0～50.0mL，含 SiO_2 小于 0.25mg），注入聚乙烯塑料瓶中。

根据试样的吸取体积，用滴定管添加试剂水，使体积为 50.0mL。加入盐酸溶液（1＋1）1.0mL，摇匀，有机玻璃移液管加氢氟酸溶液 1.0mL，摇匀，盖好瓶盖，于沸腾水浴锅里加热 15min。加热好的样品冷却，于 25～30℃ 的水浴中至温度恒定，加入三氯化铝溶液 3.0mL，摇匀，放置 5min。加钼酸铵溶液 2.0mL，摇匀，放置 5min。加草酸溶液 2.0mL，摇匀，放置 1min。加 1，2，4 酸还原剂 2.0mL，摇匀，放置 8min。（1，2，4 酸还原剂有强烈的刺激性气味，也可用 4% 的抗坏血酸 3mL 代替，但是抗坏血酸溶液不稳定，宜使用时配制。）

在分光光度计660mn 波长和10mm 比色皿或在分光光度计750mn 波长和30mm 比色皿，以除盐水作参比测定吸光度，根据测得的吸光度，从相应的工作曲线查二氧化硅的含量。

5. 结果计算和允许误差

（1）直接吸取多项分析试液，试样中二氧化硅（SiO_2）含量 X（%）按下式计算：

$$X = \frac{m_{样}}{m} \times \frac{500}{V_1} \times 100\%$$

式中　m——垢和腐蚀产物试样的质量，mg；

　　　$m_{样}$——于工作曲线上查出二氧化硅含量，mg；

　　　V_1——吸取多项分析试液的体积，mL。

　　　500——垢和腐蚀产物多项分析试液的定容体积，mL。

多项分析试液经预处理，试样中二氧化硅（SiO_2）含量 X（%）按下式计算：

$$X = \frac{m_样}{m} \times \frac{500}{V_2} \times 2 \times 100\%$$

式中　500——垢和腐蚀产物多项分析试液的定容体积，mL。

V_2——吸取预处理后滤液的体积，mL。

（2）测定结果允许误差见表 13 – 25。

表 13 – 25　　　　　二氧化硅测定结果的允许误差

含量范围（%）	同一试验室（%）	不同试验室（%）
≤2	0.2	0.4
2 ~ 5	0.3	0.6
5 ~ 10	0.5	0.8
10 ~ 20	0.6	1.0
≥20	0.8	1.4

注意事项：

（1）本方法中加入氢氟酸，因而会腐蚀玻璃。为避免此现象发生，应在塑料容器中显色。

（2）温度对显色有一定影响，当反应温度低于 20℃ 时，应用除盐水浴加热，把温度提高到 25 ~ 30℃。

（3）1，2，4 酸易失效，最好贮存在冰箱中。在室温下保存，夏季使用期不超过 10 天，冬季温度较低，使用期可延长至 2 ~ 3 周。

6. 注释

（1）由于测定中加氟化钠，又在强酸介质中反应，有可能生成氢氟酸，会腐蚀玻璃。为避免此现象的发生，应在塑料容器内显色。

（2）室温低 20℃ 时，应采用水浴加热，把溶液温度提高 25 ~ 30℃ 测定。

（3）1—2—4 酸还原剂容易失效，有条件应贮存于冰箱中。若在室温下贮存，夏季使用期不得超过 10d；冬季室温较低，使用期可延长至 2 ~ 3 周。

（十三）磷酸酐的测定

1. 概要

本方法适用于测定水垢、盐垢中磷酸盐（以磷酸酐计）的含量。水垢和盐垢中常见成分均不干扰测定。在酸性介质中（硫酸浓度为 0.3mol/L），

磷酸盐与偏钒酸铵、钼酸铵反应生成黄色杂多酸类络合物——磷钒钼黄酸。其反应式为

$$2H_3PO_4 + 22\ (NH_4)_2MoO_4 + 2NH_4VO_3 + 23H_2SO_4 \longrightarrow$$
$$P_2O_5 \cdot V_2O_5 \cdot 22MoO_3 \cdot nH_2O + 23\ (NH_4)_2SO_4 + (26-n)\ H_2O$$

溶液颜色深度与磷酸盐含量成正比关系。可在420nm波长下测定磷钒钼黄酸。

2. 试剂

（1）磷标准溶液（1mL相当于1mg P_2O_5）。称取在105℃干燥1~2h的磷酸二氢钾（KH_2PO_4）1.918g，溶于少量除盐水中，稀释至1L。

（2）磷工作溶液（1mL相当于0.1mg P_2O_5）。取磷标准溶液100mL，用除盐水稀释至1L。

（3）钼酸铵—偏钒酸铵—硫酸显色溶液（简称钼钒酸显色液）。

1）称取50g钼酸铵［$(NH_4)_6Mo_7O_{24} \cdot 4H_2O$］和2.5g偏钒酸铵（$NH_4VO_3$），溶于约300mL除盐水中。

2）量取195mL浓硫酸，在不断搅拌下徐徐加入到约300mL除盐水中，并冷却至室温。

将上述2）所配制的溶液倒入按1）所配制的溶液中，用除盐水稀释至1L。

3. 仪器

分光光度计。

4. 测定方法

（1）绘制工作曲线。根据待测垢样的磷酸盐（按 P_2O_5 计）含量范围，按表13-26中所列的数值分别把磷酸工作溶液（1mL相当于0.1mg P_2O_5）注入一组50mL容量瓶中，加除盐水30mL。

在每个容量瓶中，加钼钒酸显色液5mL，用除盐水稀释到刻度，摇匀。放置2min后，以不加显色剂的待测试液的稀释液作参比，在分光光度计上，用420nm波长测定吸光度，绘制工作曲线。

表13-26 磷酸盐工作溶液的配制

测定范围（mg）	工作溶液浓度（mg/mL）	取工作溶液体积（mL）
0~1.0	0.1	0, 2.0, 4.0, 6.0, 8.0, 10.0

（2）试样的测定。取待测试液 V mL（含磷小于1.0mg P_2O_5），注入50mL容量瓶中，用除盐水30mL，加钼钒酸显色液5mL，用除盐水稀释至

刻度，摇匀。以后的操作与绘制工作曲线的相同。从工作曲线上查出五氧化二磷的质量 W。

5. 计算及允许差

（1）试样中磷酸酐（P_2O_5）的含量 X（%）按下式计算：

$$X = \frac{W}{G} \times \frac{500}{V} \times 100\%$$

式中　W——从工作曲线上查出的五氧化的质量，mg；

　　　G——试样质量，mg；

　　　V——取待测溶液的体积，mL。

（2）磷酸酐测定结果的允许差表 13 – 27。

表 13 – 27　　　　　　　磷酸盐测定结果的允许差

磷酸盐含量（%）	室内允许差（%）	室间允许差（%）
≤10.0	0.30	0.60
10.0 ~ 20.0	0.60	1.20
≥20.0	0.80	1.50

6. 注释

（1）温度增加 10℃，吸光度增加 1% 左右。为减少温度影响，绘制工作曲线试验的温度与试样测定时温度基本一致。若两者温度差大于 5℃时，应重新制作工作曲线或者采取加温或降温措施。

（2）铁（Ⅲ）离子等有颜色，而且，对在 420nm 附近的光有较强吸收能力。为消除此影响，可采用与试样稀释度相同的待测试样作参比进行测定。

（十四）硫酸酐的测定（硫酸钡的测定）

1. 概要

本方法适用于测定水垢和盐垢中硫酸盐（以硫酸酐计）的含量。测定范围为 0 ~ 2.5mg。在本方法的测定条件下，铁（Ⅲ）的颜色对测定有一定影响，可用不加氯化钡的待测试液作参比液，消除其干扰。在酸性介质中硫酸根与钡离子作用，生成难溶的硫酸钡沉淀。其反应式为

$$Ba^{2+} + SO_4^{2+} \longrightarrow BaSO_4 \downarrow$$

在本方法中，由于在使用条件试剂和恒定搅拌的特殊条件下，生成的

硫酸钡是颗粒大小均匀的晶型沉淀物，使溶液形成稳定的悬浊液，其浊度的大小与硫酸根含量成正比，据此可用比浊法测定硫酸根含量。

条件试剂中加一定量盐酸，除硫酸根以外，其他弱酸根离子如碳酸根、磷酸根、硅酸根等在此条件下以酸式盐形式存在，不与钡离子结合而产生沉淀，从而消除这些离子的干扰；条件试剂中加一定量乙醇、甘油有机溶剂，可减少硫酸钡的溶解度；加一定量强电解质——氯化钠，可防止硫酸钡形成胶体沉淀。

2. 试剂

（1）氢氧化钠 1mol/L。

（2）盐酸 1mol/L。

（3）条件试剂：称取优级纯氯化钠 75g，加除盐水 300mL，加95% 乙醇 100mL，甘油 50mL，加浓盐酸 30mL，用除盐水稀释至500mL，摇匀。

（4）氯化钡（$BaCl_2 \cdot 2H_2O$）溶液（25%）：用煮沸冷却后的水配制25% 氯化钡溶液，储存在磨口玻璃瓶中备用。

（5）硫酸盐标准溶液（1mL 含 1mg SO_4^{2-}）：称取 1.479g 在 110 ~ 130℃烘 2h 的优级纯无水硫酸钠，用少量除盐水溶解后，移入 1L 容量瓶中，并用除盐水稀释至刻度，摇匀备用。硫酸盐标准溶液的配制见表13 - 28。

表13 - 28　　　　　　　　　硫酸盐标准溶液的配制

SO_4^{2-} 工作液（mL）	0	1.0	2.5	5.0	7.5	10.0	15.0
SO_4^{2-} 含量（mg）	0	0.1	0.25	0.50	0.75	1.0	1.5

（6）硫酸盐工作溶液（1mL 含 0.1mg SO_4^{2-}）：准确吸取 10.00mL 硫酸盐标准溶液，注入 100mL 容量瓶中，用水稀释至刻度，摇匀。

3. 仪器

（1）分光光度计：配有 30mm 比色皿。

（2）秒表：精度 0.2s。

（3）磁力搅拌器、搅拌子。

（4）砂芯抽滤器。

4. 测定方法

（1）工作曲线的绘制：

1）根据试样中硫酸根含量，绘制工作曲线。分别按表13 - 28 数据，吸取硫酸根标准溶液（1mL 含 0.10mg SO_4^{2-}）注入一组 50mL 容量瓶中，用除盐水稀释至刻度，摇匀。取干燥的 250mL 三角锥瓶多个，分别加入一个磁力搅拌子，将上述工作溶液分别转移至三角锥瓶中，各加 2.5mL 条件试剂，并放入搅拌仪器混合。

2）加入 2.5mL 氯化钡溶液，在磁力搅拌器上恒速搅拌（不使溶液溅出的较快速度）1min，取下放置 5min，将悬浮液倒入 30mm 比色皿中，在波长 420nm 测定吸光度。以硫酸盐含量（mg）对吸光度绘制工作曲线。

（2）试样的测定。

取待测试液 VmL（硫酸盐含量应在工作曲线对应的范围内），注入 50mL 容量瓶中，加除盐水稀释至刻度，摇匀。以下按绘制工作曲线的操作步骤，逐个"发色"，测定吸光度。从工作曲线上查出试样中硫酸盐的质量 m_1。

垢样中 Fe_2O_3 含量大于 30% 时，待测液应进行预处理。测定方法为：用量筒移取 50mL（记为 V_1）待测液，转入 250mL 玻璃烧杯中，用 1mol/L 氢氧化钠、1mol/L 盐酸调节样品 pH 值接近中性（用 pH 试纸检验），此时样品中的铁已变成絮状沉淀，摇匀，静置一会，用 0.45μm 滤膜、砂芯抽滤器抽滤收集滤液。将滤液转入 250mL 三角锥瓶中，用水冲洗瓶壁 2～3 次，冲洗液转入 250mL 三角锥瓶中。在电炉上加热浓缩至样品体积略小于 40mL。冷却后，再定容至 V_1mL。

5. 计算及允许差

（1）试样中硫酸酐（SO_3）的含量 X（%）按下式计算：

$$X = \frac{W}{G} \times \frac{0.8334 \times 500}{V} \times 100\%$$

式中 W——从工作曲线上查出的硫酸盐质量，mg；

  G——试样质量，mg；

  V——取待测溶液的体积，mL。

0.8334——硫酸盐（SO_4^{2-}）换算成硫酸酐（SO_3）的系数。

（2）磷酸酐测定结果的允许误差见表 13-29。

表 13-29 硫酸酐测定结果的允许误差

硫酸酐含量（%）	室内允许误差（%）
≤3	0.3
3～5	0.7
5～7.5	0.9

第十三章 水、汽监督与分析测试

6. 注释

(1) 应快速加入固体氯化钡，一次加完。为保证氯化钡落入溶液中的角度相同，可采用漏斗作导入器。将固体氯化钡加到漏斗中，氯化钡会沿漏斗进入到溶液中，这样可使每次加入的氯化钡落入溶液的角度大致相同。

(2) 本测定方法是规范性较强的试验方法，有关各试验条件应从严控制，否则将影响数据的重现性。

(3) 绘制工作曲线时试验的温度与试样的温度差，不应大于5℃，否则，将增加测定误差。

(4) 绘制工作曲线和测定试样，都应"逐个"发色，在规定时间测定吸光度。

(十五) 硫酸酐的测定 (铬酸钡光度法)

1. 概要

本方法适用于测定水垢和盐垢中的硫酸盐 (以硫酸酐计) 含量。硫酸根与过量的酸性铬酸钡悬浊液作用，将部分铬酸钡转化为硫酸钡沉淀，并定量置换出黄色铬酸根离子，据此可间接求出硫酸根的含量。本方法的硫酸酐测定范围为 0.1~0.5mg。

为了提高灵敏度，对于硫酸酐含量小于 0.1mg 的试样，在经离心分离、过滤后的溶液中，加入二苯氨基脲 [又称二苯卡巴脲 (肼)、二苯偶氮碳酰肼] 溶液与铬酸根离子显色。用分光光度法测其吸光度以确定硫酸根含量。本方法的硫酸酐测定范围为 0.004~0.1mg。

2. 仪器

需要分光光度计、离心机 (4000r/min) 和离心试管 (25 或 50mL)。

3. 试剂

(1) 酸性铬酸钡悬浊液。量取 0.5mol/L 乙酸和 0.01mol/L 盐酸各 100mL，加入铬酸钡 0.5g，制成混合液。将混合液倾入 500mL 塑料瓶中，激烈摇荡均匀，制成悬浊液。使用时摇匀后再用。

(2) 0.5% 二苯氨基脲溶液 (乙醇溶液)。称取二苯氨基脲 0.5g 溶于 100mL 乙醇。为使该溶液稳定，可加入 1mol/L 盐酸 1mL，倾入棕色瓶中贮存。该试剂的稳定期大约一个月。试剂失效时，溶液呈微黄色。

(3) 含钙的氨水。称取 1.85g 无水氯化钙，溶解于 500mL 氨水 (3 + 4)，贮存在聚乙烯瓶中。

(4) 硫酸盐标准溶液 (1mL 含 1mg SO_4^{2-})。配制方法见 SG-12。

（5）硫酸盐工作溶液 I（1mL 含 0.1mg SO_4^{2-}）。准确吸取 50mL 硫酸盐标准溶液，注入 500mL 容量瓶中，用除盐水稀释至刻度，摇匀，倾入聚乙烯瓶中贮存。

（6）硫酸盐工作溶液 II（1mL 含 0.01mg SO_4^{2-}）。取硫酸盐工作溶液 I 稀释至 10 倍而成。

4. 测定方法

（1）绘制 0.1~0.5mg SO_4^{2-} 工作曲线。

1）按表 13－30 规定取硫酸工作溶液 I 注入一组 25mL 的离心试管中，用滴定管添加除盐水，使其体积为 10mL，摇匀。在 20~30℃水浴中恒温 5min。

2）在每个离心试管中加酸性铬酸钡悬浊液 2mL，摇匀，放置 1min，加含钙的氨水澄清液 0.5mL，摇匀，加 95% 乙醇 50mL，摇匀。

3）将离心试管分别置于离心机上，从 3000r/min 的转速离心分离 3min。

4）取上层澄清液，放入 10mm 比色皿中，在波长 370nm 处，以空白试剂作参比，测定吸光度，绘制工作曲线。

（2）绘制 0.003~0.1mg SO_4^{2-} 工作曲线。

1）按表 13－30 规定取硫酸工作溶液 II，注入一组 25mL 的离心试管中。按前述 2）和 3）操作步骤进行。

2）取澄清液约 6mL，用中速定量滤纸（ϕ110）过滤，取滤液 5mL，放入比色管中，加 1mL 二苯氨基脲和 2mol/L 盐酸 1mL 充分摇匀，将发色液放置 2min。在波长 545nm 处，用 10mm 的比色皿，以不加试剂的稀释液为参比，测定吸光度，绘制工作曲线。

表 13－30　　　　　　　硫酸盐标准溶液的配制

硫酸盐测定范围（mg）	工作溶液含量（mg/mL）	工作液体积（mL）						波长（mm）	比色皿长度（mm）
0.1~0.5	0.1	0	1	2	3	4	5	370	10
0.003~0.1	0.01	0	0.3	2	4	6	10	545	10

（3）试样的测定。

1）准确吸取 VmL 待测试液（硫酸盐含量在工作曲线含量范围内）注入 25mL 离心管中，用滴定管添加除盐水，使其体积为 10mL，在 20~30℃水浴中恒温 5min。

2）以下测定按上述测定方法中 1 项或 2 项所述操作步骤进行"发色"，测定吸光度，从标准曲线上查出相应的硫酸根离子量 W。

5. 计算

试样中硫酸酐（SO_3）的含量 X（%）按下式计算：

$$X = \frac{W}{G} \times \frac{0.8334 \times 500}{V} \times 100\%$$

式中　W——从工作曲线上查出的试样硫酸盐的质量，mg；

　　　G——试样质量，mg；

　　　V——取待测溶液的体积，mL；

　0.8334——硫酸盐（SO_4^{2-}）换算成硫酸酐（SO_3）的系数。

（十六）盐垢试样溶液的制备

1. 概要

本方法适用于制备盐垢试液，供多项分析使用。在蒸汽流通的部位，如过热器、主蒸汽门、调速汽门、汽轮机喷嘴、叶片等积集的盐类固体附着物有相当一部分是水溶性盐垢。对于这部分盐垢试样，在酸溶或熔融过程中，一些成分分解或起化学反应，不能测定。因此，除了测定酸溶样外，尚须测定水溶解试样，将分解或反应的成分测定出来。

2. 用水溶解试样

为了减少分析过程中离子相互干扰，避免分解试样时引入新的干扰因素，试样应充分用水溶解。若确需用酸分解时，也应尽可能减少新的干扰因素。如测定氯离子的试液，不能用盐酸、王水分解试样；测定二氧化硅试液，不能用氢氟酸分解试样。

现将分解试样的方法叙述如下：

称取 0.5g（称准至 0.2mg）已测定水分的试样，放入 250mL 烧杯中，加入高纯水约 90～100mL，搅拌。若有不溶物，可加热至近沸腾。若不溶物还未溶解，可继续加热 5～10min，冷却室温，倾入 500mL 容量瓶，用高纯水稀释至刻度，此溶液应完全透明，否则说明有不溶物，试液应过滤，取滤液测定水溶成分。

3. 氢氟酸——硫酸分解试样

称取 0.5g（称准至 0.2mg）已测定水分的试样，放入 20～30mL 铂坩埚或铂蒸发皿中，加 5mL 浓氢氟酸，3～5mL 浓硫酸，在通风橱中的低温电炉上缓慢加热，直到白烟冒完为止。将坩埚外部擦干净，在玻璃烧杯中，加约 100mL 热高纯水，浸取干涸物，待干涸物全部溶解，取出坩埚，用热高纯水淋洗坩埚内外壁。待溶液冷却至室温，倾入 500mL 容量瓶中，用高纯水稀释至刻度。本溶液适用于除测定二氧化硅、氢氧化钠、碳酸盐及重碳酸盐等以外的其他成分的测定。

（十七）盐垢中碱性物质的测定

1. 概要

本方法适用于测定盐垢中碱性物质含量。通常测定结果以氢氧化钠、碳酸钠、碳酸氢钠的百分的含量表示。水溶性的磷酸盐和硅酸盐干扰测定。磷酸盐和硅酸盐含量小于 10%，其影响可忽略。其含量超过 10% 可采用碱度校正方法，将其影响扣除。水溶性盐垢中所含的碱性物质一般为氢氧化钠、碳酸钠、碳酸氢钠等，它们与酸反应，故可用适当的指示剂进行酸、碱滴定，通过计算求出其含量。

用酚酞作指示剂滴定时，发生如下反应：

$$OH^- + H^+ \longrightarrow H_2O$$

$$CO_3^{2-} + H^+ \longrightarrow HCO_3^-$$

以甲基橙作指示剂继续滴定时，发生如下反应：

$$HCO_3^- + H^+ \longrightarrow CO_2 \uparrow + H_2O$$

2. 试剂

需用到 1% 酚酞指示剂（乙醇溶液）、0.1% 甲基橙指示剂和硫酸标准溶液 $\left[C\left(\dfrac{1}{2}H_2SO_4\right) = 0.025\text{mol/L 或 } 0.005\text{mol/L} \right]$。

3. 测定方法

取水溶液试样 VmL（碱、碳酸盐、重碳酸盐的总量不少于 5mg），加高纯度水稀释至 100mL，加酚酞指示剂 1 滴。若溶液呈红色，用 0.025mol/L 或 0.005mol/L 硫酸标准溶液滴定至恰为无色，耗酸量为 a。再加甲基橙指示剂，继续用 0.025mol/L 或 0.005mol/L 硫酸标准溶液滴定至溶液为橙红色为止，耗酸量为 b（不包括 a）。

4. 计算

滴定值 a 和 b 与氢氧根、碳酸根、重碳酸根的相互关系见表 13-31。

水溶性垢样样中氢氧化钠、碳酸钠、碳酸氢钠的含量 X（%）分别按以下三式计算：

表 13 –31　　　　氢氧根、碳酸根、重碳酸根的相互关系

滴定值	氢氧根	碳酸根	重碳酸根
$b = 0$	a	0	0
$a > b$	$a - b$	$2b$	0
$a = b$	0	$2b$	0
$a < b$	0	$2a$	$b - a$
$a = 0$	0	0	b

$$X_{\text{NaOH}} = \frac{2C \times a \times 40}{G} \times \frac{500}{V} \times 100\%$$

$$X_{\text{Na}_2\text{CO}_3} = \frac{2C \times b \times 53}{G} \times \frac{500}{V} \times 100\%$$

$$X_{\text{NaHCO}_3} = \frac{2C \times (b - a) \times 84}{G} \times \frac{500}{V} \times 100\%$$

式中　　C——硫酸溶液有摩尔浓度，mol/L；

a——酚酞变色时的耗酸量，mL；

b——甲基橙变色时的耗酸量，mL；

V——取试样体积，mL；

G——称取试样质量，mg。

5. 注释

（1）溶样后应立即测定，以减小空气中二氧化碳的影响。若需测定五氧化二磷、二氧化硅含量，应在本测定之后再进行测定。

（2）本法的计算在假定与氢氧根或碳酸根、重碳酸根结合为阳离子是钠离子为前提进行的。

（3）若水溶性垢样中磷酸盐、硅的含量超过10%，应进行碱度校正，可参照"水、汽试验方法"中有关章节进行。也可将五氧化二磷、二氧化硅质量换算成相应的磷酸盐、硅酸盐质量，分别除以磷酸根的摩尔质量（94.93）、硅酸盐的二分之一摩尔质量（1/2×76.07），从滴定时消耗酸的总摩尔数（乘2）中减去磷、硅酸盐相应的数量，然后进行百分含量计算。

（十八）盐垢中氯化物的测定

1. 概要

本方法适用于测定水溶性盐垢中氯化物（以氯化钠计）的含量。水溶性盐垢中可能存在的离子不干扰测定。水溶性盐垢中氯化物经水溶解

后，可转化为氯离子，因此，可用摩尔法测定其含量。其反应式为

$$Cl^- + Ag^+ \longrightarrow AgCl \downarrow$$

滴定至终点
$$2Ag^+ + CrO_4^{2-} \longrightarrow Ag_2CrO_2 \downarrow$$
$$\text{（橙色）}$$

由于摩尔法的反应要求在中性或微酸性介质中进行，所以，对水溶性盐垢要注意在测定前调节其 pH 值。

2. 试剂

（1）氯化钠标准溶液（1mL 含 0.5mg NaCl）：称取 0.5g（称准至 0.2mg）预先在 500～600℃高温炉内灼烧 30min 或 105～110℃干燥 2h 的优级纯氯化钠基准试剂，溶于 100mL 除盐水中。再用除盐水稀释至 1L。

（2）硝酸银标准溶液（1mL 相当于 0.5mg NaCl）。称取 1.8g 硝酸银溶于约 100mL 高纯水中，再稀释至 1L，储存在棕色瓶中。硝酸银标准溶液对氯化钠的滴定度，用下述方法标定。用移液管准确地吸取氯化钠标准溶液（1mL 含 0.5mg NaCl）10mL 三份，各加高纯水 90mL，加 10%铬酸钾指示剂 1mL，用待标定硝酸银溶液滴定至橙色即为终点。三次滴定所消耗硝酸银溶液体积的平均值为 a，另取 100mL 高纯水做空白试验，所消耗硝酸银的体积为 b。

硝酸银溶液对氯化钠的滴定度（T_{NaCl}）按下式计算：

$$T_{NaCl} = \frac{10 \times 0.5}{a - b}$$

式中 T_{NaCl}——硝酸银溶液对氯化钠的滴定度，mg/mL；

　　　　10——取氯化钠标准溶液的体积，mL；

　　　　0.5——1mL 氯化钠标准溶液含 0.5mg NaCl；

　　　　a——三次滴定所消耗硝酸银溶液体积的平均值，mL；

　　　　b——空白试验所消耗硝酸银溶液的体积，mL。

另需 10%含铬酸钾指示剂和 1%酚酞指示剂（乙醇溶液）。

3. 测定方法

吸取待测试液 VmL（含氯化钠大于 3.3mg/L），补加高纯水，使总体积约为 100mL。加酚酞指示剂 1 滴。若溶液显红色，用 0.05mol/L 硫酸中和至红色恰好消失。若溶液不显色，用 0.1mol/L 氢氧化钠中和至酚酞刚好显红色，再用 0.05mol/L 硫酸中和到红色恰好消失。加 10%铬酸钾指示剂 1mL，用硝酸银标准溶液滴定至橙色即为终点。所消耗硝酸银标准溶液的体积为 a。取 100mL 高纯水做空白试验，测定

值为 b。

4. 计算

试样中氯化钠含量 X（％）按下式计算：

$$X = \frac{(a - b) T_{\text{NaCl}}}{G} \times \frac{500}{V} \times 100\%$$

式中 a——滴定试样所消耗硝酸银标准溶液的体积，mL；

      b——空白试验消耗硝酸银标准溶液的体积，mL；

      G——试样质量，mg；

      V——取试样的体积，mL。

（十九）盐垢中氧化钠的测定

1. 概要

钠是水溶性垢样中的主要阳离子，对钠的测定可用离子选择性电极法测定。钠离子选择性电极的电位随溶液中钠离子的浓度变化而变化，符合能斯特方程，即钠离子浓度的对数与电极电位呈线性关系。测定电位值求得钠离子的浓度，检测结果以氧化钠计。

本方法同样适用于酸溶后溶液中钠含量的检测，但要控制待测定溶液pH 大于 10。不适用于碱熔法和偏硼酸锂熔融法溶解的试液的检测。本部分的检测下限为 0.02％。

2. 试剂

（1）钠贮备溶液（pNa 值为 1），称取预先在 550℃ ±50℃ 高温炉中灼烧至恒重的基准氯化钠 5.8443g（称准至 1mg），溶于约 500mL 高纯除盐水中，用高纯除盐水稀释至 1L。

（2）工作溶液：指 pNa 值为 2pNa 值为 3pNa 值为 4pNa 值为 5 的溶液，均采用逐步稀释方法配制。

以上溶液均应在塑料瓶中贮存，并于室温下洁净处或冰箱中保存，保存期不超过 1 年。pNa 值为 4 标准溶液应随用随配。

（3）碱化剂：可选用以下任何一种试剂。

二异丙胺 ［$(CH_3)_2$CHNHCH$(CH_3)_2$］含量大于 98％ 的溶液。

三乙醇胺 ［HN$(CH_2CH_2OH)_3$］含量大于 75％ 的溶液。

以上两种溶液可装入塑料油壶中备用。

3. 仪器

（1）离子计或性能类似的其他表计：仪器精度应为 ±0.01pNa，或可精确至 0.1mV。

（2）钠离子选择性电极和甘汞电极（氯化钾浓度为 0.1mol/L），或复合型钠离子电极。

（3）磁力搅拌器。

（4）试剂瓶：所有试剂瓶均应使用聚乙烯或聚丙烯塑料制品，塑料容器用洗涤剂清洗后用 1:1 的热盐酸浸泡 6h，用水冲洗干净后使用。各塑料容器都应专用，不宜更换不同浓度的定位溶液或互相混淆。

4. 测定方法

（1）按照有关仪器说明书进行电极预处理和测量前的准备工作，使仪器处于使用状态，测定时磁力搅拌速度应恒定。定位溶液温度和水样温度相差为 ±5℃。

（2）仪器校正。

1）取 pNa3 的标准溶液 100mL 于烧杯中，加碱化剂 2mL，调节电极至适当位置，打开搅拌器电源开关，缓慢均匀搅拌溶液待读数稳定后，以此溶液定位（读数 = pNa3）。

2）取 pNa4 标准溶液 100mL，加碱化剂 2mL，均匀搅拌，待读数稳定后，以此溶液校核，若读数为 pNa4 ± 0.02，即可进行试样测定。并记录电极斜率 S（即 pNa3 和 pNa4 的电位差值）。

（3）样品的测定。

1）直接测量法。取水溶性待测试液 VmL（稀释至 100mL 时，钠离子浓度为 $10^{-3} \sim 10^{-4}$mol/L 范围内），用试剂水稀释至 100mL，加二乙丙胺或三乙醇胺溶液 2mL，（pH 应大于 10 否则应补加二异丙胺或三乙醇胺溶液），测定该溶液中钠离子的含量，记为 ρmg/L。

2）标准加入法。

取水溶性待测试液 VmL（稀释至 100mL 时，钠离子浓度为 $10^{-3} \sim 10^{-4}$mol/L 范围内），注入 100mL 容量瓶，加二异丙胺或三乙醇胺溶液 2mL，用试剂水稀释至刻度。

将调好 pH 的试液倒入烧杯中，把电极插入被测液中，在搅拌的状态下，用离子计测出在试验条件下的电位 E_1。

用 1mL 的吸液管准确地加入 pNal 的钠标准溶液 1.00mL，搅拌均匀（可用电磁搅拌），再次测量电位 E_2。

注 1：若离子计无 pNa 值显示，读数可用浓度值来表示（如 mg/L，mol/L 等单位表示）。

注 2：若待测溶液呈酸性，则应预先加入碱化剂，确保被测溶液的 pH 值大于 10。

5. 计算

（1）试样中氧化钠（Na_2O）的含量 X（%）按下式计算：

$$X = \frac{\rho \times 0.1 \times 1.348}{m} \times \frac{500}{V} \times 100\%$$

式中　ρ——VmL 试液稀释后中钠离子浓度，mg/L；

　　　0.1——VmL 试液定容体积，L；

　　　m——试样的质量，mg；

　　　V——取待测试液的体积，mL；

　1.348——钠元素换算成氧化钠的系数。

计算结果按 GB/T 8170 数值修约规则，修约至小数点后两位。

（2）ρ 值的计算。

固定离子强度法中，ρ 值为 pNa 计读数，mg/L。

标准加入法中，ρ 值按照下式计算：

$$\rho = \frac{22.29}{10^{(E_2 - E_1)/S} - 1}$$

式中　22.99——钠元素的摩尔质量，g/mol；

　　　E_2——添加钠离子标准溶液的试样电位，mV；

　　　E_1——未添加钠离子标准溶液的试样电位，mV；

　　　S——pNa 计电极的实测斜率，mV。

（3）测定结果的允许差（表 13 - 32）。

表 13 - 32　　　　　　　氧化钠测定结果的允许差　　　　　　　%

氧化钠含量	同一实验室	不同实验室
≤1	0.05	0.20
1 ~ 5	0.10	1.20
5 ~ 20	0.30	1.80
≥20	0.50	1.30

（二十）盐垢中其他成分的测定

由于三氧化二铁、三氧化二铝、氧化钙、氧化镁、氧化铜等成分都是难溶于水的化合物，所以，盐垢（水溶性垢）试液中存在这些成分的机会不多，一般不进行上述成分的测定。若需要测定时，用酸溶法或熔融法，将试样分解后，按上述 SG—6 至 SG—9 中的有关方法测定。对于水溶性的二氧化硅、硫酸酐、磷酸酐等成分，可按前述 SG—10 至 SG—13 中所述方法进行测定。

（二十一）碳酸盐垢中二氧化碳的测定

1. 概要

本方法适用于碳酸盐垢中二氧化碳含量的测定。磷酸盐和硅酸盐等对测定干扰，其影响可用碱度校正方法扣除。为避免干扰，可采用气体吸收法测定碳酸盐垢中的二氧化碳。碳酸盐垢的主要成分往往是碳酸钙、碳酸镁，其成分可用酸溶解试样后按 SG—6 至 SG—12 中所述的方法测定。碳酸盐垢中的主要阴离子——碳酸根，可用灼烧减量粗略估算，也可直接测定。

对碳酸盐中碳酸酐（CO_2）的测定，可采用较为简便的酸碱滴定法。其原理为，用一定量硫酸标准溶液分解试样，过量的酸用氢氧化钠标准溶液回滴，根据消耗的碱量计算二氧化碳含量。

2. 试剂

需硫酸标准溶液 $\left[C\left(\dfrac{1}{2}H_2SO_4 \right) = 0.05\,mol/L \right]$、0.01mol/L 氢氧化钠标准溶液和 0.1% 含甲基橙指示剂。

3. 测定方法

称取 0.1~0.2g 试样（称准至 0.2mg），置于 300mL 锥形瓶中，用少许水润湿试样。用移液管准确加入 0.05mol/L 硫酸标准溶液 50mL，用插有内径 4~5mm 玻璃管的橡皮塞塞住锥形瓶，将瓶放入沸水浴内加热。待试样溶解，气泡停止发生后，再继续加热 10min，冷却至室温后用水冲洗玻璃管、瓶壁、橡皮塞，加 0.1% 甲基橙指示剂 3 滴，用 0.1mol/L 氢氧化钠滴定剩余的酸，溶液由红色变为橙黄色即为终点。

4. 计算

碳酸盐中二氧化碳的含量 X（%）按下式计算：

$$X = \frac{(50 \times 2 \times C_1 - a \times C_2) \times 44.02}{2 \times G} \times 100\%$$

式中　C_1——硫酸标准溶液浓度，mol/L；

　　　C_2——氢氧化钠标准溶液浓度，mol/L；

　　　a——滴定剩余酸所消耗的氢氧化钠的体积，mL；

　　　G——试样质量，mg；

44.02——二氧化碳的摩尔质量。

5. 注释

本方法一般适用于测定不含磷酸盐的碳酸盐垢、若试样中含有较多的磷酸盐、硅酸盐（五氧化二磷、二氧化硅含量大于10%）时，可采用二氧化碳吸收法进行测定。

（二十二）垢和腐蚀产物的简易鉴别方法

在定量分析之前，对于某些未知成分的垢和腐蚀产物试样，可用一些简易方法，例如通过某些元素或官能团的特征反应，定性或半定量地鉴别其中一些成分，为选择定量分析方法分析结果的判断，提供有价值的依据。

1. 物理方法鉴定

物理方法鉴定主要通过对垢和腐蚀产物的颜色、状态、坚硬程度、有无磁性等进行观察和试验，以确定垢和腐蚀产物的某些成分。

通常，三氧化二铁呈赤色，四氧化三铁、氧化铜呈黑色，钙镁垢、硫酸盐垢、碳酸盐垢以及盐垢多为白色。有磁性的试样，一般含有四氧化三铁（磁性氧化铁）或金属铁。硅垢（二氧化硅）一般较坚硬，钙镁则较疏松。

2. 化学方法鉴定

化学方法鉴定，通过垢和腐蚀产物与某些化学试剂发生特征反应来鉴别某些成分。方法如是称取0.5g试样，置于100mL烧杯中，加50mL蒸馏水，配制成悬浊液。然后进行如下试验。

（1）水溶液试验。

1）测定水溶液的pH值。取澄清液20~30mL，用pH计测定水溶液的pH值。若pH值大于9，说明有氢氧化钠、磷酸三钠等强碱性盐类存在；若pH值小于9，说明试样中无强碱性水解盐类存在。

2）硝酸银试验。取数滴澄清液，置于黑色滴板上，加2~3滴酸性硝酸银（5%溶液）。若有白色沉淀物生成，而且加酸不溶解，说明有水溶性氯化物存在。

3）氯化钡试验。取数滴澄清液，加2~3滴氯化钡溶液（10%），加2滴盐酸溶液（1+1）。若有白色沉淀物生成，而且加酸不溶解，说明有水溶性硫酸盐存在。

（2）加酸试验。取少量带悬浊物的试液注入试管中，加1~2mL浓盐酸或浓硝酸，然后，分别加入其他试剂，根据发生的化学反应现象，可粗略地判断垢和腐蚀产物有哪些成分。垢和腐蚀产物加酸后发生化学反应如

表 13-33 所示。

表 13-33 垢腐蚀产物与酸的反应

加入试剂	现　象	可能存在的成分
盐酸	产生气泡。碳酸盐含量越高，泡沫越多	碳酸盐
盐酸和硝酸	溶解缓慢，可看到白色不溶物	硅酸盐
冷盐酸（难溶）加硝酸（加热后溶解）	溶解后溶液呈淡黄色。加 5% 硫氰酸铵溶液数滴，溶液变红色。或者加入 5% 亚铁氰化钾 $[K_4Fe(CN)_6]$ 溶液数滴，溶液变蓝色	氧化铁
冷盐酸（难溶）加硝酸（加热后溶解）	溶解后溶液呈淡黄绿色或淡蓝色。取一部分溶液注入另一试管，加浓氨水，生成氢氧化铁和氢氧化铜沉淀物。继续加氨水，氢氧化铜溶解，生成铜氨络离子，蓝色加深。另取数滴溶液加数滴 5% 亚铁氰化钾溶液，生成红棕色沉淀物	氧化铜
盐酸	取一部分酸溶液，加 10% 钼酸铵溶液，生成黄色的磷钼黄沉淀物，加浓氨水至溶液呈氨碱性，黄色深沉物溶解	磷酸盐
盐酸和硝酸	取一部分酸溶液，加入 10% 氯化钡溶液数滴，溶液混浊，有白色沉淀物生成	硫酸盐

第三节　常用生产用药分析方法

一、一般规定

火电厂化学生产用药，数量较大，在发电成本中占较大比例，同时药剂质量直接影响机组的腐蚀结垢等安全因素，故严格控制生产用药的质量十分重要。水处理药剂纯度应符合下列要求。

1. 盐酸质量要求

盐酸化验要求见表 13-34。

表 13 - 34   **盐 酸 化 验 要 求**

化验项目	技术指标
外观	无色或浅黄色液体
HCl（%）	≥31
铁（%）	≤0.01
定性检测有机物	无
灼烧残渣质量分数（%）	≤0.15
游离氯（以 Cl 计）（%）	≤0.01
砷的质量分数（%）	≤0.0001

2. 液碱（氢氧化钠）质量要求

液碱（氢氧化钠）化验要求见表 13 - 35。

表 13 - 35   **液碱（离子膜法）化验要求**

化验项目	技术指标
NaOH 质量分数（%）	≥30
碳酸钠质量分数（%）	≤0.4
氯化钠质量分数（%）	≤0.01
三氧化二铁质量分数（%）	≤0.001

3. 反渗透阻垢剂（PWT）质量要求

反渗透阻垢剂化验要求见表 13 - 36。

表 13 - 36   **反渗透阻垢剂化验要求**

化验项目	技术指标
外观	无色、透明或琥珀色液体
密度（浓缩液）（g/mL）	1.16 ~ 1.22
pH（5% 溶液）	3 ~ 7.5

4. 非氧化性杀菌剂（PWT）质量要求

非氧化性杀菌剂化验要求见表 13 - 37。

表 13 - 37 非氧化性杀菌剂化验要求

化验项目	技术指标
外观	淡黄色液体

5. 阻垢剂（BC - 817TY）质量要求

阻垢剂（BC - 817TY）化验要求见表 13 - 38。

表 13 - 38 阻垢剂（BC - 817TY）化验要求

化验项目	技术指标
外观	淡黄色透明液体
密度（25℃）（g/cm³）	≥1.15
pH（1% 水溶液）	3 + 1.5
膦酸盐（PO_4^{3-}）（%）	≤20
亚磷酸盐（PO_3^{3-}）（%）	≤1
正磷（PO_4^{3-}）（%）	≤0.5
固含量（%）	≥32
唑类（%）（以 $C_6H_4NHN:N$ 计）	≥1.0

6. 助凝剂（聚丙烯酰胺）质量要求

助凝剂（聚丙烯酰胺）化验要求见表 13 - 39。

表 13 - 39 助凝剂（聚丙烯酰胺）化验要求

化验项目	技术指标	
	Ⅰ 类	Ⅱ 类
外观	白色或微黄色颗粒或粉末	
固含量（%）	≥90.0	≥88.0
丙烯酰胺单体含量（干基）ω（%）	≤0.025	≤0.05
溶解时间（阴离子型）（min）	≤60	≤90
溶解时间（非离子型）（min）	≤90	≤120
筛余物（1.0mm 筛网）ω（%）	≤5	≤10
筛余物（180μm 筛网）ω（%）	≥85	≥80
水不溶物（阴离子型）（%）	≤0.3	≤2.0

化验项目	技术指标	
	Ⅰ类	Ⅱ类
水不溶物（非离子型）（%）	≤0.3	≤2.5
水不溶物（阳离子型）（%）	≤0.3	≤2.0
分子量（阴离子型）	≥1200万	
离子度（阳离子型）	≥60%	

7. 絮凝剂（聚合硫酸铁）质量要求

絮凝剂（聚合硫酸铁）化验要求见表13-40。

表13-40　　　　　絮凝剂（聚合硫酸铁）化验要求

化验项目	技术指标
外观	红褐色透明液体
全铁质量分数（%）	>11
pH（1%水溶液）	2.0~3.0
密度（20℃）（g/cm³）	≥1.45
盐基度（%）	8.0~16.0
不溶物质量分数（%）	≤0.3
还原性物质（以Fe计）质量分数（%）	≤0.10

8. 联胺质量要求

联胺化验要求见表13-41。

表13-41　　　　　联　胺　化　验　要　求

化验项目	技术指标
外观	无色液体
浓度（%）	≥40
氯化物质量分数（%）	≤0.002
硫酸盐质量分数（%）	≤0.001
重金属（Pb）质量分数（%）	≤0.0005
铁质量分数（%）	≤0.0001
灼烧残渣质量分数（%）	≤0.005

第三篇 电厂水化验

9. 氨水质量要求

氨水化验要求见表 13 – 42。

表 13 – 42 　　　　　　氨 水 化 验 要 求

化验项目	技术指标
外观	无色液体
浓度（%）	≥20
密度（g/cm³）	约 0.9
硬度	0
残渣质量分数	≤0.3

10. 杀菌灭藻剂（异噻唑啉酮）质量要求

杀菌灭藻剂（异噻唑啉酮）化验要求见表 13 – 43。

表 13 – 43 　　　杀菌灭藻剂（异噻唑啉酮）化验要求

化验项目	技术指标
外观	淡黄色或淡蓝绿色透明液体
活性物含量（%）	1.50 ~ 1.80
pH（原液）	2.0 ~ 5.0
密度（20℃）（g/cm³）	1.02 ~ 1.05
质量分数（CMI/MI）	2.5 ~ 3.4

11. 还原剂（亚硫酸氢钠）质量要求

还原剂（亚硫酸氢钠）化验要求见表 13 – 44。

表 13 – 44 　　　还原剂（亚硫酸氢钠）化验要求

化验项目	技术指标
外观	白色粉末状
主含量（以 SO_2 计）质量分数（%）	64.0 ~ 67.0
pH（50g/L 溶液）	4.0 ~ 5.0
水不溶物质量分数（%）	≤0.03
氯化物（以 Cl 计）质量分数（%）	≤0.05
铁质量分数（%）	≤0.004

化验项目	技术指标
砷质量分数（%）	≤0.0009
重金属（以 Pb 计）质量分数（%）	≤0.001

12. 杀菌剂（次氯酸钠）质量要求

杀菌剂（次氯酸钠）化验要求见表 13 - 45。

表 13 - 45　　　　　杀菌剂（次氯酸钠）化验要求

化验项目	技术指标
外观	微黄色液体
密度（20℃）（g/cm³）	1.10
有效氯含量（%）	10 ~ 13

13. 熟石灰（氢氧化钙）质量要求

熟石灰（氢氧化钙）化验要求见表 13 - 46。

表 13 - 46　　　　　熟石灰（氢氧化钙）化验要求

化验项目	技术指标
$Ca(OH)_2$ 含量（以 CaO 计）（%）	≥90
酸不溶物 ω（%）	≤1.0
干燥减量 ω（%）	≤2.0
筛余物（%）	（0.125mm 试验筛）≤4.0

14. 有机硫质量要求

有机硫化验要求见表 13 - 47。

表 13 - 47　　　　　　　　　有机硫化验要求

化验项目	技术指标
外观	无色或淡黄绿色液体
含量（%）	>15
密度（g/cm³）	≥1.12
pH	9 ~ 13

15. 氯碇（三氯异氰尿酸）质量要求

氯碇（三氯异氰尿酸）化验要求见表 13 – 48。

表 13 – 48 氯碇（三氯异氰尿酸）化验要求

化验项目	技术指标
有效氯（以 Cl 计）质量分数（%）	≥88
水分质量分数（%）	≤1.0
pH（1% 水溶液）	2.6 ~ 3.2

16. 工业用硫酸质量要求

工业用硫酸化验要求见表 13 – 49。

表 13 – 49 工业用硫酸化验要求

化验项目	技术指标
H_2SO_4 质量分数（%）	≥98
灰分 ω（%）	≤0.1
砷 ω（%）	≤0.01

17. 尿素质量要求

尿素化验要求见表 13 – 50。

表 13 – 50 尿 素 化 验 要 求

化验项目	技术指标（工业用）
外观	白色颗粒
总氮含量（N）（以干基计）（%）	≥46.3
缩二脲（%）	≤1.0
水含量（%）	≤0.7
铁（Fe）（%）	≤0.0010
碱度（以 NH_3 计）（%）	≤0.03
硫酸盐（以 SO_4^{2-} 计）（%）	≤0.020
水不溶物（%）	≤0.040
亚甲基二脲（以 HCHO 计）	—
粒度（$d = 0.80 ~ 2.80\text{mm}$）（%）	≥90

18. 脱硫用石灰石粉（碳酸钙）质量要求

脱硫用石灰石粉（碳酸钙）化验要求见表 13-51。

表 13-51　　　脱硫用石灰石粉（碳酸钙）化验要求

化验项目	技术指标
$CaCO_3$ 含量（％）	≥90
SiO_2（％）	≤2.05 或满足设计要求
MgO（％）	≤2
粒径（％）	孔径 0.045mm 筛通过率≥90

药品有效成分分析正确与否，关系使用药品的数量和水处理效果如何，分析数据是否有代表样品的真实性，还必须有正确的采样方法和制样方法，为此提出以下要求：

（1）药品质量的均匀程度。

（2）药品粒度的大小及其分布情况。

（3）取样后由于外界影响使药品可能变质的情况。

（4）采样人员的主观意识的影响。

明确以上四点影响药品代表性的因素后，分析人员应在货到时，立即采集样品，同时应遵守下述采样要求。

（1）氢氧化钠：汽车来碱罐，从其底部采样。

（2）盐酸：汽车来盐酸罐，从其底部采样。

（3）联胺：25kg 塑料桶，每 10 桶取 10mL，然后将各样混合，再取 100mL 于具塞瓶中。

（4）氨水：25kg 塑料桶，每 10 桶取 10mL，然后将各样混合，再取 100mL 于具塞瓶中。

（5）阻垢剂：25kg 塑料桶，每 10 桶取 10mL，然后将各样混合，再取 100mL 于具塞瓶中。

二、各种药品试验方法

（一）盐酸（分子式 HCl，分子量 36.46）

1. 定性试验

（1）应用试剂：硝酸、硫酸溶液 $[C(1/2H_2SO_4)=2mol/L]$、硝酸银溶液 $[C(AgNO_3)=0.1mol/L]$、氨水、高锰酸钾和碘化钾—淀粉试纸。

（2）测定要求。

1）外观应为无色或黄色透明液体。

2）样品溶液呈强酸性。

3）取样品水溶液用硝酸酸化，加入 0.1mol/L 硝酸银溶液，即产生白色沉淀，此沉淀能溶于氨水（证实有氯化物）。

4）取样品溶液加氨水使其呈碱性，若有沉淀需过滤，滤液加硫酸使其成酸性，加数粒高锰酸钾结晶，加热即放出氯气，能使碘化钾—淀粉试纸呈蓝色（证实有氯化物）。

$$10Cl^- + 2MnO_4^- + 16H^+ \longrightarrow 5Cl_2 + 2Mn^{2+} + 8H_2O$$

2. 酸度测定

（1）原理。盐酸呈强酸性，可用氢氧化钠中和滴定生成盐和水，以甲基橙作批示剂。

$$HCl + NaOH \longrightarrow NaCl + H_2O$$

（2）应用试剂：氢氧化钠标准溶液 $[C(NaOH) = 1mol/L]$ 和甲基橙指示剂 0.1% 溶液。

（3）测定手续。吸取 3mL 左右样品，置于盛有 15mL 水，并已称重（称准至 0.0002g）的 100～125mL 碘量瓶中，称重（称准至 0.0002g），小心混匀，加 1～2 滴甲基橙指示剂，用 1mol/L NaOH 标准溶液滴定至黄色。

（4）计算：

$$总酸度（以 HCl 计）\% = (V \times C \times 0.03646 \times 100)/m$$

式中　V——滴定消耗用去的氢氧化钠标准溶液体积，mL；

　　　C——氢氧化钠标准溶液的摩尔浓度，mol/L；

　　　m——样品的质量，g；

0.03646——HCl 耗摩尔质量，g。

3. 铁的测定

（1）邻菲罗啉分光光度法（适用于铁的含量小于 0.02%）。

1）原理。使用盐酸羟胺作还原剂。

2）应用试剂：0.2% 邻菲罗啉溶液、乙酸—乙酸钠缓冲溶液（$H \approx 4.5$）、10% 盐酸羟胺溶液、（1＋1）氢氧化胺溶液、（1＋1）盐酸溶液和铁标准溶液（1mL 含 0.01mg Fe）。

3）测定手续。①标准曲线绘制：在 6 个 50mL 容量瓶中依次加入 0.00、2.00、4.00、6.00、8.00、10.00mL 铁标准溶液（相当于 0.00、0.02、0.04、0.06、0.08、0.10mg Fe），在每个容量瓶中分别加 1mL 10%

盐酸羟胺溶液；加 5mL 乙酸—乙酸钠缓冲溶液（pH ≈ 4.5）和 2mL 0.2% 邻菲罗啉溶液，用水稀释至刻度，摇匀放置 15min，以试剂空白作参比，用波长 510nm 和长度 10mm 的比色皿进行吸光度测定。以铁含量为横坐标，对应的吸光度为纵坐标，绘制标准曲线。②测定：吸取 8.6mL 样品称重，置于内盛有 50mL 水的 100mL 容量瓶中，加水稀释至刻度，混匀（溶液甲），吸取 10mL 溶液甲，置于 50mL 容量瓶中，加（1+1）氢氧化铵溶液调节溶液的 pH 为 2~3，加 1mL10% 盐酸羟铵溶液，以下的操作手续与"标准曲线的绘制"中后半部分相同。从标准曲线上查得相应的铁含量。

4）计算

$$Fe = [(m_1 \times 100) / (m \times 10 \times 1000)] \times 100$$

式中　　m_1——在标准曲线上查得的铁含量，mg；

　　　　m——样品质量，g。

（2）目视比色法。

1）原理。在酸性溶液中加入硫氢酸盐，使其与铁生成红色络合物硫氰酸铁后，与标准比色，用异戊醇萃取以提高测定灵敏度。

2）应用试剂：硝酸、20% 硫酸溶液、10% 硫氰酸铵溶液、异戊醇和溶液铁标准溶液（1mL 含 0.01mg Fe）。

3）测定手续：①标准液的制备。准确吸取 2mL 铁标准溶液（相当于 0.02mg Fe）加入适量水后。置于 50mL 比色管中，与样品同时同样处理。②测定。准确吸取若干毫升溶液甲（如铁含量规格为 0.01%，则吸取 2mL），置于 50mL 比色管中，加入 0.5mL 硝酸，0.5mL 20% 硫酸和 5mL 10% 硫氰酸铵溶液，加水至 50mL，混匀，与标准液进行比较，所呈现的色泽应与标准液相同。

4）计算

$$Fe\% = [(2 \times 0.01 \times 1000) / (m \times V \times 100)] \times 100$$

式中　　V——吸取溶液体积，mL；

　　　　m——称取取样品质量，g。

显色时也可加入 10mL 异戊醇或乙醚萃取，从而提高测定灵敏度。

5）盐酸技术要求。①外观：无色或浅黄色透明液体。②盐酸应符合表 13-52 的要求。本技术要求适用对象是由食盐电解产生的氯气和氢气合成的氯化氢气体，用水吸收制得的工业用盐酸。

表 13 -52 工 业 盐 酸 指 标

指标名称	H—31	H—33	H—36
总酸度（以 HCl 计,%）	≥31.0	≥33.0	≥36.0
铁（%）	≤0.01	≤0.01	≤0.01
硫酸盐（以 SO_4^{2-} 计;%）	≤0.007	≤0.007	≤0.007
砷（%）	≤0.0001	≤0.0001	≤0.0001

硫酸盐、砷的含量，如果用户不要求可以不做分析。

（二）食盐（分子式 NaCl，分子量 58.5）

1. 概述

氯化钠为食盐主要成分，分析原理基于分别测定钙、镁硬度及氯根，由于试样过滤硫酸根与钙结合溶解度较小因而不考虑，只从氯根中减去 Ca^{2+}、Mg^{2+} 结合量，其余 Cl^- 则可完全按氯化钠计算。

2. 仪器

棕色滴定管（25mL）、容量瓶（50mL）、称量瓶（25mL）、三角瓶（250～300mL）、移液管（1～5mL）、滴定管（25mL）和具柄白磁皿（200mL）。

3. 试剂

10% 铬酸钾溶液、1% 酚酞指示剂、1mL ≈ 0.1mgCl^- 硝酸银标准溶液、氨缓冲液、硫酸标准溶液 [C（$1/2H_2SO_4$）= 0.1mol/L] 和 EDTA 标准溶液 [C（1/2EDTA）= 0.1mol/L 或 0.01mol/L]。

4. 试验方法

（1）水分。精确称取研细食盐 2g 于干燥的称量瓶中，在 150℃温度下烘 2h，冷却称量至恒重。

（2）不溶物。将测水分后的试样充分溶解于水中，过滤至 500mL 容量瓶中，洗涤滤纸至洗液中无 Cl^- 反应，然后稀释至 500mL，混匀作为试样溶液。将具有不溶物的滤纸于 105～110℃中烘干称量，滤纸在过滤前应恒重。

（3）硬度。

1）取适量试样溶液估计其中 $1/2Ca^{2+}$、$1/2Mg^{2+}$ 总硬度约为 0.5～5.0mmol/L，用经过 H^+ 离子交换水稀释至 100mL，加入 5mL 氨缓冲溶液及 7～8 滴铬黑 T 指示剂，然后以 0.1mol/L（1/2EDTA）滴定，并不断搅拌，快速振荡至溶液由葡萄红色变成蓝绿色，即为终点。记录 EDTA 的毫升数。

2）硬度小于 0.5mmol/L 时，则取 100mL 试样，加 1mL 硼砂缓冲溶液及 5~6 滴酸性铬蓝 K 指示剂，以 0.01mol/L（1/2EDTA）滴定至溶液由玫瑰红色变成蓝色即为终点。记录 EDTA 的毫升数。

（4）氯根的测定。取试样溶液 10mL 加水冲至 100mL，加酚酞指示剂，若呈现红色则需以 0.1mol/L 硫酸中和至红色消失，然后加入 10% 铬酸钾溶液 1mL，以 1mL≈1mg Cl^- 的硝酸银溶液滴定至稍显红色为终点。记录硝酸银消耗毫升数。

5. 计算

（1）水分

$$水分\% = \{ [(A - B)] /m\} \times 100\%$$

式中　A——称量瓶与烘前质量，g；

　　　B——称量瓶与烘后质量，g；

　　　M——试样质量，g。

（2）不溶物

$$不溶物 = [(A - B) \times 100] /m$$

式中　A——滤纸和不溶物总质量，g；

　　　B——滤纸质量，g。

（3）$1/2Ca^{2+}$、$1/2Mg^{2+}$ 总硬度。

1）硬度 >0.5mmol/L 时，有

$$总硬度\% = [(a \times K \times 500 \times 32.19) / (m \times V)] \times 100\%$$

2）硬度 <0.5mmol/L 时，有

$$总硬度\% = [(a' \times K' \times 500 \times 32.19) / (m \times V)] \times 100\%$$

式中　a、a'——消耗 0.1、0.01mol/L（1/2EDTA）的毫升数，mL；

　　　K、K'——0.1、0.01mol/L（1/2EDTA）的浓度系数；

　　　　V——试样的体积，mL；

　　　32.19——（$1/2Ca^{2+}$、$1/2Mg^{2+}$）摩尔质量，g。

（4）NaCl 含量的计算

$$NaCl\% = [(a - a') \times K \times 5000] /m$$

式中　a——试样消耗 1mL≈1mg Cl^- 硝酸银的毫升数，mL；

　　　a'——空白试验消耗 1mL≈1mg Cl^- 硝酸银的毫升数，mL；

　　　K——1mL≈1mg Cl^- 硝酸银的浓度系数；

　　　m——试样的质量，g。

（三）生石灰

1. 概述

氯化钙（生石灰）在水中的溶解度不大（1.30g/L，20℃），因此，加入蔗糖，使其结合成溶解度较大的蔗糖钙。碳酸钙和其他钙盐，则不被溶解或溶解而不与浓度低于1mol/L的盐酸作用。故不影响测定。

$$C_{12}H_{22}O_{11} + CaO + 2H_2O \longrightarrow C_{12}H_{22}O_{11} \cdot CaO \cdot 2H_2O$$

$$C_{12}H_{22}O_{11} \cdot CaO \cdot 2HCl \longrightarrow C_{12}H_{22}O_{11} + CaCl_2 + 2H_2O$$

2. 仪器

具塞锥形瓶250mL、玻璃球和酸式滴定管。

3. 试剂

蔗糖（化学纯固体）、0.1%酚酞乙醇溶液（乙醇以酚酞作指示剂，因氢氧化钠中和过的）和0.5mol/L盐酸标准溶液。

4. 试验方法

精确称取研细的生石灰样0.4~0.5g（称准至0.01g）置于250mL锥形瓶中，加入4g蔗糖，使其覆盖于样品之上，以减少样品与空气的接触，投入玻璃球15~20粒，加入新煮沸腾并冷却的蒸馏水40mL，立即加塞振荡15min，加2滴酚酞指示剂，用0.5mol/L的盐酸标准溶液滴定，控制速度2~3滴/s，直到溶液粉红色消失，在30s内不再变红为终点。

5. 计算

$$CaO\% = \left[(a \times C \times 28.04) / (1000G) \right] \times 100\%$$

式中　G——试样的质量，g；

　　　a——消耗0.5mol/L盐酸的体积，mL；

　　　C——盐酸标准溶液的浓度，mol/L；

28.04——1/2氧化钙的摩尔质量，g/mol。

6. 注意事项

（1）氧化钙极易吸收水分和CO_2，因此操作中应尽可能地迅速，以减少与空气的接触。

（2）所用蒸馏水应是新煮沸而冷却的，普通蒸馏水含CO_2，而影响测定结果。热蒸馏水会使蔗糖生成溶解度较小的蔗糖三钙（$C_{12}H_{22}O_{11} \cdot 3CaO$）。

（3）糖中应没有酸碱性的反应物质，否则应减去空白。

（4）为了防止样品结块，需用干的锥形瓶，并在加入蒸馏水时一次加入样品，若结块则不能进行滴定。

（5）控制滴定速度以免影响测定终点。

（6）滴定终点，第一次红色消失为真实终点，30s 之后红色复现一般是由于 CaO 造成的。

（四）硫酸亚铁（分子式 $FeSO_2 \cdot 7H_2O$，分子量 278.02）

1. 定性试验

（1）应用试剂：10%碳酸钠溶液、5%氯化钡溶液和盐酸。

（2）测定手续。

1）外观应为蓝绿色结晶。

2）取样品水溶液，加入 10%碳酸钠溶液，即有白色沉淀产生，此沉淀被空气氧化后逐渐变成绿色，最后转为棕色（证实有亚铁）。

$$FeSO_4 + Na_2CO_3 \longrightarrow Na_2SO_4 + FeCO_3 \downarrow$$
$$4FeCO_3 + 6H_2O + O_2 \longrightarrow 4CO_2 \uparrow + 4Fe(OH)_3$$

3）取样品水溶液，加 5%氯化钡溶液，即生成白色沉淀，此沉淀在盐酸中不溶解，证实有硫酸盐，即有

$$FeSO_4 + BaCl_2 \longrightarrow BaSO_4 \downarrow + FeCl_2$$

2. 含量的测定

（1）原理。在硫酸溶液中，用高锰酸钾标准溶液滴定亚铁。

$$10FeSO_4 + 8H_2SO_4 + 2KMnO_4 \longrightarrow 5Fe_2(SO_4)_3 + 2MnSO_4 + K_2SO_4 + 8H_2O$$

（2）应用试剂：硫酸和高锰酸钾标准溶液 $[C(1/5KMnO_4) = 0.1mol/L]$。

（3）测定手续。称取 1g 样品（称准至 0.0002g），置于 300mL 锥形瓶中，加入 100mL 新煮沸并冷却的水使之溶解。加入 3mL 硫酸，用 0.1mol/L 高锰酸钾标准溶液滴定至呈微红色。

（4）计算

$$FeSO_2 \cdot 7H_2O\% = (V \times C \times 0.2780/m) \times 100\%$$

式中　V——滴定消耗用高锰酸钾标准溶液体积，mL；

m——样品质量，g；

C——高锰酸钾标准溶液的浓度，mol/L；

0.2880—— $FeSO_2 \cdot 7H_2O$ 的毫摩尔质量，g。

（五）聚合氯化铝（碱式氯化铝）

1. 概述

铝盐系水处理工艺中预处理阶段中得广泛的混凝剂。为了提高混凝效果，该经历了由传统的明矾到目前广泛采用的高分子聚合铝的发展过程。聚合铝系碱化度在一定范围内的高分子聚合物组成的混合物。其化学式可表示为碱式盐，称作碱式氯化铝：$Al(OH)_mCl_{3n-m}$；或聚合物，称为聚

氯化铝：$[Al(OH)_2Cl_{6-n}]_m$。

聚合铝组成中的 OH 和 Al 的相对含量对其性质有很大影响。此量常用碱化度来表示。其意义为摩尔浓度的百分比。

$$B = \{[OH]/3[Al]\} \times 100\%$$

式中　　[OH]——液态聚合铝中 OH^- 的摩尔浓度；

　　　　[Al]——液态聚合铝中 Al 的摩尔浓度。

碱化度是聚合铝的一个重要指标，当其小于30%时，混凝剂全部由小分子构成，混凝能力低，随着碱化度的上升，胶性增大，混凝能力上升。但若碱化度过大时，溶液不稳定，会生成氢氧化铝的沉淀物。

实践证明，当产品分析结果符合表13-53的要求时，一般情况下可获得较好的混凝效果。

表13-53　　　　　　聚　合　铝　的　指　标

项　目	液　体	固　　　　　体		
三氧化二铝（%）	≥10	≥35	≥30	≥27
碱化度 B	45~65	45~80	45~80	45~80
水不溶物（%）	<1.0	<2.0	<2.0	<2.0

2. 三氧化二铝的测定

(1) 试剂。EDTA 溶液 C_1（EDTA）标准溶液 [C（EDTA）= 0.02mol/L]：称取试剂7.45g，以适量的水溶解，移入1000mL容量瓶中，稀释至刻度，摇匀备用。C_1（EDTA）溶液（1%）、(1+1) 氨水溶液、(1+1) 盐酸溶液、氧化锌标准溶液、0.5% 二甲酚橙溶液、10% 氟化钾溶液、0.02mol/L C'_1 乙酸锌溶液和1.0% C'_2 乙酸锌溶液。

氧化锌标准溶液 [C（ZnO）= 0.02mol/L]：称取1.6276g（±0.0003g）经800℃燃烧至恒重的基准氧化锌，置于烧杯中，加40mL盐酸溶液，加热溶解。冷却后移入1000mL容量瓶中，稀释至刻度，摇匀备用。

乙酸—乙酸锌缓冲溶液（pH 为4.5）：称取77g乙酸钠溶于约300mL蒸馏水中，加200mL冰乙酸，用水稀释至1L。

(2) 标定。

1) 0.02mol/L EDTA 的标定：移取0.02mol/L标准氧化锌溶液25mL于三角瓶中。加入15mL乙酸-乙酸钠缓冲溶液，加水60mL，加3~4滴二甲酚橙溶液。用0.02mol/L EDTA溶液滴定至溶液橙色褪去为终点。

按下式计算 EDTA 溶液的浓度：

$$C_1 \ (EDTA) = (25 \times 0.0200) / V_1$$

式中　V_1——滴定时消耗 EDTA 的体积，mL。

2）乙酸锌标准溶液标定：移取已标定好的 EDTA 标准溶液 25.00mL 于三角瓶中，加 65mL 水，15mL 乙酸 - 乙酸钠缓冲溶液，加 3 ~ 4 滴二甲酚橙溶液。用乙酸锌溶液滴定至橙色出现为终点。

$$C_2 \ [Zn \ (C_2H_3O_2)_2] = (25.00 \times C_1) / V_2 \ (mol/L)$$

3）三氧化二铝的测定：称取固体试样 1.0000g（±0.0003g）[液体试样 3.0000g（±0.0003g）]于 250mL 烧杯中。加水 50mL，盐酸（1 + 1）10mL，煮沸解聚 15min，加水溶清后，转入 250mL 容量瓶中，稀释至刻度，摇匀。该用于铝的测定。

移取 25.00mL 样品溶液于 250mL 烧杯中。加入 35mL EDTA（1%）溶液，煮沸；加水至 100mL，再加二甲酚橙指示剂 3 ~ 4 滴，用盐酸（1 + 1）及氨水（1 + 1）溶液调至黄色；加入 15mL 乙酸 - 乙酸钠缓冲溶液，煮沸 5min；自然冷却后，用 1% 及 0.02mol/L 乙酸锌溶液滴定至橙红色出现为终点。加入 10% 氟化钾溶液 15mL，煮沸 5min；水冷至室温，用 0.02mol/L 乙酸锌标准溶液滴定至橙红色为终点。

$$Al_2O_3\% = \{ (0.05098 \times C'_1 \times V) / [(25/250) \times G] \} \times 100 \%$$

式中　C'_1——乙酸锌标准溶液浓度，mol/L；

　　　V——滴定消耗乙酸锌标准溶液的体积，mL；

　　　G——样品的质量，g；

　0.05098——Al_2O_3 的摩尔质量，g。

3. 碱化度的测定

（1）试剂。

0.5mol/L C_3（HCl）溶液[取浓盐酸（d - 1.19）45mL 于 1000mL 容量瓶中，用水稀释至刻度，摇匀备用]。

0.5mol/L C_4（NaOH）溶液[称取 20g 氢氧化钠于塑料瓶中，加入已煮沸的蒸馏水溶解。移入 1L 容量瓶中，加水稀释至刻度，摇匀备用]。

50% 氟化钾溶液[取氟化钾 250g 于塑料瓶中，加水溶解并稀释至 500mL，用 0.5mol/L 氢氧化钠溶液调至酚酞指示剂呈粉红色（pH 为 9.0 ~ 9.5）]。

1% 酚酞乙醇溶液。

邻苯二甲酸氢钾基准试剂[取部分邻苯二甲酸氢钾基准试剂于称量瓶中，在 105 ~ 110℃烘干 2h 以上，并在干燥器中加盖保存备用]。

（2）标定。

1）氢氧化钠溶液标定。称取邻苯二甲酸氢钾基准试剂 2.0000g （±0.0003g）于 200mL 烧杯中。加入 100mL 经煮沸冷却的蒸馏水，溶解后，加入 3 滴酚酞指示剂，用氢氧化钠溶液滴定至粉红色出现（稳定 30s 以上）为终点。

$$C_3 (NaOH) = G/0.2042 \times V_1$$

式中　G——邻苯二甲酸氢钾质量，g；

　　　V_1——标定用 NaOH 的体积，mL；

　0.2042——邻苯二甲酸氢钾的毫摩尔质量，g。

2）盐酸标准溶液的标定。移取 20.00mL 盐酸溶液于 250mL 烧杯中，加 75mL 蒸馏水，3 滴甲基红指示剂，用已标定的氢氧化钠溶液滴定至稳定的黄色出现为终点。

$$C_4 (HCl) = C_3 \times V_1/V_2$$

式中　C_3——氢氧化钠标准溶液的浓度，mol/L；

　　　V_1——滴定用 NaOH 的体积，mL；

　　　V_2——标定用盐酸溶液的体积，mL。

（3）碱化度的测定。移取固体样品 5.000g （±0.001g）［液体样品 10.00 ~ 15.00g （±0.01g）］于烧杯中，加蒸馏水 100mL，溶解后，转入 250mL 容量瓶中，用水稀释至刻度，摇匀备用。

移取上述刚摇匀的样品溶液 25.00mL 于 500mL 三角瓶中，加入 25.00mL 盐酸溶液后装上冷凝管，在水浴上加热煮沸 20min。取下加入氟化钾溶液 20mL。加酚酞指示剂 3 滴。用氢氧化钠溶液滴定至粉红色出现（稳定 30s 以上）为终点。同时做空白试验。

按下式计算碱化度

$$B\% = \{C_3 \times (V_0 - V) / [1000 \times (250/25)]\} / \{[G \times (Al_2O_3/102) \times 2 \times 3]\} \times 100\%$$
$$= 0.17 \times C_3 \times (V_0 - V) / (G \times Al_2O_3)$$

式中　V_0——空白消耗氢氧化钠溶液体积，mL；

　　　V——样品消耗氢氧化钠溶液体积，mL；

　　　G——试样质量，g；

　Al_2O_3——样品中 Al_2O_3 的含量，%；

　0.170——换算因子。

4．水不溶解含量的测定

（1）试剂：1% 硝酸银溶液。

（2）测定。称取固体试样 5.0000g （±0.0003g）［液体样品 10.00 ~

15.00g（±0.001g）］置于250mL烧杯中，缓慢加水100mL，加热使其溶解。用已于105～110℃恒重的G_4玻璃砂坩埚，趁热抽滤。用热水洗涤烧杯，沉淀至无氯根（用%硝酸银溶液检查）。将坩埚置于105～110℃烘箱中，烘至恒重（放入干燥器中冷却称量）。

按下式计算水中不溶物的百分含量：

$$X\% = (G_1 - G_2)/G \times 100\%$$

式中　G——取试样质量，g；

　　　G_1——坩埚质量，g；

　　　G_2——干燥后坩埚与水不溶物总质量，g。

（六）磷酸三钠（分子式 $Na_3PO_4 \cdot 12H_2O$，分子量380.12）

1. 概述

磷酸三钠的容量分析法，分别用酚酞和甲基橙为指示剂，滴定时所起的如下几种化学反应：

$$Na_3PO_4 + HCl \longrightarrow Na_2HPO_4 + NaCl \qquad (13-18)$$
$$Na_2HPO_4 + HCl \longrightarrow NaH_2PO_4 + NaCl \qquad (13-19)$$
$$NaH_2PO_4 + HCl \longrightarrow H_3PO_4 + NaCl \qquad (13-20)$$
$$NaH_2PO_4 + NaOH \longrightarrow Na_2HPO_4 + H_2O \qquad (13-21)$$

磷酸三钠［见式（13-18）］对于酚酞和甲基橙指示剂均呈碱性反应。

磷酸氢二钠［见式（13-19）］对于酚酞呈中性反应，而对甲基橙指示剂呈碱性反应。

磷酸二氢钠［见式（13-20）］对于酚酞呈酸性反应，而对甲基橙指示剂均呈中性反应。

因此，以酚酞为指示剂，用酸仅能滴定磷酸三钠的1/3；再以甲基橙为指示剂，用酸可滴定磷酸三钠的1/3；生成的磷酸二氢钠再用氢氧化钠回滴，又可滴定磷酸三钠的1/3［见式（13-21）］，故按酸和氢氧化钠的消耗量，可计算出磷酸三钠的含量。

2. 仪器

碱式滴定管、酸式滴定管、容量瓶1000mL、移液管10mL、量筒10mL和锥形瓶250mL。

3. 试剂

0.1mol/L氢氧化钠标准溶液和0.1mol/L盐酸标准溶液。

4. 试验方法

精确称取试样20g，以煮沸后的蒸馏水将试样溶于1000mL容量瓶中，充分摇匀，过滤初液抛弃之，再用 10mL 移液管吸取滤液于锥形瓶中，加 90mL 煮沸后的蒸馏水，加二滴酚酞指示剂，以 0.1mol/L 盐酸滴定至无色，记录消耗酸量 ϕ；再加二滴甲基橙指示剂，继续用 0.1mol/L 盐酸滴定至橙黄色，记录消耗量为 m_o；煮沸 3min 后，迅速冷却至室温，如果该甲基橙变黄色应继续滴定至橙色（应将此量加入 m_o 中），然后再以 0.1mol/L 氢氧化钠标准溶液回滴至酚酞为微红色为止，记录消耗氢氧化钠的量为 ρ。

5. 计算

（1）第一种情况，$\rho = m_o$。

1）$\phi = m_o$，仅有 Na_3PO_4，此时有

$$Na_3PO_4\% = (\phi \times K \times 16.4 \times 1000 \times 100) / (10 \times 1000 \times m)$$
$$= (\phi \times K \times 164) / m$$

式中　ϕ——以酚酞为指示剂滴定时消耗 0.1mol/LHCl 的毫升数，mL；

　　　m——试样质量，g；

　　　K——0.1mol/L HCl 浓度系数；

　　16.4——0.1mol/L HCl 相当 Na_3PO_4 的毫克数。

2）$\phi < m_o$，含有 Na_3PO_4 和 Na_2HPO_4，此时有

$$Na_2HPO_4\% = [(m_o - \phi) \times K \times 14.2 \times 1000 \times 100] / (10 \times 1000 \times m)$$
$$= [142(m_o - \phi) \times K] / m$$

$$Na_3PO_4\% = (\phi \times K \times 16.4 \times 1000 \times 100) / (10 \times 1000 \times m)$$
$$= (\phi \times K \times 164) / m$$

式中　m_o——以甲基橙为指示剂滴定时消耗 0.1mol/L HCl 的毫升数，mL；

　　142——1mL 0.1mol/L HCl 相当 Na_2HPO_4 的毫克数。

（2）第二种情况，$\rho < m_o$，含有 Na_2CO_3，此时有

$$Na_2CO_3 = [(m_o - \rho) \times 5.3 \times 2 \times 1000 \times 100] / (10 \times 1000 \times m)$$
$$= [(m_o - \rho) \times 53 \times 2] / m$$

式中　ρ——以 0.1mol/L 氢氧化钠回滴时消耗的毫升数，mL；

　　5.3——1mL 0.1mol/L HCl 相当 Na_2CO_3 的毫克数。

1）$\phi = m_o$，含有 Na_3PO_4，此时有

$$Na_3PO_4\% = (\rho \times 16.4 \times 1000 \times 100) / (10 \times 1000 \times m)$$
$$= (\rho \times 164) / m$$

2）$\phi < m_o$，除有 Na_3PO_4 外，还有 Na_2HPO_4，此时有

$Na_3PO_4\% = \{ [\phi - (m_o - \rho)] \times 16.4 \times 1000 \times 100 \} / (10 \times 1000 \times m)$

$\qquad\quad = \{ [\phi - (m_o - \rho)] \times 164 \} / m$

$Na_2HPO_4 = [(m_o - \phi) \times 14.2 \times 1000 \times 100] / (10 \times 1000 \times m)$

$\qquad\quad = [142 \times (m_o - \phi)] / m$

3）$\phi > \rho$ 则按第一种情况中 1，计算。

（3）第三种情况，$\phi > m_o$，含有 NaOH，此时有

$NaOH\% = [(\phi - m_o) \times 4 \times 1000 \times 100] / (10 \times 1000 \times m)$

$\qquad\quad = [(\phi - m_o) \times 40] / m$

式中　4——1mL 0.1mol/L HCl 相当 NaOH 的毫克数。

1）$m_o = \rho$，仅有 Na_3PO_4，此时有

$Na_3PO_4\% = (m_o \times 16.4 \times 1000 \times 100) / (10 \times 1000 \times m)$

$\qquad\quad = (m_o \times 164) / m$

2）$m_o > \rho$，除有 NaOH 外，还有 Na_2CO_3 和 Na_3PO_4，此时有

$Na_2CO_3\% = [(m_o - \rho) \times 5.3 \times 2 \times 1000 \times 100] / (10 \times 1000 \times m)$

$\qquad\quad = [(m_o - \rho) \times 53 \times 2] / m$

$Na_3PO_4\% = (\rho \times 16.4 \times 1000 \times 100) / (10 \times 1000 \times m)$

$\qquad\quad = (\rho \times 164) / m$

式中　m_o——甲基橙为指示剂滴定时消耗 0.1mol/L HCl 的毫升数，mL；

142——1mL 0.1mol/L HCl 相当 Na_2HPO_4 的毫克数。

在生产中只需要 Na_2HPO_4，因而只计算有效成分，否则应将样品充分脱水后再测定。

（七）工业碱的测定方法

1. 标准法

迅速称取 50g 液体 NaOH（称准至 0.001g）加水溶解，移入 1000mL 容量瓶中，等溶液冷却到室温后，加水稀释至刻度，摇匀。准确吸取 50mL，注入 250mL 碘瓶中，加入 20mL 10% 氯化钡溶液，再加入 2~3 滴酚酞指示剂，在磁力搅拌器搅拌下，用 1mol/L 盐酸标准溶液密闭滴定，至溶液呈微红色为终点。

计算：

$$NaOH\% = \frac{V \times C \times 40}{m \times 50} \times 100$$

式中　V——滴定用盐酸标准溶液体积，mL；

C——盐酸标准溶液浓度，mol/L；

第三篇　电厂水化验

40——NaOH 的摩尔质量，g/mol；

m——称取样品质量，g。

2. 简易法

吸取 10mL 液体工业用碱，置于小烧杯中称重（称准至 0.01g），加水溶解，移入 1000mL 容量瓶中，等溶液冷却至室温后，加水稀释至刻度，摇匀。

再取此稀释后的碱液 10.00mL，稀释至 100mL。加 2 滴酚酞指示剂，用 0.1mol/L（$\frac{1}{2}H_2SO_4$）滴定至无色，记录消耗酸量为 A。加 1~2 滴甲基橙指示剂，继续滴定至橙色，记录消耗酸量为 B。

计算：

$$NaOH\% = \frac{(A - B) \times 0.1 \times 40}{m \times 10} \times 100 = \frac{(A - B) \times 40}{m}$$

式中　A——酚酞指示剂消耗 0.1mol/L（$\frac{1}{2}H_2SO_4$）的体积，mL；

　　　B——甲基橙指示剂消耗 0.1mol/L（$\frac{1}{2}H_2SO_4$）的体积，mL；

　　　40——氢氧化钠的摩尔质量，g/mol；

　　　m——试样氢氧化钠的质量，g。

$$Na_2CO_3\% = \frac{B \times 2 \times 0.1 \times 53}{m \times 10} \times 100 = \frac{B \times 106}{m}$$

式中　B——甲基橙碱度消耗 0.1mol/L（$\frac{1}{2}H_2SO_4$）的体积，mL；

　　　53——碳酸氢钠的摩尔质量，g/mol；

　　　2——2 倍的甲基橙碱度；

　　　53——碳酸钠 1 摩尔的克数（$\frac{1}{2}Na_2CO_3$）；

　　　m——试样氢氧化钠的质量，g。

3. 氢氧化钠中氯化钠的含量分析方法一

对于 42% 碱液，取稀释后的碱液 10.00mL；对于 32% 碱液，应根据氯化钠的含量，取稀释后的碱液 50.00mL 或 100.00mL，稀释至 100mL，摇匀，加 2~3 滴酚酞指示剂，用硫酸中和至无色，再加入 1mL 10% 铬酸钾指示剂，用 1mg = 1mL Cl⁻ 硝酸银标液滴定至橙色。记录硝酸银标液消耗的体积（V），同时做空白试验，记录消耗硝酸银标液的体积（V_0）。

计算：

$$NaCl = \frac{1 \times (V - V_0) \times 1.6490}{m \times V_Y} \times 100\%$$

式中　V——滴定试样消耗硝酸银标液的体积，mL；

V_0——滴定空白消耗硝酸银标液的体积，mL；

1.6490——氯离子换算成氯化钠的系数；

m——试样氢氧化钠的质量，g；

1——硝酸银标液的滴定度，1mg = 1mL Cl$^-$；

V_Y——取稀释后的碱液的体积，mL。

4. 氢氧化钠中氯化钠的含量分析方法二

试剂：硝酸（5mol/L）：移取 380mL 浓硝酸，加入 600mL 试剂水，冷却至室温后定容至 1L。

硫酸铁铵溶液：称取 60g FeNH$_4$（SO$_4$）$_2$·12H$_2$O 溶入 1L 5mol/L 的硝酸，装入棕色瓶保存，如有浑浊，过滤后再使用。

硫氰酸汞乙醇溶液：称取 1.5g 硫氰酸汞溶入 500mL 乙醇中，装入棕色瓶中保存。

样品的测定：用干燥的 100mL 烧杯，迅速称取液态氢氧化钠 10g（称准至 0.01g），加二级试剂水溶解后定量转移至 250mL 容量瓶中，冷却至室温后稀释至刻度摇匀。用移液管移取 10mL 上述试液，注入 100mL 烧杯中（注：I 型离子交换膜法生产的含量大于 45% 的液体氢氧化钠的取样量可适当减少，一般取 5mL 样品）。用 5mol/L 硝酸调节样品 pH 值，至 pH 试纸显中性，加水使总体积为 50mL。加硫酸铁铵溶液 10mL，摇匀。加硫氰酸汞乙醇溶液 5mL，摇匀，放置约 10min。以试剂空白为参比，在波长 460nm 处，用 100mm 比色皿测定吸光值。根据测定的吸光度值，查工作曲线计算出氯离子含量。

试样中氯化钠含量 w（以质量分数表示）按下式计算：

$$w = \frac{a \times 50 \times 1.6490}{m \times V/250} \times 100\%$$

式中　a——查工作曲线计算出的氯离子含量，mg/L；

V——移取试样的体积，mL；

1.6490——氯离子换算成氯化钠的系数；

50——样品的定容体积，mL；

m——试样质量，g。

（八）阻垢剂的测定方法

1. pH 值的测定

（1）仪器、设备。

酸度计：分度值为 0.02pH。

天平：精度为 0.01g。

（2）测定步骤。

称量 1.00g 试样，全部转移到 100mL 容量瓶中，用试剂水稀释至刻度，摇匀。

将试样溶液倒入 50mL 烧杯中，置于电磁搅拌器上，将电极浸入被测试液中，开动搅拌器搅拌。在已校准的酸度计上读取 pH 值。

2. 密度的测定

（1）仪器和设备。

密度计：分度值为 0.001g/cm^3。

恒温水浴：温度控制在 （20±1）℃。

玻璃量筒：250mL。

温度计：分度值为 0.1℃。

（2）测定步骤。

将阻垢缓蚀剂试样注入清洁、干燥的量筒内，不得有气泡，将量筒置于 20℃的恒温水浴中，待温度恒定后，用温度计测定水温。将清洁干燥的密度计缓缓放入试样中，其下端离筒底 2cm 以上，不能与筒壁接触，密度计的上端露在液面外的部分所沾液体不应超过 2~3 分度，待密度计在试样中稳定后，读出密度计弯月面下缘的刻度（标有弯月面上缘刻度的密度计除外），即为 20℃时试样的密度。

3. 固含量的测定

（1）仪器设备。

称量瓶：$\phi 60 \times 30mm$。

恒温干燥箱：恒温精度为 ±2℃。

天平：精度精确到 0.0001g。

（2）测定步骤。

称取约 0.8g 试样，精确到 0.0001g，置于已恒重的称量瓶中，小心摇动，使试液自然流动，于瓶底形成一层均匀的薄膜。放入干燥箱中，逐渐升温至 （120±2）℃，干燥 6h，取出放入干燥器中，冷却至室温，称量。

（3）分析结果计算。

固含量 X_1（%）按下式计算：

$$X_1 = \frac{m_2 - m_1}{m} \times 100\%$$

式中　m_1——称量瓶的质量，g；

　　　m_2——干燥后试样与称量瓶的质量，g；

　　　m——试样的质量，g。

（4）允许差。

取平行测定结果的算术平均值为测定结果，两次平行测定结果的绝对差值不大于0.30%。

4. 磷酸盐含量的测定

（1）方法提要。

在酸性介质中，磷酸盐和亚磷酸盐在硫酸和过硫酸铵存在的情况下，加热氧化成磷酸。利用钼酸铵、酒石酸锑钾和磷酸反应生成锑磷钼酸配合物，以抗坏血酸还原成"锑磷钼蓝"，用吸光光度法测定总磷酸盐（以 PO_4^{3-} 计）含量。然后再减去正磷酸（以 PO_4^{3-} 计）和亚磷酸（以 PO_4^{3-} 计）的含量，计算出膦酸盐含量。

（2）试剂材料。

1）磷酸盐（以 PO_4^{3-} 计）标准储备液：1mL溶液含有0.500mg PO_4^{3-}。称量0.7165g（精确至0.0002g）预先在100～105℃干燥至恒重的磷酸二氢钾，置于烧杯中，加水溶解，移入1000mL容量瓶中，用水稀释至刻度，摇匀。

2）磷酸盐（以 PO_4^{3-} 计）标准溶液：1mL溶液含有0.020mg PO_4^{3-}。吸取20.00mL磷酸盐标准储备液于500mL容量瓶中，用水稀释至刻度，摇匀。

3）钼酸铵溶液：称量6.0g钼酸铵溶于约500mL水中，加入0.2g酒石酸锑钾及83mL浓硫酸，冷却后用水稀释至1000mL，摇匀。储存于棕色试剂瓶中，储存期6个月。

4）抗坏血酸溶液：称量17.6g抗坏血酸溶于50mL水中，加入0.2g乙二胺四乙酸二钠及8mL甲酸，用水稀释至1000mL，摇匀（现配现用）。

5）硫酸：C（$1/2H_2SO_4$）＝1mol/L溶液。

6）过硫酸铵：2.4%溶液（现配现用）。

注：也可用4%过硫酸钾溶液，过硫酸钾溶液储存有效期为1个月。

（3）仪器设备。

分光光度计：波长范围为400～800nm。

可调温电热板：800W。

（4）测定步骤。

1）试液的制备方法如下：

a. 称量约2.0g（精确至0.0002g）试样，用水溶解后移至500mL容量瓶，用水稀释至刻度，摇匀，此为试液A。

b. 吸取试液A 10.00mL于500mL容量瓶中，用水稀释至刻度，摇匀，为试液 B。

2）磷酸盐（以 PO_4^{3-} 计）工作曲线的绘制：

取 7 个 50mL 的容量瓶依次加入 0.00、1.00、2.00、3.00、4.00、5.00、6.00mL 磷酸盐标准溶液，各加入 20mL 水、5mL 钼酸铵溶液、3mL 抗坏血酸溶液，用水稀释至刻度，摇匀。于 25～30℃下放置 10min，用 1cm 比色皿在 710nm 波长处，以试剂空白为参比，测量其吸光度，以磷酸盐的质量（mg）为横坐标，对应的吸光度为纵坐标，绘制工作曲线。

3）测定步骤如下：

a. 总磷酸盐含量的测定。吸取 5.00mL 试液 B 于 50mL 锥形瓶中，加入 1mL 硫酸溶液，5mL 过硫酸铵溶液，在沸水浴中加热，保持 30min，取下冷却至室温，然后全部移至 50mL 容量瓶中，加入 5mL 钼酸铵溶液，3mL 抗坏血酸溶液，用水稀释至刻度，摇匀。在 25～30℃下放置 10min。使用分光光度计，用 1cm 比色皿在 710nm 波长处，以试剂空白为参比，测定其吸光度。

b. 正磷酸盐含量的测定。吸取 10.00mL 试液 A 于 50mL 容量瓶中，加入 20mL 水，5mL 钼酸铵溶液，3mL 抗坏血酸溶液，用水稀释至刻度，摇匀。在 25～30℃下放置 10min。使用分光光度计，用 1cm 比色皿在 710nm 波长处，以试剂空白为参比，测定其吸光度。

4）分析结果计算如下：

a. 总磷酸盐（以 PO_4^{3-} 计）含量 X_2（%）按下式计算：

$$X_2 = \frac{m_1 \times 10^{-3}}{m \times \frac{10}{500} \times \frac{5}{500}} \times 100 = \frac{500 m_1}{m}$$

式中　m_1——从绘制的工作曲线查得试液中总磷酸盐的量，mg；

　　　m——试样的质量，g。

b. 正磷酸盐（以 PO_4^{3-} 计）含量 X_3（%）按下式计算：

$$X_3 = \frac{m_2 \times 10^{-3}}{m \times \frac{10}{500}} \times 100 = \frac{5 m_2}{m}$$

式中　m_2——从绘制的工作曲线查得试液中正磷酸盐的量，mg；

　　　m——试样的质量，g。

c. 以质量分数表示的磷酸盐含量 X_4（%）按下式计算：

$$X_4 = X_2 - X_3 - 1.203 X_5$$

式中　X_5——亚磷酸盐含量，%；

第十三章　水、汽监督与分析测试

1.203——由亚磷酸盐换算成磷酸盐的系数。

d. 允许差。

取平行测定结果的算术平均值为测定结果，两次平行测定结果的绝对差值不大于0.30%。

(5) 亚磷酸盐含量的测定。

1) 方法提要。

在pH为6.5~7.2条件下，亚磷酸盐被碘氧化成正磷酸盐，用硫代硫酸钠滴定过量的碘，从而测出亚磷酸盐的含量。

2) 试剂和材料。

五硼酸铵：（$NH_4B_5O_6 \cdot 4H_2O$）饱和溶液。

碘：0.1mol/L碘标准滴定溶液。

硫酸：1+4。

硫代硫酸钠：C（$Na_2S_2O_3$）=0.1mol/L标准滴定溶液。

可溶性淀粉：0.5%溶液。

3) 测定步骤。

称量（2.5±0.1）g（精确至0.0002g）于250mL碘量瓶中，加水约20mL、12mL五硼酸铵饱和溶液、15.00mL碘溶液，立即盖好瓶塞，水封。于暗处放置10~15min，然后加入15mL硫酸溶液，以硫代硫酸钠标准溶液滴定至浅黄色时，加入1mL淀粉溶液，继续滴定至蓝色消失即为终点。

以20mL水代替试液，加入相同体积的所有试剂，按相同步骤进行空白试验。

4) 分析结果的计算。

亚磷酸盐（以PO_3^{3-}计）含量X_5（%）按下式计算：

$$X_5 = \frac{(V_0 - V) \times C \times 0.03948}{m} \times 100 = \frac{(V_0 - V) \times C \times 3.948}{m}$$

V_0——空白试验消耗硫代硫酸钠标准溶液的体积，mL；

V——滴定试液消耗硫代硫酸钠标准溶液的体积，mL；

C——硫代硫酸钠标准滴定溶液的浓度，mol/L；

0.03948——与1.00mL硫代硫酸钠标准滴定溶液〔C（$Na_2S_2O_3$）= 1.000mol/L〕相当的以克表示的亚磷酸盐的质量；

m——试样的质量，g。

5) 允许差。

取平行测定结果的算术平均值为测定结果，两次评价测定结果绝对差值不大于 0.1%。

(九) 聚丙烯酰胺测定方法

1. 适用范围

GB/T 13940—1992《聚丙烯酰胺》，本标准规定了非离子型和阴离子型的粉状及胶状聚丙烯酰胺的技术要求，试验方法、检验规则及标志、包装、运输和贮存。适用于非离子型和阴离子型的粉状及胶状聚丙烯酰胺，不适用于阳离子型聚丙烯酰胺和乳液状聚丙烯酰胺。

2. 引用标准

GB 5761《悬浮法聚氯乙烯树脂》

GB 12005.1《聚丙烯酰胺特性粘数的测定方法》

GB 12005.2《聚丙烯酰胺固含量的测定方法》

GB 12005.3《聚丙烯酰胺中残留单体含量的测定　溴化法》

GB 12005.4《聚丙烯酰胺中残留单体含量的测定　液体色谱法》

GB 12005.5《聚丙烯酰胺中残留单体含量的测定　气相色谱法》

GB 12005.6《聚丙烯酰胺水解度的测定方法》

GB 12005.7《聚丙烯酰胺力度测定方法》

GB 12005.8《粉状聚丙烯酰胺溶解速度的测定方法》

GB 12005.9《聚丙烯酰胺命名》

3. 不溶物含量测定

(1) 仪器。

分析天平：感量 0.0002g。

不锈钢网：孔径 0.11mm（120 目），100mm×100mm。

烧杯：1000mL；真空干燥桶；电磁搅拌器。

(2) 测定方法。

称取 0.4g 试样，精确至 0.002g，将其缓缓加入盛有 1000mL 蒸馏水并已开动搅拌的 1000mL 烧杯中，保持漩涡深度约 4cm，常温下溶解 6h，用事先经丙酮洗涤两次并干燥恒重的不锈钢网过滤该溶液，过滤后，将不锈钢网连同不溶物按 GB 12005.2 中规定的方法进行干燥、称重。

(3) 不溶物含量按下式计算：

$$\omega = (m_2 - m_1)/m_0 \times 100$$

式中　ω——不溶物含量，%；

　　　m_1——不锈钢网质量，g；

　　　m_2——不锈钢网加不溶物总质量，g；

　　　m_0——试样质量，g。

（十）聚合硫酸铁的测定

1. 密度的测定（密度计法）

（1）方法提要。

由密度计在被测液体中达到平衡状态时所浸没的深度，读出该液体的密度。

（2）仪器、设备。

1）密度计：刻度值为 0.001g/cm³。

2）恒温水浴：可控制温度（20±1）℃。

3）温度计：分度值为1℃。

4）量筒：250~500mL。

（3）测定步骤。

将聚合硫酸铁试样注入清洁、干燥的量筒内，不得有气泡。将量筒置于（20±1）℃的恒温水浴中，待温度恒定后，将密度计缓缓地放入试样中，待密度计在试样中稳定后，读出密度计弯月面下缘的刻度（标有读弯月面上缘的刻度的密度计除外），即为20℃试样的密度。

2. 重铬酸钾法（仲裁法）全铁含量的测定

（1）方法提要。

在酸性溶液中，用氯化亚锡将三价铁还原为二价铁，过量的氯化亚锡用氯化汞予以除去，然后用重铬酸钾标准溶液滴定。

反应方程式为：

$$2Fe^{3+} + Sn^{2+} \longrightarrow 2Fe^{2+} + Sn^{4+}$$
$$SnCl_2 + 2HgCl_2 \longrightarrow SnCl_4 + Hg_2Cl_2$$
$$6Fe^{2+} + Cr_2O_7^{2-} + 14H^+ \longrightarrow 6Fe^{3+} + 2Cr^{3+} + 7H_2O$$

（2）试剂和材料。

1）水，GB/T 6682，三级。

2）氯化亚锡溶液：250g/L。

称取 25.0g 氯化亚锡置于干燥的烧杯中，加入 20mL 盐酸，加热溶解，冷却后稀释到 100mL，保存于棕色滴瓶中，加入高纯锡粒数颗。

3）盐酸溶液：1+1。

4）氯化汞饱和溶液。

5）硫—磷混酸：将 150mL 硫酸，缓慢注入含 500mL 水的烧杯中，冷却后再加入 150mL 磷酸，然后稀释到 1000mL，保存于容量瓶中。

6）重铬酸钾标准滴定溶液：C（$1/6K_2Cr_2O_7$）=0.1mol/L。

7）二苯胺磺酸钠溶液：5g/L。

（3）分析步骤。

称取液体产品约 1.5g 或固体产品约 0.9g，精确至 0.0002g，置于 250mL 锥形瓶中，加水 20mL，加盐酸溶液 20mL，加热至沸腾，趁热滴加氯化亚锡溶液至溶液黄色消失，再过量 1 滴，快速冷却，加氯化汞饱和溶液 5mL，摇匀后静置 1min，然后加水 50mL，再加入硫—磷混酸 10mL，二苯胺磺酸钠指示剂 4～5 滴，立即用重铬酸钾标准滴定溶液滴定至紫色（30s 不褪色）即为终点。

（4）结果的计算。

全铁含量以质量分数 W_1 计，数值以%表示，按下式计算：

$$W_1 = \frac{VcM}{m \times 1000} \times 100$$

式中 V——滴定时消耗重铬酸钾标准滴定溶液的体积，mL；

       c——重铬酸钾标准滴定溶液浓度的准确数值，mol/L。

       M——铁摩尔质量，g/mol $[M\,(Fe) = 55.85]$；

       m——试料质量的数值，g。

3. 还原性物质（以 Fe^{2+} 计）含量的测定

（1）方法提要。

在酸性溶液中用高锰酸钾标准滴定溶液滴定。

反应方程式为：

$$MnO_4^- + 5Fe^{2+} + 8H^+ \longrightarrow Mn^{2+} + 5Fe^{3+} + 4H_2O$$

（2）试剂和材料。

1）水，GB/T 6682，三级。

2）硫酸。

3）磷酸。

4）高锰酸钾标准滴定溶液（Ⅰ）：$c\,(1/5KMnO_4) = 0.1mol/L$。

5）高锰酸钾标准滴定溶液（Ⅱ）：$c\,(1/5KMnO_4) = 0.01mol/L$。

将高锰酸钾标准滴定溶液（Ⅰ）稀释 10 倍，随用随配，当天使用。

（3）仪器、设备。

微量滴定管：10mL。

（4）分析步骤。

称取约 5g 试样，精确至 0.001g，置于 250mL 锥形瓶中，加水 150mL，加入 4mL 硫酸和 4mL 磷酸，摇匀。用高锰酸钾标准滴定溶液（Ⅱ）滴定至微红色（30s 不褪色）即为终点，同时做空白试验。

（5）结果的表述。

还原性物质（以 Fe^{2+} 计）含量以质量 W_3 计，数值以%表示，按下式计算：

$$W_3 = \frac{(V - V_0)cM}{1000 \times m} \times 1000$$

式中　V——滴定时消耗高锰酸钾标准滴定溶液（Ⅱ）体积，mL；

V_0——滴定空白时消耗高锰酸钾标准滴定溶液（Ⅱ）体积，mL；

c——高锰酸钾标准滴定溶液（Ⅱ）浓度的准确数值，mol/L；

M——铁摩尔质量，g/mol $[M(Fe) = 55.85]$；

m——试料质量，g。

4. pH 值的测定

（1）仪器、设备。

一般实验室仪器和酸度计：精度 0.02pH 单位，配有饱和甘汞参比电极、玻璃测量电极或复合电极。

（2）分析步骤。

称取（1.00 ± 0.01）g 试样，用水溶解后，全部转移至 100mL 容量瓶中稀释至刻度，摇匀。

将试样溶液倒入烧杯中，置于磁力搅拌器上，将电极浸入被测溶液，开动搅拌，在已定位的酸度计上读出 pH 值。

（十一）工业联氨的测定方法

在具塞称量瓶中，准确称量样品 4～5g，注入已装有蒸馏水约 2/3 量的 100mL 容量瓶中，摇匀，加水冲至刻度，充分混匀。取稀释后试样 1～5mL，注于已装有蒸馏水 99～95mL 的具塞锥形瓶中（估计试样中含联氨在 0.5～5mg/L）。加入 2mol/L NaOH 溶液 2mL，并准确加入 0.1mol/L 碘溶液 10mL，盖塞并摇匀，放置 3min 后，再加入 2mol/L 硫酸 2.5mL，盖塞并摇匀，当过剩碘充分游离后，以 0.1mol/L 硫代硫酸钠滴定之。当滴定至黄色时，加入 1% 淀粉指示剂 1mL，继续滴定至蓝色消失。记录硫代硫酸钠溶液消耗量。

另取蒸馏水 100mL，如上操作测定空白硫代硫酸钠溶液的毫升数。

计算：

$$N_2H_4 = \frac{(a_1 - a_2) \times c \times 8 \times 100}{V \times m \times 1000} \times 100 = \frac{(a_1 - a_2) \times 80}{V \times m}$$

式中　a_1——100mL 水空白试验消耗硫代硫酸钠溶液毫升数；

a_2——试样消耗硫代硫酸钠溶液毫升数；

c——0.1mol/L硫代硫酸钠溶液浓度;

8——1/4(N_2H_4)摩尔质量, g/mol;

V——取滴定试样体积的毫升数;

m——样品质量, g。

(十二)工业氨水的测定方法

取1mL氨水原液,加入100mL煮沸后冷却的去离子水,加2滴1%甲基橙指示剂,以1mol/L硫酸标准溶液滴定至橙色为止,记录消耗量。

计算:

$$NH_3(\%) = \frac{c \times a \times 17}{1000 \times V \times d} \times 100\%$$

式中 c——1mol/L硫酸标准溶液浓度, mol/L;

a——消耗1mol/L硫酸标准溶液的体积, mL;

V——样品体积, mL;

d——样品相对密度,以0.9计。

(十三)水处理剂异噻唑啉酮衍生物

1. pH的测定

(1)仪器设备。

酸度计:精度0.02pH单位,配有复合电极。

(2)分析步骤。

将试样倒入250mL烧杯中。将电极浸入溶液中,在已定位的酸度计上读出pH值。

2. 密度的测定

(1)仪器设备。

1)密度计:分度值为0.001g/cm³。

2)恒温水浴:温度控制在(20±1)℃。

3)玻璃量筒:250mL。

4)温度计:0~50℃,分度值为1℃。

(2)分析步骤。

将试样注入清洁、干燥的量筒内,不得有气泡,将量筒置于20℃的恒温水浴中,待温度恒定后,将清洁、干燥的密度计缓缓地放入试样中,其下端应离筒底2cm以上,不得与筒壁接触。密度计的上端露在液面外的部分所沾液体不得超过2~3分度。待密度计在试验中稳定后,读出密度计弯月面下缘的刻度(标有读弯月面上缘刻度的密度计除外),即为20℃试样的密度。

3. 活性物含量的测定

（1）方法提要。

异噻唑啉酮衍生物与亚硫酸氢钠定量反应，过量的亚硫酸氢钠与碘反应。用硫代硫酸钠标准滴定溶液滴定过量的碘。

（2）试剂和材料。

1）硫代硫酸钠标准滴定溶液：c（$Na_2S_2O_3$）约 0.1mol/L。

2）亚硫酸氢钠溶液：c（$1/2NaHSO_3$）约 0.5mol/L。

称取 6.5g 亚硫酸氢钠，溶于 250mL 水中，此溶液有效期 3 天。

3）碘溶液：c（$1/2I_2$）为 0.11~0.12mol/L。

称取约 15g 碘和约 40g 碘化钾，溶于 100mL 水中。稀释至 1000mL，摇匀。保存于棕色瓶中。

4）可溶性淀粉溶液：10g/L。

（3）分析步骤。

以减量法称取约 1g 试样（1 类）或约 7g 试样（2 类）（精确至 0.0002g），置于预先加有 30mL 水的 250mL 碘量瓶中，摇匀。用移液管加入 10.00mL 亚硫酸氢钠溶液，放置 60min。

用移液管加入 50.00mL 碘溶液，立即用硫代硫酸钠标准滴定溶液滴定，溶液呈浅黄色时，加入 1~2mL 淀粉指示液，继续滴定至蓝色消失即为终点。同时进行空白试验。

（4）分析结果的表述。

以质量百分数（%）表示的活性物含量（X）按下式计算：

$$X = \frac{(V_1 - V_0)c \times 0.0696}{m} \times 100$$

式中　V_1——滴定试液消耗硫代硫酸钠标准滴定溶液的体积，mL；

$\quad\quad V_0$——空白试验消耗硫代硫酸钠标准滴定溶液的体积，mL；

$\quad\quad c$——硫代硫酸钠标准滴定溶液的实际浓度，mol/L；

$\quad\quad m$——试样质量，g；

0.069——与 1.00mL 硫代硫酸钠溶液［C（$Na_2S_2O_3$）＝1.000mol/L］相当的以克表示的异噻唑啉酮衍生物的质量［按 *CMI/MI*（质量百分数）＝3/1 计算］。

（5）允许差。

取平行测定结果的算术平均值为测定结果。两次平行测定结果的绝对差值，1 类产品不大于 0.1%，2 类产品不大于 0.02%。

（十四）亚硫酸氢钠的测定方法

1. 试验方法的一般规定

所用试剂和水，在没有注明其他要求时，均指分析纯试剂和 GB/T 6682—1992 规定的三级水。

试验中所需标准溶液，杂质标准溶液、制剂和制品，在没有注明其他要求时均按无机化工产品化学分析用标准溶液、制剂及制品的规定制备。

2. 主含量（以 SO_2 计）的测定

（1）方法提要。

在弱酸性溶液中，用碘将亚硫酸盐氧化成硫酸盐，以淀粉为指示剂，用硫代硫酸钠标准溶液滴定溶液滴定过量的碘。

（2）试剂。

1）乙酸溶液（1+3）。

2）碘标准溶液：$c\ (1/2I_2) = 0.1mol/L$。

3）硫代硫酸钠标准滴定溶液 $c\ (Na_2S_2O_3) = 0.1mol/L$。

4）可溶性淀粉：5g/L 溶液。

（3）分析步骤。

迅速称取约 0.2g 试样，精确至 0.0002g，置于预先用移液管加入 50mL 碘标准溶液及 30~50mL 水的 250mL 碘量瓶中，加入 5mL 乙酸溶液，立即盖上瓶塞，水封，缓缓摇动溶解后，置于暗处放置 5min。以硫代硫酸钠标准滴定溶液滴定，近终点时加入约 3mL 淀粉指示剂，继续滴定至蓝色消失即为终点。

按同样条件进行空白试验。

（4）结果计算。

主含量以二氧化硫（SO_2）质量分数 ω_1 计，数值以% 表示，按下式计算：

$$\omega_1 = \frac{[(V_0 - V_1)/1000]cM}{m} \times 100$$

式中　V_0——滴定空白试验溶液所消耗的硫代硫酸钠标准滴定溶液的体积，mL；

V_1——滴定试验溶液所消耗的硫代硫酸钠标准滴定溶液的体积，mL；

c——硫代硫酸钠标准滴定溶液的浓度的准确数值，mol/L；

m——试料质量，g；

M——二氧化硫（SO_2）的摩尔质量，g/mol（$M = 32.03$）。

取平行测定结果的算术平均值为测定结果，两次平行测定结果的绝对差值不大于 0.2%。

（十五）次氯酸钠含量测定法

1. 概要

次氯酸钠在酸性溶液中与碘化钾发生反应，释放出一定量的碘，再以硫代硫酸钠标准溶液滴定。

$$2KI + 2CH_3COOH \longrightarrow 2CH_3COOH + 2HI$$
$$2HI + NaClO \longrightarrow I_2 + NaCL + H_2O$$
$$I_2 + 2Na_2S_2O_3 \longrightarrow 2NaI + Na_2S_4O_6$$

2. 试剂、仪器

碘化钾，1% 淀粉溶液，36% 醋酸，0.1mol/L 硫代硫酸钠溶液，0.1N 重铬酸钾标准溶液，250mL 碘量瓶，100mL 烧杯。

3. 试剂制备方法

（1）1% 淀粉溶液。将 1g 可溶性淀粉用少量蒸馏水调成糊状，再加刚煮沸的蒸馏水至 100mL，冷却后加入 0.1g 水杨酸或 0.5g 氯化锌保存（三氯甲烷 5~6 滴亦可）。

（2）0.1mol/L 硫代硫酸钠溶液。

溶解 25g 硫代硫酸钠（分析纯 $Na_2S_2O_3 \cdot 5H_2O$）和 0.2g 无水碳酸钠（分析纯 Na_2CO_3）放入经煮沸放冷的蒸馏水中，然后稀释至 1000mL 贮存于棕色瓶中防止分解，经过 2~3d 后，用 0.1N 重铬酸钾溶液标定。

（3）0.1N 重铬酸钾溶液标准溶液。

取出分析纯重铬酸钾 10g 于 120℃ 烘箱内干燥 2h，取出置于干燥器内冷却至室温，准确称出 4.9035g，溶于蒸馏水中，稀释至 100mL。

（4）0.1mol/L 硫代硫酸钠溶液的标定。

用移液管吸取标准 0.1mol/L 重铬酸钾溶液 25mL 于 300mL 带塞锥形瓶中，加蒸馏水 60mL，碘化钾 2g 及 1：2 盐酸 5mL，密塞静置 5min 后，用配制好的硫代硫酸钠滴定至黄绿色，加入淀粉指示剂 5mL，继续滴定至蓝色消失为终点。

计算：

$$M = \frac{0.1 \times 25}{V}$$

式中　M——硫代硫酸钠的摩尔浓度，mol/L；

V——硫代硫酸钠溶液的毫升数，mL。

4. 分析步骤

（1）方法一。

吸取 10mL（或依含量定）液体试样于 500mL 容量瓶中，稀释至刻度，吸取 25mL 试样于磨口瓶中，加入 20mL 碘化钾（100g/L）和 10mL 0.5mol/L（$1/2H_2SO_4$）溶液，在暗处放置 5min，用 0.1mol/L 硫代硫酸钠标准溶液滴至淡黄色时加入 1mL 1% 淀粉溶液，继续滴定至蓝色刚好消失，记录用量 V。

计算公式：

$$Cl_2(\%) = \frac{C \times V \times 0.03545}{M \times 25/500} \times 100\% = \frac{0.7090 \times C \times V}{M} \times 100\%$$

式中　C——硫代硫酸钠标准溶液的摩尔浓度，mol/L；

　　　V——硫代硫酸钠标准溶液的用量，mL；

0.03545——1mL 硫代硫酸钠标准溶液相当于氯的质量，g；

　　　M——样品质量，g。

（2）方法二。

称取 3.5g（准确至 0.1mg）次氯酸钠固体试样，置于研钵中，加少量水，研磨至均匀乳液，或吸取 10mL 液体试样，称重（准确至 0.1mg），置于 500mL 容量瓶中，用水稀释至刻度，摇匀。

吸取 25mL 试样溶液，置于具塞的磨口三角瓶中加入 20mL（100g/L）碘化钾溶液和 10mL 0.5mol/L 硫酸溶液，在暗处放置 5min 后，用 0.1mol/L 硫代硫酸钠标准溶液滴定至淡黄色，加 1m L1% 淀粉指示剂，则溶液呈蓝色，再继续滴定至蓝色消失，即为终点。

计算：

$$有效 CL_2 = \frac{C \times V \times 0.03545}{m \times 25/500} \times 100 = \frac{0.7090C \times V}{m} \times 100$$

式中　V——滴定时硫代硫酸钠标准溶液用量，mL；

　　　C——硫代硫酸钠标准溶液的浓度，mol/L；

　　　m——样品的质量，g；

0.03545——与 1.00mL 硫代硫酸钠标准溶液相当于氯的质量，g。

（十六）工业氢氧化钙的测定

1. 方法提要

试验溶液以酚酞为指示剂，用盐酸标准滴定溶液滴定至无色。

2. 试剂

（1）盐酸标准滴定溶液：c（HCL）≈1.0mol/L；

（2）蔗糖；

（3）酚酞指示液：10g/L。

3. 分析步骤

采样后，充分混合，取样100g，磨细，通过（300μm）筛子，快速称取约0.5g样品（m），倒入盛有40mL无CO_2蒸馏水的500mL锥形瓶，立即盖上瓶塞，待剧烈反应结束后，拿掉瓶塞，加40g蔗糖，塞紧，摇动，静置15min，每5min摇一次，取下瓶塞，加4～5滴酚酞，用盐酸标液滴定，至粉色消失，保持3s，之后不管是否返红，结束滴定。

4. 结果计算

氢氧化钙含量以氢氧化钙［Ca（OH）$_2$］的质量分数W_1计，数值以%表示，按下式计算：

$$W_1 = \frac{C_{HcL} \times V \times 3.704}{m}$$

式中　C_{HcL}——盐酸标液浓度，mmol/L；

　　　　V——耗盐酸标准滴定溶液体积，mL；

　　　　m——试样的质量，g。

取平行测定结果的算术平均值为测定结果，两次平行测定结果的绝对差值不大于0.3%。

（十七）有机硫

固含量的测定方法如下。

检测：将一定量的试样，在一定温度和真空条件下烘干至恒重，干燥后试样的质量与干燥前试样质量的比值，以百分数表示。

1. 仪器

培养皿、天平、干燥器、恒温烘箱。

2. 测定步骤

取2个洁净的培养皿，在（105±2）℃下干燥30min。取出放入干燥器中，冷却至室温后称重。在已恒重的两个培养皿中，分别称入1～2g试样，准确至0.001g，使试样均匀地流布于容器的底部，然后放于160℃的恒温箱内烘30min，直到恒重。试验平行测定两个试样。

3. 计算方法

$$固含量\% = \frac{W_1 - W}{G \times 100}$$

式中　W——容器的质量，g；

　　　　W_1——烘干后试样和容器的质量，g；

G——试样的质量，g。

取平行测定结果的算术平均值为测定结果，两次平行测定结果的相对误差不大于 3%。

（十八）氯碇（三氯异氰尿酸）

称取 3.5g（准确至 0.0002g），置于研钵中，加少量水，研磨至均匀乳液，然后全部移入 500mL 容量瓶中，用水稀释至刻度，摇匀。

吸取 25mL 试样溶液，置于具塞的磨口锥形瓶中，加入 20mL（100g/L）碘化钾溶液和 10mL 0.5mol/L 硫酸溶液，在暗处放置 5min 后，用 0.1mol/L 硫代硫酸钠标准溶液滴定至淡黄色，加 1mL 1% 淀粉指示剂，滴定至蓝色消失，即为终点。

计算：

$$有效 \ Cl_2 = \frac{C \times V \times 0.03545}{m \times 25/500} \times 100 = \frac{0.7090C \times V}{m} \times 100$$

式中　V——滴定时硫代硫酸钠标准溶液用量，mL；

　　　C——硫代硫酸钠标准溶液的浓度，mol/L；

　　　m——样品的质量，g；

0.03545——1.00mL 硫代硫酸钠标准溶液相当于氯的质量，g。

（十九）工业用硫酸试验方法

（1）本方法适用于接触法、塔式法制取的工业硫酸质量检验。符合一级标准的工业硫酸，可供火力电厂用再生阳离子交换器使用。

（2）取样方法及有关安全注意事项：

1）从装载硫酸的槽车中取样，须用细颈铅制圆桶或加重瓶从各取样点（对同一取样点应从上、中、下部取样），采取等量的试液混合成均匀试样，每车取样量不得少于 500mL。

2）将所取试样混合均匀，装入清洁、干燥、具磨口塞的玻璃瓶内，瓶上应粘贴标签，注明如下项目：产品名称、生产厂名、槽车字、批号、取样日期、取样人等。

3）由于硫酸是一种具有很强腐蚀性、烧伤性的强酸，为确保人身和设备的安全，操作或取样必须遵守如下规定。

a. 装卸或取样时必须穿防护服，戴防护眼镜和防护手套。工作现场应备有应急水源。

b. 硫酸应避免与有机物、金属粉末等接触，用槽车运输或用金属罐贮放硫酸时，禁止在敞口容器附近吸烟及动用明火。

（3）硫酸含量测定：

1）方法提要：本方法用于硫酸纯度的测定，以甲基红—亚甲基蓝为指示剂，用氢氧化钠标准溶液进行酸碱中和滴定测定硫酸含量。

2）试剂：c（NaOH）=1.0mol/L：按 GB 601—1977《标准溶液制备方法》配制和标定。

甲基红—亚甲基蓝指示剂：按 GB 603—1977《制剂及制品的制备方法》配制。

3）分析步骤：

取 10mL 浓硫酸注入已知质量的称量瓶内，称其质量（m）然后将浓硫酸注入装有 250mL 蒸馏水的 500mL 容量瓶里，用水洗涤称量瓶数次，冷却到室温后，用蒸馏水稀释至刻度，此溶液为待测液。

取待测液 20.00mL（三份），加 2～3 滴甲基红—亚甲基蓝指示剂用 1.0mol/L 氢氧化钠标准溶液滴定，溶液由紫红变成灰绿色即为终点。

4）计算及允许误差：

$$X = \frac{c(\text{NaOH}) \times a(\text{NaOH}) \times M(\frac{1}{2}\text{H}_2\text{SO}_4)}{mV} \times \frac{500}{1000} \times 100\%$$

式中　a（NaOH）——滴定待测试液时消耗氢氧化钠标准溶液的体积，mL；

M（$\frac{1}{2}$H$_2$SO$_4$）——$\frac{1}{2}$硫酸的摩尔质量，49g/mol；

m——试样质量，g；

V——滴定时所取待试液的体积，mL。

硫酸含量平等测定的允许绝对偏差为 0.2%。

（4）铁含量的测定：

1）方法提要：铁离子是工业硫酸中最主要的杂质之一，对阳离子树脂再生质量影响较大，铁的测定常用邻菲罗啉法，其原理为：试样蒸干后残渣用盐酸溶解，然后用盐酸羟胺将试样中的铁（Ⅲ）还原为铁（Ⅱ）。在 pH 为 4～5 的条件下，铁（Ⅱ）与邻菲罗啉反应生成红色络合物，可用分光光度法测定其含量。

2）仪器：分光光度计。

3）试剂：

0.1% 邻菲罗啉溶液：称取 0.1g 邻菲罗啉，溶于 70mL 蒸馏水中，加入盐酸 c（HCL）=1mol/L 溶液 0.5mL，用蒸馏水稀释至 100mL。

1% 盐酸羟胺溶液 pH 为 4 的乙酸—乙酸钠缓冲溶液：量取 2mol/L 乙

酸溶液 80mL 与 2mol/L 乙酸钠溶液 20mL 混合即可。

c（HCL）= 1mol/L 溶液。

铁贮备溶液（1mL 含 1mg Fe）：称取纯铁丝或还原铁粉（优级纯或高纯）1g（称准至 0.1mg），放入 400mL 烧杯中，用除盐水润湿，加 20 ~ 30mL 盐酸溶液（1 + 1），在电炉上徐徐加热，待铁丝或铁粉完全溶解后，加过硫酸铵 0.1 ~ 0.2g，煮沸 3min，冷却至室温，移入 1L 容量瓶，用除盐水稀释至刻度。

铁工作溶液（1mL 含 0.01mg Fe）：吸取铁贮备溶液 10.00mL，注入 1L 容量瓶，用除盐水稀释至刻度，此溶液宜使用时配制。

4）分析步骤：根据试样含铁量，按表 13 – 54 吸取铁工作液注入一组 50mL 容量瓶中，加除盐水至 25mL 左右。

表 13 – 54　　　　　　　　铁工作溶液体积

测定范围 （μg）	工作溶液体积 V （mL）						比色皿 L （mm）
0 ~ 50	0	1	2	3	4	5	30
0 ~ 100	0	2	4	6	8	10	10

加 2.5mL 盐酸羟胺溶液，5mL 乙酸—乙酸钠缓冲溶液摇匀放置 5min，加 5mL 邻菲罗啉溶液，用除盐水稀释至刻度。放置 15min 后于波长 510nm 下，用表 13 – 54 规定的比色皿，以空白溶液作参比，测定各显色液的吸光度。

用带线性回归的计算器对吸光度与铁含量的资料作回归处理，将铁含量作自变量，相应的吸光度作因变量，输入计算器，得到吸光度与铁含量的线性回归方程。

试样测定：吸取试样 5 ~ 10mL（V_1）注入 50mL 烧杯中，在通风橱内将烧杯放在电热板上小心蒸发至干，冷却至室温，加 2mL 盐酸溶液、25mL 除盐水加热使其溶解，移入 100mL 容量瓶，用除盐水稀释至刻度，摇匀。

吸上述溶液 V_2 注入 50mL 容量瓶中，稀释到 25mL 左右，按曲线进行发色，并测定吸光度。

5）计算及允许偏差：

$$X = \frac{W}{V_1 \rho} \times \frac{100}{V_2} \times 100\%$$

式中　W——试液铁含量，g；

第十三章　水、汽监督与分析测试

V_1——试样体积，mL；

V_2——试液体积，mL；

ρ——试样密度，g/cm^3。

两份试液平行测定的允许偏差见表 13 – 55。

表 13 – 55   试液平行测定的允许偏差

铁含量（%）	允许偏差（%）
0.005 ~ 0.03	10
<0.005	20

（二十）尿素测定方法

1. 总氮含量的测定

（1）蒸馏后滴定法（仲裁法）。

1）原理。

在硫酸铜的催化作用下，在硫酸中加热使试料中酰胺态氮转化为铵态氮，加入过量碱液蒸馏出氨，吸收在过量的硫酸溶液中，在指示液存在下，用氢氧化钠标准溶液返滴定。

2）试剂和材料。

下列部分试剂和溶液具有腐蚀性，操作者应小心谨慎！如溅到皮肤上应立即用水冲洗或用适合的方法进行处理，严重者应立即治疗。

本部分中所用试剂、溶液和水，在未注明规格和配制方法时，均应符合 HG/T 2843 的规定。

a. 五水硫酸铜；

b. 硫酸；

c. 氢氧化钠溶液，约 450g/L；

d. 硫酸溶液：c（$1/2H_2SO_4$）$\approx 0.5mol/L$ 或 c（$1/2H_2SO_4$）$\approx 1.0mol/L$；

e. 氢氧化钠标准溶液：c（NaOH）$= 0.5mol/L$；

f. 甲基红—亚甲基蓝混合指示液；

g. 硅胶。

3）仪器。

a. 通常实验室用仪器；

b. 蒸馏仪器。

带标准磨口的成套仪器或能保证定量蒸馏和吸收的任何仪器。

蒸馏仪器的各部件用橡皮塞和橡皮管连接，或是采用球形磨砂玻璃接头，为保证系统密封，球形玻璃接头应用弹簧夹子夹紧。

GB/T 2441 的本部分推荐使用的仪器如图 13-8 所示，包括以下各部分：

单位：mm

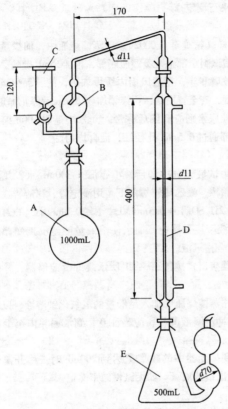

图 13-8 蒸馏仪器

A—蒸馏瓶；B—防溅球管；C—滴液漏斗；D—冷凝管；E—带双连球锥形瓶

- 蒸馏烧瓶，容积为 1L 的圆底烧瓶；
- 单球防溅球管和顶端开口、容积约 50mL 与防溅球进出口平行的圆筒形滴液漏斗；
- 直形冷凝管：有效长度约 400mm；
- 接受器，容积约 500mL 的锥形瓶，并侧链接双连球；

- 梨形玻璃漏斗；
- 防溅棒，一根长约100mm、直径约5mm的玻璃棒，一端套一根25mm聚乙烯管。

4）分析步骤。

做两份试料的平行测定。

a. 试液制备。

称取约0.5g试样（精确至0.0002g）于蒸馏烧瓶中，加少量水冲洗蒸馏瓶瓶口内侧，以使试料全部进入蒸馏瓶底部，再加15mL硫酸、0.2g无水硫酸铜，插上梨形玻璃漏斗，在通风橱内缓慢加热，使二氧化碳逸尽，然后逐步提高加热温度，直至冒白烟，再继续加热20min后停止加热。

注：若为大颗粒尿素则应磨细后称量。其方法是取100g缩分后的试样，迅速研磨至全部通过0.5mm孔径筛，混合均匀。

b. 蒸馏。

待蒸馏烧杯瓶中试液充分冷却后，小心加入300mL水，几滴混合指示液，放入一根防溅棒，聚乙烯管端向下。用滴定管、移液管或自动加液器加40.0mL $[c(1/2H_2SO_4) \approx 0.5mol/L]$ 或20.0mL $[c(1/2H_2SO_4) \approx 1.0mol/L]$ 硫酸溶液于接受器中，加水使溶液量能淹没接受器的双连球瓶颈，加4~5滴混合指示液。

用硅脂涂抹仪器接口，按图13-11所示装好蒸馏仪器，并保证仪器所有连接部分密封。

通过滴液漏斗往蒸馏烧瓶中加入足够量的氢氧化钠溶液，以中和溶液并过量25mL，加水冲洗滴液漏斗，应当注意，滴液漏斗内至少存留几毫升溶液。

加热蒸馏，直到接受器中的收集量达到200mL时，移开接受器，用pH试纸检查冷凝管出口的液滴，如无碱性结束蒸馏。

c. 滴定。

将接受器中的溶液混匀，用氢氧化钠标准滴定溶液滴定，直至指示液呈灰绿色，滴定时要使溶液充分混匀。

5）空白试验。

按上述操作步骤进行空白试验，除不用试料外，操作手续和应用的试剂与测定时相同。

6）分析结果的表述。

总氮含量（以干基计），以氮（N）的质量分数 ω_1 计，数值以%表示，按下式计算：

$$w_1 = \frac{c(V_1 - V_2) \times 0.01401}{m[100 - w(\mathrm{H_2O})]/100} \times 100$$

式中 c——测定及空白试验时，使用氢氧化钠标准滴定溶液的浓度的
      标准数值，mol/L；

    V_1——空白试验时，使用氢氧化钠标准滴定溶液的体积，mL；

    V_2——测定时，使用氢氧化钠标准滴定溶液的体积，mL；

  0.01401——氮的毫摩尔质量，g/mmol；

    m——试料质量，g；

ω（$\mathrm{H_2O}$）——试样的水分（用质量分数表示），%。

  计算结果表示到小数点后两位，取平行测定结果的算术平均值作为测定结果。

  7）允许差。

  a. 平行测定结果的绝对差值不大于 0.10%。

  b. 不同实验室测定结果的绝对差值不大于 0.15%。

  （2）计算法。

  本方法仅适用于生产厂常规分析产品检验。

  1）原理。生产过程中加甲醛，则尿素除水分、缩二脲和亚甲基二脲外，其他不纯物（重金属和副产品）含量可略而不计。因此其总氮含量可视为尿素氮，缩二脲氮和亚甲基二脲氮的总和。尿素氮可通过 100% 减水分、缩二脲和亚甲基二脲含量而得到尿素含量，进而通过尿素含量计算获得。缩二脲氮可通过测缩二脲含量计算获得，亚甲基二脲氮可通过测亚甲基二脲含量计算获得，三者之和即为总氮。

  2）计算。生产过程中加甲醛的尿素总氮 ω_2（以干基计），以氮（N）质量分数计，数值以%表示，按下式计算：

$$\omega_2 = \frac{\alpha - \beta - \gamma}{100 - \omega(\mathrm{H_2O})} \times 100$$

其中：

  $\alpha = 46.65 - 0.4665 \times \omega$（$\mathrm{H_2O}$）（列于表 13－56）

  $\beta = 0.0588 \times \omega$（Biu）（列于表 13－57）

  $\gamma = 0.1861 \times \omega$（HCHO）（列于表 13－58）

式中 ω（$\mathrm{H_2O}$）——水分含量，用质量分数表示，%；

    ω（Biu）——缩二脲含量，用质量分数表示，%；

    ω（HCHO）——亚甲基二脲含量，用质量分数表示，%；

    0.4665——尿素换算氮的系数；

0.4077——缩二脲换算氮的系数；

4.400——甲醛换算为亚甲基二脲的系数；

0.4241——亚甲基二脲换算为氮的系数。

生产过程中不加甲醛的尿素总氮 ω_3（以干基计），以氮（N）质量分数计，数值以%表示，按下式计算：

$$\omega_3 = \frac{\alpha - \beta}{100 - \omega(H_2O)} \times 100$$

所得结果表示至二位小数。

表 13 – 56 α 值

H_2O 的质量分数(%)	0.00	0.01	0.02	0.03	0.04	0.05	0.06	0.07	0.08	0.09
0.10	45.60	46.60	46.59	46.59	46.58	46.58	46.58	46.57	46.57	46.56
0.20	46.56	46.55	46.55	46.54	46.54	46.53	46.53	46.52	46.52	46.51
0.30	46.51	46.51	46.50	46.50	46.49	46.49	46.48	46.48	46.47	46.47
0.40	46.46	46.46	46.45	46.45	46.44	46.44	46.44	46.43	46.43	46.42
0.50	46.42	46.41	46.41	46.40	46.40	46.39	46.39	46.38	46.38	46.37
0.60	46.37	46.37	46.36	46.36	46.35	46.35	46.34	46.34	46.33	46.33
0.70	46.32	46.32	46.31	46.31	46.30	46.30	46.29	46.29	46.29	46.28
0.80	46.28	46.27	46.27	46.26	46.26	46.25	46.25	46.24	46.24	46.23
0.90	46.23	46.22	46.22	46.22	46.21	46.21	46.20	46.20	46.19	46.19
1.00	46.18	46.18	46.17	46.17	46.16	46.16	46.16	46.15	46.15	46.14
1.10	46.14	46.13	46.13	46.12	46.11	46.11	46.11	46.10	46.10	46.09
1.20	46.09	46.09	46.08	46.08	46.07	46.07	46.06	46.06	46.05	46.05

表 13 – 57 β 值

缩二脲 ω（%）	β 值	缩二脲 ω（%）	β 值
0.00 ~ 0.08	0	0.94 ~ 1.10	0.06
0.09 ~ 0.25	0.01	1.11 ~ 1.27	0.07
0.26 ~ 0.42	0.02	1.28 ~ 1.44	0.08
0.43 ~ 0.59	0.03	1.45 ~ 1.61	0.09
0.60 ~ 0.76	0.04	1.62 ~ 1.77	0.10
0.77 ~ 0.93	0.05	1.78 ~ 1.94	0.11

表 13 - 58 　　　　　　　　　 γ 值

亚甲基二脲，ω（%） （以 HCHO 计）	γ 值	亚甲基二脲，ω（%） （以 HCHO 计）	γ 值
0. 14 ~ 0. 18	0. 03	0. 51 ~ 0. 56	0. 10
0. 19 ~ 0. 24	0. 04	0. 57 ~ 0. 61	0. 11
0. 25 ~ 0. 29	0. 05	0. 62 ~ 0. 67	0. 12
0. 30 ~ 0. 34	0. 06	0. 68 ~ 0. 72	0. 13
0. 35 ~ 0. 40	0. 07	0. 73 ~ 0. 77	0. 14
0. 41 ~ 0. 45	0. 08	0. 78 ~ 0. 83	0. 15
0. 46 ~ 0. 50	0. 09	0. 84 ~ 0. 88	0. 16

2. 缩二脲含量的测定

（1）原理。缩二脲在硫酸铜、酒石酸钾钠的碱性溶液中生成紫红色配合物，在波长为 550mm 处测定其吸光度。

（2）试剂和溶液。本试验方法所用试剂、溶液和水，在未注明规格和配制方法时，均应符合 HG/T 2843 的规定。

1）硫酸铜溶液，15g/L；

2）酒石酸钾钠碱性溶液，50g/L；

3）缩二脲标准溶液，2.00g/L。

（3）仪器。

1）通常实验室用仪器；

2）水浴 30℃ ±5℃；

3）分光光度计，带 3cm 的吸收池。

（4）分析步骤。做两份试料的平行测定。

1）标准曲线的绘制。

a. 标准比色溶液的制备。

b. 按表 13 - 59 所示，将缩二脲标准溶液依次分别注入 8 个 100mL 量瓶中。

表 13 - 59 　　　　　　　缩二脲标准溶液体积

缩二脲标准溶液体积（mL）	缩二脲的对应量（mg）
0	0
2. 50	5. 00

缩二脲标准溶液体积（mL）	缩二脲的对应量（mg）
5.00	10.0
10.0	20.0
15.0	30.0
20.0	40.0
25.0	50.0
30.0	60.0

每个量瓶用水稀释至约 50mL，然后依次加入 20.0mL 酒石酸钾钠碱性溶液和 20.0mL 硫酸铜溶液，摇匀，稀释至刻度，把量瓶浸入 30℃ ±5℃的水浴中约 20min，不时摇动。

c. 吸光度测定。在 30min 内，以缩二脲为零的溶液作为参比溶液，在波长 550nm 处，用分光光度计测定标准比色溶液的吸光度。

d. 标准曲线的绘制。以 100mL 标准比色溶液中所含缩二脲的质量（mg）为横坐标，相应的吸光度为纵坐标作图，或求线性回归方程。

2）测定。

试液制备。根据尿素中缩二脲的不同含量，按表 13 - 60 确定称样量后称样，准确至 0.0002g。然后将称好的试料仔细转移至 100mL 量瓶中，加少量水溶解（加水量不得大于 50mL），放置至室温，依次加入 20mL 酒石酸钾钠碱性溶液和 20mL 硫酸铜溶液，摇匀，稀释至刻度，将量瓶浸入 30℃ ±5℃的水浴中约 20min，不时摇动。

表 13 - 60　　　　不同缩二脲含量的称取试料量

缩二脲（ω）（%）	$\omega \leq 0.3$	$0.3 < \omega \leq 0.4$	$0.4 < \omega \leq 1.0$	$\omega > 1.0$
称取试料量（g）	10	7	5	3

3）空白试验。按上述操作步骤进行空白试验，除不加试料外，操作步骤和应用的试剂与测定时相同。

4）吸光度测定。与标准曲线绘制步骤相同，对试液和空白试验溶液进行吸光度的测定。

注 1：如果试液有色或浑浊有色，除按（2）条测定吸光度外，另在 2 只100mL 量瓶中，各加入 20mL 酒石酸钾钠碱性溶液，其中一个加入与显色时相同体积的试料，将溶液用水稀释至刻度，摇匀，以不含试料的试液作为参比溶液，用测定时的同样条件测定另一份溶液的吸光度，在计算时扣除之。

注 2：如果试液只是浑浊，则加入 0.3mL 盐酸 [C (HCL) = 1.0moL/L] 剧烈摇动，用中速滤纸过滤，用少量水洗涤，将滤液和洗涤液定量收集于量瓶中，然后按试液的制备进行操作。

5）分析结果的表述。从标准曲线查出所测吸光度对应的缩二脲的质量或由曲线系数求出缩二脲的质量。缩二脲（Biu）含量 ω，以质量分数（%）表示，按下式计算：

$$w = \frac{(m_1 - m_2) \times 10^{-3}}{m} \times 100 = \frac{m_1 - m_2}{m \times 10}$$

式中　m_1——试料中测得缩二脲的质量，mg；

　　　m_2——空白试验所测得的缩二脲的质量，mg；

　　　m——试料的质量，mg。

计算结果表示到小数点后两位，取平行测定结果的算术平均值为测定结果。

6）允许差。

a. 平行测定结果的绝对差值不大于 0.05%；

b. 不同实验室测定结果的绝对差值不大于 0.08%。

3. 水分（卡尔·费休法）

（1）水分测定方法。

1）原理。存在于试料中的水分，与已知水滴定度的卡尔·费休试剂进行定量反应，反应式如下：

$$H_2O + I_2 + SO_2 + 3C_5H_5N \longrightarrow 2C_5H_5N \cdot HI + C_5H_5N \cdot SO_3$$
$$C_5H_5N \cdot SO_3 + CH_3OH \longrightarrow C_5H_5N \cdot OSO_2OCH_3$$

2）试剂。下列的部分试剂和溶液易燃且对人体有毒有害，操作者应小心谨慎！如溅到皮肤上应立即用水冲洗或用适合的方式进行处理，如有不适应立即就医。

本试验方法所用试剂、溶液和水，在未注明规格和配制方法时，均应符合 HG/T 2843 的规定。

a. 卡尔·费休试剂：

● 含吡啶的卡尔·费休试剂；

● 不含吡啶的卡尔·费休试剂。

b. 甲醇（脱水）；

c. 二水酒石酸钠。

3）仪器。卡尔·费休直接电量滴定仪器，其典型装置按 GB/T 6283

配置。

4）分析步骤。做两份试料的平行测定。

a. 卡尔·费休试剂的标定。按 GB/T 6283 规定步骤，用水或二水酒石酸钠标定试剂对水的滴定度 T。

b. 测定。用称量管称量 1~5g 实验室样品（精确至 0.0002g），要求称取的试料量消耗卡尔·费休试剂体积不超过 10mL。

通过卡尔·费休仪器的排泄嘴，将滴定容器中残液放完，加 50mL 甲醇于滴定容器中，甲醇用量须足以淹没电极，打开电磁搅拌器，与标定卡尔·费休试剂一样，用卡尔·费休试剂滴定至电流计产生与标定时同样的偏斜并保持稳定 1min。

打开加料口橡皮塞，迅速将已称量过的称量管中试料倒入滴定容器中，立即盖好橡皮塞，搅拌至试料溶解，用卡尔·费休试剂如上述滴定甲醇中水量一样滴定至终点，记录所消耗卡尔·费休试剂的体积（V）。

称量加完试料后称量管的质量，以确定所用试料的质量（m）。

5）分析结果的表述。

水分 ω，以质量分数（%）表示，按下式计算：

$$w = \frac{T \times V \times 100}{m \times 1000} = \frac{T \times V}{m \times 10}$$

式中　T——卡尔·费休试剂水的滴定消耗，mg/mL；

　　　　V——滴定消耗卡尔·费休试剂的体积，mL；

　　　　m——试料的质量，g。

计算结果的表示到小数点后两位，取平行测定结果的算术平均值为测定结果。

6）允许差。平行测定结果的绝对差值不大于 0.03%。

（2）KF-1 型水分测定仪操作方法。

1）滴定管使用。

a. 测定水分含量若在 0.1%~10% 时请用 10mL 滴定管（最小分度为 0.05mL）。

b. 测定水分含量若小于 0.1% 时，应适当增大取样量并且可配用微量滴定管。

2）打开电源指示灯亮后，将测定开关调至校正挡再用校正开关将电流表指针调整至 40μA，然后将测定开关调到测定挡，此时电流表指针归零。

备注：如用户使用上海新中化学科技公司生产的试剂，校正时需将测定开关拨到测定挡，将铂电极插入费休试剂中，再把电流表调至 40μA

处，然后取出电极插入反应瓶中。

3）将卡氏试剂倒入滴定瓶中，用双连球将试剂打进滴定管，把无水甲醇倒入反应瓶直至把电极铂金片完全浸没。

4）将卡氏试剂滴入反应瓶中，直到电流表指针接近40μA，（一般指针在35~40范围内）保持30s指针不往回走，溶液为红棕色即为终点。

注：以上打空白仅为除去甲醇中水分，故不需要计数。

5）卡氏试剂的标定。

用微量进样器注射10μL水到反应瓶中（微量进样器抽水后针头要擦干，打进反应瓶时针头要浸到液面下再打出来，这样就减小误差），同时记录滴定管上的数据，即 V_1，然后做到终点，再记录下滴定管上的数据，即 V_2。

根据以下公式计算出卡氏试剂的水当量 X。

$X = 10 \div (V_2 - V_1)$ = 卡氏试剂的水当量。重复三次，或三次以上求得其平均值 x。

$$x = (X_1 + X_2 + X_3 + \cdots + X_n) \div n = \text{水当量平均值}$$

注：因为卡氏试剂对水极其敏感，所以每次测试前都应对卡氏试剂做一次标定。

测试样品如间隔时间较长，应重新去除空白。

6）样品测试。

将2~5g样品（准确至0.0001g）打开进样口橡皮塞，快速将样品倾入反应瓶，立即盖紧橡皮塞，搅拌溶液直至样品溶解后，滴入卡氏试剂至电流表指针至40μA，即终点。大约稳定在30s左右就可以读数。

然后根据下列公式计算含水量：

$$\text{含水量} = [(X \times V) \div G] \times 100\%$$

式中　X——水当量平均值；

　　　V——加入样品所消耗的卡氏试剂量 $(V_2 - V_1)$；

　　　G——加入样品的质量，mg。

7）卡氏试剂。

卡氏试剂的水当量 = 强度 = 滴定度，不能低于3.00mg/mL（每mL的卡氏试剂相当于3.00mg的水当量）。

（3）KF-1型水分测定仪安全维护。

1）测试样品间隔时间较长，应重新去除空白。

2）卡尔费休试剂具有腐蚀性，操作时应加以注意，避免试液溅洒仪器表面造成腐蚀。

3）标准磨口均应涂有硅酯，并经常转动。

4）卡尔·费休试剂对人身有不同程度的危害性，操作时应在良好通风条件下进行，确保安全。

5）卡尔·费休废液要排入固定密封中，按有害物处理。不可敞口放置，不可任意排入下水道以防污染环境。

6）如发现硅胶变成红色或白色，则应更换，或将变色的硅胶放在105℃烘箱中加温，待其还原成蓝色放置干燥管中冷却至室温后再用。

（4）KF-1型水分测定仪一般性故障处理。

1）当仪器开关置于"校正"处，表头无反应。则应检查波段开关电位器及表头上接线有否脱落开，否则就有可能因运输颠簸导致表头损坏。

2）当仪器开关置于"测定"处，滴定终点时若电流表指针不动，则可检查铂电极是否脱焊或断线。

3）测定结果的准确度与电极的灵敏度密切相关，如果电极作用过久，使铂电极表面污染，则在滴定过程中表示迟钝。

4）电极活化：将电极放入98%的硫酸内浸泡30s，取出冲洗。

4．铁含量的测定

（1）原理。用抗坏血酸将试液中的三价铁离子还原为二价铁离子，在pH值为2～9时（本标准选择pH为4.5），二价铁离子与邻菲啰啉生成橙红色配合物，在吸收波长510nm处，用分光光度计测定其吸光度。

（2）试剂和溶液。下列的部分试剂和溶液具有腐蚀性，操作者应小心谨慎！如溅到皮肤上应立即用水冲洗或用适合的方法进行处理，严重者应立即治疗。

本试验方法所用试剂、溶液和水，在未注明规格和配制方法时，均应符合HG/T 2843的规定。

1）盐酸溶液，1+1；

2）氨水溶液，1+1；

3）乙酸乙酸钠缓冲溶液，pH≈4.5；

4）抗坏血酸溶液；20g/L（该溶液使用期限10d）；

5）邻菲啰啉溶液，2g/L；

6）铁标准溶液，0.100mg/mL；

7）铁标准溶液0.010mg/mL，将铁标准溶液稀释10倍，只限当日使用。

（3）仪器。

1）通常实验室用仪器；

2）分光光度计，带3cm或1cm吸收池。

（4）分析步骤。做两份试料的平行测定。

第三篇 电厂水化验

1）标准曲线的绘制。

a. 标准比色溶液的制备。按表 13 – 61 所示，在 7 个 100mL 量瓶中，分别加入给定体积的铁标准溶液。

每个量瓶都按下述规定同时同样处理：

加水至约 40mL，用盐酸溶液调整溶液的 pH 接近 2，加 2.5mL 抗坏血酸溶液、10mL 乙酸—乙酸钠缓冲溶液、5mL 邻菲啰啉溶液，用水稀释至刻度，摇匀。

表 13 – 61 铁标准溶液加入量

铁标准溶液用量（mL）	对应的铁含量（μg）
0	0
1.00	10.0
2.00	20.0
4.00	40.0
6.00	60.0
8.00	80.0
10.00	100.0

b. 吸光度测定。以铁含量为零的溶液作为参比溶液，在波长为 510μm 处用 1cm 或 3cm 吸收池在分光光度计测定标准比色溶液的吸光度。

c. 标准曲线的绘制。以 100mL 标准比色溶液中铁含量（μg）为横坐标，相应的吸光度为纵坐标作图，或求线性回归方程。

2）测定。

a. 试液制备。称取约 10g 实验室样品（精确到 0.01g），置于 100mL 烧杯中，加少量试料溶解，加入 10mL 盐酸溶液，加热煮沸，并保持 3min，冷却后，将溶液定量过滤于 100mL 烧杯中，加少量水洗涤几次，使溶液体积约为 40mL。

用氨水溶液调节溶液的 pH 约为 2，将溶液定量转移到 100mL 量瓶中，加 2.5mL 抗坏血酸溶液，10mL 乙酸乙酸钠缓冲溶液，5mL 邻菲啰啉溶液，用水稀释至刻度，混匀。

注：若试料含铁量≤15μg，可在调整 pH 前加入 5mL 铁标准溶液，然后在结果中扣除。

b. 空白试验。按上述操作步骤进行空白试验，除不加试料外，操作步骤和应用的试剂与测定时相同。

c. 吸光度测定。与标准曲线绘制步骤相同，对试液和空白试验溶液进行吸光度的测定。

（5）分析结果的表述。从标准曲线查出所测吸光度对应的铁含量或由曲线系数求出的铁含量。

铁（Fe）含量 ω，以质量分数（%）表示，按下式计算：

$$w = \frac{m_1 - m_2}{m} \times 100$$

式中　m_1——测得的铁的质量，g；

　　　m_2——空白试验所测得的铁的质量，g；

　　　m——试料的质量，g。

计算结果表示到小数点后五位，取平行测定结果的算术平均值为测定结果。

（6）允许差。平行测定结果的绝对差值不大于100%。

5. 碱度（容量法）

（1）原理。在指示液存在下，用盐酸标准滴定溶液滴定试料的碱度。

（2）试剂和溶液。本试验方法所用试剂、溶液和水，在未注明规格和配制方法时，均应符合 HG/T 2843 的规定。

1）甲基红—亚甲基蓝混合指示液；

2）盐酸标准滴定溶液；C（HCL）$= 0.1 \text{mol/L}$。

（3）仪器。通常实验室仪器。

（4）分析步骤。做两份试料的平行测定。

称取约50g实验室样品（精确到0.05g），将试料置于500mL锥形瓶中，加约350mL水，溶解试料，加入3~5滴混合指示液，然后用盐酸标准滴定溶液滴定到溶液呈灰绿色。

（5）分析结果的表述。碱度 ω，以氨（NH_3）的质量分数（%）表示，按下式计算：

$$w = \frac{c \times V \times 0.017 \times 100}{m}$$

$$= \frac{c \times V \times 1.7}{m}$$

式中　c——盐酸标准滴定溶液的浓度的准确数值，mol/L；

　　　V——测定时消耗盐酸标准滴定溶液的体积，mL；

　　　m——试料的质量，g；

　0.017——氨的毫摩尔质量，g/mmol。

计算结果表示到小数点后三位，取平行测定结果的算术平均值作为测定结果。

（6）允许差。平行测定结果的绝对差值不大于 0.001%；不同实验室测定结果的绝对差值不大于 0.002%。

6. 水不溶物含量（质量法）

（1）原理。用玻璃坩埚式过滤器减压过滤尿素水溶液，残渣量表示为水不溶物量。

（2）仪器。

1）通常实验室用仪器。

2）玻璃坩埚式过滤器，4 号（孔径 4 ~ 16μm），容积 30mL；

3）恒温干燥箱；

4）水浴。

（3）分析步骤。做两份试料的平行测定。

称量约 50g 实验室样品（精确至 0.05g），将试料溶于 150 ~ 200mL 水中。将溶液置于 90℃ 的水浴中保温 30min，立即用已恒重的 4 号玻璃坩埚式滤器趁热减压过滤，用热水洗涤滤渣 3 ~ 5 次，每次用量约 15mL，取下过滤器，于 105 ~ 110℃ 恒温干燥箱中干燥至恒量。

（4）分析结果的表述。水不溶物含量 ω，用质量分数（%）表示，按下式计算：

$$w = \frac{m_1 \times 100}{m}$$

式中　m_1——干燥后残渣质量，g；

　　　m——试料的质量，g。

计算结果表示到小数点后四位，取平行测定结果的算术平均值作为测定结果。

（5）允许差。平行测定结果的绝对差值不大于 0.0050%。

7. 粒度（筛分法）

（1）原理。用筛分法将尿素分成不同粒径的颗粒，称量，计算质量分数。

（2）仪器。

1）孔径为 0.85mm、1.18mm、2.00mm、2.80mm、3.35mm、4.00mm、4.75mm 和 8.00mm 试验筛（GB 6003.1 中 R40/3 系列），附筛盖和底盘；

2）感量 0.5g 的天平；

3）振荡器，能垂直和水平振荡。

（3）分析步骤。

1）根据被测物料，按粒度 d（0.85~2.8mm，1.18~3.35mm，2.00~4.75mm，4.00~8.00mm）选取一套（两个）相应的试验筛。

2）将筛子按孔径大小依次叠好（大在上，小在下），装在底盘，称量约100g实验室样品（精确到0.5g），将试料置于依次叠好的筛子上，盖好筛盖，置于振荡器上，夹紧，振荡3min或人工筛分。称量通过大孔径筛子及未通过小孔径筛子试料，夹在筛孔中的颗粒按不通过计。

（4）分析结果的表述。粒度 ω，以质量分数（%）表示，按下式计算：

$$w = \frac{m_1 \times 100}{m}$$

式中 m_1——通过大孔径筛子和未通过小筛子试料的质量，g；

　　　m——试料的质量，g。

计算结果表示到小数点后一位。

8. 硫酸盐含量（目视比浊法）

（1）原理。在酸性介质中，加入氯化钡溶液，与硫酸根离子生成硫酸钡白色悬浮微粒所形成的浊度进行比较。

（2）试剂和溶液。本部分中所用试剂、溶液和水，在未注明规格和配制方法时，均应符合 HG/T 2843 的规定。

1）氯化钡溶液，50g/L；

2）盐酸溶液，1+3；

3）硫酸盐（SO_4^{2-}）标准溶液，0.1mg/mL。

（3）仪器。

1）通常实验室用仪器；

2）50mL 比色管。

（4）分析步骤。

1）于 8 支 50mL 比色管中，分别加入 0mL、0.50mL、1.00mL、1.50mL、2.00mL、2.50mL、3.00mL、3.50mL 硫酸盐标准溶液，加 5mL盐酸溶液，加水至40mL，待用。

2）测定。称量约10g实验室样品（精确至0.1g），将试料溶于 25~30mL 热水中，加20mL盐酸溶液，加热煮沸 1~2min，若溶液浑浊，用紧密滤纸过滤，并用热水洗涤 3~4 次，滤液和洗液收集于 100mL 量瓶中冷却，用水稀释至刻度，混匀。

吸取 25.0mL 试液于 50mL 比色管中，加水至40mL，与（1）中标准比色管同时在不断摇动下，滴加 5mL 氯化钡溶液，用水稀释至刻度，摇匀后放置20min，与标准比色管进行比较。

（5）分析结果的表述。硫酸盐（SO_4^{2-}）含量 ω，以质量分数（%）表示，按下式计算：

$$w = \frac{V(0.1/1000)}{(25/100)m} \times 100 = \frac{0.04V}{m}$$

式中　V——与试验部分浊度相同的标准比浊液中硫酸盐标准溶液的体积，mL；

　　　m——试料的质量，g。

计算结果表示到小数点后四位。

9. 正磷酸盐含量

（1）正磷酸盐含量的测定。在酸性条件下，正磷酸盐与钼酸铵反应生成黄色的磷钼杂多酸，再用抗坏血酸还原成磷钼钼蓝，于710nm 最大吸收波长处用分光光度法测定。

（2）试剂和材料。

1）磷酸二氢钾；

2）硫酸溶液（1+1）；

3）抗坏血酸溶液（29g/L）：称取 10g 抗坏血酸，精确至0.5g，称取 0.2g 乙二胺四乙酸二钠（$C_{10}H_{14}O_8N_2Na_2 \cdot 2H_2O$），精确至0.01g，溶于 200mL 水中，加入8.0mL 甲酸，用水稀释至500mL，混匀，贮存于棕色瓶中（有效期一个月）；

4）钼酸铵溶液（26g/L）：称取 13g 钼酸铵，精确至0.5g，称取 0.5g 酒石酸锑钾（$KSbO_4C_4H_4O_6 \cdot 1/2H_2O$）精确至0.01g，溶于 200mL 水中，加入230mL 硫酸（1+1）溶液，混匀，冷却后用水稀释 500mL，混匀，贮存于棕色瓶中（有效期两个月）；

5）磷标准贮备溶液（1mL 含有 0.5mgPO_4^{3-}）：准确称取 0.7165g 预先在 100～105℃ 干燥并已恒重过的磷酸二氢钾，精确至0.0002g，溶于约 500mL 水中，定量转移至1L 容量瓶中，用水稀释至刻度，摇匀；

6）磷标准溶液（1mL 含有 0.02mgPO_4^{3-}）：取 20.00mL 磷标准贮备溶液于500mL 容量瓶中，用水稀释至刻度，摇匀。

（3）仪器和设备。

分光光度计：带有厚度为1cm 的吸收池。

（4）分析步骤。

1）工作曲线的绘制：分别取 0.00（空白）、1.00mL、2.00mL、3.00mL、4.00mL、5.00mL、6.00mL、7.00mL、8.00mL 磷标准溶液于9个50mL 容量瓶中，依次向各瓶中加入约 25mL 水、2.0mL 钼酸铵溶液、

3.0mL 抗坏血酸溶液，用水稀释至刻度，摇匀；于室温下放置 10min，在分光光度计 710nm 处，用 1cm 吸收池，以空白调零测吸光度。以测得的吸光度为纵坐标，相对应的 PO_4^{3-} 量（μg）为横坐标绘制工作曲线。

2）正磷酸盐含量的测定：从试样中取 20.00mL 试验溶液，于 50mL 容量瓶中，加入 2.0mL 钼酸铵溶液、3.0mL 抗坏血酸溶液，用水稀释至刻度，摇匀，室温下放置 10min，在分光光度计 710nm 处，用 1cm 吸收池，以不加试验溶液的空白调零测吸光度。

（5）分析结果的表述。

以 "mg/L" 表示的试样中正磷酸盐（以 PO_4^{3-} 计）的质量浓度（%）X_1 按下式计算：

$$X_1 = m_1 / V_1$$

式中 m_1——从工作曲线上查得的以 "μg" 表示的 PO_4^{3-} 量；

V_1——移取试验溶液的体积，mL。

三、水、汽系统查定

水、汽系统查定：是通过对全厂各种水汽的铜、铁含量，以及与铜、铁有关的各项目（如 pH、CO_2、NH_3、O_2 等）的全面查定试验，找出水汽系统中腐蚀产物的分布情况，了解其产生的原因，从而针对问题采取措施，以减缓和消除水汽系统中的腐蚀。系统查定可分为定期普查和不定期查定两种。

1. 定期普查

经常性的按规定时间，对全厂所有水汽进行一次普查。除进行铜、铁含量测定外，还应根据实际情况对一些水汽样品进行 pH、CO_2、NH_3、O_2 等项目的测定。定期的对上述水汽进行查定，可以全面了解和掌握整个水汽品质，及时发现问题，以便采取相应的对策加以消除。

2. 不定期查定

根据定期普查或日常生产中发现的问题，为了进一步查明原因，可进行不定期的专门查定。这种查定可以是全面性的，所有水汽样品都查；也可以是局部性的，只查某一段，如给水组成部分、或给水—炉水—蒸汽部分等。这种查定，一般都要事先订出计划，组织好人力，连续进行一段时间（如一个班、一天、甚至几天）。

在进行水汽系统查定时，应特别注意取样的正确性或试验的准确性。否则，将会得出错误的数据和不正确的结论，以致不能很好地解决生产上存在的问题。

提示 本章共两节，均适用于高级工。

第十四章

炉内理化过程和水质调整

一、炉内腐蚀、结垢和积盐的基本规律

汽包锅炉的水汽系统为：给水经省煤器提高温度后进入汽包，然后由炉墙外的下降管经下联箱进入上升管（常称水冷壁管），在上升管中，水吸收炉膛里的热量，成为汽水混合物又回到汽包中。此汽水混合物在汽包内进行汽水分离，分离出的饱和蒸汽导入过热器内被加热成过热蒸汽后送往汽轮机，而分离出的水再同补入的给水进入下降管并重复上述过程。在汽包锅炉的水汽系统中，由汽包—下降管—下联箱—上升管—汽包，所组成的回路，称为汽包锅炉水循环系统。

汽包锅炉中如水质不良，就会引起水汽系统结垢、积盐和金属腐蚀等故障；还会导致锅炉的过热蒸汽品质劣化，从而影响到汽轮机的安全经济运行。

（一）腐蚀

腐蚀是指材料在其周围环境的作用下发生的破坏或变质现象。对于热力设备而言，可以把金属腐蚀定义为：金属与周围环境（介质）之间的化学或电化学作用所引起的破坏或变质。

1. 按腐蚀机理分类

（1）化学腐蚀。

化学腐蚀是指金属表面与非电解质直接发生纯化学作用而引起的破坏。在一定条件下，金属表面的原子与非电解质中的氧化剂直接发生氧化还原反应，形成腐蚀产物。腐蚀过程中，电子的传递是在金属与氧化剂之间直接进行的，因而没有电流产生。单纯化学腐蚀的例子较少见。例如，锅炉烟气侧温度在露点以上的腐蚀为化学腐蚀。

（2）电化学腐蚀。

电化学腐蚀是指金属表面与导电离子的介质发生电化学作用而产生的破坏。任何以电化学机理进行的腐蚀反应至少包含有一个阳极反应和一个阴极反应，并以流过金属内部的电子流和介质中的离子流形成回路。阳极反应是金属离子从金属转移到介质中并放出电子，即阳极氧化过程；阴极

反应是介质中的氧化剂组分吸收来自阳极的电子的还原过程。例如，碳钢在酸液中腐蚀时，在阳极区铁被氧化为 Fe^{2+} 离子，所放出的电子由阳极（Fe）流至钢中的阴极上，被 H^+ 吸收而还原成氢气，即

$$Fe \rightarrow Fe^{2+} + 2e^- \text{（阳极反应）}$$

$$2H^+ + 2e^- \rightarrow H_2 \uparrow \text{（阴极反应）}$$

$$Fe + 2H^+ \rightarrow Fe^{2+} + H_2 \uparrow \text{（总反应）}$$

由此可见，电化学腐蚀的历程可分为两个相对独立，并可同时进行的过程。在被腐蚀的金属表面上一般存在有隔离的阳极区和阴极区，腐蚀反应过程中电子的传递是通过金属从阳极区流向阴极区，因而有电流产生。这种电化学腐蚀所产生的电流与反应物质的转移，可通过法拉第定律定量地联系起来。

金属的电化学腐蚀实质上是短路的原电池作用的结果，这种原电池称为腐蚀原电池。电化学腐蚀是最普遍、最常见的腐蚀，如锅炉在水侧的腐蚀即属电化学腐蚀。

2. 按腐蚀形态分类

（1）全面腐蚀或均匀腐蚀。

金属表面几乎全面和均匀地遭受腐蚀，称为全面腐蚀或均匀腐蚀。

（2）局部腐蚀。

金属表面只有一部分遭受腐蚀而其他部分基本上不腐蚀，称为局部腐蚀。局部腐蚀又可分为：

1）电偶腐蚀。电偶腐蚀是由两种腐蚀电位不同的金属在同一介质中相互接触而产生的一种腐蚀。腐蚀电位较正的金属为阴极，较负的为阳极，阳极金属的溶解速度较其原来的腐蚀速度有所增加，阴极金属则有所降低。这种腐蚀是由不同的金属组成阴、阳极，因此称电偶腐蚀，又称双金属腐蚀；又因其在两金属接触处发生，所以又称接触腐蚀。它是由宏观电池引起的局部腐蚀，如凝汽器的铜管及其管板、不同材质管道连接处都可能发生这种腐蚀。

2）点蚀。点蚀又称小孔腐蚀，是一种极端的局部腐蚀形态。蚀点从金属表面发生后向纵深发展的速度不小于横向发展的速度，腐蚀的结果是在金属表面上形成蚀点或小孔，而大部分金属则未受腐蚀或仅是轻微腐蚀。它常发生在金属表面钝化膜不完整或受损的部位。

3）缝隙腐蚀。金属在介质中，在有缝隙的地方或被他物覆盖的表面上发生较为严重的局部腐蚀，这种腐蚀称为缝隙腐蚀，有时也称沉积腐蚀或垫衬腐蚀。这类腐蚀与金属表面上有少量积滞溶液有关。金属重叠或金

属表面有沉积物或垫衬时，或金属上有孔隙时，都可以造成少量溶液的积滞。

4）晶间腐蚀。在金属晶界上或其邻近区发生剧烈腐蚀，而晶粒的腐蚀则相对很小，这种腐蚀称为晶间腐蚀。腐蚀的结果使合金的强度和塑性下降或晶粒脱落，金属破碎，设备过早损坏。晶间腐蚀是由于晶界区有新的相形成，金属中某一合金元素增多或减少，晶界变得非常活泼而引起的。这种腐蚀不易检查，设备会突然损坏，造成较大的危害。锅炉热力系统中许多合金都会发生晶间腐蚀，特别是各种不锈钢（Fe－Cr、Fe－Ni－Cr、Fe－Mn－Ni－Cr等）、镍基合金（Ni－Mo、Ni－Cr－Mo）以及铝基合金（AL－Cu、AL－Mg－Si）等。

5）选择性腐蚀。合金中的某一部分由于腐蚀优先地溶解到电解质溶液中去，从而造成另一组分富积于金属表面上，这种腐蚀称为选择性腐蚀。例如凝汽器黄铜管的脱锌腐蚀。

6）磨损腐蚀。磨损腐蚀是腐蚀性流体和金属表面的相对运动引起的金属快速腐蚀。这种相对运动的速度很快，所以金属的损坏还包括机械磨损。金属腐蚀后，或以离子态离开金属表面，或生成固态的腐蚀产物受流体的机械冲刷离开金属表面。

磨损腐蚀的外表特征呈槽、沟、波纹、圆孔和小谷形，还常常显示方向性。

7）流动加速腐蚀（FAC）。

流动加速腐蚀（FAC）是将附着在碳钢表面上的保护性磁性氧化铁（Fe_3O_4）层逐步溶解到流水或湿蒸汽中的过程，由于保护性氧化层的减少或消除，管道基体金属快速剥离而减薄，甚至爆裂，引起电站给水系统管道故障或事故。

正常情况下，金属表面保护性氧化物的形成与溶解到流体中的过程是一个平衡状态，从而保证金属预期服役寿命。而 FAC 则是碳钢表面保护性磁性氧化铁（Fe_3O_4）持续溶解在水流（单相流）或者湿蒸汽（两相流）中的过程（两种情况下都是水流起到溶解氧化层的作用），由于保护性氧化层减少或消除，使得金属基体快速剥离（最快可达到 3mm/年）而爆管，FAC 的腐蚀速度由水化学工况［pH 值、氧化还原电位（ORP）、氧浓度、还原剂浓度］、管道材质（碳钢、或含有 Cr、Cu、Mo 成分的碳钢）及水力学条件［流体温度、流速、管道几何形状、蒸汽品质（水分含量）］等决定。

8）应力腐蚀。应力腐蚀包括应力腐蚀破裂和腐蚀疲劳。

应力腐蚀破裂常称 SCC（Stress Corrosion Cracking），是由应力和特定的腐蚀介质共同引起的金属破裂，这种破裂开始只有一些微小的裂纹，然后发展为宏观裂纹。裂纹穿透金属或合金，其他大部分表面实际不受腐蚀。裂纹因受许多因素的综合影响而有不同的形态，微裂纹有穿晶、晶界和混合型三种。穿晶裂纹穿越晶粒延伸，晶界裂纹沿晶界延伸，混合型裂纹为穿晶和晶界两种延伸同时存在。

腐蚀疲劳是指金属在腐蚀介质和交变应力同时作用下产生的破坏。汽轮机处于湿蒸汽区的叶片就可能产生腐蚀疲劳。

9）氢损伤。金属中存在氢或与氢反应引起的机械破坏统称氢损伤。氢损伤有氢鼓泡、氢脆和氢腐蚀。

原子氢（H）是唯一能扩散至钢和其他金属的物质，分子态的氢（H_2）不能扩散渗入金属，因此只有原子态的氢才能引起氢损伤。

氢鼓泡是腐蚀反应或阴极保护产生的氢原子引起。氢原子大部分复合成氢分子逸出，有一部分扩散到金属内部，当扩散到金属内部某一空穴内时，氢原子复合成氢分子。氢分子不能扩散，就在空穴内积聚，在金属内部产生巨大压力，导致金属材料破坏。

氢脆是氢扩散到金属内部使金属产生脆性断裂的现象。氢腐蚀是由于氢与金属中第二相（例如合金添加剂）交互作用生成高压气体，引起金属材料的脆性破裂。

3. 热力设备常见腐蚀形式

热力设备在运行中或停用时均会发生腐蚀问题，是上述 9 种局部腐蚀的单独或联合作用的结果。运行实践表明，腐蚀是造成机组停机事故的主要原因，热力设备腐蚀形式有其特殊性，机组运行工况、局部热负荷在腐蚀过程中起着重要的作用。另外，随着机组参数的提高，水、汽温度和压力升高，金属腐蚀的热力学倾向增加，腐蚀速度也增加，热力设备系统中常见的腐蚀形式如下。

（1）氧腐蚀。

热力设备运行和停用时，都可能发生氧腐蚀。运行时氧腐蚀在水温较高的条件下发生，停用时氧腐蚀在低温下发生，两者本质上是相同的，但腐蚀产物的特点有区别，氧腐蚀是热力设备常见的一种腐蚀形式。

（2）酸腐蚀。

热力设备和管道可能与酸接触，产生析氢腐蚀。例如，水处理设备、给水系统、凝结水系统和汽轮机低压缸的隔板、隔板套等部位都可能和酸性介质接触，产生析氢腐蚀。水处理设备可能和盐酸接触，例如氢离子交换器再生时和盐酸接触，产生腐蚀。给水系统和凝结水系统因为游离 CO_2 的溶解，使水的 pH 值低于 7，产生析氢腐蚀，也就是通常所说的二氧化碳腐蚀。

（3）应力腐蚀。

它包括应力腐蚀破裂和腐蚀疲劳，锅炉、汽轮机热力系统都会产生应力腐蚀，比如锅炉的苛性脆化，锅炉汽包、过热器、再热器、高压除氧器、主蒸汽管道、给水管道的应力腐蚀，汽轮机叶片和叶轮的应力腐蚀破裂，凝汽器铜管的应力腐蚀破裂等。

（4）锅炉的介质浓缩腐蚀。

主要是炉水蒸发浓缩产生浓碱或浓酸时出现的，尤其是当凝汽器泄漏，漏入碱性水或海水时，情况更明显。腐蚀主要发生在水冷壁管，它是锅炉特有的一种腐蚀形态。

（5）汽水腐蚀。

当过热蒸汽温度超过 450℃ 时，蒸汽会和碳钢发生反应生成铁的氧化物，使管壁变薄。这是一种化学腐蚀，因为它是干的过热蒸汽和钢发生化学反应的结果。汽水腐蚀常常在过热器中出现，同时，在水平或倾斜度很小的炉管内部，由于水循环不良，出现汽塞或汽水分层时，蒸汽也会过热，出现汽水腐蚀。

（6）电偶腐蚀。

锅炉化学清洗时，如果控制不当，可能在炉管表面产生铜的沉积，即"镀铜"，由于镀铜部分电位正，其余部分电位负，形成腐蚀电池，产生电偶腐蚀。核电站蒸汽发生器在管子表面有铜沉积，铜镀到管子上以后，组成电偶电池，产生腐蚀。

（7）铜管选择性腐蚀。

凝汽器铜管的水侧常常发生选择性腐蚀，对于黄铜管就是脱锌腐蚀。腐蚀的结果是在铜管表面形成白色的腐蚀产物—锌化合物，在腐蚀产物下部有紫铜。铜管严重腐蚀后，机械性能显著下降，会引起穿孔，甚至破裂。

（8）磨损腐蚀。

给水泵、汽轮机和凝汽器铜管都可能发生磨损腐蚀。例如，当锅炉补给水为除盐水或全部为凝结水时，高压给水泵易发生冲击腐蚀，腐蚀主要发生在铸铁和铸铜部件的水泵上，如水泵叶轮、导叶等。在凝汽器铜管的入口端，由于水的湍流作用，易产生冲击腐蚀。

（9）锅炉烟侧的高温腐蚀。

这主要指锅炉水冷壁管、过热器管及再热器管外表面发生的腐蚀，水冷壁管烟侧高温原因是硫化物或硫酸盐的作用。过热器和再热器烟侧高温腐蚀是由于积有 $Na_3Fe(SO_4)_3$ 和 $K_3Fe(SO_4)_3$ 造成的，对于燃油锅炉，过热器和再热器的烟侧将产生钒腐蚀。

（10）锅炉尾部的低温腐蚀。

它是锅炉尾部受热面（空气预热器和省煤器）烟气侧的腐蚀。低温腐蚀是由于烟气中的 SO_3 和烟气中的水分发生反应生成 H_2SO_4 造成的。

此外，还有凝汽器铜管水侧发生的微生物腐蚀、点蚀、汽侧的氨腐蚀，以及汽轮机润滑油系统发生的锈蚀等。

4. 热力设备腐蚀特征与防护技术

（1）锅炉省煤器管的氧腐蚀。

1）腐蚀特征。省煤器管氧腐蚀的特征是，在金属表面上形成点蚀或溃疡状腐蚀。在腐蚀部位上一般有突起的腐蚀产物，有时腐蚀产物连成一片，从表面上看，似乎是一层均匀而较厚的锈层，但用酸洗去锈层后，便会发现锈层下金属表面上有许多大小不一的点蚀坑。蚀坑上腐蚀产物的颜色和形状随条件的变化而不同。当给水溶氧较大时，腐蚀产物表面呈棕红色，下层呈黑色，并且呈坚硬的尖齿状。省煤器在运行中所造成的氧腐蚀，通常是入口或低温段较严重，高温段相对较轻。

由于设备停运中保养不良造成的氧腐蚀，其腐蚀产物在刚形成时，呈黄色或棕黄色，但经过运行后，棕黄色的腐蚀产物变成了红棕色，停运腐蚀所引起的蚀坑，一般在水平管的下侧较多，有时形成一条带状的锈。

2）防护原则。进行除氧处理（热力除氧和化学除氧）；提高给水的 pH 值，给水加氨处理；对直流炉，在确保给水中阳离子电导率小于 $0.15\mu S/cm$ 的条件下，可在给水中保持 $30\sim150\mu g/L$ 的溶解氧，并加氨使 pH 值维持在 $8.2\sim8.5$ 之间，这样可防止锅炉的氧腐蚀和铁的溶出；做好省煤器停运时的防腐工作。

（2）锅炉水冷壁管的碱性腐蚀。

1）腐蚀特征。锅炉水冷壁管的碱性腐蚀，一般发生在水冷壁管的向火侧，热负荷高的部位和倾斜管上，以及在多孔沉积物下面。腐蚀部位呈皿状，充满了黑色的腐蚀产物，这些产物在形成一段时间后，会烧结成硬块，它常含有磷酸盐、硅酸盐、铜和锌等成分，将沉积物和腐蚀产物除去后，在管上便出现了不均匀的变薄和半圆形的凹槽。管子变薄的程度和面积是不规则的，变薄严重的部位常常发生穿透。腐蚀部位金属的机械性能和金属组织一般没有变化，金属仍保持它的延展性。

水冷壁管产生碱性腐蚀的原因，是炉水中的氢氧化钠在沉积物下蒸发浓缩至足以引起腐蚀的程度后发生的。因此，碱性腐蚀除了在多孔沉积物下出现外，在管壁与焊渣的细小间隙处，也容易因游离碱的浓缩而引起。

2）防护原则。降低给水中铜铁含量，减少水冷壁管上的沉积物。

具体措施有：给水加氨，提高给水 pH 值，使给水中的铜铁含量降至较低的水平；进行凝结水和疏水的过滤处理做好水汽系统的停用保养；新锅炉投产前进行化学清洗；定期进行运行炉的化学清洗，除去水冷壁管上已附着的沉积物。

（3）锅炉水冷壁管的酸腐蚀。

1）腐蚀特征。在水冷壁的皿状蚀坑上，有较硬的 Fe_3O_4 突起物。它比碱性离腐蚀产物附着的牢固，呈现层状结构。在附着物和金属表面交接处，有明显的蚀坑，通过微区能谱分析能发现蚀坑处有氯元素，在蚀坑下面的金属有脱碳现象。水冷壁的酸腐蚀，主要是由于炉水中的氯化物和硫酸盐等盐类，在水冷壁管沉积物下浓缩分解产生酸而引起的。凝汽器中漏入海水或氯化物，硫酸盐含量较高而碱度较低的淡水较易引起这类腐蚀。

2）防护原则。新锅炉投产前进行化学清洗；降低给水中铜铁含量，减少水冷壁管上的沉积物；定期进行运行炉的化学清洗，除去水冷壁管上已附着的沉积物；防止凝汽器泄漏，特别防止漏入海水。在凝汽器有可能发生泄漏的情况下，可对凝结水采取精处理措施。

（4）锅炉水冷管的氢脆。

1）腐蚀特征。氢脆通常会引起水冷壁管的爆破，爆破口呈脆性破裂，爆口边缘粗纯，没有减薄或减薄很少。爆破口附近的金属无明显的塑性变形，沿爆破口边缘可以看到许多细微裂纹。遭受氢脆腐蚀的管子，机械强度都有明显的下降，背火侧和向火侧的强度降低差别较大。

金相检查能发现腐蚀坑附近的金属有脱碳现象，脱碳层从管内壁向外逐渐减轻，但在离开爆破口处的炉管背火侧的金属组织无明显的变化，损坏部位金属的含氢量较高，一般比未损坏部位的高出数十倍到一百多倍。引起水冷壁管氢脆腐蚀的原因，是金属在沉积物下腐蚀所产生的氢，大量扩散进入炉管金属内，与钢中的碳结合成甲烷，在钢内产生内部压力，引起晶间裂缝，有时受损伤的管子会整块崩掉。

2）防护原则。降低给水中铜铁含量，减少水冷壁管上的沉积物；防止凝汽器泄漏，特别防止漏入海水。在凝汽器有可能发生泄漏的情况下，可对凝结水采取精处理措施；及时进行运行炉的化学清洗，除去水冷壁管上已附着的沉积物。

(5) 锅炉金属的应力腐蚀。

1) 腐蚀特征。应力腐蚀破裂的特征是，金属发生了裂纹和破口，其腐蚀损耗较少，金属的伸长也很少，破口很钝，在爆破口的边缘处，有时有许多细裂纹，裂纹大多从介质接触表面向基体内发展，并形成连续的裂纹，裂纹可以是沿晶界的，也可以是穿晶的，由具体金属—环境条件决定，碳钢多是晶间裂纹，奥氏体不锈钢是穿晶裂纹。应力腐蚀的金相模型与纯力学平面应变是有区别的。应力腐蚀断裂的断面周围有分支存在，在有些断裂的图像上，可观察到羽毛状、扇子状和冰糖状等条纹。

当氢氧化钠为主要腐蚀剂时，锅炉钢所产生的应力腐蚀，称为锅炉的碱脆或苛性脆化。

应力腐蚀必须具备以下三个条件才能发生：材料对应力腐蚀破裂是敏感的；存在局部过应力；介质中含有该材料应力腐蚀破裂的敏感成分。碱脆是锅炉上发生的特殊的电化学腐蚀，金属的阳极部位，在高浓度氢氧化钠中，以铁酸盐形成溶解并形成晶界腐蚀。

2) 防护原则。合理进行锅炉的设计施工。锅炉金属产生局部过应力的因素是多方面的，但大多与设备的设计和施工不当有关。设计时要充分考虑到设备部件受热膨胀后所产生应力的影响，施工时要避免不合理的胀接和焊接操作。严格执行锅炉运行规程，避免在启停和运行中产生过大的温度变化和温差。将水中应力腐蚀敏感离子的含量控制在允许浓度之下，对奥氏体不锈钢不允许使用含有氯离子的水及含有氯离子的其他介质，为了防止碳钢的碱脆，要求炉水中不含游离的氢氧化钠。

(6) 锅炉金属的腐蚀疲劳。

1) 腐蚀特征。腐蚀疲劳是金属在交变应力条件下产生的腐蚀。腐蚀疲劳是金属产生裂纹或破裂，裂纹大多在表面上的一些点蚀坑处延伸或在氧化膜破裂处向下发展，裂纹一般较粗，有时有许多平行裂纹，破口呈钝边，从破口裂面处有时能看到贝壳状裂纹，裂纹以穿晶为主，一般裂纹内部有氧化铁腐蚀产物。从断面检查整条裂纹状态，会发现裂纹中串联着一些球状蚀坑。

能引起金属腐蚀疲劳的介质十分广泛，金属在纯水、蒸汽或海水中均会发生腐蚀疲劳，引起交变应力的条件也有多种，可以是机械的，如周期性的机械位移；也可以是热力性的。

如周期性的加热、冷却。启停次数较多的锅炉，若金属表面由于氧的腐蚀已产生点蚀，这些点蚀坑便会引起应力集中，加上锅炉启停时的交变热应力作用，就容易产生腐蚀疲劳。

2）防护原则。降低锅炉启停过程中的应力幅值；消除设备缺陷，改进锅炉燃烧工况，防止金属温度发生强烈的波动；做好锅炉停运过程中的保护工作，防止金属表面产生点蚀坑；合理进行锅炉的设计施工，消除金属局部过应力以及减少产生交变应力的条件；对已发生过腐蚀疲劳破裂事故的锅炉，应对处在同样条件下的管段进行普查，及时更换有问题的管段。

（7）锅炉过热器管和再热器管的点蚀

1）腐蚀特征。过热器管氧腐蚀的特征是，在金属表面上形成一些点蚀坑，蚀坑直径较小的蚀点，其周围表面往往比较平整。蚀坑内有灰黑色的粉末状腐蚀产物，有的还夹有一些由于大气腐蚀刚形成不久的黄色腐蚀产物；也有些蚀坑，在检查时已无离蚀产物，过热器管的氧腐蚀坑一般发生在立式过热器管的下弯头、竖管的两侧以及水平管的下侧部位，过热器和再热器管的点蚀是由于停用腐蚀引起的。

2）防护原则。做好锅炉停运时的防腐工作。为防止过热器管的点蚀，可采用热炉放水余热烘干法、负压余热烘干法、充氮法及氨—联氨法等方法进行保护。

（8）锅炉过热器管的水蒸气腐蚀。

1）腐蚀特征。过热器管水蒸气腐蚀的特征是，在金属表面上有一层紧密的磷片状氧化铁层，下面的金属出现较大面积的减薄，磷片状氧化铁层的厚度达 $0.5 \sim 1 \mathrm{mm}$，有的局部成片脱落，下面的金属一般均匀减薄，仅有一些轻微的凹槽。腐蚀部位的金属组织呈现不同程度的过热（珠光体球化），但金属仍保持其塑性。水蒸气腐蚀是由于水、汽分层，蒸汽流量受阻或燃烧等原因造成管壁局部超温引起的。

2）防护原则。查明引过热器管局部过热的原因，并采取措施防止管壁金属局部过热。

（9）锅炉过热器管的氧化剥皮。

1）腐蚀特征。低合金铁素体钢在 $500℃$ 以上容易产生氧化，若氧化速度较快，管内表面的氧化物层增厚并与基体金属之间产生膨胀差异，氧化层可能从金属表面上脱落下来，这种现象称为氧化剥皮。氧化剥皮主要发生在二级过热器管、主蒸汽管和再热器的高温部位。氧化剥皮剥落下来的碎片会损坏汽轮机调速器和叶片。在过热器和再热器中，碎片若积累太多，即使高速气流也带不走，这样就会发生堵管现象。

2）防护原则。氧化剥皮主要和温度及应力的控制有关。氧化层生成的厚度和时间呈抛物线关系，若金属表面所形成的氧化膜为双层结构时，氧化层就容易被剥下，对金属表面进行化学清洗，并使其形成单层结构，能防止氧化剥皮的产生。

5. 汽轮机系统的腐蚀与防护

（1）汽轮机的应力腐蚀破裂。

1）腐蚀特征。汽轮机应力腐蚀破裂主要发生在叶片和叶轮上，叶片的应力腐蚀主要发生在末级叶片上，具有沿晶裂纹的特征。对含 Cr 不锈钢叶片，无论是应力腐蚀破裂还是氢腐蚀破裂，均具有沿晶断裂的特征。叶轮的应力腐蚀破裂主要发生在叶轮的键槽处，裂纹起源于点键槽圆角处，其断口的显微特征基本为沿晶断裂，从晶界面上还可以看出明显的腐蚀特征。容易发生应力腐蚀破裂的材料有 30CrMoV9、24CrMoV5.5、34Cr3NiMo 等。

应力腐蚀破裂是金属材料在应力和腐蚀环境的共同作用下发生的破坏现象。通常，引起汽轮机部件应力腐蚀破裂的杂质有氢氧化钠、氯化钠、硫化钠等，氢氧化钠能引起几乎所有大型汽轮机结构材料的应力腐蚀破裂。

2）防护原则。改进汽轮机的设计和制造工艺，消除应力过于集中的部位；提高蒸汽品质，降低蒸汽中的钠和氯离子的含量；加强汽轮机检修时的无损检测，发现裂纹及时修补或更换裂纹的部件。

（2）汽轮机的腐蚀疲劳。

1）腐蚀特征。腐蚀疲劳是金属在交变应力和腐蚀共同作用下的破坏形式，因此它具有机械疲劳与应力腐蚀的综合特征。当腐蚀因素起主导作用时，损坏部位的应力腐蚀破裂特征明显，裂纹主要为沿晶型的，断口的宏观特征是粒状断口，看不到贝壳模样；断口的显微特征呈冰糖块状，晶界面上可能存在条纹。当疲劳因素起主导作用时，则损坏部位的机械疲劳特征明显，裂纹为穿晶型，断口的宏观特征为贝壳状；显微形貌具有条纹花样。

汽轮机叶片由于高频共振引起的疲劳腐蚀实例不多，腐蚀疲劳一般产生在频率合格或激振力不大、低频共振的末级叶片上。腐蚀疲劳裂纹不一定和腐蚀坑点相连，但不少裂纹是起始于腐蚀坑的。

2）防护原则。改进汽轮机的设计和运行，提高叶片的振动强度，改善汽轮机的振动频率；提高汽轮机入口的蒸汽纯度；做好汽轮机停运时的防腐工作，防止叶片上发生点蚀。

（3）汽轮机的冲蚀。

1）腐蚀特征。蒸汽系统的冲蚀是由于蒸汽形成的水滴或通过其他途径（如通过排气喷水或轴的水封）进入汽轮机的水所引起的。在大型汽轮机中，最容易出现冲蚀的典型部位是：低压级长叶片的末端；低压级长叶片的榫子和外罩处；低压级长叶片的末端上方的静叶片或其通流部位；处于湿蒸汽中的隔板和外罩的水平接缝处或其他衔接部件的分解面上。

产生冲蚀的原因是，在汽轮机的低压级，蒸汽的水分以分散的水珠形态夹杂在蒸汽里流过，对喷嘴和叶片产生强烈的冲蚀作用。在高压级的叶片上，由于通过的蒸汽是过热的，几乎不含水分，所以很少会发生冲蚀。冲蚀的特征是，在叶片表面有浪形条纹，其进汽边缘处最明显。冲蚀程度较轻时，表面变粗糙；严重时，冲击出密集的毛孔，甚至产生缺口。

2）防护原则。在每次打开或检查汽轮机时，要注意检查所有的疏水口是否畅通，如部分疏水口堵塞，则本应流出的水会流过蒸汽通道而加重冲蚀。在停机期间还应检查排气口的喷水头，保证喷水不直接冲击末级叶片。此外，还应防止抽气口有水分倒流入汽轮机；改进叶型、镶防蚀片及提高蒸汽液膜的 pH 值，均能减缓叶片的冲蚀。

（4）汽轮机的酸腐蚀。

1）腐蚀特征。酸腐主要发生在汽轮机内部湿蒸汽区的铸铁、铸钢部件上，如低压级的隔板、隔板套、低压缸入口分流装置、排汽室等部件的铸铁、铸钢部件上。而这些部件上的合金钢零件上却没有腐蚀。酸腐蚀的特征是，部件表面受腐蚀处保护膜脱落，金属呈银灰色，其表面类似钢铁经酸洗后的状态。有的隔板导叶根部已部分露出，隔板轮缘外侧受腐蚀处形成小沟。有的部位的腐蚀槽具有方向性，和蒸汽的流向一致，腐蚀后的钢材呈蜂窝状。

汽轮机酸腐蚀的原因是水、汽质量不良，在用作补给水的除盐水中含有酸性物质或会分解成酸性物质，如氯化物或有机酸等。氯化物在炉水中，可与水中的氨形成氯化铵，溶解携带于蒸汽中，并在汽轮机液膜中分解为盐酸和氨，由于两者分配系数的差异，使液膜呈酸性。水汽中的有机酸也是引起汽轮机腐蚀的一个因素。

2）防护原则。提高锅炉补给水质量，要求采用二级除盐，补给水电导率应小于 $0.2\mu S/cm$；给水采用分配系数较小的有机胺以及联氨进行处理，以提高汽轮机液膜的 pH 值。

（5）汽轮机固体颗粒的磨蚀

1）腐蚀特征。汽轮机喷嘴表面、叶片及其他蒸汽通道的部件，易发生不同程度的磨蚀。

固体颗粒的磨蚀和水滴造成的冲蚀完全不一样，前者通常在汽轮机的高压、高温段发生，而水滴的冲蚀一般在低温、低压段发生。

固体颗粒磨蚀的原因是由于蒸汽中夹带了异物，这些异物主要是剥落的金属氧化物，它们是在加工停用及运行中逐步形成的，当温度瞬变时，便从温度较高的管道中剥落下来。例如，从锅炉过热器管、再热器管及主蒸汽管的内壁上剥落下来，然后带入汽轮机，引起固体颗粒的磨蚀。

2）防护原则。过热器管和主蒸汽管等高温部件，采用更好的抗氧化性材料制造；对过热器管等高温管道进行较彻底的蒸汽吹扫。当管内有较厚氧化层时，应进行酸洗，使氧化层在剥落前就被清除掉；机组不要长期在低负荷下运行。

（6）汽轮机的点蚀。

1）腐蚀特征。点蚀是一些小的腐蚀坑点，常出现在汽轮机喷嘴和叶片表面，有时也出现在叶轮和转子体上，被氯化物污染的蒸汽会使汽轮机出现这种腐蚀。氯化物、湿分和氧是点蚀形成的条件。因此，点蚀易在汽轮机的低压部分产生。汽轮机停用时也易出现点蚀。喷嘴和叶片会因表面点蚀而增大粗糙度和增大摩擦力，从而降低效率，点蚀还会导致应力腐蚀破裂和腐蚀疲劳，从而影响汽轮机的寿命。

2）防护原则。提高进入汽轮机的蒸汽质量，严格控制蒸汽中氯离子的含量；做好汽轮机停运时的防腐工作。

6. 给水泵腐蚀与防护

（1）腐蚀特征。

给水泵的腐蚀主要是冲蚀和汽蚀。发生冲蚀和汽蚀的部位主要是在水泵的叶轮、导叶和卡圈的铸铁以及铸钢件上。这类腐蚀均发生在高压机组采用除盐水作为锅炉补给水的条件下，分析其原因，是由于纯水的缓蚀性很弱，当给水泵钢部件在纯水中高速转动时，钢铁表面形成的氢氧化亚铁很快被冲掉。而在钢表面保持足够的氢氧化亚铁浓度，是钢表面形成保护膜的必要条件。为此要防止给水泵的腐蚀，一方面要进一步提高给水的 pH 值，促进钢表面保护膜的形成；另一方面要更换给水泵的材质，将铸铁、铸钢件改为含铬或含铬钼的钢材。

（2）防护原则。

1）提高给水 pH 值至 9.2~9.3。

2）做好给水除氧工作。

3）提高锅炉补给水质量，采用二级除盐水，其电导率应小于 0.2μS/cm。

4）将给水泵中的铸铁、铸钢件改为较耐蚀的合金钢部件。

7. 加热器管腐蚀

（1）腐蚀特征

对于立式加热器，无论管束为铜管或钢管，其腐蚀部位均发生在 U 形管外侧（汽侧）的下弯头处，而且在进水的一端，即在低温端较为严重，腐蚀的特征为弯头外表面处均匀变薄，并有密集的麻坑，最深处产生裂纹。腐蚀发生在 U 形管汽侧下弯头处的原因，是蒸汽中的腐蚀性气体（如二氧化碳）在该处富集，并溶于低温段管表面的过热液膜中引起的。

对于卧式加热器，无论管束为铜管或钢管，其腐蚀部位大都发生在汽侧进水的一端或无抽汽管的一端，以及发生在汽侧进水位处。

加热器管水侧的腐蚀与水质有关，采用纯水或凝结水时，铁和铜在水中的溶解是值得注意的问题。管内过高的水流速，会引起加热器管水侧金属的冲蚀和减薄，使大量铜、铁带入锅炉。

（2）防护原则

1）提高水汽质量，减少水汽中析出的腐蚀性气体。

2）合理设计加热器汽侧的抽汽装置，减少腐蚀性气体的富集。

3）调节水质至较佳的 pH 值，减少铜和铁在水中的溶解。

4）做好加热器的停运防腐工作，加热器可采用充氮保护，钢管加热器可采用氨—联氨保护。

（二）结垢

如果锅内水质不良，经过一段时间运行后，在受热面与水接触的管壁上就会形成一些固态附着物，这种现象通常称为结垢。

进入锅内的水，经过一段时间的运行，水中的杂质在蒸发过程中不断浓缩，浓度达到一定值时，其中的某些物质便开始以结晶形式析出，结晶析出固态物质可直接形成在受热面壁上，其结晶核心是壁面的粗糙点；有时也可形成在水容积中，结晶核心是水中的胶体质点、气泡及各种物质的悬浮质点，呈悬浮态悬浮于锅炉水中，于汽包和下联箱底部水流缓慢之处积起絮状物。

凡是直接结晶在受热面壁上，在金属表面上形成坚硬而质密的沉淀称为水垢；凡是结晶在水容积中形成悬浮的晶体颗粒称为水渣。水垢不易清除，而大多数的水渣可利用锅炉排污除去。

1. 水垢的特性

（1）组成。水垢的化学组成一般比较复杂，通常都不是一种简单的化合物，而是由许多化合物混合组成的。水垢中各种化学成分确切的化学形态很复杂。通过物理化学分析法如 X 光谱分析、结晶光学等方能确定。

（2）物理性质。各种水垢的物理性质都不相同：有的水垢很坚硬，有的较软；有的水垢致密，有的多孔，有的牢固地粘附在金属表面，有的与金属表面的联系较疏松。通常表明水垢的物理性质的指标有：坚硬性、孔隙率和导热性等。

（3）危害。锅炉炉管结垢后，往往因传热不良导致管壁温度升高，当其温度超过了金属所能承受的允许温度时，就会引起鼓包和爆管事故。此外，由于传热不良，也增加了燃料的浪费，影响整个电厂的经济效益。当锅炉表面覆盖有水垢时，还会引起沉积物下的腐蚀。

2. 水渣的特性

（1）组成。水渣的化学组成也很复杂，但形成水渣的主要物质通常不外下述几种：碳酸钙（$CaCO_3$）、氢氧化镁 $[Mg(OH)_2]$、碱式碳酸镁 $[Mg(OH)_2MgCO_3]$；磷酸镁 $[Mg_3(PO_4)_2]$、碱式磷酸钙（碱式磷灰石）$[Ca_{10}(OH)_2(PO_4)_6]$；蛇纹石 $[3MgO \cdot 2SiO_2 \cdot 2H_2O]$ 及金属的腐蚀产物等，还可能含有某些随给水带入锅炉水中的悬浮物。

（2）水渣性质。有的不会粘附在受热面上较松软的水渣，常悬浮于炉水中，如碱式磷酸钙及蛇纹石等；也有易粘附在受热面上转化成水垢的水渣，如磷酸镁。锅炉中水垢形成的原因主要有如下几方面：

1）热分解：水在加热的过程中。某些钙、镁、盐类由于热分解，由易溶于水的物质转变成为难溶于水的物质析出，如重碳酸钙和重碳酸镁热分解为难溶于水的碳酸钙和碳酸镁。

2）溶解度降低：大多数物质具有正的溶解度系数，即溶解度随温度的增加而增加，如 NaCl、NaOH 等。但也有一些固体的物质难溶于水，它们具有负的温度系数，即溶解度随温度增加而减少，如 $CaSO_4$、$CaCO_3$、$MgCO_3$、$Ca(OH)_2$、$Mg(OH)_2$ 等钙镁化合物，通常称为难溶物质，结垢往往就是此类溶解度小的物质。

3）在水中不断受热蒸发时，水中盐类逐渐被浓缩。因为水在锅炉中不断蒸发，而蒸发过程中蒸汽带走的盐分很少，这些盐类在炉水中被不断浓缩，当超过它的溶解度时，即离子浓度的乘积大于该物质的溶度积时，就会析出沉淀。

（3）危害。锅炉水中水渣太多，会影响锅炉的蒸汽品质，而且还可能堵塞炉管，威胁锅炉的安全运行，此外还可能会形成二次水垢，造成垢下腐蚀。炉水水渣应采取锅炉排污的方式将其及时排掉。

3. 水垢的分类

水垢按其化学成分可分为钙镁水垢，硅酸盐水垢、铁垢和铜垢。

（1）钙镁水垢。这类水垢其化学成分绝大部分是钙镁盐，含量可达90%左右，它有 $CaSO_4$、$CaSiO_3$、$CaCO_3$、$Mg(OH)_2$、$Mg_3(PO_4)_2$ 等类型。其中 $CaCO_3$ 的沉淀有着极为不同的结构，可以形成坚硬水垢，也可形成松散的水渣。$CaCO_3$ 在凝汽器、给水管道和非沸腾式省煤器中常沉淀成水垢。

（2）硅酸盐水垢。这类水垢的化学成分中绝大部分是一些复杂的硅酸盐，含有 40%～50% 的二氧化硅、25%～30% 的铁和铝的氧化物以及 10%～20% 的氧化钠，而硬度盐类的含量却很少，仅占百分之几。按其化学成分和结构与某些天然矿物相同，这些复杂的硅酸盐水垢，有的呈多孔块状，有的呈坚硬致密。它的形成与工况压力、热负荷以及炉水中铁、铝和硅化合物含量有关。在以地面水作原水的发电厂，若补给水未经很好的混凝—澄清处理，给水中就会有一些弥散状的胶体杂质，使锅炉水中铝和硅酸的浓度大大增加，尤其是分段蒸发锅炉中，盐段含量达 500～700mg/L，将使热负荷高的沸腾管内形成硅酸盐水垢。

（3）铁垢和铜垢。铁垢的主要成分是铁的化合物，它又可分为氧化铁垢和磷酸盐铁垢。氧化铁垢的主要成分是 Fe_2O_3 和 Fe_3O_4，共占 70%～90%，大多发生在热负荷高的受热面上，其形成与锅炉水含铁量，受热面热负荷有关。磷酸盐铁垢主要由磷酸亚铁钠（$NaFePO_4$）和磷酸亚铁 $Fe_3(PO_4)_2$ 组成，通常发生在炉水中磷酸根含量大，含铁量高碱度较低的情况下，因此，预防措施是控制锅炉水中的 PO_4^{3-} 不超过规定值，并尽量减少给水中的含铁量。

铜垢，这种水垢的金属铜含量很大，当锅炉水含铜量高时，由于热负荷高的管壁表面存在自由电子，因而吸收锅炉水中的铜离子形成金属铜的铜垢。而淤积在铜垢孔间的锅炉水就被不断蒸发、浓缩，使锅炉水中氧化铁及其他物质逐渐析出夹带铜垢之间，最后形成铜、氧化铁和其他物质组成的混合水垢。

如上所述的不论哪种水垢，当其附着热力设备受热面上将会危及热力设备的安全经济运行。因为水垢的导热性很差，妨碍传热。使炉管从火焰侧吸收的热量不能很好地传递给水，炉管冷却受到影响，这样壁温升高，造成炉管鼓包，引起爆管。

（4）易溶盐类"隐藏"现象。有的汽包锅炉，在运行时会出现一种水质异常的现象，即当锅炉负荷增高时，锅炉水中某些易溶钠盐（Na_2SO_4、Na_2SiO_3 和 Na_3PO_4）的浓度明显降低；而当锅炉负荷减少或停炉时，这些钠盐的浓度重新增高，这种现象称为盐类"隐藏"现象，也称为盐类暂时消失现象。

这种现象的实质是：在锅炉负荷增高时，锅炉水中某些易溶钠盐有一部分从水中析出，沉积在炉管管壁上，结果使它们在锅炉水中浓度降低；而在锅炉负荷减少时或停炉时，沉积在炉管管壁上的钠盐又被溶解下来，使它们在锅炉水中的浓度重新增高。由此可知，出现盐类"隐藏"现象时。在某些炉管管壁上必然有易溶盐的附着物形成。这些附着物形成的危害，与水垢相似。

（三）积盐

1. 汽包锅炉过热器内的沉积物

（1）沉积物形成的原因。根据物质在过热蒸汽中的溶解度的现有资料，对于物质在过热蒸汽中的溶解特性，可归纳以下几点看法：

1）各种物质在过热蒸汽中的溶解度不同。在饱和蒸汽中溶解度大的盐类物质，在过热蒸汽中的溶解度也大。

2）过热蒸汽压力越高，物质的溶解度也越大，几乎所有物质都是如此。

3）各种物质的溶解度与过热蒸汽温度之间的关系是：随着过热蒸汽温度上升，溶解度先下降然后再上升，当过热蒸汽压力越高时，这种关系越明显。

（2）各种物质的沉积情况。对饱和蒸汽所携带的各种物质，在过热器内的沉积情况分述如下：

1）硫酸钠和磷酸钠（Na_2SO_4、Na_3PO_4）。在饱和蒸汽中，只有水滴携带的形态，这两种盐类在高温水中的溶解度较小（水温越高，溶解度越小）。在过热器内由于水滴的蒸发，它们容易变成饱和溶液，而由于其饱和溶液的沸点比过热蒸汽中的温度低得多，所以它们在过热器内会因水滴被蒸干而析出结晶。加之这两种盐类在过热蒸汽中的溶解度很小，所以当它们在饱和蒸汽中的含量大于在过热蒸汽中的溶解度时，就可能沉积在过热器内。

但是从水滴析出的物质并不会全部都沉积下来，而是一部分沉积下来，一部分被过热蒸汽带走。因为蒸汽携带的水滴非常细小，在蒸发过程中变得越来越小，所以往往有少量水滴在汽流中就被蒸干（而不是在过热器管壁上被蒸干），这时析出的盐类会呈固态微粒状态被过热蒸汽带走。

2）氢氧化钠（NaOH）。在过热器内，蒸汽携带的水滴被蒸发时，水滴中的逐渐被浓缩，因为 NaOH 在水中的溶解度非常高（水温越高，溶解度也越大）而且各种不同水温的 NaOH 饱和溶液的蒸汽压都很低（最大值仅为 0.0588MPa），所以在过热器内，NaOH 可能从溶液中以固相析出，只能形成 NaOH 浓度很高的液滴。

在高压锅炉中，由于过热蒸汽的压力和温度较高 $p = 9.8MPa$，$450℃ < t < 550℃$，NaOH 在过热蒸汽中的溶解度较大，它远远超过了饱和蒸汽所携带的 NaOH 量，所以 NaOH 全部被过热蒸汽溶解，带往汽轮机中，不沉积在过热器内。

对于中、低压锅炉，因为 NaOH 在过热蒸汽中的溶解度很小，饱和蒸汽所携带的 NaOH 量，远大于 NaOH 在过热蒸汽中的溶解度，所以如前所述，它们的过热器内形成 NaOH 的浓缩液滴，这种液滴虽然有可能被过热蒸汽流带往汽轮机，但大部分会粘附在过热器壁上，此外 NaOH 液滴还可能与蒸汽中 CO_2 发生化学反应，生成 Na_2CO_3 在过热器中。沉积在过热器内的 NaOH，当锅炉停炉后，也会吸收空气中的 CO_2 而变成 Na_2CO_3。

3）氯化钠（NaCl）。在高压锅炉（压力大于 9.8MPa）内，饱和蒸汽所携带的 NaCl 总量（水滴携带与溶解携带之和），常常小于它在过热蒸汽中的溶解度，所以它一般不会沉积在过热器中，而是溶解在过热蒸汽中，带往汽轮机。

在中压锅炉中，饱和蒸汽品质较差时，往往因其携带的 NaCl 量溶解在一定温度下具有一定的蒸汽压，当溶液的蒸汽压等于外界压力时，该溶液才会沸腾。超过它在过热蒸汽中的溶解度，而有固体 NaCl 沉积在过热器中。

4）硅酸。饱和蒸汽携带的硅酸（H_2SiO_4 或 H_4SiO_4），在过热蒸汽中会失水变成 SiO_2，因为 SiO_2 在过热蒸汽中的溶解度很大，饱和蒸汽所携带的硅酸总量，总是远远小于它在过热蒸汽中的溶解度，所以饱和蒸汽中的水滴在过热器蒸发时。水滴中的硅酸全部转入过热蒸汽中，不会沉积在过热器中。

综上所述，可将汽包锅炉过热器中各种物质的沉积情况，按锅炉压力的不同，区分如下：

1）低压和中压锅炉。在这类锅炉的过热器中，沉积物的主要组成物是 Na_2SO_4、Na_3PO_4 以及 Na_2CO_3 和 NaCl 组成。

2）高压锅炉。在这类锅炉的过热器中，沉积物主要成分是 Na_2SO_4，其他钠盐含量的百分率一般很小。

3）超高压及更高压力的锅炉。在这类锅炉的过热器中，沉积物较少，因为这种锅炉的过热蒸汽溶解杂质的能力很大，饱和蒸汽中的杂质大都转入过热蒸汽中，带往汽轮机。

在各种压力汽包锅炉的过热器内，除了可能沉积有各种盐类外，还可能沉积有铁的氧化物，这种铁的氧化物，主要是过热器本身的腐蚀产物铁的氧化物在过热蒸汽中的溶解度很小，所以它们的绝大部分沉积在过热器内，也有极少部分能以固态微粒状被过热蒸汽带往汽轮机中。

2. 蒸汽中的杂质在汽轮机内形成沉积物

锅炉在蒸汽所携带的杂质，会在汽轮机的通流部分形成沉积物。

（1）沉积物所引起的危害。汽轮机内的沉积物会对机组的效率、出力和可靠性产生显著的影响。

沉积物聚集在叶片上会引起通道变窄、表面光洁度变差，因此使效率下降并增大推力轴承的负荷，可能造成推力事故，引起汽轮机内部零件的严重损坏，此外，覆盖在叶片上的沉积物还会引起和加速叶片的腐蚀。

汽轮机内的沉积物还可能导致下述故障的发生：①各级叶片间的迷宫汽封，可因充满盐类和氧化铁沉积物，而降低密封效果及汽轮机效率；②阀杆和阀套之间的间隙由于积满沉积物而导致阀门不能动作。

（2）汽轮机内沉积物的分布及主要成分。关于在汽轮机内不同的级中生成沉积物的情况各不相同，其基本规律可归纳为以下几点：

1）不同级中不仅沉积物的化学组成成分的百分含量不同，而且不同级中沉积物的总量也不一样。

在汽轮机中除第一级和最后几级沉积物量极少外，低压级的沉积物总是比高压级的多些。

在汽轮机最前面的一级中，蒸汽参数与锅炉出口蒸汽参数相比降低还不太多，而且蒸汽流速快。这样蒸汽中的杂质尚不能析出或来不及结晶沉积。因此第一级往往没有或仅有很少沉积物。在汽轮机的最后几级中，由于蒸汽中已含有较多的湿分，杂质就转入到湿分中，而且湿分也能冲洗掉汽轮机叶轮上已析出的物质，所以这里甚至往往没有沉积物。

2）沉积物在各级隔板和叶轮上分布不均匀。整个汽轮机的通流沉积物的形成都是不均匀的，不仅在不同的级中的分布不均匀，即使在同一级中，部位不同分布也不均匀。沉积物最多的地方是工作叶片和导叶的背部。因为，在叶片和导叶背部转弯的地方，蒸汽流动的速度最小，这里容易沉积杂质，此外，复环的内表面、叶轮孔等处沉积物量也往往较多，这也同样与蒸汽的流动工况有关。

3）供热机组和经常启停的汽轮机内，沉积物量较少。在汽轮机停机和启动时，都会有部分蒸汽凝结成水，这对于易溶的沉积物有清洗作用，所以在经常停、启的汽轮机内，往往沉积物量较少。此外，热电厂的供热汽轮机内，沉积物量也往往较少，这是因为供热抽汽带走了许多杂质、汽轮机的负荷往往有较大的变化（与热用户的用热情况以及季节有关），在负荷降低时，汽轮机中工作在湿蒸汽区的级数增加，由于蒸汽中的湿分有清洗作用，能将原来沉积的易溶物质冲去。

二、炉内防腐、防垢水质调整方法

首先应该指出，由于现代水处理技术已能制备质量很高的补给水，能使给水中残余硬度减少至接近零，所以钙镁水垢实际上在电厂锅炉中已很少发生，锅炉内生成的主要成分是氧化铁、铜和硅酸盐。防止氧化铁、铜含量，保证给水质量合乎要求及尽量防止热力设备和铜制件被腐蚀，与此同时采取配合补充炉外水处理的在给水中加入药剂处理，不仅能降低进入锅炉水的腐蚀产物量，还能大大降低氧化铁的沉积速度。

锅内处理所解决的问题，一、是除去进入锅炉水中的残余有害杂质，如钙、镁、硅化合物等，辅助完成炉外处理未解决的工作；二、是对锅炉水的杂质成分进行调整控制，从而控制产生沉积物腐蚀以及改善蒸汽品质。

锅内水处理目前仍不断发展，早期处理，因当时电站锅炉参数很低，曾采用碱类药品即碳酸钠和氢氧化钠来调整锅炉水质，以防钙、镁水垢且兼调节锅炉水 pH 值，以致减缓腐蚀。随着锅炉技术的发展，中压、高压参数的机组投运，为此与其相适应锅内水处理就采用了磷酸盐类药品。这种处理可达防止钙、镁水垢生成，同时在特定的水质条件时，起到防止锅炉炉管碱性腐蚀作用。现代高压、超高压电站锅炉，因参数高，锅炉蒸发量及热负荷高，锅内结垢、腐蚀问题趋于复杂化，虽然，现在炉外水处理技术与给水处理技术方面都有很大发展，可仍不足解决锅内问题。由此出现了各种磷酸盐改进型，如低磷酸盐处理、平衡磷酸盐处理等和氢氧化钠处理。

（一）磷酸盐防垢处理

1. 原理

磷酸盐防垢处理就是用向汽包中加入磷酸盐溶液的方法，使锅炉水中经常维持一定量的磷酸根，由于锅炉水处于沸腾条件下，而且它的碱性较强，因此，炉水中的钙离子与磷酸根会发生下列反应：

$$10Ca^{2+} + 6PO_4^{3-} + 2OH^- \longrightarrow Ca_{10}(OH)_2(PO_4)_6$$

碱式磷酸钙

生成的碱式磷酸钙是一种松软的水渣，易随锅炉排污排除，且不会粘附在锅内形成二次水垢，因为碱式磷酸钙是一种非常难溶的化合物，它的溶度积很小，所以当锅炉水中保持有一定量的过剩 PO_4^{3-}，可以使炉水中的钙离子的浓度非常小，以至在锅炉水中它的浓度与 SO_4^{2-} 或 SiO_3^{2-} 的浓度的乘积不会达到 $CaSO_4$ 或 $CaSiO_3$ 的溶度积，这样锅内就不会有钙垢形成。

采用磷酸盐对锅炉水进行处理时，常用的药品为磷酸三钠（$Na_3PO_4 \cdot 12H_2O$）。

2. 锅炉水中的磷酸根浓度

根据以上的叙述可知，为了达到防止在锅炉中产生钙垢的目的，在炉水中要维持足够的 PO_4^{3-} 浓度，这个浓度和炉水中的 SO_4^{2-}、SiO_3^{2-} 浓度有关，从理论上来讲是可以根据容度积推算的，但是实际上，因为没有得出钙化合物在高温炉水中溶解度的数据，而且锅内生成水渣的实际反应过程也很复杂，所以炉水中 PO_4^{3-} 浓度究竟应维护多大合适，主要根据实践经验来定。锅炉水中的 PO_4^{3-} 不应太多，太多了不仅随排污水排出的药量会增多，使药品的消耗增加，而且还会引起下述不良后果：

（1）增加锅炉水的含盐量影响蒸汽品质。

（2）当给水中 Mg^{2+} 含量较高时，有生成 $Mg_3(PO_4)_2$ 的可能。$Mg_3(PO_4)_2$ 在高温水中的溶解度非常小，能粘附在炉管内形成二次水垢。

（3）若锅炉水含铁量较大时，锅炉的水冷壁上有生成磷酸盐铁垢的可能。

（4）容易在高压和超高压锅炉中发生 Na_3PO_4 的"隐藏"现象。

由上述可知，只要能达到防垢的目的，锅炉水中 PO_4^{3-} 的浓度以低些为好。所以，在能够确保给水水质非常优良的情况下，应尽量降低锅炉水中 PO_4^{3-} 浓度标准。

（二）协调磷酸盐处理

1. 原理

协调 pH – 磷酸盐处理就是除向汽包内添加 Na_3PO_4 外，还添加其他适当的药品，使锅炉水既有足够高的 pH 值和维持一定的 PO_4^{3-} 浓度，又能消除其游离 NaOH 的锅内处理法。

进入汽包内的给水中总有少量的磷酸盐，如以单纯钠离子交换的软化水作为补给水时，给水中含有重碳酸钠；以石灰 – Na 离子交换处理水作为补给水时给水中含碳酸钠以及微量的碳酸盐硬度；以除盐水或蒸馏水作为补给水时，因凝汽器中冷却水的渗漏，给水中也总含有少量的碳酸盐，这些碳酸盐进入锅炉内后，由于锅内温度高，会发生下列化学反应而产生

NaOH：

（1）重碳酸钠和碳酸钠的分解，即有

$$NaHCO_3 \longrightarrow CO_2 \uparrow + NaOH$$

$$Na_2CO_3 + H_2O \longrightarrow CO_2 \uparrow + 2NaOH$$

（2）碳酸盐硬度与磷酸盐相互作用，即

$$3Ca（HCO_3）_2 + 2Na_3PO_4 \longrightarrow 6NaOH + 6CO_2 \uparrow + Ca_3（PO_4）_2 \downarrow$$

上列化学反应生成的 NaOH 是锅内游离 NaOH 主要来源，而游离 NaOH 是产生碱性腐蚀的根源。

在进行协调磷酸盐处理时，向锅炉水中添加的正磷酸盐的 Na_2HPO_4 或 NaH_2PO_4，它与游离 NaOH 发生的反应为

$$Na_2HPO_4 + NaOH \rightarrow Na_3PO_4 + H_2O$$

$$NaH_2PO_4 + 2NaOH \rightarrow Na_3PO_4 + 2H_2O$$

所以，只要加入的量是足够的，就能消除游离 NaOH。只要消除锅炉水中的游离 NaOH，锅炉内金属就不会产生碱性腐蚀。这是因为此时锅炉水中的 NaOH 都是由 Na_3PO_4 水解而形成的。如：$Na_3PO_4 + H_2O \rightarrow NaOH + Na_2HPO_4$，此水解反应是一个可逆过程，所以当锅炉水发生蒸汽浓缩过程时，反应会向左移动，即 Na_3PO_4 的水解度减小。因此，在炉水中 NaOH 的浓度不会达到引起碱性腐蚀的程度。

2. 适用范围与注意事项

锅炉水协调磷酸盐处理法，虽然能防垢和防止碱性腐蚀，但并不是所有的锅炉都能采用，一般只宜于具备下述两个条件的锅炉；一是此锅炉的给水以除盐水或蒸馏水作补给水；二是与此锅炉配套的汽轮机的凝汽器很严密（即凝结水水质很好）。如果不具备这些条件，锅炉水中游离 NaOH 的含量就会较大，锅炉水水质也容易变动（如当凝汽器泄漏时），要经常使锅炉水中 pH 值与 PO_4^{3-} 的关系保持符合协调磷酸盐处理的工况也就很困难，而且当锅炉水中游离 NaOH 很大时，中和游离 NaOH 所需酸式磷酸盐的量也就很大，这样就会使锅炉水的含盐量很大，甚至影响蒸汽品质。

协调磷酸盐处理的加药方式，需要注意的问题及锅炉水中应维持的 PO_4^{3-} 的量，与一般的锅炉水磷酸盐防垢处理时相同。协调磷酸盐处理时，锅炉水中没有游离 NaOH，若此时炉水中的 PO_4^{3-} 又较大，就容易发生下述反应：

$$Na_3PO_4 + Fe（OH）_2 = NaFePO_4 + 2NaOH$$

而产生磷酸盐铁垢。

（三）给水挥发性处理

在火力发电厂中，给水挥发性处理也称"碱性水化学工况"，也就是向给水中加入氨、联氨挥发性药品，以保证机组在稳定工况和变工况运行时都能抑制机组各个部位的腐蚀。

在汽包炉的凝结水－给水系统中，加入联氨和氨，以调节水、汽系统中工质的 pH 值，使之呈碱性。并且完全除掉给水中残余溶解氧，这种化学工况就叫"联氨－氨"碱性化学工况。

加入氨调节 pH 值，此时有

$$NH_3 + H_2O \rightarrow NH_4OH$$
$$NH_4OH + H_2CO_3 \rightarrow NH_4HCO_3 + H_2O$$
$$NH_4OH + NH_4HCO_3 \rightarrow (NH_4)_2CO_3 + H_2O$$

加入的氨将 Na_2CO_3 中和至 NH_4HCO_3 和 $(NH_4)_2CO_3$，提高了水的 pH 值。

联氨是一种还原剂，特别是在碱性水溶液中，它是一种很强的还原剂，它可将水中的溶解氧还原，即有

$$N_2H_4 + O_2 \rightarrow N_2 + 2H_2O$$

反应产物 N_2 和 H_2O 对热力系统的运行没有任何害处，用联氨除去给水中溶解氧就是利用它的这种性质。在高温情况下，水中 N_2H_4 可将 Fe_2O_3 还原成 Fe_3O_4，以至 Fe。反应式为

$$6Fe_2O_3 + N_2H_4 \rightarrow 4Fe_3O_4 + N_2 + 2H_2O$$
$$2Fe_3O_4 + N_2H_4 \rightarrow 6FeO + N_2 + 2H_2O$$
$$2FeO + N_2H_4 \rightarrow 2Fe + N_2 + 2H_2O$$

联氨还能将 CuO 还原成 Cu 或 Cu_2O，反应式为

$$4CuO + N_2H_4 \rightarrow 2Cu_2O + N_2 + 2H_2O$$
$$4Cu_2O + N_2H_4 \rightarrow 4Cu + N_2 + 2H_2O$$

联氨的这些性质可以用来防止锅炉内结铁垢和铜垢。

"联氨－氨"碱性水化学工况可以减少热力系统金属材料的腐蚀，从而减少给水携带腐蚀产物到锅炉内，以达到减少锅炉内和汽轮机内沉积物的目的。

实践证明，对于碱性水化学工况而言，为降低给水含铁量，最好维持给水 pH = 9.2 ~ 9.6。但是，维持给水的高 pH 值，只有在系统中没有铜合金设备的条件下才可能。如果热力系统中有铜合金材料的设备，维持给水 pH 值大于 9.5，所加入的氨量，足以在热力系统某些部位（如凝汽器空冷区）浓缩到引起铜合金材料发生氨腐蚀，从而增加给水含 Cu 量。而且

低压加热器的黄铜管对水的 pH 值比较敏感，当水的 pH（25℃） > 8.8 时，黄铜管就有一定程度的腐蚀，所以控制碱性水化学工况以降低水中含铁量，受到了黄铜材料对 pH 值的限制。

综上所述，虽然维持给水高 pH 可抑制铁的腐蚀，但维持高 pH 所加入的氨量会增加铜的腐蚀，因此，应通过水质调整试验，确定加入的氨量，按国家标准，压力 15.68 ~ 18.62MPa 的汽包炉，给水 pH 值可控制在 9.2 ~ 9.6 之间。

三、获得清洁蒸汽的方法及锅炉排污

为了防止在蒸汽通流部位积盐，必须保证从汽包引出的是清洁的饱和蒸汽，并防止它在减温器内被污染。我们知道，饱和蒸汽中的杂质来源于锅炉水。所以，为了获得清洁的蒸汽，应减少锅炉水中杂质的含量，还应设法减少蒸汽的带水量和降低杂质在蒸汽中的溶解量。为此，应采取下述措施：减少进入锅炉水中的杂质量、进行锅炉排污、采用适当的汽包内部装置和调整锅炉的运行工况等。

1. 减少进入锅炉水中的杂质量

锅炉水中的杂质主要来源于给水，至于锅炉本体的腐蚀产物，除新安装的锅炉外，它在锅炉水中的量一般很少。所以，要减少进入锅炉水中的杂质，主要应保证给水水质优良，保证给水水质优良的办法如下：

（1）减少热力系统的汽水损失，降低补给水量；

（2）采用优良的水处理工艺，制备优质的补给水，降低补给水中杂质的含量；

（3）防止凝汽器泄漏，以免汽轮机凝结水被冷却水污染；

（4）采取给水和凝结水系统的防腐措施，减少给水中的金属腐蚀产物；

（5）采用凝结水除盐处理，除掉汽轮机凝结水中的各种杂质。

此外，还要减少锅炉本体水汽系统的腐蚀对炉水的污染，在锅炉的运行中应做好炉水水质调整，以减少锅炉水冷壁管载荷腐蚀。

2. 锅炉排污

锅炉运行时，给水带入炉水中的杂质，只有很少部分会被饱和蒸汽带走，大部分留在炉水中，随着运行时间的增长，如果不采取一定措施，锅炉水中的杂质就会不断地增多，当锅炉水中的含盐量、含硅量超过一定数值时，就会使蒸汽品质不良；当锅炉水中的水渣较多时，不仅会影响蒸汽品质，而且还可能造成炉管堵塞，危及锅炉的安全运行。因此，为了使锅炉水的含盐量和含硅量能维持在极限容许值以下和排除锅炉水中的水渣，

在锅炉运行中，必须经常放掉一部分锅炉水，并补入相同量的给水，这叫做锅炉排污。

（1）锅炉的排污方式。锅炉的排污方式有"连续排污"和"定期排污"两种：

1）连续排污。这种排污方式是连续地从汽包中排放锅炉水，这种排污的目的，主要是为了防止锅炉水的含盐量和含硅量过高；它也能排除锅炉水中细微或浮悬的水渣。连续排污水之所以从汽包中引出，是因为锅炉运行时，这里的锅炉水含盐量较大。

2）定期排污。这种排污方式是定期地从锅炉水循环系统的最低点（如从水冷壁的下联箱处）排出部分锅炉水。定期排污主要是为了排除水渣，而水渣大部分沉淀在水循环系统的下部，所以定期排污点应设在水循环系统的最低部分，且排放速度应很快。定期排污每次排放的时间应该很短，一般不超过 $0.5 \sim 1$min，因为排放时间过长会影响锅炉水循环的安全。每次定期排污排出的水量，一般约为锅炉蒸发量的 $0.1\% \sim 0.5\%$，也有的中、低压锅炉因锅炉水质较差，且锅炉蒸发量小，故每次排走的水量约为 1% 或者更多一些。定期排污的间隔时间，应根据锅炉水水质来决定。当锅炉水渣较多，间隔时间应短；水质较好时，间隔时间较长。定期排污最好在锅炉低负荷时进行，因为此时水循环速度低，水渣下沉，故排放的效果较好。

定期排污也可用来作迅速降低锅炉水含盐量的措施，以补连续排污的不足。汽包水位过高时，还可以利用定期排污使之迅速下降。新安装的锅炉在投入运行的初期或者旧锅炉在启动期间，往往需要加强定期排污，以排除锅炉水中的铁锈和其他水渣。

（2）锅炉的排污装置。锅炉的连续排污点，应设置在锅炉水含盐量较大的地方，以减少排污水量。排污装置应能沿着汽包长度方向均匀地排水，以免引起锅炉各部分炉管中水质不均匀。常采用的装置是装在汽包水室内的排污取水管，它是一根沿着汽包长度水平安装的管子，沿管子的长度均匀地开有许多小孔，锅炉水从这些小孔进入取水管后通过导管引出。

安装这种排污取水管要注意以下各点：

1）取水管的位置和开孔部位应避开给水管和磷酸盐加入药管，以免吸入给水和磷酸盐溶液；

2）管上水孔要不易堵塞；

3）能放出含盐量较大的锅炉水。

现在常采用直径为 $28 \sim 60$mm 的管子作排污取水管，管上开有直径为

5～10mm 的小孔，开孔数目以保证小孔入口处水速为排污取水管内水速的 2～2.5 倍为宜。排污取水管安装在汽包正常水位下 200～300mm 处，以免吸入蒸汽泡。对于汽包内有旋风分离器的锅炉，排污取水管可装在旋风分离器底部附近，以利排除含盐量较大的锅炉水。

连续排污的管道上除装有切断水流用的阀门外，还应装有节流孔板、调节排污水流量的针形阀和排污流量表，有的还装有排污自动调节装置，连续排污的自动调节装置能保证锅炉水水质的稳定，能避免因排污过多而造成水量和热量损失，也能防止排污过少而影响蒸汽品质，所以在高参数锅炉上一般都有这样的装备。

为了减少因排污损失的水量和热量，一般将连续排污水引进专用的扩容器，在其中由于压力的突然降低，可使部分排污水变成蒸汽，这些蒸汽可利用（例如送往除氧器），剩下的排污水还可通过表面式热交换器，利用其热量来加热补给水，最后将通过热交换器的排水管排至地沟。

因为定期排污时间间隔较长，排放的水量少，故排放出的水一般不再利用。但为了避免产生强烈的噪声，以及可能发生的烫伤等不幸情况，应将定期排污水引入它专用的扩容器内进行降压降温，然后再排放至地沟。

（3）锅炉排污率的计算公式。锅炉的排污水量，应根据锅炉水水质监督的结果来调整，锅炉的排污水量占锅炉蒸发量的百分率，称为锅炉排污率，即

$$P = (D_p/D) \times 100\% \qquad (14-1)$$

式中 D_p——锅炉排污水量，t/h；

  D——锅炉蒸发量，t/h；

  P——锅炉排污率，%。

锅炉的排污率，一般不按上式计算，而是根据水质分析结果进行计算的，其计算方法如下：

如果某物质在锅炉水中不会析出，那么当锅炉水水质稳定时，由物量平衡的关系可知，该物质随给水带入锅炉内的量等于随排污水排掉的量与饱和蒸汽带走的量之和，即

$$D_{GE}S_{GE} = DS_B + D_pS_p \qquad (14-2)$$

式中 D_{GE}——锅炉给水量，t/h；

  S_{GE}——给水中某些物质的含量，mg/L；

  S_B——饱和蒸汽中某物质的含量，mg/L；

  S_p——排污水中某物质的含量，mg/L。

此外，由于进、出锅炉的水、汽量是平衡的，可得

$$D_{GE} = D_B + D_p \tag{14-3}$$

由式（14-1）~式（14-3），可推得

$$P = \left[\left(S_{GE} - S_B \right) / \left(S_p - S_{GE} \right) \right] \times 100\% \tag{14-4}$$

因为排污水是排出的锅炉水，所以 S_P 可以用锅炉水中某物质的含量（S_G）代替，即

$$P = \left[\left(S_{GE} - S_B \right) / \left(S_G - S_{GE} \right) \right] \times 100\% \tag{14-5}$$

锅炉的排污率就是将水质分析结果代入式（14-5）计算得出的。

（4）锅炉排污率的大小。锅炉的排污总是会损失一些热量和水量，例如对超高压机组的热力系统进行计算得知，即使较好地利用连续排污的热量，但排污每增加1%仍然会使燃料消耗增加0.3%左右，所以在保证蒸汽品质合格的前提下，应尽量减少锅炉的排污率。锅炉的排污率，应不超过下列数值：以化学除盐水或蒸馏水为补给水的凝汽式电厂，1%；以化学除盐水或蒸馏水为补给水的热电厂，2%；以化学软化水为补给水的凝汽式电厂，2%；以化学软化水为补给水的热电厂，5%。

如果锅炉排污率超过了上述标准，应采取措施使其降低，如改进给水处理工艺以改善给水水质，或者在汽包内安设更好的汽水分离装置。

此外，为了防止锅内有水渣积聚，锅炉排污率应不小于0.3%。

3. 汽包内部装置

为了获得清洁的蒸汽而安设在汽包内部的装置有：汽水分离装置、蒸汽清洗装置以及分段蒸发装置等几种，不同的锅炉，汽包内部装置也不同，锅炉压力越高，汽、水分离越困难，而且蒸汽溶解携带杂质的能力也越大，因而汽包内部装置也应越完善。在高压和超高压汽包锅炉内，通常在汽包内安设有高效率的汽水分离装置和蒸汽清洗装置，现将常用的汽包内部装置，简单介绍如下。

（1）汽水分离装置。汽水分离装置的主要作用，是减少饱和蒸汽带水，它的结构形式虽然很多，其工作原理都不外是利用离心力、粘附力和重力等进行水与汽的分离。常见的汽水分离装置有旋风分离器、多孔板、波形板百叶窗等几种，而且在锅炉汽包内往往同时安设有几种分离装置，相互配合，以达到良好的分离效果。

带旋风分离器的汽水分离装置。带旋风分离器的汽水分离装置是高压和超高压锅炉常用的汽包内部装置，它主要由旋风分离器、百叶窗和多孔板以及蒸汽清洗装置等组成，这种汽包内部装置中汽水分离流程如下：由上升管来的汽水混合物先进入分配室，使它们均匀地进入各旋风分离器，在旋风分离器分离出的水进入水室，分离出的蒸汽经分离器上部的百叶窗

进入汽包的汽空间，进入汽空间的蒸汽先通过清洗装置、再经汽包上部的百叶窗分离器，最后经多孔板顶板，由蒸汽引出管引出。

（2）蒸汽清洗装置。汽水分离装置只能减少蒸汽带水，不能减少溶解携带，所以高压和超高压锅炉汽包内仅仅有汽水分离器装置，往往不能获得良好的蒸汽品质。为了减少蒸汽的溶解携带，在汽包内装设蒸汽清洗装置是一种有效的措施。

蒸汽清洗就是使饱和蒸汽通过杂质含量很少的清洁水层，蒸汽经过清洗后，杂质的含量要比清洗前低得多，原因有二：

1）蒸汽通过清洁的水层时，它所溶解携带的杂质和清洗水中的杂质就按分配系数重新分配，使得蒸汽中原来溶解的杂质一部分转移到清洗水中，这样就降低了蒸汽中溶解携带杂质的量；

2）蒸汽中原有的含杂质量较高的锅炉水水滴，在与清洗水接触时，就转入清洗水中，而由清洗水层出来的蒸汽虽然也带走一些清洗水水滴，但水滴的量通常与清洗前差别不大，而清洗水水滴中的杂质含量比锅炉水水滴少得多，所以蒸汽清洗能降低蒸汽中的水滴携带杂质的量。

通常采用的清洗装置，是以给水作清洗水的水平孔板式的。它装在汽包的汽空间，将部分给水（一般为给水量的 40% ~ 50%）引至此装置上，使孔板上有一定厚度（一般为 30 ~ 50mm）的清洗水层，蒸汽从其下面进入，穿过清洗水层，进入汽包上部汽空间，然后经过多孔板或百叶窗等汽水分离装置，最后由蒸汽引出管引出。清洗蒸汽后的给水流入汽包的水室。

清洗后蒸汽杂质含量降低的值占清洗前蒸汽中杂质含量的百分率，通常称为"清洗效率"。它一般按蒸汽的含硅量计算。目前采用的清洗装置的清洗效率（按含硅量）为 60% ~ 75%。

$$清洗效率 = \left[(S_{BQ} - S_{BH}) / S_{BQ} \right] \times 100\%$$

式中　S_{BQ}——清洗前的饱和蒸汽含硅量或含钠量，$\mu g/L$；

　　　S_{BH}——清洗后的饱和蒸汽含硅量或含钠量，$\mu g/L$。

清洗效率与清洗水中杂质的含量关系较大，因为清洗水中杂质含量越少，清洗后蒸汽中溶解携带的杂质量也越少，此外，在清洗前、后蒸汽湿分差别不大的条件下，清洗水中杂质含量越少，清洗后蒸汽中水滴携带的杂质量也越少，应该知道，清洗水中杂质的含量并不等于进入清洗装置前的给水杂质的含量。因为给水进入清洗装置后就与蒸汽接触，蒸汽中的杂质就转入此给水中，此给水在流经清洗装置时，它的杂质含量会逐渐增加的，所以，清洗水中的杂质是由进入清洗装置的给水和蒸汽带来的，当然，给水水质越好，清洗前蒸汽的湿分越小清洗水中杂质含量就越少。

由于蒸汽清洗可以改良蒸汽的品质，所以与不进行清洗的相比，在同样保证从汽包送出的饱和蒸汽品质的前提下，采用蒸汽清洗时锅炉水的含盐量和含硅量允许较高。

4. 调整锅炉的运行工况

锅炉的负荷、负荷变化速度和汽包水位等运行工况与饱和蒸汽带水量有着密切的关系，它直接地影响蒸汽品质，如锅炉负荷过大，则汽包中汽流速太大，即使有较完善的锅内汽水分离装置——旋风分离器也负担不了。这样，在蒸汽流中的细小水滴不能充分被分离，导致蒸汽品质恶化。对某些锅炉汽包内有清洗装置，采取部分给水清洗蒸汽的超高压锅炉来说，负荷过低，蒸汽品质也不好，这是因为锅炉负荷过低时，送至清洗装置的给水量也随之减少，使清洗水层很薄，影响了正常的清洗过程而使蒸汽品质变差。有时因锅炉的运行工况不当，如汽包水位过高、锅炉负荷超过临界负荷或突然变化，都会造成饱和蒸汽大量带水，使蒸汽品质变差。

由此看来，保证良好的蒸汽品质，锅炉运行工况是很重要的。这一工况得到是通过专门的试验即锅炉的热化学试验。

5. 新锅炉的蒸汽吹管

蒸汽吹管的目的在于保证蒸汽管道内没有杂物残留。它不是一项日常运行的操作，一般在新建锅炉机组全部安装工作完毕，准备投入运行之前，且又在蒸汽管道内已经进行了化学清洗之后进行，以便冲洗掉管道内残留的杂物。

蒸汽冲管时，管内杂物受到的推动力使用是与蒸汽流动时冲刷力成正比的，因而以较大蒸汽流量的蒸汽对管道内杂物冲刷，这样方能将杂物彻底清除，冲管时与运行中最大蒸汽流量时冲刷力的比值，称为"扰动因素"，扰动因素越大，冲管就越有效。但增大扰动因素会给冲管操作带来困难，按一般操作经验，此扰动因素至少为 1.6。

此外，还必须采取一定措施，以保证符合"环境保护"规定对噪声限制的要求。

6. 新机组投运时的"洗硅"运行

在高压条件下，锅炉水中的硅酸的蒸汽溶解携带随蒸汽压力的提高而急剧增加，它比单纯机械携带大 100～1000 倍。因此，欲取得良好的蒸汽品质，必须严格控制和尽量减少锅炉水中硅化合物的含量，为此，对于新机组，清除汽水系统中的硅化合物即新机组投产时的"洗硅运行"就是试运中一项不可缺少的操作程序。可以说，不清除汽水系统中的硅化合物，蒸汽品质达不到规定要求，机组不能达额定参数运行。

所谓"洗硅"就是在某一压力下开始，蒸汽压力由低逐渐提高，将锅炉在不同的压力级维持一定的时间，使锅炉水硅含量符合相应压力下的允许值，通过锅炉排污方式，使锅炉水中的含硅量控制在该压力级的允许范围以内，直至蒸汽中 SiO_2 含量合格之后，再向高一级递升，这样，就使水汽系统中残留硅含量，逐步通过排污而加以清除，防止汽轮机中叶片上沉积硅垢。

四、加药系统的调整方法及设备维护

1. 炉水加药系统流程

除盐水

↓

固体磷酸盐→磷酸盐溶解箱→磷酸盐输送泵→磷酸盐溶液箱→磷酸盐计量泵→汽包。

2. 调整

根据实验，得出炉水磷酸盐的加药控制指标，运行人员根据控制指标进行加药调整。要求每次溶药时严格控制溶液箱内药液浓度，在药液浓度一定的前提下，调整加药泵行程调节旋钮控制加药量，在符合控制指标范围内，保证均匀、连续地向汽包加入。

3. 加药设备的维护

（1）运行中每隔 1h 检查一次设备，检查要点：加药泵压力指示正常，电机转动无异常，润滑油充足，加药系统无泄漏、渗漏，溶液箱不溢流、不低位、液位计良好。

（2）整套设备应保持清洁干燥。

（3）加药泵输送泵的转动部分要保持油位在油箱视镜的 $1/3 \sim 2/3$ 之间。

五、常规加药处理

为了减缓水汽系统金属腐蚀产物的产生以及腐蚀产物的沉积速度，确保机炉的安全经济运行。必须对锅炉和给水系统进行加药处理。

（一）给水系统的加药处理

汽包锅炉一般采用碱性水化学运行工况。此时，给水需要进行除氧处理和 pH 值的调节，除氧处理主要除去水中的溶解氧，包括热力除氧和化学除氧。

1. 热力除氧

（1）原理。热力除氧法采用除氧器对给水进行除氧。热力除氧器是以加热的方式除去给水中溶解氧及其他气体的一种设备。其工作原理是基于亨利定律，即任何气体在水中的溶解度与它在汽水分界面上的分压成正比。在敞口设备中将水温升高时，水面上水蒸气的分压升高，其他气体的分压下降，结果使其他气体不断析出，这些气体在水中的溶解度就下降，当水温达到沸点时，水面上水蒸气的压力和外界压力相等，其他气体的分压为零。所以，溶解在水中的气体将被分离出来。

（2）除氧器的类型与结构特点。热力除氧器按水的加热方式不同可分为：混合式除氧器、过热式除氧器。按工作压力不同可分为：真空式、大气式和高压式除氧器。

2. 化学除氧

化学除氧是除去热力除氧剩余的溶解氧。给水化学除氧所使用的化学药品，高参数大容量锅炉为联胺，参数较低的锅炉采用亚硫酸钠。此外一些新型除氧剂目前也有较广泛的应用。

（1）联胺处理。联胺在常温下是一种无色液体，它具有挥发性，有较强的侵蚀性，有毒。联胺还具有还原性、弱碱性、热分解性。联胺与氧反应为

$$N_2H_4 + O_2 \rightarrow N_2 + 2H_2O$$

联胺的除氧条件是：一是使水中联胺有足够的过剩量；二是必须使水中维持一定的 pH 值，pH 值在 9~11 之间，除氧反应最快；三是必须有足够的反应温度，当给水温度达 200℃时，联胺同溶解氧的反应时间仅为数秒钟。

（2）新型除氧剂。

1）二甲基酮肟（C_2H_6CNOH），又名丙酮肟。丙酮肟与联胺一样，是一种挥发性除氧剂，与氧直接反应，其反应式为

$$(CH_3)C-N-OH + O_2 - (CH_3)C=O + N_2O + H_2O$$

当给水中加入丙酮肟时，过剩的 C_2H_6CNOH 在高温高压下，对沉积物在给水管道、高加、省煤器内的铜腐蚀产物还可起到清洗作用。由于其剩余量在高温高压下能分解出氨，对稳定系统 pH 值可起一定作用。当凝结水 pH > 9.0 并有微量丙酮肟时，还可避免和铜合金在微酸性纯水中腐蚀。由于它的分配系数在很多情况下比联胺大，所以对蒸汽系统的各个部位均有效。

2）甲基乙基酮肟（MEKO）。其作用同二甲基酮肟。

3）碳酰肼。碳酰肼是联胺和二氧化碳的衍生物，也是一种挥发性的除氧剂和金属钝化剂，碳酰肼与氧反应速度快。

4）胺基乙醇胺。胺基乙醇胺是一种乙醇和脂肪胺的缩合物，具有较高的热稳定性、碱性和除氧特性，有很高的除氧能力，1mg/L 胺可与 80mg/L 溶解 O_2 发生反应，而且反应速度较快。

除以上几种新型除氧剂以外，还有异抗坏血酸，对苯二酚、二乙基羟胺等，这些新型除氧剂都有化学除氧与 pH 调节合二为一的功能。

3. 给水的 pH 值调节

对于中、高及以上的锅炉，为了防止给水中游离 CO_2 对给水系统产生的酸性腐蚀，除了应选择合理的水处理工艺，尽量降低碳酸盐的含量和减少凝汽器泄漏外。还必须对给水进行 pH 的调节。给水 pH 值的调节是将给水的值控制在碱性范围内，调节的方法一般是采用加氨处理。

氨在常温下是一种具有刺激性臭味的气体，易溶于水，其水溶液称氨水，呈碱性。给水加氨实际上就是用氨水中的碱性来中和给水中的 CO_2，氨水和 CO_2 的反应分为两步：

$$NH_3 \cdot H_2O + CO_2 = NH_4HCO_3$$
$$NH_3 \cdot H_2O + NH_4HCO_3 = (NH_4)_2CO_3 + H_2O$$

当加入的氨恰好将给水中的 CO_2 中和至 NH_4HCO_3 时，水的 pH 值约为 7.9；若中和至 $(NH_4)_2CO_3$ 时，水的 pH 值约为 9.6。

由中和反应产生的 NH_4HCO_3 和 $(NH_4)_2CO_3$ 在锅炉内分解为 CO_2 和 NH_3，他们都是挥发性气体，随蒸汽一起进入过热器、汽轮机和凝汽器后，在凝汽器中被抽气器抽走一部分，其余与排气一起又溶于凝结水中。但由于 CO_2 分配系数比 NH_3 的分配系数大得多，所以当蒸汽冷凝成凝结水时，水相中 $[NH_3] / [CO_2]$ 的比值比汽相中大，而当水蒸发成蒸汽时，汽相中 $[NH_3] / [CO_2]$ 的比值比水相中小。由此可见，当给水进行加氨处理时，热力系统中有些部位可能出现氨量过剩，有些部位可能出现氨量不足，从而影响处理效果。

氨处理的加药量以给水 pH 值符合锅炉质量标准的要求为宜，即加热器为铜管时，给水 pH 值为 8.8～9.3；加热器为钢管时，给水 pH 值为 9.2～9.6。

氨处理的加药方式，通常是先在氨溶液箱中配制成 0.3%～0.5% 的稀溶液，利用柱塞泵与联胺一起加入给水管道。也可利用柱塞泵或离子交换设备出口压力差加至锅炉补给水中。

如上所述，锅炉给水进行氨处理，可以中和给水中的 H^+，减少给水系统中的酸腐蚀，降低给水中的含铜量。但是当加氨量过多或控制不当，有可能引起热力系统铜部件的腐蚀，因为这时 NH_3 与 Cu^{2+}、Zn^{2+} 形成铜

氨络离子 $[Cu(NH_3)_4]^{2+}$ 和锌氨络离子 $[Zn(NH_3)_4]^{2+}$。

　　4. 给水加氧处理

　　直流锅炉不像汽包锅炉那样可以进行锅炉排污以排除炉水中的杂质，也不能通过炉内处理防止水中结垢物质的沉积。对于超高压大容量直流锅炉采用碱性水化学工况运行尚存在两方面的不足：一是容易在锅炉内下辐射区局部产生铁的沉积物；二是凝结水除盐装置中阳树脂的交换容量大都用于吸着氨，缩短了运行时间，增加了运行费用和再生时排放的废液量。

　　近年来，给水处理新技术得到发展，如：给水加氧处理，即给水不进行除氧处理，相反向给水中加入微量的氧化剂（气态氧或过氧化氢），这样不仅能够有效地防止热力设备的腐蚀，而且还可以减轻碱性水化学工况时的两个问题。给水加氧处理可分两种运行工况：①给水仅进行加氧处理，pH 为 6.5 ~ 7.5 的锅炉水化学工况称之为中性水处理运行工况；②在给水加氧处理的同时加入微量的氨，pH 控制在 8.0 ~ 8.5 之间的锅炉水化学工况称之为联合水处理运行工况，中性水运行工况仅适用于低压加热器为钢管材料的机组。而联合水运行工况可适用于低压加热器为铜合金材料的机组。

　　给水进行加氧处理应具备以下条件：

　　（1）保证高纯度给水，这是给水进行加氧处理的必要条件。给水的电导率一般要求不大于 $0.15\mu S/cm$（25℃经氢离子交换后）。

　　（2）保持所需氧浓度。在正常运行时，给水的氧浓度应维持在 50 ~ 200$\mu g/L$ 范围内。

　　（3）维持给水的 pH 值。采用中性加氧处理时，要保证给水 pH 值大于 6.5（25℃），防止 CO_2 漏入热力系统。在加氧和氨联合处理时，应维持给水 pH 值在 8.0 ~ 8.5（25℃）范围，以免引起低加系统铜溶出速度增大。

　　（4）保持锅炉内部的清洁。锅炉内部受热面管内垢量超过 250g/m^2 时，给水若采用加氧处理必须先进行化学清洗，以免发生热力系统内金属氧化物沉积的转移及腐蚀损坏等。

　　给水加氧处理适用于直流锅炉机组或者有着特殊要求的机组，如采用铝材的海勒式冷凝系统的机组。它对于给水水质的要求比全挥发性处理的严格，给水处理后的氢电导率必须 $<0.15\mu S/cm$（25℃）。它在防腐效果方面与全挥发性处理时的相近。与全挥发性处理相比，给水氧处理具有以下几个方面优点：

（1）给水加氧处理的加药装置不复杂，仅比全挥发性处理时增加一套加氧装置，加氨装置与全挥发性处理相同，但是氨的用量减少4/5甚至更多。

（2）给水加氧处理时，由于形成双层氧化膜，表面阻挡层为溶解度较低的三价铁氧化物，因此可减少给水中的铁腐蚀产物量，降低锅炉受热面上的沉积量和锅炉进出口压差的损失，增加锅炉运行时间，延长锅炉化学清洗时间间隔。

（3）给水加氧处理时，汽水回路中氨含量大大减少，因而可减少凝汽器铜合金材料发生氨腐蚀的危险，延长凝结水处理设备的运行周期，降低再生废液的排放量，节约化学药品的使用量。

（4）给水加氧处理时，减少了给水的运行监督项目。其主要的监督项目为电导率、pH值和氧浓度。在全挥发性处理时，运行监督项目包括电导率、pH值、氧浓度和联氨等项目。

在确保给水水质的前提下，采用加氧处理比全挥发性处理在保证机组的安全经济方面更为优越。

（二）锅炉内的加药处理

由于给水不可避免地会将一些杂质带入锅内，使炉水中杂质含量增加。而且，锅炉的参数越高，炉水中的杂质越容易析出而形成沉积物。因此，锅内进行化学处理是锅炉防腐、防垢，保证水汽品质合格或不可少的措施。

不同参数的锅炉应采用不同的炉内处理方式，自然循环的汽包锅炉多采用低磷酸盐处理或磷酸盐－pH协调控制，有凝结水处理装置的亚临界或临界参数锅炉多采用挥发性处理。

1. 加药方式及控制

磷酸盐溶液制备系统如图14－1所示，其加药系统如图14－2所示。首先将磷酸盐制成浓度为50～80g/L的贮备液。加药时由柱塞泵（泵的出口压力略高于锅炉汽包压力）连续地将在计量箱内配好的稀磷酸盐溶液均匀地送入汽包。稀磷酸盐溶液的浓度，可视加药泵的出力和应加入锅炉的药量而定，一般为10～50μg/L。加药系统中应设置备用的加药泵。

若需改变锅内磷酸盐药液加入量时，可调节加药泵活塞的冲程或改变计量箱内磷酸盐药液浓度。在锅炉运行中若出现炉水磷酸根过高，可暂时停止加药泵，待炉水磷酸根恢复正常后，再启动加药泵。此加药系统若加装炉水磷酸根检测仪表和程控装置，则能自动精确地维持炉水中所需磷酸根含量。

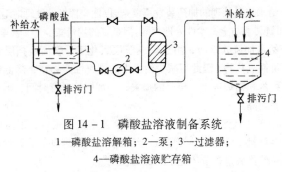

图 14-1 磷酸盐溶液制备系统

1—磷酸盐溶解箱；2—泵；3—过滤器；
4—磷酸盐溶液贮存箱

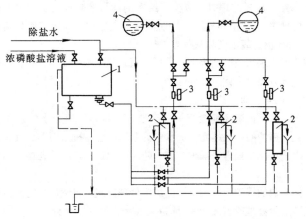

图 14-2 锅炉水磷酸盐溶液加药系统

1—磷酸盐溶液贮存箱；2—计量箱；3—加药泵；4—锅炉汽包

2. 磷酸盐 – pH 值协调控制

炉水磷酸盐 – pH 值协调控制是向炉水中添加磷酸三钠、磷酸氢二钠的混合溶液，使炉水既有足够高的 pH 值和维持一定的磷酸根浓度，而又不含有游离的氢氧化钠。要求炉水中 Na/PO$_4^{3-}$ 摩尔比（R）控制在 2.2 ~ 2.85（最佳为 2.6）范围内，但实际运行中控制炉水 R 值在 2.5 ~ 2.8 范围内，较为安全稳妥。炉水按此方式进行调节，可兼有防腐、防垢的效果。这一方法是以化学除盐水（或蒸馏水）作为补给水的高参数汽包锅炉炉水常规处理方法之一。

3. 全挥发性处理

不向炉水中添加磷酸盐，只在给水中添加氨（一般用 NH$_3$·H$_2$O）和联胺的处理法为全挥发性处理。炉水的全挥发性处理是和给水的加氨和联胺处理相统一的。给水的加氨和联胺处理在给水系统加药处理中已叙述。但在此还应指出氨和二氧化碳由给水带入锅炉后会随汽出，在凝汽器中一部分被空气抽走，余下的转入凝结水中。氨和二氧化碳的分配系数（即汽水两相共存时某物质在蒸汽中的浓度同与此蒸汽相接触的水中该物质浓度的比值）有很大差别。在相同温度下，氨的分配系数比二氧化碳小，在热力系统各部位中氨和二氧化碳的分布也不相同。如在热力除氧器中，被除去的氨量与二氧化碳量的比值，比进水中氨量与二氧化碳量的比值小；在凝汽器中因抽汽器抽走的二氧化碳比氨多，故凝结水 pH 值要比过热蒸汽高。此外，在凝汽器的空气冷却区还会产生氨和二氧化碳富集现象，使空抽区部分黄铜管遭受腐蚀。因此，不能用加氨作为解决给水因游离二氧化碳而 pH 值过低的惟一措施，而应该尽可能降低给水中碳酸化合物的含量，以此为前提，进行加氨处理提高给水 pH 才会获得良好的效果。

近几年来，全挥发性处理除用于直流炉的水质调节外，国内外也成功地将它用于高压及其以上压力汽包炉的水质调节。目前我国已在亚临界强制循环汽包炉上采用此种方式。全挥发性处理可以减少热力系统金属材料的腐蚀，从而减少给水中携带的腐蚀产物，以达到减少锅内沉积物的目的。这一处理方式具有运行控制简单，易于调整、监测项目少等优点。对于汽包锅炉因不加磷酸盐，故不增加炉水的含盐量，因此可避免磷酸盐暂时消失现象引起的危害。在保证给水水质的条件下，采用全挥发性处理可获得高质量的蒸汽，但是采用这种方式处理时，炉水缓冲性小（与磷酸盐处理相比）；锅炉水冷壁积结沉积物的量，要高于磷酸盐－pH 协调控制处理方式，而且其沉积物也比后者难于去除。

此外，还发现采用全挥发性处理的直流炉水冷壁内形成铁的沉积物多为波纹状，表面粗糙，这是引起直流炉压差增高的原因之一。采用全挥发性处理时，为了维持给水所需 pH 值，氨的浓度比较高，这样蒸汽中氨的含量增加，使凝汽器空抽区的氨浓度过高而引起凝汽器空冷区黄铜管的腐蚀。

4. 炉水的 NaOH 处理

对于高压、超高压和亚临界汽包锅炉的炉水处理，通过几年的实际运行情况看，效果良好。

（1）炉水加氢氧化钠的原理和目的。现在补给水处理的工艺不断更新，补给水水质达到二级除盐水的水质标准。炉水加药的目的是以防腐为主，不是以防垢为主。加氢氧化钠的原理是：在氢氧化钠稀溶液中，氢氧根的吸附作用使得金属表面保持钝化状态，在炉水中由于氢氧化钠与铁反应生成了羟基络合物，使金属表面形成致密的保护膜。处理的目的是在溶液中保持适量的 OH^-，抑制因炉水中氯离子、机械力和热应力对氧化膜的破坏作用，另外加氢氧化钠可调节炉水 pH 值在合格范围。

（2）炉水氢氧化钠处理的条件：

1）锅炉设计时允许炉水采用固体碱（磷酸盐或氢氧化钠）处理。锅炉热负荷分配均匀，水循环良好。

2）在采用加氢氧化钠处理前宜对锅炉进行化学清洗。

3）对于原来采用磷酸盐处理或全挥发性运行的汽包炉，如果水冷壁的结垢量小于 $200g/m^2$，并且没有孔状腐蚀，也可以直接转化为氢氧化钠处理；结垢量大于 $200g/m^2$，须经化学清洗后方可转化为氢氧化钠处理。

4）凝汽器泄漏很少；给水氢电导率（25℃）应小于 $0.15\mu S/cm$。

5）局部热负荷很高或结垢速率高的锅炉应谨慎使用。

（3）炉水的加药方式。炉水的加药方式，应保证向汽包加药均匀。汽包内的加药管应沿汽包轴向水平布置，加药管应比连续排污管低 10～20cm，加药管的出药孔应沿汽包长度方向水平或朝下开口均匀布置，宜从汽包的中间加药。如需要在给水系统加药，应保证不影响主蒸汽的质量。

（4）炉水的控制指标。炉水控制指标符合表 14－1 的规定。

表 14－1　　　　　　**汽包锅炉氢氧化钠处理炉水质量标准**

汽包压力 （MPa）	pH （25℃）	电导率	氢电导率	氢氧化钠①	氯离子	二氧化硅
		μS/cm（25℃）		mg/L		
5.9～12.6	9.0～10.0	—	≤3.0	0.4～1.5	—	—
12.7～15.6	9.0～9.7	<20	≤2.0	0.4～1.5	≤0.4③	≤0.2
15.7～18.3	9.0～9.7	<15	≤5	0.4～1.0	≤0.2②	≤0.1

注　其余控制指标按照国标或行标执行。

①　标准参考值。

②　汽包炉应用给水加氧处理时，氯离子含量控制在不大于 0.15mg/L。

③　汽包炉应用给水加氧处理时，氯离子含量控制在 0.4～0.8mg/L。

（5）采用氢氧化钠处理的有关注意事项。为了防止锅炉受热面发生碱浓缩造成的腐蚀，采用氢氧化钠处理的锅炉在改造锅炉燃烧方式或调整燃烧工况时，应避免局部超温、暴沸造成膜沸腾。

机组正常启动时，给水加氨的同时炉水也应加入适量的氢氧化钠。氢氧化钠加入量与运行时的加入量相同。

提示　本章适用于中级工。

第十五章

锅炉的化学清洗与
热力设备的停用保护

为了确保锅炉运行中有良好的水汽质量并避免炉管的结垢与腐蚀，除了要做好补给水的净化和锅炉内的水质调整外，锅炉的化学清洗和停用保护也是很重要的工作。

第一节 锅炉的化学清洗

锅炉的化学清洗，就是根据锅炉的结构特点及金属表面上沉积物的数量和性质，用酸、缓蚀剂和添加剂组成的水溶液，在锅炉金属表面很少遭到侵蚀的条件下，清除水垢和沉积物，并在金属表面形成一层良好的防腐保护膜。

随着锅炉参数的日益提高，对受热面清洁程度和锅炉水质的要求更加严格，加之近年来化学清洗的各个工艺日益完善，所以锅炉的化学清洗已成为保护锅炉安全运行的重要措施之一。目前，新建锅炉在启动前一般都应该进行化学清洗；已经投入运行的锅炉，也应在必要时进行化学清洗。

对于新建炉，化学清洗要求能除去新建锅炉在轧制、加工过程中形成的高温氧化皮，以及存放、运输、安装过程中所产生的腐蚀产物、焊渣和泥沙污染等，以确保在启动试用阶段改善锅炉的水汽质量，缩短水汽质量不合格的时间；对于运行锅炉，化学清洗要求能除去在运行中金属受热面上积聚的氧化铁垢、钙镁水垢、硅酸盐垢、铜垢和油垢等，以保持受热面内表面清洁，防止运行过程中受热面因结垢、腐蚀而引起事故。锅炉的化学清洗也是提高锅炉热效率的必要措施之一。

一、化学清洗基本知识

（一）化学清洗的范围

锅炉机组化学清洗所包括的范围，因锅炉的类型、参数和清洗种类（新炉启动前的还是旧炉运行后的清洗）的不同，而有所差别。这是因为

第三篇 电厂水化验

在不同条件下，锅炉水汽系统各部分污染的情况不一样。所以在每次清洗时，首先应确定清洗范围。

1. 汽包锅炉

对于新建锅炉，由于锅炉机组水汽系统的各部分都可能较脏，所以化学清洗的范围较广，一般情况如下：高压及高压以上的锅炉清洗范围包括锅炉本体的水汽系统（即省煤器、水冷壁和汽包等）；超高压及超高压以上的锅炉，除了要包括锅炉本体的水汽系统外，还应考虑炉前系统（即从凝结水泵出口至除氧器止的这段汽轮机凝结水通道和从除氧器水箱起至省煤器前的全部给水通道）。

运行锅炉的化学清洗范围，一般只包括锅炉本体的水汽系统。

2. 直流锅炉

新建直流锅炉化学清洗范围，一般应包括锅炉全部水汽系统和炉前系统。对于中间再热式机组，其再热器也应进行清洗。因为过热器和再热器有较大的横断面和许多立式蛇形管束，所以在进行化学清洗时，也只有将清洗范围延伸到低温对流过热器以前为止。此时过热器系统中的屏式过热器和高、低温过热器都不包括在清洗范围内，再热器也不清洗，只用蒸汽进行吹洗。这是为了避免化学清洗溶液留在它们的管内，或者为了避免洗下的沉渣造成管子堵塞。

对于凝汽器以及高、低压加热器的汽侧以及各种疏水管道，一般都不进行清洗，只用蒸汽或水吹洗。

对于运行后的直流锅炉，其化学清洗范围一般只包括锅炉本体的水汽系统。

（二）化学清洗所用的药品

化学清洗通常包括以下几个不同的工艺过程，而每个工艺过程可采用的药品有多种，所以化学清洗时所用的药品种类较多。其中以酸洗工艺过程中所用的药品的选择和使用最为重要。

在酸洗时所有的清洗液中，除了要有起清洗作用的清洗剂外，为了减缓清洗剂对金属的腐蚀，溶液中常常加有缓蚀剂，此外为了提高清洗效果，还要添加各种添加剂。现将这些药品分别介绍如下。

1. 清洗剂

酸洗用的清洗剂有盐酸、氢氟酸和柠檬酸。

（1）盐酸（HCl）。盐酸是一种较好的清洗剂。其主要优点是：清洗能力很强，添加适当的缓蚀剂，就可以控制它对锅炉金属腐蚀到很小的程度；价格较便宜；容易解决货源；输送简便；清洗操作容易掌握。

进行盐酸清洗时，所发生的反应不完全是它将附着物从金属表面上脱落下来的作用。现先以它清除金属表面的氧化皮为例加以说明。钢材表面的氧化皮是由紧靠金属基体的 FeO 与 Fe_3O_4、Fe_2O_3 等氧化物所组成的，这些铁的氧化物均能与 HCl 发生反应，反应式为

$$FeO + 2HCl \longrightarrow FeCl_2 + H_2O$$

$$Fe_2O_3 + 6HCl \longrightarrow 2FeCl_3 + 3H_2O$$

$$Fe_3O_4 + 8HCl \longrightarrow FeCl_2 + 2FeCl_3 + 4H_2O$$

用盐酸进行清洗时，实际发生的过程并不是将这些氧化皮全部溶解，而是当它和一部分氧化物作用时，特别是和 FeO 起作用时，破坏了氧化皮与金属的连接，使氧化皮由金属表面上脱落下来。

除了上列主要反应外，夹杂在氧化皮中的金属铁的微粒，也会与 HCl 发生反应而放出氢气，即

$$Fe + 2HCl \longrightarrow FeCl_2 + H_2 \uparrow$$

此氢气自氧化皮中逸出时，有将铁的氧化物从金属表面上脱落下来的作用，从而加速盐酸清除氧化皮的过程。

在用盐酸进行清洗时，也会发生金属的腐蚀过程，这是由于在清洗时钢材有裸露出来的金属表面，它要与清洗液中的 $FeCl_3$ 和 HCl 发生反应，即

$$Fe + 2FeCl_3 \longrightarrow 3FeCl_2$$

$$Fe + 2HCl \longrightarrow FeCl_2 + H_2 \uparrow$$

这样不仅使金属受到腐蚀，而且还会产生许多氢气，所以在清洗时要加入缓蚀剂，以抑制上述反应。

盐酸清洗除铁锈和锅内氧化铁垢的过程和上述原理基本相同。

盐酸还能溶解某些钙、镁水垢，即有

$$CaCO_3 + 2HCl = CaCl_2 + H_2O + CO_2 \uparrow$$

$$MgCO_3 \cdot Mg(OH)_2 + 4HCl = 2MgCl_2 + 3H_2O + CO_2 \uparrow$$

用盐酸洗垢时，能使靠近金属基体处垢层中的某些物质溶解，所以有使水垢脱落下来并随清洗溶液一起排除的作用。

盐酸作为清洗液虽然有许多优点，但也有其局限性，盐酸不能用来清洗由奥氏体钢制造的设备（例如，亚临界压力和超临界压力锅炉的某些部件），因为氯离子能促使奥氏体钢发生应力腐蚀；此外，对于以硅酸盐为主要成分的水垢，用盐酸清洗的效果也较差。此时，在清洗液中往往需要加氟化物等添加剂。盐酸中添加氟化物后能大大加速氧化垢的溶解，尤

其是提高了溶解硅酸盐垢的能力，其作用如下：

$$H^+ + F^- = HF$$

$$SiO_2 + 6HF = H_2SiF_6 + 2H_2O$$

$$HF + H_2O = H_3^+O + F^-$$

$$2Fe^{3+} + 6F^- = Fe(FeF_6)$$

（2）氢氟酸（HF）。氢氟酸是弱酸，其离解作用很小，但其酸洗氧化铁等的效能特别强，这是由于氢氟酸的特有性能决定的。其离解出来的氟离子对铁的络和能力很强。氢氟酸对 $\alpha - Fe_2O_3$、$\gamma - Fe_3O_4$ 有良好的溶解特性。

氢氟酸在磁性氧化铁表层处首先和磁性氧化铁进行反应，生成 Fe^{3+} 及六氟复合铁盐络合物：

$$Fe_2O_3 + 6HF = Fe(FeF_6) + 3H_2O$$

$$Fe_3O_4 + 8HF = 2Fe^{3+} + Fe^{2+} + 8F^- + 4H_2O$$

反应生成的 Fe^{3+}、Fe^{2+} 在有过量 H^+ 的作用下，进一步进行络合，继而生成溶解性很好的氟铁酸盐。

$$2Fe^{3+} + 6F^- = Fe(FeF_6)$$

在酸洗时由于 Fe^{3+} 不断被络合，所以其反应总是向右进行而作用速度极快。这一点也是氢氟酸采用低浓度开路法清洗的原因。

氢氟酸的除硅作用是众所周知的，它的反应机理如下：

$$4HF + SiO_2 = SiF_4 + 2H_2O$$

国外有的国家规定用氢氟酸作清洗剂，其腐蚀速度应小于 $1g/(m^2 \cdot h)$，我国的清洗水平基本上能达到此标准。氢氟酸腐蚀速度小，主要有两个原因：

1）氢氟酸是一种弱酸，与盐酸相比腐蚀速度要低得多。不含缓蚀剂浓度为 $10g/L$ 的氢氟酸比 $19g/L$ 的盐酸腐蚀速度低 10 倍，当加入适当的缓蚀剂后，同样能使腐蚀速度较小。这一点已被多台锅炉酸洗实例所证实。

2）酸洗时随着垢和铁锈的溶解，酸洗溶液中 Fe^{3+} 不断增加。由于 Fe^{3+} 是一种极有效的阴极去极化剂，当它在阴极区被还原成 Fe^{2+} 的同时，在阳极区就有相应的金属被腐蚀下来，其反应式为

$$2Fe^{3+} + Fe \longrightarrow 3Fe^{2+}$$

从而进一步加速了锅炉的腐蚀。为了使 Fe^{3+} 的影响减少，在工艺上采用开放式酸洗方法。

（3）柠檬酸（$H_3C_6H_5O_7$）。柠檬酸是目前化学清洗中使用的较广的

有机酸，它是一种白色结晶体，在水溶液中它是一种三价酸。因为柠檬酸本身与 Fe_3O_4 的反应较缓慢，与 Fe_3O_4 所生成的柠檬酸铁的溶解度较小，易产生沉淀，即

$$Fe_3O_4 + 2H_3C_6H_5O_7 \longrightarrow 2FeC_6H_5O_7 \downarrow + 3H_2O$$

所以采用柠檬酸做清洗剂时，需加入一定量的氨，并将溶液的 pH 调至 3.5~4.0。因为这样的条件下清洗液的主要成分是柠檬酸单胺，在这种溶液中铁离子会生成易溶的络合物，故有很好的清洗效果。清洗时总的化学反应为

$$Fe_3O_4 + NH_4H_2C_6H_5O_7 \longrightarrow NH_4FeC_6H_5O_7 + 2NH_4(FeC_6H_5O_7OH) + 2H_2O$$

形成络合离子使水中呈游离状态的 Fe^{3+} 减少了，所以还能减轻其对金属的腐蚀性。虽然柠檬酸和氨混合物作为清洗剂对清除铁垢和铁锈具有良好的效果，但是不能清除铜垢，钙镁垢，硅酸盐垢（包括硅酸盐铁垢）。

2. 缓蚀剂

在锅炉化学清洗中，添加一种既不影响清洗效果，又能使金属基体免除或减缓腐蚀的物质，叫缓蚀剂。

（1）缓蚀剂的作用。

1）加入极少量，就能大大降低酸洗液对金属的腐蚀速度。

2）在金属表面上不会产生点蚀。

3）不会降低清洗液去除沉积物的能力。

4）不会随着时间的推移而降低抑制腐蚀的能力。在使用清洗剂的浓度和温度范围内能保持抑制腐蚀的性能。

5）对金属的机械性能和金相组织没有任何影响。

6）使用时安全无毒性。

7）清洗和排放的废液不会造成环境污染或公害。

（2）影响缓蚀剂缓蚀效果的因素。

1）温度。化学反应一般随温度升高而加快，腐蚀速度也随之加快。因此，在含有缓蚀剂的酸洗溶液中，金属溶解速度一般随温度升高而增加，温度升高使缓蚀剂对金属表面的覆盖率下降，从而使缓蚀效率降低。在锅炉化学清洗时控制一个合适的温度范围是很重要的。如果温度过低，清洗氧化垢的能力降低；温度过高，引起缓蚀剂自身分解而加速腐蚀，所以，缓蚀剂的使用温度除参照厂家的说明外，还应做小型实验确定。

2）流速。当酸液静止时，在金属酸洗界面附近铁离子浓度最高，说明腐蚀相应增加了，另外，由于铁离子浓度较高，使一部分缓蚀剂被凝聚，从而降低了缓蚀效率。当酸洗液稍有蠕动时表面凝聚现象就不存在

了，而且铁离子浓度也相对降低。当酸洗速度在一定范围时，腐蚀速度可降至最低，当酸洗液流流速增加较快时，使缓蚀剂部分失去缓蚀能力，此时腐蚀速度随流速增加而增大。

3）清洗时间。缓蚀剂在酸洗溶液中的缓蚀作用有一个时间因素，经实验证明含有缓蚀剂的酸洗液中，在开始酸洗 $2 \sim 3min$ 内，腐蚀速度比稳定后大 10 倍以上。

4）缓蚀剂中各种成分的影响。在实际酸洗中，使用复合配方的缓蚀剂较多，所以应注意这些缓蚀剂的自身作用是否相互削弱等问题。

（3）缓蚀剂的正确加入。

1）加入量。缓蚀剂加入后在金属表面发生吸附和脱附过程，为使平衡有利于吸附，酸洗液中应维持一定量的缓蚀剂，但是大量实验证明，缓蚀剂只在一定范围内有效，浓度过大或过小都可能加速对金属的腐蚀。

2）加入方法。缓蚀剂的性能只有在缓蚀剂达到一定浓度后才表现出来。因此要保证效果，就不能只论在酸洗中加入了多少缓蚀剂，更重要的是缓蚀剂加的是否均匀。缓蚀剂浓度一般无法通过化学分析来确定，因此其控制主要靠加入方法予以保证。一般开路清洗是通过控制流量来保证缓蚀剂浓度；循环酸洗是在酸洗前先加入缓蚀剂，在酸洗系统循环一段时间后，再进行酸洗。

3. 添加剂

有时因锅内沉积物中有一些酸液不易溶解的物质，单加某种清洗剂的清洗效果往往不好，也有某些原因会引起金属腐蚀的情况。这些问题，可以在清洗液中添加某些适当药剂的方法予以解决，这些药剂统称为添加剂。添加剂按其作用的不同分为以下三类：

（1）防止氧化性离子对钢铁腐蚀的添加剂；

（2）促进沉积物溶解的添加剂；

（3）表面活性剂。

（三）化学清洗方案制定的准备工作

1. 原始资料的收集

锅炉结构资料是制定化学清洗方案的基础。因此，清洗前，锅炉的结构资料一定要收集齐全，如省煤器、水冷壁、过热器、再热器的管径、根数、过热器的布置方式，锅炉的水容积，汽包中心线标高，水位等与酸洗有关的资料，以制定一个切实可行的化学清洗方案。

清洗系统的计算。一般是指计算水容积，被清洗金属的内表面积，金属重量，清洗流速，沿程阻力系数等这些数据是制定化学清洗方案的依据。现将上述各项的意义分述如下：

（1）水容积。经计算可得到整个化学清洗系统的水容积（包括临时系统的水容积），由此可计算出化学清洗各阶段所需药品的数量，用水量，用蒸汽量，以及化学清洗所产生的废水量，为排废措施的设计和废液处理提供依据。

（2）被清洗的金属表面积。由此可计算出整个清洗系统中总的锈蚀量，以了解系统的污脏程度，而且在酸洗中可确定酸洗是否彻底。

（3）清洗流速。流速在化学清洗中是非常重要的，盐酸清洗时流速太高，将增大腐蚀速度；柠檬酸清洗时流速太低将降低清洗效果。根据经验，盐酸清洗流速一般控制在 0.3m/s，柠檬酸一般为 0.6m/s。

清洗过程前的冲洗，流速更是一个重要指标。如对屏式过热器的冲洗一般要达到 1.2m/s 的流速，才能达到理想的清洗效果。

流速一经确定，就要根据各组件管道排列形式计算其流通面积，再计算所需流量，从而来选择清洗泵。

（4）金属重量。该量计算较烦琐，一般可参照制造厂提供的设计说明书，以获得较准确的系统总金属重量，为计算化学清洗必备的加热装置提供一定的依据。

（5）沿程阻力系数。计算沿程阻力系数，是为确定清洗泵的扬程提供依据，但由于管道内部粗糙程度不同，沿程弯头，三通等较多，计算非常复杂，所以一般也可参照制造厂设计说明书提供的依据。

2. 垢量的确定

无论是新建炉还是运行炉，清洗前应先检查锅炉的结垢腐蚀情况，并在锅炉水冷壁管垢量较多的部位割管检查确定垢量。垢量是选取清洗液浓度、品种、清洗时间的重要依据。因此应做好以下三方面工作：

（1）新建炉应预先了解锅炉的锈蚀情况（包括结垢量和垢的成分），锈蚀严重的部位应利用刮垢法取样称重，折算成每平方米的锈蚀量，制定清洗方案应考虑单独分回路情况。运行炉应了解锅炉运行年限，有关超温炉管等记录，对垢量大的部位，在清洗上也应有所侧重。

（2）管样应有代表性。清洗前，应割取有代表性的管样。通过上述调查了解后，应提出具有代表性的割管部位，用酸洗法确定垢量，并做好详细记录。

（3）清洗时对临时管道的锈蚀也应重视，大型锅炉的酸洗临时管道用量较多，因此，临时管道锈蚀严重，也将影响酸洗效果。

3. 制定化学清洗方案

要根据现场的具体情况，因地制宜，制定切实实际的化学清洗方案。为此，应从以下几个方面进行调查：

（1）水源。化学清洗用水量较大，所以其储量是否充足，供水速度是否能满足要求都应予以调查清楚。

（2）汽源。化学清洗用的加热汽源，为了不使加热时间太长，对其参数有一定要求，这在运行炉一般问题不大，但新建炉一般由启动锅炉供给，所以化学清洗前一定要使启动炉的投运条件满足化学清洗。

（3）加酸设施。化学清洗用酸量较大，因此制定方案时一定要考虑浓酸罐容积，防腐质量，浓酸泵的出力等，另外浓酸系统应考虑备用措施，防止酸洗过程中进酸中断而影响化学清洗。

（4）排废处理。随着环保意识的增强，对化学清洗的废液处理要求越来越高，因此一定要重视废液处理，保护环境。

（5）清洗设备。应考虑清洗设备是否满足要求，质量是否可靠等因素，并应考虑备用。

（6）技术力量。即使是一套完整严密的化学清洗方案，若没有出色的操纵人员配合也是不能很好完成清洗工作的，因此化学清洗工作的组织者一定要对参加清洗的工作人员技术状况了解清楚，进行必要的培训，确保化学清洗工作高质量安全完成。

（四）化学清洗系统

（1）水源、电源、热源应安全可靠。

（2）清洗回路流速的确定应以酸洗试验结果为依据；并列管道流速要均匀。

（3）临时系统阀门的压力等级相当于清洗泵的压力等级，阀门不应含有铜制件。

（4）清洗泵应是耐腐蚀泵，但结合具体情况也可选择离心泵，并须设置备用泵，泵壳和叶轮应做防腐处理，开路清洗直流炉也可用给水泵做动力。

（5）酸洗过程中一般不允许采用炉膛点火加热（EDTA 清洗除外），以防局部过热，一般系统内设安全可靠的热源，加热方式为混合加热或表面加热。

（6）清洗系统要力求简单，应避免死区与"盲肠管"，操作的阀门应集中布置以便于操作。

（7）清洗系统中的清洗箱为整个系统水容积的 20% ~ 30%，清洗的标高应满足泵的吸入高度，清洗箱可用疏水箱来代替。清洗箱上应设有加热、过滤、排污及水冲洗装置。

（8）水冲洗的流速应为清洗速度的一倍以上。

（9）加酸方式：①循环酸洗可用浓酸泵或喷射器边循环边进酸。②在溶药箱内配成一定浓度的稀酸，用清洗泵加入系统内。③开路法清洗时，将浓酸按一定比例打入泵的出口。

（10）化学清洗系统中应设足够的取样点。

（11）直流炉酸洗时，回酸母管应装压力表，以便控制背压，防止真空。

（12）水平敷设的管道，朝排水方向的倾斜不得小于3/1000，临时管道的流速一般为5~6m/s。

对于汽包炉有：

（1）循环酸洗液一般以下联箱进入，再从另一侧下联箱回至清洗箱。

（2）为了保证有一定的流速，可将锅炉分为若干回路。是否分回路取决于清洗泵的容量。

（3）为保证流速均匀，汽包炉在下降管口处应加装限流孔板，其孔径为下降管的1/7~1/8。

（4）过热器不参加清洗时，过热器应加堵或充满保护液。

（5）为排除酸洗时产生H_2，在锅炉最高点及清洗箱顶应装设排H_2管。

（6）汽包应装临时液位计。

（7）拆除汽包内汽水分离装置。

（8）为监视清洗工况，清洗系统应安装一定量的温度、压力、流量等表计。

（9）为监视酸洗效果，清洗系统内应安装腐蚀指示片和监视段。

（五）化学清洗前的准备工作

1. 清洗系统的检查

化学清洗前仔细检查酸洗系统的连接是否符合化学清洗方案的要求、并通过试运转看其质量是否合格。具体检查内容为：

（1）清洗泵、加药泵的安装试运情况。

（2）加药系统管道水压试验及箱类清扫情况。

（3）排废系统是否具备投运条件。

（4）化学补给水处理装置制水能力，可供化学清洗的贮水量、酸碱贮存量等。

（5）化学取样装置及系统中测量监视装置安装校验情况，并应有安装资料。

(6) 现场化验的条件是否具备。

2. 清洗工艺的准备工作

(1) 化学清洗工艺条件确定。如缓蚀剂的浓度，清洗液浓度，清洗液温度，清洗时间，流速等，主要通过中小型试验确定。

1) 缓蚀剂浓度。通常清洗液仅仅添加少量缓蚀剂，加量应通过小型试验确定。

2) 清洗液温度。垢的溶解速度随温度升高而加快，温度下降时已溶解的铁还可能沉淀出来，另外，缓蚀剂的效果是随温度上升和流速增大而变差，所以在一定时间内必须维持一定的温度。实践证明无机酸清洗温度为 $55 \sim 70℃$，有机酸 $90 \sim 95℃$。

3) 清洗时间。化学清洗所需要的时间随清洗液的种类而有所不同，清洗时应不中断对清洗液的分析及记录。一般将清洗液中铁含量达到平衡作为清洗结束的依据，通常用铁浓度—时间的曲线来表示。

4) 清洗液流速。一般只有氢氟酸采用开式清洗，其余介质大多采用循环清洗。无论采用哪种方式清洗，其速度都能使被清洗的金属表面的所有部分都能均匀地和清洗液接触，以获得最好的清洗效果。循环清洗一般流速为 $0.2 \sim 0.5m/s$，不得大于 $1m/s$，盐酸清洗流速采用 $0.1 \sim 0.3m/s$，有机酸要求 $0.3 \sim 0.6m/s$，在循环酸洗中间也可停泵进行浸泡。

5) 清洗剂的浓度和质量。清洗剂浓度随结垢状况不同而异，需根据垢量做小型试验来决定合适的浓度。当加有合适的缓蚀剂时，腐蚀速度基本不受清洗剂浓度的影响。清洗剂的质量对清洗效果的影响较大，所以对到达现场的药品应做抽样检查，最好利用药品做小型试验，以确保化学清洗的效果。

(2) 监视管与指示片的安装。监视管与指示片是及时反映清洗情况，对酸洗效果进行评价的主要依据之一，所以选取的监视管是否有代表性，指示片的加工、安装、使用正确与否对评价效果影响较大，关于监视管和腐蚀指示片制作应按照电力部颁发的 DL/T 794—2012《火力发电厂锅炉化学清洗导则》的规定进行。

(六) 化学清洗单位的化学监督职责

(1) 锅炉清洗前应检查并确认化学清洗用药品的质量、数量，监视管段和腐蚀指示片（按 DL/T 523 的规定制作腐蚀指示片）。腐蚀指示片应放入监视管、汽包或清洗箱内，每个部位腐蚀指示片不少于 3 片。

(2) 锅炉清洗中应监督加药、化验，控制各清洗阶段介质的浓度、温度、流量、压力等重要清洗参数。

（3）根据化验数据和监视管内表面的除垢情况判断清洗终点。

（4）监视管段应在预计清洗结束时间前取下，并检查管内是否已清洗干净。若管段仍有污垢。应把监视管段放回系统继续清洗，直至监视管段全部清洗干净。若监视管段已清洗干净，清洗液仍需再循环 1h，方可结束清洗。

（5）锅炉清洗监视点布置、取样及化学分析项目如下：

1）锅炉化学清洗时的监视点通常设在清洗系统的进口、出口和排放管，必要时可在系统其他部位设置监视点。

2）锅炉清洗过程中的测试项目及终点见表 15－1。

表 15－1   化学清洗过程中的测试项目及终点

工艺过程	取样点	测试项目	测试时间间隔	终 点	说 明
碱洗	汽包炉盐段和净段，直流炉出入口	碱度温度	2h	含油量及酚酞碱度基本稳定	结束时留样测定碱度、二氧化硅和沉积物含量
碱煮				直到水样碱度和正常炉水碱度相近为止	
碱洗后水冲洗	清洗系统出入口	pH 值	15min	pH < 9.0	30min 取一次平均样
循环配酸	系统出入口	酸度	20 ~ 30min	出入口酸浓度均匀一致，并达到指标要求的浓度	浸泡、循环酸洗
		酸度	3min	（0.5% ~ 1.0%）HF	直流炉开式酸洗
酸洗		酸度含铁量温度	30min	酸度平衡，Fe^{3+} 出现铁离子峰值后，Fe^{2+} 铁量趋于平稳	汽包炉循环酸洗结束时留样测定沉积物含量和总铁的平均值
		酸度含铁量	3 ~ 20min	HF 浓度为 0.5% ~ 1.0%，出入口含铁量几乎相等	直流炉采用开式酸洗
		酸度含铁量	30min	酸度、含铁量（Fe^{3+}、Fe^{2+}）趋于平衡	浸泡酸洗

第三篇 电厂水化验

工艺过程	取样点	测试		终　　点	说　　明
		项目	时间间隔		
酸洗后水冲洗	清洗系统出口	pH 值 电导率 含铁量	15min	pH = 4.0~4.5 电导率≤50μS/cm Fe < 50mg/L	接近终点时
稀柠檬酸漂洗	清洗系统出口	$C_6H_8O_7$ pH 值 含铁量 温度	30min	$C_6H_8O_7$ < 0.2% pH = 3.5~4.0 全 Fe < 300mg/L	结束时留样测定沉积物含量
钝化	清洗系统出口	浓度 pH 值 温度	1h	按钝化工艺的要求进行测试	结束时留样测定沉积物含量

（七）化学清洗废液的处理

1. 无机酸碱废液处理

无机酸碱废液一般是利用酸碱的中和反应进行处理，中和至 pH = 6.0~9.0，悬浮物小于 500mg/L 即可。

2. 氢氟酸废液处理

将石灰粉或石灰乳和氢氟酸废液同时排入废液处理池内，并用专用泵使废液和石灰充分混合反应，直到氢氟酸溶液中游离氟离子含量小于 10mg/L，其反应式为

$$2FH + Ca(OH)_2 = CaF_2 \downarrow + 2H_2O$$

石灰的理论加入量为氢氟酸的 1.4 倍，实际加入量应为氢氟酸的 2.0~2.2 倍，所用石灰粉的 CaO 含量应小于 30%，最好在 50% 以上，为了提高处理效果，还可辅以投加一部分混凝剂，如投入 $Al_2(SO_4)_3$ 后氧化铝可生成稳定的络合物，即

$$6F^- + Al^{3+} \rightarrow [AlF_6]^{3-}$$

3. 柠檬酸废液处理

柠檬酸废液的 COD 高达 20~50g/L，故很有必要进行处理。

（1）焚烧处理。可以把柠檬酸废液排至煤场，使其与煤混合送入炉

膛内焚烧。焚烧系统近年来已有专门设计，经中和系统处理后，由专设的喷嘴喷入炉膛内燃烧。

（2）分解法处理。

1）将废液排入废液池内。

2）向废液处理池内投加 H_2O_2 或 $NaClO$，使其与酸液中的 Fe^{2+} 作用。$NaClO$、H_2O_2 加入量按 COD 量加一定的过剩量。

3）向废液池内投加 $NaOH$ 或 $Ca(OH)_2$，加入量 $1kg/m^3$，使其 pH 达到 10~12，之后通过压缩空气进行充分搅拌，使 Fe^{2+} 全部氧化成 Fe^{3+}（以测定水中亚铁含量来控制）。

4）向废液池内加凝聚剂并沉降，使其 COD 降至 300mg/L 以下。

5）继续向废液池内投加 $(NH_4)_2S_2O_3$，加入量为 $1.2kg/m^3$，用压缩空气搅拌 10~12h，使 COD 降至 100mg/L 以下为止。

4. 亚硝酸钠废液处理

（1）尿素处理法。亚硝酸钠废液与酸性尿素掺和，使亚硝酸根分解为氮气，即

$$2NaNO_2 + 2HCl = 2HNO_2 + 2NaCl$$
$$CO(NH_2)_2 + 2HNO_2 = 2N_2\uparrow + CO_2\uparrow + 3H_2O$$

亚硝酸钠与尿素的用比量，理论量为 1:0.44。HNO_2 极不稳定，只存在于浓度很低且温度不很高的溶液中，否则很容易发生分解反应，产生 NO_x 气体，即

$$2HNO_2 = H_2O + N_2O_3 = H_2O + NO\uparrow + NO_2\uparrow$$

对氮氧化物的处理，可设置尿素溶液淋洗进行处理，即

$$NO + NO_2 + CO(NH_2)_2 = 2N_2\uparrow + CO_2\uparrow + 2H_2O$$

亚硝酸钠废液不能与废酸液排入同一池内，否则会产生以上分解反应，生成大量氮氧化物气体，形成滚滚黄烟，严重污染空气。

（2）氯化铵处理法。将亚硝酸废液排入废液池内，然后加入氯化铵，其反应式为

$$NaNO_2 + NH_4Cl \longrightarrow NaCl + N_2\uparrow + 2H_2O$$

氯化铵的实际加药量为理论量的 3~4 倍。为加快其反应速度，可向废液内通入 0.78~1.27kPa 的蒸汽，维持温度为 70~80℃，为防止亚硝酸钠在低 pH 时分解造成二次污染，应维持 pH 值在 5~9。

（3）次氯酸钙处理法。将亚硝酸钠废液排入废液池内，加次氯酸钙，其反应式为

$$NaNO_2 + CaCl(OCl) \longrightarrow NaNO_3 + CaCl_2$$

次氯酸钙加药量应为亚硝酸钠的 2.6 倍。此法处理可在常温下进行，并通入压缩空气搅拌。

5. 联氨废液处理

（1）次氯酸钠分解法。反应原理为

$$N_2H_4 + 2NaClO = N_2 + 2NaCl + 2H_2O$$

联氨与次氯酸钠充分反应只需 10min，处理至水中残余氯 ≤0.5mg/L 时即可排放。

（2）空气氧化触媒法。反应原理为

$$N_2H_4 + O_2 \xrightarrow{\text{触媒 2mg/L 重金属}} N_2 + 2H_2O$$

反应时必须调整 pH = 11.5，联氨氧化时间必须大于 45 ~ 60min，在水温低于 5℃时，更要注意联氨放出氮气而残留的 COD 随时间变化而下降。

（3）臭氧处理法。根据联氨量加入相当的臭氧，其反应式为

$$3N_2H_4 + 2O_3 = 3N_2 + 6H_2O$$

反应时不必调整 pH 值，不必加其他药剂，处理水还可以回收，不必排放。这种方法分解联氨比其他方法时间约长 3h。

6. 多聚磷酸盐钝化废液处理

对于多聚磷酸盐钝化的废液只需加酸中和至 pH = 6.0 ~ 9.0 即可。

二、化学清洗步骤

化学清洗应按一定的步骤进行，一般有水冲洗、碱洗或碱煮、酸洗、漂洗和钝化等步骤。

（一）水冲洗的确定

（1）对新建炉，在化学清洗前应进行水冲洗，冲洗正式设备之前，应先冲洗干净临时管路。正式系统的冲洗，应按照从小管径管道向大管径管道的方向冲洗。

（2）对于无奥氏体钢的设备，可用过滤后的澄清水或工业水进行分段冲洗，冲洗流速宜为 0.5 ~ 1.5m/s。冲洗终点以出水达到透明无杂物为准。

（3）有奥氏体钢部件的设备，应使用符合 GB/T 12145 标准的除盐水冲洗，除盐水电导率应小于 0.4 μS/cm。

（4）升温试验。水冲洗合格后，系统充满水，循环，投加热，进行升温试验。测量升温速度，检查隔离阀门应无内漏，系统应无短路。

（二）碱洗或碱煮的工艺控制

（1）碱洗、碱煮时药液的控制温度、时间和控制条件见表 15-2。

表 15-2　　碱洗、碱煮时药液的控制温度、时间和控制条件

序号	清洗阶段		药品浓度（％）	控制温度及压力	碱洗时间（h）	污脏程度和碱洗目的
1	碱洗	3.8~5.8MPa	NaOH 0.5~0.8 Na_2HPO_4 0.2~0.5	90~95℃	8~24	除油污、浮污或水渣较轻
		5.9~9.8MPa	Na_2HPO_4 0.1~0.2 湿润剂 0.05	90~95℃	8~24	
2	碱煮	3.8~5.8MPa	Na_3PO_4 0.2~0.5 Na_2HPO_4 0.1~0.2 湿润剂 0.05	0.1~0.8MPa 1~1.5MPa 2~2.5MPa	8~10 8~10 8~10	含较严重的油垢或水渣
		3.8~5.8MPa	Na_3PO_4 0.5~1.0 Na_2CO_3 0.3~0.6	升至清洗对象额定压力的30%~40%	≥72	垢中（$CaSO_4$+$CaSiO_3$）>10%
		3.8~9.8MPa	Na_3PO_4 0.2~0.5 Na_2CO_3 0.3~0.6 Na_2SO_3 0.013	升压至1.0~3.0MPa	24~48	垢中（$CaSO_4$+$CaSiO_3$）>10%，起松垢作用

（2）新建炉仅实施碱煮清洗时，在煮炉过程中，需由底部排污 2~3 次。煮炉结束后进行大量换水，待排出水和正常炉水的浓度接近，且 pH 值降至 9.0 左右、水温降至 70~80℃，即可将水全部排出。碱煮炉步骤为：

1）煮炉清洗时，使用质量合格的碱，按表 15-2 配制煮炉溶液，注入锅炉至中间水位。锅炉点火升压至 0.1MPa 后关闭空气门，在 0.4MPa 压力下拧紧人孔门螺栓。升压至 0.8MPa，保持 8~10h；后对各下联箱排污点放水，截止门全开保持 1min，补充煮炉溶液至中间水位。升压至 1.0~1.5MPa，保持 8~10h；后对各排污门再排污各 1min，然后补水至汽包中间水位。再升压至 2.0~2.5MPa，保持 8~10h，各排污点均排放

1min，随后补充除盐水，并对锅炉进行底部排污和连续（表面）排污；换水至锅炉水碱度和磷酸根为正常值（碱度为 0.5 ~ 1mmol/L，磷酸根为 5 ~ 15mg/L），且 pH 值降至 9.0 左右，水温降至 70 ~ 80℃，即可将水全部排出。注意控制温度变化，使其符合锅炉的要求。

2）煮炉后应对锅炉进行内部检查，要求金属表面油脂类的污垢和保护涂层已去除或脱落，无新生腐蚀产物和浮锈，且形成完整的钝化保护膜。同时应清除堆积于汽包、集箱等处的污物。

3）已投入运行的汽包炉，若水垢中硫酸盐、硅酸盐含量较高，为提高除垢效果，可在酸洗进行碱煮转型，碱煮工艺为：

a. 将碳酸钠和磷酸三钠混合液加入锅炉内，并使炉水中药剂浓度均匀地达到 0.3% ~ 0.6%（Na_2CO_3），0.5% ~ 1.0%（$Na_3PO_4 - 12H_2O$）。

b. 锅炉缓慢升压，宜在 5h 内升压至 0.05MPa，碱煮转型时间总计 36 ~ 48h；结垢严重的，可适当延长碱煮转型时间。

c. 煮炉期间，应定期取样分析，当炉水碱度低于 45mmol/L、PO_4^{3-} 浓度小于 1000mg/L 时，应适当补加碳酸钠和磷酸三钠。

d. 碱煮转型结束后，应放尽碱液，并用水冲洗至出口水 pH 值小于或等于 9.0。

e. 碱洗或碱煮过程中，仔细检查所有的临时焊口、法兰、阀门，标记漏点。碱洗或碱煮后，应对所有漏点进行处理，方可转入酸洗阶段。

f. 碱洗后水冲洗。用过滤澄清水、软化水或除盐水冲洗，冲洗至出水 pH 值小于或等于 9.0，水质透明。

（三）循环酸洗

（1）加药前，应循环加热至酸洗要求温度的下限。缓蚀剂应在浓酸液注入前加入清洗系统，缓蚀剂的加入速度应根据泵流量在一个循环周期内均匀加入。酸洗工艺的控制条件见表 15 - 3。酸液中的铜离子会在金属表面产生镀铜现象，可在酸洗后用温度 25 ~ 30℃、浓度 1.3% ~ 1.5% 的氨水和 0.5% 过硫酸铵溶液清洗 1 ~ 1.5h。随后排掉溶液，再用 0.8% NaOH 和 0.3% Na_3PO_4 溶液进行清洗。

（2）若注酸后在 2h 内 EDTA 或柠檬酸液浓度小于 1.5%，应补加酸并使其达到预定浓度。有机酸清洗时，设备接触清洗液的总时间不宜超过 24h，过热器清洗时间不宜超过 48h；无机清洗液清洗时，接触酸液总的时间应小于 10h。

表 15-3　　清洗工艺综合一览表

序号	清洗工艺名称	介质浓度ᵃ	助溶剂(%) NaF	助溶剂(%) NH₄HF₂	$(NH_4)_2S_2O_8$(%)	还原剂(%)	缓蚀剂(%)	$(NH_4)_2CS$(%)	MBT(%)	N_2H_4(mg/L)	流速(m/s)	时间(h)	温度(℃)	pH值	废液处理	备注
1	盐酸清洗	4%~7% HCl				0.1~0.2	0.3~0.4				0.2~1.0	4~6	50~60		碱中和	硫酸盐垢和硅垢先转型;Fe³⁺过高需加还原剂
2	盐酸清洗(除硅酸盐垢)	4%~7% HCl	0.5	0.25			0.3~0.4				0.2~1.0	4~6	50~60			
3	盐酸清洗(除盐酸酸盐和硫酸盐硬垢)	4%~7% HCl	0.4	0.2			0.3~0.4	0.5~0.8			0.2~1.0	4~6,不超过10	50~60			
4	氨洗除铜	1.3%~1.5% NH₃·H₂O			0.5~0.75						0.0~0.2	1~1.5	25~30		酸中和	氨洗后排去洗液再钝化

序号	清洗工艺名称	介质浓度ª	添加药品								控制条件				废液处理	备注
			助溶剂(%) NaF	NH₄HF₂	$(NH_4)_2S_2O_8$ (%)	还原剂 (%)	缓蚀剂 (%)	$(NH_4)_2CS$ (%)	MBT (%)	N_2H_4 (mg/L)	流速 (m/s)	时间 (h)	温度 (℃)	pH值		
5	硫脲一步除铜钝化	4%~7% HCl	0.4	0.2		0.1~0.2	0.3~0.4	0.5~0.8			0.3~1	4~12	55~60			
6	柠檬酸清洗	2%~8% $C_6H_8O_7$，用 $NH_3 \cdot H_2O$ 调 pH 为 3.5~4.0					0.3~0.4			800	0.3~1	≤24	85~95	3.5~4.0		
7	高温 EDTA 清洗	EDTA 铵盐ᵇ 浓度宜为 4%~10%ᶜ，剩余 EDTA 浓度 0.5%~1%					0.3~0.5	乌洛托品 0.3%	0.03	1500~2000	≥0.3	≤24	120~140	8.5~9.5	酸化法沉淀回收，排放碱液中和	不适宜含铜、硅量高的水垢，清洗末期 pH 值为 9.5，维持 6~10t/h 排汽量

续表

序号	清洗工艺名称	介质浓度[a]	助溶剂(%)		$(NH_4)_2S_2O_8$ (%)	还原剂 (%)	缓蚀剂 (%)	$(NH_4)_2CS$ (%)	MBT (%)	N_2H_4 (mg/L)	流速 (m/s)	时间 (h)	温度 (℃)	pH值	废液处理	备注
			NaF	NH_4HF_2												
8	低温EDTA清洗	EDTA 铵盐[b]浓度宜为3%~8%[c],剩余EDTA浓度0.5%~1%					0.3~0.5	乌洛托品0.3%	0.03	1500~2000	≥0.3	≤24	85~95	开始pH值为4.5~5.5	酸化法沉淀回收,排放液碱中和	不适宜含铜,硅量高的水垢
9	氢氟酸开路清洗	1%~1.5% HF					0.3~0.4				0.15~1	2~3	45~55		石灰处理	直流炉清洗
10	H_2SO_4清洗	3%~9.0% H_2SO_4		0.3~0.4			0.3~0.4				0.2~0.5	7~8	45~55			对结垢大量钙镁垢的锅炉不适用
11	羟基乙酸清洗	2%~4% $HOCH_2COOH$					0.2~0.4				0.3~0.6	≤24	85~95			

续表

序号	清洗工艺名称	介质浓度[a]	助溶剂(%) NaF	助溶剂(%) NH₄HF₂	$(NH_4)_2S_2O_8$ (%)	还原剂 (%)	缓蚀剂 (%)	$(NH_4)_2CS$ (%)	MBT (%)	N_2H_4 (mg/L)	控制条件 流速(m/s)	控制条件 时间(h)	控制条件 温度(℃)	控制条件 pH值	废液处理	备注
12	羟基亚乙酸、甲酸、柠檬酸、混酸清洗	2%~4% $HOCH_2COOH$，1%~2% 甲酸或柠檬酸					0.2~0.4				0.3~0.6	≤24	85~95			适用于奥氏体钢及水冷壁已有裂纹的锅炉
13	氨基磺酸清洗	5%~10% NH_2SO_3H					0.2~0.4						50~60			
14	硝酸清洗	5%~8% HNO_3					0.3~0.5				0.3~0.5	6~8	50~60			
15	磷酸清洗	>8% H_3PO_4					0.3~0.4				0.3~0.6	4~8	80~95			
16	碱处理热态成膜洗硅及钝化成膜	在炉水电导率为20μS/cm以下，SiO_2为2mg/L的锅炉，向炉水加入NaOH100~200g，将炉水pH值调整为10.3~10.8，进行热态成膜														

a "%"为溶质质量分数。

b 对于压力大于15.6MPa的锅炉，可使用EDTA钠盐进行清洗。对于直流炉，则以NH_4OH代替NaOH，并适当提高N_2H_4用量，在pH值为9.5左右成膜。

c 与1gFe_3O_4络合需EDTA3.8g，与1gCaO(MgO)络合需EDTA5.2g。

第十五章 锅炉的化学清洗与停用保护

（3）在清洗系统进酸 30min 前，应将监视管段投入循环系统，并控制监视管内流速与被清洗锅炉水冷壁管内的流速相近。

（4）当每一回路循环清洗达到预定时间时，应加强进出口的酸洗液浓度和铁离子浓度的分析，检查其是否达到平衡，并取下监视管检查清洗效果。当酸洗液中铁离子浓度趋于稳定时，监视管段内基本清洁，再循环 1h 左右，即可停止酸洗。

（5）循环配酸过程中应定时测定清洗回路出入口酸浓度，瞬间浓度不应过高。

（6）酸洗过程应注意控制酸液温度、循环流速、汽包及清洗箱的液位。

（四）酸洗后水冲洗

（1）为防止酸洗后活泼的金属表面产生二次锈蚀，酸洗结束后，不宜采用将酸直接排空、上水的方法进行冲洗。

（2）可用纯度大于 97% 的氮气连续顶出废酸液，也可用除盐水顶出废酸液。

（3）缩短冲洗时间以不影响最终的清洗效果、不会产生二次锈蚀为宜。直流炉采用大流量冲洗，汽包炉则采用保持最大进水流量和对水冷壁管间歇式大流量排放的方法冲洗。

（4）酸液排出后采用交变流量连续冲洗，直至冲洗合格。

（5）冲洗终点，冲洗水电导率小于 50 μS/cm、含铁量小于 50mg/L、pH 值为 4.0 ~ 4.5。在冲洗的后期还可加入少量柠檬酸，有助于防止二次锈蚀的生成。冲洗合格后立即建立整体大循环，并用氨水将 pH 值迅速调整至 9.0 以上。

（6）当冲洗水量不足时，可采用反复排空和上水的方法进行冲洗，直至出水 pH 值为 4.0 ~ 4.5。但在采用此方法冲洗后，应接着对锅炉进行漂洗。必要时，第一次冲洗排水后，用 0.2% ~ 0.5% Na_3PO_4 溶液循环中和残留酸度；排出中和溶液后，再进行钝化。如果排水方式采用氮气顶排，可不进行漂洗，直接钝化。

（7）对垢量较多的运行锅炉，酸洗后如有较多未溶解的沉渣堆积在清洗系统及设备的死角，可在酸液排尽后，用水冲洗至出水 pH 值为 4.0 ~ 4.5，并对死区加强疏放水冲洗，再排水。人工清理汽包和酸箱内的沉渣。在此情况下，应冲洗并经过漂洗处理，再进行钝化。

（五）漂洗和钝化

（1）采用氮气或水顶酸，当炉内金属在未接触空气的情况下，冲洗至出水 pH 值为 4.0~4.5、含铁量小于 50mg/L。冲洗结束后立即建立锅炉系统水循环，并在 30min 之内将 pH 值由 4.5 提至 9.0。此时观察监视管段内的金属腐蚀指示片，应为银灰色，按表 15-4 控制条件进行钝化后，应立即排空系统中的钝化液，或用加有 200mg/L N_2H_4，用氨水调节 pH 值大于 10.0 的除盐水顶出钝化液。

表 15-4　　　　　　　钝化工艺的控制条件

序号	钝化工艺名称	药品名称	钝化液浓度	钝化液温度（℃）	钝化时间（h）
1	过氧化氢	H_2O_2	0.3%~0.5% pH 为 9.5~10.0	45~55	4~6
2	EDTA 充氧钝化	EDTA、O_2	游离 EDTA 0.5%~1.0% pH 为 8.5~9.5 氧化还原电位 -700mV（SCE）	60~70	氧化还原电位升至 -200~-100mV（SCE）终至
3	丙酮肟	$(CH_3)_2CNOH$	500~800mg/L pH≥10.5	90~95	≥12
4	乙醛肟	CH_3CHO	500~800mg/L pH≥10.5	90~95	12~24
5	磷酸三钠	$Na_3PO_4 \cdot 12H_2O$	1%~2%	80~90	8~24
6	联氨	N_2H_4	常用处理法 300~500mg/L，用氨水调 pH 值至 9.5~10.0	90~95	>24
7	亚硝酸钠	$NaNO_2$	1.0%~2.0%，用氨水调 pH 值至 9.0~10.0	50~60	4~6

（2）漂洗。宜采用浓度为 0.1%~0.3% 的柠檬酸溶液，加 0.1% 缓蚀剂，加氨水调整 pH 值为 3.5~4.0 后的漂洗液进行漂洗。溶液温度宜维持在 50~80℃，循环 2h 左右。漂洗液中总铁量应小于 300mg/L；若超过该值，应采用热的除盐水更换部分漂洗液，直至铁离子含量小于该值后，方可进行钝化。

（六）循环清洗的注意事项

（1）酸洗时，应维持酸液液位在汽包中心线上；水冲洗时，应维持液位比酸洗时液位略高；钝化时，液位应比水冲洗的液位更高。

（2）对结垢严重的回路应增加循环清洗时间。

（3）为了提高清洗效果，每一回路宜正反向循环。

（4）酸洗时，若汽包液位控制不当，排酸前，应用加有 200mg/L N_2H_4、pH 值为 9~10 的除盐水对过热器进行反冲洗。

（5）高温 EDTA 清洗时，升温后应检查并紧固循环系统内所有的法兰螺栓。

三、化学清洗评价及安全要求

（一）化学清洗质量指标

（1）清洗后的金属表面应清洁，基本上无残留氧化物和焊渣，不应出现二次锈蚀和点蚀，不应有镀铜现象。

（2）用腐蚀指示片测量的金属平均腐蚀速度应小于 8g/（$m^2 \cdot h$），腐蚀总量应小于 $80g/m^2$。

（3）运行炉的除垢率不小于 90% 为合格，除垢率不小于 95% 为优良。

（4）基建炉的残余垢量小于 $30g/m^2$ 为合格，残余垢量小于 $15g/m^2$ 为优良。

（5）清洗后的设备内表面应形成良好的钝化保护膜。

（6）固定设备上的阀门、仪表等不应受到腐蚀损伤。

（二）安全和质量保证措施

1. 化学清洗中的安全防范工作

（1）应设专人负责安全监督保障工作，制定安全措施，并检查落实措施的执行情况，确保人身与设备安全。

（2）安全注意事项：

1）清洗单位应根据本单位具体情况制定切实可行的安全操作规程。锅炉清洗前，有关工作人员必须学习并熟悉清洗的安全操作规程，了解所使用的各种药剂的特性及灼伤急救方法，并做好自身的保护。

2）清洗工作人员应经演练和考试合格后才能参加清洗工作。参加锅炉清洗的人员应佩戴专用标志，与清洗无关的人员不得进入清洗现场。

3）清洗现场应照明充足，备有消防通信设备、安全灯、急救药品和劳保用品。

4）现场应有"注意安全""严禁明火""有毒危险""请勿靠近"等安全警示牌。

（3）锅炉清洗系统的安全检查应符合下列要求：

1）与化学清洗无关的仪表及管道应隔绝。

2）临时安装的管道应与清洗系统图相符。

3）对影响安全的扶梯、孔洞、沟盖板、脚手架，要做妥善处理。

4）清洗系统所有管道焊接应可靠，所有法兰垫片、阀门及水泵的盘根均应严密耐腐蚀，应设防溅装置，还应备有毛毡、胶皮垫、塑料布、胶带和专用卡子等。

5）酸泵、取样点、化验站和监视管附近应设专用水源和石灰粉。

6）临时加热蒸汽阀门的压力等级应高于所连接汽源阀门一个压力等级，并采用铸钢阀门。

（4）清洗时，禁止在清洗系统上进行明火作业和其他工作。加药场地及锅炉顶部严禁吸烟。清洗过程中，应有专人值班，定时巡回检查，随时检修清洗设备的缺陷。

（5）搬运浓酸、浓碱时，应使用专用工具，禁止肩扛、手抱。直接接触苛性碱或酸的操作人员和检修人员，应穿戴专用的防护用品。尤其在配酸（包括使用氢氟酸或氟化物）及加氨、加碱液时，更应注意戴好防护眼镜或防毒面具。

（6）在配碱地点，应备有自来水、毛巾、药棉和浓度为 0.2% 的硼酸溶液。

（7）酸液泄漏的处理：

1）酸液漏到地面上时应用石灰中和。

2）酸溅于衣服上，应先用大量清水冲洗，然后用 2% ~3% 碳酸钠溶液中和，最后再用水冲洗。

3）酸液溅到皮肤上，应立即用清水冲洗，再用 2% ~3% 碳酸钠溶液清洗，最后涂上一层凡士林。

4）酸液或结晶体药品溅入眼睛里，应立即用大量清水冲洗，再用 0.5% 的碳酸氢钠溶液冲洗并立即送医务室急救，切忌用手搓揉。

5）氢氟酸一旦溅于皮肤上，应用饱和石灰水冲洗。

（8）清洗过程中，现场应备有医药箱和如下急救药品：

1）0.2% 硼酸溶液、0.5% 碳酸氢钠溶液、2% ~3% 碳酸钠溶液各 5L，凡士林 250g 和饱和石灰水 50L。

2）氢氟酸灼伤急救用药。

a. 药膏由乳酸钙（或葡萄糖酸钙）20g、氧化镁20g、甘油15g、水44g和盐酸普鲁卡因1g混合而成。

b. 静脉注射用的含10%葡萄糖酸钙或10%氧化钙溶液10mL的针管30~40支。含10%碘化钠溶液5~10mL的针管10支。

c. 可拉明、咖啡因或止痛片药片。

（9）易燃、易爆、有毒的化学药品在存放、运输、使用过程中应遵守有关的安全规定。

（10）禁止向水泥沟内排放废酸液；在向除灰系统内排酸时，应有相应的技术措施并控制排放速度。排酸时应有专人监视，防止酸液溢流到其他沟道。

（11）联氨、亚硝酸钠、氢氟酸溶液应先排至废液池，经处理符合排放标准后再行排放。

2. 清洗质量保证

（1）锅炉化学清洗应对清洗准备、清洗实施、清洗后的保护进行全过程质量管理，应包括清洗样管采集、清洗小型试验、清洗单位选择、清洗方案制订、清洗药品检验、临时系统安装、清洗条件确认、清洗工艺实施、清洗化学监测、清洗质量评定、清洗废液处理、临时系统拆除、锅炉清洗后防锈蚀保护等所有环节。

（2）清洗单位应建立相应的质量保证体系，在人员、设备设施、物资采购、清洗服务、项目分包、防止清洗质量事故、作业文件和记录等方面做到有效管理和控制。

（3）清洗项目负责人应由具有相应资质和能力的人员承担。

（4）化学清洗实施前应由业主、监理和清洗单位联合做好清洗条件的检查确认。

第二节　热力设备的停用保护

一、停用腐蚀

（一）停用腐蚀产生的原因

锅炉、汽轮机、凝汽器、加热器等热力设备在停用期间，如果不采取有效的保护措施，水汽侧的金属表面就会发生严重的腐蚀，这种腐蚀称为停用腐蚀。

停用腐蚀属于氧腐蚀，产生停用腐蚀的主要原因：一是金属表面潮湿，在表面形成一层水膜或表面浸在水中；二是氧气可以进入设备内部。

因为设备停用时，有的设备内部仍然充满水，或是放水后有的部位积有水，金属表面仍浸在水中，空气从设备的不严密处大量渗入内部，溶解于水中，使氧腐蚀迅速进行。汽轮机及某些锅炉停用时，虽然金属表面不会进入水中，但由于锅炉和汽轮机等设备内部相对湿度大，在金属表面会附着一层水膜，水膜中的水溶解了空气中的氧，从而造成氧的腐蚀。

（二）停用腐蚀的特点

各种热力设备的停用腐蚀，均属于氧腐蚀，但各有其特点。

1. 锅炉的停用腐蚀

与运行炉氧腐蚀相比，腐蚀产物的颜色、组成、腐蚀的严重程度和腐蚀部位，形态有明显差别。因为停炉腐蚀的温度较低，所以腐蚀产物是疏松的，附着力小，易被水带走，腐蚀产物的表层常常为黄褐色。由于停炉时氧的浓度大，腐蚀面积广，所以停炉腐蚀往往比运行氧腐蚀严重。因为停炉时氧可以扩散到各部位，所以停炉腐蚀的部位往往和运行氧腐蚀有显著的区别。

（1）过热器。锅炉运行时不发生氧腐蚀，而停炉时立式过热器下弯头常常发生严重腐蚀。

（2）再热器。和过热器一样运行时不发生氧腐蚀，停用时在积水处发生严重腐蚀。

（3）省煤器。锅炉运行时出口部分腐蚀较轻，入口部分腐蚀较重，而停炉腐蚀时整个省煤器均有腐蚀，出口部位往往腐蚀严重一些。

（4）上升管、下降管和汽包。锅炉运行时只有当除氧器工况恶化，氧腐蚀才会扩散到汽包和下降管，而上升管（水冷壁管）是不会发生氧腐蚀的。停炉时，上升管、下降管、汽包均会遭受氧腐蚀，汽包的水侧要比汽侧严重。

2. 汽轮机的停用腐蚀

其腐蚀形态是点蚀。通常在喷嘴和叶片上出现，有时在转子叶轮和转子本体上发生。停机腐蚀主要发生在有氯化物污染的机组。

（三）停用腐蚀的影响因素

停用腐蚀的影响因素与大气腐蚀相类似，对于放水停用的设备，主要有温度、湿度、金属表面液膜成分和金属表面的清洁程度等；对于充水停用锅炉，金属浸在水中，影响腐蚀的因素主要有水温、水中溶解氧含量、水的成分和金属表面的清洁程度，现综合概述如下。

1. 湿度

对于放水停用的设备，金属表面的湿度对腐蚀的影响大，对于气体腐蚀来说，在不同成分的大气中，金属都有一个临界相对湿度，当超过这一临界值时，腐蚀速度迅速增加，在临界值之前，腐蚀速度很小或几乎不腐蚀。临界相对湿度随金属种类，金属表面状态和大气成分不同而变化。一般说来，金属受大气腐蚀的临界湿度为70%左右。根据运行经验，对于停用的热力设备内部相对湿度小于20%时，就能避免腐蚀，当相对湿度大于20%时产生停用腐蚀。并且湿度大，腐蚀速度就大。比如母管式蒸汽系统的锅炉，当主汽门不严，蒸汽从蒸汽母管漏入锅炉，使锅炉内的湿度增大，腐蚀速度就加快。

2. 含盐量

当水中或金属表面液膜中盐的浓度增加时，腐蚀速度就上升。特别是氯化物和硫酸盐浓度增加时，腐蚀速度上升十分明显。汽机停用时当氯化物存在时，叶片就会发生腐蚀。

3. 金属表面的清洁程度

当金属表面有沉淀物或水渣时，停用腐蚀的速度上升。因为金属表面有沉积物和水渣时，造成氧的浓度差异。沉积物或水渣下部，氧不易扩散进去，电位较负，成为阳极；而沉积物或水渣周围，氧容易扩散到金属表面，电位较正，为阴极。氧浓度差异电池的存在，使腐蚀速度增加。

（四）停用保护的必要性

停用腐蚀的危害很大，它不仅在短时期内使金属表面发生大面积损伤，而且还会在机组启动后成为运行中腐蚀的促进因素。停炉腐蚀的产物大都是疏松状态的在 Fe_2O_3，在锅炉运行时大量转入炉水中，使炉水含铁量增大，并可能在某些部位沉积下来，在沉积物下面发生严重的腐蚀。同时，停炉腐蚀的部位成为运行腐蚀的新起点。这是由于这些部位往往有腐蚀产物，表面粗糙不平，其电位比周围金属电位低，成为腐蚀电极的阳极而继续遭到腐蚀。停机腐蚀的部位，可能成为汽轮机应力腐蚀破裂或腐蚀疲劳裂纹的起始点。

为防止锅炉汽轮机在停运期间发生腐蚀，必须严密监督停用设备所处的环境，采取最有效的保护措施，这对机组的安全经济运行有着重要的意义。

二、停用保护方法

按火力发电厂停（备）用热力设备防锈蚀导则（DL/T 956—2017）执行。

（一）热力设备停（备）期间防锈蚀方法的选择

1. 方法选择原则

（1）机组热力设备防锈蚀保护方法选择的基本原则是：机组的参数

和类型，给水，炉水处理方式，停（备）用时间的长短和性质，现场条件、可操作性和经济性。

（2）采用的防锈蚀保护方法不应影响机组启动、正常运行时汽水品质和机组正常运行热力系统所形成的保护膜。

（3）机组停用保护方法应与机组运行所采用的给水处理工艺兼容，不应影响凝结水精处理设备的正常投运。

（4）采用新型有机胺碱化剂、缓释剂进行停用保养时，应经过试验确定药品浓度和工艺参数，避免由于药品过量或分解产物腐蚀和污染热力设备。

（5）其他应考虑的因素如下：

1）防锈蚀保护方法不应影响机组按电网要求随时启动运行要求；

2）有废液处理设施，并且废液排放应符合 GB 8978 及当地环保部门的相关规定；

3）冻结因素和大气条件，例如海滨电厂的盐雾环境等环境因素；

4）所采用的保护方法不应影响热力设备的检修工作和检修人员的安全。

2. 机组热力设备常用停（备）用防锈蚀性保护方法

机组热力设备常用停（备）用防锈蚀保护方法见表 15 - 5。

表 15 - 5　　机组热力设备常用停（备）用防锈蚀保护方法

防锈蚀方法	适用状态	适用设备及部位	防锈蚀方法的工艺要求	停用时间					备注
				≤3天	<1周	<1月	<1季度	>1季度	
干法防锈蚀保护	热炉放水余热烘干法	临时检修、C级及以下检修	锅炉	炉膛有足够余热，系统严密	√	√	√			应无积水
	负压余热烘干法	A级及以下检修	锅炉、汽轮机	炉膛有足够余热，配有抽气系统，系统严密		√	√	√		应无积水

防锈蚀方法	适用状态	适用设备及部位	防锈蚀方法的工艺要求	停用时间					备注
				≤3天	<1周	<1月	<1季度	>1季度	
干风干燥法	冷备用、A级及以下检修	锅炉、汽轮机、凝汽器、高、低压加热器,烟气侧	备用干风系统和设备,干风应能连续供给			√	√	√	应无积水
热风吹干法	冷备用、A级及以下检修	锅炉、汽轮机	备有热风系统和设备,热风应能连续供给			√	√	√	应无积水
氨水碱化烘干法	冷备用、A级及以下检修	锅炉、无铜给水系统	停炉前4h加氨提高给水pH值至9.6~10.5热炉放水,余热烘干	√	√	√	√	√	
氨、联氨钝化烘干法	冷备用、A级及以下检修	锅炉给水系统	停炉前4h,无铜系统加氨提高给水pH值为9.6~10.5,有铜系统给水pH值9.1~9.3,给水联氨深度加大到200~400mg/L热炉放水余热烘干	√	√	√	√	√	
气相缓释剂法	冷备用、封存	锅炉,高、低压加热器,凝汽器	要配置热风汽化系统,系统应严密,锅炉,高、低压加热器应基本干燥			√	√	√	

(左侧纵排标题:干法防锈蚀保护)

防锈蚀方法	适用状态	适用设备及部位	防锈蚀方法的工艺要求	停用时间					备注
				≤3天	<1周	<1月	<1季度	>1季度	
干法防锈蚀保护 干燥剂去湿法	冷备用、封存	小容量、低参数锅炉、汽轮机	设备相对严密,内部空气相对湿度应不高于60%				√	√	
通风干燥法	冷备用、A级及以下检修	凝汽器水侧	备用通风设备		√	√	√	√	
湿法防锈蚀保护 蒸汽压力法	热备用	锅炉	锅炉保持一定压力	√	√				
给水压力法	热备用	锅炉及给水系统	锅炉保持一定压力,给水水质保持运行水质	√	√				
维持密封、真空法	热备用	汽轮机、再热器、凝汽器汽侧	维持凝汽器真空,汽轮机轴封蒸汽保持使汽轮机处于密封状态	√	√				
加氨提高pH值、氨水法	冷(热)备用、封存	锅炉,高、低压给水系统	无铜系统,有配药、加药系统	√	√	√	√	√	
氨—联氨法	冷(热)备用、封存	锅炉,高、低压给水系统	有配药、加药系统和废液处理系统	√	√	√	√	√	
充氮法	冷备用、封存	锅炉,高、低压给水系统,热网加热器汽侧	配置充氮系统,氮气纯度应符合附录A要求,系统有一定的严密性		√	√	√	√	

第十五章 锅炉的化学清洗与热力设备的停用保护

防锈蚀方法		适用状态	适用设备及部位	防锈蚀方法的工艺要求	停用时间					备注
					≤3天	<1周	<1月	<1季度	>1季度	
湿法防锈蚀保护	成膜胺法	冷备用、A级及以下检修	机组水汽系统	配有加药系统,停机过程中实施			√	√	√	
	表面活性胺	冷备用、A级及以下检修	机组水汽系统	配有加药系统,停机过程中实施				√	√	√

（二）停（备）用锅炉的防锈蚀方法

1. 热炉放水余热烘干法

（1）技术要点。

热炉放水余热烘干等干法保护的原理是维持停（备）用热力设备内相对湿度小于碳钢腐蚀速率急剧增大的临界值。碳钢在大气中的腐蚀速率与相对湿度关系参见附录 B。

锅炉停运后，压力降至锅炉制造厂的规定值时，迅速放尽锅内存水，利用炉膛余热烘干受热面。

（2）保护方法。

1）停炉后，迅速关闭锅炉各风门、挡板，封闭炉膛，防止热量过快散失。

2）固态排渣汽包锅炉，当汽包压力降至 0.6～1.6MPa 时，迅速放尽炉水；固态排渣直流锅炉，在分离器压力降至 1.6～3.0MPa，对应进水温度下降到 201～334℃时，迅速放尽锅内存水；液态排渣锅炉可根据锅炉制造厂的要求执行热炉带压放水。

3）放水过程中应全开空气门、排汽门和放水门，自然通风排出锅内湿气，直至锅内空气相对湿度达到 60% 或等于环境相对湿度。

4）放水结束后，应关闭空气门、排汽门和放水门，封闭锅炉。

（3）注意事项。

1）在烘干过程中，应定时用湿度计直接测定或参考附录 C 的测定方法测定锅内空气相对湿度。

2）汽包锅炉降压、放水过程中，应严格控制汽包上、下壁温度差不超过制造厂允许值，即壁温差<40℃；直流锅炉降压、放水过程中，应控制联箱和分离器等厚壁容器的壁温差不超过制造厂允许值。

2. 负压余热烘干法

（1）技术要点。

负压余热烘干法的原理与热炉放水余热烘干法相同。锅炉停运后，压力降至锅炉制造厂规定值时，迅速放尽锅内存水，然后利用凝汽器抽真空系统对锅炉抽真空，加快锅内湿气的排出，提高烘干效果。

（2）保护方法。

1）停炉后，迅速关闭锅炉各风门、挡板，封闭炉膛，防止热量过快散失。固态排渣汽包锅炉，当汽包压力降至 0.6 ~ 1.6MPa 时，迅速放尽炉水；固态排渣直流锅炉，在分离器压力降至 1.6 ~ 3.0MPa，对应进水温度下降到 201 ~ 334℃ 时，迅速放尽锅内存水；液态排渣锅炉可根据锅炉制造厂的要求执行热炉带压放水，然后立即关闭空气门、排汽门和放水门。

2）利用凝汽器抽真空系统抽真空。打开一、二级启动旁路，利用凝汽器抽真空系统对锅炉再热器、过热器和锅炉水冷系统进行抽真空，使汽包（分离器）真空度大于 50kPa，并维持 1h；开启省煤器和汽包（分离器）空气门 1 ~ 2h，用空气置换锅内残存湿气，关闭空气门；继续抽真空 2 ~ 4h，直至锅内空气相对湿度降到 60% 或等于环境相对湿度。

3）注意事项。

汽包锅炉降压、放水过程中，应严格控制汽包上、下壁温度差不超过制造厂允许值，即壁温差<40℃；直流锅炉降压、放水过程中，应控制联箱、分离器等厚壁容器的壁温差不超过制造厂允许值。

3. 干风干燥法

（1）技术要点。

干风干燥法的原理是保证热力设备内相对湿度处于免受腐蚀的干燥状态，将常温空气通过一专门的转轮吸附除湿设备和冷冻除湿设备，除去空气中水分，产生常温干燥空气（干风）；将干风通入热力设备，除去热力设备中的残留水分，使热力设备表面达到干燥而得到保护。转轮除湿设备的工作原理参见附录 D。

该方法由于采用的是常温空气，因此设备内部处于常温状态，能够有效减轻因为湿度降低造成相对湿度升高而引起的锈蚀。与热风干燥相比，干风干燥所消耗的能量要少得多。

(2) 保护方法。

1) 停炉后，迅速关闭锅炉各风门、挡板，封闭炉膛，防止热量过快散失。固态排渣汽包锅炉，当汽包压力降至 0.6MPa ~ 1.6MPa 时，迅速放尽炉水；固态排渣直流锅炉，在分离器压力降至 1.6MPa ~ 3.0MPa，对应进水温度下降到 201℃ ~ 334℃ 时，迅速放尽锅内存水；液态排渣锅炉可根据锅炉制造厂的要求执行热炉带压放水，烘干锅炉。

2) 根据锅炉实际情况设计并连接干风系统，图 15 - 1 和图 15 - 2 是两种连接示例。

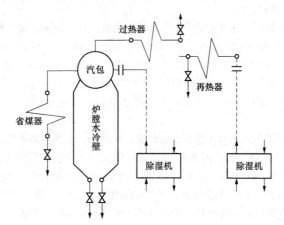

图 15 - 1　开路式干风干燥系统示意图

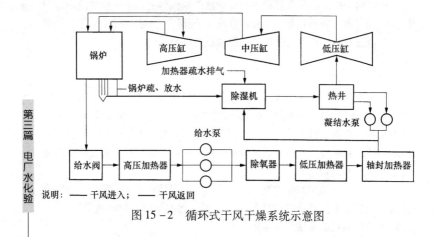

图 15 - 2　循环式干风干燥系统示意图

3）启动除湿机，对锅炉进行干燥。在停（备）保护期间，维持锅炉各排气点的相对度为 30% ~ 50%，并由此控制除湿机的启停。

（3）注意事项。

1）应尽量提高锅炉受热面的放水压力和温度，但应严格控制管壁温度差不超过制造厂允许值。

2）根据每小时置换锅内空气 5 ~ 10 次的要求选择除湿机的容量。

3）定期用相对湿度计监测各排气点的相对湿度。

4）除湿机可供多台机组共用，每台机组预留专门的通干风接口。

4. 热风干燥法

（1）技术要点。

热炉热放水结束后，启动专用正压吹干装置，将脱水、脱油、滤尘的热压缩空气经锅炉适当部位吹入和排出。吹干锅炉受热面，达到干燥保护目的。

（2）保护方法。

1）停炉后，迅速关闭锅炉各风门、挡板，封闭炉膛，防止热量过快散失。

2）汽包锅炉，当汽包压力降至 1.0 ~ 2.5MPa；直流锅炉，当分离器压力降至 2.0 ~ 3.0MPa 时，打开过热器、再热器对空排汽，疏放水门和空气门排汽。

3）固态排渣汽包锅炉，当汽包压力降至 0.6 ~ 1.6MPa 时，迅速放尽炉水；固态排渣直流锅炉，在分离器压力降至 1.6 ~ 3.0MPa，对应进水温度降至 201 ~ 334℃时。迅速放尽锅内存水。液态排渣锅炉可根锅炉制造厂的要求执行热炉带压放水。

4）放水结束后，自动专门的正压吹干装置将温度为 180 ~ 200℃ 的压缩空气。参照图 15 - 3 所示系统依次吹干再热器、过热器、水冷系统和省煤器，监督各排气点空气相对湿度，其值小于或等于当时大气相对湿度为合格。

5）锅炉若短期停用，停炉时吹干即可；若长期停用，一般每周启动正压吹干装置一次，维持受热面内相对湿度小于或等于当时大气相时温度。

（3）注意事项。

1）锅炉受热面排汽和放水过程中，应严格控制管壁温度差不超过制造厂允许值。

2）锅炉过热器、再热器对空排汽压力、温度应尽量高，使垂直布置

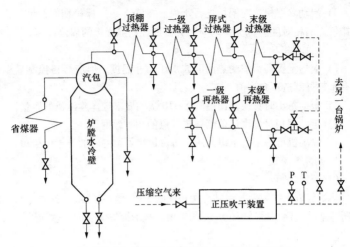

图 15 - 3　汽包锅炉热风吹干系统示意图

的过热器、再热器下弯头无积水；排汽、放水、吹干三个步骤应紧密联系，一步完成。

3）正压吹干装置的压缩空气气源可以是仪用或杂用压缩空气，压力为 0.3 ~ 0.8MPa，流量为 5 ~ 10m³/h。

4）定期用相对湿度计监测各排气点的相对湿度。

5）多台机组可设共用一套正压吹干装置，热压缩空气吹入管道应保温。

5. 气相缓蚀剂法

（1）技术要点。

锅炉停运后，迅速放尽锅内存水，利用炉膛余热烘干锅炉受热面。当锅内空气相对湿度小于 90% 时，采用专用设备向锅内充入汽化的气相缓蚀剂；气相缓蚀剂浓度达到厂家要求浓度后，停止充气相缓释剂，封闭锅炉。

（2）保护方法。

1）锅炉停运后，热炉放水，利用余热烘干锅炉，锅内空气相对湿度小于 90%。

2）汽化了的气相缓蚀剂从锅炉底部的放水管或疏水管充入，使其自下而上充满锅炉。

3）充入气相缓蚀剂时，可利用凝汽器真空系统或辅助抽气措施对过

第三篇 电厂水化验

热器和再热器抽气，并使抽气量和进气量基本一致。

4）气相缓蚀剂汽化充气系统如图15-4所示。充入气相缓蚀剂前，先用温度不低于50℃的热风经汽化器旁路对充气长管路进行暖管，以免气相缓蚀剂遇冷析出，造成堵管。当充气管路温度达到50℃时，停止暖管，并将热风导入汽化器，使气相缓蚀剂汽化并充入锅炉。

5）当锅内气相缓蚀剂含量达到控制标准时，停止充入气相缓蚀剂，并迅速封闭锅炉。

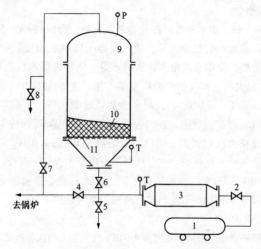

图15-4 气相缓蚀剂气化充气系统示意图

1—空压机；2—调节门；3—电加热器；4—旁路门；5—疏水门；6—进气门；7—出气门；8—取样门；9—气化器；10—气相缓蚀剂；11—底部孔板

（3）注意事项。

1）锅炉停用保护使用的气相缓蚀剂为碳酸环已胺，对铜部件有腐蚀，应有隔离措施。

2）气相缓蚀剂汽化时，应有稳定的压缩空气气源，其压力为0.6~0.8MPa，气量≥6m³/min，且能连续供气。

3）碳酸环已胺气相缓蚀剂的含量大于30g/m³。

4）碳酸环已胺为白色粉末状物质，有氨味。当它与人体直接接触时，人体会有轻微刺激感。使用时，操作人员应注意保护，切勿使其溅入眼内。

5）碳酸环已胺为可燃物，不应与明火接触，并做好安全措施。

6）实施气相缓蚀剂保护的锅炉，当需要人员进入汽包时，必须首先进行通风换气，生物活性试验无问题方可进行。

6. 氨、联氨钝化烘干法

（1）技术要点。

给水采用 AVT（R）处理的锅炉，停机前 4h，利用给水、炉水加药系统向给水、炉水中加氨和联氨。提高 pH 值和联氨浓度，在高温下形成保护膜，然后迅速放尽锅内存水，利用炉膛余热烘干锅炉。

（2）保护方法。

1）汽包锅炉。

停炉前 6~8h，炉水停加磷酸盐和氢氧化钠；停炉前 4h，有铜给水系统维持凝结水或给水的氨加入量，使省煤器入口给水 pH 值为 9.1~9.3；无铜给水系统提高凝结水或给水的氨加入量，使省煤器入口给水 pH 值为 9.6~10.5。加大给水和凝结水的联氨加入量，使省煤器入口给水联氨浓度为 0.5~10mg/L；停炉前 4h，炉水改加浓联氨，使炉水联氨浓度达到 200~400mg/L。停炉过程中，在汽包压力降至 4.0MPa 时保持 2h。然后继续降压，固态排渣汽包锅炉，当汽包压力降至 0.6~1.6MPa 时，迅速放尽炉水；固态排渣直流锅炉，在分离器压力降至 1.6~3.0MPa，对应进水温度下降到 201~334℃ 时，迅速放尽锅内存水；液态排渣锅炉可根据锅炉制造厂的要求执行热炉带压放水，利用炉膛余热烘干锅炉。

2）直流锅炉。

在锅炉停炉冷却至分离器压力为 4.0MPa 时，加大给水和凝结水的氨、联氨加入量；无铜系统给水 pH 值为 9.6~10.5，有铜系统给水 pH 值为 9.1~9.3；除氧器入口给水联氨浓度为 0.5~10mg/L，省煤器入口给水联氨浓度见表 15-6。然后继续降压，固态排渣汽包锅炉，当汽包压力降至 0.6~1.6MPa 时，迅速放尽炉水；固态排渣直流锅炉，在分离器压力降至 1.6~3.0MPa，对应进水温度下降到 201~334℃ 时，迅速放尽锅内存水；液态排渣锅炉可根据锅炉制造厂的要求执行热炉带压放水，余热烘干锅炉。

表 15-6　　　　停炉保护的时间与省煤器入口给水联氨浓度关系

保护时间	联氨浓度
小于 1 周	30mg/L
1~4 周	200mg/L
5~10 周	50mg/L × 周数
大于 10 周	500mg/L

第三篇 电厂水化验

3）其他热力设备。

其他热力设备根据检修与否来决定是否进行放水，需要放水时，热态下放水；不需要放水时，充氨、联氨的除盐水。

（3）注意事项。

1）停炉保护加药期间每小时测定给水、炉水或分离器排水的 pH 值和联氨浓度。

2）在保证金属壁温差不超过制造厂允许值的前提下，尽量提高放水压力和温度。

3）当锅炉停用时间长时，宜利用凝气器抽真空系统，对锅炉抽真空，以保证锅炉干燥。

4）在加药过程中，宜将凝结水精除盐系统旁路。

7. 氨水碱化烘干法

（1）技术要点。

给水采用加氨处理 ［AVT（O）］和加氧处理（OT）的，在停机前 4h 停止给水加氧。加大给水中的氨的加入量，提高系统 pH 值至 9.6~10.5，然后迅速放尽锅内存水，利用炉膛余热烘干锅炉。

（2）保护方法。

1）汽包锅炉停机前 4h，炉水停止加磷酸盐和氢氧化钠。

2）给水采用 AVT（O）的机组，在停机前 4h，旁路凝结水精除盐设备，加大凝结水泵出口氨的加入量，提高省煤器入口给水的 pH 值至 9.6~10.5，并停机。当凝结水泵出口加氨量不能满足要求时，可启动给水泵入口加氨泵加氨。根据机组停机时间的长短确定停机前的 pH 值，若停机时间长，则 pH 值宜按高限值控制。

3）给水采用 OT 的机组，在停机前 4h，停止给水加氧，旁路凝结水精除盐设备，加大凝结水泵出口氨的加入量，提高省煤器入口给水的 pH 值至 9.6~10.5，并停机。当凝结水泵出口加氨量不能满足要求时，可启动给水泵入口加氨泵加氨。根据机组停机时间的长短确定停机前的 pH 值，停机时间长，则 pH 值按高限值控制。

4）停炉后，迅速关闭锅炉各风门、挡板，封闭炉膛，防止热量过快散失。固态排渣汽包锅炉，当汽包压力降至 0.6~1.6MPa 时，迅速放尽炉水；固态排渣直流锅炉，在分离器压力降至 1.6~3.0MPa，对应进水温度下降到 201~334℃时，迅速放尽锅内存水；液态排渣锅炉可根据锅炉制造厂的要求执行热炉带压放水，烘干锅炉。

5）锅炉放水结束后，宜启动凝汽器真空系统，通过一、二级启动旁路对过热器和再热器抽真空 4～6h。

6）其他热力设备和系统同样在热态下放水。

7）当水汽循环系统和设备不需要放水时，也可充满 pH 值为 9.6～10.5 的除盐水。

（3）注意事项。

1）停炉保护加药期间应每小时测定给水、炉水和凝结水的 pH 值和电导率。

2）在保证金属壁温差不超过锅炉制造厂允许值的前提下，应尽量提高放水压力和温度。

8. 充氮法

（1）技术要点。

充氮保护的原理是隔绝空气。锅炉充氮保护有以下两种方式：

1）氮气覆盖法：锅炉停运后不放水，用氮气来覆盖水汽空间。锅炉压力降至 0.5MPa 时，开始向锅炉充氮，在锅炉冷却和保护过程中，维持氮气压力为 0.03～0.05MPa。

2）氮气密封法：锅炉停运后必须放水，用氮气来密封水汽空间。锅力降至 0.5MPa 时，开始向锅炉充氮排水，在排水和保护过程中，保持氮气压力为 0.01～0.03MPa。

（2）保护方法。

1）短期停炉冲氮方法。

机组停机前 4h，炉水停止加磷酸盐和氢氧化钠，给水停止加氧，无铜给水系统适当提高凝结水精处理出口加氨量，使给水的 pH 值为 9.4～9.6，有铜给水系统维持运行水质；锅炉停炉后不换水、维持运行水质，当过热器出口压力降至 0.5MPa 时，关闭锅炉受热面所有疏水门、放水门和空气门，打开锅炉受热面充氮门充入氮气，在锅炉冷却和保护过程中，维持氮气压力为 0.03～0.05MPa。

2）给水采用 AVT（R）工艺的机组中、长期停炉充氮方法。

停机前 6～8h，汽包锅炉炉水停止加磷酸盐和氢氧化钠；锅炉停运后，维持凝结水泵和给水泵运行，提高硬结水及给水联氨的加药量，使省煤器入口给水联氨含量为 0.5～10mg/L，无给水系统 pH 值至 96～105，有给水系统 pH 值至 9.1～9.3，用给水置换炉水并冷却。

当锅炉汽包压力降至 4Pa 时，利用炉水酸盐加药系统向炉水加入浓联氨，并使炉水联氨浓度达到 5～10mg/L；在锅炉降至 0.5MPa 时，关闭锅炉受热面所有疏水门、放水门和空气门，打开锅炉受热面充氮门充入氮气，在锅炉冷却和保护过程中，维持氮气压力为 0.03~0.05MPa。

3）给水采用 AVT（O）或 OT 工艺机组中、长期停炉充氮方法。

停机前 4h，汽包锅炉炉水停止加磷酸盐和氢氧化钠，给水停止加氧，旁路凝结水精除盐设备，加大凝结水泵出口氨的加入量，提高省煤器入口给水的 pH 值至 9.6~10.5。当凝结水泵出口加氨量不能满足要求时，可启动给水泵入口加氨泵加氨；锅炉停运后，用高 pH 值的给水置换炉水并冷却；当锅炉压降至 0.5MPa 时，停止换水，关闭锅炉受热面所有疏水门、放水门和空气门，打开锅炉受热面充氮门充入氮气，在锅炉冷却和保护过程中，维持氮气压力为 0.03~0.05MPa。

4）锅炉停炉需要放水时充氮方法。

停机前 4h，炉水停止加磷酸盐和氢氧化钠，给水停止加氧，旁路凝结水精除盐设备；无铜给水系统，停机前 4h，提高凝结水和给水加氨量使省煤器入口给水 pH 在 9.6~10.5；有铜给水系统维持给水正常运行水质；锅炉停运后，用给水置换炉水并冷却；当锅炉压力降至 0.5MPa 时停止换水，打开锅炉受热面充氮门充入氮气，在保证氮气压力为 0.01~0.03MPa 的前提下，微开放水门或疏水门，用氮气置换炉水和疏水；当炉水、疏水排尽后，检测排气氮气纯度，大于 98% 后关闭所有疏水门和放水门；保护过程中维持氮气压力在 0.01~0.03MPa 的范围内。

（3）监督和注意事项。

1）使用的氮气纯度以大于 99.5% 为宜，最低不应小于 98%。

2）充氮保护过程中应定期监测氮气压力、纯度和水质，压力为表压。

3）机组应安装专门的充氮系统，配备足够量的氮气，锅炉受热面应设计多个充氮口，充氮管道内径一般不小于 20mm，管材宜采用不锈钢。

4）氮气系统减压阀出口压力应调整到 0.5MPa，当锅炉汽压降至此值以下时，氮气便可自动充入。

5）氮气不能维持人的生命，所以实施充氮保护需要人员进入热力设备工作时，必须先用空气彻底置换氮气，并用合适的测试设备来分析需要进入的设备内部的大气成分，或生物活性试验无问题，以确保工作人员的生命安全。

6）当设备检修完后，应重新进行充氮保护。

9. 氨和氨—联氨保护液法

（1）技术要点。

锅炉停运后放尽锅炉存水，用 pH 值大于 10.5 的氨溶液或 pH 值为 10.0～10.5、联氨含量为 200～300mg/L 的氨—联氨溶液作为防锈蚀保护液充满锅炉。

（2）保护方法。

1）锅炉停运后，压力降至锅炉规定放水压力时，开启空气门、排汽门、疏水门和放水门，放尽锅内存水。

2）在除氧器、凝汽器或专用疏水箱中配置好氨水或氨—联氨保护液。氨水法是用除盐水加氨调整 pH 值大于 10.5，对应氨含量为 200～300mg/L 的保护液；氨－联氨法是用除盐水配制联氨含量为 200～300mg/L，用氨水调整 pH 值至 10.0～10.5 的保护液。

3）用专用保护液输送泵或电动给水泵将保护液先从过热器、再热器疏水管、减温水管或反冲洗管充入过热器、再热器，过热器、再热器空气门见保护液后关闭。由过热器充入的保护液量应是过热器容积的 1.5～2.0 倍。

4）过热器内充满保护液后，再经省煤器放水门、锅炉反冲洗或锅炉正常上水系统，向锅炉水冷系统充保护液，直至充满锅炉，即汽包锅炉汽包水位至最高可见水位，空气门见保护液；直流锅炉分离器水位至最高可见水位，最高处空气门见保护液。

（3）注意事项。

1）充氨和氨—联氨保护液法适用于锅炉水压试验后长期冷备用和封存，供热机组停止供热无检修或检修后的长期停运。

2）充保护液过程中，每 2h 分析联氨浓度和 pH 值一次，保护期间每周分析一次。

3）保护期间如发生汽包或分离器水位下降，应及时补充保护液。必要时可向汽包、分离器或过热器、再热器出口充入氮气，并维持氮气压力为 0.03～0.05MPa。

4）氨保护液对铜质部件有腐蚀作用，使用时应有隔离铜质部件的措施。

5）过热器、再热器充保护液时，应注意与汽轮机的隔离，并考虑蒸汽管道的支吊。

6）保护结束后，宜排空保护液，再用合格的给水冲洗锅炉本体、过热器、再热器。

7）保护液必须经过处理至符合排放标准后才能排放。

10. 蒸汽压力法

（1）技术要点。

锅炉短时间停运，炉水水质维持运行水质，用炉膛余热、引入邻炉蒸汽加热或锅炉间断点火方式以维持锅炉压力在 0.4～0.6MPa 的范围内，锅炉处于热备状态。

（2）保护方法。

1）停炉后，关闭炉膛各挡板、炉门、各放水门和取样门，减少炉膛热量散失。

2）中压汽包锅炉自然降压至 1MPa，高压及其以上汽包锅炉自然降压至 2MPa 时，进行一次锅炉底渐排污，排污时间一般为 0.5～1h，排污时应及时补充给水以维持汽包水位不变。

3）利用炉膛余热、引入邻炉蒸汽加热或锅炉间断点火方式维持锅炉压力在 0.4～0.6MPa 的范围内。

（3）注重事项。

1）锅炉在热备用期间应始终监督其压力，并使之符合控制标准，见附录 A。

2）汽包锅炉应保持汽包正常水位。

11. 给水压力法

（1）技术要点。

锅炉停运后，用符合运行水质要求的给水充满锅炉，并保持一定压力及溢流量，以防止空气漏入。

（2）保护方法。

1）汽包锅炉停运后，停止向炉水加磷酸盐和氢氧化钠，保持汽包内最高可见水位，自然降压至给水温度对应的饱和蒸汽压力时，用符合运行水质要求的给水置换炉水。炉水采用磷酸盐处理的锅炉，当炉水的磷酸根小于 1mg/L，水质澄清时，停止换水。

2）直流锅炉停运后，加大精处理出口加氨量提高给水 pH 值至 9.4～9.6。

3）当过热器壁温低于给水温度时，开启锅炉最高点空气门，由过热器减温水管或反冲洗管充入给水，至空气门溢流后关闭空气门。在保持锅炉压力为 0.5～1.0MPa 条件下，使给水从饱和蒸汽取样器处溢流。溢液量控制在 50～200L/h 的范围内。

（3）注意事项。

锅炉在防锈蚀保护期间，必须定期对给水品质和锅炉压力进行监督，使其符合控制标准。

12. 成膜胺法

（1）技术要点。

机组滑参数停机过程中，当锅炉压力、温度降至合适条件时，向热力系统加入成膜胺，在热力设备内表面形成一层单分子或多分子的憎水保护膜，以阻止金属腐蚀。

（2）保护方法。

1）汽包锅炉保护方法。

单元制机组汽包锅炉保护方法：停炉前4h，停止向炉水加磷酸盐和氢氧化钠，并停止向给水加联氨，在机组滑参数停机过程中，主蒸汽温度降至500℃以下时，利用锅炉磷酸盐加药泵、给水加药泵或专门的加药泵向热力系统加入成膜胺。

母管制机组汽包锅炉保护方法：停炉前4h，停止向炉水加磷酸盐和氢氧化钠，并停止向给水加联氨。停炉后，汽包压力降至2~3MPa时，降低汽包水位至最低允许水位后，再小流量补水，并从省煤器入口处加入成膜胺，加药、补水和锅炉底部放水同步进行，加药完毕后开大过热器对空排汽门，让成膜胺充满过热器。

2）直流锅炉保护方法。

直流锅炉停炉前，停止向给水加联氨，调节给水加氨量使省煤器入口给水 pH 值为 9.2~9.6。机组滑参数停机过程中，主蒸汽温度降至500℃以下时，利用给水加药泵或专门的加药泵向热力系统加入成膜胺。

3）汽包锅炉和直流锅炉停炉后，迅速关闭锅炉各风门、挡板，封闭炉膛，防止热量过快散失。固态排渣汽包锅炉，当汽包压力降至0.6~1.6MPa时，迅速放尽炉水；固态排渣直流锅炉，在分离器压力降至1.6~3.0MPa，对应进水温度下降到201~334℃时，迅速放尽锅内存水；液态排渣锅炉可根据锅炉制造厂的要求执行热炉带压放水。

（3）注意事项。

1）给水采用加氧处理的机组不应使用成膜胺。

2）确定使用成膜胺前，应充分考虑成膜胺及其分解产物对机组运行水汽品质、精处理树脂可能造成的影响。

3）有凝结水精除盐的机组，开始加成膜胺前，凝结水精除盐设备应退出运行；实施成膜胺保护后，机组启动时，只有确认凝结水不含成膜胺后，方可投运凝结水精除盐设备。

4）实施成膜胺保护前，应将一些不必要的化学仪表，如溶解氧表、硅表、钠表、联氨表和磷酸根表隔离。

5）实施成膜胺保护过程中，每30min监测一次水汽的pH值、电导率和氢电导率，每1h测定一次水汽中的铁含量。

6）实施成膜胺保护过程中，应保证炉水或分离器出水pH值大于9.0，如果预计成膜胺会造成pH值降低时，汽包锅炉应提前向炉水加入适量的氢氧化钠，直流锅炉应提前加大给水加氨量，提高pH值至9.2~9.6。

7）实施成膜胺保护时，停机和启动过程中给水、炉水、蒸汽的氢电导率会出现异常升高现象。

8）实施成膜胺保护时，停机和启动过程中热力系统含铁量有时会升高，可能会发生热力系统取样和仪表管堵塞现象。

9）成膜胺加完后，加药箱应立即用除盐水冲洗，并继续运行加药泵30~6omin，充分冲洗加药管道。

10）热力系统使用成膜胺保护后，应确认凝结水不含成膜胺，才能作为发电机冷却水的补充水。

11）使用成膜胺保护后，应放空凝汽器热井在汽轮机冲转后，应加强凝结水的排放。

12）在使用成膜胺过程中，如果出现异常停机，应立即停止加药，并充分冲洗系统。

13）成膜胺加药后，应保持足够的给水流量和循环时间，以防止成膜胺在局部发生沉积。

13. 表面活性胺法

（1）技术要点。

机组滑参数停机过程中，向水汽系统中加入表面活性胺，提高水汽系统两相区的液相的pH值，并促进水汽系统金属设备表面形成具有防腐效果的保护膜，以阻止金属腐蚀。

（2）保护方法。

1）停炉前4h，炉水停止加磷酸盐和氢氧化钠，给水停止加氧，加大凝结水泵出口氨的加入量，使给水pH值大于9.5。

2）在机组滑参数停机过程中，主蒸汽温度降至50℃以下时，利用凝结水、给水加药装置将表面活性胺加入给水中。

3）按药剂供应厂家的要求控制加药剂量和加药时间，确保表面活性胺在水汽系统均匀分布，并有充分时间在设备表面形成保护膜。

4）针对直流空冷凝汽器的保护，可利用系统负压，通过排汽管道上的压力测量点，将表面活性胺溶液加热到80℃后，吸入到空冷系统，以提高对直接空冷凝汽器的保护效果。

5）锅炉停运后，如果需要放水，则迅速关闭锅炉各风门、挡板、封闭炉膛，防止热量过快散失。固态排渣汽包锅炉，当汽包压力降至0.6~1.6MPa时，迅速放尽炉水；固态排渣直流锅炉，在分离器压力降至1.6~3.0MPa，对应进水温度下降到201~334℃时，迅速放尽锅内存水；液态排渣锅炉可根据锅炉制造厂的要求执行热炉带压放水，并利用凝汽器抽真空系统对再热器、过热器抽真空4~6h。

6）热力设备不需要放水时，可充满保护液。

（3）注意事项。

1）表面活性胺为一种复合有机胺，在汽液两相中能均匀分配，并能促进金属表面形成保护膜，本身及其热分解产物不会被凝结水精处理树脂不可逆吸附或交换。

2）表面活性胺加药保护过程中，在线化学仪表的电导率表、氢电导率表和ph表应正常投运，其他在线仪表可停运，凝结水精除盐旁路。

3）加药成膜保护过程中，应保持有足够的给水流量和循环时间，以确保保护剂在系统中均匀分布。

4）在加药操作过程中，如果出现异常停机，应立即停止加药，并充分冲洗加药系统。

5）加药完成后，立即用除盐水冲洗正式加药系统加药箱，并运行加药泵10~30min，充分冲洗加药管道。

6）实施表面活性胺保护后，机组启动冲洗过程中，凝结水精除盐设备、在线化学仪表应正常投运。

（三）停（备）用汽轮机的防腐蚀方法

1. 机组停用时间在一周之内的保护方法

（1）能维持凝汽器真空的保护措施。

机组停用时，维持凝汽器汽侧真空度，提供汽轮机轴封蒸汽，防止空气进入汽轮机。

（2）不能维持凝汽器真空的保护措施。

1）隔绝一切可能进入汽轮机内部的汽、水系统并开启汽轮机本体疏水阀。

2）隔绝与公用系统连接的有关汽、水阀门，并放尽其内部剩余的水、汽。

3）主蒸汽管道、再热蒸汽管道、抽汽管道、旁路系统靠汽轮机侧的所有疏水阀门均应打开。

4）放尽凝汽器热井内部的积水。

5）高、低压加热器侧和除氧器汽侧宜进行充氮，也可放尽高、低压加热器汽侧疏水进行保护。

6）高、低压加热器和除氧器水侧充满符合运行水质要求的给水。

7）打开汽动给水泵、汽动引风机的给水泵汽轮机的有关疏水阀门。

8）监视汽轮机房污水排放系统是否正常，防止凝汽器阀门坑满水。

9）汽轮机停机期间应按汽轮机停机规程要求盘车，保证其上、下缸，内、外缸的温差不超标。

10）冬季机组停运，应有可靠的防冻措施。

2. 机组停用时间超过一周的保护方法

（1）汽轮机快冷装置保护法。

1）技术要点。

汽轮机停运后，启动汽轮机快冷装置，向汽缸通热压缩空气，在汽缸降温的同时，干燥汽缸。

2）保护方法。

汽轮机停止进汽后，加强汽轮机本体疏水，当汽缸温度降低至允许通热风时，启动汽轮机快冷装置，加快汽缸冷却，并保持汽缸干燥；汽轮机高、中、低压缸可按表 15 - 7 所示注入点向汽缸充入一定量的压缩空气；注入汽缸内的压缩空气经过轴封装置，高、中缸调节阀的疏水管，汽轮机本体疏水管，以及凝汽器汽侧人孔和放水门排出。

表 15 - 7　汽轮机停（备）用压缩空气保护充气点和参考流量

部　　　位	充　气　点	压缩空气参考流量（m^3/h）
高压缸	放气管	70
中压缸	抽汽管	70
低压缸	抽汽管	260

3）保护期间定期用相对湿度计测定汽轮机排出空气的相对湿度，应小于 50%；所使用的压缩空气应是仪用压缩空气，或杂质含量小于 1mg/m^3、含油量小于 2mg/m^3、相对湿度小于 30% 的压缩空气；汽轮机压缩空气充入点应装有滤网。

（2）热网干燥法。

1）技术要点。

停机后，放尽与汽轮机本体连通管道内的余汽、存水，当汽缸温度降至一定值后，向汽缸内送入热风，使汽缸内保持干燥。

2）保护方法。

停机后，按规程规定，关闭与汽轮机本体有关的汽水管道上的阀门。阀门不严时，应加装堵板，防止汽水进入汽轮机；开启各抽汽管道、疏水管道和进气管通上的疏水门，放尽余水或疏水；放尽凝汽器热水井内和凝结水泵入口管道内的存水；当汽缸壁温度降至80℃以下时，从汽缸顶部的导汽管或低压缸的抽汽管，向汽缸送温度为50～80℃的热风；风流经汽缸内各机件表面后，从轴封、真空坏门、汽器人孔门等处的，当排出热风换算为室温时的相对湿度低于60%，若停止送入热风，则应在汽缸内放入干燥剂，并封闭汽轮机本体，如不放入干燥剂，应保持排气处空气的温度高于周围环境温度5℃。

3）注意事项。

在干燥过程中，应定期用湿度计测定从汽缸排出气体的相对湿度，并通过调整送入热风风量和温度来控制由汽缸排出空气的相对湿度，使之尽快符合控制标准，见附录A；汽缸内风压宜小于0.04MPa。

（3）风干干燥法。

1）技术要点。

停机后，放尽汽轮机本体及相关管道、设备内的余汽和积水。当汽缸温度降至一定值后，向汽缸内送入干风，使汽缸内保持干燥。

2）保护方法。

停机后，按规程规定，关闭与汽轮机本体有关的汽水管道上的阀门。阀门不严时，应加装堵板，防止汽水进入汽轮机。开启各抽汽管道、疏水管道和进汽管道上的疏水门，放尽余汽或疏水；放尽凝汽器热水井内和凝结水泵入口管道内的存水；当汽缸壁温度降至100℃以下时，参考图15-2或图15-5的方式向汽缸通干风，当设备排出口空气的相对湿度在30%～50%时即为合格。

3）注意事项。

a）在干燥和保护过程中，应定期用湿度计测定排气的相对湿度，当相对湿度超过50%时启动除湿机。

b）根据每1h置换汽缸内空气5～10次的要求选择除湿机的容量，除湿机所提供的风压应为150～500Pa。

c）汽轮机除湿系统可设计成开路或循环方式。

d）为了简化临时系统，可以选择多台除湿机。

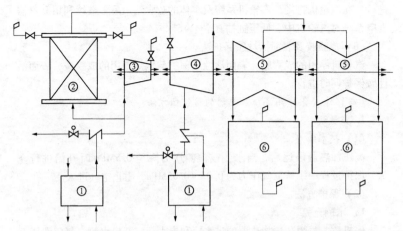

图 15-5 汽轮机、再热器、凝汽器干风保护参考流程示意图

1—除湿机；2—再热器；3—高压缸；4—中压缸；5—低压缸；6—凝汽器

e）每台机组预留专用干风接口，除湿机为多台机组公用。

f）除湿机运行期间，汽轮机宜定期盘车。

（4）干燥剂去湿法。

1）技术要点。

停运后的汽轮机，经热风干燥法干燥至汽轮机排气相对湿度达到控制标准后，停送热风。然后向汽缸内放置干燥剂，封闭汽轮机，使汽缸内保持干燥状态，该法适用于小型汽轮机的长期停机保护。

2）保护方法。

按 6.2.2.2 的规定先对汽轮机进行热风干燥，当汽轮机的排气换算到室温相对湿度达到 60% 时，停送热风；将用纱布袋包装好的变色硅胶按 $2kg/m^3$ 计算需用数量，从排汽安全门稳妥地放入凝汽器的上部后，封闭汽轮机。

3）注意事项。

a）本法适用于周围环境相对湿度不高于 60%，汽缸内无积水的汽轮机的防锈蚀保护。

b）定期检查硅胶的吸湿情况，发现硅胶变色要及时更换。

c）要记录放入汽缸内硅胶的袋数，解除防锈保护时，必须如数将硅胶取出。

（5）氨水碱化烘干法。

汽轮机停用的氨水碱化烘干保护与锅炉停用的氨水碱化烘干保护同时

进行。在汽轮机打闸，汽轮机系统及本体的疏水结束后，继续利用凝汽器真空系统对汽轮机中、低压缸抽真空 4～6h。

（6）成膜胺及表面活性胺保护法。

汽轮机停用的成膜胺、表面活性胺保护与锅炉停用的成膜胺、表面活性胺保护同时进行。

（四）停（备）用高压加热器的防锈蚀方法

1. 充氮法

（1）技术要点。

高压加热器停运后，当水侧或汽侧压力降至 0.5MPa 时开始进行充氮。保护过程中维持氮气压力为 0.03～0.05MPa，阻止空气进入。

（2）保护方法。

1）水侧充氮。

停机后，关闭高压加热器的进水门和出水门。开启水侧空气门泄压至 0.5MPa 后，开始充氮。当需要放水时，微开底部放水门，缓慢排尽存水后，关闭放水门，放水及保护过程中维持氮气压力为 0.01～0.03MPa；当不需要，放水时，维持氮气压力为 0.03～0.05MPa。

2）汽侧充氮。

停机后，关闭高压加热器汽侧进汽门和疏水门，待汽侧压力降至 0.5MPa 时，开始充氮气。需要放水时，微开底部放水门，缓慢排尽存水后关闭放水门，放水及保护过程中维持氮气压力为 0.01～0.03MPa；当不需要放水时，维持氮气压力为 0.03～0.05MPa。

（3）监督和注意事项。

1）使用的氮气纯度以大于 99.5% 为宜，最低不应小于 98%。

2）充氮保护过程中应定期监测氮气压力、纯度和水质，压力为表压。

3）应安装专门的充氮系统，配备足够量的氮气。

4）氮气不能维持人的生命，所以实施充氮保护需要人员进入高压加热器工作时，须先用空气彻底置换氮气，并用合适的测试设备来分析需要进入的高压加热器内部的大气成分，生物活性试验无问题，以确保工作人员的生命安全。

5）当设备检修完后，重新进行充氮保护。

2. 提高给水 pH 值法

加氨或加氧处理的机组，机组停运前 4h，加大凝结水精处理出口加氨量，提高给水 pH 值至 9.6～10.5；停机后不放水，宜向汽侧和水侧充氮密封时。

3. 氨水和氨—联氨法

（1）技术要点。

停机后，放去水侧、汽侧存水。用氨水或氨—联氨保护液充满高压加热器的水侧、汽侧。

（2）保护方法。

1）停机后，汽侧压力降至零，水侧温度降至100℃时。开启水侧、汽侧放水门和空气门，放尽水侧存水、汽侧疏水。

2）用加药泵将 pH 值大于 10.5 的氨水保护液或联氨含量为 30～500mg/L、加氨调整 pH 值至 10.0～10.5 的保护液，从水侧底部、汽侧放水门充入高压加热器的水侧和汽侧，至水侧管系顶部、汽侧顶部空气门有保护液溢流时，关闭空气门和放水门，停止加药。为防止空气漏入，高压加热器水侧、汽侧顶部应采用水封或氮气封闭措施。

（3）注意事项。

1）充保护液过程中，每2h 分析联氨浓度和 pH 值一次，保护期间每周分析一次。

2）保护期间如发生高压加热器水位下降，应及时补充保护液。可向汽侧或水侧充入氮气，维持氮气压力 0.03～0.05MPa。

3）汽侧充保护液时，应打开各个加热器汽侧空气门，并有防止保护液经过抽汽系统进入汽轮机本体的防范措施。

4）保护结束后，先将保护液排空，再用合格的给水冲洗高压加热器汽侧和水侧。

5）高压加热器汽侧采用充氨和氨—联氨保护液防锈蚀保护时，宜设置一套专用设备系统。

4. 干风干燥法

高压加热器停用的干风干燥保护与汽轮机停用的干风干燥保护同时进行。

5. 成膜胺与表面活性胺保护法

高压加热器停用的成膜胺、表面活性胺保护与锅炉停用的成膜胺、表面活性胺保护同时进行。

（五）停（备）用低压加热器的防锈蚀方法

1. 碳钢和不锈钢材质低压加热器的防锈蚀方法

碳钢和不锈钢材质低压加热器停（备）用时，其保护方法可参见高压加热器的保护方法。当低压加热器汽侧与汽轮机、凝汽器无法隔离时，无法充氮或充保护液，其保护应纳入汽轮机保护系统中。

2. 铜合金低压加热器的防锈蚀方法

（1）铜合金材质低压加热器停（备）用时，水侧应保持还原性环境。

（2）湿法保护时，将联氨含量为 5~10mg/L、加氨调整 pH 值至 8.8~9.3 的溶液充满低压加热器，同时辅以充氮密封，保持氮气压力为 0.03~0.05MPa。

（3）干法保护时，可参考汽轮机干风干燥法，保持低压加热器水侧、汽侧处于干燥状态；也可以用氮气或压缩空气吹干法保护。

（4）低压加热器停用的成膜胺、表面活性胺保护与锅炉停用的成膜胺、表面活性胺保护同时进行。

（六）停（备）用热网加热器及热网首站循环水系统的防锈蚀方法

1. 热网加热器汽侧

（1）热网加热器停止供汽前 4h，提高凝结水出口加氨量，提高给水的 pH 值至 9.5~9.6。

（2）停止供汽后，关闭加热器汽侧进汽门和疏水门，待汽侧压力降至 0.3~0.5MPa 时，开始充入氮气。

（3）需要放水时，微开底部放水门，缓慢排尽存水后，关闭放水门放水及保护过程中维持氮气压力为 0.01~0.03MPa。

（4）当不需要放水时，维持氮气压力为 0.03~0.05MPa。

（5）当热网加热器汽侧系统需要检修时，先放水，检修完毕后，再实施充氮保护。氮气应从顶部充入、底部排出，待排气氮气的纯度大于 98% 时，关闭排气门，并维持设备内部氮气压力为 0.01~0.03MPa。

（6）热网加热器汽侧充氮保护注意事项同高压加热器充氮保护注意事项。

2. 热网加热器水侧和热网首站循环水系统

（1）当热网首站循环水补水主要是反渗透产水或软化水时，热网加热器水侧及和循环水系统宜采用氢氧化钠、磷酸三钠或专用缓蚀剂的方法进行停用保护。停止供汽前 24~48h，向热网首站循环水加氢氧化钠、磷酸三钠或缓蚀剂。当加氢氧化钠或磷酸三钠时，pH 值宜大于 10.0。缓蚀剂的加入量及检测方法由供应厂家确定。

（2）当热网首站循环水补水以生水或自来水为主时，热网加热器水侧及循环水系统宜采用加专用缓蚀剂的方法进行停用保护，停止供热前 24~48h，向热网首站循环水加专用缓蚀剂。缓蚀剂的加入量及检测方法由供应厂家确定。

（3）热网加热器水侧不需放水时，宜充满加碱调整 pH 值或加缓蚀剂的循环水，并辅以充氮密封。热网加热器水侧需要放水检修时，在检修结束后，有充水条件时，水侧宜充满加氢氧化钠、磷酸三钠调整 pH 值大于10.0 的反渗透或软化水，并辅以充氮密封；无充水条件时，宜实施充氮保护，氮气应从顶部充入、底部排出，待排气氮气的纯度大于 98% 时，关闭排气门。并维持设备内部氮气压力为 0.01 ~ 0.03MPa。

（七）停（备）用除氧器的防锈蚀方法

1. 机组停运时间在一周之内

当机组停运时间在一周之内，并且除氧器不需要放水时，除氧器宜采用热备用，向除氧器水箱通辅助蒸汽，定期启动除氧器循环泵，维持除氧器水温高于 105℃。对短期停运，并且需要放水的除氧器，可在停运放水前，适当加大凝结水加氨量，提高除氧器水的 pH 值至 9.5 ~ 9.6。

2. 机组停用时间在一周以上

当机组停用时间在一周以上时，可用下列方法保护：

（1）充氮保护；

（2）水箱充保护液，充氮密封；

（3）通干风干燥；

（4）提高凝结水加氨量，提高除氧器入口水 pH 值至 9.6 ~ 10.5；

（5）采用表面活性胺或成膜胺法进行保护。

（八）停（备）用凝汽器的防锈蚀方法

1. 凝汽器汽侧

（1）表面式凝汽器。

1）一周之内短期停用时，应保持真空。不能保持真空时，应放尽热井积水。

2）长期停用时，应放尽热井积水，隔离可能的疏水，并清理热井及底部腐蚀产物和杂物，然后用压缩空气吹干，或将其纳入汽轮机干风保护系统之中。

（2）直接空冷系统及凝汽器。

1）停机前4h，加大凝结水泵出口加氨量。提高水汽系统 pH 值至 9.6 ~ 10.5，或在中、低压缸联络管、排汽管中加表面活性胺，停机后放尽空冷凝汽器内凝结水。

2）机组采用成膜胺或活性胺法保护时，将直接空冷系统及空冷凝汽器纳入保护系统之中。

3）长期停用时，可采用干风法进行保护。

2. 凝汽器循环水侧

（1）开式循环冷却或直流冷却系统。

1）停用三天以内。

凝汽器循环水侧宜保持运行状态，当水室有检修工作时可将凝汽器排空，并打开人孔，保持自然通风状态。

2）停用三天以上。

宜将凝汽器排空，清理附着物，并保持通风干燥状态。

3）注意事项。

a）在循环水泵停运之前，应投运凝汽器胶球清洗装置，消洗凝汽器管。

b）在夏季循环水泵停运前 8h，应进行一次杀菌灭藻处理。

（2）闭式循环冷却的间接空冷系统。

1）采用碳钢散热器间接空冷系统。不需要放水时，充满运行时加氨调整 pH 值至大于 10.0 的除盐水；需要放水且将水放到地下储水箱，长期备用无检修时，散热器宜采用充氮放水。

2）采用铝散热器间接空冷系统。不要放水时，充满运行时微碱性的除盐水；需要放水时，将水放至地下储水箱。

（九）停（备）用闭式冷却器、轴冷器、冷油器和发电机内冷水系统的防锈蚀方法

（1）机组短期停运时，维持运行状态。

（2）与循环水接触的换热器停用的防锈蚀方法参见凝汽器水侧停用的防锈蚀方法。

（3）充除盐水闭式冷却器停运时可充满运行时相同 pH 值的除盐水；需要放水时放水，自然通风吹干，有条件时宜采用仪用压缩空气吹干。

（4）发电机内冷水系统长期停用时，应放尽内部存水后，采用仪用压缩空气吹干、干风干燥、充氮等方法进行保护。

（十）停（备）用锅炉烟气侧的防锈蚀方法

（1）燃煤锅炉停运前，应对所有受热面进行一次全面彻底的吹灰。

（2）锅炉停运冷却后，应及时对炉膛进行吹扫、通风，以排除残余的烟气。

（3）锅炉长期停（备）用时，应将烟道内受热面的积灰清除。防止在受热面堆积的积灰因吸收空气中的水分而产生酸性腐蚀。积灰清除后，应采取措施保持受热面金属的温度在露点温度以上。

（4）海滨电厂和联合循环余热锅炉长期停（备）用时，可安装干风系统对炉膛进行干燥，干风装置容量以每小时置换炉膛内空气 1~3 次为宜。

第十六章

水、汽品质劣化分析和处理

一、水、汽品质劣化的原因及处理

1. 给水品质劣化的原因及处理（见表 16 – 1）

表 16 – 1　　　　　　　给水品质劣化的原因及处理

劣化现象	可能的原因	处理方法
pH 不合格	（1）给水加氨量过多或过少； （2）高速混床混合不好，出酸性水； （3）凝水 pH 不合格； （4）补给水水质发生异常； （5）加药泵发生异常	（1）调整给水加氨量； （2）联系切换备用混床； （3）按凝水不合格处理； （4）补给水做出相应处理； （5）切换备用泵，联系检修处理
联氨含量不合格	（1）给水加联氨量过多或过少； （2）溶解氧含量高，消耗联氨多； （3）加药泵异常	（1）调整联氨加入量； （2）联系调整除氧器的运行工况； （3）切换备用泵，联系检修
给水溶解氧不合格	（1）除氧器运行工况不好； （2）除氧器内部存有缺陷； （3）除氧器排污不足； （4）给水泵入口侧不严； （5）给水加联氨量太少； （6）取样管漏气	（1）联系汽轮机人员调整； （2）机组检修中消缺； （3）联系汽轮机人员调整排污门开度； （4）汇报值长查找原因； （5）增加加药量； （6）查漏、堵漏
给水浑浊，含铁、铜高	（1）机组启动时管道冲洗不干净； （2）高加疏水含铁量高； （3）给水 pH 低，引起系统腐蚀；	（1）加强排污换水； （2）加大排污换水； （3）调节给水 pH，使之合格

劣化现象	可能的原因	处理方法
给水含 SiO_2 高	（1）凝水 SiO_2 高； （2）高速混床失效； （3）高加疏水不合格； （4）补给水水质不合格	（1）按凝水 SiO_2 高处理； （2）切换备用混床； （3）加强排污换水； （4）补给水做出相应处理

2. 炉水品质劣化的原因及处理（见表 16-2）

表 16-2　　　　　炉水品质劣化的原因及处理

现象	可能的原因	处理方法
SiO_2 超标	（1）给水 SiO_2 超标； （2）锅炉排污不足； （3）机组启动时管道冲洗不干净； （4）高级疏水投入影响	（1）按给水 SiO_2 高处理； （2）加强锅炉排污； （3）加强排污； （4）加强排污换水
pH 不合格	（1）磷酸盐加入量过多或过少； （2）加药泵异常； （3）给水 pH 不合格； （4）给水中混入有机物； （5）排污量过大或过小； （6）盐类暂时消失	（1）调整磷酸盐加入量； （2）切换备用泵，联系检修； （3）按给水 pH 不合格处理； （4）查找原因，杜绝有机物； （5）调整排污量； （6）联系锅炉调整运行工况

3. 蒸汽品质劣化的原因及处理（见表 16-3）

表 16-3　　　　　蒸汽品质劣化的原因及处理

现象	可能的原因	处理的方法
SiO_2、Na 不合格	（1）炉水品质不合格； （2）汽包内部水汽分离装置损坏，分离效果差； （3）汽包水位高，蒸汽带水； （4）减温水不合格； （5）锅炉运行工况急剧变化； （6）炉内加药浓度太大，速度太快	（1）加强排污,改善炉水品质； （2）消除汽包内缺陷，提高分离效果； （3）由试验确定汽包正常水位； （4）改善给水质量，使减温水合格； （5）由热化学试验确定锅炉最佳运行工况； （6）调整炉内加药浓度和速度

4. 凝结水水质劣化的原因及处理（见表 16-4）

表 16-4   **凝结水水质劣化的原因及处理**

现　象	可能的原因	处理的方法
pH 不合格	（1）凝汽器泄漏； （2）补给水送出酸性水； （3）给水加氨不足或过量	（1）查漏、堵漏； （2）检查补给水水质，将酸性水放出系统； （3）调整给水加氨量
硬度不合格	（1）凝汽器泄漏； （2）生水漏入系统中	（1）查漏、堵漏，将凝结水100%处理； （2）查找生水来源，给予隔绝
溶解氧不合格	（1）凝汽器泄漏； （2）凝汽器真空系统漏气； （3）补水量太大； （4）凝结水泵入口侧不严； （5）取样系统漏气	（1）查漏、堵漏； （2）汇报值长处理； （3）汇报值长处理； （4）联系值长，查找原因； （5）查漏、堵漏
水质浑浊不清	（1）凝汽器泄漏； （2）疏水系统长期停运后投运	（1）查漏、堵漏； （2）联系值长查找疏水水源，凝汽器排放水
SiO_2 Na 不合格	（1）凝汽器泄漏； （2）生水渗入系统中； （3）补给水不合格； （4）蒸汽品质不合格	（1）查漏、堵漏； （2）联系值长查找原因； （3）联系水处理室人员处理； （4）调整炉水、蒸汽品质

二、分析测试仪器故障的分析和处理

电厂化学用分析测验仪器就是指化学分析仪器，其包括电导率仪，pH、pNa 计，溶解氧分析仪，联氨分析仪，硅酸根分析仪等。

1. 电导率仪故障的分析和处理（见表 16-5）

表 16-5   **电导率仪故障的分析和处理**

故障现象	原因分析	处理方法
电源指示灯不亮且仪表无显示	（1）检查供电电压是否正常； （2）电源熔断器是否烧坏； （3）电源回路是否烧断	（1）保证供电电源正常； （2）更换好的熔断器； （3）接通电源回路
测量不准确	（1）电极回路有问题； （2）电极污染严重； （3）电极常数发生变化； （4）二次表有问题	（1）检查电极与温度补偿电阻； （2）清洗电极； （3）校正电极常数或更换电极与温度补偿电阻； （4）检查二次表

2. pH、pNa 计故障的分析和处理（见表 16 - 6）

表 16 - 6   **pH、pNa 计故障的分析和处理**

故障现象	原因分析	处理方法
仪表准确度明显下降	(1) 输入阻抗下降； (2) 电极失效； (3) 电极污染严重； (4) 电极老化； (5) 在 Na' 测量中碱化系统下作不正常； (6) 二次表有问题	(1) 检查变送器接线盒是否牢固接线并用 CCl_4 擦拭，接线盒内有潮湿现象应吹干，电极引线电缆绝缘性能不好应更换或处理，检查仪表输入阻抗变换级是否有受潮现象，用 CCl_4 擦拭干净； (2) 更换电极，并校验仪表； (3) 清洗电极系统干净并校验仪表； (4) 活化电极并校验仪表或更换电极并校验仪表； (5) 保证碱化系统工作正常，并保证加碱后水样 pH 达到 10 以上； (6) 检查二次表

3. 溶解氧分析仪故障的分析和处理（见表 16 - 7）

表 16 - 7   **溶解氧分析仪故障的分析和处理**

电极种类	故障现象	原因分析	处理方法
配套极谱式电极	溶氧示值高且无法调节	(1) 膜破； (2) 金电极脱落； (3) 热敏电阻开路	(1) 换膜； (2) 重新粘接金电极； (3) 重接线或更换热敏电阻
	溶氧示值低且无法调节	(1) 金银电极间内阻增高； (2) 电解液污染； (3) 膜未粘紧； (4) 热敏电阻短路	(1) 更换电解液； (2) 更换电解液； (3) 重新更换并粘紧透汽膜； (4) 检查短路处，进行处理
	传感器信号漂移不稳定	(1) 膜松动； (2) 电解液浓度偏低； (3) 金银电极被污染	(1) 参照上项处理； (2) 更换浓度合适的电解液； (3) 活化再生金银电极
	响应速度慢	电解液被污染	更换电解液
配套平板衡式电极	测量不准确	(1) 电极被污染； (2) 电极老化； (3) 二次表有问题	(1) 直接校验或清洗电极并检验； (2) 活化电极并校验或更换电极； (3) 检查二次表

4. 配套电极测量的联氨分析仪故障的分析和处理（见表 16 – 8）

表 16 – 8 配套电极测量的联氨分析仪故障的分析和处理方法

故障现象	原因分析	处理方法
指示误差大 或线性明 显变化	（1）电极污染或损坏； （2）温度补偿电阻损坏； （3）水样流量不稳定； （4）电极硅胶没有； （5）二次表问题	（1）清洗或更换电极； （2）更换温度补偿电阻； （3）调整流量合适； （4）填充硅胶； （5）检查二次表

5. 8891 型硅酸根分析仪故障的分析和处理（见表 16-9）

表 16-9 8891 型硅酸根分析仪故障的分析和处理方法

故障现象	原因分析	处理方法
测量不准确	（1）所加药品浓度不对； （2）加药管堵不上药； （3）泵管不上药； （4）比色皿污染； （5）水样不正常； （6）进水样电磁阀工作不正常； （7）二次表有问题	（1）配制合适浓度的药品； （2）清洗或更换加药管使上药正常； （3）清洗或更换泵管，使上药正常，如泵管未堵则应调整泵管卡合适的压紧程度； （4）清洗干净比色皿，回装时要把比色皿外部擦干； （5）清洗水样管，并调整合适流量使水样正常； （6）检查、清洗或更换电磁阀； （7）检查二次表

三、反事故技术措施（见表 16 – 10）

表 16 – 10 反事故技术措施

内容	防止措施
凝结水 高速混床	（1）投运、停运、切换高速混床时，必须汇报单元长，经其同意，在系统压力正常时按《规程》进行操作； （2）投运、停运、切换高速混床时，必须班长到位监护； （3）每一步操作前，要仔细核对将要操作的阀门，每操作一步，必须进行认真检查，确认无误后再进行下一步操作； （4）发现问题后，应认真分析，解决问题，不得盲目处理，应及时汇报车间； （5）混床出水水质加强监督，不许送出不合格水，影响机组正常运行

内　容	防　止　措　施
凝结水高速混床再生	（1）严格按《规程》操作； （2）操作时按顺序开启阀门； （3）进酸、碱前应先进行预喷射，保证系统正常后，再开始进酸碱，防止水倒流回计量箱，造成溢流； （4）打树脂务必认真，保证输送彻底； （5）控制好反洗流量，严防跑树脂
水　汽	（1）投运采样器，一定要先投冷却水系统； （2）发现冷却水中断，应按规定进行处理，防止事故扩大
补给水	（1）设备停运后一定要将出口手动门关闭，防止气动门不严送出不合格水； （2）每一步操作前，要仔细核对将要操作的阀门，严格按照《运行规程》操作，操作完后要对设备进行彻底检查； （3）发现问题后，应认真分析，解决问题，不得盲目处理； （4）加强一级、二级除盐设备出口水质监督，防止送出不合格水
补给水再生	（1）严格按《规程》操作； （2）操作时按顺序开启阀门； （3）进酸、碱前应先进行预喷射，保证系统正常后，再开始进酸碱，防止水倒流回计量箱，造成溢流； （4）加强再生前小反洗操作，防止压差过大，中排损坏
预处理	（1）严格执行《运行规程》及操作措施； （2）反洗过滤器要按规定控制好反洗流量，防止跑滤料或滤料乱层； （3）启动罗茨风机前一定要开缓冲门，待系统正常后再关闭缓冲门，停运罗茨风机时切记先开缓冲门，防止水倒流回风机； （4）投运高效过滤器，要按规定控制好球囊充水压力，防止压力过大造成球囊损坏
空气系统	（1）联系有关部门对压力容器进行校验、检查； （2）加强空压机的检查，发现异常及时停运

提示　本章适用于高级工。

第三篇　电厂水化验

《火力发电职业技能培训教材》(第二版)

编 委 会

《火力发电职业技能培训教材
电厂化学设备运行》(第二版)

编 写 人 员

主　编：杨利斌

参　编：司海翠　郑建勋　洪冬霞　南　轶

宗美华　陈志清　刘　晓　喻　军

韩慧芳　靳晋陵

《火力发电职业技能培训教材》（第一版）

编 委 会

主　任：周大兵　翟若愚

副主任：刘润来　宗　健　朱良镭

常　委：魏建朝　刘治国　侯志勇　郭林虎

委　员：邓金福　张　强　张爱敏　刘志勇

　　　　王国清　尹立新　白国亮　王殿武

　　　　韩爱莲　刘志清　张建华　成　刚

　　　　郑耀生　梁东原　张建平　王小平

　　　　王培利　闫刘生　刘进海　李恒煌

　　　　张国军　周茂德　郭江东　闻海鹏

　　　　赵富春　高晓霞　贾瑞平　耿宝年

　　　　谢东健　傅正祥

主　编：刘润来　郭林虎

副主编：成　刚　耿宝年

教材编辑办公室成员：刘丽平　郑艳蓉

第二版前言

　　2004 年，中国国电集团公司、中国大唐集团公司与中国电力出版社共同组织编写了《火力发电职业技能培训教材》。教材出版发行后，深受广大读者好评，主要分册重印 10 余次，对提高火力发电员工职业技能水平发挥了重要的作用。

　　近年来，随着我国经济的发展，电力工业取得显著进步，截至 2018 年底，我国火力发电装机总规模已达 11.4 亿 kW，燃煤发电 600MW、1000MW 机组已经成为主力机组。当前，我国火力发电技术正向着大机组、高参数、高度自动化方向迅猛发展，新技术、新设备、新工艺、新材料逐年更新，有关生产管理、质量监督和专业技术发展也是日新月异，现代火力发电厂对员工知识的深度与广度，对运用技能的熟练程度，对变革创新的能力，对掌握新技术、新设备、新工艺的能力，以及对多种岗位上工作的适应能力、协作能力、综合能力等提出了更高、更新的要求。

　　为适应火力发电技术快速发展、超临界和超超临界机组大规模应用的现状，使火力发电员工职业技能培训和技能鉴定工作与生产形势相匹配，提高火力发电员工职业技能水平，在广泛收集原教材的使用意见和建议的基础上，2018 年 8 月，中国电力出版社有限公司、中国大唐集团有限公司山西分公司启动了《火力发电职业技能培训教材》修订工作。100 多位发电企业技术专家和技术人员以高度的责任心和使命感，精心策划、精雕细刻、精益求精，高质量地完成了本次修订工作。

　　《火力发电职业技能培训教材》（第二版）具有以下突出特点：

　　（1）针对性。教材内容要紧扣《中华人民共和国职业技能鉴定规范·电力行业》（简称《规范》）的要求，体现《规范》对火力发电有关工种鉴定的要求，以培训大纲中的"职业技能模块"及生产实际的工作程序设章、节，每一个技能模块相对独立，均有非常具体的学习目标和学习内容，教材能满足职业技能培训和技能鉴定工作的需要。

　　（2）规范性。教材修订过程中，引用了最新的国家标准、电力行业规程规范，更新、升级一些老标准，确保内容符合企业实际生产规程规范的要求。教材采用了规范的物理量符号及计量单位，更新了相关设备的图形符号、文字符号，注意了名词术语的规范性。

　　（3）系统性。教材注重专业理论知识体系的搭建，通过对培训人员分析能力、理解能力、学习方法等的培养，达到知其然又知其所以然的目的，从而打下坚实的专业理论基础，提高自学本领。

（4）时代性。教材修订过程中，充分吸收了新技术、新设备、新工艺、新材料以及有关生产管理、质量监督和专业技术发展动态等内容，删除了第一版中包含的已经淘汰的设备、工艺等相关内容。2005 年出版的《火力发电职业技能培训教材》共 15 个分册，考虑到从业人员、专业技术发展等因素，没有对《电测仪表》《电气试验》两个分册进行修订；针对火电厂脱硫、除尘、脱硝设备运行检修的实际情况，新增了《环保设备运行》《环保设备检修》两个分册。

（5）实用性。教材修订工作遵循为企业培训服务的原则，面向生产、面向实际，以提高岗位技能为导向，强调了"缺什么补什么，干什么学什么"的原则，在内容编排上以实际操作技能为主线，知识为掌握技能服务，知识内容以相应的工种必需的专业知识为起点，不再重复已经掌握的理论知识。突出理论和实践相结合，将相关的专业理论知识与实际操作技能有机地融为一体。

（6）完整性。教材在分册划分上没有按工种划分，而采取按专业方式分册，主要是考虑知识体系的完整，专业相对稳定而工种则可能随着时间和设备变化调整，同时这样安排便于各工种人员全面学习了解本专业相关工种知识技能，能适应轮岗、调岗的需要。

（7）通用性。教材突出对实际操作技能的要求，增加了现场实践性教学的内容，不再人为地划分初、中、高技术等级。不同技术等级的培训可根据大纲要求，从教材中选取相应的章节内容。每一章后均有关于各技术等级应掌握本章节相应内容的提示。每一册均有关本册涵盖职业技能鉴定专业及工种的提示，方便培训时选择合适的内容。

（8）可读性。教材力求开门见山，重点突出，图文并茂，便于理解，便于记忆，适用于职业培训，也可供广大工程技术人员自学参考。

希望《火力发电职业技能培训教材》（第二版）的出版，能为推进火力发电企业职业技能培训工作发挥积极作用，进而提升火力发电员工职业能力水平，为电力安全生产添砖加瓦。恳请各单位在使用过程中对教材多提宝贵意见，以期再版时修订完善。

本套教材修订工作得到中国大唐集团有限公司山西分公司、大唐太原第二热电厂和阳城国际发电有限责任公司各级领导的大力支持，在此谨向为教材修订做出贡献的各位专家和支持这项工作的领导表示衷心感谢。

《火力发电职业技能培训教材》（第二版）编委会

2020 年 1 月

第一版前言

近年来，我国电力工业正向着大机组、高参数、大电网、高电压、高度自动化方向迅猛发展。随着电力工业体制改革的深化，现代火力发电厂对职工所掌握知识与能力的深度、广度要求，对运用技能的熟练程度，以及对革新的能力，掌握新技术、新设备、新工艺的能力，监督管理能力，多种岗位上工作的适应能力，协作能力，综合能力等提出了更高、更新的要求。这都急切地需要通过培训来提高职工队伍的职业技能，以适应新形势的需要。

当前，随着《中华人民共和国职业技能鉴定规范》（简称《规范》）在电力行业的正式施行，电力行业职业技能标准的水平有了明显的提高。为了满足《规范》对火力发电有关工种鉴定的要求，做好职业技能培训工作，中国国电集团公司、中国大唐集团公司与中国电力出版社共同组织编写了这套《火力发电职业技能培训教材》，并邀请一批有良好电力职业培训基础和经验，并热心于职业教育培训的专家进行审稿把关。此次组织开发的新教材，汲取了以往教材建设的成功经验，认真研究和借鉴了国际劳工组织开发的 MES 技能培训模式，按照 MES 教材开发的原则和方法，按照《规范》对火力发电职业技能鉴定培训的要求编写。教材在设计思想上，以实际操作技能为主线，更加突出了理论和实践相结合，将相关的专业理论知识与实际操作技能有机地融为一体，形成了本套技能培训教材的新特色。

《火力发电职业技能培训教材》共 15 分册，同时配套有 15 分册的《复习题与题解》，以帮助学员巩固所学到的知识和技能。

《火力发电职业技能培训教材》主要具有以下突出特点：

（1）教材体现了《规范》对培训的新要求，教材以培训大纲中的"职业技能模块"及生产实际的工作程序设章、节，每一个技能模块相对独立，均有非常具体的学习目标和学习内容。

（2）对教材的体系和内容进行了必要的改革，更加科学合理。在内容编排上以实际操作技能为主线，知识为掌握技能服务，知识内容以相应的职业必需的专业知识为起点，不再重复已经掌握的理论知识，以达到再培训，再提高，满足技能的需要。

凡属已出版的《全国电力工人公用类培训教材》涉及的内容，如识绘图、热工、机械、力学、钳工等基础理论均未重复编入本教材。

（3）教材突出了对实际操作技能的要求，增加了现场实践性教学的内容，不再人为地划分初、中、高技术等级。不同技术等级的培训可根据大纲要求，从教材中选取相应的章节内容。每一章后，均有关于各技术等级应掌握本章节相应内容的提示。

（4）教材更加体现了培训为企业服务的原则，面向生产，面向实际，以提高岗位技能为导向，强调了"缺什么补什么，干什么学什么"的原则，内容符合企业实际生产规程、规范的要求。

（5）教材反映了当前新技术、新设备、新工艺、新材料以及有关生产管理、质量监督和专业技术发展动态等内容。

（6）教材力求简明实用，内容叙述开门见山，重点突出，克服了偏深、偏难、内容繁杂等弊端，坚持少而精、学则得的原则，便于培训教学和自学。

（7）教材不仅满足了《规范》对职业技能鉴定培训的要求，同时还融入了对分析能力、理解能力、学习方法等的培养，使学员既学会一定的理论知识和技能，又掌握学习的方法，从而提高自学本领。

（8）教材图文并茂，便于理解，便于记忆，适应于企业培训，也可供广大工程技术人员参考，还可以用于职业技术教学。

《火力发电职业技能培训教材》的出版，是深化教材改革的成果，为创建新的培训教材体系迈进了一步，这将为推进火力发电厂的培训工作，为提高培训效果发挥积极作用。希望各单位在使用过程中对教材提出宝贵建议，以使不断改进，日臻完善。

在此谨向为编审教材做出贡献的各位专家和支持这项工作的领导们深表谢意。

《火力发电职业技能培训教材》编委会

第二版编者的话

　　2005 年 1 月中国电力出版社出版的"火力发电职业技能培训教材"《电厂化学设备运行》，在火电厂化学行业中得到了广泛的应用。2016 年 5 月第六次印刷。随着超临界、超超临界机组的不断投运，新技术、新工艺不断更新，电厂化学水处理也出现了许多新技术、新工艺、新方法，因此有必要对上述书籍进行修编，推进职工全员培训机制，不断提高职工队伍的整体素质，满足电力生产的需要。

　　本教材主要讲述电厂化学知识，包括基础化学知识、电厂化学水处理、油处理、燃料管理及煤、水、油的化学监督、分析化验等，新增加内冷水处理、制氢设备运行部分，对电厂化学运行及监督人员有一定的适用性，我们本着理论联系实际，尽力做到内容准确，通俗易懂。

　　本书共分六篇，第一篇第一章、第二章由大唐太原第二热电厂洪冬霞编写，第二篇第三章至第九章由大唐太原第二热电厂郑建勋编写，第二篇第十章至第十二章由大唐阳城电厂靳晋陵编写，第三篇第十三章至第十六章由大唐太原第二热电厂洪冬霞、宗美华编写，第四篇第十七章至第二十一章由大唐阳城电厂韩慧芳、靳晋陵编写，第五篇第二十二章至第二十九章由大唐阳城电厂喻军及大唐太原第二热电厂司海翠编写，第六篇第三十章至第三十二章由大唐太原第二热电厂陈志青、南铁编写。全书由大唐太原第二热电厂杨利斌主编。

　　由于水平有限，书中难免多有不妥之处，敬请读者批评指正。

编者

2019 年 6 月

第一版编者的话

目前，我国电力工业迅猛发展，尤其是近一个时期，许多新电厂、新机组相继投产，机组参数越来越大，容量越来越高，新技术、新工艺不断投入，因此急需建立职工全员培训机制，不断提高职工队伍的整体素质，以满足电力生产的需要。

近十年来，电厂化学水处理出现了许多新技术、新工艺、新方法，因此有必要将一些新知识介绍给大家，特此编写了本教材。

本教材主要讲述电厂化学知识，包括基础化学知识，电厂化学水处理，油处理，煤务管理及煤、水、油的化学监督、分析化验等，对电厂化学运行及监督人员有一定的适用性，我们本着理论联系实际，尽力做到内容准确，通俗易懂，但由于编者水平所限，大部分同志都是第一次参加编写工作，缺乏经验，因此本教材中一定存在一些错误和不妥，恳请大家见谅并提出宝贵意见，以便今后进一步提高。

本书共分五篇，第一篇由太原第一热电厂张爱敏编写，第二篇由太原第一热电厂逯银梅、张爱敏、张根銮、游卿峰及漳泽发电厂阎春平编写，第三篇由太原第一热电厂张根銮、孙泽编写，第四篇由太原第一热电厂唐伟贤、张爱敏编写，第五篇由太原第一热电厂曹秀兰、武歆烨编写。全书由太原第一热电厂张爱敏主编，由山西电力科学研究院王小平主审。

水平与时间所限，疏漏与不足之处在所难免，敬请广大读者批评指正。

编者
2004 年 6 月

目 录

第三篇　电厂水化验

下　册

第四篇　电厂油务管理

第五篇　电厂燃料管理

第六篇　化学制氢管理

第四篇

电厂油务管理

第十七章

电力用油、气

第一节 电力用油（气）基础知识

一、石油化学基础

1. 石油的元素组成

电力系统广泛使用的变压器油、汽轮机油、断路器油、电缆油等油品，都是天然石油炼制而成。石油属于可燃性有机岩，即由动物或植物等有机物遗骸经过许多年衍生出来的可燃性矿物，是一种流动或半流动的黑褐色黏稠状液体，有蓝色荧光。

石油的化学组成十分复杂。不同的油井开采出的石油，其化学组成各不相同。组成石油的元素主要有碳（C）和氢（H）这两种元素。此外还有少量的硫（S）、氮（N）及氧（O）元素。但碳氢含量占85%左右，氢含量占12%左右，其他元素占2%左右，也含有微量的铁、铜、镍、磷、砷等。在石油中各种元素并不是以单质存在，而是以碳、氢两元素为主形成的复杂的有机化合物存在。

2. 石油的烃类组成

分子中只含有碳和氢两种元素的有机化合物叫"烃"，是石油组成中最基本的化合物，其他各类型的有机化合物都可看作由其相应的烃衍生出来的。按照分子结构的不同，烃类化合物大体可分为烷烃、环烷烃、芳香烃和不饱和烃四大类。烷烃是指分子中的碳原子之间以单键相连，碳原子的其余价键都与氢原子相结合形成的化合物。烷烃的化学性质较稳定，通常与强酸、强碱、氧化剂等都不起化学反应。环烷烃与烷烃相似，但其结构均为环状，有五圆环及六圆环。环烷烃也是一种化学性质很稳定的烃类，由于它的燃烧性能好，凝固点低润滑性能好，因此环烷烃是润滑油的良好成分。芳香烃就是分子中含有苯环即属芳香烃。芳香烃不溶于水，密度、折射率都较大，其具有特有的稳定性，氧化后主要生成酚及其络合物胶质及沥青质。

润滑油中芳香烃的适量存在能起到天然抗氧化剂作用，并能改善变压器油的析气性。芳香烃含量过多会严重影响油的氧化安定性，因此国内许多炼油厂多采用深度精致加抗氧化剂的工艺生产普通变压器油，而以适度精致加抗氧化剂后，再调入适量浓缩芳香烃或人工合成芳香烃的办法，使调好的超高压变压器油不但具有良好的氧化安定性，同时具有良好的析气性。

石油中除含有大量烃类化合物外，还有少量非烃化合物，如含硫化合物、含氧化合物等，它们的存在可对设备产生腐蚀或降低油品化学稳定性。石油中此类化合物越多，则油的颜色越深。

二、石油产品的分类

1. 石油产品的分类

我国参照采用国际标准（ISO 8681—1986）制定了石油产品及润滑剂分类方法和类别的确定（GB/T 498—2014），见表 17 – 1，及润滑剂、工业用油和有关产品（L 类）的分类（GB/T 7631.1—2008），见表 17 – 2。新的国家标准根据其应用领域将润滑剂产品分成 18 个组，并将变压器油、断路器油、电容器油、电缆油都并入 L 类电器绝缘（N）组，汽轮机油列入 L 类汽轮机组（T）组。涡轮机组的分类代号见表 17 – 3。

表 17 – 1　　　　石油产品及润滑剂分类方法和类别
的确定（GB/T 498—2014）

类别	各类别的含义	类别	各类别的含义
F	燃料	S	溶剂和化工原料
L	润滑剂、工业润滑油和有关产品	W	蜡
B	沥青		

表 17 – 2　　润滑剂、工业用油和有关产品（L 类）的分类
第一部分：总分组（GB/T 7631.1—2008）

组别	应用场合	组别	应用场合
A	全损耗系统	G	导轨
B	脱膜	H	液压系统
C	齿轮	M	金属加工
D	压缩机（包括冷冻机和真空泵）	N	电器绝缘
E	内燃机油	P	气动工具
F	主轴，轴承和离合器	Q	热传导液

组别	应 用 场 合	组别	应 用 场 合
R	暂时保护防腐蚀	X	用润滑脂场合
T	汽轮机	Y	其他应用场合
U	热处理	Z	蒸汽气缸

表 17 – 3 润滑剂、工业用油和有关产品（L 类）– T 组（涡轮机）分类（GB/T 7631. 10—2013）

组别代号	一般应用	特殊应用	更具体应用	产品类型/性能要求	符号ISO – L
T	涡轮机	蒸汽	一般用途	具有防锈性和氧化安定性的深度精制的石油基润滑油	TSA
			齿轮连接到负载	具有防锈性、氧化安定性和高承载能力的深度精制石油基润滑油	TSE
			抗燃	磷酸酯润滑剂	TSD
		燃气直接驱动或通过齿轮驱动	一般用途	具有防锈性和氧化安定性的深度精制的石油基润滑油	TGA
			高温使用	具有防锈性和氧化安定性的深度精制的石油基润滑油	TGB
			特殊用途	聚 α 烯烃和相关烃类的合成液	TGCH
			特殊用途	合成脂型的合成液	TGCE
			难燃	磷酸酯润滑剂	TGD
			高温使用高承载能力	具有防锈性、氧化安定性和高承载能力的深度精制石油基润滑油	TGF
			高承载能力	具有防锈性、氧化安定性和高承载能力的深度精制石油基润滑油	TGE
		具有公共润滑系统，单轴连接循环涡轮机	高温使用	具有防锈性、氧化安定性和高承载能力的深度精制石油基润滑油	TGSB
			高温使用高承载能力	具有高承载能力、防锈性、氧化安定性的深度精制石油基或合成润滑油	TGSE

第十七章 电力用油、气

组别代号	一般应用	特殊应用	更具体应用	产品类型/性能要求	符号 ISO-L
T	涡轮机	控制系统	难燃	磷酸酯润滑剂	TCD
		水利涡轮机	一般用途	具有防锈性、氧化安定性和高承载能力的深度精制石油基润滑油	THA
			特殊用途	聚α烯烃和相关烃类的合成液	THCH
			特殊用途	合成脂型的合成液	THCE
			高承载能力	具有抗摩擦/承载能力的防锈和抗氧化的深度精制石油基润滑油	THE

2. 电力用油牌号的划分

（1）变压器油。国家标准 GB 2536—2011 将变压器油按抗氧化添加剂含量的不同，分为三个品种：不含抗氧化添加剂油、含微量抗氧化添加剂油和含抗氧化添加剂油。变压器油除标明抗氧化剂外，还应标明最低冷态投运温度。变压器油的技术要求分为通用技术要求和特殊技术要求。对于在较高温度下运行的变压器或为延长使用寿命设计的变压器的用油，应满足变压器的特殊要求。

（2）天关油：按 GB 2536—2011，开关油仅有一种牌号。

（3）电容器油。GB 4624—1984 将电容器油按用途划分为 1 号、2 号两种牌号，其中 1 号为电力电容器油，2 号为电信电容器油。

（4）涡轮机油。汽轮机和燃气轮机等的润滑用油统称为涡轮机油。GB 11120—2011《涡轮机油》是由深度精制的基础油，并加入抗氧化剂和防锈剂等调和而成的。新标准按不同质量指标将油划分为 A 级和 B 级两个等级，以国际惯例按 40℃运动黏度中心值将油分为 A 级有 32、46、68 三个牌号，B 级有 32、46、68、100 四个牌号。

3. 石油添加剂的分类

根据我国石油化工行业标准 SH0389—1992《石油添加剂的分类》的体系划分，石油添加剂产品大类别名称用汉语拼音字母"T"表示，并按应用场合分成润滑剂添加剂、燃料添加剂等。电力用油中使用的添加剂基本上都属于润滑剂中添加剂部分，见表 17-4。

表 17-4　　　　　石油添加剂的分组和组号

组　别		组　号
润滑剂添加剂	清净剂和分散剂	1
	抗氧防腐剂	2
	极压抗磨剂	3
	油性剂和摩擦改进剂	4
	抗氧剂和金属减活剂	5
	黏度指数改进剂	6
	防锈剂	7
	降凝剂	8
	抗泡沫剂	9
	其他润滑剂添加剂	10
燃料添加剂	抗爆剂	11
	金属钝化剂	12
	防冰剂	13
	抗氧防胶剂	14
	抗静电剂	15
	抗磨剂	16
	抗烧蚀剂	17
	流动改进剂	18
	防腐蚀剂	19
	消烟剂	20
	助燃剂	21
	十六烷值改进剂	22
	清净分散剂	23
	热安定剂	24
	染色剂	25

组　别	组　号
汽油机油复合剂	30
柴油机油复合剂	31
通用汽车发动机油复合剂	32
二冲程汽油机油复合剂	33
铁跨机轴复合剂	34
船用发动机油复合剂	35
工业齿轮油复合剂	40
车辆齿轮油复合剂	41
通用齿转油复合剂	42
液压油复合剂	50
工业润滑油复合剂	60
防锈油复合剂	70
	80

石油添加剂的名称用符号表示。石油添加剂的品种由 3 个或 4 个阿拉伯数字组成的符号来表示，其第一个阿拉伯数字（当品种由 3 个阿拉伯数字组成时）或前两个阿拉伯数字（当品种由 4 个阿拉伯数字组成时），总是表示该品种所属的组别（组别符号不单独使用）。

三、电力用油的炼制工艺

油品的生产工艺通常是根据原油的性质和产品的要求而定，由石油炼制生产电力用油的工艺过程大致分为：原油预处理、蒸馏、精制和调和等工序，最后得到成品油。

原油经预处理和常减压蒸馏等工序后，按照产品要求得到的馏分油称作基础油。基础油馏分主要根据产品的黏度、闪点等性能指标要求进行切割，然后送于下一工序。脱蜡的目的是使油品获得必要的凝点或倾点，以满足产品低温性能要求，蒸馏工序是为了有选择地切割符合使用要求的馏分，而精制则是除去馏分油中非理想组分的工艺过程，因此，采用合理的精制方案及精制深度十分重要。此外，由于对产品性能要求不同，油品的生产工艺也随之作出相应的调整。如对于使用 500kV 及以上电压等级变压器的超高压变压器油，为了兼顾油的氧化安定性和气稳定性，其精制工艺采取深度精制除去油中原有芳香烃组分，尤其是多环芳香烃组分后，再调入适量的浓缩芳香烃或人工合成的芳香烃化合物。

（一）原油预处理

原油从油田开采出来的时候，一般都和油田水一起开采出来，虽然经过沉降分离，但仍有一定数量的水分、泥沙、盐类等杂质掺杂在其中，因而在分馏之前必须进行脱盐、脱水，此过程即原油预处理。

（二）常减压蒸馏

常压蒸馏是根据原油的各类烃分子沸点的不同，用加热和分馏设备将油进行多次部分汽化和部分冷凝，使汽液两相充分进行热量和质量交换，以达到分离的目的。一般 35～200℃的馏分为直馏汽油馏分；175～300℃的馏分为煤油馏分；200～350℃为柴油馏分；350℃以上的馏分为润滑油原料。

常压蒸馏塔底得到的重油是炼制润滑油的原料，由于它是 350℃以上的高沸点馏分，如果用常压蒸馏来进行分离，加热温度就得高达 350℃以上，在这样的高温下，会产生烃分子的裂解，引起加热炉管结焦。为了既能进行蒸馏分离而又不致发生裂解，因此必须采用减压蒸馏。

减压蒸馏一般是用抽真空的办法，在减压塔内使油在低于大气压力的情况下进行热交换和质量交换的分馏过程，这样可使馏分油的沸点大大降低。分子的润滑油馏分就可以在较低温度下汽化馏出，而不致产生裂解。减压塔真空控制在 5.3～6.7kPa，从减压塔侧线可以引出各种润滑油馏分或催化裂化的原料，塔底残留大油叫减压渣油，可作为制取石油焦和沥青的原料或作为锅炉燃油。

（三）精制

从常减压蒸馏所得到的馏分油中，还会含有一些含硫化合物、含氧化合物、含氮化合物、胶质、沥青等不良成分，而使油品不能正常使用，还必须进一步进行精制。常用的精制方法有酸碱精制、溶剂精制、加氢补充精制和白土补充精制。

1. 酸碱精制

利用酸碱与油中的硫、氧、氮的化合物及胶质、沥青质、稠环芳烃等不良组分起反应，反应产物随酸渣一起排出。

在精制过程中，硫酸的浓度及用量、精制温度的选择以及油与硫酸接触时间的长短，对精制深度均有重大影响。精制中温度不易过高，避免油中烃分子与硫酸发生磺化反应，或增加酸渣在油中的溶解度。因此，精制的具体工艺条件，应根据原油的性质及产品要求试验确定。

经硫酸精制后大油叫酸性油，还应进一步用碱中和、水洗、白土等方法处理，以除去残存在油中的酸性和中性产物及部分游离硫酸等，因此得到酸值小、安定性好的油品。

2. 溶剂精制

在一定的温度条件下，酚、糠醛、丙烷等溶剂对油中理想成分溶解能力差，但可将润滑油中的一些非理想成分溶解在溶剂中，从而将其分离出去，使油品的粘温性能得到改善，并能降低油品的残碳值和酸值，提高化学稳定性。将分离物中的溶剂蒸出并回收后，便可得到抽出油。抽出油经适度酸洗、碱洗、水洗、白土补充处理，除去了其中的胶质、沥青质和稠环芳烃等不理想成分后，得到的抽出油中理想成分轻芳烃和中芳烃占有较大的比例，可用于改善变压器油的析气性。

溶剂精制具有收率高、成本低、不排酸渣等优点，被广泛用于润滑油的精制。

3. 加氢补充精制

在高温、高压和有催化剂存在的条件下，向未精制的油中通入氢气，使氢与油中的非烃化合物和不饱和烃等有害物质发生化学反应，从而将它们除去和转变为饱和烃的精制工艺叫做加氢补充精制，精制温度、压力、催化剂活性及时间的选择，取决于被精制油的馏分和产品要求。

4. 白土补充精制

经过酸碱精制或溶剂精制后的油中，仍残存有少量胶质、沥青质、酸渣及残余溶剂等，这些杂质的存在，不仅会对设备产生腐蚀，同时也会降低油品的化学稳定性和电气性能。因此，还要再经一次白土吸附处理，作为前一阶段精制的补充精制。

天然白土是一种多微孔，具有吸附作用的矿物质，它的主要成分是硅酸铝、氧化铝和一些氧化铁、氧化银等。白土的形状是无定型或结晶状的白色粉末，表面具有很多微孔，其活性表面积为 $100 \sim 300 m^2/g$，高度密集的孔隙和很大的比表面积，使白土微粒能将油中胶质、沥青质、溶剂等极性物质吸附在微孔表面，而白土对油的吸附作用很低。因此，利用白土所具有的这一选择性吸附的特性，作为酸碱精制和溶剂精制的补充，用于下一步提高油品的安定性并改变油品的颜色。

（四）脱蜡

为了改善油的低温流动性，在润滑油的生产过程中通常要进行脱蜡。蜡虽然不是有害物质，但它是润滑油中的非理想成分，影响油的低温流动性。因为常温下在油中呈溶解状态的蜡在低温下又会从油中析出来，以致影响油品流动。温度越低。析出的蜡越多。在生产润滑油特别是生产变压器油、断路器油等电气用油时，都要进行脱蜡。脱蜡的方法主要有冷冻脱蜡、溶剂脱蜡、尿素脱蜡、分子筛脱蜡、加氢降凝。

1. 冷冻脱蜡

通过冷冻装置，将含蜡的油料冷冻到一定的低温，使蜡从油中析出来。用压滤机或离心分蜡机将油和结晶状的蜡分开，从而使油品的凝固点降低。冷冻脱蜡法适用于低黏度而且要求脱蜡深度不大的油品。对高黏度和低凝固点的油，由于油在低温下黏度变得很大，使油和蜡无法分开，因此不易采用此法。

2. 溶剂脱蜡

该法适应于高黏度和要求低凝固点的油品。溶剂脱蜡是利用溶剂能很好地溶解润滑油馏分中的油，但不能溶解蜡的特性。在低温下含蜡油中加入溶剂后，可将蜡析出，而油则溶解在溶剂中，再经过滤油器将油和蜡分开。将滤液中的溶剂回收后，则可得到低凝点的润滑油馏分。

3. 尿素脱蜡

尿素脱蜡是利用尿素可呈螺旋状排列在油中正构长链烷烃和带有短分支侧链烷烃的周围，把这些烃分子包围在中间，形成络合物从油中析出来，使油品中的蜡得以去除。

尿素脱蜡可获得凝点很低的油品，如要求得到凝固点低于 –45℃的变压器油，则可在酮苯脱蜡后再进行尿素脱蜡而得。当尿素与以固体络合物的形式，自油中分离出来后，再经加热使尿素与石蜡分解，再经水洗使尿素溶于水，重新回收使用。

4. 分子筛脱蜡

分子筛是一种人工合成的多孔吸附剂，它具有特殊的孔道结构，活性表面积可达 $100 \sim 300 m^2/g$，利用它仅能吸附正构烷烃分子的特性，达到脱蜡的目的。

5. 加氢降凝

利用具有高度选择性的催化剂，使油中正构烷烃发生异构化反应，或发生选择性加氢裂化反应，从而使正构烷烃转化为异构烷烃，使高分子烷烃变为低分子烷烃，而对其他烃类则基本上不发生反应。由于可将油中固态烃大量转化为液态烃，因此，可使油的凝固点显著降低。

（五）调和

调和原油经预处理、常减压蒸馏及精制后，进入生产润滑油的最后一道工序。调和的方式一般分为罐式和管道式两种。

我国多采用罐式调和，调和的方法是根据产品的性能要求，按计算得出的数量，将各组分油从原料储罐打入调和罐，再根据需要加入有关添加剂进行调和，使成品油符合有关产品质量的要求。

第二节 电力用油（气）概述

一、汽轮机油的概述

汽轮机油又称透平油，30 年代前汽轮机油的主要问题是其酸值升高较快，并产生油泥。此后，国外采用了在汽轮机油中添加抗氧化剂、防锈剂等措施，同时提高了炼油技术，大大改善了汽轮机油的质量，使汽轮机油的使用寿命可延长到 10～30 年。已可满足现代汽轮机组的使用要求。但因汽轮机油大部是由石油炼制而成，具有可燃性，且其自燃点较低，因此国外在 20 世纪 60 年代便在汽轮机的调速系统中采用合成抗燃油料，以解决高温、高压机组的安全问题。

（一）汽轮机油在汽轮机组的作用

汽轮机油用于汽轮机组的油循环系统和调速系统，它在汽轮机的轴承中起润滑和冷却作用；在调速系统中起传压调速作用。汽轮机油由主油箱通过主油泵升压后，分为两路，一路直接进入调速系统；另一路经减压阀送入冷油器，油经冷却进入各轴承，最后直接回流入油箱，形成了汽轮机油的密闭循环系统。

1. 润滑作用

两个互相接触的固体表面，在被负荷压紧的情况下，发生相对运动时，产生摩擦、磨损和发热。固体与固体之间直接接触产生干摩擦。若两固体之间充以润滑油，形成流动油膜，使两摩擦面完全被油膜隔开而不直接接触，这种状态叫"液体摩擦"或称"液体润滑"，是一种最好的润滑状态。汽轮机组中的滑动轴承，在其轴径和轴瓦之间，填充汽轮机油，使其形成"液体摩擦"，起到了润滑作用。

2. 冷却作用

由于汽轮机组运行的转数较高（一般为 3000r/min），轴承内因摩擦会产生大量的热量，如不及时散出，会严重的影响机组的安全运行。而在油系统不断循环流动的汽轮机油，会随即把这些热量带走，一方面会到油箱中散热；另一方面还可通过冷油器进行冷却。经冷却后的油，再进入轴承内继续将热量带出。这样反复循环，油对机组起到了散热冷却作用。

第四篇 电厂油务管理

3. 调速作用

汽轮机的调节系统，主要由离心调速器、套环、反馈杠杆、滑阀、油动机、调节汽阀等组成。汽轮机油在调速系统中，实际上是一种液压工质，当机组负荷、转速改变时，油能传递压力，通过各有关调节部件，对机组的运行起到了调速的作用。

汽轮机油除上述作用外，还同时起到冲洗作用：由于摩擦产生的金属碎屑被汽轮机油带走，从而起到了冲洗作用。

减振作用：汽轮机油在摩擦面上形成油膜，使摩擦部件在油膜上运动，即两摩擦面间垫了一层油垫，因而对设备的振动，起到了一定的缓冲作用。

另外还起防锈、防尘等保护作用，以及密封作用等。

（二）对汽轮机油的质量要求

由于汽轮机油质量的好坏，直接影响机组的安全经济运行，所以对汽轮机油的质量，有严格的规定和较高的要求。

1. 要有良好的抗氧化安定性

汽轮机油在机组中是循环使用的，由于循环速度快，次数多，且要求使用的年限也较长，并在一定温度下和空气、金属直接接触，即运行条件比较恶劣，容易促使油质老化。因此，要求汽轮机油必须具备良好的抗氧化安定性，在运行中热稳定性好，氧化速度慢，氧化沉淀物要少，酸值不应显著增长。

2. 要有良好的润滑性能和适当的黏度

选择适当黏度的汽轮机油，对于保证机组正常润滑是一个重要的因素。黏度是润滑油主要指标之一，大多数润滑油是根据黏度划分牌号的。在电力系统中常用的汽轮机油牌号是 20 号及 30 号油。除了要求汽轮机油要有适当的黏度外，还要求油的粘温特性要好。粘温特性好的润滑油，即其黏度随温度变化小，能保证设备在不同温度下，得到可靠的润滑。

3. 要有良好的抗乳化性能

因机组在运行过程中，蒸汽和冷凝水往往从轴封不严密处，漏入油系统中，使油与汽、水混合，而形成乳化液，这会影响油的润滑性能和机组的安全运行。因此，要求汽轮机油具有良好的抗乳化性能，容易与水分离，使漏入油中的水分，在油箱内能迅速分离排出，以保持油质的正常润滑、散热冷却作用。

4. 要有较好的防锈性

对机组油系统能起到良好的防锈作用。

5. 要有良好的抗泡沫性能

即要求油在运行中产生泡沫要少，并能自动立即消失，以利于油的正常循环、润滑。

二、变压器油概述

变压器油是石油产品之一，或称矿物性绝缘油，是电力系统变压器、互感器、套管等常使用的良好绝缘液体介质。

我国生产的 45 号变压器油，多是由新疆产环烷基原油炼制而成的；由于大庆原油含蜡量较高，故 10 号、25 号变压器油多为大庆石蜡基原油炼制的产品。

我国炼制变压器油的工艺，是采取深度精制加抗氧化剂的方法，故在白土补充精制后，即加入 0.3% ~ 0.5% 抗氧化剂——2.6 一二叔丁基对甲酚（代号 T501）。因此国产变压器油的抗氧化安定性较好，在运行中氧化沉淀物较少，设备大修吊芯时，一般都比较干净。

由于变压器油是各种烃类组成的，因此在运行中受温度、空气、电场等的影响，要逐渐氧化，如遇高温过热等设备故障，则油质老化加速。油老化后从外观上看其颜色加深，通常产生酸、羟基酸、醛、酮、酯等，以及它们的缩合、聚合物——焦质、沥青质等。油的这些老化产物不但使油的理化、电气性能变坏，并在油中起催化剂作用，进一步加速油的老化。

电力系统对变压器油的性能、质量是有严格要求的。要求新油要有良好的物理性能、化学性能和电气性能。物理性能有：外观颜色、透明度、密度、黏度、凝点、闪点、界面张力等。化学性能有：水溶性酸碱、酸值、水分、活性硫、苛性钠试验、抗氧化安定性等。电气性能有：击穿电压、介质损耗因数、体积电阻率，另外还需测定其析气性、芳香烃含量或比色散等。对于允入设备后的油和运行中油也都有较严格的性能要求和具体的质量指标，以及在运行中如何监督维护等。

三、抗燃油概述

由于汽轮发电机组容量和参数的不断提高，使动力蒸汽温度已高达 600℃左右，压力一般在 140kg/cm^2 以上，在这样高温、高压情况下，液压系统一旦泄漏，就有着火的危险。因此汽轮机调速系统仍采用自燃点在 350℃左右的矿物汽轮机油，就满足不了生产上的要求。为此，开始采用抗燃液压油。在现代化的大型火力发电厂中，为保证大容量、高参数机组的安全运行，调节系统采用抗燃液压油是势在必行，国外研究和使用抗燃油已有 30 ~ 40 年的经历，而我国对抗燃油的研制和使用，虽起步晚，但进展快。现已广泛的采用抗燃油来代替调速系统原来使用的汽轮机油。

抗燃油目前有以下几种类型：

（1）合成型：如磷酸酯、酯肪酯酸、卤化物等。

（2）含水型：如水—乙二醇、乳化液（油包水和水包油型）高水基液等。

目前在汽轮发电机组高压调节系统中，广泛采用的是合成磷酸酯型抗燃液压油，其自燃点可达530℃以上。

（一）磷酸酯抗燃油的基本概念

磷酸酯抗燃油作为一种合成的液压油，它的某些特性与矿物油截然不同。根据国际标准化组织（ISO）对抗燃液压油进行的分类，磷酸酯抗燃油属于 H（F）—DR 类。

抗燃油必须具备难燃性，但也要有良好的润滑性和氧化安定性，低挥发性和好的添加剂感受性。磷酸酯抗燃油的突出特点是比石油基液压油的蒸汽压低，没有易燃和维持燃烧的分解产物，而且不沿油流传递火焰，甚至由分解产物构成的蒸汽燃烧后也不会引起整个液体着火。磷酸酯抗燃油是抗燃液压油中应用比较普遍的一种，而且通常只有叔磷酸酯（RO）3P＝0 才适合做抗燃液压油。

（二）磷酸酯抗燃油的性能

1. 密度

磷酸酯抗燃油密度大于 $1g/cm^3$，为 $1.13 \sim 1.17g/cm^3$，而矿物油的密度一般都小于1，为 $0.87g/cm^3$ 左右。

2. 酸值

新油的酸值与含不完全酯化产物的量有关，它具有酸的作用，部分溶解于水，它能引起油系统金属表面腐蚀。酸值高还能加速磷酸酯的水解。抗燃油劣化的显著特征之一就是酸值的急剧升高，所以运行中酸值越小越好。

3. 优良的抗燃性能

磷酸酯的抗燃性可用自燃点来衡量。三芳基磷酸酯的自燃点都很高。磷酸酯的抗燃作用在切断火源后，火焰会自动熄灭，不再燃烧。这也是和矿物汽轮机油的最大区别。

4. 氯含量

磷酸酯抗燃油对氯含量要求很严格。因为氯离子超标会加速磷酸酯的降解，并导致伺服阀的腐蚀。氯离子含量高一是由于生产工艺有氯离子参加反应所致，其二是系统清洗时使用含氯溶剂。

5. 挥发性

三芳基磷酸酯有低的挥发性，有侧链时则更低。在90℃、6.5h的动态蒸发试验中，三甲基磷酸酯失重为0.22%，而32号汽轮机油失重为0.36%。说明抗燃油挥发性能比汽轮机油好。

6. 介电性能

三芳基磷酸酯的介电性能比矿物油要差得多，所以用矿物油时，并没有这方面的指标规定。介电性能主要以电阻率来衡量。电阻率的变化与温度、酸值的大小、氯含量的多少和含水量等因素有关。补加了不合格的油以及污染物都对电阻率有影响。

温度可使电阻率降低，有数据表明，电阻率可从20℃的1.2×10^{11}降到90℃的6.0×10^8。

7. 润滑性和抗磨性

磷酸酯本身就是很好的润滑材料，其中三芳基磷酸酯还常用润滑剂。许多机械、轴承和泵采用三芳基磷酸酯做润滑剂后，使用寿命比矿物油长。另外，它具有优良的抗磨性能，它在摩擦时对金属表面起化学抛光作用。其机理为：因摩擦而引起局部过热时，酯就和金属发生作用形成低熔点合金，后者能发生塑性变形，从而，使负荷得以更好地分布。

8. 热安定性和热氧化安定性

三芳基磷酸酯的热安定性决定于酯的化学结构。随着侧链长度和数量的增多，热安定性就降低。酯分子中引进氯原子时，热分解温度就提高。三芳基磷酸酯具有很高的热氧化安定性，它比汽轮机油和三烷基磷酸酯的热氧化安定性要好。

9. 抗腐蚀性

三芳基磷酸酯的腐蚀性很小。中性酯不腐蚀黑色金属和有色金属。此外，酯在金属表面上形成的膜还能保护金属表面不受水的作用。但是，酯的热氧化分解产物对某些金属有腐蚀作用，特别是对铜和铜合金。

10. 脱气性和起泡沫性

体积弹性模数是液压油的一个重要性能，它表示液体的压缩性。油的体积弹性模数越大，可压缩体积越小，越适合做液压油。在相同条件下，三芳基磷酸酯的空气饱和度和矿物油大致一样，但磷酸酯的空气释放速度比汽轮机油小1/2~1/3。

11. 材料的相容性和溶剂效应

三芳基磷酸酯对许多有机化合物和聚合材料有很强的溶解能力。在使用时要慎重选择与其接触的非金属材料，包括密封垫圈、油漆涂料、绝缘材料及过滤装置等。一般用于矿物油的橡胶、涂料等都不适用于磷酸酯。这种性能也是有别于矿物汽轮机油的。如选用不合适的材料将发生溶胀、腐蚀现象，而导致液体泄漏、部件卡涩或加速磷酸酯的老化。

磷酸酯还有一个溶剂效应。即能除去新的或残存于系统中的污垢。被溶解的部分留在液体中，未溶解的污染物则变松散，悬浮在整个系统中。因此，在使用磷酸酯做循环液的系统中要采用精滤装置，以除去不溶物。

12. 水解安定性

磷酸酯是一种合成液，在一定条件下能水解，其水解性能与分子量以及分子结构有密切关系。

13. 辐射安定性

三芳基磷酸酯的辐射安定性比石油基油差，在多数不同类型的照射下，酯均分解。因此，不宜用在受辐射的设备上。

四、六氟化硫概述

电气设备传统的绝缘介质和灭弧介质是绝缘油。电力变压器几乎全采用绝缘油，这是因为绝缘油具有比空气强度高得多的绝缘特性，其比热是空气大两倍，且液态受热后具有对流特性，故使它在变压器内即作绝缘介质又作冷却介质。

油断路器开断电流时，绝缘油被电弧能量所分解，形成以氢为主体的高温气体，积储压力，达到一定值后形成气吹。由于氢的导热率极高，使弧道冷却去游离，导致电弧在电流过零时熄火，同时使断口间获得良好的绝缘恢复特性，保证了大电流的顺利开断，因此油在断路器内即是良好的绝缘介质，又是优异的灭弧介质。

但绝缘油的最大缺点是可燃性，而电气设备一旦发生损坏短路，都有可能出现电弧，电弧高温可使绝缘油燃烧而形成大火，一旦发生火灾，会造成重大社会损失。因此急需寻找不燃烧的绝缘介质和灭弧介质。

SF_6 气体具有不燃的特性，并具有良好的绝缘性能和灭弧性能，它首先被用于断路器中，接着扩大应用于变压器、电缆等各种电气设备。

SF_6 是采用 SF_6 气体作为绝缘介质和灭弧介质，由于 SF_6 具有优异的绝缘特性和灭弧特性，因而用于高压 SF_6 断路器的优点是非常明显的：体积小、质量轻、容量大，能成套速装，投运后可不维修或少维修等，是大大优于油断路器的。故目前国内外，特别是高压或超高压断路器将逐渐或大都采用 SF_6 断路器。

SF_6 是一种无色、无味、无毒性的气体，化学性能稳定，在常温下不与其他物质产生化学反应。由于它具有良好的绝缘特性和灭弧特性，所以在正常条件下，是一种很理想的介质。

SF_6 是由卤族元素中，最活泼的氟（F）原子与硫（S）原子结合而成，其分子结构是一个完全对称的正八面体。硫原子位于正八面体中心，六个角上是氟原子。SF_6 原子之间是共价键结合。其分子量也较大，是氮（N_2）的 5.2 倍，因此它的密度约为空气密度的 5.1 倍，具有较强的窒息性。

SF_6 的临界压力和临界温度都比较高。所谓临界温度是表示气体可以液化的最高温度，临界压力是在这个温度下发生液化所需要的气体压力。很显然，气体临界温度越低越好，说明它不容易被液化，如 N_2 在温度低于 –146.8℃ 以下才能液化，而 SF_6 则不然，只有在 45℃ 以上的温度，才能保持气态。故 SF_6 不能在过低温度和过高压力下使用。

SF_6 在水中的溶解度较小，并随温度的升高而减少。

由于 SF_6 的化学结构比较稳定，故其化学性能极不活泼。在正常运行的设备中使用 SF_6，很少因 SF_6 的化学性质不稳定而造成事故。

纯净的 SF_6 气体本身虽无毒，但因其比重比空气大 5 倍多，故有窒息作用。如有泄漏情况时，就会在低洼沉积，如地沟、走廊、容器底部等。所以试验室和现场的通风设施，要考虑能使低洼角落得以抽排气。

五、机械油概述

电厂中常用的机械油通常如磨煤机、引风机、送风机及各类水泵使用的润滑油等，包括齿轮油、液压油、压缩机油、润滑脂等。

工业齿轮油包括闭式齿轮油、重负荷开式齿轮油、中负荷开式齿轮油、重负荷蜗轮蜗杆油。工业闭式齿轮油适用于重负荷工业齿轮组及其他引起振动负荷的齿轮、循环系统及闭式齿轮传动装置的润滑。其具有良好的抗磨性能、防腐性能、抗氧化性能、抗泡性及抗乳化性能，能够保证齿轮运转顺畅、噪声低、摩擦性小。

液压油包括抗磨液压油、低温抗磨液压油、低凝抗磨液压油、高压抗磨液压油等适用于高温、高压、高速、高负荷的叶片泵和柱塞泵的液压系统。其具有较好的抗磨性和抗乳化性，有较好的氧化安定性及空气释放性，过滤性好，消泡性好，能够有效地延长设备系统运转寿命。

压缩机油适用于有油润滑和滴油回转式中负荷空气压缩机，其具有良好的氧化安定性和抗积炭倾向性，良好的防锈性和抗腐蚀性能，良好的消泡性和油水分离性，使用过程中不易产生有害沉淀，有效地保护设备正常运行。

润滑脂适用于各种机械设备的滚动轴承及其他摩擦部位的润滑。它具有良好的润滑性和极压性，有优异的耐热性、氧化安定性、抗水性和防锈性，具有较好的胶体安定性和机械稳定性，有效地减少机械摩擦，延长设备的使用寿命。

提示 本章共两节，其中第一节适用于初级工，第二节适用于中级工。

第十八章

热力系统及用油设备

第一节　主要用油（气）设备

一、汽轮机油润滑系统

（一）润滑系统功能

润滑系统的作用是向汽轮机—发电机组的多个轴颈轴承和止推轴承供应充足的清洁、冷却、精炼的润滑油，也为汽轮机调节保安系统提供控制汽门的动力。

汽轮机—发电机组在全速运行时，润滑系统的运行比较简单，连接在主轴上的主油泵对系统提供高压润滑油，但在汽轮机—发电机组启停过程中，润滑系统的复杂性就增加了。这主要是因为主轴在90%额定转速以下时，主油泵没有能力提供足够油压的润滑油。因此在机组启动或停机时，需要辅助油泵来代替主油泵，还要有事故油泵系统支援油泵或辅助泵，让汽轮—发电机组安全停机。事故油泵可用直流电动机带动。润滑系统还配备了完善的仪表测量设备和可靠的电源供应，以便当轴承油压下降到额定设定点时，用以启动辅助油泵或事故油泵。

（二）润滑系统部件

润滑系统的主要作用是对汽轮机—发电机组的所有轴承和轴封提供不断的油流。当主油泵供油系统不能正常工作时，几个分支系统应保证能发挥作用。这几个分支系统是由电气和机械部件组成的。电气部件包括电动机、电动启动器、蓄能器、电缆和断路器。机械部件包括有油泵、油箱、排烟风机、管道、冷油器及其切换阀、溢油阀和油处理设备。

1. 油泵

油泵是用来使油从油箱到轴承、轴封和控制装置强迫循环的。机组在启动、盘车、全速运行和停机时，油泵必须供应每个轴承足够的油流；机组全速运行时，主供油系统由主油泵供油。主油泵连接在主轴上，由汽轮机主轴带动，通常用的是离心泵，它位于主油箱上，因此必须用其他的方法从主油箱向主油泵充油。可用电动油泵，或用油透平带动增压泵或用喷射泵向主油泵供油，油透平增压泵或油喷射泵安装在主油箱内。

2. 主油箱

主油箱的作用有两个：一是储存油；二是分离油中的空气，并使油中水分和杂质沉积下来，便于及时排除。一般油在油箱内滞留时间至少为8min，油箱容量至少应该是流向轴承和油封的正常流量的5倍。

3. 冷油器

冷油器用来散发油在循环中获得的热量。通常情况下，两台冷油器并联，一台备用。

4. 排烟风机

汽轮机油在润滑、冷却、传动的过程中，由于被高温加热、喷溅雾化，在油系统的各箱体、管道内产生许多气体、雾滴和油烟，它和外部漏入的蒸汽混合不但会加剧油质的劣化，而且影响系统的正常工作，造成向外渗漏油等故障。所以必须设置排烟风机。不断地将各种气体排出。排烟风机是使汽轮发电机组的主油箱和各轴承箱产生负压的主要设备。

（三）供油系统

1. 正常运行油循环

机组正常运行时，由前轴承箱内的主油泵提供压力油，通过套装油管内的管道，进入集装油箱内部管系中的供油管道，在此分为三路：第一部分的作为1号（供油）射油器动力油，通过集装油箱内部管系，向主油泵提供进口油，中间分流一小部分向3号氢密封射油器提供吸入油。第二部分作为2号射油器的动力油，通过集装油箱内部管系，到油箱外面，经过切换阀到冷油器进行冷却。冷却后的油再回到内部管系，通过套管内的另一根管道到润滑油母管，通过润滑油母管向机组轴承提供润滑油以及向顶轴油泵提供进口油。

第三部分的油，通过内部管系中的一个逆止门，进入套管内一根管道向调节系统供油，在套管的中间标高位置抽出一根管道，向中轴承箱调节、保安以及3号射油器输送动力油，泄漏到主油泵、射油器系统，保证调节、保安用油。

2. 启动运行工况

机组启动前，先启动交流润滑油泵，与此同时，开启油箱上的气动薄膜调节阀，接通高压油系统管路与润滑油系统管路对调节系统与润滑油系统打油循环，以便去除脏物、杂质并排除空气。油循环打完后，启动顶轴装置，顶起转子后，机组可进行盘车，并做好机组启动准备。机组启动时，先启动高压启动油泵，待高压启动油泵工作正常后，才能启动机组，此时交流润滑油泵继续运行，交流润滑油泵出口的油，绝大部分作为润滑油供轴承，少部分的油，通向主油泵及射油器系统，用于维持该系统的油量，防止空气进入。此时油箱上的气动薄膜调节阀始终处于开启位置。

当机组转速和主油泵压力达到一定的程度，主油泵自动切换投入运行，此时高压启动油泵、交流润滑油泵停止运行，并关闭油箱上的薄膜调节阀，油系统完成了启动运行工况，机组处于主油泵供油的正常运行工况。

3. 停机、事故工况

当机组正常或事故停机时，汽轮机转速下降到一定转速时，自动启动交流润滑油泵及高压启动油泵，并开启气动薄膜调节阀，切除主油泵。

（四）回油系统

机组轴承回油及调节保安部套回油，除前轴承箱单独设两根套装油管路，内套压力油管道，套管与压力油管之间为回油通道以外，其余轴承箱的回油分管都分别回到一根套装管道，内套四根压力油管道，回油沿着套管与压力油管之间的通道回集装油箱。

润滑油在润滑轴承过程中，由于油温升高，产生的油烟，随着回油一起回到集装油箱。油箱中的油烟，经过油烟分离器的分离，在排烟风机的抽吸下，使油烟从油箱排入大气。

油箱中的油，通过油净化器的循环过滤，除去了部分杂质水分，使油不断得到净化。

润滑油供油母管在现场设计施工中，必须按照从前箱到发电机轴承，逐段缩小的原则设计施工，每个轴承的供油分管均需装流量孔板，控制流量，否则将引起流量分配不合理。

发电机系统轴承箱的回油，必须经过油氢分离器进行分离，使氢气从油中除去后，方能进入回油母管，否则则有造成火灾的危险。

二、汽轮机调节系统

汽轮机调节系统是自动控制汽轮机转速、功率或抽汽压力的装置。随着调节系统的压力和温度的提高，调节系统再用自燃点为350℃左右的矿物油，一旦油品泄漏到主蒸汽管道（530℃），就可能导致发生火灾。为了保证机组的安全经济运行，调节系统一般采用自燃点在530℃以上的磷酸酯抗燃油。

三、变压器的结构和绝缘系统

变压器定义为由两个或多个相互耦合的绕组所组成的没有运动功能部件的电器设备，它根据电磁感应原理在同样频率的回路之间靠不断改变磁场来传输功率。

变压器由三个基本部件和绝缘系统组成，即一次绕组、二次绕组和铁芯及绝缘系统。此外，其他重要部件还有：

油箱：内装变压器芯体和冷却液（油）。同时它又将热量发至周围空间的冷却表面。

套管：带有支座的从绕组出来的引线或抽头。它的作用是将一次或二次绕组对油箱绝缘。

冷却剂或冷却装置：空气、其他气体、矿物油或合成液都可使用。

（一）变压器的主要部件

1. 铁芯

铁芯材料：现代变压器仍保持 100 年前的基本原形，即薄而平的软铁叠片作为铁芯材料，经过近百年的探索，为了减少铁损，现代变压器中只使用高纯度的加有 3% 硅的冷扎定向结晶硅钢片，为减少铁芯材料中的涡流损耗，往往在每片铁芯叠片上涂刷一层绝缘涂料。

对于铁芯的夹件结构，目前仍为两种形式，一为老式的穿芯螺栓夹紧结构，另一种为无螺栓的夹紧结构。前者适用于老式的小型变压器，后者适用于现代大型的变压器。同时夹件目前都用高强度的环氧玻璃丝带缠绕，以使夹件具有一定的弹性，从而获得均匀的压力，减弱对声音和振动的传播。

2. 绕组

理想的变压器绕组应是造价低而且具有一切所要求的特性，同时有较长的使用寿命。一般情况下，绕组应达到下列目的：

（1）适应各种电压应力，如雷电波和操作波，并有足够的绝缘强度；

（2）足够的绕组冷却能力，即具有足够的空间留给绝缘介质和冷却通道；

（3）具有足够的机械强度（如耐受短路的能力）；

（4）最低的造价；

（5）合乎规定的损耗。

（二）变压器的附件

变压器包含一些辅助设备和附件，其中较为重要的有：变压器油箱、套管和分头切换开关等。

1. 油箱

油箱为钢制结构。它除为铁芯和绕组提供机械保护外，还可作为冷却和绝缘液体的容器，一般变压器油箱有以下几种形式：

（1）自由呼吸型或敞开型：这是一种老式的结构现在一般不用。它是使油面上部的空间的空气与大气相通，随着变压器压力和温度的改变而使空气自由进出，过去的许多电弧变压器即是这种形式。

（2）油枕或油膨胀箱型：许多中型或大型变压器，都是在变压器主油箱上方带有一个辅助的膨胀油箱（即油枕），容量约为主油箱的3%～10%，变压器油充满主油箱以及油枕的下半部，整个变压器通过油枕上部的呼吸器与大气相通，以减少变压器对氧气和潮气的吸收，延缓油的使用寿命。目前此类变压器的油枕内均装有合成橡胶袋（隔膜），也就是通常所说的隔膜密封变压器。

（3）充氮密封型油箱：在变压器油面上部空间充以带正压的氮气，用以保护油面直接与大气接触，以延缓油的老化。氮气是由装在变压器旁的气瓶供给，其阀门的开闭由一个自动压力调节器控制。这种形式的变压器自薄膜密封式变压器出现后，由于考虑到生产和维护的成本费用，而使用越来越少了。

2. 套管

为了安全地引出变压器的绕组导线，必须将导线用一个端部保护装置的形式引出油箱，以使一次和二次绕组对油箱绝缘。而套管则是具有这种功能的装置，套管应有良好的密封性能，不漏气、漏水和油。

常用变压器套管按结构可分为：

（1）实芯高铝陶瓷套管。主要用于25kV以下的变压器。

（2）充油瓷套管。用于25～69kV变压器。

（3）环氧树脂瓷套管。

（4）合成树脂粘胶纸芯瓷套管，用于34.5～115kV变压器。

（5）油浸纸芯瓷套管，用于69～275kV以上的变压器。

套管必须具有耐受高电压的绝缘功能，特别是穿过变压器油箱盖的地方。在套管的外部，设置伞裙来提高爬距，以减少潮湿和灰尘污秽而引起闪络。

3. 分头切换装置（开关）

变压器通常在高压绕组上设置分头，其目的是通过改变绕组分头，即改变匝比，从而达到改变电压，以允许在小范围内改变电压比（当一侧电压不变时而改变另一侧电压）。

分头切换装置分为无载和有载切换两种，它们一般是装设在变压器主油箱上或单独而与主油箱连接。

4. 变压器的铭牌

变压器的铭牌参数对变压器的妥善运行和维护相当重要。一般变压器的铭牌上标有下述内容：

（1）相数：三相交流电各相之间相隔 120℃ 电角度。三相变压器可以是单台的，也可以是由三台单相变压器组成的三相变压器组。许多居民区的照明，则是由单相变压器供电。

（2）序号：变压器的出厂编号，包括制造年月。它是使用者从制造厂获得许多有用资料的关键，这些资料包括详细的结构图和出厂试验结果。

（3）等级：这一名称指变压器绝缘类型和冷却方式，变压器分级见表 18 - 1。

表 18 - 1   **变压器按冷却方法的分级**

等　　级	冷 却 方 法 说 明	举　　例
OA	油浸、自冷（绝缘液体自然循环）	30000kVA 连续温升 55℃
FA	油浸、风冷（经风扇）	40000kVA 连续温升 55℃
FOA	油浸、强油循环（经泵）及风冷	50000kVA 连续温升 55℃
FOA/FOW	油浸、自冷及强油（经泵）循环经热交换器	56000kVA 连续温升 65℃
AA	干式、自冷（空气自然循环）	
AFA	干式、风冷（空气或气体循环）	
AA/FA	干式、自冷/风冷	
OW	油浸、自冷及水冷由泵经管线或热交换器	

（4）额定千伏安数：额定千伏安（kVA）或兆伏安（MVA）指变压器在额定条件下运行时的最大负荷功率。

（5）温升：温升是指变压器部件的温度与周围环境温度之差（通常是"绕组温升"或"绕组最热点温升"），平均温升是指变压器在额定满负荷功率运行时绕组平均温度高于环境温度之差值。变压器温度计指示的是运行温度而不是温升，当减去环境温度后才是温升。如变压器额定温升为 55℃，则它在 30℃ 环境温度下运行时的最高温度不能超过 85℃。

（6）额定电压：如铭牌上标记额定电压为 230000 ~ 13800Y/7970，其意义是指出一次绕组侧的额定电压为 230000V，经过变压器将电压降至二次绕组侧的 Y 接线电压为 13800V。因为铭牌上已提出为三相变压器，故可计算出二次侧的相电压为 $138/\sqrt{3} = 7970V$。

（7）绕组连接图：最普通的变压器接线是三角形（△）接法和星形接法

（Y）。三相变压器最普通的接法有四种：△－Y、Y－△、△－△和Y－Y。

（8）基本冲击水平：指变压器绝缘系统耐受雷击冲击电压和其他系统过电压能力的指数。

（9）阻抗：以百分数表示的变压器阻抗值反比于变压器在变压器电压下的出口短路电流，这一短路电流的倍数等于100除以变压器阻抗百分数。如一台变压器的阻抗4%，则短路电流为100/4＝25倍变压器额定电流。

（10）压力范围：充油变压器运行时密封油箱中带有正压力，若油箱上指明"全真空"，则要求真空注油（即油箱可承受全真空压力）。

（三）绝缘系统

绝缘系统是将变压器各绕组之间以及对地隔离起来，也就是将导电部分与铁芯和钢结构件相互绝缘隔离开来，可以说电气设备的可用程度取决于绝缘系统的完整性。

1. 绝缘材料

现代变压器由许多种材料组成一个完整的绝缘系统，从总的方面来看，变压器绝缘系统广泛采用两类基本绝缘材料——液体绝缘（矿物绝缘油、合成绝缘液）材料和固体绝缘（牛皮纸、层压纸板、木材等纤维制品以及油漆涂料）材料。随着技术的发展，现已产生了用气体（如六氟化硫及混合气体）绝缘代替液体绝缘的电气设备。

（1）绝缘材料的功能。

1）矿物变压器油的功能：提供绝缘介质；提供有效的冷却；提供对绝缘系统的保护；在开关设备中还起灭弧作用。

2）固体绝缘的功能：在实际的绝缘系统中的固体绝缘应包括下列功能的绝缘材料：具有耐受正常运行中遇到较高电压的介质强度的能力，这些电压包括冲击波和暂态波；具有耐受由于短路而产生的机械和热应力的能力；具有防止热的过度积累的传热能力；具有在适当的维护条件下和一定的运行寿命内，能保持所希望的绝缘和机械强度的能力。

（2）固体绝缘材料的分类见表18－2。众所周知，温度对绝缘材料的影响是相当重要的。一般认为，变压器运行的热点温度决定纤维质材料的寿命，所以固体绝缘材料的热特性成为划分绝缘材料等级的基础。

绝缘材料分级的温度不应与材料可能在某一特定环境使用的温度相混淆，也不应与设备规范中作为规定温升的基准温度相混淆，温度分级仅仅涉及绝缘材料本身的热特性评定。

表 18 - 2　　　　　　　　固体绝缘材料按热性能分类

等 级 标 志	允许最高温度（℃）	典 型 材 料
90 级（Y 或 0 级）	90	非浸渍纤维、棉、绸
105 级（A 级）	105	浸渍纤维、棉或绸，酚醛树脂
120 级（B 级）	120	醋酸纤维素
130 级	130	含有机黏结剂的云母，玻璃纤维石棉
155 级（F 级）	155	含有合适黏结剂的 120 级
185 级（H 级）	185	含有硅黏结剂的 120 级
220 级	220	同 185 级
220 级以上（C 级）	>220	云母、瓷、玻璃石英和类似无机材料

（3）油浸纸纤维。油浸纸纤维和变压器绝缘油是组成电力变压器的主要绝缘系统。电力变压器的油浸纸纤维全是各种各样的纸（牛皮纸、马尼拉纸等）、纸板或纸的压力成形件作绝缘的，这些纤维草料具有以下突出优点：具有可用性且价格低；使用和加工方便；在成型处理时要求温度不高，并且工艺简单灵活；具有质量轻、强度适中；容易吸收浸渍材料（浸渍剂）——浸渍的目的是使纤维保持湿润，以保持其较好的绝缘和化学稳定性；使纤维材料密封，防止吸收水分；用以填充纤维的空隙，以避免导致绝缘击穿的气泡；阻止纤维材料与氧接触以提高化学稳定性。

2. 绝缘系统的结构

（1）变压器绝缘系统由各种各样的部件组成。一个较理想的绝缘系统应是在预定的运行温度下，各部件应有相同的使用寿命和性能。所以，绝缘系统应设计成彼此协调地工作，达到"绝缘配合"的目的。一般情况下，变压器绝缘系统的部件可分为三类：

1）主绝缘：它是变压器绝缘系统的中心部分。主绝缘包括高、低压绕组之间和绕组对地的绝缘。一般用牛皮纸圆筒和纸板或用合成树脂黏结的高密度有机绝缘条，相之间绝缘用层压指板和角环。

2）匝间绝缘：为同一绕组中相邻匝间和不同绕组之间的绝缘，如用层压纸板块、纸带和合成漆包线。

3）相间绝缘：不同相绕组之间的绝缘。如用高密度牛皮纸或层压纸板。

（2）变压器所用材料比较。通常变压器的质量主要是考虑铁芯和绕组的质量，但最重要的是变压器中有多少纸。表 18 - 3 比较了不同容量变压器中纸和油的质量。大致可以看出纸的质量差不多是油的质量的 10 倍，因而可以认为：变压器的寿命主要由其绝缘系统的寿命，特别是纤维纸的寿命所决定的。

表18-3　　　　　　　变压器主要材料用量比较

变压器容量（kVA）	电压（kV）	铁芯钢质量（kg）	绕组铜质量（kg）	绝缘系统	
				纸质量（kg）	油质量（kg）
3000	13.2	4100	1600	460	46
10000	115.0	15500	4800	1610	150
16000	115.0	18200	5100	1900	220
20000	132.0	26400	6000	2650	280
30000	154.0	36000	9600	3700	360
40000	230.0	53000	7400	5000	480

第二节　辅助用油设备

一、密封油系统

密封瓦供油系统，用以保证密封所需压力油（密封油）的不间断供应，以密封机壳内氢气，并可自动调整各压力参数。

发电机密封瓦一般为双流环型，其供油系统由两个各自独立而又相互联系的油路组成，与空气接触的一路称为空侧油路，与氢气接触的另一路称为氢侧油路，它们同时分别向发电机密封瓦供油。

1. 空侧油路

本油路的主油源来自汽机的射油器，还有一台交流电动油泵和一台直流电动泵作为备用泵，当油压降低时，通过触点压力表及延时继电器等启动交流备用油泵，直流电动泵为第二备用泵。从射油器出来的压力油，经过冷油器降温，过滤装置滤除机械杂质及油—气压差阀调节压力以后，再进入发电机两端密封瓦的空气侧。其回油与电机轴承回油混合流入专设的隔氢装置，空侧密封油中可能含有氢气（如密封瓦内氢侧油窜入空侧油路时，空侧密封油中就含有氢气）在此分离出来，排至厂房外的大气中，然后回流到汽机主油箱。因这一油路只与空气接触，饱和了空气故名空侧油路。

2. 氢侧油路

经过此油路向密封瓦氢侧供油。交流电动油泵从密封箱中吸油加压后经冷油器降温，过滤器滤除机械杂质及油压平衡调节阀调整到所需压力之后，再进入密封瓦的氢气侧，回油流到专设的油封箱中。如此循环，形成一个相对独立的密封油路，因这一油路只与氢气接触，故称为氢侧油路。

二、给水泵油系统

1. 概述

每台锅炉给水泵组均由前置泵和主泵组成，前置泵位于电动机的一端并由其直接带动，而主泵位于电动机的另一端，通过可以变速的液力联轴器带动，在所有情况下，驱动力都可以通过可调的挠性联轴来传递。而每个联轴器均装于一个可拆开的保护壳体内。

前置泵、主泵和电动机的轴承均由润滑系统的油润滑，该系统与液力联轴结合在一起，每台泵均装有入口滤网，前置泵入口装有电动阀，而主泵出口装有电动阀、逆止阀，再循环系统包括一个循环阀、两个再循环隔离阀、减压器和再循环控制系统。每台泵及电机均装设在各自的机座上，然后固定在共同的基础框架上，泵组装有轴承温度监视仪表。

2. 润滑油循环

润滑油泵和螺旋油泵都是从油箱吸油并打到共同的出油箱内。在这些泵的入口滤网中装有反压阀，它可以防止吸油管中的油漏掉。在泵的出油管上也装有反压阀，它除可以防漏外，同时允许在进行齿轮的检修时，不放掉出口油管内的油。根据油温高低，油流可以通过冷油器和温度控制器，或者直接通过温度控制器旁通冷油器。

从控制器，油通至过滤网和加热箱，再通过油管润滑下列设备：

减速齿轮啮合部分，支撑轴承、固定轴承和推力轴承，电动机轴承和前置泵轴承，主给水泵轴承。供给电动机、前置泵和主轴承的油量，由节流孔限定。减速齿轮和啮合部分的排油经滤网直接通至油箱，而电动机和给水泵的排油经回油管通至油箱。

3. 液力联轴器油循环

齿轮泵或螺旋泵从油箱吸油后，将油打至出油管，再由出油管经齿轮箱底壳和充油控制箱后通至液力联轴器的油室。反压阀装在入口滤网和油泵的出油管上，然后油由勺管排出经过底壳上的油室再经过油管导至联轴器和温度控制器。根据油温的高低，油流可以通过或旁通冷油器，这样油从温度控制器，经溢流阀返回油箱。

提示 本章共两节，均适用于中级工。

第十八章 热力系统及用油设备

第十九章

油（气）分析

第一节 油品取样及注意事项

一、取样容器及其要求

一般用 500～1000mL 的磨口塞玻璃瓶。并贴有标签。标签内容包括：单位、油样名称、设备名称、采样日期、采样人和气候等。取样容器必须清洁无颗粒杂质，如有则至少用油样冲洗一次。容器盖与油品不能相溶。油样若用于杂质的测定，采样瓶和覆盖塑料薄膜必须用经过不大于 $2\mu m$ 滤膜过滤的石油醚彻底冲洗干净。避免使用金属质的取样器皿，因为油样中的添加剂（如防锈剂）往往会与金属器皿表面相接触而受到影响，导致试验结果发生误差。

（一）取样部位

（1）运行中汽轮机油、抗燃油的正常监督是从冷油器取样，检查水分杂质时从油箱底部取样；也可以从油流的油管中接取。从主油箱取样时，为保证所取到的油样具有代表性，应在油系统的油泵运行一段时间以后再取样（特别用于颗粒度分析的样品更应如此）。

（2）运行中变压器、油开关或其他电器设备的取样部位，只能在设备安装的取样阀处（一般为下部阀门）取样。

（3）油罐中取样，样品应从污染最严重的油罐底部取出。必要时，可抽取油箱上部油样。

（二）取样方法

1. 油桶中取样

油桶中取样应从污染最严重的油桶底部采取，必要时可以从油桶上部采样检查。开启桶盖前，需用干净棉纱或布将桶盖外部擦干净，然后用清洁、干燥的采样管采样。在整批油桶中采样时，采样的桶数应能足够代表该批油的质量。采样的具体规定如下：

（1）只有一桶油时，即从该桶中采样；

（2）在有 2～5 桶的一批油中，从 2 桶中采样；

（3）在有 6~20 桶的一批油中，从 3 桶中采样；

（4）在有 21~50 桶的一批油中，从 4 桶中采样；

（5）在有 51~100 桶的一批油中，从 7 桶中采样；

（6）在有 101~200 桶的一批油中，从 10 桶中采样；

（7）在有 201~400 桶的一批油中，从 15 桶中采样；

（8）在有 400 桶的一批油中，从 20 桶中采样。

2. 一般可采两种油样进行试验

混合油样就是取有代表性的数个容器底部的油，混合均匀。

单一油样就是从一个容器底部取的油样。

二、新油（气）取样要求

与油桶中取样的要求相同。

三、运行油（气）取样要求

运行中取样应由运行人员进行操作，油务化验员要协助。

室外设备取样，应在晴天进行，如必取不可时，必须用雨布或其他遮盖物作保护，切勿使雨雪进入油中。

四、色谱分析取样要求

色谱法分析所用油样，除应代表设备整体循环油外，还应使油中的溶解气体在取样和存放过程中尽可能保持不变。

1. 取样部位

通常变压器仅有两处可用来取油样，一个是下部取样阀门，另一个是上部气体继电器的放气嘴，一般情况下是在下部放油处取油样。但在设备异常情况下如故障严重，产气量大，上下部油中气体含气量差别大，应上下部同时取样为好。但在上部取样时，要做好安全防护措施。

2. 取样容器

理想的取样容器应满足以下要求：

（1）取样时容器内不会残存气泡。

（2）取样时能与大气隔绝。

（3）由于运行时油温高于环境温度，所以要求取样后油温降低，油体积缩小，容器内不产生负压空间。

（4）油中气体不会被容器吸附或透过容器壁向外透气以及产生化学变化。

（5）容器透明，但又要便于油样避光保存。

（6）易于保存，便于运输。

3. 取样方法

取样方法不同于一般的取油样方法，应做到如下几点：

（1）油样应能代表设备本体油，放油阀中的残存油应尽量排除。

（2）取样时应避免油中溶解气体逸散和空气的混入。

（3）取样容器和连接管中的空气要完全排出去。

（4）对可能产生负压的设备，应防止负压进气。

4. 样品的标签和保存

油样的标签包括：单位、设备名称、油种牌号、油温、负荷情况、取样部位、取样原因、取样时间、取样人等。取样完毕，应尽快进行分析，保存时间不得超过 4d，且必须避光保存。

五、色谱分析取气要求

1. 取样容器

取样容器应用密封良好的玻璃注射器。取样前应用本体油润湿注射器。取样时，可在变压器气体继电器的放气嘴上套一小段胶皮，参照取油样方法，用气样冲洗取样系统后，再正式取出气样，油不能进入注射器，最后用橡胶封帽封严注射器出口。

2. 取样方法

（1）震荡脱气法（利用分配定律和亨利定律）。

（2）真空脱气法（水银托普勒泵法和活塞脱普勒泵法）。

3. 样品的保存和运输

（1）气样应尽快分析，最好不超过 4d。

（2）气样保存要避光、防尘，确保注射芯要干净，不卡涩。

（3）运输过程中要尽量避免剧烈震动，空运时要避免气压变化。

六、微水分析取样要求

取样时必须是晴天，空气湿度不大于 70%。取样注射器使用前，按顺序用有机溶剂、自来水、蒸馏水洗净，在 105℃ 温度下充分干燥，或采用热风机干燥。干燥后，立即用小胶头盖住头部待用，保存在干燥器中。

七、颗粒度分析取样要求

（一）取样工具

（1）清洁液的制配：异丙醇（化学纯或分析纯）、石油醚（分析纯）和蒸馏水等要依次经过 0.8、0.45μm 和 0.15μm 不同滤径的滤膜过滤制得的。每 100mL 清洁液中粒径大于 5μm 的颗粒不多于 50 个。

（2）取样瓶（250 或 500mL 玻璃瓶、具塞）经过自来水和蒸馏水，再用清洁液清洗，瓶盖和薄膜衬垫也要用清洁液清洗。经清洗后的取样瓶的清洁级最小应比被取油样低两个数量级。

(3) 经检验合格的取样瓶底部留有少许清洁石油醚，在瓶盖上瓶口间垫上薄膜，密封取样瓶以备采样用。

(4) 油桶取样用的取样管，使用前后一定要用清洁液冲洗，备用时，要用塑料薄膜封住进出口。

(二) 取样部位

正常取样，运行抗燃油和汽轮机油一般都在取油样阀或冷油器。基建阶段或机组检修中的油循环，可在回油母管滤网前，也可在油箱回油室有效油位的中间位置取样。

(三) 取样方法

1. 油桶中取样

取样前将油桶的顶部、上盖用绸布沾石油醚等溶剂擦洗干净，用取样管从油桶的上、中、下三个部位取样约 200～300mL。

2. 从设备中取样

先用绸布将取样阀擦干净，再放油将取样阀冲洗干净，取样后，应先移走取样瓶，盖好瓶盖，再关取样阀。取样时，应将取样瓶的开瓶时间缩短到最短时间，取样瓶的瓶口不得与取样阀接触，以免被污染。在基建阶段和设备大小修时，取样点应用塑料布搭起小棚，采样时间应在尽量避开施工时间，尽可能减少样品被污染的可能性。

第二节 化验及仪器操作

一、颜色及透明度的测定

(一) 颜色的测定

1. 方法概要

本方法适用于测定运行中汽轮机油、变压器油、断路器油等油品的颜色。将试油注入比色管中，与规定的标准比色液相比较，以相等的色号及名称表示。如果找不到与试油颜色最接近的颜色，而其介于两个标准颜色之间，则报告两个颜色中较深的一个颜色。

2. 仪器与材料

(1) 比色管：容量 10mL，内径 15±0.5mm，长 150mm，一组共 15 支。

(2) 比色盒。

(3) 碘化钾：分析纯。

(4) 碘 (经过升华和干燥)。

3. 准备工作

（1）母液配制。称升华、干燥的纯碘 1g（准确 0.0002g），溶解于 100mL 含 10%（M/V）碘化钾溶液中。

（2）标准比色液配制。按表 19-1 规定配制比色液，将此比色液分别注入比色管中，磨口处用石蜡密封，放在避光处，注明编号及颜色。此标准比色液的使用期限，不得超过三个月。

表 19-1　　　　　　　　标准比色液的配制

色号	颜　色	母液（mL）	蒸馏水（mL）	色号	颜　色	母液（mL）	蒸馏水（mL）
1	淡黄色	0.2	100	9	深　橙	1.20	25
2	淡　黄	0.4	100	10	橘　红	1.80	25
3	浅　黄	0.14	25	11	浅　棕	2.80	25
4	黄　色	0.22	25	12	棕　红	4.50	25
5	深　黄	0.32	25	13	棕　色	7.00	25
6	橘　黄	0.46	25	14	棕　褐	12.00	25
7	淡　橙	0.64	25	15	褐　色	30.00	25
8	橙　色	0.90	25				

4. 实验步骤

将试油注入比色管中，选择与试油颜色相接近的标准色比色管，同时放入比色盒内，在光亮处进行比较，记录最相近的标准色的编号及颜色。

5. 报　告

（1）将与试油颜色相同的标准比色管编号作为试油颜色的色号。

（2）如果试油的颜色居于两个标准比色管的颜色之间，则报告较深的色号，并在色号前面加"小于"，决不能报告为最深的颜色编号。

（二）透明度的测定

1. 方法概要

本方法适用于测定变压器油、汽轮机油、断路器油的透明程度。将试油注入试管内，在规定温度下观察试油的透明程度。

2. 仪　器

（1）试管：内径 15±1mm。

（2）温度计：-20~50℃。

3. 实验步骤

将试油注入干燥的试管中，试油为变压器油或断路器油时冷却至 5℃，试油为汽轮机油时冷却至 0℃，然后将试管背面分别衬以白纸、黑纸，在光线充足的地方分别观察，如果均匀无浑浊现象，则认为试油透明。

二、密度的测定

石油和液体石油产品在20℃时的密度被规定为标准密度，以ρ_{20}表示。如果在其他温度时测定石油及石油产品的密度，可由t℃的视密度$\rho-t$按"视密度换算表"查得试油在20℃的密度。

1. 方法概要

将试油处理至合适的温度并转移到和试油温度大致一样的密度计量筒中。再把合适的石油密度计垂直地放入试样中并让其稳定，等其温度达到平衡状态后，读取石油密度计刻度的读数并记下试样的温度。如有必要，可将所盛试样的密度计量筒放入适当的恒温浴中，以避免实验过程中温度变化太大。在实验温度下测得的石油密度计读数，要换算到20℃的密度。

2. 仪器

（1）石油密度计：符合 SH0316 规定。各支石油密度计的测量范围见表 19 - 2。

（2）密度计量筒：可用清晰透明玻璃或塑料制成。塑料量筒应遇油不变色并耐腐蚀，长期使用不会变成不透明，并且不影响试油的性质。量筒上边缘应有一斜嘴。量筒内径应至少比所用的石油密度计的外径大25mm。量筒高度应能使石油密度计漂浮在试样中，石油密度计底部至少25mm。

表 19 - 2   **石油密度计的测量范围**

型号		SY - I	SY - II
最小分度值		0.0005	0.001
测量范围	支号	0.6500 ~ 0.6900	0.650 ~ 0.710
	1		
	2	0.6900 ~ 0.7300	0.710 ~ 0.770
	3	0.7300 ~ 0.7700	0.770 ~ 0.830
	4	0.7700 ~ 0.8100	0.830 ~ 0.890
	5	0.8100 ~ 0.8500	0.890 ~ 0.950
	6	0.8500 ~ 0.8900	0.950 ~ 1.010
	7	0.8900 ~ 0.9300	
	8	0.9300 ~ 0.9700	
	9	0.9700 ~ 1.0100	

（3）温度计：经检定合格的、分度值为0.2℃的全浸水银温度计。

（4）恒温浴：可恒温到±0.5℃。当试样性质要求在较高于或低于室温下测定时，应使用恒温浴，使试样温度变化稳定在0.5℃以内，以避免温度变化过大影响测定结果。

3. 准备工作

（1）测定温度应当根据试油的类型而定，一般在室温下进行。对中挥发性但黏稠的试油（如原油），应当在加热到试油具有足够流动性的最低温度下测定。

（2）选用适当密度范围的石油密度计。

（3）将清洁的量筒、合适的温度计和密度计，置放处的温度应与所测试油的温度地方相接近。

4. 试验步骤

（1）将调好温度的均匀的试油，小心地沿量筒壁倾入量筒中，量筒应放在没有气流的地方，并保持平稳，以免生成气泡。当试油表面有气泡聚集时，可用一片清洁滤纸除去气泡。

（2）将选好的清洁、干燥的密度计小心地放入试油中，注意液面以上的密度计杆管浸湿不得超过两个最小分度值，因为杆体上多余的液体会影响所得读数。待密度计稳定后，按弯月面上缘读数，并估计密度计读数至0.0001g/mL为止。读数时，必须注意密度计上不应与量筒壁接触，眼睛要与弯月面的上缘成水平。

此时，测量试油的温度，注意温度计要保持全浸（水银），温度读准至0.2℃。

（3）将密度计在量筒中轻轻转动一下，再放开，将上述2、3条要求再测定一次。立即再用温度计小心搅拌试油，读准至0.2℃。若这个温度读数和前次读数相差超过0.5℃以内。记录连续两次测定温度变化稳定在0.5℃以内。记录连续两次测定温度和视密度的结果。

（4）根据测得的温度和视密度，查得试油在20℃时的密度。

5. 精确度

连续测定两个结果之差，不应超过下列数值：SY - Ⅰ型，0.0005g/cm³；SY - Ⅱ型，0.001g/cm³。

三、闪点、燃点及自燃点的测定

（一）闪点测定法（闭口杯法）

1. 方法概要

本方法适用于测定绝缘油的闪点。试油在连续搅拌下并以恒定的速率加热。在规定的温度间隔，同时中断搅拌的情况下，将一小火焰引入杯内。试样火焰引起试样上的蒸汽闪火时的最低温度作为闪点。

2. 仪器

（1）闭口闪点测定器。

（2）温度计。

（3）防护屏：用镀锌铁皮制成，高度550～650mm，宽度以适用为宜，屏身内壁涂成黑色。

3. 准备工作

（1）当试油的水分大于0.05%时，测试前应先脱水。向试油中加入新煅烧并经冷却的食盐、硫酸钠或氯化钙进行脱水。脱水时，估计闪点低于100℃时不必加热；估计闪点高于100℃时，可加热到50～80℃。脱水后，取试油的上层澄清部分供实验用。

（2）用溶剂汽油或石油醚洗涤油杯，并用空气吹干。

（3）调整点火器的火焰接近球形，使其直径为3～4mm。

（4）闪点测定器要放在避风和较暗的地方，围上防护屏，以便观察闪火情况。

（5）记录实验时的大气压力，以备修正闪点值。

4. 试验步骤

（1）试油注入油杯时，试油和油杯的温度都不应高于试油脱水的温度。将试油注至油杯环状刻线处，然后盖上清洁、干燥的杯盖，插入温度计，并将油杯放在空气浴中。测定闪点低于50℃的试油时，应预先将空气浴冷却到室温20±5℃。

（2）试油在不断搅拌情况下升温；试油闪点低于50℃时，升温速度为1℃/min；试油闪点高于50℃时，开始加热速度要均匀上升，并定期进行搅拌，到预计闪点前40℃时，调整加热速度，使在预计闪点前20℃时，升温速度能控制在2～3℃/min。

（3）试油温度达到预计闪点前10℃时，作点火试验。对于闪点低于104℃的试油，每升温1℃点火一次；闪点在104℃以上的试油，则每升温2℃点火一次。点火时应停止搅拌，但无论是否闪火，开盖时间均不得超过1.5s。如果不闪火，再继续搅拌，重复点火试验。

（4）在试油液面上出现蓝色火焰时，立即记下该温度。继续升高2℃再点火，如再次出现闪火时，则前次闪火的温度，即为试油的闪点；最初闪火后，如再进行点火却不闪火，应更换试油，重做试验。

5. 大气压力对闪点影响的修正

（1）观察和记录大气压力，按式（19-1）或式（19-2）计算在标

准大气压力时闪点修正数 Δt（℃），即

$$\Delta t = 0.25 (101.3 - \rho) \qquad (19-1)$$
$$\Delta t = 0.0345 (760 - \rho) \qquad (19-2)$$

式中　ρ——实际大气压力；式（19-1）中单位为 kPa，式（19-2）中单位为 mmHg。

注：本公式仅限大气压在 98.0～104.7kPa 范围之内。

（2）修正数 Δt 也可从表 19-3 查出近似值。

表 19-3　　　　　　　　修　正　系　数　$\Delta \theta$

大　气　压　力		修正数 Δt（℃）
kPa	mmHg	
83.98～87.71	630～658	+4
87.84～91.58	659～687	+3
91.71～95.44	688～716	+2
95.58～99.31	717～745	+1
103.33～10.70	775～803	-1

6. 精确度

（1）重复性，r

在同一实验室，由同一操作者使用同一仪器，按照相同的方法，对同一试样连续测定的两个试验结果之差不能超过表 19-4 和表 19-5 的数值。

表 19-4　　　　　　　步骤 A 的重复性

材　料	闪点范围（℃）	r（℃）
油漆和清漆		1.5
馏分油和未使用过的润滑油	40～250	0.029X

注　X 为两个连续试验结果的平均值。

表 19-5　　　　　　　步骤 B 的重复性

材　料	闪点范围（℃）	r（℃）
残渣燃料油和稀释沥青	40～110	2.0
用过润滑油	170～210	5 *
表面趋于成膜的液体、带悬浮颗粒的液体或高黏稠材料	—	5.0

* 在 20 个实验室对一个用过的柴油发动机油试样测定得到的结果。

（2）再现性，R

本精密度的再现性不适用于 20 号航空润滑油。表 19 – 6、表 19 – 7 分别为步骤 A、步骤 B 的再现性。

表 19 – 6　　　　　　　　步骤 A 的再现性

材　　料	闪点范围（℃）	R（℃）
油漆和清漆	—	—
馏分油和未使用过的润滑油	40 ~ 250	0.071X

注　X 为两个独立试验结果的平均值。

表 19 – 7　　　　　　　　步骤 B 的再现性

材　　料	闪点范围（℃）	R（℃）
残渣燃料油和稀释沥青	40 ~ 110	6.0
用过的润滑油	170 ~ 210	16 *
表面趋于成膜的液体、带悬浮颗粒的液体或高黏稠材料	—	10.0

*　在 20 个实验室对一个用过柴油发动机油试样测定得到的结果。

（二）闪点与燃点测定法（开口杯法）

1. 方法概要

本方法适用于测定润滑油的闪点与燃点。把试样装入内坩埚中到规定的刻线。首先迅速升高试样的温度，然后缓慢升温，当接近闪点时，恒速升温。在规定的温度间隔，用一个小的点火器火焰按规定通过试样表面，以点火器火焰使试样表面上的蒸汽发生闪火的最低温度，作为开口杯法闪点。继续进行试验，直到用点火器火焰使试样发生点燃并至少燃烧 5s 时的最低温度，作为开口杯法燃点。

2. 仪器与材料

（1）仪器。

1）开口闪点测定器：符合 SH/T 0318 要求。

2）温度计：符合 GB 514 要求。

3）煤气灯、酒精喷灯或电炉。

（2）材料。溶剂油：符合 SH0004 要求。

3. 准备工作

（1）试油的水分大于 0.1% 时必须脱水。可在试油中加入新煅烧并经冷却的食盐、硫酸钠或氯化钙进行脱水。闪点低于100℃时，脱水不必加热；闪点高于100℃时，可加热到50~80℃。脱水后取试油的上层澄清部分供试验用。

（2）将内坩埚用溶剂汽油或石油醚洗涤后吹干。然后放入装有煅烧过的细砂的外坩埚中，使内坩埚底部与外坩埚底部之间保持厚度为5~8mm的砂层，使细砂表层距离内坩埚的上部边缘约12mm。对闪点在300℃以上的试油进行测定时，两只坩埚底部之间的砂层厚度允许酌量减薄，但在试验时必须仍能保持本方法所规定的升温速度。

（3）试油注入内坩埚时，对于闪点在210℃及以下的试油，液面距离坩埚上部边缘为12mm；对于闪点高于210℃的试油，液面距离上部边缘为18mm。在注入试油时不应溅出，液面以上的坩埚壁也不应沾有试油。

（4）为使闪火现象能够看得清楚，应在避风和较暗的地方测定，并围以防护屏。

（5）温度计应垂直放在内坩埚的试油中。温度计水银球的位置必须放在内坩埚中心，并与坩埚底和试油液面成为相等的距离。

4. 闪点试验步骤

（1）加热坩埚，升温速度为10±2℃/min，当试油温度达到预计闪点前40℃时，应控制升温速度为4±1℃/min。

（2）试油温度达到预计闪点前10℃时，将点火器（火焰长度应预先调到3~4mm）放到距离试油液面10~14mm处，并沿着坩埚内径的水平面作直线移动，从坩埚的一边移至另一边所需时间为2~3s。试油温度每升高2℃，应重复一次点火试验。

（3）在试油液面上，呈现第一次蓝色火焰时，立即读出温度作为试油的闪点，同时记录大气压力。

5. 燃点试验步骤

测得试油的闪点后，如需测定燃点，应继续加热，升温速度为4±1℃/min，试油每升温2℃点火一次。试油接触火焰后立即着火并能继续燃烧不少于5s，此时的温度即为燃点。

6. 闪点和燃点的修正

（1）大气压力低于99.3kPa（745mmHg）时，试验所得的闪点或燃点应按式（19-3）修正（精确到1℃），即

$$t_0 = t + \Delta t \qquad (19-3)$$

式中　t_0——在 101.3kPa 时的闪点或燃点，℃；

　　　　t——在试验条件下测得的闪点或燃点，℃；

　　　　Δt——修正数，℃。

（2）大气压力在 71.98~101.3kPa 范围内，修正数 Δt 可按式（19－4）或式（19－5）计算，即

$$\Delta t = (0.00015t + 0.028) \times (101.3 - p) \times 7.5 \qquad (19-4)$$

$$\Delta t = (0.00015t + 0.028) \times (760 - p_1) \qquad (19-5)$$

式中　　　t——在试验条件下测得的闪点或燃点，℃（300℃以上仍按 300℃计）；

　　　　p——试验条件下的大气压力，kPa；

0.00015、0.028——试验常数；

　　　　7.5——大气压力单位换算系数；

　　　　p_1——试验条件下的大气压力，mmHg。

此外，修正数 Δt 还可以从表 19－8 查出。

表 19－8　　　　　　　　不同大气压力下的修正数 Δt

闪点或燃点（℃）	在下列大气压力［kPa（mmHg）］时修正数 Δt（℃）										
	72.0 (540)	74.6 (560)	77.3 (580)	80.0 (600)	82.6 (620)	85.3 (640)	88.0 (660)	90.6 (680)	93.3 (700)	96.0 (720)	98.6 (740)
100	9	9	8	7	6	5	4	3	2	2	1
125	10	9	8	8	7	6	5	4	3	2	1
150	11	10	9	8	7	6	5	4	3	2	1
175	12	11	10	9	8	6	5	4	3	2	1
200	13	12	10	9	8	7	6	5	4	2	1
225	14	12	11	10	9	7	6	5	4	2	1
250	14	13	12	11	9	8	7	5	4	3	1
275	15	14	12	11	10	8	7	6	4	3	1
300	16	15	13	12	10	9	7	6	4	3	1

7. 精确度

（1）平行测定两个结果间的差数，不应超过下列数值：不大于150℃时，允许差值为4℃；大于150℃时，允许差值为6℃。

（2）平行测定的两个燃点结果的差数，不应超过6℃。

（三）闪点与燃点测定法（克利夫兰开口杯法）

1. 方法概要

本方法适应于测定润滑油的闪点和燃点，但不适用测定燃料油和开口闪点低于79℃的石油产品。把试油装入试验杯至规定的刻线。先迅速升高试样的温度，然后缓慢升温。当接近闪点时，恒速升温。在规定的温度间隔，以一个小的试验火焰横着越过试验杯，使试油表面上的蒸汽闪火的最低温度，作为闪点。如果需要测定燃点，则要继续进行试验，直到用试验火焰使试油点燃并至少燃烧5s最低温度，作为燃点。

2. 仪器与材料

（1）仪器：克利夫兰开口杯仪器，包括一个试验杯、加热板、试验火焰发生器、加热器和支架。防护屏推荐用46cm见方、61cm高，有一个开口面，内壁涂成黑色的防护屏。温度计。

（2）材料：无铅汽油或其他合适的溶剂。

3. 准备工作

（1）将测定仪器放在避风和较暗的地方，并围以防护屏，以便看清闪火现象。到预期闪前17℃时，必须注意避免由于试验杯底6mm并位于试验杯中蒸汽的流动而影响试验结果。

（2）用无铅汽油或其他合适的溶剂洗涤试验杯，如果有炭渣，应用钢丝刷除去，再用溶剂洗涤干净并吹干。使用前应将试验杯冷却到预期闪点前至少56℃。

（3）将温度计放置在垂直位置，使其球底离试验杯底6mm，并位于试验杯中心，和测试火焰扫过的弧（或线）相垂直的直径上，并在点火器壁的对边（温度计的正确位置应使温度计上的浸入刻线位于试验杯边缘以下2mm处）。

4. 试验步骤

（1）在任何温度下，将试油装入试验杯中，使弯月面的顶部恰好到装试油刻线。在注入试油时不应溅出，液面以上的坩埚壁也不应沾有试油。要除去试油表面上的空气泡。

（2）点燃试验火焰，并调节火焰直径至3.2~4.8mm左右。如仪器上安装有金属比较小球，则火焰直径与金属比较小球的直径相同。

（3）开始加热时，试油的升温速度14~17℃/min。当试油温度到达预期闪点前56℃时，减慢加热速度，控制升温速度，使在闪点前约最后

（23±5）℃时，升温速度为5～6℃/min。

（4）在预期闪点前（23±5）℃时，开始用试验火焰扫划，每升高2℃，就扫划一次。试验火焰的中心，必须在试验杯上边缘面上2mm以内的平面上，以直线或沿着半径（至少150mm）移动，先向一个方向扫划，下次再向相反的方向扫划。再次扫划时间约为1s。

（5）当试油液面上任何一点出现闪火时，立即记下温度计上温度读数作为观察闪点。但不要把有时在试验火焰周围产生的淡蓝色光环与真正闪点相混淆。

（6）如果还需要测定燃点，则继续加热，使试油的升温速度为5～6℃/min，继续使用试验火焰，试油每升高2℃就扫划一次，直到试油着火，并能连续燃烧不少于5s，此时立即从温度计读出温度值作为观察燃点。

5. 大气压力修正

用下列公式将观察闪点和燃点修正到标准大气压（101.3kPa），即

$$T_c = T_0 + 0.25(101.3 - p)$$

式中　T_0——观察闪点或燃点，℃；

　　　p——环境大气压，kPa。

6. 精密度

（1）重复性。在同一实验室，由同一操作者使用同一台仪器，按相同方法，对同一试样连续测定两个试验结果之差，不应超过下列数值：闪点，8℃；燃点，8℃。

（2）再现性。在不同实验室，由不同操作者使用不同仪器，按相同方法，对同一试样测定的两个单一、独立的结果之差，不应超过下列数值：闪点，17℃；燃点，14℃。

四、运动黏度的测定

1. 方法概要

本方法适用于测定液体石油产品的运动黏度。在相同的温度下，液体的动力黏度与它的密度之比，称为运动黏度，其单位为 m^2/s。本方法是在某一恒定的温度下，测定一定体积的液体在重力下流过一个标定好的玻璃毛细管黏度计的时间，黏度计的毛细管常数与流动时间的乘积，即为该温度下测定液体的运动黏度。

2. 仪器、材料及试剂

（1）仪器。

1）黏度计：玻璃毛细管黏度计应符合 SH/T 0173《玻璃管黏度计技

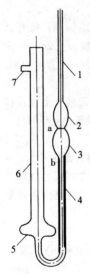

图 19 – 1 毛细
管黏度计

1、6—管身；2、
3、5—扩张部
分；4—毛细管；
a、b—标线

术条件》的要求。也允许采用具有同样精度的自动黏
度计。毛细管黏度计一组，毛细管内径为 0.4，0.6，
0.8，1.0，1.2，1.5，2.0，2.5，3.0，3.5，4.0，
5.0mm 和 6.0mm（见图 19 – 1）。每支黏度计必须按
JJG 155《工作毛细管黏度计检定规程》进行检定并确
定常数。

测定试样的运动黏度时，应根据试验的温度选用
适当的黏度计，务使试样的流动时间不少于200s，内
径 0.4mm 的黏度计流动时间不少于350s。

2）恒温浴：带有透明壁或装有观察孔的恒温浴，
其高度不小于 180mm，容积不小于 2l，并且附设着自
动搅拌装置和一种能够准确地调节温度的电热装置。

在 0℃ 和低于 0℃ 测定运动黏度时，使用筒形开有
看窗的透明保温瓶，其尺寸与前述的透明恒温浴相同，
并设有搅拌装置。

根据测定的条件，要在恒温浴中注入如表 19 – 9
中列举的一种液体。

3）玻璃水银温度计：符合 GB 514《石油产品试验
用液体温度计 技术条件》分格为 0.1℃。测定 – 30℃
以下运动黏度时，可以使用同样分格值的玻璃合金温
度计或其他玻璃液体温度计。

表 19 –9 恒温浴中需注入的液体

测定的温度（℃）	恒 温 浴 液 体
50 ~ 100	透明矿物油、丙三醇（甘油）或 25% 硝酸铵水溶液（该溶液的表面会浮着一层透明的矿物油）
20 ~ 50	水
0 ~ 20	水与冰的混合物，或乙醇与干冰（固体二氧化碳）的混合物
0 ~ – 50	乙醇与干冰的混合物；在无乙醇的情况下，可用无铅汽油代替

注 恒温浴中的矿物油最好加有抗氧化添加剂，以延缓氧化，延长使用时间。

4）秒表：分格为 0.1s。用于测定黏度的秒表、毛细管黏度计和温度
计都必须定期检定。

（2）材料。溶剂油：符合 SH0004 橡胶工业用溶剂油要求，以及可溶

的适当溶剂。铬酸洗液。

（3）试剂。石油醚：60~90℃，分析纯。95%乙醇：化学纯。

3. 准备工作

（1）当试油含有水分或机械杂质时，在试验前必须经过脱水处理，并用滤纸过滤。

（2）试验前，必须将毛细管黏度计用石油醚或溶剂汽油洗涤（如果黏度计沾有污垢，用铬酸洗液、水、蒸馏水或乙醇洗涤）并烘干。

（3）按图19-2将橡皮管套在支管6上，并用手指堵住管7的管口，同时倒置黏度计，将管4插入试油的容器中，用橡皮球在支管6处将试油

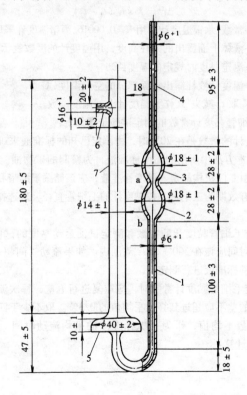

图19-2 毛细管黏度计

1—毛细管；2、3、5—扩张部分；4、7—管身；6—支管

a、b—标线

吸到标线 B 处，并注意不要使扩张部分 2 和 3 中的试油发生气泡。当液面达到标线 B 撕，提起黏度计并迅速倒置，同时手指放开 7 的管口，将管 4 的外壁所黏附的试油除去，并从支管 6 取下橡皮管套在管 4 上。

(4) 将装好试油的毛细管黏度计浸入恒温浴中，并垂直固定在支架上。毛细管黏度计的扩张部分 3 必须浸入一半。温度计水银球的位置接近毛细管 1 中央点的水平面上，并使温度计上要测温的刻度位于恒温浴的液面上 10mm 处。使用全浸式温度计时，如果它的测温刻度露出恒温浴的液面，按照下式计算汞柱露出部分的温度补正数 Δt，才能准确的量出试油的温度，即

$$\Delta t = K \times h \, (t_1 - t_2)$$

式中　K——常数，水银温度计采用 $K = 0.00016$，酒精温度计采用 $K = 0.001$；

　　　h——液体上面露出的汞柱高度，用温度计的度数表示；

　　　t_1——测定黏度时规定的温度，℃；

　　　t_2——温度计液柱露出液面部分的空气温度，℃。

试验时，取 t_1 减去 Δt 作为温度计上的温度读数。

(5) 毛细管黏度计常数的测定试验步骤如下：

1) 黏度计的常数是在 20℃ 时，由测定已知的标准液来确定，其单位为 mm^2/s^2。本方法中所用的黏度标准液，为精制的矿物油。其 20℃ 时的准确黏度应由专门机构测定。黏度标准液，应该储藏于黑暗和温度变动较小的地方，有效期为三个月。按黏度计的毛细管直径，来选择各号黏度标准液。

2) 测定毛细管黏度计的常数和测定试油运动黏度的试验步骤相同。标准液流动时间应该在 $300 \pm 150s$ 范围内。如果流动时间超过这个范围，就选用另一种标准液进行测定。

3) 测定毛细管黏度计常数时，应重复进行五次，每次流动时间与其算数平均值的差不应超过其算数平均值的 0.3%。取不少于四次的流动时间所得的算数平均值，作为一次标准液的平均流动时间。黏度计常数 (C) 按下式计算：

$$C = \frac{V_{20}}{T_{20}}$$

式中　C——黏度计常数，mm^2/s^2；

　　　V_{20}——标准液黏度，mm^2/s；

　　　T_{20}——标准液流出时间，s。

测定每支黏度计的常数更换三次标准，其中各次流动时间与其算数平

均值的差不应超过其算数平均值的 0.3%。然后用三次标准液测定和计算结果的算数平均值，作为这支黏度计的黏度常数。此常数应具有三位有效数字。

4. 试验步骤

（1）将毛细管黏度计置于恒温浴中，调成垂直状态，并用铅垂线法检查。将恒温浴调整至规定的温度，黏度计预热时间见表 19 – 10 中所示。

表 19 – 10　　　黏度计预热时间

试验温度（℃）	恒温时间（min）
100	20
40，50	15
20	10

（2）使用毛细管黏度计中的试油，当液面流到标线 A 时，开动秒表，当液面流到标线 B 时，停住秒表，记录时间（当试油在扩张部分 2 处流动时，恒温浴温度应保持不变，并注意扩张部分中不应出现气泡）。重复测定不应少于四次，其中每一次流动时间与其算数平均值的差值要符合下列要求；在温度为 15～100℃测定黏度时，这种差值不应超过算数平均值的 0.5%。

取不少于三次符合规定的流动时间，计其算数平均值，作为试油的平均流动时间。

5. 计算

在温度为 t℃时，试油的运动黏度按下式计算：

$$\nu_t = C \times \tau_T$$

式中　ν_t——黏度，mm^2/s；

　　　C——黏度计常数，mm^2/s^2；

　　　τ_T——在 t℃时的试油流动时间的算数平均值，s。

6. 精确度

同一操作者，用同一试样重复测定的两个结果之差，不应超过下列数值（表 19 – 11）。

表 19 – 11　　　　　精　确　度

测定黏度的温度（℃）	重复性（%）
100～15	算术平均值的 1.0
低于 15～ – 30	算术平均值的 3.0
低于 – 30～ – 60	算术平均值的 5.0

五、凝点、倾点的测定

（一）凝点测定法

1. 方法概要

本方法适用于测定绝缘油、汽轮机油的凝点。试油在规定条件下，冷却到预期的温度，将盛油试管倾斜45°角经过1min，观察液面是否流动。停止流动的最高温度称为凝点。

2. 仪器、材料与试剂

（1）仪器。

1）圆底试管：高度160±10mm，内径20±1mm，在距管底30mm的外壁处有一环形标线。

2）圆底的玻璃套管：高度130±10mm，内径40±2mm。

3）装冷却剂用的广口保温瓶或筒形容器：高度不少于160mm，内径不少于120mm，可以用陶瓷、玻璃、木材，或带有绝缘层的铁片制成。

4）水银温度计：供测定凝点高于−35℃的石油产品使用。

5）液体温度计：供测定凝点低于−35℃的石油产品使用。

6）任何形式的温度计：供测量冷却剂温度用。

7）支架：有能固定套管、冷却剂容器和温度计的装置。

8）水浴。

（2）材料。冷却剂：试验温度在0℃以上用水和冰；在0～−20℃用盐和碎冰或雪；在−20℃以下用工业乙醇（溶剂汽油、直馏的低凝点汽油或直馏的低凝点煤油）和干冰。缺乏干冰时，可以使用液态氮气或其他适当的冷却剂，也可使用半导体制冷器（当用液态空气时应使它通入旋管金属冷却器并注意安全）。

（3）试剂。无水乙醇：化学纯。

3. 准备工作

（1）干冰冷却剂的制备：将绝热容器置于套座中，注入乙醇至容器2/3处。慢慢地将干冰投入乙醇中，且随加随搅拌。加入干冰时，应根据所要求的温度逐渐加入，并注意勿使乙醇外溅或喷出。在试验过程中，应维持一定的乙醇液位。

（2）如试油含有水分时，应脱水。黏度小的试油可加入新煅烧的硫酸钠或氯化钙，间断摇动，澄清后过滤；黏度大的试油需预热（温度不高于50℃）后通过新煅烧的食盐层过滤。食盐层的制备是在漏斗中放入金属网或少许棉花，在漏斗上铺以新煅烧的粗食盐结晶。

（3）在干燥、洁净的试管中注入脱水后的试油至刻线，勿使油沿管壁流下。然后将温度计用软木塞固定于试管的中心，使温度计的水银球距离管底 8~10mm。

4. 试验步骤

（1）将装有试油及温度计的试管，置于 50±1℃ 的水浴中，至试油达到水浴的温度为止。

（2）将装有试油及温度计的试管外部擦干，用软木塞固定于套管的中心，并垂直地固定于支架上，在室温中冷却至 35±5℃，然后置于盛有冷却剂的容器中，并使套管浸入冷却剂的深度不少于 70mm。在试油冷却过程中，冷却剂的温度需低于试油预期凝点 7~8℃。试油温度达到预期凝点时，冷却剂的温度必须恒定在 ±1℃。将仪器倾斜至 45°角，仪器中的试油仍应浸没在冷却剂内，并保持 1min。然后将套管小心地自冷却剂中取出，迅速地用乙醇擦净其外壁，将仪器垂直放置，并透过套管去观察试管里的液面是否有流动的痕迹。测定低于 0℃ 的凝点时，试验前在套管底部注入无水乙醇 1~2mL。

（3）无论液面流动或不流动，则从套管中将试管取出，重新在水浴上加热至 50±1℃，并低于或高于前次测定温度 4℃ 再进行测定。如此重复试验直到某温度范围液面停止流动为止。

（4）测得凝点的范围后，降低或提高测定温度 2℃ 重复试验，直至某温度试油停止流动，而温度提高 2℃ 时，试油又恢复流动为止。此温度即为试油的凝点。

（5）确定试油凝点要作平行两次试验。第二次试验的开始温度要比第一次试验所测定的温度高 2℃。

5. 精确度

平行测定两个结果间的差数，不应大于 2.0℃。

（二）倾点测定法

1. 方法概要

本方法适用于测定石油和石油产品的倾点。试样在规定的条件下冷却时，能够流动的最低温度，称为倾点。试样经预热后，在规定速度下冷却，每间隔 3℃ 检查一次试样的流动性。记录观察到试样能流动的最低温度作为倾点。

2. 仪器

倾点试验器见图 19-3。

（1）试管：由透明玻璃制成的圆筒状，平底。试管内径为 30.0~33.5mm，高为 115~125mm。在试管的 45mL 体积处，标有一条长刻线；

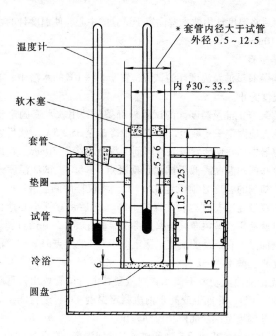

温度计

*套管内径大于试管
外径9.5~12.5

内 φ30~33.5

软木塞

套管

5~6

115~125

115

垫圈

试管

冷浴

6

圆盘

图 19-3　倾点试验器

刻线上、下 3mm 处还标有允许试样量拨动的短刻线。

（2）温度计。

1）高浊度和高倾点温度计：测温范围 -38~50℃，分度值为 1℃。

2）低浊度和低倾点温度计：测温范围 -80~20℃，分度值为 1℃。

（3）软木塞：配试管用，塞的中心打有插温度计的孔。

（4）套管：由玻璃或金属制成的圆筒状，平底，不漏水。其高约
115mm。内径大于试管的外径 9.5~12.5mm。

（5）圆盘：软木或毛毡制成，6mm 厚，直径与套管内径相同。

（6）垫圈：环形，5~6mm 厚，由软木、毛毡或其他适当的材料制
成，要求有弹性，使其紧贴试管外壁，但贴在套管内壁是松宽的；同时还
要有足够硬度，以保持其形状。垫圈的用途是防止试管与套管相接触。

（7）冷浴：型式要适合于取得规定温度要求。尺寸和形状可任意选
择，但一定要把套管紧紧地固定在垂直的位置。测定 10℃ 以下的倾点，
需要两个以上的冷浴。其浴温可用冷冻或者合适的冷却剂来保持。

一般来说，在 0℃ 以上用水和冰；在 -15℃ 以下用工业乙醇和干冰。

也可用其他制冷方式来达到要求的浴温。

3. 试验步骤

（1）将清洁试样倒入试管至刻线处。对黏稠试样可在水浴中加热至流动后，倒入试管内。如试样在24h前曾加热到高于45℃的温度，或不知其加热情况，则在室温下保持试样24h后再做试验。

（2）用插有高浊点和高倾点温度计的软木塞紧紧塞住试管，测定倾点高于39℃的试样时，允许使用32～105℃范围的任何温度计。建议用0.5℃刻度的全浸温度计。调整软木塞和温度计的位置，使软木塞紧紧塞住试管，使温度计和试管在同一轴线上，浸没温度计水银球，使温度计的毛细管起点应浸在试样液面以下3mm处。试验前要校验温度计的冰点，如其冰点偏离0℃，且超过1℃时，则应进一步检验或重新校正。

（3）将试管中的试样进行以下的预处理：

1）试样的倾点在33～−33℃之间：在不搅动试样的情况下，将试样放入48±1℃的水浴中加热至45±1℃；在空气或约25℃水浴中冷却试样至36±1℃，再往下继续试验。

2）试样的倾点高于33℃：在不搅动试样的情况下，将试样放入48±1℃的水浴中加热至45±1℃或高于预期倾点温度大约9℃，取其较高的一个温度，然后继续试验。

3）试样的倾点低于−33℃：按1）的方法加热试样，再放入7±1℃的水浴中冷却至15±1℃，取出高浊点和高倾点温度计，换上低浊点和低倾点温度计。然后再继续试验。

（4）圆盘、垫圈和套管内外都应清洁和干燥。将圆盘放在套管的底部。将垫圈放在距试管内试样液面上方约25mm处。将试管放入套管内。

（5）保持冷浴的温度在−1～2℃。将带有试管的套管稳定地装在冷浴的垂直位置上，使套管露出冷却介质液面不大于25mm。

（6）试样经过足够的冷却后，形成石蜡结晶，应十分注意不要搅动试样和温度计，也不允许温度计在试样中有移动；对石蜡结晶的海绵网有任何扰动都会导致结果偏低或不真实。

（7）对倾点高于33℃的试样，试验从高于预期倾点9℃开始，对其他倾点试样则从高于预期倾点12℃开始。每当温度计读数为3℃倍数时，要小心地把试管从套管中取出，倾斜试管，到刚好能观察到试管内试样是否流动。取出试管到放回试管的全部操作，要求不超过3s。如果温度已降到9℃，试样仍流动，则将试管移到温度保持在−18～−15℃的第二个冷浴的套管中；如果温度已降到−6℃，试样仍流动，则将试管移到温度

保持在 - 35 ~ - 32℃的第三个冷浴的套管中。

为测定极低的倾点需附加浴时，每个浴的温度要保持在比前一个浴的温度低17℃（以下顺序浴温为 - 52 ~ - 49℃， - 69 ~ - 66℃和 - 86 ~ - 83℃等）。每当试样温度达到高于新浴的温度27℃（以下顺序转移温度为 - 24℃、- 42℃、和 - 57℃等）时，就要转移试管，但绝不能将冷的试管直接放到冷却介质中。当倾斜试管，发现试样不流动时，就立即将试管放在水平位置上，仔细观察试样的表面，如果在5s内还有流动，则立即将试管放回套管，待再降低3℃时，重复地进行流动试验。套管可留在浴中，也可与试管一起移动。

（8）按以上步骤继续进行试验，直到试管保持水平位置5s而试样无流动时，记录观察到的试验温度计读数。

（9）对深色油、汽缸油和非馏分燃料油按上述步骤进行，所得的结果是上（最高）倾点。如有需要，可在搅拌的情况下加热试样到105 ± 1℃，并倒入试管，如前所述冷却至36 ± 1℃，再按本方法所述步骤测得下（最低）倾点。

当已知试样在24h前曾加热到高于45℃的某一温度，或不知其加热过程时，则在试验前将试样加热至100 ± 1℃，然后在室温中保持24h。

4. 计算

按本方法所记录的温度加3℃，作为试样倾点的结果。

5. 精密度

用下述规定判断试验结果的可靠性（95%置信水平）。

（1）重复性。同一操作者重复测定两个结果之差不应超过3℃。

（2）再现性。由两个实验室提出的两个结果之差不应超过6℃。

（3）特殊情况。按前述方法测定试样的倾点，此再现性不合适，因为这些试样的倾点随其加热历程会表现有反常的现象。

六、破乳化度测定法

1. 定义

本方法适用于测定运行中汽轮机油与水的相互分离能力。在规定的试验条件下，将蒸汽通入汽轮机油中所形成的乳浊液，达到完全分层所需的时间，称为破乳化时间。

2. 仪器和试剂

（1）破乳化时间测定器：

1）搅拌桨：不锈钢制，见图19 - 4。

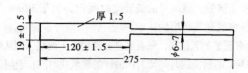

图 19 - 4 搅拌桨

2）搅拌电动机：1500 ± 50r/min。

3）水浴缸：用耐热玻璃制成，底部有支撑板，上部有固定量筒的夹具，装水水面能浸到量筒的85mL刻度。附有搅拌。

4）控温器：控温范围 0 ~ 100℃，控温精度 ±1℃。

（2）量筒。用耐热玻璃制作，容积100mL（在 5 ~ 100mL 范围内，分度为 1.0mL），内径 28 ± 1.0mm。

（3）秒表。

（4）溶剂汽油（或石油醚）。

（5）铬酸洗液。

3. 准备工作

（1）将破乳化时间测定器的加热水浴升温，并使之恒定在 54 ±1℃。

（2）用洗涤剂洗净量筒上的油污后，再用铬酸洗液浸泡，自来水冲洗，最后用蒸馏水洗净（至器壁不挂水珠）。

（3）用蘸有溶剂汽油（或石油醚）的脱脂棉擦净搅拌桨，吹干。

4. 试验步骤

（1）在室温下向洁净的量筒内依此注入 40mL 蒸馏水和 40mL 试油，并将其置于已恒温至 54 ±1℃的水浴中。

把搅拌桨垂直放入量筒内，并使桨端恰在量筒的5mL刻度处。

（2）量筒恒温20min，即启动搅拌电动机，同时开启秒表计时，搅拌5min，立即关停搅拌电动机，迅速提起搅拌桨，并用玻璃棒将附着在桨上的乳浊液刮回量筒中。

（3）观察油、水分离情况，可能会出现几种现象：

1）当油、水分界面的乳化层体积减至不大于3mL时，即认为油、水分离，停止秒表计时即为该油样的破乳化时间。

注1：乳化层或量筒壁上可存有个别乳化泡。

注2：水层中或油层中可有透明大泡或者水层、油层不透明。

注3：乳化层界面不整齐，应以平均值计。

2）如果计时超过30min，油、水分界面间的乳化层体积依然大于

3mL 时，则停止试验，该油样的破乳化时间记为大于 30min，然后分别记录此时油层、水层和乳化层的体积。

3）若没有明显的乳化层，只有完全分离的上下两层，则从停止搅拌到上层体积达到 43mL 时所需的时间即为该油样的破乳化时间，上层认定为油层。

4）若没有明显的乳化层，只有完全分离的上下两层，则从停止搅拌开始，计时超过 30min，上层体积依然大于 43mL，则停止试验，该油的破乳化时间记为大于 30min，上层认定为乳化层，然后分别记录此时水层和乳化层的体积。

5. 精密度

平行测定两个结果间的差值，不应超过表 19 - 12 所列数值。

表 19 - 12　　　　　　结 果 差 值 要 求

破乳化时间（min）	重复性 r（min）	破乳化时间（min）	重复性 r（min）
0 ~ 10	1. 5	11 ~ 30	3. 0

取两次平行测定结果的算术平均值作为试验结果。

七、液相锈蚀的测定

本方法适用于鉴定汽轮机油与水混合时，防止金属部件锈蚀的能力，以及评定添加剂的防锈性能。将一个用 15 号碳素钢加工的圆锥形的试棒，浸入 300mL 汽轮机油与 30mL 蒸馏水的混合液中，在温度为 60℃ 的条件下，保持 24h 后取出试棒，目视检验棒的锈蚀程度。

（一）仪器、试剂与材料

1. 仪器

（1）无嘴烧杯：400mL，直径为 70mm，高约 127mm。

（2）烧杯盖：有三个孔，用有机玻璃板制成，见图 19 - 5。

（3）搅拌桨：不锈钢制成倒 T 字形。用 25mm × 6mm × 0. 6mm 的平叶片连接到一直径为 6mm 的杆上。

（4）水浴：能在 60 ± 1℃ 时保持恒温，并能自动控制。

（5）搅拌马达：控制转速为 1000 ± 50r/min。

（6）温度计：0 ~ 100℃，刻度为 1 分度。

（7）研磨和抛光设备。

2. 试剂与材料

苯、石油醚（沸点范围为 30 ~ 60℃ 或 60 ~ 90℃）；砂布或金相砂纸、滤纸、试棒（用 15 号碳钢制造）；见图 19 - 6。

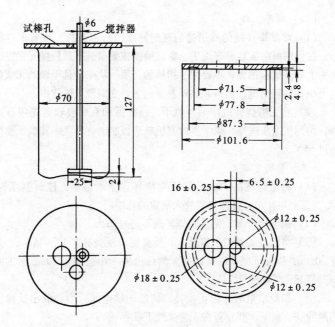

图 19-5 烧杯盖

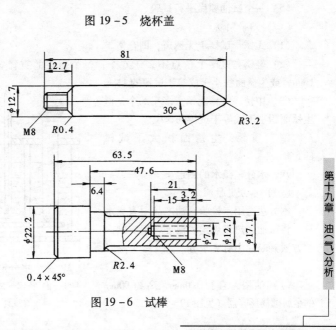

图 19-6 试棒

（二）准备工作

（1）将试棒（新的或用过的有锈蚀或凹凸不平的）按要求进行初磨后，在使用前贮放在异辛烷中。临试前按要求进行最后抛光，完成后从夹头上取下试验钢棒，不要用手指接触，用一块干净且干燥的无绒棉布或丝毛织物轻轻揩拭，然后装到塑料手柄上，立即浸入试样中。

（2）将无嘴烧杯洗净后，烘干。搅拌器和有机玻璃盖先用石油醚洗涤，再用蒸馏水洗净，烘干。对有机玻璃板制的烧杯盖，其烘干温度不得超过 65℃。

（三）试验步骤

（1）将盛有试油 300mL 的无嘴烧杯置于水浴中，控制温度为 60 ± 1℃，盖上烧杯盖，将搅拌桨放入规定的孔中。

（2）调整搅拌桨，使其距烧杯底不超过 2mm。

（3）将已准备好的试棒插入，使其底端距烧杯底 13～15mm，开始搅拌 30min，以保证完全浸湿试棒。然后由另一小孔加入 30mL 蒸馏水。从此时算起，继续搅拌 24h。

（4）试验结束后，停止搅拌，切断加热电源，小心取出试棒，用石油醚冲洗、晾干，并立即在正常光线下观察。

（5）每个试油要做平行试验。

（四）结果判断

（1）无锈：试棒上无锈斑，即合格。

（2）轻锈：试棒上锈点不多于 6 个；每个锈点的直径等于或小于 1mm，或生锈面积小于或等于试棒的 1%。

（3）中锈：试棒上锈点多于 6 个，但生锈面积小于或等于试棒的 5%。

（4）重锈：生锈面积大于试棒的 5%。

八、水分、微水的测定

（一）水分定性测定

本方法适用于检验石油产品中有无水分。将试油加热至规定的温度，用听响声的方法判断油中有无水分。

1. 仪器

（1）油浴：直径 100mm，高约 90mm 的金属圆筒形容器（见图 19-7）。

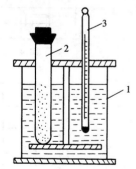

图 19-7　水分定性仪器
1—油浴；2—试管；
3—温度计

（2）试管：直径 10 ~ 15mm，高 120 ~ 150mm。

（3）温度计：0 ~ 200℃。

2. 准备工作

（1）将润滑油（闪点不低于 200℃）注入油浴至 80mm 处，将其加热至 155 ± 5℃。

（2）将试油充分摇匀，注入干燥的试管中至 80 ~ 90mm 高度，待泡沫消失后再进行试验。

3. 试验步骤

将盛有试油的试管，垂直地插入油浴中，观察 6min，根据产生的泡沫和响声来判断试油中是否有水分。

4. 结果判断

（1）听到显著的响声不少于两次时，即认为试油中有水分。

（2）发生一次显著的响声及泡沫，或无响声无泡沫时，都应进行第二次试验。

（3）第二次试验时，如有一次显著响声及泡沫，即认为有水分。若无显著响声及泡沫，或只有泡沫，则认为不含水分。

（二）微水的测定（库仑法）

本方法适用于运行中变压器油和汽轮机油水分含量的测定，磷酸酯抗燃油水分含量的测定可参照本方法。其原理系基于有水时，碘被二氧化硫还原，在砒啶和甲醇存在的情况下，生成氢碘酸吡啶和甲基硫酸氢吡啶，反应式为

$$H_2O + I_2 + SO_2 + 3C_5H_5N \rightarrow 2C_5H_5N \cdot HI + C_5H_5N \cdot SO_3$$
$$C_5H_5N \cdot SO_3 + CH_3OH \rightarrow C_5H_5N \cdot HSO_4CH_3$$

在电解过程中电极反应如下：

阳极　　$2I^- - 2e \rightarrow I_2$

阴极　　$I_2 + 2e \rightarrow 2I^-$　　　　$2H^+ + 2e \rightarrow H_2 \uparrow$

产生的碘又与试油中的水分反应生成氢碘酸，直至全部水分反应完毕为止，反应终点由一对铂电极所组成的检查单元指示。在整个过程中碘的浓度并不改变，但二氧化硫则有所消耗，其消耗量与水的摩尔数相等。

依据法拉第电解定理，电解 1mol 碘需要电量 $2 \times 96493C$，即电解 1mol 水需要电量 96493mC。样品中水分含量按下式计算：

$$\frac{W \times 10^{-6}}{18} = \frac{Q \times 10^{-3}}{2 \times 96493} \quad 即 \quad W = \frac{Q}{10.72}$$

式中　W——样品中的水分含量，μg；

Q——电解电量，mC；

18——水的相对质量。

1. 仪器、试剂与材料

（1）仪器。

1）微库仑分析仪：系统原理见图 19 - 8。

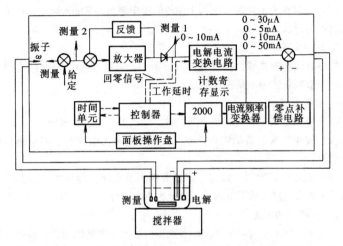

图 19 - 8　YS - 2 型微库仑仪分析系统原理方框图

2）注射器：0.5，50μL；1，2，5，25，50mL。

3）分液漏斗：250mL。

4）抽滤瓶：250mL。

5）洗气瓶：250～300mL。

6）保温瓶：大口矮型。

（2）试剂与材料。

1）卡尔费休电解液。

2）高真空硅脂。

3）变色硅胶。

2. 试验步骤

（1）按仪器说明书连接仪器电源线，调试仪器。

（2）将电极引线接到库仑分析仪的指定位置，开动电磁搅拌。开始电解时消耗的是残余的水分。若电解液过碘，注入适量含水甲醇或纯水，此时，电解液颜色逐渐变浅，最后呈黄色，进行电解。

（3）当电解液达到终点，用 0.5μL 注射器量取 0.5μL 蒸馏水或除盐水（或用已知含水量的标样），通过电解池上部进样口注入电解池，进行仪器标定。仪器显示的数值与理论值的相对误差不应大于 ±5%，当连续三次标定均达到要求值，才能认为仪器调整完毕，若超出此范围，应更换电解液。

（4）仪器调整平衡后，用注射器取试样，再排掉，如此连续冲洗三次，最后准确量取 1mL 试油（根据样品含水量高低，可调整进样量的大小）。

（5）按启动钮，试油通过电解池上部进样口注入电解池。此时自动电解至终点，同一试油至少重复操作两次以上，取其平均值。

3. 油中水分含量

油中水分含量按下式计算：

$$\rho = \frac{m}{V}$$

式中　　ρ——油中水分含量，mg/L；

　　　　m——待测样品中的水分，mg；

　　　　V——待测样品的进样体积，mL。

4. 精密度

（1）两次平行测定结果的差值不得超过表 19 - 13 所列数值。

表 19 - 13　　　　测定结果的差值　　　　（mg/L）

样品含水范围	允许差	样品含水范围	允许差
10 以下	2mg/L	21 ~ 43	4mg/L
10 ~ 20	3mg/L	大于 41	10%

（2）取两次平行试验结果的算数平均值为测定值。

九、机械杂质、颗粒度的测定

（一）机械杂质测定法

1. 方法概要

本方法适用于测定试油中不溶于汽油、乙醇 - 苯的机械杂质。称取一定量的试样，溶于所用的溶剂中，用已恒重的滤纸或微孔过滤器过滤，被留在滤纸或微孔过滤器上的杂质即为机械杂质。

2. 仪器、试剂与材料

（1）仪器：烧杯或宽颈的锥形烧瓶、称量瓶、玻璃漏斗、保温漏斗、吸滤瓶、水流泵或真空泵、干燥器、水浴或电热板、红外线灯泡和微孔玻璃滤器（漏斗式，滤板孔径 4~10μm）。

（2）材料。

1）定量滤纸：中速（滤速 31~60s），直径 11cm。

2）溶剂油：符合 SH0004 规格（或航空汽油：符合 GB 1787 规格）。

（3）试剂。95% 乙醇：化学纯。乙醚：化学纯。甲苯：化学纯。乙醇 - 甲苯混合液：用 95% 乙醇和甲苯按体积比 1:4 配成。乙醇 - 乙醚混合液：用 95% 乙醇和乙醚按体积比 4:1 配成。

3. 准备工作

（1）将定量滤纸放于称量瓶中，在（105±2）℃的烘箱中，烘干不少于 45min，然后移入干燥器中冷却 30min，称量（准确至 0.0002g）。重复烘干 30min 后称量，直至连续称量间的差值不大于 0.0004g 为止。

（2）将试油混合均匀。黏稠的试油可先加热至 40~80℃后摇动混匀。

4. 试验步骤

按规定的要求称取试油，并用加热溶剂按比例稀释，再以恒重的滤纸过滤。用溶剂汽油洗涤容器，将机械杂质完全洗到滤纸上，再用温热溶剂油洗涤滤纸，直至滤液无色且滤纸上无油迹。待滤纸上的溶剂挥发净后，将滤纸移入称量瓶中，置于（105±2）℃烘箱中烘干不少于 45min，然后将称量瓶盖上盖子放在干燥器中冷却 30min 后称量（准确至 0.0002g）。重复烘干及称量，直至连续两次称量结果的差值不大于 0.0004g 为止。试验时，应进行溶剂的空白试验校正，经校正后滤纸增加的数量即为机械杂质的含量。

5. 计算

油中的机械杂质含量按下式计算：

$$X = (m_2 - m_1) - (m_4 - m_3)/m \times 100$$

式中　X——机械杂质含量，%；

　　　m_1——滤纸和称量瓶的质量，g；

　　　m_2——带有机械杂质的滤纸和称量瓶的质量，g；

　　　m_3——空白试验过滤前滤纸和称量瓶的质量，g；

　　　m_4——空白试验过滤后滤纸和称量瓶的质量，g；

　　　m——试油的质量，g。

6. 精确度

平行测定两个结果之间的差数，不应超过下列数值：机械杂质含量小于等于 0.01%，允许误差 0.0025%；机械杂质含量大于 0.01~0.10%，允许误差 0.005%；机械杂质含量大于 0.10%~1.00%，允许误差 0.010%；机械杂质含量大于 1.00%，允许误差 0.100%。

（二）颗粒度的测定（显微镜对比法）

1. 方法概要

本方法适用于测定磷酸酯抗燃油、变压器油、汽轮机油及其他辅机用油的颗粒污染度等级。将经真空过滤 100mL 油样后的微孔滤膜置于两块玻璃片之间制得油样试片，在油污染度比较显微镜的透射光下，将油样试片与油污染度分级标准模板进行比较，确定油样的颗粒污染度等级。

2. 仪器及试剂

（1）油污染度比较显微镜：具有单目双物镜光学系统，左右两个光路系统的放大倍率（50 和 150 倍）应一致。具有可调节的透射和反射照明系统。能同时观察到油样试片和油污染度分级标准模板，目镜测微尺能计量 $5\mu m$ 以上的颗粒，具有机械式转动工作台或移动尺，可扫描观测滤膜的全部有效过滤面积。

（2）油污染物分级标准模板：作为标样与油样试片对比时使用。标准模板上有 4、5、6、7、8、9、10、11 共 8 个污染级别模块。制备各污染级别模块的标准油样中的颗粒数量应符合表 19-14 所列值。标准模板应由国家标准部门制作或由制定的单位制作，经鉴定合格，统一提供使用。标准模板应有合格证，合格证上应注明下次校核时间。

表 19-14　　　　标准油样中颗粒数量要求

污染级别	每 100mL 油中颗粒数				
	$5~15\mu m$	$15~25\mu m$	$25~50\mu m$	$50~100\mu m$	$>100\mu m$
00	125	22	4	1	0
0	250	44	8	2	0
1	500	89	16	3	1
2	1000	178	32	6	1
3	2000	356	63	11	2
4	4000	712	126	22	4
5	8000	1425~1354	253	45	8
6	16000	2850~2708	506	90	16

第十九章　油（气）分析

污染级别	每100mL油中颗粒数				
	5～15μm	15～25μm	25～50μm	50～100μm	＞100μm
7	320100	5700～5415	1012	180	32
8	64000	11400～10830	2025	360	64
9	128000	22800～21660	4050	720	128
10	256000	45600～43320	8100	1440	256
11	512000	91200～86640	16200	2880	5126
12	1024000	182400	32400	5760	1024

（3）过滤装置：M50型过滤装置包括容量约250mL的滤筒一个、夹紧装置一个、适合安放滤膜的砂芯滤板一个和锥形漏斗一个。

（4）微孔滤膜：直径为50mm，孔径为0.3、0.45μm和0.8μm。

（5）真空泵：真空度不小于86kPa，抽气速率30L/min。

（6）真空抽滤瓶：容积1000mL。

（7）量筒：100mL和200mL。

（8）冲洗瓶：其喷管中装有孔径小于0.8μm的过滤器，用于过滤清洗剂和溶剂。

（9）取样瓶：250mL玻璃瓶（医用输液瓶），具有瓶塞和塑料薄膜衬垫。

（10）玻璃培养皿：直径为100mm。

（11）玻璃载片：70mm×70mm，厚度小于1.5mm。

（12）玻璃盖片：70mm×70mm，厚度小于0.25mm。

（13）平嘴镊子：其夹持部无锯齿。

（14）香柏油：折光率为1.515，用0.3μm滤膜滤过。

（15）石油醚：沸程为60～90℃，用0.3μm滤膜滤过。

（16）异丙醇：用0.3μm滤膜滤过。

（17）除盐水或蒸馏水：用0.3μm滤膜滤过。

（18）甲苯：分析纯，用0.3μm滤膜滤过。

3. 环境要求

所有清洗和测定程序都应在清洁卫生的实验室（装有双层门窗）中进行，最好使用空气净化室或空气净化工作台。

4. 清洁液的制备

异丙醇、石油醚甲苯和除盐水或蒸馏水等可依此经过不同孔径的微孔滤膜过滤制得，供清洗、检验取样瓶和稀释油样用的清洁液，其清洁度为过滤100mL清洁液的滤膜在150倍显微镜下几乎观察不到颗粒或只能看到个别颗粒为合格。

（1）取样瓶、过滤装置、玻璃载片、玻璃盖片、量筒及其所有接触油样和可能对其产生污染的器械，均需按化学分析要求清洗合格后，再用0.43μm滤膜滤过的异丙醇和石油醚清洗至颗粒度达到标准的要求。

（2）取样瓶清洗后，在瓶中应残留少许石油醚，在瓶口与瓶盖间垫上塑料膜（用滤过溶剂清洗过），盖好瓶盖。瓶中残留的溶剂挥发使瓶内产生正压，打开瓶盖取样时可防止污染。

5. 取样

（1）从设备中取样：先用绸布将取样阀擦干净，再放油将取样阀、连接导管和针头冲洗干净。在不改变流量的情况下，将针头插入取样瓶中，密封取样约200mL。如有的设备不能连接导管取样，应尽量缩短开瓶时间。取样后，先移走取样瓶，盖好瓶盖，再关闭取样阀。

（2）从油桶中取样：采用图19-9的减压取样装置及取样方式进行。

1）取样装置按本方法5的程序清洗干净。

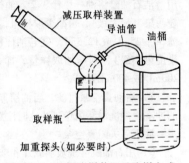

图19-9　油桶取样装置及取样方式

2）取样前，将油桶顶部、上盖用绸布沾石油醚等溶剂擦洗干净。

3）用取样装置从油桶中抽取约5倍于取样管路容积的油样冲洗取样管路，冲洗油收集在废油瓶里。

4）从油桶的上、中、下三个部位向清洁取样瓶中密封取样约200mL，盖好取样瓶。

6. 测量步骤

（1）空白实验。空白实验的目的是确定实验环境和试验所用器皿的清洁度是否合格。

1）过滤100mL试验用的石油醚，制备石油醚（即空白）试片。

2）检测空白试片，在试片上几乎观察不到颗粒或只能看到个别颗粒为合格。如不合格，应查明原因，重新进行空白试验。

（2）油样试片制备。

1）将过滤装置的下部漏头及橡胶瓶塞组合紧插在真空抽滤瓶上，用胶管连接真空抽滤瓶与真空泵。

2）用装用清洁石油醚的冲洗瓶冲洗过滤装置的砂芯滤板的上表面后，将砂芯滤板水平地放在下部漏斗上。

3）用镊子夹取滤膜（孔径为 0.45 或 0.8μm），用石油醚清洗滤膜的两表面后，放置在砂芯滤板上。

4）用石油醚冲洗滤桶后，将滤桶安放在滤膜上，用紧固夹固定好整套过滤装置，用干净的培养皿将其盖上。

5）充分摇动油样瓶，使颗粒悬浮均匀。开启瓶盖，倒掉少许油样，不要转动瓶口位置，用洁净量筒量取 100mL 油样倒入过滤装置滤筒中，盖上培养皿。

6）油样过滤的注意事项：①油样黏度过大影响过滤速度时，可预先用清洁石油醚将油样稀释。②若油样颗粒污染度超过 11 级（标准模板颗粒污染度最大级），可减少取样量，即采取倍减过滤油样量的方法，如过滤 50、25mL 或 12.5mL。③若油样颗粒污染度低于 4 级（标准模板颗粒污染度最小级），则增加取样量，即采取倍增过滤油样量的方法，如过滤 200mL 或 400mL 油样。

7）启动真空泵过滤，当油层厚度降到约 10mm 时停泵，用带过滤器的冲洗瓶冲洗漏斗内壁。冲洗时注意不要搅动滤膜上的颗粒分布。然后开泵，滤干后关闭真空泵。

8）用石油醚冲洗玻璃载片和玻璃盖片后，立着放置干燥。

9）在玻璃载片上加两滴香柏油，用镊子夹取滤油后的滤膜平放在玻璃载片上，并盖上玻璃盖片，一块透明的油样试片制备完成。

（3）显微镜检测。

1）按仪器规定将标准模板和油样试片分别放置在显微镜两边的机械台上。

2）接通电源，打开显微镜透射光源并调节至适当亮度，分别调节两个物镜焦距，使标准模板和油样试片上的颗粒清晰可见。

3）扫描油样试片，试片上的颗粒应分布均匀，否则应重新制备试片。

4）确定油样污染等级：①调节显微镜至对比观察视场，在目镜中出现油样试片和标准模板报各一半的视场时，移动油污染分级标准模板由低等级至高等级（或由高至低），逐级与油样试片进行比较。②观测

第四篇 电厂油务管理

油样试片时，应选择较中间部位的 10 个不同点进行测定，取其平均值作为被测油样的颗粒污染等级的测量值。③当确认试片上颗粒污染度等级介于标准模板两相邻污染度等级之间时，则确定较高的污染等级为油样污染级。④运行油样的污染等级一般由 $5 \sim 15 \mu m$ 的小颗粒决定，测量时应注意观察对比小颗粒；未经过滤的新油应注意观察对比所有尺寸的颗粒。

（4）定性鉴别颗粒性质。开启透射光源和反射光源并调节到适当亮度。从显微镜中观察油样试片上闪闪发光的颗粒为金属，半透明体为砂粒，白色条状物为纤维，黑色颗粒为橡胶，棕暗色块状物为氧化铁等。

7. 报告

油样颗粒污染等级。随取样的多少按以下几条确定报告值：

1）测量油样为 100mL 时，将该油样的污染等级测量值作为报告值。

2）测量油样少于 100mL 时，如为 50、25 或 12.5mL，则将该油样的污染等级测量值加上 1 级、2 级或 3 级后作为报告值。

3）测量油样多于 100mL 时，如为 200 或 400mL，则将该油样的污染等级减去 1 或 2 级后作为报告值。

十、酸值的测定（碱性蓝 6B 法）

1. 方法概要

本方法适用于测定绝缘油和汽轮机油的酸值。采用沸腾乙醇抽出试油中的酸性组分，再用氢氧化钾乙醇溶液滴定以测定酸值。中和 1g 试油中所含酸性组分所需要的氢氧化钾毫克数，称为酸值。

2. 仪器及试剂

（1）锥形烧瓶：250mL 或 300mL。

（2）球形回流冷凝管：长约 300mm。

（3）碱性蓝 6B：配制溶液时，称取碱性蓝 1g，称准至 0.01g，然后将它加在 50mL 煮沸的 95% 乙醇中，并在水浴中回流 1h，冷却后过滤。必要时，煮热的澄清滤液要用 0.05mol/L 氢氧化钾乙醇溶液或 0.05mol/L 盐酸溶液中和，直至加入 1～2 滴碱溶液能使指示剂溶液从蓝色变成浅红色而在冷却后又能恢复成蓝色为止，有些指示剂制品经过这样处理变色才灵敏。

（4）甲酚红：配制溶液时，称取甲酚红 0.1g（称准至 0.001g）。研细，溶于 100mL 95% 的乙醇中，并在水浴中煮沸回流 5min，趁热用 0.05mol/L 氢氧化钾乙醇溶液滴定至甲酚红溶液由橘红色变为深红色，而在冷却后又能恢复成橘红色为止。

3. 试验步骤

（1）用清洁、干燥的锥形烧瓶称取试油 8~10g（称准至 0.2g）。

（2）在另一只清洁、无水的锥形烧瓶中，量取 95% 乙醇 50mL 装上回流冷凝管。在不断摇动下，将 95% 乙醇煮沸 5min，趁热消除 95% 乙醇内的二氧化碳。

在煮沸过的 95% 乙醇中加入 0.2mL 碱性蓝 6B 指示剂（或甲酚红溶液），趁热以 0.05mol/L 氢氧化钾乙醇溶液滴定，至溶液由蓝色变成浅红色（由黄色变成紫红色）为止。对未中和就已呈现浅红色（或紫红色）的乙醇，若要用它测定酸值较小的试样时，可事先用 0.05mol/L 稀盐酸若干点，中和乙醇恰好至微酸性，然后再按上述步骤中和直至溶液由蓝色变成浅红色（或由黄色变成紫红色）为止。

（3）将中和过的 95% 乙醇注入装有已称好试样的锥形烧瓶中，并装上回流冷凝管。在不断摇动下，将溶液煮沸 5min。

在煮沸过的混合液中，加入 0.5mL 的碱性蓝 6B（或甲酚红）溶液，趁热用 0.05mol/L 氢氧化钾乙醇溶液滴定，直至 95% 乙醇层由蓝色变成浅红色（或由黄色变成紫红色）为止。

对于在滴定终点不能呈现浅红色（或紫红色）的试样，允许滴定达到混合液的原有颜色开始明显地改变时作为终点。

在每次滴定过程中，自锥形烧瓶停止加热到滴定达到终点所经过的时间不应超过 3min。

4. 计算

试油的酸值 X，用 mgKOH/g 的数值表示，按下式计算：

$$X = \frac{VT}{m}$$

式中　X——试油的酸值，mgKOH/g；

　　　V——滴定试油时，所消耗的氢氧化钾乙醇溶液的体积，mL；

　　　T——氢氧化钾乙醇溶液的滴定度，$T = 56.1c$，mgKOH/mL；

　　56.1——氢氧化钾的相对分子量；

　　　m——试油的质量，g；

　　　c——氢氧化钾乙醇溶液的浓度，mol/L。

5. 精确度

（1）重复性。同一操作者重复测定两个结果之差不应超过以下数值：差值 0.00~0.1mgKOH/g，重复性 0.02mgKOH/g；差值大于

$0.1 \sim 0.5$mgKOH/g，重复性 0.05mgKOH/g；差值大于 $0.5 \sim 1.0$mgKOH/g，重复性 0.07mgKOH/g；差值大于 $1.0 \sim 2.0$mgKOH/g，重复性 0.10mgKOH/g。

（2）再现性。由两个实验室提出的两个结果之差不应超过以下数值：差值为 $0.00 \sim 0.1$ mgKOH/g，重复性 0.04mgKOH/g；差值 $>0.1 \sim 0.5$ mgKOH/g，重复性 0.10mgKOH/g；差值 $>0.5 \sim 1.0$ mgKOH/g，重复性为平均值的 15% mgKOH/g；差值 $>1.0 \sim 2.0$ mgKOH/g，重复性为平均值的 15% mgKOH/g。

注：配制氢氧化钾溶液所用的乙醇，应在使用前检查有无醛类，检查方法如下：

$$RCHO + 2Ag_3(NH_3)_2OH \longrightarrow 2Ag\downarrow + RCOONH_4 + 3NH_3 + H_2O$$

此即银镜反应。如有醛类存在，则可按下列方法处理：称取 1.5g 硝酸银，溶于 3mL 水中，然后注入 1000mL 无水乙醇中，将溶液搅拌均匀后加入 3g 氢氧化钾，经充分摇动、静置，待氧化银沉淀完全后，将上层澄清液移出进行蒸馏，即得不含醛类的乙醇。

十一、水溶性酸碱的测定

（一）水溶性酸的测定（比色法）

本方法适用于测定运行中变压器油中的水溶性酸。在试验条件下，以等体积的蒸馏水和试油混合摇动，取其水抽出液并加指示剂，在比色管内进行比色，确定其 pH 值。

1. 仪器与试剂

（1）仪器。pH 比色剂：pH 为 $3.8 \sim 5.4$，$5.2 \sim 5.4$，$6.0 \sim 7.6$，其间隔为 0.2。比色管直径 15mm，容量 10mL。比色盒见图 19–10。锥形烧瓶：250mL。分液漏斗：250mL。水浴。温度计：$0 \sim 100℃$。

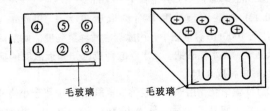

图 19－10　比色盒

（2）试剂。

1）pH 指示剂：指示剂的配制方法及变色范围列于表 19–15 中。

指示剂名称	变色范围	配 制 方 法
溴甲酚绿	3.8～5.4	0.1g 与 7.5mL 0.02N 氢氧化钠溶液一起研匀，除盐水稀释至 250mL
溴甲酚紫	5.2～6.8	0.1g 溶于 9.25mL 0.02N 氢氧化钠溶液中，用盐水稀释至 250mL
溴百里香酚蓝 （溴麝香草酚蓝）	6.0～7.6	0.1g 溶于 8.0mL 0.02N 氢氧化钠溶液中，除盐水稀释至 250mL

　　加碱配制的指示剂其酸碱度必须调整，通常把指示剂溶液本身的 pH 值调到其变色范围的中点，如溴甲酚绿指示剂变色范围是 3.8～5.4，可将其 pH 调至 4.5 左右。所有指示剂应储存于严密的棕色瓶中，并置于暗处。

　　在配制所有试剂时都应用不含二氧化碳的除盐水，固体试剂均应干燥后使用。

　　2）试验用水为除盐水或二次蒸馏水。煮沸后的 pH 值为 6.0～7.0，电导率小于 $3\mu S/cm$（25℃）。

　　3）邻苯二甲酸氢钾：优级纯或基准试剂。

　　4）磷酸二氢钾：优级纯或基准试剂。

　　5）氢氧化钠：分析纯。

　　6）盐酸：分析纯，相对密度为 1.19g/mL。

　　2. 准备工作

　　（1）0.2M 邻苯二甲酸氢钾：称取 40.846g 邻苯二甲酸氢钾，溶于少量除盐水中，移入 1000mL 容量瓶中，然后用除盐水稀释至刻度。

　　（2）0、2M 磷酸二氢钾。称取 27.218g 酸二氢钾，溶于少量除盐水中，移入 1000mL 容量瓶中，并稀释至 1000mL。

　　（3）0.1M 盐酸溶液。用量筒量取密度为 $1.19kg/m^3$ 的浓盐酸 16.8mL，注入 1000mL 容量瓶中，用除盐水稀释至刻度。此溶液浓度约为 0.2 M。以硼砂、无水硫酸钠、无水碳酸钾或已知相近浓度的标准碱液进行标定，然后稀释成 0.1M。

　　（4）0.1M 氢氧化钠溶液。迅速称取氢氧化钠 8g 置于小烧杯中，加入 50～60mL 蒸馏水使其溶解后，移入 1000mL 容量瓶中，并加入 2～3mL 10% 的氯化钡溶液以沉淀碳酸盐，稀释至刻度，静置澄清。此溶液浓度约为 0.2M。取上层清液进行标定，然后稀释成 0.1M。

　　（5）pH 标准缓冲溶液。pH 标准缓冲溶液按表 19 – 16 所列的比例进行配制。

表 19 - 16　　　　　　标准缓冲溶液的配制（20℃）

pH	25mL 邻苯二甲酸氢钾加盐酸数（mL）	25mL 邻苯二甲酸氢钾加氢氧化钠数（mL）	25mL 磷酸二氢钾加氢氧化钠数（mL）	除盐水稀释至最后体积数（mL）
3.6	6.00	—	—	100
3.8	2.65	—	—	100
4.0	—	0.40	—	100
4.2	—	3.65	—	100
4.4	—	7.35	—	100
4.6	—	12.00	—	100
4.8	—	17.50	—	100
5.0	—	23.65	—	100
5.2	—	29.75	—	100
5.4	—	35.25	—	100
5.6	—	39.70	—	100
5.8	—	43.10	3.66	100
6.0	—	45.40	5.64	100
6.2	—	47.00	8.55	100
6.4	—	—	12.60	100
6.6	—	—	17.74	100
6.8	—	—	23.60	100
7.0	—	—	29.54	100

3. 试验步骤

（1）量取试油 50mL，注入 250mL 锥型烧瓶中，加入等体积预先煮沸过的蒸馏水，于水浴中加热至 70～80℃，并摇动 5min。

（2）将锥型烧瓶中的液体倒入分液漏斗中，待分层冷至室温后，往比色管中注入 10mL 水抽出液，加入 0.25mL 溴甲酚绿指示剂（根据水抽出液的变色范围，选用溴甲酚紫或溴百里香酚蓝指示剂），放入比色盒内进行比色，确定其 pH 值。

4. 精密度

平行测定两个结果之间的差数，不应超过 0.1pH 值。

（二）水溶性酸及碱的定性测定法（比色法）

本方法适用于测定绝缘油和汽轮机油中水溶性酸和水溶性碱。以等体积的蒸馏水和试油混合摇动，取其水抽出液，注入指示剂，观察其变色情况，判断试油中是否含水溶性酸及水溶性碱。

1. 仪器与试剂

（1）仪器。分液漏斗：250~500mL。试管：直径 15~20mm，高 140~150mm。水浴。锥形烧瓶：250mL。

（2）试剂。甲基橙：配成 0.02% 的水溶液。酚酞：配成 1% 的乙醇溶液。

2. 试验步骤

（1）将加热至 70~80℃ 的试油 50mL 与同温度的蒸馏水（蒸馏水煮沸后 pH 为 6.0~7.0）50mL，注入同一分液漏斗中，摇动 5min，待分层冷至室温时进行试验。

（2）在两支试管中各放入 10mL 的水抽出液。在一支试管中加入三滴酚酞指示剂，抽出液稍变成红色或玫瑰红色时，表示试油含有水溶性碱。在第二支试管中加入二滴甲基橙指示剂，抽出液稍变红色或橙红色时，表示试油含有水溶性酸。同时在第三支试管中加入 10mL 蒸馏水和二滴甲基橙指示剂以作比较。

（3）抽出液对于酚酞指示剂不变色时，表示试油不含水溶性碱；对于甲基橙指示剂不变色时，表示试油不含水溶性酸。

十二、介损、击穿电压的测定

（一）介质损耗因数的测定

本方法适用于测定绝缘油的介质损耗因数。介质损耗因数以介质损耗角的正切表示。其测量值受下列试验条件影响：电极杯的清洗和干燥程度、施加电压的频率和场强大小、加热和恒温的时间长短以及测试的温度高低等。

1. 准备工作

（1）电极杯的清洗。将电极杯拆开，各部件均以石油醚（或溶剂汽油、正庚烷）清洗，再依此用丙酮、洗涤剂洗涤，然后在 5% 磷酸钠溶液中煮沸 5min，再用蒸馏水洗涤，最后在蒸馏水中至少煮 1h。

（2）电极杯的干燥。将清洗好的电极杯部件置于 105~110℃ 烘箱中干燥 60~90min（不要用手直接接触其表面），放在清洁器皿内不使受潮和污染。

玻璃器皿也按上述方法清洗（或采用超声波清洗器进行清洗），及干燥。

（3）电极杯的装配。将处于热状态的电极杯组装好，切勿用手接触零件表面，然后置于比规定试验温度高 5～10℃ 的烘箱内。

为了检验电极杯是否清洗干净，可测量空杯损耗因数，其值为零并记录空杯电容值。

（4）油样准备。

1）取样：取样时应保证试油不致污染、受潮，取好样品的玻璃瓶应密封、避光保存于相对湿度不超过 70% 的试验室内。初有特殊要求外，再试验前不再经过滤、干燥等处理。

2）试油的准备：将油样瓶倾斜并缓慢旋转，使试油均匀（不使有气泡）。然后，用干净的绸布或定性滤纸擦净瓶口，并倒出一点试油冲洗瓶口，最后将所需试油倒入具磨口塞锥型瓶内，再放入烘箱使试油加热到超过测试温度 5～10℃，加热和保温的时间不应超过 1h。

3）试油注入电极杯：当电极杯的内电极温度超过试验温度时，即取出电极杯并将内电极提出，用已加热的试油充满电极杯（剩余的试油仍放回烘箱），放入内电极并两次提起和放下以涮洗电极杯，再提出内电极倒掉涮洗液并立即注入放回烘箱内的试油。提出内电极时，使其不要接触任何表面。

4）将装好试油的电极杯，放入符合规定温度的试验箱内，接好电路，在 15min 内使温度达到平衡。

2. 试验步骤

（1）测量温度：一般为 90℃（特殊规定除外）。

（2）试验电压：采用 50Hz 工频电压，电场强度为 1kV/mm。

注意：仅在试验时施加电压。

（3）当内电极温度与测量温度之差不大于 ±1℃ 时，即开始测量，同时，由于加热时间对测试值有影响，应尽快完成测量，测量完成后，立即倒出试油。

（4）取试油冲洗电极杯一次，再进行第二次测量，操作过程同上，直至相邻两次试验结果的差值符合精确度的要求。

3. 精确度

连续测定两个结果之间的差值，不应超过 0.0001 加两个值中较大一个的 25%。

4. 测定结果

（1）写明电极杯的类型、空杯电容、测试电压、电极间隙和试验温度。

（2）取两次有效测量中较小的一个值，作为损耗因数的测定结果。

（二）击穿电压的测定

1. 主题内容与试用范围

按照国标 IEC897（1987）《绝缘液体雷电冲击击穿电压测定法》规定了两个试验方法，即方法 A 和 B，用来评定绝缘液体在不对称电场中经受标准雷电冲击的电气强度。

方法 A——步进试验法：用来提供在特定条件下，绝缘液体雷电冲击击穿电压的估计值。

方法 B——序贯试验法：这是一种统计试验法，用来检验绝缘液体在某一给定的雷电冲击电压作用下的击穿概率的假设。

本方法适用于使用过的和未使用过的绝缘液体。被试绝缘液体在 40℃时的黏度应低于 $700mm^2/s$。

两种方法均可使用正、负两种极性的冲击。但用于判断化学组分对绝缘液体雷电冲击击穿电压的影响时，用负极性冲击为宜。

此两种方法主要用于建立评定绝缘液体雷电冲击击穿电压的标准程序。它们均可用来判断绝缘液体的耐雷电冲击特性和由于生产工艺改进、组分发生变化或油源不同时，雷电冲击击穿电压值的变化。

2. 相关标准

GB 311.1~6　　《高压输变电设备的绝缘配合》。

GB 7597　　《电力用油（变压器油、汽轮机油）取样方法》。

3. 意义

（1）在电气设备中使用的绝缘液体，运行中可能要承受叠加于工频电压之上的瞬态操作电压或雷电冲击电压的作用。

这样的瞬态电压无论是单向的还是振荡的，其结果必将是一个正极性或负极性的瞬态电压作用过程。因此，应该知道绝缘液体在这些条件下的特性。

然而，在试油杯中用针–球电极进行试验，要得到冲击击穿电压与实际绝缘系统中绝缘液体的击穿性能之间的关系，还需要做更多的工作。

（2）绝缘液体的冲击击穿是一个至今尚未弄清的复杂现象。概而言之，击穿需要激发和预击穿扰动的传播（流）。

（3）由于击穿电压取决于电压波形、电压作用时间和电场分布等因素，因此，为得到有可比性的结果。所有这些因素都要有明确规定并要严格控制。尽管如此，其结果仍可能产生较大的分散性，可认为这种分散性与预击穿机理的随机性有关。

（4）在对称电场中，击穿特性不受施加电压极性的影响；但在不均匀电场中，施加电压的极性对击穿特性却有显著的作用，特别是对针球电极，其极性效应尤为显著。实践证明，在这种电场分布中，液体的化学成分对负冲击击穿特性起主要作用。

因此，为了区分不同绝缘液体中化学组分的影响，应使用上述的针球电极结构。

（5）冲击击穿电压取决于波头时间，因此，上述方法规定只能用 $1.2/50\mu S$ 的标准波。

（6）与工频击穿电压不同，针－球电极的冲击击穿电压，一般情况下与水分、颗粒等各类杂质含量有关。因此，只要杂质含量不超过液体的可使用极限即可，此处不做特殊规定。

4. 仪器

（1）冲击电压发生器。冲击电压发生器应能产生"正"、"负"极性可调的标准雷电全波（ $1.2\pm30\%/50\pm20\%\ \mu S$ ）；冲击电压发生器的额定电压应不小于300kV；输出能量在 $0.1\sim20kJ$ 之间（用较小输出能量的为宜）。冲击电压发生器最好带有点火球隙，以便控制升压时的步长。

1）冲击电压值的调整。冲击电压值可用精度为1%的手动充电装置进行调整，用精度为 $\pm0.5\%$ 的自动触发装置进行调整则更好。

2）冲击电压的测量。冲击电压应根据国家标准 GB 311.1～311.6 中的"第三部分　测量装置"的规定来进行测量。测量时，用经过精确校准的电阻分压器与峰值电压表配合使用比单独使用示波器要好。测量系统可按规定用球隙法校正，冲击电压峰值测量误差应不超过3%。

（2）试油杯。试油杯的结构见图 19－11，它应满足以下要求：

1）由一装有垂直电极间隙的容器组成，该容器应可盛装约300mL 液体。其金属部件仅限于电极及其支撑部分，其余部件最好采

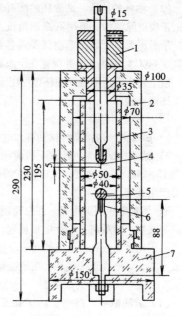

图 19－11　试油杯结构

1—标准厚度规；2—有机玻璃罩；
3—有机玻璃筒；4—针极；5—钢球；6—磁体；7—有机玻璃座

用透明材料。

2）应易于安装、拆卸和清洗，且不漏油，易于更换电极，其尺寸应保证油杯外部的闪络电压大于250kV。

3）所用绝缘材料必须有较高的介电强度，在80℃温度下耐热性稳定，能与被试绝缘液体相容，能耐溶剂及一般清洗剂。

4）电极间隙由可调节距离的针球结构构成，球电极采用直径为12.5~13mm经抛光的轴承用钢球。它由一个固定在支座上的磁铁定位。针极采用尖端曲率半径为40~70μm的钢针，用显微镜来检查尖端的形状和曲率半径，两电极同心度要好。

5. 试剂

正庚烷：分析纯。

6. 准备工作

（1）采样。根据GB 7597进行绝缘液体的样品采样。

（2）油杯的清洗。试油杯的所有部件（包括球电极和针电极）都应该用正庚烷除油污。再用洗涤剂清洗。然后，依此用自来水、蒸馏水冲洗。最后用无油干燥压缩空气干燥各部件，亦可放在干净的烘箱（温度不高于80℃）内烘干，并保存在干燥器内备用。

按上述步骤所准备的油杯即可用于试验。在新样品进行试验以前，重复上述清洗程序。

（3）试验的准备。

1）试验前，应准备好试油杯和电极。

2）试油在试验室内放置一段时间，待油温和室温相近方可试验，室温为15~30℃之间为宜。试样注入油杯时，应缓缓沿油杯内壁流入，注意勿产生气泡。

3）调整电极间隙距离。首先轻轻地将两电极接触。可用欧姆表检查其是否接触。然后将上端针电极提起，插入误差不大于0.1mm的标准厚度规，固定针电极到所要求的间隙位置。冲击电压发生器的输出施加于针电极上端，球电极下端接地，接地线要尽量短。

7. 方法A——步进试验法

（1）方法概要。将一个1.2/50μS的标准雷电冲击电压，通过针球电极系统施加于被试绝缘液体。按一定级电压逐步升高施加电压，直至击穿发生。共取得五个击穿值，取它们的算数平均值作为该试样的雷电冲击击穿电压值。

（2）试验步骤。

1）按要求做好试验前的准备。试验开始前，液体样至少静止 5min。

2）根据表 19 - 17 按电极间隙为 15mm 时的预期击穿电压值（U_e），选择合适的试验起始电压值（U_i）、级电压和电极间隙。

表 19 - 17　　　　　　　试 验 电 压 要 求

在 15mm 时的预期击穿电压 U_e （kV）	$50 \leqslant U_e \leqslant 100$	$100 < U_e \leqslant 250$	$U_e > 250$
间　隙 （mm）	25 ± 0.1	15 ± 0.1	10 ± 0.1
起始电压 U_i （kV）	$1.5U_e—25$	$U_e—50$	150
级 电 压 （kV）	5	5	10

注　为了便于比较不同的变压器油，建议对国内使用的变压器油的电极间隙，在负极性下采用 15mm，在正极性下采用 25mm。

3）首先施加起始电压 U_i（选定电极），然后逐级升压，直至击穿。在每级电压水平上仅对试样施加一次冲击，在所施加的两次冲击电压之间至少应间隙 1min，直至击穿。

4）重复上述步骤，直至得到五个击穿值。每次击穿后，更换试样，更换针极并转动球极，球极经五次击穿后也要更换。

5）在发生击穿之前，试样至少已承受了三次冲击试验才算有效。若击穿发生在三次冲击之前，则应根据情况将起始电压降低 5kV 或 10kV 重新进行试验。

6）记下五次击穿时的各电压峰值，将其算数平均值作为击穿电压值。

7）当试样的击穿电压 U_e 不能预先确定时，则使用 15mm 的间隙 50kV 起始电压和 10kV 级电压。

如果用 15mm 间隙时，试样的击穿值高于油杯的闪络电压（约 250kV），则将间隙减到 10mm。必要的话，还可减到 5mm。

（3）精密度。用下述规定判断测定结果的可靠性（95% 置信水平）。

重复性：同一样品重复测定的两个结果（五次击穿电压的算数平均值）之差，不应大于两个结果的算数平均值的 7%（负极性）和 15%（正极性）。

再现性：不同试验室对同一样品分别提出的两个结果（五次击穿电压的算数平均值）之差，不应大于两个结果的算数平均值的 10%（负极性）和 30%（正极性）。

第十九章　油（气）分析

若两个试验结果之差超出所给数值，则需重新试验，并校准仪器。

（4）报告。

1）本标准的编号及所用的方法。

2）样品牌号、试验室温度、湿度。

3）电极间隙距离。

4）冲击电压的极性、起始的峰值电压和级电压。

5）每次击穿时的峰值电压。

6）平均击穿电压。

7）平均标准偏差。

8. 方法 B——序贯试验法

（1）方法概要。对某种绝缘液体施加一雷击冲击电压，当其峰值接近于方法 A 所测得的击穿电压时，它能使该绝缘液体发生击穿，也可能不发生击穿。因此，应引入击穿概率 P 的概念，它是未知的冲击电压 U 的函数。

序贯试验法是把试样的雷电冲击电压击穿概率 P 与一个任选值进行比较（此任选值可设为 P_0），并检验零假设 $H_0: P \leqslant P_0$ 对备择假设 $H_1: P > P_0$。本方法是对被试绝缘液体多次重复施加恒定峰值的冲击电压（见图 19-12）。上述试验进行到作出拒绝或接受零假设（H_0）为止。若完成了 85 次冲击后，仍得不出结论时，则降低电压，重新试验。

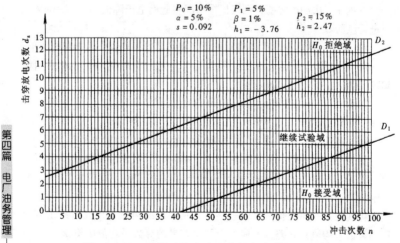

图 19-12　序贯试验法冲击次数与击穿电压关系

（2）试验步骤。

1）用适当的 P_0 值和规定的参数值画出判定图。

2）选择雷电冲击电压峰值 U_0（可用比由方法 A 确定的平均击穿电压低两个级电压的值），并调整冲击电压发生器输出为 U_0。

3）按规定准备好试油杯并调节电极间隙到所要求的值。

4）待被测试样至少静止 5min 后，施加第 1 个已选定极性和峰值 U_0 的冲击电压，若此时击穿未发生，至少待 1min 后，再加第 2 次冲击电压，直至击穿发生。

5）在每次击穿后，更换试样，更换针极并转动球极，球经 5 次冲穿后也应更换。

6）将每个样品每次击穿放电与所加冲击次数的结果画在判定图上。

7）当描出的实验曲线落在 D_1 和 D_2 两直线所夹区域时则不能判定，必须继续试验。一般，当施加 85 次冲击后仍作不出决定，则应降低 5kV 或 10kV 电压水平后重新试验。

如果试验曲线与 D_1 相交，则接受零假设 $H_0: P \leqslant P_0$。

如果试验曲线与 D_2 相交，则拒绝零假设，而接受备择假设 $H_1: P > P_0$。

（3）报告。

1）本标准的编号及所用的方法。

2）样品牌号、试验室温度、湿度。

3）电极间隙距离。

4）冲击电压的极性和选定的冲击电压峰值。

5）选取的统计参数。

6）判定图和试验结果。

7）结论。

十三、电力用油体积电阻率的测定法

1. 方法概要

本方法适用于测定绝缘油、抗燃油等液体介质的体积电阻率。体积电阻率是施加于试液接触的两电极之间的直流电压与通过该试液的电流比，即

$$R = U/I$$

式中　R——液体介质的体积电阻，Ω；

　　　U——电极间施加的电压，V；

　　　I——通过试液的电流，A。

2. 仪器、试剂与材料

（1）体积电阻率测试仪。测试的范围 $10^8 \sim 10^{15}\,\Omega \cdot cm$，仪器的测量误差不大于 $\pm 10\%$。

（2）电阻率测试仪恒温装置。包括配套的电极杯，温度能在 15～95℃范围内自由调节，温控精度 $\pm 0.5℃$。

（3）电极杯。

1）系采用复合式电极杯，结构紧凑，体积小，零部件容易拆洗，在重新装配时能不改变电极杯的电容量。保护电极和测量电极的绝缘应良好，能承受 2 倍试验电压。电极杯的规格和结构分别见表 19-18 和图 19-13。

表 19-18 电 极 杯 规 格

名　称	电极杯型号		名　称	电极杯型号	
	Y-30	Y-18		Y-30	Y-18
电极材料	不锈钢	不锈钢	空杯电容（pF）	18	18
绝缘材料	聚四氟乙烯	石英玻璃	样品量（mL）	30	18
电极间距（mm）	3.0	2.0	工作电压（V）	1000	500

2）电极材料采用不锈钢，电极表面经抛光精加工，支撑电极的绝缘采用聚四氟乙烯（或熔融石英、高频陶瓷等），具有足够的机械强度和低损耗因数，并具有耐热、不吸油、不吸水和良好的化学稳定性。

3）为避免外部电磁场的干扰，引线、加热器和电极都应加有金属屏蔽。

4）秒表：准确到 0.1s。

5）溶剂汽油、石油醚或正庚烷。

6）磷酸三钠。

7）洗涤剂。

8）蒸馏水。

9）绸布或定性滤纸。

10）玻璃干燥器。

11）0～100℃水银温度计。

12）干燥箱。

3. 准备工作

（1）测试电极杯。

1）新使用、长期不用或污染的电极杯应进行解体清洗。

2）拆洗电极杯：卸下电极杯各部件，各部件先用溶剂汽油（石油醚或正庚烷）清洗，再用洗涤剂洗涤（或在5%～10%的磷酸三钠溶液中煮沸5min），然后用自来水冲洗至中性，最后用蒸馏水（除盐水）洗涤2～3次。

3）干燥电极杯：将清洗好的电极杯各部件，置于105～110℃的干燥箱中干燥2～4h，取出放入玻璃干燥器中冷却至室温（操作时不可直接与手接触，应戴洁净布手套）。

4）装配电极杯：按拆卸时相反次序装配好内电极，再将内电极置于外电极杯中。

5）检查电极杯：用电容表确认电极杯空杯电容测量值与标称值正负偏差不得大于2%，使用仪器空杯电极清洁干燥质量的检验功能，确认空杯绝缘电阻大于$3 \times 10^{12} \Omega$。

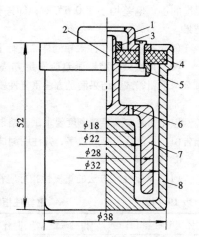

图 19 - 13 Y 型复合式电极杯
1—屏蔽帽；2—测温孔；3—螺母；
4—绝缘板；5—屏蔽环；6—排气
孔；7—内电极；8—外电极

（2）正常测试时，若前次测试样品为同类合格样品，则本次测试时电极杯清洗可"每次注入适量被试样品并摇动1min排空，重复冲洗2～3次"即可。若前次测试样品为非同类或不合格样品，则本次测试时电极杯清洗参照"污染的电极杯"进行清洗。

（3）样品采取和保存。样品采取和保存按 GB/T 7597、GB/T 5654 规定进行。

4. 试验步骤

（1）开启仪器，确认仪器正常。根据测试样品种类、要求，设置测试温度，绝缘油为90℃，抗燃油为20℃。

设置充电时间为60s：

（2）将试验样品混合均匀（尽量避免产生气泡），缓慢注入适量样品到清洗过的测试电极杯中。

（3）将电极杯装入仪器，接上连线和部件，装好紧固件。

（4）对测试电极杯进行加热或制冷，待内、外电极指示温度和设置温度的正负偏差均小于 0.5℃ 时，即进行加压、充电和测量，记录试验结果。

（5）排空油杯，注入相同样品进行平行试验，记录平行试验结果。

（6）两次试验结果误差应满足方法重复性要求，否则应重复试验，直至两个相邻试验结果满足方法重复性要求为止。

5. 报告

取相邻两次满足精密度要求试验结果的平均值作为样品的体积电阻率报告值，保留两位有效数字，并注明测试温度。

6. 精密度

（1）重复性。方法的重复性指标应符合表 19-19 的规定。

表 19-19　　　　　　　　　　重复性指标

体积电阻率（$\Omega \cdot m$）	相对误差（%）	体积电阻率（$\Omega \cdot m$）	相对误差（%）
$>1.0 \times 10^{10}$	25	$\leqslant 1.0 \times 10^{10}$	15

（2）再现性。方法的再现性指标应符合表 19-20 的规定。

表 19-20　　　　　　　　　　再现性指标

体积电阻率（$\Omega \cdot m$）	相对误差（%）	体积电阻率（$\Omega \cdot m$）	相对误差（%）
$>1.0 \times 10^{10}$	35	$\leqslant 1.0 \times 10^{10}$	25

十四、抗氧化安定性的测定

（一）汽轮机油抗氧化安定性的测定

本方法适用于测定汽轮机油的抗氧化安定性，以试油在氧化条件下所生成的沉淀物含量和酸值来表示。

1. 准备工作

（1）依此用乙醇－苯混合液、乙醇、水及热的铬酸溶液洗涤氧化管，再用水洗涤数次，最后用蒸馏水洗净并用乙醇冲洗、烘干备用。

（2）将铜片擦净，用乙醇－苯混合液洗涤，晾干后，浸在硝酸磷酸化合液中，摇动 5s，取出用蒸馏水洗净，立即放入甲醇中，片刻后取出吹干，放入干燥器中备用。

（3）将用砂布仔细擦净的钢丝绕成螺旋形在乙醇－苯（体积比为 1:1）的混合液中煮沸回流 15min，取出用滤纸擦干，放在干燥器内。

2. 试验步骤

（1）称取试油 30g（准确至 0.1g），注入氧化管内，并放入套着螺旋形钢丝的铜片，然后用清洁的软木塞或棉花塞好氧化管的管口。试验装置如图 19 - 14 所示。

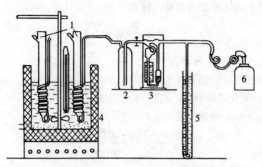

图 19 - 14　抗氧化安定性试验装置
1—氧化管；2—缓冲瓶；3—流量计；4—恒温油浴；
5—气体稳压管；6—氧气瓶

在加热至 125 ± 0.5℃油浴中浸入安装好的氧化管，使旋管部分完全浸在油浴中。用时调节氧气以每分钟 200mL 的速度通入试油中，125 ± 0.5℃的温度下，氧化连续进行 8h。

（2）氧化结束后，切断氧气，从油浴中取出氧化管，冷却至 60℃后，用吹气法搅拌管中大氧化油，使其均匀。用带口塞的 100mL 量筒量取氧化油 25mL 并称重（准确至 0.1g），并用汽油或石油醚稀释至 100mL，摇匀，在暗处静置 12h。

（3）测定沉淀物含量时，将静置 12h 后的氧化油和汽油（或石油醚）洗涤滤纸，直至滤纸上无油痕迹为止。将滤液稀释至刻线，备测酸值。然后用温热乙醇 - 苯混合液溶解滤纸上的沉淀物，使滤液流入已恒重的 50mL 锥形烧瓶内。

在水浴上将锥形烧瓶中的乙醇 - 苯混合液蒸出，再将锥形烧瓶和沉淀物放入 105 ± 3℃的烘箱中烘干后称重，直至两次连续称量的差值不大于 0.0004g。

（4）测定酸值时，将氧化油和汽油（或石油醚）的混合液摇匀后，量取 25mL 注入 250mL 锥形烧瓶中，加乙醇 - 苯混合液 25mL 和 2% 碱性蓝 6B 指示剂 0.5mL，用 0.05M 氢氧化钾乙醇溶液滴定，直至混合液蓝色退尽或呈浅红色，则为滴定终点。

（5）取汽油或石油醚 22.5mL 和乙醇 - 苯混合液 25mL，按上述操作进行空白测定。

3. 计算

（1）氧化后沉淀物的含量，按式（19-6）计算，即

$$X = \frac{G_1}{G} \times 100 \qquad (19-6)$$

式中　X——沉淀物含量，%；

　　　G_1——沉淀物的质量，g；

　　　G——氧化油的质量，g。

（2）氧化后的酸值，按式（19-7）计算，即

$$X = \frac{(V - V_1)m \times M \times 56.1}{G} \qquad (19-7)$$

式中　X——酸值，mgKOH/g；

　　　V——滴定混合液时，所消耗 0.05M 氢氧化钾乙醇溶液的体积，mL；

　　　V_1——滴定空白溶液时，所消耗 0.05M 氢氧化钾乙醇溶液的体积，mL；

　　　M——氢氧化钾乙醇溶液的摩尔浓度；

　56.1——氢氧化钾的分子量；

　　　m——全部汽油（或石油醚）溶液与滴定用溶液的容积比；

　　　G——氧化油的质量，C。

4. 精确度

氧化油的沉淀物和酸值，平行测定两个结果之间的差数，不应超过其算数平均值的 5%。

（二）变压器油抗氧化安定性测定法

本方法适用于测定变压器油的抗氧化安定性，以试油在氧化后所生成沉淀物含量和酸值来表示。

1. 准备工作

（1）氧化管的清洗：依此用乙醇-苯混合液、乙醇、水及热的铬酸溶液洗涤，再用水、蒸馏水洗净，烘干备用。

（2）铜丝：将 305±1mm 长的铜丝，用 240 号砂纸磨光，再用布或滤纸擦净，绕成外径为 19±1mm 的螺旋形，用苯洗涤两次并吹干，放入干燥器里冷却、备用。

（3）氧气：氧气经过干燥塔净化后，再经过氧气流量控制系统，以保证氧气流量平稳。

（4）对同一油样应取两份，分别注入两支氧化管内，同时进行平行试验。

2. 试验步骤

（1）称取试油25g（准确至0.1g），注入氧化管内，并放螺旋形铜丝，立即插入氧气导管，然后将氧化管放入已加热至110±0.5℃的恒温浴中。用橡皮管将流量计与氧气导管连接，迅速调节流量至17±0.1mL/min，记下开始时间。试油在严格控制条件下连续氧化164h。

（2）氧化结束后，切断氧气，从恒温寓中取出氧化管，在暗处冷却1h，然后将氧化管全部注入带塞的锥形烧瓶中。用石油醚将氧化管、氧气导管及螺旋形铜丝洗涤至无油迹。石油醚洗涤液合并到盛氧化油的锥形烧瓶中，在暗处静置24h。

（3）沉淀物分管壁、铜丝上的和氧化油中的两种，测定其含量的操作如下所述：

1）用恒温乙醇－苯混合液溶解氧化管、氧气导管及螺旋形铜丝上的沉淀物，将溶液放入已恒重的100mL锥形烧瓶中。

在水浴中将锥形烧瓶中的乙醇－苯蒸出来，然后放入105±3℃烘箱中烘干称重，直至连续两次称量间的差值不超过0.0004g。

2）静置24h后的氧化油和石油醚混合液，滤入250mL量筒中，并用石油醚洗涤锥形烧瓶及滤纸上沉淀物，直至滤纸无油迹为止。滤液并入250mL量筒中，并稀释至刻度线备测定酸值用。用温热乙醇－苯混合液溶解锥形烧瓶及滤纸上的沉淀物，将溶液注入已恒重的100mL锥形烧瓶中。在水浴上将锥形烧瓶中大乙醇－苯混合液蒸出，然后放入105±3℃烘箱中烘干称重，直至连续两次称量间的差值不超过0.0004g。

（4）测定酸值时，将装在250mL量筒中的混合液摇匀后，量取25mL注入250mL锥形烧瓶中，再加入乙醇－苯混合液25mL及碱性蓝6B指示剂0.5mL，用0.05M氢氧化钾乙醇溶液滴定至混合液颜色变成浅红色为止。

取石油醚22.5mL和乙醇－苯混合液25mL，按上述操作进行空白测定。

3. 计算

（1）氧化后沉淀物含量，按式（19－8）计算，即

$$X = X_1 + X_2 \qquad (19-8)$$

式中　X_1——管壁及螺旋形铜丝上沉淀物的含量，%；

　　　X_2——氧化油中的沉淀物含量，%；

X——油氧化后沉淀物的含量,%。

管壁及螺旋形铜丝上的沉淀物和油中沉淀物,按式(19 - 9)和式(19 - 10)计算,即

$$X_1 = \frac{G_1}{G} \times 100 \qquad (19 - 9)$$

$$X_2 = \frac{G_2}{G} \times 100 \qquad (19 - 10)$$

式中 G_1——管壁及螺旋形铜丝上沉淀物的质量,g;

G_2——氧化油中的沉淀物质量,g;

G——试油的质量,g。

(2)氧化后试油的酸值按式(19 - 11)计算,即

$$X = \frac{(V - V_1)M \times m \times 56.1}{G} \qquad (19 - 11)$$

式中 X——酸值,mgKOH/g;

V——滴定试油时,所消耗的 0.05M 氢氧化钾乙醇溶液的体积,mL;

V_1——滴定空白溶液时,所消耗的 0.05M 氢氧化钾乙醇溶液的体积,mL;

M——氢氧化钾乙醇溶液的摩尔浓度;

56.1——氢氧化钾的分子量;

m——全部氧化油和石油醚混合液与滴定用溶液的体积比;

G——氧化油的质量,g。

4. 精确度

(1)氧化油的沉淀物平行测定结果与其算数平均值的差数,不得超过表 19 - 21 所列数值。

表 19 - 21   氧化物的沉淀物测定结果与其算数平均值的差值要求

沉淀物的平均值(mg)	允许差值(mg)	沉淀物的平均值(mg)	允许差值(mg)
小于 10	2	41 ~ 50	8
11 ~ 20	4	51 ~ 100	10
21 ~ 40	6	大于 100	20

(2)氧化油的酸值,平行两次测定结果的差值不得大于其算数平均值的 40%。

石油醚使用前需经甲醛试剂（浓硫酸 47mL 加入甲醛溶液 3mL）检查，无色为不含芳香烃；如有色即含芳香烃，用分子筛处理到甲醛试剂不显颜色为止。

十五、泡沫特性的测定

（一）方法概要

试样在 24℃ 时，用空气在一定流速下吹 5min，然后静止 10min。在这两个周期结束时，分别测定泡沫体积。取第二份试样在 93.5℃ 下重复试验。当泡沫消失后，再在 24℃ 下进行重复试验。

1. 仪器与材料

（1）仪器。

1）泡沫试验设备如图 19 - 15 所示，由一个 1000mL 量筒（附有铅环，或其他固定量筒的方式，以免量筒浮动）和一个进气管组成。

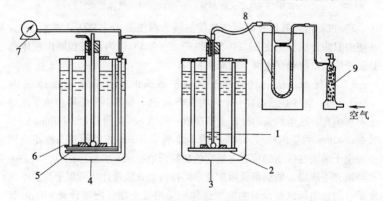

图 19 - 15　泡沫试验设备

1—1000mL 刻度量筒；2—气体扩散头；3—93.5℃ 试验浴；
4—24℃ 试验浴；5—铅块；6—盘管；7—流量计；
8—压差式流量计；9—干燥塔

在进气管的底部有一个直径为 25.4mm（由烧结的结晶状氧化铝制成）的气体扩散头。量筒由硼硅玻璃制成，其直径应满足从量筒内底至 1000mL 刻线的距离为 360 ± 25mm。量筒的顶口应是圆的，并配有合适的带孔的橡胶塞，中心孔供安装进气管，旁边的另一个孔安装出气管。当橡胶塞紧紧地塞在量筒上后，调节进气管的位置，使气体扩散头恰好接触量筒的底部，并在其圆截面的中心。气体扩散头可用任何合适的方法与进气管相接，方便的装配如图 19 - 16 所示。

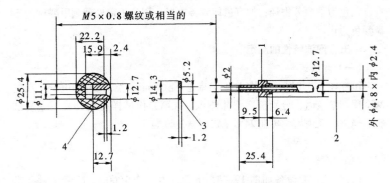

图 19 - 16 气体扩散头与进气管的连接

1—黄铜接头；2—黄铜管；3—铅垫；4—气体扩散头

2）试验浴：其尺寸必须使量筒的浸入深度至少达 900mL 的刻线处，并使浴温能分别保持在 24 ± 0.5℃ 和 93.5 ± 0.5℃ 以内。浴和浴内液体都必须透明，以便观察量筒上的刻度。

3）空气源：从空气源通过气体扩散头的空气流量应保持在 94 ± 5mL / min。空气必须通过一个高为 300mm 的干燥塔。干燥塔应按下述顺序要求填充：在塔的受口处以上依次放一层 20mm 的脱脂棉，110mm 的干燥剂，40mm 的变色硅胶，30mm 的干燥剂及 20mm 的脱脂棉。棉花是用来固定干燥剂在适当的位置。当变色硅胶开始显示有水分存在时，则必须重新填充干燥塔。能满足灵敏度要求的任何型式流量计均可用于测量空气流量。通过泡沫试验设备的空气总体积应用一个能够准确计量 470mL 气体体积的测量仪测定。空气应通过一根在 24 ± 0.5℃ 浴内壁至少绕一圈的环形盘管，以便在约 24℃ 下测量体积。测量体积装置系统应密封不漏气。

4）计时器：分度为 1s 或精度更高的。

5）温度计：全浸式，测量范围为 0 ~ 50℃ 及 48 ~ 102℃，最小分度值为 0.1℃。

（2）材料。溶剂油：符合 GB 1922 的技术要求。干燥剂：变色硅胶，胶水硅胶或其他合适的材料。

（3）试剂。甲苯：化学纯。丙酮：化学纯。石油醚：30 ~ 60℃，分析纯。

2. 准备工作

（1）每次试验后，应彻底清洗试验量筒及进气管、气体扩散头，以除去前次试验留下的任何添加剂，否则会严重影响以后大试验结果。

1）量筒先依次用甲苯、正庚烷和清洗剂清洗，再依次用蒸馏水、丙酮洗涤量筒，用清洁、干燥的空气吹干。

2）气体扩散头的清洗。分别用甲苯和正庚烷清洗，用通过进气管抽吸及压气的方式，在每种洗涤液中至少反复洗涤五次，然后再用清洁、干燥的空气将进气管及气体扩散头彻底吹干。

（2）按图 19－15 将仪器安装好。要求整个系统密闭，不得漏气。

（3）将两个恒温水浴分别升温，并保持在 $24 \pm 0.5℃$ 及 $93.5 \pm 0.5℃$。

3. 试验步骤

（1）程序 1。不经机械摇动或搅拌，将 200mL 试样倒入烧杯中。将其加热到 $49 \pm 3℃$，并让其冷却到 $24 \pm 3℃$。

将试样倒入 1000mL 量筒中，使液面达到 190mL 刻线处。将量筒浸入已维持 $24 \pm 0.5℃$ 浴中，至少浸没至 900mL 刻线处。当试样的温度达到浴温时，插入未与空气源连接的气体扩散头进气管，浸泡 5min。将出气管与空气体积测量仪相连。5min 后连接空气源，调节空气流速为 $94 \pm 5mL/min$，使清洁、干燥的空气通过气体扩散头。从气体扩散头中出现第一个气泡开始计时，通气 $5min \pm 3s$。此周期结束，从流量计上拆下软管，切断空气源，并立即记录泡沫的体积（即试样液面至泡沫顶部之间的体积）。通过系统的空气总体积应为 $470 \pm 25mL$。让量筒静止 $10min \pm 10s$，再记录泡沫的体积，读至 5mL。

（2）程序 2。将第二份试样倒入清洁的 1000mL 量筒中，使液面达到 180mL 处。将量筒浸入 $93.5 \pm 0.5℃$ 浴中，至少浸没到 900mL 刻线处。当试样温度达到 $93 \pm 1℃$ 时，插入清洁的气体扩散头及进气管，并按程序 1 所述步骤进行试验，记录在吹气结束时及静止周期结束时的泡沫体积，读至 5mL。

（3）程序 3。用搅动的方法除去 93.5℃ 试验程序 2 后留下的所有泡沫。将试验量筒置于室温，使试样冷却至低于 43.5℃，然后，将量筒放入 $24 \pm 0.5℃$ 浴中。当试样达到浴温后，将清洁的进气管及气体扩散头插入试样，按程序 1 所述步骤进行试验，并记录在吹气结束时及静止周期结束时的泡沫体积，读至 5mL。

（4）某些加有新型添加剂的润滑油，调和时（加以小颗粒分散的抗泡剂）能通过其泡沫特性的要求。但在储存两周或更长时间后，则不能满足相同的要求（这可能是极性分散添加剂具有吸引并粘着抗泡剂颗粒的能力，增大了抗泡剂颗粒，导致用本方法测定时明显地降低抗泡沫效果）。如果将这种储存油立即倾出，并加入发动机、变压器或齿轮箱等设备中运转几分钟后，则该油能再次达到其泡沫指标。同样，将倾出的储存油倒入一个混合器中，接着按规定步骤进行。重新分散，使抗泡剂处于悬浮状，这样，用本方法测定时，会再次给出好的泡沫检验结果。

另一方面，当调和油时，如果抗泡剂不是分散成足够小的颗粒，那么，油可能达不到泡沫指标的要求。如果，这种新调和的油，按下述选择步骤A，强烈的搅拌后，则非常可能达到泡沫指标的要求，从而，使人对产品的泡沫特性的检验结果得到错误的结论，因此，选择步骤A，不适合用于新调和油的质量控制。

选择步骤A：清洗一个1L的高速搅拌容器。将18~32℃的500mL样品倒入此容器中，加盖，并以最大的速度搅拌1min。由于在搅拌过程中，通常会引入相当多的空气，因此应让其静止，直到引入的气泡已分散，而且使油温达到24±3℃时为止。在搅拌后的3h之内，按程序1进行试验。

4. 简易的试验步骤

对于常规分析，也可以使用一个简单的试验步骤。本试验步骤与标准方法仅有一点不同，即不测定空气经过气体扩散头5min的总体积。因此，省略了气体体积测量装置和从量筒排出的气体引到体积测量仪的密封接头，但流量计需准确校正，流速也应控制好。

5. 精密度

按下述规定判断试验结果的可靠性（95%置信水平）。

（1）**重复性**：同一操作者对同一试样重复测定的两个结果之差，不应大于重复性的规定值。

（2）**再现性**：不同试验室对同一试样各自提出的两个结果之差，不应大于再现性的规定值。

（3）如果试样是按选择步骤A进行测定的，则没有精密度规定。

6. 报告

（1）报告结果应包括下列内容：泡沫倾向性、泡沫稳定性、吹气5min结束时的泡沫体积和静止10min结束时的泡沫体积。按来样进行试验：程序1（24℃），程序2（93.5℃），程序3（24℃）。

搅拌后进行试验：（选择步骤A）程序1（24℃），程序2（93.5℃），程序3（24℃）。

（2）报告结果时，当看到泡沫没有完全覆盖表面和呈碎片状时，判断结果为"无泡沫"报告为0mL。

（二）气体扩散头的最大孔径和渗透率的测定

1. 定义

（1）最大孔径：圆形横截面的毛细管直径，相当于气体扩散头的最大孔径（μm）。

（2）渗透率：在 2.45kPa（250mmH$_2$O）空气气压下，通过扩散头的空气流量（mL/min）。

2. 仪器

（1）气体扩散头：外径为 25.4mm，由烧结的结晶状氧化铝制成的砂芯球，泡沫试验要求最大孔径不大于 80μm，空气渗透率为 3000 ~ 6000mL/min。

（2）量筒：250mL。

（3）水柱式压差计：有效长度可读压差至 7.85kPa（800mmH$_2$O）。

（4）干燥塔：净化和干燥空气用。

（5）气体体积测量仪：能测量 6000mL/min 的流速。

（6）吸滤瓶：瓶口直径应能使气体扩散头放入（见图 19-17）。

3. 试验步骤

（1）最大孔径：将清洁的气体扩散头与进气管连接好，插入量筒，使量筒中的蒸馏水浸没到距气体扩散头顶端 100mm 处，浸没时间至少为 2min。然后，将进气管连接可调节的清洁压缩空气源及液体压差计。以约 490Pa/min（800mmH$_2$O）速度增加空气压力，直至第一个气泡从气体扩散头冒出，并随着连续

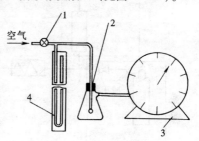

图 19-17　测量渗透率仪器
1—压力调节器；2—吸滤瓶；3—湿式流量计；4—水柱式压差计

出现更多的气泡，此时读出液体压差计两壁的水面刻度，记录水面差作为压力（p）。

最大孔径 D（μm）按下式计算：

$$D = 29225/(p - 100)$$

式中　p——水面刻度差代表的压力，mmH$_2$O。

（2）渗透率：将清洁、干燥的气体扩散头与调节的清洁、干燥的压缩空气源连接，并经吸滤瓶连接到湿式流量计上，调节压力差至 2.45kPa（250mmH$_2$O），并测量通过气体扩散头的空气流速（mL/min）。根据所用

流量计的灵敏度，可做较长期的观察记录，求得每分钟的平均流速。

十六、空气释放值的测定

1. 方法概要

本方法是测定润滑油分离雾沫空气的能力，适用于汽轮机油、液压油或其他要求测定空气释放值的石油产品。将试样加热到25、50℃或75℃，通过对试样吹入过量的压缩空气，使试样剧烈搅动，使空气在试样中形成小气泡，即雾沫空气。停气后记录试样中雾沫空气体积减到0.2%的时间。

2. 定义

空气释放值是在本方法规定条件下，试样中雾沫空气的体积减少到0.2%时所需的时间，此时间为气泡分离时间，以分表示。

3. 仪器

仪器由以下几个部分组成，如图19-18所示。

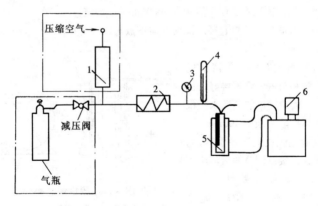

图 19-18 空气释放值测定仪示意

1—空气过滤器；2—加热器；3—压力表；4—温度计；

5—夹套试管；6—循环水浴

（1）耐热夹套玻璃试管见图19-19，由一个可通循环水的夹套样品管，管口磨口要配合紧密，可承受0.2kgf/cm²（1kgf/cm² = 98.0665kPa）的压力。管中装有空气入口毛吸管，挡油板和空气出口管。

（2）空气释放值测定仪：由压力表（0 ~ 1kgf/cm²）、空气加热炉（600W）、温度计（0 ~ 100℃，分度为1℃）组成。

（3）循环水浴：可保持试管恒温在25、50或75 ± 1℃。

（4）小密度计：一套四支，范围在0.8300 ~ 0.8400，0.8400 ~

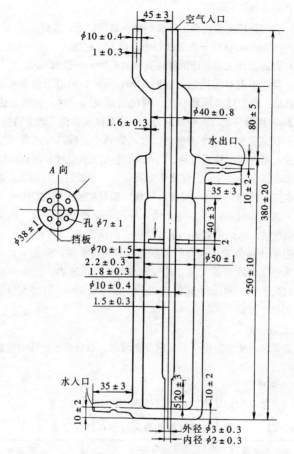

空气入口

$\phi10 \pm 0.4$

1 ± 0.3

45 ± 3

1.6 ± 0.3

$\phi40 \pm 0.8$

80 ± 5

水出口

35 ± 3

10 ± 2

40 ± 3

380 ± 20

A 向

孔 $\phi7 \pm 1$

挡板

$\phi38 \pm 1$

$\phi70 \pm 1.5$

2.2 ± 0.3

1.8 ± 0.3

$\phi10 \pm 0.4$

1.5 ± 0.3

2

$\phi50 \pm 1$

250 ± 10

水入口

35 ± 3

$5\ 20 \pm 3$

10 ± 2

10 ± 2

外径 $\phi3 \pm 0.3$

内径 $\phi2 \pm 0.3$

图 19 - 19 夹套玻璃试管

0.8500, $0.8500 \sim 0.8600$, $0.8600 \sim 0.8700 \mathrm{g/cm^3}$, 分度为 $0.0005\mathrm{g/cm^3}$。

（5）秒表。

（6）烘箱：能控制温度到 100℃。

4. 材料

（1）压缩空气：除去水和油的过滤空气，或瓶装压缩空气。

（2）铬酸洗液：50g 重铬酸钾溶解于 1l 浓硫酸（98%）中，储存在磨口玻璃瓶中作清洗用。

（3）石油醚或溶剂汽油。

5. 试验步骤

（1）将用铬酸洗液洗净、干燥的夹套玻璃试管，装好。

（2）倒 180mL 试样于夹套试管中，放入小密度计。

（3）接通循环水浴，让试样达到试验温度，一般 30min。

（4）从小密度计上读数，读到 0.001g/cm³，用镊子动小密度计，使其上下移动，静止后再读数一次，两次读数应当一致。若两次读数不重复，过 5min 再读一次，直至重复为止。记录此密度值，即为初始密度 d_0。

（5）从试管中取出小密度计，放入烘箱中，保持在试验温度下。在试管中放入通气管，接通气源，5min 后通入压缩空气，在试验温度下使压力达到表压 0.2kgf/cm²，保持压力和温度，必要时进行调节。通气时同时打开空气加热器，使空气温度控制在试验温度的 ±5℃ 范围内。

（6）20±1s（7min）后停止通入空气，立即开动秒表。迅速从试管中取出通气管，从烘箱取出小密度计再放回试管中。

当密度计的值变化到空气体积减少至 0.2% 处，即 $d_t = d_0 - 0.0017$ 时，记录停气到此点的时间。若气泡分离在 15min 内，记录时间精确到 0.1min；大于 15～30min，精确到 1min，如停气 30min 后密度值还未达到 d_t 值，则停止试验。

6. 报告

报告试样在某个温度下的气泡分离时间，以分表示，即为该温度下的空气释放值。

7. 精密度

两次重复试验的结果，不能超过表 19-22 所列数值。

表 19-22　　　两次重复试验的重复性和再现性要求　　　　　　　　min

空气释放值	重复性	再现性
小于 5	0.7	2.1
5～10	1.3	3.6
大于 10～15	1.6	4.7

十七、界面张力的测定（圆环法）

1. 方法概要

本方法适用于测定矿物油对水的界面张力。界面张力是通过一个铂丝绕成的平面环，从油-水界面向上拉脱时所需的力来测定。界面张力是由所测得的力乘以与平面环的半径、油和水的密度及所用的力来决定的经验校正系数计算出来的。测定是在严格规定的非平衡条件下进行的，应在界面形成后的 1min 之内完成。

2. 仪器及试剂

（1）仪器。

1）界面张力仪：备有周长为 40mm 或 60mm 的铂丝圆环。

2）圆环：用细铂丝制成一个周长为 40mm 或 60mm 圆度较好的圆环，并用同样细铂丝焊于圆环上作为吊环。必须知道两个重要的参数，即圆环的周长，圆环的直径与所用铂丝的直径比。

3）试样杯：直径不小于 45mm 的玻璃烧杯或圆环形器皿。

（2）试剂：蒸馏水。

3. 准备工作

（1）仪器的洗涤。用石油醚清洗玻璃容器，以除去油污。然后分别以丁酮和水洗涤几次，并浸入热的铬酸洗液中，再以自来水和蒸馏水依此洗涤干净。

（2）铂丝环。铂丝环先用石油醚或苯清洗，然后用丁酮清洗，最后置于煤气灯或酒精灯火焰的氧化焰中灼烧。

（3）仪器的校正。按仪器说明书调整仪器的水平和零点。用已知重量来校正张力仪，应注意整个铂环均应放在同一水平面上。

（4）试油。用直径 150mm 的中速干燥滤纸过滤油样，每滤过 25mL 即更换新滤纸。准确测量过滤后油的密度（25℃准确至 0.001g/mL）。

4. 试验步骤

（1）将 50~75mL 温度为 25±1℃ 的蒸馏水注入洗净的样品容器中，然后把该容器放在界面张力仪的活动平台上。清洗铂环并悬挂在张力仪上。提高活动平台至圆环浸入水中的深度不超过 6mm，并根据目视调整使圆环位于容器的中央。

（2）慢慢降低平台，维持扭臂在零点位置上，增加环系统的扭矩。当粘附于环上的水膜将要达到破裂点时，慢慢调节以保证在水膜破裂时，扭臂也刚好在零点位置上。根据所得的读数按此法"5"所述计算水样的表面张力。此时，水和空气的密度差（$\rho_0 - \rho_1$）取为 0.997，计算出水的界面张力应在 71~72mN/m 之间。

（3）将界面张力仪的刻度盘退到零位，提高调节平台至铂环浸入蒸馏水深约 5mm。注入预先加热到 25±1℃ 的过滤油至水面上的深度约 10mm。

（4）待油-水界面静置稳定 30±1s，然后慢慢降低平台，使张力臂保持在零位，从而增加环系统的扭矩。当粘附在环上的水膜接近破裂点时，减慢调节速度，以保证水膜破裂时的扭臂仍在零位，将环从界面中提出的操作所需时间尽可能接近30s。当接近破裂点时，操作应缓慢，因破裂常常是非常迟缓的，若操作过快得到的读数会过高。从往试样容器内注油至膜破裂的整个操作，应在1min之内完成。记录环从界面拉出和膜破裂时张力仪的读数。

5. 计算

计算试油的界面张力

$$\sigma = M \times F$$

$$F = 0.7250 + \sqrt{\frac{0.03678 \times M}{r_2^2(\rho_0 - \rho_1)} + p}$$

$$p = 0.04534 - \frac{1.679 \times r_1}{r_2}$$

式中　M——膜破裂时张力仪的读数 mN/m；

F——换算系数；

ρ_0——水在25℃时的密度，g/mL；

ρ_1——试油在25℃时的密度，g/mL；

p——常数；

r_1——铂丝的半径，mm；

r_2——铂环的半径，mm。

6. 精确度

平行测定两个结果的相对偏差，不应超过下列数值：重复性，2%；再现性，5%。

第三节　色谱分析及设备故障诊断

一、气相色谱分析基础

（一）气相色谱法的原理和分类

1. 色谱法简介

色谱是一种分离技术，当这种分离技术应用于分析化学领域中，就是色谱分析。它的分离原理是使混合物中各组分在两相间进行分配，其中一相是不动的，叫做固定相；另一相则是推动混合物流过此固定相的流体，叫做流动相。当流动相中所含有的混合物经过固定相时，就会与固定相发生相互作用。由于各组分在性质与结构上的不同，相互作用的大小强弱也有差异，因此在同一推动力作用下不同组分在固定相中的滞留时间有长有短，从而按先后不同的次序从固定相中流出。这种借在两相分配原理而使混合物中各组分获得分离的技术，称为色谱分离技术或色谱法。

作为色谱流动相的有气体或液体。当用液体为流动相时，称为液相色谱；当用气体为流动相时，称为气相色谱。对色谱固定相而言，也有两种状态，即固体吸附剂和固体担体上载有液体的固定相。综合这两相的状态，可把色谱进一步分为四类，即气固色谱、气液色谱、液液色谱和液固色谱。如果按固定相所用的固定床型的不同，又可分为柱色谱、纸色谱和薄层色谱三类。

还可以按色谱谱带展开方式分为冲洗（色谱）法、顶替法和迎头法三种，其中冲洗法是色谱法中最常用的一种。

2. 气相色谱法及其分类

气相色谱法是色谱法的一种，它是以气体为流动相（载气），采用冲洗法的柱色谱分离技术。已如前述，气相色谱法按固定相状态，可分为气固色谱法和气液色谱法。但从分离过程的物理化学原理而言，气固色谱是利用吸附剂表面对不同组分的物理吸附性能的差别而达到分离的目的，因此，它是吸附色谱的一种；气液色谱则是利用不同组分在给定的两相中有不同的分配系数而使之分离的，因此，又属于分配色谱的一种。气相色谱法还可按色谱柱的不同，分为填充柱色谱和毛细管柱色谱。为了将气液色谱和气固色谱的优点结合起来，采用在吸附剂表面涂上少量固定液以改善固定相的分离能力，此时，可称之为气液固色谱。

3. 气相色谱流程与分离原理

气相色谱法的一般流程主要包括载气系统、色谱柱和检测器三部分，其流程为

载气　气体样品　　　液体样品　　　　　辅助气体
　↓　　　↓　　　　　　↓　　　　　　　　↓
　气路控制系统→六通阀→汽化器→色谱柱→检测器→放空
记录仪←电桥或放大器←┘

来自高压气瓶的载气首先进入气路控制系统，把载气调节和稳定到所需流量与压力后，流入进样装置把样品带入色谱柱，分离后的各个组分依次进入检测器，经检测后放空，再由检测器所检测到的电信号，送至记录仪描绘出各组分的色谱峰。

气相色谱法的分离原理就是色谱法的两相分配原理。具体说，它是利用样品中各组分在流动相和固定相中吸附力或溶解度不同，也就是说分配

系数不同。当两相作相对运动时，样品各组分在两相间进行反复多次的分配，不同分配系数的组分在色谱柱中的运动速度就不同，滞留时间也就不一样。分配系数小的组分会较快地流出色谱柱；分配系数越大的组分就越易滞留在固定相内，流过色谱柱的速度较慢。这样，当流经一定的柱长后，样品中各组分得到了分离。当分离后的各个组分流出色谱柱而进入检测器时，记录仪就记录出各个组分的色谱峰。由于色谱柱中存在着分子扩散和传质阻力等原因，使得所记录的色谱峰并不是以一条矩形的谱带出现，而是一条接近高斯分布曲线的色谱峰。

4. 气相色谱流出曲线

被分析样品从进样开始经色谱分离到组分全部流过检测器后，在此期间所记录的信号随时间而分布的图像称为色谱图。这种以组分的浓度变化（信号）作为纵坐标，以流出时间（或相应流出物的体积）作为横坐标，所给出的曲线称为色谱流出曲线。

在一定实验条件下，色谱流出曲线是色谱分析的主要依据。其中，色谱峰的位置（即保留时间或保留体积）决定物质组分的性质，是色谱定性的依据；色谱峰的高度或面积是组分浓度或含量的量度，是色谱定量的依据。另外，还可以利用色谱峰的位置及其宽度，对色谱柱的分离能力进行评价。

5. 气相色谱基本理论

研究高度复杂的色谱过程，解释色谱分离过程中的各种柱现象和描绘色谱流出曲线形状以及评价柱子有关参数，色谱学上提出了几种基本理论，其中塔板理论和速率理论具有实用价值。

根据这些理论使能得出色谱流出曲线的数学表达式（即高斯方程），选出适宜的气相色谱分离条件和计算出给定柱子的理论塔板数等。

（1）塔板理论：塔板理论中把色谱柱比拟为分馏塔，在每个塔片高度间隔内，样品混合物在气液两相达到平衡，最后挥发度大的组分与挥发度小的组分彼此分离，挥发度大的最先由塔顶（即柱后）流出。尽管这个概念并不完全符合色谱柱内的分离过程，但这个比喻形象简明，说明问题。一般可用这个理论来评价色谱柱的效能指标，即塔片数与塔片高度。

（2）速率理论：在色谱分析过程中，由于有气体的流动、气体的扩散，样品分子在气液两相之间的分配平衡不是瞬间完成等非理想状态的存在，塔板理论并不能完全解释色谱柱的柱现象和柱性能。因而，根据色谱分析过程中的动力学与传质原理，提出了速率概论（即范弟姆特方程）。这一理论指出：影响柱效率的因素主要是样品组分分子在柱内运动过程中的涡流扩散与纵向扩散，以及组分分子在两相间的传质阻力。这一理论与塔板理论既有一定差别，又可互为补充。可运用这一理论来选择气相色谱分析条件。

（二）气相色谱仪及其主要部件

分析用的气相色谱仪，虽然仪器型号较多，但从仪器构件而言，基本可归属为气路系统和电路系统两个部分。气路系统由载气及其所流经的部件所组成，其主要部件有减压阀、净化器、稳压阀、稳流阀、流量计、压力表、六通阀、汽化器、色谱柱、转化炉和检测器等，电路系统由电源、温度控制器、热导控制器、微电流放大器、记录仪、数据处理装置等组成。如果按仪器构件工作性质而言，一台仪器主要由分析单元、记录（或数据处理）单元两部分组成。各个单元大都各自构成一件。分析单元即仪器主机，它包括气路系统，进样系统、层析室、色谱柱、转化炉、检测器等，其中色谱柱和检测器是色谱仪的两个关键部分。

1. 检测器

检测器又称鉴定器，它是一种用于测量色谱流程中柱后流出物组成变化和浓度变化的装置。检测器的种类很多，一般可分为积分型和微分型两大类。其中微分型检测器又分为浓度型检测器和质量型检测器两类。浓度型检测器测量的是载气中组分浓度瞬间的变化，即其响应值取决于载气中组分的浓度，例如热导检测器和电子捕获检测器等，质量型检测器则是测量载气中所携带的样品组分进入检测器的速度变化，即其响应值决定于单位时间内组分进入检测器的质量，例如氢焰检测器和火焰光度检测器等。

在诸多检测器中，常用的是热导检测器和氢焰检测器两种。对检测器总的要求是：灵敏度高、线性范围宽；工作性能稳定、重现性好；对操作条件变化不敏感，噪声小；死体积小、响应快、响应时间一般应小于 1s。

（1）检测器的性能指标。

1）灵敏度：亦称响应值、应答值。它指单位量的物质通过检测器时所产生信号的大小。

2）检测极限，亦称敏感度。指对检测器恰好产生能够鉴别的信号即二倍噪声信号（峰高 mV）时，单位时间（秒）或单位体积（mL）引入检测器的最小物质质量。

3）最小检测量与最小检测浓度。最小检测量（W°）是指使检测器恰能产生大于二倍噪声的色谱峰高的进样量。最小检测浓度是指最小检测量和进样量的比值，亦即在一定进样量时色谱仪所能检知的最低浓度。

应当注意，从物理意义上讲，敏感度和最小检测量往往易被混淆，而其实际含义是不同的。

并且其量纲单位也不相同。这是因为敏感度只和检测器的性能有关，而最小检测量不仅和检测器性质有关而且和色谱峰的区域宽度成正比，即色谱峰越窄则色谱分析的最小检测量就越小。最小检测浓度除了和检测器的敏感度、色谱峰宽度成正比外，还与色谱柱允许的进样量有关，进样量越大，则检知的最小浓度就越低。

4）噪声（N）。指没有给定样品通过检测器而由仪器本身和工作条件所造成的基线起伏信号，常以 mV 表示。

5）漂移（Rd）。指在单位时间内，无给定样品通过检测器而由仪器本身和工作条件所造成的基线单向偏移。

6）线性范围。指检测器的响应信号与物质浓度之间呈线性关系的范围，以呈线性响应的样品浓度的上下限之比值表示。

（2）热导检测器（TCD）。热导检测器是气相色谱法应用最广泛的一种检测器。它不论对有机物还是无机物均有响应，并具有结构简单、稳定性好、线性范围宽、操作方便、不破坏样品等特点。

热导检测器的最小检测量可达 10^{-8} g，线性范围约为 10^5。

热导检测器是根据载气中混入其他气态的物质时热导率发生变化的原理而制成的。

它主要利用以下三个条件来达到检测的目的：

1）欲测物质具有与载气不同的热导率；

2）敏感元件（钨丝或半导体热敏电阻）的阻值与温度之间存在着一定的关系；

3）利用惠斯登电桥测量。

所有热导检测器的构造基本上是相同的。热导检测器的检测过程如下：在通入恒定的工作电流和恒定的载气流量时，敏感元件的发热量和载气所带走的热量也保持恒定，故使敏感元件的温度恒定，其电阻值保持不变，从而使电桥保持平衡，此时则无信号发生；当被测物质与载气一道进入热导池测量臂时，由于混合气体的热导率与纯载气不同，因而带走的热量也就不同，使得敏感元件的温度发生改变，其电阻值也随之改变，故使电桥产生不平衡电位，输出信号至记录仪记录。

影响热导检测器灵敏度的因素有桥电流、载气、热敏元件的电阻温度系数、热导池块的几何因子以及池体温度等。在操作上提高热导检测器灵敏度的方法有：

1）在允许的工作电流范围内加大桥电流；

2）用热导系数较大的气体（如 H_2、He）作载气；

3）当桥电流固定时，在操作条件许可的范围内，降低池体温度。

使用热导检测器应注意以下事项：

1）整个系统不漏气，使用前应严格检漏。

2）通电前先通载气，断电后再断载气。通、断载气要慢，减少冲击振动，以防损坏热丝。

3）在能满足检测灵敏度要求下，尽量减小桥电流，以延长热丝寿命。

4）热导池应放在恒温精度为 ±0.1℃ 的恒温箱内，且其温度不低于柱温，以防样品在池内凝结。

5）系统及池体要洁净，以防出现怪峰并减小噪声。

6）电路连接良好，并有良好的接地。

（3）氢焰检测器（FID）。氢焰检测器是氢火焰离子化检测器的简称。它主要广泛用于含碳有机化合物的分析。它对非烃类气体或在氢火焰中难于电离的物质无响应或响应低，故不适于直接分析这些物质，必要时可通过化学转化法对其进行分析。

氢焰检测器具有灵敏度高、死体积小、响应时间快、线性范围广等优点，其最小检测量可达 10^{-12} g，线性范围约为 10^7。

氢焰检测器是根据气相色谱流出物中可燃性有机物在氢—氧火焰中发生电离的原理而制成的。它主要利用以下的三个条件来达到检测之目的：

1）氢和氧燃烧所生成的火焰为有机分子提供燃烧和发生电离作用的条件；

2）有机物分子在氢—氧火焰中的离子化程度比在一般条件下要大得多；

3）有两个电极置于火焰附近，形成静电场，有机物分子在燃烧过程中所生成的离子，在电场中作定向移动而形成离子流。

氢焰检测器的构造简单，在离子室内设有喷嘴、发射极（又称极化极）和收集板等三个主要部件。氢焰检测器的检测过程如下：燃烧用的氢气与柱出口流出物混合经喷嘴一道喷出，在喷嘴上燃烧，助燃用的空气由离子室下部进入，均匀分布于火焰周围。由于在火焰附近存在着由收集极和发射极间所造成的静电场，当被测样品分子进入氢火焰时，燃烧过程中生成离子在电场作用下作定向移动而形成离子流，通过高电阻取出，经微电流放大器放大，然后将信号送至记录仪记录。

氢焰检测器的灵敏度不仅受离子室结构的影响，而且受操作条件的影响，特别是氢气流速、载气流速和空气流速以及检测器温度的影响较大。

在操作上提高氢焰检测器灵敏度的方法有：

1）实验证明，用 N_2 作载气比用其他气体（如 H_2、He、Ar）作载气时的灵敏度高。

2）在一定范围内增加氢气和空气的流量，可提高灵敏度。但氢气流量过大有时反会降低灵敏度。一般可参考如下的流量比：N_2：H_2：空气 = 1：1：10。

3）将空气和氢气预混合，从火焰内部供氧可有效提高灵敏度。

4）收集极与喷嘴之间有合适的距离（一般为 5～7mm）。

5）维持收集极表面清洁。检测高分子量物质时适当提高离子室温度。

使用氢焰检测器应注意以下事项：

1）离子头、收集极对地绝缘要好，避免引起竞争收集而造成灵敏度下降、线性关系差；

2）离子头必须洁净，不得沾染有机物，必要时，可用苯、酒精和蒸馏水依次擦洗干净；

3）使用的气体必须净化，管道也必须干净，否则会引起基流增大，灵敏度降低；

4）防止色谱柱固定液流失（如保持柱温稳定，采用低蒸汽压的固定液），以免导致基流、噪声增大；

5）要使离子头保持适当温度，以免离子室积水造成漏电而使基线不稳；

6）样品水分太多或进样量太大时，会使火焰温度下降影响灵敏度，甚至会使火焰熄灭；

7）静电计在未接入离子头时，本身基线应稳定。

2. 色谱固定相及填充色谱柱

色谱柱可视为气相色谱仪中的心脏，色谱柱的选择是确定分析方法的一个重要步骤。

对于分析样品对象主要是永久性气体和气态烃类气体，色谱固定相一般都使用固体固定相，固体固定相可分为固体吸附剂和合成的高分子多孔小球两类。有时，使用单一固定相达不到理想分离要求时，可使用不同固定相做成的混合固定相。

色谱柱常用的柱管材料有玻璃、不锈钢、铜、镍和聚四氟乙烯等。不同材质的柱管各有优缺点，例如玻璃柱惰性好，但易损坏；不锈钢柱不易损坏，但也容易引起操作人员粗心，以致造成柱中填料颗粒破碎。柱管内径一般为 2～6mm。目前较为流行的柱管内径为 2mm，因其较内径为

3~4mm的柱管有较高的柱效率，但柱管内径的选择还与色谱仪情况有关。柱管长度按需要而定，一般长度为1~5m或更长。对于快速分析，常用的柱长度为1~2m。

（1）固体固定相的选择。常用的固体固定相主要有分子筛、硅胶、炭类吸附剂和高分子多孔小球等，其主要共同特点是：有较大的比表面；较好的选择性；良好的热稳定性；使用方便等。

1）分子筛：它是一种人工合成的泡沸石，其基本化学组成为 $MO \cdot Al_2O_3 \cdot xSiO_2 \cdot yH_2O$，其中 M 是某些金属离子，如 Na^+、K^+、Ca^+ 等。分子筛的类型有多种，常用的只有 5A 和 13x 两种。5A 分子筛主要用于分析 H_2、O_2、N_2，使用前在常压下 550~600℃ 活化 2h 或在真空中 350℃ 活化 2h。13x 分子筛根据活化程度不同，可分为全活化（活化温度 300℃，活化 3h）和半活化（175±5℃ 下活化 4h 或真空下 140±5℃，活化 2h）两种，用于分析 O_2、N_2、CH_4、CO，其中半活化者对组分的出峰时间较短，使用寿命也较长。

2）硅胶：一般用于分离永久性气体（CO、CO_2）和低分子量烃类气体（C_{1-3}）其分离性能取决于它的孔隙大小及其含水量。为改善硅胶的分离性能，减少出峰峰形拖尾等现象，常采用改性处理的硅胶，如在硅胶上涂一定量的固定液或用特殊方法制备的多孔微球硅胶，最好是由硅胶与异氰酸苯酯反应生成的键合固定相（国产如 HDG 型号）。

3）活性炭：一种非极性的碳素吸附剂，用于分离 H_2、O_2、CO、CO_2 等气体。使用前应在 200℃ 下活化 5h。活性炭分离 CO_2 时，常出现拖尾现象，可使用减尾剂改善峰形。

4）碳分子筛：一种用聚偏氯乙烯制备的碳素吸附剂，因其微孔结构与分子筛相似，故叫碳分子筛。国产型号有 TDX 系列，国外产品称为 CarbosieveB。碳分子筛（如 TDX-01、02）主要用于分离 H_2、O_2、CO、CO_2 等气体，其分离性能比活性炭好。它在高温下（150℃ 以上）还可用于分离 C_2 烃类气体。TDX 碳分子筛装柱后应在 180℃ 下通氢气活化 4h，以除去所吸附的气体杂质。

5）高分子多孔小球：一种用不同芳香烃高分子聚合物合成的固定相系列。国外产品主要型号有 Chromosorb 系列和 Porapak 系列；国产主要型号有 GDX 系列。它较固体吸附剂具有机械强度好、疏水性强、出峰峰形对称、耐腐蚀、耐高温等优点。对于永久性气体和气态烃的分离，可选用 GDX-502、GDX-104 或国外产品 PorapakN. porapekQ 等型号。高分子多孔小球一般应在装柱后使用前在高于使用柱温 20℃ 下通载气处理 3~4h，使用中切勿超过最高使用温度250℃。

6）混合固定相：将分离性能不同的固定相，以适当的方式混合使用，往往能提高使用单一固定相时的分离能力。常用的固定相混合方法有：①填料混合法，即把不同的固定相按一定比例混合后装入柱内使用；②串联和并联法，即把不同固定相的色谱柱，按适当的长度串联或并联使用。

（2）色谱柱的制备。

1）柱管的清洗：常用的不锈钢柱在填充固定相前应进行清洗，除去内部的油污与锈垢。方法是用10%热盐酸或/和5%～10%热碱液抽洗，然后用蒸馏水冲洗至中性，烘干备用。如果内壁比较干净，可注入洗液或丙酮等溶剂清洗几次，然后用蒸馏水冲洗干净并烘干备用。

2）固定相的充填：通常采用真空泵的抽空填充法，即将空柱的一端塞上玻璃棉后接上真空源；另一端装上漏斗，把干燥的固定相慢慢喂入其中，并轻轻敲击柱壁，直至装满，头上稍留一点空间塞上玻璃棉抵柱物。充填操作总的要求是：填料颗粒不破碎，但又填得均匀，松紧适度，不留任何间隙。还要注意柱头抵柱物（玻璃棉）的洁净，用量宜越少越好。

3）色谱柱的老化处理：充填完固定相的色谱柱使用前还需进行老化处理，目的是除去固定相中残留的某些挥发物质并使固定相填料均匀排布。常用的老化方法是将柱子接入色谱仪的气路系统，但要与检测器断开，柱子尾部放空，在比操作温度略高（5～10℃）的温度条件卜，通载气8～16h后，再接上检测器，继续处理，直至性能稳定（记录仪基线平直）为止。

（3）色谱柱的分离效能。色谱柱的分离效能常用分离度、分辨率、柱效率等指标来评价。

1）分离度是指相邻的两个色谱峰中，小峰峰高和两峰交点的高度（hm）之差与小峰峰高之比值。

2）分辨率又称分辨度，等于相邻两组分色谱峰保留值之差与此两峰峰底宽度总和之半的比值。

3）理论塔板数（n）：根据塔板理论而提出的色谱柱效率的一个指标。与色谱峰峰宽和保留值有关。

4）理论塔板高度（H）由柱长度（L）与理论塔板数之比值求出。

5）有效塔板高度：柱长与有效塔板数之比值。

3. 色谱仪的其他组件与配置设备

（1）气源。色谱仪常用的载气有：N_2、H_2、He 和 Ar 等。常用的辅

助气体是空气和 H_2 等。这些高纯气体大多用高压瓶供给。当瓶装气源供应有困难时，可采用实验室用的气体发生器，如空气发生器、氢气发生器和氮气发生器等。

（2）气路控制部件包括：减压阀、稳压阀、稳流阀、流量计。

（3）进样装置与甲烷化装置。

1）注射器：气体样品进样装置常用医用注射器，常用规格有 0.25、1、3、5mL 注射器。要使注射器进样得到较好的进样重复性（一般偏差在 2% 以内），必须注意：①检查注射器是否严密，芯塞活动无卡涩，清洁、干燥，②要用同一个注射器进样，最好装有量气卡子，使每次抽取气样体积一致，③在正式进样前，先用气样多次冲洗注射器，④进样操作方式与进样时间尽可能保持一致。

2）六通阀：是色谱仪上安装的一种常用气体样品进样装置。它不但操作简便而且重复性好，还便于实现进样操作自动化。

3）气化器：气化器的主要功能是把所注入的液体样品瞬间气化。

4）甲烷化装置：又称转化炉。其作用是将 CO、CO_2 转化为 CH_4，以便用氢焰检测器测定。转化机理是用镍触媒剂的催化作用在高温下加氢，使 CO、CO_2 转化为甲烷。

（4）电气控制组件包括：电源、温度控制器、热导控制器、微电流放大器。

（5）记录和数据处理装置包括：记录仪、色谱数据处理机、色谱工作站。

（三）气相色谱仪安装调试与分析条件选择

1. 环境条件要求

（1）仪器室。

1）仪器室及其周围不宜有火源、震源、强大磁场和电场、电火花、易燃易爆的腐蚀性物质等存在，以免干扰分析或发生意外。

2）室内温度最好在 $10\sim35℃$，相对湿度在 80% 以下，以保证仪器的正常工作和使用寿命，必要时，宜装设空调、干燥和排风等装置。

3）室内空气含尘量应尽量低，以免影响仪器性能，还要经常保持仪器和室内清洁。

4）工作台应能承受整套仪器重量，不发生震动；还要便于操作与检修。

5）室内严禁烟火，并有防火防爆的安全措施。

（2）贮气室。

1）贮气室及其周围不能有火源、电火花、热源或震源、易燃易爆和腐蚀性物质等存在，以免发生意外。

2）贮气室最好与实验室分开，单独设置。氧气与氢气应分开贮放，以免发生爆炸危险。

3）室内温度变化不应过大，避免阳光直射或雨雪侵入。

4）高压钢瓶要有检验合格证，坚持定期检验制度。钢瓶标记、漆色应符合规定。

5）高压气瓶严禁混用，切忌将未经处理过的氧气瓶去灌装氢气。

6）所有气瓶应稳固立地放置，阀件完好无泄漏，正确操作开闭。

7）室内严禁烟火，消防设施完备。

（3）管线。

1）管线应沿墙固定。

2）管线上所用管子和器件要干净、耐压。管子材料最好用不锈钢管或紫铜管，管径宜小不宜大，如用塑料管，因易损坏，应注意检查与及时更换。

3）在管线上应加装气体净化装置。

4）管线安装后要进行检漏，没有漏气现象才能使用。

2. 仪器安装

（1）仪器开箱后，核对清单。

（2）打开机件外壳，检查各机件内部的元器件安装是否紧固，绝缘是否良好，运输过程是否有破损处以及其他毛病。并擦去水分、灰尘、油污及其他脏物，以免发生漏电或接触不良等故障。

（3）按仪器说明书的排布方式把仪器安装到工作台上。

（4）把所有各部件之间的连接电缆、插头、插座等抹干净，然后按对应的编号或标记牢靠地连接起来。

（5）把仪器气路系统与外接气路连接起来。

3. 仪器调试

（1）气路系统。

1）检查气路畅通性：把空柱接入气路，并把气路系统出口接上鼓泡器。然后通气、调节稳压阀，检查转子流量计和鼓泡器情况。如果不畅通，则应分段检查，直到各气路畅通为止。

2）检查气路气密性：把空柱接入气路，并把气路系统出口处堵死。然后通气，调节气流压力至 0.4MPa（N_2），观察转子流量计转子是否上浮，并用检漏溶液检查各接头、焊缝等处有无漏汽现象，如有漏点应即消除。

3）流量计校正：采用前述的皂膜流量计校正法。

（2）电路系统。

1）检查电路系统绝缘性能：①将仪器所有部件的开关置于断开位置，合上仪器的总开关，过一段时间，若仪器无发热或其他漏电现象时，一般认为仪器正常；②合上仪器总开关后，逐一合上各部件的开关，用试电笔检查机壳上应无漏电现象；③用兆欧表检查仪器各部件的绝缘。

2）检查温度控制器：①把所有控温调节器旋扭退回起始位置；②启动仪器总开关后，合上温度控制器开关，过一刻钟左右，各加热室无升温现象为正常；③在载气的情况下，逐一检查对各加热室的控温性能。与此同时，把标准温度计插入加热室内，以便校正测温毫伏计的读数。

3）检查记录仪：①把信号输入线的接头短路，开记录仪，若记录笔在指零毫伏位置不动属正常。然片将短路线拆开，接上信号输入线。②打开记录纸开关，用秒表测各挡纸速是否与各挡所标纸速相符。③断开信号输入线，于信号线接头上输入外加毫伏信号，若记录笔作对应滑动一般为正常。与此同时，从记录笔的滑动速度可粗测行程时间，若不正常，可调节记录仪内的"阻尼"和"灵敏度"等调节器，使其处于最佳状态。

4）检查热导控制器：①用万用表和兆欧表检查电桥四个臂是否有损坏和绝缘性能不好等现象；②控制载气流速并稳定在某一流量值，加热室温度也恒定在某一温度值；③将工作电流调节器转至最小位置，输出信号线接记录仪；④合上热导控制器开关，约 15min 后，调整工作电流至120mA 左右（N_2 载气时）。若电流表指示稳定，则一般属正常；⑤开动记录仪，稳定后逐一调节"零调""池平衡""衰减""倒相"等，如果记录仪响应正常，则表明热导检测器及其控制器基本正常。

5）检查微电流放大器：①载气流量、温度控制与调试热导控制器相同；②将输出信号线接至记录仪；③合上微电流放大器开关，约一刻钟后，启动记录仪，稳定后逐一调节"零调"、"基流补偿"和"倒相"等，如果记录仪响应正常，表明微电流放大器基本正常；④将连接检测器的信号输入线断开，用干净手指碰（触）信号输入线端，记录笔能随之做相应的滑动者为正常；⑤将信号输入线接至检测器后，开辅助气体点火和开极化电压，调整记录笔位置，待稳定后逐一拨动"放大""衰减"等，若记录仪随之响应正常，则表明检测器和微电流放大器正常。

4. 分析条件选择

在实际分析工作中，人们总希望色谱仪用较短的柱子和用较短的时间能得到较满意的分析结果，因此，需要对色谱仪选择较适宜的分析条件。

已如前述，色谱速率理论和实际经验可用来指导我们选择适宜的气相色谱分析条件。

气相色谱分析条件包括固定相的种类与规格（粒度、密度等），载气的种类与参数（流速压力等），色谱柱尺寸、工作温度与进样技术等。

（1）载气种类。从理论上说，用较大分子量或较大密度的气体作载气时，可获得较高的柱效率。但在快速分析中，载气用分子量较小的气体（如 H_2，He），由于黏度较小，可减少柱子压力降，给操作带来方便。实际上，载气种类的选择主要还是考虑对检测器的适应性。例如：热导检测器常用 H_2、He、N_2 载气，氢焰检测器常用 N_2 和 H_2 作载气。

（2）载气流速。从理论上讲，要获得最好的柱效率，也即使塔板高度 H 值最小，需选择一个最佳的流速。这个最佳流速与载气种类、色谱柱、组分性质等条件有关。最佳流速下虽然柱效率比较高，但往往分析时间较长。在实际分析工作中，为了加快分析速度，实用的最佳流速往往比理论值大。例如对于内径为 3～4mm 的柱子，载气常用流速为 20～30mL/min。

（3）载气压力。从理论上分析，提高载气在色谱柱内的平均压力可提高柱效率。然而，若仅提高柱进口压力，势必使柱压降过大，反而会造成柱效率下降。因此，要维持较高的柱平均压力，主要是提高出口压力，一般在柱子出口处加装阻力装置即可达到此目的。例如长度在 4m 以下，管径为 4mm 的柱子，柱前载气压力一般控制在 0.3MPa 以下，而柱出口压力最好能大于大气压。

（4）固定相粒度范围。固定相的表面结构，孔径大小与粒度分布，对柱效率都有一定影响，对已选定的固定相，粒度的均匀性尤为重要，例如对同一固定相，40/60 目的粒度范围要比 30/60 目的柱效率高。通常柱内径为 2mm 时，选用粒度为 80/100 目，柱内径为 3～4mm 时，选用 60/80 目，而柱内径为 5～6mm 时，选用 40/60 目为宜。

（5）柱子温度。从理论上说，适当提高柱温有利于改善柱效率和加快分析速度。然而，柱温过高反会降低柱效率，甚至柱的选择性变坏。实际上，柱温选择主要取决于样品性质。对于分析永久性气体和其他气态物质时，柱温一般控制在 50～60℃ 以下，对于沸点在 300℃ 以下的物质，柱温往往控制在 150℃ 以下。此外，柱温还与固定相性质、固定相用量、载气流速等因素有关。例如使用 TDX 碳分子筛分析碳二的烃类气体时，柱温要在 170℃ 左右才能满足分析要求。如果固定相已选定，适当减少固定

第四篇 电厂油务管理

相用量和加大载气流速等措施，则可达到降低选用柱温的目的。

（6）进样技术。进样量、进样时间和进样装置都会对柱效率有一定影响。进样量太大会增大峰宽，降低柱效率甚至影响定量计算。进样时间过长，同样会降低柱效率而使色谱区域加宽。进样装置不同，出峰形状重复性也有差别。进样口死体积大，也对柱效率不利。对于气体样品，一般进样量为 0.1 ~ 10mL；进样时间越短越好，一般必须小于 1s；进样口应设计合理，死体积小。如采用注射器进样时，应特别注意气密性与进样量的准确性。

二、油中溶解气体色谱分析法

（一）概述

1. 分析的对象和步骤

根据充油电气设备内部故障诊断的需要，绝缘油中溶解气体组分分析的对象一般包括永久性气体（H_2、O_2、N_2、CO、CO_2）及气态烃（CH_4、C_2H_6、C_2H_4、C_2H_2）共 9 个组分。所用油样的采集，应根据 GB/T 7597《电力用油（变压器油、汽轮机油）采样方法》，采用全密封方式进行。油中溶解气体的分析一般都需用 3 个步骤：即首先将溶解气体从油中取出，然后用气相色谱仪分离和检测各气体组分。油中溶解气体组分含量分析的详细步骤应按照 GB/T 17623《绝缘油中溶解气体组分含量气相色谱测定法》执行。

2. 油中溶解气体组分浓度表示方法

油中溶解气体组分浓度表示方法常用的有两种：体积浓度，单位为 $\mu L/L$；摩尔浓度，单位为 $\mu mol/L$。

3. 基本原理

采用气相色谱法分析油中溶解气体，从方法原理上看，仍然离不开色谱法上的分配定律。实质上，它是液上气体色谱法（即顶空气相色谱法）的具体应用。尽管从油中取出气体的方法有多种，所使用的仪器也各不相同，但从原理上说，都是基于气体在油、气两相间的分配平衡（又称溶解平衡）。具体说，就是让油样在一密闭系统（真空或常压下）内有一定空间，由于原有平衡条件的变化，促使油中溶解气体解析出来，而在气液两相间重新分配，直到建立新的平衡，通过测定平衡下气相中的气体浓度而达到分析油中溶解气体浓度的目的。

（二）样品的采集、保存和运输

1. 取油样

（1）取样部位。通常，变压器可用来取油样的部位有两处，一处是下部取样阀，另一处是上部气体继电器的放气嘴。一般情况下，由于油流循环，油中气体的分布是均匀的，为安全计，应在下部取样，所取油样也有足够代表性。在确定取样部位时还应注意以下特殊情况：

1）如遇故障严重，产气量大时，可在上、下部同时取样，以了解故障的性质与发展情况。

2）当需要考查变压器的辅助设备如潜油泵、油流继电器等存在故障的可能性时，应设法在有怀疑的辅助设备油路上取样。

3）当发现变压器底部有水或油样氢含量异常时，应设法在上部或其他部位取样。

4）应避免在设备油循环不畅的死角处取样。

5）应在设备运行中取样。若设备已停运或刚启动，应考虑油的对流可能不充分以及故障气体的逸散或与油流交换过程不够而对测定与诊断结果带来的影响。

（2）取样容器。理想的取样容器应满足下列要求：

1）容器器壁不透气或吸附气体，最好是透明的，便于观察样品状况；器内无死角，不残存气泡。

2）严密性好，取样时能完全隔绝空气，取样后不向外跑气或吸入空气。

3）设计上能自由补偿由于油样随温度热胀冷缩造成的体积变化，使器内不产生负压空腔而析出气泡。

4）材质化学性稳定且不易破损，便于保存和运输。

根据上述要求，国内外标准都推荐注射器为取样容器。使用注射器作采样容器时应注意：

1）一般选用容积为100mL的全玻璃注射器。

2）选用时应通过严密性检查。方法是用注射器取含氢油样，放置两周后，其含氢量损失不大于5%者合格。

3）使用前将注射器清洗干净并烘干，注射器芯塞应能自由滑动，无卡涩。

4）取样后应继续保持注射器清洁并注意防尘和防破损。

（3）取油样方法。一般注意事项有：

1）取样阀中的残存油应尽量排除，阀体周围污物擦拭干净；

2）取样连接方式可靠，连接系统无漏油或漏气缺陷；

3）取样前应设法将取样容器和连接系统中的空气排尽；

4）取样过程中，油样应平缓流入容器，不产生冲击、飞溅或起泡沫；

5）对密封设备在负压状态下取油样时，应防止负压进气；

6）注射器取样时，操作过程中应特别注意保持注射器芯干净，防止卡涩；

7）注意取样时的人身安全，特别是带电设备和从高处取样。

全密封取样操作要点如下：

1）在变压器取样阀门装上带有小嘴的连接器，并在其小嘴上接一段软管。然后在注射器口套上一金属小三通，接上软管与取样阀相连。

2）取样时，先将"死油"经三通排掉，然后转动三通，使少量油进入注射器，再转动三通并压注射器芯，排除注射器内的空气和油。

3）正式取油样时，再次转动三通使油样在静压力作用下自动进入注射器。

4）待取到足够油样时，关闭三通和取样阀，取下注射器，用橡胶封帽封严注射器出口，最后贴上样品标签，做好记录。

2. 取气样

取气样容器仍用密封良好的玻璃注射器。取样前应用设备本体油润湿注射器。取气样时，可在变压器气体继电器的放气嘴上套一小段乳胶管，参照取油样的方法，用气样冲洗取样系统后，再正式取出气样（注意不让油进入注射器），最后用橡胶封帽封严注射器出口。

3. 样品的保存和运输

（1）油样和气样应尽快分析。油样保存期不得超过 4d。

（2）油样和气样的保存都必须避光、防尘，确保注射器芯干净、不卡涩。

（3）运输过程中应尽量避免剧烈振动。空运时要避免气压变化。

（三）气样分析

1. 对气相色谱仪的要求

（1）总的要求。

1）检测灵敏度要求见表 19 - 23。

表 19 - 23　　　　　　色谱仪的检测灵敏度

气体	最小检测浓度（μL/L）	气体	最小检测浓度（μL/L）
氢	2	二氧化碳	10
烃类	0.1	空气	50
一氧化碳	5		

2）分离度：对所检测组分的分离度应满足定量分析要求，即分辨率 $R \geqslant 1.5$。

3）分析时间：在保证准确定性定量的前提下，减少分析时间，符合快速分析要求。

（2）检测器。根据检测灵敏度要求，一般应具备热导检测器（用于测定 H_2、O_2、N_2）和氢焰检测器（用于测定烃类气体），为检测 CO、CO_2，还应具备镍触媒甲烷化装置（将 CO、CO_2 转化为甲烷测定）。

（3）色谱柱。固定相选择，可供选择的有：

1）活性炭：分离 H_2、O_2、CO、CO_2，其中 H_2、O_2 分离好，但 CO_2 出峰时间长、拖尾，定量误差较大。

2）碳分子筛（TDX－01）：分离 H_2、O_2、N_2、CO、CH_4、CO_2，分离度良好。

3）分子筛（5A，13x）：分离 H_2、O_2、N_2、CH_4，CO，对 H_2、O_2、N_2 分离很好，但性能不稳定，易失效。

4）硅胶：分离烃类气体。涂固定液者有挥发失效问题。采用键合型硅胶（HGD201）较好。

5）高分子多孔小球（GDX502、PorapakN）：分离 CO、CO_2 及烃类气体，真中 $C_1 \sim C_2$ 烃类气体分离度很好。

由于同一种固定相牌号、批号不同，性能往往差别较大，应对药品实物通过试验选用。

柱尺寸：根据仪器和所用固定相而定。一般通用内径为 3mm 柱，但内径 2mm 柱的柱效较高。

（4）流程。根据仪器情况选用一次进样或二次进样方式的柱系统，尽量满足快速分析需要。可供选的较好流程有：

1）双柱并联双气路流程；

2）双柱串联切换流程；

3）双柱并联分流流程。

2. 定性定量分析

（1）定性分析。油中溶解气体分析由于测定的气体组分只有几种，定性方法大都采用时间保留值法。在实际工作中，有时也会发生定性错误，大概有三种情况：

1）有时分析中发现靠得很近的相邻二峰只出其中一个峰，另一个组分未出峰，易产生误定性，如用硅胶柱分离烃类气体时，C_2H_2 与 C_3H_8 两峰紧相连，如不注意，会将 C_3H_8 峰误认为是 C_2H_2。

2）操作条件发生变化会引起出峰时间改变，往往前面的峰变化小而后面峰变化大。使用数据处理机时，如果不注意及时修正保留时间值，会发生前面峰定性正确而后面峰定性错误的现象。

3）色谱柱固定相处理不好或使用过久变质失效，使一些组分分离不开或次序颠倒而造成误定性。例如分子筛，当它的含水量为 9% 时，CO 在 CH_4 前面出峰；含水量为 4% 时，CO 与 CH_4 一起出峰；而当含水量为 2% 时，CO 在 CH_4 之后出峰。

因此，为防止误定性，分析人员应做到：

1）要相当熟悉本仪器的色谱图形和所用固定相的性质；

2）经常用标准物质进行校对。

（2）定量分析。目前油中溶解气体定量分析大都采用外标法（包括标准校正曲线法和操作校正因子法）。

1）标准物：部颁"方法"规定统一采用混合标准气体。由于混合标准气体中氢组分含量易发生变化，必要时可用氢的单一标气。使用混合标气时，一般应注意以下几点：①充装混合标气用的压缩气瓶及其阀件连接、管道等的材质应是化学性稳定的，瓶内壁抛光，灌气前应作真空干燥处理，底气应不含水分，以防标气内的某些组分在使用中发生损失或变质。②混合标气应由国家计量单位认可的配气站按标准方法配制后提供给用户。每瓶标气应有配置成分检验证书并注明配制日期。一般有效期为一年，过期的混合标气不宜继续使用。③混合标气的组分浓度不应过大或过小，应尽量与样品气中浓度相接近，以减少定量误差。

2）标定方法应注意以下几点：①标定的准确性主要取决于进样重复性和仪器运行的稳定性。进标样操作应尽量排除各种疏忽与干扰，保证二次或二次以上的标定重复性在 1.5% 以内。标定必须在仪器稳定状态下进行。一般来说，仪器每开一次机做分析就应标定一次，如果仪器稳定性较差，或者突然发生操作条件变化，还得增加标定次数。②对各组分的标定方法有区别。一般说，氢、氧、氮的标定采用峰高定量的校正曲线法。但 H_2 浓度在 0.1% 以下，峰高与浓度呈线性关系；O_2、N_2 浓度在 30% 以下的峰高线性度也好，因此可用单点校正的操作因子法，不必作校正曲线。

对于烃类气体、CO 与 CO_2 等大都采用峰面积定量的操作因子法，因为峰面积与浓度的线性关系较好。对于使用混合标气来说，采用每一个组分的单点校正的定量操作因子，误差也是不会大的。

3）样品气分析。进样操作：和标定时进样操作一样，做到"三快""三防"。三快"：进针要快、要准，推针要快（针头一插到底即快速推针

第十九章 油（气）分析

进样），取针要快（进完样后稍停顿一下立刻快速抽针）。

"三防"：防漏出样气（注射器要进行严密性检查，进样口硅橡胶垫勤更换，防止柱前压过大冲出注射器芯，防止注射器针头堵死等）；防样气失真（不要在负压下抽取气样，以免带入空气，减少注射器"死体积"的影响，如用注射器定量卡子，用样气冲洗注射器，使用同一注射器进样等）；防操作条件变化（温度、流量等运行条件稳定，标定与分析样品使用同一注射器、同一进样量，同一仪器信号衰减挡等）。进样气的重复性与标定一样，即重复二次或二次以上的平均偏差应在 1.5% 以内。

4）注意事项：①注意消除一些组分峰因分离不良而带来的定量误差。常见的有 H_2、O_2 分离不好对 H_2 定量的误差等，O_2 与 Ar 不能分离对 O_2 定量的误差（使用 N_2 载气时）；CO 与空气分离不好对 CO 定量的误差等。上述情况应采用改进色谱柱或改变载气等办法去寻求解决。②色谱谱图的测量和计算一般采用手工处理法，既费时误差又大。如果使用色谱数据处理机则可大大提高工作速度与准确性。

使用数据处理机时，必须事前详细阅读使用说明书，其次要详细了解色谱图包括各组分流出的色谱峰参数、基线漂移、噪声等；最后，根据色谱图正确选取各种峰形参数设备输入数据处理机。使数据处理机做到正确识别峰、正确处理峰、正确识别谱图基线，这样得出的结果就会是可靠的。

三、充油电气设备故障诊断

油中溶解气体分析为什么能检测与诊断变压器等充油电气设备内部的潜伏性故障？一般来说，它主要是利用以下三个条件来达到目的的：

（1）故障下产气的累计性：充油电气设备的潜伏性故障所产生的可燃性气体大部分会溶解于油。随着故障的持续。这些气体在油中不断积累，直至饱和甚至析出气泡。因此，油中故障气体的含量即其累计程度是诊断故障的存在与发展情况的一个依据。

（2）故障下产气的速率：正常情况下充油电气设备在热和电场的作用下也会老化分解出少量的可燃性气体，但产气速率很缓慢。当设备内部存在故障时，就会加快这些气体的产生速率。因此，故障气体的产生速率，也是诊断故障的存在与发展程度的另一依据。

（3）故障下产气的特征性：变压器内部在不同故障下产生的气体有不同的特征。例如局部放电时总会有氢；较高温度的过热时总会有乙烯，而电弧放电时也总会有乙炔。因此，故障下产气的特征性是诊断故障性质的又一个依据。

通过油中溶解气体分析，在诊断变压器等充油电气设备内部故障时，一般应包括下述内容：判定有无故障；判断故障的性质：包括故障类型、故障严重程度与故障发展趋势等，提出相应的安全防范措施。

油中溶解气体分析，在故障诊断方法上不仅仅是一门科学，而且是一门艺术。也就是说，正确的诊断离不开科学原理与实际经验的结合，离不开不同学科知识的综合以及不同专业（如化学、电气）人员的配合。

对油中溶解气体分析使用的诊断方法：国际电工委员会曾发布 IEC 599《运行中变压器及其它充油电气设备气体分析的解释》；根据国际国内经验，电力部又颁发了 DL/T 722—2014《变压器油中溶解气体分析和判断导则》（以下简称部颁《导则》），这些都可作为指导我们诊断的依据。实践证明，这些文件所推荐的诊断方法，还需要在不断实践中进一步完善与改进，以提高诊断的准确可靠性。

（一）故障诊断的基础知识

1. 空气的溶解

一般变压器油中溶解气体的主要成分是氧和氮（包括少量氩），它们都是来源于空气对油的溶解。空气在油中溶解的饱和含量在 101.3kPa、25℃时约为 10%（V）。但其组成与空气不一样，空气中氮气 = 79%，氧气 = 20%，其他气体 = 1%，油中溶解的空气则为 $N_2 = 71\%$、$O_2 = 28\%$，其他气体 = 1%。这是因为氧比氮在油中的溶解度大所致。

油中总含气量与设备的密封方式、油的脱气程度等因素有关。一般开放式变压器油中总含气量为 10% 左右，充氮保护的变压器油总含气量约为 6% ~ 9%；隔膜密封的变压器则根据其注油、脱气方式与系统严密性而定，状况良好时，油中总含气量能维持低于 3%，一般情况为 3% ~ 8%。

须知溶解气体的另一些组分如 CO_2、H_2，等，有时可能是空气或其他原因由外面带入的（如新装变压器在运输时充入 CO_2 未排除干净或充氮变压器氮气含污染杂质等）。

2. 正常运行下产生的气体

正常运行中变压器内部绝缘油和固体绝缘材料由于受到电场、热、湿度、氧的作用，随运行时间而发生缓慢老化现象，除产生一些非气态的劣化产物外，还会产生少量的氢、低分子烃类气体和碳的氧化物等。其中，碳的氧化物 CO、CO_2 成分最多，其次是氢和烃类气体。根据统计分析变压器中产生的气体存在以下现象：

（1）烃类气体：C_{1-2} 总烃含量一般低于 150μL/L，但使用年久的变压器，$C_{3\sim4}$ 烃类气体明显增多；一部分国外进口的变压器，投运不久即发现：惟独 $C_{2\sim3}$ 烷烃含量很高。一部分国产变压器，有的还发现有微量乙炔，有的甚至达几个微升每升，但无明显增加趋势。

（2）氢：油中含氢量一般低于 $150\mu L/L$，但有的互感器和电容式套管，由于制造工艺不良或油质不稳定，氢含量高的现象时有发现。

（3）碳的氧化物：油中 CO、CO_2 含量与设备运行年限有关，例如 CO 产气速率，国外提出与运行年限关系的经验公式为

$$CO（\mu L/L）=3741g10^{4Y}$$

式中　Y——运行年限。

这一经验公式适用于一般密封式变压器。对于开放式国产变压器，一般 CO 含量多在 $300\mu L/L$ 以下。对于电容式套管，因封闭严密，碳的氧化物往往较高。

CO_2 含量变化的规律性不强，除与运行年限有关外，还与变压器结构、绝缘材料性质、运行负荷以及油保护方式等都有密切关系。

（4）新投运的变压器，特别是国产变压器，由于制造工艺或所用绝缘材料材质等原因，运行初期往往有 H_2、CO、CO_2 增加较快的现象，但达到一定增长的极限含量后会逐渐降低。

3. 故障运行下产生的气体

变压器油中溶解的可燃性气体，如果产生的气量大，速度快，大都是设备存在故障时造成的。这些故障气体都是由于在热、电和机械应力的作用下绝缘材料发生裂解而产生的。

（二）变压器等设备产气故障类型及其油中气体的特征

变压器等设备涉及产气的内部故障一般可分为两类：即过热和放电。过热按温度高低，可分为低温过热、中温过热与高温过热三种情况；放电又可区分为局部放电、火花放电和高能量放电三种类型。另外，设备内部进水受潮也是一种内部潜伏性故障。

1. 过热故障

所谓过热是指局部过热，它和变压器正常运行下的发热是有区别的。正常运行时，温度的热源，来自线卷绕组的铁芯，即所谓的铜损和铁损。在正常运行下，由于铜损和铁损转化而来的热量，使变压器油温升高。一般上层油温不大于 85℃。变压器的运行温度直接影响到绝缘的运行寿命。一般来说，每当温度升高 8℃ 时，绝缘材料的使用寿命就会减少一半。

过热性故障占变压器故障的比例很大，危害性虽然不像放电性故障严

重，但发展的后果往往不好。存在于固体绝缘的热点会引起绝缘劣化与热解，对绝缘危害较大。热点常会从中低温逐步发展为高温，甚至会迅速发展为电弧性热点而造成设备损坏事故。一些裸金属热点也常发生烧坏铁芯、螺栓等部件，严重时也会造成设备损坏。

过热性故障在变压器内发生的原因和部位主要可归纳为三种：

（1）接点与接触不良：如引线连接不良，分接开关接触不紧，导体接头焊接不良等。

（2）磁路故障：铁芯两点或多点接地，铁芯片间短路，铁芯被异物短路、铁芯与穿芯螺钉短路；漏磁引起的油箱、夹件、压环等局部过热等。

（3）导体故障：部分绕组短路或不同电压比并列运行引起的循环电流发热；导体超负荷过流发热，绝缘膨胀、油道堵塞而引起的散热不良等。

2. 过热故障产生气体的特征

（1）热点只影响到绝缘油的分解而不涉及固体绝缘的裸金属过热性故障时，产生的气体主要是低分子烃类，其中甲烷与乙烯是特征气体，一般二者之和常占总烃的80%以上，当故障点温度较低时，甲烷占的比例大，随着热点温度的升高（500℃以上），乙烯、氢组分急剧增加，比例增大。当严重过热（800℃以上）时，也会产生少量乙炔，但其最大含量不超过乙烯量的10%。

（2）涉及固体绝缘的过热性故障时，除产生上述的低分子烃类气体外，还产生较多的 CO、CO_2，随着温度的升高，CO/CO_2 比值逐渐增大。对于只限于局部油道堵塞或散热不良的过热性故障，由于过热温度较低，且过热面积较大，此时对绝缘油的热解作用不大，因而低分子烃类气体不一定多。

3. 放电故障

（1）高能量放电：又称电弧放电，在变压器、套管、互感器内都会发生。引起电弧放电故障的原因通常是线绕组匝间、层间绝缘击穿，过电压引起内部闪络，引线断裂引起的闪弧，分接开关飞弧和电容屏击穿等。这种故障气体产生剧烈、产气量大，故障气体往往来不及溶解于油而聚集到气体继电器引起瓦斯动作。由于这类故障多是突发性的，预兆不明显，测定油中溶解气体一般不易预诊断。通常在出现故障后，立即对油中气体和瓦斯成分进行分析以判断故障的性质和严重程度。这种故障气体的特征是乙炔和氢占主要部分，其次是乙烯和甲烷，如果涉及固体绝缘，瓦斯气和油中气的一氧化碳含量都比较高。

（2）低能量放电一般是火花放电，是一种间歇性的放电故障，在变压器、互感器、套管中均有发生。如铁芯间、铁芯接地片接触不良造成的悬浮电位放电；分接开关拔叉悬浮电位放电。

电流互感器内部引线对外壳放电和一次线组支持螺帽松动造成绕组屏蔽铝箔悬浮电位放电等。火花放电产生的主要气体成分也是乙炔和氢，其次是甲烷和乙烯，但由于故障能量较小，总烃一般不会高。

（3）局部放电是指液体和固体绝缘材料内部形成桥路的一种放电现象，一般可分为气隙形成的局部放电与油中气泡形成的局部放电（简称气泡放电）。这种故障对电流互感器和电容套管的故障比例较大。由于设备受潮、制造工艺差或维护不当，都会造成局部放电。局部放电常发生在油浸纸绝缘中的气体空穴内或悬浮带电体的空间内。局部放电产气特征是氢组分最多（占氢烃总量的 85% 以上），其次是甲烷。当放电能量高时，会产生少量乙炔。另外，在绝缘纸层中间，有明显可见的蜡状物（x - 蜡）或放电痕迹。局部放电的后果是加速绝缘老化，如任其发展，会引起绝缘破坏，甚至造成事故。

4. 受潮

在设备内部进水受潮时，油中水分和带湿杂质易形成"小桥"，或者固体绝缘中含有的水分加上内部气隙空洞的存在，共同加速绝缘老化过程，并在强烈局部放电作用下，放出氢气。另外，水分在电场作用下，发生电解，水与铁又会发生电化学反应，都可产生大量的氢气，详见表19 - 24。

表19 - 24　　　　　　　不同故障类型的产气特征

故 障 类 型	主要特征气体	次要特征气体
油过热	CH_4、C_2H_4	H_2、C_2H_6
油和纸过热	CH_4、C_2H_4、CO	H_2、C_2H_6、CO_2
油、纸绝缘中局部放电	H_2、CH_4、CO	C_2H_4、C_2H_6、C_2H_2
油中火花放电	H_2、C_2H_2	
油中电弧	H_2、C_2H_2、C_2H_4	CH_4、C_2H_6
油和纸中电弧	H_2、C_2H_2、C_2H_4、CO	CH_4、C_2H_6、CO_2

变压器内部进水受潮，如不及早发现与及时处理，后果也往往会发展成放电性故障，甚至造成设备损坏。

（三）故障判断方法

1. 有无故障的判断

按照部颁导则，对充油电气设备检测周期的规定，定期对设备进行检测。在充分掌握设备油中气体多次准确的色谱分析数据的基础上，根据故障判断的步骤，首先是判明有无故障，常用的方法是"三查"，即查对注意值，考查产气速率，调查设备状况。根据"三查"情况，进行综合分析，最后作出判定有无故障的结论。

（1）"一查"查对特征气体含量分析数据是否超过"注意值"。部颁"导则"与电力行业标准《电力设备预防性试验规程》（以下简称《预试规程》）对油中溶解气体含量的注意值见表 19－25，当油中气体含量任一项超过表中所列的数值时应引起注意。

表 19－25　　　　　油中溶解气体含量注意值　　　　　μL/L

设备	气体组分	330kV 及以上	220kV 及以下
变压器和电抗器	总烃	150	150
	乙炔	1	5
	氢	150	150
电流互感器	总烃	100	100
	乙炔	1	2
	氢	150	300
套管	总烃	150	150
	乙炔	1	2
	氢	500	500
电压互感器	总烃	100	100
	氢	150	150
	乙炔	2	3

在查对注意值时，应注意以下几点：

1）对注意值的理解要正确：部颁"导则"所推荐的注意值是根据国内大量运行设备的分析数据通过统计分析而得出的，在反映故障的概率上有一定可能性，但不是划分设备有无故障的惟一标准。有的设备因某些原因使气体含量超过注意值，也不能断定有故障；而有的设备气体含量虽低于注意值，如含量增长迅速，也应引起注意。因此，注意值的作用在于给出"引起注意"的信号，以便对有问题的设备开展全面的"三查"以判别有无故障。

2）对所诊断的设备和查对的特征气体组分要有重点、有区别。因为正常运行设备油中气体含量的绝对值与变压器的容量、油量、运行方式、运行年限等有密切关系，因此，查对注意值对不同的设备（例如500kV设备）应有所区别。注意值中提出的几项主要指标，其重要性也有所不同，其中乙炔反映故障的危险性较大。因此，部颁《预试规程》对超高压设备的监督提出了更加严格的要求。

3）对进口设备要区别对待。由于国外进口设备，其内部结构与用油型号等有所不同，按部颁"导则"推荐的注意值往往不一定适合，而国外标准或厂家推荐的注意值也不尽相同。因此，国内标准只能作参考。

（2）"二查"考查特征气体的产气速率。产气速率对反映故障的存在、严重程度及其发展趋势更加直接和明显。因此，考查产气速率不仅可以进一步确定故障的有无，还可对故障的性质做出初步的估计。

（3）"三查"调查设备的有关情况。要判明设备有无故障，还应全面了解所诊断设备的结构、安装、运行及检修等情况，弄清气体产生的真正原因，避免非故障原因所带来的误判断。在判断故障时，应调查设备的情况一般有：

1）设备结构和制造方面：如有载调压变压器的切换开关室有无渗漏；设备的密封方式，设备内的绝缘结构、绝缘材料、金属材料（如有无不锈钢）等，以及出厂试验色谱分析情况等。

2）在安装、运行与检修方面：如新设备安装时保护用 CO_2 气体是否排除干净；充氮保护设备所用氮气纯度；油脱气处理状况；安装或检修中有无带油焊补，绝缘油质量（有无混用合成绝缘油）；设备内部清洁状况以及净油器状况等。

3）辅助设备方面：如潜油泵及其管道、阀件有无缺陷或运行不正常；油流继电器接点有无电火花；分接开关拨叉有无悬浮电位放电等。

当然，对设备有关情况的调查了解，应在电气，检修人员共同配合下进行。根据共同调查情况结合色谱分析数据进行综合分析以判定故障的有无。

2．故障类型的判断

部颁"导则"采用国际电工委员会（IEC）提出的特征气体比值的三比值法作为判断变压器等充油电气设备故障类型的主要方法。三比值法的编码规则和判断方法见表19－26及表19－27。

表 19 – 26　　　　　　　三比值法的编码规则

特征气体的比值	比值范围编码			说　　　明
	乙炔/乙烯	甲烷/氢气	乙烯/乙烷	
<0.1	0	1	0	例如：乙炔/乙烯 = 1 ~ 3 时，编码为1
≥0.1 且 <1	1	0	0	甲烷/氢气 = 1 ~ 3 时，编码为2
≥1 且 <3	1	2	1	乙烯/乙烷 = 1 ~ 3 时，编码为1
≥3	2	2	2	

表 19 – 27　　　　　　　故障类型判断方法

编 码 组 合			故障类型判断	故障实例（参考）
C_2H_2/C_2H_4	CH_4/C_2H_4	C_2H_4/C_2H_6		
0	0	0	低温过热（低于150℃）②	绝缘导线过热，注意 CO 和 CO_2 的含量，以及 CO_2/CO 值
0	2	0	低温过热（150℃~300℃）③	分接开关接触不良，引线夹件螺丝松动或接头焊接不良，涡流引起铜过热，铁芯多点接地等
0	2	1	中温过热（300℃~700℃）	
0	0, 1, 2	2	高温过热（高于700℃）④	
0	1	0⑤	局部放电	高湿度、高含气量引起油中低能量密度的局部放量
1	0, 1	0, 1, 2	低能放电①	引线对电位未固定的部件之间连续火花放电，分接抽头引线和油隙闪络，不同电位之间的油中火花放电或悬浮电位之间的火花放电
1	2	0, 1, 2	低能放电兼过热	

第十九章　油（气）分析

编 码 组 合			故障类型判断	故障实例（参考）
C_2H_2/C_2H_4	CH_4/C_2H_4	C_2H_4/C_2H_6		
2	0，1	0，1，2	电弧放电	绕组匝间、层间短路、相间闪络、分接头引线间油隙闪络、引线对箱壳放电、绕组熔断、分接开关飞弧、因环路电流引起电弧、引线对其他接地体放电等
	2		电弧放电兼过热	

① 随着火花放电强度的增长，特征气体的比值有如下的增长趋势：乙炔/乙烯比值从0.1～3增加到3以上。

② 这一情况中，气体主要来自固体绝缘的分解。这说明了乙烯/乙烷比值的变化。

③ 这种故障情况通常由气体浓度的不断增加来反映。甲烷/氢的值通常大约为1。实际值大于或小于1与很多因素有关，如油保护系统的方式，实际的温度水平和油的质量等。

④ 乙炔含量的增加表明热点温度可能高于1000℃。

⑤ 乙炔和乙烯的含量均未达到应引起注意的数值。

在应用法时应注意：

1）有根据各组分含量注意值或产气速率注意值判断可能存在故障时才能进一步用三比值法判断其故障的类型。对于气体含量正常的设备，比值没有意义。

2）表19-21中所列每一种故障对应的一组比值都是典型的。对多种故障的联合作用，可能找不到相应的比值组合。此时应对这种不典型比值组合作具体分析，从中可以得到故障复杂性和多重性的启示。例如121、122可以解释为放电兼过热。又如在追踪监视中，发现比值组合方式由020～122则可判断可能先有过热后发展为电弧放电兼过热。

3）注意设备的结构与运行情况，例如对自由呼吸的开放式变压器，由于一些气体组分从油箱的油面上逸散，特别是氢与甲烷。因此，在计算甲烷/氢气值应作适当修正。

4）特征气体的比值，应在故障下不断产气进程中进行监视才有意义。如果故障产气过程停止或设备已停运多时，将会使组分比值发生某些

第四篇 电厂油务管理

变化而带来判断误差。

3. 故障的严重程度与发展趋势的判断

在确定设备故障的存在及故障的类型的基础上，必要时还要了解故障的严重程度和发展趋势，以便及时制定处理措施，防止设备发生损坏事故。对于判断故障的严重程度与发展趋势，在用 IEC 三比值法的基础上还有一些常用的方法如瓦斯分析、平衡判据和回归分析等。

（1）瓦斯分析与判别。当故障变压器在运行中气体继电器内有瓦斯聚集或引起气体继电器动作时，往往反映出故障向更严重的程度发展。此时，对瓦斯进行分析，所得数据再配合油中气体含量数据进行分析，可判别故障的发展速度与趋势。瓦斯气量与气体继电器的动作频率也是很有价值的信息，对判明故障激化状况与危险性有参考作用。

在用瓦斯分析与判别作为手段时，应注意由于油路系统及其附件漏入空气或其他原因带来的假象对判断故障的干扰。对于开放式油箱的变压器，故障气体从油中的析出与释放性往往不是在油被饱和的状态下发生的，因此，采用平衡判据方法法用在瓦斯分析与判别上是不适用的。

（2）平衡判据。平衡判据是根据气液溶解平衡的原理提出来的，此法主要适用于带有气垫层的密封式油箱的充油电气设备，对推断故障的持续时间与发展速度很有帮助。

比较方法是取气垫层气体和油中溶解气体分别进行分析，分析数据导入分配定律公式，求出在平衡条件下对应的理论值，即用自由气体各组分的浓度值和组分 KI 值求出油中气体同组分浓度理论值，或从油中气体组分浓度值与 Kf 值求出自由气体同组分浓度的理论值。

判断方法是：

1）如果理论值与实测值相近，且油中气体浓度稍大于气相气体浓度，反映气相与液相气体浓度基本达到平衡状态，说明设备存在发展较缓慢的故障。再根据产气速率可进一步求出故障持续时间与发展趋势。

2）如果理论值与实测值相差大，且气相气体浓度明显高于油中气体浓度，说明故障产气量多，设备存在较为严重的故障。再根据产气量与产气速率进一步估计故障的严重程度与危害性。

（3）回归分析。许多故障，特别是过热性故障，产气速率与设备负荷之间呈线性回归或倍增回归关系，如果这个关系明显，说明产气过程依赖于欧姆发热，可用产气速率与负荷电流关系的回归线斜率作为故障发展过程的监视手段。

产气速率与负荷、时间的关系可表示成式（19-12），即

$$\Delta C = a + bx + dx^2 - kct \qquad (19-12)$$

式中　　ΔC——连续两次取样时间内组分浓度的增加值；

$\qquad x$——次取样期中负荷电流每小时值的总数；

$\qquad x^2$——电流值平方的总数；

$\qquad T$——两次取样间隔时间，h；

$\qquad C$——油中气体组分的平均浓度；

a、b、d、k——实验系数。

式（19-12）中第二项反映铁损，第三项反映铜损，第四项反映气体从油箱的逸散损失。如果对一台设备来比较，可不考虑逸散损失，则式（19-12）可简化为

$$\Delta C = a + bx \qquad (19-13)$$
$$C = a + bx^2 \qquad (19-14)$$

如果发现故障下产气速率（ΔC）与变压器的通电时间呈线性关系，说明故障属于电压效应（如局部放电）或铁芯磁路问题；如果故障符合式（19-13）关系，则可能涉及导体过热或依赖于电流的漏磁发热等故障。

通过上述回归分析，连续监视产气速率与负荷电流的关系，还可以获悉故障发展的趋势，以便及早采取对策。

这一方法虽好，但人工记录与计算很费事，一般可采用计算机。国外一些国家在重要的大型变压器上都备有这一方法的专用计算机，再配合油中气体分析的自动在线色谱仪，实时收集有关数据输入计算机进行计算与分析，就能及时了解设备的运行状况。因此，这一方法应是努力的方向。

4. 综合分析与提出处理措施

实践证明：油中气体分析对运行设备内部早期故障的诊断虽然灵敏，但由于这一方法的技术特点，使它在故障的诊断上有不足之处，例如对故障的准确部位无法确定；对涉及具有同一气体特征的不同故障类型（如局部放电与进水受潮）的故障易于误判。因此，在判断故障时，必须结合电气试验、油质分析以及设备运行、检修等情况进行综合分析，对故障的部位、原因，绝缘或部件的损坏程度等作出准确的判断，从而制定出适当的处理措施。

（1）电气试验：对过热性故障，为了查明故障部位在导电回路还是在磁路上，需要作绕组直流电阻，铁芯接地电流，铁芯对地绝缘电阻甚至

空载试验（有时还需做单相空载试验），负载试验等，对于放电性故障，为了查明放电部位与放电强度，就需作局部放电试验，超声波探探测局部放电，检查潜油泵以及有载调压油箱等；当认为变压器可能存在匝、层间短路故障时，还需进行变压比和低压励磁电流测量等试验。

（2）油质分析：当怀疑到故障可能涉及固体绝缘或绝缘过热发生热老化时，可进行油中糠醛含量测定；当发现油中氢组分单一增高，怀疑到设备进水受潮时，应测定油中的微量水分；当油中烃含量很高时，应查对油的闪点是否有下降的迹象等。

（3）设备情况检查：在监视故障过程中，应仔细观察负荷、油温的变化，油面与油温的关系，本体及辅助设备的响声及其震动等的变化以及外壳有无局部发热等，当气体继电器或其他保护发生动作时，应查看设备的防爆膜是否破裂，是否有喷油、漏油、油箱变形、异常震动和放电迹象以及辅助设备有无异常等。

（4）处理措施：在对故障进行综合分析，比较准确地判明故障的存在及其性质、部位、发展趋势等情况的基础上，研究制定对设备应采取的不同处理措施；包括缩短试验周期，加强跟踪监视，限制负荷，近期安排内部检查；立即停止运行等，目的是确保设备的安全运行，避免无计划停电、合理安排检修和防止设备损坏事故。

提示 本章共三节，其中第一节适用于中级工，第二节和第三节适用于高级工。

油质监督管理及油质监督管理制度

第一节 结果分析及数据处理

一、数据分析及处理要求

（1）外观：运行油外观检查，可以直观目视，汽轮机油油质浑浊、游离水或乳化物、不溶性油泥、纤维和固体颗粒杂质。通过目测可以初步分析出机组漏水情况，油系统清洁度，再进一步分析杂质的来源；变压器油通过观测外观可初步判断油中含水和游离碳情况，判断耐压合格情况；抗燃油通过观测外观可初步判断油中含水和其他如矿物油含量、杂质等情况，油系统清洁度，再进一步分析杂质的来源。根据分析，消除设备缺陷，进行滤油。

（2）颜色：新油一般都是浅黄色的，在运行中颜色会逐渐变深，但这种变化是缓慢的。若油品颜色急剧加深，可以分析机组运行中是否有过热点或油中溶进其他物质。必须进行其他试验项目加以证明油质变坏的程度。油中颜色加深是油质老化的象征。

（3）水分：油中水分的存在会加速油质的老化及产生乳化，同时会与油中添加剂作用，促使其分解，导致设备锈蚀。水分对绝缘介质的电性能和理化性能均有很大的危害性，它使油的击穿电压降低和介质损耗因素增大，使纸绝缘遭到永久的破坏；水分会导致抗燃油水解劣化，酸值升高，造成系统部件腐蚀。如果水分含量超标，应查明原因，进行处理。

（4）闪点：是机组运行的安全性指标。因机组过热，造成油品热裂解产生低分子烃类或混入轻质油品，均可使闪点降低。若闪点低于标准值，应采取措施，查明原因，一般用真空滤油的方法可恢复闪点（抗燃油中混入矿物油例外）。

（5）酸值：酸值反映油品的氧化程度。酸值的升高是油初始氧化的标志。正常情况下，酸值上升比较缓慢，若酸值增加过快，说明油品发生氧化反应激烈，产生多种酸性物质，而酸性物质的存在将不可避免地产生油泥。如果油中同时存在水分的话，可使铁生锈，并加速油质劣化。当酸值接近运行油指标时，应采取正确的维护措施，如用吸附剂再生或补加抗氧化剂。

（6）油泥：油泥的产生是由于受外界因素和内在原因自身氧化，或外部杂质溶解于油中而产生的，初始阶段呈溶解状态，只是油颜色加深，氧化到一定程度就沉析出来，或加一定量的有机溶剂也会析出来。这说明油品有变质的迹象。应采取处理措施，避免油泥沉积在设备内，形成危害。

（7）密度：密度是磷酸酯抗燃油与石油基矿物油的主要区别之一。磷酸酯抗燃油的密度大于1，为1.11~1.17，而石油基矿物油的密度小于1，一般为0.87左右。由于抗燃油的密度大，因而有可能使管道中的污染物悬浮在液面而在系统中循环，造成某些部件堵塞与磨损。如果系统进水，水会浮在抗燃油的液面上而排除较为困难。

（8）黏度：若油中存在乳化物或氧化物都会改变油的黏度。汽轮机油、抗燃油等润滑油是由油品40℃的运动黏度的中心值来划分牌号的。检查油的黏度，还会发现补加油的牌号是否是同牌号或油中是否有污染物存在。

（9）凝点：凝点是绝缘油的特性。绝缘油一般根据凝点来划分牌号。

（10）防锈性能：润滑油系统内黑色金属部件大多数需要防锈保护。通常是在油中添加防锈剂。通过液相锈蚀试验，确定油品是否有防锈性能。由于运行中随着水和杂质的排出，会使防锈剂减少而导致防锈性能降低，所以应适时补加防锈剂。

（11）颗粒度：大容量机组对汽机的润滑和调速系统的颗粒度要求非常严格。强调新机组启动前和检修后的润滑和调速系统，必须进行认真清洗和冲洗，以保证颗粒度合格，规定：汽轮机油颗粒度应不大于NASl638中的8级，电调抗燃油颗粒度不大于NASl638中的6级，否则，机组不准启动。运行中发现油中颗粒度突然增加，需立即检查净化装置的过滤层，如发现腐蚀或磨损颗粒，应对油系统进行精密过滤处理，并查明颗粒的来源，必要时应停机检查，以消除隐患，避免机组的磨损和造成损坏。

（12）破乳化性能：运行中汽轮机油乳化必须具有三个条件：油中有水，由轴承回到油箱的油冲力造成激烈的搅拌，油质老化后产生的环烷酸皂类，即乳化剂。汽轮机油的破乳化性能良好，就能使乳化液在油箱中很快分离，对设备不会有影响。如果汽轮机油的破乳化时间很长，乳化液就不能在油箱中产生有效的分离，乳化油在润滑系统中就可能引起油膜的破坏，金属部件的腐蚀，加速油质的劣化，产生沉淀、油泥等，增加各部件摩擦引起轴承过热。对调速系统造成卡涩、失灵、严重时引起设备损坏。

二、数据上报及处理

　　油质每项试验的数据应与上次试验数据进行比较，如变化大，接近或超过指标，此时应检查试验过程是否有意外情况，经检查都正常，还应再取样进行重复试验，若试验结果与第一次的试验结果相同，确定油质突然变化很快，应及时将情况上报有关领导（最好有书面报告）并与相关的人员共同研究机组运行情况，查明油质变化原因，以便及时采取处理措施。

第二节　异常分析、判断及处理

一、油质异常分析、判断及处理

1. 运行抗燃油油质异常原因分析及处理措施（见表 20 - 1）

表 20 - 1　　　运行抗燃油油质异常原因分析及处理措施

项目	控制极限	异常原因	处理措施
外观	混浊有悬浮物	（1）油中进水 （2）被其他液体或杂质污染	（1）脱水过滤处理 （2）考虑换油
颜色	迅速变深	（1）油品严重劣化 （2）油温升高，局部过热 （3）磨损的密封材料污染	（1）更换旁路再生滤芯或吸附剂 （2）采取措施控制油温 （3）消除系统中的局部过热 （4）检修中对油动机等解体检查，更换密封圈
酸值	>0.15 mgKOH/g	（1）油温升高，导致老化 （2）油系统存在局部过热 （3）油中含水量大，发生水解	（1）采取措施控制油温 （2）消除局部过热 （3）更换吸附再生滤芯，每隔 48h 取样分析，直至正常 （4）如果更换系统的旁路再生滤芯还不能解决问题，可考虑采用外接带再生功能的抗燃油滤油机滤油 （5）如果经处理仍不能合格，考虑换油

项目	控制极限	异常原因	处理措施
水分	>1000mg/L	（1）冷油泄漏 （2）油箱呼吸器的干燥剂失效，空气中的水分进入 （3）投用了离子交换树脂再生滤芯	（1）消除冷油器泄漏 （2）更换呼吸器的干燥剂 （3）进行脱水处理
密度	<1.13g/cm 或 >1.17g/cm	被矿物油或其他液体污染	换油
运动黏度	与新油牌号代表的运动黏度中心值相差超过±20%		
闪点	<220℃		
自燃点	<500℃		
矿物油含量	>4%		
倾点	>−15℃		
氯含量	>100mg/kg	含氯杂质污染	（1）检查是否在检修和维护中用过含氯的材料或清洗剂等 （2）换油
电阻率	$<6 \times 10^9 \Omega \cdot cm$	（1）油质老化 （2）可导电物质污染	（1）更换旁路再生滤芯或吸附 （2）如果更换系统的旁路再生滤芯还不能解决问题，可考虑采用外接带再生功能的抗燃油滤油机滤油 （3）换油
颗粒度 SAE AS4059F	>6	（1）被机械杂质污染 （2）精密过滤器失效 （3）油系统中部件有磨损	（1）检查精密过滤器滤芯是否破损失效，必要时更换 （2）消除污染源，进行旁路过滤，必要时增加外置过滤系统过滤，直至合格 （3）检查油箱密封及系统部件是否有磨损、腐蚀

第二十章 油质监督管理及油质监督管理制度

项目	控制极限		异常原因	处理措施
泡沫特性	24℃	>250/50	(1) 添加剂不合适 (2) 油老化或被污染	(1) 更换旁路再生滤芯或吸附剂 (2) 消除污染源 (3) 添加消泡剂 (4) 考虑换油
	93.5℃	>50/50		
	后24℃	>250/50		
空气释放值	>10min		(1) 油质劣化 (2) 油质污染	(1) 更换旁路再生滤芯或吸附剂 (2) 考虑换油

2. 运行汽轮机油油质异常原因分析及处理措施（见表 20-2）

表 20-2　　运行汽轮机油油质异常原因分析及处理措施

项目	控制极限	异常原因	处理措施
外观	(1) 乳化、不透明 (2) 有颗粒悬浮物 (3) 有油泥	(1) 油中含水或被其他液体污染 (2) 油被杂质污染 (3) 油质深度劣化	(1) 脱水处理或换油 (2) 过滤处理 (3) 投入油再生装置或必要时换油
色度	(1) 迅速变深 (2) 颜色异常	(1) 有其他污染物 (2) 油质深度劣化 (3) 添加剂氧化变色	(1) 换油 (2) 投入油再生装置
运动黏度	比新油原始值相差 ±5% 以上	(1) 油被污染 (2) 油严重劣化 (3) 加入高或低黏度的油	如黏度低测定闪点，必要时换油
闪点	比新油高或低出 15℃ 以上	油污染或过热分解	查明原因，结合其他试验结果比较，考虑处理或换油
颗粒污染等级	>8	(1) 补充油带入颗粒 (2) 系统中进入灰尘 (3) 系统中有锈蚀或部件有磨损 (4) 精密过滤器未投运或失效 (5) 油质老化产生软质颗粒	查明和消除颗粒来源，检查并启动精密过滤装置，清洁油系统，必要时投入油再生装置

项目	控制极限	异常原因	处理措施
酸值	增加至超过新油 0.1 单位以上	（1）油温高或局部过热 （2）抗氧化剂消耗 （3）油质劣化 （4）油质污染	（1）采取措施控制油温并消除局部过热 （2）补加抗氧化剂 （3）投入油再生装置 （4）结合旋转氧弹结果，必要时考虑换油
液相锈蚀	有锈蚀	防锈剂消耗	考虑添加防锈剂
抗乳化性	>30min	油污染或劣化变质	进行再生处理，必要时换油
水分	>100mg/kg	（1）冷油器泄漏 （2）轴封不严 （3）油箱未及时排水	检查破乳化度，启用过滤装置排出水分，并注意观察系统情况，消除设备缺陷
泡沫特性	24℃及后 24℃：>500/10mL 93.5℃：>500/10mL	（1）油质老化 （2）消泡剂缺失 （3）油质污染	（1）投入油再生装置 （2）添加消泡剂 （3）必要时换油
空气释放值	>10min	油污染或劣化变质	必要时换油
旋转氧弹	小于新油原始测定值的 25%，或小于 100min	（1）抗氧化剂消耗 （2）油质老化	（1）补加抗氧化剂 （2）再生处理，必要时考虑换油
抗氧化剂含量	小于新油原始测定值的 25%	（1）抗氧化剂消耗 （2）错误补油	（1）补加抗氧化剂 （2）检测其他项目，必要时考虑换油

二、异常油质跟踪

对油质异常的设备，应建立技术档案。包括换油、补油、防劣化措施执行情况，运行油处理情况等记录，并进行结果比较，分析原因，采取相应的处理措施。

第三节　油务监督制度及标准方法

一、电力用油试验方法

(一) 通用试验项目及异常数据分析

1. 外观颜色 (目测) 和透明度

透明度和颜色按照 DL 429.1—2017 和 DL 429.2—2016 进行。一般来说，原馏分油中沥青—树脂物质越少，轻馏分越多，颜色就越浅，也越透明。新绝缘油的颜色一般为淡黄色。油在运行中颜色的迅速变化，是油质变坏或设备内部存在故障的表现。运行中油可由油的透明度来判断机械杂质、游离碳和水的存在。

2. 密度

20℃ (g/cm^3) 按照 GB/T 1884—2000 进行。一般石油基汽轮机油、变压器油的密度都小于1，在 0.87 ~ 0.89 之间；抗燃油的密度大于1，在 1.11 ~ 1.17 之间。若抗燃油的密度突然变小，则应检查是否有矿物油的混入。

3. 黏度指数

按照 GB/T 1995 进行。黏度指数是用来表示润滑油的黏温特性，是随温度变化而黏度也发生变化的性质称为润滑油的黏温特性。黏度指数越高，油品的黏度随温度变化率就越小，说明其黏温特性就越好。

4. 黏度

黏度一般分为三种：动力黏度或绝对黏度，运动黏度或内摩擦系数，条件黏度或称恩氏黏度。以前我国根据苏联模式常用恩氏黏度表示或50℃运动黏度（至今某些单位仍然沿用），现在根据国际惯例，国标采用40℃运动黏度作为黏度指标要求（有特殊要求的除外），按照 GB/T 265 方法进行。根据试验的温度选用黏度计，使试油的流动时间不少于200s，内径0.4mm的黏度计流动时间不少于350s。主要目的是限制液体在毛细管中的流动速度，保证流体在管中的流动为层流。测定黏度时，一定要先对试油进行脱水和去杂，同时防止试油中存在气泡。

一般绝缘油来说，黏度越低，变压器的冷却效果越好。

5. 闪点、燃点和自燃点

闪点的测定有开口和闭口两种。分别按照 GB/T 3536—2008 和 GB/T 261—2008 方法进行。对油品选择进行开口或闭口闪点的测定，是根据油品的使用条件和油品的性质来决定的。如变压器油一般用闭口闪点法测定，汽轮机油和抗燃油一般用开口闪点法测定。同一种油，开口闪点要比闭口闪点测得的数据高。在一定的条件下将油品加热到它的蒸汽和空气混合到一定的比例时，接近火焰即发生瞬间闪火的最低温度，称为油品的闪点；在一定的条件下，继续加热油品使其接触火焰时燃烧不少于 5s 时的最低温度称为燃点；在一定的条件下，继续加热油品其蒸汽和空气的混合物，无须点火而自行燃烧的最低温度称为自燃点。自燃点和闪点一般相差数百度。

它们属于安全性指标。如果发现运行变压器油闪点降低，往往是由于电气设备内部有故障，造成过热高温而使绝缘油热裂解，产生易挥发可燃的低分子碳氢化合物。所以测定运行油的闪点，可及时发现设备内部是否有过热故障；对于新油、新充入设备及检修处理后的油，测定其闪点可防止或发现是否混入轻质馏分的油品，确保充油设备安全运行。

6. 酸值（中和值）和水溶性酸碱

酸值按照 GB/T 264—1983 或 GB 7599—1987 方法进行。分为指示剂法和电位滴定法两种。石油产品的水溶性酸或碱，是指加工及贮存过程中落入油内的水溶性矿物酸碱。矿物性酸主要是硫酸及其衍生物。水溶性碱主要为苛性钠或碳酸钠。水溶性酸几乎对所有的金属都有强烈的腐蚀作用，而碱只对铝腐蚀。油品中含有水溶性酸碱会促使油品老化。酸值是评定新油品质和判断运行中油质氧化的重要化学指标之一。绝缘油的酸值升高，不但腐蚀设备，同时还会提高油的导电性，降低绝缘强度。

7. 凝点、倾点和低温流动性

按照 GB/T 510 和 GB/T 3535 方法测定。凝点是在规定的条件下，油品冷却至停止移动的最高温度。倾点是在规定的条件下冷却时，能够流动的最低温度。液体在低温下其流动性逐渐减小的特性，称为低温流动性。

油品的凝点决定于其中石蜡的含量，一般情况下，石蜡含量越高，油品的凝点就越高。

8. 水分

水在油品中存在的状态有三种：游离水、溶解水和乳化水。按照 GB 7600 方法测定。油中含水不但会腐蚀设备、加速油质老化同时降低绝缘油的电气性能，游离水可通过物理方法加热沉降，溶解水一般要通过"真空"法可除去，乳化水最难去除，一般用综合法去除。

9. 颗粒污染度

汽轮机油、抗燃油中颗粒污染度的测定，是保证机组安全的重要指标。特别是新机组启动前或检修后的调速系统，必须进行严格的冲洗或过滤。如果运行中油品颗粒度增加，应迅速查明污染源，并进行精密过滤。

10. 运行油开口杯老化

按照 DL/T 429.6—2015 方法测定。根据测定的结果，可判定油品的抗氧化安定性。

11. 运行中汽轮机油、变压器油 T501 抗氧化剂含量测定

按照 GB 7602.1—2008 油中抗氧化剂含量测定分光光度法。一般油品中 T501 的含量为 0.3% ~ 0.5%，当含量低于 0.15% 时，应及时进行补加。

12. 油泥

根据油泥含量可判断该油品的老化程度。按照 DL/T 429.7—2017 进行。适用于判断绝缘油或汽轮机油的油泥试验。

（二）绝缘油试验项目及异常数据分析

1. 击穿电压

按照 GB/T 5654 或 DL/T 429.9 方法测定。水对击穿电压的影响最大，温度次之。同时乳化水比溶解水对击穿电压的影响大。试验中发现击穿电压值随次数增加而增高。这是由于油中混入不同性质的杂质而引起的。若混入的主要是纤维杂质和水分，在击穿过程中水分被蒸发，所以试验数据越来越高；但也有降低的情况出现，这就要考虑周围环境的湿度等。

2. 介质损耗因数（90℃）

按照 GB/T 5654 方法测定。绝缘油的介质损耗因数的高低可表明新油的净化程度和运行油的老化程度。影响介质损耗因数的有：施加的电压与频率、温度、水分和湿度等。

3. 腐蚀性硫

按照 SH/T 0304 方法测定。绝缘油中不允许有活性硫，只要含有十万分之一，就会对导线绝缘发生腐蚀作用。尤其对于经硫酸—白土再生的油，必须测定此项指标，合格后方能使用。

4. 界面张力

按照 GB/T 6541 方法测定。测定界面张力可判定新油的精制程度和运行油的老化深度。

5. 含气量（体积分数）

按照 DL/T 423 或 450 方法测定。

6. 体积电阻率

按照 GB/T 5654 或 DL/T 421 方法测定。适用于抗燃油或变压器油的测定。

（三）汽轮机油试验项目及异常数据分析

1. 破乳化度

按照 GB/T 7605 方法测定。测定汽轮机油的破乳化度可鉴别油质的精制深度，受污染的程度以及老化程度等。

2. 抗泡沫特性

按照 GB/T 12579 方法测定。抗泡沫特性是评定润滑油生成泡沫的倾向和泡沫稳定性的重要指标。因为油中泡沫多，则影响润滑性能和油位的正确观察。

3. 液相锈蚀试验

按照 GB/T 11143 方法测定。汽轮机油本身是无腐蚀的润滑剂，但在运行中由于水分的存在，而使油质乳化，引起油系统产生锈蚀，锈蚀产物严重时可造成系统卡涩、机组振动、磨损等不良后果。为此，汽轮机油中必须添加防锈剂。为判定油中防锈剂的含量及为了检验新油出厂时是否添加防锈剂必须进行液相锈蚀试验。

4. 空气释放值

按照 SH/T 0308 方法测定。空气释放性是指润滑油分离雾沫空气的能力。它可以判断泡沫的稳定性。在实际应用中更有指导意义。

（四）抗燃油试验项目及异常数据分析

1. 氯含量

按照 DL 433—1992 方法进行。磷酸酯抗燃油对氯含量要求很严格。因为氯离子超标会加速磷酸酯的降解，使电阻率降低，导致伺服阀的腐蚀，并会损坏某些密封衬垫材料。氯离子含量高一是由生产工艺有游离氯参加反应所致，其二是系统清洗时使用含氯溶剂。所以，一定要加强对氯含量的监督检验。

2. 自燃点

抗燃油的自燃点是一项重要的安全指标。如果运行油自燃点降低，说明油品被矿物油或其他易燃液体污染，应迅速查明原因，采取措施。

二、油务监督

（一）新油的监督

1. 油品牌号的划分

汽轮机油根据 40℃ 运动黏度的中心值划分为 32、46、68 和 100 四种牌号并按品质分为 A 级品和 B 级品。

2. 新油的验收

新油到货时，应先进行外观检验，其取样、检验和注入，均应按标准方法和程序进行。对国产新汽轮机油应按照 GB 11120—2011 标准进行验收；对国产新变压器油应按照 GB 2536—2011 标准验收；对国产新抗燃油应按照 DL/T 571 标准验收；对从国外进口的油，应按照有关国外标准或按照 ISO 标准或合同规定的指标验收。对有异议的新油应保存备份，以便复核和仲裁。

3. 新油注入设备后试验程序

因新油在储存、运输过程中不可避免受到温度、湿度等环境因素的影响，所以，一般在进入设备前，应进行过滤处理。以除去水分、气体和机械杂质。

（1）新汽轮机油注入设备后试验程序。新油注入设备后，应在油系统内进行油循环冲洗，并外加过滤装置过滤。在系统冲洗过滤过程中，应取样测试颗粒污染度等级，直至测试结果达到 SAE AS4059F 标准中 7 级或设备制造厂的要求，方能停止油系统的连续循环。取样化验颗粒度等级合格后停止过滤，同时取样进行油质全分析试验，试验结果应符合运行中涡轮机油的质量标准的要求，如果新油和冲洗过滤后的样品之间存在较大的质量差异，应分析调查原因并消除，此次分析结果应作为以后的实验数据的比较基准。

（2）新变压器油注入设备后试验程序。新变压器油进入电气设备前必须进行真空脱气的过滤净化处理，指标达到要求后注入设备进行热循环。连续循环时间为三个循环周期。进入设备前和热循环后的变压器油都应当达到表 20-3 的指标要求。达到要求后，充入电气设备，即成为"设备投运前的油"。

表 20-3   进入设备前和热循环后的变压器油位达到的指标要求

项 目	新油净化后的质量指标					
	设备电压等级（kV）					
	1000	750	500	330	220	≤110
击穿电压（kV）	≥75	≥75	≥65	≥55	≥45	≥45
水分（mg/L）	≤8	≤10	≤10	≤10	≤15	≤20
介质损耗因数（90℃）	≤0.005					
颗粒污染度[1]（粒）	≤1000	≤1000	≤2000	—	—	—

热油循环后的质量指标

项　　目	设备电压等级（kV）					
	1000	750	500	330	220	≤110
击穿电压（kV）	≥75	≥75	≥65	≥55	≥45	≥45
水分（mg/L）	≤8	≤10	≤10	≤10	≤15	≤20
油中含气量（V/V,%）	≤0.8	≤1	≤1	≤1	—	—
介质损耗因数（90℃）	≤0.005					
颗粒污染度①（粒）	≤1000	≤2000	≤3000	—	—	—

① 100mL 油中大于 5μm 的颗粒。

（二）运行油的监督、维护和管理

1. 运行中汽轮机油的监督、维护和管理

运行油在运行过程中要受到温度、压力、湿度等环境因素的影响，其氧化安定性降低，使油的某些指标发生变化，影响其性能的发挥，所以对运行油要进行日常监督维护和管理。

（1）运行中影响汽轮机油变质的因素。

1）化学成分。导致运行中油品变质因素很多。其内在因素主要是油品的化学组成，基础油石蜡烃、环烷烃和芳烃相对比例，直接影响着油品的黏度指数、倾点等理化性能，芳烃对油品氧化安定性的影响有一定规律性，这与芳烃的结构和含量有关。一般采取提高基础油精制深度，减少油中有害物质，加入添加剂来改进油品的质量，如添加剂选择不当。各种添加剂相互配合性对油品氧化安定性有一定影响，反会导致油品的性能变坏。

2）油系统结构和设计：①油箱用于储存系统全部用油。还起着分离油中空气，水分和各种杂质的作用，所以油箱结构设计对油品变质起着一定的作用。若油箱容量设计过小，增加油循环次数，油在油箱停留时间就会相应缩短，起不到水分的析出和乳化油的破乳化，加速油的劣化。②油流速、油压对油品变坏都有关系。进油管中的油不但应有一定的油压，而且还应维持一定的流速（约 1.5～2m/s）。回油管中的油是没有压力的，但也应保持有一定的流速（约 0.5～1.5m/s）。若回油速度太大，到油箱冲力也大，会使油箱中的油飞溅，容易形成泡沫，造成油中存留气体而加速油品的变质。同时冲力造成激烈搅拌会使含水的油形成乳化。

3）启动时油系统状况。新机组投运前，润滑系统管路往往会存在焊渣、碎片、砂粒等杂物，若未彻底清除干净投运后会带来很大麻烦，严重时会造成轴承磨损和调速器卡涩等问题。这些杂质还能降低油的物理化学性能，导致油质变坏，所以润滑系统每个部件都应预先清洗过并加强防护措施。防止腐蚀和污染物的进入，在现场储存期间要保持润滑油系统内表面清洁，安装部件时要使系统开口最小，减少和避免污染，保持清洁。

4）油系统的运行温度。影响汽轮机油使用寿命的最重要因素之一是运行温度特别在系统中一般是在轴承部位上有过热点出现时，会引起油的变质，此时应调节冷油器，控制油温。

5）油系统检修。油系统检修质量好坏，对油品的物理化学性能有着直接关系。尤其是漏汽漏水的机组油系统比较脏，油中会有铁锈、乳化液沉淀物，若不能彻底清除干净，则会降低油品的性能，有时由于检修方法不当，如用洗衣粉等清洗剂，冲洗不净，就会造成油品被污染。检修时应尽量采用机械方法清除杂物，然后用油冲洗，循环过滤，并采用变温冲洗方式，变量范围在 30～70℃，冲洗过程应取样检验。油中杂质含量应达到规定要求。

6）污染问题。在运行过程中，汽轮机油中污染物来自两个方面：一是系统外污染物通过轴封和各种孔隙进入；二是内部产生的污染物，包括水、金属磨损颗粒及油品氧化产物，这些污染物都会降低汽轮机油的润滑、抗泡沫等性能。所以汽轮机油运行中消除污染是必需进行的工作，否则不仅会加速油的变质，还会影响机组安全运行。

7）汽轮机油受到辐射。核电站所用的汽轮机油会受到不同程度辐射的影响。发生变化是不可逆的。其变化程度取决于油品的组分，烷烃、环烷烃所受影响比芳烃要更强。经辐射后，组分中 C－C 及 C－H 结合健发生分裂，释放出氢气，有少量甲烷及其较高的同系物。对非饱和烃是一种聚合反应，氢气析出的量较饱和烃少。油品受到辐射作用后，其物理化学性能和润滑性能都会发生变化，受到辐射破坏的突出表现：有气体析出，黏度增大，氧化安定性和防腐蚀性能下降，颜色变深，出现油泥，酸值增大，同时产生难闻气味的化合物。同时，闪点有可能降低。这些性能的变化，与油的组成和添加剂有关。一般辐射剂量超过 106J/kg 才显示出来。

（2）运行汽轮机油的监督检验。运行中汽轮机油除定期进行较全面的检测以外平时必须注意有关项目的监督检测，以便随时了解汽轮机油的运行情况，如发现问题应采取相应措施，保证机组安全运行。

1）运行中的日常监督包括以下性能的测定：外观，目测有无可见的固体杂质；水分（定性），目测有无可见游离水或乳化水；颜色，不是突然变得太深。

以上项目和运行油温、油箱油面高度均可由汽轮机操作人员或油化验人员观察、记录，试验室检验应按照 GB 7596—2017 和 GB/T 14541—2017 进行。大多数试验可在电厂化验室进行，某些特殊试验项目需经过认可的试验室承担。如颗粒度试验、抗燃油全分析等。

2）混油试验：①汽轮机发电设备需要补充油时，应补加与原设备用相同牌号的新油或曾经使用过的合格油。由于新油与已老化的运行油对油泥的溶解度不同，当向运行油、特别是油质已严重老化的油中补加新油或接近新油标准的油时，就可能导致油泥在油中析出，以致破坏汽轮机油的润滑、散热或调速特性，威胁机组安全运行。因此，补油前必须预先进行混合油样的油泥析出试验，合格后方可补加。②混合使用的油，混合前其质量均必须检验合格。③不同牌号的汽轮机油原则上不宜混合使用，不同类型、不同转数的机组，要求使用不同牌号的油，在特殊情况下必须混用时，应先按实际混合比做混合油样的黏度试验。如黏度符合要求时才能继续进行油泥析出试验，以决定是否可混。④进口油或来源不明的油，需与不同牌号的油混合时，应预先对混合前后的油进行黏度试验。如在合格范围之内，再进行老化试验，老化后混合油的质量应不低于未混合油中最差的一种油，方可混合使用。⑤试验时，油样的混合比应与实际使用的比例相同，如果运行油的混合比是未知的，则油样采用 1:1 比例混合。⑥矿物汽轮机油与用作调速的合成液体有本质的区别，不能混合使用。

（3）运行汽轮机油的维护防劣措施。

1）为延长油品寿命和保证设备安全运行，应对运行中油采取防劣措施。主要有：①采用滤油器，随时清除油中的机械杂质油泥和游离杂质，保持油系统的清洁度。②在油中添加抗氧化剂（常用 T 501 抗氧化剂）以提高油的氧化安定性，对漏水、漏汽机组，还应同时添加防锈剂（常用 T 746 防锈剂）。③安装油连续再生装置（净油器），随时清除油中的游离酸和其他老化产物。

2）滤油器包括滤网式、缝隙式、滤芯式和铁磁式等类型，机组设计时，应根据油中污染物的种类和含量以及油系统重要部件对油清洁度的要求合理配装滤油器。①汽轮机油系统的不同部位应配有合适的滤油器，对大型机组除在油箱设有滤网外，在润滑系统及调节系统管路上分别装设滤网或刮片式滤油器。在供给电液调节系统的油路上，除装设一般滤油器外，还须增设磁性滤油器，必要时，旁路滤油器前，应装设冷却器，以利从油中析出老化产物并对其滤除。②滤油器的截污能力决定于过滤介质的材质及其过滤孔径,金属质滤料包括筛网、缝隙板、金属颗粒或绸丝烧结板(筒)等。其截留颗粒的最小直径约在 $20 \sim 1500 \mu m$,其过滤作用是对机械杂质的表面截留还对水分与酸类有吸收或吸附作用。但非金属质滤元的机械强度不及金属质,只能一次性使用,用后废弃换新。③滤油器在使用中应加强检查和维修 定期检查过滤器滤元上的附着物,可以及时发现机组、油循环系统及油中初始出现的问题。如果发现滤油器滤元有污堵、锈蚀、破损或压降过大等异常情况,应查明原因并进行清扫或更换。精密滤元一般每年至少更换一次。④对大型机组,特别是漏水、漏汽或油污染严重的机组,可增设大型油净化器。这种油净化器由沉淀箱、过滤箱、贮油箱、排油烟机、自动抽水器和精密滤油器等组成。这种油净化器由于具有较大油容积,对油中水分、杂质的清除兼有重力分离、过滤与吸附净化作用,净化效率高且运行安全可靠。

3)油连续再生装置(净油器)是一种渗滤吸附装置。它利用硅胶、活性氧化铝等吸附剂除去运行油老化产物,对防止调节系统电液、伺服阀的腐蚀有较好的作用。因为它同时吸附某些添加剂,所以含有防锈剂或破乳剂的油,应随时补加添加剂,使用失效时应立即更换。

4)T 501 抗氧化剂。学名 2,6 - 二叔丁基对甲酚,适合在新油(包括再生油)或轻度老化的油中添加,国产新油一般都加有这种抗氧化剂。使用抗氧化剂须注意以下事项:①药剂的质量应验收合格,并注意药剂的保管,以防变质。②对不明牌号的新油(包括进口油)、再生油以及老化污染情况不明的运行油应做抗氧化剂的感受性试验,以确定是否适宜添加和添加时的有效剂量。如感受性差的油,必要时可将油净化或再生处理后再做试验。③T 501 抗氧化剂有效含量,对新油、再生油,应不低于 $0.3\% \sim 0.5\%$,对运行油应不低于 0.15%,当其含量低于规定值时,应进行补加。④运行油添加抗氧化剂应在设备停运或补加新油时,进行添加前运行油须经彻底净化,以除去水分、油泥和杂质。应采用热溶解法添加,即将药剂在 $50 \sim 60℃$ 油中溶解,配成 $5\% \sim 10\%$ 质量分数的油溶液将其通过压滤机注入油箱,并用压滤机循环使油混合均匀。药剂添加后应对运行油质进行检测,以便及时发现异常情况。⑤添加抗氧化剂的油,在使用中应定期测定抗氧化剂含量,了解油质变化与抗氧化剂消耗情况,如发现油质老化严重且抗氧化剂含量已低于规定值时,应对油进行处理,当油质合格后再补加抗氧化剂。

5)T 746 防锈剂,学名十二烯基丁二酸,是一种表面活性剂,对金属具有良好的防锈作用，在汽轮机油中添加量一般为 0.02% ~ 0.03%。国产防锈汽轮机油中也加有这种防锈剂。T746 防锈剂也可与 T 501 抗氧化剂复合配制，称 1 号复合添加剂，专供汽轮机油用，使用防锈剂或防锈汽轮机油应注意以下事项：①药剂质量应按十二烯基丁二酸的技术条件进行验收合格，并注意药剂的保管，以防变质。②运行油中添加防锈剂应先做添加效果试验，包括液相锈蚀试验和破乳化度、氧化安定性等。如防锈效果良好且对油质无不良影响时，方可正式添加。③运行油系统在第一次添加防锈剂前，应将系统各部分包括油箱、管路等彻底清扫或清洗干净，以利防锈剂在添加后能在金属表面形成保护膜。添加时将药剂按需要量配成 5% ~ 10% 的油溶液，通过滤油机注入油箱并循环过滤，使油混合均匀。添加前后均应对运行油质进行检测，观察添加后有无异常情况。④防锈汽轮机油在使用中按规定应定期进行液相锈蚀试验，如发现防锈剂已消耗，应在机组检修时进行补加，补加量控制在 0.02%。

6）为提高运行油的防劣措施效果，还应从油系统设计、运行维护与检修等方面进行配合与改进，例如在设计上采取措施，防止空气水分进入油循环系统；在运行维护上减少漏水、漏气，降低轴承油温，经常排除油箱中积水和油泥沉淀物，保持油系统清洁度；检修时做好加油、补油和油系统清扫等工作。

（4）技术管理与安全要求。

1）库存油管理应严格做好油的入库、储存和发放三个环节，防止油的错用、错混和油质劣化。①对新购进的油，须先验明油种，牌号并检验油质是否合格，经验收合格的油入库前须经过滤净化合格后方可灌入备用油灌。②库存备用的新油和合格的油，应分类、分牌号，分质量进行存放，所有油桶、油罐必须标志清楚，挂牌建账，且应账物相符，定期盘点无误。③严格执行库存油的油质检验。除按规定对每批入库，出库油作检验外，还要加强库存油移动时的检验与监督，油的移动包括倒罐、倒桶以及原来存有油的容器内再进入新油等，凡油在移动前后均应进行油质检验，并做好记录，以防油的错混与污损。对长期储放的备用油，应定期（一般每年）检验外观、水分和酸值，以保持油质处于合格备用状态。④为防止油在储存和发放过程中发生污损变质，应注意：油桶、油罐、管线、油泵以及计量、取样工具等必须保持洁净，一旦发现内部积水、脏物或锈蚀以及接触过不同油品或不合格油时，均须及时清除或清洗干净；尽量减少倒罐、倒桶及油移动次数，避免油质意外的污损；经常检查管线、阀门开关情况，严防串油、串汽和串水；准备再生处理的污油、废油应用专门容器盛装并另库存放，其输油管线与油泵均与合格油严格分开；油桶严密上盖，防止进潮并避免日晒雨淋，油罐装有呼吸器并经常检查和更换其吸潮剂。

2）应根据实际情况，建立有关技术档案与技术资料。主要有：①主要用油设备台账，包括设备铭牌主要规范、油种、油量，油净化装置配备情况，投运日期等记录。②主要用油设备运行油的质量检验台账处理等情况记录。③主要用油设备大修检查记录。④旧油、废油回收和再生处理记录。⑤库存备用油及油质检验台账：包括油种，牌号、油量及油移动等情况记录。汽（水）轮机油系统图、油库、油处理站设备系统图等。

3）油库、油处理站设计必须符合消防与工业卫生、环境保护等有关要求。油罐安装间距及油罐与周围建筑物的距离应具有足够的防火间距，且应设置油罐防护堤。为防止雷击和静电放电，油罐及其连接管线，应装设良好的接地装置，必需的消防器材和通风、照明、油污废水处理等设直均应合格齐全。油再生处理站还应根据环境保护规定，妥善处理油再生时的废渣、废气，残油和污水等，以防污染环境。

4）油库、油处理站及其所辖储油区应严格执行防火防爆制度，杜绝油的渗漏与泼洒，地面油污应及时清除，严禁烟火。对用过的沾油棉物及一切易燃易爆物品均应清除干净。油罐输油操作应注意防止静电放电。查看或检修油罐油箱时，应使用低电压安全行灯并注意通风等。

5）从事接触油料工作必须注意有关保健防护措施。尽量避免吸入油雾或油蒸汽：避免皮肤长时间过多地与油接触，必要时，操作需戴防护手套及围裙，操作前也可涂抹适当的护肤膏，操作后及饭前应将皮肤上的油污清洗干净，油污衣服应经常清洗等。

2. 运行中变压器油的监督、维护和管理

（1）变压器油变坏因素。

1）设备条件。变压器设备设计制造时采用小间隔，运行中易出现热点，不仅促使固体绝缘材料老化，也加速油的老化。一般温度从 60～70℃起，每增加 10℃油氧化速度约增加 1 倍。另外，设备的严密性不够，漏进水分，会促进油的老化，选用固体绝缘材料不当，与油的相容性不好，也会促进油的老化，所以设备设计和选用绝缘材料都对油的使用寿命有影响。

2）运行条件。变压器、电抗器等充油电气设备如在正常规定条件下运行。一般油品都应具有一定的氧化安定性，但当设备超负荷运行，或出现局部过热，油温增高时，油的老化则相应加速。当夏季环境温度比较高时，若不能及时调整通风和采取降温措施，将对设备内的固—液体绝缘寿命带来不利的影响，最终会导致缩短设备使用时间。

3）污染问题。新油注入设备时，都要通过真空精密过滤、脱气、脱水和除去杂质。但当清洁干燥油注入设备后，油的介质损耗因数有时会增大，甚至超过运行中规定2%的最低极限值。这主要是由污染造成，一是由于设备加工过程环境不清洁，微小杂质颗粒附着在变压器绕组及铁芯上，注油后侵入油中，二是某些有机绝缘材料溶解于油中，导致油的性能下降。

4）运行中维护。运行中油的维护很重要。目前变压器大部分不是全密封的，如果呼吸器内的干燥剂失效不能及时更换，将潮湿空气带入油内，油中抗氧化剂消耗不能及时补加。净油器（热虹吸器）内的吸附剂失效后，未能及时更换等，都会促使油的氧化变质。因此做好运行油的维护，不仅会延长油的使用寿命，同时也使设备使用期延长。

（2）运行中的监督检验。对运行油的监督检查要严格按照国标规定的监督项目和监督周期去进行。检查运行油的外观。可以发现油中不溶性油泥、纤维和脏物的存在，在常规试验中应有此项目的记载。

（3）运行中变压器油的评价。运行油的质量随老化程度和所含杂质等条件的不同而变化很大，除能判断设备故障的项目（如油中溶解气体色谱分析等）以外，通常不能单凭任何一种试验项目作为评价油质状态的依据，而应根据所测定的几种主要特性指标进行综合分析，并且随电压等级和设备种类的不同而有所区别，但评价油品质量的前提首先是考虑安全第一的方针，其次才是考虑各地具体情况和经济因素。

（4）运行中变压器油的分类概况。根据实际经验，运行油可按其主要特性指标的评价，大致可分以下几类。

第一类：可满足连续运行的油。各项指标均符合 GB 7595 中按设备类型规定的允许极限值的油品。此类油可继续运行，不需采取处理措施。

第二类：能继续使用，仅需过滤处理的油。这种情况一般是指水分含量、击穿电压不符合 GB 7595 中的极限值，其他特性均属正常的油品。这类油品外观可能有絮状物或污浊物存在，可用机械过滤去除水分及不溶物。但处理必须彻底，水分含量和击穿电压应能符合 GB 7595 中的标准要求。

第三类：油品质量较差，为恢复正常特性指标必须进行再生处理。该类油通常表现为油中存在不溶性或可沉析性油泥，酸值或介质损耗因数超过控制标准的极限值。此类油必须再生处理或者若经济性合理也可更换。

第四类：油品质量较差，许多指标均不符合 GB 7595 极限值要求。因此，从技术角度考虑应予以报废，更换新油。

3. 运行中抗燃油的监督、维护和管理

（1）抗燃油系统运行温度。运行油温过高，会加速抗燃油老化，因此必须防止油系统局部过热。当系统油温超过正常温度时，应查明原因，同时调节冷油器阀门，控制油温。

（2）抗燃油系统检修。对油系统检修，除应严格保证检修质量外。还应注意以下问题：①不能用含氯量大于 1mg/L 的溶剂清洗系统；②按照制造厂规定的材料更换密封衬垫。

（3）添加剂。运行抗燃油中需加添加剂时，应做相应的试验，以保证添加效果，添加剂不合适，会影响油品的理化性能，甚至造成油质劣化。

（4）补油。

1）运行中的电液调节系统需要补加磷酸酯抗燃油时，应补加经检验合格的相同品牌、相同牌号规格的磷酸酯抗燃油。补油前应对混合油样进行油泥析出试验，油样的配比应与实际使用的比例相同，试验合格方可补加。

2）不同品牌规格的抗燃油不宜混用，当不得不补加不同品牌的磷酸酯抗燃油时，应满足下列条件才可混用：

a. 应对运行油、补充油和混合油进行质量全分析，试验结果合格，混合油样的质量应不低于运行油的质量。

b. 应对运行油、补充油和混合油样进行开口杯老化试验，混合油样无油泥析出，老化后补充油、混合油油样的酸值、电阻率质量指标应不低于运行油老化后的测定结果。

3）补油时，应通过抗燃油专用补油设备补入，补入油的颗粒污染度应合格；补油后应从油系统取样进行颗粒污染度分析，确保油系统颗粒污染度合格。

4）磷酸酯抗燃油不应与矿物油混合使用。

（5）运行中抗燃油的防劣措施。为了延长抗燃油的使用寿命，对运行中的抗燃油必须进行精密过滤以及旁路再生。

1）系统中的精密过滤器的过滤精度应在 $3\mu m$ 以上，以除去运行中由于磨损等原因产生的机械杂质，保证运行油的清洁度。

2）对油系统进行定期检查，如发现精密过滤器压差异常。说明滤芯堵塞或破损，应及时查明原因，进行清洗或更换。

3）在机组启动的同时，应开启旁路再生装置。该装置是利用硅藻土、分子筛等吸附剂的吸附作用除去运行油老化产生的酸性物质、油泥、水分等有害物质的，是防止油质劣化的有效措施。

4）对旁路再生装置设置不合理或使用效果不明显的，应现场配备精密再生过滤处理设备，以便及时处理油质，保证机组安全运行。

5）在旁路再生装置或处理设备投运期间，应定期从其进出口取样分析，判断吸附剂是否失效，以便及时更换再生滤芯及吸附剂。一般情况下，半年更换一次。如发现进出口压差增大，应查明原因，采取处理措施。

（6）技术管理及安全要求。

1）库存抗燃油的管理。对库存抗燃油，应认真做好油品入库、储存、发放工作，防止油的错用、混用及油质劣化：①对新购抗燃油，必须经验收合格方可入库；②对库存油，应分类、分牌号存放，油桶标记必须清楚；③库房应清洁、阴凉干燥，通风良好。

2）建立健全技术管理档案。①设备卡；包括机组编号、容量。②设备检修台账，包括油箱，冷油器。高中压调节阀和主汽门油动机、自动关闭器、油管路等部件的检查结果，处理措施、检修日期、补加油量以及累计运行小时数。③抗燃油质量台账包括新油、补充油、运行油。再生油的检验报告及退出油的处理措施。结果等。

3）安全防火措施：①实验室应有良好的通风条件，加热应在通风橱中进行。②从事抗燃油工作的人员，在工作时应穿工作服，戴手套及口罩。在现场不允许吸烟、饮食。③人体接触抗燃油后的处理措施如下：

误食处理：一旦吞进抗燃油，应立即采取措施将其呕吐出来，然后到医院进一步诊治。

误入眼内：立即用大量清水冲洗。再到医院治疗。

皮肤沾染：立即用水、肥皂清洗干净。

吸入大量蒸汽：立即脱离污染气源，如有呼吸困难，立即送往医院诊治。

抗燃油具有良好的抗燃性，但不等于不燃烧。如有泄漏现象。应采取以下措施：采取包裹或涂敷措施，覆盖绝热层，消除多孔性表面，以免抗燃油渗入保温层中，将泄漏的抗燃油通过导流沟收集。

如果抗燃油渗入保温层并着火，使用二氧化碳及干粉灭火器灭火，尽量避免用水灭火，冷水会使热的钢部件变形或破裂。抗燃油燃烧会产生刺激性的气体，除产生二氧化碳、水蒸气外，还可能产生一氧化碳、五氧化二磷等有毒气体。因此，消防人员应配备供氧装置或防毒面具，防止吸入对身体有害的烟雾。

4. 油质质量标准与试验监督周期

（1）汽轮机油质量标准。

1）涡轮机油的技术要求和试验方法应符合 GB 11120—2011 的规定，见表 20 - 4。

表 20 - 4　L—TSA 汽轮机油的技术要求（GB 11120—2011）

序号	项　目	质　量　指　标				试验方法
		A 级		B 级		
	黏度等级	32	46	32	46	
1	外观	透明				目测
2	色度/号	报告				GB/T 6540
3	运动黏度（40℃）（mm²/s）	28.8 ~ 35.2	41.4 ~ 50.6	28.8 ~ 35.2	41.4 ~ 50.6	GB/T 265
4	黏度指数	≥90		≥85		GB/T 1995[a]
5	倾点[b]（℃）	≤ -6				GB/T 3535
6	密度（20℃）（kg/m³）	报告				GB/T 1884
7	闪点（开口）（℃）	≥186				GB/T 3536
8	酸值（mgKOH/g）	≤0.2				GB/T 4945[c]
9	水分（质量分数）（%）	≤0.02				GB/T 11133[d]
10	泡沫特性[e]（mL/mL） 程序Ⅰ（24℃） 程序Ⅱ（93.5℃） 程序Ⅲ（后24℃）	≤450/0 ≤50/0 ≤450/0		≤450/0 ≤100/0 ≤450/0		GB/T 12579
11	空气释放值（50℃）（min）	≤5		≤5	≤6	SH/T 0308
12	铜片腐蚀（100℃，3h）级	≤1				GB/T 5096
13	液相锈蚀（24h）	无锈				GB/T 11143（B 法）
14	抗乳化性（54℃）（min）	≤15				GB/T 7305
15	旋转氧弹值[f]（min）	报告				SH/T 0193

序号	项 目	质 量 指 标			试验方法
		A 级	B 级		
16	氧化安定性 1000h 后总酸值 （mgKOH/g） 总酸值达 2.0mgKOH/g 的时间（h） 1000h 后油泥（mg）	≤0.3 ≥3500 ≤200	≤0.3 ≥3000 ≤200	报告 ≥2000 报告	GB/T 12581 GB/T 12581 SH/T 0565
17	清洁度[g]（级）	-/18/15		报告	GB/T 14039

[a] 测定方法也包括 GB/T 2541，结果有争议时，以 GB/T 1995 为仲裁方法。

[b] 可与供应商协商较低的温度。

[c] 测定方法也包括 GB/T 7304 和 SH/T 0163，结果有争议时，以 GB/T 4945 为仲裁方法。

[d] 测定方法也包括 GB/T 7600 和 SH/T 0207，结果有争议时，以 GB/T 11133 为仲裁方法。

[e] 对于程序Ⅰ和程序Ⅲ，泡沫稳定性在 300s 时记录，对于程序Ⅱ，在 60s 时记录。

[f] 该数值对使用中油品监控是有用的，低于 250min 属不正常。

[g] 按 GB/T 18854 校正自动粒子计数器（推荐采用 DL/T 432 方法计算和测量粒子）。

2）运行中涡轮机油的质量标准应符合 GB/T 7596—2017 的规定，见表 20-5。

表 20-5 运行中涡轮机油质量标准（GB/T 7596—2017）

序号	项 目	质量指标	试验方法
1	外观	透明，无杂质或悬浮物	DL/T 429.1
2	色度	≤5.5	GB/T 6540
3	水分（mg/L）	≤100	GB/T 7600
4	酸值（mgKOH/g）	≤0.3	GB/T 264
5	颗粒污染等级 SAE AS4059F 级	≤8	DL/T 432
6	抗乳化性（54℃）（min）	≤30	GB/T 7605
7	运动黏度（40℃）（mm²/s）	不超过新油测定值的 ±5%	GB/T 265

序号	项 目		质量指标	试验方法
8	液相锈蚀		无锈	GB/T 11143（A 法）
9	泡沫特性（泡沫倾向/泡沫稳定性）（mL/mL）	24℃	≤500/10	GB/T 12579
		93.5℃	≤100/10	
		后 24℃	≤500/10	
10	空气释放值（50℃）（min）		≤10	SH/T 0308
11	闪点（开口杯）（℃）		≥180，且比前次测定值不低 10℃	GB/T 3536
12	旋转氧弹值（150℃）（min）		不低于新油原始测定值的 25%，且汽轮机用油，水轮机用油≥100	SH/T 0193
13	抗氧剂含量（%）	T 501 抗氧剂	不低于新油原始测定值的 25%	GB/T 7602
		受阻酚类或芳香胺类抗氧剂		ASTM D6971

3）运行中油的检测项目及周期。

a. 新机组投运 24h 后，应检测油品外观、色度、颗粒污染度等级、水分、泡沫性及抗乳化性。

b. 油系统检修后应取样检测油品的运动黏度、酸值、颗粒污染度等级、水分、抗乳化性及泡沫性。

c. 油系统检修后机组启动前，涡轮机油的颗粒污染度等级应不大于 SAE AS4059F 标准中 7 级的要求。

d. 补油后应在油系统循环 24h 后进行油质全分析。

e. 运行中系统的磨损、油品污染和油中添加剂的消耗情况，可以结合油中元素分析进行综合判定。

f. 如果油质异常，应缩短试验周期，必要时取样进行全分析。

g. 正常运行过程中的试验项目及周期应符合表 20-6 的规定。

（2）变压器油质量标准。

1）新变压器油质量标准分为通用和特殊两种技术要求，见表 20-7 和表 20-8。

表 20 - 6　　　　试验室试验项目及周期

序号	试验项目	投运一年内	投运一年后
1	外观	1 周	1 周
2	色度	1 周	1 周
3	颗粒污染度等级	1 个月	3 个月
4	水分	1 个月	3 个月
5	酸值	3 个月	3 个月
6	运动黏度	3 个月	6 个月
7	抗乳化性	6 个月	6 个月
8	液相锈蚀	6 个月	6 个月
9	泡沫特性	6 个月	1 年
10	旋转氧弹	1 年	1 年
11	抗氧化剂的含量	1 年	1 年
12	空气释放值	必要时	必要时
13	闪点	必要时	必要时

注　1. 如发现外观不透明时，应检测水分和破乳化度。

　　　2. 如怀疑有污染时，则应测定闪点、抗乳化性能、泡沫性和空气释放值。

表 20 -7　变压器油（通用）技术要求和试验方法（GB 2536—2011）

项　　目	质量指标					试验方法
最低冷态投运温度（LCSE）（℃）	0	-10	-20	-30	-40	
倾点（℃）	≤ -10	≤ -20	≤ -30	≤ -40	≤ -50	GB/T 3535
功能特性[a]　运动黏度（mm²/s）　40℃	≤12	≤12	≤12	≤12	≤12	GB/T 265
0℃	≤1800					
-10℃		≤1800				
-20℃			≤1800			
-30℃				≤1800		
-40℃					≤2500[b]	NB/SH/T 0837

项　　目	质　量　指　标					试验方法
最低冷态投运温度（LCSE）（℃）	0	-10	-20	-30	-40	

	项目	质量指标	试验方法
功能特性[a]	水含量[c]（mg/kg）	≤30/40	GB/T 7600
	击穿电压（满足下列要求之一）（kV） 未处理油 经处理油[d]	≥30 ≥70	GB/T507
	密度[e]（20℃）（kg/m³）	≤895	GB/T 1884 和 GB/T 1885
	介质损耗因数[f]（90℃）	≤0.005	GB/T 5654
精制/稳定特性[g]	外观	清澈透明、无沉淀物和悬浮物	目测[h]
	酸值（mgKOH/g）	≤0.01	NB/SH/T 0836
	水溶性酸或碱	无	GB/T 259
	界面张力（mN/m）	≥40	GB/T 6541
	总硫含量[i]（质量分数）（%）	无通用要求	SH/T 0689
	腐蚀性硫[j]	非腐蚀性	SH/T 0804
	抗氧化添加剂含量[k]（质量分数）（%） 不含抗氧化添加剂油（U） 含微抗氧化添加剂油（T） 含抗氧化添加剂油（I）	检测不出 ≤0.08 0.08~0.40	SH/T 0802
	2—糠醛含量（mg/kg）	≤0.1	NB/SH/T 0812
运行特性	氧化安定性（120℃） 试验时间（U）不含抗氧化添加剂油：164h（T）含微量抗氧化添加剂油：332h（I）含抗氧化添加剂油：500h	总酸值（mgKOH/g） ≤1.2	NB/SH/T 0811
		油混（质量分数）（%） ≤0.8	
		介质损耗因数（90℃） ≤0.500	GB/T 5654

项 目	质 量 指 标					试验方法
最低冷态投运温度（LCSE）（℃）	0	−10	−20	−30	−40	
运行特性[l] 析气性（mm³/min）	无通用要求					NB/SH/T 0810
健康安全和环保特性（HSE）[m] 闪点（闭口）（℃）	≥135					GB/T 261
稠环芳烃（PCA）含量（质量分数）（%）	≤3					NB/SH/T 0838
多氯联苯（PCB）含量（质量分数）（mg/kg）	检测不出[n]					SH/T 0803

注 1."无通用要求"指由供需双方协商确定该项目是否检测，且测定限值由供需双方协商确定。

2. 凡技术要求中的"无通用要求"和"由供需双方协商确定是否采用该方法进行检测"的项目为非强制性的。

a 对绝缘和冷却有影响的性能。

b 运动黏度（−40℃）以第一个黏度值为测定结果。

c 当环境湿度不大于 50% 时，水含量不大于 30mg/kg 适用于散装交货；水含量不大于 40mg/kg 适用于桶装或复合中型集装容器（IBC）交货。当环境湿度大于 50% 时，水含量不大于 35mg/kg 适用于散装交货；水含量不大于 45mg/kg 适用于桶装或复合中型集装容器（IBC）交货。

d 经处理油指试验样品在 60℃ 下通过真空（压力低于 2.5kPa）过滤流过一个孔隙度为 4 的烧结玻璃过滤器的油。

e 测定方法也包括用 SH/T 0604。结果有争议时，以 GB/T 1884 和 GB/T 1885 为仲裁方法。

f 测定方法也包括用 GB/T 21216。结果有争议时，以 GB/T 5654 为仲裁方法。

g 受精制深度和类型及添加剂影响的性能。

h 将样品注入 100mL 量筒中，在 20℃ ±5℃ 下目测。结果有争议时，按 GB/T 511 测定机械杂质含量为准。

i 测定方法也包括用 GB/T 11140、GB/T 17040、SH/T 0253、ISO 14596。

j SH/T 0804 为必做试验。是否还需要采用 GB/T 25961 方法进行检测由供需双方协商确定。

k 测定方法也包括用 SH/T 0792。结果有争议时，以 SH/T 0802 为仲裁方法。

l 在使用中和在高电场强度、温度影响下与油品长期运行有关的性能。

m 安全和环保有关的性能。

n 检测不出指 PCB 含量小于 2mg/kg，且其单峰检出限为 0.1mg/kg。

表 20-8 变压器油（特殊）技术要求和试验方法（GB 2536—2011）

项 目		质 量 指 标					试验方法
最低冷态投运温度（LCSE）（℃）		0	-10	-20	-30	-40	试验方法
功能特性[a]	倾点（℃）	≤-10	≤-20	≤-30	≤-40	≤-50	GB/T 3535
	运动黏度（mm²/s）						
	40℃	≤12	≤12	≤12	≤12	≤12	GB/T 265
	0℃	≤1800					
	-10℃		≤1800				
	-20℃			≤1800			
	-30℃				≤1800		
	-40℃					≤2500[b]	NB/SH/T 0837
	水含量[c]（mg/kg）	≤30/40					GB/T 7600
	击穿电压（满足下列要求之一）（kV）						GB/T 507
	未处理油	≥30					
	经处理油[d]	≥70					
	密度[e]（20℃）（kg/m³）	≤895					GB/T 1884 和 GB/T 1885
	苯胺点（℃）	报告					GB/T 262
	介质损耗因数[f]（90℃）	≤0.005					GB/T 5654
精制/稳定特性[g]	外观	清澈透明、无沉淀物和悬浮物					目测[h]
	酸值（mgKOH/g）	≤0.01					NB/SH/T 0836
	水溶性酸或碱	无					GB/T 259
	界面张力（mN/m）	≥40					GB/T 6541
	总硫含量[i]（质量分数）（%）	≤0.15					SH/T 0689

続表

项　目	质　量　指　标					试验方法
最低冷态投运温度（LCSE）（℃）	0	-10	-20	-30	-40	

	项目	质量指标	试验方法
精制/稳定特性[g]	腐蚀性硫[j]	非腐蚀性	SH/T 0804
	抗氧化添加剂含量[k]（质量分数）（%）含抗氧化添加剂油（I）	0.08~0.40	SH/T 0802
	2—糠醛含量（mg/kg）	≤0.05	NB/SH/T 0812
运行特性[l]	氧化安定性（120℃）试验时间（I）含抗氧化添加剂油：500h	总酸值（以 KOH 计）（mg/g） ≤0.3	NB/SH/T 0811
		油混（质量分数）（%） ≤0.05	
		介质损耗因数（90℃） ≤0.05	GB/T 5654
	析气性（mm³/min）	报告	NB/SH/T 0810
	带电倾向（ECT）（μC/m³）	报告	DL/T 385
健康安全和环保特性（HSE）[m]	闪点（闭口）（℃）	≥135	GB/T 261
	稠环芳烃（PCA）含量（质量分数）（%）	≤3	NB/SH/T 0838

第二十章　油质监督管理及油质监督管理制度

项　　目	质量指标					试验方法
最低冷态投运温度（LCSE）（℃）	0	-10	-20	-30	-40	
健康安全和环保特性（HSE）[m] 多氯联苯（PCB）含量（质量分数）（mg/kg）	检测不出[n]					SH/T 0803

凡技术要求中"由供需双方协商确定是否采用该方法进行检测"和测定结果为"报告"的项目为非强制性的。

[a]　对绝缘和冷却有影响的性能。

[b]　运动黏度（-40℃）以第一个黏度值为测定结果。

[c]　当环境湿度不大于50%时，水含量不大于30mg/kg适用于散装交货；水含量不大于40mg/kg适用于桶装或复合中型集装容器（IBC）交货。当环境湿度大于50%时，水含量不大于35mg/kg适用于散装交货；水含量不大于45mg/kg适用于桶装或复合中型集装容器（IBC）交货。

[d]　经处理油指试验样品在60℃下通过真空（压力低于2.5kPa）过滤流过一个孔隙度为4的烧结玻璃过滤器的油。

[e]　测定方法也包括用SH/T 0604。结果有争议时，以GB/T 1884和GB/T 1885为仲裁方法。

[f]　测定方法也包括用GB/T 21216。结果有争议时，以GB/T 5654为仲裁方法。

[g]　受精制深度和类型及添加剂影响的性能。

[h]　将样品注入100mL量筒中，在20℃±5℃下目测。结果有争议时，按GB/T 511测定机械杂质含量为准。

[i]　测定方法也包括用GB/T 11140、GB/T 17040、SH/T 0253、ISO14596。

[j]　SH/T 0804为必做试验。是否还需要采用GB/T 25961方法进行检测由供需双方协商确定。

[k]　测定方法也包括用SH/T 0792。结果有争议时，以SH/T 0802为仲裁方法。

[l]　在使用中和在高电场强度、温度影响下与油品长期运行有关的性能。

[m]　安全和环保有关的性能。

[n]　检测不出指PCB含量小于2mg/kg，且其单峰检出限为0.1mg/kg。

2）运行中变压器油质量标准应符合 GB/T 7595—2017 的规定，见表 20-9。

表 20-9 运行中变压器油质量标准（GB/T 7595—2017）

序号	项 目	设备电压等级 (kV)	质量指标		试验方法
			投入运行前的油	运行油	
1	外观	各电压等级	透明，无沉淀物和悬浮物		外观目视
2	色度（号）	各电压等级	≤2.0		GB/T 6540
3	水溶性酸	各电压等级	>5.4	≥4.2	GB/T 7598
4	闪点（闭口）（℃）	各电压等级	≥135		GB/T 261
5	酸值（mgKOH/g）	各电压等级	≤0.03	≤0.1	GB/T 264
6	体积电阻率 (90℃) (Q·m)	500～1000	≥6×10^{10}	≥1×10^{10}	DL/T 421
		≤330		≥5×10^9	
7	击穿电压 (kV)	750～1000	≥70	≥65	GB 507
		500	≥65	≥55	
		330	≥55	≥50	
		66～220	≥45	≥40	
		≤35	≥40	≥35	
8	介质损耗因数 (90℃)	500～1000	≤0.005	≤0.020	GB/T 5654
		≤330	≤0.010	≤0.040	
9	界面张力（25℃）(mN/m)	各电压等级	≥35	≥25	GB/T 6541
10	水分 (mg/L)	330～1000	≤10	≤15	GB/T 7600
		220	≤15	≤25	
		≤110	≤20	≤35	
11	油中含气量 (体积分数) (%)	750～1000	≤1	≤2	DL/T 703
		330～500		≤3	
		电抗器		≤5	

序号	项　目	设备电压等级（kV）	质量指标		试验方法
			投入运行前的油	运行油	
12	油泥与沉淀物[a]（质量分数）（%）	各电压等级	—	≤0.02（以下可忽略不计）	GB/T 8926—2012
13	析气性	≥500	报告		NB/SH/T 0810
14	带电倾向	各电压等级	—	报告	DL/T 385
15	颗粒污染度[b]（粒）	1000 750 500	≤1000 ≤2000 ≤3000	≤3000 ≤3000 —	DL/T 432
16	腐蚀性硫	各电压等级	非腐蚀性		DL/T 285
17	抗氧化添加剂含量（质量分数）（%）含抗氧化添加剂油	各电压等级	—	大于新油原始值的60%	SH/T 0802
18	糠醛含量（质量分数）（mg/kg）	各电压等级	报告	—	NB/SH/T 0812 DL/T 1355
19	二苄基二硫醚（DBDS）含量（质量分数）（mg/kg）	各电压等级	检测不出[c]	—	IEC 62697-1

[a] 按照 GB/T 8926—2012（方法 A）对"正戊烷不溶物"进行检测。

[b] 100mL 油中大于 5μm 的颗粒。

[c] 指 DBDS 含量小于 5mg/kg。

3）运行中变压器油常规检验项目与检验周期见表 20-10。

表 20 - 10　　　　运行中变压器油常规检验项目与检验周期

设备类型	设备电压等级	检验周期	检 验 项 目
变压器、电抗器	330～1000kV	设备投运前或大修后	外观、色度、水溶性酸、酸值、闪点、水分、界面张力、介质损耗因数、击穿电压、体积电阻率、油中含气量、颗粒污染度、糠醛含量
		每年至少一次	外观,色度、水分、介质损耗因数、击穿电压、油中含气量
		必要时	水溶性酸、酸值、闪点、界面张力、体积电阻率、油泥与沉淀物、析气性、带电倾向、腐蚀性硫、颗粒污染度、抗氧化添加剂含量、糠醛含量、二苄基二硫醚含量、金属钝化剂
	66～220kV	设备投运前或大修后	外观、色度、水溶性酸、闪点、水分、界面张力、介质损耗因数、击穿电庄、体积电阻率、糠醛含量
		每年至少一次	外观、色度、水分、介质损耗因数、击穿电压
		必要时	水溶性酸、酸值、界面张力、体积电阻率、油泥与沉淀物、带电倾向、腐蚀性硫、抗氧化添加剂含量、糠醛含量、二苄基二硫醚含量、金属钝化剂
	≤35kV	3 年至少一次	水分、介质损耗因数、击穿电压
断路器	>10kV	设备投运前或大修后	外观、水溶性酸、击穿电压
		每年一次	击穿电压
	≤110kV	设备投运前或大修后	外观、水溶性酸、击穿电压
		3 年至少一次	击穿电压

（3）抗燃油质量标准。

1）新磷酸酯抗燃油质量标准和运行中磷酸酯抗燃油质量标准应符合 DL/T 571—2014 的规定，见表 20 - 11 和表 20 - 12。

2）运行中抗燃油常规检验项目与检验周期见表 20 - 13。

3）抗燃油及矿物油对密封衬垫材料的相容性见表 20 - 14

表 20 - 11　　　　　　　　新磷酸酯抗燃油质量标准

序号	项　　目		质量指标	试验方法
1	外观		透明，无杂质或悬浮物	DL 429.1
2	颜色		无色或淡黄	DL 429.2
3	密度（20℃）（kg/m^3）		1130 ~ 1170	GB/T 1884
4	运动黏度（40℃）（mm^2/s）	ISO VG32	28.8 ~ 35.2	GB/T 265
		ISO VG46	41.4 ~ 50.6	
5	倾点（℃）		≤ -18	GB/T 3535
6	开口闪点（℃）		≥240	GB 3536
7	自燃点（℃）		≥530	DL/T 706
8	颗粒污染度（SAE AS4059F）级		≤6	DL/T 432
9	水分（mg/L）		≤600	GB 7600
10	酸值（mgKOH/g）		≤0.05	GB/T 264
11	氯含量（mg/kg）		≤50	DL/T 433
12	泡沫特性（mL/mL）	24℃	≤50/0	GB/T 12579
		93.5℃	≤10/0	
		后24℃	≤50/0	
13	电阻率（20℃）（Ω·cm）		≥1 × 10^{10}	DL/T 421
14	空气释放值（50℃）（min）		≤6	SH/T 0308
15	水解安定性（mgKOH/g）		≤0.5	EN 14833
16	氧化安定性	酸值（mgKOH/g）	≤1.5	EN 14832
		铁片质量变化（mg）	≤1.0	
		铜片质量变化（mg/cm^2）	≤2.0	

表 20 - 12　　　　运行中磷酸酯抗燃油质量标准

序号	项目		质量指标	试验方法
1	外观		透明，无杂质或悬浮物	DL 429. 1
2	颜色		橘红	DL 429. 2
3	密度（20℃）（kg/m³）		1130 ~ 1170	GB/T 1884
4	运动黏度（40℃）（mm²/s）	ISO VG32	27. 2 ~ 36. 8	GB/T 265
		ISO VG46	39. 1 ~ 52. 9	
5	倾点（℃）		≤ - 18	GB/T 3535
6	开口闪点（℃）		≥235	GB 3536
7	自燃点（℃）		≥530	DL/T 706
8	颗粒污染度（SAE AS4059F）级		≤6	DL/T 432
9	水分（mg/L）		≤1000	GB 7600
10	酸值（mgKOH/g）		≤0. 15	GB/T 264
11	氯含量（mg/kg）		≤100	DL/T 433
12	泡沫特性（mL/mL）	24℃	≤200/0	GB/T 12579
		93. 5℃	≤40/0	
		后 24℃	≤200/0	
13	电阻率（20℃）（Ω·cm）		≥6 × 10⁹	DL/T 421
14	空气释放值（50℃）（min）		≤10	SH/T 0308
15	矿物油含量（m/m）（%）		≤4	DL/T 571—2014 附录 C

表 20 - 13　　　　运行中抗燃油常规检验项目与检验周期

序号	试验项目	第一个月	第二个月后
1	外观、颜色、水分、酸值、电阻率	2 周 1 次	每月一次
2	运动黏度、颗粒污染度等级	—	三个月一次

序号	试验项目	第一个月	第二个月后
3	泡沫特性、空气释放值、矿物油含量	—	六个月一次
4	外观、颜色、水分、酸值、电阻率、运动黏度、颗粒污染度等级、泡沫特性、空气释放值、矿物油含量、倾点、闪点、自燃点、氯含量、密度	—	机组检修后重新启动前，每年至少一次
5	颗粒污染度等级	—	机组启动24h后复查
6	运动黏度、颗粒污染度等级	—	补油后
7	倾点、闪点、自燃点、氯含量、密度，如果油质异常，应缩短试验周期，必要时取样进行全分析	—	必要时

表 20-14　抗燃油及矿物油对密封衬垫材料的相容性

材料名称	磷酸酯抗燃油	矿物油
氯丁橡胶	不适应	除乙丙橡胶不适应外，其余材料均适应
丁腈橡胶	不适应	
皮革	不适应	
橡胶石棉垫	不适应	
硅橡胶	适应	
乙丙橡胶	适应	
氯化橡胶	适应	
聚四氟乙烯	适应	
聚乙烯	适应	
聚丙烯	适应	

4）运行中氢冷发电机密封用油质量标准见表 20-15。

第四篇 电厂油务管理

表 20 – 15 运行中氢冷发电机密封用油质量标准

序 号	项 目	质 量 标 准
1	外观	透明
2	运动黏度 (40℃, mm²/s)	与新油测定值的偏差不大于20%
3	开口闪点 (℃)	不低于新油原测定值15℃
4	酸值 (mgKOH/g)	≤0.3
5	机械杂质	无
6	水分 (mg/L)	≤50
7	空气释放值 (50℃, min)	≤10
8	泡沫特性 (24℃, mL)	600

5) 运行中氢冷发电机常规检验项目及周期见表 20 – 16。

表 20 – 16 运行中氢冷发电机用油常规检验项目及周期

检 验 项 目	检 验 周 期
水分、机械杂质	半月一次
运动黏度、酸值	半年一次
空气释放值,泡沫特性,闪点	每年一次

5. 现场巡回检查和设备检修时的检查验收

为保证现场用油设备的安全运行,通过现场巡回检查及时发现运行油存在的问题,掌握运行情况,督促油务监督管理制度的贯彻执行,及时采取措施,确保运行油正常运行。

(1) 巡回检查的项目和周期。巡回检查由化验专责,按照下列规定进行。

1) 汽轮机组,每周检查一次,主要检查:①各轴瓦回油窥视镜上是否有水珠;②净油器投运情况;③油箱底部放水情况及油箱油位及补油情况;④油系统漏汽漏水及漏油情况;⑤给水泵油中水分、泡沫。

2) 主变压器,每月检查一次,主要检查:①油温及热虹吸过滤器运行情况;②油位、呼吸器中干燥剂的失效情况;③设备漏油情况。

3) 风机检查情况,每一个月检查一次,主要检查:①五期一次风机联轴器用油的外观,冷油器的漏水情况;②五期二次风机的油质情况;③六期高低压泵站的油质情况 (一个月一次)。

（2）设备检修时的油务监督。

1）应根据日常掌握的油质情况，事先向有关部门提出油系统和用油设备内部的清洗方法，和油的处理意见。

2）应建立检修记录台账，并做好记录。

3）应从退油、清洗、油处理、补油及油循环等几个环节入手，坚持全过程监督。

（3）设备检修时的检查验收。

1）检修前的检查：①检查内容：深入地检查设备内部情况。检查油系统中是否有油泥沉淀物，是否有金属或纤维等杂质，何处有，何处最多，都是什么成分，检查设备金属表面是否遭受腐蚀，纤维质绝缘物是否遭受破坏等，并将这些情况详细记录，画图和分析成分，再研究分析找出原因，总结运行中的经验教训，提出改进的办法。②检查部位：包括油箱、冷油器、轴瓦、推力轴承、滤网和油系统管道等。

2）检修后的验收：①油系统和用油设备内清洗完后，油务专责人应和检修负责人共同检查，看是否清洗与擦拭干净，如不干净则需继续，直到干净为止。②检修清洗后，未检查前，不可将油系统和设备正式封盖，在验收工作中，应做好详细的记录，以备考察。③验收合格后，应将油系统封闭盖好，不准随意打开，同时须采取防止尘埃、污物、水分等进入措施。

3）对油系统清洗的要求：①清洗后，在油系统中，应无油泥沉淀物和坚硬的油垢，应无金属屑和腐蚀产物，应无机械杂质和纤维质，以及残留的清洗溶液和水分。②要保证油系统无漏油或渗油现象，冷油器和汽封需严密，不得有漏水漏汽现象。

提示 本章共三节，均适用于高级工。

第二十一章

油品净化与再生

第一节　油处理专用材料有关知识

一、常用吸附剂及其性能（见表 21 - 1）

表 21 - 1　　　　　　　　常用吸附剂及其性能

名称	型号	化学成分	形状	活性表面 (m^2/g)	活化温度	最佳工作温度	能吸附的组分
硅胶	细孔、粗孔、变色	$mSiO_2 \cdot xH_2O$ 变色硅胶浸有氯化钴	干燥时呈乳白色块状或球状结晶	300～500	450～600 变色硅胶 120	30～50	水分、气体及有机氧化物（细孔硅胶多用于吸水，粗孔硅胶多用于油处理，变色硅胶做吸附剂吸水性指示剂用
活性氧化铝		$mAl_2O_3 \cdot xH_2O$	块状、球状或粉状结晶	180～370	300	50～70	有机酸及其他氧化产物
分子筛（沸石）	A型、（常用）X型、Y型	$m_{2/n}O \cdot Al_2O_3 \cdot xSiO_2 \cdot YH_2O$①	条状或球形	300～400	450～500	25～150	水、气体、不饱和烃、有机酸等氧化物
活性白土		主要成分为 SiO_2，另含少量 Fe、Al、Mg 等金属氧化物	无定型或结晶状的白色粉末或粒状	100～300	450～600	100～150	不饱和烃、树脂及沥青质有机酸、水分等

第二十一章　油品净化与再生

续表

名称	型号	化学成分	形状	活性表面（m²/g）	活化温度	最佳工作温度	能吸附的组分
高铝微球	801	$SiO_2 \cdot Al_2O_3$ 单体为稀土 Y 型分子筛	微球状	530	120	40~60	酸性组分及其氧化产物

① M 一般为 K、Na、Ca。

二、滤油纸的使用注意事项

滤纸一般采用工业用吸附纸，由于它的纤维结构组织稀松，形成纵横交错的多孔状，水分就可能渗入滤纸孔内。滤纸使用前，应先用专用打孔机打孔，然后放在专用的烘箱内烘干。当干燥温度为80℃时，干燥8~16h；当烘干温度为100℃时，时间为2~4h。用滤纸作为过滤介质时，板框式滤油机的正常工作压力保持在1.5~3.5kg/cm²，如果油中水分多，还应适当降低压力，否则容易使滤纸破损。

第二节　油品净化机械

一、板框（压力）式滤油机的工作原理、启停操作及维护保养

（一）板框（压力）式滤油机的工作原理

利用油泵将油通过具有吸附及过滤作用的滤纸（或其他滤料），除去油中机械杂质、水分等混杂物，使油得以净化，称为压力式过滤净化。

压力式滤油，油温最好在35~50℃之间，此时滤纸的滤除效果比较好。滤纸要干燥。一般干燥温度为80℃时，干燥时间为8~16h；干燥温度为100℃时，干燥时间为2~4h。

（二）启停操作

1. 启动前的准备

（1）连接好有关各进出油管路，并与油桶或油箱连接好。

（2）检查马达的电源线路和开关接地、接地线是否良好，如破损或没有则禁止启动。

（3）检查各部件的螺丝是否拧紧。

（4）检查有关截门的状态，并打开除滤油机进口以外的其他有关截门。

（5）充油和排空。

第四篇 电厂油务管理

2. 启动

（1）经小盘车后，合上电动机，并注意有无摩擦和不正常的声音。

（2）当各部件正常时，打开进口截门，并调整给油量，使压力维持在 $1.5 \sim 2.5 kg/cm^2$，如框架和滤板间夹有帆布或呢子，压力则达到 $3.5 \sim 4.0 kg/cm^2$。

（三）停止

（1）关闭进口截门。

（2）拉下电动机开关。

（3）关闭出口截门。

（4）关闭所有有关截门。

（四）维护与保养

（1）经常检查电动机的温度，不得超过45℃。

（2）经常检查油泵的温度，不得高于进油温度。

（3）空负荷下，不得长期运转。

（4）在夹用毡子、呢子的情况下，工作压力不可超过 $5.0 kg/cm^2$；在仅用滤油纸的情况下，工作压力不可超过 $4.0 kg/cm^2$。

（5）经常注意泵及电动机的运转情况，倾听有无摩擦及撞击声。

（6）当机组任一部件的温度超过定额，机组剧烈震动、机组各部件有摩擦、撞击声音、泵及电动机有异常声音以及电动机冒烟时，应立即停机检查并查明原因。

（7）定期清洗过滤网，经常排除空气分离器中的空气。

（8）运行中，应注意观察滤油机的运行压力，压力忽然变大或减小，应查明原因并及时采取措施。

二、离心式滤油机的工作原理、启停操作及维护保养

（一）离心式滤油机的工作原理

离心分离是利用油、水及固体杂质三者密度的不同，在离心力的作用下，其运动速度和距离也各不相同的原理。油最轻，聚集在旋转鼓的中心，水的密度稍大被甩在油的外层，油中固体杂质最重，被甩在最外层，在鼓中不同分层处被抽出，从而达到净化的目的。

当油中含有大量水分，特别是含有乳化水时，利用压力式滤油机达不到高效率净化，必须采用离心分离法。

（二）启停操作

1. 启动前的准备

（1）连接好有关各进出油管路，并与油桶或油箱连接好。

（2）检查螺母传动箱内是否有足够的油量（油位应在窥视镜的1/2处），否则应添加。

（3）检查马达、加热器的电源、线路、开关等是否良好，如有破损，应禁止启动。

（4）检查各机件的螺丝是否拧紧，制动器是否拉开，横门是否松开，机座是否平稳。

（5）检查地线是否良好，未接地禁止启动。

（6）检查有关截门状态，打开除离心机进出口以外的其他有关截门。

（7）检查转轴是否灵活有无摩擦状态。

（8）如用净化法过滤，应从集油器的顶部加除盐水于转筒中至底部溢流管溢出水为止。

2. 启动

（1）经小心地盘车后，先合上辅助开关（刀闸），然后合上电动机开关，并至少合三次，每次接通电源时间不超过5s，此后应密切注意泵及转动部分是否有摩擦现象，马达及螺母传动箱是否发热。

（2）各部件正常，且达到正常转速时，合上加热器开关，并缓开吸入泵进油管的截门，且调整给油量，以免因转筒中的油太多而溢流。

（3）当发现出油管窥视镜中有油流出时，全打开泵出油管截门。

（三）停止

（1）拉下加热器开关。

（2）关闭吸入泵进油管截门。

（3）拉下电动机开关。

（4）当发现出油管窥视镜中没有油流时，同时合上两个制动器，并关闭打出泵的截门。

（5）关闭所有有关截门。

（6）拉下制动器。

（四）维护与保养

（1）转动期间应经常检查螺母传动箱中的油位，使油位保持在窥视镜的1/2处。

（2）经常注意入口油温，当油位升到65℃时，应停止加热。

（3）经常检查各部件温度，螺母传动箱和各轴承温度不应超过60℃。电动机温度不应超过45℃。油泵的温度不得超过进油温度。

（4）在空负荷下，不得长期运转。

（5）工作压力不得超过 5.0kg/cm²。

（6）当机组任一部件的温度超过定额，机组剧烈震动、机组各部件有摩擦、撞击声音、泵及电动机有异常声音以及电动机冒烟时，应立即停机检查并查明原因。

（7）定期清洗过滤网及转动圆筒。

（8）经常注意泵及电动机的运转情况，倾听有无摩擦及撞击声。

三、真空式滤油机的工作原理、启停操作及维护保养

（一）真空式滤油机的工作原理

油在高真空和不太高的温度下雾化，油中水分和气体便在真空状态下因蒸发而被负压抽出，而油滴落下回到油室。因为真空滤油机也带有滤网，所以也能去除杂质。油中水分汽化和气体的脱除效果，取决于真空度和油温，真空度越高，水的汽化温度越低，脱水效果越好。

真空净化法处理适用范围广，不仅能满足一般电气设备用油的需要，还逐渐应用到汽轮机油的处理过程中。

（二）启停操作及维护保养

按设备厂家说明书要求进行。

第三节 油品防劣

一、油品劣化的原理

（一）油品的氧化与劣化

油品氧化从广义上说包括燃烧、高温氧化和自动氧化等。电力系统所说的氧化就是指自动氧化。自动氧化是油品在使用、储存中，自动与空气中的氧分子发生较缓慢的化学反应。深度氧化就是劣化或老化。

（二）影响油品氧化的因素

1. 温度

温度是影响油品氧化的重要因素之一，因为温度对油品的氧化速度、氧化方向和氧化产物都有不同程度的影响。油品的氧化速度随温度的增加而上升。实践证明油品在常温下氧化速度比较缓慢，温度在 50～60℃，氧化速度加快，当温度超过 80℃ 时，温度每增加 10℃，氧化速度增加一倍。

2. 氧和氧化时间

氧气的存在是油品氧化的主要原因。油品的氧化速度随着氧气浓度的增加和氧化时间的增长而增加。

3. 金属和水的催化作用

油品在运行过程中经常接触金属物质，如铜、铁等。这些物质的存在，将加速油品的氧化速度。水是油品氧化的主要催化剂。

4. 电场和光线的影响

电压增加和长期日光照射，都会加速油品氧化。

5. 与油品的化学组成有关

从单一的烃类来说，在外界条件相同时，烷烃最易氧化，环烷烃次之，芳香烃较难氧化。油品是各种烃类的化合物，混合烃的情况比较复杂，但如果含有的芳香烃成分多，则氧化速度减慢。

6. 与油品的精制深度和净化程度有关

一般油品精制不足或过度精制，在使用中都易氧化。净化不好，油中留有酸、碱等精制后残渣，也加速油的氧化。

（三）劣化（氧化）机理

油品的氧化机理有各种学说，目前最倾向于链锁反应学说。它一般分为三个阶段，即链产生阶段、链发展阶段和链终止阶段。

1. 链产生阶段

在烃类液相氧化中，有少数比较活泼、能量较高的烃分子，在外界光、热电场等条件的作用下，可能通过下列反应生成活性自由基。生成的活性自由基，可导致链反应的发展，起到引发作用。此阶段即开始油品氧化的诱导期。诱导期越长，油品的氧化安定性越好。

2. 链发展阶段

油中的活性自由基，要逐步先生成不稳定的过氧化物（氧化中间产物），此过氧化物在受热时又会分解成新的活性自由基，并引起新的连锁反应，使氧化速度加快。

3. 链终止阶段

随着连锁反应的发展，活性自由基浓度增大，其自身结合以及与容器壁碰撞的几率也增加，加之与抗氧化剂的作用等，均可生成稳定产物或非活性自由基，从而使链反应终止。

链反应的终止，在油品的使用中有着重要的意义。因此，往油品中加入抗氧化剂，成为油品防劣的有效措施。

二、油品添加剂的种类及作用

为适应不同设备的用油需要，提高和改善油品的某些性能和指标，往往向油中加入少量的化学物质，这种化学物质就称为油品的添加剂。我国的添加剂有30多种，电力用油的添加剂一般有以下几种。

1. 抗氧化添加剂

抗氧化剂可以增加油的抗氧化安定性，减缓油品的诱导期，延长油质使用寿命。抗氧化剂种类很多，电力系统一般采用 T501。

2. 防锈添加剂

防锈添加剂可以防止金属由于周围环境的化学或电化学作用而磨损生锈。汽轮机油的防锈添加剂一般采用 T746。

3. 黏度添加剂

可以增加润滑油的黏度，改善润滑油的黏温特性。主要有：聚异丁烯、聚甲基丙烯酸酯、聚乙烯基正丁基醚等。

4. 降凝剂

可以降低绝缘油、润滑油的凝固点，改善油品的低温流动性。使用比较广泛的是长链烷基萘（$C_{22} \sim C_{24}$）及其缩合物，如聚甲基丙烯酸酯（C_{12} 以上的烷基酯），聚丙烯酸酯和长链烷基酚及其缩合物。

5. 抗泡沫添加剂

润滑油在使用过程中，往往容易形成泡沫而影响润滑效果。为了消除和避免泡沫的发生，可往油中添加抗泡剂。一般用硅的有机化合物作为消泡剂。我国常用甲基硅油 T901。

6. 破乳化剂

破乳化剂能提高油品的抗乳化性能，并能使油水乳化液迅速分离。在汽轮机油中应用较好的是以甘油为引发剂的聚氧化烯烃甘油硬酯酸酯类，通称 GPES 型破乳化剂。

三、油品添加剂的使用、注意事项及监督维护

（一）抗氧化剂"T501"的使用、注意事项及监督维护

1. 抗氧化剂的质量标准（见表 21 - 2）

表 21 - 2　　　　抗氧化剂的质量标准（SH 0015—1990）

项　　目	质量指标		试验方法
	一级品	合格品	
外　　观	白色结晶		目测
初熔点（℃）	69.0 ~ 70.0	68.5 ~ 70.0	GB/T 617
游离甲酚（m/m）（不大于,%）	0.015	0.03	
灰分（m/m）（不大于,%）	0.01	0.03	GB/T 508
水分（m/m）（不大于,%）	0.05	0.08	GB/T 606
闭口闪点（℃）	报告	—	GB/T 261

2. 使用及注意事项

油中添加抗氧化剂，一般要经过以下步骤：

（1）抗氧化剂的效果试验，又称感受性试验。国产油对 T501 的感受性一般较好，且出厂时厂家都加抗氧化剂，所以使用者可以不做此项试验。但对于不明牌号的进口油，必须进行此项试验。

（2）抗氧化剂有效剂量的确定。实践表明，抗氧化剂一般添加范围为 0.3% ~ 0.5%，但对于不同质量和不同氧化程度的油品，要具体确定。

（3）添加抗氧化剂的方法。添加前，应先清除设备和油内的油泥、水分和杂质，绝缘油击穿电压合格，汽轮机油破乳化度应合格。用热溶法。

3. 监督维护

（1）每次添加前后，均需按运行油质量指标对油质进行试验，必要时还需做开口杯老化试验，以做原始记录，供在异常情况时查对、分析用。

（2）运行中抗氧化剂要逐渐消耗，当含量低于 0.15% 时，要及时补加。

（3）因抗氧化剂 T501 是在油还未氧化或氧化初期加入，有抑制氧化作用，所以油的酸值要低和 pH 值要高。一般变压器油的 pH 要在 5.0以上。

（二）防锈剂 T746 的使用、注意事项及监督维护

1. 防锈剂的质量标准（见表 21 - 3）

表 21 - 3　　　防锈剂的质量标准（SH 0043—1991）

项　　目		质量标准		试验方法
		一级品	合格品	
外　　观		透明黏稠液体		目测
闪点（不低于，℃）		100	90	GB/T 3536
酸值（mgKOH/g）		300 ~ 395	235 ~ 395	GB/T 7304
pH 值（不低于）		4.3	4.2	GB/T 0298
碘值（g/100g）		50 ~ 90	50 ~ 90	SH/T 0243
铜片腐蚀（100℃，3h）		≤1 级	≤1 级	GB/T 5096
液相锈蚀	蒸馏水 合成海水 坚膜韧性	无锈	无锈	GB/T 11143

2. 使用注意事项

油中添加防锈剂，一般要经过以下步骤：

（1）防锈剂的效果小型试验。一般在汽轮机油中添加。按照标准测定方法，进行不同剂量油的液相锈蚀小型试验，以确定无锈时的适宜剂量。同时对加剂后的油，进行其他理化指标试验，均无不良影响，才能考虑大型添加。一般运行汽轮机油添加"746"的量为 0.02% ~ 0.03%。因"746"为有机二元酸，加入油中会使油的酸值上升，但最高酸值不能超过 0.3 mgKOH/g。

（2）添加方法。第一次添加最好在机组大修时。先将油系统的各个管路、部件以及主油箱等处彻底清扫和清洗，使油系统中漏出金属的表面，并做好记录。

添加前，必须对油进行过滤等净化处理，清除掉油中的水分、杂质等。

用热溶法进行添加。

3. 监督维护

（1）由于"746"在运行中要逐渐消耗，需要及时或定期进行补加，补加时间和补加量，通常是通过定期进行液相锈蚀试验来确定。当发现试棒上出现锈蚀现象时，就应及时补加，补加量控制在 0.02% 左右，补加方法与添加时相同。

（2）加防锈剂前后要进行油品有关项目的分析，并做好记录。加剂后的油，除按要求进行常规检测外，应根据运行情况的需要或发现异常时，应增加检验次数和项目。

（三）破乳化剂的使用、注意事项及监督维护

破乳化剂的质量要符合标准要求。添加前要做小型试验和感受性试验。确定最佳添加量。添加前要对油系统进行彻底清洁，同时清除油中的水分和杂质。加入破乳化剂后，油品要加强过滤，及时清除沉淀物。补加前后应对油质进行全面检测，并做好记录。运行中当破乳化时间大于30min 时，要进行补加。油质有异常情况应增加试验次数和缩短试验周期。

（四）抗泡沫添加剂的使用、注意事项及监督维护

抗泡沫添加剂的质量要符合标准要求。T901 这种添加剂主要用于汽轮机油、机械油中，用量很少，一般为 0.001% 左右。因它难溶于油中，故在加入油品前，可先用煤油和柴油进行稀释，混合均匀以喷雾状加入油中。运行油中泡沫超出指标要求，并影响油质润滑性能时要补加。

四、混油及补油

补油、混油除符合前面提出的要求外，对变压器油来说，混合后的油的凝点要符合运行要求；汽轮机油的黏度要符合运行要求。

五、降凝剂和黏度添加剂的使用、注意事项及监督维护

降凝剂和黏度添加剂一般是油品制造厂家出厂时已添加好，且在运行中不容易消耗，一般不进行添加。若因特殊原因需要添加，一定要在油品制造厂家的指导下进行。

第四节　废油再生处理

一、废油再生方法

（一）概述

废油再生的方法很多，但总不外利用物理的或化学的再生方法，将油中污物和劣化生成物除去，以便继续使用。这些方法的单独或联合使用，都需在再生前根据油的种类和劣化深度，以及对再生后油品的要求等，通过小型试验，选择经济而有效的再生方法。

（二）油的净化处理

所谓油的净化处理，就是通过简单的物理方法（如沉降、过滤等）除去油中的污染物，使油品的某些指标达到要求，如绝缘油的耐压、微水含量等。

一般来说，新油在运输、保存过程中或油品在运行中，不可避免地被污染，油中混入杂质和水分。使油品的某些性能变坏并加速油的氧化，为此，必须经过净化处理。油的净化方法很多，根据油品的污染程度和质量要求选择适当的净化方法。

1. （加热）沉降法净化油

该法又称为重力沉降法。混杂物的密度一般比油品的大，当油品长时间处于静止状态时，利用重力作用的原理，可使大部分密度大的混杂物从油中自然沉降而分离。为节省时间和达到好的分离效果，一般要对油品进行加热。绝缘油一般温度为 25 ~ 35℃，汽轮机油一般为 40 ~ 55℃。沉降法净化油比较简单，但不彻底，只能除去油中的大量水分和能自然沉降下来的混杂物。一般先将油沉降后，再选择其他净化方法，这样，既可缩短净化时间，又可节省药剂，降低成本，保证净化质量。

2. 压力过滤法净化油

利用油泵将油通过具有吸附及过滤作用的滤纸（或其他滤料），除去

油中机械杂质、水分等混杂物，使油得以净化，称为压力式过滤净化。

压力式滤油，油温最好在 35～50℃ 之间，此时滤纸的滤除效果比较好。滤纸要干燥。一般干燥温度为 80℃ 时，干燥时间为 8～16h；干燥温度为 100℃ 时，干燥时间为 2～4h。

3. 真空过滤法净化油

此种方法主要是借助于真空滤油机，油在高真空和不太高的温度下雾化，油中水分和气体便在真空状态下因蒸发而被负压抽出，而油滴落下回到油室。因为真空滤油机也带有滤网，所以也能去除杂质。

真空净化法处理适用范围广，不仅能满足一般电气设备用油的需要，还逐渐应用到汽轮机油的处理过程中。

4. 离心分离法净化油

当油中含有大量水分，特别是含有乳化水时，利用压力式滤油机达不到高效率净化，必须采用离心分离法。离心分离法是通过离心机来实现的。离心分离是利用油、水及固体杂质三者密度的不同，在离心力的作用下，其运动速度和距离也各不相同的原理。油最轻，聚集在旋转鼓的中心，水的密度稍大被甩在油的外层，油中固体杂质最重，被甩在最外层，在鼓中不同分层出被抽出，从而达到净化的目的。

现在随着大容量机组的投运，对油品质量的要求也越来越高，处理净化再生设备也越来越精密、多样化和多功能。

二、废油的处理再生

油在使用过程中，由于长期与空气接触，逐渐氧化变质，生成一系列的氧化产物，使其原来优良的理化性能和电气性能变坏，以致达到不能使用的地步。我们把氧化变质的油称为废油。在废油中一般氧化产物所占比例很少，为 1%～25%，其余 75%～99% 都是理想成分。废油再生就是利用简单的工艺方法去掉油中的氧化产物，恢复油品的优良性能。废油再生既节省能源，降低成本，提高经济效益，又有利于环境保护。

废油再生前一般要经过物理净化，即沉降、过滤、离心分离和水洗等预处理（选择其中的一种或几种）。废油再生一般有物理化学法和化学再生法两种。

1. 再生方法的选择

合理再生废油是选择再生方法的基本原则，根据废油的劣化程度、含杂质情况和再生油的质量要求，本着操作简便、节省耗材和提高质量和提高经济效益的目的，一般原则是：

（1）油的氧化不严重，仅出现酸性和极少的沉淀物等，以及某一项指标变坏如介质损耗、抗乳化度等，可选用过滤吸附处理等方法。

（2）油的氧化较严重，杂质较多，酸值较高时，采用吸附处理方法无效时，可采用化学再生法中的硫酸—白土法处理。

（3）酸值很高，颜色较深，沉淀物多，劣化严重的油品，应采用化学再生法。除此之外，像绝缘油的闪点降低，油中含硫等各有其处理方法。

2. 物理 – 化学法

电厂中常用的是吸附剂再生法，主要包括凝聚、吸附等单元操作。此法是利用吸附剂有较大的活性表面积，对废油中的氧化产物如酸和水有较强的吸附能力，使吸附剂与废油充分接触，从而除去油中有害物质，达到净化再生的目的。

吸附再生法一般有接触法和过滤法两种方式。

（1）接触法：主要采用粉末状吸附剂（如活性白土、801 吸附剂等）和油直接接触的再生方法。

（2）过滤法：主要采用粒状吸附剂，将吸附剂装入特制的罐体中，将废油通过吸附罐，达到净化再生的目的。此种方式多用于设备不停电的情况，带电过滤吸附处理油，热虹吸器和汽轮机油运行中再生均属此种类型。

3. 化学法

主要包括硫酸—白土再生法和硫酸—碱—白土再生法。

（1）硫酸—白土再生法。此法是目前处理再生废油比较普遍的一种方法。作用机理是：硫酸与油品中的某些成分极易发生反应，而在常温下不与烷烃、环烷烃起作用，与芳烃作用也很缓慢；因此酸处理如果条件控制的好，基本不会除去油中理想组分。硫酸的作用：对油中含氧、硫和氮起磺化、氧化、酯化和溶解作用生成沉淀的酸渣；对油中的沥青和胶质等氧化产物主要起溶解作用；对油中各种悬浮的固体杂质起凝聚作用；与不饱和烃发生酯化、叠合等反应。白土能吸附硫酸处理后残留于油中硫酸、磺酸、酚类、酸渣及其他悬浮的固体杂质等，并能脱色。

（2）硫酸—碱—白土再生法。此法适用于劣化特别严重的废油，酸值在 0.5mgKOH/g 以上，用以上的再生方法得不到满意的效果时，可采用这种方法再生。

碱的作用是一方面与油中环烷酸、低分子有机酸反应，另一方面与硫酸、磺酸和酸性硫酸酯反应，生成可溶性的盐和皂。

（3）油品的脱硫处理：

1）油中 H_2S 气体可用加热的方法或5%的苛性钠溶液碱洗除掉。

2）油中的硫醇（RSH）可用20%以上的浓碱液除掉。

3）油中硫醚（RSR）等，能溶于浓硫酸被除掉。

4）元素硫可通过加热的方法除掉。

（4）低闪点绝缘油的处理。正常运行的绝缘油，其闪点不会降低。油品闪点降低的原因：一是油中混入轻质油，二是电气设备运行中内部产生故障。

低闪点一般采用减压蒸馏法或真空脱气法。因减压蒸馏法操作比较麻烦，所以一般多采用真空脱气法。

4. 废油再生的安全与防护

电力用油是一种可燃性石油产品，在废油处理中和废油存放场所，存有较多的油品，空间还扩散有石油蒸汽；石油蒸汽与空气接触其混合比达到一定比例时，会引起燃烧和爆炸，这种危险性必须提高警惕，注意防止。

（1）废油再生场所周围严禁存放易燃物品，断绝一切火种。

（2）再生场所应备有完善的消防措施。工作人员要熟练掌握易燃品着火时的扑救方法。

（3）室内通风良好，及时排除废油处理场所的有毒及易燃易爆气体。

（4）严格遵守有关的安全规程。

提示 本章共四节，其中第一节和第二节适用于中级工，第三节和第四节适用于高级工。

第五篇

电厂燃料管理

第二十二章

火力发电厂生产过程及相关设备与化学基础

第一节　动力燃料与火力发电厂生产过程

一、火力发电厂的生产及其能量转换过程

火力发电厂具体的生产过程是：燃料进入炉膛后燃烧，产生的热量将锅炉内的水加热，锅炉内的水吸热而蒸发，最后变成一定压力和温度的过热蒸汽送入汽轮机。在汽轮机中，能量转换的主要部件是喷嘴和动叶片（以冲动式汽轮为例），蒸汽流过固定的喷嘴后，压力和温度降低，体积膨胀，流速增加，热能转变为动能。高速蒸汽冲击装在叶轮上的叶片，叶片受力带动转子转动。蒸汽从叶片流出后流速降低，动能转变为机械能。使汽轮机转子旋转。由于汽轮机转子连着发电机转子，汽轮机转子带动发电机转子（同步）转动，根据电磁感应原理，导体和磁场作相对运动，当导体切割磁力线时，导体上产生感应电动势，发电机的转子就是磁场，定子内放置的线圈说是导体。转子在定子内旋转，定子线圈切割转子磁场发出的磁力线，于是在定子线圈中就产生了感应电势。将三个定子线圈的始端引出称 A、B、C 三相。接通用电设备（如电动机）线圈中就有电流通过。这样发电机就把汽轮机输入的机械能转变为发电机输出的电能。

由以上所述可看出火力发电厂的生产过程简言之就是给水在锅炉中吸收燃料燃烧时放出热量，产生具有一定压力和温度的蒸汽，这种高温高压蒸汽经管道送汽轮机，在汽轮机内膨胀作功，使汽轮机转子旋转。汽轮机转子带动发电机转子一同高速旋转，从而发出电来。由此可以得出，火力发电厂生产过程的实质，就是实现能量转变，即在锅炉设备中把燃料的化学能转变成蒸汽的热能；在汽轮机把蒸汽的热能转变成汽轮机转子的机械能；在发电机内把旋转的机械能转变成电能。这些转变连起来说是：燃料化学能→热能→机械能→电能。

高温高压蒸汽在汽轮机内膨胀作功后，压力和温度降低，由排汽口排入凝汽器并被冷却水冷却，凝结成水。凝结水集中在凝汽器下部由凝结水泵打至低压加热器和除氧器，经除氧后由给水泵将其升压，再经高压加热器加热后送入锅炉。在火力发电厂中，送给锅炉的水称为给水。

目前，国内大多数火力发电厂，都是燃煤发电厂。在燃煤发电厂中，煤被制成煤粉后送入锅炉炉膛内燃烧，放出热量，燃烧产生的烟气经除尘后排入大气，灰渣排到灰场。

发电机发出的电能，除电厂消耗外，都经变压器升高电压后通过高压配电装置和输电线路向外送出。

为了提高电厂的热效率，现代大型汽轮机组都采用了给水回热循环和再热循环。所谓给水回热循环，是指从汽轮机的某些中间级后抽出做过功的部分蒸汽用以加热给水，以减少排入凝汽器的蒸汽量，降低冷源损失。所谓再热循环，是指在超高压机组上，把汽轮机高压缸做完功的蒸汽，全部送到锅炉再热器中加热后再引入汽轮机的中低压缸中继续膨胀做功，以提高机组的热效率。

汽水系统中的蒸汽和凝结水，经过许多管道、阀门和设备，难免产生泄漏等各种损失，因此必须不断地向系统补充经过化学处理的合格水。在中低压机组上补给水为软化水，补入除氧器。在高参数的机组上，水质要求高，补给水为除盐水，补入凝汽器中。

二、锅炉燃烧系统、输煤系统及其设备

火力发电厂的主要生产系统为汽水系统、燃烧系统和电气系统，此外还有供水系统、化学水系统、输煤系统和热工自动化等各种辅助系统和设施。这里我们仅介绍与动力燃料相关的锅炉燃烧系统及输煤系统。

（一）锅炉燃烧系统及其设备

煤从煤场通过输煤设备，先进入碎煤机破碎后再送入磨煤机，然后由喷燃器送入炉膛燃烧。其燃烧流程是：送风机将空气加压送入空气预热器中，空气吸收热量后（称之为热风）被送进热风道，之后分为两个路径，一个路径是送入制粉系统加热原煤并把煤粉携带送入燃烧器；另一个路径直接进入喷燃器作为助燃风，煤粉与空气的混合物经喷燃器进入炉膛内燃烧，在把热量辐射给水冷壁的同时，高温烟气又连续不断的从炉膛顶部送出，依次经过过热器、再热器、省煤器和空气预热器，将热量以对流的方式进行传递。在传热过程中，烟气温度不断降低，再经除灰器除去飞灰之后，经吸风机送入烟囱排入大气。

由此可见，锅炉本体由"锅"和"炉"两大部分组成。"锅"是以省煤器、蒸发系统设备、过程器、再热器等组成的汽水系统。"炉"即燃烧系统，它的任务是使燃料在炉内良好地燃烧，放出热量。它由炉膛、燃烧器、空气预热器、点火油枪、风、粉、烟管道等组成。

1. 燃烧器

燃烧器是锅炉主要的燃烧设备，其作用是将携带煤粉的一次风和助燃用的空气（二次风）在进入炉膛时充分混合，并使煤粉及时着火和稳定燃烧。

2. 点火装置

锅炉点火装置主要在锅炉启动时使用，应用它来点燃主燃烧器。此外，锅炉低负荷和煤质变差时，用它来稳定燃烧或作辅助燃烧设备。点燃过程主要是用气体或液体燃料，有气—油—煤三级系统和油—煤二级系统两种。两种系统中都是用电火花点火、电弧点火或高能点火，点燃可燃气或油，再点燃主燃烧器。

3. 空气预热器

空气预热器是利用排烟余热加热空气的热交换器。空气预热器使燃烧和制粉需要的空气温度得到提高，同时可以进一步降低排烟温度，减少排烟热损失。

（二）输煤系统及其设备

燃料到厂之后，首先进入燃料系统，负责燃料的接卸和输送，其中包括燃料的入厂和计量。煤炭的入厂方式有铁路运输、汽车运输、轮船运输和管道运输等。煤炭输送到锅炉的原煤仓一般要经过拨煤机，皮带输煤系统和电磁分离器、木屑分离器、碎煤机，皮带提升机和配煤装置进入原煤仓。

输煤设备系统庞大，虽然它从原理和功能上讲属于锅炉辅助设备的一部分，实际上它已从锅炉辅助设备中独立出来自成体系，在现代发电厂中输煤设备是由专门的燃料车间来管理的。

输煤设备的作用是将进入发电厂的煤或储煤场的煤输送到锅炉房的原煤斗内。输煤系统主要由卸煤设备、给配煤设备、上煤设备（包括筛碎）、储煤设备、和辅助设备等组成。

1. 卸煤设备

翻车机是一种采用机械的力量将车箱翻转卸出物料的大型高效率设备。目前国内习惯上将其按翻卸形式分为两类，一类是转子式翻车机，另一类是侧倾式翻车机。

2. 给配煤设备

给配煤设备主要包括五种：

（1）叶轮给煤机是火力发电厂输煤系统中，缝隙式煤沟中不可缺少的主要配煤设备之一。

（2）电磁振动给煤机是给煤设备的第二代产品。它是由电磁力驱动、利用机械振动共振原理的一种给煤设备。

（3）自同步惯性振动给煤机是给料设备的第三代产品。它和电磁振动给煤机相比具有体积小、质量轻、维修方便、噪声低、能耗少、使用寿命长、输送量大、价格低等优点。

（4）犁式卸料器在运煤系统是作为向原煤仓配煤装置用的。

（5）配煤车是将输送带上的物料准确地卸到系统沿线的一种机械，又称之为电动双滚筒卸料车。在电厂输煤系统中，一般用在煤仓间或煤场上部的固定带式输送机上，完成向原煤仓配煤和卸煤任务。

3. 上煤设备

在大中型火力发电厂中，从受卸装置或储煤场向锅炉原煤仓供煤所用的提升运输设备主要是带式输送机。

筛碎设备的作用是对物料进行筛分和破碎，以满足生产流程的需要。大中型电厂输煤系统常用的煤筛有滚轴筛、概率筛、振动筛、共振筛、滚筒筛和固定筛等。常用的碎煤设备有锤击式碎煤机、反击式碎煤机、环式碎煤机。

4. 储煤设备

常用的储煤机械有装卸桥和斗轮堆取料机。装卸桥承担煤场堆取料作业，用来卸车和上煤。斗轮堆取料机用于大、中型火力发电厂储煤场堆料和取料作业。

5. 辅助设备

（1）电磁除铁器。它的作用是除去煤中的铁块。目前可供选用的电磁分离器有悬挂式、滚筒式和带式三种。

（2）木屑分离器。它的作用是除去煤中的木块。在输煤系统中应用的木屑分离器有 CDM 系列、除大木器和 CXM 型除细木器。

（3）计量工具。包括电子皮带秤、电子轨道衡及电子汽车衡。电子皮带秤是计量锅炉上煤量的主要计量工具。电子轨道衡及电子汽车衡可对火车和汽车及其装载的货物进行自动称重。

三、燃料化学监督

为了检验燃煤质量、掌握燃煤特性和准确计算煤耗率，必须认真做好煤的监督工作。

（一）当前火电厂燃煤具有的特点

随着电力工业的迅速发展和煤炭市场改革的深化，目前，火电厂燃煤出现了许多新的特点。

1. 燃煤数量多

因单座火电厂装机容量的增多，其所需的燃煤量也相应增多，例如，一座百万千瓦级装机容量的火电厂一天燃用的天然煤就有1万t左右。

2. 燃煤品种杂

除极少数靠近产煤地区的火电厂外，多数火电厂燃用部分或相当部分的小窑煤，致使煤品种繁杂，少则一二十种，多则达四五十种，有的甚至比这还多。

3. 燃煤杂质多

燃煤中除含有矸石外，还经常夹杂有从开采、运输中混入的木片、金属物、棉纱或塑料制品等杂质。

4. 粒级范围大

燃用地方小窑煤的火电厂，因供煤多是未经加工处理的原煤，一般粒级范围大，且其波动性也大。

上述这些燃煤的状况，不仅增加了煤质监督的工作量和难度，而且还潜在危及锅炉安全经济运行的因素，因此，要加强煤质监督，防患于未然。

（二）燃煤的化学监督

燃料化学监督是指对电能生产过程中有关环节的燃煤质量及其燃烧后的产物进行采制化验。它能及时发现问题，调整锅炉机组的运行工况，提高燃料的热能利用率和锅炉运行的安全生产，还能准确提供煤质数据以检定入厂煤燃料的质量，增加电厂的经济效益。对于燃煤电厂来说，燃煤化学监督内容很多，一般主要包括入厂煤、入炉煤的采样、制样和化验，制粉系统中煤粉的采样、化验及飞灰的采样、制样和化验。根据现代检测技术，采样、制样和化验是取得准确煤质数据的三个环节。燃料作为一种"破坏性"试验不可能把待检验的煤炭全部进行化验，只能取少量的样品进行化验，用化验结果去推断全部煤炭的质量。这少量的样品必须能代表全部煤炭的特征。在采、制、化三个环中，采样误差占检验结果的首位，可高达80%，制样约占16%，而化验只占4%。所以对于燃煤的化学监督应当首先把握好采样。这样，化验结果才会有意义。

根据电厂生产的特点，电厂中的煤质监督分入厂及入炉煤监督，它们之间有共同要求，也有一些不同之处。

1. 入厂煤质监督

入厂煤质监督的根本任务是根据供煤合同，通过对入厂煤质的采制样及化验，以监督入厂煤的质量是否符合供煤合同的要求，能否做到质价相符以维护电厂自身经济权益；另一方面，及时掌握入厂煤的质量变化情况，为电厂配煤提供数据，以确保锅炉机组的安全、经济运行。

对入厂煤质特性检测来说，其基本要求如下：

（1）每天每批入厂煤，均应进行全水分、空气干燥基水分、灰分、全硫、挥发分、发热量的测定。

（2）对新煤源来说，则应除预先搞清楚上述特性值外，还应加测可磨性、灰熔融性，灰成分等项目，确认该煤源可用于本厂锅炉燃烧，方可进煤。

（3）每半年及年终须对入厂煤按煤源，对其混合样进行一次煤、灰全分析，以充分掌握各矿的煤质特性及其变化趋势，为以后选择煤源提供依据。

（4）对某一入厂煤质发生频繁波动，要缩短对其进行全分析的周期，以便及时发现问题，及时中止这一煤源或采取其他措施，以确保入厂煤质量。

2. 入炉煤质监督

入炉煤质监督的根本任务是根据锅炉机组设计（包括输煤、制粉、燃烧、除灰系统），提供符合生产要求的入炉煤，一方面保证电力生产的安全、经济运行；另一方面，通过煤质特性检测，提供计算电厂最重要经济指标—标准煤耗的煤质参数。

对入炉煤质特性检测来说，其基本要求如下：

（1）每天至少对全天入炉煤混合样进行全水分、空气干燥基水分、灰分、全硫、挥发分、发热量的测定。

（2）每半年及年终要对入炉煤的半年及全年的按月的混样进行煤、灰全分析，其项目同入厂煤要求。各厂还应对按日的月混样进行上述常规项目的检测，以积累入炉煤质资料。

（3）入厂煤质变化频繁时，则要增加入炉煤质的监测频率，例如对每班煤样进行一次常规项目的检测。

（4）对于煤粉样，还应测煤粉细度。如因入炉煤质影响生产正常运行时，还应增测可磨性、灰熔融性等项目。

随着机组容量的不断增大及锅炉参数的不断提高，无论是对入厂煤还是入炉煤，其监督内容也应随之不断充实，以提高其时效性。

第二节　动力燃料分析的基本工作内容

一、火力发电厂入厂、入炉燃料的分析项目及库存燃料的贮存

火力发电厂以燃煤为主，因此我们仅讨论入厂、入炉煤的分析项目及库存煤的贮存。

（一）火力发电厂入厂及炉煤的分析项目

根据规定，对入厂煤要分矿、按煤种的车车采样、批批化验。但空气干燥基氢（H_{ad}）要分矿按煤种每个季度化验一次。火力发电厂日常燃煤需进行以下项目的化验。

1. 入厂原煤样

化验项目有 M_t、M_{ad}、A_{ad}、V_{ad}、$Q_{net,ar}$、$S_{t,ad}$。来新品种煤时，还要测定煤灰的熔融温度和可磨性等。

2. 入炉原煤样

化验项目有 M_t、M_{ad}、A_{ad}、V_{ad}、$Q_{net,ar}$、$S_{t,ad}$ 等。

3. 煤粉样

化验项目有煤分细度（$R_{90\%}$、$R_{200\%}$）和水分。

4. 飞灰样

化验项目有可燃物（主要为含碳量）。

此外，对每批进厂煤重点检验煤中的杂物，包括雷管、金属和非金属杂物、闸瓦、矸石等。

（二）库存煤的贮存

发电企业为了保证发电的正常进行，必须贮备一定数量的燃料。煤在组堆和长期贮存时会有机械损耗（包括搬运过程中撒掉和飞散的损耗、煤混入土中的损耗、被风和雨雪带去的粉尘和煤粉的损耗）和化学损耗（包括煤中有机质氧化自燃过程中的损耗，挥发分降低和黏结性变差而形成的损耗等）。所以，无论是露天贮煤，还是筒仓贮煤的电厂，都应加强对存煤的科学管理，选择合理的贮煤方法，这对节约煤炭有重大的现实意义。

发电燃料贮备量，可分为经常贮备、保险贮备及季节性贮备三大类。

经常贮备是指在前后两批燃料进厂的供应间隔期内，为保证发电正常运行所需的燃料数量；电厂为了避免由于燃料生产和运输故障，到货间隔延长或企业内部设备检修改期以及设备事故等发生时，电厂生产不至于由此受到影响，仍能保持在短期内正常发电，这就需要在经常贮备量之外，再增加一定数量的贮备，称为保险贮备；由于自然条件变化，如雨季、汛期、枯水（水电少发）等原因，需要在保险贮备的基础上，临时增加贮备量，称为季节性贮备。

1. 煤长期贮存时煤质的变化

（1）发热量降低。贫煤、瘦煤发热量下降较小，而肥煤、气煤和长焰煤则下降较大。

（2）挥发分变化。对变质程度高的煤挥发分有所增多，对变质程度低的煤挥发分则有所减少。

（3）灰分产率增加。煤受氧化后有机质减少，导致灰分相对增加，发热量相对降低。

（4）元素组成发生变化。碳和氢含量一般会降低，氧含量会迅速增高，而硫酸盐硫也有所增高，特别是含黄铁矿硫多的煤，因为煤中黄铁矿易被氧化而变成硫酸盐。

（5）抗破碎强度降低。一般煤受氧化后，其抗破碎强度均有所下降，测定可磨指数值增高。

2. 煤的自燃

煤是在常温下会发生缓慢氧化的一种物料。它与空气接触受氧化的同时产生热量，并聚集在煤堆内，随着时间的延长，煤堆内的蓄热就增多，温度也会越来越高；温度升高又会加速煤的氧化作用，当温度达到60℃后，煤堆温度会急剧上升，若不及时处理便会着火。这种煤无需外火源时，因受自身氧化作用蓄热而引起的着火称为自燃。

影响煤自燃的因素主要有煤的性质、组堆的工艺过程及气候条件三个方面。其中煤本身的性质是最主要的，实践证明，无烟煤、贫瘦煤等煤化程度高的煤，即便是长期存放无需特殊组堆，也不会发生自燃现象。而年轻的烟煤特别是褐煤一般只存放数日，就会发生自燃，甚至导致着火。

为减少或防止煤堆自燃，可采取分层压实煤堆、建立定期检温制度、及时消除自燃祸源等预防措施。

3. 贮煤场煤组堆的注意事项

有条件的电厂，对不同品种的煤要分开组堆存放。对需要长期贮存且易受氧化的煤，最好采用煤堆压实且其表面覆盖一层适宜的覆盖物质的方法，减少空气和雨水的透入和防止煤的自燃。在组堆时还要注意以下具体事项：

（1）选择好组堆形状。一般堆成正截角锥体较为理想，因为正截角堆体自然通风较好，可减少风吹雨淋对煤的损耗。

（2）选择好组堆方向。根据我国地理位置特点，组堆以南北方向长，东西方向短为宜，这可减少太阳直射，有利于防止煤堆自燃。

（3）组堆时防止块末分离、偏析和煤堆高度过高，以阻止空气进入煤堆。

（4）组堆过程中要检查煤堆高 0.5m 处的煤温与周围环境的温度，若两者温度相差大于 10℃，则要重新组堆压实。

（5）为监测煤堆温度变化，在煤堆中要安插许多底部为圆锥形的适当大小的金属管，以便插入温度敏感探头测温。

（6）煤堆最好选在水泥地面上，且周围高有良好的水沟。因为煤堆中水分增多，会促进煤的氧化和自燃。

（7）组堆完毕后，要建立组堆档案，定明堆号、煤品种及其进厂时间、组堆工艺和监测温度等。

二、火力发电厂燃料的基础数据台账管理

火力发电厂燃料热值以及各项数据是靠化验测定的，其化验结果是否准确直接影响入厂煤炭计价和煤耗的准确程度，火力发电厂燃料（煤）最基础的统计数据来源于燃煤化验室，因此下面我们重点介绍燃煤化验室数据台账的管理。

（一）一般管理准则

化验室台账及档案由本班负责人统一管理，技术员负责具体的管理工作；资料室应干燥，设有适当的资料柜，放置各种煤质标准试验方法、煤质资料、煤质分析数据，以备查用；各类台账及档案应认真填写，字迹整齐，排列有序；工作文件由技术员统一保管，并按规定期限保存在专用柜中。

（二）数据台账的管理

燃煤化验室的数据台账主要包括原始记录、质检报告、采制分析日报、日台账、月台账、月综合台账等。

1. 采制分析日报及原始记录

采制样人员（必须经考试合格）应认真填写采制分析日报。根据矿名填写每个矿的编号、来煤数量、采样时间、车数、采样方式等，并应将全水分（Mt）的测定结果填入采制分析日报，由采制负责人审核后签字。

燃煤化验室收到煤样后，化验员应依据编号（编号是惟一的），按照有关标准对各个项目进行操作测试，通过计算准确无误的将化验结果填入原始报表，还应在其上签字。

2. 其他台账的管理

随着科学技术的迅猛发展，计算机在各个领域应用越来越广泛。由于计算机有的巨大存储能力和高速的运算能力，因此在计算机应用方面，数据处理占有相当大的比重。数据库系统设计好之后，输入者只需通过键盘进行简单的操作，便可得到需要的信息。极大地提高了工作效率。此外，计算机网络技术的大量应用为共享资源提供了很大的便利。

在燃煤化验室，质检报告、日台账、月台账、月综合台账等都是通过计算机进行管理的。本班负责人将编号对应的矿名写出，统计员（统计员除有统计合格证外，还应具备一定的计算机应用能力）根据收到的原始记录和矿名，将化验原始数据输入计算机。计算机自动计算出需要重点检测的各类指标。然后再打印出质检报告，质检报告包括日常分析指标及燃煤的重点检测指标，应有化验员签字并由本班负责人审核后签字或盖章。

将每天输入的记录汇总为日台账并打印出来。日台账一般只包括重点检测的指标。管理人员可以通过报表或网络分析当天的煤质情况。

每一个月末，应根据矿名利用计算机打印出每一个矿的月报表（月台账）及所有矿的月综合报表（月综合台账）。月报表或月综合报表应由负责人签名或盖章，并经审核合格后，方可将报表送出。原始记录、质检报告、采制分析日报、日台账、月台账、月综合台账等应装订成册，并把当月上述台账分类存放在专用柜中。

到了年底，应将各类台账进行编号、粘贴标签、分类入库，并根据所规定的年限保存各类报表。

三、仪器设备管理

在科学研究工作中，分析工作是必不可少的，化验工作是生产和科研的一个重要环节，为了保证工作的顺利进行，必须以科学的方法管理化验室中的仪器设备。对于放置仪器的实验室应禁止吸烟和堆放杂物，并经常保持室内的清洁，做到窗明、地洁、仪器设备整齐干净。

1. 一般管理准则

（1）仪器设备购入后，由技术负责人及有关人员共同进行验收，由厂家或专人安排安装。调试后交专人保管与使用，并由班内的专责负责人登记。

（2）各种仪器设备由班内专管人员统一分类、编号、立账、建卡，并每年核对一次账物卡。

（3）每台仪器设备均设专人负责保管和维护。未经主管领导同意，不得将仪器外借，不得私自拆卸。

（4）仪器设备放置的场所，必须达到仪器设备对环境的要求温度、湿度、光照、通风等，一经固定，不得随意搬动。此外，还应配备一定数量的各类灭火器。

（5）仪器设备必须由经过培训、了解仪器性能，掌握操作技术和维护方法，并经考核合格的化验人员使用。操作人员应严格按照国标和仪器操作规程进行试验。仪器设备出故障，使用人员应及时报告仪器设备专责人及专业组长，由组长安排维修事项。

2. 玻璃仪器的管理

在化验室中，经常会用到一些容易破损的仪器。尤其是玻璃仪器被大量地使用。为此应建立领用、破损登记制度。此外，氢氟酸很强烈地腐蚀玻璃，故不能用玻璃仪器进行含有氢氟酸的试验。碱液特别是浓的热的碱液对玻璃明显地腐蚀。贮存碱液的玻璃容器如果是磨口仪器还会使磨口粘在一起无法打开。因此，玻璃容器不能长时间存放碱液。

3. 精密仪器的管理

精密仪器的账目要清楚，必须做到名称、规格、单价、数量准确。应有专人负责保管，使其经常处于完好备用状态。精密仪器的购置、拆箱、验收都应有专人负责。安装、调试及维修应联系厂家处理。

精密仪器按其性质、灵敏度、精密度的要求，应固定房间放置。精密仪器室应与化学处理室隔开，以防腐蚀性气体及水汽腐蚀仪器。烘箱、高温炉应放置在不燃的水泥台或坚固的角铁架上，其附近不能放易燃易爆物品。天平及其他分析仪器应放在防震、防晒、防潮、防腐蚀的房间内。较大的仪器应固定放置，不得任意搬动，并罩上棉布制的仪器罩。确定各种电表的位置时还要注意周围没有较强的磁场存在。小件仪器用完应收藏入仪器柜中。

应定期对仪器的性能进行检查，对各项技术指标加以校验，检查结果加以记录并写入设备管理台账。较复杂及较大型的精密仪器应建立"技术档案"，装入全部技术资料。如说明书、线路图、安装调试验收记录、检修记录等。

必须按说明书规定的操作规程使用仪器，无关人员不得随便拨动仪器的旋钮。精密仪器的拆卸、改装应经过一定的审批手续，未经批准不得任意拆卸。精密仪器的配件应妥善保管不得挪作他用。

铂、黄金等贵重金属材料及其制品、玛瑙研体等贵重物品也应由专人保管，建立严格的领用制度。

4. 压力气瓶的管理

（1）装有各种压缩气体的钢瓶应根据气体的种类涂上不同的颜色及标志。

（2）要把氧气瓶与可燃气体严格分开存放，并远离明火至少 10m 以上，还应远离热源，防止曝晒。用后的气瓶要剩余一定的压力（一般不应低于 0.3MPa），以免充气和再使用时发生危险。

（3）搬运气瓶时应使用专门的抬架或手推车，注意不应使其摔倒或受到撞击。

第三节　燃料化验的相关基础知识

一、常用的化学仪器

（一）玻璃器皿

化验室中大量使用玻璃仪器，是因为玻璃具有一系列可贵的性质，它有很高的化学稳定性、热稳定性，有很好的透明度、一定的机械强度和良好的绝缘性能。玻璃化学成分主要是 SiO_2、CaO、Na_2O、K_2O。引入 B_2O_3、Al_2O_3、ZnO、BaO 等使玻璃具有不同的性质和用途。

（二）瓷制器皿和其他非金属材料器皿

1. 瓷制器皿

瓷质器皿能耐高温，可在高至 1200℃ 的温度下使用，耐酸碱的化学腐蚀性也比玻璃好，瓷制品比玻璃坚固，且价格便宜，在实验室中经常要用到。涂有釉的瓷坩埚灼烧后失重甚微，可在重量分析中使用。瓷制品均不耐苛性碱和碳酸钠的腐蚀，尤其不能在其中进行熔融操作。

常用的瓷制器皿如图 22-1 所示。

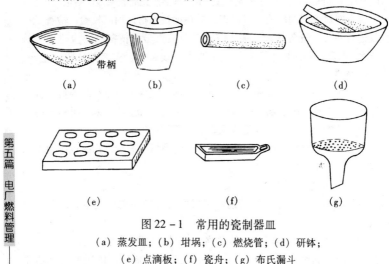

图 22-1　常用的瓷制器皿

（a）蒸发皿；（b）坩埚；（c）燃烧管；（d）研钵；
（e）点滴板；（f）瓷舟；（g）布氏漏斗

第五篇　电厂燃料管理

其名称、规格和用途如表 22 - 1 所示。

表 22 - 1 　　　　　　　　　　**常 用 瓷 制 器 皿**

名　称	规　格	一 般 用 途
蒸发皿	涂釉，容量（mL）：15、30、60、100、250 等	蒸发液体、熔融石蜡，用于标签刷蜡等
坩埚	涂釉，容量（mL）：10、15、20、25、30、40……	灼烧沉淀及高温处理试样，高型用于隔绝空气条件下处理试样
瓷管（燃烧管）	不上釉，内径（mm）：22、25；外径（mm）：27、30；长度：610、762	高温燃烧法测定碳、氢、硫等元素
瓷舟	上釉及不上釉	盛装燃烧法的试样
研钵	除研磨面外均上釉直径（mm）：60、100、150、200……	研磨固体试剂
点滴板（试验板）	除底外均上釉白色、黑色，6 眼、12 眼	定性分析点滴试验或容量分析外用指示剂法确定终点
布氏漏斗	上釉，直径（mm）：51、67、85、106	上铺两层滤纸用抽滤法过滤

2. 其他非金属材料器皿

在各种研钵中除玻璃、瓷的以外还有铸铁制的研钵，能常用于粉碎矿样。还有一种叫玛瑙研钵，玛瑙是天然二氧化硅的一种，它的硬度很大，与很多药品不起作用。

难熔氧化物的坩埚，如果主要成分是氧化铝的刚玉坩埚或二氧化锆等氧化物制的坩埚，可使用的温度更高。二氧化锆坩埚能耐过氧化钠的腐蚀。

（三）石英玻璃仪器

石英玻璃的化学成分是二氧化硅。由于原料不同，石英玻璃可分为

"透明石英玻璃"和半透明、不透明的"熔融石英"。透明石英玻璃是用天然无色透明的水晶高温熔炼制成的。半透明石英的原料是天然纯净的脉石英或石英砂，因其含有许多熔炼时未排净的气泡而呈半透明状。透明石英玻璃理化性能优于半透明石英，主要用于制造实验室玻璃仪器及光学仪器等。

在化验室常用的石英玻璃仪器有石英烧杯、坩埚、蒸发皿、石英舟、石英管、石英比色皿、石英蒸馏器等，其形状和规格与玻璃仪器相近。

（四）铂及其他金属器皿

1. 铂器皿

铂又叫白金，价格比黄金还要昂贵，其熔点很高，在空气中灼烧不起变化，而且大多数试剂与它不发生作用。能耐熔融的碱金属碳酸盐及氟化氢的腐蚀是铂有别于玻璃、瓷等的重要性质。

在煤矿化验室最常用的铂制品有：坩埚、蒸发皿、小舟、电极、铂丝、铂片和铂铑热电偶等几种。

2. 其他金属器皿

在煤矿化验室常用镍坩埚和镍蒸发皿等仪器，代替部分铂坩埚和蒸发皿。镍坩埚的规格通常有 10、15、20、25、30、50、75mL 及 100mL 等 8 种。而铁制品的种类和规格与镍制品相似。

铅蒸发皿可以完成玻璃蒸发皿不能胜任的工作，而常用的铝制品是低温下干馏试验用的铝甑，其规格有 20、50g 和 200g 煤样试验用的 3 种。

此外，在煤灰快速测定方法中，也有用银坩埚代替铂坩埚处理灰样的情况。这种银坩埚的容量和形状均与铂坩埚相同。

（五）其他用品

在化验室还需要一些配合玻璃仪器使用的夹持器械、台架（主要包括滴定管夹、烧瓶夹、烧杯夹、坩埚钳、漏斗架、镊子、铁圈、铁方座、铁三足座、滴定管架、吸管架等）器具及小工具（主要包括螺旋夹、弹簧夹、打孔器等）。它们本身不是一种独立的仪器，但在进行试验时，也是作为结合或支持仪器用的必要配件。

二、燃煤化验分析的主要设备和仪表

除上述的常用化学仪器外，煤质分析的主要仪器设备还有破碎设备、筛分设备、天平、电热设备、测温仪表等。下面我们仅介绍化验分析常用的天平、电热设备和测温仪表。

（一）天平

天平的正确使用及维护在第三篇中进行了讲解，在此不再赘述。

（二）电热设备

在化验室中，各种分析检验经常需要进行加热、灼烧、烘干等操作，所以温度是各种化验项目的重要因素，而这些操作常常采用电气设备进行。

1. 马弗炉

马弗炉又名高温电炉，在煤炭灰分、挥发分、全硫测定以及煤灰成分分析等作业中，广泛应用于马弗炉灼烧试样和沉淀物。

（1）结构。马弗炉最主要的部分是炉膛，炉膛外层或（内层）开有凹槽，槽内嵌绕镍络丝线圈，镍络丝的电阻较高，能耐 $1080 \sim 1100℃$ 的高温，所以用作马弗炉的热源。由于镍铬丝本身与炉内温度还有一定的温差，为了安全起见，马弗炉的常用温度仅限于 $900℃$，最高不得超过 $1000℃$。在炉膛外围和马弗炉外壳之间镶上绝热砖，并用石棉纤维和氧化镁粉充填，以减少热量损失，使炉膛内能达到并维持高温。这些充填材料同时也起到电气绝缘的作用。在马弗炉的下部常附有控制炉温的电阻器，也有用电子自动控温装置来控制温度的。控温范围为 $300 \sim 1200℃$。

（2）恒温区的测定。将一只热电偶插入马弗炉，使其热节点位于炉膛中心作为基准，将另一只或数只热电偶插入炉膛作为测量热电偶。将马弗炉加热到使用温度（$900℃$ 或 $815℃$），并根据基准电偶指示，用控温仪将炉温稳定在此温度下，将测量热电偶沿前后、左右和上下方移动，移动距离视马弗炉温度梯度而定，梯度小时距离可大些，梯度大时距离可小些，一般每次移动 $1 \sim 2cm$，每移动一次在预定温度下恒温 $3 \sim 5 min$ 后，读取测量电偶毫伏计指示的温度，最后根据各测点温度，找出马弗炉恒温区。

2. 硅碳棒高温电炉

此高温电炉的特点是以硅碳棒作发热元件，由于发热元件裸露在炉膛内，炉门处装有行程开关，当炉门开启时，即自动断电。这样可保证操作安全。这类电炉都附有调节电压的自耦变压器和高温计，用来调节炉温。硅碳棒高温电炉最高工作温度可达 $1350℃$，需要 $950℃$ 以上的高温灼烧时，应用这种电炉。

3. 烘箱

烘箱又名恒温箱或干燥箱，在测定煤中水分烘干滤纸及沉淀，烘干仪器和保持恒温等作业中使用。一般干燥箱底部和顶部分别设有可调的进气孔和排气孔，其箱内热流传导方式有两种。

第一种是利用冷热空气的自然对流（见图 22 - 2），即箱底电热丝通电灼热后,由箱底进入的空气受热,热空气较轻,冷空气较重,在箱内形成对流,使温度均匀。必须注意,在一般情况下,箱内不同高度的温差仍然相当大,因此应将温度计插在距被烘物品不远的地方,才能比较准确地控制温度。此外,绝不可将被烘物品放在烘箱的底板上,因为底板直接被电热丝加热,温度将大大超过烘箱所控制的温度。第二种是利用机械鼓风的方法,使箱内温度均匀。由于温度通风较好,不但箱内的温度容易均匀,而且箱内的被烘物品也能迅速干燥。

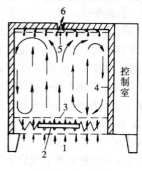

图 22-2 烘箱
中热的自然对流

1—空气进入;2—电热丝组;

3—扩散孔板;4—绝热层;

5—穿孔顶板;6—箱顶通风孔

4. 电热水浴及电热恒温水浴

电热水浴在有机溶剂的加热和蒸馏、溶剂的抽提和一般定量分析以及比重的测定等加热操作中使用,是煤质化验室常用设备之一。电热水浴结构简单,加热温度可以通过恒温控制器来调节,准确度可达 0.5℃。

电热恒温水浴一般有矩形和圆形两大类。它除用于加热之外,最主要的用途是保持精确的恒温,在煤质分析中也经常使用。

5. 电热砂浴

电热砂浴也是煤质分析中经常用到的。它用于实验室蒸发,干涸及其他缓慢加热的操作中。例如煤灰成分分析的溶样过程中就要用到它。

6. 其他电热设备

(1)万能电炉。万能电炉是实验室广泛应用的电加热器,万能是指应用广泛,并能调节不同加热温度。常用的功率有 500、750W 和 1000W 等几种。

(2)6孔电炉。6孔电炉实际上是把 6 个万能电炉组合在一起的复合电炉,它可以同时进行多个加热操作。

(3)圆盘电炉。这种电炉的加热面积比万能电炉大些,电阻丝较粗,耗电量也较大,一般是 1000~3000W。

(三)测温仪表

在煤质化验室中经常要测知温度,如温升、温差等,这些操作一般是由测温仪表进行的。常用的测温仪表有:普通(水银或酒精)温度计、贝克曼温度计、热电偶和热电高温计、温升测量仪等。

第五篇 电厂燃料管理

1. 普通温度计

普通温度计包括水银温度计和酒精温度计。水银温度计是最常用的测温工具，它的优点是使用简便，准确度也较高，测温范围在 - 30 ～ + 500℃ 以上。酒精温度计的酒精常用染料染成各种颜色，读数较方便，它测温范围在 - 70 ～ + 75℃，与水银温度计比较，它更适于测量较低的温度。

普通温度计到使用方便，价格便宜，并有足够的准确度，但玻璃易碎，不能骤冷骤热。

2. 贝克曼温度计

贝克曼温度计是一种只适合测量温度变化（温升或温降）的测温仪表，它不适合测量绝对温度，在煤的发热量测定中经常用到贝克曼温度计。

贝克曼温度计主标尺进行分度时的起始温度称为基准温度。而基点温度是指贝克曼温度计主标尺零示度（0 度）时所代表的真实温度。两者是不同的。基准温度是惟一的，基点温度不是惟一的，从理论上讲是无数个。基点温度低，则感温囊中的水银就多，相反，则感温囊中的水银量就少，因此，基点温度的高低直接反应感温囊中水银量的多少，当基点温度等于基准温度时，其平均分度值恰好为 1.000；当基点温度高于基准温度时，感温囊中的水银量相对减少，温度变化 1.000℃ 时的水银体积变化反映在水银柱上就小于 1 个示度，因此，其平均分度值应大于 1.000；反之，其平均分度值应小于 1.000。由此可见，用贝克曼温度计测得的温度差除经毛细管孔径和露出液柱温度修正外，还须进行平均分度值的修正，才是真正的温度差。贝克曼温度计最小分度值为 0.01K。

3. 热电偶和热电高温计

热电偶在煤质化验室中应用很广泛，它测温的适用范围很广，而且容易远距离测量，自动控制。热电偶必须与毫伏计、热电高温计或其他测温或控温仪表配合使用方能测量温度。在煤质分析中经常使用的主要有三种热电偶。

（1）铂—铂铑热电偶。它可以在 1300℃ 内长期使用，短期可测 1600℃，这种热电偶的热稳定性和重现性很好，可用于精密测温和作为基准热电偶。测定煤灰熔融性、煤灰黏度以及煤的挥发分等常用它来测炉温。其缺点是价格贵，热电势较低，必须配用高灵敏度的毫伏计。

（2）镍铬—镍硅（铝）热电偶。可以在氧化性和中性介质中 900℃ 以内长期使用，短期可测 1200℃。这种热电偶有良好的复制性，热电势大，线性好，价格便宜；测量精度虽较低，但能满足一般要求。测定煤灰分、挥发分以及制备灰样等操作中常用它来测量炉温。

（3）镍铬—铸铜热电偶。可在中还原性和中性介质中600℃以内长期使用，短期可测800℃，在煤质分析化验室中也常用到。

成套的热电高温计由热电偶、连接导线（必要时增补偿导线）和测量仪表组成。测量仪表分两大类：一类为毫伏计，另一类为电位差计。毫伏计是在热电偶有电流输出的情况下测定热电偶的热电势；电位差计是在热电偶没有电流输出的情况下测定热电势。

4. 温升测量仪

这类测量仪是用晶体管作传感器的测温仪表，适于对温度进行精密测量和监视，测量结果用数字显示，具有读数简便，准确度高等特点。

提示 本章共三节，其中第一节适用于初级工，第二节适用于高级工，第三节适用于中级工。

第二十三章

燃料化验专业知识

第一节 煤的形成、组成、特征及分类

一、煤的形成

我国火电厂的电力生产主要依靠燃烧煤取得热能而后转化为电能。煤是主要的一次能源，它是由古代植物形成的。植物分低等植物和高等植物两大类。在地球上储量最多的煤由高等植物形成，统称为腐植煤，即现代被广泛使用的褐煤、烟煤和无烟煤等。高等植物的有机化学组成主要为纤维素和木质素，此外还有少量蛋白质和脂类化合物等；无机化学组成主要为矿物质。古代丰茂的植物随地壳变动而被埋入地下，经过长期的细菌生物化学作用以及地热高温和岩层高压的成岩、变质作用，使植物中的纤维素、木质素发生脱水、脱一氧化碳、脱甲烷等反应，而后逐渐成为含碳丰富的可燃性岩石，这就是煤。该过程称为煤化作用，它是一个增碳的碳化过程。根据煤化程度的深浅、地质年代长短以及含碳量多少可将煤划分为泥炭、褐煤、烟煤和无烟煤四大类，其演化过程见图 23 − 1。

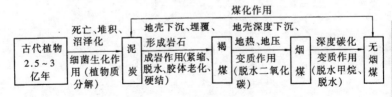

图 23 − 1 煤的演化过程

组成植物质的有机质元素主要为碳、氢、氧和少量氮、硫和磷。这些元素在成煤过程随着地质年代的增长，变质程度加深，含碳量逐步增加，氢和氧逐步减少、硫和氮则变化不在各类煤中碳、氢、氧三元素相对含量的变化可由下面的化学实验式表示：

$$\text{植物} \atop C_{17}H_{24}O_{10}} \xrightarrow[C_{16}H_{18}O_5]{-3H_2O,\ -CO_2} \text{泥炭} \xrightarrow[C_{16}H_{14}O_3]{-2H_2O} \text{褐煤} \xrightarrow[C_{15}H_{14}O]{-CO_2} \text{烟煤}$$

$$\xrightarrow[C_{13}H_4]{-2CH_4,\ -H_2O} \text{无烟煤}$$

二、煤的组成

植物在成煤过程漫长的地质年代中，其原始的组成和结构发生了变化，形成一种新物质。据现代研究表明：煤中有机物的基本结构单元，主要是带有侧链和官能团的缩合芳香核体系，随着变质程度的加深，基本结构单元中六碳环的数目不断增加，而侧链和官能团则不断减少。由于成煤条件各异，变质因素复杂，组成煤基本结构单元的六碳环数目，侧链、官能团的多少和性质以及各基本结构单元间的空间排列都不可能一致，因此也就出现组成和性质各异的多种煤。对于煤的分子可视为一种不确定的非均一、分子量很高的缩聚物，而不是聚合物。其结构模型如图 23 - 2 所示。

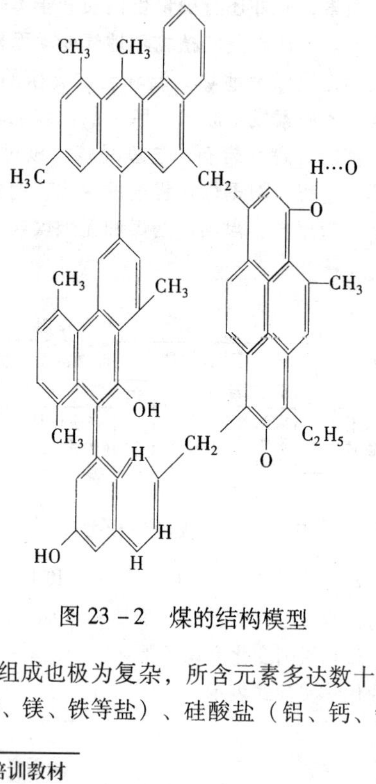

图 23 - 2　煤的结构模型

煤中无机物的组成也极为复杂，所含元素多达数十种，常以硫酸盐、碳酸盐（主要是钙、镁、铁等盐）、硅酸盐（铝、钙、镁、钠、钾）、黄铁矿（硫）等矿物质的形态存在。此外还有一些伴生的稀有元素，如锗（Ge）、硼（B）、铍（Be）、钴（Co）、钼（Mo）等。

煤仅作为能源使用时，就没有必要对其化学结构作详尽的了解，只从热能利用（即燃料的燃烧）方面去分析和研究煤的组成，基本上就能够满足电力生产的要求。

在工业上常将煤的组成划分为工业分析组成和元素分析组成两种，了解这两种组成就可以为煤的燃烧提供基本数据。工业分析组成是用工业分析法测出的煤的不可燃成分和可燃成分，前者为水分和灰分；后者为挥发分和固定碳。这种分析方法带有规范性，所测得的组成与煤固有的组成是浑然不同的，但它给煤的工艺利用带来很大方便。工业分析法简单易行，它采用了常规重量分析法，以重量百分比计量各组成，可得到可靠的煤质百分组成。这有利于统一煤质计量、煤种划分、煤质评估、用途选择、商品计价等。元素分析组成是用元素分析法测出煤中的化学元素组成，该组成可示出煤中某些有机元素的含量。元素分析结果对煤质研究、工业利用、燃烧炉设计、环境质量评价都是极为有用的资料。

工业分析组成和元素分析组成如下所列

煤 $\begin{cases} \text{无机物} \\ \text{（不可燃成分）} \end{cases} \begin{cases} \text{水分（外在水分和内在水分）} \\ \text{灰分（主要为含 Ca、Al、Si、Fe 等元素的} \\ \qquad \text{无机矿物质）} \end{cases}$

$\begin{cases} \text{有机物} \\ \text{（可燃成分）} \end{cases} \begin{cases} \text{挥发分（由 C、H、O、N、S 等元素组成的} \\ \qquad \text{气态物质）} \\ \text{固定碳（主要由 C 元素组成的固态物质）} \end{cases}$

由上可以看出：工业分析组成包括水分、灰分、挥发分和固定碳四种成分，这四种成分的总量为100。元素分析组成包括碳、氢、氧、氮和硫五种元素，这五种元素加上水分和灰分，其总量为100。

必须指明：工业分析组成并不是煤中原有组成，而是在一定条件下，用加热的方法，将煤中原有的组成加以分解和转化而得到的成分，可用普通的化学分析方法去分析化验。例如，灰分的多少虽可以说明煤中矿物质的含量，但灰分与煤中原有的矿物质是有区别的，它是煤在 $815 \pm 10℃$ 下燃烧后的残留物，是煤中矿物质的转化产物；挥发分是煤在 $900 \pm 10℃$ 和隔绝空气的条件下分解出来的气态有机物质；固定碳是煤逸出挥发分后剩余的固态有机物质。以上所述物质与煤中原有的环状结构高分子有机物都是截然不同的，它们仅是煤中有机组成在一定条件下的转化产物，所以具有一定的规范性。

火电厂使用的液体燃料多为重柴油、重油、渣油等，这些液体燃料主要由多种高分子烃—芳香烃、环烷烃、烷烃以及含氧和含硫化合物组成。确定这些成分的含量是很困难的，仅为取得热能没有必要对各类烃的含量进行分析，只要取得元素分析组成以及水分、灰分的含量就足以。

火电厂很少使用气体燃料发电，除了那些建立在天然气或油田气产地的火电厂，为就地取材，才使用气体燃料。此外建在大型钢铁厂附近的电厂，也可燃用高炉煤气。这气体燃料的成分比较简单，多由气态烃——甲烷、乙烷、丙烷以及可燃气体如 CO、H_2 等组成。

三、煤的性质

作为动力用煤的主要性质及其定义、符号、计量单位如下。

1. 发热量

发热量的定义为，单位质量的煤完全燃烧时释放出的热量，符号为 Q，计量单位为 kJ/g 或 MJ/kg。它是动力用煤最重要的特性，它决定煤的价值，同时也是进行热效率计算不可缺少的参数。

2. 可磨性

煤的可磨性是表示煤在研磨机械内磨成粉状时，其表面积的改变（即粒度大小的改变）与消耗机械能之间的关系的一种性质，用可磨性指数表示，符号为 HGI（哈氏指数）。它具有规范性，无量纲。其规范为规定粒度下的煤样，经哈氏可磨仪，用规定的能量研磨后，在规定的标准筛上筛分，称量筛上煤样质量，并由用已知哈氏指数标准煤样绘制的标准曲线上查得该煤的哈氏指数。它是设计和选用磨煤机的重要依据。

3. 煤粉细度

煤粉细度是表示煤粉中各种大小尺寸颗粒煤的质量百分含量。它可用筛分法确定，即使煤粉通过一定孔径的标准筛，计量筛上煤粉质量占试样重量的百分数。煤粉细度符号为 R_x，下标为标准筛的孔径。在一定的燃烧条件下，它对磨煤能量耗损和燃烧过程中的热损失有较大的影响。

4. 煤灰熔融性

煤灰是煤中可燃物质燃尽后的残留物，它由多种矿物质转化而成，没有确定的熔点。当煤灰受热时，它由固态逐渐向液态转化而呈塑性状态，其黏塑性随温度而异。熔融性就是一表征煤灰在高温下转化为塑性状态时，其黏塑性变化的一种性质。煤灰在塑性状态时，易粘在金属受热面或炉墙上，阻碍热传导，破坏炉膛的正常燃烧工况。所以，煤灰的熔融性是关系锅炉设计、安全经济运行等问题的重要性质。表示熔融性的方法具有较强的规范性，它是将煤灰制成三角锥体的试块，在规定条件下加热，根据其形态变化而规定的三个特征温度：即变形温度、软化温度和流动温度，符号各为 DT、ST 和 FT，单位为℃。

5. 真（相对）密度、视（相对）密度和堆积密度

煤的真密度定义为，20℃时煤的质量与同温度、同体积（不包括煤的所有孔隙）水的质量之比，符号为 TRD，无量纲。

煤的视密度定义为，20℃时煤的质量与同温度、同体积（包括煤的所有孔隙）水的质量比，符号为 ARD，无量纲。

煤的堆积密度是指单位容积所容纳的散装煤（包括煤粒的体积和煤粒间的空隙）的重量，单位为 t/m^3，目前尚未有法定符号。

在涉及煤的体积和重量关系的各种工作中，都需要知道密度这一参数。真密度用于煤质研究、煤的分类、选煤或制样等工作。视密度用于煤层储量的估算。而堆积密度在火电厂中，主要用于计算进厂商品煤装车量以及煤场盘煤。

6. 着火点

煤的着火点是在一定条件下，将煤加热到不需外界火源，即开始燃烧时的初始温度单位为℃，无法定符号。它的测定具有规范性，使用不同的测试方法，对同一煤样，着火点的值会不同，着火点与煤的风化、自燃、燃烧、爆炸等有关，所以它是一项涉及安全的指标。

四、煤的分类

（一）概述

煤的种类繁多，性质各异，不同种类的煤各有不同的用途，例如：炼焦用煤要求有良好的黏结性；气化用煤要求低灰低硫；动力用煤要求高挥发分、高发热量等。为了合理地开发煤炭资源，便于选择工业利用途径，有效地进行科学管理以及商品计价等，应将煤进行分类。煤的分类是综合考虑了煤的形成、变质、各种特性以及用途等确定的。根据煤的分类表就可按照需要选用合适的煤种。煤的分类方案很多，不同的国家或不同的利用途径，有各自的分类要求。GB 5751—2009《中国煤炭分类》中包括了全部褐煤、烟煤和无烟煤的工业技术分类标准。其各类煤的划分比较合理，分类指标简单明了，同一类煤的性质基本接近，便于各工业部门选择利用。此外，对商品煤另有煤炭产品的分类方法，这种分类方法便于商品统配煤的计价，在电力工业中为便于选用动力煤种又有发电用煤的分类。各分类法见表 23-1。

第二十三章 燃料化验专业知识

表 23-1　　　　　　　　中国煤炭分类

类别	符号	包括数码	分类指标					
			V_{daf} (%)	黏结指数 G	胶质层最大厚度 Y (mm)	奥亚膨胀度 b (%)	透光率 P_M (%)	$Q_{gr,A,MHC}^{①}$ (MJ/kg)
无烟煤	WY	01, 02, 03	≤10.0					
贫煤	PM	11	>10.0 ~ 20.0	≤5				
贫瘦煤	PS	12	>10.0 ~ 20, 0	>5 ~ 20				
瘦煤	SM	13, 14	>10.0 ~ 20.0	>20 ~ 65				
焦煤	JM	24　　15, 25	>20.0 ~ 28, 0　>10.0 ~ 28.0	>50 ~ 65　>65	≤25.0	(≤150)		
肥煤	FM	16, 26, 36	>10.0 ~ 37, 0	(>85)	>25.0			
1/3焦煤	1/3JM	35	>28.0 ~ 37.0	>65	≤25.0	(≤220)		
气肥煤	QF	46	>37.0	(>85)	>25, 0	(≤220)		
气煤	QM	34　43, 44, 45	>28.0 ~ 37.0　>37.0	>50 ~ 65　>35	≤25.0	(≤220)		
1/2中黏煤	1/2ZN	23, 33	>20.0 ~ 37.0	>30 ~ 50				
弱黏煤	RN	22, 32	>20.0 ~ 37.0	>5 ~ 30				
不黏煤	BN	21, 31	>20.0 ~ 37.0	≤5				
长焰煤	CY	41, 42	>37.0	≤35			>50	
褐煤	HM	51　　52	>37.0　>37.0				≤30　>30 ~ 50	≤24

①$Q_{gr,A,MHC}$ 为含最高内在水分的无灰基高位发热量。

中国煤炭分类法是采用表征煤化程度的参数，即干燥无灰基挥发分 V_{daf} 作为分类指标将煤划分为三大类：褐煤、烟煤、和无烟煤。凡 V_{daf} ≤10% 的无烟煤，V_{daf} >10% 的煤为烟煤，V_{daf} >37% 的煤为褐煤。

无烟煤再用干燥无灰基挥发分 V_{daf} 和干燥无灰基氢含量 H_{daf} 划分为三小类：无烟煤 1 号无烟煤 2 号和无烟煤 3 号。当 V_{daf} 和 H_{daf} 有矛盾时，以 H_{daf} 为准，见表 23 - 2。

表 23 - 2　　　　　　　无 烟 煤 的 分 类

类 别	符 号	数 码	分 类 指 标	
			V_{daf} （%）	H_{daf} （%）
无烟煤 1 号	WY₁	01	0 ~ 3.5	0 ~ 2.0
无烟煤 2 号	WY₂	02	>3.5 ~ 6.5	>2.0 ~ 3.0
无烟煤 3 号	WY₃	03	>6.5 ~ 10.0	>3.0

褐煤除采用 H_{daf} 分类外，还用透光率 P_M 和含最高内在水分的无灰基高位发热量 （$Q_{gr-A,MHC}$）作为指标区分褐煤和烟煤，并将褐煤划分为两类：褐煤 1 号和褐煤 2 号，见表 23 - 3。

表 23 - 3　　　　　　　褐 煤 的 分 类

类 别	符 号	数 码	分 类 指 标	
			P_M （%）	$Q_{gr-A,MHC}$ （MJ/kg）
褐煤 1 号	FM1	51	0 ~ 30	—
褐煤 2 号	HM2	52	>30 ~ 50	≤24

烟煤采用表征工艺性能的参数，即黏结指数 G、胶质层最大厚度 Y 和奥亚膨胀度 b 等作为指标，将烟煤再分为贫煤、贫瘦煤、瘦煤、焦煤、肥煤、1/3 焦煤、气肥煤、气煤、1/2 中黏煤、弱黏煤、不黏煤、长焰煤等 12 种，见表 23 - 1。

为了便于现代化管理，分类中采取了煤类名称、代号与数字编码相结合的方式，上表中各类煤用两位阿拉伯数码表示：十位数系按煤的挥发分划分的大类，即无烟煤为 0，烟煤为 1 ~ 4，褐煤为 5；个位数：无烟煤为 1 ~ 3，表示煤化程度；烟煤类为 1 ~ 6，表示黏结性；褐煤类为 1 ~ 2，表示煤化程度。

为分类而使用的煤样，若灰分 >10% 时，需要用减灰后的浮煤样进行测定。灰分 ≤10% 的煤样不需减灰处理。

第二十三章　燃料化验专业知识

（二）统配商品煤的分类

国家统配煤矿煤炭产品的分类是按用途（冶炼或其他用途）、加工方法（洗选或筛选）和质量规格（粒度、灰分）划分为 5 大类 27 个品种，见表 23 - 4。煤炭产品各类别和品种的定义如下。

表 23 - 4　　　　　　　　　商品煤炭产品类别和品种

产品类别	品种名称	质量规格	
		粒度（mm）	灰分 A_d（%）
精　煤	冶炼用炼焦精煤	<50，<80 或 <100	≤12.50
	其他用炼焦精煤	<50，<80 或 <100	12.51 ~ 16.0
粒级煤	洗中块	25 ~ 50，20 ~ 60	≤40
	中　块	25 ~ 50	
	洗混中块	13 ~ 50，13 ~ 80	
	混中块	13 ~ 50，13 ~ 80	
	洗混块	>13，>25	
	混块	>13，>25	
	洗大块	50 ~ 100，>50	
	大　块	50 ~ 100，>50	
	洗特大块	>100	
	特大块	>100	
	洗小块	13 ~ 25，13 ~ 20	
	小　块	13 ~ 25	
	洗粒煤	6 ~ 13	
	粒　煤	6 ~ 13	
洗选煤	洗原煤	≤300	≤40
	洗混煤	0 ~ 50	≤32
	混　煤	0 ~ 50	≤40
	洗末煤	0 ~ 13，0 ~ 20，0 ~ 25	≤40
	末　煤	0 ~ 13，0 ~ 25	≤40
	洗粉煤	0 ~ 6	≤40
	粉　煤	0 ~ 6	≤40
原　煤	原煤、水采原煤		≤40
低质煤	原　煤		≥40 ~ 49
	中　煤	0 ~ 50	≥32.0 ~ 49
	煤泥（水采煤泥）	0 ~ 1	≥1.01 ~ 49

1. 精煤

经选煤厂加工供炼焦用的精选煤炭产品分为两种：

(1) 冶炼用炼焦精煤。$A_d \leqslant 12.50\%$（简称冶炼精煤）。

(2) 其他用炼焦精煤。A_d 在 $12.51\% \sim 16.0\%$ 之间（简称其他精煤）。

2. 粒级煤

经洗选或筛选加工，清除大部或部分杂质与矸石，其粒度分级下限在 6mm 以上的煤炭产品，分为 14 个品种。

3. 洗、选煤

经洗选或筛选加工，清除大部或部分杂质与矸石的原煤及其粒度分级上限在 50、25、20、13mm 或 6mm 以下的煤炭产品，分为 7 个品种。

4. 原煤

指煤矿生产出来未经洗选或筛选加工而只经人工拣矸的煤炭产品。

5. 低质煤

指灰分 $A_d > 40\%$ 的各种煤炭产品（包括 A_d 在 $16\% \sim 40\%$ 之间的煤泥、水采煤泥和 $A_d > 32\%$ 的中煤），分为 3 个品种。

统配商品煤的分类主要用于计价，各类商品煤炭产品的比价率如表 23 - 5 所示。表中以水采原煤、原煤的价格为基准，其比价率为 100。经加工过的精煤、粒级煤和洗选煤比价率皆高于 100，加工深度越高，比价也越高。低质煤的比价率则低于 100。

表 23 - 5　　　　　我国各品种商品煤的比价率

品种名称	比价（%）	品种名称	比价（%）
精煤（$A_d \leqslant 12.5\%$）	165	粒　煤	125
精煤（$A_d > 12,5\%$）	152	洗原煤	108
洗中块	150	洗混煤	107
洗混中块	143	混中块	137
中　块	140	洗末煤	109
洗大块、洗混块	139	洗粉煤	107
洗特大块	132	水采原煤、原煤	100
特大块、大块	129	混　煤	105
混　块	134	末煤、粉煤	103
洗小块	136	中　煤	60
洗粒煤	132	煤　泥	60
小　块	130	水采煤泥	60

(三) 发电用煤的分类

为适应火电厂动力用煤的特点，提高煤的使用效率，发电用煤的分类是根据对锅炉设计、煤种选配、燃烧运行等方面影响较大的煤质项目制定的。这些项目为无灰干燥基挥发分 V_{daf}、干燥基灰分 A_d、全水分 M_t、干燥基全硫 $S_{t,d}$ 和煤灰的软化温度 ST 等五项。因发热量 $Q_{net,ar}$ 与煤的挥发分密切相关，并能影响锅炉燃烧的温度水平，所以用它作为 V_{daf} 和 T_2 的一项辅助指标，两者相互配合使用。这种分类如表 23-6 所列，表中各项目均划分成不同级别，其中 V_{daf}（$Q_{net,ar}$）分为 5 级，A_d 分为 3 级，M_f（V_{daf}）、M_t（V_{daf}）、$S_{t,d}$、ST（$Q_{net,ar}$）各分为 2 级。各项分级界限值是根据试验室和现场的大量数据，经数理统计最优分割法得出的，它对锅炉设计、选用煤种及安全经济燃烧都有指导意义。

表 23-6　　　　　发电用煤的分类（VAMST）

分类指标	煤种名称	代号	分级界限	辅助指标界限
挥发分 V_{daf}[①]	低挥发分无烟煤	V_1	>6.5%~10%	$Q_{net,ar}$ >20.91MJ/kg
	低中挥发分贫瘦煤	V_2	>10%~19%	$Q_{net,ar}$ >18,40MJ/kg
	中挥发分烟煤	V_3	>19%~20%	$Q_{net,ar}$ >16.31MJ/kg
	中高挥发分煤	V_4	>27%~40%	$Q_{net,ar}$ >15,47MJ/kg
	高挥发分烟褐煤	V_5	>40%	$Q_{net,ar}$ >11,70MJ/kg
灰分 A_d	低灰分煤	A_1	≤24%	
	常灰分煤	A_2	>24%~34%	
	高灰分煤	A_3	>34%~46%	
外在水分 M_f	常水分煤	M_1	≤8%	
	高水分煤	M_2	>8%~12%	V_{daf} ≤40%
全水分 M_t	常水分煤	M_1	≤22%	
	高水分煤	M_2	22%~40%	V_{daf} >40%
硫分 $S_{t,d}$	低硫煤	S_1	≤1%	
	中硫煤	S_2	>1%~3%	
煤灰熔融性 ST	不结渣煤	T_{2-1}	>1350℃	$Q_{net,ar}$ >12.54MJ/kg
	结渣煤	T_{2-2}	不 限[②]	$Q_{net,ar}$ ≤12.54MJ/kg

① $Q_{net,ar}$ 低于界限值时，应划归 V_{daf} 数值较低的一级。

② 不限是指当 $Q_{net,ar}$ ≤12,54MJ/kg 时，ST 值不限。

V_{daf}分为 5 级，各级间两个参数的界限值是相互适应的，按此分级选用煤种时，可以保证燃烧的稳定性和最小的不完全燃烧热损失。若煤的 $V_d < 6.5\%$，则煤粉的着火特性很差，燃烧不稳定，运行经济性差。

A_d 分为 3 级，它可用以判断煤燃烧的经济性。A_d 值超过第三级的煤，不仅经济性差，而且还会造成燃烧辅助系统和对流受热面的严重磨损以及维修费用的增加。

M_f、M_t 各分为 2 级，M_f 会影响煤的流动性，M_f 过大会造成输煤管路的黏结堵塞，中断供煤。当 $M_f \leqslant 8\%$ 时（第一级），输煤运行正常，超过第一级则会出现原煤斗、落煤管堵塞现象；对直吹式供煤系统，则会直接威胁安全运行。超过第二级（$M_f > 12\%$）时，则无法运行。M_t 决定制粉系统的干燥出力和对干燥介质的选择。M_t 第一级（$\leqslant 22\%$）ke 可选用热风干燥，超过此值应考虑采用汽、热风和炉烟混合干燥系统。

$S_{t,d}$ 分为 2 级，其界限值是按煤燃烧后形成 SO_2（少量 SO_2）与烟气露点温度的关系分档次的。当 $S_{t,d} \leqslant 1\%$（第一级）时，露点温度较低；$S_{t,d} > 3\%$（超过第二级）时，露点温度急剧上升，会使含硫酸的蒸汽凝结在低温受热面上造成腐蚀。

ST 与 $Q_{net,ar}$ 配合分为 2 级，第一级的煤种不易结焦，第二级的煤种易结渣。

第二节 煤 的 基 准

一、煤的基准

煤由可燃成分和不可燃成分组成。不可燃成分为水分和灰分；可燃成分如按工业分析计算应为挥发分和固定碳，按元素分析计算则为碳、氢、氧、氮和一部分硫。可燃成分和不可燃成分都是以重量百分含量计算的，其总和应为 100%。

由于煤中不可燃成分的含量，易受外部条件如温度和湿度的影响而发生变化，故可燃成分的百分含量也要随外部条件的变化而改变。例如，当水分含量增加时，其他成分的百分含量相对地就减少；水分含量减少，其他成分的百分含量就相对增加。有时为了某种使用目的或研究的需要，在计算煤的成分的百分含量时，可将某种成分（如水分或灰分）不计算在内，这样，按不同的"成分组合"计算出来的成分百分含量就有较大的差别。这种根据煤存在的条件或根据需要而规定的"成分组合"称为基准。如所取的基准不同，同一成分的含量计算结果也不同。表 23-7 所列为同一种煤的成分按不同基准计算的百分含量。

表 23-7　同一种煤的成分按不同基准计算的百分含量

基准＼成分	原　煤（收到基）	因风干或 50℃下失去外部水分的煤（空气干燥基）	失去全部水分的煤（干燥基）	不计算水分和灰分的煤（干燥无灰基）
水　分	3.50	1.13	—	—
灰　分	15.61	15.99	16.18	—
挥发分	26.06	26.70	27.02	32.20
固定碳	54.83	56.18	56.80	67.80
总　计	100.00	100.00	100.00	100.00

从表 23-7 可以看出：虽为同一种煤的成分，但由于计算时所取的基准不同，其百分量的差别甚大。因此，为了准确地表达煤的组成并能使不同煤的组成相互比较，就必须按一定基准表示煤中成分的含量以求统一。

二、基准表示法

在工业上通常使用以下四种基准。

1. 收到基（旧称应用基）

计算煤中全部成分的组合称收到基。对进厂煤或炉前煤都应按收到基计算其各项成分。

2. 空气干燥基（旧称分析基）

不计算外在水分的煤，其余的成分组合（内在水分、灰分、挥发分和固定碳）称空气干燥基。供分析化验用的煤样是在实验室温度（50℃）的条件下，由自然干燥而失去外水分的，其分析化验的结果应按空气干燥基计算。

3. 干燥基

不计算水分的煤，其余的成分组合（灰分、挥发分和固定碳）称为干燥基。

4. 干燥无灰基（旧称可燃基）

不计算不可燃成分（水分和灰分）的煤，其余成分的组合（挥发分和固定碳）称为干燥无灰基。

上面所述四种基准所包括的工业分析成分或元素分析成分可由图 23-3表示。

第五篇 电厂燃料管理

在煤质研究工作中，有时还用有机基表示煤的成分组合。有机基仅包括煤中的有机元素如碳、氢、氧、氮和有机硫，这五项成分的组合合计为100%。

必须指出：收到基是包括煤中全水分的成分组合。全水分中的外在水分变易性较大，由煤矿发出的煤到火电厂收到的煤或进锅炉燃烧的煤都是用收到基表示其成分组合。但由于时间、空间等条件的差异，水分会有较大的变化，因此，同一种煤虽是按同一的收到基计算出来的成分百分含量，也会有差异。此时应根据实际情况对分析结果给予合理地处理。

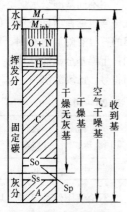

图 23-3 煤的基准

煤的成分和特性（即煤质分析项目）通常都是用一定符号表示的，对于某些成分，由于它在煤中有多种形态或分析化验时的条件、方法不同，使用单一的符号还不能完全表明其含义。例如水分有内在水分和外在水分两种；固定碳和碳元素，两者虽然都是碳，但也有差异。为了区分诸如此类的差异，通常在主符号的右下角另外附加符号注明。GB 483—2007《煤质分析试验方法一般规定》中对煤质分析项目的符号作了统一规定，即采用国际标准化组织规定的符号。表 23-8 和表 23-9 为常用煤质新旧符号对照。

表 23-8　　　　煤 质 符 号

工业分析成分				元素分析成分					各 项 性 质					
项目	水分	灰分	挥发分	固定碳	碳	氢	氧	氮	硫	发热量	真密度	视密度	哈氏指数	灰熔融性		
新符号	M	A	V	FC	C	H	O	N	S	Q	TRD	ARD	HGI	DT	ST	FT
旧符号	W			C_{GD}							d	d_{sh}	K_{HG}	t_1	t_2	t_3

表 23-9　　　　煤质项目存在状态和条件符号

项 目	外在水分	内在水分	固定碳	有机硫	硫酸盐硫	硫化铁硫	全硫	弹筒硫	高位发热量	低位发热量	弹筒发热量	碳酸盐二氧化碳
新符号	M_f	M_{inh}	FC	So	Ss	Sp	St	Sb	Q_{gr}	Q_{net}	Q_b	CO_2
旧符号	W_{WZ}	W_{NZ}	C_{GD}	S_{YJ}	S_{LY}	S_{LT}	S_Q	S_{DT}	Q_{GW}	Q_{GW}	Q_{DT}	$(CO_2)_{TS}$

用不同基准表示煤质项目时，采用表23 - 10中规定的基准符号。基准符号也标在项目符号的右下角，例如干燥基灰分的符号为"A_d"。若项目的符号有附加符号时，则基准符号用逗点"，"与附加符号分开，例如：干燥基全硫的符号为"$S_{t,d}$"。表23 - 10中括号内为基准的旧名称和旧符号，已废除使用。

表 23 - 10   煤 质 基 准 符 号

名 称 （旧名称）	收到基 （应用基）	空气干燥基 （分析基）	干燥基 （干燥基）	干燥无灰基 （可燃基）
符 号	ar（y）	ad（f）	d（g）	daf（r）

不论使用何种基准，煤中以重量百分比表示的各种成分之和都应为100%，所以各种基准也可以用下列方程式表示：

收到基　　$M_{ar} + A_{ar} + V_{ar} + FC_{ar} = 100$

空气干燥基　$M_{ad} + A_{ad} + V_{ad} + FC_{ad} = 100$

干燥基　　$A_d + V_d + FC_d = 100$

干燥无灰基　$V_{daf} + FC_{daf} = 100$

煤的分析结果表明基准是十分重要的，只有这样，分析结果才有可比性，并才能正确地反映煤的质量。例如，为确定煤中矿物质的数量，计算成干燥基灰分（A_d）比计算成收到基灰分（A_{ar}）更合适，因为这样可以避免因水分变化引起灰分值的误差。同样道理，对于煤中的可燃成分，例如对于挥发分按干燥无灰基计算更能反映煤质好坏，因为煤的水分和灰分的改变，不会影响干燥无灰基挥发分的百分含量。所以在实际工作中凡涉及的可燃成分，多使用干燥无灰基，例如在煤的分类中，多用V_{daf}这一指标作为区分各类煤依据。在元素分析中对各元素含量的计算也采用干燥无灰基较合理。对热效率计算所涉及的项目应以收到基为基准较符合实际。

三、基准的换算

由于煤质分析所使用的样品为空气干燥后的煤样，分析结果的计算是以空气干燥基为基准得出的。而实际使用和研究时，往往要求知道符合原来煤质状态的分析结果，例如出矿、进厂、入炉、计价、分类时的计算，为此，在使用基准时，必须按符合实际的"成分组合"进行换算。换算公式为

$$Y = KX_0 \qquad\qquad (23 - 1)$$

式中 X_0——按原基准计算的某一成分的百分含量；

Y——按新基准计算的同一成分的百分含量；

K——比例系数，见表 23-11。

表 23-11   **基准换算比例系数**

K Y X_0	收到基	空气干燥基	干燥基	干燥无灰基
收到基	1	$\dfrac{100 - M_{ad}}{100 - M_{ar}}$	$\dfrac{100}{100 - M_{ar}}$	$\dfrac{100}{100 - M_{ar} - A_{ar}}$
空气干燥基	$\dfrac{100 - M_{ar}}{100 - M_{ad}}$	1	$\dfrac{100}{100 - M_{ad}}$	$\dfrac{100}{100 - M_{ad} - A_{ad}}$
干燥基	$\dfrac{100 - M_{ar}}{100}$	$\dfrac{100 - M_{ad}}{100}$	1	$\dfrac{100}{100 - A_d}$
干燥无灰基	$\dfrac{100 - M_{ar} - A_{ar}}{100}$	$\dfrac{100 - M_{ad} - A_{ad}}{100}$	$\dfrac{100 - A_d}{100}$	1

比例系数 K 随换算前后基准分的"成分组合"而变，可大于 1 或小于 1。若将"成分组合"项目少的基准，换算成项目多的基准时，$K < 1$；反之，$K > 1$。例如将按空气干燥基计算的灰分 A_{ad} 换算成干燥基灰分 A_d 时，因空气干燥基多一项内在水分 M_{ad}，故 $K > 1$，$K = \dfrac{100}{100 - M_{ad}}$ 反之，$K < 1$，$K = \dfrac{100 - M_{ad}}{100}$，其他基准换算依此类推。

比例系数 K 很容易推出。例如由空气干燥基的挥发分 V_{ad} 换算成干燥无灰基的挥发分 V_{daf} 时，由于干燥无灰基不计算煤中的水分和灰分，因此，V_{daf} 就由下式决定：

$$V_{daf} = \frac{V_{ad}}{V_{ad} + FC_{ad}} \times 100$$

因为：$V_{ad} + (FC)_{ad} = 100 - M_{ad} - A_{ad}$

$$V_{daf} = \frac{100}{100 - M_{ad} - A_{ad}} \times V_{ad}$$

式中 $\dfrac{100}{100 - M_{ad} - A_{ad}}$ 就是由空气干燥基换算成干燥无灰基时应乘以的比例

系数 K，$K > 1$。

如果煤中的矿物质含有碳酸盐，则在测定挥发分时，碳酸盐受热分解，析出 CO_2 气体。挥发分不包含无机成分，其"成分组合"为

$$M_{ad} + A_{ad} + V_{ad} + FC_{ad} + (CO_2)_{ad} = 100$$

当碳酸盐二氧化碳含量 $(CO_2)_{ad} > 2\%$ 时，比例系数 K 应为

$$K = \frac{100}{100 - M_{ad} - A_{ad} - (CO_2)_{ad}}$$

如果收到基的煤中的水分（或灰分）发生改变，或两者同时改变时，其他成分的含量也将相应的改变。例如：已知原收到基的煤水分含量为 M_{ar}，当水分变为 M'_{ar}，后，则其他各种成分的含量都将随比例系数 $K = \frac{100 - M'_{ar}}{100 - M_{ar}}$ 而变，如

$$A'_{ar} = A_{ar} \frac{100 - M'_{ar}}{100 - M_{ar}}$$

$$V'_{ar} = V_{ar} \frac{100 - M'_{ar}}{100 - M_{ar}}$$

同理，当灰分改变时，其他各种成分的含量也将随比例系数 $K = \frac{100 - A'_{ar}}{100 - A_{ar}}$ 而变；当水分和灰分同时改变时，其他各种成分的含量随比例系数 $K = \frac{100 - M'_{ar} - A'_{ar}}{100 - M_{ar} - A_{ar}}$ 而变。

第三节 其他动力燃料

一、液体燃料的组成、指标及其主要性质

（一）液体燃料的组成、指标

液体燃料是由多种高分子烃—芳香烃、环烷烃、烷烃以及含氧和含硫化合物所组成的。在不同的液体燃料中，这些成分含量的差别很大。确定这些成分的含量是很困难的，仅为取得热能用的液体燃料，没有必要对各类烃的含量进行分析，只要取得元素分析组成以及水分、灰分的含量就够了。

火电厂使用的液体燃料主要是重油，有时也补充原油或柴油。应当指出：燃用原油是不经济的，因为从原油中可以提炼各种宝贵的石油产品和多种化工原料。另外烧原油的危险性也较大，因为它含有轻质馏分，闪点很低，它和汽油一样被列入甲级危险性易燃品。柴油只适于锅炉点火用。

表 23 - 12 列出我国几种原油、重油和重柴油的一般特性。

表 23 - 12 　　　　　　　　　　几种原油的特性

油种	比重 (d_4^{20})	黏度 (E_t)	凝固点 (℃)	闪点 (℃)	硫分 (%)	水分 (%)	灰分 (%)
大庆原油	0.85 ~ 0.86	$E_{50} =$ 3.4 ~ 4	23 ~ 35	28 ~ 38	0.11 ~ 0.17	0 ~ 6	0.007 ~ 0.013
大庆重油	0.88 ~ 0.90	$E_{100} =$ 5 ~ 12	33 ~ 48	> 200	0.3	0 ~ 5	0.013
大庆渣油	0.92 ~ 0.99	$E_{100} =$ 12.9	31 ~ 33	218 ~ 340	0.21 ~ 0.30	0	0.009 ~ 0.021
玉门原油	0.87	$E_{50} =$ 2.47	8	—	0.11 ~ 0.18	—	—
克拉玛依原油	0.87	$E_{50} =$ 2.86	- 50	36	0.04	—	0.005
荆门原油	0.83 ~ 0.89	$E_{50} =$ 1.81 ~ 4.87	- 5 ~ 29	30 ~ 34	0.07 ~ 1.93	0.27 ~ 1.2	—
胜利原油	0.90 ~ 0.91	$E_{80} =$ 4.8 ~ 7.3	15 ~ 25	30 ~ 40	0.9 ~ 1.1	0.7 ~ 1.75	0.03 ~ 0.09
胜利渣油	0.94 ~ 0.96	$E_{100} =$ 8 ~ 10	25 ~ 35	140 ~ 200	1.0 ~ 1.6	0.5 ~ 1.0	0.02 ~ 0.07
胜利蜡油	0.89 ~ 0.90	—	34	100	—	0.5	—
大港原油	0.87 ~ 0.89	$E_{50} =$ 1.99 ~ 3.02	20 ~ 26	—	0.09 ~ 0.14	1 ~ 1.4	—
重柴油	0.88 ~ 0.85	$E_{50} =$ 5 ~ 5.5	14 ~ 20	> 100	—	0.5	—
松辽原油	0.85	$E_{80} =$ 1.67	23 ~ 29	34	0.02	1.4	0.03

重油是锅炉惟一的合理燃料油，原油经过蒸馏，将其中使用价值较高

的轻质馏分分馏出来后，余下的残留油就是重油。重油主要包括渣油、裂化重油和燃料重油。重油的闪点较高，不易挥发，与原油相比较，其着火的危险性较小；重油的缺点是黏度大，流动性差，为了使重油便于输送和雾化，需要将其加热到较高的温度；此外，重油的比重大，含有较多的胶状物质和沥青质，故其雾化和燃烧都比原油困难。

渣油、裂化重油和燃料重油的特性基本相同，现将它们的特点略述如下。

1. 渣油

渣油是减压蒸馏塔塔底的残留油，也称为直馏渣油，它的主要成分为高分子烃类和胶状物质。原油在蒸馏后，硫分集中于渣油中，所以相对地说，它的含硫量较高，其含硫量决定于原油含硫量以及加工工艺情况。渣油的黏度和流动性决定于原油本身的特性和含蜡量。渣油除用作锅炉燃料外，还用作再加工（如裂化）的原料油。

2. 裂化重油

裂化重油是裂化原料经裂化加工提炼出气体、汽油和润滑油后所残留下的高沸点缩合物，又称裂化残油。

裂化重油的黏度一般较渣油小，它含有较多的碳青质，而渣油中则不含碳青质。因此，它在燃烧时容易使雾化喷嘴发生结焦和堵塞。

3. 燃料重油

燃料重油是由渣油、裂化重油或其他油品如蜡油等按不同比例混合调制而成，其特性取决于配制原料及其配比。按国家标准规定，燃料重油共有四种牌号，这四种牌号是按燃料重油在80℃时的运动黏度值来划分的，各种牌号的燃料重的质量指标如表23－13所示。

表 23－13　　　　　　各种牌号燃料重油的质量指标

项　　目	质　量　指　标			
	20 号	60 号	100 号	200 号
恩氏黏度°E_{80}	5.0	11.0	15.5	—
恩氏黏度°E_{100}	—	—	—	5.5~9.5
闪点（开口仪）不低于（℃）	80	100	100	130
凝固点不高于（℃）	15	20	25	36
灰分不大于（%）	0.3	0.3	0.3	0.3
水分不大于（%）	1.0	1.5	2.0	2.0
含硫量不大于（%）	1.0	1.5	2.0	3.0
机械杂质不大于（%）	1.5	2.0	2.5	2.5

表 23 - 13 中四种牌号燃料重油的适用情况是：20 号燃料重油用在有较小喷嘴的燃油炉上；60 号燃料重油用在有中等喷嘴的船用蒸汽锅炉和工业锅炉上；100 号燃料重油用在有大型喷嘴的陆用或预热设备的锅炉上；200 号燃料重油用在与炼油厂有直通输油管线的大型喷嘴的锅炉上。

炼油厂供给用户的渣油以及油矿供给的原油，一般都没有质量标准。在此情况下，需加强对来油的质量分析，为燃油的装卸、输送、雾化、燃烧等运行环节提供可靠的油质特性数据。

（二）液体燃料性质

液体燃料（渣油、蜡油、重油、原油、重柴油等）的主要性质有：闪点、燃点、自燃点、带电性、密度、黏度、凝固点、热值等。

1. 闪点

在一定条件下加热液体燃料，液体表面上的蒸气与空气的混合物在接触明火时发生短暂的闪火（或爆炸）而又随即熄灭时的最低温度，称为闪点。表 23 - 14 列举了几种液体的闪点、自燃点。了解闪点对预防火灾事故的发生是很有意义的。

表 23 - 14 　　　　　　　几种液体燃料的闪点、自燃点　　　　　　　℃

燃 料 名 称	闪 点	自 燃 点
原　油	$-20 \sim 100$	$380 \sim 530$
汽　油	$-38 \sim 10$	$415 \sim 430$
煤　油	28	380
轻柴油	$130 \sim 135$	$350 \sim 380$
机　油	$180 \sim 200$	$350 \sim 380$
重　油	$180 \sim 200$	$350 \sim 380$
渣　油	$200 \sim 230$	$230 \sim 270$
沥　青	$230 \sim 250$	$270 \sim 280$

2. 燃点

用开口杯法测定闪点时，到达闪点后，如果继续提高试油的温度，则继续出现闪火，且生成的火焰越来越大，熄灭前所经历的时间也越来越长。在油气温度升高过程中，出现引火后所生成的火焰不再自行熄灭（连续燃烧时间不少于 5s）时的最低温度，称为燃点或者着火点。

3. 自燃点

测定闪点和燃点时，均需从外面引入火源。若继续提高油温，则油气在空气中无需外加火源即能因剧烈地氧化而自行燃烧，自行燃烧时的最低油温称为自燃点。

自燃点不仅与液体燃料的品种有关，还随燃料所处的条件如压力、介质以及油气浓度的不同而改变，一般说，压力升高，自燃点降低。例如汽油在一个大气压下的自燃点为480℃，在25个大气压下就会下降到250℃。

不能认为闪点低的油，其自燃点也低。恰恰相反，闪点较低的轻质油，其自燃点较高；闪点较高的重质油，其自燃点反而较低。例如汽油的闪点为−38℃，自燃点为480℃；渣油的闪点为200℃，自燃点却为230℃。

掌握上述有关液体燃料的特性，便于在燃油系统的运行过程中控制燃油的加热过程，有利于防止着火爆炸事故的发生。例如原油的闪点虽低，但如果杜绝火源，就不会发生火灾；渣油的自燃点为230℃，在燃用渣油时，加热温度低于230℃时则较安全。

4. 带电性

燃料油是非导电体，电阻很大，很容易在摩擦时产生静电，在其表面上积聚的电荷能保持相当长的时间。管道内流动的燃油与管壁摩擦，燃油与空气摩擦以及燃油溅落时，油流的冲击都能产生很高的静电压（可高达200V以上）。油品流动的速度越大，所产生的静电压越高，特别是在油流从一定高度冲至油库底部时，产生的静电压更高。

在一定的静电压下，油层被击穿时就会导致放电而产生火花，此火花可将油蒸气引燃。因此，静电荷的产生是使油品发生燃烧和爆炸的原因之一。静电压越高，其击穿能力越大，电火花的温度也越高，油晶起火的危险性就越大。

为了防止静电火花的产生，最好的办法是在油系统中的所有管道、油罐等设备加装接地装置，以便将静电荷导走。另外，要控制油品流速（一般应不大于4m/s），以减少静电荷的产生。

5. 密度

在一定温度下，单位体积液体燃料的质量称为液体燃料的密度，它是液体燃料计量时不可缺少的基本量。密度与体积的乘积为液体燃料的质量。符号为p，计量单位为克/厘米^3。

6. 黏度

液体燃料流动时，其内部质点间的摩擦阻力称为黏度。黏度对液体燃料的输送、雾化和燃烧有一定影响。黏度小的液体燃料在输送管道中具有良好的流动性，有利于缩短卸油时间，降低泵的动力消耗；流出喷嘴时，能得到良好的雾化，有利于提高燃烧效果。黏度是温度的函数，改变温度就可改变液体燃料的黏度。

7. 凝固点

液体燃料能够流动的最低温度称为凝固点。在此温度以下，液体燃料的装卸和输送都会发生困难。因此，输送液体燃料的系统，必须在足够高的温度下运行。

8. 发热量

1公斤液体燃料完全燃烧所产生的热量称作该燃料的发热量，用符号"Q"表示，单位为MJ/kg。作为燃料油来说，发热量是重要的热工特性之一。

二、气体燃料的组成、指标及其主要性质

（一）气体燃料的组成及其指标

气体燃料是由气态烃—甲烷、乙烯、乙烷、丙烷、丙烯以及可燃气体如 H_2、CO 等组成，为了计算气体燃料的热值以及进行有关热力计算，也需要对这类组成进行分析。火电厂使用的气体燃料主要是天然气和高炉煤气。天然气是地下的天然燃料资源，成本较低，但它也是一种宝贵的化工原料，因此只有对那些建在天然气产地的电厂，为就地取材，才使用天然气燃料。天然气又有气田气和油田气之分，前者含甲烷达93%~95%，后者除含甲烷外，还含有乙烷、丙烷、丁烷等碳原子数较高的烃类，天然气的热值很高，约为43.50MJ/m³。

高炉煤气是炼铁工业的副产品，产量大，是一种低热值的气体燃料。建在大型钢铁厂附近的火电厂，应尽量燃用高炉煤气。高炉煤气的热值为4.20MJ/m³左右，其主要可燃成分是 CO 和 H_2，但含量很低，绝大部分是不可燃的氮气，所以其燃烧温度不高，着火稳定性差，燃烧时需配用煤粉。表23-15列出了各种气体燃料的组成

表 23-15　　　　　各种气体燃料的组成

种　类	组　成　（%）						热值（MJ/m³）
	CO_2	CO	H_2	N_2	CH_4	C_nH_m	
气田气	0.7	0~1	2.0	0~3	93.0	1.2	29.27~39.73
油田气	0~1	—	—	1~2	20~33	70~72.6	33.45~46.00
石油气	2~5	5~10	20~40	2	34~48	10~18	29.27~63.00
焦炉气	3.0	3.5	40~50	6	20~40	3~4	15.89~20.10
高炉气	6~9	30	1~2	58~62	1.2	—	4.10~4.60

气体燃料的一个重要参数是爆炸浓度界限，也就是它在空气中遇明火能发生火焰传播（或爆炸）的浓度界限。在此浓度界限之外遇明火，火焰不会传播。因此，可燃气体在空气中的浓度界限是一个安全性指标，了

解该指标对有可燃性气体的作业现场是很重要的。

（二）气体的主要性质

可燃气体与空气的混合气体，其着火爆炸是由火焰的传播引起的。随着混合气中可燃气体的浓度不同，火焰传播的速度也不相同。在某一浓度下，传播速度为最大值。低于或高于这一浓度时，火焰传播速度都减小，直至减小到火焰不传播。图 23 - 4 所示的三条曲线分别为氢、甲烷和一氧化碳可燃气体在空气中的浓度 C 与火焰传播速度 v 的关系。

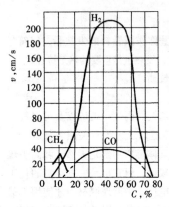

图 23 - 4　可燃气体的
火焰传播界限浓度

从图中可以看出三种气体的火焰传播速度都有一最大值和两个最小值。

火焰传播速度的界限值（对应爆炸浓度界限），对应的最低浓度称为爆炸下限，对应的最高浓度称为爆炸上限。可燃气体的浓度在此界限之外，火焰不传播，因而引不起爆炸。不同的可燃气体（或可燃液体的蒸气）具有不同的爆炸浓度界限，如表 23 - 16 所示。有些气体的爆炸浓度界限很宽，如一氧化碳、氢、乙炔等；有些气体的爆炸浓度界限很窄，如甲烷等。

表 23 - 16　　　　　　　不同气体的爆炸浓度界限　　　　　　　%

名　　称	爆炸下限	爆炸上限
甲　烷	5.0	15
乙　烷	3.12	15
乙　烯	3.05	28.6
乙　炔	2.6	80
氢	4.1	80
一氧化碳	12.8	75
天然气	5.0	16
汽　油	1.0	8
煤　油	1.4	7.5
重　油	1.2 ~ 2.1	6
原　油	1.4 ~ 2.1	5.4

提示　本章共三节，其中第一节适用于初级工，第二节和第三节适用于中级工。

第二十四章

燃料采样与制样知识

第一节　动力用煤的采样方法

一、采样原理

样本是由总体中的不同部位分别采得的许多分样掺合而成的（分样称为个体，个体的数目 m 称为样本的大小），样本对总体而言，偏差是客观存在的，但必须是无系统偏差。偏差是个体测定值与总体平均值的差值，无系统偏差就表明各分样的测定值与总体的平均值相比较，有的偏高，有的偏低，而不固定偏向一方。无系统偏差的采样称为随机采样，随机就是机会均等的意思。随机采样就是在采样时要使总体中的任何一部分，都有被采到的同等机会，而不能有意地只采其中一部分，舍弃另一部分。

随机采样仍有不可避免的随机偏差，随机采样偏差即采样偏差，以符号 δ_i 表示。它是由于燃料组成的不均匀和一些无法避免的偶然因素所造成的，燃料越不均匀，采样偏差也就越大。为使样本有足够的代表性，要求采样偏差不超过一定范围 $\pm\delta$，这个范围也称为采样精确度。样本对总体的偏差越大，采样的精确度就越低。采样偏差范围 $\pm\delta$ 用（24 - 1）式表示，即

$$x - \mu = \pm\delta \qquad (24 - 1)$$

式中　μ——总体平均值；

　　　x——为样本测定值。

根据生产上的需要，对采样偏差范围可加以规定。只要采样偏差 δ_i 在规定的范围内，就认为此样本具有代表性。

统计规律表明：随机采样并不能保证构成样本的全部分样采样偏差都在规定的 $\pm\delta$ 范围内；只能有一定百分比的分样，其采样偏差在规定 $\pm\delta$ 的范围内，这个百分数，在统计学上称为置信概率，用符号 P 表示。置信概率也可以根据实际需要选定，例如选定置信概率为95%，就是说由100个分样组成的样本，应有95个分样的采样偏差在规定的 $\pm\delta$ 范围内，另外有5个分样的偏差在 $\pm\delta$ 范围之外。也可以这样理解：在规定采样偏差

范围为 $\pm\delta$ 时，若置信概率为 95%，则所采样本的代表性有 95% 的可靠程度。置信概率是随机采样的一种属性。在采到的所有分样中，个别分样有较大的偏差是难免的。

总体的平均值是无法知道的，但是通过统计推断可知，其值接近各分样测定值的平均值；分样数目越多，其平均值越接近总体平均值。所以，样本必须由足够数量（设为 m）的分样组成，而分样数目 m 又与燃料的不均匀程度有关。对于不均匀程度小的燃料，只要取少量分样就可使样本的采样偏差在规定的范围内；对于不均匀程度大的燃料，只有增多分样数目，才能减小采样偏差。分样数目也不能无限制地增多，因为这将增加很多工作量。当采样偏差范围 $\pm\delta$ 已被规定时，组成代表性样本的分样数目 m 主要取决于燃料的不均匀度（以符号 σ 表示）。σ 是被指定的一批燃料的特性参数，它代表这一批燃料质量的分散程度。若火电厂燃用的燃料种类或燃料矿产区基本不变时，σ 值可以通过收集火电厂长期积累的大量煤质数据（如灰分 A_{ar} 或水分 W_{ar}）按式（24-2）计算，即

$$\sigma = \sqrt{\Big[\sum_{i=1}^{n}(X_i - \overline{X})^2\Big]/n} \qquad (24-2)$$

式中　X_i——A_{ar} 或 W_{ar} 的测定值；

　　　n——收集到的数据数目，一般 n 应大于 100；

　　　$\overline{X}$——n 个 X_i 的平均值，相当于总体（燃料）的真实值。

如果缺乏煤质资料，也可以用随机采样的方法，在一定时间内，每日采取若干个分样，制成平均试样（样本），然后测定平均试样的灰分 A_{ar} 或水分 W_{ar}。如此累积 20~30 个数据后，按式（24-3）求出 S 作为 σ 的估计值，即

$$S = \sqrt{\Big[\sum_{i=1}^{n}(X_i - \overline{X})^2\Big]/(n-1)} \qquad (24-3)$$

综上所述，样本的代表性应由四个因素决定，这四个因素就是总体的不均匀 σ，采样偏差范围为 $\pm\delta$，分样数目 m 和置信概率 P，这四个因素的关系可用式（24-4）表示，即

$$\pm\delta = K(P)\frac{\sigma}{\sqrt{m}} \qquad (24-4)$$

式中　K——σ 的倍数（也称 K 为概率系数）；

　　$K(P)$——此倍数 K 是置信概率 P 的函数。

P 越大时，K 越大。经常选用的概率有 68%、95.5% 和 99.7%，其对应的概率系数为 1、2、3。$K=1$，置信概率为 68%，说明有 68% 的采样偏

差在 $\pm\dfrac{\sigma}{\sqrt{m}}$ 不是范围内；$K=2$，置信概率为 95.5%，说明有 95.5% 的采

样偏差在 $\pm\dfrac{2\sigma}{\sqrt{m}}$ 范围内；$K=3$，置信概率为 99.7%，说明有 99.7% 的采

样偏差在 $\pm\dfrac{3\sigma}{\sqrt{m}}$ 范围内，仅有 0.3% 的采样偏差超出此采样偏差范围。也

就是说 $\pm\dfrac{3\sigma}{\sqrt{m}}$ 范围内，仅有 0.3% 的采样偏差超出此采样偏差范围，亦即 δ

$> \left|\dfrac{3\sigma}{\sqrt{m}}\right|$ 的情况是很少出现的。

由上述可见：当燃料的不均匀度 σ 和分样数 m 一定时，若选用较大的概率系数 K，采样偏差 $\pm\delta$ 的范围就较宽。这样，虽然采样偏差的绝大部分能包括在 $\pm\delta$ 范围内，但采的精确度较低。反之，若选用较小的概率系数 K，采样偏差范围 $\pm\delta$ 就较小。这样，虽有较高的采样精确度，但不能保证有足够数量的合格分样。因此，若要求既有足够高的采样精确度，又要保证有足够数量的合格分样，根据式（24-4），就必须增多分样数目 m。

当已测知燃料的不均匀度 σ，并规定采样偏差范围 $\pm\delta$ 和选定置信概率 P 时，合理的采样份数 m 由式（24-5）决定，即

$$m = \frac{K^2(P)\sigma^2}{\delta^2} \qquad (24-5)$$

例如要求采样偏差范围 $\delta = \pm1\%$，当选定置信概率为 95.5% 时，采样份数应为

$$m = \frac{2^2 \times \sigma^2}{1^2} = 4\sigma^2$$

【例 24-1】 已知一批煤的不均匀度 σ 为 4，$P=95.5\%$（$K=2$），当要求分样的采样偏差范围为 $\pm1\%$ 或 $2\pm\%$ 时，试确定合理的采样份数。

解：按公式 $m = \dfrac{4\sigma^2}{\delta^2}(P = 95.5\%)$

$\delta = \pm1\%$，采样份数 $m = 2^2 \times \dfrac{4^2}{1^2} = 64$

$\delta = \pm2\%$，采样份数 $m = 2^2 \times \dfrac{4^2}{2^2} = 16$

用式（24-5）决定煤的采样份数时，式中 $K(P)$ 和 δ 的取值是根据生产实际需要确定的，既要保证样本的代表性，又不过多地增加采样份数，以免增大工作量。对于置信概率 P，一般选用 95%。对于采样准确度，若

是采进厂煤，因涉及供求双方，国家标准（GB 475—1996）有规定，如表24-1所示。若是采炉前煤样，仅涉及企业内部的经济核算，可根据煤耗的计算偏差确定，一般规定为1%，对于煤的不均匀度 σ，应经实测求得。经统计表明：火电厂燃用动力煤的 σ 一般多在3~4之间，混合煤种的 σ 有时可达4以上。

表 24-1　　　　　　采 样 精 密 度[①]

原煤、筛选煤		精煤	其他洗煤
干基灰分≤20%	干基灰分>20%		（包括中煤）
±1/10×灰分不小于±1%（绝对值）	±2%（绝对值）	±1%（绝对值）	±1.5%（绝对值）

[①]　实际应用中为采样、制样和化验总精密度。

在实际采样工作中，也可以不必实测 σ，而直接按煤的灰分（A_d）由表24-2查出应采的份数。表24-2是预先根据 A_d 和 σ 之间的关系制定的。一般地说，A_d 高的煤种 σ 大，但这一关系并不十分规律。有些煤种，A_d 相同，但 σ 并不一致，甚至有些灰分多的煤的 σ 反而比灰分少的煤种的 σ 小。为此，在使用表24-2时，有可能对某些煤种造成采样份数过多；而另外一些煤种，则造成采样份数不足的情况。但对于简单快速确定采样份数来说，该表仍有一定的使用价值。

表 24-2　　　　　　采样份数与灰分的关系

煤　　种	原煤、筛选煤		其他洗煤
	A_d≤20%	A_d>20%	（包括中煤）
分样数目	60 30（煤流）	60	20

二、采样地点与方法

（1）采样地点。煤流中、火车、汽车、船上、煤堆上。

（2）采样方法。执行 GB 475—2008《商品煤样采取方法》。

三、采样方式、工具及设备

采样方式为人工及机械采样。采样工具及设备如下。

1. 采样铲

用以从煤流和静止煤中采样。铲的长和宽均应不小于被采样煤最大粒度的2.5~3倍，对最大粒度不大于150mm的煤可用长×宽约为300mm×

第五篇 电厂燃料管理

250mm 的铲。

2. 接斗

用以在落煤流处截取子样。斗的开口尺寸至少应为被采样煤的最大粒度的 2.5~3 倍。接斗的容量应能容纳输送机最大运量时煤流全断断面的全部煤量。

3. 静止煤采样的其他机械

凡满足以下全部条件的人工或机械采样器都可应用：

（1）采样器开口尺寸为被采样煤最大粒度的 2.5~3 倍。

（2）能在 GB 19494—2004 规定的采样点上采样。

（3）采取的子样量满足 GB 19494—2004 要求，采样时煤样不损失。

（4）性能可靠，不发生影响采样和煤炭正常生产和运输的故障。

（5）经权威部门鉴定采样无系统偏差，精密度达到 GB 19494—2004 要求。

第二节　煤样的制备方法

一、煤样的制样总则

（1）制样的目的是将采集到的煤样，经过破碎、混合和缩分等程序制备成能代表原来煤样的分析（试验）用煤样。制样方案的设计，以获得足够小的制样方差和不过大的留样量为准。

（2）煤样制备和分析总精密度为 $0.05A^2$，并无系统偏差。A 采样、制样和分析的总精密度（见 GB 475）。A 值的现规定见表 24 - 1。

（3）在下列情况下需要按 GB 474—2008 有关规定检验煤样制备的精密度：

1）采用新的缩分机和破碎缩分联合机械时。

2）对煤样制备的精密度发生怀疑时。

3）其他认为有必要检验煤样制备的精密度时。

二、各种煤样的缩制过程和方法

（1）收到煤样后，应按来样标签逐项核对，并应将煤种、品种、粒度、采样地点、包装情况、煤样质量、收样和制备时间等项详细登记在煤样记录本上，并进行编号。如系商品煤样，还应登记车号和发运吨数。

（2）煤样应按 GB 474—2008《煤样制备方法》规定的制备程序（见图 24 - 1）及时制备成空气干燥煤样，或先制成适当粒级的试验室煤样。如果水分过大，影响进一步破碎、缩分时。应事先在低于 50℃温度下适

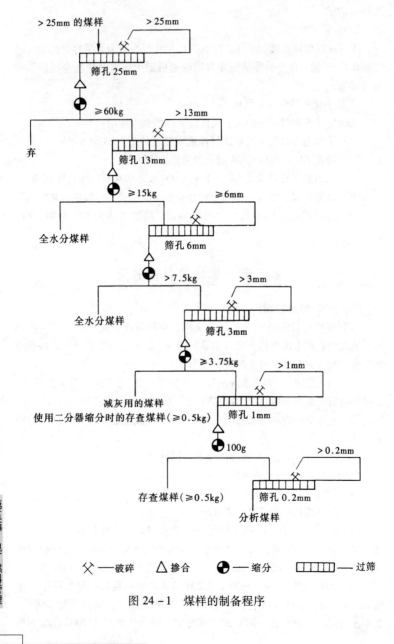

图 24-1　煤样的制备程序

当地进行干燥。

（3）除使用联合破碎缩分机外，煤样应破碎至全部通过相应的筛子，再进行缩分。粒度大于 25mm 的煤样未经破碎不允许缩分。

（4）煤样的制备既可一次完成，也可分几部分处理。若分几部分，则每部分都应按同一比例缩分出煤样，再将各部分煤样合起来作为一个煤样。

（5）每次破碎、缩分前后，机器和用具都要清扫干净。制样人员在制备煤样的过程中，应穿专用鞋，以免污染煤样。

对不易清扫的密封式破碎机（如锤式破碎机）和联合破碎缩分机、只用于处理单一品种的大量煤样时，处理每个煤样之前，可用采取该煤样的煤通过机器予以"冲洗"，弃去"冲洗"煤后再处理煤样。处理完之后，应反复开、停机器几次，以排净滞留煤样。

（6）煤样的缩分，除水分大、无法使用机械缩分者外，应尽可能使用二分器和缩分机械，以减少缩分误差。

（7）缩分后留样质量与粒度的对应关系见图 24-1。

粒度小于 3mm 的煤样，缩分至 3.75kg 后，如使之全部通过 3mm 圆孔筛，则可用二分器直接缩分出不少于 100g 和不少于 500g 分别用于制备分析用煤样和作为存查煤样。

粒度要求特殊的试验项目所用的煤样的制备，应按 GB 474—2008 的各项规定，在相应的阶段使用相应设备制取、同时在破碎时应采用逐级破碎的方法。即调节破碎机破碎口，只使大于要求粒度的颗粒被破碎，小于要求粒度的颗粒不再被重复破碎。

（8）缩分机必须经过检验方可使用。检验缩分机的煤样包括留样和弃样的进一步缩分，必须使用二分器。

（9）使用二分器缩分煤样，缩分前不需要混合。入料时，簸箕应向一侧倾斜，并要沿着二分器的整个长度往复摆动，以使煤样比较均匀地通过二分器。缩分后任取一边的煤样。

（10）堆锥四分法缩分煤样，是把已破碎、过筛的煤样用平板铁锹铲起堆成圆锥体，再交互地从煤样堆两边对角贴底逐锹铲起堆成另一个圆锥。每锹铲起的煤样，不应过多，并分两三次撒落在新锥顶端，使之均匀地落在新锥的四周。如此反复堆掺三次，再由煤样堆顶端，从中心向周围均匀地将煤样摊平（煤样较多时）或压平（煤样较少时）成厚度适当的扁平体。将十字分样板放在扁平体的正中，向下压至底部，煤样被分成四个相等的扇形体。将相对的两个扇形体弃去，留下的两个扇形体按图24-1程序规定的粒度和质量限度，制备成一般分析煤样或适当粒度的其他煤样。

煤样经过逐步破碎和缩分，粒度与质量逐渐变小，混合煤样用的铁锹，应相应地适当改小或相应地减少每次铲起的煤样数量。

（11）在粉碎成0.2mm的煤样之前，应用磁铁将煤样中铁屑吸去，再粉碎到全部通过孔径为0.2mm的筛子，并使之达到空气干燥状态，然后装入煤样瓶中（装入煤样的量应不超过煤样瓶容积的3/4，以便使用时混合），送交化验室化验。

空气干燥方法如下：将煤样放入盘中，摊成均匀的薄层，于温度不超过50℃下干燥。如连续干燥1h后，煤样的质量变化不超过0.1%，即达到空气干燥状态。空气干燥也可在煤样破碎到0.2mm之前进行。

（12）煤芯煤样可从小于3mm的煤样中缩分出100g，然后按（11）规定利制备成分析用煤样。

（13）全水分煤样的制备：

1）测定全水分煤样既可由水分专用煤样制备，也可在制备一般分析用煤样过程中分取。

2）除使用一次能缩分出足够数量的全水分煤样的缩分机外，煤样破碎到规定粒度后，稍加混合，推平后立即用九点法（布点见图24-2）缩取，装入煤样瓶中封严（装入煤样的量应不超过煤样瓶容积的3/4），称出质量，贴好标签，迅速送化验室测定全水分。全水分煤样的粒度和质量详见GB211。全水分煤样的制备要迅速。

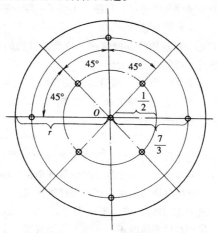

图24-2　九点法取全水分煤样布点示意

O—煤样堆的中心；r—煤样堆的半径

第三节 飞灰和炉渣的采样和试样的制备方法

一、飞灰和炉渣的采样方法（DL/T 567.3—1995）

（一）飞灰样品的采集步骤

1. 抽气式飞灰采样系统

抽气式飞灰采样系统如图 24-3 所示：

（1）采样管应安装在省煤器出口，管口要对准烟气流。

（2）采样管口的烟速应接近于烟道的流速。

（3）露在烟道的采样管部分应予保温。

（4）采样系统要保持良好的密封性。

（5）取样瓶一次取样量不足时可分多次采取。

2. 撞击式飞灰采样器

撞击式飞灰采样器如图 24-4 所示。

（1）采样器应安装在空气预热器出口的水平烟道或省煤器后的垂直烟道上。

（2）采样器要求密封，外露部分应予保温。

（3）集样瓶一次取样量不足时可分多次采取。

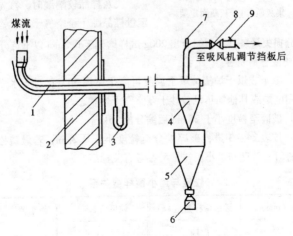

图 24-3 抽气式飞灰采样系统

1—采样管；2—烟道墙壁；3—U 形差压计；4—旋风捕集器；
5—中间灰斗；6—取样瓶；7—吹灰孔；8—调节闸阀

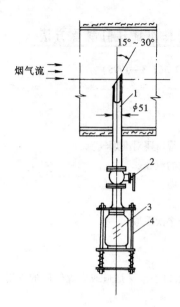

图 24 - 4　撞击式飞灰采样器

1—采样管；2—Dg50 球形旋塞；

3—集灰瓶；4—灰瓶固定架

由于撞击式飞灰采样器捕捉到的主要是较粗粒度的飞灰，故测得的可燃物量一般偏高，在使用这种取样器时，应先用抽气式等速飞灰采样系统进行比较标定，求得其修正因数。

（二）炉渣采样

（1）可在机械或水力除灰系统出灰口的适当位置定期采样；若用小车出灰则可采用点攫法在车上采样。

（2）采样工具的宽度，原则上应能装入最大渣块。

（3）采样时要注意块的大小比例及其外观颜色。

（4）每值每炉采样量约为总渣量的万分之五，但不得小于 10kg。

二、飞灰和炉渣的制样方法（DL/T 567.3—2005）

1. 飞灰样品的制备

飞灰样品较潮湿时，首先称取一定量样品晾干至空气干燥状态，记下游离水分损失量备查；再缩分出 200g 试样磨细至 0.2mm 以下待分析。

2. 炉渣样的制备

（1）晾干或烘干炉渣，烘干温度可高于室温 30℃；对于水力冲灰的炉渣可用电炉或其他加热设备炒干至空气干燥状态。

（2）破碎至粒度小于 25mm 后缩分出 15kg。

（3）按表 24 - 3 进行破碎缩分至粒度小于 0.2mm；若做疏松度、密度等试验时，粒度与最小留样量可参考有关标准。

表 24 - 3　　　　　　粒度与最小留样量关系

粒度（mm）	最小留样量（kg）	粒度（mm）	最小留样量（kg）
≤25	15	≤1	0.5
≤13	7		
≤3	1	≤0.2	0.1

第四节 其他动力燃料的采制方法

液体燃料的采制样方法（UDC621.892.098：543.06 GB 7597—2007）。本方法适用于变压器、互感器、油开关、套管等充油电气设备及汽轮机用油分析试验样品的采集。

一、取样工具

1. 取样瓶

500~1000mL磨口具塞玻璃瓶，并应贴标签。

（1）适用范围。适用于常规分析。

（2）取样瓶的准备。取样瓶先用洗涤剂进行清洗，再用自来水冲洗，最后用蒸馏水洗净，烘干、冷却后，盖紧瓶塞。

2. 注射器

应使用20~100mL的全玻璃注射器（最好采用铜的），注射器应装在一个专用油样盒内，该盒应避光、防震、防潮等。注射器头部用小胶皮头密封。

（1）适用范围。适用于油中水分含量测定和油中溶解气体（油中总含气量）分析。

（2）注射器的准备。取样注射器使用前，按顺序用有机溶剂、自来水、蒸馏水洗净，在105℃温度下充分干燥，或采用吹风机热风干燥。干燥后，立即用小胶头盖住头部待用（最好保存在干燥器中）。

3. 油桶取样用的取样管

油桶取样用的取样如图24-5所示。

4. 油罐或油槽车取样用的取样勺

油罐或油槽车取样用的取样勺如图24-6所示。

5. 从充油电气设备中取样

从充油电气设备中取样，还应有防止污染的密封取样阀（或称放油接头）及密封可靠的医用金属三通阀和作为导油管用的透明胶管（耐油）或塑料管如图24-7所示。

二、取样方法和取样部位

（一）常规分析取样

1. 油桶中取样

（1）试油应从污染最严重的底部取样，必要时可抽查上部油样。

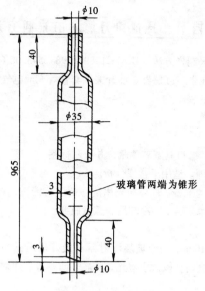

图 24-5 取样管

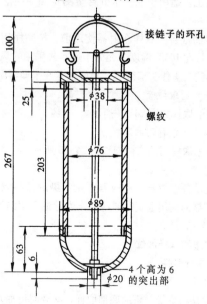

图 24-6 取样勺

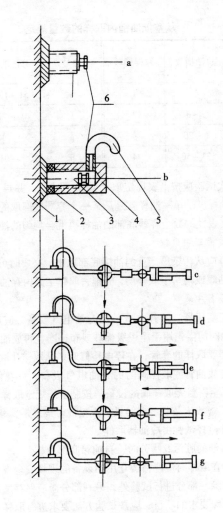

图 24 - 7　取样操作过程

1—设备本体；2—胶垫；3—放油阀；

4—放油接头；5—放油阀；6—放油螺丝

(2) 开启桶盖前需用干净甲级棉纱或布将桶盖外部擦净，然后用清洁、干燥的取样管取样。

(3) 从整批油桶内取样时，取样的桶数应能足够代表该批油的质量，具体规定见表 24 - 4。

表 24 - 4　　　　　　　　从整批油桶内取样的数量规定

序号	总油桶数	取样桶数	序号	总油桶数	取样桶数
a	1	1	e	51 ~ 100	7
b	2 ~ 5	2	f	101 ~ 200	10
c	6 ~ 20	3	g	201 ~ 400	15
d	21 ~ 50	4	h	>401	20

（4）每次试验应按上表规定取个数单一油样，并再用它们均匀混合成一个混合油样。①单一油样就是从某一个容器底部取的油样；②混合油样就是取有代表性的数个容器底部的油样再混合均匀的油样。

2. 油罐或槽车中取样

（1）油样应从污染最严重的油罐底部取出，必要时可抽查上部油样。

（2）从油罐或槽车中取样前，应排去取样工具内存油，然后取样。

3. 电气设备中取样

（1）对于变压器、油开关或其他充油电气设备，应从下部阀门处取样。取样前油阀门需先用干净甲级棉纱或布擦净，再放油冲洗干净。

（2）对需要取样的套管，在停电检修时，从取样孔取样。

（3）没有放油管或取样阀门的充油电气设备，可在停电或检修时设法取样。进口全密封无取样阀的设备，按制造厂规定取样。

4. 汽轮机（或水轮机、调相机、大型汽动给水泵）油系统中取样

（1）正常监督试验由冷油器取样。

（2）检查油的脏污及水分时，白油箱底部取样。

注意：①在取样时应严格遵守用油设备的现场安全规程；②基建或进口设备的油样除一部分进行试验外，另一部分尚应保存适当时间，以备考查；③对有特殊要求的项目，应按试验方法要求进行取样。

（二）变压器油中水分和油中溶解气体分析取样

1. 取样方法

（1）取样的要求。①油样应能代表设备本体油，应避免在油循环不够充分的死角处取样。一般应从设备底部的取样阀取样，在特殊情况下可在不同取样部位取样；②取样要求全密封，即取样连接方式可靠，既不能让油中溶解水分及气体逸散，也不能混入空气（必须排净取样接头内残存的空气），操作时油中不得产生气泡。③取样应在晴天进行。取样后要

求注射器芯子能自由活动，以避免形成负压空腔。④油样应避光保存。

（2）取样操作。①取下设备放油阀处的防尘罩，旋开螺丝 6 让油徐徐流出。②将放油接头 4（见图 24 - 7）安装于放油阀上，并使放油胶管（耐油）置于放油接头的上部，排除接头内的空气，待油流出。③将导管、三通、注射器依次接好后，装于放油接头 5 处，按箭头方向排除放油阀门的死油，并冲洗连接导管。④旋转三通，利用油本身压力使油注入注射器，以便湿润和冲洗注射器（注射器要冲洗 2 ~ 3 次）。⑤旋转三通与设备本体隔绝，推注射器芯子使其排空。⑥旋转三通与大气隔绝，借设备油的自然压力使油缓缓进入注射器中。⑦当注射器中油样达到所需毫升数时，立即旋转三通与本体隔绝，从注射器上拔下三通，在小胶头内的空气泡被油置换之后，盖在注射器的头部，将注射器置于专用油样盒内，填好样品标签。取样操作如图 24 - 7 所示。

2. 取样量

（1）进行油中水分含量测定用的油样，可同时用于油中溶解气体分析，不必单独取样。

（2）常规分析根据设备油量情况采取样品，以够试验用为限。

（3）做溶解气体分析时，取样量为 50 ~ 100mL。

（4）专用于测定油中水含量的油样，可取 20mL。

3. 样品标签

标签的内容有：单位、设备名称、型号、取样日期、取样部位、取样天气、取样油温、运行负荷、油牌号及油量。

三、油样的运输和保存

油样应尽快进行分析，做油中溶解气体分析的油样不得超过四天；做油中水分含量的油样不得超过 10d。油样在运输中应尽量避免剧烈震动，防止容器破碎，尽可能避免空运。油样运输和保存期间，必须避光，并保证注射器芯能自由滑动。

提示 本章共四节，其中第一节至第三节适用于初级工，第四节适用于中级工。

第二十五章

燃料化验知识

第一节 煤的工业分析方法

煤的工业分析也叫技术分析和实用分析。通常包括水分、灰分、挥发分和固定碳四项。近年来，随着动力用煤按发热量计价和环保的需要，把发热量及硫分两项也列入工业分析中并称为广义的工业分析。工业分析是一切工业用煤的基础资料。对于发电用煤，为了使煤粉易于燃烧，保持炉膛热强度，提高锅炉热效率，要求燃煤挥发分不低于10%，灰分不大于35%。

一、煤中水分的测定

水分是煤的一个组成部分，其含量的变化范围很大，它的变化规律与煤化程度有关，一般认为煤化程度愈高，含水量愈少，其波动范围如表25-1所示。

表 25-1　　　　　　　　煤化程度不同的煤的水分含量

名　　称		泥　炭	褐　煤	烟　煤	无烟煤
水分含量 （%）	原始燃料	60~90	30~60	4~5	2~4
	空气干燥后	40~50	10~40	1~8	1~2

（一）煤中水分的存在形态

1. 外在水分（M_f）

外在水分又称之为表面水分或游离水分，它是指煤在开采、运输、贮存及洗煤时，在煤的表面上和大毛细孔（直径 $>10^{-4}$mm）中的水分。这种水分是以机械方式与煤相连接的，受天气变化的影响而发生变化。将煤放置在空气中，水分会不断蒸发，直至其中的湿度与空气中的相对湿度平衡为止，此时失去的水分就称为外在水分或湿分。外在水分与外界条件（如温度、湿度）密切相关，与煤质并无直接关系。失去外在水分的煤称为风干煤（即空气干燥基煤）。含外在水分的煤称为收到基煤（即原应用基煤)。

外在水分的严格含义是在温度为20℃,相对湿度为65%时失去的水分。在实际测定中,是指煤样达到空气干燥状态下所失去的水分。

2. 内在水分(M_{inh})

在煤中以物理化学方式吸附或凝结在煤的小毛细管(直径$<10^{-4}$mm中的水分称为内在水分。内在水分的蒸汽压力小于纯水的蒸汽压力,因而在室温条件下不易除去,所以必须将煤加热到105~110℃时才能除去。失去内部水分的煤称为干燥基煤。

煤中内在水分的含量与其变质程度有一定的关系,即煤的碳化年代越久,含水量越少;反之,则越多。因此,内在水分是研究煤质的重要指标。

3. 结晶水

结晶水是指煤中矿物质所含的结晶水,如硫酸钙($CaSO_4 \cdot 2H_2O$),高岭土($Al_2O_3 \cdot 2SiO_2 \cdot 2H_2O$)。结晶水在105℃时不能被除去,只有在200℃以上的高温条件下才能除去。

工业分析中所测定的水分不包括结晶水,只包括外在水分和内在水分,这两种水分合称为全水分。

(二)煤中水分对应用的影响

(1)由于煤中水分含量高,增加了不必要的重量,造成了运输费用的增加,还容易造成煤仓出口及输煤管道的堵塞,影响了正常供煤,一般认为煤中水分大于5%~6%时,常会给煤系统带来麻烦,若水分超过10%~12%,则会严重威胁运行的安全可靠。

(2)在破碎时,将增加能耗,降低磨煤机出力。煤在贮存时,也会因水分含量高而加速煤的风化和自燃。

(3)燃用多水分煤,烟气中的水蒸气分压高,促进了烟气中三氧化硫形成硫酸蒸气的作用,增加了锅炉尾部低温处硫酸的凝结沉积,造成空气预热器腐蚀,堵灰和烟囱内衬的剥落。

(4)水分的存在使煤中可燃质含量相对减少,在燃烧过程中,煤中水分过多,不仅会使引火困难,影响燃烧速度,降低炉膛温度,而且由于过多水分的蒸发、汽化,增加了烟气排放量和热量损失,降低了锅炉热效率,还会使引风机电能消耗增加。增加了厂用电率。

(5)适量的水分汽化后,与炉中灼热的焦炭反应,可生成水煤气,这样会有利于燃烧。其反应为

$$C + H_2O（汽）\xlongequal{高温} CO + H_2 \uparrow$$

在链条炉中，往往要专门在煤上加适量的水分，以减小煤层阻力，提高通风量，改善燃烧状况。

（三）测定方法

1. 原煤全水分（M_t）的测定

全水分的测定方法有：氮气干燥法（方法 A1 和方法 B1）适用于各种煤；空气干燥法（方法 A2 和方法 B2）适用于烟煤和无烟煤；方法 C（微波干燥法）适用于烟煤和褐煤；方法 D 适用于外在水分高的烟煤（易氧化的煤除外）和无烟煤。

微波干燥法用于全水分快速测定，适用于烟煤和褐煤。

（1）方法提要。

1）方法 A（两步法）。

方法 A1：氮气干燥。

称取一定量粒度小于 13mm 的试样，在温度不高于 40℃ 的环境下干燥到质量恒定，再将干燥后的试样破碎 到标称最大粒度 3mm，于 105～110℃ 下，在氮气流中干燥到质量恒定。根据试样经两步干燥后的质量损失计算出全水分。

方法 A2：空气干燥。

称取一定量粒度小于 13mm 的试样，在温度不高于 40℃ 的环境下干燥到质量恒定，再将干燥后的试样破碎到标称最大粒度 3mm，于 105～110℃ 下，在空气流中干燥到质量恒定。根据试样经两步干燥后的质量损失计算出全水分。

2）方法 B（一步法）。

方法 B1：氮气干燥。

称取一定量粒度小于 6mm（或 13mm）的试样，于 105～110℃ 下，在氮气流中干燥到质量恒定，根据试样干燥后的质量损失计算出全水分。

方法 B2：空气干燥。

称取一定量粒度小于 13mm（或 6mm）的试样，于 105～110℃ 下，在空气流中干燥到质量恒定，根据试样干燥后的质量损失计算出全水分。

（2）测定步骤。

1）方法 A（两步法）测外在水分（方法 A1 和 A2 空气干燥）。

在预先干燥和已称量过的浅盘内迅速称取粒度小于 13mm 的试样 490～510g（称准至 0.1g），平摊在浅盘中，于环境温度或不高于 40℃ 的空气干燥箱中干燥到质量恒定（连续干燥1h，质量变化不超过0.5g），记录恒定后的质量（称准至0.1g）。对于使用干燥箱干燥的情况，称量前需使试样在实验室环境中重新达到湿平衡。

按下式计算外在水分：

$$M_f = \frac{m_1}{m} \times 100$$

式中　M_f——试样的外在水分，%；

　　　m——称取的粒度小于13mm的试样质量，g；

　　　m_1——干燥后的质量损失，g。

2）内在水分（方法A1，通氮干燥）。

将测定外在水分后的试样立即破碎到标称最大粒度3mm预先干燥和已称量过的称量瓶内迅速称取9～11g试样（称准至0.001g），平摊在称量瓶中。

打开称量瓶盖，放入预先通入经干燥塔干燥的氮气并已加热到105～110℃的通氮气干燥箱中。烟煤干燥1.5h，褐煤和无烟煤干燥2h。

从干燥箱中取出称量瓶，立即盖上盖，在空气中放置约5min，然后放入干燥器中，冷却至室温（约20min），称量（称准至0.001g）。进行检查性干燥，每次30min，直到连续两次干燥煤样的质量减少不超过0.01g或质量增加时为止。在后一种情况下，采用质量增加前一次的质量作为计算依据。内在水分在2%以下时，不必进行检查性干燥。

3）内在水分（方法A2，空气干燥）。

除将通氮干燥箱改为空气干燥箱外，其他操作步骤同上。

如试验证明，按GB/T 212测定的一般分析试验煤样水分（M_{ad}）与按本标准测定的内在水分（M_{inh}）相同，则可用前者代替后者。对某些特殊煤种，按本标准测定的全水分会低于按GB/T 212测定的一般分析试验煤样水分，此时应用两步法测定全水分，并用一般分析试验煤样水分代替内在水分。

按下式计算内在水分：

$$M_{inh} = \frac{m_3}{m_2} \times 100$$

式中　M_{inh}——煤样的内在水分（质量分数），%；

　　　m_2——称取的煤样质量，g；

　　　m_3——试样干燥后的质量损失，g。

4）全水分的计算。由于上述两步法中内在水分是用失去外在水分的试样测得的（即空气干燥基），它与外在水分（收到基）的基准不同，必须把 $M_{\mathrm{ad},\mathrm{inh}}$ 换算成 $M_{\mathrm{ar},\mathrm{inh}}$ 后，才能进行相加。计算如式（25-1）~式（25-3）所示，即

$$M_{\mathrm{t}} = M_{\mathrm{ar},\mathrm{f}} + M_{\mathrm{ar},\mathrm{inh}} \qquad (25-1)$$

$$M_{\mathrm{ar\ inh}} = M_{\mathrm{ad\ inh}}\frac{100 - M_{\mathrm{f}}}{100} \qquad (25-2)$$

$$M_{\mathrm{t}} = M_{\mathrm{ar},\mathrm{f}} + M_{\mathrm{ad},\mathrm{inh}}\frac{100 - M_{\mathrm{ar},\mathrm{f}}}{100} \qquad (25-3)$$

（3）全水分测定的精密度。无论是用何种方法测得的全水分，则两次重复测定结果的差值不得超过表 25-2 的规定。

表 25-2　　　　　　全水分测定的重复性（允许差）

全水分 M_{t}（%）	重复性（%）
<10	0.4
≥10	0.5

2. 空气干燥基煤中水分（M_{ad}）的测定

空气干燥基煤中水分的测定主要有三种方法：方法 A（通氮干燥法）适用于所有煤种；方法 B（甲苯蒸馏法）适用于所有煤种；方法 C（空气干燥法）适用于烟煤和无烟煤。在仲裁分析中遇有用空气干燥煤样水分进行基准换算时，应用方法 A 测定空气干燥煤样的水分。

通氮干燥法测定的方法要点是：称取一定量的空气干燥煤样，置于 105~110℃ 干燥箱中，在干燥氮气流中干燥到质量恒定，然后根据煤样的质量损失计算出水分的百分含量。

甲苯蒸馏法测定的方法要点是：称取一定量的空气干燥煤样于圆底烧瓶中，加入甲苯共同煮沸，分馏出的液体收集在水分测定管中并分层，量出水的体积（mL），以水的质量占煤质量的百分数作为水分含量。

下面着重介绍一下适用于烟煤和无烟煤的空气干燥法。

其具体测定步骤是用预先干燥并称量过（精确至 0.0002g）的称量瓶称取粒度为 0.2mm 以下的空气干燥基煤样 1±0.1g（准确至 0.0002g），放入已知质量的称量瓶中摊平。打开称量瓶盖，将其置于预先鼓风并已加热到 105~110℃ 的干燥箱中，在一直鼓风的条件下，烟煤干燥 1h，无烟煤干燥 1~1.5h。之后取出，立即盖好盖子，稍冷却，放在干燥器中冷却至室温（约20min）后称量。然后，再进行检查性干燥试验。即每次干燥

0.5h，直至相邻两次称重减量不超过 0.001g 或开始增重为止（若增重，则用增重前一次的质量计算），水分在 2% 以下时，不必进行检查性干燥。

计算如式（25-4）所示，即

$$M_{ad} = \frac{m - m_1}{m} \times 100 \qquad (25-4)$$

式中　M_{ad}——空气干燥煤样的水分含量，%；

　　　　m——空气干燥煤样的质量，g；

　　　　m_1——空气干燥煤样干燥后的质量，g。

空气干燥基煤样水分测定的精密度如表 25-3 规定。

表 25-3　空气干燥基煤样水分测定的重复性（允许差）

水　分 M_{ad}（%）	重复性（%）
<5	0.20
5~10	0.30
>10	0.40

二、煤中灰分的测定

（一）灰分的含义及来源

在一定温度（815±10℃）下，煤中的所有可燃物完全燃尽，其中矿物质也发生了一系列的分解、化合等复杂的反应，最后遗留下一些残渣，这些残渣的含量称为灰分产率，通常称为灰分。用它来表示煤中矿物质的含量。

煤中所含元素多达 60 余种，其中矿物质含量较多的有硅、铝、铁、镁、钙、钠、钾、硫、磷等。这些元素在灰中主要以氧化物的形态存在，只有少数为硫酸盐形态。

煤中灰分的来源主要有三个方面。

1. 原生矿物质

它是指成煤植物中所含的矿物质，主要是由碱金属（K、Na）和碱土金属（Ca、Mg）的盐类组成，含量一般不高（2%~3%）。这些矿物质很细，在煤中均匀分布，并且很紧密地与煤中有机物结合在一起，很难将其分离出来。这些矿物质含量虽少，但与锅炉的结渣及腐蚀有直接关系。

2. 次生矿物质

它是煤在形成过程中溶有各种盐类的水渗入煤层而混入或与煤伴生的矿物质，含量也较少。

3. 外来矿物质

它是煤炭开采过程中混入的矿物质。

煤中矿物质主要包括黏土、方解石（碳酸钙）、黄铁矿或（白铁矿）、硫酸盐和氧化物以及其他一些伴生矿稀散元素等。

原生矿物质和次生矿物质称为内在矿物质，这两种矿物质很难用选煤方法除去。由它们所形成的灰分叫内在灰分。而外来矿物质可用选煤的方法除去。由它所形成的灰分叫外来灰分。

煤中矿物质与灰分有一定的相关性，可借助于经验公式计算得出，即

$$MM = 1.10A + 0.5S_p \qquad (25-5)$$

式中　MM——煤中矿物质含量,%；

　　　A——灰分产率,%；

　　　S_p——硫化铁硫含量,%。

（二）灰分对燃烧的影响

灰分同水分一样，是煤中有害杂质之一。灰分含量越高，发热量越低。燃用高灰分煤会给电厂带来一系列的困难。

（1）燃烧不正常。灰分增加，炉膛燃烧温度下降。如灰分从30%增加到50%，每增加1%的灰分，理论燃烧温度平均约降低5℃，因而使煤粉着火发生困难，引起燃烧不良，直至熄火、打炮。同时，也加大了受热面的磨损，给安全经济运行带来了不利影响。

（2）事故率增高。燃用高灰分煤还会增加锅炉受热面的污染、积灰，增加热阻，减低热效率，同时还增加了机械不完全燃烧热损失和灰渣带走的物理热损失等。灰分的增加也加大了磨煤机的电耗。

（3）污染环境。燃用高灰分煤，会使电厂排放的粉尘、灰渣急剧增加。这严重污染了环境，破坏了生态平衡。

（4）造成锅炉结渣和腐蚀。煤灰中的碱金属氧化物在高温下与烟气中 SO_3 结合，在冷的受热面上凝结，形成易熔的 K_2SO_4 和 Na_2SO_4 表层，此表层易粘附灰粒形成灰层，在高温下熔化形成渣层，当管壁温度不小于600℃时，渣层和管壁的保护膜发生以下反应：

$$3M_2SO_4 + 3SO_3 + Fe_2O_3 = 2M_3Fe(SO_4)_3$$

方程式中的 M 是指一价金属离子。上述反应使管壁上的氧化铁保护层受到侵蚀。

（三）煤中矿物质在燃烧过程中的变化

1. 失去结晶水

当温度高于200℃时，含有结晶水的硫酸盐和硅酸盐发生脱水反

应，即

$$CaSO_4 \cdot 2H_2O \xrightarrow{\Delta} CaSO_4 + 2H_2O \uparrow$$

$$Al_2O_3 \cdot 2SiO_2 + 2H_2O \xrightarrow{\Delta} Al_2O_3 \cdot 2SiO_2 + 2H_2O \uparrow$$

2. 受热分解

碳酸盐在500℃左右开始分解成二氧化碳和金属氧化物，即

$$CaCO_3 \xrightarrow{\Delta} CaO + CO_2 \uparrow$$

$$FeCO_3 \xrightarrow{\Delta} FeO + CO_2 \uparrow$$

3. 氧化反应

在温度为400~600℃时，发生下列氧化反应：

$$4FeS_2 + 11O_2 \xrightarrow{\Delta} 2Fe_2O_3 + 8SO_2 \uparrow$$

$$2CaO + 2SO_2 + O_2 \xrightarrow{\Delta} 2CaSO_4$$

$$4FeO + O_2 \xrightarrow{\Delta} 2Fe_2O_3$$

4. 受热挥发

碱金属化合物和氯化物在700℃以上开始部分挥发。

上述各种反应在800℃时基本完成，所以测定灰分的温度规定为815±10℃。

（四）灰分的测定

灰分的测定方法分为缓慢灰化法和快速灰化法两种。快速灰化法测定结果较缓慢灰化法测定结果偏高，而且偏高值随试样中钙、硫含量的增加而增加，这是因为快速灰化法中二氧化硫未及时排出而被氧化钙吸收了的缘故。鉴于快速灰化法只作为例常分析方法，并不作为仲裁分析之用，因此这里只介绍缓慢灰化法。

1. 测定方法

缓慢灰化法测定的方法要点是：称取一定量的空气干燥煤样，放入马弗炉中，以一定的速度加热到815±10℃，灰化并灼烧到质量恒定。以残留物的质量占煤样质量的百分数作为灰分产率。

其具体测定步骤是用预先灼烧至质量恒定的灰皿，称取粒度为0.2mm以下的空气干燥煤样1±0.1g，精确至0.0002g，均匀地摊平在灰皿中，将灰皿送入温度不超过100℃的马弗炉中，关上炉门使炉门留有15mm左右的缝隙，以使空气自然流通，在不少于30min的时间内将

炉温缓慢升至约 500℃，并在此温度下保持 30min，继续升到 815 ±10℃，并在此温度下灼烧 1h。从炉中取出灰皿，放在耐热瓷板或石棉板上，在空气中冷却 5min 左右，移入干燥器中冷却至室温（约 20min）后称量。

为使矿物质在灼烧时反应完全，需进行检查性灼烧，每次 20min，直至其质量变化不超过 0.001g 为止。用最后一次灼烧后的质量为计算依据，灰分低于 15% 时，不必进行检查性灼烧。

测定结果按式（25-6）计算，即

$$A_{ad} = \frac{m_1}{m} \times 100 \tag{25-6}$$

式中　A_{ad}——空气干燥煤样的灰分产率，%；

　　　m——煤样的质量，g；

　　　m_1——恒重后的灼烧残留物的质量，g。

2. 灰分测定的精密度

灰分测定的重复性和再现性如表 25-4 所示。

表 25-4　　　　灰分测定的重复性和再现性（允许差）

灰　分 A_{ad}（%）	重　复　性 A_{ad}（%）	再　现　性 A_d（%）
<15	0.20	0.30
15~30	0.30	0.50
>30	0.50	0.70

（五）注意事项

（1）高温炉通风要良好，且要安装烟囱，以使生成的硫的氧化物及时从烟囱排出，从而得到正确的测定结果。一般要求烟囱内径为 25~30mm，这需要根据炉膛体积的大小来决定。烟囱安装在炉膛后部上方，连接处要严密。烟囱高度要合适，一般为 60cm 左右。炉门有一直径为 20mm 的通风孔。

（2）热电偶位置要正确，不要紧贴炉底，应与炉底有 20~30mm 的距离，恰好在灰皿架下方或灰皿上方。热电偶要套有保护管，以防热端受腐蚀，套管端部最好填充氧化铝粉，以减少热滞后性。

（3）灰皿在炉膛内位置要合适，同时快速测定多个样品时，要将含硫高的煤样放在炉膛后部，含硫低的放在近火门处，这样可以减少由于逸出的硫的氧化物在炉内"交叉作用"而影响测定结果。

（4）测定多个样品时，灰皿要放在恒温区域内，以保持温度的一致性。

（5）要求煤样完全灰化。煤样灰化除了炉内有充分的空气外，还要求称好样品后，要轻振灰皿，以使煤样摊平，其单位面积上的质量不超过 $0.15 g/cm^2$。

（6）空气中冷却时间要一致。从炉中取出灰皿时，一般要求在空气中冷却不超过 5min，而后移入干燥器中继续冷却。这是因为热态灰分吸湿性很强，因此时间过长会使灰分中的水分质量增加，影响测定结果。

三、煤中挥发分的测定

（一）挥发分的含义

把煤样与空气隔绝，在一定温度下加热一段时间，从煤中有机物分解出的液体和气体总称为挥发分。应当指出的是，挥发分并不是原来就存在于煤中的物质，而是煤在高温下受热的产物。不同温度有不同的挥发分产率，其化学成分也有差异，因此挥发分测定结果不宜称做挥发分含量，而应称为挥发分产率，为使方便则简称为挥发分。

煤在高温下受热裂解出的气态产物主要是低分子烃类，如甲烷、乙烷、乙炔、丙烯等，还有常温下呈液态的苯及酚类化合物。此外，还有由煤中芳烃的侧键基裂解生成的 CO、CO_2、H_2O、CNS 和 CH_4，矿物质热解析出的结晶水和 CO_2，硫磺蒸气和 H_2S 等。当然气态产物中还含有煤样中的水分，在计算挥发分产率时应当减掉它。

（二）挥发分对燃烧的影响

挥发分是发电用煤的重要指标之一。挥发分高的煤易着火，火焰大，燃烧稳定，但火焰温度较低。相反，挥发分低的煤不易被点燃，燃烧不稳定，不完全燃烧热损失增加，严重的还会引起熄火。此外，锅炉燃烧器的形式和一、二次风的选择，炉膛形状及大小，燃烧带的敷设、制粉系统的选型和防爆措施的设计等都与挥发分有密切关系。所以在供应煤时，应尽可能根据原设计煤种的挥发分供给，否则，就会造成许多麻烦。

例如，原来设计烧低挥发分的炉子改烧高挥发分后，炉膛火焰中心逼近喷燃器出口处，可能烧坏喷燃器造成停炉事故或使火焰中心偏斜，造成炉膛前后烟温偏大，水冷壁受热不均匀，引起管子局部过热、胀粗或爆管等；反之，原来设计用高挥发分煤的炉子改烧低挥发分后，火焰中心远离喷燃器出口，送入的煤粉一时得不到高温烟气加热就会推迟着火，相应缩短了煤粉在炉内燃尽的时间和空间，使炉温降低，影响燃烧速度，降低煤粉燃尽度，增加飞灰可燃物和机械不完全燃烧热损失。因此，燃料供煤要尽可能考虑与锅炉原设计相匹配挥发分的煤种。

（三）挥发分的测定

1. 测定方法

挥发分测定的方法要点是：称取一定量的空气干燥煤样，放在带盖的瓷坩埚中，在 900 ± 10℃温度下，隔绝空气加热 7min。以减少的质量占煤样质量的百分数，减去该煤样的水含量（M_{ad}）作为挥发分产率。

煤的挥发分测定结果与人为选定的条件有关，如试样质量，加热温度和时间，坩埚材质、大小、厚薄等都会影响挥发分产率。因此，标准测定方法对这些条件都有严密的规定，以保证测定方法的规范性。

值得一提的是，加热温度和加热时间是影响挥发分测定结果的两个重要因素，特别是加热温度。试验证明，在 850 ~ 900℃ 的温度下，褐煤尚有 2%，烟煤有 1% ~2%，无烟煤有 1% 以下的逸出量；加热时间 6min 比 7min 测定结果偏低 0.33%，而加热 8min 比加热 7min 则偏高 0.17%。可见加热温度和加热时间对其测定结果都会产生影响。

2. 挥发分的计算

当空气干燥煤样中碳酸盐二氧化碳含量小于 2% 时，计算如式（25 - 7）所示，即

$$V_{ad} = \frac{m_1}{m} \times 100 - M_{ad} \qquad (25-7)$$

当空气干燥煤样中碳酸盐二氧化碳含量为 2% ~12% 时，计算如式（25 - 8）所示，即

$$V_{ad} = \frac{m_1}{m} \times 100 - M_{ad} - (CO_2)_{ad} \qquad (25-8)$$

当空气干燥煤样中碳酸盐二氧化碳含量大于 12% 时，计算如式（25 - 9）所示，即

$$V_{ad} = \frac{m_1}{m} \times 100 - M_{ad} - \left[(CO_2)_{ad} - (CO_2)_{ad}(焦渣) \right] \qquad (25-9)$$

式中　　　V_{ad}——空气干燥煤样的挥发分产率，%；

m_1——煤样加热后减少的质量，g；

m——煤样的质量，g；

$(CO_2)_{ad}$——空气干燥煤样中碳酸盐二氧化碳的含量，%；

$(CO_2)_{ad}$（焦渣）——焦渣中二氧化碳对煤样量的百分数，%。

3. 挥发分测定的精密度

挥发分测定的重复性和再现性如表 25 - 5 所示。

第五篇 电厂燃料管理

表 25 –5   挥发分测定的重复性和再现性（允许差）   %

挥 发 分 V_{ad}	重 复 性 V_{ad}	再 现 性 V_d
<20	0.30	0.50
20 ~ 40	0.50	1.00
>40	0.80	1.50

（四）注意事项

（1）称样前坩埚要在 900 ± 10℃ 下灼烧至恒重。

（2）称取试样的质量要在 1 ± 0.01g 范围内（称准至 0.0002g），并轻振坩埚使试样摊平。

（3）根据炉子的恒温区域，确定一次要放入坩埚的数量，通常以不超过 4 ~ 6 个为宜。

（4）坩埚的几何形状和容积大小都要符合规定要求。坩埚总质量为15 ~ 20g，坩埚盖子必须配合严密。

（5）装有煤样的坩埚放入马弗炉后，要注意观察恢复到 900 ± 10℃ 所需的时间，要求在 3min 内恢复炉温，否则试验作废。且总加热时间（包括温度恢复时间）要严格控制为 7 min。

（6）热电偶安装位置要正确，并在有效检定期内使用。

（7）定期对毫伏计进行校正，保证计量准确。

（8）定期测量马弗炉的恒温区，装有煤样的坩埚必须放在马弗炉恒温区内。

（9）在装有烟囱的高温炉内测定挥发分，应将烟囱出口挡板关闭或用耐火材料堵住。

（10）坩埚要放在坩埚架上，坩埚架用镍铬丝或其他耐热金属丝制成，规格尺寸是能使所有坩埚都在高温炉恒温区内，坩埚底部位于热电偶热接点上方并距炉底 20 ~ 30mm 为准。

（11）每次试验最好放同样数目的坩埚，其支架的热容量应基本一致。

（12）坩埚从马弗炉取出后，在空气中冷却时间不宜过长，以防焦渣吸水。

四、煤焦渣特性的鉴定和固定碳含量的计算

1. 煤焦渣特性的鉴定

测定挥发分所得的焦渣特征是指测定煤挥发分之后遗留在坩埚底部的

残留物黏结、结焦形状。根据残留物的特征，可以粗略的评估煤的黏结性质，其序号即为焦渣特征代号。焦渣特征区分如下：

（1）粉状——全部是粉末，没有相互粘着的颗粒。

（2）粘着——用手指轻碰即成粉末或基本是粉末，其中较大的团块轻轻一碰即成粉末。

（3）弱黏结——用手指轻压即成小块。

（4）不熔融黏结——以手指用力压才裂成小块，焦渣上表面无光泽，下表面稍有银白色光泽。

（5）不膨胀熔融黏结——焦渣形成扁平的块，煤粒的界线不易分清，焦渣上表面有明显银白色金属光泽，下表面银白色光泽更明显。

（6）微膨胀熔融黏结——用手指压不碎，焦渣的上、下表面均有银白色金属光泽，但焦渣表面具有较小的膨胀泡（或小气泡）。

（7）膨胀熔融黏结——焦渣上、下表面有银白色金属光泽，明显膨胀，但高度不超过15mm。

（8）强膨胀熔融黏结——焦渣上、下表面有银白色金属光泽，焦渣高度大于15mm。

挥发分逸出后遗留的焦渣特征系表示煤在骤热下的黏结结焦性能。它对电力用煤有如下意义，对于链条炉粉状焦渣特征的煤，则容易被空气吹走，造成燃烧不完全，黏结性强的焦渣粘附在炉栅上，增加煤层阻力，妨碍通风；对于煤粉炉，黏结性强的煤，则在喷入炉膛吸热后立即粘结在一起，形成空心的粒子团，未燃尽就被烟气带出炉膛，增加飞灰可燃物。上述这些情况，都会导致锅炉效率降低，增加一次能源的消耗，降低火电厂的经济效益。因此，焦渣特征类型对锅炉燃烧用煤的选择和指导都有着实际应用价值。

2. 固定碳含量的计算

从测定煤的挥发分时残留下来的不挥发固体（即焦渣，其中包括灰分）的重量中减去灰分的重量，则得出所谓固定碳的数量。

固定碳并非纯碳，其中还含有少量的其他成分，主要为氢、氮、氧和硫。这些成分在加热中残留下来。从气煤到无烟煤，在固定碳的组成成分中，碳均为95%左右，氢为1%～11.3%，氮为0.7%～1.5%，硫加氧为2.02%～2.95%。

固定碳含量是在测定水分、灰分、挥发分产率之后，用差减法求得的，通常用100减去水分、灰分和挥发分得出。它积累了水分、灰分、挥发分的测定误差，所以它是个近似值。各种基准的固定碳计算公式如式

(25 – 10) ~式（25 – 12）所示，即

$$空气干燥基固定碳(FC)_{ad} = 100 - M_{ad} - A_{ad} - V_{ad} \quad (25 - 10)$$

$$干燥基固定碳(FC)_d = 100 - A_d - V_d \quad (25 - 11)$$

$$干燥无灰基固定碳(FC)_{daf} = 100 - V_{daf} \quad (25 - 12)$$

五、飞灰和炉渣中可燃物的测定

飞灰和炉渣可燃物可以反映锅炉燃烧情况，反映煤粉燃尽程度和燃烧效率，进而反映火电厂管理水平。因此测量准确度就显得尤为重要。

（一）灰渣可燃物的组成

从字面上看，可燃物就是可以燃烧的部分，因而其成分应该和煤的可燃成分一致，即可燃的碳、氢、氮、硫等元素，其不可燃部分为灰分、水分和氧元素。

从实际使用角度看，飞灰和炉渣可燃物是煤在燃烧过程中不完全燃烧产物中扣除不可燃部分的那部分。因而它不仅包括可燃的碳、氢、氮、硫等元素，更重要的是还包括有机氧元素。有机氧元素虽然不直接燃烧，但它在分子结构上与可燃的有机碳、氢、氮、硫等元素紧密结合共生共灭，事实上参与了燃烧过程，所以实际应用中可燃物包括有机氧元素。

（二）测定方法

飞灰和炉渣可燃物的测定通常有两种方法：方法 A 即灼烧减量法（LOI 法），方法 B 即间接差减法（IDM 法）。其中方法 A 和 B 均可用于例行监督，当两法结果矛盾时，以方法 B 为仲裁方法。方法 A 的测定结果较方法 B 偏高。

1. 方法 A（LOI 法）

其测定的方法要点是：称取一定质量的飞灰或炉渣样品，使其在 815 ± 10℃下缓慢灰化，根据其减少的质量计算其中的可燃物含量。

其测定步骤是按要求采集飞灰或炉渣样品，并按要求制备出粒度小于 0.2mm 的灰渣样品。用缓慢灰化法测定灰、渣的灰分（A_{ad}）。

其计算如式（25 – 13）所示，即

$$CM_{ad} = 100 - A_{ad} \quad (25 - 13)$$

式中 CM_{ad}——空气干燥基灰渣样的可燃物含量,% 。

2. 方法 B（IDM 法）

其测定的方法要点是：对于锅炉机组性能考核及精确的热力计算，应同时测定其中水分和碳酸盐二氧化碳含量，并在方法 A 测定结果中把这

部分予以扣除。

其测定步骤是用空气干燥法测定灰、渣空气干燥基水分 M_{ad}，用缓慢灰化法测定灰、渣的灰分 A_{ad}。然后按要求测定灰、渣中碳酸盐二氧化碳含量 $(CO_2)_{car, ad}$。

其计算如式（25 - 14）所示，即

$$CM_{ad} = 100 - A_{ad} - M_{ad} - (CO_2)_{car, ad} \qquad (25 - 14)$$

3. 测定结果精密度

飞灰和炉渣可燃物测定的重复性和再现性如表 25 - 6 规定。

表 25 - 6　　　飞灰和炉渣可燃物测定的重复性和再现性（允许差）

方　法	含　量	重复性	再现性
A	≤5	0.3	无
	>5	0.5	
B	≤5	0.2	0.4
	>5	0.4	0.8

第二节　煤的元素分析方法

煤的元素分析是指利用化学分析方法来测定组成煤的有机质中各种元素成分（碳、氢、氧、氮、硫）的含量。对于不同的煤种，其元素含量不同。

元素分析还为计算燃烧理论烟气量、过剩空气系数，以及热平衡计算等提供了原始资料。因此，元素分析数据在锅炉的设计和运行上都有极为重要的意义。

我国现行煤炭分类中各主要类别的煤的元素组成大致范围如表 25 - 7 所示。

表 25 - 7　　　　　　各类别煤的元素组成

类　别	C_{daf}（%）	H_{daf}（%）	N_{daf}（%）	O_{daf}（%）
褐　煤	60 ~ 76.5	4.5 ~ 6.6	1 ~ 2.5	>15 ~ 20
长焰煤	77 ~ 81	4.5 ~ 6.0	0.7 ~ 2.2	10 ~ 15
气　煤	79 ~ 85	5.4 ~ 6.8	1 ~ 2.2	8 ~ 12

类 别	C_{daf} （%）	H_{daf} （%）	N_{daf} （%）	O_{daf} （%）
肥 煤	82～89	4.8～6.0	1～2.0	4～9
焦 煤	86.5～91	4.5～5.5	1～2.0	3.5～6.3
瘦 煤	88～92.5	4.3～5.0	0.9～2.0	3～5
贫 煤	88～92.7	4.0～4.7	0.7～1.8	2～5
无 烟 煤	89～88	0.8～4.0	0.3～1.5	1～4
石 煤	93～97	0.5～3.0	0.5～1.0	1～4
泥 煤	55～62	5.3～6.5	1～3.5	27～34

注 石煤和泥煤非我国现行煤炭分类中的类别。

一、碳、氢元素的分析

（一）测定目的

煤的组成包括有机质和无机质两部分，无机质部分包括水分和矿物质，一般它们是一种废物；而有机质部分（主要为碳氢化物）则为煤的主要成分，它是煤燃烧时产生热量的主要来源。它的含量的多少决定了发热量的高低。1g 碳完全燃烧产生 34040J 的热量，而在空气不足的条件下燃烧，则生成一氧化碳，仅生成 9910J 的热量，而当一氧化碳进一步燃烧生成二氧化碳时放出的热量为 24130J。煤中的氢有两种存在形态，一种是构成矿物质及水中的氢，它不能参与燃烧，另一种与碳元素构成有机成分，1g 氢燃烧放出 143000J 的热量，约相当于碳放出热量的四倍。因此对于燃烧效率，碳、氢含量的测定有着十分重要的意义。

（二）碳和氢的测定

碳、氢含量的测定可采用两种标准测定方法，一为经典的低温燃烧法（800℃），一为高温燃烧法（1350℃）。经典法又可分为三节炉法和两节炉法。

高温燃烧法测定碳和氢的原理是：将试样在 1250～1350℃ 的高温下和大流量氧气中（300L/mim）燃烧，其中碳和氢分别转化为二氧化碳和水，并被相应的吸收剂吸收，二氧化硫和氯被加热至 800℃ 的银丝卷吸收，煤中氮以氮气的形式析出，不干扰测定。根据水分吸收剂和二氧化碳吸收剂的增量，计算出煤中碳和氢的含量。

三节炉法和两节炉法的测定原理基本相同。这里着重介绍用经典三节炉法测定煤中的碳、氢元素。

第二十五章 燃料化验知识

1. 测定原理

煤中碳、氢的测定原理是：将一定的煤样置于氧气流中，在800℃温度下使之完全燃烧，碳转化为二氧化碳，氢转化为水，燃烧产物中的硫化物和氯分别被铬酸铅和银吸收，氮氧化物被二氧化锰吸收。净化后的二氧化碳和水分由相应的吸收剂吸收。根据吸收剂增重量计算出煤中碳、氢含量。

测定碳、氢元素中的主要化学反应如下：

（1）燃烧过程：

$$煤 + O_2 \xrightarrow[\text{Cr}_2\text{O}_3]{800℃} CO_2 + H_2O + SO_2 + SO_3 + CO + Cl_2 + NO_2 + N_2 + \cdots$$

$$CO + 2CuO = Cu_2O + CO_2$$

$$H_2 + 2CuO = H_2O + Cu_2O$$

$$2Cu_2O + O_2 = 4CuO$$

$$S_{煤} + O_2 \longrightarrow SO_2$$

$$2SO_2 + O_2 = 2SO_3$$

$$2N_{煤} + O_2 \longrightarrow 2NO$$

$$N_{煤} + O_2 \longrightarrow NO_2$$

（2）去除干扰物质过程：

$$4SO_2 + 4PbCrO_4 \xlongequal{600℃} 4PbSO_4 + 2Cr_2O_3 + O_2$$

$$4PbCrO_4 + 4SO_3 \xlongequal{600℃} 4PbSO_4 + 2Cr_2O_3 + 3O_2$$

$$2Ag + Cl_2 \xlongequal{180℃} 2AgCl$$

$$MnO_2 + 2NO_2 = Mn(NO_3)_2$$

$$MnO_2 + H_2O = MnO(OH)_2$$

$$MnO(OH)_2 + 2NO_2 = Mn(NO_3)_2 + H_2O$$

（3）吸收过程：

$$CaCl_2 + 2H_2O = CaCl_2 \cdot 2H_2O$$

$$CaCl_2 \cdot 2H_2O + 4H_2O = CaCl_2 \cdot 6H_2O$$

或

$$Mg(ClO_4)_2 + 6H_2O = Mg(ClO_4)_2 \cdot 6H_2O$$

$$2NaOH + CO_2 = Na_2(CO_3) + H_2O$$

2. 测定方法

测定用电炉分为三节，均可沿燃烧管移动。第一节电炉起加热燃烧样品的作用，第二节电炉用来燃烧氧化试样热解后未氧化的产物（如一氧化碳），第三节电炉用来补充燃烧。整个燃烧过程在密闭通氧下进行。

燃烧炉的前端是供燃烧用的通氧部分，氧气必须经过干燥并除去二氧化碳，即通过浓的 KOH 溶液吸收 CO_2，以除去氧气中的二氧化碳，通过无水氯化钙以除去其中的水分。这样通入的氧气就纯净了。

燃烧管中的第一节电炉部位为放煤样的燃烧区，第二节电炉部位管内装入氧化铜丝网，用以氧化未燃尽的一氧化碳，第三节电炉部位管内装入铬酸铅，用以除去煤中硫燃烧生成的二氧化硫。为进一步除去二氧化硫，末端还塞有银网卷等。

将第一节炉和第二节炉温度控制在 $800 \pm 10℃$，第三节炉温度控制在 $600 \pm 10℃$，并使第一节炉紧靠第二节炉。

将粒度小于 0.2mm 的空气干燥煤样 0.2g（精确至 0.0002g）放在预先灼烧过的长形燃烧舟中并均匀摊平。然后推入燃烧管的第一节电炉的位置，煤在管内氧气流中的燃烧反应如下：

$$C + O_2 = CO_2 \uparrow$$

$$C + \frac{1}{2}O_2 = CO \uparrow$$

$$H_2 + \frac{1}{2}O_2 = H_2O \uparrow$$

$$S + O_2 = SO_2 \uparrow$$

未燃尽的 CO 遇氧化铜时，发生如下反应：

$$CO + CuO = CO_2 \uparrow + Cu$$

为了不使分析数据偏高，必须除去燃烧产物中的 SO_2，去除方法是通过铬酸铅吸收。

煤分解后的微量氯由银网卷吸收，其反应为

$$2Ag + Cl_2 = 2AgCl$$

这样在煤燃烧后气流中，就只有氧、二氧化碳、水及氮四种气体了。

在最后吸收系统中，主要是装有无水氯化钙的 U 形管和装有碱石棉的 U 形管，它们都是预先经过恒重并能封口的。燃烧后的气体先通过无水氯化钙，水分被吸收，然后通过碱石棉，二氧化碳被吸收。最后还有一个封闭逆流气体进入的水封瓶。

称量吸收前后的无水氯化钙管和碱石棉管，即可得出所吸收的 CO_2 和水量。

分析装置及流程如图 25 - 1 所示。

（三）测定结果的计算

在碳、氢测定前应先进行空白试验。空白试验是在没有试样的条件下，校正盛试样的瓷舟表面和催化剂表面的吸附水分对氢元素测定结果的

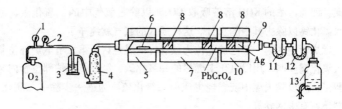

图 25 – 1　煤中碳、氢元素分析装置及流程

1—压力表；2—减压阀；3—KOH 洗气瓶；4—干燥塔；5—第一节电炉；
6—样品磁舟；7—第二节电炉；8—铜丝网；9—燃烧管；10—第三节
电炉；11—氯化钙 U 形吸收管；12—碱石棉 U 形吸收管；13—水封瓶

影响。根据吸水 U 形管的增重即可求得水分空白校正值，使测定结果准确可靠。

（1）空气干燥煤样的碳、氢计算如式（25 – 15）和式（25 – 16）所示，即

$$C_{ad} = \frac{0.2729 m_1}{m} \times 100 \qquad (25 – 15)$$

$$H_{ad} = \frac{0.1119 (m_2 - m_3)}{m} \times 100 - 0.1119 M_{ad} \qquad (25 – 16)$$

式中　C_{ad}——空气干燥煤样的碳含量，%；

$\quad\quad H_{ad}$——空气干燥煤样的氢含量，%；

$\quad\quad m_1$——吸收二氧化碳的 U 形管的增重，g；

$\quad\quad m_2$——吸收水分的 U 形管的增重，g；

$\quad\quad m_3$——水分空白值，g；

$\quad\quad m$——煤样的质量，g；

0.2729——将二氧化碳折算成碳的因数；

0.1119——将水算成氢的因数；

$\quad\quad M_{ad}$——空气干燥煤样的水分含量（按如前所述的方法测定），%。

（2）当空气干燥煤样中碳酸盐二氧化碳的含量大于 2% 时，计算公式为

$$C_{ad} = \frac{0.2729 m_1}{m} \times 100 - 0.2729 (CO_2)_{ad} \qquad (25 – 17)$$

式中　$(CO_2)_{ad}$——空气干燥煤样中碳酸盐二氧化碳含量，%。

（四）碳、氢测定的精密度

碳、氢测定的重复性和再现性如表 25 – 8 所示。

表 25 −8 碳、氢测定的重复性和再现性（允许差） ％

项 目	重复性	项 目	再现性
C_{ad}	0.50	C_d	1.00
H_{ad}	0.15	H_d	0.25

二、硫元素的分析

煤中硫分燃烧时虽然也放出热量，但其生成的二氧化硫能对锅炉部件造成严重的腐蚀，并对环境产生污染，所以它是一种有害物质。

煤中硫的存在形态分为两大类，一类是以与有机物结合而存在的硫称为有机硫，另一类是以与无机物结合而存在的硫称为无机硫，此外，有些煤中还有少量以单质状态存在的硫叫单质硫，它也属于无机硫。

有机硫的组成相当复杂，就所含官能团而言，有硫醇类、硫醚类、硫醌类及塞吩类等。

无机硫分为硫化物硫和硫酸盐硫。硫化物硫中绝大部分是黄铁矿，也有少量是白铁矿，它们的化学成分都是硫化铁（FeS_2）。此外，还有少量其他硫化物，如硫化锌、硫化铅等。硫酸盐硫主要的存在形态是石膏 $CaSO_4 \cdot 2H_2O$（硫酸钙），有些受氧化的煤有时还含有硫酸亚铁（$FeSO_4 \cdot 7H_2O$）等。

根据煤中不同形态的硫能否在空气中燃烧，可以分为可燃硫和不可燃硫。有机硫、黄铁矿硫和单质硫都能在空气中燃烧，故均属于可燃硫。煤炭在燃烧过程中除原不燃硫留在煤灰中外，还有部分可燃硫固定在灰分中，所以又叫固定硫。固定硫以硫酸盐硫（主要是硫酸钙）的形态存在。

我国煤炭各种形态硫与全硫的关系大致有一个变化规律，当全硫含量低于 1％时，往往以有机硫为主；当全硫含量高时，则大部分是硫化铁硫（也有个别高硫煤矿地区的煤以有机硫为主），硫酸盐硫一般含量极少，通常为 0.1％ ~ 0.2％。

煤中各种形态硫的总和叫做全硫（S_t），也就是说全硫为硫酸盐硫（S_s）、黄铁矿硫（S_p）和有机硫（S_o）的总和，即

$$S_t = S_s + S_p + S_o$$

（一）硫对火力发电厂中锅炉设备运行的影响

（1）引起锅炉受热面的腐蚀，特别是空气预热器，往往运行不到一年，就发现有腐蚀穿孔且伴随堵灰现象。

（2）含黄铁矿多的煤还会加速磨煤机和输煤管道的磨损。由于黄铁

矿的莫氏硬度仅次于石英，为 6 ~ 6.5。对于钢球磨煤机，磨制灰分大的煤比灰分小的煤，其吨煤钢球消耗量约大 4 倍。

（3）对变质程度浅的煤在煤场组堆或煤粉贮存时，若含有较多黄铁矿，则会由于黄铁矿受氧化放出热量而加剧煤的氧化和自燃。

（4）由于煤中的硫燃烧后，绝大部分生成二氧化硫，并随着烟气经烟囱排入大气中，因而增加了对周围环境的污染。煤中含硫量每增加 1%，则燃用 1t 煤就会多排放大约 20kg 的二氧化硫气体。

（二）全硫的测定

由于煤中硫的危害很大，因此在进行煤的元素分析时，总含硫量几乎是经常必测的分析项目。测定煤中存在不同形态硫的含量，一般只用于研究上。

目前，常用的测定煤中全硫的方法有三种。其优缺点如表 25 - 9 所示。

1. 艾氏卡重量法

由于艾氏试剂能有效地将煤中种形态的硫全部转化为极易浸出的可溶性硫酸盐，用硫酸钡重量法测定可溶性硫酸盐又是定量分析中极为可靠的经典方法，所以只要试验条件得当，用艾氏卡法测定全硫的数据无疑是最准确可靠的。因此，此法通常用于精确测定和仲裁试验。

表 25 - 9 常用的测定煤中全硫的方法及优缺点

方　法	优　　点	缺　　点
艾氏卡重量法	使用仪器无特殊要求，测定结果精确。可同时测定多个样品	操作烦琐，耗时长
库仑滴定法	它是依据法拉第电解定律设计的，测定耗时少	需专用仪器，只能进行单样测定，测定结果往往偏低，对含硫量大的煤更为明显
高温燃烧中和法	测定耗时短，仪器较简单	测定结果也有偏低现象

注　艾氏卡重量法通常用于仲裁试验，库仑滴定法和高温燃烧中和法只适用于一般煤质试验。

（1）测定原理。煤样与艾氏卡试剂（1 份无水碳酸钠和 2 份氧化镁的混合物）混合，在充分流动的空气下加热到 850℃，煤中各种形态硫转化为能溶于水的硫酸盐，然后加入氯化钡沉淀剂使之生成硫酸钡。根据硫酸钡的质量计算出煤中全硫含量。

1）煤的氧化：

$$煤 \xrightarrow[\text{空气}]{\text{加热}} CO_2 + H_2O（蒸汽）+ N_2 + SO_2 + SO_3 + \cdots$$

2）硫化物的固定作用：

$$2Na_2CO_3 + 2SO_2 + O_2（空气）\xrightarrow{\text{加热}} 2Na_2SO_4 + 2CO_2$$

$$Na_2CO_3 + SO_2 \xrightarrow{\text{加热}} Na_2SO_4 + CO_2$$

$$MgO + SO_3 \xrightarrow{\text{加热}} MgSO_4$$

$$MgO + 2SO_2 + O_2 \xrightarrow{\text{加热}} 2MgSO_4$$

3）硫酸盐的置换：

$$CaSO_4 + Na_2CO_3 \xrightarrow{\text{加热}} CaCO_3 + Na_2SO_4$$

由此可知，艾氏卡法测定的是煤样中全硫的含量。将艾氏试剂与煤样灼烧后的反应产物加热水溶解，可溶性的硫酸钠与硫酸镁均进入溶液。将溶液过滤，在热微酸性滤液中加入氯化钡溶液并不断搅拌，使可溶性硫酸盐全部转化为硫酸钡沉淀。

4）硫酸盐的沉淀：

$$MgSO_4 + Na_2SO_4 + 2BaCl_2 = 2BaSO_4 \downarrow + 2NaCl + MgCl_2$$

（2）测定要求。由于艾氏试剂是由碳酸钠加氧化镁以 1+2 混合配制而成的。它们都含有少量硫酸盐杂质，而且试验中用量多，同时，其他试剂如沉淀剂等也含有硫酸盐杂质。为了消除这些杂质对分析结果的影响，在测定全硫的同时还要进行空白试验。空白试验除不加煤样外，其他步骤与艾氏法测硫相同。每更换一批艾氏卡试剂都要进行不少于三次的空白试验。取其中最高和最低值相差不超过 0.001g（以硫酸钡计）的三次算术平均值为空白值。

生成硫酸钡的试验过程要求在热微酸性溶液中进行并不断搅拌，这是由于在热微酸性溶液中可以获得较大颗粒的晶体，易于过滤，又能减少沉淀时杂质的吸附量，有利于得到纯净的沉淀。一般控制酸度在 0.05 ~ 0.1mol/L 的范围内，酸度过高会增加硫酸钡的溶解度，使测定值偏低。不断搅拌，慢慢地向溶液中滴加氯化钡溶液的目的，是防止局部溶液中钡离子过多，造成钡离子和硫酸根离子的乘积大大超过溶度积，使沉淀过快地析出，形成众多的小晶粒，而且这些晶粒易吸附或包裹杂质，所以要边搅拌，边慢慢地滴加氯化钡溶液，使钡离子的扩散速度加快，减少局部过浓现象，形成较大的晶粒，易于过滤。同时，还要保持溶液总体积在200mL左右，以减小硫酸钡的溶解度。

在灼烧硫酸钡沉淀时，应将裹着沉淀的滤纸放入已恒重的坩埚中，先在空气流通的低温电炉上碳化，待滤纸全部碳化后，再移到900℃的高温炉中灼烧，炉内要保持空气流通。纯净的硫酸钡在空气中加热到1400℃也难以分解，但若有碳存在时，则硫酸钡被碳还原而成硫化钡，其反应为

$$BaSO_4 + 2C \overset{\Delta}{=\!=\!=} BaS + 2CO_2 \uparrow$$

在这种情况下，可滴加数滴浓硝酸，继续在高温炉中灼烧，这时硫化钡被氧化为硫酸钡白色沉淀，即

$$3BaS + 8HNO_3 = 3BaSO_4 \downarrow + 4H_2O + 8NO$$

（3）煤样与艾氏试灼烧时还应注意以下事项：

1）煤样要与足量的艾氏试剂混合，即将粒度小于0.2mm的空气干燥煤样1g（称准至0.0002g）和艾氏卡剂2g（称准至0.1g）仔细混合均匀，再用1g（称准至0.1g）艾氏剂覆盖。

2）装有煤样的坩埚要移入通风良好的带烟囱的高温炉中，保持升温速度，在1~2h内将炉温升到800~850℃，并在此温度下加热1~2h，使煤样完全氧化。

3）在灼烧时，高温炉中不能放置其他灼烧物。同时灼烧多个不同含硫的试样时，要将含硫量高的煤样放在炉膛后面靠近烟囱进口处。

4）沉淀时溶液酸度不宜过高，因为硫酸钡的溶解度随着溶液酸度的增高而变大。

5）要仔细检查煤样与艾氏试剂是否完全反应。方法是：从高温炉中取出坩埚，用玻璃棒将坩埚中的灼烧物仔细搅松捣碎，若发现有未烧尽的煤粒，说明煤样与艾氏试剂没有完全反应，应在850℃的高温炉中继续灼烧，直到黑色颗粒在灼烧物中消失。

（4）测定结果的计算。空气干燥煤样的全硫含量计算公式为

$$S_{t,ad} = \frac{(m_1 - m_2) \times 0.1374}{m} \times 100 \qquad (25-18)$$

式中　$S_{t,ad}$——空气干燥煤样中全硫含量，%；

m_1——硫酸钡质量，g；

m_2——空白试验的硫酸钡质量，g；

0.1374——由硫酸钡换算为硫的系数；

m——煤样的质量，g。

（5）全硫测定的精密度。全硫测定的重复性和再现性如表 25-10 规定。

2. 库仑滴定法

（1）测定原理。煤样在 1150℃ 高温和催化剂存在的条件下，在净化过的空气流中燃烧，煤中各种形态硫将被氧化成二氧化硫和极少量的三氧化硫。

表 25-10　　　　　全硫测定的重复性和再现性（允许差）　　　　　%

S_t	重复性 $S_{t, ad}$	再现性 $S_{t, d}$
<1	0.05	0.10
1~4	0.10	0.20
>1	0.20	0.30

$$煤 + O_2(空气) \xrightarrow[1500℃]{三氧化钨} SO_2 + SO_3(少量) + H_2O + CO_2 + Cl_2 + NO_x + \cdots$$

生成的二氧化硫和少量的三氧化硫被空气带到电解池内与水化合生成亚硫酸和少量硫酸，电解池内装有碘化钾和溴化钾混合溶液，并布有两对铂电极。一对是指示电极，一对是电解电极，在硫化物进入电解池前，指示电极对上存在着以下动态平衡：

$$2I^- - 2e \rightleftharpoons I_2$$

$$2Br^- - 2e \rightleftharpoons Br_2$$

二氧化硫进入溶液后，将与其中的碘和溴发生如下反应：

$$I_2 + SO_2 + 2H_2O = 2I^- + SO_4^{2-} + 4H^+$$

$$Br_2 + SO_2 + 2H_2O = 2Br^- + SO_4^{2-} + 4H^+$$

此时，上述动态平衡被破坏，指示电极对的电位改变，从而引起电解电流增加，不断地电解出碘和溴，直至溶液内不再有二氧化硫进入，电极电位又恢复到滴定前的水平，电解碘和溴也就停止。此时，根据电解生成碘和溴时所消耗的电量（由库仑积分仪积分而得），按照法拉第电解定律（电极上产生 1g 当量的任何物质需要消耗 96500C 电量），可计算出煤中全硫的含量。

由于少量 SO_3 的存在，该方法将会产生一微小负误差，但该误差可通过在仪器内设置一固定校正系数或通过标准样品标定仪器进行校正，给出准确度高的结果。

（2）虽然库仑定硫仪具有自动进样、分析速度快等优点，但与艾氏

第二十五章　燃料化验知识

法相比，测定结果偏低，在试验中要注意以下几个问题。

1）电解液要处理。新配制的电解液呈无色或浅黄色，当电解液中因有较多的碘而出现深黄色时，则燃烧几个含硫量大的煤样（不称量）使电解液中的碘还原为碘离子，这时，溶液重新转变为白色或浅黄色才可使用。

2）电解液要定期更换。多次测定样品后，电解液中有较多的硫酸生成，使电解液的 pH 值小于 1，这样可使非电解的碘生成，反应式为

$$4 I^- + O_2 + 4H^+ = 2 I_2 + 2H_2O$$

$$4Br^- + O_2 + 4H^+ = 2Br_2 + 2H_2O$$

这时也会使测定结果偏低。因此，当电解液的 pH 值小于 1 或呈深黄色时就要更换。

3）燃烧管内的硅铝酸棉要定期更换，以防黏附在上面的三氧化钨或未燃尽的煤粒阻碍空气流通。

4）保持电解池内铂电极的清洁，用沾有乙醇或丙酮的小棉球清洗铂电极。

5）保持电解池的完全密封及玻璃熔板的清洁。

6）在试验中防止电解池漏气和电源中断，以免因电解液回吸到燃烧管中而使燃烧管发生爆裂。

7）定期检定铂铑－铂热电偶及控温装置。

8）电解池搅拌速度不能太低，应为 500r/min，否则，电解生成的 I_2（Br_2）得不到迅速扩散和反应，影响终点，导致判断失误。

9）经常用标准煤样标定定硫仪的准确性。

（3）测定结果的计算。当库仑积分器最终显示数为硫的毫克数时，全硫含量计算如式（25 – 19）所示，即

$$S_{t,ad} = \frac{m_1}{m} \times 100 \qquad (25 – 19)$$

式中 $S_{t,ad}$——空气干燥煤样中全硫含量，%；

m_1——库仑积分器显示值，mg。

（4）全硫测定的精密度。全硫测定的重复性和再现性和艾氏卡重量法是一样的，如表 25 – 10 所示。

3. 高温燃烧中和法

（1）测定原理。该法是将煤样置于氧气流中，在 1200℃ 的高温下燃烧，使煤中各种形态的硫分解转化成硫的氧化物，用过氧化氢溶液吸收，使其形成硫酸，然后用标准氢氧化钠溶液滴定，根据标准氢氧化钠溶液的

用量计算出全硫的含量。

1）高温燃烧。在氧气流、高温以及催化剂存在的条件下，煤样中各种形态硫都转化为二氧化硫和极少量的三氧化硫。

$$煤 + O_2 \xrightarrow[\text{1200℃}]{\text{催化剂}} CO_2 + SO_2 + SO_3（少量）+ Cl_2 + H_2O + N_2 + NO_x + \cdots$$

2）硫氧化物的吸收。把燃烧生成的硫氧化物通入双氧水溶液使之全部生成硫酸。

$$SO_3 + H_2O = H_2SO_4$$

$$SO_2 + H_2O = H_2SO_3$$

亚硫酸被双氧水氧化，即

$$H_2O_2 + H_2SO_3 = H_2SO_4 + H_2O$$

3）中和滴定。以氢氧化钠标准溶液滴定生成的硫酸。

$$2NaOH + H_2SO_4 = Na_2SO_4 + 2H_2O$$

（2）测定结果的计算。高温燃烧中和法不能向艾氏卡法一样成批测定，而且测定结果偏低，其原因可能是由于煤中的硫酸盐在此法的条件下不能完全被分解。所以采用此法时，当全硫大于 4% 时，在实测值上可乘一个大于 1 的经验修正系数，以消除结果偏低的影响。

1）用氢氧化钠标准溶液的浓度计算全硫含量的公式为

$$S_{t,ad} = \frac{(V - V_0) \times C \times 0.0016 \times f}{m} \times 100 \qquad (25-20)$$

式中　　$S_{t,ad}$——空气干燥煤样中全硫含量，%；

　　　　V——煤样测定时，氢氧化钠标准溶液的用量，mL；

　　　　V_0——空白测定时，氢氧化钠标准溶液的用量，mL；

　　　　C——氢氧化钠标准溶液的浓度，mmol/mL；

　　0.0016——硫的毫摩尔质量，g/mmoL；

　　　　f——校正系数，当 $S_{t,ad} < 1\%$ 时 $f = 0.95$，$S_{t,ad}$ 为 1% ~ 4% 时 $f = 1.00$，$S_{t,ad} > 4\%$ 时 $f = 1.05$。

2）用氢氧化钠标准溶液的滴定度计算，其公式为

$$S_{t,ad} = \frac{(V - V_0) T}{m} \times 100 \qquad (25-21)$$

式中　　T——氢氧化钠标准溶液的滴定度，g/mL。

3）氯的校正。对氯含量高于 0.02% 的煤或用氯化锌减灰的浮煤，应予以校正。因为煤在燃烧过程中，氯将转变为气态氯，与过氧化氢反应生成盐酸，滴定时会多消耗氢氧化钠标准溶液，使测定结果偏高。为了消除

这一影响，可在氢氧化钠标准溶液滴定到终点，即溶液由绿色变为钢灰色后，于溶液中加入 10mL 氧基氰化汞溶液，氧基氰化汞在水溶液中易水解生成羟基氰化汞，反应为

$$Hg_2O(CN)_2 + H_2O = 2Hg(OH)CN$$

氯离子与羟基氰化汞中的羟基发生置换反应：

$$Hg(OH)CN + NaCl = Hg(Cl)CN + NaOH$$

这时，溶液由钢灰色变成绿色，然后用硫酸标准溶液滴定所生成的氢氧化钠，直至溶液又呈现钢灰色为止，记下硫酸标准溶液的用量。并按公式（25 - 22）计算全硫含量，即

$$S_{t,ad} = S_{t,ad}^n - \frac{C \times V_2 \times 0.016}{m} \times 100 \qquad (25 - 22)$$

式中　$S_{t,ad}$——空气干燥煤样中全硫含量，%；

　　　$S_{t,ad}^n$——按式（25 - 20）或式（25 - 21）计算的全硫含量，%；

　　　C——硫酸标准溶液的浓度，mmol/mL；

　　　V_2——硫酸标准溶液的用量，mL；

　　0.016——硫的毫摩尔质量，g/mmoL；

　　　m——煤样的质量，g。

（3）全硫测定的精密度。全硫测定的重复性和再现性如表 25 - 11 所示。

表 25 - 11　　　全硫测定的重复性和再现性（允许差）　　　%

S_t	重复性 $S_{t,ad}$	再现性 $S_{t,d}$
<1	0.05	0.15
1 ~ 4	0.10	0.25
>1	0.20	0.35

除了上述三种常用的测定全硫的方法，还有一种方法称为氧弹法，此法是含硫量与发热量同时测的一种方法。在测完发热量之后，将氧弹洗涤液收集起来，然后按艾氏卡法测定。但此法测定结果偏低，对发热量低而含硫高的煤尤为明显。因此，对含硫量大于 4% 的煤不宜采用。这是因为煤样在氧弹中瞬时燃烧，煤中硫不可能全部转化成 SO_3，总会生成一部分 SO_2，而 SO_2 比 SO_3 难溶于水。当排气时，氧弹内的 SO_2 会有所损失；同时，燃烧时，煤中部分碳酸盐矿物质受热分解成氧化物，它极易吸收硫的氧化物而形成难分解的硫酸盐，使硫固定下来，造成测

定结果偏低。因此，氧弹法所测的硫只用作计算高位发热量，称为弹筒硫。弹筒硫低于全硫，但当煤中全硫含量较低时，一般可将弹筒硫近似地视为全硫。

三、氮元素的分析

氮在煤中含量很少，当煤燃烧时，或多或少地会生成氮氧化物进入烟气中，是煤中的一种有害惰性物质。氮在锅炉中燃烧时，大部分呈游离状态随烟气逸出，故从燃烧的角度来看，氮是煤中的无用成分，其中约有20%～40%在燃烧能变成NO_x，随烟气排出，增加了环境污染。

(一) 测定目的

煤中氮绝大部分以有机形态存在，这些有机氮化物被认为是比较稳定和复杂的非环形结构的化合物，其原生物可能是植物或动物脂胶。植物中的植物碱、叶绿素的环状结构中都有氮，而且相当稳定，在煤化过程中不发生变化，成为煤中保留的氮化物。以蛋白质形态存在的氮仅在泥炭和褐煤中发现，在烟煤中很少，几乎没有。

氮在煤中含量很小，变化范围不大，从褐煤到无烟煤变化范围为0.5%～3.0%，而且随着煤的变质程度的增高而降低。

动力用煤测定氮的意义，主要是用于锅炉设计和热力计算燃烧所需的空气量以及燃烧产物的体积，同时也为差减法计算氧提供数据。

(二) 氮的测定

测定煤中氮的常用方法有开氏法、蒸汽燃烧法。开氏法所用仪器设备简单，应用最广，但开氏法不能完全准确地测出煤中氮的总含量。这是因为煤样消化时，其中以吡啶、吡咯、喹啉等形态存在的有机杂环氮化物部分地以气态氮（N_2）的形式吸出，使结果偏低，对于贫煤和无烟煤，杂环更多一些，测定结果偏低程度也增大。如果要准确地测出总氮，可采用精密度高的蒸汽燃烧法。该法能使煤中的氮及其氮化物在大量一氧化碳和氢的还原气氛中全部被还原成氨，而后被硫酸吸收。但它需要一套较复杂的热解煤样设备。

蒸汽燃烧法测定煤中氮的原理是：在钠石灰作催化剂的条件下，向升温到1000℃的燃烧管中通入水蒸气，当水蒸气通过高温的煤样时，煤发生气化，分解为大量的一氧化碳和氢，使整个系统呈还原状态。此时，煤中氮及其氧化物将全部还原成氨，可用硫酸吸收，然后加入苛性碱蒸馏，放出的氨再用硼酸吸收，最后用标准硫酸液滴定，根据消耗的标准溶液计算煤中的含氮量。

煤中氮的测定一般采用开氏法，即列为国家标准的方法，下面我们着重介绍此法。

1. 测定原理

开氏法的测定原理是：煤样在催化剂的存在下用浓硫酸消化，其中氮和硫酸作用生成硫酸氢铵。在碱性下通以蒸气加热赶出氨气，被硼酸吸收，最后用硫酸标准溶液滴定，根据消耗标准溶液量计算出煤中氮的含量。

在开氏法中各种药品的反应过程如下：

（1）消化过程：

$$煤 \xrightarrow[\text{催化剂}]{\text{浓 } H_2SO_4} CO_2 + H_2O + SO_2 + SO_3 + CO + Cl_2$$

$$+ （NH_4）HSO_4 + H_3PO_4 + N_2 （极少） + \cdots$$

（2）蒸馏过程：

$$2NaOH + H_2SO_4 = Na_2SO_4 + 2H_2O （中和）$$

$$（NH_4）HSO_4 + 2NaOH （过量） = NH_3\uparrow + Na_2SO_4 + 2H_2O$$

（3）吸收过程：

$$H_3BO_3 + xNH_3 = H_3BO_3 \cdot xNH_3$$

（4）滴定过程：

$$2H_3BO_3 \cdot xNH_3 + xH_2SO_4 = x（NH_4）_2SO_4 + 2H_3BO_3$$

2. 测定方法

将煤样在亚硒酸（或汞、硫酸铜）的催化作用下，于浓硫酸中煮沸，绝大部分氮变为硫酸氢铵，其余有机物转化为 SO_2、CO_2 和 H_2O 等。再用浓氢氧化钠与铵盐作用，将 NH_3 蒸馏出来，对蒸馏液全部以过量的标准硫酸溶液吸收，再以标准氢氧化钠溶液回滴过剩的硫酸，求出吸收 NH_3 所消耗的标准硫酸溶液的毫升数，从而求出含氮量。

蒸馏装置如图 25-2 所示。

进行此试验时，必须做空白试验，其试验步骤与煤样分析相同。

煤样消化完全的标志是消化后的溶液呈透明且无黑色颗粒，这要与高灰分煤消化完全后呈浅灰黑色的颗粒加以区分，不要混淆。对于难消化的煤样，如灰分高的煤、焦炭、虽已加入混合催化剂和浓硫酸，但有时仍分解不完全，有飘浮的黑色颗粒，这时可以加铬酸酐（Cr_2O_3）0.2～0.5g，再消化，一般黑色颗粒可以消失。如果仍不完全，可将煤样研细到 0.1mm 以下，再按上述操作进行试验。对于变质程度高的煤，为防止测定结果偏低，可加入固定水杨酸（分析纯）0.2g 左右再进行消化。

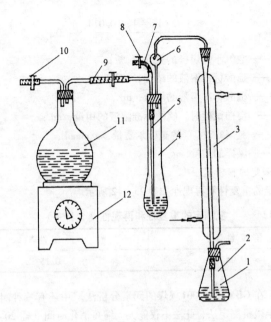

图 25 - 2 蒸馏装置

1—锥形瓶；2—橡皮管；3—直形玻璃冷凝管；4—开氏瓶；
5—玻璃管；6—开氏球；7—橡皮管；8—夹子；
9、10—橡皮管和夹子；11—圆底烧瓶；12—万能电炉

3. 注意事项

(1) 煤样颗粒要研细，最好制成 0.1mm 以下，便于消化完全。

(2) 消化时要注意控制加热温度，开始时温度低些，待溶液消化到由黑色转变为棕色时，可提高温度到 350℃。这样可防止试样飞溅，又可消除因试样黏在瓶壁上烤干而发生不易消化完全的现象。

(3) 蒸馏时，要采用通入蒸汽间接加热蒸馏。因直接加热蒸馏时，若炉温控制不当，往往会造成碱液分离不完全，从而使测定结果偏高。

(4) 每日试验前，冷凝管要用水蒸气进行冲洗，待蒸馏出的液体体积达 100 ~ 200mL 后再开始测定煤样，以消除蒸馏系统杂质带来的不利影响。

4. 测定结果的计算

空气干燥煤样的氮按式（25 - 23）计算，即

$$N_{ad} = \frac{C(V_1 - V_2)0.014}{m} \times 100 \qquad (25-23)$$

式中　N_{ad}——空气干燥煤样的氮含量，% ；

　　　C——硫酸标准溶液的浓度，mol/L ；

　　　V_1——硫酸标准溶液的用量，mL ；

　　　V_2——空白试验时，硫酸标准溶液的用量，mL ；

　0.014——氮（$1/2N_2$）的毫摩尔质量，g/mmoL ；

　　　m——煤样的质量，g 。

5. 氮测定的精密度

氮测定的重复性和再现性如表 25 - 12 所示。

表 25 - 12　　　　　氮测定的重复性和再现性（允许差）　　　　　　%

重 复 性 N_{ad}	再 现 性 N_d
0.08	0.15

此外，在 GB 476—2001《煤的元素分析法》中还有一种测定氮的方法称之为半微量测定法，此法不仅能大大缩短消化时间（需 20~30min），即节约用电量和药剂量（仅为开氏法的 1/4），而且能大大缩短整个测定过程。实践证明，半微量法测定既准确又快速。

半微量法测定的要点是向煤样中加入浓硫酸与催化剂，然后在电炉上加热消化，使煤中的氮转化为硫酸铵，并加碱蒸馏，用硼酸吸收铵，最后用硫酸滴定并确定含氮量。

半微量测定主要采用的药品有硫酸钠、硫酸汞和硒粉组成的催化剂及氢氧化钠和硫化钠组成的混合碱溶液。加入硫酸钠能提高硫酸的沸点使消化温度升高，硒能溶于浓硫酸中生成亚硒酸（H_2SeO_3），在有汞盐存在的情况下，亚硒酸能被氧化成硒酸，它能加速有机物的分解，缩短消化时间。但是汞盐能与氮生成稳定的络合物硫酸汞氨 $Hg(NH_3)_2SO_4$，阻碍氨析出，因此，在蒸馏前必须加入混合碱溶液。加入硫酸钠（或硫酸钾）会使汞生成硫化汞沉淀，破坏上述生成的络合物，使氨析出。另外，由于溶液中含有大量的硫酸，当加入硫化钠之后会生成硫化氢，而硫化氢会抑制氨的析出。因此，蒸馏时必须加入过量的氢氧化钠将消化液中剩余的硫酸中和掉。

四、氧元素的计算

氧在煤中呈化合态存在。组成煤的有机物中的氧含量变化很大，随着煤化程度的加深，氧含量有规律性地下降，如泥炭中含氧量可高达30%~40%，褐煤中为10%~30%，烟煤中为2%~10%，而无烟煤中仅有2%左右，这与含碳量的不断增加是密切相关的。碳的相对含量增高，即由于氧含量的降低。

氧本身不燃烧，但加热时，易使有机组分分解成挥发性物质，烟煤及褐煤的含氧量较高，所以能生成较多的挥发物。煤中含氧量增高，碳、氢含量相对减少，因而发热量降低，不利于燃烧。

对煤中氧的含量一般都不进行直接测定，而是用差额法算出，其计算式为

$$O_{ad} = 100 - C_{ad} - H_{ad} - N_{ad} - S_{t,ad} - M_{ad} - A_{ad} \qquad (25-24)$$

当空气干燥煤样中碳酸盐二氧化碳的含量大于2%时，则计算公式为

$$O_{ad} = 100 - C_{ad} - H_{ad} - N_{ad} - S_{t,ad} - M_{ad} - A_{ad} - (CO_2)_{ad} \quad (25-25)$$

式中　O_{ad}——空气干燥煤样的氧含量，%；

　　　$S_{t,ad}$——空气干燥煤样的全硫含量，%；

　　　M_{ad}——空气干燥煤样的水分含量，%；

　　　A_{ad}——空气干燥煤样的灰分产率，%；

$(CO_2)_{ad}$——空气干燥煤样中碳酸盐二氧化碳的含量，%。

为了精确地计算煤中氧含量，应以煤中可燃硫（S_0）含量代替式中的全硫含量（$S_{t,ad}$）。但在绝大多数的煤中，这两种硫的含量相差不大，因此可以互相代用。

五、碳酸盐二氧化碳的测定方法

1. 测定目的

煤中常含有一些碳酸盐物质，如碳酸钙、碳酸镁、碳酸亚铁等。这些矿物质含量的多少与成煤环境条件有关。我国多数煤中碳酸盐二氧化碳含量低于1%，但也有少数高达10%以上。当煤被加热到850℃时，它会全部分解，并放出二氧化碳，以致使元素分析中的碳和工业分析中的挥发分测定值偏高。同时，碳酸盐分解呈吸热反应，对煤的发热量测定也有影响。此外，还影响锅炉灰量平衡的计算，因此，需要测定煤中碳酸盐二氧化碳含量，对上述各项给予相应的修正。

2. 测定装置

测定煤中碳酸盐二氧化碳的装置如图25-3所示。图中1为洗气瓶，内盛40%的氢氧化钾溶液，用以除去空气中的二氧化碳；4为100mL分液漏斗，其中贮存分解煤样用的稀盐酸（1:3）溶液；3为分解煤样用的带支管的300mL锥形瓶，锥形瓶口与倾斜25°~30°的冷凝器5相连；冷凝

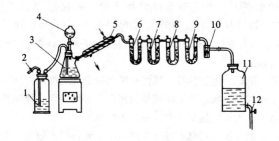

图 25－3　煤中碳酸盐二氧化碳的测定装置
1—氢氧化钾洗气瓶；2、12—螺旋夹；3—带支管锥形瓶；
4—分液漏斗；5—冷凝器；6—水分吸收管；7—硫
化氢吸收管；8、9—二氧化碳吸收管；10—气泡计；
11—下口瓶

器用来凝结和分离在分解过程中所析出的气态物质（如盐酸蒸汽等）。往锥形瓶中滴入盐酸后，用电炉加热，以促进煤中碳酸盐的分解。U 形干燥管 6 内装无水氯化钙，用它来干燥析出的气体；U 形管 7 的前半部装粒状无水硫酸铜，用来吸收煤样分解时析出的硫化氢，后半部装粒状无水氯化钙，用来吸收气体中的水蒸气；分解出来的二氧化碳最后用两级 U 形管 8 和 9 吸收，以保证吸收完全。此两个 U 形管的前端 2/3 部分装碱石棉，后端 1/3 部分装无水氯化钙；10 为气泡计，内装浓硫酸，用以估计气体流速和检查仪器的气密性；11 为减压抽气用的下口瓶；12 和 2 均为螺旋夹，用以控制气体流速。按图所示将仪器连接好，应先检查气密性；为校正系统内二氧化碳的量，测定前还需进行空白试验。

3. 测定原理

测定碳酸盐二氧化碳的原理是：用盐酸处理定量煤样，使煤中碳酸盐分解出二氧化碳并由净化过的空气把 CO_2 带出，经碱石棉吸收，根据碱石棉的增量计算出煤中碳酸盐二氧化碳的含量。测定过程的化学反应式如下：

分解反应

$$MeCO_3 + 2HCl = MeCl_2 + CO_2 + H_2O$$

吸收反应

$$2NaOH（碱石棉）+ CO_2 = Na_2CO_3 + H_2O$$

在分解样品过程中产生的 H_2S 可利用浸吸过硫酸铜饱和溶液而又在

110℃下烘干后的浮石吸收。若无浮石就可用"结焦"煤灰渣代用。

4. 测定结果的计算

煤中碳酸盐二氧化碳的含量按式（25－26）计算，即

$$(CO_2)_{ad} = \frac{m_2 - m_1}{m} \times 100 \qquad (25-26)$$

式中　$(CO_2)_{ad}$——空气干燥煤样中碳酸盐二氧化碳的含量，%；

　　　　m_2——试验后 U 形管的质量，g；

　　　　m_1——试验前 U 形管的质量，g；

　　　　m——分析煤样的质量，g。

5. 测定的精密度

煤中碳酸盐二氧化碳的重复性 $[CO_2]_{ad}$ 的允许误差为 0.10%，再现性 $[CO_2]_d$ 的允许误差为 0.15%。

第三节　煤及灰渣的物理化学特性及其测定方法

一、煤的密度的测定方法

煤的密度测定包括真相对密度的测定和视相对密度的测定。

1. 真相对密度的测定

煤的真（相对）密度是指 20℃时煤（不包括煤的孔隙）的质量和同体积水的质量之比。以前叫真比重，按我国法定计量单位规定，应叫做真相对密度，表示符号为 TRD。

煤的真相对密度测定的原理是：以十二烷基硫酸钠溶液为浸润剂，使称取的一定煤样（粒度为 0.2mm）在比重瓶中润湿沉降并排除吸附的气体，根据阿基米德原理测出与煤样同体积的纯水质量。然后计算出煤的真相对密度。

煤的真相对密度测定还需测空白值，其目的是为了求出不加煤样时，比重瓶润湿剂和水的质量 G_0，以便计算结果。其次是因为润湿液及水的密度以及比重瓶的容积随温度而变化，测空白值可免除这些变化对测定值的影响。空白值的测定步骤与测煤样的真相对密度的步骤是相同的，但比重瓶中不加试样，不煮沸。

干基煤真相对密度按式（25－27）计算，即

$$[TRD_{20}]^{20} = \frac{G_d}{G_0 + G_d - G_1} \qquad (25-27)$$

$$G_d = G \times \frac{100}{100 - M_{ad}}$$

式中　G_0——比重瓶、水和浸润剂的质量，g；

G_1——比重瓶、试样、浸润剂和水的质量，g；

G_d——干基试样的质量，g；

G——分析试样的质量，g；

M_{ad}——分析试样的水分，如室温过高或过低，还应进行校正，%。

2. 视相对密度的测定

煤的视（相对）密度是指20℃时煤（包括煤的孔隙）的质量和同体积水的质量之比。过去叫视比重，按我国法定计量单位规定，应叫做视相对密度，表示符号为ARD。

煤的视相对密度测定原理是：称取一定粒级的煤样（10～13mm 粒级），表面用蜡涂封后（防止水渗入煤孔隙内）放入比重瓶内，以十二烷基硫酸钠溶液为浸润剂，测出涂蜡煤粒所排开同体积水溶液的质量，从而计算出涂蜡煤粒的体积，减去石蜡的体积后计算出煤的视相对密度。

煤的视相对密度测定也需进行空白试验，且在测定前还需测定石蜡的密度。

煤在20℃时视相对密度按式（25－28）计算，即

$$[ARD_{20}]^{20} = \frac{G_1}{\left(\frac{G_2 + G_4 - G_3}{\rho_\tau} - \frac{G_2 - G_1}{\rho_s}\right)^{20} \times \rho_w} \qquad (25-28)$$

式中　G_1——煤样的质量，g；

G_2——涂蜡煤粒的质量，g；

G_3——比重瓶、涂蜡煤粒及水溶液的质量，g；

G_4——比重瓶、水溶液的质量，即空白值，g；

ρ_s——石蜡的密度，g/cm^3；

ρ_τ——在 t℃时十二烷基硫酸钠溶液的密度，g/cm^3；

ρ_w——水在20℃时的密度，可近似取 1.000 00g/cm^3。

二、煤粉细度的测定方法

将煤磨成粉状燃烧，是火力发电厂广泛应用的一种燃烧方式，经济性较高，这就要求锅炉在运行中必须控制煤粉的细度和水分。所谓煤粉细度，就是煤粉颗粒的大小，它表征煤粉中各种粒度的分布占总体质量的百分率。能很好地反映煤粉的均匀特性，是监督制粉系统运行工况的重要煤质指标。故煤粉细度的测定被列为火电厂煤粉锅炉运行中的主要监督项目

之一。

（一）标准筛

煤粉细度的测定常用过筛的方法，即让煤粉通过一定网目的标准筛，留在筛子上的煤粉质量占煤粉试样总质量的百分数，用 R 来表示，即

$$R = \frac{m_1}{m_1 + m_2} \times 100$$

式中 m_1——筛上剩余煤粉的质量，g；

  m_2——通过筛子的煤粉质量，g。

筛子上剩余的煤粉越多，煤粉就越粗。在电厂常用 $90\mu m$ 孔径的筛上煤粉（R_{90}）和 $200\mu m$ 孔径的筛上为煤粉量（R_{200}）作为标准筛来控制煤粉细度。R 的下角数值越大，表示网孔径越大，反之则越小。

（二）煤粉细度的测定目的

煤粉颗粒的大小对磨煤过程中能量的消耗，燃烧过程中不完全燃烧热损失，都具有很大的影响。悬浮燃烧的煤粉锅炉都须配备与之相适应的制粉系统，以源源不断地供给煤粉。对制粉系统制备的煤粉要求不能过细或过粗，过细固然可以因减少机械不完全燃烧热损失而降低燃料消耗，但却增加了制粉系统运行的耗能、磨煤机金属的磨损等；过粗虽然可以降低磨煤时消耗的能量，但是粗煤粉在燃烧过程中难以烧尽，使用化学、机械不完全燃烧热损失增加。因此，要求每台锅炉机组都要通过试验确定一个最适合的煤粉细度，在这种煤粉细度下运行，制粉系统的能耗和锅炉燃烧的热损失之和达到最小值，使整个锅炉机组运行的经济性最佳，这个最合适的煤粉细度就是经济煤粉细度。所以，在锅炉运行中，每班都要取两次煤粉样，进行细度的测定，以监督磨煤设备的磨制工况。对于中间储仓式制粉系统，一般在旋风分离器和储粉仓之间的下粉管上采样。

影响煤粉细度的因素有：煤的类别、挥发分、磨煤机类型及有无分离器、燃烧设备工况等。对于挥发分高的煤燃烧较快，可以磨得粗些，相反挥发分低则需磨得细些。对每个具体的燃烧系统，煤粉的经济细度要由运行过程中的实际试验求得。通过实测制粉系统的煤粉获得最佳经济煤粉细度，对改善锅炉燃烧性能，减少机械未完全燃烧热损失，以及节约磨煤机能耗都有积极的作用。

（三）煤粉细度的测定

对于煤粉细度的控制各厂不一，其测定方法大都是机械筛分。

1. 测定原理

称取一定质量的煤粉置于规定的试验筛中，在振筛机上筛分完全，根

据筛上残留煤粉质量计算出煤粉细度。

2. 测定方法

将底盘、孔径90μm及200μm的筛子自下而上依次重叠在一起；称取煤粉样25g（称准到0.01g），置于孔径为200μm筛内，盖好筛盖；将上述已叠好的筛子装入振筛机的支架上，振筛10min，取下筛子，刷孔径为90μm筛的筛底一次，装上筛子再振筛5min；筛分完全后，取下筛子，分别称量孔径为200μm及90μm筛上残留的煤粉量，称准到0.01g。

3. 注意事项

（1）测定煤粉细度的样品必须达到空气干燥状态（只有在空气中连续干燥1h，其质量变化不大于0.1%，才认为达到了空气干燥状态）。

（2）称样前要充分混匀，并按九点法取样或用二分器缩分取样。

（3）要选用经计量检定部门检定合格的试验筛，否则不应使用。

（4）筛子使用前应先检查筛底有无损伤，筛网是否松弛变形，内侧底、壁之间有无过大缝隙。若存在这种缺陷，则不能使用。

（5）要按规定操作要求，振筛一定时间后轻刷筛底一次，以防煤粉堵塞筛网、导致测定结果偏高。

（6）筛分必须完全。检查方法是，当煤粉细度测定时已达到规定的筛分时间后再筛分2min，若筛下的煤粉量不超过0.1g时，则认为筛分完全。

（7）要选用具有垂直振击和水平运动的机械振筛机，单纯水平往复式振筛机效率差，不宜采用。

（8）刷筛底时，要用软毛刷轻刷筛底，不要损伤筛网，也不要损失煤粉。

4. 测定结果的计算

煤粉细度按式（25-29）及式（25-30）计算，即

$$R_{200} = \frac{A_{200}}{G} \times 100 \qquad (25-29)$$

$$R_{90} = \frac{(A_{200} + A_{90})}{G} \times 100 \qquad (25-30)$$

式中　R_{200}——未通过200μm筛上的煤粉质量占试样质量的百分数,%；

R_{90}——未通过90μm筛上的煤粉质量占试样质量的百分数,%；

A_{200}——200μm筛上的煤粉质量，g；

A_{90}——90μm筛上的煤粉质量，g；

G——煤粉试样质量，g。

5. 测定的精密度

煤粉细度测定的重复性规定为：<0.5%。

三、煤的可磨性指数的测定方法

煤是一种脆性物料，当受到外界机械力作用时，就会被磨碎成许多大小不同的颗粒，可磨性就是反映煤在机械力作用下被磨碎成小颗粒的难易程度的一种物理性质，也是衡量制粉电耗的一个尺度。它与煤的变质程度、显微组成、矿物质种类及其含量多少等有关。在工程上通常用哈氏仪或VTI仪测定煤的可磨性，并用哈氏指数（HGI）或原苏联热工研究院可磨指数（VTI）表示。其值越大，则煤越易磨碎，反之，则难以磨碎。据统计，我国动力用煤可磨性（用哈氏指数表示）的变化范围为45～127HGI，其中绝大多数为55～85HGI。煤的可磨性可用于设计制粉系统时选择磨煤机类型、计算磨煤机出力，也可用于运行中更换煤种时估算磨煤机的单位制粉量等。

（一）定义

所谓可磨性指数，是指在干燥空气条件下，将风干状态的标准煤磨碎成一定细度所消耗的能量，与试样在同一条件下磨碎成同样细度所消耗能量的比值。故可磨性指数是个无量纲的物理量，它的大小反映了煤样被破碎成细粉的相对难易程度。

煤质越软，则可磨性指数越大，即相同质量、规定粒度的煤样，煤质软的磨至相同细度时所消耗的能量小。换句话说，在消耗能量一定的条件下，相同质量、规定粒度的煤样磨碎成粉的粒度越小，则可磨性指数越大，反之，则越小。

实验室测定哈氏可磨性指数的仪器设备就是根据上述原理设计的。

（二）测定方法的种类

煤的可磨性测定方法根据采用的实验研磨机的研磨方式的不同可分为以下几种：

（1）以滚球磨为研磨机的哈德果洛夫法（简称哈氏法）。

（2）以滚筒磨为研磨机的原苏联热工研究院法（简称VTI法）、原苏联中央锅炉汽轮机研究所法和美国矿物局方法。

（3）以锤击磨为研磨机的捷克锅炉研究所方法和原苏联热工研究院的锤击磨方法。

目前，常用的方法只有两种：一种是哈德果洛夫法，此法的优点是设备较简单，操作方便，重现性较好，因而被许多国家广泛采用，但它只适用于硬煤（相当于我国煤炭中的无烟煤及大部分变质程度高的煤）；另一种是原苏联热工研究院方法，该法经 1984 年修订以后，缩小了研磨机的体积，减少了试样质量，简化了某些操作，提高了测量精密度，能适用于各种类别煤及可燃页岩。实践证明：哈氏法测定的结果，较适用于中速磨制粉系统的设计，而 VTI 法测定的结果，较适用于钢球磨制粉系统的设计。然而实践也证明，对于褐煤和可燃页岩，不论用哪种方法测定，其可磨性结果均不能用于设计制粉系统的依据，因为它将使制粉系统的实际产量比通常磨制的相同可磨性的其他煤种增大了 50% 左右。

测定可磨性方法虽然各不相同，但对于确定的一组煤样的测定结果，其大小排列次序则是相同的，并且它们之间存在着一定的关系。VTI 和 HGI 两可磨性指数之间关系可用下式表达：

$$VTI = 0.0034 \ (HGI)^{1.25} + 0.61$$

（三）哈氏测定法

1. 测定原理

哈德果洛夫法（简称哈氏法）是根据里廷格磨碎定律即磨碎所消耗的能量与被磨碎颗粒增加的表面积成正比，可用式（25 - 31）或式（25 - 32）表达，即

$$E_e = \frac{k}{G_H} \cdot \Delta S \qquad (25 - 31)$$

或

$$G_H = \frac{k}{E_e} \cdot \Delta S \qquad (25 - 32)$$

式中　E_e——磨碎消耗的有效能量，增加表面积所消耗的能量是磨碎的有效能，它占消耗总能量中的一小部分；

　　　k——仪器常数；

　　　G_H——哈氏可磨指数；

　　　ΔS——被磨颗粒磨碎后增加的表面积。

ΔS 不易被直接测量，但可以依据单位质量不同粒度的表面积和粒度的关系以及哈氏法规定的条件推导出式（25 - 33），即

$$G_H = \frac{k}{E_e} \cdot [14.2(50 - m) + 27] \cdot S_1 \qquad (25 - 33)$$

式中　S_1——粒度（直径）为 1.19mm 的颗粒总表面积。

同样直接测量 E_e 和 k 也是很困难的，故采用了反推法，即选用了美国宾夕法尼亚州某矿的低挥发分的烟煤为基准煤，规定哈氏指数为 100，在标准仪器及操作条件下测得其 $\Delta S = 205 \ S_1$，代入式（24 - 31）中可获得式（24 - 34），即

$$\frac{k \cdot S_1}{E_e} = 0.488 \qquad (25-34)$$

将式（25-34）代入式（25-33）可获得计算哈氏可磨性指数的公式，即

$$G_H = 13 + 6.93(50 - m)$$

式中 m——0.071mm 筛上的煤粉量，g。

2. 测定方法

哈氏可磨性指数测定法，是将一定粒度范围（0.63~1.25mm）的空气干燥试样在哈氏可磨性仪中旋转 60r 进行研碎。球的质量为 29kg，然后用垂直振击 149 次/min、水平回转 220 次/min 的振筛机筛分，根据筛分筛（0.071mm）上筛余量的多少来计算哈氏可磨性指数，如式（25-35）所示，即

$$HGI = 6.93G + 13 \qquad (25-35)$$

式中 HGI——哈氏可磨性指数；

　　　 G——孔径为 0.071mm 筛下的试样质量，它是由试样总质量减去
　　　　　　0.071mm 筛上的试样质量而得的，g。

哈氏可磨性指数测定仪的结构如图 25-4 所示。

3. 影响因素

在哈氏法测定煤的可磨性中可能会受到下列因素的影响。

（1）筛分用试验筛的孔径大小。一般测定的可磨性结果是以通过或遗留在某一规定试验筛的煤粉量多少作为依据的。因此，试验筛的孔径标准与否会直接影响其筛下（或筛上）煤粉量，实践证明，它是影响测定结果的主要因素。

（2）研磨件的几何形状。由于哈氏磨中研磨件的几何形状较为复杂，不易准确加工，影响试样在碾磨碗中的被研磨程度，致使其成粉煤量有所差异。对可磨性指数大的煤影响就更大，例如 HGI 为 93 的煤相互间相差可达到 9 个 HGI 单位。

（3）振筛机的筛分效率。不同类型的振筛机由于筛分效能不同，在相同的筛分时间内会得到不同的筛分试样量，造成测定结果的差异。实践证明，用振击回转式振筛机测得结果最高，回转式次之，往复式最低，它们之间相差超过 2 个 HGI 单位。

（4）破碎的受力方式。不同类型的破碎设备不仅对其所制备的试样的粒度不尽相同，而且对其破碎试样所产生的内应力各不相同，这就导致在相同研磨条件下，其成粉量不同，所以影响了测定结果。例如：用对辊

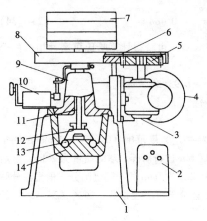

图 25 - 4　哈氏可磨性指数测定仪

1—机座；2—电气控制盒；3—蜗轮盘；
4—电动机；5—小齿轮；6—大齿轮；
7—重块；8—护罩；9—拨杆；10—计
数器；11—主轴；12—研磨环；
13—钢球；14—研磨碗

磨制制备的试样测得可磨性指数均比用咖啡磨制备的偏低。且随着 HGI 的增高，其偏低幅度也有所增加。对 HGI 为 42 的煤降低约 2 个 HGI 单位，而对 HGI 为 97 的煤则降低约 3 个 HGI 单位。

（5）水分的含量对可磨性测定也有影响，对各类别煤的影响各不相同，无规律可循，但对同一品种煤有一定的规律性。因此，在测定煤样可磨性指数的同时，应测定粒级煤样的水分，并加以注明。

（6）筛分操作的正确与否也是影响测定结果的重要因素，因此，务必按规定的筛分时间和扫刷筛网底部次数进行操作。

由上可以看出，影响可磨性指数的测定因素很多，故须用一组粒度小于 6mm 的标准样品（4 个样，HGI 约为 40 ~ 110）进行校正试验，以消除其测定过程中的系统误差，包括研磨机、破碎设备、制样试验筛、筛分试验筛、振筛机等设备造成的误差，然后绘制出 HGI 值和 0.071mm 筛下粉的关系校正图表。当实测煤的可磨性指数时，只要按照与标定相同条件下煤样经研磨后的 0.071mm 筛下粉的质量，在图中查出相应的 HGI 值，即可得出该煤的可磨性指数。这样就可以大大减少从煤样制备到测定的整个过程的系统误差。

应当指出的是，尽管在 ISO、ASTM、和 GB 标准中废除了计算公式法而采用了上述的校正图表法，但其测定可磨性的基本原理却没有改变。

4. 测定与应用中的若干问题

（1）测定时，试样必须按要求达到空气干燥状态，否则试样颗粒上会黏附细小的煤粉，同时煤的可磨性指数还往往随水分含量的变化而变化，这将影响测定结果。

（2）严格地说，哈氏法只适用于测定硬质煤的可磨性指数。所谓硬质煤，按国际标准化组织（ISO）规定，是指含水无灰基发热量大于

23835J/g（约相当于5700cal/g）的煤。在我国标准中则规定，哈氏法适用于测定无烟煤及烟煤的可磨性指数。

（3）一般地，用哈氏法测定煤的可磨性时，0.071mm筛上的煤样占试样总量的95%~75%，即47.5~37.5g时，测定结果才较稳定，对特大及特小指数的煤，测定结果的可靠性往往较差。

（4）国内外大量试验表明，褐煤、油田页岩、甚至高水分的劣质煤，均不宜套用哈氏法测定其可磨性指数，否则有可能与工业磨煤机实际出力情况相差太大。

（5）由于煤的水分对测定结果有明显的影响，对应于煤在磨煤机中破碎区域近似水分水平的可磨性指数，则用来计算磨煤机的出力。在一般情况下，它较磨煤机给煤水分含量约低10%。

5. 混煤的可磨性指数

可磨性是表征煤成粉的一种物理性质。它决定于煤的岩相成分及含量。通常煤中含有微晶成分，如镜煤、亮煤、暗煤、丝炭和夹杂物等，它们属于有机矿物质，同时还含有少量矿物质，如页岩、石英、黄铁矿、方解石等。这些属于无机矿物质。无论是有机矿物质或无机矿物质，每种成分都有它自己的矿物特性，因而也就有各自相应的研磨性。煤的可磨性就是这些成分研磨性的综合反映。因此，一般说来，它具有加成性。依据这一特性，就可计算出混煤的可磨性。对于两种组成的混煤的可磨性可按式（25-36）计算，即

$$G_{I,m} = G_{I,H} + (G_{I,S} - G_{I,H}) \cdot b_S \quad (25-36)$$

若需精确计算，则可采用式（25-37），即

$$G_{I,m} = 1.02 (G_{I,S} \cdot b_S + G_{I,H} \cdot b_H) \quad (25-37)$$

式中　$G_{I,m}$——混煤的可磨性指数；

$G_{I,S}$——可磨性较大的煤的可磨性指数；

$G_{I,H}$——可磨性较小的煤的可磨性指数；

b_S，b_H——可磨性较大的和较小的煤占混煤中的质量百分比，%。

（四）VTI法

VTI可磨性指数测定方法的基本原理与哈德果洛夫相同，都是依据廷格磨碎定律的，但由于采用研磨方式（研磨机）的不同，所以其测法也有异于哈氏法。

1. 测定步骤

（1）制备煤样。将粒度不超过10mm的煤样3kg置于方形浅盘中，放

在空气中干燥直到恒重，然后全部破碎到粒度小于6mm，并用二分器缩分出1kg后，又经破碎，用3.2mm和1.25mm试验筛制备粒级煤样。

（2）试样测定。称取粒级煤样 $50 \pm 0.01g$ 倒入预先装有 $4 \pm 0.035kg$ 钢球的研磨滚筒内，盖好盖后，把滚筒装在VTI测定仪的工作位置上。

（3）按下开关，滚筒开始转动，当滚筒转数达到 $540 \pm 1r$ 时自动停止。

（4）取下滚筒，开盖，将滚筒内试样及钢球一起倒入摞在0.090mm试验筛上的保护筛内，刷净保护筛及钢球上黏附的煤粉。

（5）将装有研磨过试样的0.090mm孔径试验筛，放在机械振筛机上，按规定时间和操作进行筛分。

2. 计算

依据0.090mm试验筛上的粉煤量，按式（25-38）计算可磨性指数，即

$$K_{VTI} = \left(2.32 \ln \frac{100}{R_{90}} \right)^{0.83} \qquad (25-38)$$

式中　K_{VTI}——可磨指数；

　　　R_{90}——0.090mm筛上煤粉的百分率，%。

四、煤灰熔融性的测定方法

煤灰熔融性就是表征在规定条件下随温度提高而使煤灰形成变形、软化、半球和流动的特征物理状态。

（一）测定目的

煤灰熔融性是动力用煤的重要指标，它反映煤中矿物质在锅炉中的变化动态。测定煤灰熔融性温度在工业上特别是火电厂中具有重要意义。

（1）可提供锅炉设计选择炉膛出口烟温和锅炉安全运行的依据。在设计锅炉时，炉膛出口烟温一般要求比煤灰的软化温度低 $50 \sim 100℃$，在运行中也要控制在此温度范围内，否则会引起锅炉出口过热器管束间灰渣的"搭桥"，严重时甚至发生堵塞，从而导致锅炉出口左右侧过热蒸汽温度不正常。

（2）预测燃煤的结渣。因为煤灰熔融性温度与炉膛结渣有密切关系，根据煤粉锅炉的运行经验，煤灰的软化温度小于1350℃就有可能造成炉膛结渣，妨碍锅炉的连续安全运行。

（3）为不同锅炉燃烧方式选择燃煤。不同锅炉的燃烧方式和排渣方式对煤灰的熔融性温度有不同的要求。煤粉固态排渣锅炉要求煤灰熔融性

温度高些，以防炉膛结渣；相反，对液态排渣锅炉，则要求煤灰融熔性温度低些，以避免排渣困难。因为煤灰熔融性温度低的煤在相同温度下有较低的黏度，易于排渣；对链条式锅炉，则要求煤灰熔融性温度适当，不宜太高，因为炉箅上需要保留适当的灰渣以达到保护炉栅的作用。

（4）判断煤灰的渣型。根据软化区间温度（DT－ST）的大小，可粗略判断煤灰是属于长渣或短渣。一般认为软化区温度大于200℃的为长渣，小于100℃的为短渣。通常锅炉燃用长渣煤时运行较安全。

（二）测定方法和种类

目前，我国测定煤灰熔融性的方法有角锥目测定法和热显微照相法两种。角锥目测法设备简单、操作方便，一次可同时进行多个样品的测定，使用较普遍。热显微照相法（所使用的灰熔点测定仪我国已有生产）运用了先进的 CCD 摄像技术，将高温下的图像实时传送到计算机内供显示和处理，可同时测定多个样品，与角锥目测法相比，大大地提高了测定精度，减轻了操作人员的劳动强度和高温下强光对眼睛的损伤。

1. 热显微照相法

其测定方法是将煤灰制成 $\phi 3$ 的正圆柱体，置于专用的带有铱合金丝的电炉中，并通以等体积比的 H_2 和 CO_2。以一定升温速度加热，观察在升温过程中，经光放大系统放大 5 倍（或 10 倍）后在网格板上显示出来的灰体形态变化的图像。由于用网格作为内标，圆柱体形态只要发生细微的变化就能观察到，记下四个特征温度。即变形温度（DT）、软化温度（ST）、半球温度（HT）、和流动温度（FT）。

2. 角锥目测法

将煤灰制成高 20mm，底边长 7mm 的正三角形锥体，置于专用的硅碳管炉中，以石墨或无烟煤造成炉内弱还原气氛，并以规定的升温速度加热，在加热过程中观察试样形态的变化，记录其变形温度（DT）、软化温度（ST）、半球温度（HT）和流动温度（FT）四个特征温度。

变形温度（DT）：锥尖端开始变圆或弯曲时温度。

软化温度（ST）：灰锥弯曲至锥尖触及托板或灰锥变成球形时的温度。

半球温度（HT）：灰锥变形至近似半球形即高等于底长的一半时的温度。

流动温度（FT）：灰锥熔化展开成高度在 1.5mm 以下的薄层时的温度。

如灰锥尖保持原形，则锥体收缩和倾斜不算变形温度。

(三) 煤灰熔融性的测定

1. 测定装置

煤灰熔融性的测定装置如图 25-5 所示。

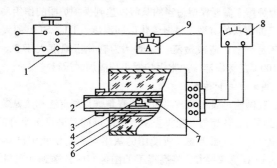

图 25-5　煤灰熔融性测定装置

1—调压器；2—刚玉燃烧管；3—硅碳管；4—灰锥试样；
5—托板；6—刚玉舟；7—热电偶；8—高温计；9—电流表

测定煤灰熔融用的设备应满足下列技术要求。

高温炉。满足下列条件的高温炉均可使用：

1) 有足够的高温带，各部温差小于 5℃。

2) 能按规定速度升温，并加热到 1500℃。

3) 能随时观察灰锥样的形态及其在受热过程中的变化情况。

4) 能控制炉内为半还原性或氧化性气氛。

5) 电源要有足够大的容量，并可连续调压。

目前国内普遍采用卧式硅碳管高温炉，利用自耦调压器或晶闸管调压来控制升温速度。精密度至少为 1 级，测量范围为 0~1600℃。

2. 气氛条件的控制

煤灰熔融性温度测定时要求的气氛有两种—即弱还原性气氛和氧化性气氛。由于在工业锅炉的燃烧或气化室中，一般形成由 CO、H_2、CH_4、CO_2 和 O_2 为主要成分的弱还原性气氛，所以煤灰熔融性温度测定一般也在与之相似的弱还原性气氛中进行。也就是说，在电力系统中，一般要求提供弱还原性气氛中的煤灰熔融性数据。

为了维持煤灰熔融性测定时的气氛，一般采用通气法或封碳法，封碳法简单易行，在国内普遍采用；而通气法容易调节并能获得规定的气体组成。

(1) 通气法。在测定煤灰熔融性温度的炉内通入 40%±5% 的一氧化碳和 60%±5% 的二氧化碳混合气或 50%±10% 的二氧化碳和 50%±

10%的氢气混合气。在由二氧化碳和氢气构成的弱还原性气氛中，为了统一测定条件，在我国标准中规定用 $V_{H_2} + V_{CO_2} = 1 + 1$ 的混合气体。

（2）封碳法。在炉内封入一定量的石墨粒或无烟煤粒。在用封碳法产生弱还原性气氛时，要求在 1000~1500℃ 范围内，还原气体（CO、H_2 和 CH_4）占 10%~70%，而且在 1100℃ 以下时，还原气体与 CO_2 的体积比小于 1。这是因为封碳法产生弱还原性气氛时，随着温度的升高，炉内还原性气体增加。如果封入的碳物质和特性和数量不合适，则会在温度高于 1100℃ 后使炉内 CO 量大大超过 CO_2 量而形成强还原性气氛，致使煤灰熔融性温度的测定结果偏高。因此，规定还原性气体与 CO_2 之比不大于 1 的条件，可以避免还原性气氛的形成。

采用封碳法时，炉内气氛条件的检查方法有以下两种：一是对照有关部门提供的不同气氛下，已知灰融性数据的标准灰来检查，如实测的 ST 与已知值相差 50℃ 以内，则认为符合弱还原性气氛要求；一是直接抽取炉内气体，用烟气分析仪测定炉内气体成分，以确定是否符合要求。

3. 测定步骤

（1）将灰锥准备好。即将研细后的煤灰与糊精混合均匀，置于锥模中，使其成型。然后脱模干燥，制成的锥体是一个等底边锥体（锥高 20mm，底宽 7mm）。

（2）将已干燥的灰锥试样固定在托板上，并置于炉子中心。按要求控制炉内的气氛条件。如在氧化性气氛下测定，则刚玉舟内不必放置含碳物质并让空气自由流通。

（3）合上电源，通过调压，控制炉子升温速度。要求在 900℃ 以前，升温速度控制在 15~20℃/min；900℃ 以后为 5±1℃/min。

（4）在 1000℃ 以后，随时观测灰锥的形态变化，并记录灰锥熔融过程中锥体的三个特征温度 DT、ST 及 FT。在高温下观察时，须戴蓝或黑色护目镜。

（5）对每个样品分别测定两次。在同一试验室，两次平行测定误差不得超过 ±50℃；在不同试验室，不得超过 ±75℃。

（6）待全部灰锥都达到 FT 温度或炉温升至 1500℃ 以后，试验即告结束。逐步降低电压和炉温，待冷却至 900℃ 左右时切断电源。

五、煤灰黏度的测定方法

1. 定义

煤灰黏度是煤灰渣在熔化时流动状态的重要指标，它对确定液态排渣锅炉的出口温度有着重要的作用。

所谓黏度即液体内摩擦系数，它表示单位面积上的内摩擦力与垂直于层面的速度梯度之比。可用下式表示：

$$黏度（内摩擦系数） = \frac{内摩擦力}{液层面积 \times 速度梯度}$$

2. 测定意义

煤灰黏度是动力用煤高温特性的重要测定项目之一，煤灰黏度要求在更高的温度下进行测定。它表征了灰渣在熔化状态时流动状态，即提供了在不同高温下的粘温特性，是确定熔渣的出口温度必不可少的依据。液态排渣炉一般要求煤灰在炉内完全熔化并具有很好的流动性，以保证液态化熔渣能很流畅地从排渣口流出。根据实践经验，当煤灰在 1450℃ 以下，黏度小于 5 ~ 10 Pa·s 时，锅炉能连续安全运行，但当黏度超过 25 Pa·s 时就会使排渣口堵塞，造成炉内积渣的严重事故。因此，测定灰渣黏度对液态排渣炉的设计和运行均具有重要的意义。

3. 测定方法

在特殊高温炉中放一个耐高温的刚玉坩埚，将煤灰试样放入坩埚内并加热使其熔融，而后在熔融试样中插入一根耐高温和耐腐蚀的钼金属圆柱形搅拌浆，以恒速电动机带动悬吊搅拌浆作匀速运动。由于沉没在粘滞煤灰中的搅拌浆受到煤灰粘滞力的作用，悬吊搅拌浆的弹性金属丝产生一个扭转角，在金属丝的弹性范围内和转速恒定的条件下，扭转角大小正比于煤灰的黏滞力，亦即正比于液体的黏度，即

$$\eta = K\Phi \qquad (25-39)$$

式中　η——煤灰试样的黏度；

　　　Φ——金属丝的扭转角度，它与内摩擦力 f 成正比关系；

　　　K——仪器常数。

在煤灰黏度测定前，一般先用一种或一组已知黏度的标准物质分别测定金属丝在其中的扭转角，然后作出 $\eta - \Phi$ 曲线，在实际测定煤灰黏度时，只要测出 Φ 后，就可从 $\eta - \Phi$ 曲线上查出相应的黏度的 η 值。

第四节　煤的发热量及其测定方法

煤的发热量（亦称热值）是煤的质量指标之一，对于火力发电厂，这一指标显得尤为重要，它对于电力安全和经济运行均具有重要的意义，主要表现在以下方面：

在煤炭管理上，入厂煤属于商务贸易。它的计价、编制电厂燃料的消

耗定额和供应计划、核算发电成本和计算能源利用效率等，都要以发热量作为依据。

在设计锅炉机组时，煤炭发热量是用来计算炉膛热负荷、选择磨煤机容量和计算物料平衡等必不可少的煤质参数。

在锅炉机组运行时，煤炭发热量又是锅炉热平衡、配煤燃烧及负荷调节等的主要依据，同时也是计算发供电煤耗经济指标的依据之一。

一、有关发热量的基础知识

所谓发热量就是单位质量的燃料，在一定温度下完全燃烧时所释放出的最大反应热。煤的发热量与煤中可燃物的化学成分及燃烧条件有关，只有规定了燃烧条件，才能测出准确的发热量值。条件是煤中可燃成分完全燃烧，否则，由于煤中热量未全部放出，而使发热量的测定值偏低。另外对燃烧后产物的状态和最终温度也做了具体规定，这里主要是指水的状态，在不同的最终温度下，水可以是气态，也可以是液态。当水由液态向气态转化时要吸收热量，由气态向液态转化时则放出热量，这都会使煤的发热量发生变化。

热量的法定计量单位是焦耳（符号 J），惯用计量单位是卡。为了避免多种单位制并存造成的混乱和换算的烦琐，对热、功、能这三个单位可以等量转化的物理量统一使用"焦耳"作为计量单位。因此发热量的单位为"焦耳/克"（J/g）或"千焦/千克"（kJ/kg）。而发热量的测定结果以"兆焦/千克"（MJ/kg）表示。

由于实验室条件的限制，以及在实际应用中的要求等，一般按照不同的情况，将发热量分为三种。

1. 弹筒发热量（Q_b）

单位质量的燃料（气体燃料除外）在充有过量氧气的氧弹内完全燃烧，其终点温度为 25℃，终点产物为氧气、氮气、二氧化碳、硫酸和硝酸、液态水和固态灰时所释放的热量，称为弹筒发热量（Q_b）。在氧弹中测得的发热量要比在空气中、常压下的实际燃烧过程放出的热量高，它是燃料的最高热值，在实际应用时还要换算成以下两种热值。

2. 高位发热量（Q_{gr}）

煤在工业锅炉装置内的燃烧过程中，其中的硫只生成二氧化硫、氮则成为游离的氮，这与氧弹中的情况不同。其终点产物为氧气、氮气、二氧化碳、二氧化硫，液态水和固态灰，因此，由弹筒发热量中减掉硫酸生成热和二氧化硫生成热之差，以及硝酸的生成热所得出的热量就是高位发热量。高位发热量可以作为评价燃烧质量的标准。

3. 低位发热量（Q_{net}）

在燃烧过程中，煤燃烧生成的水和煤中原有的水都是呈蒸汽状态随废气排出的，这与氧弹中水蒸气全部凝结成液态水是不同的。其终点产物氧气、氮气、二氧化碳、二氧化硫，气态水和固态灰。因此，由高位发热量减去水（煤中原有的水和煤中氢燃烧生成的水）的汽化热后所得出的热量即是低位发热量，亦称恒容低位发热量。低位发热量是燃料能够有效利用的热值。

二、测定发热量的基本原理

氧弹热量计是按照能量守恒定律设计的。测定发热量的基本原理是把一定量试样置于充有过量氧气的氧弹内充分燃烧。用一定的水吸收释放出的热量，同时，准确测定水的温升值，而后依据预先标定好的量热体系的热容量和水的温升值，按照式（25-40）计算，即

$$Q_b = E(t_n - t_0)/m \qquad (25-40)$$

式中　Q_b——燃料试样的弹筒发热量，J/g；

　　　m——燃料试样的质量，g；

　　　E——量热体系的热容量，J/K（或 J/℃）；

t_0，t_n——分别为量热体系在试样开始燃烧时的温度和量热体系在试样完全燃烧后使量热体系温升达到最高时的温度，℃。

在学习发热量的测定前，我们应了解以下相关知识。

（一）试验室条件

为了减小测量误差，对发热量测定的试验室条件做如下具体规定：

（1）试验室应设有一单独房间，不得在同一房间内同时进行它试验项目。

（2）室温应尽量保持恒定，每次测定室温变化不应超过 1K，通常室温以不超出 15~30℃ 范围为宜。

（3）室内应无强烈的空气对流，因此不应有强烈的热源和风扇等，试验过程中应避免开启门窗。

（4）试验室最好朝北，以避免阳光照射，否则热量计应放在不受阳光直射的地方。

（二）温度计

温度计是热量计的重要组成部件，在测定发热量时，内筒温度测量误差是发热量测定误差的主要来源。常用的量热温度计有两种，一种是固定测量范围的精密温度计；一种是可变测量范围的贝克曼温度计，其最小分

度值为 0.01K。使用时应根据计量机关检定证书中的修正值做必要的校正。两种温度计都应进行刻度修正（贝克曼温度计称为孔径修正），贝克曼温度计除这个修正值外，还有一个称为"平均分度值"的修正值。

（三）冷却校正

恒温式热量计在试验过程中，因为外筒水温的热交换和内筒搅拌器产生的热量使内筒温度发生了变化，在绝大多数情况下，变化的最终结果是使内筒温升偏低，这种对温升产生的影响通常称为冷却作用，对冷却作用的校正就叫冷却校正。

我国目前燃料测热中有以下两种常用的冷却校正公式。

1. GB/T 213 公式

$$C = (n - a) \, v_n + a v_0$$

当 $\Delta/\Delta_{1'40''} = (t_n - t_0) / (t_{1'40''} - t_0) \leqslant 1.20$ 时，$a = \Delta/\Delta_{1'40''} - 0.10$

当 $\Delta/\Delta_{1'40''} = (t_n - t_0) / (t_{1'40''} - t_0) > 1.20$ 时，$a = \Delta/\Delta_{1'40''}$

式中　n——从点火到主期结束的时间，min；

　　　Δ——主期结束时内筒温度和点火时内筒温度之差，℃；

　　　v_n——末期内筒温度下降速度，℃/min；

　　　v_0——初期内筒温度下降速度，℃/min；

　　　t_0——点火时内筒温度，℃；

　　　t_n——主期终点时内筒温度，℃。

2. 瑞—方公式

在自动量热仪中，或在特殊需要的情况下，可使用瑞—方公式

$$C = n v_0 + \frac{v_n - v_0}{t_n - t_0} \left[1/2(t_n + t_0) + \sum_1^n (t) - n t_0 \right]$$

$$\sum_1^{n-1} (t) = (t_1 + t_2 + \cdots + t_{n-1})$$

式中　　　$\bar{t}_0$——初期内筒平均温度，℃；

　　　　　$\bar{t}_n$——末期内筒平均温度，℃；

　t_1，t_2，t_{n-1}——点火后第 1、2、$(n-1)$ min 时的内筒温度，℃。

其余符号代表意义同 GB/T 213 公式。

（四）绝热式热量计与恒温式热量计

绝热式热量计与恒温式热量计的根本不同在于它们的外筒温度的控制方式不同。绝热式热量计的外筒温度能自动跟踪内筒温度，始终与内筒温度保持一致，内外筒间不存在温差，因而没有热交换，不需要进行冷却校

第二十五章　燃料化验知识

正。恒温式热量计的外筒温度恒定不变，内外筒存在温差，而因内外筒有热交换，需要进行冷却校正。

三、热容量的标定方法

要想根据试样燃烧后水温的升高来计算试样的发热量，必须先知道水温升高1℃需要吸收多少热量。由于各种因素较复杂，不可能用简单的数学计算获得，只能采用已知热值的基准物来标定出量热系温度每升高1℃所要吸收的热量，即标定热容量。

标定热容量的标准物质很多，但常常采用的是苯甲酸，其原因是由于苯甲酸纯度高，吸湿性小，常温下不易挥发，完全燃烧时，其热值接近被测燃料的热值，而且易精制，因此被认为是最好的标定热容量的物质。

（一）热容量的标定

标准物质苯甲酸应预先研细并在盛有浓硫酸的干燥器中干燥 3d 或在 60～70℃烘箱中干燥 3～4h，冷却后压饼。

1. 测定原理

热容量是量热计的主要参数，它是决定发热量测定结果准确度的关键因素之一，每台热量计在开始使用前必须先测得热量计量热体系的热容量。量热体系是指发热量测定过程中试样燃烧热能够波及的所有部件包括浸没氧弹的水、氧弹、搅拌器和温度计在水中的部分以及盛水用的内筒等。热容量 E 是指量热体系温度升高1℃所需要吸收的热量，以 J/K（或 J/℃）表示。

在一定的温度下，各种物质的比热有一定的确定值，因此，在量热体系各组成部分的质量不变的条件下，热容量 E 是一个常数，当温度变化时，E 亦随之变化。

取一定量苯甲酸与测定燃料发热量的操作一样，使苯甲酸在氧弹内燃烧，根据量热体系温升值，计算热量计的热容量。

2. 测定结果的计算

对于恒温式热容量按式（25－41）计算，即

$$E = \frac{Q \cdot m + q_1 + q_n}{H\left[\ (t_n + h_n)\ -\ (t_0 + h_0)\ + C\right]} \qquad (25-41)$$

$$q_n = Q \cdot m \cdot 0.0015$$

式中　Q——苯甲酸的热值，J/g；

　　　　m——苯甲酸的用量，g；

　　　　q_n——硝酸生成热，J；

　　　　q_1——金属点火丝燃烧热，J；

H——平均分度值;

t_n——主期终点时内筒温度,℃;

t_0——主期起点时(点火时)的内筒温度,℃;

h_0、h_n——t_0、t_n 时温度计的刻度校正,℃;

C——冷却校正值,对于绝热式热量计为零,℃。

(二)水当量

水当量 K 是指量热系统内除水量以外的其他物质的温度升高 1℃ 所需的相当于若干千克水升高 1℃ 所需要的热量。因此,热容量和水当量是两个不同的概念。热容量包含水当量,而水当量是热容量中的一个组成部分。其计算如式(25-42)所示,即

$$K = \frac{Q \cdot m + q_1 + q_n}{H\left[(t_n + h_n) - (t_0 + h_0) + C\right]} M_W \cdot C \qquad (25-42)$$

式中 M_w——含内筒水量和放入氧弹内的水量,g;

c——水的比热,J/(g·℃)。

(三)热容量的重新标定

热容量标定一般应进行 5 次重复试验,其极限值(最大值和最小值之差)如不超过 40J/K,取 5 次结果的平均值(修正到 1J/K)作为仪器热容量,否则,再做一次或两次试验,取极限差值不超过 40J/K 的 5 次进行平均,如果任何 5 次结果的极限差值均超过 40J/K,则应对试验条件和操作技术仔细检查并纠正存在问题后重新标定。而舍弃已有的全部结果。

热容量标定值的有效期为 3 个月,超过此期限应进行复查,但有下列情况时,应立即重测。

(1)更换热量计大部件如氧弹盖、连接环及更换量热温度计。

(2)标定热容量和测定发热量时的内筒温度相差超过 5K。

(3)热量计经过较大的搬动之后。

四、煤发热量的测定方法

发热量的测定一般采用恒温式热量计法和绝热式热量计法,此外还有电脑量热仪。

(一)恒温式热量计法

1. 准备工作

(1)准备试样。在燃烧皿中精确称取分析试样(小于 0.2mm)0.9~1.1g(称准到 0.0002g)。燃烧时易于飞溅的试样,先用已知质量的擦镜纸包紧再进行测试,或先在压饼机中压饼并切成 2~4mm 的小块使用。不

易燃烧完全的试样，可先在燃烧皿底部铺上一个石棉垫，或用石棉绒做衬垫（先在皿底铺上一层石棉绒，然后以手压实）。石英燃烧皿不需任何衬垫。如加衬垫仍燃烧不完全，可提高充氧压力至 3.2MPa，或用已知质量和热值的擦镜纸包裹好称好的试样并用手压紧，然后放入燃烧皿中。

（2）准备氧弹。取一段已知质量的点火丝，把两端分别接在两个电极柱上，注意与试样保持良好接触或保持微小距离（对易飞溅和易燃煤样），并注意勿使点火丝接触燃烧皿，以免形成短路而导致点火失败，甚至烧毁燃烧皿。

往氧弹中加入 10mL 蒸馏水，小心拧紧氧弹盖，往氧弹中缓缓充入氧气，直到压力到 2.8~3.0MPa，充氧时间不得小于 15s；若不小心充氧压力超过 3.3MPa，停止试验，放掉氧气后，重新充至 3.2MPa 以下。

（3）准备量热筒（内筒）。往内筒中加入足够的蒸馏水，使氧弹盖的顶面（不包括突出的氧气阀和电极）淹没在水面下 10~20mm，每次试验时用水量应与标定热容量时一致（相差 1g 以内）。

注意恰当调节内筒水温，使终点时内筒比外筒温度高 1K 左右，以使终点时内筒温度出现明显下降，外筒温度应尽量接近室温，相差不得超过 1.5K。

把氧弹放入装好水的内筒中，如氧弹无气泡漏出，则表明气密性良好，如有气泡出现，则表明漏气，应找出原因，加以纠正，重新充氧。

最后接上点火电极插头，装上搅拌器和量热温度计，并盖上外筒的盖子。

2. 正式试验

开动搅拌器，5min 后开始计时和读取内筒温度（t_0）并立即通电点火，随后记下外筒（t_1）和露出柱温度（t_e），外筒温度至少读到 0.05K，内筒温度借助放大镜读到 0.001K。每次读数前，应开动振荡器振动 3~5s

观察内筒温度。如在 30s 内温度急剧上升，则表明点火成功。点火后 1′40″ 时读取一次内筒温度（$t_{1'40'}$），读到 0.01K 即可。

接近终点时，开始按 1min 间隔读内筒温度。读取前开动振荡器，要读到 0.001K。以第一个下降温度作为终点温度（t_n）。试验主要阶段结束。

停止搅拌，取出内筒和氧弹，开启放气阀，放出燃烧废气，打开氧弹，仔细观察弹筒和燃烧皿内部，如果有试样燃烧不完全的迹象或有炭黑存在，试验作废。若无，则仔细地洗净燃烧皿、弹盖内表面、弹筒内部及排气阀等，（把洗液收集起来，使其容量为 150~200mL，用此溶液可测定可燃硫）。

3. 测定结果的计算

试验结束后，首先应测量未烧完的点火丝长度，以计算实际消耗的点火丝所产生的热量；然后依据检定证书对贝克曼温度计进行平均分度值和刻度（孔径）的修正；最后计算冷却校正值。

弹筒发热量的计算如式（25-43）所示，即

$$Q_{b,ad} = \frac{EH\left[(t_n + h_n) - (t_0 + h_0) + C\right] - (q_1 + q_2)}{m}$$

$$(25-43)$$

式中　$Q_{b,ad}$——分析试样的弹筒发热量，J/g；

　　　E——热量计的热容量，J/K；

　　　q_2——添加物如包纸等产生的总热量，J；

　　　m——试样质量，g。

然后按式（25-44）计算高位发热量，即

$$Q_{gr,ad} = Q_{b,ad} - (94.1S_{b,ad} + aQ_{b,ad}) \qquad (25-44)$$

式中　$Q_{gr,ad}$——分析试样的高位发热量，J/g；

　　　$Q_{b,ad}$——分析试样的弹筒发热量，J/g；

　　　$S_{b,ad}$——由弹筒洗液测得的煤的含硫量%，当全硫含量低于4%或发热量大于14.60MJ/kg时，可用全硫或可燃硫代替$S_{b,ad}$；

　　　94.1——煤中每1%硫的校正值，J；

　　　a——硝酸校正系数。

当$Q_b \leqslant 16.70$MJ/kg，$a = 0.001$；当16.70MJ/kg $< Q_b \leqslant 25.10$MJ/kg，$a = 0.0012$；当$Q_b > 25.1$MJ/kg，$a = 0.0016$。

（二）绝热式热量计法

所谓绝热，就是在一次测定的整个升温过程中，量热体系与周围环境之间不发生热交换。为此，绝热式热量计比恒温式热量计多了一套自动控温系统，以消除量热系统与周围环境之间的温差。在结构上，两种热量计的差别仅在于此，其他部件均相同。

绝热式热量计的结构如图25-6所示。其量热体系全部被循环水包围。在发热量测定过程中，当内筒温度超过外筒温度时，控温装置动作，通过加热电极而使外筒水温跟踪内筒的温度。当外筒水温高于内筒水温时，则控温装置立即使加热电极停止工作，同时借助于冷却水把多余的热量带走，以使内外筒温度处于同一水平。

1. 测定方法

首先按说明书安装和调节热量计。按恒温式热量计法准备好试样、氧

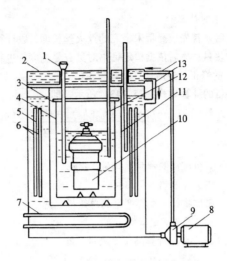

图 25 - 6　绝热式热量计结构

1—内筒搅拌器；2—顶盖；3—内筒盖；4—内筒；5—绝热外套；6—加热极板；
7—冷却水蛇形管；8—水泵电动机；9—水泵；10—氧弹；11—普通温度计；
12—贝克曼温度计；13—循环水连接管

弹及内筒中所需的水，并调节水温使其尽量接近室温，相差不要超过 5K，以稍低于室温为最理想。内筒温度过低，易引起水蒸气凝结在内筒外壁；温度过高，易造成内筒水的过多蒸发。这都对测定结果不利。

　　然后安放内筒和氧弹及装置搅拌器和温度计。开动搅拌器和外筒循环水泵，开通外筒冷却水和加热器。当内筒温度趋于稳定后，调节冷却水流速，使外筒加热器每分钟自动接通 3～5 次（由电流表及指示灯观察）。

　　调好冷却水后，开始读取内筒温度，借助放大镜读到 0.001K，每次读数前，开动振荡器 3～5s，当 5min 内温度变化不超过 0.002K 时，即可通电点火，此时的温度即为点火温度 t_0。否则，调节电桥平衡钮，直到内筒温度达到稳定，再进行点火。点火后 6～7min，再以 1min 间隔读取内筒温度，直到连续三次读数相差不超过 0.001K 为止，取最高一次读数作为终点温度 t_n。

　　读取终点温度后试验即告结束，这时便可关闭搅拌器和加热器（循环水泵不停），然后按照与恒温式热量计同样方法取出温度计、搅拌器、氧弹和内筒，并清洗干净收好。

　　2. 测定结果的计算

　　首先按式（25－42）计算弹筒发热量 $Q_{b,ad}$（冷却校正值 C 应取零）。然后按式（25－43）计算高位发热量 $Q_{gr,ad}$。

（三）电脑量热仪

电脑量热仪是在恒温式（或绝热式）热量计的基础上，采用电脑进行调整和控制并处理有关数据的量热仪。因此，它的原理完全与恒温式（或绝热式）的相同。实际工作中采用恒温式的较多。

电脑量仪的主要部件包括量热和微机处理系统（电脑）两大部分。其中量热部分与恒温式热量计的相同，主要由氧弹、内筒、外筒、外壳和搅拌器等组成；而微机处理系统主要由主机、键盘、测温探头、显示器、打印机组成。

1. 电脑量热仪的主要特征

（1）电脑式量热仪不采用贝克曼温度计，而选用铂电阻测温元件。

（2）读取温度、点火、测量温度、热量计算和显示结果完全由电脑自动完成。

（3）量热系统的内筒、外筒及室温之间的热辐射平衡由电脑测量认定，满足条件后，指令点火，开始测定，免去人为的、不准确的点火操作。

（4）由于不需要人工观察和记录每次的温度变化，工作人员可以不接近仪器，免去了人体对仪器的热辐射。

（5）测量结果可以由电脑自动显示并打印报表，两次以上的平行测试误差很小。

2. 电脑量热仪的操作要点

（1）测量内筒温度变化是通过搅拌达到内外筒辐射平衡的，此时作为开始点火的起点。

（2）点火后即进入升温记录阶段，至末期完成为止。

（3）人工测量氧弹酸的生成热并输入电脑。

（4）最后计算结果并打印报表。

（四）精密度

发热量测定和重复性和再现性如表 25 – 13 所示。

表 25 – 13　发热量测定的重复性和再现性（允许差）

	重复性	再现性
高位发热量 $Q_{gr,M}$（折算到同一水分基）	150J/g（36cal/g）	300J/g（72cal/g）

（五）恒容低位发热量的计算

工业上多依收到基煤的低位发热量进行计算和设计。收到基煤的恒容低位发热量的计算方法如式（25 – 45）所示，即

$$Q_{\mathrm{net,v,ar}} = (Q_{\mathrm{gr,ad}} - 206H_{\mathrm{ad}}) \times \frac{100 - M_{\mathrm{ar}}}{100 - M_{\mathrm{ad}}} - 23M_{\mathrm{ar}} \qquad (25-45)$$

式中　$Q_{\mathrm{net,v,ar}}$——收到基煤的低位发热量，J/g；

　　　$Q_{\mathrm{gr,ad}}$——分析试样的高位发热量，J/g；

　　　M_{ar}——收到基全水分，%；

　　　M_{ad}——分析试样的水分，%；

　　　H_{ad}——分析试样的氢含量。

各基准低位发热量的换算如表 25 – 14 所示。

表 25 – 14　　　　　各基低位发热量直接的换算公式

已知的基	要换算的基			
	收到基	空气干燥基	干燥基	干燥无灰基
收到基	—	$Q_{\mathrm{net,ad}} = (Q_{\mathrm{net,ar}} + 23M_{\mathrm{ar}}) \times \dfrac{100 - M_{\mathrm{ad}}}{100 - M_{\mathrm{ar}}} - 23M_{\mathrm{ad}}$	$Q_{\mathrm{net,d}} = (Q_{\mathrm{net,ar}} + 23M_{\mathrm{ar}}) \times \dfrac{100}{100 - M_{\mathrm{ar}}}$	$Q_{\mathrm{net,daf}} = (Q_{\mathrm{net,ar}} + 23M_{\mathrm{ar}}) \times \dfrac{100}{100 - M_{\mathrm{ar}} - A_{\mathrm{ar}}}$
空气干燥基	$Q_{\mathrm{net,ar}} = (Q_{\mathrm{net,ad}} + 23M_{\mathrm{ad}}) \times \dfrac{100 - M_{\mathrm{ar}}}{100 - M_{\mathrm{ad}}} - 23M_{\mathrm{ar}}$	—	$Q_{\mathrm{net,d}} = (Q_{\mathrm{net,ad}} + 23M_{\mathrm{ad}}) \times \dfrac{100}{100 - M_{\mathrm{ad}}}$	$Q_{\mathrm{net,daf}} = (Q_{\mathrm{net,ad}} + 23M_{\mathrm{ad}}) \times \dfrac{100}{100 - M_{\mathrm{ad}} - A_{\mathrm{ad}}}$
干燥基	$Q_{\mathrm{net,ar}} = Q_{\mathrm{net,d}} \times \dfrac{100 - M_{\mathrm{ar}}}{100} - 23M_{\mathrm{ar}}$	$Q_{\mathrm{net,ad}} = Q_{\mathrm{net,d}} \times \dfrac{100 - M_{\mathrm{ad}}}{100} - 23M_{\mathrm{ad}}$	—	$Q_{\mathrm{net,daf}} = Q_{\mathrm{net,d}} \times \dfrac{100}{100 - A_{\mathrm{d}}}$
干燥无灰基	$Q_{\mathrm{net,ar}} = Q_{\mathrm{net,daf}} \times \dfrac{100 - M_{\mathrm{ar}} - A_{\mathrm{ar}}}{100} - 23M_{\mathrm{ar}}$	$Q_{\mathrm{net,ad}} = Q_{\mathrm{net,daf}} \times \dfrac{100 - M_{\mathrm{ad}} - A_{\mathrm{ad}}}{100} - 23M_{\mathrm{ad}}$	$Q_{\mathrm{net,d}} = Q_{\mathrm{net,daf}} \times \dfrac{100 - A_{\mathrm{d}}}{100}$	—

　　提示　本章共四节，其中第一节适用于中级工，第二节至第四节适用于高级工。

第二十六章

燃料采样与制样技能

第一节 采、制样工具和设备的操作

一、采样工具、设备及其使用中的注意事项

1. 采样铲

采样铲用于从煤流和静止煤中采样。铲的长和宽均应不小于被采样煤最大粒度的 2.5~3 倍，对最大粒度不大于 150mm 的煤可用长 × 宽约为 300mm×250mm 的铲。

2. 接斗

接斗用于在落煤流处截取子样。斗的开口尺寸至少应为被采样煤的最大粒度的 2.5~3 倍。接斗的容量应能容纳输送机最大运量时煤流全断断面的全部煤量。

3. 静止煤采样的其他机械

凡满足以下全部条件的人工或机械采样器都可应用：

（1）采样器开口尺寸为被采样煤最大粒度的 2.5~3 倍。

（2）能在 GB 475—1996 规定的采样点上采样。

（3）采取的子样量满足 GB 475—1996 要求，采样时煤样不损失。

（4）性能可靠，不发生影响采样和煤炭正常生产和运输的故障。

（5）经权威部门鉴定采样无系统偏差，精密度达到 GB 475—1996 要求。

二、制样工具、设备及其使用中的注意事项

（一）破碎设备

适用于制样的破碎机有颚式破碎机、锤式破碎机、对辊破碎机、钢制棒（球）磨机、密封式研（粉）磨机以及各种与缩分机相结合的联合破碎缩分机等。

1. 颚式破碎机

它主要是供粗碎煤样用的，其特点是破碎能力强，单位时间破碎量大，破碎比也较大，化验室使用时给料块度一般不超过 45 ~ 100mm，出料粒度最小可达到 6mm 以下。在使用中应注意下列事项：

（1）为避免卡住颚板和衬板脱落，应通过拉杆把活动颚板用弹簧拉紧。

（2）禁止破碎超过允许的最大进料块度的煤。

（3）煤样在破碎前应用磁铁石去除其中可能存在的金属异物。

（4）转动皮带应加有防护罩。

（5）在破碎煤样时，禁止在破碎机上做任何维修工作。

2. 对辊破碎机

光面对辊破碎机适用于煤样破碎，其特点是：破碎能力大，可在一定范围内调节出料粒度，进料粒度可达 10 ~ 20mm，出料粒度可达 0.5mm 以下。煤样经过对辊破碎后立即排出，可以避免煤样过粉碎，这对于制备要求不含过多的细粉煤样尤为适合。使用对辊破碎机应注意下列事项：

（1）根据出料粒度要求调节对辊间的距离。

（2）进料的粒度不要超过规定要求，以防对辊卡死。

（3）对太湿的煤要适当干燥后再破碎，否则，会发生"煤饼"现象。

（4）转动机构要设有防护罩，不允许在机器转动时进行任何检修工作。

3. 密封式振动粉磨机

燃煤化验室制备分析试样用的密封式振动粉磨机的特点是：粉磨效率高，能在 1mm 内将煤研磨到 0.075 ~ 0.15mm。粉磨过的样品不需筛分和缩分，可直接作为分析煤样。它要求进料粒度小于 6mm，装料量为 100g。使用振动式粉磨机的注意事项：

（1）装煤样量及其粒度要符合规定要求，否则，往往不能保证制备样品的粒度。

（2）粉磨机最好要用地脚螺钉固定好，防止在振动中移动。

（3）电动机要求安装在正确位置，周围要匀称，防止偏心重锤转动时由于不平衡的原因而使电动机轴断裂。

（4）一旦发现粉磨机异常，则要立刻停止运行。

（5）煤样粉磨时间不宜过长，以免发热使煤样中水分损失或发生煤样成团现象，同时，也使样品中的含铁量增加。

（二）缩分设备

适用于制样的缩分机，有不同规格的二分器（包括敞开式和密闭式）和各种机械缩分器等。

二分器的优点是结构简单，使用方便。它具有多点缩分的性能，随着操作不同缩分点可成倍地增加。因此，它对试样缩分具有较强的均匀性，提高了缩分效率和缩分样品质量。

使用槽式二分器时要遵循下列操作方法，才可得到满意的效果：

（1）先要正确选用与煤样粒度相适应的槽式二分器，然后用簸箕将煤样有规则地加入到二分器斗中，并使之均匀地分布在所有格槽内。

（2）在向二分器加煤时，必须使煤样自由下落，不可将簸箕口偏向一边而导致煤样偏流。

（3）要控制加煤速度，防止格槽堵煤。

（4）当煤样需多次通过二分器时，则每次要保留的煤样应交替地从二分器两边获得。

（5）缩分不同煤种时，缩分前应把二分器清除干净后方可进行。

（6）在使用二分器缩分粒度小的煤样时，最好采用封闭式二分器，以减少水分损失和粉尘飞扬。

（三）筛分设备

包括筛子和机械筛分机，适用于制样的筛子有 $\phi 50$ 圆孔筛，$25mm \times 25mm$、$13mm \times 13mm$、$6mm \times 6mm$、$3mm \times 3mm$、$1mm \times 1mm$ 方孔筛和 $0.2mm$ 试验标准筛等（如若需要，还应备有 $\phi 3$ 的圆孔筛）。

机械振筛机适用于制备一般分析煤样和其他煤样以及供其他试验的筛分用等。

1. 金属网筛

使用（标准）试验筛应注意下列情况：

（1）使用前应先检查筛网有无松弛、抽丝、损伤或孔径明显不均匀等，若有，则不应使用。

（2）把筛子摞叠成套筛或从套筛中解下筛子，都不能用硬物敲打或撬动。

（3）试验筛使用一定时间后，最好把筛网置于酒精中上下移动数次，去除堵塞在网眼中的煤粉，也可用蘸着酒精的干净棉花球从筛下轻擦筛网（注意：切勿从筛上擦筛网），直至棉花球没有黑色煤粉为止。

（4）不用时应将试验筛平放叠层，其最上层筛应用筛盖盖好，防止异物掉入损坏筛网。

（5）严禁把筛子作为装盛东西的容器。

2. 机械振筛机

使用中的注意事项：

（1）振筛机在使用中要用地脚螺钉固定。

（2）对采用 380V 电源的 XSB - 70 振筛机接上电源后，如发现电动机有空转声而固定筛机构不动作，则说明电动机转动方向与机器设计的转动方向不相符，应立刻转换振筛机上的换向开关。

（3）固定筛机构中的上盖转动杆若不易滑动，可适量加润滑油，对其他转动部件也要定期加润滑油，防止干磨。

此外，还备有手工磨碎煤样的钢板和钢辊、十字分样板、平板、铁锹等。

第二节　动力用煤的采样

一、采样基本原则

1. 采样单元

（1）煤按品种、不同用户以 1000t 为一采样单元。

（2）进出口煤按品种、国别以交货量或一天的实际运量为一采样单元。

（3）运量超过 1000t 或不足 1000t 时，可以实际运量为一采样单元。如需进行单批煤质量核对，应对同一采样单元进行采样、制样和化验。

2. 采样精密度

原煤、筛选煤、精煤和其他洗煤（包括中煤）等产品的采样精密度见表 26 - 1。

表 26 - 1　　　　　采 样 精 密 度[①]

原煤、筛选煤		精煤	其他洗煤（包括中煤）
干基灰分≤20%	干基灰分 >20%		
±1/10×灰分但不小于±1%（绝对值）	±2%（绝对值）	±1%（绝对值）	±1.5%（绝对值）

① 实际应用中为采样、制样和化验总精密度。

3. 子样数目

（1）1000t 原煤、筛选煤、精煤及其他洗煤（包括中煤）和粒度大于 100mm 的块煤应采取的最少子样数目见表 26 - 2。

（2）煤量超过 1000t 的子样数目按式（26 - 1）计算，即

$$N = n \sqrt{m/1000} \qquad\qquad (26 - 1)$$

式中 N——实际应采子样数目，个；

n——表 26 – 2 规定的子样数目，个；

m——实际被采样煤量，t。

表 26 – 2   1000t 最少子样数目

品　种	采 样 地 点	煤流	火车	汽车	船舶	煤堆
原煤、筛选煤	干基灰分（A_d）>20%	60	60	60	60	60
	干基灰分（A_d）≤20%	30	60	60	60	60
精　煤		15	20	20	20	20
其他洗煤（包括中煤）和粒度大于 100mm 块煤		20	20	20	20	20

（3）煤量少于 1000t 时，子样数目根据表 26 – 2 规定数目按比例递减，但最少不能少于表 26 – 3 规定的数目。

表 26 – 3   煤量少于 1000t 的最少子样数目

品　种	采 样 地 点	煤流	火车	汽车	船舶	煤堆
原煤、筛选煤	干基灰分（A_d）>20%	20	18	18	30	30
	干基灰分（A_d）≤20%	10	18	18	30	30
精　煤		5	6	6	10	10
其他洗煤（包括中煤）和粒度大于 100mm 块煤		7	6	6	10	10

4. 子样质量

每个子样的最小质量根据商品煤标称最大粒度按表 26 – 4 确定。

表 26 – 4   子 样 质 量

商品煤标称最大粒度[①]（mm）	<25	<50	<100	>100
子样最小质量（kg）	1	2	4	5

① 商品煤标称最大粒度确定方法根据 GB477—1996 中，确定原煤子样质量和大于 150mm 煤块比率的筛分试验要求而定。

二、在火车、汽车、船舶上采样

1. 火车顶部采样

（1）子样数目和子样质量。按前面所示表的规定确定。但原煤和筛选煤每车不论车皮容量大小至少采取 3 个子样；精煤、其他洗煤和粒度大于 100mm 的块煤每车至少取 1 个子样。

（2）子样点布置。

1）斜线 3 点布置。如图 26－1 所示，3 个子样布置在车皮对角线上，1、3 子样距车角 1m，第 2 个子样位于对角线中央。

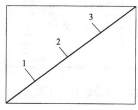

图 26－1　斜线 3 点
布置采样

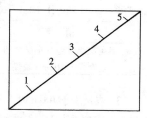

图 26－2　斜线 5 点
布置采样

2）斜线 5 点布置。如图 26－2 所示，5 个子样布置在车皮对角线上，1、5 两子样距车角 1m，其余 3 个子样等距分布在 1、5 两子样之间。

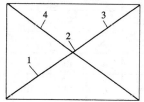

图 26－3　超过 3 个的子样
在平分线上采取示意

3）原煤和筛选煤按图 26－1 所示，每车采取 3 个子样；精煤、其他洗煤和粒度大于 100mm 的块煤按图 26－2 所示，按 5 点循环方式每车采取 1 个子样。

4）当以不足 6 节车皮为一采样单元时，依据"均匀布点、使每一部分煤都有机会被采出"的原则分布子样点。如 1 节车皮的子样数超过 3 个（对原煤、筛选煤）或 5 个（对精煤、其他洗煤），多出的子样可分布在交叉的对角线上，也可分布在图 26－3 所示的车皮平分线上。当原煤和筛选煤以 1 节车皮为 1 采样单元时，18 个子样既可分布在两交叉的对角线上，也可分布在图 26－4 所示的 18 个方块中。

1	4	7	10	13	16
2	5	8	11	14	17
3	6	9	12	15	18

图 26－4　18 个方框采样法

（3）火车顶部采样时，在矿山（或洗煤厂）应在装车后立即采取；在用户，可挖坑至 0.4m 以下采取。取样前应将滚落在坑底的煤块和矸石清除干净。

（4）原煤，经按 GB 477 测定，若粒度大于 150mm 的煤块（包括矸石）含量超过 5%，则采取商品煤时，大于 150mm 的不再取入，但该批煤的灰分或发热量应按式（26 – 2）计算，即

$$X_d = \frac{X_{d1}P + X_{d2}\ (100 - P)}{100} \tag{26 – 2}$$

式中　X_d——商品煤的实际灰分或发热量，% 或 MJ/kg；

X_{d1}——粒度大于 150mm 煤块的灰分或发热量，% 或 MJ/kg；

X_{d2}——不采粒度大于 150mm 煤块时的灰分或发热量，% 或 MJ/kg；

P——粒度大于 150mm 煤块的百分率，%。

2. 汽车上采样

（1）子样数目和子样质量按前面所示表的规定确定。

（2）子样点分布：无论原煤、筛选煤、精煤、其他洗煤和粒度大于 150mm 块煤，均沿车箱对角线方向，按 3 点（首尾两点距角 0.5m）循环方式每车采取 1 个子样。当一台车上需采取 1 个以上子样时，应按上述所述原则，将子样分布在对角线或平分线或整个车箱表面。其余要求与在火车上采样的（3）和（4）一致。

3. 船上采样

（1）船上不直接采取仲裁煤样和进出口煤样，一般也不直接采取其他商品煤样，而应在装（卸）煤过程中于皮带输送机煤流中或其他装（卸）工具，如汽车上采样。

（2）直接在船上采样，一般以 1 仓煤为 1 采样单元，也可将 1 仓煤分成若干采样单元。

（3）子样数目和子样质量按前面所示表的规定确定。

（4）子样点布置：依据上述所述原则，将船舱分成 2～3 层（每 3～4m 分一层），将子样均匀分布在各层表面上。图 26 – 5 为分三层采样的分层例子。

三、煤堆采样

（1）煤堆上不采取仲裁煤样和出口煤样，必要时应用迁移煤堆、在迁移过程中采样的方式采样。

（2）子样数目和子样质量按前面所示表的规定确定。

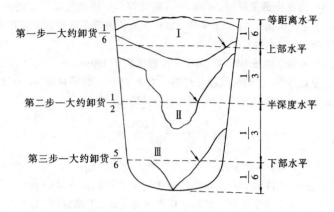

第一步—大约卸货 $\frac{1}{6}$

第二步—大约卸货 $\frac{1}{2}$

第三步—大约卸货 $\frac{5}{6}$

等距离水平

上部水平

半深度水平

下部水平

图 26-5　分三层采样示例

（3）子样点布置：依据上述原则，根据煤堆的形状和子样数目，将子样分布在煤堆的顶、腰、和底（距地面 0.5m）上，采样时应先除去 0.2m 的表面层。

四、煤流中采样

（1）移动煤流中采样按时间基采样或质量基采样进行，时间或质量间隔按式（26-3）或式（26-4）计算。子样数目和子样质量按前面所示表的规定确定。

$$T \leqslant \frac{60Q}{Gn} \qquad (26-3)$$

$$m \leqslant \frac{Q}{n} \qquad (26-4)$$

式中　T——子样时间间隔，min；

　　　Q——采样单元，t；

　　　G——煤流量，t/h；

　　　n——子样数目；

　　　m——子样质量间隔，t。

（2）于移动煤流下落点采样时，可根据煤的流量和皮带宽度，以 1 次或分 2~3 次用接斗或铲横截煤流的全断面采取 1 个子样。分 2~3 次截取时，按左右或左中右的顺序进行，采样部位不得交错重复。用铲取样时，铲子只能在煤流中穿过 1 次，即只能在进入或撤出煤流时取样，不能进、出都取样。

（3）在移动煤流上人工铲取煤样时，皮带的移动速度不能大（一般不超过 1.5m/s），并且保证安全。

五、全水分煤样的采取

全水分煤样既可单独采取，也可在煤样制备过程中分取。

1. 单独采样

（1）在煤流中采取。按时间基或质量基采样法进行。子样数目不论品种每 1000t 至少 10 个，煤量大于 1000t 时，按式（26-1）计算；煤量少于 1000t 时至少 6 个。子样质量按表 26-4 确定。

（2）在火车上采取。装车后，立即沿车皮对角线按 5 点循环法（见图 26-2）采取，不论品种每车至少采取 1 个子样；当煤量少于 1000t 时，至少采取 6 个子样。子样质量按表 26-4 确定。

（3）在汽车上采取：装车后立即沿车厢对角线方向，按 3 点循环法采取；当煤量少于 1000t 时，至少采取 6 个子样。子样质量按表 26-4 确定。

（4）在煤堆和船舶中不单独采取全水分煤样。

（5）一批煤可分几次采成若干分样，每个分样的子样数目参照以上所述确定，以各分样的全水分加权平均值作为该批煤的全水分值。

2. 在煤样制备过程中分取

（1）全水分煤样的分取按 GB 474 进行。

（2）如一批的煤样分成若干分样采取，则在各分样的制备过程中分取全水分煤样，并以各分样的全水分加权平均值作为该批煤的全水分值。

总之，全水分煤样（无论总样或分样）采取后，应立即制样和化验，否则，应立即装入密封容器中，注明煤样质量，并尽快制样和化验。

六、入炉煤和入炉煤粉的采样

（一）总则

（1）入炉煤和入炉煤粉样品是在一定程度上代表入炉煤和入炉煤粉平均质量的部分样品。入炉煤样的分析化验结果可作为评价入炉煤质量的依据；而入炉煤粉样的检测结果只用于监督制粉系统运行工况，不能代表入炉原煤质量，并且不能用于计算煤耗。

（2）入炉原煤样在输送系统中采取，如皮带上和落煤流处；入炉煤粉随制粉系统结构不同而用不同的采取方法，但采样原则是原煤或煤粉的任何部分都有相同机会被采取。

（3）为达到采样精密度，入炉原煤样的采取应使用机械化采样装置。

（二）入炉原煤的采取

1. 采样单元及分析检验单元

以每个班（值）的上煤量为一个采样单元；全水分测定以每个班（值）的上煤量为一个分析检验单元；其他项目以一天（24h）的上煤量为一个分析检验单元。

2. 采样的精密度

采样精密度（P）为当以干燥基灰分计算时，在95%的置信概率下为±1%以内。

3. 采样机械性能的要求

对于在皮带上刮板式采样机械，其采样器（头）、破碎机、缩分器、余煤回流处理装置等部件性能应满足 SD 324《刮板式入炉煤机械采样装置技术标准》的要求。

对于在落煤流处采样的采样机械，其采样头的规格应满足其开口宽度不小于煤流最大粒度的 2.5~3 倍；可穿越和采集整个落煤流横断面作为一个子样；穿越煤流的速度不大于 456mm/s；其容积大小应在装入一个子样后仍有裕度；其他部件应满足 SD 324 中的技术要求。

4. 子样数目的确定

子样数目由采样精密度（P）和入炉原煤的不均匀度（σ）来确定。若电厂为一日 i 班制，且每班上煤量平均分配，则每班（值）应采子样数目 n 按式（26-5）计算，即

$$n = \frac{5\sigma^2}{ip^2} \qquad (26-5)$$

$$\sigma = \sqrt{\sum (A_{\mathrm{d}} - \overline{A}_{\mathrm{d}})^2 / (m-1)} \qquad (26-6)$$

式中　n——每班（值）应采子样数目；

　　　i——假定电厂为一日 i 班制，且每班上煤量平均分配；

　　　p——采样精密度，若取 ±1% 则以 $P=1$ 代入式（26-5）中；

　　　σ——以一天（24h）的入厂煤（或入炉煤）干燥基平均灰分（A_{d}）为基础，计算上年度共 m 个平均灰分的标准偏差值；

　　　m——统计上年度的灰分的天数，m 应大于 300d；

　　　A_{d}——一天（24h）的入厂煤（或入炉煤）干燥基平均灰分；

　　　$\overline{A}_{\mathrm{d}}$——$m$ 个 A_{d} 的平均值。

若每班（值）上煤量不是平均分配，而是按不同的比例 r_j 上煤，则第 j 班（值）应采子样数目 n，按式（26-7）计算，即

$$n_j = \frac{5\sigma^2}{p^2}r_j \qquad\qquad (26-7)$$

式中　n_j——第 j 班（值）应采子样数目；

　　　r_j——第 j 班（值）的上煤比例，即 r_j 为第 j 班（值）的上煤量占
　　　　　当日总上煤量的比例，且 $\Sigma r_j = 1$ 即 $r_1 + r_2 + \cdots + r_j + \cdots + r_i$
　　　　　$= 1$。

5. 子样量的确定

子样量由上煤皮带宽度、上煤量和煤流的最大粒度决定，以实际采取
整个煤流横截面且不留底煤为适宜。

6. 采样周期

对于一班（值）内连续均匀上煤时，应根据由式（26-5）计算的子
样数目来均匀分配采样周期；对于一班（值）内间歇上煤时，则应根据
上煤流量加以调整，流量大时应缩短采样周期，相反应延长采样周期，为
保证在正常流量采样，采样时应注意避开煤流的头尾部分。

（三）入炉煤粉的采样

（1）对于中贮式制粉系统，可在旋风分离器下粉管或给粉机落煤管
中采样。在旋风分离器下粉管中采样时，可采用煤粉活动采样管，其结构
如图 26-6 所示。

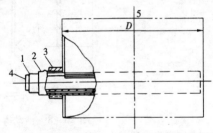

图 26-6　煤粉活动采样管

1—内管；2—外管；3—管座；4—堵头；5—下粉管

1）使内外管槽形开口相互遮盖，并使内管的槽口处于垂直向上的
位置。

2）拧开锁气器堵头，迅速将采样管插入并保持密封。

3）转动外管槽口使之垂直朝上以接受煤粉。

4）采样管装满煤粉后，恢复内外管的槽口处于遮盖位置。

5）取出采样管，立即拧上堵头，把煤粉样倒入密封的容器中；若采

样量较大时，可用二分器缩分出 500g。

（2）落煤管中采样时，可采用自由沉降采样器，其结构如图 26 – 7 所示。

1）采样管应安装在给粉机出口的垂直下粉管上，所采粉样应能代表仓内不同部位的煤粉。

2）下粉管外采样管露出部分应用石棉或其他绝热材料围缠保温。

3）采样管孔对准下粉管中心线，孔径一般为 $\phi 1.5 \sim \phi 2.5$。

4）每次装入采样器后都要检查系统气密性。

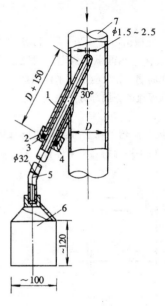

图 26 – 7　煤粉自由沉降采样器
1—斜管座；2—压板；3—橡皮垫；
4—端盖；5—采样管；6—样品罐；
7—下粉管（D 为下粉管内径）

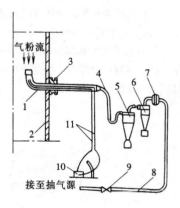

图 26 – 8　活动等速采样系统
1—采样管；2—输粉管壁；3—管座；
4—软橡胶管；5、6——一、二级旋风
子；7—过滤器；8—帆布胶管；9—调
节阀；10—微压计；11—静压传递管

（3）对于直吹式制粉系统，可在一次风煤粉管道中采用图 26 – 8 所示等速采样器采样。

1）采样管要安装在风粉流向下的垂直管道中，管口对准管道中心；

2）采样时，应用微差压计控制内外气流速度使之相等；

3）采样系统要保持良好的气密性，并防止堵塞。

（四）采样后处理

对于机械采样，每班（值）定时取回样品，按 GB474 进行制样（包括制出全水分样品），并立即进行全水分检验。

全部（i）班（值）的样品收齐后，按等比例混合成当日样品。

第三节　煤样的制备

用上述方法获得的原始平均样本的质量和粒度都是很大的，一般为几百公斤，最大块度可达 100mm 以上。但供作分析化验用的试样只需数百克，粒度小于 0.2mm，因此必须从大量煤中取出少量的在组成和性质上基本上与原煤近似的试样，并且将采得的原煤样按一定的步骤进行缩制，直至制成分析化验所要求的粒度和重量的试样为止。

缩制煤样的全过程包括破碎、过筛、掺合、缩分以及干燥五个步骤。这五个步骤虽简单，但也容易产生偏差，致使煤样的代表性变差。制样工作不能返工，故每个步骤都要严格地遵循一定规则进行。

制样必须在专用的制样室内进行。制样室应要求不受环境的影响（如风、雨、灰、光、热等），否则缩制后的煤质将发生变化。制样室内应有必要的防尘、防毒措施，地面应为光滑的水泥面，并铺有一定面积的钢板。

一、破碎

破碎煤样可采用机械法和人工法。机械法破碎煤样不仅可以减少劳动量，又能保证样本的代表性。常用的机械设备有粗碎用的锤击式和颚式破碎机，进料粒度可大至 100mm，出料粒度为 3～6mm。细碎时可用对辊式、圆盘式破碎机和球磨机，出料粒度都可达 0.2mm 以下。GJ1 型实验室专用密封式制样机适用于制备少量试样，进料粒度 <6mm，可磨细至120～200 目，2min 就可磨制 100g 试样。

人工碎煤不仅劳动强度大，也容易产生人为系统误差。人工碎煤要在表面光滑的硬质钢板上进行。碎煤工具主要是手锤和钢辊。破碎和缩分要交替进行，对原始煤样必须先全部粉碎到 25mm 以下，才允许进行缩分。破碎和缩分交替进行时煤样的重量和粒度的关系如下：煤样的最大粒度小于 25mm 时缩分后的最小重量为 60kg；粒度小于 13mm 时缩分后的最小重量为 15kg；粒度小于 3mm 时缩分后的最小重量为 3.75kg，这样规定可以减少破碎和缩制的工作量。

二、筛分

为使煤样破碎到必要的粒度，需用各种筛孔的筛子筛分。过筛后凡未通过筛子的煤样都要重新进行破碎和筛分，直到全部煤样都通过所用的筛子为止。

筛分煤样用的筛子，一般有 25mm × 25mm、13mm × 13mm、6mm × 6mm、3mm × 3mm、1mm × 1mm 方孔筛，此种筛有木制的矩形外框。此外，还有 φ3 的圆孔筛，0.20mm × 0.20mm、0.10mm × 0.10mm 方孔标准筛试验等。

用标准筛筛分煤样时，最好采用机械筛分，如用电动振筛机筛分。人工筛分劳动强度大且效果差。

三、掺合

当煤样经破碎、筛分到一定粒度后，要进行缩分，为使缩分后的煤样不失去代表性，每次缩分前都应将煤样加以掺合。掺合煤样一般采用堆锥法。将破碎筛分后的煤一铲一铲地铲起，在钢板上堆成一个圆锥体。堆锥时，由于煤样中大小不同颗粒的离析作用，粗粒的煤总是分布在圆锥体的周围，细粒的煤及煤粉则集中于煤堆的中部和顶部。为使煤样中的大小颗粒在煤堆中分布得比较均匀，堆锥时必须围着煤堆一铲一铲地将煤从锥底铲起，然后从锥顶自上向下洒落，使每铲煤都能沿煤堆顶部均匀地向四周滑落。堆掺工作重复进行 3 次，就认为粒度不同的煤已分布均匀，可进行缩分。

四、缩分

1. 四分法

堆掺工作结束后，用压锥圆铁板将煤堆压成厚度一定的扁圆体，再将扁圆体用十字缩分器分成 4 个形状大体相等的扇形体，弃去对角的两个扇形体，把剩余的两个扇形体的煤样继续进行掺合和缩分。

2. 二分器缩分法

二分器如图 26 - 9 所示。粒度小于 13mm 的煤样可用二分器缩分。二分器是由一组偶数目的长方小格槽组成，每间隔一个小格槽分向两侧开口。缩分时用与二分器宽度相同的簸箕铲取煤样，从二分器顶部均匀倾入，煤样则从两边分成两份，任取一边的煤样作试验用或继续缩分；另一边的煤样抛弃。二分器同时兼有掺合作用，所以用二分器缩分时，不需先经掺合，直接把试样倒入二分器内即可，但必须使二分器的间隙大于最大粒度的 2.5 ~ 3 倍。

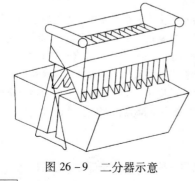

图 26 - 9　二分器示意

3. 机械缩分法

人工缩分劳动强度大，易产生误差，最好使用机械缩分和破碎的联动装置，这种装置如图 26 - 10 所示。

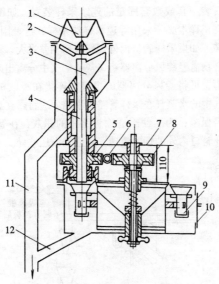

图 26 - 10　缩分器的结构

1—受煤斗；2—圆锥配煤器；3—扇形受煤斗；
4—落煤管；5—蜗轮；6—蜗杆；7—减速箱；
8—蜗轮；9—煤样桶；10—手孔；11—第一余
煤管；12—第二余煤管

五、干燥

空气干燥方法如下：将煤样放入盘中，摊成均匀的薄层，于温度不超过 50℃ 下干燥。如连续干燥 1h 后，煤样的质量变化不超过 0.1%，即达到空气干燥状态。空气干燥也可在煤样破碎到 0.2mm 之前进行。

第四节　飞灰与炉渣的采样和试样的制备

一、飞灰和炉渣采样

1. 飞灰采样

飞灰是指烟气流中的灰尘。飞灰中未燃尽物质称为飞灰可燃物，可燃物在飞灰中的含量是评价燃烧效果的重要指标之一。为了监督锅炉燃烧工况，需要定时采取飞灰样本，分析飞灰可燃物的含量。

无论何种燃烧方式的锅炉，其飞灰采样都是在锅炉尾部烟道中进行的，在采样处安装一套或数套固定的连续采样装置，如图 26 - 11 所示。为采得代表性飞灰样本必须采用等速采样法采样，这是因为粗粒灰分中，可燃物含量较高，如果采样管口内外烟气流速相差过大，将引起采样偏差加大。气灰混合物需经旋风分离器将飞灰从烟气中分离出来。为使采样装置有足够的抽力，可将旋风分离器的出口端连接在吸风机调节挡板的后面。为避免烟气中的水蒸气在采样管路中凝结，应将露在烟道外面的导气管路用绝热材料保温；为了便于清除管路中的积灰，在管路上设有吹扫孔，为测量采样管口内外的烟气流速，还应安设压差计。

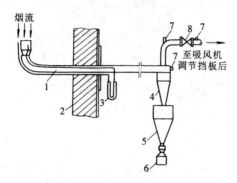

图 26 - 11　飞灰采样装置

1—采样管；2—炉墙；3—U 形管压差计；4—旋
风分离器；5—中间灰斗；6 —样品瓶；7—吹扫
孔；8—调节阀

2. 炉渣采样

燃料在炉膛内燃烧后的残余灰分，由于它本身的重力作用沉落到灰斗中的部分称为炉渣（由链条炉炉排间隙漏出的部分称漏煤）。炉渣中可燃物的含量也是计算锅炉热效率不可少的参数之一，所以对炉渣进行采样并测定其中可燃物含量（液态排渣炉除外）是必要的。

由于炉渣中经常含有大块焦渣，要想采取代表性炉渣试样是困难的。对煤粉炉可在灰斗内用长柄的铁铲掏取；对有机械除灰设备的链条炉可在除灰口的附近采取；如用小车除灰，可在车上按五点法采样，即在四角和当中各采一点；如遇有较多大块炉渣时，可将其全部铺在钢板或水泥地面上，敲碎混合均匀后，用四分法缩分采取。采样工具应能装入多数大块炉渣为宜。采样时要考虑大小块炉渣的外观及其比例，不得任意舍弃。原始试样的数量应不少于总炉渣量的 5%，最少不得少于 100kg。

二、入炉煤、入炉煤粉、飞灰和炉渣试样的制备

1. 飞灰制备

飞灰样品较潮湿时，首先称取一定量样品晾干至空气干燥状态，记下游离水分损失量；再缩分出 200g 试样磨细至 0.2mm 以下待分析。

2. 炉渣样的制备

（1）晾干或烘干炉渣，烘干温度可高于室温 30℃；对于水力冲灰的炉渣可用电炉或其他加热设备炒干至空气干燥状态。

（2）试样的缩制方法与原煤样本的缩制方法相同，破碎至粒度小于 25mm 后缩出 15kg。

（3）按表 26-5 进行破碎缩至粒度小于 0.2mm；若做疏松度、密度等试验时，粒度与最小留样量可参考有关标准。

表 26-5　　　　　　粒度与最小留样量关系

粒度（mm）	最小留样量（kg）	粒度（mm）	最小留样量（kg）	粒度（mm）	最小留样量（kg）
≤25	15	≤3	1	≤0.2	0.1
≤13	7	≤1	0.5		

第五节　其他动力燃料的采制

一、液体样本的采制

液体燃料（如原油、重油）比固体燃料均匀，其采样工作虽较固体燃料简单，但也需按照一定规程采样，否则，也不能采到代表性试样。

燃料油从油田或炼油厂通过铁路油槽车、油轮或管道输送到火电厂，到厂后经过卸油装置注入贮油库（油罐），在油库中进行加热脱水后连续对锅炉供油。燃料油到厂后，在卸油前应采样分析，核对来厂油质。注入油库后，必要时也要采样分析。从不同的运输工具中以及在油库中采样，方法各不相同，采到的试样要经过掺合、缩分、脱水处理后才能作为分析试样。

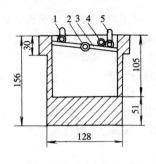

图 26 - 12　液体燃料
采样器之一

1、5—环；2—轴；
3—盖子；4—套子

从油罐、油槽车、油轮中某一特定的部位或在油管中每隔一定时间采得的单份油样，称为分样，它只能代表某一贮油容器和某个特定部位或某一段时间内油品的质量。数个质量相等的分样均匀掺合而成的油样，称为平均试样。平均试样经缩分后（必要时进行脱水处理）成为分析试样。用分析试样的质量估计一批燃料油的质量。

（一）采样工具

在油库、油槽车和油轮中采样时，应使用不同构造的、到一定深度能够开启器盖的铜制容器（不要用铁制容器，以免碰撞时发生的火花导致着火爆炸事故），或者使用一个安装在铜制框架内的玻璃瓶，瓶口用系有绳索的瓶塞塞紧。为了确定采样位置，采样器需备有测深度的卷尺。图 26 - 12 所示为一种采样器的结构，采样器的全高为 156mm，体积约 1L，底部加厚至 51mm，使其增加重量而易沉入油中。采样器有一个椭圆形的盖子，固定在轴上，它与容器的内壁吻合时，稍有倾斜。盖上有两个环 1 和 5，环装有铜链，提起环 5 上的铜链，可把盖子盖紧，并把采样器吊着送进贮油容器中。盖上的套子用来固定测深卷尺。当采样器送进预定的深度后，放松环 5 上的铜链，拉紧环 1 上的铜链（靠它吊着采样器），此时盖子打开，油晶进入容器中，同时在油面上有气泡出现，当气泡停止逸出后，证明采样器已装满油，然后放松环 1 上的铜链，拉紧环 5 上的铜链，盖子盖紧，并用这根链子把采样器吊出来。

图 26 - 13 所示是另一种采样器。采样时按一定深度将采样器放入油中，放松吊在压杆的绳索，弹簧将操作杆弹起，阀芯上升，油样即由器底进入采样器，油取满后，拉紧绳索，压杆将操作杆压下，阀芯下降将进油口堵住，然后把采样器吊起。此种采样器由于油样是从器底进入采样器的，所以用它能够采到贮油容器最底层的油。

用玻璃瓶采样时，把玻璃瓶沉到规定位置，然后拉着绳子，拔起瓶塞，油即进入瓶内，在油面上有气泡出现。当气泡停止出现后，提起瓶子。

采样所用的工具和容器，都必须清洁干燥，采样前应该用所采样品洗涤一遍。如所采的各个分样是用来掺合成一个平均试样的，则允许用同一个采样器采取各个分样而不必重新洗涤。

（二）采样

1. 在油罐中采样

在油罐（立式油罐或直径大于 2500mm 的卧式油罐）中采样时，应按表 26 - 6 中规定的位置和份数采取试样。

表中规定的上层是指油面以下 200mm 处；中层是指油面高度的一半处，下层是指进出油管的管口下边缘以下 100mm 处，若罐中没有进出油管，就是指距罐底 250mm 处。

如果卧式油罐的油位低于罐身高度的 1/2，就在油位高度的 1/2 处采 3 份试样，在进出油管下边缘以下 100mm 处采 1 份试样。

直径小于 2500mm 的卧式油罐中油的采样位置，相同于油罐车中油的采样位置。

2. 在油罐车中采样

根据油罐的大小，每车采取 1 份或 2 份容积为 1L 的试样。对两轴油罐车，从距罐底相当于罐直径言 1/3 取 1 份样，对四轴油罐车，从距罐底相当于罐直径的 1/3 处采一份样，再从距罐底 200mm 处采一份样，用此两份试样掺合成平均试样。

如果油罐车中的油是温热的，应先将采样器放在规定的采样位置上停放至少 5min，以便使采样器的温度与油温一致。取出的试样应倒回油罐中，然后再正式采样。试样取出后，应立即用石油密度计测定油的密度。如果不能立即测定密度，则要测出油的温度，供以后计算油品的装载量时对油品密度（在实验室测得的）进行修正。

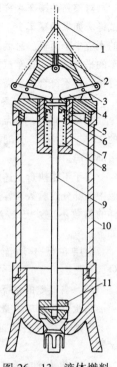

图 26 - 13 液体燃料采样器之二
1—绳索；2—上盖；3—圆销；4—压杆；5—销子；6—弹簧盖；7—弹簧座；8—弹簧；9—操作杆；10—油样筒；11—阀芯

表 26 - 6   在油罐中采样时的采样位置和份数

采 样 位 置	立 式 油 罐	直径 > 2500mm 的卧式油罐
上 层	1	1
中 层	3	5
下 层	1	1

对整列油罐车采样时,先在首车采1份试样,然后每隔四辆车采1份试样。如果油罐车少于七辆,则除在首车采一份样外,其余油罐车中采样的不应少于两辆。每辆采样车各采样一份,将首车后所采各分样掺成一列车的平均试样。首车试样需单独分析,如不符合规定,需在第二辆车采样分析,再不符合规定需在第三辆、第四辆中采样分析,依此类推。

3. 在油轮中采样要求

(1) 各船舱的油品种都相同时,采样的船舱数应不少于装油总舱数的25%。其中5%分配在船首各舱,5%分配在船尾各舱,15%分配在船中部各舱。

对于不能执行上述规定的油轮,容许在交接双方都同意的情况下根据船中各部分的舱数和容量,采用合适的分配比例确定要采样的船舱,但采样的舱数不应少于装油总舱数的25%。舱中的采样位置及采样份数如下:

上层在低于油面200mm处,1份;中层油品装贮高度的1/2处,3份。

(2) 各船舱的油品种不同时,每种油品的采样船舱数,不应少于同类油总舱数的25%,最少不应少于两个船舱,采样的份数和位置同上。

将所采的各类油的分样分别掺合成该轮所运输的每种油的平均试样。

4. 在输油管中采样

在输油管中采样时,根据表26-7规定的时间,在输油泵出口的管路上的取样阀门处采样,采得的各分样以相等体积掺合成平均试样。

表26-7　　　　　　在输油管路中采样时的采样次数

全部输油时间	采 样 次 数
1h 以内	输送开始和结束各一次
超过 1h 至 2h 以内	输送开始,中间和结束各一次
超过 2h 至 24h 以内	输送开始一次,以后每隔 1h 一次
超过 24h	输送开始一次,以后每隔 2h 一次

采样阀门的结构如图26-14所示。它安装在输油管路中,采样口对着油的流向,根据管路的直径大小可安装数根采样管,以便得到均匀样本。对于温度较高的燃料油的采样管应设有可调节温度的冷却器套管,以

防油温过高而出事故。

（三）原始样本的处理

原始样本的处理就是将采得的单个分样掺制成平均试样，再由平均试样缩分成分析试样。在处理过程中为不失去试样的代表性。要遵守一定的规则。

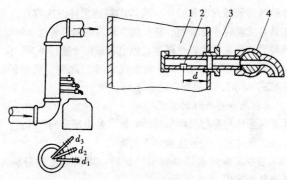

图 26 - 14　液体燃料采样阀门
1—油管路；2—采样口；3—法兰盘；4—阀门
$d_1 = 0.05 \times$ 油管直径；$d_2 = 0.15 \times$ 油管直径；$d_3 = 0.3 \times$ 油管直径

有的单个分样，就是分析试样，不需另作处理。只有对那些需要掺合成平均试样的各个分样才作处理。掺合时，将各分样搅拌均匀后倒入一个洁净、干燥的玻璃瓶或金属容器中（容器的体积应为各分样的总体积的 1.5～2 倍），然后用盖子盖紧，剧烈摇动 10～15min，使其均匀混合。对高黏度的油品在摇动前可先加热到 85℃。

分样掺合后立即进行缩分，缩分的方法是，用粗颈漏斗把掺合物分别注入两个干净的玻璃瓶中，注入的数量应足够供分析化验使用，一般约 1～5L。两瓶注入的体积应相等，瓶用玻璃塞塞紧。如不立即分析，或要送往他处时，瓶子要用牛皮纸包紧，扎以细绳，贴上标签。细绳的两头用火漆或封蜡粘在塞子上，标签上注明采样日期、样品名称、牌号、采样地点等并由采样人签名盖章。两份试样中的一份供分析用，另一份保存备查。

试样中的水分含量如高于 0.5%，则在分析前需要进行脱水处理。如水分含量很大，且易于沉降时，则可将油静置分层澄清，而后从水面上把油倒出。原油易损失馏分，所以在静置时要加回流冷凝器。静置只能脱去部分水分，为此还需用下法脱水。

在油中加入新灼烧和磨细的无水硫酸钠或无水氯化钙，摇动 10～

第二十六章　燃料采样与制样技能

15min 后静置，将澄清部分用干燥的滤纸过滤。对黏度较大的重质油需预热到不超过 50℃，然后用食盐层过滤。食盐层的制备是，在普通漏斗中铺上细铁丝网或少许棉花，再铺上新灼烧过的粗粒食盐结晶体。对于含水分多的燃油，要连续经过 2～3 个铺好食盐层的漏斗过滤。

二、气体燃料样本的采制

气体燃料的采样方法和固体、液体燃料的采样方法有许多不同之处。由于气体具有质量轻、易流动、易扩散、较为均匀等特性，所以气体燃料比固体燃料更容易采得代表性样本，但也容易由于操作不当，保存不善而被污染、泄漏或稀释等，使样本失去代表性。此外，气体的存在状态（静态或动态）不同，其采样方法也不同。

（一）采样与保存气样的装置

气体燃料采样与保存气样所用的装置，是由所采的气样量，气体的性质和采样方式等决定，一般应满足下列要求：

（1）其容积应能装入足够数量的试样，以供选定的分析方法使用，并且足够重复测定用。

（2）便于密封，在运送或保存过程中不失去气样的代表性。

（3）便于取出气样和向气体分析仪器进样。

采样与保存气样的装置最好是通用的，即既可作为采样用，又可保存气样用。常用的采样器有如下几种。

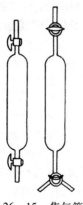

图 26 – 15　集气管

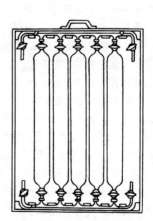

图 26 – 16　集气管组

1. 集气管

集气管是一个两端拉细并具有进出口旋塞的玻璃管容器，如图 26 –

15 所示。也可以将几个集气管用梳形管组装在一起使用，如图 26 - 16 所示，其容积为 250 ~ 500mL。

2. 贮气瓶

当气体中的待测组分含量很低时，就需要使用体积较大的贮气瓶，以便存贮较多数量的气体，这种贮气瓶的体积为几升至数十升不等。其形状如图 26 - 17 所示。湿式贮气瓶用饱和盐水（比重为 1.2）作封闭液，用排水集气法采集气样。干式贮气瓶是用真空泵将瓶内气体抽空后，再用充气法采集气样。湿式贮气瓶因封闭液易溶解气体而使其浓度发生改变，所以不适用于贮存时间较长的气样，干式贮气瓶则适用于贮存易溶解于封闭液内的气样及不能立即分析而需要保存 24h 以上的气样。

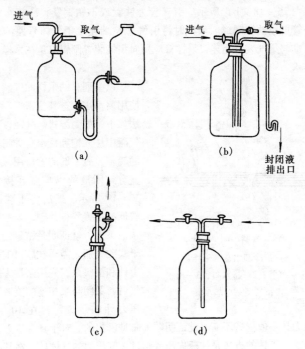

图 26 - 17 贮气瓶

（a）、（b）湿式贮气瓶；（c）、（d）干式贮气瓶

3. 钢瓶

为了贮存更多的气样，可将气体压入钢瓶内贮存。钢瓶的顶部装有一个可以开关的阀门。这种钢瓶也用来贮存标准气样，其容积为 500mL 到

5L 不等。

4. 气囊和注射唧筒

气囊（如球胆）和注射唧筒（如医用注射器）是最方便的一种采样容器。但用它来贮存气样，则很难保证气体不泄漏和渗进空气，因此，只能用它来取少量的并将立即分析的气样。

5. 流动气样的采集

在气体管路中采流动气样时，可将采样头安装在管路中，如图 26 – 18（a）所示。如管道的内径较粗，气体质量不均匀，为了采得代表性样本，最好在管道的截面上选取几个点采样。

当所采气样的温度高于 200℃ 时，还需要使用带有冷却水套的采样管，如图 26 – 18（b）所示。引气管为铁管或不锈钢管，冷却水管为铜管，外管可用铁管制成。采样时将引气管左端连接于气体管路的采样头上，右端与集气装置相连，采样管应稍向集气装置倾斜以免在采样管内积存凝结水。

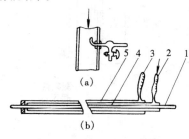

图 26 – 18 流动气样的采样器
（a）在管路中的采样头；
（b）带冷却水套的采样管
1—引气管；2—进水口；3—出水口；4、5—冷却水管

以上列举的采样贮气装置，在使用前都需检查其气密性。检查方法如下：如为湿式贮气瓶，可将贮气瓶中注入饱和盐水，关闭瓶上部的旋塞，瓶下部的管口用橡胶管与盛有封闭液的水准瓶连接，如图 26 – 19 所示。然后将水准瓶置于较低的位置等待片刻，若贮气瓶的水位不变，就证明是密封的。对于干式贮气瓶，需要在瓶口上安装压力计和抽气泵。先用泵抽去瓶内空气后，关闭与泵相连的旋塞，记下压力计的示值，若在 10 ~ 15min 内，压力计示值保持不变，就证明贮气瓶是密封的。对于具有压力的贮气瓶，检查气密性的方法是往瓶内压入超过大气压力的气体后，在其瓶嘴以及阀门处涂以肥皂水，如漏气则会出现气泡。

（二）采样方式

采集气样时，先将连在气源上的采样管用气样充分吹洗，再用橡胶管与采样器相连。如气样中含有机械杂质如灰粒等，必需过滤。如温度过高，还应冷却。然后根据气源的压力情况，用下列不同方式采样。

1. 在常压下采样

当气体压力接近大气压力时，常用排水集气法采集气样。排水集气是气体分析的最基本的操作，改变采样瓶内封闭液的液面位置造成压降，引入气样。常用的封闭液为饱和食盐水，它对一般气体的溶解度较小。

用集气管（或贮气瓶）采集气样的装置如图 26-19 所示。将集气管（或贮气瓶）与水准瓶相连，采样前把水准瓶升高，使水准瓶内的饱和盐水流进集气管（或贮气瓶）内，将其中原有气体自旋塞 1 或 5 处排出，然后关闭旋塞 3 或

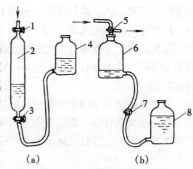

图 26-19　排水集气法
(a) 集气管采气；(b) 贮气瓶采气
1、3—二通旋塞；2—集气管；
4、8—下口瓶；5—三通旋塞；
6—贮气瓶；7—卡子

拧紧卡子 7，再把连接在取样管上的橡胶管接在集气管（或贮气瓶）上。橡胶管需事先用气样吹洗干净，打开旋塞 3 或卡子 7，降低水准瓶，则集气管（或贮气瓶）内的封闭液流入水准瓶而使瓶内压力下降，气样则被抽进集气管（或贮气瓶）内。此气样可能被管路中残存的其他气体所沾污，所以需将此气样排走。为此，旋转旋塞 1 或 5，使集气管（或贮气瓶）与大气相通，提高水准瓶，旋转旋塞 3 或打开卡子 7，让封闭液流回集气管，此时气样排入大气。然后重新吸取气样，如此反复 2~3 次后正式吸入气样。集气管内不应剩有封闭液，以免溶解气样中的气体而使气样的组成发生改变，或使管内压力降低容易渗入空气。

封闭液在采样前必须用气样加以饱和，不能用已饱和有某种气样的封闭液来采集另外一种气样，因为气样中各种成分在盐水内的溶解度不同会造成气样成分的改变。

干式采样法是较好的采样法，因它可避免封闭液溶解气体而造成误差。采用干式采样时，先用真空泵将采样器内原有的气体抽走，然后充入气样，再抽走，如此重复操作几次后，再正式采样。

如采用少量并立即分析的气样，可用注射唧筒接在气源上，拉出唧筒芯子造成压降，气样即被抽入唧筒内。反复几次，即可采样。

2. 在正压下采样

当待采气体压力高于大气压力时，用气样将采样容器和连接橡胶管吹

洗干净后即可采样。最简单的方法是用气囊采样。将气囊中原有气体挤走，反复充入和挤出气样 3~4 次后，即可直接接在气源上采集气样。如使用集气管或贮气瓶进行干式采样，可使气体连续吹过取样容器，直至气样完全取代容器中原有气体为止。一般，吹洗所消耗的气体量不少于取样容器容积的 5 倍。

干式采样法只适用于体积较小的贮气容器。

如用湿式采样法，则将集气管（或贮气瓶）中贮满封闭液，借助于气体本身的压力，将封闭液排走，然后将取样容器两端旋塞关住即可。

提示 本章共五节，其中第一节和第二节适用于中级工，第三节和第四节适用于初级工，第五节适用于中级工。

第二十七章

燃料常用统计检验方法

在燃料分析工作常用的统计检验法有 F 检验法和 t 检验法。

一、F 检验方法

1. F 检验法的应用

F 检验法用于检验被测体系的分散程度（离散性）。对一组测定值来说，则又是检验其精密度的，换言之，就是检验其方差是否超过了误差界限的一种方法。例如，检验分析所用的样品是否均匀一致；两个实验室对同一样品的分析结果，其精密度是否一致；用空气干燥基煤样分析的结果是否能代表收到原煤的特性和组成；分析结果是否达到了规定的精密度值。

2. F 检验的程序

先求出被检验体系的方差 S_1^2，再求出对照体系的方差 S_2^2，用这两个方差按式（27 – 1）求出比值 F，即

$$F = \frac{S_1^2}{S_2^2} \qquad\qquad (27 - 1)$$

式中分子的方差要大于分母的方差值，以使比值 F 大于 1。如果计算出的 F 值小于由表 27 – 1 查出的临界值 F，则认为两个方差无显著性差异。反之，认为两个方差有显著性差异。由表 27 – 1 查临界值时，要根据两个自由度：第一自由度 $f_1 = n_1 - 1$（n_1 为大方差的测定次数）和第二自由度 $f_2 = n_2 - 1$（n_2 为小方差的测定次数），同时也要选一个适当的显著性水平 a（通常 $a = 0.05$）。表 27 – 1 为单边 F 临界值表，为此，在查 F 表时，要注意两种情况：第一种情况，当不需知道两个方差究竟何者大，只要两者有显著性差异时，应采用双边检验，即查表 27 – 1，将选定的 a 除以 2（即 $a/2$），然后查出 $F_{a/2}$，f_1，f_2。第二种情况，要确定两个方差中的一个显著大于另一个时，应采用单边检验，查表 27 – 1 时不必改变 a 值。

【例 27 – 1】 用两种采煤样的方法，在同一批煤样中各采 16 个试样，测得灰分的结果列于表 27 – 2 内，通过 F 检验法，判断这两种采样方法有

无显著性差异。

表 27－1 　　　　　　　　　　F 临界值表（单边）

f_2 \ f_1		1	2	3	4	5	6	7	8	9	10	12	15
$a=0.025$	1	648.0	800.0	864.0	900.0	922.0	937.0	948.0	957.0	963.0	969.0	977.0	985.0
	2	38.5	39.0	39.2	39.2	39.3	39.3	39.4	39.4	39.4	39.4	39.4	39.4
	3	17.4	16.0	15.4	15.1	14.9	14.7	14.6	14.5	14.5	14.4	14.3	14.3
	4	12.2	10.6	9.98	9.60	9.36	9.20	9.07	8.98	8.90	8.84	8.75	8.66
	5	10.0	8.43	7.66	7.39	7.15	6.98	6.85	6.76	6.68	6.62	6.52	6.43
	6	8.81	7.26	6.60	6.23	5.99	5.82	5.70	5.60	5.52	5.46	5.37	5.27
	7	8.07	6.54	5.89	5.52	5.29	5.12	4.99	4.90	4.82	4.76	4.67	4.57
	8	7.57	6.06	5.42	5.05	4.82	4.65	4.53	4.43	4.36	4.30	4.20	4.10
	9	7.21	5.71	5.08	4.72	4.48	4.32	4.20	4.10	4.03	3.96	3.87	3.77
	10	6.94	5.46	4.83	4.47	4.24	4.07	3.95	3.85	3.78	3.72	3.62	3.52
	12	6.55	5.10	4.47	4.12	3.89	3.73	3.61	3.51	3.44	3.87	3.28	3.18
	15	6.20	4.76	4.15	4.80	3.58	3.41	3.29	3.20	3.12	3.06	2.96	2.86
$a=0.05$	1	161.0	200.0	216	225.0	230.0	234.0	237.0	239.0	241.0	242.0	244.0	246.0
	2	18.5	19.0	19.2	19.2	19.3	19.3	19.4	19.4	19.4	19.4	19.4	19.4
	3	10.1	9.55	9.28	9.12	9.01	8.94	8.89	8.85	8.81	8.79	8.74	8.70
	4	7.71	6.94	6.59	6.39	6.26	6.16	6.09	6.04	6.00	5.96	5.91	5.86
	5	6.61	5.79	5.41	5.19	5.05	4.95	4.88	4.82	4.77	4.74	4.68	4.62
	6	5.99	5.14	4.76	4.53	4.39	4.28	4.21	4.15	4.10	4.06	4.00	3.94
	7	5.59	4.74	4.35	4.12	3.97	3.87	3.79	3.73	3.68	3.64	3.57	3.51
	8	5.32	4.46	4.07	3.84	3.69	3.58	3.50	3.44	3.39	3.35	3.28	3.22
	9	5.12	4.26	3.86	3.63	3.48	3.37	3.29	3.23	3.18	3.14	3.07	3.01
	10	4.96	4.10	3.71	3.48	3.33	3.22	3.14	3.07	3.02	2.98	2.91	2.84
	12	4.73	3.89	3.49	3.26	3.11	3.00	2.91	2.85	2.80	2.75	2.69	2.62
	15	4.54	3.68	3.29	3.06	2.90	2.79	2.71	2.64	2.59	2.54	2.48	2.40

解 从表 27－2 内的数据可以看出：数据极为分散，表明这批煤的质量极不均匀。检验的目的是为考查这两种采样方法是否有显著性不同，不是考查煤质均匀性如何，为此，先求出两组数据的方差 S^2 和 F 值，即

$$S_1^2 = 7.90, \quad S_2^2 = 5.62$$

$$F = \frac{S_1^2}{S_2^2} = \frac{7.90}{5.62} = 1.40$$

两组数据的方差虽然有差异，但这一差异是否超过了界限值（a 一定时），要通过 F 检验才能给予确认。因为不需要知道那个方差大，所以要

用双边检验。若选 $a = 0.05$，则在查表时用 $a/2 = 0.025$。两个自由度均为 $16 - 1 = 15$，由表 27 - 1 中查得临界值 $F_{0.025,15,15} = 2.86$。由于 $F < F_{a/2,f_1,f_2}$，所以可以认为两种采样方法并无显著性的不同。

表 27 - 2　　　　两种采样法所得试样的灰分 A_d

试 样 号	采样方法一	采样方法二	试 样 号	采样方法一	采样方法二
1	20.74	22.15	9	29.44	29.05
2	25.41	28.25	10	24.60	29.30
3	30.07	28.60	11	24.93	27.90
4	26.43	30.00	12	28.13	23.80
5	24.91	26.90	13	27.93	28.85
6	25.06	27.20	14	27.61	30.00
7	30.44	31.80	15	30.87	29.20
8	29.98	29.30	16	29.47	29.50

二、t 检验法

1. t 检验法的应用

t 检验法是用于检验被测体系的集中程度（平均值）的一种方法。例如被测物质的平均值与真实值（标准样品的名义值）的比较，两个平均值的比较以及不同试验条件、不同试验方法的比较等。

2. t 检验的程序

进行 t 检验的前提是应先对两个被测体系的方差进行 F 检验（平均值与真实值比较时可不作），证明两个体系的方差无显著性差异时再作平均值的 t 检验。检验时先用下式求出 t 值：

$$t = \frac{|\overline{X}_1 - \mu| \sqrt{n}}{S} \qquad (27 - 2)$$

$$t = \frac{|\overline{X}_2 - \overline{X}_1|}{\overline{S}} \sqrt{(n_1 \times n_2)/(n_1 + n_2)} \qquad (27 - 3)$$

$$S = \sqrt{[(n_1 - 1)S_1^2 + (n_2 - 1)S_2^2]/(n_1 + n_2 - 2)} \qquad (27 - 4)$$

式中　μ——真实值；

　　　S——测定值的标准差；

S_1^2，S_2^2——第一、第二测量体系测定值的方差；

$\overline{X}_1$，$\overline{X}_2$——第一、第二测量体系测定值的平均值；

　　$\overline{S}$——第一和第二测量体系测定值的平均标准差；

　　n——标准样品的测定次数；

n_1、n_2——第一、第二测量体系的测定次数。

平均值与真实值比较时用式（27-2）；两个平均值比较时用式（27-3）和式（27-4）计算。

将计算所得的 t 值与查表 27-3 所得的 t 临界值 $t_{a,f}$ 比较。查表时用 a 和 f 作引数，a 可选 0.05，$f = n - 1$。表 27-1 为双边检验表，若作单边检验时，须将 a 乘以 2（即 $2a$）。判断平均值间有无显著性差异的依据：

$$|t| < t_{0.05} \quad \text{无显著性差异}$$
$$t_{0.05} \leqslant |t| < t_{0.01} \quad \text{有显著性差异}$$
$$|t| \geqslant t_{0.01} \quad \text{有非常显著性差异}$$

表 27-3 t 分布（t 临界值）

a \ f	1	2	3	4	5	6	7	8	9	10	15	20	30	∞
0.01	63.66	9.93	5.84	4.60	4.03	3.71	3.5	3.36	3.25	3.17	2.95	2.85	2.75	2.58
0.05	12.71	4.30	3.18	2.78	2.57	2.45	2.37	2.31	2.26	2.23	2.13	2.09	2.04	1.96
0.10	6.31	2.92	2.35	2.13	2.02	1.94	1.90	1.86	1.83	1.81	1.75	1.73	1.7	1.65

【例 27-2】 用已知发热量为 18106 的标准煤样检验一台新量热计，共测 5 次，数据如下（J/g）：18073、18106、18136、18039、18052。已知 $t_{0.054} = 2.78$，试问所测得的结果与标准煤样的名义值是否一致？

解：五次测定结果平均值 $\overline{X} = 18081$（J/g），标准差 $S = 40\text{J/g}$。由于事先无法确定此台量热计测定出的平均值是大于或小于名义值，所以应当用双边检验。

$$t = |\overline{X} - \mu| n^{1/2}/S = |18081 - 18106| 5^{1/2}/40 = 1.40$$

由于 $t < t_{0.05,4}$，所以，所测得的五次平均值与名义值并无显著性差异，这台量热计可以投入使用。

答：所测得结果与标准煤样的名义值一致。

提示 本章适用于高级工。

第二十八章

煤灰成分分析方法

一座大中型电厂，日出灰数百至数千吨，灰的收集、输送、贮存及利用是火电厂生产中一个重要而又庞大的组成部分。煤灰成分与电力生产的关系也颇为密切，提供可靠的煤灰成分数据，有助于判断和防止灰渣对锅炉设备的侵蚀作用，还有助于了解煤灰成分与灰渣高温特性之间的关系；预测冲灰管道结垢的可能性与程度；确定灰渣综合利用的可能途径等。因此，对煤灰成分进行分析，是电力生产的需要，是动力用煤特性检测的一个重要组成部分。

煤在空气中完全燃烧时，煤中的无机矿物质及某些含有金属的有机物便形成了残渣，这些残渣就是煤的灰分。煤的灰分不是煤中的固有成分，而是在规定条件下完全燃烧后的残留物。煤灰的组成是极为复杂的，它是煤中矿物质在一定条件下经一系列分解、化合等复杂反应而形成的，是煤中矿物质的衍生物。它主要由硅、铝、铁、钛、钙、镁、锰、钒、钾、钠、硫和磷等元素的氧化物组成。此外，煤灰中还常含有一些其他的伴生元素和稀散元素，它们也多以氧化物的形式存在，但含量极少。

煤灰主要来自煤中矿物质，而对矿物质的定量分析是很困难的。对煤灰成分分析，实际上就是将煤样按国标中灰分的测定条件先将煤样灼烧成灰，然后分析灰中的主要成分。煤灰成分的全分析，通常是指对灰中 SiO_2、Al_2O_3、Fe_2O_3、CaO、MgO、SO_3、P_2O_5、TiO_2、K_2O、Na_2O 的测定，其中前六项又是最主要的成分。

我国国标中所规定的煤灰测定方法为常量法及半微量法，但半微量法缺点较多，现在它已逐渐被快速方法所取代，所以我们这里仅介绍常量法和快速法两种测定方法。

一、煤灰成分的常量法测定

煤灰成分常量法测定，是以重量分析与容量分析为基础的系统分析方法。该法称取灰样量为 0.5g，置于银坩埚中，用固体氢氧化钠熔融，然后用沸水浸取，盐酸酸化后，用动物胶凝聚，重量法测定 SiO_2。分离 SiO_2 后的滤液可直接用于铁、铝、钙、镁、硫、磷、钛氧化物的测定。其中以

EDTA 容量法测定 Al_2O_3、Fe_2O_3、CaO、MgO；以重量法（质量法）测定 SO_3；以比色法测定 TiO_2 及 P_2O_5。另取一份灰样，用氢氟酸－硫酸分解，用火焰光度法测定 K_2O 及 Na_2O。

（一）测定前的准备工作

为了保证测试结果准确可靠，熔样是其关键。而在各个成分的测定中，SiO_2 及 SO_3 为重量法测定，尤其 SiO_2 的测定操作较麻烦，其他成分的测定相对较简单，花时间也少。

（1）首先按国标中灰分的测定条件先将煤样灼烧成灰。为保证灰化充分，试样厚度不应超过 $0.15g/cm^2$。试样越厚，灰皿底层的硫氧化物越不易逸出，这将导致三氧化硫测定值偏高。为了避免不同煤样在灰化过程中相互影响，应该对单一煤样进行单独灰化。否则，在多煤种煤样测定中，其 SO_3 的测定结果要高于单一煤样的测定值。

（2）然后进行熔样。即称取灰样于银坩埚中，为防止灰样在氢氧化钠未熔之前随热气流飞逸损失，可在加氢氧化钠之前滴几滴乙醇润湿。再将银坩埚放入马弗炉中，必须在 $1\sim1.5h$ 内将炉温从室温缓慢升至 $650\sim700℃$。熔融 $15\sim20min$。取出坩埚用水激冷后，放于 $250mL$ 烧杯中，用沸水浸取熔块，直到熔融物全部被浸出。用氢氧化钠熔融温度不能太高，时间不宜过长，否则，会有银被熔下来进入熔体中。熔融温度过低会使熔融不完全，使灰成分测定结果偏低。

（二）二氧化硅的分析方法

动物胶凝聚重量法测定 SiO_2 具有较高的准确度，而且分离 SiO_2 后的滤液可直接用于除钾、钠以外所有其他成分的测定。但该法操作较繁，测定周期较长。

1. 测定原理

将煤灰样和氢氧化钠在 $650\sim700℃$ 下熔融，使所有二氧化硅、硅酸盐、硅铝酸盐都转化为可溶于水的偏硅酸钠。反应方程式为

$$2NaOH + SiO_2 = Na_2SiO_3 + H_2O$$
$$SiO_2 \cdot Al_2O_3 \cdot 2H_2O + 4NaOH = 2NaAlO_2 + Na_2SiO_3 + 4H_2O$$
$$2NaOH + MeSiO_3 = Na_2SiO_3 + Me(OH)_2$$
（Me 为二价金属离子）

先以沸水浸取熔块，再用盐酸酸化，使之全部溶解。这时硅酸钠转变为不易解离的偏硅酸和金属氯化物。化学反应式为

$$Na_2SiO_3 + 2HCl = 2NaCl + H_2SiO_3$$

$$NaAlO_2 + 4HCl = NaCl + AlCl_3 + 2H_2O$$
$$Me(OH)_2 + 2HCl = MeCl_2 + 2H_2O$$

偏硅酸形成稳定的胶体溶液（溶胶），其胶粒带负电荷。动物胶溶于水成为胶体，它能吸附氢离子（H^+），在有盐酸存在时，动物胶吸附氢离子构成带正电荷的胶体，它就能中和硅酸溶胶中的负电荷而凝聚沉淀。使用动物胶要具有足够的酸度，酸度越大，则偏硅酸越容易聚合成多分子的结构。盐酸的浓度应在 8mol/L 以上，温度以 70～80℃ 为宜。

2. 要注意事项

（1）熔融煤灰样时间不宜过长，以免银坩埚的银过多地进入熔块中。

（2）煤灰中含有氟离子时，可加适量的 H_3PO_4，以防止因 SiO_3^{2-} 变成四氟化硅（SiF_4）而损失。

（3）加盐酸蒸干脱水（此时形成黄色盐粒）要彻底，以减少二氧化硅的溶解，但温度不宜过高。

（4）须在酸性介质中加入动物胶才能起到凝聚硅酸的作用。这是因为动物胶质点吸附氢离子（H^+）形成带正电荷的胶体，而硅酸（H_2SiO_3）质点是带负电荷的胶体，这两种胶体相遇时，正负电荷互相吸引而彼此中和电性，使硅酸凝聚而析出。

（5）要控制好加动物胶溶液的酸度（8mol/L）和温度（70～80℃）及其动物胶的用量。

（6）用热水洗涤硅酸胶体时，其次数不宜过多，否则，会使测定结果偏低。

（7）需进行空白试验，其溶液的制备如上所述，只是不加灰样。

3. 测定结果的计算

SiO_2 含量（%）按式（28-1）计算，即

$$SiO_2 = \frac{m_1 - m_2}{m} \times 100 \qquad (28-1)$$

式中　m_1——SiO_2 的质量，g；

　　　m_2——空白测定时二氧化硅的质量，g；

　　　m——样品质量，g。

4. 测定结果的允许差

SiO_2 测定结果的允许差如表 28-1 所示。

第二十八章　煤灰成分分析方法

表 28 - 1   常量法测定 SiO$_2$ 的允许差   %

含　量,%	重　复　性	再　现　性
≤60	0.50	0.80
>60	0.60	1.00

（三）三氧化二铁的分析方法

吸取分离 SiO$_2$ 后的滤液，在 pH 为 1.8~2.0 的条件下，以磺基水杨酸为指示剂，用 EDTA 标准溶液来滴定，计算出氧化铁的含量。

1. 测定原理

用 EDTA 容量法测定煤灰中三氧化二铁的原理是基于在 pH = 1.8~2.0 的条件下，以磺基水杨酸 $[SO_3HC_6H_3(OH)\cdot COOH]$ 为指示剂，用 EDTA 标准溶液滴定，使溶液中的铁离子 F_e^{3+} 同 EDTA 生成络合物，滴定到终点时颜色由紫红色变成为浅黄色；若在测定中用硫氰酸铵为指示剂时，则其终点颜色由红色变为黄色。根据消耗的 EDTA 标准溶液计算出煤灰中三氧化二铁含量。

2. 注意事项

（1）pH 值要控制在要求的范围（1.8~2.0）内，否则会影响测定结果，因为本法是不加任何掩蔽剂的，而是利用酸效应来排除其他离子干扰的。

（2）在滴定中要使加热温度达到 60~70℃，以加速络合作用，温度低则络合慢，会导致终点不明显。要求在滴定终点时，温度不低于 60℃。

（3）溶液中 Fe^{3+} 含量低时，滴定终点接近于无色而并非黄色。

3. 测定结果的计算

灰中 Fe$_2$O$_3$ 含量按式（28-2）计算，即

$$Fe_2O_3 = \frac{T_{Fe_2O_3}V_1}{1000m} \times \frac{250}{20} \times 100 \qquad (28-2)$$

式中　$T_{Fe_2O_3}$——EDTA 标准液对氧化铁的滴定度，mg/mL；

　　　　V_1——试液所消耗的 EDTA 标准溶液体积，mL；

　　　　m——样品质量，g；

　　　　250——滤液总体积，mL；

　　　　20——分取试液的体积，mL。

4. 测定结果的允许差

Fe$_2$O$_3$ 测定结果的允许差如表 28-2 所示。

第五篇　电厂燃料管理

表 28 - 2

表 28 - 2	常量法测定 Fe_2O_3 的允许差	%
含　　量	重　复　性	再　现　性
≤5	0.30	0.60
5 ~ 10	0.40	0.80
>10	0.50	1.00

（四）三氧化二铝的分析方法

1. 测定原理

氧化铝的测定，是吸取分离 SiO_2 后的滤液 20 毫升，加入过量的 ED-TA，令其与 Fe、Al、Ti 等离子络合。在 pH 为 5.9 条件下，用二甲酚橙作指示剂，以备盐回滴过剩的 EDTA，再加入氟盐置换出与 Al、Ti 络合的 EDTA，最后用乙酸锌标准溶液来滴定。此法所测定的是 TiO_2 与 Al_2O_3 的总量、如欲计算出 Al_2O_3 的含量，则应从总量中减去 TiO_2 的量。

为了使 Al 能与 EDTA 完全络合，EDTA 的加入量要过量，在加热条件下，应控制适当的 pH 值。否则，测定结果会偏低。过量的 EDTA 用乙酸锌回滴时，为控制酸度，要加入由乙酸钠及冰乙酸所组成的 pH 为 5.9 的缓冲液。测定中选用二甲酚橙为指示剂，它也能与 Al 络合形成较稳定的络合物，但在室温下络合速度很慢，因而在加入指示剂前应将溶液冷却至室温。否则，它会从 EDTA - Al 络合物中夺取 Al^{3+} 后生成红色的二甲酚橙 - 铝络合物，而影响终点的判断。

二甲酚橙为紫色晶体，易溶于水，在 pH > 6.3 时，它呈红色；但当 pH < 6.3 时，它呈黄色。二甲酚橙与金属离子的络合物都呈紫红色。由于二甲酚橙作指示剂，它的变色并不那么显著，在 Al_2O_3 测定中，其干扰因素又较多，即使完全按规定操作，其滴定终点也较难判断，这是该法的一个不足之处。

2. 用氟盐取代 EDTA 容量法的注意事项

（1）加入 EDTA 溶液并调节 pH = 5.9 后，须加热至微沸数分钟，使溶液中的绝大部分离子与 EDTA 络合。

（2）加入氟盐后溶液须煮沸 2 ~ 3min，使 F^- 置换出与铝、钛络合的全部 EDTA。

（3）煤灰中的锆、锡、钍等的 EDTA 络合物也能与 F^- 起反应而影响测定结果，但因他们在煤灰中的含量甚小，故其影响可忽略不计，唯有钛的影响需要校正。

3. 测定结果的计算

灰中 Al_2O_3 含量按式（28 - 3）计算，即

$$A1_2O_3 = \frac{T_{Al_2O_3}V_2}{1000m} \times \frac{250}{20} \times 100 - 0.638TiO_2 \qquad (28-3)$$

式中　$T_{Fe_2O_3}$——乙酸锌标准溶液对氧化铝的滴定度，mg/mL；

　　　　V_2——滴定所消耗的乙酸锌标准溶液体积，mL；

　　　　m——样品质量，g；

　　0.638——TiO_2 换算成 $A1_2O_3$ 的系数。

4. 测定结果的允许差

$A1_2O_3$ 测定结果的允许差如表 28-3 所示。

表 28-3　　　　　　常量法测定 $A1_2O_3$ 的允许差　　　　　　%

含　　量	重 复 性	再 现 性
≤20	0.40	0.80
>20	0.50	1.00

（五）氧化钙的分析方法

氧化钙的测定，系采用三乙醇胺作掩蔽剂，在碱性介质中，它能与 Fe^{3+}、Al^{3+} 等形成络合物而掩蔽起来，从而在测定氧化钙时，不必将 Fe^{3+}、Al^{3+} 分离，而采用 EDTA 直接测定。

1. 测定原理

用 EDTA 容量法测定煤灰中氧化钙的原理是：在除去二氧化硅后的溶液中加入三乙醇胺掩蔽铝、钛、锰等离子，在 pH = 8 ~ 13 下，Ca^{2+} 能和 EDTA 定量络合，并在 pH ≥ 12.5 时，以钙黄绿素—百里酚酞为指示剂，以 EDTA 标准溶液滴定。因 pH > 12 时，镁已生成 $Mg(OH)_2$ 沉淀，仅有钙和 EDTA 发生反应，从而避免了 Mg^{2+} 对 Ca^{2+} 的干扰。其化学反应式为

$$Ca^{2+} + H_2Y^- = CaY^- + 2H^+$$

根据所消耗的 EDTA 标准溶液计算出煤灰中氧化钙的含量。

2. 注意事项

（1）若煤灰中 TiO_2 含量大于 2% 时，在加入掩蔽剂后，还要加入苦杏仁酸。

（2）因为三乙醇胺是在碱性溶液中掩蔽 Fe^{3+}、Al^{3+}、Ti^{4+} 和少量 Mn^{2+} 的，所以必须按顺序加入试剂，即先加三乙醇胺，再加氢氧化钾。

（3）在加入氢氧化钾溶液后应立即滴定，否则，随着放置时间的延长，钙将被氢氧化镁沉淀吸收，造成结果偏低。

（4）不能在直接照射的阳光下进行滴定，滴定时应将烧杯底部放在

黑色衬底的底板上，从溶液的上面向下观察颜色的变化，当溶液的绿色荧光刚刚消失时，即为终点，这样易于判断终点。

3. 测定结果的计算

灰中 CaO 含量按式（28-4）计算，即

$$CaO = \frac{T_{CaO}V_3}{1000m} \times \frac{250}{10} \times 100 \qquad (28-4)$$

式中　T_{CaO}——EDTA 标准溶液对氧化钙的滴定度，mg/mL；

　　　V_3——试液所消耗的 EDTA 标准溶液体积，mL；

　　　10——所分取试液的体积，mL。

4. 测定结果的允许差

CaO 测定结果的允许差如表 28-4 所示。

表 28-4　　　　　　　　常量法测定 CaO 的允许差　　　　　　　　%

含　　量	重　复　性	再　现　性
≤5	0.20	0.50
5~10	0.30	0.60
>10	0.40	0.80

（六）氧化镁的分析方法

1. 测定原理

用 EDTA 容量法测定煤灰中氧化镁的原理是依据在除去 SiO_2 后的溶液中加入三乙醇胺、铜试剂为掩蔽剂，以掩蔽铁、铝、钛及微量的铅、锰等离子，用氢氧化钠和 pH=10 的氨性缓冲溶液调节溶液，使溶液 pH=10。若 pH 值小，则络合不完全；若 pH 值过大，则 Mg^{2+} 会生成 Mg $(OH)_2$，使测定值偏低。而后以酸性铬蓝 K-萘酚绿为指示剂，用 EDTA 标准溶液来滴定钙、镁含量，根据扣除滴定钙时所消耗的那部分 EDTA 后的 EDTA 标准溶液的量，就可计算出煤灰中氧化镁的含量。

2. 注意事项

（1）当二氧化钛含量大时，在加掩蔽剂前要加入酒石酸钾钠数毫升。

（2）加入铜试剂即能与铅、铜等离子生成沉淀而不被 EDTA 络合，又能消除锰、钴、镍等离子对指示剂的氧化或封闭作用，而使终点突变清晰，但铜试剂也不宜多，否则，会出现混浊，反而不利于判断终点。

（3）在指示剂加入前，滴加稍少于滴定钙时所耗量的 EDTA 标准溶液，以利于终点的清晰判断。

（4）每加入一种试剂后均要搅匀。

3. 测定结果的计算

灰中 MgO 含量按式（28 - 5）计算，即

$$MgO = \frac{T_{MgO}(V_4 - V_3)}{1000m} \times \frac{250}{10} \times 100 \qquad (28-5)$$

式中　　T_{MgO}——EDTA 标准溶液对氧化镁的滴定度，mg/mL；

　　　　V_3——滴定钙时所消耗的 EDTA 标准溶液体积，mL；

　　　　V_4——滴定钙、镁时所消耗 EDTA 标准溶液体积，mL。

4. 测定结果的允许差

MgO 测定结果的允许差如表 28 - 5 所示。

表 28 - 5　　　　　　　　常量法测定 MgO 的允许差　　　　　　　　%

含　　量	重　复　性	再　现　性
≤2	0.30	0.60
>2	0.40	0.80

（七）二氧化钛的分析方法

1. 测定原理

用过氧化氢比色法测定煤灰中二氧化钛的原理是：在去除二氧化硅后的煤灰溶液中，在硫酸介质中以磷酸掩蔽铁离子，四价钛与过氧化氢形成过钛酸黄色络合物。此黄色络合物只有在强酸性溶液中才是稳定的。而后用 3cm 厚比色皿，以空白溶液为参比，在 430nm 波长下进行比色。其化学反应式为

$$TiO^{2+} + H_2O_2 = [TiO(H_2O_2)]^{2+}$$

2. 注意事项

（1）加入混合酸（$H_2SO_4 + H_3PO_4$）后，若出现混浊，须在水浴上加热使之澄清。

（2）要控制磷酸（H_3PO_4）的加入量，磷酸过多会使消光值降低，过少会增加盐酸和氧化铁对测定的干扰。

3. 测定结果的允许差

TiO$_2$ 测定结果的允许差如表 28 - 6 所示。

表 28 - 6　　　　　　　常量法测定 TiO$_2$ 的允许差　　　　　　　%

含　　量	重　复　性	再　现　性
≤1	0.10	0.20
>1	0.20	0.30

（八）氧化钠和氧化钾的分析方法

氧化钠、氧化钾通常采用火焰光度法，也可采用原子吸收法进行测定。

在煤灰成分的系统分析中，采用氢氧化钠来熔融灰样，这样大量的钠带入熔体中，故在测定煤灰中的钾、钠含量时，不能再用碱法而应用酸法熔样。一般是用氢氟酸 – 硫酸来分解灰样，制成稀硫酸试液，用火焰光度计来测定氧化钾及氧化钠的含量。

Na_2O 测定结果的允许差如表 28 – 7 所示。

表 28 – 7　　　　　常量法测定 Na_2O 的允许差　　　　　%

含　　量	重　复　性	再　现　性
≤1	0.10	0.20
>1	0.20	0.30

K_2O 测定结果的允许差如表 28 – 8 所示。

表 28 – 8　　　　　常量法测定 K_2O 的允许差　　　　　%

含　　量	重　复　性	再　现　性
≤1	0.10	0.20
>1	0.20	0.30

（九）三氧化二硫的分析方法

1. 测定原理

测定煤灰中三氧化硫的方法是硫酸钡质量法。称取 0.2 ~ 0.5g 灰样，用盐酸萃取其中的硫，将溶液过滤，滤液用氢氧化铵中和并沉淀铁。过滤后的溶液，加入氯化钡，生成硫酸钡沉淀后用质量法测定硫酸钡质量。

$$MeSO_4 + BaCl_2 = MeCl_2 + BaSO_4 \downarrow$$

2. 测定结果的计算

灰中 SO_3 含量按式（28 – 6）计算，即

$$SO_3 = \frac{0.343 \times (m_1 - m_2)}{m} \times 100 \qquad (28 – 6)$$

式中　m_1——硫酸钡的质量，g；

　　　m_2——空白试验时硫酸钡的质量，g；

　　　m——分析煤灰样的质量，g；

　　0.343——$BaSO_4$ 转化为 SO_3 的换算因数。

3. 测定结果的允许差

SO_3 测定结果的允许差如表 28 – 9 所示。

表 28-9 常量法测定 SO_3 的允许差   %

含　　量	重　复　性	再　现　性
≤5	0.20	0.40
>5	0.30	0.60

（十）五氧化二磷的分析方法

1. 测定原理

用磷钼蓝法测定煤灰中磷含量的原理是：在去除二氧化硅后的溶液中驱除盐酸，调节溶液至微酸性，加入酸性钼酸铵显色剂使生成磷钼黄，以抗坏血酸还原磷钼黄为磷钼蓝，用 2cm 厚的比色皿，以标准空白溶液为参比，在波长 650nm 下进行比色，根据预先绘制好的标准曲线获得煤灰中五氧化二磷的含量。

2. 注意事项

（1）溶液中盐酸要驱除干净，否则，会影响测定结果。

（2）加入钼酸铵显色剂后要混匀，并放置 5min。

（3）加入抗坏血酸还原磷钼黄为磷钼蓝后，要保持溶液温度不低于 95℃。

（4）还原为磷钼蓝后的溶液放置时间不宜过长，以免影响消光值。

3. 测定结果的允许差

P_2O_5 测定结果的允许差如表 28-10 所示。

表 28-10 常量法测定 P_2O_5 的允许差   %

含　　量	重　复　性	再　现　性
≤1	0.05	0.10
>1	0.10	0.20

二、煤灰成分的快速法测定

煤灰成分的快速测定是以容量分析和比色分析为基础的测定方法，这里我们仅介绍以比色法为基础的快速测定方法—比色测定法。比色测定法是国外的一种标准方法。此法是先配制溶液 A（0.05g 灰用氢氧化钠熔融，溶于水及稀盐酸中，稀释至 1000mL），取溶液 A，应用比色法测定 SiO_2 及 Al_2O_3。然后配制溶液 B（0.4g 灰用氢氟酸及硫酸浸取，蒸发到出现三氧化硫烟雾，溶解于水，并稀释至 250mL），取溶液 B，应用比色法测定 Fe_2O_3、TiO_2 及 P_2O_5，应用容量法测定 CaO 及 MgO，应用火焰光度

法测定 K_2O 及 Na_2O。

（一）测定前的准备工作

1. 灰样的制备

灰样的制备按我国国标规定的缓慢灰化法来制取，待灰冷却后转至玛瑙研钵中研细，此灰再在 $815 \pm 10℃$ 下的烧 30min，保存起来留作分析之用。

2. 溶液 A 的制备

称取 0.0500g 灰样，置于 50mL 镍坩埚中，加入 1.5g 氢氧化钠，盖上坩埚盖，在气体火焰上加热到氢氧化钠熔化，缓慢地旋转以保证没有试样颗粒漂浮于熔体表面。在暗红色的温度下，继续熔化约 5min，而后将坩埚移开火焰，当旋转正在冷却的熔体时，在坩埚壁上形成一层熔融物。往熔体中加入约 25mL 水，至少保持 1h，最好令其过夜。把坩埚中的内容物倒入盛水 400mL 及 1 + 1 盐酸 20mL 的烧杯中（不允许镍坩埚与酸接触）。用带橡胶头的玻璃棒从坩埚中擦除所有残余物并洗进烧杯中，然后将其转移到 1000mL 的容量瓶中，稀释至刻度处并混匀。

测定 SiO_2 及 Al_2O_3 的标准溶液，系采用苏打长石作为基准试剂来制取，制备方法同上。同时制备一分空白溶液，将它们保存于塑料瓶中。

3. 溶液 B 制备

将 $0.400 \pm 0.0005g$ 灰样置于 30mL 白金坩埚中，加入 1 + 1 的硫酸 3mL 及氢氟酸 10mL。在空气浴上蒸发直至大部分氢氟酸被除去，而后添加 1mL 硝酸，继续加热直至三氧化硫浓烟放出。冷却后加水，使残渣溶解，在空气浴上蒸煮 30min、把坩埚中的内容物转移到 250mL 容量瓶中，冷至室温，而后稀释至刻度处并混匀，同时也制备一分空白液。

因为玻璃瓶有可能被碱侵蚀，所以应在测定 K_2O 及 Na_2O 的当天来制备 B 溶液。不然就用移液管取出 25mL，保存于塑料瓶中。

（二）二氧化硅的测定

在测定前应先按要求配制好钼酸铵溶液，还原液及酒石酸溶液。

1. 测定步骤

移取 10mL 空白液、标准液及试液 A 分别加入 100mL 容量瓶中，用水稀释每种溶液 50 或 60mL，并混匀。用一支移液管加入 1.5mL 钼酸铵溶液，混匀并放置 10min。吸取 4mL 酒石酸溶液加入其中，在进行下一号容量瓶之前，立即将 1mL 还原液加入 1 号容量瓶中。并立即将此容量瓶稀释到 100mL 刻度处并混匀。令每一溶液放置 1h，然后在 650nm 波长处比色，利用空白液的吸光率为零作参照，测定它们的吸光率。

2. 测定结果的计算

每一种标准的因子 f_1 及 f_2 按式（28-7）计算，SiO_2 含量按式（28-8）计算，即

$$f_1 = Cs/A_1, \quad f_2 = Cs/A_2 \qquad (28-7)$$

$$SiO_2 = FA \qquad (28-8)$$

$$F = (f_1 + f_2)/2$$

以上三式中　　Cs——标准试样中 SiO_2 浓度，%；

A_1 及 A_2——各含 50mg 标准液的平行测定吸光率；

A——各含 50mg 灰的试液吸光率。

3. 比色法测定 SiO_2 的精密度（%）

比色法测定 SiO_2 的精密度的要求是：重复性为 1.00，再现性为 2.00。

（三）三氧化二铁的测定

在测定前应先按要求配制好盐酸羟胺溶液，邻菲罗林溶液，柠檬酸钠溶液及铁标准溶液。

1. 测定步骤

把 10mL 试液 B 稀释到 50mL 容量瓶中，移取已稀释的试液到 100mL 容量瓶中，移取 5mL 铁标准溶液到另一个 100mL 容量瓶中，第三个容量瓶什么也不加，作为试剂空白。用量筒往每个容量瓶中添加 5mL 盐酸羟胺，并令其放置 10min；而后往每个容量瓶中添加 10mL 邻菲罗林溶液并混匀。最后往每个容量瓶中添加 10mL 柠檬酸钠溶液，用水稀释至 100mL 并混匀。1h 后，在 510nm 波长处比色，利用试剂空白的吸光率为零作为参照，测出它们的吸光率。

2. 测定结果的计算

Fe_2O_3 含量按式（28-9）计算，即

$$Fe_2O_3\% = (AC_F/A_1B) \times 100 \qquad (28-9)$$

式中　A——试液的吸光率；

A_1——铁标准溶液的吸光率；

B——最终稀释的 B 液中所含试样的毫克数；

C_F——所取铁标准液中 Fe_2O_3 的毫克数。

3. 比色法测定 Fe_2O_3 的精密度（%）

比色法测定 Fe_2O_3 的精密度的要求是：重复性为 0.30，再现性为 0.70。

（四）三氧化二铝的测定

在测定前应先按要求配制好冰醋酸，茜素红，氯化钙溶液，缓冲溶液，盐酸羟胺溶液及硫代二乙醇酸 5% 溶液。

1. 测定步骤

吸取 10mL 试液 A、标准液及空白液各 20mL 分别于 100mL 容量瓶中，而后吸取 10mL 空白液到含有 10mL 试液的容量瓶中，以保持合适的 pH 值。

对 Al_2O_3 含量 <20% 的灰样来说，可从试液 A 中直接取 20mL。用移液管按下列顺序添加试剂，每添加一种试剂后，均应充分混匀。添加 1mL 氯化钙溶液，1mL 盐酸羟胺溶液，1mL 硫代二乙醇酸溶液。用一量筒往每一只容量瓶中加入 10mL 缓冲液，令其放置 5min。用一支移液管添加 5mL 茜素红 - S 溶液，稀释至 100mL，并混匀。将每种溶液放置 1h，在波长 475nm 处比色，利用空白液的吸光率为零作为参照，测定它们的吸光率。

2. 测定结果的计算

每一种标准的因子 f_1 及 f_2 按式（28 - 10）计算，Al_2O_3 按式（28 - 11）和式（28 - 12）计算，即

$$F_1 = C_A/A_1, \qquad f_2 = C_A/A_2 \qquad (28-10)$$

$$Al_2O_3 = 2FA \ （取 10mL 试液 A） \qquad (28-11)$$

$$Al_2O_3 = FA \ （取 20mL 试液 A） \qquad (28-12)$$

$$F = (f_1 + f_2)/2$$

式中　C_A——标准苏打长石试样 Al_2O_3 的浓度，%；

　A_1 及 A_2——平行测定标准液的吸光率；

　　A——试液吸光率。

3. 比色法测定 Al_2O_3 的精密度（%）

比色法测定 Al_2O_3 的精密度的要求是：重复性为 0.70，再现性为 2.00。

（五）氧化钙及氧化镁的测定

在测定前应先按要求配制好盐酸，盐酸 1 + 1，三乙醇胺溶液，酚酞紫指示剂、氢氧化钾溶液，钙黄绿素指示剂，钙标准液，EDTA 溶液及氢氧化铵。

1. 测定步骤

CaO 的测定：

移取 25mL 试液 B 及空白液分别于 500mL 容量瓶中，用水稀释至约

100mL。依次添加 20 滴浓盐酸，20mL 三乙醇胺溶液，5mL 氢氧化铵及 10mL 氢氧化钾溶液，每种试剂加入后均应混匀，用水稀释至约 200mL。加入约 40mg 的钙黄绿素指示剂，并用标准 EDTA 溶液滴定，直至颜色由荧光绿色变为紫红色。透过置于黑色底板上的烧瓶，俯视其扩散光颜色的变化。

MgO 的测定：

移取 25mL 试液 B 及空白液分别于 500mL 的锥形瓶中，用水稀释至约 100mL，添加 20 滴浓盐酸，20mL 三乙醇胺溶液及 25mL 氢氧化钾，每加一种试剂后应混匀。加入 EDTA 标准液的体积略少于钙滴定量，而后加入 40mg 酚酞紫指示剂，继续滴定至颜色由淡紫红色变到无色或淡灰色，稍微过量的 EDTA 显绿色。透过置于白色底板上的烧瓶，俯视其扩散光的颜色变化。

2. 测定结果的计算

灰中 CaO 含量按式（28-13）计算，即

$$CaO\% = \frac{V_1 \times F\ (250/A)}{W} \times 100 \qquad (28-13)$$

式中　V_1——滴定钙所需 EDTA 体积减去滴定空白液所需体积，mL；

　　　F——1mLEDTA 相当于氧化钙的克数，g；

　　　W——试样量，g；

　　　A——所吸取试液的体积，ml。

如 $W=0.4g$，$F=0.056g$ 及 $A=25mL$，则 $CaO\% = 1.4V_1$

$$MgO\% = \frac{(V_2 - V_1)(0.719F)(250/A)}{W} \times 100 \qquad (28-14)$$

式中　V_2——滴定钙镁总量所需 EDTA 体积减去滴定空白液所需 EDTA 的体积，mL；

　　0.719——1mLEDTA 溶液相当于氧化镁的克数，g；

　　其他符号意义同上。

3. 比色法测定 CaO 及 MgO 的精密度（%）

比色法测定 CaO 的精密度要求是：重复性为 0.20，再现性为 0.40。

比色法测定 MgO 的精密度要求是：重复性为 0.30，再现性为 0.50。

（六）其他成分的测定

SiO_2、Al_2O_3、Fe_2O_3、CaO、MgO 是煤灰中的主要成分。在此对其测定方法加以详细介绍，而对煤灰中其他成分，如 P_2O_5、TiO_2、K_2O 及 Na_2O 等，就不详述，而只是作一简要的说明。

1. TiO_2 的测定

吸取试液 B，采用过氧化氢比色法测定，在其波长 410nm 处比色。比色法测定 TiO_2 的精密度要求是：重复性为 0.10，再现性为 0.25。

2. P_2O_5 的测定

吸取试液 B，采用钼钒酸铵比色法测定，在其波长 430nm 处比色。比色法测定 P_2O_5 的精密度要求是：重复性为 0.05，再现性为 0.15。

3. K_2O 及 Na_2O 的测定

吸取试液 B，采用分光度法测定。比色法测定 K_2O 及 Na_2O 的精密度要求是：重复性为 0.10，再现性为 0.30。

提示 本章适用于中级工。

第二十九章

综　述

为了防止"亏卡"和"亏吨"，用煤单位应按规定的方法验收煤炭质量和数量。煤炭质量验收有时叫做检质，它是通过对来煤进行采样、制样和化验，以核验其煤质的过程；煤炭数量验收通常称为计量，它是利用轨道衡（或地中衡或电子皮带秤）对来煤进行称量的，以核验其数量的过程。不论是检质还是计量都必须对来煤进行批批检质、车车计量。因此，检质和计量是燃料管理的重要组成部分，它们对于维护电厂的合法利益和增加经济效益都具有重要的现实意义。同时，通过对燃煤的验收还为不同品种煤的科学贮存、合理配煤和建立煤质档案资料奠定了基础。

一、火车运煤煤量验收

常用于火车运输的煤量验收方法基本上有轨道衡计量法和检尺计量法两种。

1. 轨道衡计量法

动态电子轨道衡即我国通常所称的"自动轨道衡"，它可对行进中的铁路车辆及其装载的货物进行自动称重，它能在货车联挂、不停车的条件下，完成列车逐级的自动称重。这种衡器除具有自动去皮、自动识别、自动显示、打印、累计及记录车次序号外，还能检查货车的轮重、轴重、转向架重及偏载状态。由于动态电子轨道衡称重速度快、效率高、操作简便，并可加快铁路运输部门和大型厂矿企业对装运货物的称重、核算，所以受到各行各业的欢迎。

此法仅限于装有轨道衡的电厂。在进行煤量验收时，应使火车在卸煤前后按要求速度逐一通过轨道衡器，并分别自动记下载重火车质量和火车自身质量，两者差值即为该车皮的煤量。

由于水分直接影响煤的质量，故要通过换算才能获得正确结果。对原煤、混煤，当实测全水分超过规定水分时，可按式（29-1）计算煤

量，即

$$m_{gs} = m_{tm} \frac{100 - M_{tm}}{100 - M_{gs}} \tag{29-1}$$

式中　m_{gs}——含规定水分的到站煤的质量，t；

　　　m_{tm}——到站煤的实际量，t；

　　　M_{tm}——到站煤实测水分，%；

　　　M_{gs}——规定水分，%。

对洗混煤、洗末煤和其他洗煤，当实测全水分超过计量水分时，可按式（29-2）折合成含计量水分的煤量，即

$$m_{JL} = m_{tm} \frac{100 - M_{tm}}{100 - M_{JL}} \tag{29-2}$$

式中　m_{JL}——含计量水分的到站煤的质量，t；

　　　M_{JL}——计量水分，%。

2. 检尺计量法

此法是用量器（即容器）进行计量的一种方法。它基于式（29-3）计算含到站煤全水分的煤量 m_{tm}，即

$$m_{tm} = \rho_{tm} V_{tm} \tag{29-3}$$

式中　ρ_{tm}——含到站煤全水分的容积密度，t/m³；

　　　V_{tm}——实测煤占有车皮的容积，m³。

不管采用何种计量方法，其选用的计量衡器具都必须持有法定计量部门发给的有效合格证书后方可使用。

3. 密度的校正

水分影响容积密度，在相同条件下，同一种煤含水分多的容积密度要比含水分少的大。而容积密度的不同会影响煤量的计量，因此对密度需要进行校正。

对含到站煤全水分的原煤、混煤的容积密度，按式（29-4）校正到规定水分的煤的容积密度 ρ_{gs}，即

$$\rho_{gs} = \rho_{tm} \frac{100 - M_{tm}}{100 - M_{gs}} \tag{29-4}$$

对于洗混煤、洗末煤和其他洗煤，要按式（29-5）校正到含有计量水分的煤的容积密度 ρ_{JL}，即

$$\rho_{JL} = \rho_{tm} \frac{100 - M_{tm}}{100 - M_{JL}} \tag{29-5}$$

实测含到站煤全水分的容积密度必须校正到含规定水分或含计量水分后，才可用来计算实际煤量。

二、入厂煤的质量验收

煤炭质量变化既影响电厂发电成本，也影响锅炉的安全经济运行。因此，要做好入厂煤的质量监督工作。

（1）验收。验收火车来煤报告单，核实车箱编号、数量、来煤品种。

（2）采样。按照国标的规定进行采样。由国家标准可知，采得的样品应按不同煤种分开存放，并按规定制成粒度 0.2mm 的分析试样。

（3）分析测定。测定煤质的分析项目有 M_t、M_{ad}、A_{ad}、V_{ad}、$Q_{net,ar}$、$S_{t,ad}$。对于块煤的下限率视情况而定。在更换煤种时，还要进行元素分析和煤灰熔融性测定。用于计算低位发热量的氢值，要采用该批煤的实测结果。在条件差的情况下，可暂用上个月同种煤的平均实测氢值替代。上述各项煤质指标的测定都应采用国家标准规定的方法。

（4）建立档案资料。建立各种煤的煤质档案资料，可以掌握煤质的变化规律，还可据此推导出煤质间的各种相关回归方程，以作为实测结果的内部检查。燃煤检验流程如图 29－1 所示。

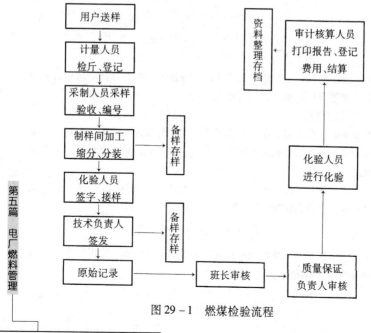

图 29－1　燃煤检验流程

第二节 燃煤监督新动向

燃料是火力发电厂提供能源的物质基础,燃料质量关系到锅炉机组的安全经济运行,也是火力发电厂生产管理和经济核算的中心环节。因此,燃料监督工作就显得尤为重要。目前,燃料(煤)监督的新动向主要表现在以下三个方面。

一、燃煤机械采样的应用

由于人工采样存在着劳动强度大、煤样代表性较差等诸多弊端,对于不均匀性大的煤要想采到具有代表性的样品则更加困难,因此,人工采样正逐步被机械采样所代替。

机械采样从广义上来说,是指利用专门设计的机械设备来完成由人工操作的采样和制样的全过程。对于不均匀性大的散状煤炭物料,它是能采到有代表性煤样的最好采样手段。凡具有采样和制样功能的,并符合其相关技术要求的机械设备,通称为机械采样装置。火电厂使用的机械采样装置有两大类:一类是安装在带式输送机上来采取入炉煤煤样的,另一类是安装在贮煤场附近用来采取入厂煤煤样的。

1. 入炉煤机械采样装置

火电厂入炉煤机械采样装置,一般是安装在炉前带式输送机皮带端部或皮带中部(上方)。安装在皮带中部的叫中部采样装置,安装在皮带端部的叫端部采样装置。无论何种采样装置,其整机的性能都要符合下列要求:

(1)整机至少要包括采样头、集料槽、给料机、破碎机、缩分器、弃煤处理系统和电气控制系统等组件。

(2)各组件具有足够大的出力且各组件间要相互匹配,能通过全部子样量而不发生损失。

(3)防堵能力强,既能防止湿煤堵塞,又能使比设计大的煤块不进入系统内,且整机有故障保护和报警、断煤停采、远方控制以及自动清扫等功能。

(4)所有各组件都采用密闭式的结构设计,使水分损失和煤的泄漏、飞扬达到最低限度。

(5)各组件间的连接管道直径至少大于通过煤的最大粒度的4倍,管道坡度不得小于65°。

（6）整机处理单个子样量所需的时间不得超过采样间隔的时间。

2. 入厂煤机械采样装置

与入炉煤相比，入厂煤机械采样装置要复杂得多，特别是采样部分，它不仅是由于采样所处的条件多样化，而且还在于某种程度上，带用单纯随机采样的特点。依据入厂煤采样的特点和实践运行经验对采取静止煤的入厂煤机械采样装置除了配有必要的制备煤样组件外，还要符合下列基本要求：

（1）要求整机体积既适于新建电厂采用，也便于已运行的电厂应用。

（2）整机及其操作机构能在恶劣环境（风雨、粉尘、日晒）下长期运行。

（3）整机对煤的粒度和水分变化适应性要强。

（4）采样器应具有三维方向移动的功能，采样点定位系统要准确可靠，采样头应具有破碎大块煤的能力，弃煤能直接排在车厢内，不需另备弃煤处理系统，此外，应配备有多工位自动贮煤箱，以适应多品种煤的需要。

二、燃煤的在（旁）线监测

火电厂燃煤质量实现在（旁）线监测是现代锅炉机组发展的必然趋势，无论是从提高锅炉机组经济性和安全性，还是控制有害气体排放量减少环境污染来看，都是不可缺少的。

随着电厂装机容量的不断增加，相应其日耗煤量也在增加。一座装机容量为 1000MW 的火电厂日燃用天然煤量可达万吨。如此庞大的耗煤沿用传统的燃煤质量监督运作方式—采样、制样和实验室化验是不能适应电力生产需要的。因为传统的燃煤质量监督方式需时长（至少 4h 以上），劳动量大，这意味着对入厂煤和入炉煤都无法及时提供煤质情况作出快捷的选择。这将给电厂生产带来许多潜在的不安全或不经济因素。因此，大型火电厂燃煤质量监督必须实现在（旁）线监测。

（一）燃煤在（旁）线监测的定义

燃煤质量在线监测是相对于实验室离线检测而言的。它是指不经采样而在现场对生产线上的燃煤直接检测其某种与所需的煤质指标相关的物理性质而间接获得其煤质特性。这种检测煤质方式显然不同于传统的实验室检测，它具有如下优点：因其不需任何采样和制样，而且一般采用物理测量方法，因此，检测速度快；对被检测燃煤不破坏、不接触、免除可能引入的污染；检测出的煤质特性可及时输送到燃料管理调度盘或锅炉运行控制表盘处；即省时又省力，有利于提高劳动生产率。

煤质旁线监测与煤质在线监测不完全相同，它通常是在在线监测受到条件限制时采用的。所谓旁线监测是指采用一定的采样方式从现场生产线上的燃煤中采取部分具有代表性的煤样形成旁路系统进行间接监测，有时还辅以制样使之减小粒度。由此可见，旁线监测和在线监测的最大不同之处在于前者需要采样或采样和制样，且其监测是间断或连续的，但监测条件易于控制，其检测精度一般要比在线监测高。同时，它还需一套采样代表性好的和能够长期运行可靠的采样装置。

（二）放射性法测定煤中的灰分

按照现行的国家标准，电厂中从煤样的采集，制备到提出工业分析的测定结果，往往需要很长的时间，它不能及时反映入厂或入炉煤的煤质情况。由于测试手段的限制，使得实际需要与测试数据报出时间的滞后矛盾越来越突出，故现已成功研究出不用采制样而直接测定煤中灰分的放射性方法，并已投入实际使用。

1. 测定原理

煤由可燃及不可燃组分所组成，其中挥发分与固定碳为可燃组分，如按元素分析去看，则碳、氢、氮、氧、硫则视为可燃组分，它主要由硅、铝、铁、钙等元素组成。前者原子序数较小，后者原子序数要大得多。

当低能 γ 射线穿过煤层时，可燃组分中的各元素原子序数小，吸收效应也小，γ 射线衰减系数小；反之，不可燃组分中各元素原子序数大，吸收效应也强，γ 射线衰减系数也大。穿射煤层后的射线强弱直接反映了煤中灰分含量的大小。

高能 γ 射线穿过煤层时，可以直接测出煤层的密度值。利用高、低两种能量的射线建立数学模型，最后由数学模型测算出灰分值，它在一定范围内，可以不受煤中水分及疏松程度的影响。由这种双能量射线透过煤层的原理来制成的灰分测定装置的国内产品已有单位使用。

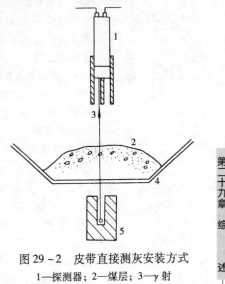

图 29－2　皮带直接测灰安装方式
1—探测器；2—煤层；3—γ 射线；4—输煤皮带；5—放射源

2. 测定装置简介

应用放射性测定煤中灰分的装置有多种安装方式，如图29－2为在输煤皮带上直接测定灰分安装方式，该仪器根据需要，可以在线检测或离线检测（试验室内检测灰分）。图29－2所示的安装方式属于离线检测，其优点是不用采样装置，直接测量灰分，结构简单，但须在皮带上装设犁板及刮平板，把煤犁装在中部并刮平，这样灰分仪检测更准确。

此外，也有简易采样装置的安装方式、试验室内的安装方式等。在试验室用的测定装置如图29－3所示。其测灰仪通常安装在小车上，便于移动。这可以置于现场附近的试验室或一个可以兼作灰分测定的场所，它不需要用制样装置，便可快速测定灰分含量。

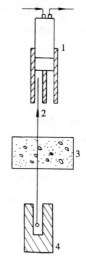

图29－3 试验室内测灰安装方式
1—探测器；
2—γ射线；
3—煤样盒；
4—放射线

综上所述，尽管放射性方法测定煤中灰分具有一定局限性与不足之处，然而它反映了电厂对煤中灰分测定的时间要求，具有发展前景。

三、关于 GB/T 18666—2002《商品煤质量抽查和验收方法》

GB/T 18666—2002《商品煤质量抽查和验收方法》规定了商品煤质量抽查方法和验收方法，适用于商品煤质量监督检查和验收检验。它的发布为煤炭、电力以及全国各行业进一步加强煤炭质量管理，有效地解决煤炭买卖双方在质量检验方面的贸易纠纷提供了科学、公正、可行的依据。

（一）煤样的采取和制备

GB/T 18666—2002对抽样方面的某些内容做了进一步的明确和强调，主要表现在以下几方面。

（1）采样地点。为了确保样品的代表性，GB/T 18666—2002强调抽查或验收煤样应在移动煤流或火车、汽车载煤中采取，不允许在大型煤堆或海轮上直接采样。对于载煤量不大的小型驳船，高度小于2m的煤堆可以直接采样。

（2）子样分布。GB/T 18666—2002强调，抽查煤样和验收煤样应与生产方或出卖方的生产检验煤样的子样错开，不得在相同的部位采集子样。这主要是因为，采取样本的代表性，有利于正确判断，从而达到抽查和验收的目的。

（3）制样中的缩分方法。GB/T 18666—2002强调煤样缩分一般应使用二分器，煤样粒度过大或煤样过湿时，可用堆锥四分法进行缩分。没有提到使用破碎缩分机或缩分机缩分的方法，主要是考虑到现在许多这类缩分机械性能达不到国标的要求。此外，煤样可在采样后应就地制成实验室煤样，带回验收单位进一步制成分析用煤样。

（二）煤炭的质量评定

1. 发电用煤的质量验收项目

在以往签订的供煤合同中，发热量多采用收到基低位发热量来表示，而 GB/T 18666—2002 中则规定采用干燥基高位发热量，其理由是：

（1）干燥基高位发热量可真正反映煤的热值特性，它不受其他特性指标值的影响；而收到基低位发热量则受多种因素的影响，特别是水分不定的影响，故以干燥基高位发热量作为煤质验收的项目更为合理。

（2）采用干燥基高位发热量作为煤质验收项目，可使煤量与煤质验收成为相互独立的两个部分，这样电厂对进厂煤的验收易于实施，同时也减少供需双方因收到基低位发热量结果之间存在差异的机会（很可能就是因煤中全水分及氢的测值差异所致），而引发经济纠纷。

（3）采用干燥基高位发热量作为煤质验收指标，无须提供煤中氢含量。煤中氢的测定比较麻烦，需要配备专门的仪器设备，并不是每一个电厂均具备测氢条件，采用干燥基高位发热量作为煤质验收项目可使电厂进厂煤质的验收与检验更为简便。

2. 质量评定方法

原煤、筛选煤和其他洗煤（包括非冶炼用精煤），用干燥基高位发热量（或干燥基灰分）和干基全硫作为质量评定指标。批煤质量评定是指原煤、筛选煤和其他洗煤（包括非冶炼用精煤），以灰分计价者，干燥基灰分和干燥基全硫都合格，该批煤质量评为合格，否则为不合格；以发热量计价者，干燥基高位发热量和干燥基全硫都合格，该批煤质量评为合格，否则为不合格。

GB/T 18666—2002 规定：被抽查单位的报告值和抽查单位的检验值的差值满足下列条件时，所检批煤评为合格，否则为不合格。

（1）干燥基灰分 A_d 的（报告值－检验值）应不小于表 29-1 规定的值，而干燥基高位发热量 $Q_{gr,d}$ 的（报告值－检验值）应不大于表 29-1 规定的值。

（2）干燥基全硫 $S_{t,d}$ 的（报告值－检验值）应不小于表 29-2 规定的值。

（三）批煤质量争议的解决方法

当买受方的检验值和出卖方的报告值不一致（即二者超过表 29 - 1 及表 29 - 2 所规定的允许差）并发生争议时，先协商解决，如协商不一致，应改用下述两种方法之一进行验收检验，在此情况下，买受方应将收到的该批煤单独存放。

表 29 - 1 灰分和热量的允许差

煤的品种	灰分（以检验值计）A_d（%）	允许差（报告值 - 检验值）	
		ΔA_d（%）	$\Delta Q_{gr,d}$（MJ/kg）
原煤和筛选煤	> 20.00 ~ 40.00 10.00 ~ 20.00 < 10.00	-2.82 -0.141A_d -1.41	+1.12 +0.056A_d +0.56
非冶炼用精煤	—	-1.13	按原煤、筛选煤计
其他洗煤	—	-2.12	

注 1. ΔA_d 为灰分（干燥基）允许差。
　　2. $\Delta Q_{gr,d}$ 为发热量（干燥基高位）允许差。

表 29 - 2 全硫的允许差

煤的品种	全硫（以检验值计）$S_{t,d}$（%）	允许差 $\Delta S_{t,d}$（%）
非冶炼用煤	< 1.00 1.00 ~ 2.00 > 2.00 ~ 3.00	-0.17 -0.17$S_{t,d}$ -0.34

（1）双方共同对买受方收到的批煤进行采样、制样和化验，并以共同检验结果进行验收。

（2）双方请共同认可的第三公正方对买受方收到的批煤进行采样、制样和化验并以此检验结果进行验收。

随着火力发电厂改革的进一步深化，燃料监督工作必然会向全过程全方位的方向发展，所涉及的范围将更加广泛，内容也将更加丰富。

提示　本章共两节，均适用于高级工。

第六篇

化学制氢管理

制氢设备的运行

第一节 制氢设备工艺流程

一、制氢工作原理

是由浸没在电解液中的一对电极，中间隔以防止气体渗透的石棉隔膜而构成的电解槽（电解液是由电解质氢氧化钾或氢氧化钠与除盐水按比例配置成一定浓度的碱液），当通以一定的直流电时，强碱的水溶液发生分解，在阴极析出氢气，阳极析出氧气。其反应式如下。

阴极上：

$$4H_2O + 4e \longrightarrow 2H_2 \uparrow + 4OH^-$$

阳极上：

$$4OH^- - 4e \longrightarrow 2H_2O + O_2 \uparrow$$

总反应式：

$$2H_2O \longrightarrow 2H_2 \uparrow + O_2$$

二、制氢设备用途

制氢设备是用于氢冷发电机的制氢设备，同时也可用于电子、化工、冶金、建材等行业作为制氢或制氢设备。

三、制氢设备主要结构

氢发生处理器为组合式框架结构。由电解槽、氢氧分离冷却器、氢洗涤器、碱液循环泵、电解液过滤器、（捕滴器）、氢气干燥装置组成。干燥器由气体吸附塔 A、B（两台）、冷凝分离器、排污器、电磁先导气动执行的两位两通阀和两位三通阀、温度、压力测量仪表及阀门、一次仪表、管路等组成，主要作用是气液分离、冷却、碱液加压循环、气水分离、氢气净化干燥、控制系统压力、液位平衡、控制氢气的湿度、纯度等。如图 30 – 1 所示。

1. 氢气系统

从电解槽各电解小室阴极分解出来的氢气随碱液一起，借助于碱液循环泵的扬程和气体本身升力，从主极板阴极侧的出气孔进入氢气管道，再

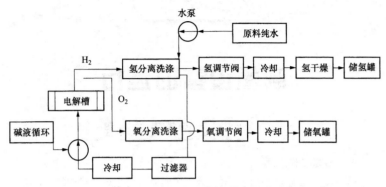

图 30 – 1　ZhDQ – 32/10 制氢设备工艺流程图

从右端极板流出进入氢分离器，在其内与碱液分离，然后从氢分离器的氢气管道进入氢气洗涤器。在洗涤器中洗涤氢气中含有的微量碱，并将氢气由 65 ~ 80℃冷却至 40℃左右，经气动薄膜调节阀压力调节后，再进入捕滴器，捕捉氢气中的水滴，使含湿度降到 4g/m³ H 以下，流向吸附器 A（B）进行再生吹冷，再进入冷凝分离器，到干燥塔 B（A）进行吸附干燥，干燥后氢气湿度（露点）降到 ≤ – 50℃以下，送入框架二。

干燥器装置。当进行吸附的干燥塔饱和需要进行再生时，由 PLC 控制相应的气动球阀动作，使氢气进入需要再生的干燥塔，升温带出饱和的水分，再经冷凝分离器将水分冷凝分离，随后进入另一只干燥塔，经吸附后，合格的产品气送入框架二，进行分配送入各氢气储罐。氢气再从与发电机房匹配的适合压力的储氢罐管路进入送氢母管，送入发电机房。

氢气系统流程如图 30 – 2 所示。

图 30 – 2　氢气系统流程

氢气的排气注意：用于开停机期间，不正常操作或纯度不达标以及故障排空。

2. 氧气系统

由电解槽各电解小室阳极侧分解出来的氧气随碱液一起，从主极板阳极侧的出气孔进入氧气管道，再从右端极板流出，进入氧分离器，在其内与碱液分离，然后经气动薄膜调节阀排空（也可回收使用）。

氧气系统流程如图 30-3 所示。

图 30-3　氧气系统流程

氧气作为水电解制氢装置的副产品，具有综合利用价值，氧气系统与氢气系统有很强的对称性，装置的工作压力和槽温也都以氧侧为测试点。

3. 气体排空系统

制氢装置在每次刚开机运行时，其氢气纯度不能马上达到所需标准，所以一般是先将其排空，待氢气纯度达到标准化后再充氢。

正常运行时，排空由框架一的两通阀完成，微机检测氢气纯度合格且各项指标符合要求后，给出信号，关闭两通阀开始充氢；当正常停机或故障紧急情况停机卸压时，微机又给出信号，打开两通阀，将系统内气体排空。但如遇紧急情况时，也可直接打开氢、氧侧手动排空阀进行排空，但此时必须密切注意氢、氧分离器中的液位，严防氢、氧差压过大造成氢、氧混合发生事故。

4. 碱液循环系统

为了随时带走电解过程中产生的氢气、氧气和热量，并向极板区补充除盐水，必须要求系统内的碱液按一定的速度和方向进行循环。此时碱液的循环还可以增加电解区域电解液的搅拌，以减少浓差极化电压，降低碱液中的含气度，从而降低小室电压，减少能耗。

由于本系统所用的电解槽体积小、管道细、碱液流动阻力较大且电流密度较高，故要求碱液循环次数能达成每小时 2~3 次。所以在本系统中采用循环泵强制循环。

碱液在氢分离器和氧分离器中分离出氢气和氧气后，在两分离器底部的连通管内汇合，经碱液过滤器去除固态杂质，再进入循环泵，由泵加压后回到电解槽。在电解槽中，碱液从左端压板进入各主极板

第三十章　制氢设备的运行

的进液孔，流经各电解小室，在各电解小室中进行电解，而后与电解出来的氢气或氧气一起，分别从各自的出气孔进入氢气道，再分别进入氢分离器或氧分离器，从而构成完整的碱液循环系统。碱液循环系统流程如图30 - 4所示。

图30 - 4　碱液循环系统流程

注：补充碱液时，制氢设备必须在停运状态，且电解槽压力要卸至0.1MPa，或卸压至0（后必须氮气置换），使用碱液循环泵将碱液箱内碱液打至氢氧分离器内，注意启泵前各阀门必须开关正确，且阀门开启后，需尽快开启碱液循环泵，以防止分离器内碱液倒流回碱液箱。

5. 冷却水系统

水的电解过程是吸热反应，制氢过程必须供以电能，但水电解过程消耗的电能超过了水电解反应理论吸热量，超出的部分主要由冷却水（系统冷却全部使用除盐水）带走，以维持电解反应区正常温度。电解反应区温度过高，可降低能源消耗，但温度过高，电解槽石棉质的小电解室隔膜将被破坏，同时对设备长期运行带来不利。此外，所生成的氢气、氧气分离后也必须冷却，以及干燥器再生加热的纯氢也须冷却除湿，晶闸管整流装置上同样也设有必要的冷却管路。

冷却水系统共分五路。

（1）一路。进入框架循环泵以冷却屏蔽电动机。

（2）二路。通过温度调节阀（气动薄膜阀）进入氢、氧分离器底部蛇形管，以冷却分离器的碱液，最终控制电解液温度。控制系统是通过循环碱液温度的高低来控制温度调节阀开度，改变冷却水量大小，从而达到控制碱液温度、控制槽温的目的。

（3）三路。进入分离器上部蛇形管内，以冷却分离后的氢气或氧气。

（4）四路。进入整流柜，冷却晶闸管元件。

（5）五路。进入干燥装置再生冷却器，以冷却进入干燥塔前的湿氢气。

冷却水系统流程如图30 - 5所示。

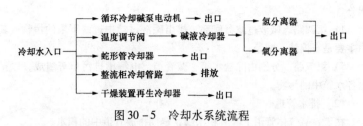

图 30 - 5 冷却水系统流程

6. 补水、配碱系统

（1）补水系统。

电解过程中，除盐水不断消耗，必须及时向系统内补水。补水系统主要包括除盐水箱和送水泵，水箱中的水通过送水泵打入氢分离器，从而进入碱液循环系统。在正常情况下，补水可自动进行，特殊情况下也可手动操作。为保证系统中的气体和碱液在送水泵停止期间不回流，在送水管道上装有止逆回阀。补水质量标准见表 30 - 1。

表 30 - 1　　　　　　　补 水 质 量 标 准

名　　称	单　位	含　　量
电导率	μS/cm	≤1
铁离子含量	mg/L	<1
氯离子含量	mg/L	<6
干燥残渣含量	mg/L	<7
悬浮物含量	mg/L	<1

（2）配碱系统。

电解槽首次开启使用前须进行配碱（电解液）：碱液箱中按比例加入氢氧化钠和除盐水，开启泵可进行闭合循环将碱融化；用泵将碱液送入电解槽中，进行电解。配碱箱用于配制氢氧化钠电解液及储存碱液，一般为钢制容器。

7. 排污系统

（1）排污通过阀门完成，排污后要将阀门关严。

1）第一路。氢气、氧气气水分离罐底部排污，排出冷却析出的残余碱液。

2）第二路。氢气冷却器底部排污，排出氢气冷却析出的液体。

3）第三路。再生冷却器排水罐底部排污，以除掉再生干燥塔产生的湿分。

4）第四路。碱液过滤器底部，排出碱液过滤中过滤下来的污物，其中主要是石棉绒、碱等。

5）第五路。分别由除盐水箱、碱液箱、电解槽排污口等组成，以排出各水箱中的污物。

（2）排水管道。

在氢、氧气体管道上装有积水罐，定期排放管道中的积水。

8. 水封及阻火器

氢气、氧气的水封均采用不锈钢材料，水封上设有一根排空管。阻火器一般设在氢气系统的放空管路上及用氢设备的氢气支管上，以防止回火及火焰蔓延。

9. 氢气干燥器系统

依据工艺流程条件设置检测、调节、电气自动保护系统，由可编程序控制器来实现工艺流程的自动控制，保证设备安全可靠、高质量运行。设备主要包括：干燥吸附塔、冷凝器、工艺管路、阀门及配件等（氢气干燥装置包括一对交替使用的干燥 A、B 塔及对应的 A、B 冷凝器）。

（1）DQ-10/3.2 氢气干燥装置运行过程。

干燥器装置包括一对交替使用的干燥塔。这一对干燥塔作为装置的核心部件安装在系统内，在 24h 工作和再生过程中，它们自动地交替使用，即干燥塔 A 工作 12h 后，自动切换到再生过程；与此同时，干燥塔 B 再生 12h 后，自动切换到工作过程。反之亦然。其过程如下：

再生过程中，干燥塔内的加热器开始通电加热，使分子筛在干燥过程中所吸附的水变成水蒸气。此时从另一干燥塔出来的少部分产品氢气由调节阀进入干燥器中，对其进行吹扫，把水蒸气吹到冷凝器，水蒸气在冷凝器凝结成水后自动排出。加热 6h 后加热器停止加热，继续用少量的产品气进行吹冷 6h，则再生过程结束。然后通过电磁先导气动执行的三通阀（后面简称三通阀）切换至工作状态，这时另一台干燥塔进入再生过程，12h 后，导电电磁阀再切换一次，则完成一次工作周期（24h）。氢气干燥装置工艺流程如图 30-6 所示。

（2）干燥塔的工作模式有六种：

1）第一种：A 塔运行，B 塔加热；

2）第二种：A 塔运行，B 塔吹冷；

3）第三种：A 塔运行，B 塔自冷；

4）第四种：B 塔运行，A 塔加热；

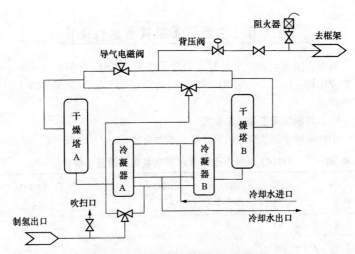

图 30 – 6　氢气干燥装置工艺流程

5）第五种：B 塔运行，A 塔吹冷；

6）第六种：B 塔运行，A 塔吹冷。

10. 储气系统

（1）电解产生的氢气、氧气，经过一系列净化和冷却处理，最后存入储气罐备用。储氢罐的数量由发电机的氢冷容积确定。为防止着火事故，储氢罐与大气间安有挡火器和弹簧安全阀。当罐内压力超过规定值时，气体可安全排出。

（2）氢气储罐为 3.2MPa 的六个压力容器。电解出的氢气通过框图架二的阀门进入干燥器除湿干燥后，将合格的氢气送入储氢罐，完成氢气的储存。

（3）压缩空气储罐为 1.0MPa 的两个压力容器。供电气转换器所用的压缩空气经空气过滤器减压至 0.14MPa 后使用。

11. 充氢系统（氢气储氢、供氢部分）

制氢设备由框架二和氢气储罐组成。当发电机氢气压力低于 0.28MPa 时，运行人员进行发电机本体补氢。压力低于 0.8MPa 时，框架二上发电机侧压力开关（或压力变送器）将压力信号传送到控制柜上的 PLC，控制框架二相应的气动门打开，氢储罐中的氢气通过框架二开始往发电机补氢。当发电机侧压力达到 1MPa 时压力开关（或压力变送器）上限接点接通，PLC 发出信号，气动阀门关闭，系统停止往发电机补氢。

第二节 主要技术参数及运行条件

目前,国内生产中压电解水制氢设备有 ZHDQ-5/3.2、ZHDQ-8/3.2、ZHDQ-10/3.2、ZHDQ-12/3.2、CNDQ-5/3.2、CNDQ-10/3.2 等多种产品。

一、制氢设备主要技术参数

中压电解水制氢装置的主要技术参数见表 30-2~表 30-4。

表 30-2 ZHDQ 系列中压电解水制氢装置主要技术参数

型号 项目	ZHDQ- 5/3.2	ZHDQ- 8/3.2	ZHDQ- 10/3.2	ZHDQ- 12/3.2
氢气产量（m^3/h）	5	8	10	12
氧气产量（m^3/h）	2.5	4	5	6
氢气纯度（%）	≥99.8			
氧气纯度（%）	≥99.2			
工作压力（MPa）	0.5~3.2			
氢气含水量（g/m^3）	≤4			
电解槽工作温度（℃）	85~90			
电解小室电流（A）	370			
电解槽总电压（V）	30~40	52~60	62~70	74~82
蒸馏水耗量（kg/h）	5	8	10	12
电解槽直流电耗 [kW/（$m^2 \cdot h$）]	5			
碱液浓度	20%~25% NaOH 或 26%~30% KOH 水溶液			
冷却水用量（m^3/h）	3	4	4	5
冷却水温度（℃）	≤30			
自控气源压力（MPa）	0.3~0.7，无油，无水，无尘			
自控气源耗量（m^3/h）	8			
动力电源	380V，50Hz，两相四线制			
晶闸管整流电源	380V，50Hz，三相四线制			

注 氢气、氧气、空气的体积均按标准状态下计算。

表 30 – 3　　　CNDQ 系列电解水制氢装置主要技术参数

项目	型号	CNDQ – 5/3.2	CNDQ – 10/3.2
氢气产量（m³/h）		5	10
氧气产量（m³/h）		2.5	5
氢气纯度（%）		≥99.8	
氧气纯度（%）		≥99.2	
工作压力（MPa）		3.2	
工作温度（℃）		90 ~ 100	
氢气含水量（g/m³）		≤4	
氢气含碱量（mg/m³）		≤1	
直流电流（A）		820	
直流电压（V）		30	60
原料水耗量（kg/h）		5	10
原料水水质		纯水电阻率 > $10^5\Omega \cdot cm$	
电解液浓度		20% ~ 25% NaOH 或 26% ~ 30% KOH 水溶液	
电解液量（m³）		0.245	0.396
冷却水温度（℃）		≤32	
冷却水流量（m³/h）		1.25	
冷却水压力（MPa）		进口压力 0.3 ~ 0.6	
冷却水水质		不结垢水	
仪表气源压力（MPa）		0.4 ~ 0.7，无油，无水，无尘	
仪表气源流量（m³/h）		3	
动力电源		380V，50Hz，两相四线制	
晶闸管整流电源		380V，50Hz，三相四线制	
电源容量（kVA）		40	75
槽体大修期（年）		≥5	
控制方式		微机控制	
环境温度（℃）		0 ~ 40	

第三十章　制氢设备的运行

表 30 – 4   CNDQ – 10/3.2 型电解水制氢工艺系统的主要设备

序号	名　　称	规格型号	单位	数量
1	框架一	CNDQ – 10/3.2	套	1
2	电解槽		台	1
3	气液处理器		套	1
4	氢气干燥器装置		套	1
5	框架二	CNDQ – 10/3.2	套	1
6	框架三		套	1
7	除盐水箱		个	1
8	碱液箱		个	1
9	柱塞泵	JX – 32/4	台	1
10	闭式冷却除盐水装置	CLZ – 100	台	1
11	氢气储氢罐		个	4
12	空气储氢罐		个	1
13	氢气排水水封		台	1
14	砾石阻火器	DN80		1
15	丝网阻火器	DN32		2
16	氧分析仪	GPR – 2500	台	1
17	氢分析仪	GPR – 2500MO	台	1
18	MCC 柜（配电、动力）	GCK		1
19	工艺控制柜	CNDQ – 10/3.2		1
20	晶闸管整流柜	CNDQ – 10/3.2		

二、制氢设备运行条件

1. 制氢设备自动调节的项目

本装置在系统采用制氢系统可编程控制器（PLC）及其他附属设备进行集中控制。实现全自动控制。

(1) 槽压调节系统工作原理（图30-7）。

压力变送器由氧分离器上部空间取得压力信号，经转换输出4~20mA电信号，此测量信号经安全栅送给PLC，PLC将测量值与给定值进行比较和运算，输出4~20mA电信号经输出给电气转换器，电气转换器将4~20mA电信号转换成0.02~0.1MPa的压力信号送给氧侧调节阀，调节阀根据气压信号的大小调整开度，从而调整氧气的压力，使氧分离器的压力维持在设定压力运行，同时框架I压力表和上位机可同时指示氧分离器压力。氧分离器压力就是槽压。

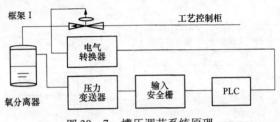

图30-7　槽压调节系统原理

(2) 压力信号的测量点。

在电解槽内要维持氢侧与氧侧压力平衡，但压力信号不能直接从电解槽取出，因为电解槽内是气体与电解液的混合体，这种压力信号只能用于压力表的显示，不能作为二次转换控制使用。

由于全系统压力是相等的，所以氢分离器、氧分离器与槽压是相等的。若从氢分离器取压力信号，显然也是不理想的，因为氢体积是氧的两倍，显然在瞬时压力是偏高的。另外氢分离器取出信号的点已经较多。

相对而言氧分离器的压力是比较平稳的，所以槽压信号的取出点是在氧分离器的上部气侧。

(3) 液位调节系统。

设置液位调节的目的是控制氢、氧分离器的液位，使液位维持在600~800mm的高度。从分离器取液位信号送给液位变送器，变送器输出4~20mA信号经安全栅隔离送给PLC，PLC对氢氧液位进行比较，输出4~20mA电信号经电气转换器转换成0.02~0.1MPa的压力信号送给调节阀，调节阀根据气压信号的大小调整开度，使氢氧分离器的液位维持在设定液位范围。如果氢液位高于氧液位关闭氢侧调节阀；氢液位低于氧液位打开氢侧调节阀，如图30-8所示。

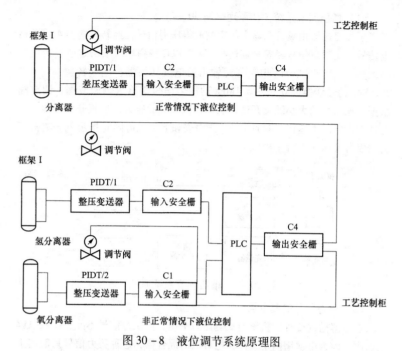

图 30 - 8 液位调节系统原理图

（4）温度调节系统原理（图 30 - 9）。

设置槽温系统的目的是控制氢、氧槽温，使槽温维持在 70 ~ 80℃，氢氧槽温都是从电解槽里流出来的含气体的碱液温度。循环泵出口碱液温与氢氧槽温存在 20℃ 左右的一个固定差值，因此只要把电解槽进口碱液温度控制在 65℃ 左右某一值上，可以使氢氧槽温维持。

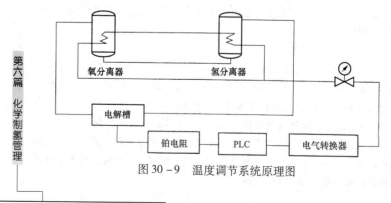

图 30 - 9 温度调节系统原理图

工作原理：在碱液循环泵出口取得碱液温度信号，由一体化温度变送器将温度信号转换成 4～20mA 的电流信号，送至 PLC，PLC 将测量值与给定值进行比较和运算，输出 4～20mA 信号送给电气转换器，电气转换器将 4～20mA 信号转换成 0.02～0.1MPa 的压力信号送给冷却水调节阀。调节阀根据气压信号的大小调整调节阀的开度，从而调整冷却水的流量，使进电解槽的碱液温度维持在 65℃ 左右某一值上，同时上位机显示碱液的温度。

（5）整流柜电流调整。

PLC 根据系统的工艺控制条件输出 0～10V 电压信号控制整流柜电流。整流柜电流调整分为两个阶段：第一阶段整流柜电流在第一次达到额定电流值之前，为使系统尽快正常运行整流柜在稳压状态；当整流柜达到过额定电流值之后整流柜工作在稳流状态。

整流柜升流条件：槽压小于槽压报警上限；氧槽温小于报警上限，氢槽温小于报警上限，氢液位小于报警上限；氧液位小于报警上限，氧液位大于报警下限；氢液位大于报警下限；碱液流量大于报警下限；水箱液位大于调节下限。（循环泵、送水泵：红色，运行；绿色，停止）（阀门：红色，得电；绿色失电）

2. 操作与维护

（1）制氢设备启动前的检查。

【检查水】检查原料水箱、除盐冷却水箱液位是否合适，水封阻火器排水是否正常，工业冷却水压力是否正常，与水有关的阀门状态是否正常。（冬季需开启一下碱液箱手动补水门看看补水是否有压力是否结冻）

【检查气】检查仪用压缩空气储气罐压力是否在 0.4～0.7MPa，供向气动隔膜阀、气动球阀的气压是否正常，供向各气动阀的气源管有无漏气声。

【检查电】检查配电柜各电源均送电，碱液循环泵、除盐冷却泵、原料补水泵控制手柄"自动"位置，将整流柜处"远控""恒压"状态，整流柜与控制柜上的紧急停机按钮在弹起状态。

【检查本体】人工开启氧侧调节阀前手动门、氢侧调节阀前手动门后，仔细检查本体框架上的各手动阀门状态是否正确（如碱液流量调节阀门及碱液循环方式是否为正常模式内循环等），电解槽上是否有杂物、有无泄漏、有无结晶，在线仪表干燥剂变色硅胶是否失效变粉色，氢氧分离器就地液位是否正常；电解槽就地压力是否正常（应为 0.2～0.3MPa）。

【检查参数】在上位机上检查碱液温度设定值是否约为 65℃，制氢压力设定是否为 0.3MPa，检查上位机显示参数（压力、温度、液位等）有无异常，进干燥前侧三通阀、进储罐前三通阀是否处"手动""排空"状态，防爆轴流风机是否处"自动"。

上述检查无误后，方可启动制氢设备。

（2）制氢设备的启动。

1）将整流柜内部空开电源送上，在上位机上远方启动碱液循环泵、除盐冷却水泵，并就地检查除盐冷却水压力是否正常、碱液流量是否正常，并稍开冷却水阀门。

2）在上位机主界面点击电解槽，点击"开机"按钮，延时 10s 后整流柜向电解槽送直流电（压力设定值自动改为 0.8MPa，电压初期约为 48V，电流逐渐升至 300A 左右，并维持不变），开始制取氢气，电解槽温度、压力缓慢升高至 0.8MPa。

3）当槽温达到 50℃时，压力设定值自动改为 2.8MPa，电解电流、电解槽压力迅速增加，电压逐渐升至 56V，此时需人工缓缓打开氧气纯度分析仪取样截止阀并调节减压阀至样气流量约为 200mL/min，并人工调整工业冷却水阀门，维持除盐冷却水为 20~30℃。当槽压达到 2.8MPa 时，且氧气纯度高于 99.2% 时，人工将进干燥前三通阀由"排空"状态改为"干燥"状态，10~20min 后需人工缓缓打开氢气纯度分析仪、露点仪、氢气纯度仪的取样截止阀，并调节减压阀、流量调节阀使样气流量均为 120mL/min；需人工开再生冷却器、氢气冷却器、再生排气积水器进行排污一次。

4）当氢气纯度大于 99.8%、露点（低于 -50℃）合格后，人工将某氢储罐储氢门开启，将进储罐前三通阀由排空改为储罐状态，至此，制氢设备启动完毕。

（3）制氢设备的停运。

在上位机上点击电解槽，点击"停机"按钮，则 PLC 自动控制设备进入停车卸压程序，槽压设定自动修改为 0.3MPa，此时需人工及时关闭氧气纯度、露点仪、氢气纯度仪的取样截止阀，及时对氢气冷却器、再生冷却器、再生排气积水罐进行排污一次。

停车卸压包括如下动作（几乎同时执行）：

1）氧气调节阀开度近 100% 快速卸压，压力卸至 0.3MPa 后，氧气调节阀关闭至开度为零。

2）进干燥前三通阀排空，进储罐前三通阀程控改为排空，PLC 自动控制氢气调节阀开度大小保持氢氧侧液位平衡。

3）氢气干燥塔加热器停止工作（若在工作状态）、所有排水气动球阀关闭、其余阀门状态保持、干燥状态和计时保持。

4）温度调节阀关度 0% 降温。

5）停止整流柜输出直流电源。

6）停原料补水泵。

当电解槽压力卸至临近 0.3MPa 时，人工及时就地手动关闭氧侧调节阀前手动门、氢侧调节阀前手动门进行保压。电解槽氧槽温低于 50℃ 时，在上位机上手动停碱液循环泵、除盐冷却水泵，人工就地关闭工业水冷却阀门，后再生排气积水罐再次排污一次。至此制氢设备完全停运。

第三节 监督与取样

一、监督的重要作用

氢冷发电机及其氢冷系统和制氢设备中的氢气纯度和含氧量，必须在运行中按专用规程的要求进行分析化验，氢纯度和含氧量必须符合规定的标准。氢冷系统中氢气纯度须不低于 96%，含氧量不应大于 2%；制氢设备中，气体含氢量不应低于 99.8%，含氧量不应超过 0.2%。如不能达到标准，应立即进行处理，直到合格为止。

分析氢气中杂质含量在氢气生产过程中占有很重要的地位，它不仅关系气体的质量，而且关系氢气生产甚至整个工厂的安全。运行中氢冷发电机的氢气质量分析结果是否正确，直接影响发电机的安全发电和经济指标；置换过程中的氢气质量分析尤为重要，发生误差会有爆炸混合气体的存在，在检修过程中，就可能发生爆炸，严重威胁工厂和人身安全。因此，必须要有严格的分析制度，配备必要的分析仪器和设备。随着工业生产的发展，对氢气生产的分析检验要求更高，这不仅要有准确可靠、操作方便的分析方法，还要有结构简单、灵敏度高、稳定性好的分析仪器。只有严格地进行氢气生产过程中的氢气纯度分析监督，才能绝对保证整个生产过程的安全。另外氢气的湿度以及发电机系统氢气泄漏的检测，化验监督必须准确、及时，认真对待，否则会因思想麻痹不重视及由估计而省略一些必要手续而发生事故。

（一）氢气纯度测定的规定

（1）运行中的电解水系统，在启动初期应每隔 3h 测定一次。

（2）装有氢分析仪表的电解系统，运行初期也是 3h 测定一次氢纯度，并与仪表所指示数据进行校正，校正是用奥氏分析仪做依据。运行正常后每 24h 需校正一次。

（3）运行正常的发电机组，每天都必须进行氢纯度的化验，而且在发电机补氢前后，应各做一次氢纯度的化验。

（4）贮氢罐每月应作一次氢纯度的分析。

（二）置换气体纯度分析

置换气体是指二氧化碳和氮气，氢气系统检修、发电机大修时要进行排氢工作，即将氢气置换成二氧化碳或氮气，然后再置换成空气，检修完毕后再倒过来置换成氢气，即充氢。每置换一种气体都必须测定置换后气体纯度，以保证作业中各气体都在安全范围内。

（三）氢气湿度的测定规定

氢气湿度的大小直接影响发电机的绝缘水平，因此运行中的发电机应每日测定一次氢气的湿度（露点温度：在线与便携测量对比），每次补氢后应测定一次发电机内氢气湿度。贮氢罐内氢气湿度每周应测定一次，一般发电机都安装氢气湿度在线检测仪，时时可以监测到氢气的湿度。

（四）检测氢气泄漏

检测氢气泄漏或现场是否有氢存在，有两个作用；一是大修后检测发电机各结合面、连接管道截门等是否严密，通常使用肥皂液法或使用检测仪；二是检测施工现场是否有氢存在，以保证动火工作的安全。总之检测氢泄漏对安全作业很重要。

二、气体取样总则

（1）取样用的容器，管道应保持清洁，干燥，不能沾有油污，胶管不能受热变质，应放在干燥地方。

（2）取样时打开阀门缓慢排放 1~3min，将管道内的残存气体排净，待排出发电机内、氢罐内或其他容器内有代表性的气体后，再行收集取样。

（3）常用的取气体的容器为取样瓶或球形胶袋，用球形胶袋每次取样应进行 2~3 次置换排气，才能保证所取样品气体的正确性。

（4）取氢气样品时置换排放的方法是出气管口向上，容器倒置。

（5）取二氧化碳样品时置换的方法是出气管口向上，容器正放。

（6）取气时，气源有压力，球形胶袋不能吹得过大，尤其是氢气样品，会因为胶袋膨胀使氢气渗透出去而失去代表性。一般使气体流速为 15L/min 左右，太快或太慢都不好。

第四节　电解液的配制

一、电解液的重要

电解制氢时，电解液是很重要的环节。电解液的质量好坏可以直接影响氢气的质量、设备的寿命以及电解的效率等。所以必须正确配制电解液，重视电解液的质量是很重要的。

按要求选择合格的电解质（如 KOH、NaOH），保证所用水质的纯度，是保证电解液质量的关键所在。国产化学试剂的纯度划分：一级为保证试剂（GK），二级为分析纯（AG），三级为化学纯（CP），四级为实验试剂（CL）。一般制氢设备采用分析纯电解质。

因为配制电解液是在大容器中进行，所以容器清洗、所用的工具以及环境中的杂质都可以造成电解质的污染，因此必须全方位、全过程的重视电解液的质量。

二、电解质的选择

电解水制氢，必须通过某种电解质才能进行，可做电解质的有硫酸、氢氧化钾和氢氧化钠三种，因为它们的离子传导性能高，电解过程中不会分解挥发，一般不会对电解槽及其主要设备产生腐蚀。但是硫酸较氢氧化钾和氢氧化钠腐蚀性强，在阳极易形成过硫酸和臭氧而不能使用，而氢氧化钾和氢氧化钠的电导率较好，对钢或镀镍电极的稳定性好，对电解槽的腐蚀性小。而其他大多数盐类在电解时，常因被分解而不能使用。因此不宜采用。所以常用氢氧化钾或氢氧化钠作为水电解制氢的电解质。

三、电解液的浓度与温度对电导率的影响

电解液的浓度与电导率的关系如图 30 – 10 所示曲线。

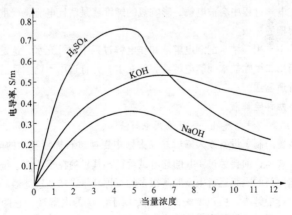

图 30 – 10　电解质浓度与电导率关系

由图 30 – 10 可知，虽然硫酸电导率高，但变化大，易腐蚀，所以不能用。电解液的温度与电导率的关系如图 30 – 11 所示。

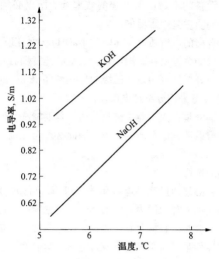

图 30 – 11　电解液电导率与温度的关系

　　随电解液温度的升高，其电导率几乎成直线关系，氢氧化钾比氢氧化钠的电导率更高一些，而且纯度也高，所以一般选用氢氧化钾。

　　四、水质的影响

　　配制电解液需用纯水，若水质纯度不够，溶解的大部分都是无机的电解质，在电解过程中会被电解，影响氢的纯度或是消耗电流，严重时还会腐蚀电解槽的极板。

　　生产中常用凝结水配制电解液和作电解过程中的补充水，这是不理想的，应当用二级除盐水配制电解液和补充水，并且选用不锈钢管道或聚四氟塑料管道输送。

　　五、两种电解液

　　（一）第一种电解液——清洗用电解液

　　新装置的制氢设备或大修后并在大修中更换过石棉隔膜片的电解槽，在设备正式运行前要经过 48h 的通电试运行，其目的在于清洗系统，发现安装缺陷。新的隔膜运行中会脱落很多的石棉纤维，堵塞过滤器，这些都要在试运行中解决，所以要配制一种专用于清洗的电解液，它的浓度为100g/L，也不加任何添加剂。这种电解液用完就排掉了。

　　（二）第二种电解液——工作电解液

　　正式运行时所用的电解液称为工作电解液，它的浓度大，是清洗电解液浓度的 2~3 倍，浓度为 300g/L，这种工作电解液必须是经过清洗电解液清洗后的电解系统才能使用，直接使用将有可能循环不好，电解效率低。

六、氢氧化钾的溶解

氢氧化钾是极易溶解于水的物质，并在溶解过程中能放出大量的热量，配制高浓度的氢氧化钾溶液时，溶液发热，有时能达沸点，并溅出容器而烧伤工作人员，所以必须要制订合理的冷却和搅拌措施。

氢氧化钾的溶解度为：

（1）20℃：1114g/L。

（2）40℃：1364g/L。

（3）80℃：1600g/L。

缓慢的溶解可省去冷却或搅拌，但氢氧化钾溶液能吸收空气中的二氧化碳，使溶液纯度下降，所以应在有盖的容器中进行。

七、氢氧化钾溶液配制程序

（一）清洗液和工作液的浓度

清洗液的浓度要求为 100g/L，其相对密度为 1.09；工作液的浓度要求为 300g/L，其相对密度为 1.23。这两种溶液的浓度要求不是很严格，只要在这个范围内就可满足要求。

（二）计算

用药量的计算和用水量的计算可以通过以下两个公式求出：

$$用药量 = \frac{L \times G}{1000}$$

$$用水量 = L \times d$$

式中　L——配制溶液的总体积，L；

G——配制溶液的浓度，g/L；

d——配制溶液的密度。

（三）分步溶解法

分步溶解法的步骤为：

（1）求出总的用 KOH 量和用水量。

（2）清洗好所用的塑料桶、塑料棒（不锈钢棒）和准备好安全用品（防护眼镜、橡胶手套、胶围裙、硼酸洗手水）。

（3）按每次不超过塑料桶容积的 2/3，浓度以 40% 估计，分若干次手搅溶解配制浓于电解液的碱液，溶解后逐桶注入碱液罐，直至所需的碱全部溶解完。

（4）溶解时塑料桶应置于冷水盆中，一边搅动溶解，一边冷却降温。

（5）因为分别配制溶解时，碱液浓度远大于所要求的电解液，所以必然是碱先用完，而计算的水量仍有富余，此时用余下的水冲洗干净配制用的塑料桶等，冲洗水一并注入碱罐。

（6）最后将所有剩余的水注入碱罐，搅动均匀，盖严罐口待其自然冷却。

（四）一次溶解法

一次溶解法配制电解液步骤如下：

（1）求出总的 KOH 用量和水用量。

（2）碱罐内注入全部所需的水量。

（3）准备好安全防护用品——橡胶手套、胶围裙、防护眼镜和冲洗用的硼酸水溶液。

（4）将所需的碱逐瓶全部倒入碱罐，一边搅拌帮助溶解，加完后连续搅至全溶解，或用泵循环搅拌至全溶解。

分步溶解法是每次都全溶后注入罐内，保证全溶解，但时间长，人工搅动在塑料口溅出伤人不安全。而一次溶解法安全，但搅拌或泵循环搅拌不易掌握何时全部溶解完。

（五）安全注意事项

配制电解液，特别要防止碱液溅到皮肤上而被烧伤，一旦溅上立即用清水冲洗、硼酸溶液清洗，一切按安全规程中规定执行。

工作中必须戴防护眼镜或面罩，戴橡胶手套，戴口罩（在溶解时，将有大量刺鼻气味散出）。防止塑料工具受热而软化，造成工作不便。

（六）密度

氢氧化钠和氢氧化钾在不同浓度（每 100g 溶液中和每立升溶液中含溶质克数）下的密度对照表，见表 30 - 5 和表 30 - 6。

表 30 - 5　　　　　　　　氢氧化钠溶液密度表

密度 （g/cm³） （20℃）	NaOH 的含量（g）		密度 （g/cm³） （20℃）	NaOH 的含量	
	在 100g 溶液中	在 1L 溶液中		在 100g 溶液中	在 1L 溶液中
1.010	1	10.10	1.241	22	273.0
1.021	2	20.41	1.263	24	330.1

密度 （g/cm³） （20℃）	NaOH 的含量（g）		密度 （g/cm³） （20℃）	NaOH 的含量	
	在 100g 溶液中	在 1L 溶液中		在 100g 溶液中	在 1L 溶液中
1.032	3	30.95	1.285	26	334.0
1.043	4	41.71	1.306	28	365.8
1.054	5	52.69	1.328	30	398.4
1.065	6	63.89	1.349	32	431.7
1.076	7	75.31	1.370	34	465.7
1.087	8	86.95	1.390	36	500.4
1.089	9	98.81	1.410	38	535.8
1.109	10	110.9	1.430	40	572.0
1.131	12	135.7	1.449	42	608.7
1.153	14	161.4	1.469	44	646.1
1.175	16	188.0	1.487	46	684.2
1.197	18	215.5	1.057	48	723.1
1.219	20	243.8	1.525	50	762.7

表 30-6　　　　　　　　　氢氧化钾溶液的密度表

密度 （g/cm³） （15℃）	KOH 的含量（g）		密度 （g/cm³） （15℃）	KOH 的含量	
	在 100g 溶液中	在 1L 溶液中		在 100g 溶液中	在 1L 溶液中
1.008	1	10.1	1.2083	22	265.7
1.071	2	20.3	1.2285	24	294.7
1.0267	3	30.9	1.2489	26	324.7
1.0359	4	41.04	1.2695	28	355.6
1.0452	5	52.3	1.2905	30	387.0
1.0544	6	63.2	1.3117	32	419.5
1.0637	7	74.5	1.3331	34	453.2
1.0730	8	85.8	1.3549	36	487.8

第三十章　制氢设备的运行

密 度 （g/cm³） （15℃）	KOH 的含量（g）		密 度 （g/cm³） （15℃）	KOH 的含量	
	在 100g 溶液中	在 1L 溶液中		在 100g 溶液中	在 1L 溶液中
1.0824	9	97.5	1.3769	38	523.3
1.0918	10	109.2	1.3991	40	559.6
1.1108	12	133.3	1.4215	42	596.8
1.1299	14	158.2	1.4443	44	635.4
1.1493	16	183.8	1.4673	46	674.8
1.1688	18	210.4	1.4907	48	715.7
1.1884	20	237.6	1.514	50	757.7

第五节 电解液中的添加剂

配制电解液，往往在配成后要加入一些少量的低浓度的其他药品，如重铬酸钾溶液、五氧化二钒溶液或加研细的半溶解状的四氧化三钴，这些都叫添加剂。

一、加入添加剂的目的

（1）添加剂对电极的活化能起催化作用，起催化作用最佳效果的是贵金属铂的化合物，但铂的价钱太贵，在工业金属中不可能用于实际。实际证明在电解液中加入某些其他金属的氧化物，亦能起到降低工作电压的作用。

（2）微量添加剂能改变电极表面状态，增加电极的电导率。

（3）由于改变了电极的表面状态，对电极表面生成的气泡更加易于剥离、去除，降低了电解液的"含气度"。

"含气度"是制氢中的一个专用词：系指电解液中气泡容积与包括气泡容积在内的电解液容积之百分比，称"含气度"。电解液"含气度"大，影响电流效率，气泡很快排出与气泡能否很快从电极表面剥离有很大的关系。

（4）加入添加剂能在铁和镍的表面产生保护膜，尤其是在铁的表面更重要，从而起到了缓蚀作用。

第六篇 化学制氢管理

（5）添加剂本身不能参与电解的过程，但随着电解液的消耗，其也需适量的补充。

二、常用添加剂及其加入方法

（一）重铬酸钾

在 KOH 电解溶液配方中，就是以重铬酸钾为添加剂的，其加入量一般为每升电解液中加入 2 ~ 3g 为限（若有 300L 的电解液，则加入 600 ~ 900g）。

加入方法为待电解液配好后，另取一烧杯将称好的重铬酸钾用纯水溶解，全溶后在电解液搅拌或循环搅拌的过程中慢慢注入，再搅动或循环 10 ~ 20min 则可。

为使重铬酸钾溶解快一些可适当加热，但注意重铬酸钾不宜配制成过浓的溶液，一般以浓度为 30%、温度为 50 ~ 60℃ 为宜。

（二）五氧化二矾

在 ZhDQ – 32/10 型的电解液（NaOH）中常用五氧化二矾为添加剂，其加入量一般为每升电解液中加入 2g 为限，若有 300L 的电解液，则加入 600g 为宜。

五氧化二矾为红黄色结晶粉末，或红棕色针状晶体，稍溶于水，其水溶液呈黄色，显酸性，pH 值为 3.5 ~ 3.6，易溶于强无机酸和碱液中。在一些工业化学反应中常做催化剂。

加入方法为称取 600g 五氧化二矾置于 1000mL 的烧杯中，取已配好的电解液适量注入烧杯搅拌溶解，将已溶解的部分倒入电解液，再另取电解液溶解，这样多次直至溶完。最后再将电解液搅拌 20 ~ 30min。

（三）四氧化三钴

四氧化三钴是一种黑色粉末，近似于磁铁粉末，难溶于水或不溶于水，微溶于碱，应用时必须经长时间研磨成极细的微粒。

在 ZhDQ – 32/10 型的电解液中有时采用四氧化三钴做添加剂，但常因研磨不细，反而被粘在过滤器的滤网上或石棉隔膜上，阻碍电解液的循环，虽然效果好但不多选用，有时在五氧化二矾中略加少许。

单独选用四氧化三钴时，其加入量为每升电解液中加入 1g，就是这样小的剂量，要研磨到理想状态也是非常困难的。

加入方法是用量大的研体，加水将四氧化三钴研磨调成糊状，研磨至用两手指揉搓无微粒感觉为合格，最后冲洗入电解液中搅拌 20 ~ 30min。

第六节　电解液中的杂质对电解工艺的影响

一、电解液中杂质的来源

严格的讲所有杂质对电解过程都是不利的，但绝对的不含任何杂质是不可能办到的。只要严格控制以下四点，可将有害杂质减少到最小的范围。

（1）水质不纯净是带入电解液中杂质的主要来源之一，因为水不仅是配制用，而且是要长期补充。所以一定要用二级除盐水。用凝结水做补水，可能带入铜或铁离子。

（2）药品必须用纯试剂，而且应在配制前查看药瓶上的标签、杂质含量和合格证，查看是否假冒伪劣产品。

（3）配制电解液所用的一切工具必须清洗合格，应以化验用仪器清洗的方法和标准要求清洗。

（4）配制环境可分为两种情况：第一是配制环境的空气，要尽量减少在空气环境中含二氧化碳高的地方配制，要知道碱液是很容易吸收二氧化碳的；第二是电解系统环境对电解液的污染，特别是将铁带入电解液。所以电解槽阴极镀镍是一个好措施。全系统选用不锈钢材料亦是个很有利的措施。

二、常见的几种杂质及其影响

（1）氯离子：主要来源于水和氢氧化钾（钠）中的微量杂质。氯离子的杂质存在将不可避免的在阳极放电，生成微量的氯气或次氯酸根，直接腐蚀阳极，腐蚀氧气系统，所以水和碱的严格要求很重要。

（2）硫酸根：来源于水和氢氧化钾（钠）的杂质中，它强烈腐蚀镍阳极。

（3）碳酸根：主要来源于配碱液的过程和配好电解液未进行封闭，长时间与空气接触，吸收了空气中的二氧化碳。它可使电解液的电导率升高，含量过高时可在电解液中析出结晶，阻塞系统，影响电解液循环。所以封闭碱箱很重要，不应长时间储存剩余的电解液，应当用多少配多少为最好。

（4）铁离子：来源于系统的缓慢腐蚀产物，严重时铁氧化物能阻塞石棉隔膜，要定期清洗系统，每次注水前要放尽管道中的存水。

（5）钙镁离子：来源于水质不纯，随电解过程逐步增大含量，对电解影响不大，但有二氧化碳生成的碳酸根时，可生成 $CaCO_3$、$MgCO_3$、

$Mg(OH)_2$ 等沉淀，堵塞管路。

(6) 溶解氧：由于补水存放时间长、密封不严溶解了空气中的氧所致。此溶解的氧有腐蚀系统作用。但在阳极无大影响，而在阴极，此溶解氧受热而分离出来，与阴极产生的氢混合，使氢气纯度下降。

第七节　氢气纯度的测定

电解水制氢气一般纯度很高，而且杂质只有 CO_2 和 O_2，所以用总的体积减去氢气中的 CO_2 和 O_2 的含量，就是氢的含量，即氢纯度。因此选用奥氏气体分析仪就可以达到要求。

一、奥氏气体分析仪

（一）构造

奥氏气体分析仪的构造如图 30－12 所示。

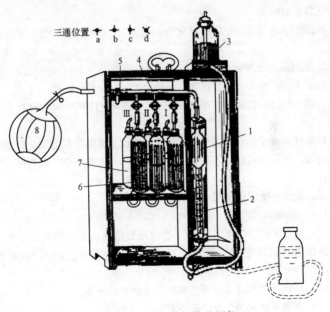

图 30－12　奥氏气体分析仪

1—量管（100mL）；2—水套；3—平衡瓶；4—梳形管；5—三通；6、7—吸收瓶；8—气样袋；Ⅰ、Ⅱ、Ⅲ—吸收瓶分别吸收 CO_2、O_2、CO

（二）工作原理

吸收瓶Ⅰ中装 24% KOH 溶液，用以吸收气样中的 CO_2，其反应为

$$CO_2 + KOH \longrightarrow K_2CO_3 + H_2O$$

吸收瓶Ⅱ中装焦性没食子酸溶液，用以吸收气样中的氧气，反应为：

$$C_6H_3(OH)_3 + 3KOH \longrightarrow C_6H_3(OK)_3 + 3H_2O$$

$$2C_6H_3(OK)_3 + 1/2O_2 \longrightarrow (OK)3C_6H_2 + C_6H_2(OK)_3 + H_2O$$

吸收瓶Ⅲ是为吸收 CO 准备的，一般不用。也可以装入上述两种溶液中的任何一种，供备用。

平衡瓶内装饱和食盐溶液，并加数滴稀硫酸和甲基橙指示剂使显红色以便观察，并能防止吸收 CO_2 气体。或者可以使 KOH 和焦性没食子酸溶液混合使用，共同吸收 O_2 和 CO_2，其中一侧吸收瓶装入玻璃管若干，以增加吸收液和被吸收气体的接触面积，为防止与大气接触而吸收大气中的 O_2 和 CO_2，在通大气的吸收瓶内注入 3~5mL 的液体石蜡。

（三）溶液的配制

1. 24% KOH 溶液

称取 27g 纯度为 90% 氢氧化钾，溶解于 73mL 纯水中，搅拌至全溶解。

2. 焦性没食子酸溶液

称取 16g 焦性没食子酸试剂，溶解于 50mL 纯水中备用。

称取 100g 纯度为 90% 的氢氧化钾，溶解于 110mL 纯水搅拌至全溶备用。

将焦性没食子酸溶液慢慢注入已配好的而且冷却后的氢氧化钾溶液中搅拌均匀。此混合是在注入吸收瓶前进行的，若暂时不进入吸收瓶，需分别保存。

二、奥氏分析仪的使用

（一）准备工作

（1）将配好的 24% KOH，从Ⅰ吸收瓶后部注入至中部液位（注入时打开前面梳形管活塞和三通使之与大气相通），再注入 3~55mL 液体石蜡。

（2）用同上方法注入Ⅱ吸收瓶焦性没食子酸溶液。

（3）在量管的水套 2 内注满纯水。

（4）将平衡瓶 3 内注满酸性氯化钠红色溶液，旋转三通 5 至图 30 - 12 中 c 的位置，慢慢提高平衡瓶使量管注满，旋转三通 5 至图 30 - 12 中 d 的位置。

（5）将平衡瓶放在桌面上，打开吸收瓶 I 的活塞，此时吸收瓶中的 KOH 液面上升，调整活塞开度使液面慢慢升至活塞口，关闭活塞，此时吸收瓶内侧容积中无空气。

（6）如上法将吸收瓶 II 内内侧的空气也排净。

（7）将平衡瓶提高放在分析器上，旋转三通至图 12－12 中 a 的位置，将量管内和梳形管内空气全部排出，再将三通旋转成 d 的位置，准备工作完成。

（二）取样

（1）将取回的气体袋与奥氏分析仪入口连接。

（2）将三通 5 旋至图 12－12 中 a 的位置，微微打开气袋夹口，使气样冲洗排出少许，再将三通旋至 b 的位置，将平衡瓶移至桌上，气样进入量管至一半以上后，旋转三通至 c 的位置，提高平衡瓶，排出吸入气样并排净，作为冲洗量管。

（3）接上项操作，将三通旋成 b 的位置，右手拿平衡瓶，与量管平行并慢慢下降，气样进入量管，保持量管内液位与平衡瓶内液位在一个水平线上，直至量管刻度 100mL，关闭三通成 d 的位置，取样完成。

（三）二氧化碳的分析

（1）取样 100mL：将气样袋出口夹打开，三通旋成 b 的位置，右手托起平衡瓶顺量管慢慢下降，气样进入量管，保持量管内液位与平衡瓶一致，直至所取气样达 100mL，将三通旋成 d 的位置，取样完毕。

（2）吸收 CO_2：右手提高平衡瓶，左手打开 1 号吸收瓶活塞，气样开始进入吸收瓶，右手慢慢上移，使量管内液位与平衡瓶液位始终保持一致，直至气样全部进入吸收瓶，量管刻度为零，关吸收瓶活塞，放下平衡瓶，等待 1min。如此再进行两次吸收后，将剩余气样全部抽回量管，关 I 号吸收瓶活塞，读取量管刻度数，读取刻度时要用右手托起平衡瓶，使管内外液面平衡。记取读数为 A，则二氧化碳含量 $A\%$。

（四）氧气含量的测定

将吸收过 CO_2 的剩余气体用于完全同于 CO_2 分析的方法，全部送入 II 分析瓶；经过 2～3 次吸收后，抽回量管测定体积，得 B，则 $(B-A)\%$ 为氧气的含量。

（五）氢气纯度的计算

氢气的纯度用下式计算求得：

氢纯度 ＝ $(100-B)\%$

三、注意事项

（1）必须是先吸收 CO_2 后再吸收 O_2，因为焦性没食子酸溶液为碱性，能将 O_2 和 CO_2 全部吸收，而浓的碱液则只吸收 CO_2，不会吸收 O_2。

（2）平衡瓶上下移动不能过快，特别是在液面接近活塞口时，应更加小心，防止吸收液进入毛细管。

（3）量取管内气体体积时，管内与平衡瓶的液面必须在一个水平上，才是真正的读数。

（4）平衡瓶内的饱和盐液用久了会慢慢褪色，此时可加几滴硫酸或甲基橙指示调整到适当的色度，用的时间太久则应更换新液。

四、准确及时化验监督氢气的纯度

（1）制氢系统中必须装有能了解各有关过程中氢气纯度的仪表并保证处于正常工作状态。

（2）必须备有随时可以在有关部位进行人工取气化验的设备。

（3）决不可以图省事凭经验简化或省略任何一次应当进行的化验监督。

第八节　氢气湿度的测定

一、水分与湿度

湿度：气体中水蒸气的含量。

（一）水

水是自然界中唯一一种在自然条件下三态（固、液、气）并存的物质，是氢和氧的最普遍的化合物。

地球上的水资源：水量（$14 \times 10^8 km^3$）、海水 97%、淡水 3%。我国水资源：$2.8 \times 10^{12} m^3$。

水的一些物理性质：

（1）$0 \sim -3℃$：薄六角形。

（2）$-3 \sim -5℃$：针形。

（3）$-5 \sim -8℃$：空心菱形。

（4）$-8 \sim -12℃$：六角板形。

（5）$-12 \sim -16℃$：枝形。

（6）$-16 \sim -25℃$：板状。

（7）$-25 \sim -50℃$：空心棱形。

（8）水在 4℃ 时密度最大：$1g/cm^3$。

（9）水的表面张力：

1）0℃：$75.49 \times 10^{-5} \mathrm{N/cm^3}$。

2）100℃：$57.15 \times 10^{-5} \mathrm{N/cm^3}$。

（二）水分的蒸发

水在自然界中由液体变为气体有两种方式：一种是将水直接加热至沸点100℃，经沸腾而快速转为蒸汽；另一种是在环境温度低于沸点的情况下，不经任何加热也会由液态分子运动转入气相并逐步远离液相而跑掉，这种现象叫蒸发。

不论沸腾还是蒸发，在水的液相与气相界面之间，一部分水的液体分子转为气体，同时还有相当数量的气体分子转回液体回到液相中。在某种特殊的情况下如密闭容器内，空气不流动的室内或潮湿的雨天，这种水的分子由液相转入气相和由气相转入液相的速度会达到相等而处于平衡状态，此时气相中的水汽分子不会再增加而达到饱和。环境温度的变化会使这种平衡点上下移动，温度高气相中的水分子含量会增加，反之则会减少。

（三）空气中的湿度

自然界中到处有水存在，所以空气中总有水蒸气，但达到饱和状态只有在下雨等的情况有可能接近饱和或达到饱和。

使空气中水蒸气刚好饱时的温度，称为露点。下雨天人们四周的环境并不一定是空气中水蒸气的饱和点，而达到饱和的是上层云层，云中的水汽达到露点凝结成雨滴落下，但下雨的环境中空气潮湿接近饱和，空气中湿度增大。

1. 湿度的表示方法

湿度有两种表示方法，即绝对湿度和相对湿度。绝对湿度在工业生产中应用较多，相对湿度在农业、气象、纺织行业中用处最多。

（1）绝对湿度：空气中的绝对湿度就是单位体积的空气中所含水分的密度，即每立方米空气中含水蒸气的克数，单位：克/立方米（$\mathrm{g/m^3}$）。

（2）相对湿度：某温度时空气中水蒸气的气压，跟同一温度下的饱和气压的百分比叫做这时空气的相对湿度。

例如：气温20℃时测得绝对湿度的气压 $P = 9\mathrm{mmHg}$（$9 \times 133,322\mathrm{Pa}$），查得此时水的饱和气压 $P = 17.5\mathrm{mmHg}$（$17.5 \times 133,322\mathrm{Pa}$），所以相对湿度：$\dfrac{9}{17.5} \times 100\% = 51\%$

空气中水分在饱和状态下的绝对含量和水蒸气压力见表30-7。

表 30-7　　空气中水分在饱和状态下的绝对含量和水蒸气压力

温度 （℃）	水蒸气 含量 （g/m³）	水蒸气 压力 （cmHg）	水蒸气 压力 （Pa）	温度 （℃）	水蒸气 含量 （g/m³）	水蒸 气压力 （cmHg）	水蒸 气压力 （Pa）
0	4.8	4.6	6.11×10^2	18	15.4	15.4	2.06×10^3
1	5.2	4.9	6.57×10^2	19	16.3	16.4	2.19×10^3
2	5.6	5.3	7.03×10^2	20	17.3	17.5	2.33×10^3
3	5.9	5.7	7.58×10^2	21	18.3	16.6	2.48×10^3
4	6.4	6.1	8.13×10^2	22	19.4	19.8	2.64×10^3
5	6.8	6.5	8.72×10^2	23	20.5	21	2.80×10^3
6	7.3	7.0	9.34×10^2	24	21.8	22.3	2.98×10^3
7	7.7	7.5	1.00×10^3	25	23.0	22.7	3.16×10^3
8	8.3	8.0	1.07×10^3	26	24.4	25.2	3.36×10^3
9	8.8	8.6	1.14×10^3	27	25.8	25.7	3.56×10^3
10	9.4	9.2	1.22×10^3	28	27.2	28.3	3.77×10^3
11	10.0	9.8	1.31×10^3	29	28.8	30.0	4.00×10^3
12	10.7	10.5	1.40×10^3	30	30.4	31.8	4.24×10^3
13	11.3	11.3	1.47×10^3	31	32.0	33.7	4.99×10^3
14	12.1	11.9	1.59×10^3	32	33.8	35.7	4.75×10^3
15	12.8	12.8	1.70×10^3	33	35.6	37.7	5.03×10^3
16	13.6	13.6	1.81×10^3	34	37.6	39.7	5.31×10^3
17	14.5	14.6	1.93×10^3	35	39.6	42.2	5.62×10^3

2. 湿度的测量方法

（1）按方法分：

1）化学法（卡尔弗休法、气量法、酰氯法）。

2）电化学、电子学法（电解法、电容法、微波法）。

3）吸附法（压电石英晶体振荡法、热效应法）。

4）光学法（红外光、紫外光、可见光谱法、激光法）。

5）色谱法。

6）露点法。

（2）按原理分：

1）分离 [质量法、体积法（在衡压条件下，测量体积的减小）、压力法（测量恒容条件下压力降低）库仑法、气桥法]。

2）饱和法 [质量法、体积法（在衡压条件下，测量体积的减小）、压力法（测量恒容条件下压力的增大）、干湿球法（水蒸气引起温度的变化）]。

3）敏感元件（电方法、机械法、称重法、比色法、压电法、吸收热量法）。

4）利用物理性质（光谱法、折射法、热导法）。

5）平衡法（露点或霜点、饱和盐、云室）。

6）化学法（滴定、逆反应）。

3. 测量仪器

（1）干湿球湿度计（玻璃水银、电测湿元件的干湿球、平恒湿度干湿仪、标准通风干湿表、绝热通风干湿表）。

（2）露点湿度仪（银套筒露点仪、用液化气体做气源的测量装置、光学露点仪、自动光电露点仪）。

（3）毛发湿度计（指针型、记录型、肠膜、尼龙）。

（4）库仑湿度计（电解仪）。

（5）电湿度计（氯化锂湿度计、露点式氯化锂湿度计、氧化铝湿度计、陶瓷湿度传感器、压电式水分仪）。

（6）光学性（红外、紫外吸湿湿度计、微波湿度计）。

（7）其他（气桥、热导式、气象色谱、半导体、离子晶体、冷凝式）。

（四）应用

（1）电力系统（氢冷发电机组、管道中、核电站、电气设备。）

（2）其他行业（航空航天、空气调节、原子核能、军工、陶瓷、冶金、通信、电气、石化、食品工业、农业）。

二、氢气的湿度

（一）氢气中水分的来源

由电解产生氢气，从一产生起就与水接触。电解液中有水，分离器中有水，洗涤更要用水，所以氢气中含水是必然的。虽然洗涤后在冷却过程中一部分水分经冷凝与氢气分离，但氢气出口温度在 26℃ 左右，此时所含水分仍处于当时温度下的饱和状态，以 26℃ 计绝对湿度仍为 $24.4 g/m^3$。

第三十章 制氢设备的运行

氢气进入储氢罐后温度降至室温，水蒸气含量也随之下降，在冬季则下降得更大一些，因此储氢罐下部往往能排出少量的积水。

由于氢气是密闭贮存，所以其湿度只随室温变化而变化，不能像空气那样随环境的湿度而变化。

氢冷发电机在运行过程中，氢气由于吸收轴封带来的水分，而使氢气的湿度增加，超过标准，尤其油中含水量大时湿度增加更明显。

发电机氢气冷却器、氢气干燥装置冷却器发生泄漏时，也会使氢气湿度增大。

（二）氢气湿度的表示法

20世纪80年代，以至90年代以前的某些检测设备比较落后的电厂，一般氢气湿度的测量只用绝对湿度来表示（干湿球测量仪），但是这种测量方法误差比较大。进入90年代逐步采用了更为先进的露点温度来表示氢气的湿度。

露点：气压不变，水汽无增减的情况下，未饱和空气因冷却而达到的饱和时的温度。

单位：℃。

（三）精密露点仪厂家介绍

美国GEI公司、瑞士MBW公司、英国米切尔公司、芬兰维萨拉公司、郑州日立信公司。

三、制定《氢冷发电机氢气湿度的技术要求》的依据和在实施中的几个问题

（1）制定氢冷发电机内氢气湿度标准的基本依据为氢气湿度允许值的高限以不因氢气湿度过高而使转子护环应力腐蚀裂损，定子绝缘缺陷的加速发展和转子绝缘强度过分下降为依据；氢气湿度允许值的低限，不因氢气湿度过低而使某些绝缘部件（如端部垫块、支撑环）产生收缩、裂纹为依据。

（2）发电机内氢气湿度的大小与供氢湿度有很大影响，在规定发电机内氢湿标准时，还应对新鲜氢气的湿度作出规定。轴封漏气、密封瓦漏油，使发电机内氢湿增大，因此应尽可能使新鲜氢气的氢湿标准高一些。

（3）广泛参考世界工业国的有关规定，合理吸收先进部分，在氢湿的表示方法上力求概念清晰，便于应用，并可能采用国际通用表示方式，以利于国际接轨。

（4）充分考虑到先进性、可行性。

（5）从目前和今后 10 年以内不同容量发电机在电网中的作用、地位和在发电机的实际情况，采用新建、扩建和原有电厂区别对待。

四、氢气湿度的表示方法

发电机内氢气湿度和供发电机充氢、补氢用的新鲜氢气湿度，均规定以露点温度表示，通常采用摄氏温度 t，单位为℃。

五、氢气湿度的标准

（1）发电机内氢气在运行氢压下的允许湿度的高限，应按发电机内的最低温度由表 30 - 7 查得；允许湿度的低限为露点温度 $t_d = -25℃$。发电机内最低温度值与允许氢气湿度高限值的关系见表 30 - 8。

表 30 - 8   发电机内最低温度值与允许氢气湿度高限值的关系

发电机内最低温度（℃）	5	≥10
发电机在运行氢压下的氢气允许湿度高限（露点温度 t_d）（℃）	- 25	- 5

注   发电机内最低温度，可按如下规定确定：

　　1）稳定运行中的发电机：以冷氢温度和内冷水入口水温中的较低值，作为发电机内的最低温度值。

　　2）停运和开、停机过程中的发电机：以冷氢温度、内冷水入口水温、定子线棒温度和定子铁芯温度中的最低值，作为发电机内的最低温度值。

（2）供发电机充氢、补氢用的新鲜氢气在常压下的允许湿度如下：

新建、扩建电厂（站）：露点温度 $t_d \leq -50℃$。

六、氢气湿度的测定

（一）测定方式

对氢冷发电机内的氢气和供发电机充氢、补氢用的新鲜氢气的湿度应进行定时测量；对 300MW 及以上的氢冷发电机可采用连续监测方式。

（二）采样点及采样管理

（1）测定发电机内氢气湿度的采样点，在采用定时测量方式时，应选在通风良好且尽量靠近发电机本体处；在采用连续监测方式时，宜设置在发电机干燥装置的入口上。为发电机干燥装置检修、停运时仍能连续监测发电机内氢气湿度和在氢气湿度计退出时仍能对氢气进行干燥，同时还能满足氢气湿度计对流量（流速）的要求，可在采样处为氢气湿度计专门配设一条带隔离阀、调节阀的采样旁路。

（2）测定新鲜氢气湿度的采样点，宜设置在制氢站出口管段上。当采用连续监测方式时，为在线氢气湿度计专门配设一条带隔离阀、调节阀的采样路。

（3）采样管道所经之处的环境温度，应均比被测气体湿度露点温度高出3℃以上。

第九节　储氢罐的置换方法

一、置换的目的

氢气与空气混合气是一种危险性的气体，在混合气体中，氢气含量达4%～75.6%范围内，就有发生爆炸的危险，严重时可能造成人身伤亡或设备损坏的恶性事故，因此，严禁氢气中混入空气。但在氢冷发电机由运行转入检修，或检修后起动投入运行的过程中，以及在某些故障下，必然存在着由氢气转为空气或由空气转为氢气的过程。这时，如不采取措施，势必造成氢气和空气的混合气体而威胁安全生产。

为防止发电机发生着火和爆炸事故，必须借助于中间气体，使空气与氢气互不接触。这种中间气通常使用既不自燃也不助燃的二氧化碳气体或氮气。这种利用中间气体来排除氢气或空气，或最后用氢气再排除中间气体的作业，叫做"置换"。常用的置换方法有三种：一种为抽真空置换方法（常用于小型氢冷发电机组）；另一种为中间气体置换方法（常用于大型氢冷发电机组）；第三种是氢气或空气直接置换。

二、气体置换的总则

（1）当发电机用空气冷却或中间介质气体运行时，不得带负荷。

（2）在发电机壳内，当氢气纯度降至4%～75%时。

（3）在发电机壳内，当含氧量超过2%时。

（4）轴承回油管或在油箱中油的含氧量超过4%时。

（5）在距离漏氢地点5m以内遇有火源或电火花时。

（6）在置换气体过程中，发电机必须用二氧化碳作为中间介质，严禁空气与氢气直接接触置换。

（7）开启二氧化碳瓶门时，应缓慢进行，如发生冻结闭塞现象，可用热水烘暖。为缩短气体置换时间，必要时可用数个二氧化碳瓶同时供给。注意二氧化碳瓶表面的结霜情况，一般升到离瓶底0.5m以上时，应及时调换新瓶，瓶内压力不应全部放尽。

（8）气体置换过程应在低风压运行方式下，并尽可能在发电机静止或盘车时进行，若为条件所迫，亦可在发电机转速＜100r/mm时进行，整个置换过程，应严密监视发电机风压、风温、密封油压、油温、油流。

（9）当氢气系统严密性不佳时，不可置换至氢气运行，严禁拆除密封瓦进行。

三、排水置换法

（一）排氢

将储氢罐进气门关闭，并将门前法兰拆开，加盲堵板，打开储氢罐顶部排氢门，将压力释放至零，将消防水接至储氢罐底部排水管，打开阀门，待顶部排氢门出水时，关闭底部排水门。将压缩空气接至顶部排氢门，打开底部排水门。储氢罐内部的水排尽后，将压缩空气接至底部排水阀，打开储氢罐顶部排氢门，进行排气。分析化验合格，排氢结束。

（二）充氢

将消防水接至储氢罐底部排水管，打开阀门，待顶部排氢门出水时，关闭底部排水门。关闭储氢罐顶部排氢门，将储氢罐进气门盲堵板拆除，并与系统连接，打开储氢罐进气门，开始进氢气，随即打开底部排水门，待底部排水门排出氢气时，分析化验合格，充氢结束。

四、中间气体置换法

（一）排氢

将储氢罐进气门关闭，并将门前法兰拆开，加盲堵板，打开储氢罐顶部排氢门，将压力释放至零。将 CO_2 或 N_2 接至储氢罐底部排水管，打开阀门，进行置换，分析化验含氢量低于 1% 时，将压缩空气接至（底部排水阀 N_2，顶部排氢阀 CO_2），继续排气。分析化验合格，排氢结束。

（二）充氢

将储氢罐进气门盲堵板拆除，并与系统连接。将 CO_2 接至储氢罐底部排水管，打开阀门，打开储氢罐顶部排氢门，进行排气；将 N_2 接至顶部排氢门，打开储氢罐底部排水管，进行排气（因为 CO_2 密度大于空气，N_2 密度略小于空气）。分析化验含氧量低于 4% 时，关闭顶部排氢门，打开储氢罐进气门，从储氢罐底部排水门排气，分析化验合格，充氢结束。

注意：为避免储氢罐受日光照射，引起储氢罐局部受热，储氢罐外表应涂成白色，如油漆脱落严重，应及时补刷。

（三）氢气储罐水压试验操作（具体视情况决定是否进行）

（1）将氢气储罐注满水。（以 1 号氢气贮存罐为例）打开 1 号氢气储罐排空门，关闭氢气储罐氢气进（出）口门。

（2）安接临时管路，通过1号氢储罐排污门向罐内注入除盐水，注水至排空门排水后，表示罐内已经满水，关闭排污门及排空门。用同样的方法向其余氢气储罐内注水。

（3）通过氢气储罐取样门向氢储罐提供氮气提压，进行水压试验。

第十节　制氢过程中日常检查与维护

一、制氢过程中日常检查与维护

当制氢装置正常运转后，值班人员应经常检查制氢设备的运行情况，判断上位机各参数、就地各参数是否异常，发现异常及时分析、汇报并调整，并做好记录。一般每2h记录制氢设备具体参数一次。

（1）检查本体。制氢系统设备及管路，阀门等状态是否正常，有无高压气体泄漏声音，有无碱液泄漏、电解槽表面出现碱液结晶现象，并检查氢气纯度、露点仪等样气流量是否正常。

（2）检查气。注意储气罐来气、各空气过滤减压过滤器的压力是否正常，如有偏差及时调整，务使其输出保持在合适范围内。

（3）检查水。检查水封排水、原料水系统、除盐冷却系统中各流量、温度、液位等是否正常，冬季严防管路冻结，夏季严防冷却水高温。

（4）检查电。检查变压器、整流柜、开关柜等是否正常，电气控制间空调及室温是否正常、有无焦糊味等。

（5）检查参数显示。检查就地仪表显示与上位机仪表显示是否一致，是否在规定范围之内，并查看其变化趋势。

二、非正常情况下停机

（1）当制氢设备出现带压部分突然泄漏或当微机正常运行时，连锁保护起作用时，微机均会依据正常程序将设备停运行泄压，并记录当时各数据供检修分析。

（2）当微机自身故障时，PLC继续工作，检修微机或关闭整流柜冷却水阀门，PLC将自动按程序将设备停运泄压。

（3）当设备突然停电，自控失灵，制氢设备需要紧停时，关闭框架上的送氢门及联络门，密切注意氢氧分离器液位计指示，慢慢打开氢、氧两侧手动调节阀排空。在保持液位平衡的情况下，将系统压力释放。

注：非正常情况下停机后，应对整个设备进行检查，确认设备良好后方可开机。

三、停机后的工作

1. 临时停机

（1）停机后检查所有应该关闭的阀门、气源、电气开关都关闭好没有。

（2）泄压至约 0.3MPa，如无特殊需要，可不用氮气置换。

（3）定期检查系统压力，如氢气压力下，应用漏氢监测仪进行查找，并处理，若压力下降快，应用氮气置换并检查漏点予以消除。

（4）定时检查电器元件运行情况，晶闸管元件出入口接头、冷却水管连接处与冷却水软管是否松动有渗水现象。若有水渗出，应停机，紧固连接处管壁。防止水滴入电气设备短路。

2. 较长时间停机

（1）停机后检查所有应该关闭的阀门、气源、电气开关都关闭好没有。

（2）用氮气置换出系统内的氢气。

（3）置换完成后，用氮气将系统充压到约 0.3MPa。

（4）定期检查系统压力。

（5）保持设备及环境的清洁卫生。

（6）接到开机指令后按正常开启设备步骤操作，如系统压力已降至零，应对系统进行重新置换及气密性检验后再开机。

3. 应急停、开机操作

（1）急停机操作。发生下列情况之一应紧急停机：①厂房内起火；②设备及气体管道有大量气体泄漏；③电源断电后的紧急停机；④其他危急制氢设备安全运行的紧急情况。

1）主电源断电引起的紧急停机：

a. 迅速到干燥间关闭氢气进口阀、氢气出口及排空手动阀。

b. 关氧中氢、氧以及露点分析仪采取阀门及电源开关。

c. 在上位机上解列氢气干燥（再生）及电解停止。

d. 随时检查就地压力表的数值，如压力升高且接近或超过最高工作压力，需打开手动排空阀，将系统泄压；如压力下降低至 0.3MPa，需向系统充入氮气。

e. 联系运行值长，查明断电原因，如短时间能恢复供电，则按正常开机步骤启动设备，待运行正常氢气合格后恢复进入框架。

2）其他原因引起的紧急停机：

a. 迅速到控制间或整流控制柜按下控制柜上的急停按钮。

b. 发生大量气体泄漏时：关闭氢气进口阀，在上位机上点击"电解停止"，手动对系统卸压，注意不要急剧排放，打开控制间电源柜连锁通风开关，打开门窗保证通风；当压力下降低于 0.3MPa，需向系统充入氮气。在保证安全的情况下，尽量将泄漏点隔离开，并上报。

c. 发生火情时：用就地灭火器灭火；灭火同时关闭氢气进口阀，可适当开启放空阀，但必须保持系统处于正压状态，当压力下降至 0.3MPa 以下时，开启对应的充氮阀向系统充氮；同时通知值长并电切断制氢站所有电源，并上报。

d. 做好停机记录供事后分析处理，如属设备故障，应分析产生的原因并排除，经调试正常后方可投入使用。

注：设备在整流柜停止工作时补水泵严禁工作；关机切记关闭分析取样门；严禁碱液温度在40℃以上停止碱泵和冷却水。

（2）应急停机后的开机操作。应急停机后的开启，应在确保故障已排除、确保安全的情况下，在上级领导与主要负责人安排下进行。

开机操作步骤同正常开启设备。

第十一节　水电解制氢装置安全注意事项

（1）运行过程中，操作人员应在上位机上认真、仔细地监控设备运行情况，并核对画面显示状态与现场相符。当有报警出现时，应及时判断报警位置，找出原因并进行处理。

（2）注意空气过滤减压器的压力指示，如有偏差及时调整，使其输出保持在 0.14MPa 左右。

（3）对所有管路接头阀门等经常巡视，注意有无泄漏现象。

（4）氢、氧分析仪气路箱气体流量是否在规定刻度上，当氧气纯度低于99.2%，或氢气纯度低于99.8%时需要检查原因，必要时应停机，查明原因并排除后才能开机。

（5）每班定期排放制氢设备排污罐的污水和集水器的冷凝水，最好是在停机状态排放。排污罐带压力排污时一定注意先关闭二次门再缓缓打开一次门排完后，关闭一次门，再缓缓打开二次门。集水器的冷凝水在停机时排，先打开一次门排水至排污罐后，关闭一次门，再打开二次门排掉冷凝水，之后，二次门再开机。

（6）注意循环泵的运转，调节流量计使循环流量控制在 600～900L/h 之间的某一最佳值。

（7）当制氢设备的碱液流量计流量持续下降时，说明碱液过滤器脏了，需要清洗过滤器。在停机状态下，先拆开顶盖，取出滤芯，用除盐水冲洗干净后应重新装好，紧固顶盖，使过滤器重新投入工作。

（8）除盐水箱自动补水是否正常。

（9）电气温控系统必须保持正常工作，防止失控，且观察就地仪表有无异常。

（10）阀关闭，置于充罐挡，打开框架氢气储罐进口阀，充罐运行。

（11）正常运行后，操作人员应注意观察装置的运行情况，并按规定的参数条件进行观察与操作，如装置入口氢工作压力、系统调节的压力、干燥器及氢气冷凝器后温度、再生气压等是否在规定范围内，并做好记录。每 3h 记录一次数据。

（12）设备正常运行期间每 2 个月测定一次碱液浓度，如设备搁置较长时间后重新开机也应测量碱液浓度，使其保持在正常值。当碱液浓度低，需补碱时，应在碱液箱配好碱液后，开碱液箱出口门，关箱入口门；开碱液入口门，关碱液循环门，将碱液打入系统内（可手动控制补水泵开、关或自动控制补水泵时根据液位高低补碱）。

第三十一章

氢冷发电机运行中的注意事项

第一节 氢冷发电机运行要求及维护

一、氢冷发电机运行要求

（1）氢冷汽轮发电机机房应在门口明显处设立"氢冷机组，严禁烟火"警示牌。

（2）氢冷发电机组的氢冷系统的氢气纯度及含氧量，必须在运行中按规定要求进行化验分析，氢气的纯度应不低于96%，含氧量不得超过2%，要经常分析机组主油箱及油气分离器的气体，防止含氢量过高，引起爆炸。

（3）氢冷发电机的轴封必须严密，密封油油压必须按规定大于氢压。发电机开始转动时，无论有无充氢，都必须确保密封油系统的正常供油，不得中断，以防空气窜入发电机内，引起爆炸。

（4）机组应按运行规程规定的压差运行，即油压必须高于氢压，防止氢气窜入油系统主油箱，引起主油箱爆炸起火。机组不得提高氢压运行，需提高氢压时，必须经总工程师批准，并落实防爆安全措施。

（5）改变氢冷系统运行方式，如置换冷却介质或提高氢压等，应按有关规定执行。必须由有关领导或工程技术人员在场监护，防止误操作。在置换过程中应认真取样和准确化验，防止错误判断，引起爆炸。

（6）氢冷发电机的排气管必须接至室外，出口应远离明火作业区，并设置固定遮拦。排气管的排气能力应与汽轮机破坏真空之后的盘车时间（惰走时间）相配合。在排氢时，应缓慢开启排污门，防止排氢过快而产生静电放电，引起爆炸着火。

（7）氢冷发电机运行中如发现漏氢，应降低氢压运行，并采取措施消除泄漏。当氢冷发电机发生爆炸着火时，应迅速切断电源、氢源，使发电机解列停机，并启用二氧化碳系统进行灭火。外部着火可用二氧化碳灭火器、1211灭火器、干粉灭火器进行灭火。

（8）当主油箱排油烟机停止运行时，必须将主油箱上部的透气孔盖全部打开，并严密加强监视。

（9）检查氢冷系统有无泄漏时，应使用仪器或肥皂水，严禁使用明火查漏。氢冷管道阀门及设备发生冻结时，应用蒸汽或热水解冻，严禁用火烤，以防发生危险。

二、氢冷发电机的运行维护

（1）确保氢气干燥器正常工作。干燥器内装有吸潮剂（硅胶或分子筛），利用转子风扇前、后压差（风机强制循环）使部分氢气流动，通过干燥器，解决氢气受潮问题。运行日久，干燥剂可能被潮解，应定期检查，发现潮解及时更换。

（2）应定期检查和测试一次油水继电器监视阀门、干燥器防水阀门，发现有油水，应及时放掉，并分析原因设法消除。

（3）确保发电机在额定氢压下工作，超过规定的下降值时，应立即补氢。采用手动补氢时，要注意对比观察不同位置的氢气压力表，避免由于表管堵塞或误关压力表阀门指针不动而误补氢，造成机内氢压异常升高。采用自动补氢时，应注意观察阀门动作情况，发现有卡涩或开关不灵时，及时转为手动补氢。

（4）隔氢防爆风机保持连续运行，并定期取样化验回油管出口和主油箱内的氢气含量，其值（按容积计）不得大于 2%，否则应进行分析，查明原因，立即消除。

第二节　氢冷发电机着火氢气爆炸的特征、原因及处理方法

一、氢冷发电机、励磁机着火及氢气爆炸的特征

（1）发电机周围发现明火。

（2）发电机定子铁芯、绕组温度急剧上升。

（3）发电机巨响，有油烟喷出。

（4）发电机端盖和机壳接合处、窥视孔内、出风道等部位冒烟气，有火星或闻到焦臭味。

（5）发电机进、出风温突增，氢压增大，氢气纯度降低。

（6）发电机振动突变、声音异常、表记摆动以及保护动作跳闸等。

二、氢冷发电机、励磁机着火及氢气爆炸的原因

（1）发电机氢冷系统漏氢气并遇有明火。

（2）定子绕组击穿，单相接地，在故障点处拉起电弧，引起绝缘物燃烧起火。

（3）运行中导电接头过热。

（4）发电机长期过负载，造成定子和转子绕组长期过热、绝缘老化、垫块绑线炭化、接头熔化。

（5）内部匝间短路，铁芯局部高温，杂散电流引起火花。

（6）机械部分碰撞及摩擦产生火花。

（7）发电机内进油，氢气纯度低于标准纯度（96%），机壳内形成爆炸性混合气体。

（8）达到氢气自燃温度。

三、发电机、励磁机内部着火及氢气爆炸时，应采取的措施

（1）发电机、励磁机内部着火及氢气爆炸时，按故障停机进行处理。司机应立即破坏真空，紧急停机，立即报告有关领导并拨打119报警（指明具体着火的设备，以便消防人员携带专用消防器具）。

（2）迅速关闭发电机补氢阀门，停止向发电机补氢，并打开二氧化碳进气门向发电机内充入二氧化碳进行排气灭火，在充入二氧化碳时应打开发电机排氢门进行排氢。

（3）在倒换氢气的过程中，要防止密封瓦的油漏入发电机内引起火灾或火灾事故的扩大。

（4）为避免在扑救火灾时，导致转子大轴弯曲，禁止在火熄灭前将发电机完全停下，应保持其转速为额定转速的10%（200～300r/min）左右，并维持此速运行。

（5）在发电机发生火灾或爆炸时，应保证密封油设备的正常运行。

（6）设法使用一切能灭火的装置及时扑灭大火，但不能使用泡沫灭火器或沙子灭火。

（7）平时做好防火工作，掌握消防规程的有关规定，进行消防练习，一旦发生火灾，能独立或配合消防人员迅速扑灭大火。

四、防止氢气爆炸、着火的措施

（1）氢气取样的位置和化验必须正确，气体置换必须在机组静止状态下进行。在置换过程中，不允许做电气试验和卸螺栓拆端盖等检修工作。在氢气置换完毕转为空气时，必须经化验合格后方可进行检修与试验工作。

（2）氢管道上的过滤网、电磁阀门、氢压表和表管等部件，要定期检查、不漏气、保证畅通。

第六篇 化学制氢管理

·990· 火力发电职业技能培训教材

（3）氢设备附件的电气接点压力表应采用防爆表计。若非防爆表，应装在空气流通的地方。

（4）排污管处应经常检查，顶部应有防雨罩，附近不应有明火或焊渣掉下。

（5）在氢冷发电机或氢系统附近进行明火作业时，需对附近地区的气体进行取样化验分析，空气中所含氢气在3%以下并用隔板或石棉布将氢系统与工作地点隔开后，方可动工。

第三节　氢冷发电机停运期间注意事项

（1）发电机内充满氢气时，密封油系统仍应进行常规监视维护，密封油排烟风机和轴承回油的排烟风机应维持运行，抽去可能逸入排油系统的氢气。氢气报警系统应投入运行。停机期间发电机内的氢气纯度及湿度的分析、化验应按机组运行状态进行。

（2）停机期间发电机内充满空气时，需留意结露。供氢母管应切断，防止氢气进入发电机。

（3）停用发电机水、氢、油系统程序为：首先，应停用内冷水，再进行氢冷却水停运，然后进行排气置换。密封油系统的停运应在氢气置换后进行。

（4）如发电机暴露在冻结温度以下，氢气冷却器中的水应彻底排干，防止冻裂。

（5）发电机应利用停机机会，对发电机定子水回路进行反复冲洗，以确保水回路畅通。

（6）对停用时间较长的发电机，定子线圈中的水应放净吹干。

（7）当发电机长期处于备用状态时，应采取适当措施防止线圈受潮，并保持线圈温度在±5℃以上。

第四节　正确使用氢气　保证安全生产

一、使用氢气保证安全的重要性

"安全第一""安全为了生产，生产必须安全"这两句话在工地、厂房随处都可以看到，在电力生产中安全的重要性远大于其他行业，因为不仅是电力工业自身的需要，而且关系各行各业千家万户。电力生产一旦发生事故，对国民经济、国防建设、人民生活都有着直接的影响。

二、正确使用氢气，保证安全生产

制氢专业是电力生产中一个很小的单元，但它的安全尤为重要。氢气是发电机的冷却气体，有它可使发电机正常满出力运行。但同时它也给设备的安全运行增加了一份潜在的不安全因素。氢气一旦与少量的氧气或空气混合，一旦遇到明火会形成破坏性极大的爆炸性气体。只要我们充分认识到安全使用氢气的重要性，加强安全教育，从理论上了解发生事故的原因，一切按规程操作，克服疏忽大意，事故是可以避免的。

三、氢气爆炸的防止

我们必须做到以下各项，才能保证氢气系统的安全运行。

（一）执行防止氢爆的步骤

（1）正确、深刻地认识氢气的性质。

（2）分析某些事故发生的过程、根源，从而总结出类似事故再发生时，我们应采取的正确措施。

（3）加强安全教育，了解事故造成的严重损失和后果。

（4）克服恐惧心理，因怕事故、怕爆炸而不敢工作、不敢操作是错误的。

（二）保证氢气的纯度

（1）严格按电解工艺的规定进行操作，保证电解所产生氢气的纯度不低于99.8%，一旦发生氢气纯度下降，必须立即找出原因，排除故障。

（2）在检修充氢、排氢的操作中，严格做好氢气的置换工作，充入的氢气要保证纯度，排氢气时务必排尽，绝对不能怕麻烦，图省事而简化操作。

（三）严格按规程操作

规程是科学工作的依据，是经验总结的结晶，违反规程操作就是违反自然规律，严格的说就是犯罪。首先直接接受惩罚的是违反规程者自己。

主要应学习的有四大规程：

（1）制氢运行规程。

（2）氢气置换（充、排）规程。

（3）安全作业规程制氢部分。

（4）明火作业规程。

（四）防火重点部位及动火管理

（1）防火重点部位是指火灾危险性大、发生火灾损失大、伤亡大、影响大（以下简称"四大"）的部位和场所，一般指燃料油罐区、控制室、调度室、通信机房、计算机房、档案室、锅炉燃油及制粉系统、汽轮机油系统、氢气系统及制氢站、变压器、电缆间及隧道、蓄电池室、易燃易爆物品存放场所以及各单位主管认定的其他部位和场所。

（2）防火重点部位或场所应建立岗位防火责任制、消防管理制度和落实消防措施，并制订本部门或场所的灭火方案，做到定点、定人、定任务。防火重点部位或场所应有明显标志，并在指定的地方悬挂特定的牌子，其主要内容是：防火重点部位或场所的名称及防火责任人。

（3）防火重点部位或场所应建立防火检查制度。防火检查制度应规定检查形式、内容、项目、周期和检查人。防火检查应有组织、有计划，对检查结果应有记录，对发现的火险隐患应立案并限期整改。

（4）防火重点部位或场所以及禁止明火区如需动火工作时，必须执行动火工作票制度。

1. 动火级别

各单位应根据火灾"四大"原则自行划分，一般分为两级。

（1）一级动火区，是指火灾危险性很大，发生火灾时后果很严重的部位或场所。

（2）二级动火区，是指一级动火区以外的所有防火重点部位或场所以及禁止明火区。

2. 动火审批权限

（1）一级动火工作票由申请动火部门负责人或技术负责人签发，厂（局）安监部门负责人、保卫（消防）部门负责人审核，厂（局）分管生产的领导或总工程师批准，必要时还应报当地公安消防部门批准。

（2）二级动火工作票由申请动火班组班长或班组技术员签发，厂（局）安监人员、保卫人员审核，动火部门负责人或技术负责人批准。

（3）一、二级动火工作票的签发人应考试合格，并经厂（局）分管领导或总工程师批准并书面公布。动火执行人应具备有关部门颁发的合格证。

3. 动火的现场监护

（1）一、二级动火在首次动火时，各级审批人和动火工作票签发人均应到现场检查防火安全措施是否正确完备，测定可燃气体、易燃液体的可燃蒸气含量或粉尘浓度是否合格，并在监护下做明火试验，确无问题后方可动火作业。

（2）一级动火时，动火部门负责人或技术负责人、消防队人员应始终在现场监护。

（3）二级动火时，动火部门应指定人员，并和消防队员或指定的义务消防员始终在现场监护。

（4）一、二级动火工作在次日动火前必须重新检查防火安全措施并测定可燃气体、易燃液体的可燃蒸气含量或粉尘浓度，合格方可重新动火。

（5）一级动火工作的过程中，应每隔 2~4h 测定一次现场可燃性气体、易燃液体的可燃蒸气含量或粉尘浓度是否合格，当发现不合格或异常升高时应立即停止动火，在未查明原因或排除险情前不得重新动火。

4. 动火工作票中所列人员的安全责任

（1）各级审批人员及工作票签发人应审查：工作必要性；工作是否安全；工作票上所填安全措施是否正确完备。

（2）运行许可人应审查：工作票所列安全措施是否正确完备，是否符合现场条件；动火设备与运行设备是否确已隔绝；向工作负责人交代运行所做的安全措施是否完善。

（3）工作负责人应负责：正确安全地组织动火工作；检修应做的安全措施并使其完善；向有关人员布置动火工作，交代防火安全措施和进行安全教育；始终监督现场动火工作；办理动火工作票开工和终结；动火工作间断、终结时检查现场无残留火种。

（4）消防监护人应负责：动火现场配备必要的、足够的消防设施；检查现场消防安全措施的完善和正确；测定或指定专人测定动火部位或现场可燃性气体和可燃液体的可燃蒸气含量或粉尘浓度符合安全要求；始终监视现场动火作业的动态，发现失火及时扑救；动火工作间断、终结时检查现场无残留火种。

（5）动火执行人职责：动火前必须收到经审核批准且允许动火的动火工作票；按本工种规定的防火安全要求做好安全措施；全面了解动火工作任务和要求，并在规定的范围内执行动火；动火工作间断、终结时清理并检查现场无残留火种；各级人员在发现防火安全措施不完善不正确时，或在动火工作过程中发现有危险或违反有关规定时，均有权立即停止动火工作，并报告上级防火责任人。

5. 动火工作原则

（1）有条件拆下的构件，如油管、法兰等应拆下来移至安全场所；

（2）可以采用不动火的方法代替而同样能够达到效果时，尽量采用代替的方法处理；

（3）尽可能地把动火的时间和范围压缩到最低限度。

6. 下列情况严禁动火

（1）油船、油车停靠的区域；

（2）压力容器或管道未泄压前；

（3）存放易燃易爆物品的容器未清理干净前；

（4）风力达 5 级以上的露天作业；

（5）遇有火险异常情况未查明原因和消险前。

7. 动火工作票

（1）动火工作票要用钢笔或圆珠笔填写，应正确清楚，不得任意涂改，如有个别错、漏字需要修改时应字迹清楚。

（2）动火工作票至少一式三份，一份由工作负责人收执；一份由动火执行人收执。动火工作终结后应将这二份工作票交还给动火工作票签发人。一级动火工作票应有一份保存在厂（局）安监部门。二级动火工作票应有一份保存在动火部门。若动火工作与运行有关时，还应多一份交运行人员收执。

（3）动火工作票不得代替设备停复役手续或检修工作票。

（4）动火工作在间断或终结时应清理现场，认真检查和消除残留火种。动火工作需延期时必须重新履行动火工作票制度。

（5）外单位来生产区内动火时，应由负责该项目工作的本厂（局）人员，按动火等级履行动火工作票制度。

（6）动火工作票签发人不得兼任该项工作的工作负责人。动火工作负责人可以填写动火工作票。动火工作票的审批人、消防监护人不得签发动火工作票。

第三十二章

发电机的氢冷系统及充排氢

第一节　发电机几种氢冷系统的结构

氢冷发电机是用一定数量的氢气在发电机密封冷却系统中循环，吸收发电机转子和定子的热量，然后用冷却水（氢冷器或内冷水）冷却氢气，冷却后的氢气又重新回到发电机中，如此不断循环。这里所指氢冷系统实际上是指发电机内的氢路，了解了氢路对发电机的运行、泄漏、检漏等都有好处，制氢工作人员应当熟悉并掌握这个系统。

一、内冷与外冷相互配合

发电机的冷却方式分为外部冷却和内部冷却两种。冷却介质不通过发热体内部，而是流经发热体外部表面的冷却方式叫外部冷却；冷却介质在发热体内部流通的冷却方式叫内部冷却。冷却介质有气体和液体之分，气体冷却用空气或氢气；液体冷却用纯水或变压器油。所以冷却介质和冷却方法相互配合，效果应该更好。一般来说水作冷却介质，只能用于内冷，而且常用于发电机定子绕组，因为定子不转动，只需水质合格即可，而且水作冷却介质成本低，可以在发电机外冷却后循环使用。以空气作为冷却流体的发电机叫空冷发电机；以氢气作为冷却流体的发电机叫氢冷发电机；定了和转子导线内通入冷却水进行冷却的发电机叫双水内冷发电机（但由于转子在高转速下，即要绝缘又要密封，会给制造加工和机组正常运行带来很多困难）；铁芯氢冷，转子氢内冷，定子线圈水内冷的称作水氢冷却发电机（即水——指发电机定子绕组导线内是水冷却，氢——指发电机定子铁芯及端部结构件外冷采用氢气。氢——代表发电机转子（槽部为气隙，取气斜流通风方式，端部为两路通风方式）内外冷却均采用氢气。

二、发电机的几种冷却方式结构举例

（一）表面式氢冷发电机（径向通风）

氢气表面冷却（氢外冷）发电机中，定子常采用径向通风系统，径向通风又分为压入式和吸入式（抽出式）两种。如图 32 -1 所示。

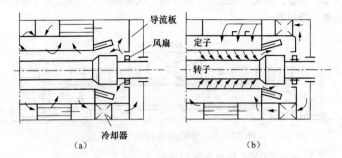

图 32 - 1　表面式氢冷却发电机径向通风

(a) 压入式径向通风；(b) 抽出式径向通风

压入式是我国目前应用较多的一种通风系统，而吸入式常用于定子、转子线圈均用水内冷而铁芯用氢外冷的发电机中。

氢外冷方式常用于容量 100MW 以下的发电机组，其效率比空冷发电机高 0.6% ~ 1.0%，氢压一般为 0.15 ~ 0.20MPa。

(二) 氢内冷通风结构

1. 全轴向氢内冷通风

如图 32 - 2 所示，氢气在高压风扇的作用下，从定子绕组的一端进入轴向风道，流经定子线棒全长后从另一端排出，氢气由冷却器出来后一部分进入定子线圈轴向风道另一部分进入铁芯轴向风道冷却铁芯，还有一部分从护环下进入转子线圈的轴向风道，三路氢气被高压风扇从定子、转子的另一端抽出后，通过冷却器冷却后循环回入口。

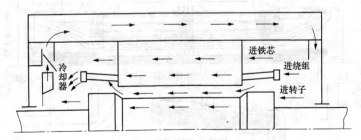

图 32 - 2　全轴向氢冷却通风系统

2. 半轴向氢内冷通风

如图 32 - 3 所示，将风扇装在轴的两端从轴向的两端进入冷却气体，同样分三部分，轴向分别进入铁芯、定子线圈和转子，而后从发电机中部排出进入冷却器。

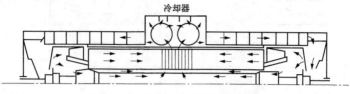

图 32 - 3 半轴向氢内冷通风系统

（三）捷制 500MW 机组氢冷却结构

该机组发电机定子绕组采用水内冷。氢冷采用单端抽出式双路轴向通风。

图 32 - 4 所示是发电机水平纵断面的一半结构，风扇由一侧抽出氢，送往冷却器，冷氢分三路；第一路由转子励磁侧进入，通入转子绕组的进氢孔 B，冷却转子的前部后由中部排氢孔 C 排出；第二路冷氢由励磁侧定子铁芯的轴向通风孔 D 进入，冷却定子的前部后由中部排出；第三路冷氢由定子铁芯背后引入发电机汽侧端，这一部分冷氢是专用冷却发电机后半部用的，进入口与前部的两路氢相对称，所以第三路氢又分成两路，一部分进入定子铁芯轴向通风孔 D，冷却后与前后冷却后的氢一并排出，另

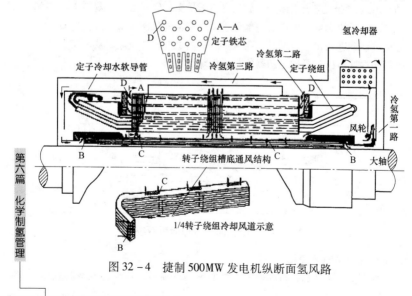

图 32 - 4 捷制 500MW 发电机纵断面氢风路

一部分从转子汽侧的进氢孔 B 进入转子，冷却转子后半部而后由中部排氢孔 C 排出。吸收热量的氢集中在发电机定子与转子的间隙之间由风扇抽出，送往冷却器。

第二节　发电机的体外氢气系统

氢冷发电机的氢系统包括有：氢气干燥装置，氢压控制装置，气体纯度监测变送装置，氢、油、水系统工况检测柜，浮子式漏液报警器，发电机内局部过热装置检测装置，二氧化碳和氢气的置换设备。

（1）氢气干燥装置：去除运行中发电机内氢气中的水分，确保机内湿度符合要求。

（2）氢压控制装置：维持机内氢压，对过低的氢压报警，并设置定值自动补氢。

（3）气体纯度监测变送装置：连续传感机内气体纯度和压力转换为表计显示。

（4）氢、油、水系统工况检测柜：装有与氢系统有关的表计和光示牌报警音响等，接受和处理变送装置信号，就地显示机内各参数，并提供给 DCS 系统。

（5）浮子式漏液报警器：用于检测发电机是否漏液，一般防爆式漏液报警器共有 4 支，从发电机的最低点引出接口。

（6）发电机内局部过热装置检测装置：在线监测发电机内是否有局部过热现象。

（7）二氧化碳和氢气的置换设备：二氧化碳汇流排、二氧化碳加热装置、减压阀、压力表、氢气框架管路与开启阀门。

第三节　发电机内的气体置换

一、置换的目的

新机组或大修后的机组，机壳内是空气，要充氢必须排净空气。氢与空气的混合物当氢气含量在 4% ~75.6% 范围内，均为可爆性气体。与氧接触时，极易形成具有爆炸浓度的氢、氧混合气体。因此，在向发电机内充排氢时，应避免氢气与空气接触。为此，必须经过中间介质进行置换。中间介质一般为惰性气体二氧化碳。这一过程所需的中间气体为发电机和管道容积的 2 ~2.5 倍，所需氢气为 2.5 ~3 倍。

注：氢气密度为 0.0899g/L，空气密度为 1.293g/L，氮气密度为 1.2506g/L，二氧化碳密度为 1.977g/L。

二、中间介质的选择

常用的中间气体是二氧化碳和氮气，二氧化碳或氮气的纯度要求为99%以上，含氧量在 1% 以下。二氧化碳或氮气用管道直接接到发电机上，或用瓶装的，瓶装的二氧化碳或氮气应放置在系统接口处，以便在紧急情况下备用。二氧化碳气体是一种惰性气体，二氧化碳与氢气混合或二氧化碳与空气混合不会产生爆炸性气体，所以发电机的置换首先向发电机内充二氧化碳驱走氢气，避免空气和氢气接触而产生爆炸性气体。二氧化碳制取方便，成本低，且传热系数是空气的 1.132 倍，能起到较好的冷却效果；二氧化碳不燃烧、不助燃，有利于防火；二氧化碳不能作为冷却介质长期运行，因为它易与机壳内可能含有的水分等化合，产生绿垢，附着在发电机绝缘和结构件上，引起冷却效果下降，造成机件脏污。在置换过程中，效果比氮气好。

三、排氢

发电机的排氢，通过在发电机底部汇流管充入二氧化碳，使氢气从发电机顶部排出，为了使机内混合气体中的含氧量大于 4% 应充入足够的二氧化碳。排氢应在发电机静止或盘车时进行，充二氧化碳时，氢气纯度装置与发电机顶部汇流管接通，在充入的二氧化碳达到要求的浓度后，二氧化碳纯度读数应大于 95%，再从发电机底部进空气，顶部排气。约 1h 后，切换为顶部进空气底部排气，并将发电机死角阀门开启，将余氢排尽，在具有代表性的两点取样分析（发电机底部排污取样门和干燥器排污取样门）含氧量大于 20% 时，排氢结束。

四、充氢前先进行发电机本体风压试验

发电机风压试验主要是检验发电机检修后定子密封情况，确保发电机漏氢量达到预定目标。实施发电机氢系统整体气密试验，以检验整个发电机氢系统的装配密封性。

（一）试验步骤

检查发电机氢系统阀门在关闭状态。与运行做好联系，注意监视调整好密封油压，且缓慢打开压缩空气进气门，升压在 0.2MPa 时，用肥皂水检漏，仔细查找氢气冷却器端盖上下接口、端盖与本体、套管与固定法兰、套管出线、中性点、排污管口、人孔密封垫的情况。将压力升至额定压力时，关闭进空气门。稳定半小时后，记录风压，并对各处漏氢薄弱环节进行检漏。

（二）风压试验注意事项

（1）检查各阀门关闭情况，尤其是氢气干燥器取样门、发电机绝缘过热装置排污门、浮子式油水继电器排污门、氢气纯度仪排空门、发电机顶部与底部取样门；检修中动过的部件密封是否完好。

（2）试验充气不宜过快，以防油压跟踪不上，发电机内进油。

（3）风压结束后，排气要缓慢进行。

（4）过程中发生渗漏要及时泄压处理，并通知相关专业进行排查。待处理后重新打压（步骤同上）。

（5）整个过程要多次计算漏量，以保证及时发现问题。

（6）发电机严密性试验不合格时，应努力查找原因消除泄漏点，否则发电机严禁充氢。

五、充氢

发电机充氢时，先利用二氧化碳从发电机底部进气驱赶发电机内的空气，待机内二氧化碳含量超过 85% 以后，再从发电机顶部进氢气（联系制氢站值班人员开启来氢母管进气门），充入氢气驱赶二氧化碳，最后置换到氢气状态。分析氢纯度在要求范围内（300MW 机组氢气纯度 96% 以上，600MW 机组 98% 以上）后，联系运行升压至额定氢压后，关闭制氢站来氢母管进气门，充氢工作结束。

注：（1）发电机充氢时，排油烟风机因连续运行，这样可以避免溶入密封油的氢气在空侧回油箱内积聚，并进而混入润滑油系统。

（2）二氧化碳瓶装气体温度约为 $-37℃$，进入加热装置压力不易过大，以免安全阀动作。流速过快，易造成进入发动机内温度过低，腐蚀电气元件，影响绝缘，给机组运行带来安全隐患。

（3）在充氢、排氢操作中，进、排气速度不宜太快，要保持稳定，进气太快会造成两种气体之间混合带加宽，从而造成不能很快达到充氢、排氢的目的。

（4）操作二氧化碳瓶时，要戴好手套，防止冻伤手，且滚动瓶体以防滑脱。

（5）在开启二氧化碳瓶阀门时，身体侧于瓶嘴旁边，动作要缓慢。

（6）排氢和充氢利用中间气体置换时，让两种气体在发电机内要有一定的分层时间，采样化验分析时要从两个以上不同的地点采样对比分析结果。

六、采用中间介质置换法应注意的事项

（1）氢气、压缩空气、中间气体均需从气体控制站上专设的入口引

第三十二章 发电机的氢冷系统及充排氢

入，不允许弄错。

（2）适当控制气体的流动速度，以免因气流速度太快而使管路变径处出现高热点。

（3）整个置换过程中发电机内保持一定的压力（0.02~0.03MPa）。

（4）现场，特别是排空管口附近杜绝明火。

（5）取样地点正确。全面置换过程中气体排出管路及气体不易流通的死区，特别是氢气干燥器，密封油箱和发电机下液体检漏器等处，应勤排放，最后均应取样化验，各处都要符合要求。

（6）二氧化碳置换过程中进行更换二氧化碳瓶时，应先关二氧化碳瓶减压阀，后关置换系统进二氧化碳门。换好二氧化碳瓶后，应先开置换系统进二氧化碳门，后开二氧化碳瓶减压阀。

（7）发电机密封油压大于氢压，氢油压差维持在0.056~0.084MPa。

第四节　氢气泄漏与检测

一、检测的目的

由于大型氢冷发电机组结构复杂，结合面多，而且氢气渗透性很强，所以漏氢现象时有发生。检修现场常有铁的撞击、焊接、电弧发生，如有，氢气存在将很危险。能否在机房和发电机周围进行动火工作，就需要检测现场是否有氢气存在，以确保设备及人身安全。

检测不等于检漏，但在泄漏量大时，亦可用检测的方法大致确定泄漏的范围。

被检测的气体不能取样，因为被检测的区域是开放的，有空气流动，同时氢气有很强的扩散性，因此检测仪都配有及时抽取气样的探头以方便当场检测。漏氢影响机组的安全运行，必须引起高度重视。

二、发电机漏氢的薄弱环节

大型发电机组由于机体庞大，结合面多，加工不精，光洁度和平面度差，密封垫料质量不高，施工水平差等都是造成结合面漏氢的原因。

（一）机壳的结合面漏氢

大型发电机组由于机体庞大，结合面多，加工不精，光洁度和平面度差，密封垫料质量不高，施工水平差等都是造成结合面漏氢的原因。

（二）密封油系统

密封轴瓦和瓦座的间隙不合格，运行中氢侧密封油压调整不当，氢气漏入密封油侧随油循环泄漏，因此运行中密封油系统的各差压调整阀如何保证其正常工作，是防止密封油系统漏氢的关键。

（三）氢冷却器

氢冷却器装在发电机壳内，它是多管式结构，泄漏的可能性很大，所以每次大修时必须做水压试验，运行中氢压略大于水压，通常要不定期检查冷却器的排水中是否有氢气。

（四）出线套管

出线套管的瓷件与铜法兰之间，用水泥粘结剂结合，极易松脱漏氢，因此出线套管穿过出线台板处的密封部位也是关键处。

三、发电机气密性试验

氢冷发电机的气密性试验有两种：一种是为了查找泄漏点，称查漏试验；另一种是为了测量泄漏程度或漏氢水平，称测漏试验。以 300MW 机组为例如下：

（1）查漏是在大修中进行，测漏主要在大修后运行中进行。

（2）查漏试验应按计划、按部件、按系统单独进行，每个部件或系统一边查漏一边处理至合格。

发电机大修查漏点及其标准见表 32-1。

表 32-1　　　　　发电机大修查漏点及其标准

部件或系统	实验压力（MPa）	合 格 标 准
定子	0.35 风压	漏气率 <1%
转子	0.5 风压	6h 压降 <20% 初压
氢气冷却器	0.5 水压	30min 无泄漏
氢及二氧化碳管路氢	0.6 风压	4h 内每小时平均压降 <5mmHg
控制盘	0.6 风压	4h 内每小时平均压降 <5mmHg
阀门	0.5 水压	4h 压力不降
定子内冷水系统	0.4 风压	无泄漏
出线套管		

查漏的方法可用卤素检漏仪或肥皂液涂刷，观察有无气泡来判定是否泄漏。用肥皂液查漏是一种简便有效的方法，但使用时应注意下列事项：

（1）定子两侧端面不推荐用肥皂液查漏，若采用此方法，检漏后必须用棉布制品擦干，以防生锈，棉布制品必须保证干净。

（2）发电机和氢系统中凡是有电气信号输入、输出以及有绝缘的部位，如接线端子、出线瓷瓶、测温元件及引出线等不能用肥皂液查漏。

（3）在用硬水作溶剂时，为确保检测效果，应用洗洁精代替肥皂。

（4）用 BX－渗透剂（拉开粉）溶液检漏，其精度高于肥皂液，应尽量采用此方法。

（5）肥皂液查漏必须在 0.1MPa 和额定氢压下各做一次。

（6）查处漏点后应及时记录，以便集中修补。

发电机内氢气质量标准：

氢纯度≥96%，含氧量<2%，温度 -5 ~ -25℃。

发电机连续满负荷运行，必须保持额定氢压，一般低于额定氢压值 0.028MPa 时应及时补氢，不准以降低氢压运行来作为减少漏氢的措施。

四、漏氢率、漏氢量和漏氢量的标准

（一）漏氢率的定义及计算

漏氢率表示泄漏到发电机充氢容积外的氢气量与发电机原有总氢量之比。

氢冷机组漏氢应符合部颁标准。在额定氢压下，漏氢率不大于 5%（一流标准不大于 3%）。

$$漏氢率 = \frac{一昼夜氢压下降值}{运行氢压值折合成绝对压力值} \times 100\%$$

漏氢量 = 漏氢率×机组充氢容积×运行氢压值折合成绝对压力值

运行氢压值折合成绝对压力值 = 发电机运行氢压值(kPa) + 100

（二）漏氢量的标准

漏氢率表示泄漏到发电机充氢容积外的氢气量与发电机原有总氢量之比。

氢冷机组漏氢应符合部颁标准。在额定氢压下，漏氢率不大于 5%（一流标准不大于 3%）。

五、几种便携式检漏仪介绍

（一）TIF8800A 型检漏仪

高性能宽波段燃气检漏仪，有 6 个漏气量目测灯，显示灯随漏失量增大而按顺序点亮。自动预热；可视泄漏量目测灯；无绳操作；充电电池供电。可用于检测烃（甲烷、天然气、煤气、乙烷，丙烷、苯，乙炔，丁烷、正丁烷、异丁烷、戊烷、己烷、汽油、甲苯等），卤代烃（氯代甲烷、亚甲基氯、三氯乙烷、氯乙烯），醇类（甲醇、乙醇、丙醇），醚（甲醚），酮（丁酮、丙酮）、乙酸甲酯和其他（氢气、二氧化硫、氨、硫化氢，工业溶剂，干清洗液等）。

（二）NA-1/2 可燃气体检漏仪

可燃气体检测仪报警仪是新型气体检测仪器，其突出特点采用催化原理传感器、智能化信号处理系统，具备存储、读取数据的功能。仪器具体有测量范围宽、使用寿命长、准确度高、操作简便等优点，适用于工作环境中连续检测烷类、醇类和有机挥发物等可燃气体的浓度，可在石油、化工、天然气、消防等行业广泛应用。

附录 A 各种防锈蚀方法的监督项目和控制标准

防锈蚀方法	监督项目	控制标准	监测方法或仪器	取样部位	其　他
热炉放水余热烘干法	相对湿度	<60%或不大于环境相对湿度	相对湿度计，参见附录C	空气门、疏水门、放水门	烘干过程每1h测定1次，停（备）用期间每周1次
负压余热烘干法	相对湿度				
邻炉热风烘干法	相对湿度				
干风干燥法	相对湿度	<50%	相对湿度计，参见附录C	排气门	干燥过程每1h测定1次，停（备）用期间每48h测定1次
热风吹干法	相对湿度	不大于干环境相对湿度	相对湿度计，参见附录C	排气门	干燥过程每1h测定1次，停（备）用期间每月1次
气相缓蚀剂法	缓蚀剂浓度	>30g/m^3	参见DL/T 956—2017	空气门、疏水门、放水门、取样门	充气过程每1h测定1次，停（备）用期间每月1次
氨、联氨钝化烘干法	pH值、联氨		GB/T 6904，GB/T 6906	水、汽取样装置	停炉期间每1h测定1次
氨水碱化烘干法	pH值		GB/T 6904	水、汽取样装置	停炉期间每1h测定1次

防锈蚀方法	监督项目	控制标准	监测方法或仪器	取样部位	其 他
充氮覆盖法	压力、氮气纯度	0.03~0.05MPa；>98%	气相色谱仪或氧量仪	空气门、疏水门、放水门、取样门	充氮过程中每1h记录1次氮压，充氮结束时测定排气氮气纯度，停（备）用期间每班记录1次
充氮密封法	压力、氮气纯度	0.01~0.03MPa；>98%			
氨水法	氨含量	500~700mg/L，pH≥10.5	GB/T 12146	水、汽取样装置	充氨液时每2h测定1次，保护期间每周分析1次
氨-联氨法	pH值、联氨含量	pH值为10.0~10.5；联氨≥50mg/L	GB/T 6904、GB/T 6906	水、汽取样装置	充氨-联氨溶液时每2h测定1次，保护期间每周分析1次
成膜胺法	pH值、成膜胺含量	pH值为9.0~9.6；成膜胺使用量由供应商提供	GB/T 6904；成膜胺含量测定方法由供应商提供	水、汽取样装置	停机过程测定
蒸汽压力法	压力	>0.5MPa	压力表	锅炉出口	每班记录1次
给水压力法	压力、pH值、溶解氧、氢电导率	压力为0.5~1.0MPa；满足运行pH值、溶解氧、氢导率要求	压力表、GB/T 6904、GB/T 6906	水、汽取样装置	每班记录1次压力，分析1次pH值、溶解氧、氢电导率

注：各种防锈蚀方法的项目和控制标准制订时应符...

附录 B　碳钢在大气中的腐蚀速率与相对湿度关系

　　图 B-1 是碳钢在大气中的腐蚀速率与空气相对湿度的关系。该图表明，当空气相对湿度高于临界值 60% 时，碳钢的腐蚀速率急剧增大，高相对湿度下（60%～100%）碳钢的腐蚀速率是低相对湿度（30%～55%）下的 100～1000 倍。因此只要在机组停（备）用期间维持热力设备内相对湿度小于临界值，就能有效保护热力设备。

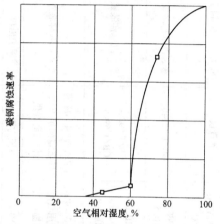

图 B-1　碳钢腐蚀速率与空气相对湿度的关系

附录C 气体湿度的测定方法（相对湿度计法）

　　用专用真空泵，参照图C-1并按附录A所规定的取样部位，从锅炉、汽轮机等热力设备内抽取气体。在抽取热力设备内的空气样品时，按图C-1所示的气体湿度测定系统，先流经旁路，以置换掉抽气管路内原存空气。经3~5min后，微开测量管路的进气门和出气门，并调整阀门开度，使抽出气体流经测量瓶的流量控制在2~3L/min的范围内。待湿度计稳定后，记录相对湿度。此外，可采用便携湿度计在出气口直接测量。

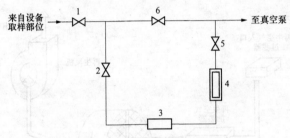

图C-1　气体湿度测定系统示意图

1—截止门；2—进气门；3—湿度计；4—气体流量计；5—出气门；6—旁路门

附录 D　转轮除湿机工作原理

转轮除湿机主要由蜂窝除湿转轮、干空气风机、处理空气入口过滤器、再生空气风机、再生空气入口过滤器、再生空气加热器、转轮驱动电动机和控制系统组成，见图 D-1。蜂窝除湿转轮以缓慢的速度（约10min 一圈）转动，待处理的湿空气通过转轮，湿分被吸附，产生干燥空气；加热到一定温度的再生空气通过除湿转轮，将转轮湿分带出，从而使除湿机连续工作。

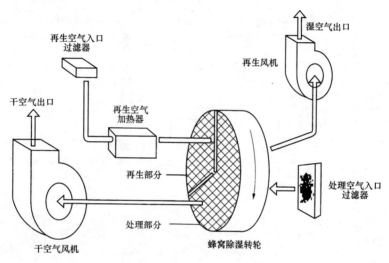

图 D-1　转轮除湿机工作原理